U0190513

“十四五”国家重点出版物出版规划重大工程
量子科学出版工程（第四辑）

Applications of Quantum Science in Biology and Medicine

赵保路　编著

量子科学出版工程
Quantum Science
Publishing Project

量子科学
在生物学与医学中的应用

中国科学技术大学出版社

内 容 简 介

本书以电子自旋共振(ESR)技术为基础，详细阐述了电子自旋共振在生物学研究中揭示生物分子结构与功能的深层次信息，以及在医学等领域，特别是在心血管疾病、肿瘤及神经退行性疾病早期检测与治疗中所发挥的重要作用.深入探讨了量子科学在现代生物学和医学研究中的关键作用，尤其是在量子生物学这一新兴领域的应用潜力.

本书可供从事电子自旋共振、自由基研究以及生物学、化学和医学专业的广大科研工作者及有关专业的高校师生阅读参考，也可供从事自由基和抗氧化剂研究的技术人员参考.

图书在版编目(CIP)数据

量子科学在生物学与医学中的应用/赵保路编著.--合肥：中国科学技术大学出版社，2024.9

(量子科学出版工程.第四辑)

国家出版基金项目

“十四五”国家重点出版物出版规划重大工程

ISBN 978-7-312-05949-0

Ⅰ.量…　Ⅱ.赵…　Ⅲ.①量子生物学 ②量子论—应用—医学　Ⅳ.①Q7 ②R

中国国家版本馆 CIP 数据核字(2024)第 077891 号

量子科学在生物学与医学中的应用

LIANGZI KEXUE ZAI SHENGWUXUE YU YIXUE ZHONG DE YINGYONG

出版　中国科学技术大学出版社
安徽省合肥市金寨路 96 号，230026
http：//press.ustc.edu.cn
https：//zgkxjsdxcbs.tmall.com

印刷　合肥华苑印刷包装有限公司

发行　中国科学技术大学出版社

开本　787 mm×1092 mm　1/16

印张　46

字数　1006 千

版次　2024 年 9 月第 1 版

印次　2024 年 9 月第 1 次印刷

定价　258.00 元

序

电子自旋共振(ESR)研究的科学内容是典型的量子科学,即应用量子力学研究电子自旋能级跃迁的科学,是量子力学的延伸和具体应用.ESR技术是研究电子自旋能级跃迁的最有效方法,也是研究具有未成对电子的自由基的最直接和最有效的方法.随着ESR理论和技术的发展,其在各个方面的应用取得重要成果,特别是在生物学和医学方面的应用更加引人瞩目.自由基在生物学和医学体系中发挥着重要作用,ESR技术是检测自由基最直接和最有效的方法.ESR技术,特别是自旋捕集和自旋标记技术,在自由基的检测和研究中发挥了重要作用,在生物学和医学自由基的研究和应用方面取得了巨大的成功,为生物学和医学的发展做出了重要贡献.由于生物学和医学体系中的大部分分子都不含自由基,或者即使有自由基,也都是短寿命的自由基,在常规的ESR波谱仪上很难检测到,这使得ESR技术在生物学领域的研究受到一定限制.而自旋捕集和自旋标记技术的发展使ESR技术在生物学领域的应用得到了扩展,并且取得了一系列的可喜成就.另外,ESR成像技术在生物学和医学中的应用正在成为国际上一个引起广泛关注的研究领域.

赵保路教授是我国自由基生物学和医学研究的著名专家,他几十年来的研究取得了丰硕成果.他主持建立和发展了多种ESR检测生物体系自由基新技术,成功研制我国首台L波段和X波段ESR成像仪,系统研究了一氧化氮自由基与氧自由基的性质和生物功能及其在生物学和医学中的应用.他在百忙之中撰写了该书的主要内容,并邀请多位专家参与书稿撰写,其中中国科学院生物物理研究所方显杨研究员撰写了第8章“ESR研究RNA的结构和构象动态特性”,中国科学院大学李剑峰教授撰写了第9章“电子自旋技术在NO配位血红素衍生物研究中的应用”,中国科学院化学研究所刘扬教授和首都医科大学基础医学部肇玉明撰写了第18章“光合系统中活性自由基产生分子机制的ESR研究”,国仪量子公司石致富博士撰写了第20章“国内ESR技术的研发和应用”.该书是赵保路教授和几位专家多年研究成果及对国内外该领域研究进展的总结,深入浅出,是一本难得的关于ESR技术在生物学和医学中应用的专著.

早在20世纪70年代,在中国科学技术大学工作期间,我就与赵保路教授一起讲授ESR课程,从事科学研究工作,几十年来,我们一直有着很好的合作.得知该书即将出版,我欣然作序,祝贺该书出版,也祝愿中国科学技术大学越来越辉煌.

张建中

2024年6月

前言

电子是最基本、也是最主要的量子.电子自旋共振(ESR)的理论是由量子力学的理论推导演算出来的,因此ESR研究的科学内容就是典型的量子科学.早在20世纪70年代,在中国科学技术大学工作期间,我就开始协助张建中老师管理和使用ESR仪器并讲授ESR课程.我从1978年读研究生时就开始从事ESR自由基在生物学和医学中的应用研究.毕业后,我在中国科学院生物物理研究所继续从事ESR自由基在生物学和医学中的应用研究,开始主要集中在利用ESR自旋标记技术研究细胞膜和膜蛋白的构相,接着研究生物体系产生的氧自由基和一氧化氮自由基,自由基和疾病的关系,天然抗氧化剂对自由基的清除作用及其在药物研发中的应用.

我在1985—1987年和1991—1992年先后两次在美国著名的ESR生物学专家Lawrence Berliner教授的"in vivo ESR"实验室工作,并亲自参与ESR生物实验模型的设计和in vivo(在体)ESR研究,合成了多种用于ESR的自旋标记物.后又在英国食品研究所、香港大学和美国伯克利大学从事ESR生物学研究.以后主要集中在ESR自旋捕集技术在生物学和医学中的应用研究,特别是在天然抗氧化剂方面的研究,完成了多个基金项目.为了让ESR更好地适用于生物研究,近年来我又主持研制了ESR成像仪,在国内首次成功研制出L波段和X波段ESR成像仪,填补了国内该领域的空白,并进行了一些研究工作.可以说我自从工作后这四十多年来没有停止过对ESR在生物学和医学中的应用研究.

ESR技术在生物学中的应用研究也给我们带来巨大的回报,我们在研究工作中取得一系列成果,在国内外发表了300多篇论文并出版了7本专著.在此期间,我们在自由基生物学和医学方面的研究得到国内外的关注,我被国内外学术会议邀请做学术报告,担任中国自由基生物学和医学专业委员会主任、亚洲自由基研究学会主席,并在我国首次组织举办了亚洲自由基研究学术大会和第十四届国际自由基大会.我先后被亚洲自由基学会授予杰出特殊奖,被美国氧自由基学会授予终身会员,被自由基生物学和医学专业委员会授予突出贡献奖,被全国衰老与抗衰老委员会授予抗衰老寿星奖,被台湾自由基学会授予两岸自由基生物医学研究卓越贡献奖,被徐元植顺磁共振发展奖励基金会授予贡献奖,被北京波谱学会授予终身成就奖,并入选2022年全球前2%顶尖科学家终身成就榜单.应中国科学技术大学出版社的邀请,我撰写本书,总结了四十多年来我在自由基生物学和医学研究方面的工作经验,并将自1993年以来每年给中国科学院研究生院的研究生讲授ESR技术在生物学和医学研究中的应用及其进展的内容都融合在其中.本书是我向母校的一个小小的献礼,同时也可供同行在利用ESR技术进行生物学和医学研究时作为参考.

感谢中国科学技术大学出版社的邀请和支持,使本书得以出版;感谢国家自然科学基金委对我们多年来的基金支持,使我们的科研工作得以顺利进行,并获得一些有意义的结果;感谢张建中教授为本书作序;感谢我的研究生和博士后刻苦钻研,辛勤工作,出色地完成了各项研究项目,取得可喜成果,为本书提供了丰富的素材;感谢中国科学院生物物理研究所方显杨研究员撰写第8章“ESR研究RNA的结构和构象动态特性”,中国科学院大学李剑锋教授撰写第9章“电子自旋技术在NO配位血红素衍生物研究中的应用”,中国科学院化学研究所刘扬教授和首都医科大学基础医学部肇玉明撰写了第18章“光合系统中活性自由基产生分子机制的ESR研究”,国仪量子公司石致富博士撰写第20章“国内ESR技术的研发和应用”;感谢张春爱副教授为本书提出很多宝贵建议和修改意见.

赵保路

2024年6月

目录

第 6 章

ESR 在细胞膜结构研究中的应用—— 184

第 7 章

ESR 研究膜蛋白的结构和动态特性—— 217

第17章 ESR在环境污染研究中的应用 —— 599

第18章 光合系统中活性自由基产生分子机制的ESR研究 —— 650

第1章

ESR与量子科学

光子和电子是量子的基本能量和信息的载体.电子自旋共振(electron spin resonance,ESR)又称为电子顺磁共振(electron paramagnetic resonance,EPR),是研究电子自旋能级跃迁的一门学科.ESR的理论是由量子力学的理论推导演算出来的,因此,ESR研究的科学内容就是典型的量子科学,是应用量子力学研究电子自旋能级跃迁的科学,是量子力学的延伸和具体应用.

1.1 ESR的共振条件的量子力学推导

在量子力学中,求一个体系的能量,首先要解这个体系的薛定谔方程:

$$\hat{H}_i\psi_i = E_i\psi_i$$

其中,$\hat{H}$ 是该体系的哈密顿算符,ψ 为本征函数,E 为本征能量.

电子在磁场中的能量算符为

$$\hat{\mathscr{H}} = -\mu \cdot H = -(-g\beta S) \cdot H = g\beta H\hat{S}$$

其中,H 为哈密顿算符在 z 方向的分量,S_z 是自旋算符 S 在 z 方向的分量.

电子自旋角动量和自旋磁矩存在如下关系:

$$\mu s = -g\beta S$$

其中,μ 是未成对电子的自旋磁矩;g 是一个没有量纲的因子;β 是波尔磁子,其值为

$$\beta = \frac{e\hbar}{2mc} = 0.927\,3 \times 10^{-20}\ \mathrm{erg/G}$$

其中,$\hbar = h/(2\pi)$,h为普朗克常数,m 为电子的质量,c 为光速;负号是因为电子带负电荷.自旋角动量 S,在量子力学中写为 $\hat{S}$,称为自旋算符.

根据量子力学,电子自旋 S_z 的本征值只有两个,即 $\pm 1/2$.相应的本征函数为 $|\alpha\rangle$ 和 $|\beta\rangle$,电子自旋 S_z 的本征值为

$$\hat{S}_z\ |\alpha\rangle = \frac{1}{2}\ |\alpha\rangle$$

$$\hat{S}_z\ |\beta\rangle = -\frac{1}{2}\ |\beta\rangle$$

因此,这两个自旋态的本征能量为

$$E_\alpha = \langle\alpha\ |\ \hat{\mathscr{H}}\ |\ \alpha\rangle = \frac{1}{2}g\beta H$$

$$E_\beta = \langle\beta\ |\ \hat{\mathscr{H}}\ |\ \beta\rangle = -\frac{1}{2}g\beta H$$

当磁场 $H = 0$ 时,有

$$E_\alpha = E_\beta = 0$$

这时电子的两种自旋能量相等.

当磁场 $H \neq 0$ 时,电子的两种自旋能级分裂为二,分裂大小与磁场 H 成正比,即

$$\Delta E = E_\alpha - E_\beta = \frac{1}{2}g\beta H - \left(-\frac{1}{2}g\beta H\right) = g\beta H$$

若用辐射的方法(微波)给处于低能级的电子一个能量 $h\nu$,使其刚等于 $g\beta H$ 时,它们就会吸收这一能量跃迁到高能级,我们就称电子在频率 ν 的作用下,在磁场 H 发生了共振,此时,我们可以观察到 ESR 信号.$h\nu = g\beta H$ 就是用量子力学推算出来的 ESR 的共振条件,也是 ESR 的共振原理最主要的关系式.

1.2　ESR的超精细分裂的量子力学推导

ESR的另外一个非常重要的参数是超精细分裂.因为大部分电子是在原子和分子中存在的,分子中有磁性原子核,因此就会出现磁性原子核与电子自旋之间的超精细相互作用,使ESR产生超精细分裂.

原子核也有自旋运动,能产生自旋角动量,原子核的自旋运动可以用自旋量子数 I 表示,类似电子自旋产生自旋磁矩,表示为

$$\mu_N = + g_N \beta_N I$$

其中,μ_N 是原子核的自旋磁矩;g_N 是一个没有量纲的因子;β 是波尔磁子,其值为

$$\beta_N = \frac{|e|\hbar}{2M_P c} = 0.9273 \times 10^{-20}\ \mathrm{erg/G}$$

其中,$\hbar$为普朗克常数,M_P 为质子的质量,c 为光速.原子核自旋角动量 I 在量子力学中写为 $\hat{I}$,称为原子核自旋算符.

下面我们就以最简单溶液中的原子——氢原子为例加以说明,利用量子力学推算一下电子自旋与质子原子核产生的相互作用和超精细分裂.根据量子力学,这时其哈密顿算符可以表示为

$$\hat{H} = g\beta H \cdot \hat{S}_z + \alpha \hat{S}_z \cdot \hat{I}_z$$

式中的第一项是电子自旋和磁场相互作用的塞曼项,即前面讲的共振条件;第二项称为超精细相互作用项,即电子自旋和核自旋的相互作用,α 为各向同性的超精细耦合常数.有了这个哈密顿算符,就可以用它来求解不同体系的薛定谔方程了.

氢原子就属于这种体系.由于体系只含一个未成对电子和一个 $I=1/2$ 的核,自旋算符的本征值 M_s 是 $+1/2$ 和 $-1/2$. I_z 的本征值也是 $+1/2$ 和 $-1/2$.该体系有四个自旋状态,它们的本征函数分别为

$$|m_s, m_I\rangle: \ |1/2, 1/2\rangle \quad |1/2, -1/2\rangle \quad |-1/2, 1/2\rangle \quad |-1/2, -1/2\rangle$$

将上面的哈密顿算符作用到这几个波函数上,求解薛定谔方程,得到四个能量:

$$E_1 = (g\beta S_z + \alpha S_z Iz)\,|1/2, 1/2\rangle = (1/2)g\beta H + \alpha/4$$

$$E_2 = (g\beta S_z + \alpha S_z Iz)\,|1/2, -1/2\rangle = (1/2)g\beta H - \alpha/4$$

$$E_3 = (g\beta S_z + \alpha S_z Iz)\,|-/2, -1/2\rangle = (-1/2)g\beta H + \alpha/4$$

$$E_4 = (g\beta S_z + \alpha S_z Iz)\,|-1/2, 1/2\rangle = (-1/2)g\beta H - \alpha/4$$

原来在磁场中被分裂成两个能级的电子,加入一个核自旋为1/2的原子到该体系

后，受到核自旋的超精细相互作用，能级又被进一步分裂为四个. 但电子并不能在这四个能级之间任意跃迁. 量子力学中有一个选择定则，要求 $\Delta m_s = \pm 1, \Delta m_I = 0$，即未成对电子自旋量子数的改变为 ±1，核自旋量子数改变为 0. 只有满足了这两个条件，电子才可以在这两个能级之间跃迁. 检查以上能级发现，只有 E_1 和 E_4 及 E_2 和 E_3 之间满足以上选择定则，而其他能级之间都不满足这一选择定则，因此，电子只能在 E_1 和 E_4 及 E_2 和 E_3 之间跃迁. 两个跃迁的能量差分别为

$$\Delta E_1 = E_1 - E_4 = g\beta H + \alpha/2$$

$$\Delta E_2 = E_2 - E_3 = g\beta H - \alpha/2$$

这样，电子只能在两个能级之间跃迁. 这时我们就可以观察到两个 ESR 共振信号，而不是原来的一个信号. 也就是说，原来的一个信号被分裂成两个信号. 两峰之间的分裂磁场距离称为超精细分裂常数，这是表征一个自由基的重要波谱参数.

当外加能量 $h\nu = \Delta E_1 = g\beta H + \alpha/2$ 时，得到第一个共振磁场 H_1：

$$H_1 = \frac{h\nu}{g\beta} - \frac{\alpha}{2}g\beta = H_0 - \frac{\alpha'}{2}$$

当外加能量 $h\nu = \Delta E_2 = g\beta H - \alpha/2$ 时，得到第二个共振磁场 H_2：

$$H_2 = \frac{h\nu}{g\beta} + \frac{\alpha}{2}g\beta = H_0 + \frac{\alpha'}{2}$$

两个共振磁场之间的距离为

$$H_2 - H_1 = H_0 + \alpha'/2 - (H_0 - \alpha'/2) = \alpha'$$

α' 称为超精细分裂常数，它等于两个 ESR 共振峰之间的裂距，单位为 G 或 mT.

对于含一个未成对电子和两个 $I = 1$ 核自旋的自由基体系，其自旋算符的本征值 $M_s = +1/2$ 和 $-1/2$，M_z 的本征值是 +1，0 和 −1. 氮原子就是这样的体系，该体系有六个自旋状态，它们的本征函数分别为

$$\psi_6 = \left|\frac{1}{2},1\right\rangle,\quad \psi_3 = \left|-\frac{1}{2},-1\right\rangle$$

$$\psi_5 = \left|\frac{1}{2},0\right\rangle,\quad \psi_2 = \left|-\frac{1}{2},0\right\rangle$$

$$\psi_4 = \left|\frac{1}{2},-1\right\rangle,\quad \psi_1 = \left|-\frac{1}{2},1\right\rangle$$

相应的能量为

$$E_6 = \frac{1}{2}g\beta H + \frac{\alpha}{2},\quad E_3 = -\frac{1}{2}g\beta H + \frac{\alpha}{2}$$

$$E_5 = \frac{1}{2}g\beta H,\quad E_2 = -\frac{1}{2}g\beta H$$

$$E_4 = \frac{1}{2}g\beta H - \frac{\alpha}{2}, \quad E_1 = -\frac{1}{2}g\beta H - \frac{\alpha}{2}$$

原来在磁场中被分裂成两个能级的电子,加入一个核自旋为 1 的原子到该体系后,受到核自旋的超精细相互作用,能级又被进一步分裂为六个.而电子并不能在这六个能级之间任意跃迁.根据量子力学中的选择定则,要求 $\Delta m_s = \pm 1, \Delta m_I = 0$,即未成对电子自旋量子数的改变为 ±1,核自旋量子数的改变为 0.只有满足了这两个条件,电子才可以在这两个能级之间跃迁.因此只有 E_1 和 E_6,E_2 和 E_5 及 E_3 和 E_4 之间满足以上选择定则,其他能级之间都不满足这一选择定则,三个跃迁能级的能量差分别为

$$\hbar\nu = \Delta E_1 = E_1 - E_6 = g\beta H + \alpha$$

$$\hbar\nu = \Delta E_2 = E_2 - E_5 = g\beta H$$

$$\hbar\nu = \Delta E_3 = E_4 - E_3 = g\beta H - \alpha$$

因此,电子只能在这三个能级之间跃迁.这时我们也就可以观察到三个 ESR 共振信号,而不是原来的一个信号.三个峰之间的分裂磁场距离称为超精细分裂常数,这是表征一个自由基的重要波谱参数.

除了上面的两个例子,ESR 的精细分裂也是量子力学计算出来的.

在考虑了电子的自旋和核自旋磁矩在磁场中的相互作用后,哈密顿算符可表示为

$$\hat{H} = g\beta\hat{H} \cdot \hat{S} + \alpha\hat{S} \cdot \hat{I} + g_N\beta_N\hat{H} \cdot \hat{I}$$

这里就不详细讨论了.

另外,ESR 还有很多概念也是依据量子力学,如上面提到的选择定则,还有测不准原理等.因此可以看出,ESR 依据的就是量子力学,即量子科学[1-7].

1.3 ESR 波谱技术

因为 ESR 是专门研究电子自旋能级跃迁的一门学科,因此 ESR 波谱技术是研究电子跃迁最直接和最有效的方法.

根据量子力学,电子自旋 S_z 的本征值只有两个,为 ±1/2,对应两个状态和能量,但在磁场 $H = 0$ 时我们是无法区别它们的,因为电子的两种自旋能量是相等的,也就是说有两个完全相同的电子处于简并状态.如果外加一个磁场,就可以把它们区别开来.在此过程中,物质吸收外加电磁波的能量从低能级跃迁到较高能级,同时也可以从较高能级受激辐射而跃迁到相应的低能级.

1945 年,苏联物理学家 Zavoyiskiy 根据这个原理发明了 ESR 波谱仪.这是当时唯一能够研究电子自旋能级跃迁的仪器,自此开始了 ESR 新时代.物理学家用这种仪器研究

某些复杂原子的电子结构、晶体结构、偶极矩及分子结构等问题.化学家利用ESR测量结果,阐明了复杂的有机化合物中的化学键和电子密度分布以及与反应机理有关的许多问题.1954年ESR技术被引入生物学领域,生物学家在一些植物与动物材料中观察到自由基的存在.随着仪器不断改进和技术不断创新,ESR技术已在物理学、化学、生物学、医学、环境科学、地质探矿等许多领域得到广泛的应用[8-10].

1.4 ESR在生物与医学中的应用

ESR主要用于研究生物自由基的生物功能及其在生物与医学中的应用,所谓自由基,就是包含一个或多个未成对电子的原子或原子团,这也是量子科学在生物与医学中应用的具体体现.

ESR波谱技术是研究自由基最直接和最有效的方法,但是这些自由基必须是相对稳定的,而且要达到一定浓度才能用ESR波谱技术检测和研究.而生物体系和化学反应中产生的自由基大部分是不稳定的,因为自由基本身的特点就是活泼和反应性强,只有少数自由基是稳定的.如羟基自由基(·OH)的寿命大约为10^{-6} s,这是常规ESR波谱仪无法检测的.为了克服ESR波谱技术的这一局限性,科学家一方面对仪器进行改进,发展了时间域的ESR波谱仪,可以测量毫秒级或更短寿命的自由基;另一方面,在样品上下功夫,利用低温技术和快速流动技术研究短寿命自由基.近年来发展起来的自旋捕集技术解决了这一问题.另外,大部分生物分子根本就不存在不成对电子,它们不是自由基,可以采用自旋标记技术解决这一问题,即把具有不成对电子的自旋标记物标记在这些分子上,就可以研究这些分子的结构和性质了,这意味着我们可以把ESR波谱技术应用在生物和医学的无限广阔的领域.因此,自旋标记技术和自旋捕集技术得到了迅速的发展和广泛的应用,也为生物和医学研究做出了重要贡献.自旋捕集技术和自旋标记技术是目前研究生物和医学体系中活泼自由基应用最多、也是最成功的两种方法.

1.4.1 活性氧

自由基的未成对电子具有自旋磁矩,而且是顺磁性的,例如,超氧阴离子自由基(·O_2^-)是氧气分子上多了一个孤对电子,其是研究自由基的ESR波谱技术的理论基础.

氧气与生物关系最为密切,氧气的出现是在20亿年之前,氧是地壳中非常普通的元素.氧气约占大气的21%,在海平面大气压为760 mmHg,氧分压为159 mmHg.由于包括氧气在内的一些元素参与光化学合成,因此地球上才出现简单生物.氧气易溶于新鲜的水中，氧气在活细胞中的溶解度主要取决于氧气与细胞接触的程度和细胞对氧气消耗的快慢，它在静脉血液中的分压仅为 40 mmHg(相当于 53 mmol/L)，相当于大气分压的 25%. 在真核细胞中，如心肌和肝细胞中，从细胞膜到线粒体，氧含量逐渐减少. 氧气在有机溶剂中的溶解度为在水中的 7～8 倍. 在疏水的生物膜中氧气的浓度也是很高的，这是细胞膜容易引起氧气损伤的重要原因. 当氧气浓度高于大气正常浓度时，就会对人和动植物及一切需氧生物产生氧损伤，不少原始生物正是因为不能防护氧气损伤而灭绝. 厌氧生物只能在无氧条件下生存，一旦遇氧就会立即死亡. 原始动物、昆虫等在高浓度氧气中，存活时间大为缩短. 在高氧大气中，植物组织受损，叶绿素生长受到抑制，种子和根的生存期变短，叶片枯萎而脱落. 将大肠杆菌和其他需氧细菌暴露在一个大气压的纯氧中，其生长立即受到抑制.[2] 在潜水艇和人造卫星上，用高氧浓度的空气供给作业人员，常常会引起急性神经中毒，发生痉挛. 当氧气浓度达到 50%，即呼吸氧分压为 360 mmHg 时，就会慢慢损伤肺. 将人暴露于 1 个标准大气压的纯氧中 6 h，便会引起胸痛、咳嗽和喉痛，然后导致肺泡损伤、水肿、肺内皮细胞死亡. 这些损伤是无法修复的. 有临床实验发现，即使认为是安全的氧浓度，对肺也是有损伤的. 用高浓度氧气培育早产儿，会引起失明.

为什么会产生氧毒性? 按扩展了的自由基定义，氧气本身就是一种自由基，因为在氧气分子的轨道上有两个未成对电子. 氧气分子属于三重态，具有顺磁性. 但它很容易转变为自由基和活性氧. 三重态氧就是我们平常所说的氧气，其在两个 π^* 2p 轨道上各有一个电子，自旋互相平行，没有配对. 如果氧气要氧化一种物质，那么该物质也需具有两个平行的电子，这就是所谓的自旋限制. 但是多数物质不具备这种条件，不能与氧气反应，因此，氧气表现出一定的惰性. 然而，氧气在吸收一定能量之后，可以被激发生成单线态氧，并依吸收能量的多少分别生成 ${}^1\Delta_g O_2$ 和 ${}^1\Sigma_g O_2$. ${}^1\Delta_g O_2$ 和 ${}^1\Sigma_g O_2$ 的能量分别比基态氧气高 118.9 kJ 和 160 kJ. ${}^1\Sigma_g O_2$ 极不稳定，在没有和其他物质接触之前就衰减成 ${}^1\Delta_g O_2$ 或 ${}^3\Sigma_g O_2$，所以生物学意义不大. ${}^1\Delta_g O_2$ 虽不是自由基，但它具有较高的能量，而且解除了自旋限制，因此反应性极强.

基态氧接受一个电子生成 $\cdot O_2^-$，它在 π^* 2p 轨道上有一个未成对电子，是典型的自由基，因为多一个负电荷，因此又称为负离子，是一个非常重要的氧自由基. 基态氧接受两个电子，便生成过氧离子，两个 π^* 2p 轨道就全部被电子占满了，电子也全部配对，所以不是自由基.[10]

氧气为有机体内代谢还原提供了生物能量，最后生成水，共接受四个电子. 在这一还原过程中，每接受一个电子就生成一个氧自由基或活性氧. 具体过程如下：

$$O_2 + e^- \longrightarrow \cdot O_2^-$$

$$O_2 + 2e^- + 2H^+ \longrightarrow H_2O_2$$

$$O_2 + 3e^- + 3H^+ \longrightarrow H_2O + \cdot OH$$

$$O_2 + 4e^- + 4H^+ \longrightarrow 2H_2O$$

从以上几个反应可以看出，氧气得一个电子还原生成·O_2^-，得两个电子还原生成过氧化氢，得三个电子还原生成·OH，得四个电子还原生成水. 其中，过氧化氢作为一种氧化性较强的活性氧，可以参与生成氧自由基的很多反应. ·OH 是已知氧化性最强的氧自由基.

1.4.2 超氧阴离子自由基

超氧阴离子自由基(·O_2^-)不仅具有重要的生物功能，并且与多种疾病有密切联系，而且它还是所有氧自由基中的第一个自由基，可以经过一系列反应生成其他氧自由基，因此具有特别重要的意义. 图 1.1 是用 DMPO 捕集·O_2^- 形成的 DMPO-OOH 自旋加合物的 ESR 波谱.[10]

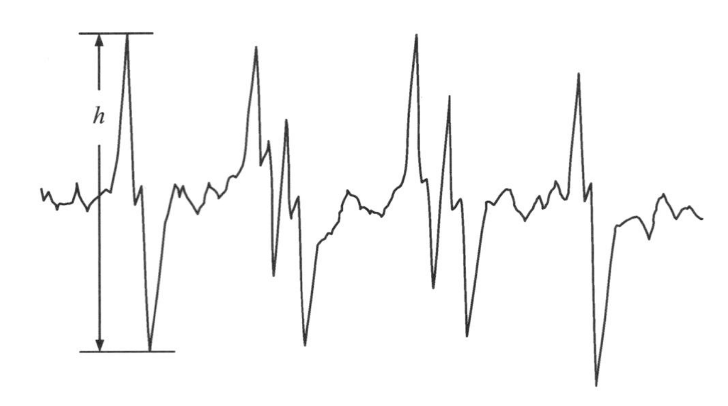

图 1.1 用 DMPO 捕集·O_2^- 形成的 DMPO-OOH 自旋加合物的 ESR 波谱

1.4.3 羟基自由基

羟基自由基(·OH)是已知最强的氧化剂，它比高锰酸钾和重铬酸钾的氧化性还强，是氧气的三电子还原产物，反应性极强，寿命极短，只有 10^{-6} s. 在很多缓冲溶液中，·OH 只要一产生，就会和缓冲溶液反应. 它几乎可以和所有细胞成分发生反应，对机体危害极大. 但是由于它的作用半径小，因此仅能和它的邻近分子反应.

过氧化氢与金属离子的反应可以产生·OH，最典型的例子是 Fenton 反应：

$$Fe^{2+} + H_2O_2 \longrightarrow Fe^{3+} + \cdot OH + OH^-$$

此外，Cu^+ 也可以和过氧化氢发生类似反应生成·OH. Harber-Weiss 反应也可以发生类似反应生成·OH：

$$\cdot O_2^- + H_2O_2 \longrightarrow O_2 + \cdot OH + OH^-$$

这一反应需要铁离子参与，才能得到足够的反应速度和足够量的·OH.图1.2是用DMPO捕集·OH形成的DMPO-OH自旋加合物的ESR波谱.[10]

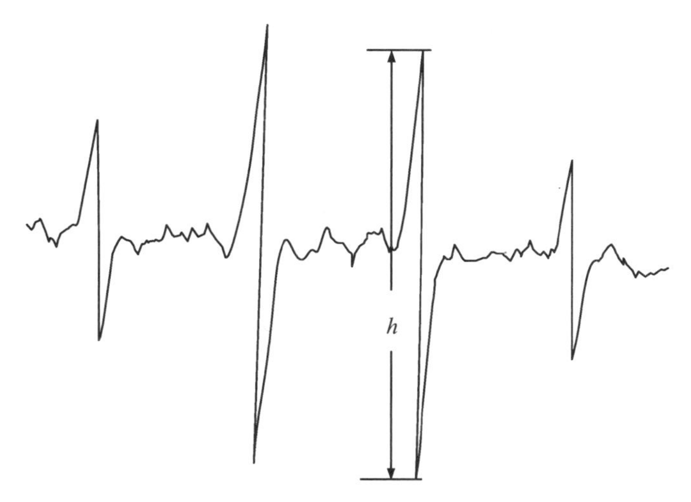

图1.2　用DMPO捕集·OH形成的DMPO-OH自旋加合物的ESR波谱

1.4.4　一氧化氮自由基

一氧化氮自由基(NO·)是较小的几个分子之一.在NO分子中，氮原子(N)的最外层有5个电子，氧原子(O)的最外层有6个电子，它们形成一个共价键的分子.N原子和O原子单轨道2s上和三重轨道2p上的各3个电子形成8个分子轨道，包括4个键合轨道[σ2s，π2p(2)，σ2p]和4个反键轨道[$\sigma 2s^*$，$\pi 2p^*$(2)，$\sigma 2p^*$]，在这8个分子轨道上的电子组态如图1.3所示.[11-12]在分子反键轨道$\sigma 2p^*$上含有一个未成对电子，因此它是一个典型的自由基.但由于NO的自旋和轨道角动量耦合非常紧密，用ESR检测不到NO·的信号.图1.4是用铁盐络合物MGD-Fe捕集PMN产生的NO·的ESR波谱.

早在20世纪70年代，美国科学家Murad在研究硝酸甘油及其他具有扩张血管活性的有机硝基化合物的药理作用时发现，这些化合物都能使组织内环鸟苷酸、环腺苷酸等第二信使的浓度升高.这类化合物有一个共同性质，可以在体内代谢生成NO·.另外一位科学家Furchgot研究乙酰胆碱等物质对血管的影响时发现在相近的条件下，同一种物质有时使血管扩张，有时对血管没有作用，有时甚至使血管收缩.经过深入研究，科学家在1980年发现，乙酰胆碱只能使完整的内皮细胞血管扩张.由此推测内皮细胞在乙酰胆碱的作用下产生了信号分子，这种信号分子作用于平滑肌细胞并使其舒张，从而扩张血管.我们称之为内皮细胞松弛因子(EDRF).研究发现,EDRF 与 NO·及许多亚硝基化合物一样能够激活可溶性鸟苷酸环化酶,增加组织中的 cGMP 水平.在此基础上,1986 年美国科学家 Ignarro 推测 EDRF 是 NO·或与 NO·密切相关的某种化合物.[2]此后,大量研究都证明了这一结论.

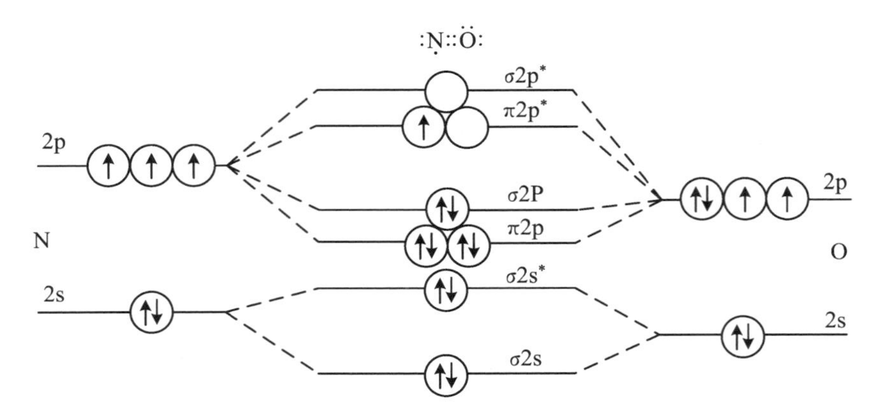

图 1.3 一氧化氮分子的电子结构和轨道电子组态示意图

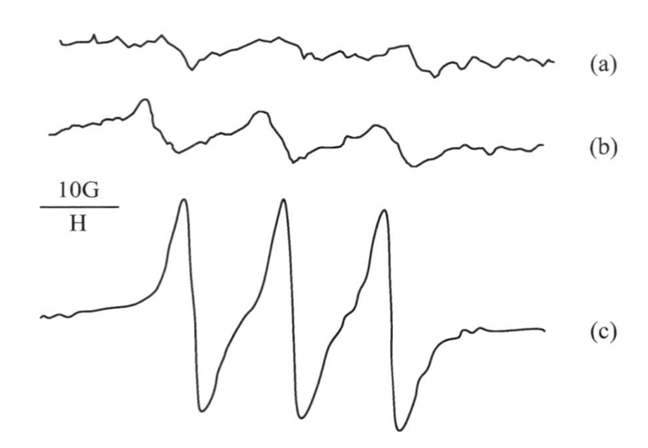

图 1.4 用铁盐络合物 MGD-Fe 捕集 PMN 产生的 NO·的 ESR 波谱

(a) 体系中加入 0.1 mmol/L 的 L-NMA;(b) 体系中不加入 L-精氨酸;(c) 体系中加入 0.1 mmol/L 的 L-精氨酸.

研究发现,NO 是神经传导的逆信使,脑和内皮细胞的 NO·合成酶具有信息传导功能.神经递质作用于神经元膜表面的受体后,其 NO·合成酶活性立即迅速增加,反应极快,且受钙离子和钙调蛋白系统的调控和激活.NO·在学习和记忆过程发挥着重要作用.NO·首先在突触后体生成,逆行扩散到突触体前区,在那里激活 cGMP 合成酶,合成大量 cGMP,对海马突触的长时增强效应(LTP)起维持作用,这是继 LTP 和 N-甲基-D-

天门冬氨酸(NMDA)受体发现之后的又一重要进展. NO・与学习和记忆突触体调变关系的研究,将为揭示脑信息加工原理展示新的前景.

过去的研究表明,白细胞在免疫杀伤过程中释放大量活性氧自由基,作为杀伤外来入侵微生物的武器. 最近的研究发现,白细胞,特别是巨噬细胞,在这一过程不仅释放活性氧自由基,而且释放大量 NO・. 这两种自由基可以很快反应生成过氧亚硝基阴离子($k=3.7\times10^{-9}$ L/(mol・s)). 在碱性条件下,过氧亚硝基比较稳定,但在稍低于中性 pH 时,立即分解生成氧化性更强的类羟基物质和 NO_2:

$$\cdot O_2^- + NO\cdot \longrightarrow ONOO^- + H^+ \longrightarrow ONOOH \longrightarrow \cdot OH + NO_2\cdot$$

从自由基分子毒理学的角度来看,这一反应机理是非常有意义的, $\cdot O_2^-$ 和 NO・都是自由基,但二者的氧化性都不是很强,它们在体内都有一定的生物功能,二者结合生成过氧亚硝基阴离子. 在高于生理 pH 条件下,过氧亚硝基相当稳定,允许它由生成位置扩散到较远的距离,一旦周围 pH 稍低于生理条件,立即分解生成羟基和 $NO_2\cdot$,这两种自由基具有很强的氧化性和细胞毒性,这对杀伤入侵微生物和肿瘤细胞具有非常重要的意义.

NO・是内皮细胞松弛因子,可以松弛血管,降低血压,按理应当对组织缺血再灌注损伤有保护作用,一些实验也表明了这一点,但是,也有很多实验结果表明 NO・在组织缺血再灌注损伤过程中起着相反的作用. 近来研究表明,NO・对组织缺血再灌注损伤有双重作用,如对大鼠脑和心脏缺血再灌注,一方面,NO・可以抑制脑组织中的梗塞面积,增加皮层血液供应,减少心肌坏死范围;另一方面,NO・也可以和缺血再灌注产生的氧自由基协同作用,对神经细胞和心肌造成损伤,因此人们称 NO・为"双刃剑".[11-12]

正常内皮细胞可以释放基础水平的 NO・,在心肌缺血再灌注时,这种释放被削弱. 原因可能是多方面的:一是 NO・合酶受缺血再灌注产生的氧自由基进攻导致活性下降;二是缺血再灌注时白细胞在心肌中积聚活化释放更多的氧自由基,对 NO・合酶造成损伤. 但是也有实验证据表明,心肌缺血再灌注损伤导致 NO・释放增加,特别是不可逆缺血再灌注损伤. 这可能是由于部分心肌细胞在心肌缺血时有坏死发生,坏死的心肌可能释放一种类似肿瘤坏死因子的物质,刺激 NO・合酶活化释放更多的 NO・.

NO・和 $\cdot O_2^-$ 迅速反应生成过氧亚硝基,这在体内具有特别重要的生理意义. 因为多形核白细胞在吞噬过程中同时释放 NO・和 $\cdot O_2^-$,在心肌缺血再灌注损伤时也同时释放 NO・和 $\cdot O_2^-$,这样,在很多生理和病理过程中会在体内产生大量过氧亚硝基. 过氧亚硝基在碱性条件下相当稳定,半衰期为 1.9 s. 在略高于生理 pH 时,它可以从生成位置扩散到较远的距离. 一旦周围的 pH 略低于正常生理值时(病理条件往往如此),立即产生氧化性和细胞毒性非常强的类羟基和 $NO_2\cdot$,这对于免疫杀伤外来入侵微生物和肿瘤细胞都具有重要意义,同时也可能对正常细胞产生损伤.

1.4.5 自旋标记分子哌啶氮氧自由基

自旋标记分子哌啶氮氧自由基类在 N—O 有一个孤对电子，其周围又都有四个甲基保护着，因此相当稳定，它们在 4 ℃干燥避光的环境中可稳定地保存数年. 自旋标记与被研究物质通过化学修饰或共价结合到蛋白质、酶和核酸上，再通过 ESR 波谱可以研究这些物质的结构、活性位置的构相及动力学问题. 自旋探针与被研究物质非共价结合，通过 ESR 波谱用于非共价插入液晶和细胞膜的脂双层中，探讨细胞膜的流动性和动力学性质. 例如，哌啶氮氧自由基(图 1.5)，N—O 沿坐标的 x 轴，未成对电子的 pπ 轨道沿坐标 z 轴方向. 将氮氧自由基化合物结晶，就可以把此坐标放进去，在 ESR 波谱仪上就可以测量和计算出氮氧自由基的分子参数，其 ESR 波谱如图 1.6 所示. 在生物标记体系中的 ESR 波谱都是以三线谱为基础，只是在不同生物分子的不同环境中其谱线形状有所不同，如在水溶液的自由流动体系中表现为各向同性波谱，在蛋白质上或者在一些流行性小的生物体系中表现为各向异性波谱.[8-9]

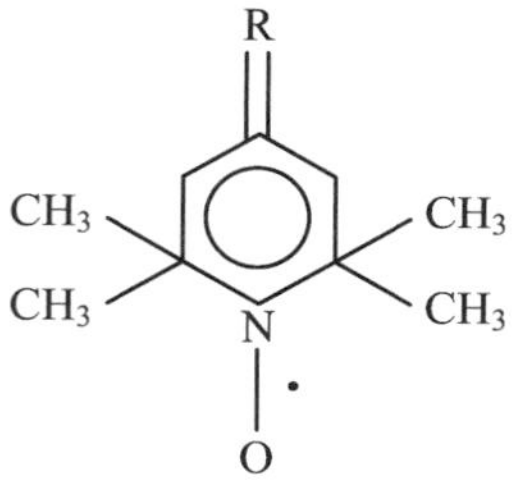

图 1.5 哌啶氮氧自由基的分子结构

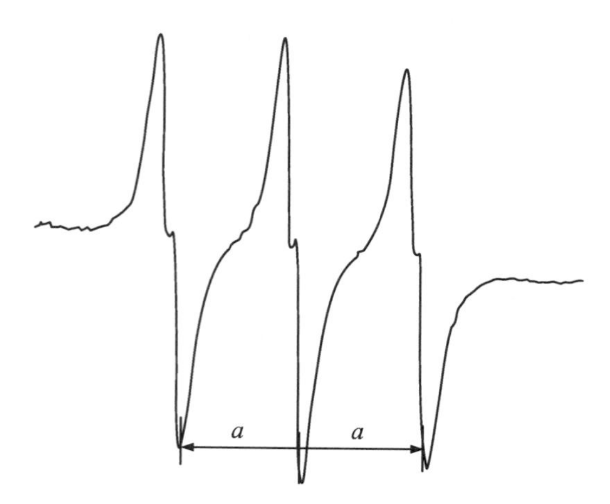

图 1.6 氮氧自由基在溶液中的各向同性波谱

1.4.6 单线态氧

单线态氧是氧气的激发态.有两种激发单线态氧:$^1\Delta_g O_2$ 和$^1\sum_g O_2$.它们的电子在分子轨道上的排布很有特点:在$^1\Delta_g O_2$ 的分子轨道上,两个电子方向相反地排在 π^* 2p 轨道上,在$^1\sum_g O_2$ 的分子轨道上,两个电子方向相反地排在 s^* 2p 轨道上,所以它们都没有未成对电子,自旋为零.单线态氧同其他物质反应主要通过两种形式进行,一是同其他分子的结合反应,二是将它的能量转移给其他分子,自己回到基态,称为淬灭.如图 1.7 所示,叔胺四甲基哌啶(TEMPONE)可以特异地检测单线态氧.遇到单线态氧,叔胺四甲基哌啶可以被氧化成稳定的四甲基哌啶氮氧自由基,它的信号由三条等强度的 ESR 谱线组成.[10]

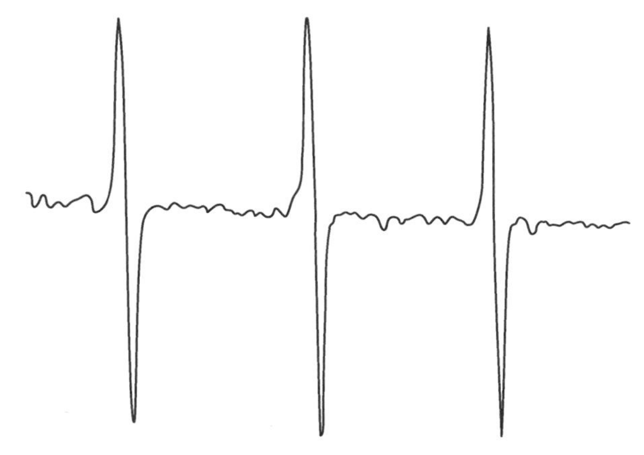

图 1.7 叔胺四甲基哌啶捕集单线态氧的 ESR 波谱

1.5 自由基在生物与医学中的应用

自由基在生物和医学体系中发挥着重要作用,体内自由基的产生和清除应当是平衡的,或者说体内氧化和还原应当是平衡的,这样人体才能保持健康.如果自由基产生过多或清除自由基的能力下降,那么体内就会有多余的自由基,特别是氧自由基,会损伤细胞成分,表现为还没有出现疾病症状的亚健康状况.但是如果不加以调整,继续发展下去就会导致疾病和衰老的发生.因此自由基和多种疾病有关,比如癌症、心脑血管疾病、老年痴呆症和帕金森病等.这样ESR就是自由基生物学和医学不可缺少的重要研究技术,在生物学和医学领域有着广泛的应用.例如,细胞膜的结构研究、蛋白质和DNA/RNA及其复合物高级结构和动力学研究、药理学研究、心脏病及神经退行性疾病和衰老研究,以及植物光合作用和植物抗病、感病作用研究.另外,ESR可用于抗氧化剂的筛选和研究,甚至还可以用于抗辐射及环境污染的研究等.[8,10]

细胞膜不仅是一个细胞的包被,而且执行着重要的生物功能,例如,物质的运输、信号的传递、能量的交换、生长和发育等都离不开细胞膜,因此细胞膜的结构和功能一直是细胞生物学和分子生物学的研究重点和热点.利用ESR自旋标记技术不仅可以研究细胞膜的结构和功能、细胞膜的流动性和膜蛋白构象,还可以研究自由基进攻细胞膜引起细胞膜磷脂过氧化和膜蛋白构象改变及天然抗氧化剂保护作用.[13-15]

蛋白质和DNA/RNA具有重要的生物功能,但是对其二、三级结构的了解还很有限.这主要是由于难以得到它们的结晶,无法用X-晶体衍射技术测定,而二维NMR只能测定较小的不结晶蛋白.与NMR相比,ESR的灵敏度要高1 000倍,所需样品更少.ESR自旋标记与位置特异突变(点突变)技术结合可以用来测定这一类膜蛋白的结构和动态特性,可以提供与人类疾病和重大生命过程密切相关的致病病毒/细菌的RNA和蛋白质的高级结构、构象动态、相互作用与功能关系方面的重要信息.蛋白质的结构动力学性质对其功能的发挥是非常关键的.在酶催化过程中,可运动的蛋白质片段称为环(loops或lids),其功能是覆盖活性位置和程序化反应历程.利用ESR自旋标记技术研究蛋白质和DNA/RNA的结构与动态特性,可以为深入了解蛋白质和DNA/RNA的结构提供一个新的技术手段.[15-31]

ESR对于揭示生物分子的结构和动力学至关重要.然而,测量单个生物分子的磁共振谱仍然是一个难以实现的目标.在环境条件下检测来自单个自旋标记蛋白质的ESR信号,可以测量蛋白质上自旋标记的方向,并检测蛋白质运动对自旋标记动力学的影响,可以发现能量转换在呼吸电子传递链是如何进行的,该链由嵌入线粒体内膜中的5个不同且偶联的蛋白质复合物(称为复合物Ⅰ～Ⅴ)组成.其中,复合物Ⅰ(NADH-泛醌氧化还原酶)、Ⅱ(琥珀酸-Q氧化还原酶)、Ⅲ(细胞色素bc1)和Ⅳ(细胞色素c氧化酶)是电子偶联质子泵酶.除复合物Ⅴ(即ATP合酶)外,每个复合物都有几种氧化还原辅助因子来促进自身内部的电子转移,从复合物Ⅰ和Ⅱ到复合物Ⅲ的转移由膜包埋的泛醌穿梭,从复合物Ⅲ到Ⅳ的转移由可溶性细胞色素c穿梭.利用钻石中的氮空位中心可以检测在环境温度下水性缓冲溶液中用氮氧化物自旋标记的单个DNA双链体的ESR波谱.这项工作为单个生物分子的磁共振研究及其在类天然环境中的分子间相互作用研究铺平了道路,在接近生理条件下对单个生物分子进行磁共振波谱测试可以大大促进对其生物学功能的理解.[32-43]

RNA是生命活动中不可或缺的一类生物大分子.RNA不仅可以存储遗传信息(RNA病毒)或将遗传信息从DNA传递到蛋白质(信使RNA),还可以作为功能分子调控多种生理过程,如基因的表达等(非编码RNA).研究发现,许多物种,包括人类的基因组 DNA,超过 80%可转录成 RNA,但仅有不到 3%最终翻译成蛋白质,这意味着存在大量的非编码蛋白质的非编码 RNA. 这些非编码 RNA 在染色体的重塑,基因组防御,DNA 的复制,RNA 的生成、修饰、剪接,基因的表达调控,蛋白质的代谢等过程中发挥重要的作用. 应用 ESR 人们可以深入研究 RNA 的结构与构象动态变化.[26-31]

作为血红素(heme)的人工模型与类似物,有关金属卟啉(metalloporphyrin)的研究已经持续了近一个世纪. 这种研究不仅在了解与认识各类含血红素金属蛋白(肌红蛋白、细胞色素 P450 等)结构与功能的过程中发挥了不可替代的作用,也使得金属卟啉及其衍生物本身发展成为材料、催化、医药等多领域的明星分子. ESR 对三种金属卟啉(锰、铁、钴)NO 衍生物的化学性质进行了深入的研究和了解.

缺血再灌注损伤会引起和加重人类很多严重疾病,如心脏病、中风、风湿性关节炎等. 近来的研究结果表明,组织的缺血再灌注损伤与自由基有着密切关系. 在非缺血情况下,组织中黄嘌呤氧化酶活性很低,在缺血时,黄嘌呤脱氢酶被水解转化成黄嘌呤氧化酶,同时三磷酸腺苷 ATP 分解为黄嘌呤氧化酶的底物次黄嘌呤,并聚积在组织中. 在无氧条件下,黄嘌呤氧化酶的活性很低,在再灌注过程中黄嘌呤氧化酶的另一个底物氧气突然得到大量供应,黄嘌呤氧化酶活性剧增,次黄嘌呤被迅速氧化,氧气被还原生成 $\cdot O_2^-$,并进一步歧化生成过氧化氢,然后经 Fenton 反应,生成毒性更大的 · OH 进攻细胞成分,造成细胞损伤. 用 ESR 技术直接测定心肌缺血再灌注产生的自由基,一些自由基清除剂对心肌缺血再灌注损伤具有一定的保护作用. NO · 具有重要的生物功能,它是内皮细胞松弛因子(EDRF),能抑制血小板凝聚,又是自由基,具有自由基的两面性,即除了生物功能以外,它还具有反应性强和细胞毒性的一面,对心血管既可能有保护作用又可能有损伤作用. NO · 的“双刃剑”作用在这里体现得非常清楚. 心脏病特别是心肌缺血再灌注损伤与 NO · 的关系引起人们的广泛关注和兴趣. 我们不仅可以用生理生化方法进行研究,还可以用 ESR 技术研究缺血再灌注过程产生的 NO · . 利用 ESR 研究离体和在体缺血再灌注损伤中产生的 NO · 及其作用,心肌细胞缺氧再给氧产生的 NO · 的信号转导作用,研究结果表明,一些天然抗氧化剂如银杏黄酮和知母宁等起到对 NO · 的调节作用和对心肌的保护作用.[44-63]

中药是中华几千年医药实践总结出来的瑰宝,对保障中华儿女身体健康发挥了重要作用. 尽管很多中药治病的机理尚不清楚,但是它们确实有一定的医疗效果. 这不仅为中华几千年医药的实践所证明,而且也逐步被一些西方国家和地区所接受. 在中医药现代化过程中,研究和解释中药治病的机理是一个重要内容. ESR 研究发现,很多中药特别是中草药的有效成分都是天然抗氧化剂. ESR 主要研究两大类抗氧化剂:第一类为预防性抗氧化剂,这类抗氧化剂可以清除脂质过氧化链启动阶段的自由基等引发剂,如 SOD、过氧化氢酶、谷胱甘肽过氧化物酶等;第二类为脂质过氧化链式反应的阻断剂,这类抗氧化剂可以捕集脂质过氧化链式反应中产生的自由基,减少脂质过氧化反应链长度,因此可以阻断或减缓脂质过氧化的进行,如维生素 C、维生素 E 等就属于这类抗氧化剂. 用 ESR 技术筛选抗氧化剂,主要是检测抗氧化剂对各种自由基的清除作用,脂质过氧化过程有多种自由基，检测抗氧化剂对这些自由基的清除作用是揭示脂质过氧化机理的一个重要方面. 在生物体系中，电子传递是一个基本反应，氧是一个重要的电子受体. 氧气得到一个电子就生成 $\cdot O_2^-$，接收两个电子转变成过氧化氢，接收三个电子转变成 $\cdot$OH，在转变过程中还会形成单线态氧. 这些活性氧和氧自由基在脂质过氧化过程中起着重要作用. 一种抗氧化剂能否抗氧化以及抗氧化效率如何，一个很重要的性质就是看它对氧自由基的清除作用. [64-97]

我国是在社会、经济不太发达，且各地区发展水平又不平衡的情况下进入老龄社会的，这种社会矛盾将给我国带来比发达国家更多、更严重的一系列医疗和社会问题. 因而深入研究衰老，特别是脑衰老和其相关的神经退行性疾病，例如帕金森病、阿尔茨海默病等，显得尤为迫切. 从分子、细胞和在整体水平上研究与脑衰老相关的人类重大疾病的发病机理，寻求有效的预防、治疗药物和方法，不仅可以提高老年人的生活质量，减轻家庭和社会的负担，还可以为人类在新的世纪中破译脑的奥秘，最终战胜脑疾病提供重要的线索和依据. ESR 技术在研究神经退行性疾病中的应用，可以探讨帕金森病、阿尔茨海默病与中风的发病和衰老的机理及天然抗氧化剂对这些疾病和衰老的预防与治疗作用. [98-121]

自 20 世纪 40 年代开始，在日本广岛和长崎两颗原子弹的爆炸和大规模的核实验，造成了大量人群的辐射损伤. 很多国家都开展了这方面的研究，促进了放射生物学的发展. 利用 ESR 技术，人们发现电离辐射作用于机体会生成自由基，由此建立了机体电离辐射损伤的自由基学说. 很快达成共识，该学说成为辐射生物学效应的重要理论，同时也成为自由基生物学与医学中最早被人们关注的领域，这对推动自由基生物学与医学的发展起到了重要的作用. [122-127]

代谢综合征被称为 21 世纪的主要健康杀手. 高血压、血糖异常、血脂异常、肥胖等多种疾病在人体内蓄积，直接导致严重的心血管疾病的发生. 肥胖是由多种因素引起的慢性疾病，可以定义为体内脂肪积累增加. 脂肪组织不仅是甘油三酯的存储器官，并且白色脂肪组织作为脂肪因子生物活性物质起到产生者的作用. 在脂肪因子中，发现了一些炎症功能物质，如白细胞介素-6(IL-6)；其他脂肪因素具有调节食物摄入的功能，因此它们对体重控制有直接影响，它们可以通过刺激多巴胺的吸收作用于边缘系统，产生饱腹感. 然而，这些脂肪因子诱导活性氧(ROS)的产生，从而引起氧化应激. ESR 在肥胖研究中发挥了重要作用. [128-129]

糖尿病是一种胰岛素分泌受损、胰岛素作用不当或二者兼有的慢性病. 胰岛素缺乏可导致高血糖. 糖尿病是最常见的代谢性疾病. 随着糖尿病在世界范围内的流行，糖尿病已成为一个重要的健康问题. 研究表明，糖尿病与活性氧和一氧化氮密切相关. 脂肪细胞中的氧化应激会损伤胰岛素信号，降低胰岛素刺激的葡萄糖摄取. 脂肪细胞不仅是葡萄糖和脂肪的存储位置，它还可以分泌细胞因子来影响葡萄糖和脂质的稳态. 脂肪超载的脂肪细胞分泌 ROS、TNF-α、抵抗素和游离脂肪酸，从而导致肌肉和肝脏的胰岛素抵抗. 脂肪细胞分泌的活性氧可通过血液运输改变全身氧化还原系统. ESR 波谱研究发现，糖尿病与自由基和氧化应激损伤密切相关.ESR 与自旋捕集技术结合,能够研究和了解自由基如何参与糖尿病的发病病理.[130-133]

烟的燃烧是一个很复杂的化学过程,在烟的气相和焦油中存在大量自由基,它们可以直接和间接攻击细胞成分,这可能是造成环境污染和引起各种疾病的重要原因.烟在燃烧过程中产生大量的有害物质,毒性最大的就是自由基、焦油和一氧化碳,其中亚硝胺和苯芘芘是焦油中致癌性最强的两种物质,因吸烟致死的人群大部分死于由亚硝胺、苯芘芘引发的肺癌.利用 ESR 可以研究烟气中的自由基及其致病机理,并可以探讨清除烟气中有害自由基的方法以及减少和防止吸烟有害自由基对人类健康的损害.[134-149]

研究表明,参与免疫反应的 NO· 和活性氧不仅在动物系统中发挥着重要作用,而且在植物体系中也发挥着重要作用.最新研究发现,NO· 作为活性氧的合作者启动植物的保护基因会导致过敏坏死反应.NO· 和活性氧在植物抗病反应中起着极其关键的作用.单独活性氧不足以导致细胞死亡,NO· 的介入和协调才可引起植物感染部位细胞的死亡,从而引起过敏坏死反应.启动植物免疫系统,减少病毒对植物的损伤,不仅可以减少农药污染,而且对农业防治昆虫传播疾病和保障农作物丰收具有重要意义.[150-169] ESR 可用于研究植物免疫反应机理.

高等植物叶绿体在光合作用过程中因处于富氧环境而极易受到氧化损伤.当光照过强或光能利用率过低时,活性氧都有可能大量产生.而这些活性氧对蛋白、细胞膜脂和色素分子都具有破坏作用.因而,深入研究活性氧所诱导的光合作用抑制机理对于如何减缓植物细胞的强光破坏,进而提高植物的光合作用效率具有重要意义.应用 ESR 技术,我们发现了 PSⅡ内的 $\cdot O_2^-$ 与 ·OH 等活性氧的产生、清除及其调控分子机制研究的最新结果.基态氧气分子有两个自旋平行的电子,故其自旋多重性为 3,是三重态,以 $^3O_2$ 或 $^3\Sigma_g^-$ 表示.当基态氧分子吸收一定能量后,达到激发态,两个电子状态变为自旋反平行的,且共同占有一个轨道(或不同轨道),其自旋多重性为 1,是单重态,以 $^1O_2$ 或 $^1\Delta_g^-$(或 $^1\Sigma_g^+$)表示,又称为单线态氧.光照色素与 P_{680} 都有可能激发氧分子而产生 $^1\Delta_g^-$ 态的单线态氧.与过氧化氢相比,·OH 是一种更加活跃和更具有破坏性的活性氧物质,在强光引起的光抑制中最有可能破坏 PSⅡ的放氧中心,致使 PSⅡ失活.因此我们有理由认为,在光抑制过程产生的过氧化氢对放氧的破坏作用不但源于过氧化氢本身,而且更可能源于它的衍生物——·OH.[170-175]

1.6 结论

通过以上讨论,我们可以看出,ESR 确实是典型的量子科学,不仅 ESR 的共振条件是由量子力学薛定谔方程计算出来的,而且 ESR 的超精细分裂也是由量子力学计算出来的.ESR 波谱技术还是研究电子自旋能级跃迁的最有效方法.ESR 在生物与医学中的应用也是量子科学在生物与医学中应用的具体体现.今后,ESR 必然会对生物与医学的发展起到重要作用.

参考文献

[1] 高守恩,杨建宋.量子力学[M].北京:清华大学出版社,2014.

[2] 徐光宪.物质结构[M].北京:人民教育出版社,1961.

[3] 裘祖文.电子自旋共振波谱[M].北京:科学出版社,1982.

[4] 徐广智.电子自旋共振波谱基本原理[M].北京:科学出版社,1982.

[5] 徐元植.实用电子磁共振波谱学原理和应用[M].北京:科学出版社,2022.

[6] 苏吉虎,杜江峰.电子顺磁共振波谱:基本原理和应用[M].北京:科学出版社,2022.

[7] Swartz H N, Bolton T R, Borg D C. Biological application of electron spin resonance[M]. New York: Wiley, 1972.

[8] 赵保路.电子自旋共振在生物和医学中的应用[M].合肥:中国科学技术大学出版社,2009.

[9] 张建中,赵保路,张请刚.自旋标记 ESR 波谱的基本理论和应用[M].北京:科学出版社,1987.

[10] 赵保路.氧自由基和天然抗氧化剂[M].2 版.北京:科学出版社,2002.

[11] 赵保路.一氧化氮自由基[M].北京:科学出版社,2008.

[12] 赵保路.一氧化氮自由基生物学和医学[M].北京:科学出版社,2019.

[13] 赵保路,张清刚,张建中,等.用脂肪酸自旋标记研究中国地鼠肺正常细胞 V79 和癌变细胞 V79-B1 膜的流动性[J].科学通报,1982,27:686-689.

[14] 赵保路,席丹,张建中,等.用脂肪酸自旋标记研究中国地鼠肺正常细胞 V79 和癌变细胞 V79-B1 膜的温度相关性[J].科学通报,1982,27:813-816.

[15] 忻文娟,赵保路,张建中.用马来西亚胺自旋标记研究中国地鼠肺正常细胞 V79 和癌变细胞 V79-B1 巯基结合位置的性质[J].中国科学(B 辑),1984,26:429-435.

[16] Chao X U, Yin J J, Zhao B L. Structural characteristics of the hydrophobic patch of azurin and its interaction with p53: a site-directed spin labeling study[J]. Science China Life Sciences, 2010, 53:1181-1188.

[17] 徐超,殷俊杰,赵保路.用定点自旋标记的方法研究天青蛋白疏水区的结构及其与 p53 蛋白的相互作用[J].中国科学:生命科学,2011,41(1):30-37.

[18] Xu C, Zhao Y, Zhao B L. The interaction of azurin and C-terminal domain of p53 is mediated by nucleic acids[J]. Arch. Biochem. Biophys., 2010, 503: 223-229.

[19] Shi F, Zhang Q, Wang P, et al. Protein imaging single-protein spin resonance spectroscopy under ambien condition[J]. Science, 2015, 347(6226): 1135-1138.

[20] Mao J, Zhang Q, Shi F, et al. Mitochondria respiratory chain studied by electron paramagnetic

resonance spectroscopy[J]. Chinese Science Bultin, 2020, 65: 339.
[21] Niu X L, Sun R R, Chen Z F, et al. Pseudoknot length modulates the folding, conformational dynamics and robustness of Xrn1 resistance of flaviviral xrRNAs[J]. Nature Communications, 2021, 12(1): 6417.
[22] Ma J F, Chen X, Xu Z H, et al. Structural mechanism for modulation of functional amyloid and biofilm formation by Staphylococcal Bap protein switch[J]. The EMBO Journal, 2021, 40 (14): e107500.
[23] Tao Y Q, Xie J F, Zhong Q L, et al. A novel partially-open state of SHP2 points to a "multiple gear" regulation mechanism[J]. Journal of Biological Chemistry, 2021, 296: 100538.
[24] Fang X Y, Gallego J, Wang Y X. Deriving RNA topological structure from SAXS[J]. Methods in Enzymology, 2022, 677: 479.
[25] Hu Y P, Wang Y, Singh J, et al. Phosphorothioate-based posttranscriptional site-specific labeling of large RNAs for structural and dynamic studies[J]. ACS Chemical Biology, 2022, 17(9): 2448.
[26] Xu B B, Cao C C, Chen H, et al. Recent advances in RNA structurome[J]. Science China Life Sciences, 2022, 65(7): 1285.
[27] Endeward B, Hu Y P, Bai G C, et al. Long-range distance determination in fully deuterated RNA with pulsed EPR spectroscopy[J]. Biophysical Journal, 2022, 121(1): 37.
[28] Huang K Y, Fang X Y. A review on recent advances in methods for site-directed spin labeling of long RNAs[J]. International Journal of Biological Macromolecules, 2023, 239: 124244.
[29] Chen X, Wang Y, Xu Z H, et al. Zika virus RNA structure controls its unique neurotropism by bipartite binding to Musashi-1[J]. Nature Communications, 2023, 14(1): 1134.
[30] Xu L L, Xiao Y, Zhang J, et al. Structural insights into translation regulation by THF-Ⅱ riboswitch[J]. Nucleic Acids Research, 2023, 51(2): 952.
[31] Zhang J, Chen B X, Fang X Y. 3D structural analysis of long non-coding RNAs by SAXS and computational modeling[J]. Methods in Molecular Biology, 2023, 2568: 147.
[32] Lu Z B, Nie G J, Li Y Y, et al. Overexpression of mitochondrial ferritin sensitizes cells to oxidative stress via an iron-mediated mechanism[J]. Antioxidants & Redox Signaling, 2009, 11: 1791.
[33] Shi F, Kong F, Zhao P, et al. Single-DNA electron spin resonance spectroscopy in aqueous solutions[J]. Nat. Methods, 2018, 15(9): 697.
[34] Zhao Y, Jiang W, Hou J W, et al. Effect of calcium overload and salviol(Tanshinone) on the lipid free radicals generated from lipid peroxidation of mitochondrial membreane[J]. Chinese J. Biochem. Biophys., 1995, 28: 269.
[35] Zhao B L, Jiang W, Zhao Y, et al. Scavenging effect of salvia miltiorriza on free radicals and its protection for myocardial mitochondrial membrane from ischemia-reperfusion injury[J]. Biochem. Mole. Biol. Intern., 1996, 38: 1171.
[36] Wei T T, Chen C, Zhao B L, et al. The antioxidant EPC-K1 attenuates NO-induced mitochondrial dysfunction, lipid peroxidation and apoptosis in cerebellar granule cells[J]. Toxicol.,

1999, 134: 117.

[37] Gao J T, Tang H R, Li Y, et al. EPR study of the toxicological effects of Gas-phase cigarette smoke and the protective effects of grape seed extract on the mitochondrial membrane[J]. Applied Magnetic Resonance, 2002, 22: 497.

[38] Zhou G Y, Jiang W, Zhao Y, et al. Sodium tanshinone ⅡA sulfonate mediates electron transfer reaction in rat heart mitochondria[J]. Biochem. Pharmacol., 2003, 65: 51.

[39] Xie Y X, Bezard E, Zhao B L. Unrevealing the receptor-independent neuroprotective mechanism in mitochondria[J]. J. Biol Chem., 2005, 280: 32407.

[40] Wu Z F, Zhang J, Zhao B L. Superoxideanion regulates the mitochondrial free Ca^{2+} through uncoupling proteins[J]. Antioxidants & Redox Signaling, 2009, 11: 1805.

[41] Shi Z H, Nie G J, Duan X L, et al. Neuroprotective mechanism of mitochondrial ferritin on 6-hydroxydopamine induced dopaminergic SH-SY5Y cell damage: potential implication for neuroprotection in Parkinson's disease[J]. Antioxidants & Redox Signaling, 2010, 12: 1805.

[42] Wu Z F, Zhu Y S, Cao X S, et al. Mitochondrial toxic effects of Aβ through mitofusins in the early pathogenesis of alzheimer's disease[J]. Molecular Neurobiology, 2014, 50(3): 986.

[43] 赵保路,忻文娟,杨卫东,等.用电子自旋共振直接检测兔心肌缺血再灌注产生的活性氧自由基[J].科学通报,1989,34:780-782.

[44] 杨卫东,朱鸿良,赵保路,等.电子自旋共振直接检测心肌再灌注产生的氧自由基和复方丹参对氧自由基的清除作用[J].中华心血管杂志,1989,17:178.

[45] 朱青燕,陈尚恭,赵保路,等.ESR检测大鼠心脏缺血再灌注产生的氧自由基及药物的消除[J].生物物理学报,1990,6:32.

[46] 程时,赵保路,忻文娟,等.离体大鼠心肌缺血后再灌注损伤及其保护[J].中国循环杂志,1990,5:222.

[47] 黄宁,陈瑗,赵保路,等.大鼠在体心脏缺血再灌注氧自由基产生的研究[J].中华医学杂志,1990,70:691.

[48] 于玲范,夏德义,赵保路,等.电子自旋共振直接测定维D引起大鼠心肌损伤中氧自由基和L-甲硫氨酸对心肌的保护作用[J].中华物理医学杂志,1991,13:95.

[49] Chen L H, Zang Y M, Zhao B L, et al. Electron spin resonance determination and superoxide dismutase activity in polymorpho-nuclear luekocytes in congestive heart failure[J]. Can. J. Cardiol., 1992, 8: 756.

[50] 刘玲玲,王士文,赵保路,金属络合物对离体大鼠心肌缺血后再灌注损伤的保护作用的实验研究[J].中华心血管病杂志,1993,21:304-306.

[51] 狄华,袁振铎,赵保路,等.氧自由基在大鼠肾缺血再灌注损伤中的作用[J].基础医学与临床,1993,13:75-77.

[52] Liu L L, Zhao B L. A study on the protective effect of metallic chelators on ischemia-reperfusion injury of isolated rat heart[J]. Chinese Journal of Cardiovascular Diseases, 1993, 21(5): 304-306.

[53] 邹曦露,万谦,李美芬,等.茶多酚对鼠心肌缺血再灌注产生的氧自由基的清除[J].波谱学杂志,1995,12:237-244.

[54] 赵保路，沈剑刚，忻文娟.心肌缺血再灌注损伤过程中NO和超氧阴离子自由基的协同作用[J].中国科学，1996，26：331-338.

[55] Zhao B L, Shen J G, Li M F, et al. Scavenging effect ofchinonin on NO and oxygen free radicals generated from ischemia reperfusion myocadium[J]. Biachem. Biophys. Acta, 1996, 1317: 131-137.

[56] Zhao B L, Shen J G, Li M F, et al. Chinonin can scavenging NO free radicals and protect the myocardium against ischemia-reperfusion injury[C]. Illinois: AOCS Press, 1996.

[57] Shen J G, Zhao B L, Li M F, et al. Inhibitory effects of Ginkgo biloba extract (EGB761) on oxygen free radicals, nitric oxide and myocardial injury in isolated ischemic-reperfusion hearts [C]. Illinois: AOCS Press, 1996.

[58] 赵保路，沈剑刚，忻文娟.心肌缺血再灌注损伤过程中NO和超氧阴离子自由基的协同作用[J].中国科学，1996，26：331-338.

[59] 赵保路，沈剑刚，侯京武，等.用ESR研究心肌缺血再灌注组织和多形核白细胞产生的NO自由基[J].波谱学杂志，1997，14：99-106.

[60] Zhao B L, Shen J G, Hou J W, et al. ESR studies of NO radicals generated from ischemia-reperfusion tissu and polymophonukocyte[C]. Berlin: Springer, 1998.

[61] Shen J G, Wang J, Zhao B L, et al. Effects of EGb-761 on nitric oxide, oxygen free radicals, myocardial damage and arrhythmias in ischemia-reperfusion injury in vivo[J]. Biochim. Biophys. Acta, 1998, 1406: 228-236.

[62] Zhou G Y, Zhao B L, Hou J W, et al. Protective effects of sodium tanshinone ⅡA sulfponate against adriamycin-induced lipid peroxidation in mice heart in vivo and in vitro[J]. Pharmco. Res., 1999, 40: 487-491.

[63] 句海松，李小洁，赵保路，等.甘草黄酮对活性氧自由基和脂质过氧化的作用[J].药学学报，1989，24：807.

[64] Li X J, Zhao B L, Liu G T, et al. Scavenging effects on active oxygen radicals by schizandrins with differnet structures and configurations[J]. Free Radical Biol. Med., 1990, 9: 99.

[65] Zhao B L, Li X J, Liu G T, et al. Scavenging effect of schizandrins on active oxygen radicals [J]. Cell Biol. Intern. Report., 1990, 14: 99.

[66] Ju H S, Li X J, Zhao B L, et al. Scavenging effect of berbamine on active oxygen radicals in phorbol ester-stimulated human polymorphonuclear leukocytes[J]. Biochem. Pharmcol., 1990, 39: 1673.

[67] Xin W J, Zhao B L, Li X J, et al. Scavenging effects of chinese herbs and natural health productson active oxygen radicals[J]. Res. Chem. Interm., 1990, 14：171.

[68] 句海松，李小洁，赵保路，等.阿魏酸钠和18β-甘草次酸对氧自由基的清除作用[J].中国药理学报，1990，11：466.

[69] 张予，张覃沐，赵保路，等.吗丙嗪对阿霉素诱导的大鼠心肌半醌自由基的清除作用[J].中国药理学报，1991，12：20.

[70] Zhao B L, Liu S L, Chen R S, et al. Scavenging effect of catechin on free radicals studied by molecular orbital calculation[J]. Pharmocol. Sinica. Acta, 1992, 13: 9.

[71] Shi H L, Yang F J, Zhao B L, et al. Effects of r-HuEPO on the biophysical characteristics of erythrocyte membrane in patients with anemia of chronic renal failure[J]. Cell Res., 1994, 4: 57-64.

[72] 傅文庆,张春爱,赵保路.竹荪对氧自由基清除作用的研究[J].现代老年医学杂志,1994,3:15-17.

[73] 徐廷,江文,李生广,等.镁离子对阿霉素线粒体毒性的防护作用[J].生物物理学报,1995,11:614-618.

[74] Shi H L, Zhao B L, Xin W J. Scavenging effects of Baicalin on free radicals and its protection on erythrocyte membrane from freeradical injury[J]. Biochem. Molec. Biol. Intern., 1995: 981-994.

[75] Zhao Y, Jiang W, Hou J W, et al. Effect of calcium overload and salviol(Tanshinone) on the lipid free radicals generated from lipid peroxidation of mitochondrial membreane[J]. Chinese J. Biochem. Biophys., 1995, 28:269-276.

[76] 郭琼,赵保路,侯京武,等.五味子酚对突触体膜脂质过氧化损伤保护作用的 ESR 研究[J].神经解剖学杂志,1995,11:331-336.

[77] Zhao B L, Jiang W, Zhao Y, et al. Scavenging effect of salvia miltiorriza on free radicals and its protection for myocardial mitochondrial membrane from ischemia-reperfusion injury[J]. Biochem. Mole. Biol. Intern., 1996, 38: 1171-1182.

[78] Ni Y C, Zhao B L, Hou J W, et al. Protection of cerebellar neuron by Ginkgo-biloba extract against apoptosis induced by hydroxyl radicals[J]. Neuron Science Letter, 1996, 214: 115-118.

[79] 倪玉成,赵保路,侯京武,等.银杏叶提取物对自由基所致脑神经细胞损伤的保护作用[J].生物物理学报,1997,13:495-498.

[80] 沈剑刚,郭志刚,冬丽,等.益气通络丸对冠心病、高血压病氧自由基、一氧化氮含量及纤溶活性的影响[J].中国中西医结合杂志,1997,17:410-413.

[81] 任继刚,刘沛林,赵保路,等.用自旋捕集和电子自旋共振技术观察雷公藤对氧自由基的影响[J].同济医科大学学报,1997,26:112-115.

[82] 沈剑刚,郭志刚,冬丽,等.益气通络丸对冠心病、高血压病患者不同中医症性血液脂质过氧化、一氧化氮及纤溶活性的影响[J].中国中医基础医学杂志,1998,4:37-40.

[83] 沈剑刚,郭志刚,冬丽,等.益气通络丸对冠心病,高血压病氧自由基、一氧化氮及纤溶活性的影响[J].1998,中国中西医结合杂志,1998,17:410-413.

[84] 李明扬,田霞,侯京武,等.退黑激素对肝线粒体膜产生自由基抑制作用的实验研究[J].中国药理学通报,1998,14:260-262.

[85] Zhao B L, Li X J, He R G, et al. Scavenging effect of extracts of green tea and natural antioxidants on active oxygen radicals[J]. Cell Biochem. Biophys., 1989, 14: 175-184.

[86] Zhao B L, Li X J, Xin W J. ESR study on oxygen consumption during the respiratory burst of human polymophonuclear leukocytes[J]. Cell Biol. Intern. Report., 1989, 13: 317-325.

[87] Li X J, Zhao B L, Liu G T, et al. Scavenging effects on active oxygen radicals by schizandrins with differnet structures and configurations[J]. Free Radical Biol. Med., 1990, 9: 99.

[88] Zhao B L, Li X J, Liu G T, et al. Scavenging effect of schizandrins on active oxygen radicals [J]. Cell Biol. Intern. Report., 1990, 14: 99.

[89] Ju H S, Li X J, Zhao B L, et al. Scavenging effect of berbamine on active oxygen radicals in phorbol ester-stimulated human polymorphonuclear leukocytes[J]. Biochem. Pharmcol., 1990, 39: 1673.

[90] Xin W J, Zhao B L, Li X J, et al. Scavenging effects of chinese herbs and natural health productson active oxygen radicals[J]. Res. Chem. Interm., 1990, 14: 171.

[91] Guo Q, Zhao B L, Li M F, et al. Studies on protective mechanisms of four components of green tea polyphenols (GTP) against lipid peroxidation in synaptosomes[J]. Biochem. Biophys. Acta., 1996, 1304: 210-222.

[92] Guo Q, Zhao B L, Hou J W, et al. ESR study on the structure-antioxidant activiity relationship of tea catechins and their epimers[J]. Bichim. Biophys. Acta, 1999, 1427: 13-23.

[93] Zhao B L, Guo Q, Xin W J. Free radical scavenging by green tea polyphenols[J]. Method. Enzym., 2001, 335: 217-231.

[94] Zhao B L, Liu S L, Chen R S, et al. Scavenging effect of catechin on free radicals studied by molecular orbital calculation[J]. Acta Pharmocol. Sinica., 1992, 13: 9-14.

[95] Zhao B L, Guo Q, Xin W J. Free radical scavenging by green tea polyphenols[J]. Method. Enzym., 2001, 335: 217-231.

[96] Gao J T, Tang H R, Zhao B L. The toxicological damagement of gas phase cigarette smoke on cells and protective effect of green tea polyphenols[J]. Res. Chem. Intermed., 2001, 29: 269-279.

[97] Zhao B L. Antioxidant effects of green tea polyphenols[J]. Chinese Sci. Bult., 2003, 48(4): 315-319.

[98] Nie G J, Wei T T, Shen S R, et al. Polyphenol protection of DNA against damage[J]. Meth. Enzym., 2001, 335: 232-244.

[99] Nie G J, Jin C F, Cao Y L, et al. Distinct effects of tea catechins on 6-hydroxydopamine-induced apoptosis in PC12 cells[J]. Arch. Biochem. Biophys., 2002, 397: 84-90.

[100] Nie G J, Cao Y L, Zhao B L. Protective effects of green tea polyphenols and their major component, (-)-epigallocatechin-3-gallate (EGCG), on 6-hydroxyldopamine-induced apoptosis in PC12 cells[J]. Redox. Report, 2002, 7: 170-177.

[101] Guo S H, Bezard E, Zhao B L. Protective effect of green tea polyphenols on the SH-SY5Y cells against 6-OHDA induced apoptosis through ROS-NO pathway[J]. Free Rad. Biol. Med., 2005, 39: 682-695.

[102] Guo S H, Yan J Q, Bezard E, et al. Protective effects of green tea polyphenols in the 6-OHDA rat model of Parkinson's disease through inhibition of ROS-NO pathway[J]. Biological Psychiatry, 2007, 62: 1353-1362.

[103] 谢渝湘,刘强,张杰,等.尼古丁预防帕金森病和老年痴呆症的分子机理[J].中国烟草学报,2006,12:25-33.

[104] Xie Y X, Bezard E, Zhao B L. Unraveling the receptor- independent neuroprotective mechanism in mitochondria[J]. J. Biol. Chem., 2005, 396: 84-92.

[105] Liu Q, Tao Y, Zhao L. ESR study on scavenging effect of nicotine on free radicals[J]. Appl.

Mag. Reson., 2003, 24: 105-112.

[106] Zhang J, Liu Q, Liu N Q, et al. Nicotine reduces β-amyloidosis by regulating metal homeostasis[J]. FASEB J., 2006, 20: 1212-1214.

[107] Liu Q, Zhang J, Zhu Z, et al. Dissecting thesignalling pathway of nicotine-mediated neuroprotection in a mouse alzheimer disease model[J]. FASEB J., 2007, 21: 61-73.

[108] Zheng W, Xin N, Chi Z H, et al. Divalent metal transporter 1 is involved in amyloid precursor protein processing and A generation[J]. FASEB J., 2009, 23: 4207-4217.

[109] Shi Z H, Nie G J, Duan X L, et al. Neuroprotective mechanism of mitochondrial ferritin on 6-hydroxydopamine induced dopaminergic SH-SY5Y cell damage: potential implication for neuroprotection in Parkinson's disease[J]. Antioxidants & Redox Signaling, 2010, 12: 1805-1818.

[110] Zhang L Z, Jie G L, Zhang J J, et al. Significant Longevity-extending effects of EGCG on C. elegans under stresses[J]. Free Rad. Biol. Med., 2009, 46: 414-421.

[111] Wan L, Nie G J, Zhang J, et al. <Beta>-amyloid peptide increases levels of iron content and oxidative stress in human cell and C. elegans models of Alzheimer's disease[J]. Free Rad. Biol. Med., 2011, 47: 415-424.

[112] Luo Y, Zhang J, Liu N, et al. Copper ions influence the toxicity of beta-amyloid(1-42) in a concentration-dependent manner in a caenorhabditis elegans model of Alzheimer's disease[J]. Sci. China: Life Sci., 2011, 54: 527-534.

[113] Wu H, Zhao Y, Guo Y, et al. Significant longevity-extending effects of a tetrapeptide from maize on C elegans under stress[J]. Food Chemistry, 2012, 130: 254-260.

[114] Luo Z H, Zhao Y, Wang Y F, et al. Protective effect of theaflavins on neuron against 6-hydroxydopamine-induced apoptosis in SH-SY5Y cells[J]. J. Clinical. Biochem. Nutrition., 2012, 50: 133-138.

[115] Wan L, Nie G, Zhang J, et al. Overexpression of human wild-type amyloid-protein precursor decreases the iron content and increases the oxidative stress of neuroblastoma SH-SY5Y cells [J]. Journal of Alzheimer's Disease, 2012, 30: 523-530.

[116] 罗云峰,张杰,刘年庆,等.在阿尔茨海默病转基因线虫模型中铜离子以浓度依赖的方式影响贝塔淀粉样多肽的毒性[J].中国科学:生命科学,2011,41(5):369-376.

[117] Zhao Y, Zhao B L. Natural antioxidants in prevention and management of Alzheimer's disease[J]. Front. Biosci. Frontiers in Bioscience, 2012, E4: 794-808.

[118] Zhao Y, Zhao B L. Oxidative stress and the pathogenesis of Alzheimer's disease[J]. Oxidative Medicine and Cellular Longevity, 2013(6): 316523.

[119] Luo Y F, Yue W H, Quan X, et al. Asymmetric dimethylarginineexacerbatesAβ-induced toxicity and oxidative stress in human cell and caenorhabditis elegans models of Alzheimer disease [J]. FRBM., 2015, 79: 117-126.

[120] Zhang Z, Zhao Y, Wang X, et al. The novel dipeptide Tyr-Ala (TA) significantly enhances the lifespan and healthspan of Caenorhabditis elegans[J]. Food & Function., 2016, 7(4): 1975-1984.

[121] Zhao B L. Natural antioxidant for neurodegenerative diseases[J]. Mol. Neurobiol, 2005, 31:

283-293.

[122] 赵保路,瞿保钧,张春爱,等.用自旋标记ESR技术研究光照血卟啉衍生物同脂质体的相互作用[J].药学学报,1985,28:89-94.

[123] 赵保路,黄宁娜,张建中,等.用自旋捕集技术研究光照血卟啉衍生物水溶液产生的羟基自由基[J].科学通报,1985,30:1743-1746.

[124] 张建中,黄宁娜,赵保路,等.在血卟啉生物光敏体系中DMPO捕集自由基的ESR研究[J].化学学报,1986,44:627-630.

[125] Lu Z B, Tao Y, Zhou Z X, et al. Mitochondrial ROS and NO mediated cancer cell apoptosis in 2-BA-2-DMHB photodynamic therapy[J]. Free Rad. Biol. Med., 2006, 41: 1590-1605.

[126] Thethi T, Bratcher C, Fonseca V. (2006) Metabolic syndrome and heart-failure[J]. Heart Failure Clinins, 2006,2(1):2: 1-11.

[127] Fonseca V A. The metabolic syndrome, hyperlipidemia, and insulin resistance[J]. Clin Cornerstone, 2005, 7: 61-72.

[128] Torkhovskaia T I, Artemova L G, Shcherbakova I A, et al. Effect of hyperalphalipoproteinemia on structural characteristics of plasma lipoproteins according to electron paramagnetic resonance spin probe findings[J]. Biull. Eksp. Biol. Med., 1980, 90(12): 694-696.

[129] Nawab A, Nichols A, Klug R, et al. Spin trapping: A review for the study of obesity related oxidative stress and Na^+/K^+-ATPase[J]. J. Clin. Cell Immunol., 2017, 8(3): 505.

[130] Sano T, Umeda F, Hashimoto T, et al. Oxidative stress measurement by in vivo electron spin resonance spectroscopy in rats with streptozotocin-induced diabetes[J]. Diabetologia, 1998, 41(11): 1355-1360.

[131] Matsumoto S, Koshiishi I, Inoguchi T, et al. Confirmation of superoxide generation via xanthine oxidase in streptozotocin-induced diabetic mice[J]. Free Radic. Res., 2003, 37(7): 767-772.

[132] Desmet C M, Lafosse A, Vériter S, et al. Application of electron paramagnetic resonance (EPR) oximetry to monitor oxygen in wounds in diabetic models[J]. PLoS. One., 2015, 10(12): e0144914.

[133] Juguilon C, Wang Z, Wang Y, et al. Mechanism of the switch from NO to H_2O_2 in endothelium-dependent vasodilation in diabetes[J]. Basic. Res. Cardiol., 2022, 117(1): 2.

[134] 赵保路.吸烟、自由基和癌[J].自然杂志,1988,12:453-456.

[135] 赵保路.吸烟、自由基和心脏病[J].自然杂志,1989,12:655-657.

[136] 赵保路.降低吸烟中自由基的危害[J].北京烟草,1994,3:16-17.

[137] 赵保路.自由基讲座[J].北京烟草,1994,4:21-25.

[138] 赵保路,张春爱,忻文娟.吸烟、自由基和皮肤衰老[J].现代老年医学杂志,1995,4:43-45.

[139] 赵保路,晏良军,侯京武,等.电子自旋共振自旋捕集吸烟气相自由基的研究[J].中华医学杂志,1990,70:386-392.

[140] 晏良军,赵保路,忻文娟.吸烟气相物质引起膜的生物物理特性改变的研究[J].生物物理学报,1991,7:5.

[141] 晏良军,赵保路,郭尧君,等.吸烟气相物质引起的脂质过氧化的研究[J].环境化学,1992,

11:58.

[142] 杨法军,赵保路,忻文娟.吸烟烟气对鼠肺细胞膜的损伤和茶多酚的保护作用[J].环境化学,1992,11:50.

[143] 杨法军,赵保路,忻文娟.用ESR自旋捕集法研究吸烟烟气处理的脂质体对大鼠粒细胞产生$\cdot O_2^-$的影响[J].生物物理学报,1992,8:659.

[144] 杨法军,赵保路,忻文娟.吸烟烟气引起鼠肝微粒体脂质过氧化的ESR波谱研究[J].环境化学,1993,12:117.

[145] 杨发军,任小军,赵保路,等.茶多酚抑制吸烟气相物质刺激鼠肝微粒体产生脂类自由基的ESR研究[J].生物物理学报,1993,9(3):468-471.

[146] 张树立,赵保路,忻文娟.吸烟烟气的细胞毒性作用和茶多酚保护作用的研究[J].中国环境科学,1996,16:386-390.

[147] 赵保路.吸烟、自由基与健康[J].生物物理学报,2012,28:332-340.

[148] 底晓静,赵保路.烟碱成瘾和祛成瘾研究进展[J].中国烟草学报,2011,17,(3):71-77.

[149] 张建朝,赵保路,忻文娟.亚油酸体系脂质过氧化起动机理的ESR研究[J].生物物理学报,1991,7:189-193.

[150] 赵保路,沈剑刚,侯京武,等.用ESR研究心肌缺血再灌注组织和多形核白细胞产生的NO自由基[J].波谱学杂志,1997,14:99-106.

[151] 赵保路,王建潮,侯京武,等.多形核白细胞产生的NO和超氧阴离子自由基主要形成$ONOO^-$[J].中国科学,1996,26:406-413.

[152] Li H T, Zhao B L, Hou J W, et al. Two peak kinetic curve of chemiluninencence in phorbol stimulated macrophage[J]. Biochem. Biophys. Res. Commn., 1996, 223: 311-314.

[153] Zhao B L, Wang J C, Hou J W, et al. Studies on the mechanism of generation of NO free radicals from polymorphonuclear leukocytes stimulated by PMA[J]. Cell Biol. Intern. Report, 1996, 20: 343-350.

[154] Zhao B L, Jiang W, Zhao Y, et al. Scavenging effect of salvia miltiorriza on free radicals and its protection for myocardial mitochondrial membrane from ischemia-reperfusion injury[J]. Biochem. Mole. Biol. Intern., 1996, 38: 1171-1182.

[155] Zhao B L, Wang J C, Hou J W, et al. Studies on nitric oxide free radicals generated from polymorphonuclear leukocytes (PMN) stimulated by phorbol myristate acetate (PMA)[J]. Cell Biol. Intern., 1996, 20(5): 343-350.

[156] Zhao B L. "Double Edge" effects of nitric oxide free radical in cardio-brain-vascular diseases and health studied by ESR[J]. Chinese J. Magnetic Resonance, 2015, 32: 195-207.

[157] Guo Q, Zhao B L, Packer L. Electron spin resonance study of free radicals formed from a procyaniding-rich pine (pinus Maritima) bark extract[J]. Free Rad. Biol. Med., 1999, 27: 1308-1312.

[158] Nie G J, Wei T T, Zhao B L. Polyphenol protection of DNA against damage[J]. Method Enzym., 2001, 335: 232-244.

[159] Zhang D L, Xiong J, Hu J, et al. Improved method to detect nitric oxide in biological syste [J]. Appl. Magn. Reson., 2001, 20: 345-358.

[160] Liu H L, Zhang D L, Zhao B L, et al. Superoxide anion, the main species of ROS in the development of ARDS induced by oleic acid[J]. FREE. RADICAL. RES., 2004, 38: 1281-1287.
[161] Cao Y, Guo P, Zhao B L. Simultaneous detection of NO and ROS by ESR in biological system [J]. Method Enzymol., 2005, 396: 77-83.
[162] Zhao B L. Nitric oxide in neurodegenarative diseases[J]. Front. Bioscience, 2005, 10: 454-461.
[163] Cao Y L, Niu Y C, Zhao B L. Study of effect of NO on wheat stripe rust by ESR[J]. Free Rad. Biol. Med., 2002, 33: S74.
[164] Guo P, Cao Y L, Li Z Q, et al. Role of an endogenous nitric oxide burst in the resistance of wheat to stripe rust[J]. Plant Cell Environ., 2004, 27(4): 473-477.
[165] Xu Y C, Cao Y L, Guo P, et al. Detection of nitric oxide in plants by electron spin resonance [J]. Phytopath, 2004, 94: 402-407.
[166] Xu Y C, Cao Y L, Guo P, et al. Technique of detection of NO in plants by ESR spin trapping [J]. Method. Enzym., 2005, 396: 84-92.
[167] Cao Y L, Duan X F, Lu J X, et al. ESR study in reactive oxygen species free radical production of pinus kesiya var. langbianensis heartwood trated with laccas[J]. Appl. Magn. Reson., 2008, 35: 205-211.
[168] Zhou G W, Li J N, Chen Y S, Zhao, et al. Determination of reactive oxygen species generated in laccase catalyzed oxidation of wood fibers from Chinese fir (cunninghamia lanceolata) by electron spin resonance spectrometry[J]. Bioresource Technology, 2009, 100(1): 505-508.
[169] Cao Y L, Chen Y S, Wan Q, et al. Three-dimensional electron spin resonance imaging of endogenous nitric oxide radicals generated in living plants[J]. Biophysics Reports, 2018, 4(3): 33-142.
[170] 刘扬.强光照射下光系统Ⅱ内超氧阴离子自由基与光抑制,光合作用能量转化的机理[M].南京:江苏科技出版社,2003.
[171] 刘科,孙健,刘扬,等.光合作用PSⅡ强光照射导致生成超氧阴离子自由基的直接ESR证据[J].生物化学与生物物理进展,2001,28:372-376.
[172] Liu Y, Stolze K, Dadak A, et al. Light emission resulting from hydroxylamine induced singlet oxygen formation of oxidizing LDL-particles[J]. Photochem. Photobiol., 1997, 66: 443-449.
[173] 葛培根.光合作用:光子、激子、电子、质子、离子与光合膜之间的相互作用[M].合肥:安徽教育出版社,1991.
[174] 孙健,刘科,徐英凯,等.类囊体膜光系统Ⅱ中超氧阴离子生成机制的研究[J].高等学校化学学报,2002,23:979-981.
[175] 王彦妮,张小东,刘扬,等.电子转移反应 $O_2 + \cdot O_2^- \longrightarrow \cdot O_2^- + O_2$ 的从头计算研究[J].化学学报,2000,58:19-23.

第2章

ESR基本原理

自由基有很多生物功能,与健康和疾病有非常密切的关系,有什么好办法和技术检测它呢?虽然检测自由基有各种物理方法和化学方法,但是ESR是检测自由基最直接、最有效的方法.因为自由基含有一个未成对电子,这就决定了它具有顺磁性,而ESR的检测能级范围正是电子自旋跃迁的能级.第1章用量子力学的理论推导演算了ESR与量子科学的关系,证明了ESR研究的内容就是典型的量子科学.本章首先用经典物理的语言介绍检测自由基的ESR技术的基本原理和测试技术,然后结合测试每种自由基的具体方法进行详细介绍和讨论.

2.1 电子自旋共振

ESR是研究电子自旋能级跃迁的一门学科,是检测自由基最直接、最有效的方法.其原理的论述需要用到量子力学的理论,如第1章用量子力学推导共振条件和超精细分裂,但目前大部分生物学和医学工作者以及广大读者难以接受和理解这一与自己专业有一定差距的理论,特别是那些数学符号和方程式.因此,本章用一些易于接受的语言来描

述 ESR 的基本原理和技术.[1-4]

2.1.1 共振条件

电子除了具有质量 m,电荷 e 之外,它还具有另一个特性,就是自旋 S.所谓自旋,可以想象为电子像地球一样绕一个轴旋转.电子是一个带电体,带电体旋转就会产生磁场.这样一个旋转着的电子就好像一个小磁偶极子,在力学上可以用 $\boldsymbol{m}$ 描述磁偶极矩,它具有方向性,因此是一个矢量.如果将这一磁偶极矩放在磁场 $\boldsymbol{H}$ 中,它们之间就会产生一个相互作用能,为

$$E = -\boldsymbol{\mu} \cdot \boldsymbol{H} = -\mu H\cos\theta$$

这里 H 为磁场 $\boldsymbol{H}$ 的大小,μ 为磁矩 $\boldsymbol{\mu}$ 在磁场方向的投影,θ 为 $\boldsymbol{\mu}$ 和 $\boldsymbol{H}$ 之间的夹角,负号表示它为吸引能.当 $\theta = 0^\circ$ 时,$E = -\mu H$,即电子的自旋磁矩和外磁场平行时能量最低,体系最稳定;当 $\theta = 180^\circ$ 时,$E = \mu H$,即电子的自旋磁矩和外磁场反平行时,能量最高,体系最不稳定.如果将电子从自旋磁矩平行外磁场的位置转变到反平行的位置,那么需要外力做功,反之就会释放能量.

在经典物理学中,磁矩是正比于角动量的,电子的自旋角动量为 $\boldsymbol{S}$,则有

$$\boldsymbol{\mu} = -g\beta\boldsymbol{S}$$

这里 g 是一个没有量纲的因子,称为 g 因子,对自由电子,$g = 2.0023$. β 为玻尔磁子,表达式为

$$\beta = \frac{e\hbar}{2mc} = 0.9273 \times 10^{-20}$$

这里$\hbar$为普朗克常数,m 为电子的质量,c 为光速,负号是因为电子带负电荷.自旋角动量 $\boldsymbol{S}$ 在量子力学中写为$\hat{S}$,称为自旋算符,它在 z 方向的分量为S_z,可以用它的本征值 ms 表示,ms 只能取 $\pm 1/2$ 两个值. 这样,电子在磁场中的磁相互作用能量就为

$$E = -\boldsymbol{\mu} \cdot \boldsymbol{H} = -(-g\beta\boldsymbol{S}) \cdot \boldsymbol{H} = g\beta Hms = (\pm 1/2)g\beta H$$

也就是说,电子的能量在磁场中被分裂成了两个,这两个能量差为

$$\Delta E = E_1 - E_2 = (1/2)g\beta H - (-1/2)g\beta H = g\beta H$$

自旋磁矩与外磁场平行的电子具有较低的能量 $-g\beta H$,自旋磁矩和外磁场反平行的电子具有较高的能量 $g\beta H$.若用辐射的方法给处于低能级的电子一个能量 $h\nu$,正好等于 $g\beta H$,它们就会吸收这一能量跃迁到高能级,这一过程称为电子在频率 ν 的作用下,在磁场 $\boldsymbol{H}$ 发生了共振.则

$$h\nu = g\beta H$$

称为 ESR 条件. 上面的描述可以用图 2.1 表示.

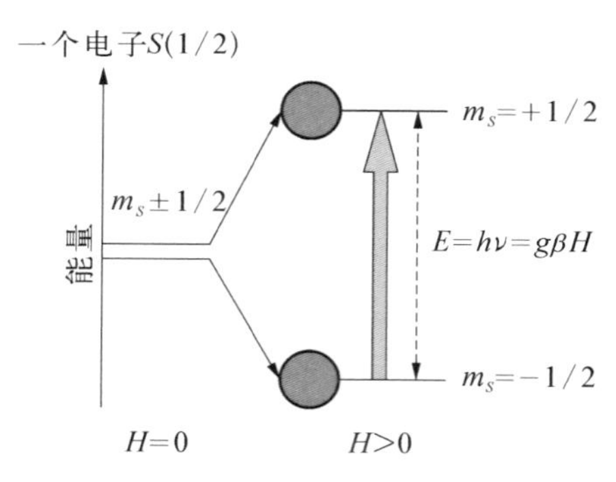

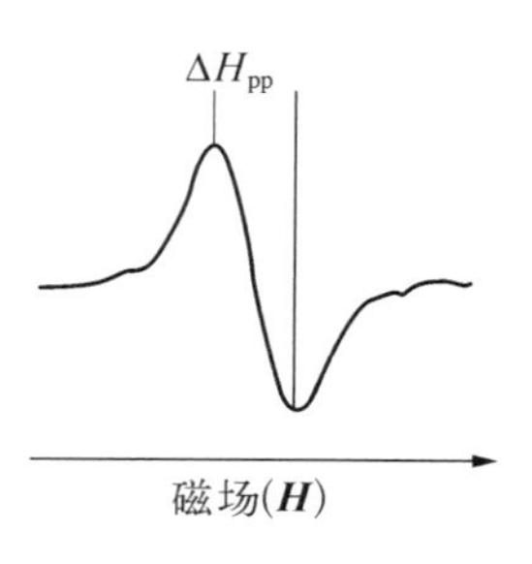

图 2.1　ESR 条件示意图和 ESR 波谱

由共振条件可以看出，当 $H=0$ 时，$E=0$，所有电子能级相同，称为能级简并．当 $H>0$ 后，电子自旋能级开始分裂为两个，分裂的大小与磁场的大小成正比，即电子分为两组：高能量组和低能量组．改变磁场 H 或频率 ν 都可以满足共振条件，使处于低能级的电子跃迁到高能级．ESR 波谱仪通常是通过固定频率、改变磁场来实现 ESR 的．电子从低能级跃迁到高能级，吸收能量，用仪器就可以观察到这一能量吸收，把它记录下来，就得到如图 2.1 所示的 ESR 信号．信号的高低或积分面积代表信号的强度，峰到峰之间的磁场强度变化为 ESR 信号的线宽 ΔH_{pp}．

2.1.2　g 因子

前面叙述共振条件时引入了 g 因子，作为一个常数 $g=2.0023$．对自由电子，$g=2.00$，±0.0023 是相对论修正．g 因子的本质反映了未成对电子自旋角动量和轨道角动量之间的耦合．对没有轨道角动量的自由电子，$g=2.0023$．大部分自由基的 g 值很接近 2.00，但不同的自由基具有不同的 g 值，所以 g 因子是表征自由基的一个重要参数．由图 2.1 中信号变化斜率最大处的磁场可以计算出一个自由基信号的 g 因子．表 2.1 给出了一些自由基的 g 因子．

表 2.1　部分自由基的 g 因子

自　由　基	g　因　子
苯负离子自由基	2.002 854
萘负离子自由基	2.002 757
蒽负离子自由基	2.002 604
半醌自由基	2.003 0～2.005 0
氮氧自由基	2.005 0～2.006 0
过氧自由基	2.001 0～2.080 0
含硫自由基	2.02～2.06

对大部分顺磁性过渡金属离子，由于轨道角动量的存在，其值偏离 2.00 较远，例如

Cu^{2+} 络合物	$g = 2.0 \sim 2.4$
Fe^{3+}（低自旋）	$g = 1.4 \sim 2.1$
Fe^{3+}（高自旋）	$g = 2.0 \sim 9.7$

在自由原子中

$$g = 1 + \frac{J(J+1) + S(S+1) - L(L+1)}{2J(J+1)}$$

这里 S 和 L 分别为电子的自旋和轨道角动量. J 为总角动量，$J = S + L$.

若 $L = 0$，即无轨道角动量，则 $J = S$，这时

$$g = 1 + \frac{S(S+1) + S(S+1)}{2S(S+1)} = 1 + 1 = 2.0$$

以上讲的都是各向同性体系中的情况，如在水溶液和稀溶液中的自由基，其 ESR 信号的 g 因子都属于这种情况. 对各向异性体系，如细胞膜和晶体中的自由基，其 g 因子就不再是一个常数了，而是一个二级张量：

$$\boldsymbol{g} = \begin{bmatrix} g_{xx} & g_{xy} & g_{xz} \\ g_{yx} & g_{yy} & g_{yz} \\ g_{zx} & g_{zy} & g_{zz} \end{bmatrix}$$

在运算过程中它可以对角化：

$$\boldsymbol{g} = \begin{bmatrix} g_{xx} & 0 & 0 \\ 0 & g_{yy} & 0 \\ 0 & 0 & g_{zz} \end{bmatrix}$$

这时的 ESR 波谱可表现出三个 g 因子：g_{xx}，g_{yy} 和 g_{zz}. 如果体系是轴对称的，则 $g_{xx} = g_{yy} = g_{\perp}$，$g_{zz} = g_{/\!/}$.

2.1.3 超精细分裂

如果自由基的未成对电子只和外磁场相互作用，就只能得到一条谱线，这样就只能从 g 因子和 ESR 谱线的形状来研究自由基，得不到关于自由基结构的更多信息. 在实际体系的自由基中，除了未成对电子外，往往还存在磁性原子核，这些核自旋不为零的原子核自旋磁矩和未成对电子的自旋磁矩所产生的相互作用，称为超精细相互作用. 由超精细相互作用产生的 ESR 波谱的分裂称为超精细分裂，由超精细分裂组成的 ESR 波谱称为超精细结构. 超精细结构的出现大大提高了 ESR 波谱的应用价值，这些超精细结构图

谱不仅可以用来鉴别不同的自由基，而且可以用来分析和研究自由基结构.

并不是所有原子核都具有核自旋，如^{16}O的核自旋就为0.表2.2给出了依赖原子质量m和原子序数n判断核自旋的原则.

表2.2　核自旋的判断原则

m	n	核自旋	例　子
奇		半整数	$I_H = 1/2$, $I_F = 1/2$
偶	奇	整　数	$I_N = 1$, $I_B = 3$
偶	偶	0	$I_C = 0$, $I_O = 0$

1. 含一个未成对电子和一个自旋$I = 1/2$核的自由基

氢原子自由基就属于这种体系.由于体系只含一个未成对电子和一个$I = 1/2$的核，自旋算符的本征值$M_s = +1/2$和$-1/2$. I_z的本征值也是$+1/2$和$-1/2$.该体系有四个自旋状态，它们的本征函数分别为

$$|m_s, m_I\rangle: |1/2, 1/2\rangle \quad |1/2, -1/2\rangle$$
$$|-1/2, 1/2\rangle \quad |-1/2, -1/2\rangle$$

在第1章我们用量子力学推导了氢原子的自由基，得到四个能量：

$$E_1 = (g\beta S_z + aS_zI_z)|1/2, 1/2\rangle = (1/2)g\beta H + a/4$$
$$E_2 = (g\beta S_z + aS_zI_z)|1/2, -1/2\rangle = (1/2)g\beta H - a/4$$
$$E_3 = (g\beta S_z + aS_zI_z)|-1/2, -1/2\rangle = (-1/2)g\beta H + a/4$$
$$E_4 = (g\beta S_z + aS_zI_z)|-1/2, 1/2\rangle = (-1/2)g\beta H - a/4$$

因为电子只能在E_1和E_4及E_2和E_3之间跃迁.两个跃迁的能量差分别为

$$\Delta E_1 = E_1 - E_4 = g\beta H + a/2$$
$$\Delta E_2 = E_2 - E_3 = g\beta H - a/2$$

在考虑了电子的自旋和核自旋磁矩在磁场中的相互作用之后，电子的自旋能级就会进一步分裂.图2.2就是根据一个电子和一个质子相互作用的量子力学计算得出的结果画出的能级分裂和产生的ESR波谱.从图中可以看出，在质子磁场的作用下，在磁场中分裂的电子能级被进一步分裂为四个能级，但是电子不能在这四个能级之间任意跃迁，因为量子力学中有一个选择定则，即电子跃迁必须满足电子自旋变化为1，而核自旋变化为0.这样电子只能在如图2.2所示的两个能级之间跃迁.这时就可以观察到如图所示的两个ESR信号，而不是原来的一个信号.也就是说，原来的一个信号被分裂成两个信号.两峰之间的分裂磁场距离称为超精细分裂常数，这是表征一个自由基的重要波谱参数.

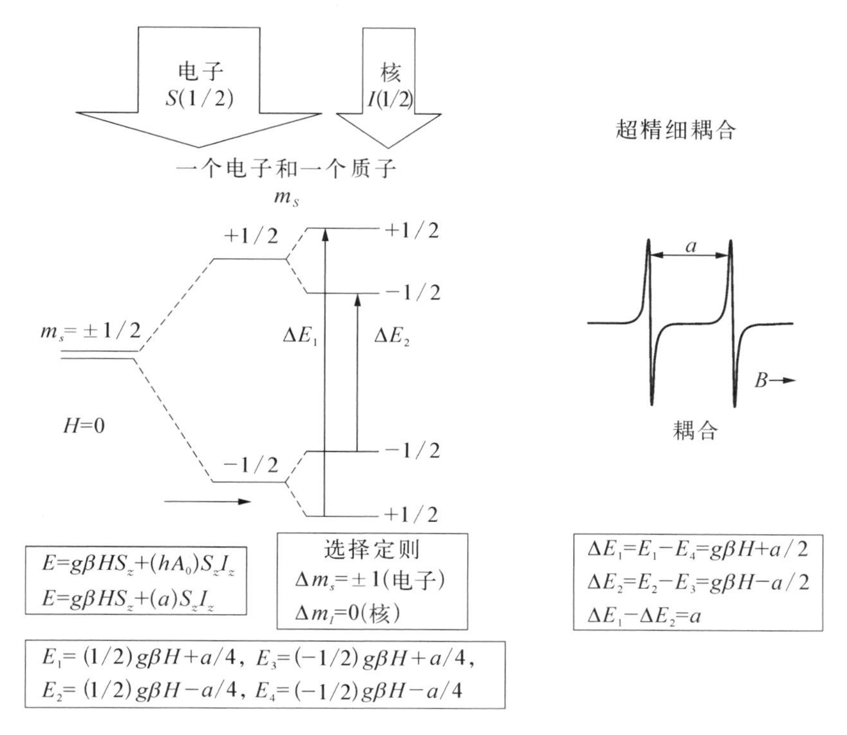

图 2.2 根据一个电子和一个质子相互作用的量子力学计算得出的结果画出的能级分裂和产生的 ESR 波谱

当外加能量 $h\nu=\Delta E_1=g\beta H+a/2$ 时,得到第一个共振磁场 H_1:

$$H_1=h\nu/(g\beta)-a/(2g\beta)=H_0-a'/2$$

当外加能量 $h\nu=\Delta E_2=g\beta H-a/2$ 时,得到第二个共振磁场 H_2:

$$H_2=h\nu/(g\beta)+a/(2g\beta)=H_0+a'/2$$

两个共振磁场之间的距离为

$$H_2-H_1=H_0+a'/2-(H_0-a'/2)=a'$$

a'称为超精细分裂常数,它等于两个 ESR 峰之间的裂距,单位为 G 或 mT.

2. 含一个未成对电子和两个 $I=1/2$ 核自旋的自由基体系

对于更复杂的体系,含有更多核自旋的自由基,仍可以用上面的方法求解出分裂的能级,再根据选择定则得到相应的理论 ESR 波谱和计算出超精细分裂常数.但这样求解薛定谔方程很复杂,用上面的作图法可以较简单而且直观地分析出一个自由基的 ESR 波谱.例如,对于含一个未成对电子和两个 $I=1/2$ 核自旋的自由基体系,其自旋哈密顿

算符为

$$\hat{H} = g\beta HS_z + a_1 \hat{S}_z \hat{I}_z + a_2 \hat{S}_z \hat{I}_z$$

相应的波函数有八个：

$$|1/2, 1/2, 1/2\rangle \quad |1/2, 1/2, -1/2\rangle \quad |1/2, -1/2, 1/2\rangle$$
$$|1/2, -1/2, -1/2\rangle \quad |-1/2, 1/2, 1/2\rangle \quad |-1/2, 1/2, -1/2\rangle$$
$$|-1/2, -1/2, 1/2\rangle \quad |-1/2, -1/2, -1/2\rangle$$

其能级分裂图如图 2.3 所示.

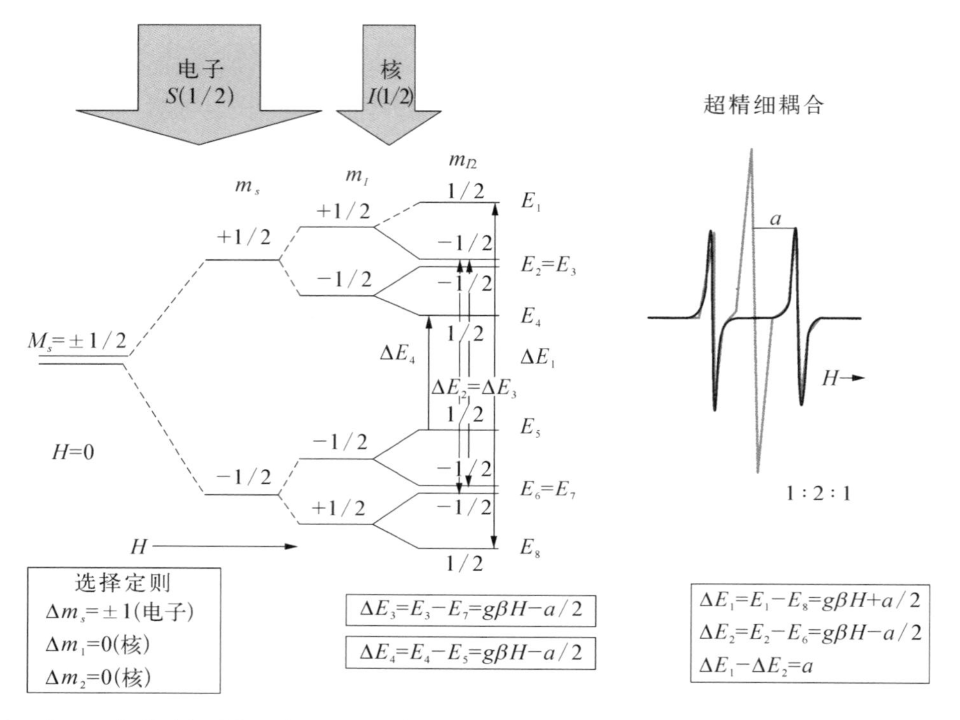

图 2.3　含一个未成对电子和两个 $I = 1/2$ 核自旋的自由基体系的能级分裂和产生的 ESR 波谱

图 2.3 中一共有八个能级，由于 $I_1 = I_2$，使得两个次能级分裂相同，所以，$E_2 = E_3$，$E_6 = E_7$. 根据选择定则，$\Delta m_s = \pm 1$，$\Delta m_{I_1} = 0$，$\Delta m_{I_2} = 0$. 在能级 E_1 和 E_8，E_2 和 E_7，E_3 和 E_6，E_4 和 E_5 之间电子可以跃迁，其中，E_2 到 E_7 的跃迁和 E_3 到 E_6 之间的跃迁重合，因此共得三个 ESR 谱线，强度比为 1 : 2 : 1，相邻两谱线间的距离为超精细分裂常数 a.

3. 含一个未成对电子和三个 $I = 1/2$ 核自旋的自由基体系

以此类推,可以画出含一个未成对电子和三个 $I = 1/2$ 核自旋自由基的能级图和 ESR 图谱.

由图 2.4 可以看出,三个 $I = 1/2$ 的核自旋使未成对电子在磁场中的能级分裂成十六个.由于 $I_1 = I_2 = I_3$,所以能级 $E_2 = E_3 = E_4$, $E_5 = E_6 = E_7$, $E_{10} = E_{11} = E_{12}$ 和 $E_{13} = E_{14} = E_{15}$. 再由选择定则 $\Delta m_s = \pm 1$, $\Delta m_{I_1} = 0$, $\Delta m_{I_2} = 0$, $\Delta m_{I_3} = 0$ 可知,电子可以在 E_1 和 E_{16}, E_2 和 E_{15}, E_3 和 E_{14}, E_4 和 E_{13}, E_5 和 E_{12}, E_{16} 和 E_{11}, E_7 和 E_{10}, E_8 和 E_9 之间跃迁.由于 E_2, E_3, E_4 和 E_{13}, E_{14}, E_{15} 之间及 E_5, E_6, E_7 和 E_{10}, E_{11}, E_{12} 之间的跃迁是三重跃迁,所以共得 4 条谱线,其强度比为 1∶3∶3∶1,每条谱线之间的裂距相等,为它们的超精细分裂常数 a.

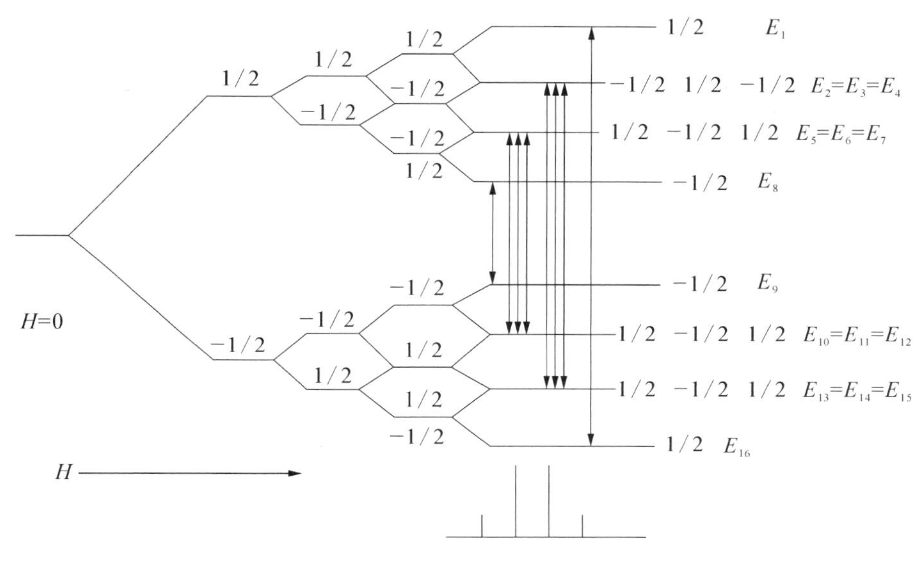

图 2.4 含一个未成对电子和三个 $I = 1/2$ 核自旋的自由基的能级图

4. 自由基 ESR 谱线的条数和强度比

ESR 谱线超精细分裂的条数遵循 $2nI + 1$ 定律.这里 n 等于自由基中核自旋不为 0 的核的个数,I 为核自旋.对所有核自旋均为 1/2 的自由基,所得 ESR 谱线的超精细分裂的条数为

$$2nI + 1 = 2n(1/2) + 1 = n + 1$$

谱线的强度比遵循二项式的系数原则(表 2.3):

$$C_n^k = \frac{n!}{k!(n-k)!}$$

表 2.3　ESR 谱线的条数和强度

n					谱线的强度					谱线的条数
0					1					1
1				1		1				2
2			1		2		1			3
3		1		3		3		1		4
4	1		4		6		4		1	5
⋮					⋮					⋮
n					C_n^k					$n+1$

对于含一个未成对电子和 n 个 $I>1$ 核自旋的自由基,其 ESR 谱线的条数仍遵循 $2nI+1$ 的原则,但谱线的相对强度不再遵循二项式系数的原则. 例如,对含一个未成对电子和一个 $I=1$ 的核自旋的自由基,它的自旋本征值不再是 $\pm 1/2$,而是 0 和 ± 1. 仍可用作图法求解这一类自由基的能级和进行 ESR 波谱分析. 如图 2.5 所示, $I=1$ 的核自旋

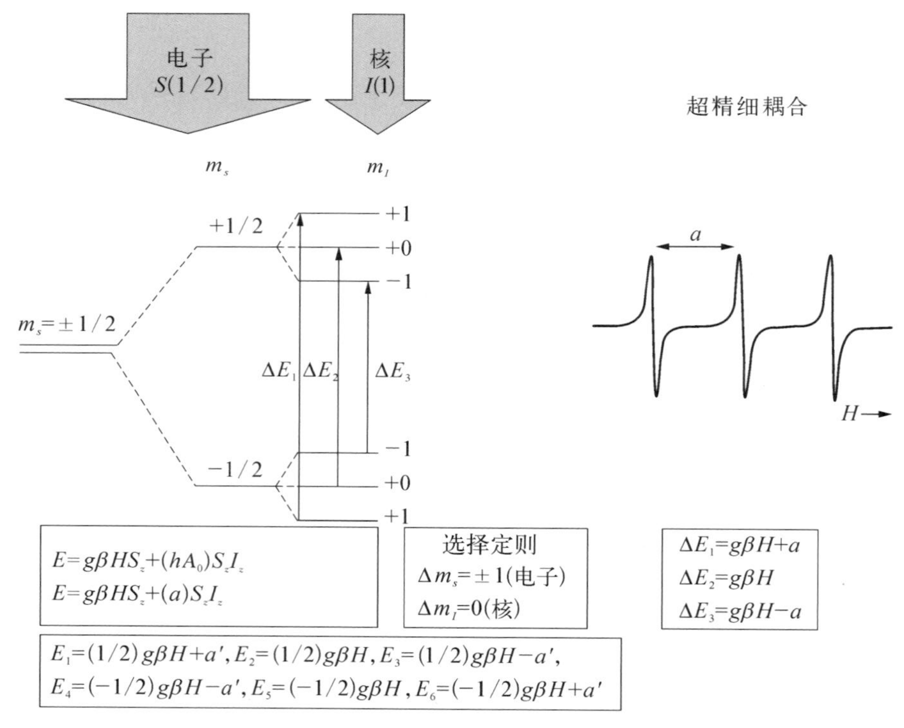

图 2.5　含一个未成对电子和一个 $I=1$ 核自旋的自由基的能级分裂

和未成对电子自旋的超精细相互作用使其在磁场中分裂为二的电子能级进一步分裂为六个能级. 再由选择定则，$m_s = 1$，$m_I = 0$ 可知，在能级 E_1 和 E_6，E_2 和 E_5，E_3 和 E_4 之间进行跃迁，得到三条谱线，符合 $2nI + 1$ 的原则，但谱线的强度比为 1∶1∶1，谱线间的裂距为超精细分裂常数.

对含 n_1 个核自旋为 I_1，n_2 个核自旋为 I_2……n_n 个核自旋为 I_n 的多个不等性核体系的自由基，其 ESR 波谱的条数可由下式决定：

$$(2n_1 I_1 + 1)(2n_2 I_2 + 1)\cdots(2n_n I_n + 1)$$

5. 各向异性的超精细分裂

以上讨论的都是在各向同性情况下自由基的 ESR 波谱的超精细分裂，也就是在稀溶液中自由基 ESR 波谱超精细分裂性质. 和 g 因子在各向异性体系中是一个张量一样，超精细分裂在各向异性体系中也是一个张量：

$$\mathbf{A} = \begin{bmatrix} A_{xx} & A_{xy} & A_{xz} \\ A_{yx} & A_{yy} & A_{yz} \\ A_{zx} & A_{zy} & A_{zz} \end{bmatrix}$$

在运算过程中可以对角化：

$$\mathbf{A} = \begin{bmatrix} A_{xx} & 0 & 0 \\ 0 & A_{yy} & 0 \\ 0 & 0 & A_{zz} \end{bmatrix}$$

如果自由基所处环境是轴对称的，则 $A_{xx} = A_{yy} = A_{\perp}$，$A_{zz} = A_{/\!/}$.

2.1.4 波谱分析例证

为了解释 ESR 的基本原理和波谱分析，这里举几个简单的有机自由基的例子.

1. H_2O_2 的甲醇溶液发生光分解反应的 ESR 波谱

在紫外光的照射下，含有少量 H_2O_2 的甲醇溶液发生光分解反应的 ESR 波谱如图 2.6 所示.

图 2.6 表明，在该光分解反应中，有 $\cdot CH_2OH$ 产生，CH_2 的两个等价质子使未配对电子裂分为三条谱线（相对强度为 1∶2∶1，裂距为 17.4 G）；$\cdot OH$ 中的一个质子又使每一条谱线裂分为两条谱线（相对强度为 1∶1，裂距为 1.15 G）. ESR 波谱证明了 $\cdot CH_2OH$ 的存在，该自由基产生的机理为

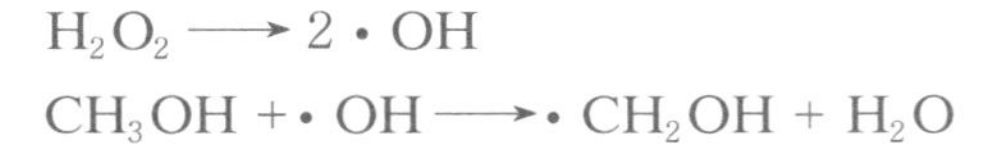

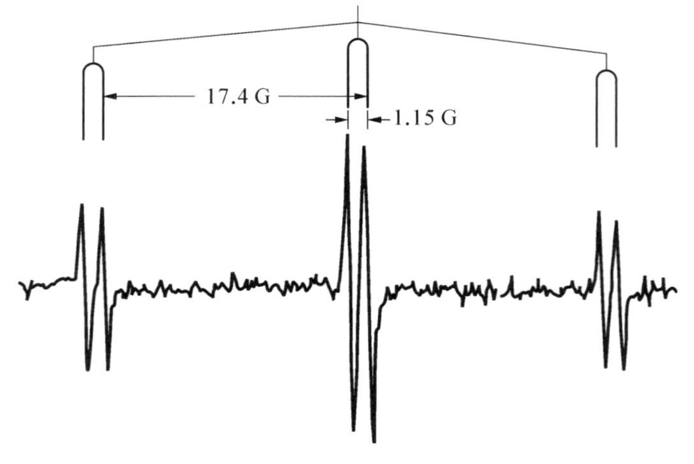

图 2.6 H_2O_2 的甲醇溶液发生光分解反应的 ESR 波谱

2. 有机过氧化氢与 N，N-二甲胺反应产生自由基的 ESR 波谱

有机过氧化氢与 N，N-二甲胺反应产生自由基的 ESR 波谱如图 2.7 所示. 由图可以看出，这个图谱由 3 组等强度的谱线组成，每组由若干条强度不同的超精细分裂谱线组成. 3 组等强度的谱线是由 N 的核自旋等于 1 引起的，甲基和亚甲基上的 H 进一步裂分为若干条强度不同的超精细分裂谱线. 经测量和计算得到，N 引起的超精细分裂常数为 $a = 14.16$ G，亚甲基上的 H 引起的超精细分裂常数为 $a = 2.38$ G，甲基上的 H 引起的超精细分裂常数为 $a = 0.80$ G. 这证明，有机过氧化氢与 N，N-二甲胺反应产生自由基的结构如图 2.7 中(2)所示.

$$CH_3-C_6H_4-\ddot{N}(CH_3)_2 + HOOR \rightleftharpoons [CH_3-C_6H_4-N(CH_3)_2-HOOR]$$

$$\longrightarrow CH_3-C_6H_4-N^{+}\cdot(CH_3)_2 + {}^{-}OH + RO^{\cdot}$$

图 2.7 有机过氧化氢与 N，N-二甲胺反应产生自由基的 ESR 波谱

$$CH_3-C_6H_4-\overset{CH_3}{\underset{CH_3}{N^{+}\cdot}} + {}^{-}OH \longrightarrow CH_3-C_6H_4-\overset{CH_3}{N}-CH_2\cdot + H_2O$$

(1)　　(2)　　(3)

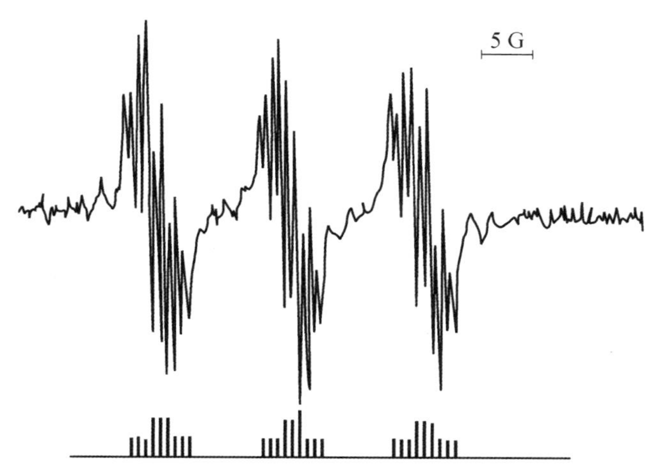

图 2.7　有机过氧化氢与 N, N-二甲胺反应产生自由基的 ESR 波谱(续)

3. 过硫酸铵和脂肪环叔胺 N-甲基吗啡啉/脂肪环仲胺吗啡啉反应产生的自由基波谱

过硫酸铵($(NH_4)_2S_2O_8$)和脂肪环叔胺 N-甲基吗啡啉反应产生的自由基如下:

$$S_2O_8^{2-} + O(CH_2CH_2)_2NH \longrightarrow O(CH_2CH_2)_2N\cdot + HO_3SO\cdot + SO_4^{2-}$$

$$\xrightarrow{MNP} O(CH_2CH_2)_2N-\overset{\dot{O}}{N}-C(CH_3)_3$$

$$S_2O_8^{2-} + O(CH_2CH_2)_2N-CH_3 \longrightarrow O(CH_2CH_2)_2N-CH_2\cdot + HO_3SO\cdot + SO_4^{2-}$$

$$\xrightarrow{MNP} O(CH_2CH_2)_2N-CH_2-\overset{\dot{O}}{N}-C(CH_3)_3$$

其波谱如图 2.8 所示.

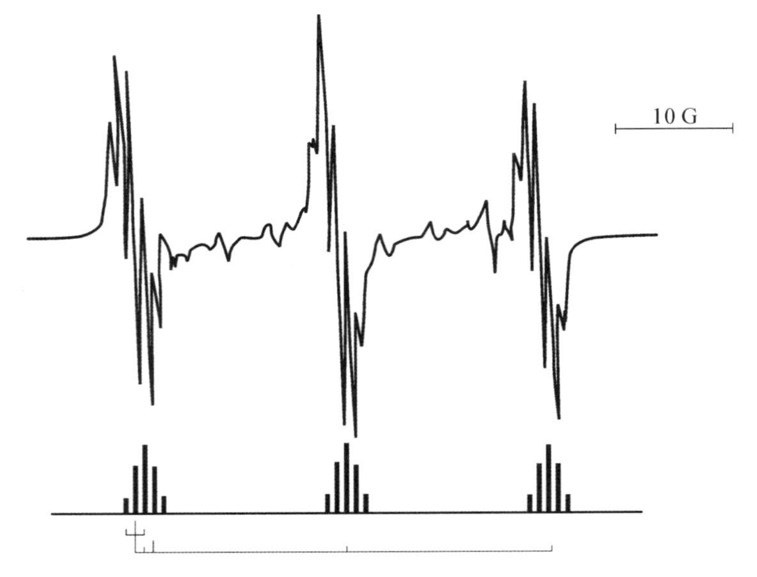

图 2.8 $(NH_4)_2S_2O_8$ 和脂肪环叔胺 N-甲基吗啡啉/脂肪环仲胺吗啡啉自由基的 ESR 波谱

2.2 ESR 波谱仪和测量参数的选择

ESR 波谱仪价格比较昂贵，一台进口的 ESR 波谱仪需要三四百万元. 目前我国使用的 ESR 波谱仪主要依赖进口，包括德国和日本两家公司生产的，还有个别来自美国. 近几年随着国内研发实力的增强，才有了中国生产的 ESR 波谱仪(见第 20 章). 尽管它们外观有所不同，但是基本结构都是一样的. 为了让大家有一个基本了解，本节简要介绍 ESR 波谱仪和测量参数的选择.

2.2.1 ESR 波谱仪的结构

如图 2.9 所示，ESR 波谱仪主要由电磁铁、梯度磁场电源、信号处理系统、调制控制系统、计算机等组成.

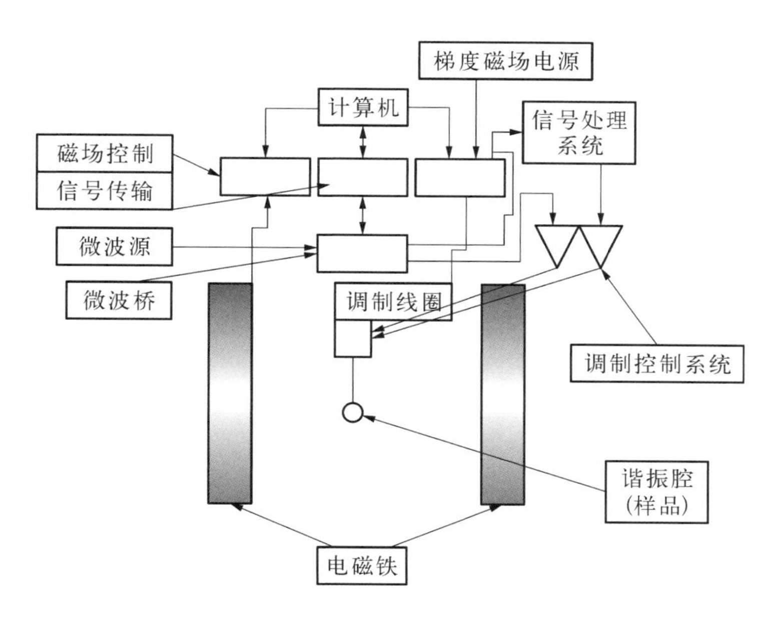

图 2.9　ESR 波谱仪的结构示意图

ESR 波谱仪在测量自由基时要满足的共振条件为 $h\nu = g\beta H$. 从理论上讲，在很宽的频率和磁场范围都可以满足这一共振条件. 但实际上，只有在较高的频率和磁场时才能获得较好的灵敏度. 一般的 ESR 波谱仪具有固定的频率，可以通过改变磁场来满足共振条件，因此称为扫场式. 根据固定的频率，仪器分成若干个型号（表 2.4），常用的是 X 波段，其次是 Q 波段. Q 波段比 X 波段灵敏度高，分辨率也好，但样品腔比 X 波段小，样品量少，使用受到限制. 由于高频微波热效应很大，特别对含水样品来说，水对微波的吸收很强，因此，一般高频 ESR 波谱仪不能测量活体中的自由基. 最近发展起来的低频 L 波段 ESR 波谱仪解决了这一问题，它的优点包括热效应低，以及样品腔大，可以容纳大体积样品，甚至活体动物，ESR 成像就是在这种仪器上实现的.

表 2.4　不同型号 ESR 波谱仪的频率、波长和相应 $g = 2.000$ 的共振磁场

型号（波段）	L	S	X	K	Q	E
ν（GHz）	1.1	3	9	24	35	70
λ（mm）	300	90	30	12	8	4
H（mT）	30	110	330	850	1 250	2 500

ESR 波谱仪从结构上主要分为两大类：一是通过式，即微波直接通过样品腔；二是反射式，用一个平衡桥将微波反射到样品腔. ESR 波谱仪主要由以下几部分组成：微波系统，提供电子由低能级向高能级跃迁的能量；谐振腔，是放自由基样品的地方；磁铁系

统，提供使电子能级分裂的磁场；检测系统，可以将共振信号放大；计算机系统，可以控制仪器，进行数据采集、记录波谱处理；辅助系统，包括电源、变温装置、光照装置；显示和记录设备等.

2.2.2 测量自由基最佳参数的选择

ESR测量和研究自由基时要将仪器的各个参数调到最佳状态，这样得到的结果才可靠和理想，否则，参数选择不当，得到的结果很可能出现误差甚至错误.测量自由基时要选择的参数主要包括微波功率、调制幅度、扫描宽度、扫场速度和时间常数等.

1. 微波功率

微波功率是很重要的参数，选小了得不到足够大的信号，选大了会出现信号的饱和，使谱线发生畸变，甚至看不到信号.在低于饱和功率的情况下，ESR信号强度与功率的平方根呈正比，因此，最佳的功率选择是使微波功率略低于样品的饱和功率.

2. 调制幅度

当调制幅度和线宽比很小时，得到的ESR波谱不发生任何畸变，ESR信号强度正比于调制幅度，当调制幅度比较大时，这一正比关系就消失了；当调制幅度等于线宽时，记录的信号最大；如果调制幅度再增大时，得到的ESR信号就开始下降了，而且线宽被增宽，波谱出现畸变.为了保证得到的信号不畸变，一般取调制幅度为线宽的四分之一.

3. 扫描宽度

在检测未知样品自由基ESR波谱时，开始要用比较宽的扫场范围，防止漏掉ESR信号.一旦发现ESR信号之后，再将扫场范围缩小，使所得ESR信号保持在适当位置和大小.要测量线宽和g值的ESR波谱，应当尽量将扫场范围缩小，使ESR波谱拉开.这样可以保证测量的精确度，减小测量误差.

4. 扫场速度和时间常数

为了避免记录的ESR波谱畸变和基线噪声过大，扫场速度和时间常数要耦合得当.一般要求扫场速度和时间常数的乘积远小于1.

2.3 ESR 测量自由基的实验技术

最初用 ESR 研究和测量自由基遇到的两个最大的困难,要么测不到自由基信号,要么得到了信号却不知道如何处理和分析这些复杂的波谱.测不出信号不等于样品中没有自由基,可能是使用的方法不得当,或选择的参数不合适.用 ESR 检测自由基不仅需要了解 ESR 的一些基本原理,而且需要测量的经验和技术.很多分析 ESR 波谱的经验和技术都是从实验中逐步掌握和摸索出来的.下面笔者把四十多年来从事这方面工作积累得到的一些实验技术和技巧介绍给读者,供大家在做自由基实验和研究时参考.[4-151]

2.3.1 g 因子的测量

g 因子是表征自由基的一个重要参数,每个自由基都有一个特定的 g 因子,就像在紫外一个吸收峰的波数(nm)和 NMR 的化学位移一样重要.通过测量 g 因子,有助于了解自由基的来源,确定自由基的结构和性质,g 因子是自由基 ESR 波谱必需的一个参数.由 $h\nu = g\beta H$ 可得出 $g = h\nu/(\beta H)$.由此式,只要知道了频率 ν 和磁场 H,代入后就可以计算出一个自由基的 g 值.在比较好的仪器上,可以很方便地计算出 g 值,但有些仪器缺少测场仪和频率计,无法给出准确的磁场和频率,也就无法计算 g 值了.这时可以用一个标准样品,由它已知的 g 值和磁场测量值计算未知自由基的 g 值,例如,已知 DPPH 的 g 值为 $g_s = 2.0037 \pm 0.0002$,共振磁场位置为 $H_s = 330.6\ \mathrm{mT}$,设待测自由基的共振磁场位置和 g 值分别为 H_x 和 g_x,则由共振条件

$$h\nu = g_s \beta H_s = g_x \beta H_x$$

得

$$g_x = g_s H_s / H_x = g_s H_s / (H_s + \Delta H) = g_s / (1 + \Delta H / H_s)$$

其中,ΔH 为未知样品自由基共振磁场到 DPPH 共振磁场的距离.测出了 ΔH,代入上式就可以计算出该自由基的 g 值了.

2.3.2 自由基的浓度

自由基的浓度是研究自由基经常要测量的一个重要物理量,通常用每克、每毫克、每

毫升样品中所含自旋数或分子自由基来表示，它正比于该样品 ESR 信号吸收峰的面积，微分信号需要积分两次才能得到. 影响 ESR 信号强度的因素有很多，如自由基的浓度、温度、谐振腔的填充因子、仪器的增益、调制和微波功率等. 要进行自由基浓度的绝对测量比较困难，一般采用比较法进行相对浓度测量. 将已知和未知浓度样品 ESR 信号的积分同时求出来，进行比较，就可以计算出未知样品自由基的浓度.

如果未知和已知样品 ESR 信号的线形相同（即都是高斯型或都是罗伦茨型），线宽也相同，自由基浓度的测量就会大大简化. 只要把已知和未知样品 ESR 信号的峰高度 h 测量出来进行计算就可以了. 即

$$N_x = N_s(h_x/h_s)$$

如果两个自由基 ESR 信号的线形相同，但线宽不同，则自由基的相对浓度可以用它们 ESR 波谱的峰高和峰-峰线宽（H）的平方来表示：

$$N_x = N_s h_x (H_x)^2/[h_s(H_s)^2]$$

对线形和线宽都不相同的自由基，只能用它们的吸收面积计算.

2.3.3 微波功率和饱和

前面已经讲到，在自由基的 ESR 信号饱和之前，其 ESR 信号强度正比于微波功率的平方根. 出现饱和之后，电子在不同能级间的分布差减小，其 ESR 信号强度随功率增加而减小. 从测量自由基信号强度考虑，这是不利的，一般应当避免在饱和情况下记录 ESR 波谱. 因为这样除了使信号变小外，还会引起电子在自旋能级之间跃迁速率的增加，使寿命减少，ESR 谱线增宽和变形. 但饱和功率也是自由基的一个属性，不同的自由基具有不同的饱和功率，因此，通过饱和功率的测量和研究可以得到自由基有关性质的信息.

1. 利用饱和功率鉴别自由基

如果两种自由基的饱和功率相差很大，可以用饱和功率鉴别这两种自由基. 如有关体系中含半醌自由基和多环芳烃自由基，它们的 ESR 波谱很类似，g 值也很接近，都是没有超精细分裂的一条峰，但这两种自由基的饱和功率相差很大，半醌自由基的饱和功率为 2 mW 左右，多环芳烃自由基的饱和功率在 100 mW 以上. 在 2 mW 以下测量的 ESR 波谱，主要是半醌自由基贡献的. 因为自由基的信号强度正比于功率的平方根，多环芳烃自由基在这样小的功率信号强度下可以忽略不计. 在 100 mW 测量的 ESR 波谱，主要是多环芳烃自由基贡献的，因为这时半醌自由基的 ESR 信号早已饱和消失了.

2. 区分单自由基体系和多自由基体系

对于只含一种自由基的体系，它们都在同一磁场下共振，其 ESR 信号达到饱和功率

以后就开始下降了.但多数生物样品都含有多种自由基,属于非均匀增宽体系,它们的ESR波谱是多种成分谱线的包络线.这种谱线在达到饱和功率之后,再增加功率,其ESR信号强度就不再增加了,但也不减小.

2.3.4 信号的累加和平均——提高灵敏度

在做生物样品实验时,自由基的浓度一般都很低,ESR信号很弱,噪声很大,得不到满意的结果,甚至无法进行分析.如何提高ESR信号的信噪比便是一个大问题.现在多数ESR波谱仪上都带有计算机,可以对自由基信号进行累加或平均,即重复扫场,将每次扫描的结果累加或平均.因为信号是重复出现的,而噪声是无规律的,在同步合适时,信号就相干地增加,而噪声则非相干地增加.累加 n 次,相干信号将增加 n 倍,非相干噪声只增加 n 的平方根倍,因此信号的信噪比将增加 n 的平方根倍.对较弱的自由基信号累加6～10次就可以得到较满意的结果.

2.3.5 傅里叶变换——提高分辨率

在一些样品中,由于多种自由基存在超精细分裂结构,使得ESR谱线相互重叠,难以分辨.利用计算机和脉冲ESR作傅里叶变换可以大大提高信号的分辨率,将不同自由基的信号分辨出来.

2.3.6 同位素取代

一些自由基的ESR波谱中包含很多相互重叠的超精细分裂结构,在这种情况下,利用同位素取代法常常可以大大简化波谱,有利于超精细分裂的归属和自由基结构的确定,例如,用D取代H,^{15}N 取代 ^{14}N 等.同位素取代还有利于改善灵敏度和分辨率.若自由基中H是谱线增宽的主要原因,用D取代可以使ESR谱线变窄,这将使ESR信号强度增大,提高了灵敏度,谱线彼此分开,改善了分辨率.

2.3.7 氧效应

由于氧气的普遍存在和它的顺磁性严重影响自由基的ESR检测,我们在实际工作中应当尽量防止和避免氧气对实验的干扰.

氧气的ESR信号是一个宽达数千高斯的大峰.在常温下表现不明显,但在液氮温度下测量自由基时有时会遇到这一问题.因为氧气的沸点是 − 175 ℃,而液氮的沸点是 − 196 ℃,如果液氮和空气接触太多,会有大量氧气溶解在液氮中.液氧对微波有很强的吸收,并有很大的基线漂移,覆盖整个生物样品自由基ESR信号出现的区域,使自由基测量难以进行.氧气的存在还能使自由基的弛豫时间缩短,特别是在冷冻样品中更是如此,这将使ESR信号大大增宽,影响超精细分裂的分辨,甚至使超精细分裂消失.为了防止氧气的这一不利影响,可以向液氮中充氮气把氧气赶跑.另外,使用液氮时尽量防止空气与液氮接触.

2.3.8 冰冻干燥技术

几乎在所有冰冻干燥的生物样品中都可以检测到ESR信号,但越来越多的实验证据表明,在冰冻干燥样品中得到的信号通常不能反映出机体组织中原有的自由基.新鲜组织和干燥组织中ESR谱线的区别包括线宽、浓度及自由基在细胞成分中的分布等各个方面.当样品干燥时,原有的信号下降或消失,同时出现新的信号.新信号的产生速率是样品制备程序和组织类型的复杂函数,最主要的环境因素是样品的物理状态、水分的含量,尤其是对氧气的暴露程度.不同附加物的存在,如葡萄糖、酚类和抗坏血酸都能明显影响最终观察的自由基含量.一般动物组织干燥样品的ESR信号的 g 因子为2.005 7,线宽为8 G,干燥前 g 因子为2.004 9,线宽为14 G.新鲜组织中的自由基大部分来自线粒体,但干燥后,线粒体只给出很少的自由基,而无颗粒的上清液则产生大量自由基.产生这一人为信号的原因有两个:一是水的损耗引起化学键的断裂,二是氧气在冰冻干燥过程中和样品反应的结果.虽然冰冻干燥样品ESR信号有人为性,但有时也能反映生物组织的一些特性.因此,时而有人利用这一方法做一些研究工作.肿瘤组织和血液制品利用这一方法做的工作最多.

2.3.9 低温技术

很多生物样品在常温下观察不到ESR信号,需要低温技术.低温可以提高ESR检测灵敏度的原因有四个:一是消除了水对微波的吸收;二是延长了过渡金属离子的弛豫时间,减少了线宽;三是维持了自由基的浓度;四是扩大了自旋能级之间电子的分布数.大多数正常组织都有性质类似的 $g = 2.00$,$g = 1.97$,$g = 1.94$ 的几个主要峰.某些组织还有 $g = 2.01$,$g = 2.034$ 的峰.一般地,$g = 2.00$ 的峰为有机自由基,过氧自由基的 g 值为2.03~2.08.有机硫自由基的 g 值为2.06,过渡金属离子的信号出现在各种 g 因子的位置,包括几乎所有偏离 $g = 2.00$ 区域的信号.

目前利用这一技术研究最多的是组织缺血再灌注损伤产生的自由基. Zweier 等人用低温 ESR 技术观察到了低温下研碎的缺血再灌注大鼠心肌粉末在 2.04 处有一个 $g_{/\!/}$ 和在 2.005 处有一个 $g_{\perp}$ 的氧自由基信号. 后来有人提出并证明低温组织研磨过程中可以产生人为信号. 笔者所在研究组在低温下用完整心肌研究了心肌缺血再灌注损伤产生的氧自由基及一些天然抗氧化剂对自由基的清除作用和对心肌的保护作用.

2.3.10 快速流动法

快速流动法是检测短寿命自由基的一种技术. 用气压或唧筒加压驱动反应物溶液流入一个反应器,在其流出管的下部观察反应产生的自由基. 当反应液连续而稳定时,用 ESR 波谱仪可以观察到自由基的稳定信号,但这一方法需要的样品量较多.

参考文献

[1] 裘祖文. 电子自旋共振波谱[M]. 北京:科学出版社,1982.

[2] 徐广智. 电子自旋共振波谱基本原理[M]. 北京:科学出版社,1982.

[3] Swartz H N, Bolton T R, Borg D C. Biological application of electron spin resonance[M]. New York: Wiley-Interscience, 1972.

[4] 赵保路,张清刚,张建中,等. 用脂肪酸自旋标记研究中国地鼠肺正常细胞 V79 和癌变细胞 V79-B1 膜的流动性[J]. 科学通报,1982,27:686-689.

[5] 赵保路,席丹,张建中,等. 用脂肪酸自旋标记研究中国地鼠肺正常细胞 V79 和癌变细胞 V79-B1 膜的温度相关性[J]. 科学通报,1982,27:813-816.

[6] 席丹,赵保路,王大辉. ESR 波谱仪变温装置的研制[J]. 仪器仪表学报,1983,4:72-75.

[7] Zhao B L,Zhang Q G, Zhang J Z, et al. Studies on the membrane fluidity of the lung cell of Chinese hamster with fatty acid spin labels[J]. Chinese Science Bulletin, 1983, 28: 392-396.

[8] Zhao B L, Xi D, Zhang J Z, et al. Studies on dependence of membrane fluidity of normal cell V79 and cancer cell V79-B1 of Chinese hamster lung with fattey acid spin labels on temperature [J]. Chinese Science Bulletin, 1982, 28: 680-686.

[9] Xin W J, Zhao B L, Zhang Q G. Membrane fluidity and binding sites of sulfhydryl groups on the membrane of noemal and cancer cells[J]. Basic Mechanisms of Chemical Carsinogenesis, 1983,57:62-73.

[10] 赵保路,段绍谨,瞿保钧,等. 用自旋标记研究抗癌药物对中国地鼠肺正常细胞 V79 和癌变细胞 V79-B1 膜流动性的影响[J]. 生物化学与生物物理学报,1984,16:43-49.

[11] 忻文娟,赵保路,张建中. 用马来西亚胺自旋标记研究中国地鼠肺正常细胞 V79 和癌变细胞 V79-

B1 巯基结合位置的性质[J]. 中国科学,1984,26:429-435.
[12] 赵保路,段绍谨,张建中,等. 用电子自旋共振研究肿瘤中的自由基[J]. 分子科学与化学研究,1984,12:221-225.
[13] 赵保路,瞿保钧,张建中,等. 用抗坏血酸还原自旋标记动力学研究抗癌药物对脂质体膜通透性的影响[J]. 科学通报,1984,29:48-50.
[14] 赵保路,张清刚,张建中,等. 抗癌药物和中国地鼠肺正常细胞 V79 及癌变细胞 V79-B1 膜磷脂分子的相互作用[J]. 分子科学与化学研究,1984,13:333-337.
[15] 张清刚,黄宁娜,忻文娟,等. 伴刀豆蛋白 A 诱导小鼠腹水肝癌细胞膜糖蛋白构象的自旋标记研究[J]. 科学通报,1984,29:492-496.
[16] 张建中,赵保路,忻文娟. 用自旋标记 ESR 波谱方法研究 HEP. A22 腹水肝癌细胞膜动力学性质[J]. 研究生院学报,1984,1:182-187.
[17] Xin W J, Zhao B L, Zhang J Z. Studies on the property of sulfhydryl groups binding sites on the lung normal cell and cancer cell membrane of Chinese hamster with maleimide spin labels [J]. Science in China Ser. B, 1984, 28: 1008-1014.
[18] Zhao B L, Qu B J, Zhang J Z, et al. Effect of antotumor drugs on liposome membrane permeability wit spin label reductional kinetic by ascorbate[J]. Chinese Science Bulletin, 1984, 29: 385-388.
[19] Duan S J, Zhao B L, Xin W J. Effect of Yin-invigorating mixture on the cell membrane fluidity of normal and malignant cells[J]. J. Trad. Chin. Med., 1984, 4: 67-76.
[20] 赵保路,忻文娟,周凤兰,等. 用自旋标记 ESR 波谱研究 PNH 患者红细胞膜蛋白巯基的性质[J]. 生物化学与生物物理学报,1985,17:175-180.
[21] 忻文娟,赵保路,张建中. 温度对中国地鼠肺正常细胞 V79 和癌变细胞 V79-B1 膜上巯基结合位置的影响[J]. 科学通报,1985,30:142-145.
[22] Xin W J, Zhao B L, Zhang J Z. Effect of temperatue the property of sulfhydryl binding site on the membrane of normal cell V79 and cancer cell V79-B1 of Chinse hamster lung[J]. Chinese Science Bulletin, 1985, 38: 961-964.
[23] 张建中,赵保路,张清刚. 电子自旋共振自旋标记的基本理论和应用[M]. 北京:科学出版社,1987.
[24] Zhao B L, Huang N N, Zhang J Z, et al. Studies on the expsition of hydroxyl radical from hemotoporphyrin derivatives to light by spin trapping method[J]. Chinese Science Bulletin, 1986, 31: 1139-1143.
[25] 赵保路,忻文娟,杨卫东,等. 用电子自旋共振直接检测兔心肌缺血再灌注产生的活性氧自由基[J]. 科学通报,1989,34:780-786.
[26] 扬卫东,朱鸿良,赵保路,等. 电子自旋共振直接检测心肌再灌注产生的氧自由基和复方丹参对氧自由基的清除作用[J]. 中华心血管杂志,1989,17:178-184.
[27] 张建中,赵保路. 自旋捕集技术及其应用[J]. 化学通报,1988,1:27-33.
[28] 赵保路,黄宁娜,张建中,等. 用自旋捕集技术研究光照血卟啉衍生物水溶液产生的羟基自由基[J]. 科学通报,1985,30:1743-1746.
[29] 张建中,黄宁娜,赵保路,等. 在血卟啉生物光敏体系中 DMPO 捕集自由基的 ESR 研究[J]. 化学

学报,1986,44:627-630.

[30] Zhao B L, Li X J, He R G, et al. Scavenging effect of extracts of green tea and natural antioxidants on active oxygen radicals[J]. Cell Biochem. Biophys., 1989, 14: 175.

[31] Zhao B L, Li X J, Xin W J. ESR study on oxygen consumption during the respiratory burst of human polymophonuclear leukocytes[J]. Cell Biol. Intern. Report, 1989, 13: 317.

[32] Zhao B L, Li X J, Xin W J. ESR study on active oxygen radicals produced in the respiratory burst of human polymophonuclear leukocytes[J]. Cell Biol. Intern. Report, 1989, 13: 529.

[33] Zhao B L, Duan S J, Xin W J. Lymphocytes can produce respiratory burst and oxygen radicals as polymorphonuclear leukocytes[J]. Cell Biochem. Biophys., 1990, 17: 205-212.

[34] Li X J, Zhao B L, Liu G T, et al. Scavenging effects on active oxygen radicals by schizandrins with differnet structures and configurations[J]. Free Radical Biol. Med., 1990, 9: 99-110.

[35] Zhao B L, Li X J, Liu G T, et al. Scavenging effect of schizandrins on active oxygen radicals [J]. Cell Biol. Intern. Report, 1990, 14: 99-119.

[36] Ju H S, Li X J, Zhao B L, et al. Scavenging effect of berbamine on active oxygen radicals in phorbol ester-stimulated human polymorphonuclear leukocytes[J]. Biochem. Pharmcol., 1990, 39: 1673-1680.

[37] Xin W J, Zhao B L, Li X J, et al. Scavenging effects of chinese herbs and natural health productson active oxygen radicals[J]. Res. Chem. Interm., 1990, 14: 171-179.

[38] 赵保路,晏良军,候京武,等.电子自旋共振自旋捕集吸烟气相自由基的研究[J].中华医学杂志,1990,70:386-392.

[39] 王英彦,赵保路,李小洁,等.用自旋捕集技术研究氟化物刺激人形核白细胞呼吸爆发产生的活性氧自由基[J].环境科学学报,1990,10:304-310.

[40] 赵保路,张建朝,忻文娟.用电子自旋共振(ESR)自旋捕集技术研究光解过氧油酸产生的自由基[J].科学通报,1991,36:774-752.

[41] 张建朝,赵保路,忻文娟.亚油酸体系脂质过氧化起动机理的 ESR 研究[J].生物物理学报,1991,7:189-193.

[42] Zhang J C, Zhao B L, Xin W J. Evidence for L. against LOO. being spin-trapping by 4-POBN during the reaction of Fe-induced lipid peroxidation[J]. Appl. Magn. Reson., 1991, 2: 521-530.

[43] Li X J, Yan L J, Zhao B L, et al. Effects of oxygen radicals on the conformation of sulfhydryl groups on human polymorphonuclear leukocyte membrane[J]. Cell Biol. Intern., 1991, 12: 667-671.

[44] Yan L J, Zhao B L, Xin W J. Experimental studies on smoke aspects of toxicological effects of gas phase cigarette smoke[J]. Res. Chem. Interm., 1991, 16: 15-21.

[45] 张建朝,赵保路,忻文娟.用 ESR 自旋捕集技术研究 Fe^{2+} 诱导过氧化亚油酸产生的自由基[J].生物化学与生物物理学报,1992,24:247-254.

[46] 张建朝,赵保路,郭尧君,等.Cu/Vitamin C 对亚油酸过氧化启动机理的 ESR 研究[J].生物物理学报,1992,8:492-513.

[47] 张志义,陶能兵,何润根.光卟啉(YHPD)光敏作用机理的探讨[J].中国科学(B 辑),1990,20:

1039-1045.

[48] 段绍谨,张建中,赵保路,等.不同年龄人头发自由基含量的研究[J].中华老年医学杂志,1990,9:235-242.

[49] 朱青燕,陈尚恭,赵保路,等.ESR检测大鼠心脏缺血-再灌产生的氧自由基及药物的消除[J].生物物理学报,1990,6:327-332.

[50] 程时,赵保路,忻文娟,等.离体大鼠心肌缺血后再灌注损伤及其保护[J].中国循环杂志,1990,5:222-231.

[51] 黄宁,陈瑗,赵保路,等:大鼠在体心脏缺血再灌注氧自由基产生的研究[J].中华医学杂志,1990,70:670-691.

[52] 刘玲玲,王士文,赵保路.金属络合物对离体大鼠心肌缺血后再灌注损伤的保护作用的实验研究[J].中华心血管病杂志,1993,21:304-306.

[53] Yu L F, Xia D Y, Zhao B L, et al. Direct measurement of oxygen free radicals of overvitamin D-induced cardiac lesions in rats by ESR and the protective effects of L-methionine[J]. Free radical Biol. Med., 1991, 1: 321-330.

[54] 陈英杰,郭庆芳,赵保路,等.ESR研究大鼠疲劳时不同类型肌纤维的自由基变化[J].中华运动医学杂志,1991,10:135-142.

[55] Chen L H, Zang Y M, Zhao B L, et al. Electron spin resonance determination and superoxide dismutase activity in polymorpho- nuclear luekocytes in congestive heart failure[J]. Can. J. Cardiol., 1992, 8: 756-762.

[56] Yang F J, Zhao B L, Xin W J. Studies on toxicological mechanisms of gas-phase cigarette smoke and protective effects of GTP[J]. Res. Chem. Interm., 1992, 17: 39-45.

[57] 赵保路,忻文娟,陈雨亭,等.用自旋共振(ESR)研究肾缺血移植和缺血再灌过程产生的自由基[J].生物物理学报,1994,10:170-173.

[58] Fu J H, Zhao B L, Koscielniak J, et al. In vivo EPR studies of the metabolic fate of nitrosobenzen in the mouse[J]. Magn. Res. Med., 1994, 31: 77-80.

[59] Shi H L, Yang F J, Zhao B L, et al. Effects of r-HuEPO on the biophysical characteristics of erythrocyte membrane in patients with anemia of chronic renal failure[J]. Cell Res., 1994, 4: 57-64.

[60] 傅文庆,赵燕,赵保路,等.利福平对氧自由基清除作用和对斑蚊的延寿作用[J].老年生物学杂志,1994,9:68-72.

[61] 扬贤强,沈生荣,候京武,等.表没食子儿茶素没食子酸酯对活性氧自由基清除作用机制[J].中国药理学报,1994,15:350-353.

[62] 江文,赵燕,赵保路,等.丹参酮对心肌肌浆网脂质过氧化过程中脂类自由基的清除作用[J].生物物理学报,1994,10:685-689.

[63] 郭琼,赵保路,侯京武,等.五味子酚对突触体膜脂质过氧化损伤保护作用的ESR研究[J].神经解剖学杂志,1995,11:331-336.

[64] 邹曦露,万谦,李美芬,等.茶多酚对鼠心肌缺血再灌注产生的氧自由基的清除[J].波谱学杂志,1995,12:237-244.

[65] Shi H L, Zhao B L, Xin W J. Scavenging effects of Baicalin on free radicals and its protection

on erythrocyte membrane from free radical injury[J]. Biochem. Mol. Biol. Intern., 1995, 35: 981-994.

[66] Borzone G, Zhao B L, Merola A J, et al. Detection of free radicals by ESR in rat diaphram after resistive loading[J]. J. Appl. Physiol., 1994, 77: 812-818.

[67] 赵保路,沈剑刚,侯京武,等.用ESR研究心肌缺血再灌注组织和多形核白细胞产生的NO自由基[J].波谱学杂志,1997,14:99-106.

[68] 赵保路,王建潮,侯京武,等.多形核白细胞产生的NO和超氧阴离子自由基主要形成$ONOO^-$[J].中国科学,1996,26:406-413.

[69] 赵保路,沈剑刚,忻文娟.心肌缺血再灌注损伤过程中NO和超氧阴离子自由基的协同作用[J].中国科学,1996,26:331-338.

[70] Zhao B L, Shen J G, Li M, et al. Scavenging effect of Chinonin on NO and oxygen free radicals generated from ischemia reperfusion myocadium[J]. Biachem. Biophys. Acta., 1996, 1317: 131-137.

[71] Li H T, Zhao B L, Hou J W, et al. Two peak kinetic curve of chemiluninencence in phorbol stimulated macrophage[J]. Biochem. Biophys. Res. Commn., 1996, 223: 311-314.

[72] Zhao B L, Wang J C, Hou J W, et al. Studies on the mechanism of generation of NO free radicals from polymorphonuclear leukocytes stimulated by PMA[J]. Cell Biol. Intern. Report, 1996, 20: 343-350.

[73] Zhao B L, Jiang W, Zhao Y, et al. scavenging effect of salvia miltiorriza on free radicals and its protection for myocardial mitochondrial membrane from ischemia-reperfusion injury[J]. Biochem. Mole. Biol. Intern., 1996, 38: 1171-1182.

[74] Zhao B L, Wang J C, Hou J W, et al. Studies on nitric oxide free radicals generated from polymorphonuclear leukocytes (PMN) stimulated by phorbol myristate acetate (PMA) [J]. Cell Biol. Intern., 1996, 20(5): 343-350.

[75] Ni Y C, Zhao B L, Hou J W, et al. Protection of cerebellar neuron by Ginkgo-biloba extract against apoptosis induced by hydroxyl radicals[J]. Neuron. Sci. Letter, 1996, 214: 115-118.

[76] Zhao B L, Jiang W, Zhao Y, et al. Scavenging effects of Salvia milthiorrhza on the oxygen free radicals and its protection effects on the myocardial mitochondria from ischemia-reperfusion injury[J]. Biochem. Molec. Biol. Intern., 1996, 223: 311-314.

[77] Guo Q, Zhao B L, Li M F, et al. Studies on protective mechanisms of four components of green tea polyphenols(GTP) against lipid peroxidation in synaptosomes[J]. Biochem. Biophys. Acta, 1996, 1304: 210-222.

[78] Zhao B L, Musci G, Sugawara Y, et al. Spin-label and fluorescence labeling studies of the thioester bonds in human a-macroglobulin[J]. Biochemistry, 1988, 27: 5004-5008.

[79] Zhao B L, Li X J, Cheng S J, et al. The scavenging effects of extract of green tea on active oxygen radicals[J]. Cell biophysics, 1989, 14(2): 449-452.

[80] Li X J , Zhao B L , Hou J W ,et al. Active oxygen radicals produced by leukocytes of malignant lymphoma[J]. Chinese Medical Journal, 1990, 103(11):899-905.

[81] Guo Q, Zhao B L, Li M F, et al. Studies on protective mechanisms of four components of

green tea polyphenols(GTP) against lipid peroxidation in synaptosomes[J]. Biochem. Biophys. Acta, 1996, 1304: 210-222.

[82] Zhao B L, Shen J G, Li M, et al. Chinonin can scavenging NO free radicals and protect the myocardium against ischemia-reperfusion injury[C]. Illinois: AOCS Press, 1996.

[83] Xin W, Shi H, Yang F, et al. A study on the effects of green tea polyphenols on lipid free radicals[C]. Illinois: AOCS Press, 1996.

[84] Shen J G, Zhao B L, Li M F, et al. Inhibitory effects of Ginkgo biloba extract (EGB761) on oxygen free radicals, nitric oxide and myocardial injury in isolated ischemic-reperfusion hearts [C]. Illinois: AOCS Press, 1996.

[85] Ni Y, Zhao B L, Hou J, et al. Ginkgo biloba extract protection of brain neurons from damage induced by free radicals[C]. Illinois: AOCS Press, 1996.

[86] Shi H, Zhao B L, XinW. Scavenging effect of baicalin and its copper, zinc complexess on superoxide radicals and peroxynitrite[C]. Illinois: AOCS Press, 1996.

[87] Jiang W, Xu T, Zhao Y, et al. Effect of sodium tanshinone Ⅱ A sulfonate on mitochondrial electron transport chain: a preliminary study[C]. Illinois: AOCS Press, 1996.

[88] Wang Y Y, Zhao B L, Li X J, et al. Spin-trapping technique studies on active oxygen radicals from human polymorphonuclear leukocytes during fluoride-stimulated respiratory burst full source[J]. Fluoride, 1997, 30(1): 5-15.

[89] Zhao B L, Shen J G, Hou J W, et al. ESR studies of NO radicals generated from ischemia-reperfusion tissu and polymophonukocyte[M]. Berlin: Springer, 1998.

[90] Zhao B L, Guo Q, Hou J W, et al. Study on oxygen free radical and natural antioxidants with ESR spin trapping technique. in Modern Applications of EPR/ESR from biophysics to materials scince[M]. Berlin: Springer, 1998.

[91] Shen J G, Wang J, Zhao B L, et al. Effects of EGb-761 on nitric oxide, oxygen free radicals, myocardial damage and arrhythmias in ischemia-reperfusion injury in vivo[J]. Biochim. Biophys. Acta, 1998, 1406: 228-236.

[92] Zhao W E, Han T S, Zhao B L, et al. Effect of carotenoids on the respiratory burst of rat peritoneal macrophages[J]. Biochim. Biophys. Acta, 1998, 11381: 77-88.

[93] Guo Q, Zhao B L, Hou J W, et al. ESR study on the structure-antioxidant activiity relationship of tea catechins and their epimers[J]. Biochim. Biophys. Acta, 1999, 1427: 13-23.

[94] Wei T T, Chen C, Zhao B L, et al. Antioxidant properties of EPC-K1: a studyon mechanisms [J]. Biophys. Chem., 1999, 77: 153-160.

[95] Ma Z, Zhao B L, Yuan Z B. Application of electrochemical and spin trapping techniques in the investigateion of hydroxyl radicals[J]. Anal. Chem. Acta, 1999, 389: 213-218.

[96] Zhou G Y, Zhao B L, Hou J W, et al. Detection of nitric oxide in tissue by spin trapping EPR spectropy and triacetylglycerol extraction[J]. Biotech. Tech., 1999, 13: 507-511.

[97] Guo Q, Zhao B L, Packer L. Electron spin resonance study of free radicals formed from a procyaniding-rich pine (pinus Maritima) bark extract[J]. Free Rad. Biol. Med., 1999, 27: 1308-1312.

[98] Zhou G Y, Zhao B L, Hou J W, et al. Protective effects of sodium tanshinone ⅡA sulfponate against adriamycin-induced lipid peroxidation in mice heart in vivo and in vitro[J]. Pharmco. Res., 1999, 40: 487-491.

[99] Shen J G, Guo X S, Jiang B, et al. Chinonin, a novel drug against cardiomyocyte apoptosis induced by hypoxia and reoxygenation[J]. Biochim. Biophys. Acta, 2000, 1500: 217-226.

[100] Xin W J, Wei T T, Chen C, et al. Mechanisms of apoptosis in rat cerebellar granule cells induced by hydroxyl radicals and effects of Egb761 and its constitutes[J]. Txicology, 2000, 148: 103-110.

[101] Gao J T, Tang H R, Zhao B L. The ESR study on the protective effect of grape seed extract on rat heart mitochondria from injury of lipid peroxidation[J]. Res. Chem. Intermed., 2000, 26: 817-828.

[102] Zhao B L, Zhou W A, Ni Y C, et al. Kinetic scavenging effects of chinonin on NO and oxygen free radicals generated from ischemia reperfusion myocardium and its protection effects on the myocardium[J]. Res. Chem. Intermed., 2000: 747-762.

[103] Li H T, Hu J G, Xin W J, et al. Production and interaction of oxygen and nitric oxide free radicals in PMA stimulated macrophages during the respiratory[J]. Redox Report, 2000, 5: 353-358.

[104] Zhao B L, Guo Q, Xin W J. Free radical scavenging by green tea polyphenols[J]. Method. Enzym., 2001, 335: 217-231.

[105] Nie G J, Wei T T, Zhao B L. Polyphenol protection of DNA against damage[J]. Method. Enzym., 2001, 335: 232-244.

[106] Gao J T, Tang H R, Zhao B L. The toxicological damagement of gas phase cigarette smoke on cells and protective effect of green tea polyphenols[J]. Res. Chem. Intermed., 2001, 29: 269-279.

[107] Zhang D L, Xiong J, Hu J, et al. Improved method to detect nitric oxide in biological syste [J]. Appl. Magn. Reson., 2001, 20: 345-358.

[108] Gao J T, Tang H R, Li Y, et al. EPR study of the toxicological effects of Gas-phase cigarette smoke and the protective effects of grape seed extract on the mitochondrial membrane[J]. Applied Magnetic Resonance, 2002, 22: 497-511.

[109] Chen L J, Yang X Q, Jiao H L, et al. Tea catechins protect against Lead-induced cytotoxicity, lipid peroxidation, and membrane fluidity in HepG2 Cells[J]. Toxcol. Sci., 2002, 69: 149-156.

[110] Zhang Y T, Zhang D L, Cao Y L, et al. Developmental experession and activity variation of nitric oxide synthesase in the brain of golden hamster[J]. Brain Res. Bulletin., 2002, 58: 385-389.

[111] Zhou G Y, Jiang W, Zhao Y, et al. Sodium tanshinone ⅡA sulfonate mediates electron transfer reaction in rat heart mitochondria[J]. Biochem. Biopharm., 2002, 7465: 1-7.

[112] Zhou G T, Jiang W, Zhao Y, et al. Interaction between sodium tanshinone ⅡA sulfonate and the adriamycin semiquinone free radical: A possible mechanism for antagonizing adriamycin-

induced cardiotoxicity[J]. Res. Chem. Interm., 2002, 28: 277-290.

[113] Li W, Wei T T, Xin W J, et al. Green tea polyphenols in combination with copper(Ⅱ) induce apoptosis in Hela cells[J]. Res. Chem. Interm., 2002, 28: 505-618.

[114] Jiao H L, Zhao B L. Cytotoxic effect of peroxisome proliferator fenofibrate on human HepG2 hepatoma cell line and relevant mechanisms[J]. Toxcol. Appl. Pharm., 2002, 185: 1-8.

[115] Zhang D L, Tao Y, Duan S J, et al. Pycnogenol in cigarette filters scavenges free radicals and reduces mutagenicity and toxicity of tobacco smoke in vivo[J]. Toxicology & Industrial Health, 2002, 18: 215-224.

[116] Liu Q, Tao Y, Zhao B L. ESR study on scavenging effect of nicotine on free radicals[J]. Appl. Mag. Reson., 2003, 24: 105-112.

[117] Zhou G Y, Jiang W, Zhao Y, et al. Sodium tanshinone Ⅱ A sulfonate mediates electron transfer reaction in rat heart mitochondria[J]. Biochem. Pharmacol., 2003, 65: 151-157.

[118] Zhao B L. Antioxidant effects of green tea polyphenols[J]. Chinese Science Bulletin, 2003, 48(4): 315-319.

[119] Zhang D L, Niu Z Y, Wan Q, et al. Stability and reaction of dithiocarbamate-ferrous-NO complex in PMA-stimulated peritoneal macrophages[J]. Res. Chem. Interm., 2003, 29: 201-212.

[120] Zhang Y T, Zhao B L. Green tea polyphenols enhance sodium nitroprusside induced neurotoxicity in human neuroblastoma SH-SY5Y cells[J]. J. Neur. Chem., 2003, 86: 1189-1200.

[121] Jiao H L, Ye P, Zhao B L. Protective effects of green tea polyphenols on human HepG2 cells against oxidative damage of fenofibrate[J]. Free Rad. Biol. Med., 2003, 35(9): 1121-1128.

[122] Chen L J, Yang X Q, Jiao H L, et al. Tea Catechins protect against lead-induced ROS formation, mitochondrial dysfunction and calcium dysregulation in PC 12 cells[J]. Chem. Res. Toxiol., 2003, 16: 1155-1161.

[123] Xu Y C, Zhao B L. The main origin of endogenous NO in higher non-leguminous plant[J]. Plant Physiol. Biochem., 2003, 41: 833-838.

[124] Zeng H Y, Chen Q, Zhao B L. Genistein ameliorated β-amyloid peptide -induced hippocampal neuronal apoptosis[J]. Free Rad. Biol. Med., 2004, 36: 180-188.

[125] Liu Q, Zhao B L. Nicotine attenuates β-amyloid peptide induced neurotoxicity, free radical and calcium accumulation in hippocampal neuronal cultures[J]. Brit J. Pharmoco., 2004, 141: 746-754.

[126] Guo P, Cao Y L, Li Z Q, et al. Role of an endogenous nitric oxide burst in the resistance of wheat to stripe rust[J]. Plant Cell Environ., 2004, 27(4): 473-477.

[127] Xu Y C, Cao Y L, Guo P, et al. Detection of nitric oxide in plants by electron spin resonance [J]. Phytopath, 2004, 94: 402-407.

[128] Zhang D L, Yin J J, Zhao B L. Oral administration of Crataegus extraction protects against ischemia/reperfusion brain damage in the Mongolian gerbils[J]. J. Neur. Chem., 2004, 90: 211-219.

[129] Zhang J, Wang X F, Lu Z B, et al. The effects of Meso 2, 3-dimercaptosuccinic acid and Olipomeric Procyanidins on acute lead neurotoxicity in rat hippocampus[J]. Free Rad. Biol. Med., 2004, 37: 1037-1050.

[130] Chen L J, Yang X Q, Jiao H L, et al. Effect of tea catechins on the change of glutathione levels caused by Pb^{++} in PC12 cells[J]. Chem. Res. Toxiol., 2004, 17: 922-928.

[131] Zhang Y T, Zhang J, Zhao B L. Nitric oxide synthase inhibition prevents neuronal death in the developing visual cortex[J]. Eur. J. Neurol., 2004, 20: 2251-2259.

[132] Liu H L, Zhang D L, Zhao B L, et al. Superoxide anion, the main species of ROS in the development of ARDS induced by oleic acid[J]. Free Radical. Res., 2004, 38: 1281-1287.

[133] Cao Y, Guo P, Zhao B L. Simultaneous detection of NO and ROS by ESR in biological system [J]. Method. Enzymol., 2005, 396: 77-83.

[134] Xu Y C, Cao Y L, Guo P, et al. Technique of detection of NO in plants by ESR spin trapping [J]. Method. Enzym., 2005, 396: 84-92.

[135] Zhao B L. Nitric oxide in neurodegenarative diseases[J]. Front. Biosc., 2005, 10: 454-461.

[136] Zhao B L. Natural antioxidant for neurodegenerative diseases[J]. Mol. Neurobiol., 2005, 31: 283-293.

[137] Guo S H, Bezard E, Zhao B L. Protective effect of green tea polyphenols on the SH-SY5Y cells against 6-OHDA induced apoptosis through ROS-NO pathway[J]. Free Rad. Biol. Med., 2005, 39: 682-695.

[138] Xie Y X, Bezard E, Zhao B L. Unraveling the receptor- independent neuroprotective mechanism in mitochondria[J]. J. Biol. Chem., 2005, 396: 84-92.

[139] Gutierrez-Zepeda A, Santell R, Wu Z X, et al. Soy isoflavone glycitein protects against beta amyloid-induced toxicity and oxidative stress in transgenic Caenorhabditis elegans[J]. BMC Neuroscience, 2005, 54: 1-9.

[140] LuZ B, Nie G J, Belton P, et al. Structure-activity relationship analysis of antioxidant ability and neuroprotective effect of gallic acid derivatives[J]. Neurochem. Int., 2006, 48: 263-274.

[141] Zhao B L. The health effects of tea polyphenols and their antioxidant mechanism[J]. J. Clinical Biochem. Nutrition, 2006, 38: 59-68.

[142] Zhang J, Liu Q, Liu N Q, et al. Nicotine reduces β-amyloidosis by regulating metal homeostasis[J]. Faseb J., 2006, 20: 1212-1214.

[143] Zhang J, Mori A, Zhao B L. Fermented papaya preparation attenuates APP: A<beta> mediated copper neurotoxicity in APP and APPsw overexpressing SH-SY5Y cells[J]. Neurosci., 2006, 143: 63-72.

[144] Lu Z B, Tao Y, Zhou Z X, et al. Mitochondrial ROS and NO Mediated Cancer Cell Apoptosis in 2-BA-2-DMHB Photodynamic Therapy[J]. Free Rad. Biol. Med., 2006, 41: 1590-1605.

[145] Jie G L, Lin Z, Zhang L Z, et al. Free radical scavenging effect of Pu-erh tea extracts and their protective effect on the oxidative damage in the HPF-1 cells[J]. J. Agricu. Food Chem., 2006, 54: 8508-8604.

[146] Liu Q, Zhang J, Zhu H, et al. Dissecting the signalling pathway of nicotine-mediated neuroprotection in a mouse alzheimer disease model[J]. Faseb J., 2007, 21: 61-73.

[147] Guo S H, Yan J Q, Bezard E, et al. Protective effects of green tea polyphenols in the 6-OHDA rat model of Parkinson's disease through inhibition of ROS-NO pathway[J]. Biological Psychiatry, 2007, 62: 1353-1362.

[148] Moore A L, Carré J E, Affourtit C, et al. Compelling EPR evidence that the alternative oxidase is a diiron carboxylate protein[J]. Biochimica et Biophysica Acta (BBA)-Bioenergetics, 2008, 1777: 327-330.

[149] Glinchuk M D, Kuzian R O. ESR spectrum peculiarities in a nano-thin perovskite film[J]. Physica B: Condensed Matter, 2007, 389: 234-241.

[150] 徐元植.实用电子磁共振波谱学:基本原理和应用[M].北京:科学出版社,2008.

[151] 苏吉虎,杜江峰.电子顺磁共振波谱:原理与应用[M].北京:科学出版社,2022.

第 3 章

自旋标记技术

与 NMR 相比，ESR 的最大局限性是只能检测顺磁性物质，但是大部分生物和医学中的物质都不是顺磁性的，这就大大限制了 ESR 的应用范围．1965 年，McConnell 等人引入自旋标记的概念和方法，为 ESR 应用开辟了一个新天地．也可以说自旋标记技术把 ESR 的应用范围从一个有限范围扩展到了无限范围．本章参考 Berliner 教授的几本书[1-3]、笔者等人早期出版的《自旋标记 ESR 波谱的基本理论和应用》[4]和笔者所在实验室发表的一些文章，以及国内外发表的相关文献[5-92]，讨论自旋标记的概念、使用技术和应用．

3.1　自旋标记概念

所谓自旋标记，就是将一顺磁性报告基团加到被研究体系，借助自旋标记物的报告基团的 ESR 波谱特征反映该基团周围环境的物理和化学性质及其变化规律．自旋标记技术包括自旋标记物的合成、自旋标记 ESR 波谱解析和应用．到目前为止已经有一百多种自旋标记物，大多都以商品供应，特殊的需要自己合成．波谱解析是 ESR 研究的难点，但自旋标记的ESR解析相对容易一些,没有复杂的ESR谱线,几乎都是三条谱线,基本是在谱线的形状和分裂的宽度上进行测量和计算,一般人经过学习和训练都能掌握.

3.1.1 自旋标记物的性质

自旋标记物应当符合以下条件:

(1) 足够稳定.

(2) 能够以某种方式结合或嵌入被研究物质的某个位置.

(3) 其ESR波谱对被研究物质环境的物理、化学性质及其变化极为敏感,而报告基团本身对体系的扰动甚微.

符合上述性质的报告基团称为自旋标记(spin label)或自旋探针(spin probe).

(1) 自旋标记.与被研究物质共价结合的称为自旋标记.自旋标记常用来化学修饰或共价结合到蛋白质、酶和核酸上,以研究这些物质的结构、活性位置的构象及动力学问题.

(2) 自旋探针.与被研究物质非共价结合的称为自旋探针.自旋探针多用于非共价插入液晶和细胞膜的脂双层中,探讨细胞膜的流动性和动力学性质.

3.1.2 氮氧自由基化合物——最理想的自旋标记物

到目前为止,研究发现氮氧自由基化合物是最符合以上条件的自旋标记物.氮氧自由基化合物有三类,分别是哌啶氮氧自由基、吡咯烷氮氧自由基和噁唑烷氮氧自由基(图3.1).由结构可以看出,它们有几个共同的特点:一是它们都有氮氧自由基,在氮氧之间有一个未成对电子,这是它们的报告基团,可以用ESR波谱仪检测到ESR信号;二是在氮氧自由基周围都有2~4个甲基,这些甲基像保护伞一样为未成对电子提供了一个空间保护屏障,使得氮氧自由基保持长期稳定;三是它们都有一个R基团,这个R基团可以是能与其他物质共价结合的活性基团,即自旋标记物,也可以是不与其他物质共价结合的活性基团,而仅仅与被研究物质非共价结合,即自旋探针.

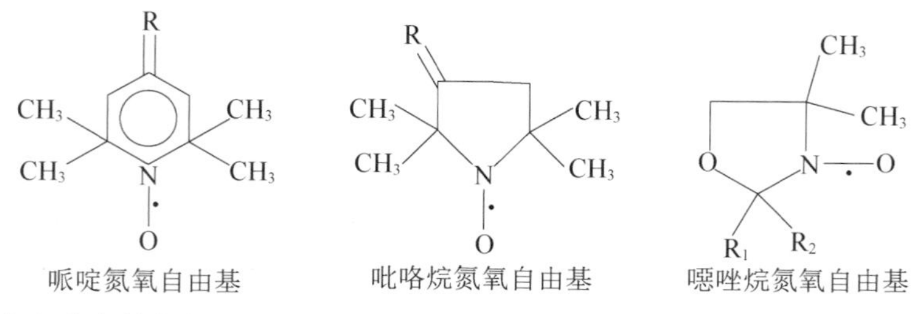

图3.1 三类氮氧自由基化合物

3.1.3 氮氧自由基的分子坐标

氮氧自由基的分子坐标如图 3.2 所示，N—O 沿坐标的 X 方向，未成对电子的p-π 轨道沿坐标 Z 方向. 将氮氧自由基化合物结晶，就可以把此坐标放进去，在 ESR 波谱仪上就可以测量和计算出氮氧自由基的分子参数.

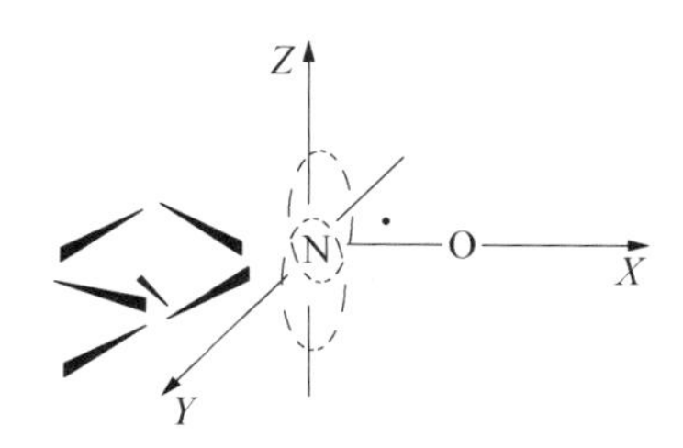

图 3.2 氮氧自由基的分子坐标

3.2 氮氧自旋标记的波谱解析

氮氧自旋标记的波谱解析仍然需要量子力学的计算和推导，属于量子科学的具体体现. 下面我们就以各向同性和各向异性两种情况对氮氧自旋标记的波谱进行解析.

3.2.1 各向同性波谱

氮氧自由基在溶液中的波谱为各向同性的波谱，可以用各向同性的哈密顿量描述：

$$\hat{H} = g\beta H \cdot \hat{S}_z + A\hat{S}_z \cdot \hat{I}_z$$

电子的自旋：

$$S = 1/2,\ m_s = 1/2,\ -1/2$$

氮核自旋：

$$I = 1,\ m_I = 1,\ 0,\ -1$$

自旋波函数共 6 个：

$$\psi_1 = |1/2, 1\rangle \quad \psi_2 = |1/2, 0\rangle \quad \psi_3 = |1/2, -1\rangle$$
$$\psi_4 = |-1/2, 1\rangle \quad \psi_5 = |-1/2, 0\rangle \quad \psi_6 = |-1/2, -1\rangle$$

将以上6个状态波函数代入上式,可以得到相应能级也有6个:

$$E_1 = g\beta H/2 + A/2 \qquad E_4 = -g\beta H/2 + A/2$$
$$E_2 = g\beta H/2 \qquad E_5 = -g\beta H/2$$
$$E_3 = g\beta H/2 - A/2 \qquad E_6 = -g\beta H/2 - A/2$$

根据选择定则,$\Delta m_s = 1$,$\Delta m_I = 0$,电子只能在能级1和6,2和5,3和4之间跃迁,即

$$h\nu = E_1 = g\beta H + A' \qquad H_1 = h\nu/(g\beta) - A/(g\beta) = H_o - A'$$
$$h\nu = E_2 = g\beta H \qquad H_2 = h\nu/(g\beta) = H_o$$
$$h\nu = E_3 = g\beta H_3 - A \qquad H_3 = h\nu/(g\beta) + A/(g\beta) = H_o + A'$$

得到三条等强度的共振谱,三条谱线之间的分裂为超精细常数分裂:

$$|A| = |H_1 - H_2| = |H_2 - H_3| = |A'| = a$$

在氮氧自由基自旋标记物中,如果只考虑N引起的超精细分裂,氮氧自由基在溶液中的各向同性波谱可以用电子在以下能级分裂和跃迁图描述(图3.3).

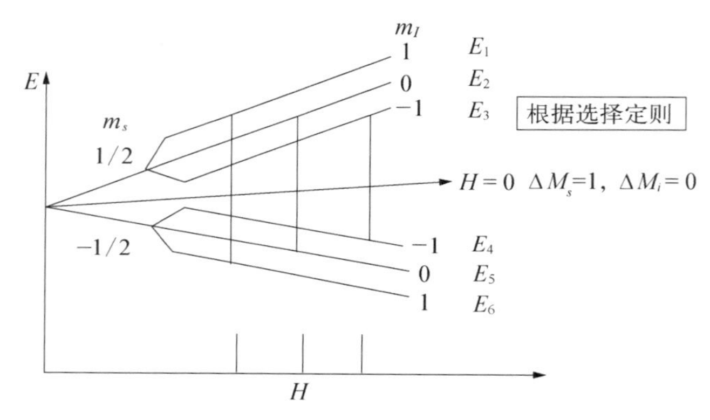

图3.3 在氮氧自由基中只考虑N引起的超精细分裂时的电子分裂能级和跃迁图

氮氧自由基在溶液中的各向同性ESR波谱如图3.4所示.

以上只是在考虑了氮原子核的超精细分裂时,得到的三条等强度的谱线.如果考虑氮氧自由基周围的四个甲基上的12个质子,那么它们应当给出更多超精细分裂($2nI+1 = 13$,图3.5).

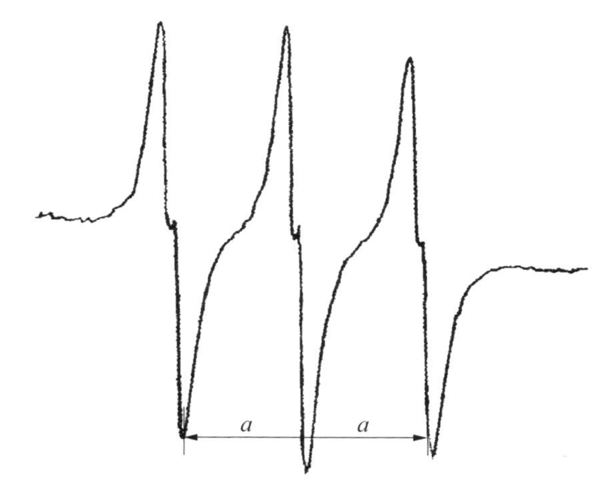

图 3.4　氮氧自由基在溶液中的各向同性波谱

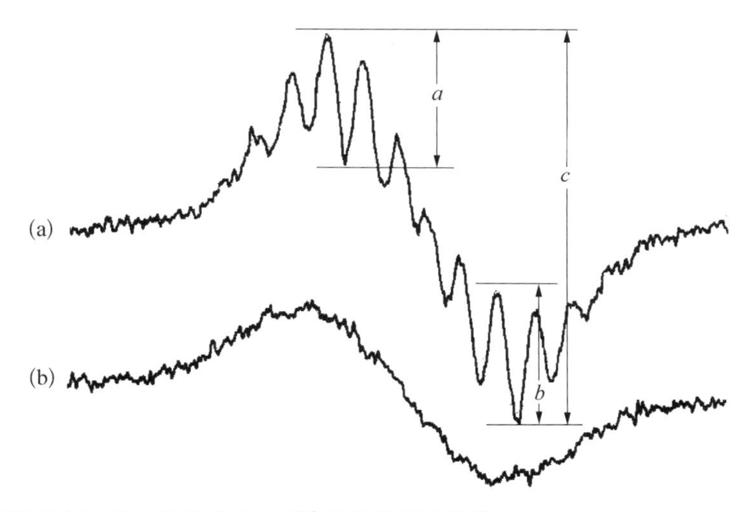

图 3.5　自旋标记的氮氧基上甲基引起的超精细分裂 ESR 波谱

3.2.2　各向异性波谱

在各向异性体系中的自旋标记物，其哈密顿量是各向异性的：

$$\hat{H} = \beta H \cdot \mathbf{g} \cdot \hat{S} + \hat{S} \cdot \mathbf{A} \cdot \hat{I}$$

这里 $\mathbf{g}$ 和 $\mathbf{A}$ 都是张量，经对角化处理，可得到

$$g = \begin{bmatrix} g_{xx} & 0 & 0 \\ 0 & g_{yy} & 0 \\ 0 & 0 & g_{zz} \end{bmatrix}$$

$$A = \begin{bmatrix} A_{xx} & 0 & 0 \\ 0 & A_{yy} & 0 \\ 0 & 0 & A_{zz} \end{bmatrix}$$

观察各向异性波谱的最好体系是单晶，在单晶中，通过自旋标记分子坐标和单晶坐标可以清楚地知道，改变单晶和外磁场的相对取向，就可以得到不同的 ESR 波谱.

3.2.3 轴对称波谱

自旋标记物在轴对称体系，其 ESR 波谱就是轴对称的(图 3.6(a)～(b))，例如细胞膜.这里

$$g_{xx} = g_{yy} = g_{\perp}, \quad g_{zz} = g_{//}$$
$$A_{xx} = A_{yy} = A_{\perp}, \quad A_{zz} = A_{//}$$

在图 3.6 中 $A_{//} = (1/2)A_{\max}$，$A_{\perp} = (1/2)A_{\min}$.

$A_{\max}$为波谱图上第一个最大峰和最后一个最小峰之间的距离.$A_{\min}$为波谱图上第一个最小峰和最后一个最大峰之间的距离.

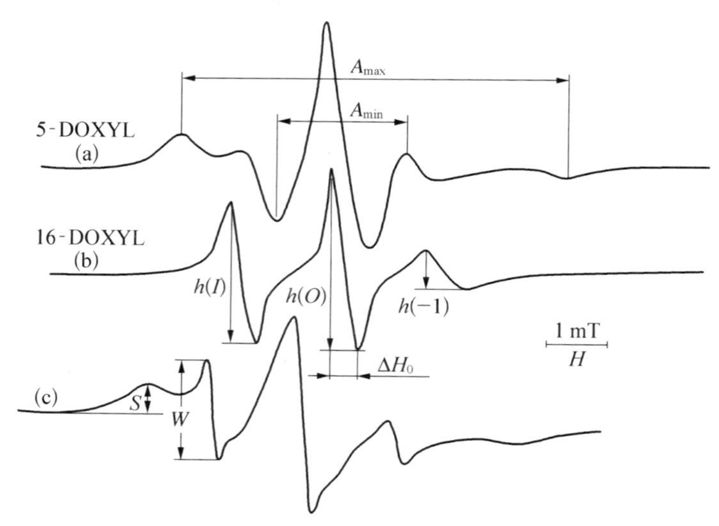

图 3.6　自旋标记物 ESR 波谱

(a) 轴对称波谱；(b) 弱固定化波谱；(c) 强固定化波谱.

3.2.4 强固定化波谱

自旋标记物被紧紧地固定在一个位置，不能自由运动时就会出现这种强固定化波谱. 如自旋标记物在液氮温度或玻璃态时就是这种情况，其 ESR 波谱明显加宽和不对称. 一些紧紧结合在蛋白质的狭小活性位置内的自旋标记物也有这种波谱. 如果自旋标记物还可以做某些运动，这时就会出现弱固定化波谱，有时也会出现两种波谱同时存在的情况(图 3.6).

3.3 自旋标记在生物学中的应用

现在自旋标记技术已经广泛应用于生物学的各个领域，特别是在细胞膜的流动性、蛋白质的结构和动力学性质、药理学及 ESR 成像方面的研究中引起了广泛兴趣，本书后面有专门的章节对其进行讨论. 另外，自旋标记在酶和核酸研究中都有应用，这里对自旋标记在酶研究中的应用做一简单概述.

酶在生物体系内起着非常重要的作用，它的结构非常复杂，这主要是由于酶分子的巨大分子量，可以由二十几种氨基酸组成无数的序列(一级结构)；这些氨基酸在一个局部区域的空间内以各种特殊方式配置(二级结构)，同时这些局部区域又以大量的方式相连接(三级结构)，而且各个链还以无数的方式在三维空间相联系(四级结构). 因此，要完全确定一个酶的结构，精确地表示各个原子间的相互关系，工作量何等巨大. 很多物理、化学和生物学家在这方面做了大量工作. 他们利用了很多技术，其中对酶的结构了解做出很大贡献的技术之一就是自旋标记方法.

在自旋标记方法出现以前，就已产生了很多能对蛋白质的特殊侧链进行化学修饰的试剂，其中有些可以很容易转变成氮氧自由基，成为共价结合的自旋标记试剂，但有的能和几个侧链反应，产生混合的 ESR 波谱，难于解释. 这个问题已通过发展特异结合位置的亲和标记物得到部分解决.

本节介绍自旋标记 ESR 波谱方法在酶的研究中所得到的信息，并以大量的实例说明其具体应用. 需要指出的是，自旋标记方法对于酶的研究并不仅限于 ESR 波谱，近来发展起来的一种自旋标记诱导 NMR 核弛豫技术在酶的研究方面已做出了卓越的贡献.

3.3.1 研究酶所用的自旋标记物

研究酶所用的自旋标记物一般是从蛋白质的修饰剂衍生后带上氮氧基而得到的,包括共价结合和非共价结合两类.

1. 共价结合的自旋标记物

目前,已合成了很多共价结合的自旋标记物,而且其中有不少已经用于研究各种酶体系.按照这些自旋标记物和酶的反应类型,又可分为四大类:烷基类、酰基类、磺酰类和磷酰类.

(1) 烷基类

蛋白质和自旋标记烷基卤化物的反应可以用一个卤素电极测量释放出来的卤离子来监测.溴乙酰胺类似物特别有用,因为这两个试剂标记的蛋白质经酸性水解得到烷化氨基酸的羧甲基衍生物.这种试剂反应的最常见的部位是半胱氨酸的巯基、组氨酸的咪唑基、赖氨酸的 ε-氨基和蛋氨酸的硫醚基.目前已将这些氨基酸的羧甲基衍生物分离出来并且进行了标定.[2]这些氨基酸衍生物在氨基酸分析仪上表现出特征的洗脱时间.从它们的定量测定可以计算出自旋标记的部位和程度.

二溴酮对交联的两个互相靠近的反应基团是很有用的.例如,牛胰核糖核酸酶的两个活泼的组氨酸残基部位[3]或木瓜酶上的硫醇基(Cys 25)和咪唑基(His 159).这个试剂还可连接在由蛋白质中二硫键还原裂解产生的两个巯基上.

碳二亚胺自旋标记物可以抑制结合到膜上的 ATP 酶,[6]能够将此酶的活性部位上的亲核基团插入碳二亚胺的一个双键中.这种试剂对于研究核酸代谢中的酶也是很有用的,因为碳二亚胺可以和尿苷及鸟苷碱基反应.

N-乙基马来酰亚胺的哌啶和吡咯衍生物已被广泛使用,但用这两个标记有一系列的问题.通常和这两个试剂反应的亲核基团(巯基和氨基)是通过插入碳碳双键或进攻一个羧基进行反应的.在后一种情况中,亚胺环打开,这样就增加了氮氧基和结合蛋白质之间的间隔.如果标记一种蛋白质出现了两个反应机理,其 ESR 波谱就是包含两个成分的混合谱.在某些情况下,可把它解释为标记物结合到两个或多个不同的结合部位.在水溶液中,吡咯衍生物可以很快水解成无反应性的产物.

碘硝基石竹烯含有一个很大的烷基取代基,它已成功地被用来研究空间活性位置或结合部位.然而,由于质子耦合,共振线较宽(3.5 G),限制了它的使用.氰尿酰氯衍生物可用于标记白蛋白的组氨酸和赖氨酸侧链,它和二溴酮一样,有两个起连接作用的卤原子.

异硫氰氮氧自由基是用于氨基甲酰氨基的标记物,它比相应的异氰酸盐标记物要稳定.四甲基哌啶酮氮氧自由基可以和自由的氨基反应,然后被硼氢化钠还原为稳定的 N-烷基衍生物.

（2）酰基类

酰基化自旋标记试剂已被广泛用于标记蛋白质的羟基、硫醇基和氨基等功能基团.通常，这些化合物与烷基化试剂相比有较大的特异性，但比磺酰化和磷酰化试剂的特异性小.然而它们没有像烷基化自旋标记试剂那样，在蛋白质水解的条件下，形成氨基酸衍生物所具有的稳定性.

琥珀酰胺酯、琥珀酰二酯和马来酰二酯可以研究 α-胰凝乳蛋白酶活性部位的几何形状.混合的羧酸-碳酸酐是一种活性很高的试剂，它可在水溶液中使聚-L-赖氨酸的 ε-氨基酰基化.[20] 显然，酰基化反应在水溶液中和水解反应是相互竞争的.此种试剂的一个缺点是连到蛋白质或肽上的可能是抗磁性 R 基团，而不是顺磁性的氮氧基部分，结果形成检测不到的尿烷.自旋标记的咪唑类似物可以标记聚-L-酪氨酸的苯酚羟基.这个试剂有一定程度的特异性，因为当混合等当量的聚-L-酪氨酸和聚-L-赖氨酸之后，它倾向于标记酪氨酸残基.此标记物对研究具有酪氨酸侧链的羧肽酶 A 活性部位是很有价值的.

自旋标记羧酸的 N-羟基琥珀酰亚胺酯可以酰基化缬氨酰基-tRNA 的 α-氨基.自旋标记的碳酸酯是非常方便的酰基化试剂，它与氨基反应生成尿烷，可以标记在脱脂蛋白质固相合成时得到未封闭多肽的氨基终端.[23] 由 ESR 波谱可以估计正在增长的多肽氨基终端的可接近性，同时可以研究这种性质与溶剂和聚合物类型的关系.这种试剂的一个突出的优点是连接到氨基终端的基团可以通过标准的去封闭步骤移去，而且合成还可以继续.

（3）磺酰类

邻位、间位和对位自旋标记的磺酰化试剂可以研究和比较胰蛋白酶和 α-胰凝乳蛋白酶的活性部位.其中有些化合物不能单独溶于水而且遇水分解，因此需要将其分步加入二噁烷溶液中，这些技术问题妨碍了抑制反应的精确动力学测量.在酶被磺酰化之前，顺磁中心从这些试剂中释放出来，产生带有和不带有自旋标记的磺酰化酶分子的混合物.一旦完整的试剂和蛋白酶接触，氮氧基就不会释放出来.不过还存在一个缓慢去磺酰化过程.尽管有这些困难，采用此类试剂还是可以得到有用的资料.

（4）磷酰类

已合成的有机磷自旋标记试剂对很多酶的活性位点中的亲核丝氨酸残基有高度特异性，但至少存在两个例外.有人使用此试剂自旋标记了木瓜蛋白酶和溶菌酶中高活性的酪氨酸残基，从而证明抗磁性的二异丙基氟磷酸（DFP）能与木瓜蛋白酶的 Tyr123 以及溶菌酶的 Tyr20 和 Tyr23 反应.然而，通过使用磷酸化酶来维持其活性和通过 X 射线晶体学的资料表明，在催化反应中，这些酪氨酸残基并未参与.

磷酸化酶可以经历一个被称为“老化”的过程，在此过程中，烷基或烷氧基从酶上释放出来，而含磷的部分仍然连接着.这个过程可被酸或碱催化.用酸催化时，释放出碳肟离子；而用碱催化时，释放出烷氧基离子或烯烃.这一老化现象可以得出混合的 ESR 波谱，其中窄线成分并不是水解脱磷酸化的结果，因为老化不伴随发生酶活性的改变.有的研究者在研究自旋标记的阿托品酶、枯草杆菌蛋白酶和胰凝乳蛋白酶时，实际上忽略了这个问题.

自旋标记试剂可以共价结合或非共价结合到所研究的酶上.共价标记的实用性取决于活性部位或在其附近是否存在反应性的氨基酸侧链.共价标记实验通常分为两类:一类是标记物连接在活性部位附近,不严重损害生物功能;另一类是标记物连接到活性部位中的一个基团上,使催化活性大部分或全部丧失.

理想情况是单一功能团被100%标记在研究人员所希望的部位上,而蛋白质的其他基团则完全没有标记.要获得这样的特异性,需要特殊的pH、离子强度、温度、反应时间和试剂浓度等条件.用结构与底物类似的试剂常常可以获得这样的特异性.在设计和合成特异性试剂时,了解标记物的亲和性是很有好处的.共价结合自旋标记的条件一般是和修饰蛋白质所用的条件是相同的.但在实验前,有些缓冲溶液的成分应当慎重考虑.例如巯基乙醇或谷胱甘肽可以被自旋标记氧化,伴随氮氧自由基被还原而失去顺磁性;[58]实际上氮氧基可以被抗坏血酸立即还原;在高氢离子浓度(pH<2)条件下放置,自由基就会分解;顺磁离子的ESR波谱可以和氮氧基的ESR波谱重合并能增强自旋标记的电子弛豫作用和使波谱的振幅变小;等等.Co^{2+}的存在可使氮氧基的波谱复杂化,这就必须将Co^{2+}从自旋标记的样品中除去,其方法就是加入过量的EDTA,使之形成EDTA-Co(Ⅱ)复合物.在实验中,自旋标记物的浓度必须严格控制,仅仅加入过量的EDTA是不够的,因为EDTA可以引起波谱幅度的反常变化.

当标记反应完成之后,过量的未结合的自旋标记试剂可以用以下三种方法除掉:

(1) 透析法

这种方法最为方便,但有几个缺点,如蛋白质有可能吸附在透析袋上或从透析袋中逃走而损失掉一部分,未结合标记物去除不完全而且慢.选择合适的透析袋可以减少这些弊端.

(2) 胶体过滤

此方法可以很快去掉未结合的标记物而且比透析法效果好.

(3) 计算机减法

没有完全清除或蛋白质水解释放出来的少量未结合的标记物,其ESR波谱将包含窄线和宽线两种组分,这时可用计算机减法技术将窄线波谱成分扣除.

为更好地分析实验结果以及确认结果的可靠性,有必要将标记的和天然的酶的物理、化学和生物性质进行比较.蛋白质的二级、三级或四级结构的改变可以用超离心法、圆二色性和荧光等技术进行测定.通过胰蛋白酶或其氰溴化物的片段可以测定被修饰残基部位的顺序.被标记氨基酸侧链有时可以通过测定氨基酸成分的改变来确认.当用标记物标记核糖核苷酶时,它的氨基酸成分减少一个组氨酸残基,增加一个羧甲基组氨酸残基.标记的程度可以通过氨基酸分析进行测定.但这样得到的值没有用放射性自旋标记和插入自旋标记的计数方法得到的结果可靠.用自旋标记计数时,将实际测定的已知量自旋标记蛋白质在1.0 mol/L NaOH溶液中60 ℃水解24 h,把一部分水解产物放在100 μL毛细管中,在标准条件下记录ESR波谱,然后和已知相应浓度的自旋标记标准曲线的 ESR 波谱的幅度进行比较.将一次微商谱进行二次积分就能得到插入自旋标记的数量.至少用一个或几个不同的实验方法测量标记蛋白质的生物活性,然后和未标记的蛋白质进行比较.

有些反应得到几个不同标记的蛋白质,在这种情况下,波谱的解释就很困难.用离子交换层析法、等电聚焦法或聚丙烯酰胺凝胶电泳,可以将这些混合物分解成单纯成分.用共价结合自旋标记试剂,一定会碰到一般修饰蛋白质时所遇到的问题,主要有:① 不能在修饰蛋白质上进行完全氨基酸分析;② 假如在一类底物上保持或降低了酶的活性,则对所有这些底物都是如此;③ 在模型肽或其他蛋白质上证明的特殊残基的修饰或存留的结论,可以推论到所研究的问题.在研究自旋标记酶之前这些问题值得慎重考虑.

2. 非共价结合的自旋标记物

通过非共价化学键(例如疏水、离子和氢键)结合到蛋白质上的自旋标记配位基要与未结合配位基进行化学交换.交换作用的强度决定配位基在蛋白质上的停留时间,而且影响连接到配位基上的氮氧基的运动自由度.若蛋白质对配位基的亲和力足够大,只能得到结合样品的 ESR 波谱.如果亲和力较小,就会产生结合的和未结合的混合波谱.当缔合常数很低时,结合样品的波谱将被未结合样品的波谱所掩盖.当结合标记的波谱幅度并未明显增强未结合样品的信号时,未结合样品信号的大小可以被用于计算配位基的缔合常数.在设计实验时,主要考虑的问题是这些非共价结合的自旋标记物的亲和力和特异性.为了解释距离测量实验,就必须精确知道这两个参数.

现已合成了一系列自旋标记辅酶,并已成功应用于研究工作.例如,我们使用 ATP 氮氧基衍生物来测量 DNA 聚合酶上 ATP 和 AMP 结合部位中某些基团之间的距离.此外,利用氮氧基酯化 ADF 的磷酸基得到的 NAD 类似物,我们研究了乙醇脱氢酶,并测量了这些辅酶结合部位与底物或抑制剂所占据部位之间的距离.我们还合成了甲基钴啉醇酰胺和 5′-脱氧腺苷钴啉醇酰胺的自旋标记衍生物.通过 ESR 技术,可以监测光解产生的 Co—C 均裂的动力学过程.尽管这些自旋标记试剂在水中不易溶解,但它们具有其他优点,如氮氧环几乎与芳香环共平面,实际上是一个扁平分子,可以插入双螺旋核酸的碱基对之间,这对于观察这种体系的结构改变非常有用.此外,这个分子只有很弱的荧光,但其抗磁性前体却有强荧光,其最大发射和吸收光谱与吲哚非常相似.由于胺和氮氧基在结构上相似,因此构成了一个理想的自旋标记-荧光配对试剂,使得人们可以使用同一个探针分子,通过两种独立的技术来测量不同的参数.二氮杂菲自旋标记衍生物可以紧密地结合到肝乙醇脱氢酶中通常存在的四个锌离子中的两个上.同样的探针分子也是碱性磷酸酶的底物.通过观察反应物 ESR 波谱的质子分裂的减少和 g 值的移动,可以监测催化水解的速率.

非共价结合不需要反应性的功能基团,只要研究人员感兴趣的蛋白质部位对自旋标记有足够的亲和力就行了.除非这些配位基的缔合常数非常高,否则结合标记的样品的 ESR 波谱就会部分或全部被未结合标记的样品的 ESR 波谱所掩盖.这时,就要用计算机去掉未结合样品的ESR波谱中的窄线成分.例如结合样品的波谱对总波谱的贡献不明显,这时就要将酶加入自旋标记溶液中,则ESR信号的减小可用于测量和计算该标记的缔合常数.应当注意,做这类测量时,未结合自旋标记的样品浓度有一个上限,若浓度大于或等于10^{-3} mol/L时,就会出现自旋交换,交换加宽会缩短自旋弛豫时间(τ_s)并减小共振峰的幅度.

3. 自旋标记酶的性质

氮氧自由基对自旋标记蛋白质的紫外吸收的贡献取决于其基团的结构和测量的波长.噁唑、哌啶和吡咯氮氧环的最大吸收λ_{max}为230~240 nm,这与蛋白质的λ_{max}约为280 nm相差甚远.在280 nm氮氧基的摩尔消光系数为200~800,而酪氨酸和色氨酸则分别为1 100和5 200.对于像胰凝乳蛋白酶这样的蛋白质,它包含4个酪氨酸和8个色氨酸,在活性部位上只带有一个自旋标记,自旋标记的吸收小于1%.

为了得到所需要的光密度和共振信号的强度,有时希望浓缩自旋标记的蛋白质,这可以通过冷冻脱水、压缩超滤、用胶棉袋抽吸超滤,或简单地将适量干燥的交联葡聚糖(sephadex)加入酶溶液中来实现.上述技术对于浓缩样品是很有用的,但要注意,这些处理可能引起蛋白质的凝结,进而影响蛋白质上的自旋标记和一些特殊核的相关时间(τ_c).

3.3.2 从自旋标记的酶所得到的信息

氮氧自由基的ESR波谱除受其在体系中的运动状态、取向以及介质的极性的影响外,还受体系中存在的其他物质,如还原剂和顺磁性金属离子的影响.反之,自旋标记也可以影响体系的性质,例如它可改变核的弛豫时间和在激发态的荧光寿命.本节讨论自旋标记提供的酶的结构和功能的各种信息.

1. 催化速率

在研究酶动力学时,我们使用了自旋标记的对硝基苯酯来酰基化α-胰凝乳蛋白酶,并观察到共价结合后产生的强固定化ESR波谱仅包含宽线成分(图3.7中朝上的箭头).但是当酰基酶中间物的pH从4.5升高到6.8时,自旋标记的酰基会被释放出来,得到自由旋转的氮氧基的窄线波谱(图3.7).利用窄线组分随时间的增加或宽线随时间的减小可以测量脱酰速率.然而,自由运动的自由基的波谱幅度比宽线幅度大得多,因此,窄线组分的增长是测量脱酰过程比较灵敏的指标.在脱酰这一步,我们计算的一级速率常数为$(1.55\pm0.1)\times10^{-3}\ s^{-1}$.这一方法还用于比较不对称底物的两个对映体各自的速率参数的相对大小.

从对硝基苯酚释放速率的可见光吸收测量和自旋标记羧酸释放的ESR测量计算出

R 和 S 异构体的 k_s，k_2 和 k_3. 用两种不同方法测定的 k_3 值符合程度为 8%～13%，并指出右旋异构体比左旋异构体的水解速率大 20 倍. 比较速率的数据表明，胰凝乳蛋白酶和环己直链淀粉在催化像这样的非特异酯底物时，有类似的对映特异性，而环庚直链淀粉在催化这些底物时，就没有明显的对映特异性.

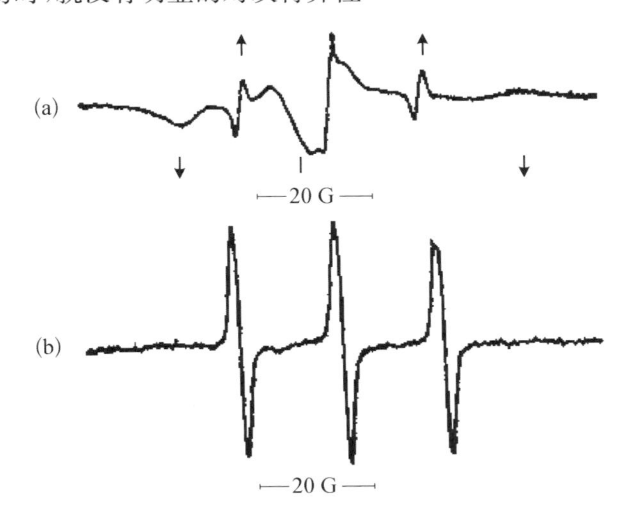

图 3.7　自由旋转的氮氧基的窄线波谱

(a) 自旋标记酰基化 α-胰凝乳蛋白酶研究酶动力学 ESR 波谱，pH = 3.5 向上的箭头表示的宽线来源于在活性部位固定化的顺磁性酰基的共振线；向下的箭头表示的三条窄线来源于在这个 pH 下脱酰基产生的自由运动的氮氧基；(b) 在 pH = 4.5 顺磁性水解产物的共振谱.

2. 变性机理

自旋标记可以研究酶活性部位的伸展，下面用胰凝乳蛋白酶体系来说明这一应用. 对于自旋标记的胰凝乳蛋白酶，每个酶衍生物的变性作用作为盐酸胍浓度的函数已用 ESR 波谱方法进行了研究，图 3.8 解释了所观察的 ESR 波谱的改变. 为了说明这一实验，用高场线与中场线的高度比作为参数. 当此比值对变性浓度作图时，得到一个 S 形曲线. 结果表明，标记 α-胰凝乳蛋白酶的活性部位伸展所需要的变性浓度实际上与 pH 无关. 发现用脲作变性剂时，活性部位的伸展与 pH 有关. 这些结果表明，包含在活性部位构象中的带电残基的影响被离子变性剂所掩盖，而中性变性剂却不能完全消除这些影响. 6 mol/L 的脲能较快地使这个酶变性，旋光色散和圆二色性测定指出只有 30% 的磺胺释放出来. 脲浓度较低时，则自旋标记物释放的磺胺较少. 释放出所有自旋标记的磺胺需要 8 mol/L 的脲. 显然，若脲的浓度低于 8 mol/L，这个酶的稳定部分可以存在，即使天然酶暴露于脲以后加入自旋标记也是如此. 这些结果与逐步变性机理或在低脲浓度中伸展和未伸展构象之间的快速平衡是一致的.

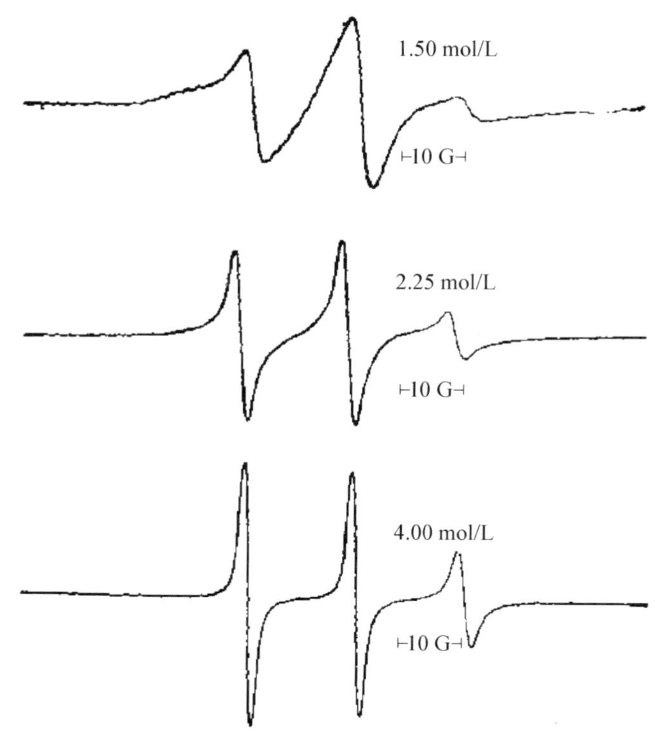

图 3.8　在自旋标记胰凝乳蛋白酶体系中逐渐增加盐酸胍浓度的 ESR 波谱(pH＝3.0)

3. 不同基团之间的距离

自旋标记分子的固有顺磁性对一些离子和分子的磁和电的环境产生了扰动.顺磁性标记部位和被扰动基团之间的距离与扰动大小紧密相关.有四类实验可用于计算酶的催化部位(和其他部位)不同基团之间的距离.

当两个氮氧自由基连到同一个分子上时,它们的未成对电子就会发生磁相互作用,作用的大小取决于氮氧基之间的距离和它们之间的相对运动.当距离小于 10×10^{-10} m 时,相互作用很强,而当距离大于 14×10^{-10} m 时,其相互作用就很小了.当自旋-自旋交换频率大于超精细频率时,ESR 波谱为强度比是1∶2∶3∶2∶1 的五线谱,随着交换频率的减小,其强度比变为 1∶1∶1∶1∶1,然后变为 2∶1∶2∶1∶2;当没有相互作用时,谱线变成和单氮氧自由基一样的等强度的三线谱.当双自由基连接到一个酶的活性部位上时,氮氧自由基之间的距离由这个部位的形状和大小所决定.因为这个距离只要有很小的变化,其 ESR 波谱就会发生显著的改变.这一方法对测定活性部位的构象和几何形状的微小变化具有很大的潜力.双基连接到 α-胰凝乳蛋白酶的 Ser 195 上以后,Met 192 或 Met 180 被氧化时会灵敏地引起 ESR 波谱改变.比较标记物连接到胰凝乳蛋白酶、胰蛋白酶、弹性蛋白酶和凝血酶上的 ESR 波谱,也会观察到非常大的区别(图 3.9).虽然双自旋标记对环境的改变比单自旋标记灵敏，但对其复杂的波谱解释起来比较困难.因此，双自旋标记不如单自旋标记用得广泛.自旋-自旋相互作用的另一应用是通过研究在蛋白质或肽的不同位置共价或非共价结合的两个单自由基，从而确定蛋白质的结构.这类实验的成功要求：① 只有两个位置被标记；② 要知道它们被占据的程度.这个方法已被用于测量短杆菌肽 S 和它的六个结构类似物中的两个鸟氨酸侧链之间的距离，以及连接到血管舒缓肽的 Arg 1 和 Ser 6 上的两个自旋标记位置之间的距离.

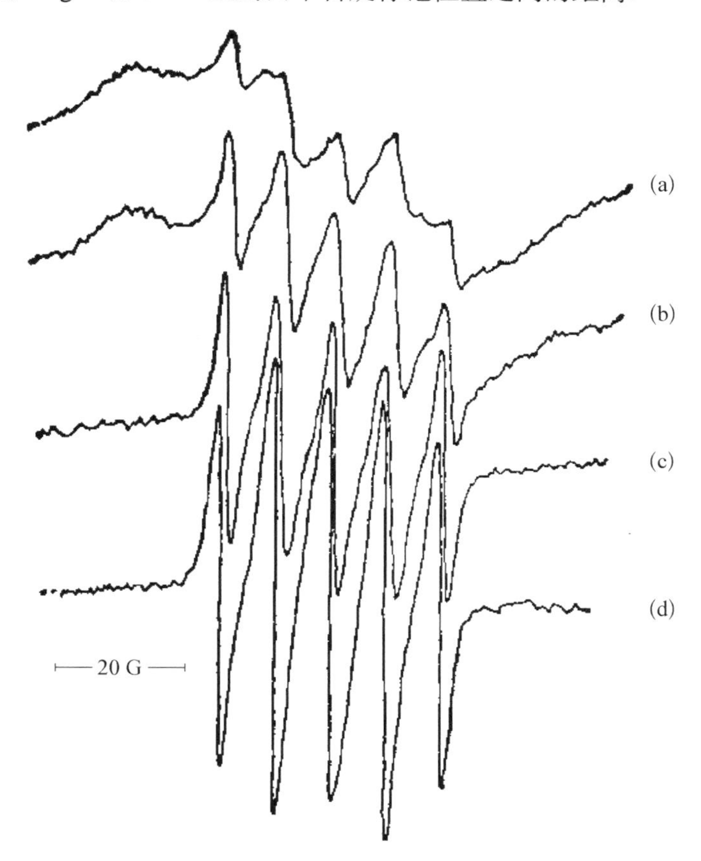

图 3.9　双基连接到 α-胰凝乳蛋白酶(a)、胰蛋白酶(b)、弹性蛋白酶(c)、凝血酶(d)的 ESR 波谱

当自旋标记和顺磁离子存在于同一体系时，该离子对氮氧基的 ESR 波谱的影响并不总是使谱线加宽.这些基团紧紧地结合到大分子上，以致于它们的再取向时间比电子的弛豫时间还长，则观察到的 ESR 信号的线宽由下式给出：

$$\delta H = [g\beta\mu^2\tau/(r^6\hbar)](1-3\cos^2\theta_R')^2+\delta h_0$$

式中，g，β，$\hbar$的意义和前面一样，τ 是偶极作用的相关时间，μ 是偶极子的磁矩，r 是离子和氮氧基氮原子之间的距离，θ_R'为外磁场和两电子自旋连线的夹角，δh_0是没有顺磁离子时的残余线宽.[59]实际上观察到的偶极效应与其说是整个谱线的加宽，倒不如说是信号强度的减小，因为方程对取向的改变是敏感的. 对一部分取向，方程右边的第一项和第二项相比很小，因此来自这部分的信号将主要以 δh_0 表现出来，对大部分其他取向，第一项比第二项大，得到的谱线由于太宽，而观察不到. 两个效应的总的结果使原来的信号减小，通过测量信号减小的程度，可从方程计算两顺磁粒子之间的距离. 这一技术已用于肌酸激酶体系，自旋标记Ⅰ必须在巯基上标记这个酶，计算的 MnADP-自旋标记激酶从氮氧基到结合 Mn^{2+} 之间的距离为 $(7\sim10)\times10^{-10}$ m. 我们用同样方法研究了磷酸果糖激酶的活性部位.

电子自旋多重性大于 0 的样品能淬灭激发电子态. 二特丁基氮氧自由基已被用作激发三重态的淬灭剂. 其淬灭过程的可能机理包括：① 共振激发转移；② 碰撞或能量交换转移；③ 电荷转移激发态；④ 电子交换诱导体系内交叉；⑤ 振动淬灭. 黏度的研究指出，这种淬灭现象在 $(4\sim6)\times10^{-10}$ m 的距离才有效. 自旋标记诱导荧光淬灭在生物体系的一个应用是用脂肪酸自旋标记淬灭白蛋白色氨酸的荧光. 当自旋标记结合到牛血清白蛋白上后，色氨酸的固有荧光强度减小了. 当用油酸标记时，这一效应仅有很小的改变，但当氮氧基移到 C5 位置时，它接近一个色氨酸残基，荧光强度突然减弱. 这个实验说明了氮氧基诱导淬灭与自旋标记的荧光团距离的关系，也指出了如何用这一效应研究酶的活性部位.

4. 蛋白质的对称性

由于在氮氧基中的氮核的超精细张量和 **g** 张量的各向异性，其 ESR 波谱强烈地依赖于分子在磁场中的取向，以及 **g** 和超精细分裂与自由基分子在磁场中取向的关系. 当磁场平行于 N—O（X 轴）或平行于两个四价碳的连线（Y 轴）时，超精细分裂为 6 G. 若磁场平行于含有未成对电子的氮原子的 2p-π 轨道时，分裂变为 32 G. 假设不用四甲基-1,3-环丁二酮和二特丁基氮氧基体系，而改用蛋白质和紧紧结合在它上面的自旋标记配位基体系，无疑结合自旋标记的 ESR 谱线能够表征蛋白质结构的对称性.

对于晶体轴和分子对称轴重合的情况，分子轴容易用 X 射线衍射法测定，若晶体轴不与蛋白质分子轴重合，则用衍射方法就难以找到分子轴. 但当蛋白质被自旋标记之后，分子轴很容易用 ESR 波谱来确定. 例如，当两个自旋标记分子结合到一个蛋白质适当部位时，它们就具有二重旋转轴的关系. 除非磁场正好平行或垂直于此轴，否则它们的共振谱是不同的. 蛋白质由相同的亚单位组成，大多具有对称轴，因此用自旋标记方法研究这些体系是很有意义的.

对于自旋标记的对称酶，ESR 波谱可以用于检测伴随着底物、抑制剂或活化剂结合出现的构象改变. 在有利的情况下，结合这些配位基引起的构象改变也会产生与自旋标记有关的对称主轴相对取向的改变. 例如，自旋标记蛋白质晶体的一个应用是将它们的共振谱和在溶液中的共振谱进行比较. 如果 ESR 波谱相同，就说明在这两种状态下，自旋标记附近的构象是相同的. 这对于那些希望知道在结晶过程中晶体力对蛋白质构象影响的结晶学家来说是很有价值的信息.

能够观察到的取向单晶酰基酶的共振谱由不超过四个分子的波谱重叠而成.因为胰凝乳蛋白酶单晶的每个晶胞包含四个分子,所以以上结果表明,每个自旋标记相对其连接的酶分子占有一个取向.这个结果与在半胱氨酸β-93的活性巯基上自旋标记的血红蛋白单晶所得到的结果形成对照.在血红蛋白晶体中,假定氮氧基相对血红蛋白分子有两个异构体取向,在一个取向中,标记物是强固定化的,而在另一个取向中,标记物仅是部分固定化的.

5. 由配位结合或蛋白质水解引起的活性部位构象的改变

很多酶表现出高度特异性,这部分源于与催化相关的不同功能之间的精确空间关系.催化活性的显著改变常常伴随着活性部位的精细结构变化.例如,当枯草杆菌蛋白酶活性部位丝氨酸被用化学方法转变为半胱氨酸时,其硫醇基的硫原子和附近咪唑质子之间就形成了新的氢键.这个作用明显地改变了 k_{cat}/k_m 对 pH 的依赖关系.亲核原子的大小稍增加一点(O→S),相应的 k_{cat} 值减小到原来的1/33.位于或接近酶活性部位的自旋标记常常可以检测类似的精细变化.例如,利用自旋标记物对磺酰化胰凝乳蛋白酶进行研究时,在活性部位的丝氨酸上就观察到了这样的变化.该分子的芳香基不能进入酶的甲苯磺酰孔内.加入吲哚后,它占据了这个甲苯磺酰孔,导致空间拥挤,使得ESR波谱上出现了宽线成分.而在没有吲哚的情况下,就观察不到这种宽线成分.当使用允许芳香基结合到甲苯磺酰孔中的试剂时,吲哚被排除在外,此时波谱不会发生变化.

3.3.3 自旋标记酶实例

前面已经考虑了哪些化合物可以用作酶的自旋标记试剂,如何进行标记以及从这些自旋标记的酶可以得到什么信息?下面给出自旋标记方法在各种酶体系中的具体应用.

1. 溶菌酶

卵白溶菌酶包含129个氨基酸,能催化水解N-乙酰胞壁酸和N-乙酰葡糖胺之间的β-(1,4)-糖苷键.通过测定自旋标记诱导弛豫增宽谱线的程度可以确定连接的氮氧基到蛋白质其他核之间的距离.由于不知道标记的位置和程度,而且谱线加宽是非常特异性的,所以起初并没有得到关于氮氧基到核之间距离的定量资料,后来才成功地完成了这类实验.[44]例如成功测得了从结合到溶酶菌的亚部位C上的N-乙酰葡糖胺的甲基到连接于His 15上的溴乙酰胺自旋标记的氮氧基的距离为 13×10^{-10} m(α-异头物)或 15×10^{-10} m(β-异头物).用X衍射结晶学测定的坐标建立起来的分子模型测量的这个距离为 18×10^{-10} m.去掉自旋标记的长度(即从咪唑环到氮氧基的氮原子的距离为 7×10^{-10} m)得到 11×10^{-10} m.这与磁共振方法测定的值符合得比较好.当二-N-乙酰葡糖胺结合在亚部位B和C上,在用His 15共价标记时,测得的未还原的乙酰胺甲基(在亚部位B)和氮氧基氮原子之间的距离为 18×10^{-10} m，校正了的 X 射线的距离为 21×10^{-10} m. 预计类似乙酰胺自旋标记的分子会结合到溶菌酶的活性部位上，通过研究溶菌酶Ⅵ复合物发现，被配位基最高占据部位并不是在催化区域，而是在 Trp 123 附近的疏水口袋中. 此结果被用来测量从结合在 Trp 123 的配位基到 His 15 的 C2 质子（17×10^{-10} m）和二-N-乙酰葡糖胺的乙酰胺甲基（$>15\times10^{-10}$ m）的距离. 由模型测得的这两个距离分别为 18×10^{-10} m 和 28×10^{-10} m.

2. 核糖核酸酶

牛胰核糖核酸酶 A（RNaseA）也是一种研究较为清楚的酶，它包含 124 个氨基酸的单链，并通过 4 个二硫键连接. 该酶的功能是通过裂解连接到嘧啶碱基上的核酸残基的 3′-磷酸二酯键来催化 RNA 的水解. 在自旋标记研究中，我们使用自旋标记溴乙酰胺、马来酰亚胺Ⅳ、Ⅴ和溴琥珀酰胺，在 pH 为 5.5 和 8.5 的条件下标记这个酶，并在是否存在同聚核酸的情况下研究产生的衍生物，观察其 ESR 波谱随 pH、温度和脲浓度的变化. 研究发现，在 pH 为 5.5 的条件下，使用溴乙酸在咪唑的 His 12 的 N3 或 His 119 的 N1 位置上使 RNase 烷基化，结果发现产物完全失去活性. RNaseA 在 pH 为 5.5 的条件下与溴酰胺反应得到的衍生物的氨基酸分析显示，增加了 0.5 个 3-羧甲基组氨酸残基和 0.1 个 ε-羧甲基赖氨酸残基，同时减少了 1.1 个组氨酸残基和 1.1 个赖氨酸残基. 修饰后的酶对环 CMP 保持了最初活性的 50%. 根据这些数据和先前的实验，我们可以推断 RNase 在活性部位的 His 12 上被自旋标记，而在其他位置的赖氨酸残基上标记较少. 可能只有未被烷基化的酶才保留了一些活性.

由于 RNase 催化环磷酸（环-2′，3′-胞苷酸）的水解，牛胰核糖核酸酶能在活性部位强烈地结合 1 mol 无机磷酸就不奇怪了. 利用这一事实，用磷酸自旋标记研究了 RNase 活性部位的几何形状. 结果发现化学交换氮氧自由基加宽了 His 12 和 His 119 的 C2 质子的 NMR 谱线，从而认为氮氧基的氮原子更靠近 His 12，因为它的 C2 质子共振加宽得更厉害.

3. DNA 聚合酶

大肠杆菌 DNA 聚合酶是一个分子量大约为 105 000 的多功能酶. 它在 DNA 复制和修复过程中起到重要作用，通过催化脱氧核糖核苷 5′-三磷酸的 α-磷酸与 3′-羟基末端之间形成磷酸二酯键. 我们推测脱氧核糖核苷三磷酸结合部位与带有 3′-羟基和 5′-磷酸部分的核苷结合部位较为接近. 通过使前一个结合部位携带标记 ATP，后一个结合部位携带 AMP，我们证明了这两个部位是邻近的. 观察到氮氧基增加了 AMP 的 C2 质子的弛豫作用，这个效应的大小表明，当配位基结合后，氮氧基的氮原子与 AMP 的 C2 质子之间的距离为 $(7.1\pm0.6)\times10^{-10}$ m.

4. 柠檬酸合成酶

猪心柠檬酸合成酶能够催化乙酰辅酶 A 与草酰乙酸缩合形成柠檬酸和辅酶 A. 柠檬

酸合成酶和自旋标记酶 A 结合的解离常数是 10^{-4}. 在此二元复合物中，结合的顺磁性辅酶使水质子的纵向弛豫速率提高了 2.4 倍. 有关顺磁共振和质子弛豫速率的研究指出，在柠檬酸合成酶Ⅷ和草酰乙酸之间形成三元复合物. 在此三元复合物中水质子弛豫速率比在二元复合物中提高 40%左右. 柠檬酸、(R)-苹果酸、(R,S)-酒石酸也能和柠檬酸合成酶Ⅷ形成三元复合物，它们的解离常数分别为 0.5×10^{-3}，0.4×10^{-3} 和 2×10^{-3}.

5. 磷酸果糖激酶

兔骨骼肌肉磷酸果糖激酶是一个分子量约为 90 000 的调节酶. 然而，具有活性的最小低聚体的分子量约为 340 000. 此酶可以结合核苷酶和二价阳离子，具有一个非常活泼的巯基. 已用碘乙酰自旋标记共价标记了这个基团，并用三种不同的磁共振技术测定了连接的氮氧基、结合的锰离子和结合 ATP 的质子之间的空间关系. 研究发现，结合的锰离子和氮氧基产生自旋-自旋交换作用，并且从自旋标记的 ESR 波谱幅度的减小来测定这个效应的大小，得出氮氧基的氮原子和锰离子之间的距离为 12.0×10^{-10} m. 还发现连接的氮氧基能增加结合 ATP 质子的弛豫速率. 我们从共振线宽的增加量计算这个效应的大小，求出从 ATP 的 H-2，H-8 和 H-1′环质子到氮氧基氮原子的距离分别为 7.2×10^{-10} m，7.5×10^{-10} m 和 7.0×10^{-10} m. 最后发现，无论是天然酶还是自旋标记酶，在有无 Mg^{2+}-ATP 饱和浓度的条件下，其溶剂水质子的弛豫速率都是相同的. 这些结果有助于我们建立一个表示氮氧基和结合的 Mg^{2+}-ATP 之间空间关系的模型.

6. 肌酸激酶

肌酸激酶(ATP-肌酸磷酸转移酶)能够催化 ATP 的终端磷酰基的可逆转移子到一个受体分子(如肌酸)上，产生 ADP 和一个磷酸化了的受体. 此酶以两个亚单位的二聚体存在，每个重约 41 000 Da①，每个亚单位在活性部位包含一个反应性的巯基. 用碘乙酰胺自旋标记物可以标记兔肌酶上的两个巯基. ESR 波谱表明，共价结合的氮氧基是强固定化的. 与有 Mg^{2+}，Ca^{2+}，Sr^{2+} 或 Ba^{2+} 存在时，用 ADP 滴定自旋标记酶得到类型完全相同的波谱，而且表现出氮氧基更加固定化. 然而当有 Zn^{2+} 存在时，三元复合物的 ESR 波谱明显不同，这说明 Zn^{2+}-ADP 肌酸激酶形成的复合物在结构上与碱土金属离子形成的复合物明显不同. 出乎预料的是，当含有顺磁离子 Mn^{2+}，Ni^{2+} 和 Co^{2+} 时，没有观察到氮氧基波谱的加宽，反而出现共振谱幅度的明显降低情况. 由于连接的氮氧基和结合的顺磁离子之间的自旋-自旋相互作用，我们可以利用这个现象计算锰和氮氧基中氮原子之间的距离. 对包含 ADP 的三元复合物，我们算出的距离是 $(7.5\pm1.5)\times10^{-10}$ m；对 ATP 复合物，这个距离为 $(11.5\pm0.6)\times10^{-10}$ m. 我们还观察到自旋标记的酶使水质子的弛豫速率增加大约 10 倍.[104]

---

① 1 Da = $1.660\,54\times10^{-22}$ kg.

7. 乙醇脱氢酶

马肝乙醇脱氢酶(LADH)是一个包含28个巯基的氧化酶.其中有2个被碘乙酸选择性烷基化,结果完全失去催化活性.此酶可结合Zn^{2+},也可与辅酶NAD结合,当底物乙醇被氧化时,NAD被还原成NADH.自旋标记研究该酶采用的是辅酶NAD的自旋标记类似物ADP Ⅱ.当用此类似物滴定该酶时,其ESR波谱表明,该配位基有两种结合部位.其中,有2个结合部位的$K_{dis}=(1.7\pm0.8)\times10^{-5}$,5～6个结合部位的$K_{dis}=(7.5\pm0.9)\times10^{-5}$.而NADH仅能从强结合部位取代自旋标记配位基.不含Zn^{2+}的酶对这个自旋标记类似物表现出两个强结合部位,其$K_{dis}=(2.7\pm0.6)\times10^{-5}$,但没有弱结合部位.这种类似物可以被NAD完全取代,其顺磁配位基把水质子的弛豫速率提高了80倍.当强结合部位被占据2个时,水质子弛豫速率只提高12倍,这表明部位-部位相互作用并不反映在解离常数上.在只有2个强结合部位的不含Zn^{2+}的脱辅基酶上,弛豫速率的增大因子由32减小到4.5,检测到类似的部位-部位相互作用.由结合引起的乙醇、乙醛和异丁酰胺上的质子横向弛豫速率改变的大小,可以计算从氮氧基氮原子到这些底物或抑制剂的不同核的距离分别为:乙醇(甲基),3.6×10^{-10} m;乙醇(亚甲基),4.1×10^{-10} m;乙醛(甲酰基),3.1×10^{-10} m;异丁酰胺(甲基),$\leqslant3.9\times10^{-10}$ m.

8. D-甘油醛-3-磷酸脱氢酶(GPDH)

酶催化D-甘油醛-3-磷酸氧化磷酸化为1,3-二磷酸甘油酸,同时将辅酶NAD还原为NADH.这个反应是通过一个可以分离出来的酰基酶中间物实现的.脱辅基酶还能够催化酰基磷酸和对硝基苯酯的水解,这两个反应都涉及同样的亲核巯基.GPDH能被烷基化,也能被酰基化,这表明这些试剂被标记到了与催化有关的活性巯基上.由得到的混合波谱表明,也可能有标记到其他部位上的情况.通过将混合波谱与用计算机合成不同量"流动"、"受阻碍"和"固定化"的成分产生的波谱进行比较,可以对这些混合波谱进行分析.当用碘乙酸自旋标记脱辅基酶时,其ESR波谱分析显示,氮氧基在"流动"、"受阻碍"和"固定化"状态的相对浓度分别为<1%,50%和50%.随着n值的增加,处于固定化状态的自旋标记的部分越来越少,这表明在被研究的一系列自旋标记氮氧基中存在一个空间梯度,说明没有自旋-自旋相互作用,且共价结合的氮氧基与非共价结合的氮氧基间的距离$>14\times10^{-10}$ m.

9. α-胰凝乳蛋白酶

研究者用自旋标记方法对α-胰凝乳蛋白酶进行了实验研究.[24]前文已提及,α-胰凝乳蛋白酶对一些脂底物的催化可以用如下的动力学方程描述:

$$\mathrm{E}+\mathrm{S}\underset{k_{-1}}{\overset{k_1}{\rightleftharpoons}}\mathrm{ES}\xrightarrow{k_2}\mathrm{ES}'\xrightarrow{k_3}\mathrm{E}+\mathrm{P}_2 \quad (+\ \mathrm{P}_1)$$

这里，E，S 和 ES 分别是自由酶、底物和可逆的酶-底物复合物，k_1，k_2 和 k_3 分别表示不同步骤的反应速率常数.

实验时，需要在 α-胰凝乳蛋白酶中加入不少于 1.5 倍(过量的)自旋标记的脂底物Ⅳ.由于这个自旋标记物的水溶性不太好，需要加入 1%～1.5% 的有机助溶剂(乙腈、丙酮、二氧六环).为了消除自旋标记的窄线 ESR 波谱，需要进行透析或胶体层析，然后直接观察波谱.在进行动力学测量时，将样品在试管中快速混合，并在 30～60 s 内放入谐振腔.

在扁平样品管中测量的经过透析的酰基酶的 ESR 波谱是强固定化的.如果将样品暴露于能展开酶的脲中，则得到流动性的波谱.对高浓度的脲透析，波谱的幅度不减小.然而对 pH 为 2.0～3.5 的不含脲的缓冲液进行透析，波谱又恢复到强固定化的状态.由于二异丙基氟磷酸(DFP)封闭的酶不与这个酯反应，并且这种标记的动力学行为与硝基苯乙酯相似，因此可以确定 Ser 195 被修饰了.

强固定化的 ESR 波谱是由共价结合的自旋标记酶产生的，它类似于刚性玻璃粉末的波谱.从这个波谱得到的信息表明，自旋标记部分相对于蛋白质是刚性连接的，因为 α-胰凝乳蛋白酶滚动频率极慢，而且不论它是折叠的(固定化的波谱)还是展开的(流动性波谱)都不能用透析方法去掉，这说明自旋标记已经共价连接到整个酶上了.在低 pH 缓冲液中透析可以将脲变性酶的波谱恢复到原来的状态，这意味着蛋白质构象的改变是可逆的.

在 pH 为 2.0～4.0 的条件下长时间保存自旋标记 α-胰凝乳蛋白酶，会慢慢产生窄线波谱成分，可用透析法将其除去.因此，这一窄线成分可能是由脱酰的羧酸氮氧自由基产生的.

将样品快速调到 pH≥6.8，此时波谱全都转变为窄线谱.用增长的窄线峰高与时间作图，得到一级动力学曲线，速率常数 k_3 可以从 $\ln[(h_{-1})_\infty-(h_{-1})_t]$ 与时间作图计算出来.这里 $(h_{-1})_\infty$ 和 $(h_{-1})_t$ 分别是水解反应终了和任意时间 t 的 ESR 波谱高场峰的峰高.所得的结果与用分光光度计测量的结果一致.

10. 胰蛋白酶

胰蛋白酶是一种蛋白质水解酶，分子量约为 25 000，它能断裂精氨酸和赖氨酸侧链的羧基一侧的肽键.它的氨基酸顺序与胰凝乳蛋白酶的氨基酸顺序是高度同源的.用一系列磺胺氯化物自旋标记，对它的活性部位的几何形状与胰凝乳蛋白酶进行了严格的比较.在 pH 为 3.5 的条件下，其 ESR 波谱清楚地表明这两种酶的活性部位结构是不同的.根据研究建立的模型表明，对大部分与胰凝乳蛋白酶结合的自旋标记物(*p*-Ⅰ，*p*-Ⅴ，*m*-Ⅲ，*m*-Ⅳ)在加入吲哚后，得到的 ESR 波谱与用胰蛋白酶的波谱非常相似.因此，对于胰凝乳蛋白酶和胰蛋白酶衍生物，它们自旋标记连接的芳香部分不在与“底物”的结合部位，而主要是在催化中心的一般区域.

通过比较，观察到 pH 为 5.5 和 7.7 时标记的胰蛋白酶分别对应窄线和宽线的 ESR

波谱.出现这种不同波谱的原因可能是:① 在两个不同的 pH 时,氮氧基结合有两种不同的方式;② 在 pH 为 5.5 标记反应时,蛋白质水解很有限.标记的胰蛋白酶的 ESR 波谱与用同一个标记物标记的弹性蛋白酶、枯草杆菌蛋白酶的 ESR 波谱非常相似.因为这三种酶都不能使氮氧基环进入它们特异的底物结合部位,其 ESR 波谱反映了在特异结合部位之外的一般结合部位的空间是很拥挤的.

11. 枯草杆菌蛋白酶

枯草杆菌蛋白酶比胰蛋白酶和胰凝乳蛋白酶有较宽的特异性.当 pH 为 5.5 时,用磷酸自旋标记物标记该酶,在用 pH 为 4.3 的胶体过滤后,立即测量,得到加宽的波谱,这表明氮氧基的运动受到很大的阻碍.在 pH 为 3.3 时,波谱仅包含窄线成分,说明在此 pH 下,酶的活性部位区域是张开的.这一事实表明,它可能没有二硫键来稳定三级结构.

12. 凝血酶

凝血酶是另一种蛋白质水解酶.它直接参与血凝块形成的一连串的过程,和胰蛋白酶有类似的氨基酸顺序.对小的合成底物,凝血酶和胰蛋白酶表现出类似的特异性,但对大的蛋白质底物,二者的特异性不同.这一差别可以用自旋标记进行检测.用磷酸双自由基标记这两个酶,得到的 ESR 波谱表明,氮氧基在凝血酶上的运动性比在胰蛋白酶上的大.

13. 弹性蛋白酶

弹性蛋白酶能分解弹性蛋白,其一般的构象与 α-胰凝乳蛋白酶相同.胰凝乳蛋白酶上的底物结合部位上的腔在弹性蛋白酶中也存在,但它的入口部分被封住了.因此,当用磷酸自旋标记物抑制它时,氮氧环被排斥在特异结合部位之外.观察到的加宽的 ESR 波谱[36]表明,在特异结合部位之外的一般结合部位空间是狭窄的,但用磷酸双自由基标记这个酶时,则观察到有较高运动性的 ESR 波谱.

14. 葡萄球菌蛋白酶

葡萄球菌蛋白酶是从金黄色葡萄球菌提取出来的一种蛋白酶,它有一个单多肽链,分子量大约为 12 000.在 pH 为 5.5 时用磷酸自旋标记物标记,在 pH 为 3.5 时进行透析,其 ESR 波谱只有窄线成分,表明自旋标记有很高的运动性.当在 pH 为 5.5 时记录波谱,它包含宽线成分,而且与用磷酸自旋标记物标记的胰蛋白酶的 ESR 波谱相似.当 pH 升至 7.5 时,波谱的运动性增加,与用磷酸自旋标记物标记的胰凝乳蛋白酶的 ESR 波谱相似.标记的酶所表现出来的稳定性和对 pH 的灵敏的反应,表明它是一个很值得研究的酶体系.

15. 胆碱酯酶

很早就有人用自旋标记方法研究了不同来源的胆碱酯酶活性部位的几何形状.例如

马血清胆碱酯酶[27]、电鳗乙酰胆碱酯酶和牛红细胞胆碱酯酶.用磷酸双自由基标记上述三种胆碱酯酶得到相似的 ESR 波谱,表示它们活性部位非常相像.用磷酸自旋标记物标记结合到膜上的和不结合于膜的电鳗乙酰胆碱酯酶时,均得到含有窄线成分的 ESR 波谱,这表明它们的活性部位是很大的,可能就处在酶的表面.但是当自旋标记与膜结合的酶在 25 ℃培养 24 h 之后,氮氧基的顺磁性被淬灭了.在加入无离子去污剂之后,共振信号又出现了.此淬灭效应可能是由附近的巯基引起的.对标记的不与膜结合的酶就没观察到淬灭效应.用哌啶-2-醛肟培养不与膜结合的酶,发现其波谱幅度随时间增加,其线宽减小,酶活性逐渐恢复,表明发生了酶的脱磷酸作用.用一个大的磷酸自旋标记物抑制可溶性酶,产生一衍生物,其波谱包含一个最大分裂为 63 G 的加宽线.当用磷酸自旋标记物标记牛红细胞膜、人红细胞膜、鼠脑微粒体和鼠脑神经末梢颗粒上的胆碱酯酶时,其 ESR 波谱与提纯的电鳗胆碱酯酶的 ESR 波谱很相似.

16. 腺苷三磷酸酶(ATP 酶)

用自旋标记二亚胺可以特异性地标记到结合于膜上的 ATP 酶的活性部位.自旋标记酶的 ESR 波谱表明,结合的氮氧基的运动受到很大限制.结合的标记能被琥珀酸还原成抗磁衍生物,这说明电子可以从呼吸链传递到 ATP 酶体系.Mn^{2+}-ATP-酶三元复合物形成后,由于两个顺磁中心的相互作用,共振信号减小约 30%.假定这个相互作用的相关时间为 $10^{-9}\sim10^{-7}$ s,则计算出来的从氮氧基氮原子到 Mn^{2+} 之间的距离为$(18\sim25)\times10^{-10}$ m.

17. 亮氨酸氨肽酶

亮氨酸氨肽酶可以从肽或蛋白质的氨基终端裂解 L-氨基酸,这个酶常被用来测定合成多肽的光学纯度.此蛋白质能够被碘乙酰胺自旋标记在一个或几个巯基上进行烷基化,所得到的衍生物可以用于标定蛋白质自旋标记区域的疏水性.

18. 天冬氨酸转氨甲酰酶

天冬氨酸转氨甲酰酶可以被 ATP 活化.底物天冬氨酸和氨甲酰磷酸的结合是通过在不同亚单位上的催化部位之间的相互作用来协调进行的.X 射线资料表明,这个酶是由六个相同调节链和六个相同催化链组成的,[111]可以被溴乙酰胺自旋标记烷基化.加入 CTP 和 ATP 后,标记的酶 ESR 波谱加宽.琥珀酸和氨甲酰磷酸对波谱没有影响.当 pH 从 6.0 增加到 10.4,或用对氯汞基苯(甲)酸酯处理使其分解成亚单位时,其 ESR 谱线变窄.这些结果表明,连接的标记物对酶复合物的重要结构的改变是敏感的.如果标记连接的数量和位置能够精确地测定,就更有意义.

19. 碳酸酐酶

红细胞碳酸酐酶是一种含锌的金属酶.它能可逆地催化 CO_2 的水解,并且能被芳香磺胺特异性地抑制.此蛋白质具有 260 个氨基酸的单多肽链,几乎是个球形.可以用磺胺自旋标记物测量其抑制结合部位的深度.磺胺自旋标记物XIII曾用于碳酸酐酶的研究.[113] 自旋标记含锌和钴的碳酸酐酶的ESR波谱的加宽有相似性,表明这两种不同金属酶活性部位的构象是类似的.相同的自旋标记物的配位基还可以用来比较不同种类的几个碳酸酐酶同工酶活性部位的几何形状和研究它们的脲变性作用.[55]用磺胺酯自旋标记物可以和未分离的牛同工酶混合物形成1∶1的复合物,在连接这两部分的键上出现了氮氧基的快速各向异性运动.各向同性的耦合常数表明,氮氧基处于极性很高的区域.

20. 天冬氨酸转氨酶

用碘乙酰胺自旋标记烷基化L-天冬氨酸的四个巯基中的两个,修饰后的酶的活性是天然蛋白质的90%左右,说明这两个巯基与催化关系不十分密切.自旋标记酶的ESR波谱包含可明显分辨的三种不同成分,当加入底物或类似物时,其中有的波谱会变宽.通过胶体过滤可将这些底物除去,此效应也就消失了,又恢复到原来的波谱.当两个可靠近的硫醇基中的一个用马来亚酸选择性地烷基化,另一个硫醇基自旋标记之后,加入底物则不出现上面观察到的效应.由此肯定,只有自旋标记物结合到基团上时,才对配位基和活性部位的相互作用敏感.用^{14}C马来亚酸标记这个基团,并用胰凝乳蛋白酶作用于这个修饰了的蛋白质,其中41~48的八肽链含有放射性标记,由此估计这个活性部位离残基大于17×10^{-10} m.

21. 木瓜蛋白酶

木瓜蛋白酶是巯基蛋白酶,其活性部位仅包含一个硫醇基,它的三维结构已用X射线晶体衍射做过研究.最近,荧光和^{15}F标记也已用于天然木瓜蛋白酶的分析,而且测定了活性部位His 159和Asp 158的解离常数.用一系列卤乙酰胺自旋标记物标记了Cys 25的活性部位的硫醇基.随着卤乙酰胺残基和氮氧基之间距离的增加,可测定在天然木瓜蛋白酶上活性部位孔的深度.

木瓜蛋白酶的自由硫醇基可特异性结合各种卤乙酸及其衍生物,因此可以认为木瓜蛋白酶被自旋标记物标记上了.X射线研究表明,硫醇基的活性部位在晶体木瓜蛋白酶的浅孔底部.在天然木瓜酶中,此活性部位孔改变不明显,因此,随着d的逐渐增加,氮氧基将从孔中伸出来,运动性增加.

3.3.4 用于测量氧化还原状态、氧浓度和pH的探针

氧化还原状态、氧浓度和pH在正常的生理和疾病中发挥着非常重要的作用.自旋标记技术可以检测生物体系的氧化还原状态、氧浓度和pH. Liu等人一直从事研究用于ESR的氧化还原状态、氧浓度和pH测量的探针及其在生物医学中的应用,并且合成了一系列自旋探针化合物.[85-92]

1. 用于同时测量氧化还原状态、氧逸度和 pH 的探针

合成的新型三苯甲基-氮氧化物双自由基能表现出更高的灵敏度和稳定性，可通过 ESR 波谱快速、同时测量氧化还原状态和氧逸度. 三苯甲基-氮氧化物双自由基 TN1 和 TN2 的分子具有很好的 ESR 波谱. 三苯甲基-氮氧化物双自由基通过 TN1 和 TN2 ESR 谱线宽和信号确定其与氧浓度的关系. 研究表明，TN1 和 TN2 ESR 谱线宽度和信号强度与氧浓度呈非常好的线性关系. 在密封毛细管中琥珀酸盐（50 mmol/L）存在下，将 TN1（50 μmol/L）与新鲜大鼠肝脏匀浆（1.8 mg 蛋白/mL）孵育获得的时间依赖性 ESR 波谱对比，TN1 和 TN2 的 ESR 波谱是比较稳定的，适合用于生物体系的氧气浓度的测量.[85]

2. 酯化（三苯甲基）自由基作为剂量细胞内氧浓度的探针

酯化（三苯甲基）自由基在生理条件下表现出高稳定性和窄线宽，为 O_2 浓度的测量提供了高灵敏度和分辨率，可作为良好的 ESR 测量血氧饱和度探头. 合成的酯化三苯甲基自由基作为潜入细胞内的 ESR 探针，可以研究细胞对氧的敏感性、氧化还原特性和酶介导的水解性. 研究三苯甲基在牛主动脉内皮细胞存在下的细胞通透性和稳定性结果表明，含乙酰氧基甲氧基羰基的三苯甲基（AMT-O_2）在细胞存在下表现出较高的稳定性，可以有效地进入细胞内. AMT-O_2 在细胞内水解为三苯甲基的羧酸盐（CT-03）形式. 此外，进入细胞内的三苯甲基探针可以用于测量细胞内 O_2 浓度以及甲萘醌和 KCN 对内皮细胞 O_2 消耗速率的影响. 这些酯化的三苯甲基自由基可以作为有效的 ESR 探针测量血氧饱和度、细胞内 O_2 浓度和消耗量. 酯化的三苯甲基自由基（20 μmol/L）及其不同形态在细胞悬浮液及其上清液中具有很好的 ESR 波谱，而不同形式的酯化三苯甲基自由基 ESR 波谱各有不同.[86]

3. 高度稳定的树枝状三苯甲基自由基作为测量氧浓度和 pH 的探针

合成的四硫代三芳基甲基（TAM）自由基和羧酸盐外表面的新型树枝状三苯甲基自由基（DTR1 和 DTR2）的电化学和 ESR 特性表明，其对氧化还原剂具有高稳定性. 这说明了二者作为氧和 pH 双探针的潜在应用. 树枝状三苯甲基自由基（DTR1、DTR2）和 CT-03 分子在溶液中具有很好的 ESR 波谱. DTR2（10 μmol/L）与 Cu^{2+}（25 μmol/L）复合物的 ESR 波谱的信号强度对 pH 非常敏感，可以用于测量 pH.[87]

4. 四硫代三芳基甲基自由基作为测量高灵敏度和特异性 $\cdot O_2^-$ 探针

$\cdot O_2^-$ 在正常的生理和疾病中起着至关重要的作用. 然而，由于以前检测方法的灵敏度和特异性有限，其测量仍然具有挑战性. 具有单个芳氢（CT02-H）的 TAM 自由基可以用作高灵敏度和特异性的 $\cdot O_2^-$ 探针. CT02-H 是完全取代的 TAM 自由基 CT-03（芬兰三苯甲基）的类似物，由于其具有芳香氢且具有 ESR 双峰信号及氢的中性性质和可忽略的空间位阻，$\cdot O_2^-$ 在该位点优先与 CT02-H 反应，通过氧化脱氢产生抗磁性醌金属. 与

$\cdot O_2^-$ 反应后,CT02-H 失去其 ESR 信号,该 ESR 信号衰减可用于定量测量 $\cdot O_2^-$. 测量过程伴随着颜色从绿色到紫色的变化,醌金属产品在 540 nm 处表现出独特的紫外-可见吸光度,提供了一种额外的 $\cdot O_2^-$ 检测方法. 结果表明,CT02-H 对 $\cdot O_2^-$ 的反应性比 CT-03 高出 5 倍以上,二阶速率常数为 1.7×10^4 mol/(L·s),而 CT-03 的二阶速率常数为 1.7×10^4 mol/(L·s). CT02-H 对 $\cdot O_2^-$ 表现出高特异性,对其他氧化还原剂的惰性证明了这一点. CT02-H 从黄嘌呤/黄嘌呤氧化酶中检测到的 $\cdot O_2^-$ 生成率与细胞色素 c 还原测量的生成率一致,但检测灵敏度提高了 10～100 倍. CT02-H 的 ESR 检测能够在 120 min 内测量非常低的 $\cdot O_2^-$ 含量,检测限为 0.34 nmol/(L·min). HPLC 与电化学检测相结合用于定量检测稳定的醌甲基化物产物,这是一种高灵敏度和特异性的 $\cdot O_2^-$ 测量方法,灵敏度限为 2×10^{-13} mol/(20 μL),进样体积为 10 nmol/L. 基于其 ESR 波谱的 $\cdot O_2^-$ 依赖性线宽、展宽,CT02-H 还可以同时测量 $\cdot O_2^-$ 浓度和 $\cdot O_2^-$ 生成率,并被证明可以灵敏地检测由甲萘醌或缺氧/复氧刺激的内皮细胞的细胞外 $\cdot O_2^-$ 生成率. 因此,CT02-H 是一种独特的探针,可为通过 ESR 或 HPLC 方法测量 $\cdot O_2^-$ 提供非常高的灵敏度和特异性.[88]

5. ^{14}N 和 ^{15}N 标记的三苯甲基-氮氧化物双自由基

评估生物系统中的氧化还原状态和氧浓度对于理解生物学功能非常重要. ESR 波谱与氮氧化物自由基的使用一直是该应用不可或缺的技术,但仍受到低氧灵敏度和低 ESR 分辨率的限制,部分原因是中等宽的 ESR 三重态和通过生物还原的自旋淬灭. 研究表明,这些缺点可以通过使用三苯甲基-氮氧化物双自由基来克服,能够同时实现测量氧化还原状态和氧合情况. 由吡咯烷基-氮氧化物和三苯甲基组成的新型三苯甲基-氮氧化物双自由基(TNN14)及其同位素标记的 ^{15}N 类似物(TNN15),与三苯甲基-氮氧化物双自由基(TN1)(-160 G)和 TN2(-52 G)相比,前两种双自由基展现出更强的自旋-自旋相互作用. 在厌氧条件下 PBS(pH=7.4,50 mmol/L)中 TNN14-H,TNN15-H 和 CT03 的 X 波段 ESR 波谱表明,在使用抗坏血酸作为还原剂时,TNN14 增强了稳定性. 在抗坏血酸存在下测量不同类型的环糊精对其稳定性影响的研究中表明,两种双自由基对氧化还原状态敏感,并且抗坏血酸对还原双自由基产生的相应的三苯甲基羟胺具有相同的氧敏感性. 值得注意的是,与具有 ESR 三联体的 TNN14-H 相比,具有 ESR 双联体的 ^{15}N 标记的 TNN15-H 表现出更好的 ESR 信号强度.[89]

带负电荷的三苯甲基喹诺二甲烷在肿瘤微环境中可以作为细胞外单分子测试探针,用于检测氧化还原状态、pH 和 O_2 浓度. 当 ESR 波谱和成像技术与合适的探针相结合时,将成为评估肿瘤微环境有前景的工具. 通过 ESR 测量多个肿瘤微环境参数是非常理想的,使用具有最佳 pK_a 以及对生物还原和 O_2 的高敏感性的氘代类似物,可以评估 pH 对肿瘤细胞还原剂外排和细胞 O_2 消耗的影响.[90]

6. 三苯甲基/三苯甲基和 Gd(Ⅲ)/三苯甲基标记蛋白的距离测量

三苯甲基自由基对于测量蛋白质和核酸的距离很重要. 新合成的一种三苯甲基自旋

标记物 CT02MA，可以通过氧化还原稳定的硫醚键与蛋白质偶联.新自旋标记的性能在免疫球蛋白 G 结合蛋白 1(GB1)和泛素的双三苯甲基标记突变体的 W 波段双电子-电子共振(DEER)距离测量中得到了证明.对于两种双 CT02MA 标记的蛋白质，通过应用啁啾泵脉冲测量的距离分布与使用 BrPy-DO3MA-Gd(Ⅲ)双重标记的相同蛋白质突变体测量的距离分布相当.使用一个 CT02MA 标签和一个 BrPy-DO3MA-Gd(Ⅲ)标签，实现了泛素的双重标记.通过结合双模腔结合啁啾泵脉冲技术，可以测量三苯甲基与 Gd(Ⅲ)之间的距离分布.此外，该方法还可用于测量样本中的 Gd(Ⅲ)-Gd(Ⅲ)距离分布，尽管标签程序并非具有完全选择性.这些测量证明了在蛋白质中，高灵敏度 Gd(Ⅲ)-三苯甲基在 W 波段 DEER 距离测量方面的潜力，这可以通过设计正交的 Gd(Ⅲ)/三苯甲基标记方案进一步开发.[91]

DEER 可用于跟踪蛋白质在其天然环境(细胞)中的结构动力学.该方法可以提供连接在蛋白质中特定、明确定义位置的两个自旋标记之间的距离分布.为了使该方法在细胞内条件下可行，自旋标记及其与蛋白质的附着应在细胞中表现出高化学稳定性.在两种模型蛋白 PpiB(来自大肠杆菌的脯氨酰顺反异构酶)和 GB1(免疫球蛋白 G 结合蛋白)中，三苯甲基-三苯甲基 DEER 距离测量可以使用三苯甲基自旋标签 CT02MA 进行双重标记.这两种蛋白质的细胞内距离分布与体外观察到的相似，最大值为 4.5～5 nm，并且可以进一步地将数据进行比较.[92]

参考文献

[1] Freed J H. Spin Labeling, Theory and application[M]. New York: Acaemic Press, 1976.

[2] Berliner L J, Reben J. Spin Labeling, Theory and application[M]. New York: Acaemic Press, 1978.

[3] Berliner L J. Biological Magnetic Resonance[M]. New York: Springer, 1998.

[4] 张建中，赵保路，张清刚.电子自旋共振自旋标记的基本理论和应用[M].北京：科学出版社，1987.

[5] 张建中，赵保路，侯贵.自旋标记 ESR 波谱在聚合物研究中的应用[J].化学通报，1981，10：28-34.

[6] 张建中，赵保路.自旋标记 ESR 波谱在生物学中的应用[J].生物化学与生物物理进展，1982，9：13-21.

[7] 张建中，赵保路.自旋标记 ESR 波谱技术在生物医学和药理学中的应用[J].生物化学与生物物理进展，1983，10：14-23.

[8] 赵保路，张建中.电子核双共振(ENDOR)在生物学中的应用[J].生物化学与生物物理进展，1983，10：22-27.

[9] 赵保路，张清刚，张建中，等.用脂肪酸自旋标记研究中国地鼠肺正常细胞 V79 和癌变细胞 V79-B1

膜的流动性[J].科学通报,1982,27:686-689.
[10] 赵保路,席丹,张建中,等.用脂肪酸自旋标记研究中国地鼠肺正常细胞 V79 和癌变细胞 V79-B1 膜的温度相关性[J].科学通报,1982,27:813-816.
[11] 席丹,赵保路,王大辉.ESR 波谱仪变温装置的研制[J].仪器仪表学报,1983,4:72-75.
[12] Zhao B L, Zhang Q G, Zhang J Z, et al. Studies on the membrane fluidity of the lung cell of Chinese hamster with fatty acid spin labels[J]. KEXUE TONGBAO, 1983, 28: 392-396.
[13] Zhao B L, Xi D, Zhang J Z, et al. Studies on dependence of membrane fluidity of normal cell V79 and cancer cell V79-B1 of Chinese hamster lung with fattey acid spin labels on temperature [J]. KEXUE TONGBAO, 1982, 28: 680-686.
[14] Xin W J, Zhao B L, Zhang Q G. Membrane fluidity and binding sites of sulfhydryl groups on the membrane of noemal and cancer cells[J]. Basic Mechanisms of Chemical Carsinogenesis, 1983, 62-73.
[15] 赵保路,段绍谨,瞿保钧,等.用自旋标记研究抗癌药物对中国地鼠肺正常细胞 V79 和癌变细胞 V79-B1 膜流动性的影响[J].生物化学与生物物理学报,1984,16:43-49.
[16] 忻文娟,赵保路,张建中.用马来西亚胺自旋标记研究中国地鼠肺正常细胞 V79 和癌变细胞 V79-B1 巯基结合位置的性质[J].中国科学,1984,26(B):429-435.
[17] 赵保路,段绍谨,张建中,等.用电子自旋共振研究肿瘤中的自由基[J].分子科学与化学研究,1984,12:221-225.
[18] 赵保路,瞿保钧,张建中,等.用抗坏血酸还原自旋标记动力学研究抗癌药物对脂质体膜通透性的影响[J].科学通报,1984,29:48-50.
[19] 赵保路,张清刚,张建中,等.抗癌药物和中国地鼠肺正常细胞 V79 及癌变细胞 V79-B1 膜磷脂分子的相互作用[J].分子科学与化学研究,1984,13:333-337.
[20] 张清刚,黄宁娜,忻文娟,等.伴刀豆蛋白 A 诱导小鼠腹水肝癌细胞膜糖蛋白构象的自旋标记研究[J].科学通报,1984,29:492-496.
[21] 张建中,赵保路,忻文娟.用自旋标记 ESR 波谱方法研究 HEP. A22 腹水肝癌细胞膜动力学性质[J].研究生院学报,1984,1:182-187.
[22] Xin W J, Zhao B L, Zhang J Z. Studies on the property of sulfhydryl groups binding sites on the lung normal cell and cancer cell membrane of Chinese hamster with maleimide spin labels [J]. Science Sinica B, 1984, 28: 1008-1014.
[23] Zhao B L, Qu B J, Zhang J Z, et al. Effect of antotumor drugs on liposome membrane permeability wit spin label reductional kinetic by ascorbate[J]. KEXUE TONGBAO, 1984, 29: 385-388.
[24] Duan S J, Zhao B L, Xin W J. Effect of Yin-Invigorating mixture on the cell membrane fluidity of normal and malignant cells[J]. J. Trad. Chinese Med., 1984, 4: 67-76.
[25] 赵保路,忻文娟,周凤兰,等.用自旋标记 ESR 波谱研究 PNH 患者红细胞膜蛋白巯基的性质[J].生物化学与生物物理学报,1985,17:175-180.
[26] 忻文娟,赵保路,张建中.温度对中国地鼠肺正常细胞 V79 和癌变细胞 V79-B1 膜上巯基结合位置的影响[J].科学通报,1985,30:142-145.
[27] Xin W J, Zhao B L, Zhang J Z. Effect of temperatue the property of sulfhydryl binding site on the membrane of normal cell V79 and cancer cell V79-B1 of Chinse hamster lung[J]. KEXUE

TONGBAO, 1985, 38: 961-964.
[28] Xin W J, Zhao B L. Spin label studies on the cancer cell membrane and spin trapping studies on the radicals produced in the photosensitive systems of hemotoporphyrin derivetis[J]. Biochemistry, 1987, 15:135-149.
[29] 张建中,黄宁娜,李小洁,等.血卟啉衍生物的光敏作用对人工膜脂类动力学和相图的影响[J].科学通报,1988,33:1258-1260.
[30] Xin W J, Zhao B L, Li X J. Studies of spin label and spin trapping on living cells[J]. Cell Biol. Intern. Report, 1988, 13:69-71.
[31] Zhao B L, Musci G, Sugawara Y, et al. Spin-Label and fluorescence labeling studies of the thioester bonds in human a-macroglobulin[J]. Biochemistry, 1988, 27: 5004-5008.
[32] Zhao B L, Li X J, Xin W J. ESR study on oxygen consumption during the respiratory burst of human polymophonuclear leukocytes[J]. Cell Biol. Intern. Report, 1989, 13: 317.
[33] Li X J, Yan L J, Zhao B L, et al. Effects of oxygen radicals on the conformation of sulfhydryl groups on human polymorphonuclear leukocyte membrane[J]. Cell Biol. Intern. Report, 1991, 12: 667.
[34] 晏良军,赵保路,忻文娟.吸烟气相物质引起膜的生物物理特性改变的研究[J].生物物理学报,1991,7:5.
[35] 杨法军,沈生荣,赵保路,等.茶多酚单体 L-EGCG 对气相烟引起鼠肺细胞损伤的抑制作用[J].生物物理学报,1992,8:450.
[36] 杨法军,赵保路,忻文娟.吸烟烟气对鼠肺细胞膜的损伤和茶多酚的保护作用[J].环境化学,1992,11:50.
[37] 石红联,杨法军,赵保路,等.肾性贫血红细胞膜蛋白巯基结合位置性质的 ESR 研究[J].生物物理学报,1992,8:696.
[38] 吴泽志,石红联,赵保路,等.用马来酰亚胺自旋标记研究库存血红细胞膜蛋白质构象[J].生物物理学报,1992,8:731.
[39] 李小洁,沈智勇,赵保路,等.Cr^{6+} 对人红细胞膜的损伤及茶多酚对其保护作用的分子机理研究[J].环境科学学报,1993,13:174.
[40] 吴泽志,石红联,赵保路,等.用脂肪酸自旋标记研究库存血红细胞膜的流动性[J].生物物理学报,1993,9:59.
[41] 杨法军,赵保路,忻文娟.吸烟烟气引起鼠肝微粒体脂质过氧化的 ESR 波谱研究[J].环境化学,1993,12:117.
[42] 杨发军,任小军,赵保路,等.茶多酚抑制吸烟气相物质刺激鼠肝微粒体产生脂类自由基的 ESR 研究[J].生物物理学报,1993,9(3):468-471.
[43] 石红联,陈雨亭,侯京武,等.慢性肾衰人血清和红细胞抗氧化能力的 ESR 研究[J].生物物理学报,1993,9(3):483-487.
[44] Shi H L, Yang F J, Zhao B L, et al. Effects of r-HuEPO on the biophysical characteristics of erythrocyte membrane in patients with anemia of chronic renal failure[J]. Cell Res., 1994, 4: 57-64.
[45] 江文,赵燕,赵保路,等.丹参酮对心肌肌浆网脂质过氧化过程中脂类自由基的清除作用[J].生物

物理学报，1994，10：685-689.

[46] Weisburger J H , Chung F L . Mechanisms of chronic disease causation by nutritional factors and tobacco products and their prevention by tea polyphenols[J]. Food&Chemical Toxicology, 2002, 40(8):1145-1154.

[47] 石红联，王建潮，赵保路，等.肾性贫血病人红细胞膜脂-膜蛋白相互作用的ESR研究[J].生物化学与生物物理学报，1995，27：323-327.

[48] 赵燕，江文，侯京武，等.钙过负荷和丹参酮对线粒体脂质过氧化的影响[J].生物化学与生物物理学报，1995，27：610-615.

[49] 徐廷，江文，李生广，等.镁离子对阿霉素线粒体毒性的防护作用[J].生物物理学报，1995，11：614-618.

[50] 郭琼，赵保路，侯京武，等.五味子酚对突触体膜脂质过氧化损伤保护作用的ESR研究[J].神经解剖学杂志，1995，11：331-336.

[51] 张树立，赵保路，忻文娟.吸烟烟气的细胞毒性作用和茶多酚保护作用的研究[J].中国环境科学，1996，16：386-390.

[52] 倪玉成，赵保路，侯京武，等.银杏叶提取物对自由基所致脑神经细胞损伤的保护作用[J].生物物理学报，1997，13：495-498.

[53] 高军涛，Tang U，侯京武，等.葡萄籽中多酚类物质对氧自由基清除作用的ESR研究[J].波谱学杂志，1999，16：409-415.

[54] Chen L J, Yang X Q, Jiao H L, et al. Tea catechins protect against Lead-induced cytotoxicity, lipid peroxidation, and membrane fluidity in HepG2 cells[J]. Toxcol. Sci., 2002, 69: 149-156.

[55] Zentrum G E, Zimmer G. A spin label study on fluidization of huma red cell memberane by esters of p-hydroxybenzoic acid: structure-functional aspects on membrane glucose transport [J]. Biochem. pharmacol., 1981, 30: 2362-2364.

[56] Curtis M T, Gilfor D, Farber J L. Lipid peroxidation increases the molecular order of microsomal membrane[J]. Arch. Biochem. Biophys., 1984, 235: 644-649.

[57] Bruch R C, Thayer W S. Differential effect of lipid peroxidation on membrane fluidity as determined by electron spin resonance probes[J]. Biochim. Biophys. Acta, 1983, 733: 216-222.

[58] Devaux P F, Davoust J, Rousselet A. Electron spin resonance studies of lipid interaction in membrane[J]. Biochem. Soc. Symp., 1982, 46: 207-222.

[59] Devaux P F, Seigneurent M. Specicity of lipid-protein interactions as determined by spectroscopic techniques[J]. Biochim. Biophys. Acta, 1985, 822(1): 63-125.

[60] Favre E, Baroin A, Bienvenue A, et al. Spin-label studies of lipid-protein interactions in retinal rod outer segment membranes. Fluidity of the boundary layer[J]. Biochem., 1979: 1156-1162.

[61] Lai C S, Hopwood L E, Swartz H M. Electron spin resonance studies of changes in membrane fluidity of Chinese hamster overy cells during the cell cycle[J]. Biochim. Biophys. Acta, 1980: 117-126.

[62] Hyono A, Kuriyama S, Hara H, et al. ESR studies on the membrane properties of a moderately halophilic bacterium[J]. J. Biochem., 1980, 88: 1267-1274.

[63] Utsumi H, Murayama J I, Hamada A. Structural changes of rat liver microsomal membranes

induced by the oral administration of carbon tetrachloride[J]. Biochem. Pharmcol., 1985, 34: 57-63.

[64] Cavalu S. EPR study of non-covalent spin labeled serum albumin and hemoglobin[J]. Biophys. Chem., 2002, 99: 181-188.

[65] Taylor J C, Markham G D. Conformational dynamics of the active site loop of S-adenosylmethionine synthetase illuminated by site-directed spin labeling[J]. Arch. Biochem. Biophys., 2003, 415: 164-171.

[66] Altenbach C, Marti T, Khorana H G, et al. Transmemebrane protein structure: spin labeling of bacteriorhodopsin mutants[J]. Science, 1990, 248: 1088-1248.

[67] Perozo E, Cortes D M, Sompornpisut P, et al. Open channel structure of MscL and the gating mechanism of mechanosensitive channels[J]. Nature, 2002, 418: 942-949.

[68] Dong J H, Yang G Y, Mchaourab H S. Structural basis of energy transduction in the transport cycle of MsbA[J]. Science, 2005, 308: 1023-1028

[69] Andrews Z B, Horvath B, Barnstable C J, et al. Uncoupling protein-2 is critical for nigral dopamine cell survival in a mouse model of parkinson's disease[J]. Neurobiology of Disease, 2005, 25: 184-191.

[70] Chomikil N, Voss J C, Warden C H. Structure and function relationships in UCP1, UCP2 and chimeras EPR analysis and retinoic acid activation of UCP2[J]. Eur. J. Biochem., 2001, 268: 903-913.

[71] Antoniou C, Fung L W M. Potential artifacts in using a glutathione S-transferase fusion protein system and spin labeling electron paramagnetic resonance methods to study protein-protein interactions[J]. Analytical Biochemistry, 2008, 376: 160-162.

[72] Raguz M, Widomska J, Dillon J, et al. Characterization of lipid domains in reconstituted porcine lens membranes using EPR spin-labeling approaches[J]. Biochimica et Biophysica Acta (BBA)-Biomembranes, 2008, 1778: 1079-1090.

[73] Banham J E, Baker C M, Ceola S, et al. Distance measurements in the borderline region of applicability of CW EPR and DEER: A model study on a homologous series of spin-labelled peptides[J]. J. Magnetic Resonance, 2008, 191: 202-218.

[74] Luiz J, Anjos V D, Alonso A. Terpenes increase the partitioning and molecular dynamics of an amphipathic spin label in stratum corneum membranes[J]. Intern. J. Pharm., 2008, 350: 103-112.

[75] Dmitriev O Y, Freedman K H, Hermolin J, et al. Interaction of transmembrane helices in ATP synthase subunit a in solution as revealed by spin label difference NMR[J]. Biochimica et Biophysica Acta (BBA)- Bioenergetics, 2008, 1777: 227-237.

[76] Štrancar J, Arsov Z. Chapter six application of spin-Labeling EPR and ATR-FTIR spectroscopies to the study of membrane heterogeneity[J]. Advances in Planar Lipid Bilayers and Liposomes, 2008, 6: 261-262.

[77] Marsh D. Reaction fields and solvent dependence of the EPR parameters of nitroxides: the microenvironment of spin labels[J]. J Magn. Reson., 2008, 190: 60-67.

[78] Smirnov A I. Post-processing of EPR spectra by convolution filtering: Calculation of a harmon-

ics series and automatic separation of fast-motion components from spin-label EPR spectra[J]. J. Magn. Reson., 2008, 190: 154-159.

[79] Oganesyan V S. A novel approach to the simulation of nitroxide spin label EPR spectra from a single truncated dynamical trajectory[J]. J. Magn. Reson., 2007, 188: 196-205.

[80] Gurachevsky A, Shimanovitch E, Gurachevskaya T, et al. Intra-albumin migration of bound fatty acid probed by spin label ESR[J]. Biochem. Biophys. Res. Commu., 2007, 360: 852-856.

[81] Anjos J L V, Neto D S, Alonso A. Effects of ethanol/l-menthol on the dynamics and partitioning of spin-labeled lipids in the stratum corneum[J]. Eur. J. Pharma. Biopharm., 2007, 67: 406-412.

[82] Bahri A, Seret A, Hans P, et al. Does propofol alter membrane fluidity at clinically relevant concentrations? An ESR spin label study[J]. Biophysical Chemistry, 2007, 129: 82-91.

[83] Widomska J, Raguz M, Dillon J, et al. Physical properties of the lipid bilayer membrane made of calf lens lipids: EPR spin labeling studies[J]. Biochimica et Biophysica Acta (BBA)-Biomembranes, 2007, 1768: 1454-1465.

[84] White G F, Ottignon L, Georgiou T, et al. Oganesyan analysis of nitroxide spin label motion in a protein-protein complex using multiple frequency EPR spectroscopy[J]. J. Magn. Reson., 2007, 185: 191-203.

[85] Liu Y P, Villamena F A, Rockenbauer A, et al. Trityl-nitroxide biradicals as unique molecular probes for the simultaneous measurement of redox status and oxygenation[J]. Chem. Commun., 2010, 46(4): 628-630.

[86] Liu Y P, Villamena F A, Sun J, et al. Esterified trityl radicals as intracellular oxygen probes [J]. Free Radical Biol. Med., 2009, 46: 876-883.

[87] Liu Y P, Villamena F A, Zweier J L. Highly stable dendritic trityl radicals as oxygen and pH probe[J]. Chem. Commun., 2008, 44: 4336-4338.

[88] Liu Y P, Song Y G, Pascali F D, et al. Tetrathiatriarylmethyl radical with single aromatic hydrogen as a highly sensitive and specific superoxide probe[J]. Free Radical Biol. Med., 2012, 54: 2081-2091.

[89] Liu Y P, Villamena F A, Song Y G, et al. Synthesis of ^{14}N and ^{15}N-labeled trityl-nitroxide biradicals with strong spin-spin interaction and improved sensitivity to redox status and oxygen [J]. J. Org. Chem., 2010, 75: 7796-7802.

[90] Feng Y L, Tan X L, Shi Z J, et al. Trityl quinodimethane derivatives as unimolecular triple-function extracellular EPR probes for redox, pH, and oxygen[J]. Anal. Chem., 2023, 95: 1057-1064.

[91] Giannoulis A, Yang Y, Gong Y J, et al. DEER distance measurements on trityl/trityl and Gd(Ⅲ)/trityl labelled proteins[J]. Phys. Chem. Chem. Phys., 2019, 21: 10217-10227.

[92] Yang Y, Pan B B, Tan X L, et al. In-cell trityl-trityl distance measurements on proteins[J]. J. Phys. Chem. Lett., 2020, 11(3): 1141-1147.

第4章

自旋捕集技术

ESR是研究自由基的最直接和最有效的方法和技术，但是这些自由基必须是相对稳定的，而且要达到一定浓度才能用ESR技术进行检测和研究. 而生物体系和化学反应中产生的自由基大部分是不稳定的，因为自由基本身的特点就是活泼和反应性强，只有少数自由基是稳定的，如·OH的寿命大约为10^{-6} s，这是常规ESR波谱仪无法检测的. 为了克服ESR技术的这一局限性，我们一方面对仪器进行改进，开发了时间域的ESR波谱仪，可以测量毫秒或更短寿命的自由基；另一方面在样品方面开发新技术，如低温技术和快速流动技术就是用来研究短寿命自由基的方法. 近年来发展起来的自旋捕集技术解决了这一问题，并且得到了迅速的发展和广泛的应用，也为自由基研究作出了重要贡献. 自旋捕集技术是目前研究生物和医学体系中活泼自由基应用最多、也是最成功的一种方法，每年都有大量文献报道. 自由基传统检测方法是将ESR波谱与自旋捕集技术相结合. 自旋捕集技术已成为生物学和医学中研究自由基的有效工具，并已得到广泛应用. 本章主要参考笔者出版的《氧自由基和天然抗氧化剂》[1]一书和笔者所在实验室发表的一些文章以及国内外的一些文献，讨论自旋捕集技术的概念、使用范围和一些应用.[2-129]

4.1　基本原理

自旋捕集技术被用来检测和辨认短寿命自由基：将一种不饱和的抗磁性物质（称为自旋捕集剂，一般为氮酮和亚硝基化合物）加入要研究的反应体系，生成寿命较长的自旋加合物，再用 ESR 进行检测. 即

$$\text{自旋捕集剂} + \text{R} \longrightarrow \text{自旋加合物}$$

现在已经合成上百种自旋捕集剂，常用的自旋捕集剂有 tNB（nitroso-tert-butane），DMPO（5，5-dimethyl-1-pyrroline-1-oxide），PBN（phenyl-tert-butynitrone）（图 4.1），它们和自由基反应都可以生成氮氧自由基，所得 ESR 波谱的一级分裂都是氮原子引起的三重分裂，这一点和自旋标记所得到的 ESR 波谱很类似. 但是自旋加合物的 ESR 波谱常常被分裂为二、三级更复杂的图谱，由二、三级分裂峰值的数目和强度可以推导出捕集到自由基的结构和性质.

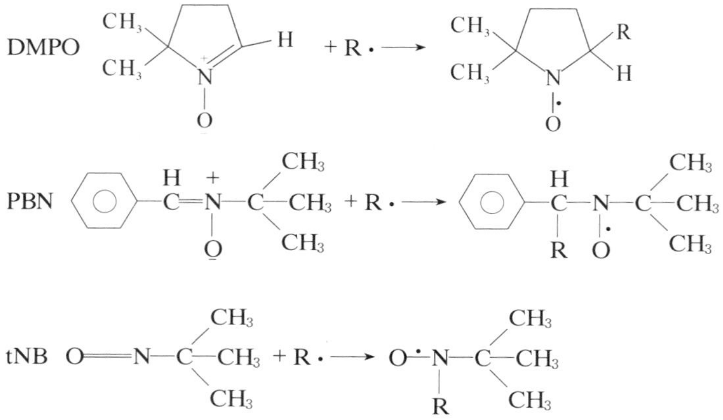

图 4.1　常用的自旋捕集剂的结构和反应原理

每种自旋捕集剂都有各自的优缺点. tNB 捕集到自由基后形成的自旋加合物比较稳定，捕集效率高，而且容易从所得的 ESR 波谱上得到捕集自由基的结构信息. 因为捕集的自由基直接连到 tNB 的 N 原子上，但它在保存时很容易形成二聚体，失去捕集能力，因此在使用前需要在 40 ℃ 保温搅拌一昼夜，使其形成具有捕集活性的单体，这时它的水溶液呈浅蓝色. 它还容易被光和热分解形成氮氧自由基，再被它自己捕集住，这些杂质自由基信号将严重干扰和影响所要研究的自由基的 ESR 波谱分析，因此，tNB 一定要在低

温避光保存，在暗处操作和使用.

PBN 作为一种固体材料，对光和热，氧气和水蒸气都不太敏感，可以溶于多种溶剂，而且可以制成较高浓度的溶液. 它一般不产生杂质自由基信号，捕集自由基效率较高，形成的自旋加合物寿命也较长，常被用来研究体内形成的自由基. 但是，用 PBN 捕集自由基的 ESR 波谱所能提供的自由基的结构信息比较少，因为捕集的自由基是连在 PBN 的 β-C 位置上的.

DMPO 的水溶性比较好，对氧自由基捕集效率比较高，是研究氧自由基较好的捕集剂. 所得到的自旋加合物的 ESR 波谱能提供较多的自由基结构信息. 但是，DMPO 对光和热很敏感，一般需要在 N_2 中避光和低温保存. DMPO 应当是无色透明的油状液体，溶于水后也是无色透明的，检测不到 ESR 信号. 但若受光和热氧化后就会变成浅黄色，这时本身就有 ESR 信号，用前必须提纯，可以用重结晶、蒸馏和活性炭过滤的方法提纯.

自旋捕集剂捕集自由基的 ESR 波谱比自旋标记的 ESR 波谱复杂很多，严格来说，需要量子力学计算进行波解析，当熟悉了以后，也可以根据经验判断捕集自由基的成分和结构.

4.2 氧自由基的捕集

地球上除厌氧生物外，所有动植物和需氧生物都离不开氧气. 氧气参与新陈代谢，线粒体的呼吸和氧化磷酸化，产生能量 ATP，氧气几乎是一切生命活动的基础物质之一. 但是，氧气在参与生命活动的同时也产生氧自由基，引起细胞损伤，导致疾病发生. 因此，氧气也是一切氧自由基的来源和引起氧化损伤的物质基础. $\cdot O_2^-$ 是呼吸的氧气再加上一个电子形成的氧自由基. 因为氧气是电中性的，电子带一个负电荷，因此它是一个阴离子. $\cdot O_2^-$ 不仅具有重要的生物功能和与多种疾病有密切联系，而且它还是所有氧自由基中的第一个自由基，可以经过一系列反应生成其他氧自由基，因此具有特别重要的生物功能和意义. $\cdot$OH 是已知最强的氧化剂，它比高锰酸钾和重铬酸钾的氧化性还强，是氧气的三电子还原产物，反应性极强，寿命极短(在水溶液中仅为 10^{-6} s)，在很多缓冲溶液中，只要一产生，就会和缓冲溶液反应，它几乎可以和所有细胞成分发生反应，对机体危害极大. 因此，这里首先以 $\cdot O_2^-$ 和 $\cdot$OH 为例说明如何使用自旋捕集技术研究自由基.

4.2.1 ·OH 的捕集

DMPO 是一种对氧自由基捕集效率很高的自旋捕集剂，而且形成的自旋加合物 DMPO—OH，DMPO—OOH 有特征的超精细分裂图谱和超精细分裂常数. DMPO—OH 的 ESR 波谱由四条谱线组成，其强度比为 1∶2∶2∶1，这是由于 N 的超精细分裂常数等于 H 的超精细分裂常数的结果（$a_N = a_H = 1.49$ mT），也是用 ESR 技术判别·OH 的重要标志. 在 Fenton 反应中就可以得到这样的 ESR 波谱，如图 4.2 所示. 但是，如果仅凭得到的 ESR 波谱就断言该体系中一定有·OH 是不够的，还需要用·OH 的特异清除剂来验证. 甲醇、乙醇和甲酸钠都是·OH 的特异清除剂，可以和·OH 反应生成相应的自由基，被 DMPO 捕集后得到特征的 ESR 波谱. 在产生·OH 的体系中加入甲醇后得到的 DMPO 自旋加合物的 ESR 波谱，它由 6 条等强度的谱线组成，其中 $a_N = 1.545$ mT，$a_H = 2.243$ mT. 用甲酸钠和乙醇也可以得到类似的 ESR 波谱，只是 DMPO 和甲酸钠形成的自旋加合物的超精细分裂常数为 $a_N = 1.540$ mT，$a_H = 1.856$ mT；而在乙醇自由基的 ESR 波谱中相应的超精细分裂常数为 $a_N = 1.560$ mT，$a_H = 2.252$ mT. 在这种情况下，就可以放心地确定，该体系确实产生了·OH（图 4.3）.

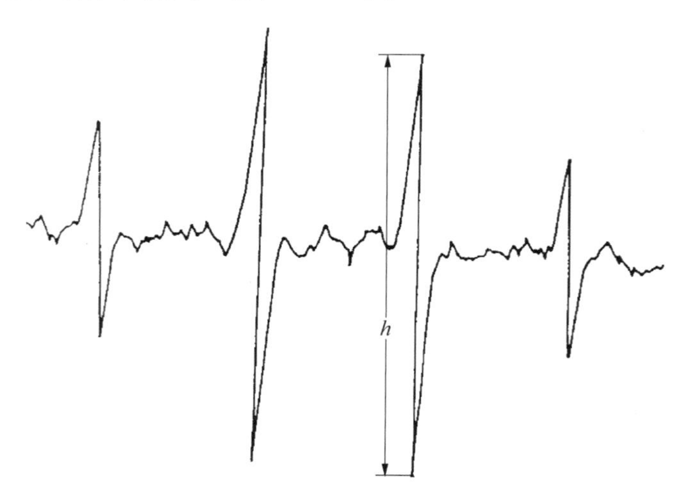

图 4.2 用 DMPO 捕集·OH 形成的 DMPO—OH 自旋加合物的 ESR 波谱

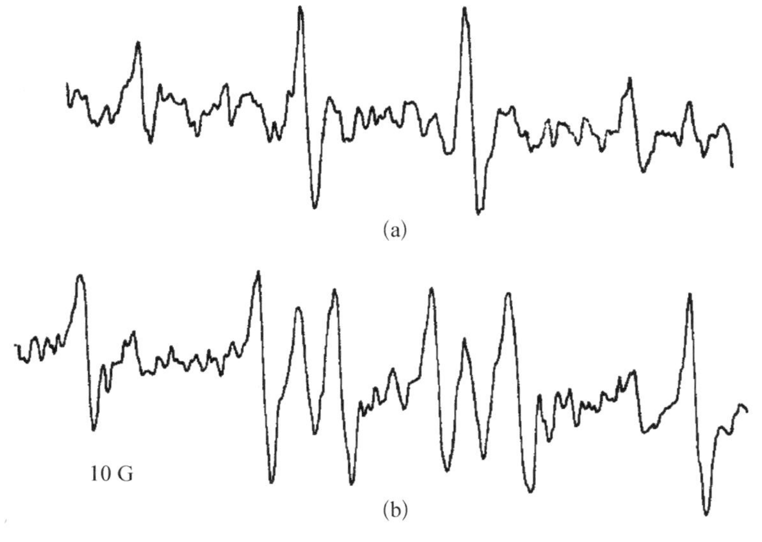

图 4.3　在产生 · OH 的体系(a)中加入甲醇后得到的 DMPO 自旋加合物(b)的 ESR 波谱

4.2.2　DMPO 捕集 · O_2^-

图 4.4 是黄嘌呤和黄嘌呤氧化酶反应体系产生的 · O_2^- 和 DMPO 自旋加合物的典型 ESR 波谱，DMPO—OOH 的 ESR 波谱由四组 12 条谱线组成. 图中不仅可以观察到 α-N 和 β-H 的超精细分裂，而且可以观察到 γ-H 的超精细分裂，其中 $a_N = 1.43\ \text{mT}$，$a_H^\beta = 1.17\ \text{mT}$，$a_H^\gamma = 0.125\ \text{mT}$. 这类 ESR 波谱常被人们用来检验一个体系是否有 · O_2^- 产生. 为了更确切起见，最好再用 · O_2^- 的特异清除剂——超氧化物歧化酶 SOD 进一步证实.

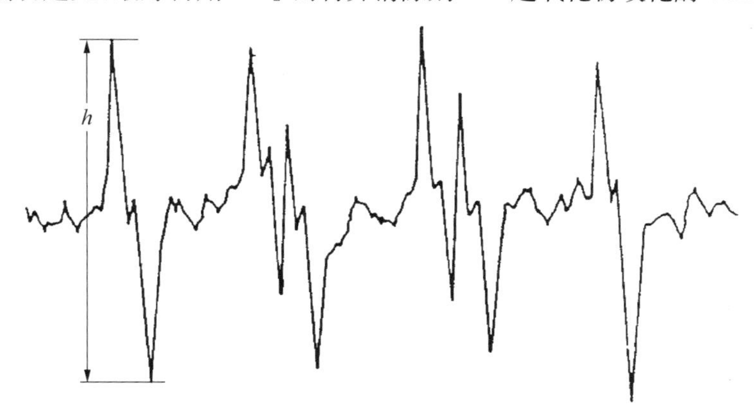

图 4.4　用 DMPO 捕集 · O_2^- 形成的 DMPO—OOH 自旋加合物的 ESR 波谱

在自旋捕集 · O_2^- 时,需要在反应体系中加入络合剂 DETAPAC(diehtylonethiamine-pentaacetic acid),可使捕集效率提高很多倍.

DMPO 的缺点是它在室温下是液体,不稳定,容易产生杂质,使用前需要纯化. DMPO—OOH 的 ESR 波谱很不稳定,容易转换成羟基加合物的信号. DMPO—OH 自旋加合物的 ESR 波谱也不稳定,很难应用到生物体内研究.

使用 ESR 和 DMPO 自旋捕集技术,证实了在 H_2O_2 浓度为 90 μmol/L 和 Fe^{2+} 浓度非常低的实验条件下,在芬顿反应中形成 · OH 的化学计量比为 1 ∶ 1. 随着 Fe^{2+} 浓度的增加,化学计量显著降低. · OH 生成的效率随所用铁螯合剂的性质而变化,ADP 小于 EDTA,EDTA 小于二乙烯三胺五乙酸(DETAPAC). 芬顿反应的二级反应速率常数为 2.0×10^4 mol/(L · s)(单独磷酸盐),ADP 为 8.2×10^3 mol/(L · s),EDTA 为 1.4×10^4 mol/(L · s),DETAPAC 为 4.1×10^2 mol/(L · s). 通过测量在乙醇存在下捕集的自旋形成的自由基,可以估计芬顿反应中形成的总氧化中间体的量,该中间体由 · OH 和铁基 ESR 波谱组成(图 4.5). 即使在 Fe^{2+} 浓度很低的情况下,ADP 存在也可以有效地产生氧化性铁,这种氧化性铁可能被指定为铁基: FeO^{2+} 或 Fe(Ⅳ)=O. 一般来说,随着 Fe^{2+} 浓度的增加,除 Fe(Ⅱ)-DETAPAC 外,铁基物质占 · OH 的主导地位,仅产生 · OH 作为氧化物. 这为芬顿反应提出了三种可能的途径,其主要途径在很大程度上取决于所使用的铁螯合剂的性质.

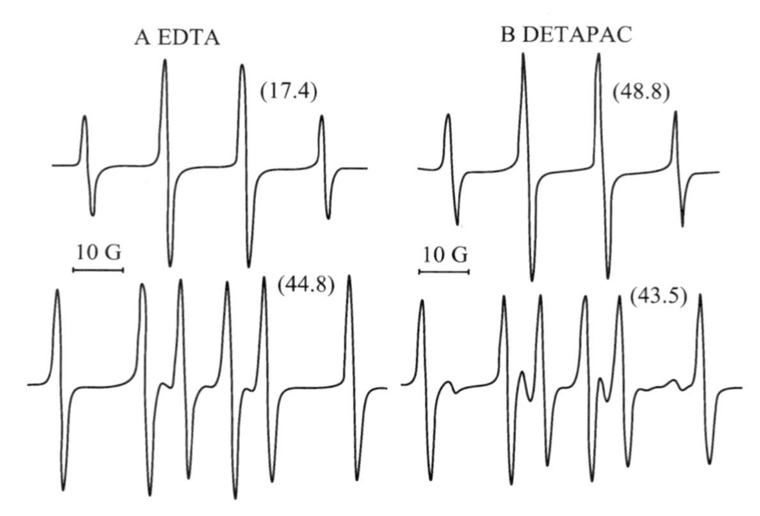

图 4.5　乙醇对 Fe^{2+} 存在时 ESR 信号的影响

A 表示 200 mmol/L 的 EDTA,B 表示 200 mmol/L 的 DETAPAC;括号中的数字表示乙醇的浓度(单位为 μmol/L).

ESR 波谱是在反应刚结束后获得的. 溶液中包括:20 mmol/L 的磷酸盐(pH = 7.4)、150 mmol/L 的 KCl、40 mmol/L 的 DMPO、200 pmol/L 的 H_2O_2 和 100 pmol/L 的 Fe^{2+}(上部)、1.65 mol/L 的乙醇(底部).

4.2.3 新合成的自旋捕集剂对 $\cdot O_2^-$ 的捕集

针对 DMPO 的缺点，人们又合成了一系列新的自旋捕集剂，比较成功的有5-(二乙氧磷酸)-5′-甲基-1-吡咯啉-N 氧化物(DEPMPO)、5-叔丁氧基碳基-5-甲基-1-吡洛啉-N 氧化物(BMPO)和 5-乙氧碳基-5-甲基-1-吡咯啉-N 氧化物(EMPO)(图 4.6).

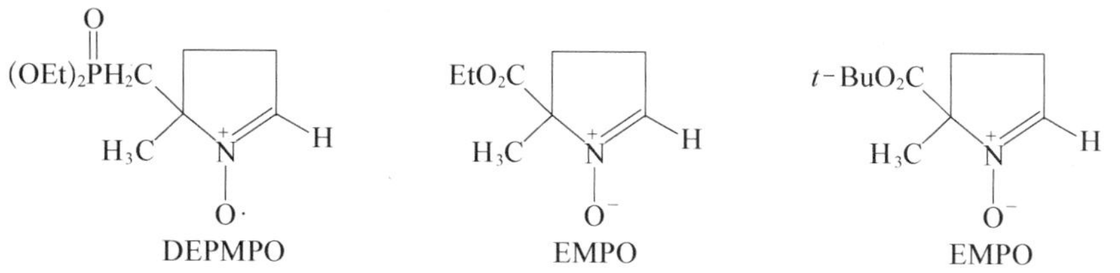

O
$(OEt)_2PH_2C$
H_3C $\overset{+}{N}$ H
O·
DEPMPO

EtO_2C
H_3C $\overset{+}{N}$ H
O^-
EMPO

t-BuO_2C
H_3C $\overset{+}{N}$ H
O^-
EMPO

图 4.6 新合成的自旋捕集剂 DEPMPO、BMPO 和 EMPO 的结构

新合成的自旋捕集剂 DEPMPO 的优点是与 $\cdot O_2^-$ 形成的自旋加合物比较稳定，不易转换成羟基加合物的信号. 缺点是它在室温下是液体，不稳定，容易产生杂质，用前需要纯化. 另外，自旋捕集加合物的 ESR 波谱比较复杂，有磷的超精细分裂(图 4.7).

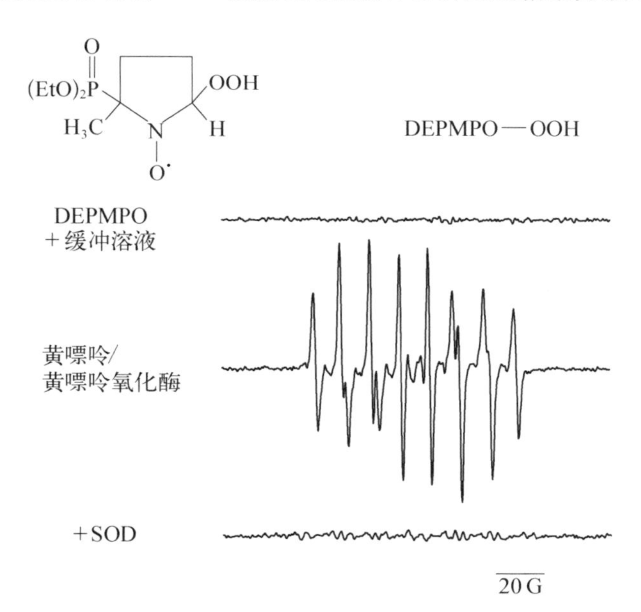

图 4.7 DEPMPO 与黄嘌呤/黄嘌呤氧化酶产生的 $\cdot O_2^-$ 形成的自旋加合物 ESR 波谱及其 SOD 的清除作用

EMPO 与 DEPMPO 有类似的优缺点，与 · O_2^- 形成的自旋加合物比较稳定，不易转换成羟基加合物的信号.缺点是它在室温下也是液体，不稳定，容易产生杂质，用前需要纯化.但是自旋捕集加合物的 ESR 波谱比较简单，与 DMPO 类似，没有磷的超精细分裂.

BMPO 与 DEPMPO 和 EMPO 相比，优点就更多了，在室温下是固体(熔点为 95 ℃)，水溶性也好，纯化更方便，自旋捕集加合物的 ESR 波谱也比较简单，与 DMPO 类似，没有磷的超精细分裂(图 4.8、图 4.9).

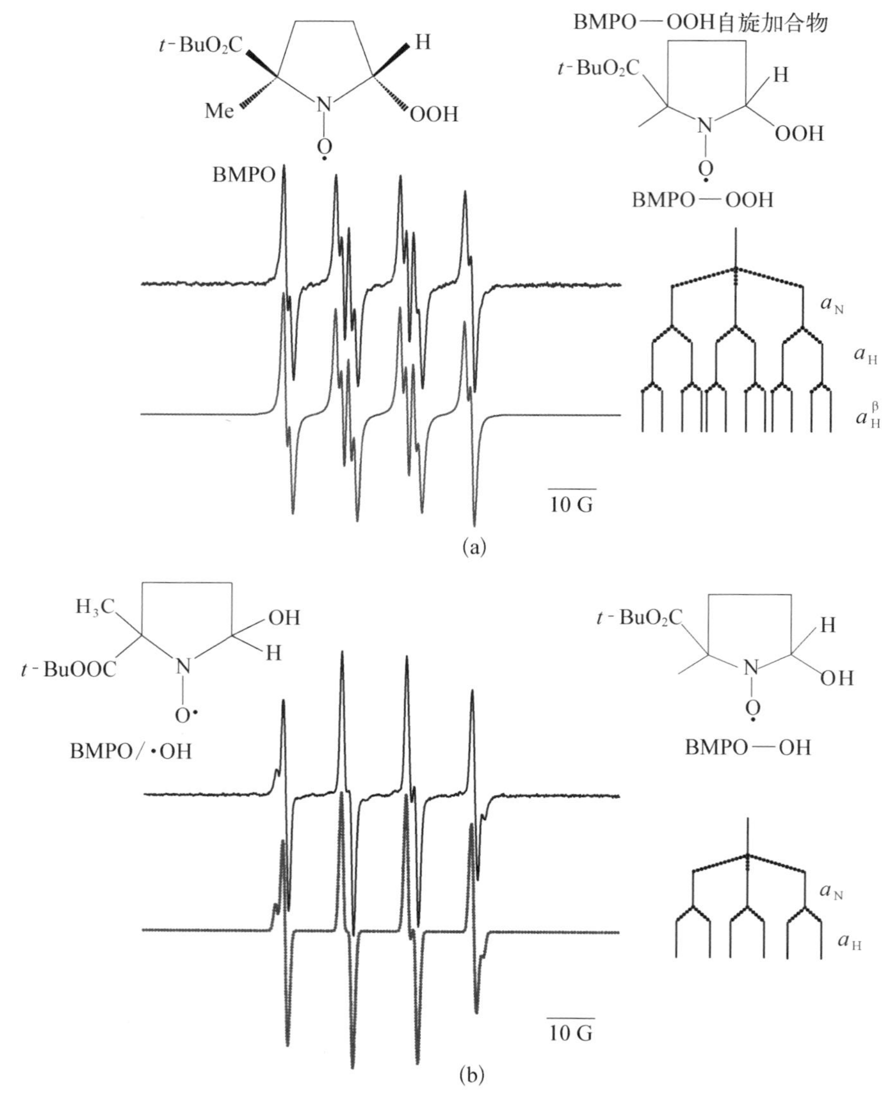

图 4.8　BMPO(a)和 BMPO 与 · OH 形成的自旋加合物(b)能级分裂及其形成的 ESR 波谱和计算机模拟谱

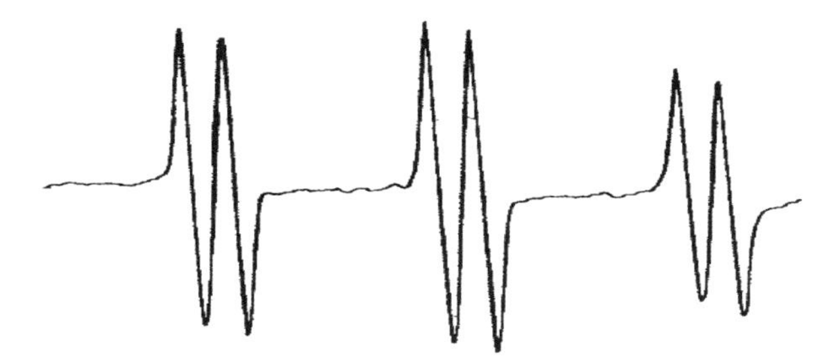

图 4.9　用 4-POBN 捕集线粒体膜脂质过氧化产生的脂类自由基的 ESR 波谱

另外，还有 DEPMMPO 和 DEPPPO 等，这些自旋捕集加合物的相对半寿命都比 DMPO 加合物的寿命长很多(表 4.1). 这些新合成的自旋捕集剂已经逐步用在各种生物学研究中.[73-75]

表 4.1　自旋捕集加合物的相对寿命

自旋捕集加合物	$t_{1/2}$(min)	自旋捕集加合物	$t_{1/2}$(min)
DMPO—OOH	1	DEPMMPO—OOH	3
EMPO—OOH	8	DEPPPO—OOH	13
DEPMPO—OOH	14	BMPO—OOH	16

四硫代三芳基甲基是最近合成的一个既可以检测氧浓度和 pH，又可与 ESR 波谱相结合检测 $\cdot O_2^-$ 的探针. 然而，四硫代三芳基甲基自由基的特异性和生物相容性有待进一步提高. 尽管衍生化可以克服四硫代三芳基甲基自由基的缺点，但通过羧基的酯化或酰胺化极大地改变了自由基的氧化还原性质并使其对 $\cdot O_2^-$ 呈惰性. 合成的全硫代三芳基甲基(PST)自由基及其树枝状衍生物 PST-TA，其中 PST 与分别含有三个四硫代三芳基(TA)和九个羧酸(NA)的树枝共价连接. 结果表明，PST 与 $\cdot O_2^-$ 反应迅速，产生独特的醌甲化产物. PST 的树枝状修饰略微降低了 PST-TA 和 PST-NA 的反应性，但显著增加

了它们对各种氧化还原剂的生物稳定性. PST-NA 对 $\cdot O_2^-$ 的检测限约为2.1 nm/min,检测时间超过 60 min. 重要的是,PST-NA 在抗坏血酸存在和不存在的情况下对 $\cdot O_2^-$ 的敏感性比经典的自旋捕集技术高 3 倍. 此外, PST-NA 可以检测受刺激的 RAW 264.7 巨噬细胞的细胞外 $\cdot O_2^-$ 的生成情况. 这项研究表明,PST-NA 在细胞外位点中 $\cdot O_2^-$ 的特异性检测和定量方面具有巨大潜力. [6]

40 多年来,检测活细胞产生的超氧化物一直是生物学中持续的挑战. 研究者已经提出了各种方法来解决这个问题,其中包括环状氮气与 ESR 波谱耦合的自旋捕集技术,这是检测自由基的主要手段. 该技术基于超氧化物对自旋捕集剂的亲核加成以及自旋加合物的形成,即具有特征性 ESR 波谱的持续自由基. 自旋捕集技术在活细胞中的首次应用可以追溯到 1979 年. 从那时起,该方法在自旋捕集剂的结构、ESR 方法和实验设计(包括适当地控制)方面都取得了相当大的改进. ESR 与自旋捕集技术相结合可以检测和表征活细胞中的氧衍生自由基,例如 $\cdot O_2^-$ 和 $\cdot$OH. 检测方法通常在引入的玻璃毛细管、透气管或扁平样品管中的细胞悬液中进行,因为细胞通常需要附着才能生长. 然而,自由基的产生可能会受到细胞黏附的影响,而酶促或机械细胞收获可能会损害细胞并改变其代谢率. 因此,人们可以利用附着在显微镜盖玻片上的贴壁细胞,对其进行检测. 该方法能保持细胞完整性,确保自然贴壁细胞的近生理条件,并且设置相对简单,使用单批培养细胞可在半天内筛选多达 12 个样品. [4-5]

4.2.4 脂类自由基的捕集

脂质过氧化是一个产生自由基和自由基参与的链式反应. 过去人们研究脂质过氧化一般都采用 TBA 法检测脂质过氧化产生的最终产物之一——MDA,这样很难深入研究脂质过氧化的自由基机理. 我们利用 4-POBN 自旋捕集剂在亚油酸、脂质体微粒体、突触体和红细胞膜等体系中捕集到了脂质过氧化产生的脂类自由基,研究了它们产生的机理及天然抗氧化剂对脂类自由基的清除作用机理(图 4.9).

4.2.5 DMPO 捕集脂质过氧化自由基

光照过氧化亚油酸甲苯溶液产生自由基的 DMPO 自旋加合物的 ESR 波谱,主要由三类自由基谱线叠加而成,其中最主要的一组成分是脂氧自由基(LO·)的 DMPO 加合物,它由 12 条等强度的谱线组成, $a_N = 1.284$ mT, $a_H^\beta = 0.648$ mT, $a_H^\gamma = 0.168$ mT. 第二类波谱为脂过氧自由基(LOO·)和 DMPO 的自旋加合物,它由 6 条等强度谱线组成, $a_N = 1.480$ mT, $a_H = 1.260$ mT. 第三类波谱成分的最大分裂为 4.8 mT,可能是以碳为中心的脂类自由基 L·(图 4.10).

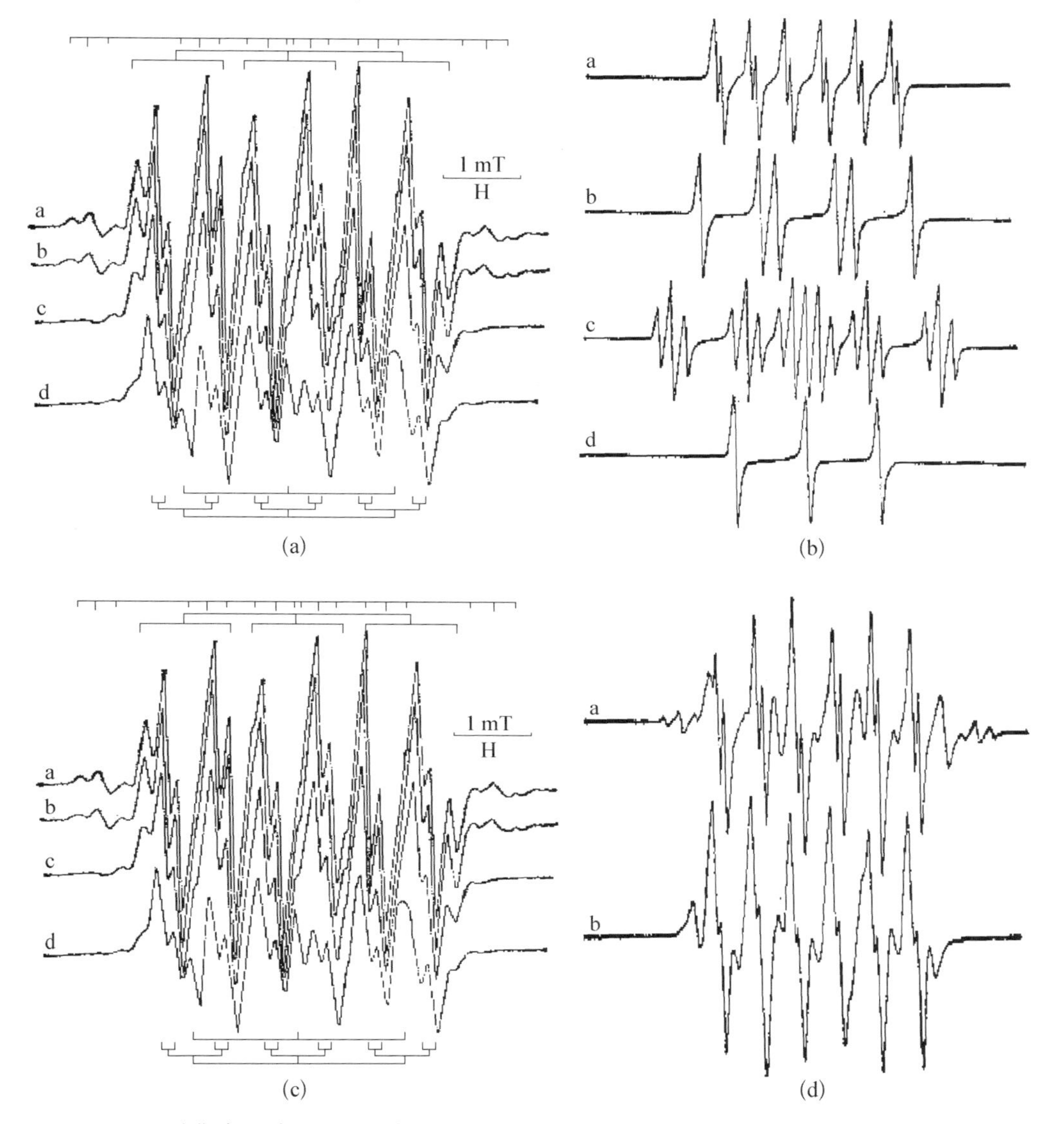

图 4.10　DMPO 捕集脂质过氧化自由基 ESR 波谱图

(a) 无氧条件下在光照甲苯溶液中用 DMPO 捕集亚油酸过氧化产生的脂类自由基的 ESR 波谱. a:微光辐照 1 min,b:强光照射 30 s,c:强光照射 2 h,d:自然光照保存 2 天.(b) 计算机模拟谱. a:DMPO-LO (a_N = 0.128 mT, a_H^β = 0.64 mT,a_H^γ =0.164 mT), b: DMPO-LOO (a_N = 1.38 mT, a_H^β = 1.09 mT), c: DMPO-L (a_N = 1.33 mT, $a\,b_H$ = 2.20 mT, $a\,g_H$ = 0.24 mT), d:DMPOX (a_N = 1.31 mT). (c) 光照甲苯溶液中用 DMPO 捕集亚油酸过氧化产生的脂类自由基的 ESR 波谱. a:DMPO/过氧化亚油酸 = 0.63,b: DMPO/过氧化亚油酸 = 2.5,c: DMPO/过氧化亚油酸 = 8.3.(d) 计算机模拟谱. a:60% DMPO-LO + 35% DMPO-LOO + 5% DMPO-L, b:60% DMPO-LO + 35% DMPO-LOX + 5% DMPO-LOO.

4.2.6 用 PBN 捕集·OH

和 DMPO 一样，PBN 也可以用来捕集氧自由基，用 PBN 捕集的·OH 的自旋加合物 PBN—OH 的 ESR 波谱与 4-POBN 捕集膜脂质过氧化产生的脂类自由基的 ESR 波谱很类似，这个波谱由 6 条谱线组成，只是 $a_N = 1.55$ mT，$a_H = 0.275$ mT（类似图 3.8）.

4.2.7 单线态氧的捕集

利用叔胺四甲基哌啶（TEMPONE）可以特异地检测单线态氧. 遇到单线态氧，叔胺四甲基哌啶可以被氧化成稳定的四甲基哌啶氮氧自由基，用 ESR 波谱仪可以很方便地检测该自由基的信号，它由三条等强度的 ESR 谱线组成（图 4.11）. 测量峰高对时间作图，可以得到单线态氧的产生速率. 为了证明体系中确实有单线态氧产生，往往还需要单线态氧的清除剂 β-胡萝卜素证明. 这里应特别注意，胡萝卜素对光照也比较敏感，常常受光照而失效，因此应当加大使用量. 另外，四甲基乙烯（TME）、2,5-二甲基呋喃（DMF）、9,10-二苯基蒽（DPA）等也可以淬灭单线态氧，用以证实单线态氧的存在.

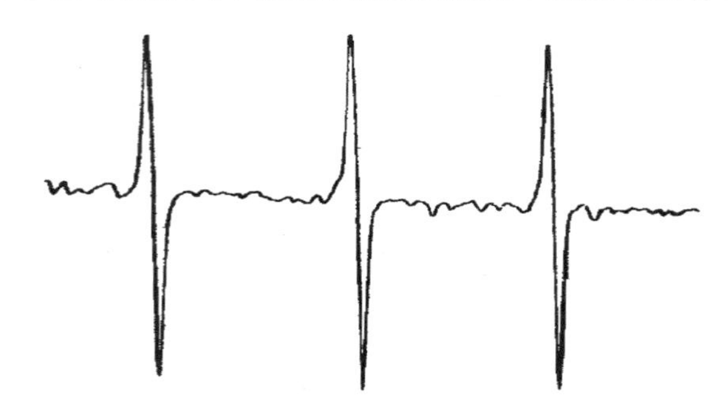

图 4.11 利用叔胺四甲基哌啶检测光照血卟啉产生的单线态氧

另外，单线态氧在 D_2O 中的寿命要比在 H_2O 中长 10～15 个数量级，这也是鉴别单线态氧存在的一个重要方法. 若在反应体系中加入 D_2O，用 ESR 检测单线态氧产率增大，进一步证明体系中确实有单线态氧产生.

4.3 NO·的检测

NO·是内皮细胞松弛因子,能够松弛血管平滑肌,防止血小板凝聚,是神经传导的逆信使,在学习和记忆过程中发挥着重要作用;巨噬细胞等在吞噬和刺激时活化释放NO·作为杀伤外来入侵微生物和肿瘤细胞的毒性分子;NO·作为自由基可以损伤正常细胞,在心肌和脑组织缺血再灌注损伤过程中起着重要作用.为了深入研究NO·在细胞和组织中的产生规律和生物功能,就必须用灵敏和特异的方法检测它.NO·是自由基,但由于它的自旋和轨道角动量耦合不能用ESR直接检测.有两种ESR技术可以检测溶液中的NO·:一种是传统的氮氧自由基自旋捕集NO·,另一种是用铁盐络合物进行检测.前者可以和NO·反应生成自旋加合物自由基,对化学体系产生的NO·捕集效果很好,但是很难用于细胞和生物体系;后者可以淬灭轨道角动量,已经成功地用于检测体内产生的NO·了.由于NO·的重要生物功能和对研究自由基的有效性,在人们认识到NO·的重要性之后不久,做ESR研究的人就开始用自旋捕集技术检测NO·了,但是,现有的自旋捕集剂产品对NO·的捕集效果不好.因此,人们现在已经合成了几种新的自旋捕集剂,用以捕集化学体系中产生的NO·.[48-49]

4.3.1 硝基或硝酮类捕集剂捕集NO·

硝基或硝酮类化合物(如DMPO,MNP)能够和活泼的活性氧自由基反应,产生半衰期更长的氮氧自由基,用于ESR检测.检测NO·时常用NOCT(NO cheletropic trap)类化合物,结构和原理如图4.12所示.2-茚酮光照分解产生的对-喹啉并二甲烷能够和NO反应,产生相对稳定的氮氧自由基,检测NO·,这种方法曾被用于检测肝巨噬细胞和Kupffer细胞中产生的NO·.但是这类物质不溶于水,捕集NO·后的络合物也不太稳定(半寿命为9 min,20 ℃),目前没有该类商品供应,限制了这类物质的广泛应用.[50-52]

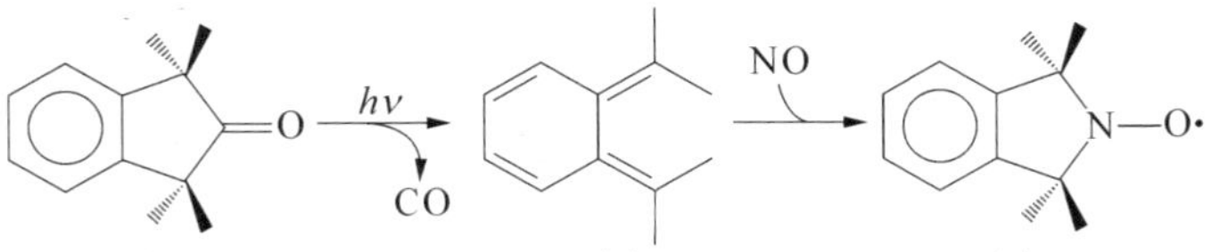

hv, CO, NO, N—O·

(a) (b) (c)

图4.12 光解2-茚酮(2-indanone)(a)产生对-喹啉并二甲烷(O-quinodimethane)(b)与NO反应得到稳定的具有三线超精细结构ESR信号的氮氧化合物(c)

另一类用于检测 NO· 的氮氧捕集剂是 Nitronyl 类物质，如 PTIO(2-氨基-4,4,5,5-四甲基-咪唑-1-氧基-3-氧化物)及其水溶性类似物羧基-PTIO，曾被用于检测空气和生物体系中的 NO·，它们与 NO· 的反应速度常数分别为 5.15×10^3 mol/(L·s)和 1.01×10^4 mol/(L·s)，其 ESR 波谱如图 4.13 所示. 随着 NO· 的捕集其波谱由 5 条峰逐渐变为 9 条峰. 通过测量 5 条峰降低或者 9 条峰增加的速率可以计算 NO· 产生的速率. 这类物质的缺点是容易被维生素 C、巯基类物质、$\cdot O_2^-$ 等非特异性还原产生 NO· 信号，影响在生物体系中检测 NO· 时的准确度.

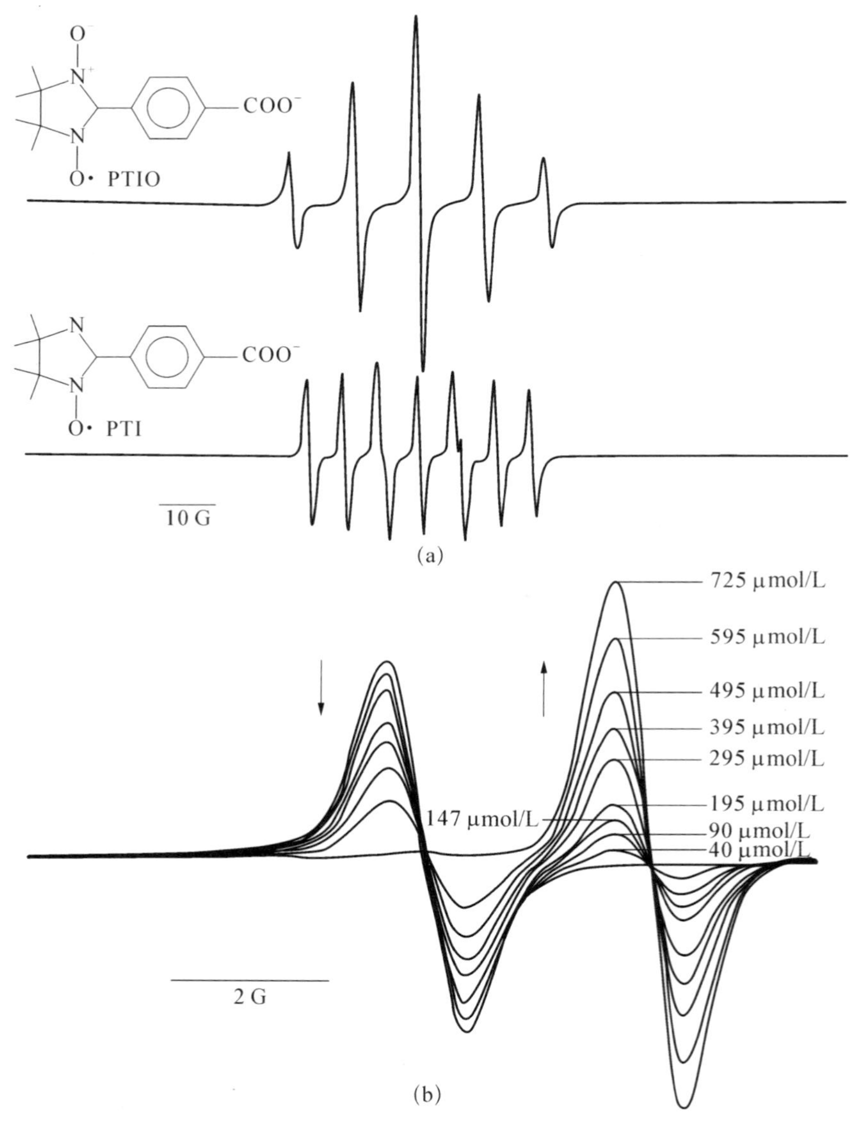

图 4.13　自旋捕集剂 PTIO 捕集 NO· 产生的 ESR 波谱(a)及其变化(b)

但这几种自旋捕集剂还不能用于捕集细胞体系和生物体系产生的NO·.利用NO·可以和·O_2^-迅速结合生成过氧亚硝基的特点,用DMPO捕集PMA刺激PMN产生的·O_2^-,当细胞产生NO·时,捕集的·O_2^-就会减少,通过建立一个标准曲线,并且测量了PMA刺激PMN产生NO·的量,研究了在这一体系产生NO·的机理.

4.3.2 血红蛋白和铁络合物结合捕集NO·

NO·与血红蛋白的结合能力比CO·高1 000倍,人们很早就利用它的这一特点作为含铁蛋白的ESR探针,因此有不少关于研究NO·与含铁蛋白结合的ESR信息.这一技术的一个突出优点就是它只给出这一复合物的ESR信息而不受细胞和组织中大量逆磁性物质的干扰.这是一个既灵敏又特异的检测NO·的技术.图4.14(a)、(b)和(c)为NO·结合到血红蛋白上得到的ESR波谱,它们主要由两种波谱成分组成:$g=2.080$的宽峰和$g=2.010$的三重峰($a_N = 1.57$ mT)来自一个自旋复合体,它为NO·结合到血红蛋白α-亚基铁上的ESR信号(α-NO复合物);$g=2.040$和$g=2.015$的单峰来自另一个自旋复合体,它为NO·结合到血红蛋白β-亚基铁上的ESR信号(β-NO复合物).图4.14(a)主要是NO·结合到血红蛋白α-亚基上的信号(90%α/10%β),图4.14(b)为NO·部分结合到血红蛋白α-亚基以及部分结合到血红蛋白β-亚基上的信号(30%α/70%β),图4.14(c)主要是NO·结合到血红蛋白β-亚基上的信号(10%α/90%β).这一方法已经成功地用于测量和研究心肌缺血再灌注产生的NO·.[53]

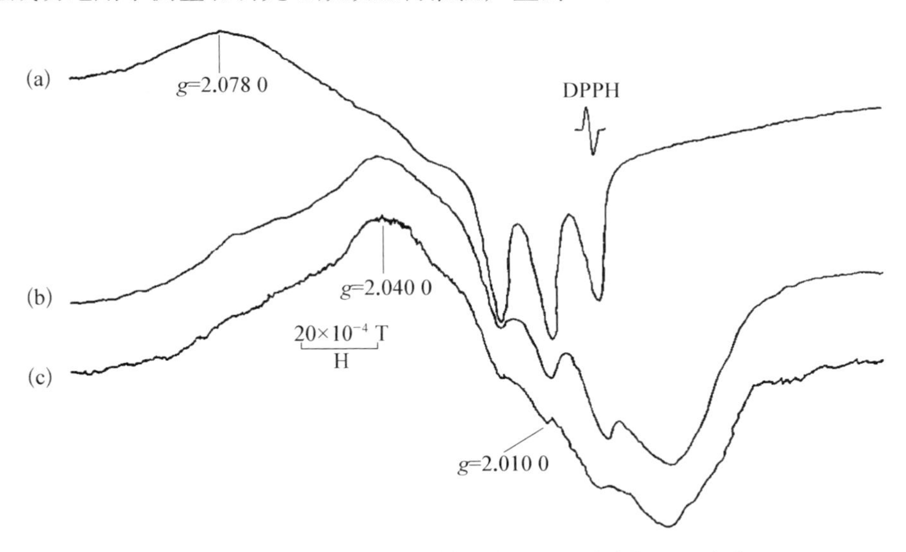

图4.14 NO·结合到血红蛋白(2 mmol/L)不同亚基上在123 K测试的ESR波谱
(a) 90%α/10%β;(b) 30%β/70%α;(c) 10%α/90%β.

血红蛋白由α,β两种亚基组成,其中α-亚基与NO·结合比较紧密.NO·与不同亚基结合后表现出不同的波谱(图4.15、图4.16).血红蛋白的α-亚基有高亲和的R态和低亲和的T态两种不同的结构,在溶液中加入肌醇六磷酸(inositol hexaphosphate)后,能引起两种态之间的立体异构,NO·与血红蛋白的ESR波谱表现出尖锐的三线峰结构,利于NO·的检测.

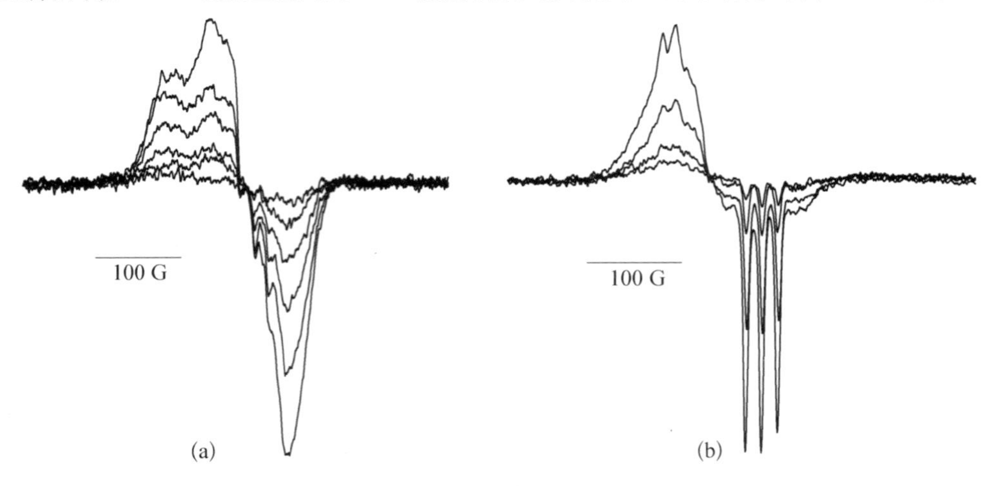

图4.15　HbNO在77 K R态(a)和T态(b)的ESR波谱

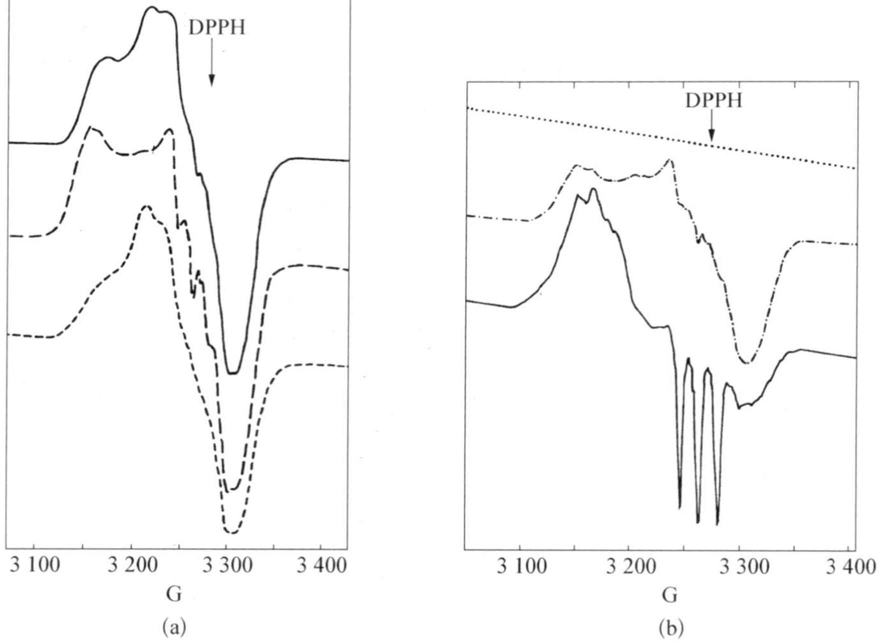

图4.16　血红蛋白(0.1 mol/L bis-Tris缓冲溶液,pH=7.0,0.1 mol/L NaCl)捕集NO·的ESR波谱(77 K)
(a) 实线为$(\alpha^{2+}NO\beta^{2+}NO)_2$,大虚线为$(\alpha^{2+}NO\beta^{3+})_2$,小虚线为$(\alpha^{3+}\beta^{2+}NO)_2$;(b) 点线为$(\alpha^{3+}\beta^{2+}O_2)_2$,点/虚线为$(\alpha^{2+}NO\beta^{3+})_2$,实线为$(\alpha^{2+}NO\beta^{3+})_2$在1 mmol/L六磷酸肌醇存在时.

氧合血红蛋白与 NO· 反应，会产生高铁血红蛋白和硝酸盐，高铁血红蛋白然后会和两分子的 NO· 反应产生 NO-Fe^{2+}(heme)和 NO^+，导致 NO· 测量不精确. 由于血红蛋白与不同气体结合效率不同，可以用 CO· 结合亚铁血红蛋白，然后再和 NO· 反应，检测 NO· 的含量. 血红蛋白是一种内源性的 NO· 捕集剂，检测 NO· 时可以不用加入外源性物质，避免外源因素的干扰. 血液中血红蛋白可以直接用于检测循环系统中 NO· 的变化.[54]

4.3.3 内源性亚铁-二巯基类物质捕集 NO·

研究发现，在 NO· 的某些生成体系中，能够观察到 $g=2.04$ 的 ESR 波谱(图 4.17)，加入半胱氨酸可以增加 ESR 信号的强度，加入^{15}N 同位素可以观察到信号的改变. 富含半胱氨酸的蛋白质如金属硫蛋白(metallothionein)能够和 NO· 反应，产生相似的 ESR 图谱，这表明内源性的亚铁离子和巯基能够和 NO· 反应产生稳定的 $Fe(NO)_x(SR)_y$ 复合物用于 ESR 检测 NO·.[55]

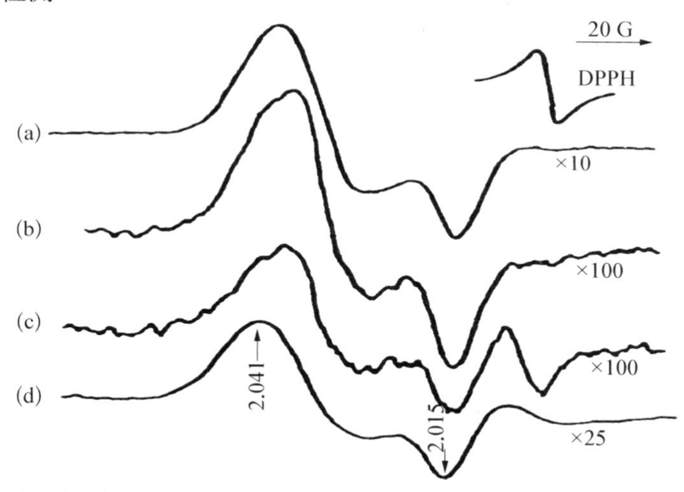

图 4.17 $g=2.04$ 的 ESR 波谱

NO· 在半胱氨酸和 1 mmol/L $FeSO_4$(a)，S-铁氧化还原蛋白(b)，P-铁氧化还原蛋白(c)，用20 mmol/L $NaNO_2$ 和 20 mmol/L 抗坏血酸在室温处理 20 min，L1210 细胞与 IFN-γ 活化的巨噬细胞共培养 20 h 的 ESR 波谱(77 K)(d).

4.3.4 亚铁-二巯甲酸类络合物捕集 NO·

二分子二巯甲酸类化合物(dithiocarbamate derivatives，DTCDs)可以和一分子亚铁离子结合形成亚铁－巯基络合物，由于 NO· 特异地和金属离子结合的性质，该络合物能够结合一分子 NO·,形成捕集复合物,用 ESR 检测有特异的三线峰 ESR 图谱(图 4.18).捕集 NO·的二巯甲酸类化合物有:DETC(二乙基-2 硫化二乙二苯基脲)、PDTC(吡咯烷二硫化二乙-2 苯基脲)、MGD(N-甲基-D-葡糖胺-2 乙基硫化苯基脲)、DTCS(N-二硫代碳酸-肌氨酸)、MSD(N-甲基-L-精氨酸-2 乙基硫化苯基脲)、ProDTC(L-脯氨酸-2 硫化-2 乙二苯基脲).其中 DETC 和 PDTC 为疏水性 NO·捕集剂,MGD、DTCS、MSD、ProDTC 为亲水性 NO·捕集剂.[56]

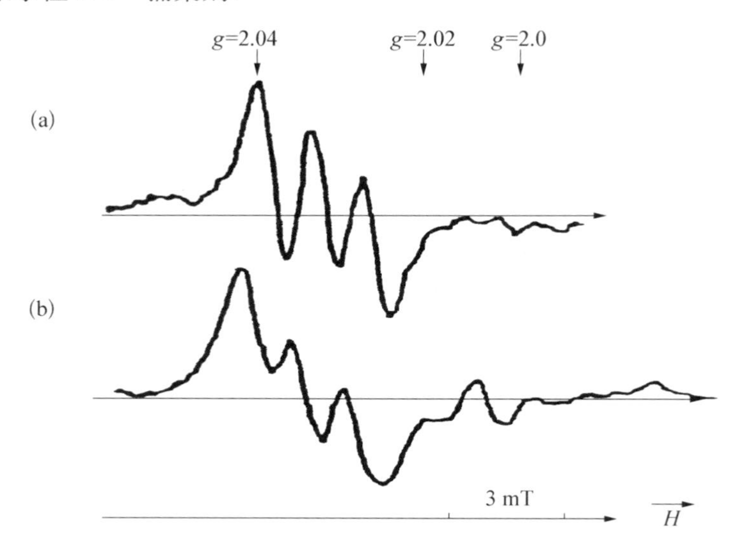

图 4.18 酵母细胞与 DETC 和能释放 NO·的血管扩张剂 3-吗啉代-sydnonimine(SIN-1)共培养的溶液 ESR 波谱(310 K)(a)和冷冻溶液 ESR 波谱(77 K)(b)

冷冻溶液 ESR 波谱 $g = 2.0$ 的信号来自 $Cu(DETC)_2$.

在这些捕集剂中常用的为 DETC,MGD 和 DTCS 等几种捕集剂,它们的捕集复合物在水溶液中的溶解度:$NO\text{-}Fe^{2+}\text{-}(DTCS)_2$ 大于 100 mmol/L, $NO\text{-}Fe^{2+}\text{-}(MGD)_2$ 小于 1 mmol/L, DETC 捕集复合物在水相中的溶解度更低.检测 NO·时可以根据不同的实验选择不同的捕集剂.由于 DETC 的亲脂性质,DETC 在体外检测 NO·时通常需要用牛血清白蛋白或灭活的酵母细胞悬浮,限制了 DETC 在 ESR 实验中的应用.但是由于 DETC 的亲脂性,DETC 可以溶于脂相,很容易地穿透细胞膜,可以透过脑血屏障,检测神经系统中在体产生的 NO·.同时由于 DETC 的亲脂性质,DETC 的捕集复合物可以在细胞膜聚集,而 NO·也有脂溶性的性质,可能会有更高的灵敏度.MGD 和 DTCS 通常用于体外 NO·的检测,由于其水溶性可以用于检测循环系统中的 NO·.二巯甲酸类捕集剂 ESR 检测 NO·也受到多种因素的影响,其捕集 NO·的效率受到种类和体系的影响,就 DTCS 复合物来说,其捕集效率在磷酸盐缓冲液中大约是 40%,在 pH 为 7.4 的 Tris/HCl 溶液中大约是 95%.因此 NO·的产量必须通过综合信号的强弱和捕集效率的高低来评价,否则可能会低估 NO·的产量.[63]

NO· 与 Fe^{3+}-$(DTCDs)_2$ 反应，也能产生 NO-Fe^{2+}-$(DTCDs)_2$ 捕集复合物，其反应和高铁血红蛋白与 NO· 的反应相似，也是通过两分子的 NO· 与一分子的捕集剂反应产生捕集复合物.因此，体系中捕集复合物的状态十分重要.如果发生亚铁离子的自氧化，就会有大量的 Fe^{3+} 存在，一方面由于 NO· 与 Fe^{3+}-$(DTCDs)_2$ 形成的捕集复合物 ESR 无法检测(magnetic silent)，另一方面由于两分子的 NO· 才能产生一分子捕集复合物，可能低估 NO· 的实际产量.有文献报道，MGD 捕集剂与 NO_2^- 长时间温育后可以观察到NO· 的信号，但是 Fe^{2+}-$(MGD)_2$ 与 NO_2^- 的反应速度常数只有 4.8 $L^2/(mol^2 \cdot s)$，因此只有当亚硝酸盐的浓度高于 100 μmol/L 时，在 pH 为 7.4 的情况下才会有一定量的 NO· 产生.但是，在正常的情况下亚硝酸盐在机体中的浓度比较低，在健康人的血清中浓度为(6.6±1.1) μmol/L，在脑脊液中是(3.4±3.1) μmol/L，在内毒素处理的大鼠中大约是6 μmol/L，亚硝酸盐的浓度都不足以干扰 ESR 检测 NO· 的准确和特异性.但是，在缺血再灌的组织中由于 pH 的降低，可能有大量的亚硝酸盐转变为 NO·.[65]

4.3.5 用铁盐络合剂捕集体内产生的 NO·

由于血红蛋白存在不同亚基，及血红蛋白在不同组织中浓度不同，结合 NO· 信号灵敏度和特异性会受到影响，所以人们又寻找了一些铁盐络合剂，用于检测体内产生的 NO·.常用于捕集 NO· 的铁络合物的化学结构如图 4.19 所示，主要是一些二碳硫化合物.这些化合物在体内具有抗氧化和促氧化两种性质，被广泛用于杀草剂、杀虫剂和杀菌剂.最近发现其可以安全和有效地用于治疗 HIV 感染的病人.这些二碳硫化合物可能主要是通过络合铁和运送硫发挥作用的，也可能是通过干扰 NO· 起作用的.DETC 和 PDTC 可以通过抗氧化作用抑制核转录因子 NFκB 的氧化活化，这样就可以引起一系列生物现象，如抑制 iNOS 表达和细胞凋亡.也有报道指出，DTCS(N-dithiocarboxy-sarcosine)和

1，DETC(diethyldithiocarbamte)
脂溶捕集剂
$R_1 = R_2 = CH_3CH_2$

2，DTCS (N-dithiocarboxy-sarcosine)
脂水双溶捕集剂
$R_1 = CH_3$　$R_2 = CH_2CO_2$

3，MGD(N-methyl-L-serine dithiocarbamate)
水溶捕集剂
$R_1 = CH_3$　$R_2 = CH_2(CHOH)_4CH_2OH$

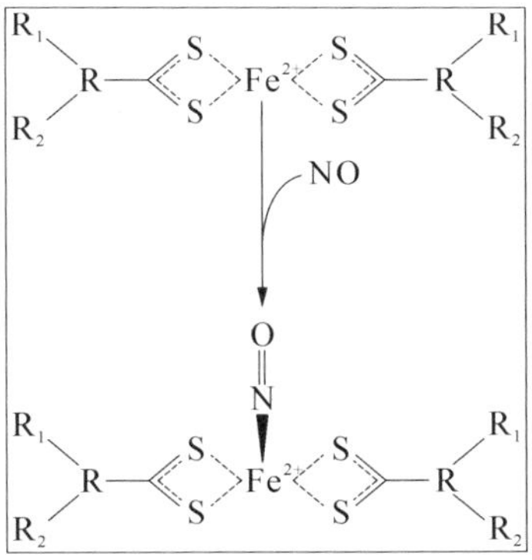

图 4.19　捕集 NO· 的铁络合物(碳硫络合物)的化学结构

MGD(N-methyl-D-glucamine-dithiocarbamate)可以抑制 eNOS 产生 NO·.现在人们发现它们一个更重要的功能就是与铁络合后捕集 NO·,所以被广泛用作 NO·的捕集剂.

比较成功地用于体内捕集 NO·的铁络合物是 DETC.这一络合物和铁盐一同注入动物体内,当体内产生 NO·时,可以形成稳定的 $NOFe^{2+}(DETC)_2$络合物.这一络合物在室温下具有典型的三重超精细分裂 ESR 波谱($g = 2.04$, $a_N = 12.7$ G),在低温下有典型的 ESR 波谱($g_{/\!/} = 2.035$ 和 $g_{\perp} = 2.020$ 及典型的三重超精细分裂).若用$^{15}N(I = 1/2)$取代$^{14}N(I = 1)$,以上的三线谱就会变成两线谱($g = 2.04$, $a_N = 18$ G).若用$^{17}O(I = 5/2)$取代$^{16}O(I = 0)$,在波谱中就可以观察到$^{14}N(I = 1)$的超精细结构,这说明观察到的 ESR 信号确实来自 NO·.在从 ESR 波谱上测量和计算 NO·时,目前文献均没有将 NO·对波谱产生的超精细分裂完全考虑进去,这会引起一些实验误差,因此笔者所在研究组将 NO·引起的超精细分裂产生的三个峰值相加,建立了一种新的测量方法,从理论和实验结果都表明,利用这种方法比目前其他的方法都要合理和精确.由 $NaNO_2$ 和 Fe^{2+},DETC 得到的 $NOFe^{2+}(DETC)_2$ 的 ESR 波谱如图 4.20 所示.

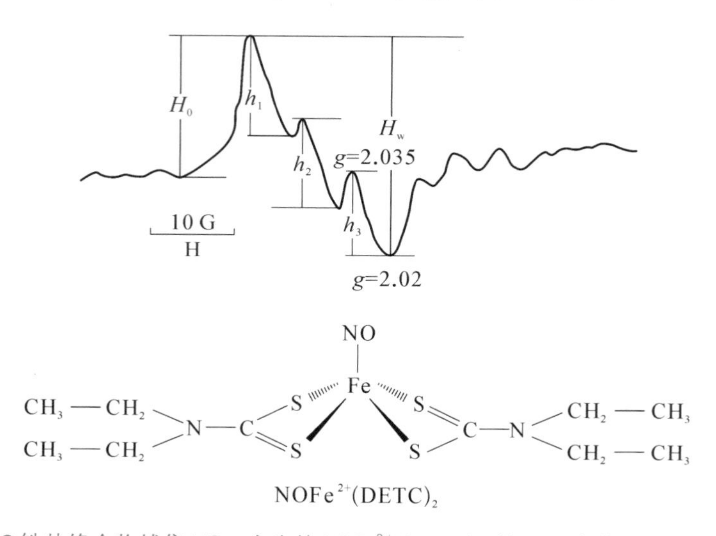

图 4.20 用 DETC 铁盐络合物捕集 NO·产生的 $NOFe^{2+}$ $(DETC)_2$ 的 ESR 波谱及其结构示意图

利用这一方法时在注射铁盐和 DETC 的同时应当注射 $Na_2S_2O_4$,否则检测到的 ESR 信号很弱,因为它可以维持 $NOFe^{2+}(DETC)_2$ 中 Fe^{2+} 的稳定性,并能把 NO_2 还原成 NO·.利用这一方法时要注意的另一个问题是,铁盐络合物的脂溶性物质会在水溶液中沉淀,特别是在细胞体系中.最近人们发现,在注射铁盐络合物的同时注射一定浓度的白蛋白可以克服这一问题.脂溶性也带来一个特殊用途,即脂溶性小的物质很容易穿透血脑屏障,很适合用来检测细胞内和细胞膜内的 NO·.DETC 脂溶性的另外一个好处是可以用脂溶性溶剂提取,大大提高 NO·的检测灵敏度,这就是后面要介绍的新方法.

最近发展起来的另一类水溶性铁盐络合物是 DTCS 和 MGD.带负电荷的 DTCS 络合物比 MGD 络合物水溶性更好.例如 $NOFe^{2+}(DTCS)_2$ > 100 mmol/L,$NOFe^{2+}(MGD)_2$ < 1 mmol/L.水溶性好使得它们很容易在循环中流动,适合检测生理和病理条件下体内产生的 NO·.

这一类络合物和铁盐结合 NO·后形成稳定的 $NOFe^{2+}(DTCS)_2$ 和 $NOFe^{2+}(MGD)_2$,具有典型的三重峰 ESR 波谱($g=2.04$, $a=1.25$ mT),而且不需要低温,在室温就可以测量到满意的波谱,如图 4.21 所示.这一方法还不受环境中氧气的影响,很适合检测活细胞和生物体中产生的 NO·.这一方法已经用于连续检测小鼠尾巴血液循环中产生的 NO·(S 波段为 3.5 GHz).$NOFe^{2+}(DTCS)_2$ 和 $NOFe^{2+}(MGD)_2$ 在体内、外寿命和药代动力学方面都有研究,在有谷胱甘肽和抗坏血酸存在条件下,它们的信号可以稳定 45 min 没有明显改变,但在 $\cdot O_2^-$ 和 NO·存在时稳定性就比较差.下一节将详细讨论它们的稳定性.

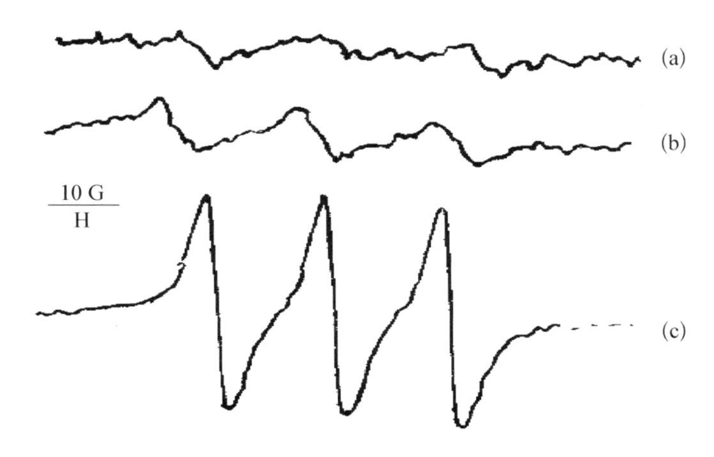

图 4.21 用铁盐络合物 MGD-Fe 捕集 PMN 产生的 NO·的 ESR 波谱

(a) 体系中加入 0.1 mmol/L L-NMA;(b) 体系中不加入 L-精氨酸;(c) 体系中加入 0.1 mmol/L L-精氨酸.

利用这类捕集剂捕集 NO·的特异性是人们关注的一个重要问题.研究表明,在 1 h 之内,即使有硝酸盐和亚硝酸盐存在,也不会对捕集的 NO·信号产生影响,但是如果时间再延长,硝酸盐和亚硝酸盐也会产生类似的信号.

4.4 乙酸乙酯抽提法 ESR 检测 NO·

ESR 是检测自由基最直接的方法，很多研究者对用 ESR 检测 NO·进行了不懈的探索．早在 1991 年，研究人员就根据 NO·特异地与过渡金属离子结合的性质，建立了利用二巯甲酸类化合物与亚铁离子的络合物自旋捕集检测 NO·的方法．两分子二巯甲酸类化合物——DETC 能结合一分子亚铁离子，形成络合物 $DETC_2$-Fe^{2+}．由于 NO·特异地与亚铁离子结合的性质，络合物 $DETC_2$-Fe^{2+} 捕集一分子的 NO·，形成一分子捕集复合物 $DETC_2$-Fe^{2+}-NO．用这种方法在低温 77 K 检测了 NO·．[27-29]该捕集复合物有特异的中心对称三线峰 ESR 图谱，g 因子为 2.035，超精细分裂常数为 12.5 G．但由于络合物 $DETC_2$-Fe^{2+} 的疏水性质，体外检测 NO·时不得不在体系中加入牛血清白蛋白或灭活的酵母细胞防止 $DETC_2$-Fe^{2+} 沉淀，这在一定程度上限制了 DETC 检测 NO·方法的应用．然后，建立了利用 DETC 的水溶性类似物 MGD 和 DTCS 检测 NO·的方法．DETC，MGD，DTCS 等三种捕集剂被广泛应用于检测体内或体外产生的 NO·．然而，由于 ESR 检测 NO·的灵敏度比较低，如培养的心肌细胞或正常组织中的 NO·产量通常低于 ESR 方法的检测灵敏度，这些体系中的 NO·很难用 ESR 方法检测．同时，由于生物样品通常为含水样品，易于吸收微波，因此只能在液氮温度检测或在常温下用毛细管检测体系中的 NO·，这大大限制了 ESR 自旋捕集检测 NO·的应用．[88]

DETC 虽然是近年来才发现的 NO·捕集剂，但是由于 DETC 可以和多种金属离子结合生成有颜色的疏水复合物，几十年前，人们就利用它的这种特点，在水质检测中利用有机溶剂抽提的方法检测水中重金属离子的含量．受此启发，我们曾根据它的这种疏水性特点，利用有机溶剂三乙酸甘油酯把 $DETC_2$-Fe^{2+}-NO 复合物从生物样品中抽提出来，然后用 ESR 在常温下检测 NO·的产量．但是，在三乙酸甘油酯作为抽提溶剂检测 NO·时有三个缺点：① 三乙酸甘油酯比较黏稠，与样品中的蛋白质结合过于紧密，抽提时不易与无机相分开；② 三乙酸甘油酯的密度大于水相，分层后有机相在底层，不易分离；③ $DETC_2$-Fe^{2+}-NO 复合物在三乙酸甘油酯中的溶解度小，捕集复合物无法被充分的提取．以上因素影响了有机溶剂抽提法检测 NO·的应用．

因此，本节讨论 $DETC_2$-Fe^{2+} 络合物在五种常用有机溶剂中的分配系数，比较了同一浓度的 $DETC_2$-Fe^{2+}-NO 捕集复合物在不同有机溶剂中的信号强度，发现乙酸乙酯是一种理想的检测 NO·的抽提溶剂．乙酸乙酯作为抽提溶剂，成功地检测了正常的心脏和培养的心肌细胞中产生的 NO·．利用这一方法可以使 ESR 自旋捕集 NO·的灵敏度提高 10～50 倍．[90-100]

4.4.1 不同有机溶剂对 $DETC_2$-Fe^{2+}-NO 复合物的抽提能力

最佳的抽提溶剂必须具备三个条件：① 具有最大的分配系数，最大限度地把 $DETC_2$-Fe^{2+}-NO 捕集复合物从水相中抽提到脂相中；② 该有机溶剂能够有效地把 $DETC_2$-Fe^{2+}-NO 复合物与生物样品中的蛋白质分开，并容易与水相分离；③ $DETC_2$-Fe^{2+}-NO 复合物在该有机溶剂中有很强的 ESR 信号.

为了寻找最佳的抽提溶剂，我们比较了 $DETC_2$-Fe^{2+}-NO 复合物在六种常用的有机溶剂中的分配系数，结果见表 4.2. 在五种有机溶剂中，$DETC_2$-Fe^{2+}-NO 复合物在乙酸乙酯中有最大的脂水分配系数. 这表明在五种有机溶剂中，乙酸乙酯可以最大限度地把 $DETC_2$-Fe^{2+}-NO 复合物从水相中抽提到脂相中. 然后又比较了同一浓度 $DETC_2$-Fe^{2+}-NO 复合物在五种溶剂中的信号，结果表明，同一浓度的捕集复合物在五种有机溶剂中的信号强度大小顺序依次是：氯仿＞乙酸甘油酯＞乙酸乙酯＝乙酸丁酯＞乙酸异戊酯. 以上的结果提示，最适的抽提溶剂可能在乙酸乙酯、乙酸甘油酯和乙酸丁酯中. 由于在实际的检测过程中，$DETC_2$-Fe^{2+} 络合物不得不悬浮于有牛血清白蛋白或灭活酵母的溶液中，溶液中的牛血清白蛋白或灭活的酵母可能会干扰有机溶剂对 $DETC_2$-Fe^{2+}-NO 复合物的抽提，因此进一步检测了五种溶剂对含有 10 mg/mL 牛清蛋白的 1 μmol/L NO· 溶液的抽提能力. 结果显示（表 4.2），在五种溶液中，乙酸乙酯抽提液中 NO· 的 ESR 信号最强，其次是氯仿＞乙酸丁酯＞乙酸甘油酯＞乙酸异戊酯. 同时，考虑到抽提溶剂的毒性（氯仿有毒）、密度（氯仿和三乙酸甘油酯大于水，离心后在下层）和黏稠度（三乙酸甘油酯、正丁醇和乙酸异戊酯大于 1，比较黏稠）（表 4.2），乙酸乙酯是最佳的抽提溶剂.

表 4.2 五种有机溶剂的黏度、密度和对一氧化氮复合物的抽提能力

有机溶剂	乙酸乙酯	氯 仿	乙酸丁酯	乙酸甘油酯	乙酸异戊酯
$\lg P_{O/W}$*	2.740±0.324	0.778±0.004	2.067±0.233	2.152±0.138	1.256±0.047
Psi^A	7.5±0.4	13.0±0.6	7.5±0.4	11.0±0.6	5.0±0.3
黏度(25 ℃) cp	0.423	0.537	0.685	28.0 (17 ℃)	1.58
密度(mg/mL)	0.899	1.471	0.880	1.157	0.880
Pep^B	4.0±0.4	3.2±0.4	2.8±0.3	2.0±0.2	1.5±0.1

注：Psi^A 表示同样浓度信号强度比；Pep^B 表示用 ESR 测定的抽提能力比.

图 4.22 为从含有 10 mg/mL 牛血清白蛋白的 1 μmol/L NO· 溶液中，抽提得到的 $DETC_2$-Fe^{2+}-NO 捕集复合物的 ESR 图谱，其他有机溶液抽提液的 ESR 图谱与图 4.21(a)相似，只是 NO· 的信号较小. 它们都有如图 4.22(a)所示的三重峰 ESR 信号，$g_\perp$ =

2.035，a_N =12.5 G. 其中，g 因子为 2.07 和 2.02 的两条峰分别为 Cu^{2+} 的第二和第三条峰. 为了有效地检测乙酸乙酯是否能够把所有的 NO· 捕集复合物抽提出水相，用石英毛细管室温检测了乙酸乙酯抽提前后水相中 NO· 的 ESR 信号. 结果表明，在乙酸乙酯抽提前，水相中微弱的 NO· 信号(图 4.22(b))在抽提后(图 4.22(c))几乎完全消失了，表明乙酸乙酯可以有效地把 $DETC_2$-Fe^{2+}-NO 捕集复合物抽提出水相. 抽提后乙酸乙酯中 NO· 信号(图 4.22(a))与抽提前水相中的 NO· 信号相比，强度大大加强了，表明乙酸乙酯抽提法可以大大提高 ESR 方法的检测灵敏度.

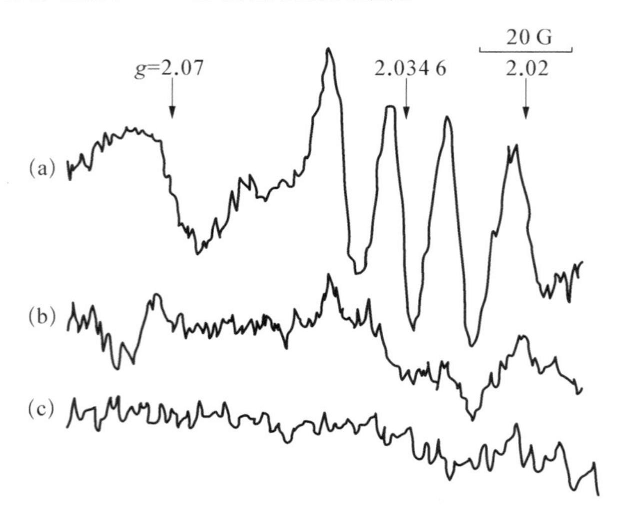

图 4.22　用乙酸乙酯抽提的 $DETC_2$-Fe^{2+}-NO 复合物在乙酸乙酯和水相中的 ESR 波谱

溶液中含有 0.2 mL 有机溶剂，1 μmol/L NO· 和 10 mmol/L BSA. 25 ℃下有机相中的 ESR 信号(a)，水相抽提前(b)和抽提后(c)的 ESR 信号.

4.4.2　乙酸乙酯抽提法的标准曲线和检测灵敏度

用乙酸乙酯抽提法检测了不同浓度 NO· 溶液的 ESR 信号，结果表明，乙酸乙酯抽提液中 ESR 信号强度与溶液中 NO· 的浓度有良好的线性相关. 回归分析得到如下线性方程：

$$y = 10.1674x,\quad N = 6,\quad SD = 0.2395,\quad R = 0.9969$$

其标准曲线如图 4.23 所示. 在信噪比为 2 的情况下，乙酸乙酯抽提法检测到的 NO· 的最低浓度可以达到 50 nmol/L. 这表明，乙酸乙酯抽提法比检测 NO· 常用的 Griess 法(最低检测浓度约 1 μmol/L)或低温 ESR 方法(最低检测浓度约为 500 nmol/L)更加灵敏.

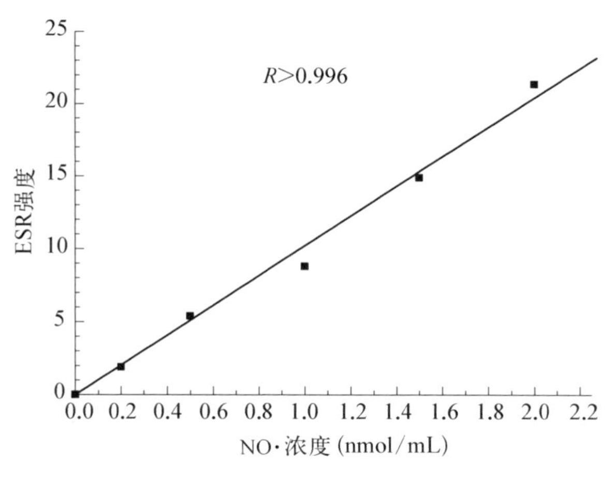

图 4.23 用乙酸乙酯抽提法测定 NO· 的标准曲线

4.4.3 $DETC_2$-Fe^{2+}-NO 复合物在乙酸乙酯中的稳定性

1. 在不同温度中的稳定性

2 μmol/L NO· 溶液的乙酸乙酯抽提物在抽提后立即检测，然后分别避光保存于 −20 ℃，0～4 ℃，25 ℃等三个不同温度，24 h 后进行 ESR 检测.与保存前 ESR 信号相比，保存于 −20 ℃和 25 ℃的乙酸乙酯抽提物 NO· 信号分别下降 5.4%和 25%.与之相比，保存于 0～4 ℃的乙酸乙酯抽提物的 NO· 信号几乎没有变化.当乙酸乙酯抽提物保存于 −20 ℃时，乙酸乙酯中有透明的固体物质出现，这可能是 NO· 信号下降的原因.保存于 25 ℃时，$DETC_2$-Fe^{2+}-NO 复合物可能易于分解.结果表明，0～4 ℃可能是保存乙酸乙酯抽提物的最佳温度.

2. 对光线的稳定性

2 μmol/L NO· 溶液的乙酸乙酯抽提物抽提后立即暴露于上午 9 点的阳光中，然后在不同的时间检测乙酸乙酯抽提物中 NO· 的 ESR 信号.结果表明，在光照下乙酸乙酯抽提物的 NO· 的 ESR 信号迅速降低，20 min 后，NO· 信号已下降了 50%，30 min 后降低了 70%，1.5 h 后，信号已几乎全部消失(图 4.24).这表明，NO· 捕集复合物在乙酸乙酯中对光照十分敏感.因此，实验应避光进行，以避免光照分解的干扰.

为了检测在乙酸乙酯中 NO· 捕集复合物随时间的变化对 2 μmol/L NO· 溶液的乙酸乙酯抽提物抽提后避光保存于 0～4 ℃，于不同的时间检测 ESR 信号的强度.乙酸乙酯抽提物 NO· 的 ESR 信号十分稳定，可以保持几天而无显著的变化.

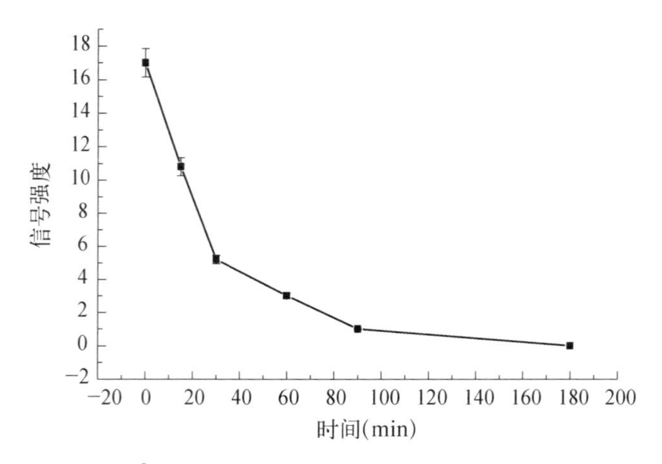

图 4.24　在乙酸乙酯中 $DETC_2$-Fe^{2+}-NO 复合物 ESR 信号对光的稳定性(NO・浓度为 2 μmol/L)

4.4.4　心肌匀浆和培养的心肌细胞产生的 NO・的捕集

为了检验乙酸乙酯抽提法的有效性,我们利用此方法检测了心肌匀浆和培养心肌细胞中 NO・的产量.大鼠心肌匀浆中 NO・的 ESR 信号如图 4.25 所示,不加 L-精氨酸的对照组(图 4.25(b))几乎没有 NO・信号.加入 L-精氨酸后心肌匀浆中 NO・的产量为 0.166 nmol/mg蛋白(如图 4.25(a)所示).加入一氧化氮合酶的抑制剂 L-NMMA (N^G-

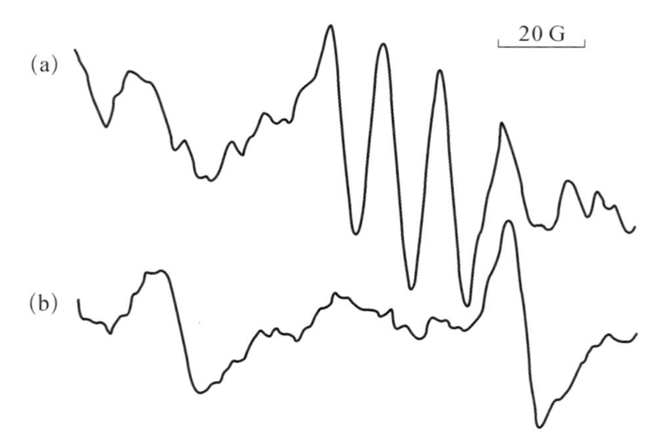

图 4.25　培养的心肌细胞产生的 NO・
心肌细胞与捕集剂温育 30 min 后用乙酸乙酯抽提,ESR 检测,NO・的产量约是 240 nmol/L.(a) 加入 L-精氨酸;(b) 不加 L-精氨酸.

monomethyl-L-arginine)后，NO·的产量为0.078 nmol/mg蛋白，酶活性下降了53%. 同时，我们利用此方法检测了培养的心肌细胞中NO·的产量. 心肌细胞与捕集剂温育30 min后用乙酸乙酯抽提，ESR检测，NO·的产量约为240 nmol/L，没有心肌细胞的培养，就检测不到NO·信号. 结果证明，乙酸乙酯抽提法是一种检测NO·的有效方法. 我们还用乙酸乙酯抽提法检测了培养的鼠肝细胞、鼠心肌匀浆、脑匀浆中的NO·，表明乙酸乙酯抽提法是一种检测NO·的更加灵敏、有效的方法.

4.4.5 NO·捕集复合物MGD_2-Fe^{2+}-NO在巨噬细胞体系中的稳定性

如图4.26所示为MGD_2-Fe^{2+}-NO复合物在PMA刺激的巨噬细胞体系中孵育不同时间的ESR图谱. $DTCS_2$-Fe^{2+}-NO捕集复合物在巨噬细胞体系中孵育不同时间ESR信号和变化与MGD_2-Fe^{2+}-NO复合物的相似. g因子为2.034，超精细分裂常数为12.5 G的三线峰ESR信号是MGD_2-Fe^{2+}-NO捕集复合物的信号，$g=2.02$的峰是MGD-Cu^{2+}复合物ESR信号的第三条峰. 随着时间的延长，MGD_2-Fe^{2+}-NO捕集复合物的ESR信号强度逐渐降低，而MGD-Cu^{2+}的信号，保持不变.

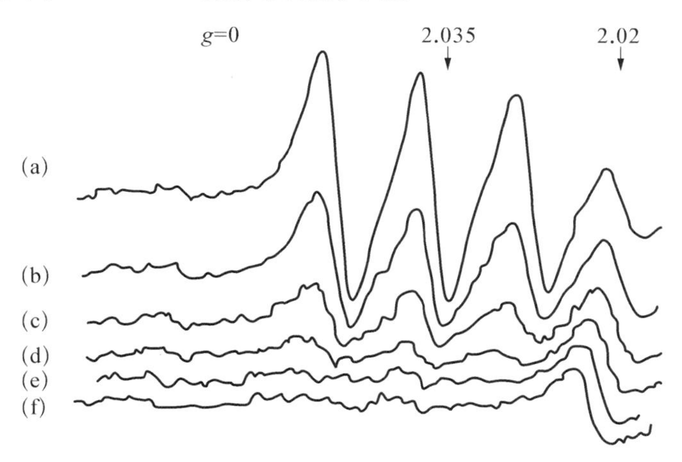

图4.26 MGD_2 Fe^{2+}-NO复合物在PMA刺激的巨噬细胞体系中孵育不同时间的ESR图谱
从(a)至(f)，ESR波谱随时间衰变.

图4.27所示为MGD_2-Fe^{2+}-NO捕集复合物在HBSS和巨噬细胞体系中，37 ℃温浴下随时间变化的ESR强度曲线. MGD和DTCS NO·捕集复合物的半衰期如表4.3所示. NO·的捕集复合物在HBSS中比较稳定(图4.27▼)，巨噬细胞加入该体系后，NO·的ESR信号开始衰减(图4.27▲). 加入PMA(图4.27●)和L-精氨酸(图4.27■)刺激巨噬细胞，巨噬细胞分别产生(2.13±0.12) μmol/(L·min)的·O_2^-和(0.137±0.011)

μmol/(L・min)NO・(数据见表 4.3),捕集复合物的 ESR 信号迅速降低,这表明 NO・捕集复合物在巨噬细胞体系中的不稳定性可能是由巨噬细胞产生的・O_2^- 引起的. PMA 引起的速率降低强于 L-精氨酸引起的速率降低,提示・O_2^- 对 NO・捕集复合物的影响强于 NO・对捕集复合物不稳定性的影响. 在 PMA 和 L-精氨酸刺激的大鼠腹腔巨噬细胞体系中,$DTCS_2$-Fe^{2+}-NO 捕集复合物的半衰期为 60 s,MGD_2-Fe^{2+}-NO 捕集复合物的半衰期为 35 s,表示 DTCSNO・捕集复合物比 MGD 捕集复合物更加稳定.

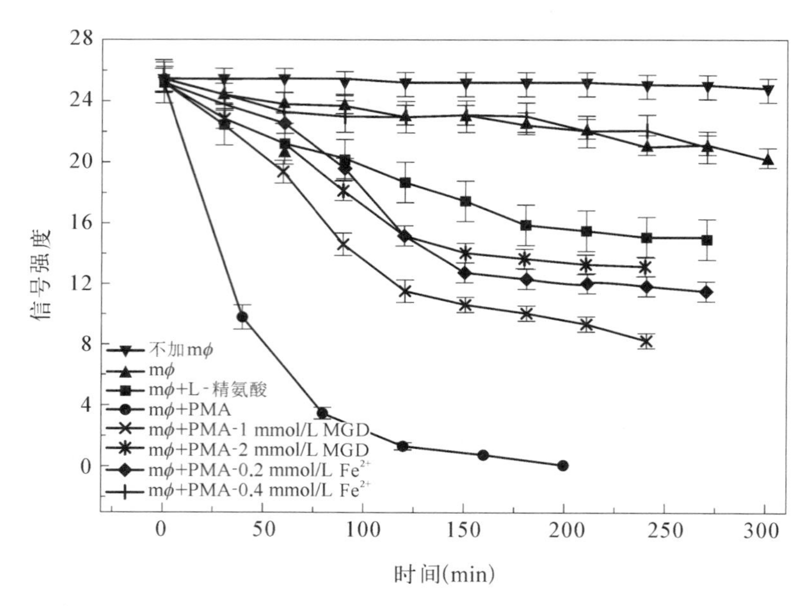

图 4.27 MGD_2-Fe^{2+}-NO 捕集复合物在 HBSS 和巨噬细胞体系中,37 ℃温浴下随时间变化的 ESR 强度曲线

体系中加入更多的二巯甲酸类捕集剂和 Fe^{2+} 后,NO・捕集复合物的稳定性增加(图 4.27、表 4.3). 1 mmol/L MGD 可以显著地将 MGD 捕集复合物的半衰期增加 3 倍(从 30 s 到 90 s),2 mmol/L MGD 可以将 MGD 捕集复合物的半衰期延长 4 倍(从 30 s 到 120 s). Fe^{2+} 比二巯甲酸类化合物对 NO・捕集复合物有更强的保护作用. 0.2 mmol/L Fe^{2+} 保护 MGD 捕集复合物的半衰期延长到原来的 5 倍(从 30 s 到 150 s),0.4 mmol/L Fe^{2+} 可以将 NO・捕集复合物的半衰期增加 20 倍(从 30 s 到 10 min). DTCS 和 Fe^{2+} 对 $DTCS_2$-Fe^{2+}-NO 复合物的稳定性的保护作用与 MGD 和 Fe^{2+} 对 MGD_2-Fe^{2+}-NO 复合物的作用相似(图 4.27、表 4.3).

我们利用血红蛋白法,检测了二巯甲酸类化合物对巨噬细胞产生 NO・的影响. 3×10^6 巨噬细胞/mL 在 0.3 mmol/L L-精氨酸存在时产生 0.137 mmol/(L・min) NO・. 加入 2 mmol/L MGD, DTCS 或 DETC 后,NO・相应地减少了 48.18%, 55.47% 和 73.72%. 如果在体系中在加入 0.04 mmol/L Fe^{2+},那么检测不到任何 NO・,表明 NO・与二巯甲酸类捕集剂的反应活性强于血红蛋白与一氧化氮的结合活性.

表 4.3　(二硫碳胺)$_2$-Fe^{2+}-NO 复合物在巨噬细胞体系中的半寿命

实验条件(3×10^7 巨噬细胞/mL)	MGD_2-Fe^{2+}-NO 半寿命(s)	$DTCS_2$-Fe^{2+}-NO 半寿命(s)
HBSS pH 7.4(无细胞)	不变化	不变化
HBSS pH 7.4(有细胞)	稳定	稳定
0.3 mmol/L L-精氨酸	450±100	500±80
100 ng/mL PMA	35±10	60±13
100 ng/mL PMA+0.3 mmol/L L-精氨酸	32±12	55±15
100 ng/mL PMA+1 mmol/L MGD	98±10	—
100 ng/mL PMA+2 mmol/L MGD	142±16	—
100 ng/mL PMA+1 mmol/L DTCS	—	125±11
100 ng/mL PMA+2 mmol/L DTCS	—	172±14
100 ng/mL PMA+0.2 mmol/L Fe^{2+}	150±15	180±12
100 ng/mL PMA+0.4 mmol/L Fe^{2+}	稳定	稳定

注:巨噬细胞与 0.4 mmol/L (二硫碳胺)$_2$-Fe^{2+}-NO 在 37 ℃,pH=7.4 下培育 10 min,然后加入 PMA 和/或 L-精氨酸、MGD、DTCS、铁.

DETC、MGD 和 DTCS 是 ESR 自旋捕集检测 NO· 时常用的三种捕集剂,然而,由于生物体系中产生的 NO· 浓度通常比较低,有时无法用 ESR 技术检测.同时,由于生物体系中含有大量水分会在 ESR 检测时吸收微波,引起温度的升高,达不到所需功率,致使生物样品在常用的 X 波段不得不在石英毛细管中检测或在液氮中检测,或者在微波频率较低的 L 波段检测.由于灵敏度低或比较麻烦等问题,限制了这些方法在 ESR 中的应用.

在捕集 NO· 的三种二巯甲酸类捕集剂中,MGD 或 DTCS 捕集 NO· 后形成的捕集复合物为亲水性复合物,很难进一步浓缩,在常温下必须用石英毛细管检测.而 $DETC_2$-Fe^{2+}-NO 复合物为疏水性复合物,这就提供了用有机溶剂抽提浓缩的机会.笔者所在研究组曾经利用 DETC-NO· 捕集复合物的这种疏水性质,用三乙酸甘油酯抽提捕集复合物到脂相中,然后用 ESR 检测 NO·.但是,三乙酸甘油酯作为抽提溶剂有一些缺点,例如比较黏稠,不易分离,等等.因此,检测了 $DETC_2$-Fe^{2+}-NO 捕集复合物在六种常用有机溶剂中的分配系数,同一浓度的捕集复合物在有机溶剂中的信号强度等几个指标,发现乙酸乙酯是最佳的抽提溶剂.

如分配系数(表 4.3)和抽提前后水相的 ESR 信号所示,乙酸乙酯几乎可以把所有的 $DETC_2$-Fe^{2+}-NO 复合物从水相中抽提到脂相中.由于乙酸乙酯把 NO· 捕集复合物从大体积抽提到小体积中(5∶1),因此 NO· 捕集复合物在乙酸乙酯中的浓度也就提高了大约 5 倍.其次,用石英毛细管检测水相中的 NO· 时,毛细管检测的样品体积是 20～50 μL,而乙酸乙酯抽提法检测的有机溶剂的量约是 150 μL,是毛细管检测样品的 4～10 倍.因此,乙酸乙酯抽提法可以检测的样品中 NO· 捕集复合物的灵敏度与毛细管法相比提高了10～50倍.这也就是乙酸乙酯抽提法与毛细管法相比,检测到的信号大大增强的原因.回归分析表明,乙酸乙酯抽提液中的信号与样品中NO·的浓度呈线性相关($R>0.996$),在信噪比为2的情况下,可以检测的信号浓度达到50 nmol/L,比常规的ESR方法或是Griess法更加灵敏.

MGD和DTCS是两种常用的水溶性NO·捕集剂,由于二者的捕集复合物有很好的水溶性,它们的应用更加广泛.为了比较乙酸乙酯抽提法的实用性,同时也比较了来自同一样品的乙酸乙酯抽提法信号与MGD和DTCS信号的强度差异.结果表明,乙酸乙酯抽提法比MGD和DTCS捕集到的信号更加灵敏.

$DETC_2$-Fe^{2+}-NO捕集复合物在乙酸乙酯中0～4℃避光保存十分稳定,这避免了常温ESR方法中样品必须立即检测的缺点,给实验中ESR检测以充足的时间,同时也不必担心由于不同检测时间而引起信号强度差异.

用乙酸乙酯抽提法检测NO·时应该注意以下几个问题:

(1) 由于乙酸乙酯抽提物中NO·的信号对光敏感,因此实验中必须避免强光的照射,操作尽量在暗处进行.

(2) $DETC_2$-Fe^{2+}-NO捕集复合物与样品中的蛋白质结合比较紧密,很难把它与蛋白质分开,因此加入乙酸乙酯后应该在涡旋液体混合器上剧烈振荡至少3 min,以保证尽可能地把$DETC_2$-Fe^{2+}-NO复合物与蛋白质分开.

(3) 由于蛋白质的疏水性,有机溶剂与蛋白质不易分离.抽提后,离心力应该在10 000 g或更高,至少10 min,保证乙酸乙酯与样品中蛋白的充分分离.由于DETC-Fe^{2+}不可能捕集到所有的NO·,乙酸乙酯不可能把所有的NO·捕集复合物抽提到脂相中,因此本方法只能反映系统中NO·的相对浓度,半定量的检测产生的NO·.

ESR自旋捕集法一直被认为是检测NO·最特异的方法.然而,把NO_2^-(1 mmol/L)与$DETC_2$-Fe^{2+}混合后立即观测到了$DETC_2$-Fe^{2+}-NO的信号,并且信号强度随NO_2^-浓度的升高和温浴时间的延长而升高.同时,在硝酸盐溶液中观察到$DETC_2$-Fe^{2+}-NO复合物的信号,信号强度与溶液的pH相关,在酸性条件下,亚硝酸盐转化为NO·的效率可以升高100倍,但是在正常的生理条件(pH=7.4)下,只有很少的NO·从亚硝酸盐产生.在0.1 mmol/L亚硝酸盐溶液与MGD_2-Fe^{2+}共温浴可以检测到MGD_2-Fe^{2+}-NO信号,但是只有温浴时间超过90 min时,观察到的信号才有显著性.用乙酸乙酯抽提法做了同样的实验,结果表明在pH=7.4和37℃条件下,$DETC_2$-Fe^{2+}与50 μmol/L的亚硝酸盐温浴,只有时间超过30 min时,才有比较明显的$DETC_2$-Fe^{2+}-NO信号.因此,NO·捕集复合物的出现,即亚硝酸盐转化为NO·的多少依赖于体系的pH、亚硝酸盐的浓度和温浴时间,在30 min内、pH=7.4条件下,低浓度亚硝酸盐对本方法的特异性几乎没有影响,ESR方法仍然是检测NO·的特异方法.

在体外培养细胞中NO·的产量比较低,常规ESR方法很难检测.由于乙酸乙酯抽提法具有检测大体积体系中产生低浓度NO·的特点,笔者所在研究组用此方法第一次用ESR检测了培养心肌细胞中的NO·.同时,还用乙酸乙酯抽提法检测了心脏、肝脏和心肌缺血再灌注损伤时血液中，发育过程中金黄地鼠视皮层中产生的 NO·.这些实验都证明，乙酸乙酯抽提法是一种检测低浓度 NO·的有效方法.

4.5 NO·和·O_2^- 的同时检测

在生物体内和活细胞中，NO·和·O_2^- 往往是同时产生的.人们过去一般是分别测定它们的产生，这样就会造成一定的误差，同时也不方便.因此，笔者所在研究组建立了一种利用 ESR 自旋捕集技术，把体内和活细胞中产生的 NO·和活性氧自由基(ROS)同时捕集住并进行检测.这样就可以既准确又方便地检测和研究体内和活细胞中产生的 NO·和活性氧自由基的规律.[110-111]

4.5.1 原理

上一节介绍了用 $DETC_2$-Fe^{2+} 捕集的 NO·复合物 $DETC_2$-Fe^{2+}-NO的 ESR 信号是 $g=2.035$ 的三条谱线，$a_N=13.5$ G.用 PBN 捕集的活性氧自由基 PBN-ROS 的信号为 $g=2.005$ 的 $a_N=15.0$ G 的三线谱，二者没有重叠.另外，这两个复合物都比较稳定，并且都是脂溶性的，可以经过各种处理和用有机溶剂同时抽提和检测且信号并不受影响.

4.5.2 方法

1. 溶液的配制

溶液 A：0.1 mol/L，含有 0.32 mol/L 蔗糖，10 mmol/L 生理缓冲溶液(HEPES)，10 mmol/L PBN，0.05% Tween 80 和 0.5 mmol/L 巯基乙二醇的磷酸缓冲液，pH=7.4.

溶液 B：0.5 mol/L $Na_2S_2O_4$，0.3 mol/L $FeSO_4$.

溶液 C：0.6 mol/L DETC.

2. 程序

将细胞或组织样品在溶液 A 中匀浆，离心(13 201 g)20 min.取 450 μL 上清液分别与 10 μL B 和 C 溶液混合，在 37 ℃下保持 1 h.直接将样品装入石英毛细管在 ESR 波谱仪上测试，或利用乙酸乙酯抽提后，将抽提液装入核磁样品管，在 ESR 波谱仪上测试.ESR

测试条件:X 波段,100 kHz 调制,调制幅度为 3 G,微波功率为 20 mW,扫宽为 400 G.

4.5.3 稳定性

1. 对温度的稳定性

用乙酸乙酯将 $DETC_2$-Fe^{2+} 和 PBN-ROS 抽提物在 -20 ℃,-4 ℃ 或 25 ℃下暗处保持 24 h,再测试 ESR 信号,结果发现,保存在 -20 ℃和 25 ℃样品的 ESR 信号分别降低了 7.5%和 31%,而保存在 -4 ℃的样品的 ESR 信号几乎没有变化(1.6%),说明 1~4 ℃是其保存的最佳条件.

2. 对光的稳定性

用乙酸乙酯将 $DETC_2$-Fe^{2+} 和 PBN-ROS 抽提物在 20 ℃下暴露于阳光中 10 min ESR 信号降低 50%,2 h 以后 ESR 信号就几乎全部消失.这说明这一方法对光很敏感且极不稳定.

3. 对时间的稳定性

用乙酸乙酯将 $DETC_2$-Fe^{2+} 和 PBN-ROS 抽提物在 0~4 ℃避光保存不同时间,结果发现,样品的 ESR 信号很稳定,1~2 天之内几乎没有明显降低.

4.5.4 结果

利用这一方法,分别检测了植物和动物不同组织中 NO· 和 ROS 自由基的含量.用 $DETC_2$-Fe^{2+} 和 PBN 同时捕集小麦叶内产生的 NO·复合物的 ESR 信号($g = 2.035$ 的三条谱线,$a_N = 13.5$ G)和活性氧自由基 PBN-ROS 信号($g = 2.005$ 的 $a_N = 15.0$ G)的 ESR 波谱如图 4.28 所示.可以看出,用 $DETC_2$-Fe^{2+} 捕集的 NO·复合物 $DETC_2$-Fe^{2+}-NO 的 ESR 信号是 $g = 2.035$ 的三条谱线,$a_N = 13.5$ G.用 PBN 捕集的活性氧自由基 PBN-ROS 的信号为 $g = 2.005$ 的 $a_N = 15.0$ G 的三线谱,二者没有重叠,可以分辨得很清楚.

从以上结果和讨论可知,该方法可以既准确又方便地同时检测和研究动植物体内和活细胞中产生的 NO· 和活性氧自由基.该方法在避光条件下可以保存很长时间,且非常稳定,这有利于样品的制备、保存和测量.另外,该方法对 pH 和制备过程所使用的试剂也有一定选择,应当在具体实验中加以注意.

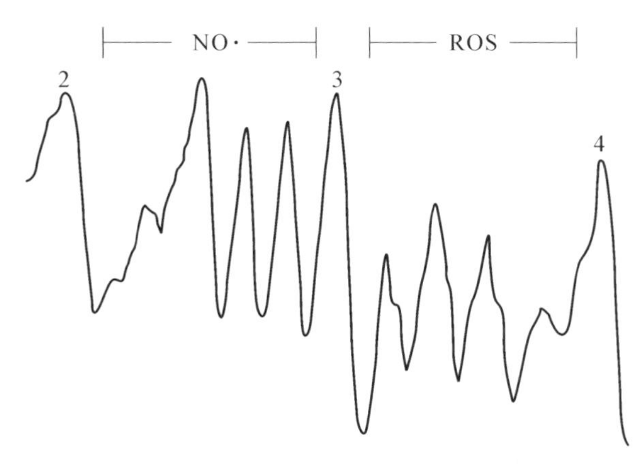

图 4.28　用 $DETC_2$-Fe^{2+} 和 PBN 同时捕集组织中产生的 NO· 复合物 $DETC_2$-Fe^{2+}-NO 的 ESR 信号（g = 2.035 的三条谱线，a_N = 13.5 G）和活性氧自由基 PBN-ROS 的信号（g = 2.005 的 a_N = 15.0 G）的 ESR 波谱.

利用这一技术，我们还研究了 6-OHD 诱导大鼠帕金森综合征脑部产生的 NO· 和 ROS 自由基，光敏剂诱导细胞凋亡过程产生的 NO· 和 ROS 自由基，都获得了很好的结果（表 4.4）.

表 4.4　大鼠中不同组织 NO· 和 ROS 自由基 ESR 信号强度

	肝	心	肺	肾
NO	3.17±0.40	6.75±0.63	6.64±0.87	4.92±0.33
ROS	4.17±0.31	6.17±0.48	6.50±0.89	6.92±0.27

4.6　炎症过程产生自由基的捕集

炎症是机体受到外界微生物入侵后的一种保护性反应.吞噬细胞在炎症反应中起着重要作用，它们在炎症反应时吞噬细菌，受刺激活化，产生呼吸爆发，消耗氧气，活化己糖磷酸化支路，释放 $\cdot O_2^-$、过氧化氢和单线态氧，这些产物在杀伤入侵者的同时对正常机体组织也会产生损伤.笔者所在研究组用 ESR 自旋捕集技术直接捕集到了促癌剂 PMA 刺激人多形核白细胞 PMN 呼吸爆发产生的活性氧自由基和 NO·.[8-11,44-51,73-115]

4.6.1 氧自由基和炎症

发现吞噬细胞进入创伤部位是炎症响应发展的关键.这些吞噬细胞(中性粒细胞、单核细胞和巨噬细胞)的进入导致了炎症响应的初级反应,可以吞噬和分解入侵的细菌等颗粒.在炎症反应中,吞噬细胞从循环系统经一系列步骤穿过血管壁渗出并最终产生杀伤入侵物的吞噬作用.很早就知道吞噬细胞特别是中性粒细胞具有保护和损伤机体的两面性,在急性炎症损伤中,吞噬细胞流入的程度与炎症反应和组织损伤的严重程度相对应,用耗尽中性粒细胞技术表明中性粒细胞事实上就是血管损伤的介质.

关于吞噬作用的生化机理研究最多的是肺巨噬细胞和血液中的中性粒细胞,因为它们可以方便地从支气管灌流液和外周血中分离得到.在吞噬一开始,它们都明显增加氧消耗,是休息状态的10～20倍,同时,启动己糖磷酸化支路,葡萄糖消耗急剧增加,称为呼吸爆发.而氰化物不能抑制这一氧消耗,说明与呼吸链无关.呼吸爆发的启动依赖对膜的扰动,不仅调理化的细菌,而且小乳胶粒、调理过的酵母多糖和一些化学试剂都能诱导呼吸爆发,这些化学试剂包括佛波醇(PMA)、氟离子、小分子肽N-甲酰甲硫氨酰苯丙氨酸(fmet-leu-pne)和伴刀豆蛋白A等,因此呼吸爆发并不需要吞噬作用出现.

笔者所在研究组用ESR自旋捕集技术直接捕集到了PMA刺激多形核白细胞呼吸爆发产生的氧自由基,证明在体系中产生的ESR信号主要来自PMA刺激多形核白细胞呼吸爆发产生的$\cdot O_2^-$及其歧化反应生成的过氧化氢和$\cdot OH$(图4.29、图4.30).

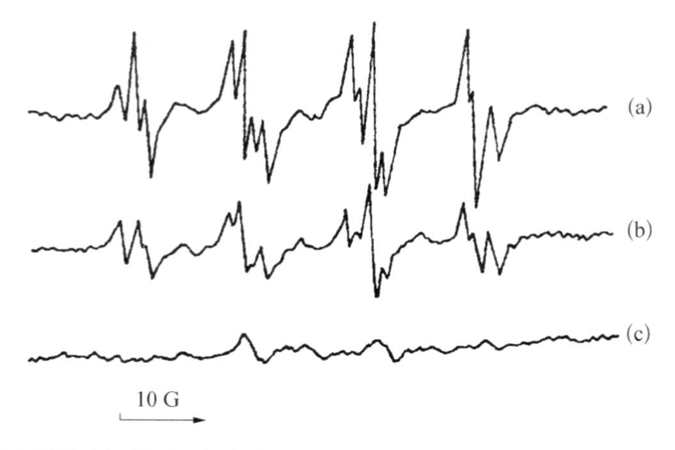

图4.29 PMA刺激多形核白细胞呼吸爆发产生的氧自由基的ESR信号

(a) 包含1.5×10^7个多形核白细胞/mL,0.1 mmol/L DETAPAC,100 ng/mL PMA,保温2 min(37 ℃)后加入0.1 mol/L DMPO得到的ESR波谱;(b) 在A中加入300 U/mL过氧化氢酶;(c) 在A中加入300 U/mL SOD.

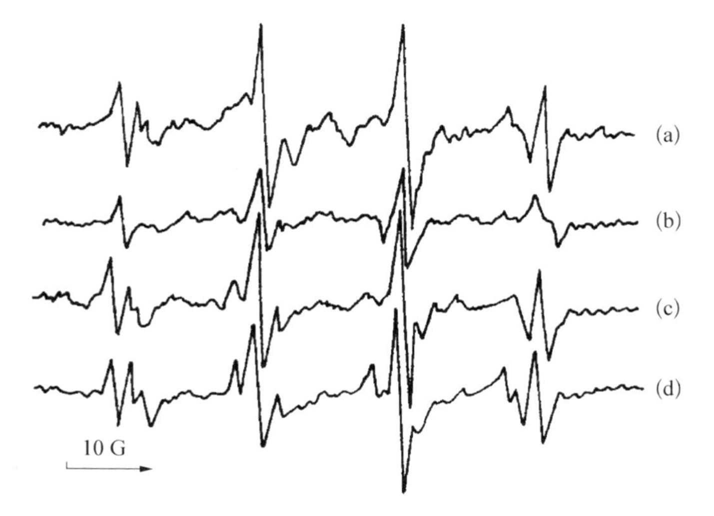

图 4.30 PMA 刺激多形核白细胞呼吸爆发产生的 $\cdot O_2^-$ 歧化反应生成的 $\cdot OH$ ESR 信号

包含 1.5×10^7 个多形核白细胞，0.1 mmol/L DETAPAC，用 20 ng/mL PMA 刺激，在 37 ℃保温2 min 后加入 DMPO 得到的 ESR 波谱；(b)在(a)中加入 300 U/mL SOD；(c)在(a)中加入 600 U/mL过氧化氢酶；(d)在(a)中一开始就加入 DMPO 共同温育 2 min 得到的 ESR 波谱.

一般认为，多形核白细胞在吞噬过程和受刺激产生呼吸爆发的生化基础是细胞膜上的 NADPH 氧化酶的活化，它催化氧气-电子还原为 $\cdot O_2^-$，同时损失一个吡啶核苷：

$$2O_2 + NADPH \xrightarrow{k_1} 2\cdot O_2^- + NADP^+$$

大部分 $\cdot O_2^-$ 通过歧化和被 SOD 催化产生 H_2O_2：

$$2\cdot O_2^- + 2H^+ \xrightarrow{k_2} H_2O_2 + O_2$$

H_2O_2 和 $\cdot O_2^-$ 经 Fe^{2+} 催化，通过 Haber-Weiss 反应产生 $\cdot OH$：

$$\cdot O_2^- + Fe^{3+} \longrightarrow O_2 + Fe^{2+}$$

$$Fe^{2+} + H_2O_2 \longrightarrow Fe^{3+} + OH^- + \cdot OH$$

$$\cdot O_2^- + H_2O_2 \xrightarrow{k_3} O_2 + OH + \cdot OH$$

H_2O_2 在过氧化氢酶催化下生成水和氧气，或在谷胱甘肽存在时被谷胱甘肽过氧化物酶催化生成水. 按照这一反应机理，$\cdot O_2^-$ 是初级反应自由基，$\cdot OH$ 则是次级反应自由基.

$$2H_2O_2 \xrightarrow{\text{过氧化氢酶}} 2H_2O + O_2$$

$$H_2O_2 + 2GSH \xrightarrow{\text{谷胱甘肽过氧化物酶}} 2H_2O + GSSG$$

$$GSSG + NADPH + H^+ \xrightarrow{\text{谷胱甘肽还原酶}} 2GSH + NADP^+$$

如果一开始就将 DMPO 加入反应体系，一定有利于 $\cdot O_2^-$ 的捕集，而反应开始一段时间之后再加入 DMPO，一定有利于 $\cdot OH$ 的捕集. 但实验结果却不是如此，在一开始加入 DMPO，得到的 ESR 波谱中 DMPO—OH 占有很大比例，而在反应进行一段时间之后再加入 DMPO，所得的 ESR 波谱中主要是 DMPO—OOH 了.

按照这一反应机理，加入过氧化氢酶应当清除 $\cdot OH$，但实验结果表明，过氧化氢酶只能减小 DMPO—OOH 信号，对 DMPO—OH 却影响不大. 这里有几个因素可以导致以上现象出现：一是 DMPO 捕集 $\cdot OH$ 的效率比捕集 $\cdot O_2^-$ 大很多；二是 $\cdot O_2^-$ 的歧化反应：

$$\text{DMPO} + \cdot \text{OH} \xrightarrow{k_5} \text{DMPO—OH}, \qquad k_5 = 2.1 \sim 3.4 \times 10^9\ \text{mol/(L} \cdot \text{s)}$$

$$\text{DMPO} + \cdot \text{HOO} \xrightarrow{k_2} \text{DMPO—OOH}, \quad k_2 = 6.6 \times 10^3\ \text{mol/(L} \cdot \text{s)}$$

和过氧化氢与 $\cdot O_2^-$ 的 Haber-Weiss 反应的速率常数也很大，$k_3 = 7.6 \times 10^5 \sim 8.5 \times 10^7\ \text{mol/(L} \cdot \text{s)}$，$k_4 = 1 \times 10^3\ \text{mol/(L} \cdot \text{s)}$. 在多形核白细胞受 PMA 刺激的一开始，生成少量的 $\cdot O_2^-$，通过歧化反应和 Haber-Weiss 反应很快转变成 $\cdot OH$. 这时虽然 $\cdot OH$ 相对 $\cdot O_2^-$ 少一些，但 DMPO 捕集 $\cdot OH$ 的效率比捕集 $\cdot O_2^-$ 大 10^6 倍，因而表现出来的就是 DMPO—OH. 当呼吸爆发达高潮时，大量 $\cdot O_2^-$ 高速生成，这时，虽然有歧化反应，但其数量至少大于 $\cdot OH$ 6 个数量级，$k_1 \gg k_3$，k_4，因而表现出来的就是 DMPO—OOH. 另外，DMPO—OOH 可以被生物还原为 DMPO—OH 和非自由基产物（k_6，k_7）. 如果 $k_6 > k_8$，即使一开始没有 $\cdot OH$ 生成，在波谱中也会有 DMPO—OH 出现. 特别是当测量时间延长时，这一现象就更明显. 根据以上实验结果可以将多形核白细胞受 PMA 刺激，用 DMPO 捕集产生的氧自由基的各种途径总结为如下模式：

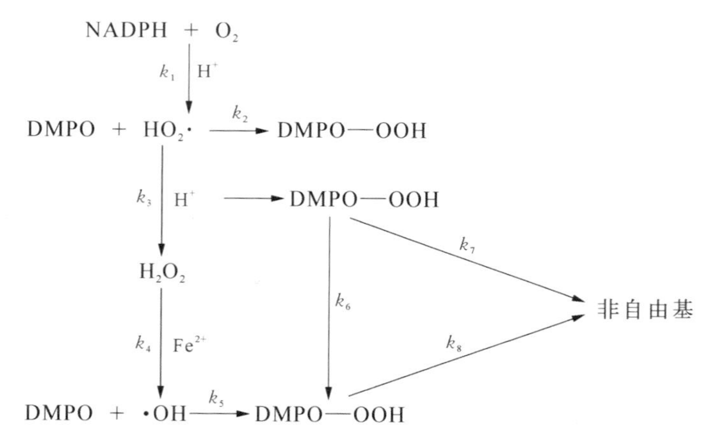

在多形核白细胞受 PMA 刺激的一开始，k_1 比较小，而 k_3，$k_4 > k_1$，加之 $k_5 \gg k_2$，因而实验中表现出来的主要就是 DMPO—OH 了. 当 PMA 刺激多形核白细胞呼吸爆发达高潮时，k_1 就可能远远大于 k_3，k_4，使得 $\cdot O_2^-$ 以高速大量产生，足以使 DMPO 捕集到 $\cdot O_2^-$，在实验中表现出来的就是 DMPO—OOH 了. 随着时间的延长，再表现出来的

MPO—OH 主要是通过 k_6 形成的.但这仍无法解释加入过氧化氢酶不能清除 DMPO—OH 信号,这里似乎还有其他来源产生·OH.

4.6.2 PMN 受 PMA 刺激产生的 NO·

自旋捕集技术成功地用于检测活性氧自由基,但目前常用的自旋捕集剂不能捕集 NO·.现在已经合成了几种自旋捕集剂,可以捕集到溶液中的 NO·,但这几种自旋捕集剂还不能用于捕集细胞体系和生物体系产生的 NO·.笔者所在研究组发展了一种用 DMPO 检测 PMA 刺激 PMN 产生 NO·的方法.[48-51,73-78,116-123]

1. 用自旋捕集技术间接测定 PMN 受 PMA 刺激产生的 NO·

笔者所在研究组发展了一种用 DMPO 间接检测佛波醇(PMA)刺激巨噬细胞(PMN)产生 NO·的方法.DMPO 可以有效捕集各种体系产生的·O_2^-,但却不能直接捕集 NO·.利用 NO·可以和·O_2^- 迅速结合生成过氧亚硝基的特点可以间接检测 PMN 产生的 NO·.DMPO 捕集的 PMA 刺激 PMN 产生的·O_2^- 的 ESR 波谱及 L-精氨酸(1 mmol/L)和硝基精氨酸 GMA(1 mmol/L)对 PMA 刺激 PMN 产生·O_2^- 的影响如图 4.31 所示.图(a)是一个由 DMPO—OOH 与 DMPO—OH 组成的复合谱.由图可以看出,L-精氨酸可以明显减少 PMA 刺激 PMN 捕集到的·O_2^-,而一氧化氮合酶抑制剂 NGMA 则可以明显增加捕集到的·O_2^-,而且对精氨酸的浓度有依赖关系.加入一氧化氮合酶底物 L-精氨酸可明显增加 PMA 刺激 PMN 体系中捕集到的·OH,而NGMA 对 PMA 刺激 PMN 体系中捕集的·OH 的影响不明显.在黄嘌呤/黄嘌呤氧化酶体系中未检测到 L-精氨酸和 NGMA 对·O_2^- 有任何清除和增强作用.

为了测量在上述实验中有多少 NO·生成并与·O_2^- 结合形成了 $ONOO^-$,用光照核黄素产生的·O_2^- 作为模型,用化学合成的 NO·与之反应,发现随着 NO·浓度的增加,检测到的·O_2^- 线性下降,且呈现量效关系.由此图可以推算出在以上 PMA 刺激 PMN 的实验中,加不同浓度 L-精氨酸产生 NO·的量.在未加 L-精氨酸时,PMN 就可以产生 NO·,只是分离的细胞中一氧化氮合酶的底物 L-精氨酸的浓度有限,所以产率比较低 (0.1 ± 0.02) mmol/L,当加入 L-精氨酸之后,NO·产率急剧增加.当加入 L-精氨酸的浓度为 0.1 mmol/L、1.0 mmol/L 和 1.8 mmol/L 时,产生的 NO·分别为 (1.1 ± 0.03) mmol/L、(4.2 ± 0.02) mmol/L 和 (10.2 ± 0.05) mmol/L.

多形核白细胞受 PMA 刺激不仅产生氧自由基,也产生 NO·,二者是同时存在的,只不过产生 NO·的一氧化氮合酶的激活比 NADPH 氧化酶稍晚 5 min 左右.在 PMA 刺激 PMN 体系中加入 L-精氨酸,不仅不能使 DMPO 捕集的·O_2^- 信号增加,反而随加入的 L-精氨酸浓度增加而减少,这是由于加入 L-精胺酸生成的 NO·与·O_2^- 结合生成了

$ONOO^-$.用光照核黄素产生·O_2^- 和合成的 NO·实验证明了这一点.用光照核黄素产生的·O_2^- 作为模型,用化学合成的 NO 与之反应,发现随着 NO 浓度的增加,检测到的·O_2^- 线性下降,且呈现量效关系.在未加 L-精氨酸时,PMN 就可以产生 NO·,只是分离的细胞中 NO 合成酶的底物L-精氨酸的浓度有限,所以产率比较低,当加入 L-精氨酸之后,NO·产率急剧增加.

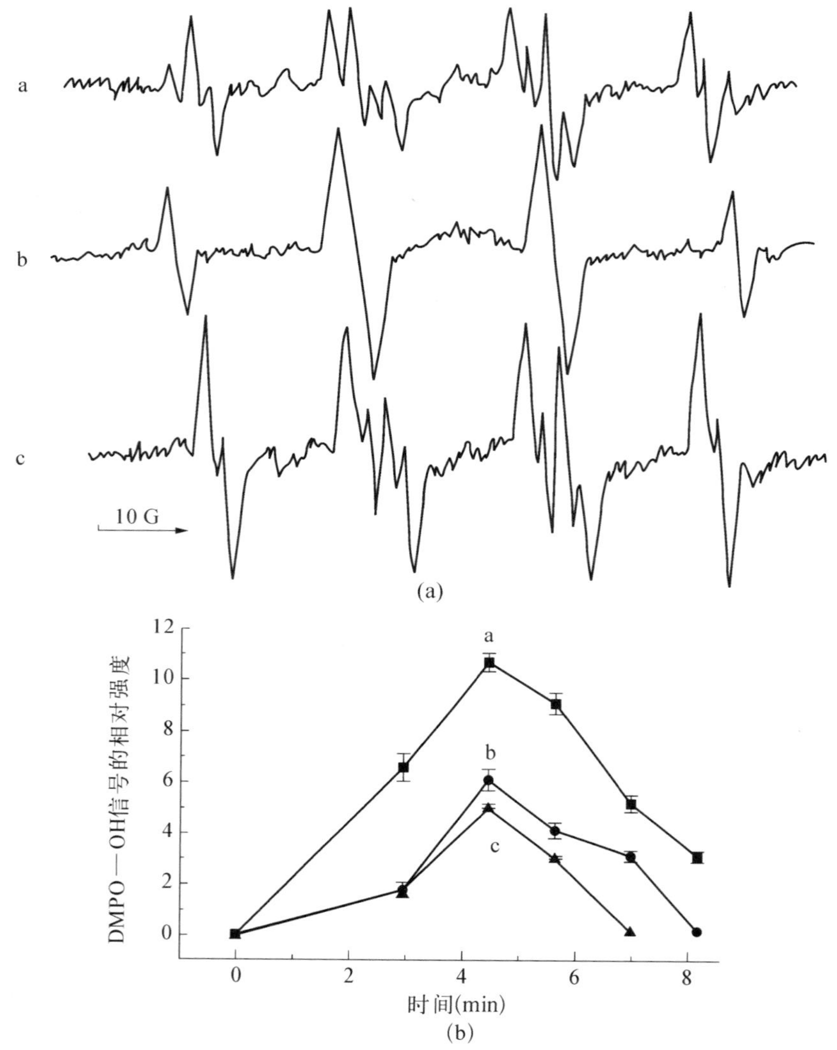

图 4.31　DMPO 捕集的 PMA 刺激 PMN 产生的·O_2^- 的 ESR 波谱及 L-精氨酸(1 mmol/L)和硝基精氨酸 GMA(1 mmol/L)对 PMA 刺激 PMN 产生·O_2^- 的影响

(a) 用 DMPO(0.1 mol/L)捕集的 PMA(100 nmol/L)刺激 PMN(10^7 cells/mL)(a)产生的 O_2^- 的 ESR 波谱和 L-精氨酸(b)及 NGMA(c)对 ESR 波谱的影响(上).(b) 在反应体系加入不同浓度的 L-精氨酸:0.2 mmol/L(a),0.1 mmol/L(b),0 mmol/L(c)产生的 DMPO—OH 信号随时间的变化.

2. 巨噬细胞产生 NO· 的直接捕集

根据文献报道的方法分离巨噬细胞:将 15～20 mL 含有 0.5% 干酪素(casein)、4% 胎牛血清的 RPMI-1640 培养基注射入 Wistar 大鼠腹腔,12 h 后,注入 10～20 mL HBSS,轻揉大鼠腹部,用注射器抽取腹水,4 ℃ 100 g 离心 12 min,并用二次蒸馏水低渗透压破红细胞.巨噬细胞用 HBSS(pH = 7.4)冲洗 3 次,保存于 0～4 ℃环境中.光镜检测保证巨噬细胞占 90%以上,实验之前将台盼蓝(0.4%溶于生理盐水中)染色,证明细胞活性在 96%以上.在每次实验前,巨噬细胞在 37 ℃中温育 10 min 恢复细胞活性.

在 3×10^7 cell/mL 的巨噬细胞体系中,捕集复合物(N-methyl-D-glucaminedithio-carbamate)$(MGD)_2$-Fe^{2+} 的浓度稀释到 0.4 mmol/L.加入 100 ng/mL PMA 和/或 0.3 mmol/L L-精氨酸后,将混合物立刻转入石英毛细管中,在 ESR 波谱仪上于 37 ℃下检测,每 30 s 记录 NO· ESR 信号.NO·捕集复合物($(MGD)_2$-Fe^{2+}-NO)的 ESR 波谱有三线峰,g 因子为 2.035,超精细分裂常数为 12.5 G(图 4.32).测量 NO·波谱第一条峰的高度,作为 NO·的相对浓度.

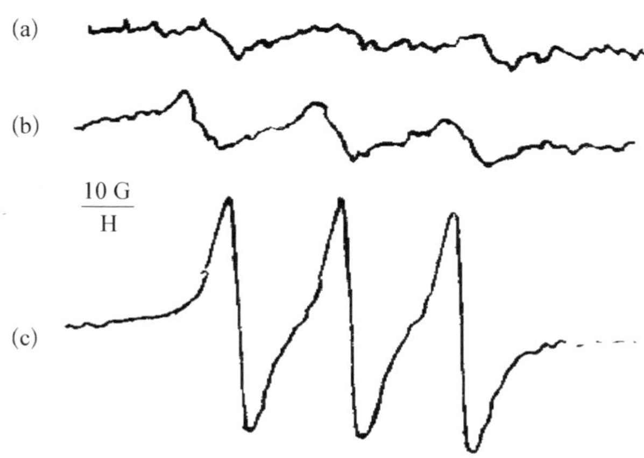

图 4.32 用自捕集复合物$(MGD)_2$-Fe^{2+} 捕集 PMA 刺激 PMN 产生的 NO·的 ESR 波谱

(a) 在体系中加入 NOS 抑制剂;(b) 在体系中只加入同样体积缓冲液;(c) 在体系中加入 NOS 底物 L-精氨酸.

以上实验结果充分说明,PMN 受到 PMA 刺激,在免疫反应时产生 NO·.

4.7 几个研究新型自旋捕集的方法

为了进一步提高自旋捕集剂的稳定性和捕集自由基的灵敏性,科学家们不断探索和研究多种新型自旋捕集剂和捕集自由基的方法.

4.7.1 新型 NO·靶向输送系统

科学家们最近研发了一种新型 NO·靶向输送系统,通过将二苯基磷基和三苯基磷基掺入二氮二酸铵中,得到一种新型线粒体靶向超氧化物响应性一氧化氮供体,可以通过基于"凸块孔"的酶-前药对靶向递送 NO·. NO·是一种多功能的内源性信使,其时空生成受到精确控制.尽管基于 NO·的疗法具有治疗多种疾病的潜力,但由于缺乏将 NO·精确输送到特定部位的有效策略,基于 NO·的疗法在临床上受到限制.通过使用"凸起和孔洞"策略修饰半乳糖苷酶-半乳糖基- NOate 的酶-前药对,这种新的 NO·递送系统通过体内近红外成像测定清楚地证明了 NO·被精确递送到目标组织.靶向输送 NO·提高了小鼠下肢血管再生血流灌注,7 天和 21 天到达大鼠后肢缺血位置.用激光多普勒成像技术观察大鼠趾在手术前和手术后 7 天和 21 天的血流发现,两个 NO·组在 7 天都比对照组好.更为重要的是,Mut-NO(A4-β-GalH363A-MeGal-NO)输送体系比 WT-NO(A4-β -Gal-Gal-NO)输送体系明显促进了 7 天和 21 天大鼠后肢的恢复.用 CT 观察了手术 21 天缺血位置血管的生长情况,大鼠后肢大腿部位动脉 3D 成像显示,对照组和 WT-NO 组血流完全阻止了.与此对照,Mut-NO 组由于 NO 的精确输送,明显促进了新生血管的生长.在大鼠后肢缺血和小鼠急性肾损伤模型中评估其治疗潜力,研究表明,靶向递送 NO·明显增强了其在组织修复和功能恢复方面的治疗效果,并消除了由于 NO·全身释放而产生的副作用.另外还增加了小鼠心脏、肾脏和肝脏中释放的 NO·.表明所开发的方法在重要气体信号分子的靶向递送方面具有广泛的适用性,并为研究相关 NO·机制提供了有效的工具.[124-125]

4.7.2 用于分析 S-亚硝基化蛋白的免疫自旋捕集方法

ESR 方法的缺点是自旋加合物由于生物还原和/或氧化过程寿命短.为此建立了免疫自旋捕集(IST)方法.免疫自旋捕集可以使用识别大分子DMPO 自旋加合物(抗 DMPO 抗体)的抗体,不论捕集的自由基加合物的氧化/还原状态如何.免疫自旋捕集方法已扩展到结合免疫自旋捕集与分子磁共振成像(mMRI)的体内应用.这种组合的 IST-mMRI 方法可以使用自旋捕集剂 DMPO 来捕集疾病模型中的自由基,并使用 mMRI、抗 DMPO 探针,该探针结合了针对 DMPO 自由基加合物的抗体和 mMRI 造影剂,从而产生靶向自由基加合物检测.联合 IST-mMRI 方法已用于几种啮齿动物疾病模型,包括糖尿病、肌萎缩侧索硬化症、神经胶质瘤和化脓性脑病.这种方法的优点是可以直接在体内和原位检测不同水平的捕集自由基,以精确定位自由基在不同组织中形成的位置.该方法还可用于评估作为自由基清除剂或产生自由基的治疗剂.科学家们正在研究更小的探针结构和自由基识别方法,重点是已经研究的不同应用、优势和局限性以及未来的方向,实现了免疫自旋捕集和分子磁共振成像对大分子自由基进行体内和原位检测.[126]

源自复杂生物基质(如细胞裂解物)的蛋白质亚硝基硫醇(PSNO)的动态和不稳定性质使其不适合体外蛋白质组学/生化分析.为了提高细胞来源的蛋白质亚硝基硫醇的稳定性,科学家们已经设计了用合适的分子衍生化反应经历亚硝基化硫醇的方法,以产生稳定的加合物,从而可以使用适当的抗体轻松检测.生物素开关测定(BTSA)是目前使用最广泛的蛋白质亚硝基硫醇标记方法.然而,生物素开关测定方法容易出错和繁琐的性质促使开发了标记细胞来源蛋白质亚硝基硫醇的替代方法.其中一种方法是使用 DMPO 的免疫自旋捕集方法,该方法有效地克服了生物素开关测定的缺点,并被证明是一种有前景的替代方案.这是一个基于 DMPO 的蛋白质亚硝基硫醇标记和随后使用抗 DMPO 抗体进行蛋白质印迹的蛋白质组学分析的方案.通过 DMPO 的免疫自旋捕集方法标记细胞来源的蛋白质亚硝基硫醇,并对免疫染色进行后续分析,建立了免疫自旋捕集方法.[127]

众所周知,自由基在败血症中起主要作用.采用免疫自旋捕集和 mMRI 联合检测盲肠结扎穿刺(CLP)后小鼠脓毒性脑病体内和原位自由基水平.在给予抗 DMPO 探针(与白蛋白-钆-二乙烯三胺五乙酸-生物素 MRI 靶向造影剂结合的抗 DMPO 抗体)之前,在盲肠结扎穿刺后 6 h 内注射 DMPO.与对照组相比,在氧化应激小鼠星形胶质细胞中抗 DMPO 探针的体外评估显著降低了 T1 弛豫($p<0.0001$).mMRI 通过化脓动物海马的纹状体、枕部和内侧皮层脑区域内 T1 变化的显著降低(所有 $p<0.01$),检测到抗 DMPO 加合物的存在,与假生物素相比,持续时间超过 60 min(所有 $p<0.05$).荧光标记的链霉亲和素用于靶向抗 DMPO 探针生物素,与假生物素相比,该生物素在脓毒性脑、肝脏和肺中升高.与对照组相比,体外 DMPO 加合物(定性)和氧化产物,包括 4-羟基壬烯醛和 3-硝基酪氨酸在脓毒性脑中升高(定量,$p<0.05$).这是首次报告在小鼠败血症性脑病中检测体内和原位自由基水平的研究.[128]

4.7.3 ESR 自旋捕集与 LC/ESR/MS 联合使用

我们未能对氧化过程中的自由基表征,极大地限制了我们对影响人类健康的环氧合酶(COX)和脂氧合酶(LOX)生物学的了解.为此建立了一种 ESR 自旋捕集和自旋捕集结合液相色谱/ESR/质谱(LC/ESR/MS)联用技术,可以表征由体外(无细胞)过氧化形成的脂肪酸(PUFAs)衍生自由基.这是研究细胞中过氧化的最新方法,该方法使我们能够直接评估 PUFA 衍生自由基的潜在生物活性.这项先进的技术在自由基结构表征以及自由基相关细胞生长反应的评估方面取得了重大突破,从而大大提高了我们对多不饱和脂肪酸(PUFAs)、环氧合酶(COX)和脂氧合酶(LOX)催化脂质过氧化及其相关生物学后果的认识.[129]

4.7.4 一种用于靶向含巯基多肽的新型自旋捕集技术

合成的一种含有碘乙酰胺基团的新型自旋捕集剂,可用于靶向多肽,如谷胱甘肽和牛血清白蛋白,由此产生的共价键生物偶联物在生物系统中瞬时自由基的自旋捕集应用方面表现出巨大的潜力.[130] 在自旋捕集剂苯基-N-叔丁基硝基存在下,含巯基化合物 RSH 与 Ce^{4+} 的反应导致氮氧化物 ESR 光谱的出现,如果在反应前阻断巯基,则其会大大降低.波谱寿命短,通过事先用氮气冲洗溶液,可以将半衰期增加 2～5 倍(5～60 min).对于小分子,例如半胱氨酸、N-乙酰半胱氨酸、谷胱甘肽和 2-巯基乙醇,波谱是自旋捕集剂的氮氧化物自标记的特征;而对于蛋白质、牛血清白蛋白和肌球蛋白,光谱是刚性附着在蛋白质上的强固定化氮氧化物自旋标记的特征.由于 Ce^{4+} 通过硫基自由基 RS 氧化巯基,因此提出了一些反应来解释氮氧化物的形成,这些反应允许巯基蛋白的自旋标记,使得氮氧化物比使用传统的自旋标记方法更接近附着点.[131]

4.7.5 远距离自旋捕集新方法

5-(2,2-二甲基-1,3-丙氧基环磷酰基)-5-甲基-1-吡咯啉 N-氧化物(CYPMPO)是一种新型环状 DEPMPO 型硝基,对羟基和超氧自由基有很强的自旋捕集能力.而且 CYPMPO 是无色结晶,易溶于水.在环境条件下,固体和稀释的水溶液至少 1 个月没有产生 ESR 信号.CYPMPO 可以在化学和生物系统中自旋捕集超氧化物和 ·OH,并且 ESR 光谱很容易分析.在紫外照明过氧化氢溶液中产生的 CYPMPO 超氧化物加合物的半衰期约为 15 min,而在次黄嘌呤(HX)/黄嘌呤氧化酶(XOD)等生物系统中,超氧化物加合物的半衰期约为 50 min.在紫外照射的过氧化氢溶液中,没有从超氧化物加合物到羟基加合物的转化.虽然 CYPMPO 的整体自旋捕集能力与 DEPMPO 相似,但其高熔点、低吸湿性和长保质期对于实际使用非常有利.[133]

虽然 DEPMPO 经常用作通过 ESR 波谱法测量超氧化物的自旋捕集剂.然而,它的半衰期在室温下相当短.研究表明,DEPMPO 捕集的超氧自由基可以在 −196 ℃下成功记录.此外,当样品储存在液氮中时,信号强度在长达 7 天内保持不变.这种测量超氧化物的新方法大大简化了生物系统中这种重要自由基的研究.[134]

自旋捕集技术用于各种系统中的各种自由基研究,包括体外和体内产生的自由基.但不幸的是,ESR 波谱仪并不总是在实验现场立即使用,因此找到一种可以在较长时间内保存自由基加合物的方法非常重要.建立了一种扩展自旋捕集测量方法,可以将样品冷冻并运输到另一个地点进行 ESR 测量.将 DEPMPO 的各种自旋加合物冷冻,并在冷冻后以不同的时间间隔在 0 ℃下测定,以确定其在冷冻状态下的稳定性.自由基加合物通过既定方法生成并在两种不同的温度下储存：－196 ℃（液氮）和－80 ℃（干冰）．实验分别在有无还原环境模型（2 mmol/L 抗坏血酸）的水溶液中进行．结果表明，储存和运输自旋加合物以供后续分析是可行的．这种方法被称为“远距离自旋捕集”，使得将样品运输到另一个地点进行 ESR 测量成为可能．这将显著提高我们在生物学和医学中使用自旋捕集的能力．[132-134]

参考文献

[1] 赵保路．氧自由基和天然抗氧化剂[M]．北京：科学出版社，1998．

[2] Zhao B L, Huang N N, Zhang J Z, et al. Studies on the expsition of hydroxyl radical from hemotoporphyrin derivatives to light by spin trapping method[J]. Chinise Sci. Bult., 1986, 31: 1139-1143.

[3] Yamazaki I, Piette L H J. ESR spin-trapping studies on the reaction of Fe^{2+} ions with H_2O_2-reactive species in oxygen toxicity in biology[J]. Biol. Chem., 1990, 265(23): 13589-13594.

[4] Abbas K, Babić N, Peyrot F. Detection of superoxide radical in adherent living cells by electron paramagnetic resonance (EPR) spectroscopy using cyclic nitrones[J]. Methods Mol. Biol., 2021, 2202: 149-163.

[5] Abbas K, Babić N, Peyrot F. Use of spin traps to detect superoxide production in living cells by electron paramagnetic resonance (EPR) spectroscopy[J]. Methods, 2016, 109: 31-43.

[6] Tan X L, Tao S Q, Liu W B, et al. Synthesis andcharacterization of perthiatriarylmethyl radical and Its dendritic derivatives with high sensitivity and selectivity to superoxide radical[J]. Chem. Eur. J., 2018, 24: 6958-6967.

[7] Karoui H, Chalier F, Finet J P, et al. DEPMPO: an efficient tool for the coupled ESR-spin trapping of alkylperoxyl radicals in water[J]. Org. Biomol. Chem., 2011, 9(7): 2473-2480.

[8] 赵保路，忻文娟，杨卫东，等．用电子自旋共振直接检测兔心肌缺血再灌注产生的活性氧自由基[J]．科学通报，1989，34：780-786．

[9] 扬卫东，朱鸿良，赵保路，等．电子自旋共振直接检测心肌再灌注产生的氧自由基和复方丹参对氧自由基的清除作用[J]．中华心血管杂志，1989，17：178-184．

[10] 张建中，赵保路．自旋捕集技术及其应用[J]．化学通报，1988，1：27-33．

[11] 赵保路，黄宁娜，张建中，等．用自旋捕集技术研究光照血卟啉衍生物水溶液产生的羟基自由基[J]．科学通报，1985，30：1743-1746．

[12] 张建中，黄宁娜，赵保路，等．在血卟啉生物光敏体系中 DMPO 捕集自由基的 ESR 研究[J]．化学学报，1986，44：627-630．

[13] Zhao B L, Li X J, He R G, et al. Scavenging effect of extracts of green tea and natural antioxidants on active oxygen radicals[J]. Cell Biochem. Biophys., 1989, 14: 175.

[14] Zhao B L, Li X J, Xin W J. ESR study on oxygen consumption during the respiratory burst of human polymophonuclear leukocytes[J]. Cell Biol. Intern. Report, 1989, 13: 317.

[15] Zhao B L, Li X J, Xin W J. ESR study on active oxygen radicals produced in the respiratory burst of human polymophonuclear leukocytes[J]. Cell Biol. Intern. Report, 1989, 13: 529.

[16] Zhao B L, Duan S J, Xin W J. Lymphocytes can produce respiratory burst and oxygen radicals as polymorphonuclear leukocytes[J]. Cell Biochem. Biophys., 1990, 17: 205-212.

[17] Li X J, Zhao B L, Liu G T, et al. Scavenging effects on active oxygen radicals by schizandrins with differnet structures and configurations[J]. Free Radical. Biol. Med., 1990, 9: 99-110.

[18] Zhao B L, Li X J, Liu G T, et al. Scavenging effect of schizandrins on active oxygen radicals [J]. Cell BiolIntern. Report, 1990, 14: 99-119.

[19] Ju H S, Li X J, Zhao B L, et al. Scavenging effect of berbamine on active oxygen radicals in phorbol ester-stimulated human polymorphonuclear leukocytes[J]. Biochem. Pharmcol., 1990, 39: 1673-1680.

[20] Xin W J, Zhao B L, Li X J, et al. Scavenging effects of chinese herbs and natural health productson active oxygen radicals[J]. Res. Chem. Interm., 1990, 14: 171-179.

[21] 赵保路,晏良军,侯京武,等.电子自旋共振自旋捕集吸烟气相自由基的研究[J].中华医学杂志,1990,70:386-392.

[22] 王英彦,赵保路,李小洁,等.用自旋捕集技术研究氟化物刺激人形核白细胞呼吸爆发产生的活性氧自由基[J].环境科学学报,1990,10:304-310.

[23] 赵保路,张建朝,忻文娟.用电子自旋共振(ESR)自旋捕集技术研究光解过氧油酸产生的自由基[J].科学通报,1991,36:774-752.

[24] 张建朝,赵保路,忻文娟.亚油酸体系脂质过氧化起动机理的 ESR 研究[J].生物物理学报,1991,7:189-193.

[25] Zhang J C, Zhao B L, Xin W J. Evidence for L. against LOO· being spin-trapping by 4-POBN during the reaction of Fe-induced lipid peroxidation[J]. Appl. Magn. Reson., 1991, 2: 521-530.

[26] Li X J, Yan L J, Zhao B L, et al. Effects of oxygen radicals on the conformation of sulfhydryl groups on human polymorphonuclear leukocyte membrane[J]. Cell Biol. Intern. Report, 1991, 12: 667-671.

[27] Yan L J, Zhao B L, Xin W J. Experimental studies on smoke aspects of toxicological effects of gas phase cigarette smoke[J]. Research Chem. Interm., 1991, 16: 15-21.

[28] 张建朝,赵保路,忻文娟.用 ESR 自旋捕集技术研究 Fe^{2+} 诱导过氧化亚油酸产生的自由基[J].生物化学与生物物理学报,1992,24:247-254.

[29] 张建朝,赵保路,郭尧君,等.Cu/Vitamin C 对亚油酸过氧化启动机理的 ESR 研究[J].生物物理学报,1992,8:492-513.

[30] 张志义,陶能兵,何润根.光卟啉(YHPD)光敏作用机理的探讨[J].中国科学(B 辑),1990,1039-1045.

[31] 朱青燕,陈尚恭,赵保路,等.ESR 检测大鼠心脏缺血-再灌产生的氧自由基及药物的消除[J].生物物理学报,1990,6:327-332.

[32] 程时，赵保路，忻文娟，等.离体大鼠心肌缺血后再灌注损伤及其保护[J].中国循环杂志，1990，5：222-231.

[33] 黄宁，陈瑗，赵保路，等.大鼠在体心脏缺血再灌流氧自由基产生的研究[J].中华医学杂志，1990，70：670-691.

[34] 刘玲玲，王士文，赵保路.金属络合物对离体大鼠心肌缺血后再灌注损伤的保护作用的实验研究[J].中华心血管病杂志，1993，21：304-306.

[35] Yu L F, Xia D Y, Zhao B L, et al. Direct measurement of oxygen free radicals of overvitamin D-induced cardiac lesions in rats by ESR and the protective effects of L-methionine[J]. Adv. Free radical. Biol. Med., 1991, 1: 321-330.

[36] 陈英杰，郭庆芳，赵保路，等.ESR研究大鼠疲劳时不同类型肌纤维的自由基变化[J].中华运动医学杂志，1991，10：135-142.

[37] Chen L H, Zang Y M, Zhao B L, et al. Electronspinresonance determination and superoxide dismutase activity in polymorpho-nuclear luekocytes in congestive heart failure[J]. Can. J. Cardiol., 1992, 8: 756-762.

[38] Yang F J, Zhao B L, Xin W J. Studies on toxicological mechanisms of gas-phase cigarette smoke and protective effects of GTP[J]. Res. Chem. Interm., 1992, 17: 39-45.

[39] 赵保路，忻文娟，陈雨亭，等.用自旋共振(ESR)研究肾缺血移植和缺血再灌注过程产生的自由基[J].生物物理学报，1994，10：170-173.

[40] Fu J H, Zhao B L, Koscielniak J, et al. In vivo EPR studies of the metabolic fate of nitrosobenzen in the mouse[J]. Magn. Res. Med., 1994, 31: 77-80.

[41] Shi H L, Yang F J, Zhao B L, et al. Effects of r-HuEPO on the biophysical characteristics of erythrocyte membrane in patients with anemia of chronic renal failure[J]. Cell Res., 1994, 4: 57-64.

[42] 扬贤强，沈生荣，候京武，等.表没食子儿茶素没食子酸酯对活性氧自由基清除作用机制[J].中国药理学报，1994，15：350-353.

[43] 江文，赵燕，赵保路，等.丹参酮对心肌肌浆网脂质过氧化过程中脂类自由基的清除作用[J].生物物理学报，1994，10：685-689.

[44] 郭琼，赵保路，侯京武，等.五味子酚对突触体膜脂质过氧化损伤保护作用的ESR研究[J].神经解剖学杂志，1995，11：331-336.

[45] 邹曦露，万谦，李美芬，等.茶多酚对鼠心肌缺血再灌注产生的氧自由基的清除[J].波谱学杂志，1995，12：237-244.

[46] Shi H L, Zhao B L, Xin W J. Scavenging effects of Baicalin on free radicals and its protection on erythrocyte membrane from free radical injury[J]. Biochem. Mol. Biol. Intern., 1995, 35: 981-994.

[47] Borzone G, Zhao B L, Merola A J, et al. Detection of free radicals by ESR in rat diaphram after resistive loading[J]. J. Appl. Physiol., 1994, 77: 812-818.

[48] 赵保路.一氧化氮自由基[M].北京：科学出版社，2008.

[49] 赵保路.一氧化氮自由基生物学和医学[M].北京：科学出版社，2008.

[50] 赵保路，沈剑刚，侯京武，等.用ESR研究心肌缺血再灌注组织和多形核白细胞产生的NO自由

基[J].波谱学杂志,1997,14:99-106.

[51] 赵保路,王建潮,侯京武,等.多形核白细胞产生的 NO 和超氧阴离子自由基主要形成 $ONOO^-$[J].中国科学,1996,26:406-413.

[52] 赵保路,沈剑刚,忻文娟.心肌缺血再灌注损伤过程中 NO 和超氧阴离子自由基的协同作用[J].中国科学,1996,26:331-338.

[53] Zhao B L, Shen J G, Li M, et al. Scavenging effect ofchinonin on NO and oxygen free radicals generated from ischemia reperfusion myocadium[J]. Biachem. Biophys. Acta, 1996, 1317: 131-137.

[54] Li H T, Zhao B L, Hou J W, et al. Two peak kinetic curve of chemiluninencence in phorbol stimulated macrophage[J]. Biochem. Biophys. Res. Commn., 1996, 223: 311-314.

[55] Zhao B L, Wang J C, Hou J W, et al. Studies on the mechanism of generation of NO free radicals from polymorphonuclear leukocytes stimulated by PMA[J]. Cell Biol. Intern. Report, 1996, 20: 343-350.

[56] Zhao B L, Jiang W, Zhao Y, et al. Scavenging effect of salvia miltiorriza on free radicals and its protection for myocardial mitochondrial membrane from ischemia-reperfusion injury[J]. Biochem. Mole. Biol. Intern., 1996, 38: 1171-1182.

[57] Zhao B L, Jiang W, Zhao Y, et al. Scavenging efecctts of Salvia milthiorrhza on the oxygen free radicals and its protection effects on the myocardial mitochondria from ischemia-reperfusion injury[J]. Biochem. Molec. Biol. Intern., 1996, 223: 311-314.

[58] Guo Q, Zhao B L, Li M F, et al. Studies on protective mechanisms of four components of green tea polyphenols (GTP) against lipid peroxidation in synaptosomes[J]. Biochem. Biophys. Acta, 1996, 1304: 210-222.

[59] Zhao B L, Musci G, Sugawara Y, et al. Spin-Label and fluorescence labeling studies of the thioester bonds in human a-macroglobulin[J]. Biochemistry, 1988, 27: 5004-5008.

[60] Xin W J , Zhao B L , Li X J ,et al. Scavenging effects of chinese herbs and natural health products on active oxygen radicals[J]. Research on Chemical Intermediates, 1990, 14(2):171.

[61] Xin W J, Zhao B L, Li X J, et al. ESR studies on the active oxygen radicals produced in the leukocytes of malignant lymphoma patients and health people[M]. Beijing: Science Press, 1994.

[62] Guo Q, Zhao B L, Li M F, et al. Studies on protective mechanisms of four components of green tea polyphenols (GTP) against lipid peroxidation in synaptosomes[J]. Biochem. Biophys. Acta, 1996, 1304: 210-222.

[63] Zhao B L, Shen J G, Li M, et al. Chinonin can scavenging NO free radicals and protect the myocardium against ischemia-reperfusion injury[M]. Illinois: AOCS Press, 1996.

[64] Xin W, Shi H, Yang F, et al. A study on the effects of green tea polyphenols on lipid free radicals[M]. Illinois: AOCS Press, 1996.

[65] Zhao B L, Wang J C, Hou J W, et al. Studies on nitric oxide free radicals generated from polymorphonuclear leukocytes (PMN) stimulated by phorbol myristate acetate (PMA)[J]. Cell Biol. Intern., 1996, 20, (5): 343-350.

[66] Shen J G, Zhao B L, Li M F, et al. Inhibitory effects of Ginkgo biloba extract (EGB761) on oxygen free radicals, nitric oxide and myocardial injury in isolated ischemic-reperfusion hearts [M]. Illinois: AOCS Press, 1996.

[67] Shi H, Zhao B L, Xin W. Scavenging effect of baicalin and its copper, zinc complexess on superoxide radicals and peroxynitrite[M]. Illinois: AOCS Press, 1996.

[68] Jiang W, Xu T, Zhao Y, et al. Effect of sodium tanshinone Ⅱ A sulfonate on mitochondrial electron transport chain: a preliminary study[M]. Illinois: AOCS Press, 1996.

[69] Wang Y Y, Zhao B L, Li X J, et al. Spin-trapping technique studies on active oxygen radicals from human polymorphonuclear leukocytes during fluoride-stimulated respiratory burst full source[J]. FLUORIDE, 1997, 30(1): 5-15.

[70] Zhao B L, Shen J G, Hou J W, et al. ESR studies of NO radicals generated from ischemia-reperfusion tissu and polymophonukocyte[M]. Berlin: Springer, 1998.

[71] Zhao B L, Guo Q, Hou J W, et al. Study on oxygen free radical and natural antioxidants with ESR spin trapping technique[M]. Berlin: Springer, 1998.

[72] Shen J G, Wang J, Zhao B L, et al. Effects of EGb-761 on nitric oxide, oxygen free radicals, myocardial damage and arrhythmias in ischemia-reperfusion injury in vivo[J]. Biochim. Biophys. Acta, 1998, 1406: 228-236.

[73] Zhao W, Han E, Zhao B L, et al. Effect of carotenoids on the respiratory burst of rat peritoneal macrophages[J]. Biochimica et Biophysica Acta, 1998, 11381: 77-88.

[74] Guo Q, Zhao B L, Hou J W, et al. ESR study on the structure-antioxidant activiity relationship of tea catechins and their epimers[J]. Biochim. Biophys. Acta, 1999, 1427: 13-23.

[75] Wei T T, Chen C, Zhao B L, et al. Antioxidant properties of EPC-K1: a studyon mechanisms [J]. Biophys. Chem., 1999, 77: 153-160.

[76] Ma Z, Zhao B L, Yuan Z B. Application of electrochemical and spin trapping techniques in the investigateion of hydroxyl radicals[J]. Anal. Chem. Acta, 1999, 389: 213-218.

[77] Zhou G Y, Zhao B L, Hou J W, et al. Detection of nitric oxide in tissue by spin trapping EPR spectropy and triacetylglycerol extraction[J]. Biotech. Tech., 1999, 13: 507-511

[78] Guo Q, Zhao B L, Packer L. Electron spin resonance study of free radicals formed from a procyaniding-rich pine (pinus Maritima) bark extract[J]. Free Rad. Biol. Med., 1999, 27: 1308-1312.

[79] Zhou G Y, Zhao B L, Hou J W, et al. Protective effects of sodium tanshinone Ⅱ A sulfponate against adriamycin-induced lipid peroxidation in mice heart in vivo and in vitro[J]. Pharmco. Res., 1999, 40: 487-491.

[80] Shen J G, Guo X S, Jiang B, et al. Chinonin, a novel drug against cardiomyocyte apoptosis induced by hypoxia and reoxygenation[J]. Biochim. Biophyscs. Acta, 2000, 1500: 217-226.

[81] Xin W J, Wei T T, Chen C, et al. Mechanisms of apoptosis in rat cerebellar granule cells induced by hydroxyl radicals and effects of Egb761 and its constitutes[J]. Txicology, 2000, 148: 103-110.

[82] Gao J T, Tang H R, Zhao B L. The ESR study on the protective effect of grape seed extract

on rat heart mitochondria from injury of lipid peroxidation[J]. Res. Chem. Intermed., 2000, 26: 817-828.

[83] Zhao B L, Zhou W A, Ni Y C, et al. Kinetic scavenging effects of chinonin on NO and oxygen free radicals generated from ischemia reperfusion myocardium and its protection effects on the myocardium[J]. Res. Chem. Intermed., 2000: 747-762.

[84] Li, H T, Hu J G, Xin W J, et al. Production and interaction of oxygen and nitric oxide free radicals in PMA stimulated macrophages during the respiratory[J]. Redox. Report, 2000, 5: 353-358.

[85] Zhao B L, Guo Q, Xin W J. Free radical scavenging by green tea polyphenols[J]. Method. Enzym., 2001, 335: 217-231

[86] Nie G J, Wei T T, Zhao B L. Polyphenol protection of DNA against damage[J]. Method. Enzym., 2001, 335: 232-244.

[87] Gao J T, Tang H R, Zhao B L. The toxicological damagement of gas phase cigarette smoke on cells and protective effect of green tea polyphenols[J]. Res. Chem. Intermed., 2001, 29: 269-279.

[88] Zhang D L, Xiong J, Hu J, et al. Improved method to detect nitric oxide in biological syste [J]. Appl. Magn. Reson., 2001, 20: 345-358.

[89] Gao J T, Tang H R, Li Y, et al. EPR study of the toxicological effects of Gas-phase cigarette smoke and the protective effects of grape seed extract on the mitochondrial membrane[J]. Applied Magnetic Resonance, 2002, 22: 497-511.

[90] Chen L J, Yang X Q, Jiao H L, et al. Tea catechins protect against Lead-induced cytotoxicity, lipid peroxidation, and membrane fluidity in HepG2 Cells[J]. Toxcol. Sci., 2002, 69: 149-156.

[91] Zhou G Y, Jiang W, Zhao Y, et al. Sodium tanshinone ⅡA sulfonate mediateselectron transfer reaction in rat heart mitochondria[J]. Biochem. Biopharm., 2002, 7465: 1-7.

[92] Zhou G Y, Jiang W, Zhao Y, et al. Interaction between sodium tanshinone ⅡA sulfonate and the adriamycin semiquinone free radical: A possible mechanism for antagonizing adriamycin-induced cardiotoxity[J]. Res. Chem. Interm., 2002, 28: 277-290.

[93] Li W, Wei T T, Xin W J, et al. Green tea polyphenols in combination with copper(Ⅱ) induce apoptosis in Hela cells[J]. Res. Chem. Interm., 2002, 28: 505-518.

[94] Jiao H L, Zhao B L. Cytotoxic effect of peroxisome proliferator fenofibrate on human HepG2 hepatoma cell line and relevant mechanisms[J]. Toxcol. Appl. Pharm., 2002, 185: 1-8.

[95] Zhang D L, Tao Y, Duan S J, et al. Pycnogenol incigarette filters scavenges free radicals and reduces mutagenicity and toxicity of tobacco smoke in vivo[J]. Toxicol. Indus. Health, 2002, 18: 215-224.

[96] Liu Q, Tao Y, Zhao B L. ESR study on scavenging effect of nicotine on free radicals[J]. Appl. Mag. Reson., 2003, 24: 105-112.

[97] Zhou G Y, Jiang W, Zhao Y, et al. Sodium tanshinone ⅡA sulfonate mediates electron transfer reaction in rat heart mitochondria[J]. Biochem. Pharmacol., 2003, 65: 51-57.

[98] Zhao B L. Antioxidant effects of green tea polyphenols[J]. Chinese Sci. Bult., 2003, 48(4): 315-319.

[99] Zhang D L, Niu Z Y, Wan Q, et al. Stability and reaction of dithiocarbamate-ferrous-NO complex in PMA-stimulated peritoneal macrophages[J]. Res. Chem. Interm., 2003, 29: 201-212.

[100] Zhang Y T, Zhao B L. Green tea polyphenols enhance sodium nitroprusside induced neuro-toxicity in human neuroblastoma SH-SY5Y cells[J]. J. Neur. Chem., 2003, 86: 1189-1200.

[101] Jiao H L, Ye P, Zhao B L. Protective effects of green tea polyphenols on human HepG2 cells against oxidative damage of fenofibrate[J]. Free rad. Biol. Med., 2003, 35(9): 1121-1128.

[102] Chen L J, Yang X Q, Jiao H L, et al. Tea catechins protect against lead-induced ROS formation, mitochondrial dysfunction and calcium dysregulation in PC 12 cells[J]. Chem. Res. Toxiol., 2003, 16: 1155-1161.

[103] Xu Y C, Zhao B L. The main origin of endogenous NO in higher non-leguminous plant[J]. Plant Physiol. Biochem., 2003, 41: 833-838.

[104] Guo P, Cao Y L, Li Z Q, et al. Role of an endogenous nitric oxide burst in the resistance of wheat to stripe rust[J]. Plant Cell. Environ., 2004, 27(4): 473-477.

[105] Xu Y C, Cao Y L, Guo P, et al. Detection of nitric oxide in plants by electron spin resonance [J]. Phytopath, 2004, 94: 402-407.

[106] Zhang D L, Yin J J, Zhao B L. Oral administration of Crataegus extraction protects against ischemia/reperfusion brain damage in the Mongolian gerbils[J]. J. Neur. Chem., 2004, 90: 211-219.

[107] Zhang J, Wang X F, Lu Z B, et al. The effects of meso-2, 3-dimercaptosuccinic acid and oli-pomeric procyanidins on acute lead neurotoxicity in rat hippocampus[J]. Free Rad. Biol. Med., 2004, 37: 1037-1050.

[108] Chen L J, Yang X Q, Jiao H L, et al. Effect of tea catechins on the change of glutathione levels caused by Pb^{++} in PC12 cells[J]. Chem. Res. Toxiol., 2004, 17: 922-928.

[109] Liu H L, Zhang D L, Zhao B L, et al. Superoxide anion, the main species of ROS in the development of ARDS induced by oleic acid[J]. Free. Radical. Res., 2004, 38: 1281-1287.

[110] Cao Y, Guo P, Zhao B L. Simultaneous detection of NO and ROS by ESR in biological system [J]. Method. Enzymol., 2005, 396: 77-83.

[111] Xu Y C, Cao Y L, Guo P, et al. Technique of detection of NO in plants by ESR spin trapping [J]. Method. Enzym., 2005, 396: 84-92.

[112] Zhao B L. Nitric oxide in neurodegenarative diseases[J]. Front. Bioscience, 2005, 10: 454-461.

[113] Zhao B L. Natural antioxidant for neurodegenerative diseases[J]. Mol. Neurobiol., 2005, 31: 283-293.

[114] Xie Y X, Bezard E, Zhao B L. Unraveling the receptor- independent neuroprotective mechanism in mitochondria[J]. J. Biol. Chem., 2005, 396: 84-92.

[115] Zepeda A G, Santell R, Wu Z X, et al. Soy isoflavone glycitein protects against beta amyloid-induced toxicity and oxidative stress in transgenic caenorhabditis elegans[J]. BMC Neuroscience, 2005, 6(54): 1-9.

[116] Lu Z B, Nie G J, Belton P, et al. Structure-activity relationship analysis of antioxidant ability and neuroprotective effect of gallic acid derivatives[J]. Neurochem. Int., 2006, 48: 263-274.

[117] Zhao B L. The health effects of tea polyphenols and their antioxidant mechanism[J]. J. Clinical Biochem. Nutrition, 2006, 38: 59-68.

[118] Zhang J, Liu Q, Liu N Q, et al. Nicotine reduces β-amyloidosis by regulating metal homeostasis[J]. Faseb. J., 2006, 20: 1212-1214.

[119] Zhang J, Mori A, Zhao B L. Fermented papaya preparation attenuates APP: A<beta> mediated copper neurotoxicity in APP and APPsw overexpressing SH-SY5Y cells[J]. Neurosci., 2006, 143: 63-72.

[120] Lu Z B, Tao Y, Zhou Z X, et al. Mitochondrial ROS and NO mediated cancer cell apoptosis in 2-BA-2-DMHB photodynamic therapy[J]. Free Rad. Biol. Med., 2006, 41: 1590-1605.

[121] Jie G L, Lin Z, Zhang L Z, et al. Free radical scavenging effect of Pu-erh tea extracts and their protective effect on the oxidative damage in the HPF-1 cells[J]. J. Agricu. Food Chem., 2006, 54: 8508-8604.

[122] Liu Q, Zhang J, Zhu H, et al. Dissecting the signalling pathway of nicotine-mediated neuroprotection in a mouse alzheimer disease model[J]. Faseb. J., 2007, 21: 61-73.

[123] Guo S H, Yan J Q, Bezard E, et al. Protective effects of green tea polyphenols in the 6-OHDA rat model of Parkinson's disease through inhibition of ROS-NO pathway[J]. Biological Psychiatry, 2007, 62: 1353-1362.

[124] Hou J L, Pan Y W, Zhu D H, et al. Targeted delivery of nitric oxide via a 'bumpand-hole'-based enzyme-prodrug pair[J]. Nat. Chem. Biol., 2019, 15: 151-160.

[125] Hou J L, He H Y, Huang S P, et al. A mitochondria-targeted nitric oxide donor triggered by superoxide radical to alleviate myocardial ischemia/reperfusion injury[J]. Chem. Commun., 2019, 55: 1205-1208.

[126] Towner R A, Smith N. In vivo and in situ detection of macromolecular free radicals using immuno-spin trapping and molecular magnetic resonance imaging[J]. Antioxid. Redox Signal., 2018, 28(15): 1404-1415.

[127] Sircar E, Stoyanovsky D A, Billiar T R, et al. Immuno-Spin trapping method for the analysis of s-nitrosylated proteins[J]. Curr. Protoc. 2021, 1(9): e262.

[128] Towner R A, Garteiser P, Bozza F, et al. In vivo detection of free radicals in mouse septic encephalopathy using molecular MRI and immuno-spin trapping[J]. Free Radic. Biol. Med., 2013, 65: 828-837.

[129] Xu Y, Gu Y, Qian S Y. An advancedelectron spin resonance (ESR) spin-trapping and LC/(ESR)/MS technique for the study of lipid peroxidation[J]. Int. J Mol. Sci., 2012, 13(11): 1464-1466.

[130] Liu Y P, Ji Y Q, Song Y G, et al. A novel spin trap for targeting sulfhydryl-containing polypeptides[J]. Chem. Commun., 2005,57: 4943-4945.

[131] Graceffa P. Spin labeling of protein sulfhydryl groups by spin trapping a sulfur radical: application to bovine serum albumin and myosin[J]. Arch. Biochem. Biophys., 1983, 225(2):

802-808.

[132] Kamibayashi M, Oowada S, Kameda H, et al. Synthesis and characterization of a practically better DEPMPO-type spin trap, 5-(2, 2-dimethyl-1, 3-propoxy cyclophosphoryl)-5-methyl-1-pyrroline N-oxide (CYPMPO)[J]. Free Radic. Res., 2006, 40(11): 1166-1172.

[133] Dambrova M, Baumane L, Kalvinsh I, et al. Improved method for EPR detection of DEPMPO-superoxide radicals by liquid nitrogen freezing[J]. Biochem. Biophys. Res. Commun., 2000, 275(3): 895-898.

[134] Khan N, Grinberg O, Wilmot C, et al. "Distant spin trapping": a method for expanding the availability of spin trapping measurements[J]. J. Biochem. Biophys. Methods., 2005, 62(2): 125-130.

第 5 章

ESR 成像技术

ESR 成像（electron spin resonance imaging，ESRI）是基于 ESR 技术和 CT 扫描成像技术的一种影像化显示和测量样品中自由基或顺磁物质的分布及其变化过程的无损检测技术. 常规 ESR 只能测定自由基的种类和浓度，但是不能测定自由基的空间分布. ESRI 是 ESR 研究领域中的前沿性技术. ESRI 技术在物理学、化学、半导体学、地质学、考古学、生物学和医学等许多科研领域有着巨大的应用前景，特别是在生物学和医学中的应用价值和潜力更引人注目. 研究活细胞和活体组织产生自由基的空间分布和反应动力学，研究天然抗氧化剂在细胞和心脏或脑中与 NO · 和氧自由基作用的空间分布和反应动力学，这对从整体概念研究自由基在细胞和活体组织损伤作用机理不仅有重要理论意义，而且可以和 NMRI 一样给出体内自由基分布图和各种疾病的关系. ESRI 可直接检测和绘制自由基在生物体内的立体分布. 特别是连续波（CW）ESRI 技术，由于其对各种自由基和顺磁性物质的高灵敏度和适用性，已被广泛用于生物学和医学领域.

NMRI 利用质子的核磁自旋共振成像，可以给出身体各个器官的真实三维成像，但不能测定身体内的自由基. 而 ESRI 可以给出身体各个器官自由基的三维成像，但却不能给出自由基在身体各个器官的真实位置. 利用质子-电子双共振 PEDRI 就可以克服这两个不足之处，给出自由基在身体各个器官的真实定位. ESRI 技术从最初提出至今已有二十多年的发展历史，但由于其技术难度高，所以从总体上来说，仍然处在技术研究和应用开发的初级阶段.国内虽然也有少数单位进行过一些ESRI的初步研究工作,但是一般都为一维或二维ESRI实验.至于实际生物样品的三维ESRI实验和波谱-空间成像实验,还很少见到报道.

笔者所在研究组成功研制国内首台L波段的ESR成像仪,实现了对生物活体自由基检测和成像,填补了国内空白.又在X波段的ESR仪器上成功改造国内首台X波段的ESR成像仪,并且得到了清晰的生物体内源NO·成像.本章主要讨论ESRI的基本原理和在生物学研究中的应用.

5.1 ESR成像原理

ESR成像的基本原理:常规ESR测量时,样品整体处于均匀磁场(主磁场)中.当满足ESR条件,即 $h\nu = g\beta H$ 时(式中 ν 为微波频率,H 为主磁场强度,g 为样品 g 因子,h 为普朗克常数,β 为玻尔磁子),产生ESR吸收,测得的ESR信号是磁场的函数关系曲线.在ESR成像时,在主磁场上叠加梯度磁场,因此样品整体处在非均匀磁场中,于是样品中不同空间位置产生共振时的主磁场不同,即信号发生位移.采集的ESR信号经过数据处理、图像重建后,即可得到样品中自由基或自旋密度的空间位置分布图.ESRI也就是三维顺磁共振系统,是在原有的顺磁共振的基础上,把均匀磁场改变为梯度磁场,然后利用计算机控制扫描,分析处理数据,得出自由基在空间的分布及强弱的技术,这一仪器的原理和结构示意图如图5.1所示.[1]

如图5.2所示,两个位于距离不同的DPPH自由基样品的ESR波谱,在没有磁场梯度时,它们只有一个ESR信号,无法分辨这两个样品和测量自由基在空间的分布,但是如果在这两个样品中叠加一个磁场梯度,这两个自由基样品就可以得到两个信号,而且随着样品之间的距离的加大而分裂也加大,这就是ESRI测量自由基在空间分布的基本原理.

叠加的磁场梯度越大,样品的空间分辨率越高,但是也会使谱线加宽,使检测灵敏度降低,如图5.3所示,随着磁场梯度的进一步加大,甚至会无法检测,这就要求仪器有更高的灵敏度.ESRI的分辨率与几个因素有关:线宽、ESR信号的信噪比和磁场梯度的强度.线宽越窄的顺磁探针,ESRI可以得到越高的分辨率.

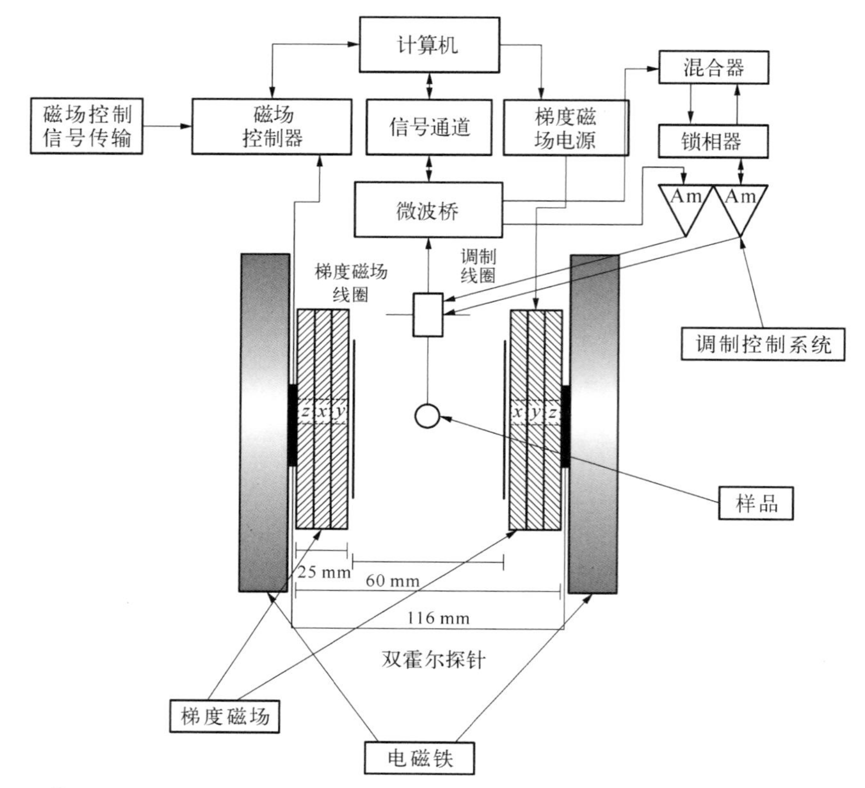

图 5.1 ESRI 的原理和结构示意图

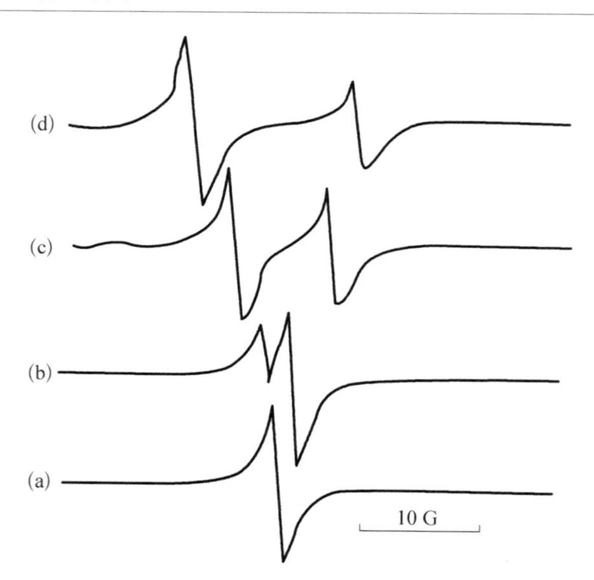

图 5.2 距离不同的 DPPH 自由基样品的 ESR 波谱

(a) 没有磁场梯度;(b)~(d) 磁场梯度分别相距 0.9 mm、3.0 mm 和 5.0 mm.

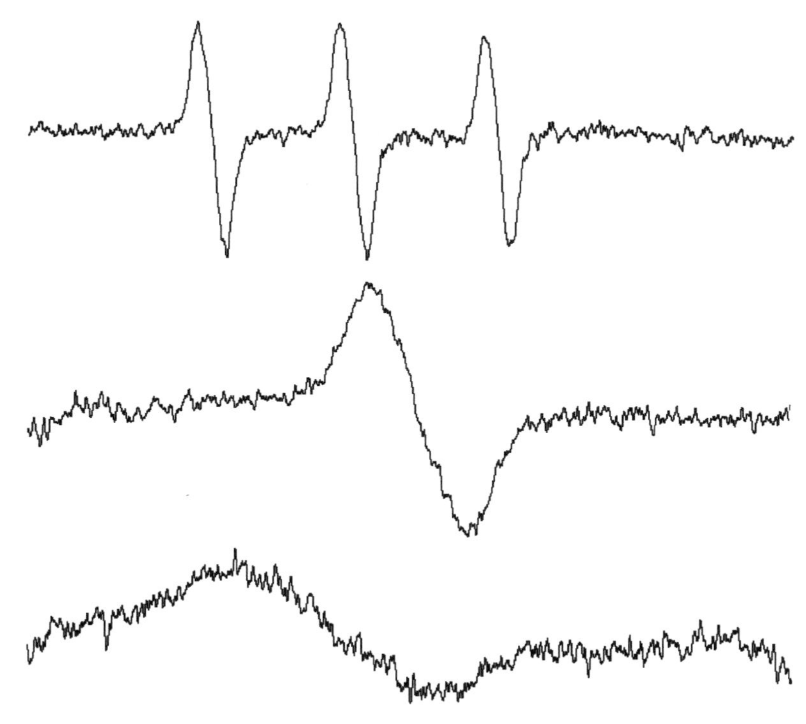

图 5.3　梯度磁场对 ESR 波谱信号的加宽作用(6 G/cm)

5.2　L 波段 ESRI 系统的研制

生物样品通常是大体积、含水样品，在通常所用的 X 波段电子自旋共振仪上，由于水的高介电损失减小了谐振腔的 Q 值（Q-factor），并且 X 波段 ESR 的谐振腔比较小，无法检测大体积的生物样品，因此，动物体系 ESRI 研究通常是利用 L 波段（微波频率为 0.4～1.6 GHz）进行的.

5.2.1　L 波段整机设计

我们研究组首先研制了一台 L 波段 ESR 系统，接着又研制了一套三维梯度磁场系统和三维图像重建系统，最后组建成一个完整的 L 波段 ESRI 系统，整体框架如图 5.4 所示，目前达到的整机性能如下：

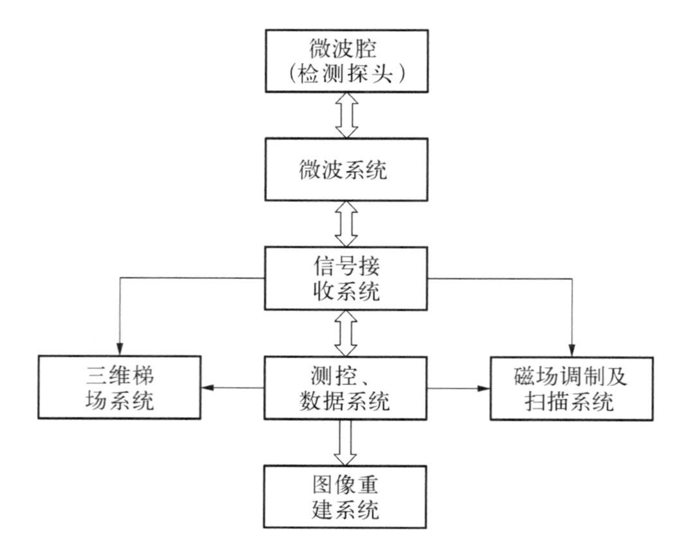

图 5.4　L 波段 ESRI 整体框架

检测灵敏度：1×10^{-4} mol/L 水溶液（样品体积为直径 1 cm，高 3 cm，$S/N=4:1$）；

成像工作区域：直径为 2 cm，高为 3 cm 的柱状区域；

成像分辨率：小于 1 mm；

工作频率：1.05 GHz；

梯度场强度：20 G/cm；

各部分性能如下：

(1) 3D 梯度磁场系统

梯度强度：20 G/cm；

线性区域：$\Phi=42$ mm 的球体；

稳定度：优于 4×10^{-5}；

线圈间距：63 mm.

(2) L 波段主磁场和扫描磁场系统

主磁场强度：16～602 G；

稳定性：3.5×10^{-5}；

扫描场范围：4 ～105 G；

稳定性：2.3×10^{-5}；

总体积：580 mm×160 mm×380 mm.

(3) 调制解调和锁相放大接收系统

总增益：10^6；

调制频率：100 kHz；

调制幅度：0～5 G；

时间常数：0.02 ms～1 s.

(4) L 波段裂隙谐振腔

二隙三环再进入式腔体；

无载 Q 值：>1 000；

谐振频率：1.08 GHz；

有效工作区：$\Phi = 2$ cm×3 cm(高)的柱形；

外体积：150 mm×60 mm×110 mm.

(5) L 波段微波系统

工作频率：950～1 150 MHz；

输出功率：>500 mW；

电调谐稳频：40 MHz.

(6) 系统控制与数据处理

波谱采集：12 位 ADC，4 096 点；

梯度磁场控制：三路 8 位 DAC；

数据处理：利用 WinESR——波谱积分；分辨率增强；去卷积；滤波，傅里叶变换和反变换.

图像重建：MatLab 软件. 二维、三维成像等浓度线显示，断层显示，旋转角度，浓度强度立体显示等.

图 5.5　L-ESRI 系统的主磁场(左)和梯度磁场(右)

5.2.2 梯度磁场新型设计

传统梯度磁场都是采用绕线式线圈的方式，每侧 3 组 x、y、z 线圈，使得线圈厚度很大，而两个主磁场之间的距离又很有限，所以采用电刻蚀平板式线圈结构，在线圈之间加水冷铜板散热. 与绕线式线圈相比，这种平板式线圈负载电流大，线性度较好，但加工要求精度高. x、y 方向梯场线圈为对称 8 字形线圈结构；z 方向梯场线圈为赫姆霍兹线圈结构，如图 5.6 所示. 三维梯场线圈在电磁铁极隙中的位置如图 5.7 所示.

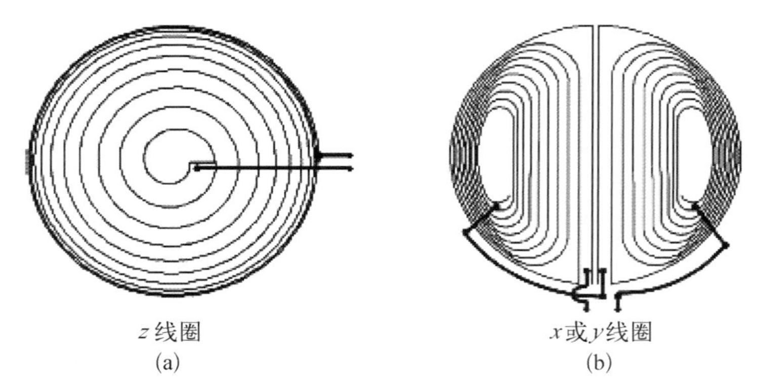

图 5.6　平板式梯度线圈示意图，黑线表示电线与电源连接

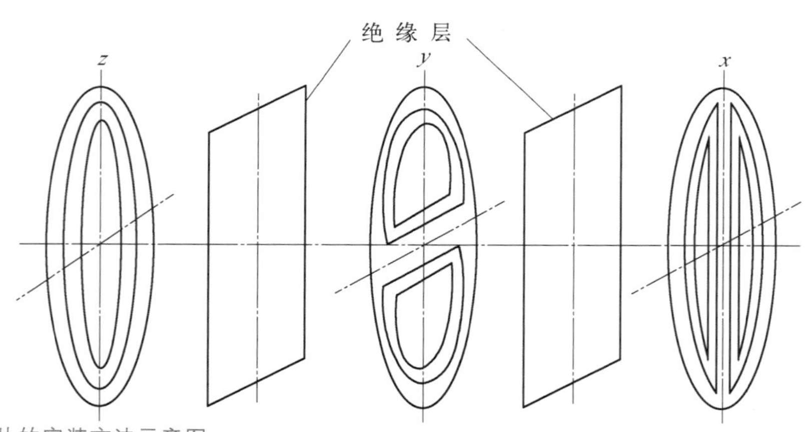

图 5.7　铜片的安装方法示意图
中间的方框表示绝缘层.

5.2.3 分辨率的测定

两个放在玻璃管的 DPPH 样品，相距 1 mm，用不同梯度角测量和收集 ESR 信号，进行图像重建，得到样品的自旋密度成像和样品的自旋密度等高成像如图 5.8 所示. 由图可以看出，利用这套 L 波段的 ESRI 可以将两个相距 1 mm 的 DPPH 样品清楚地分辨开. 类似地，TEMPOL 水溶液样品也可以清楚地分辨开(图 5.9).

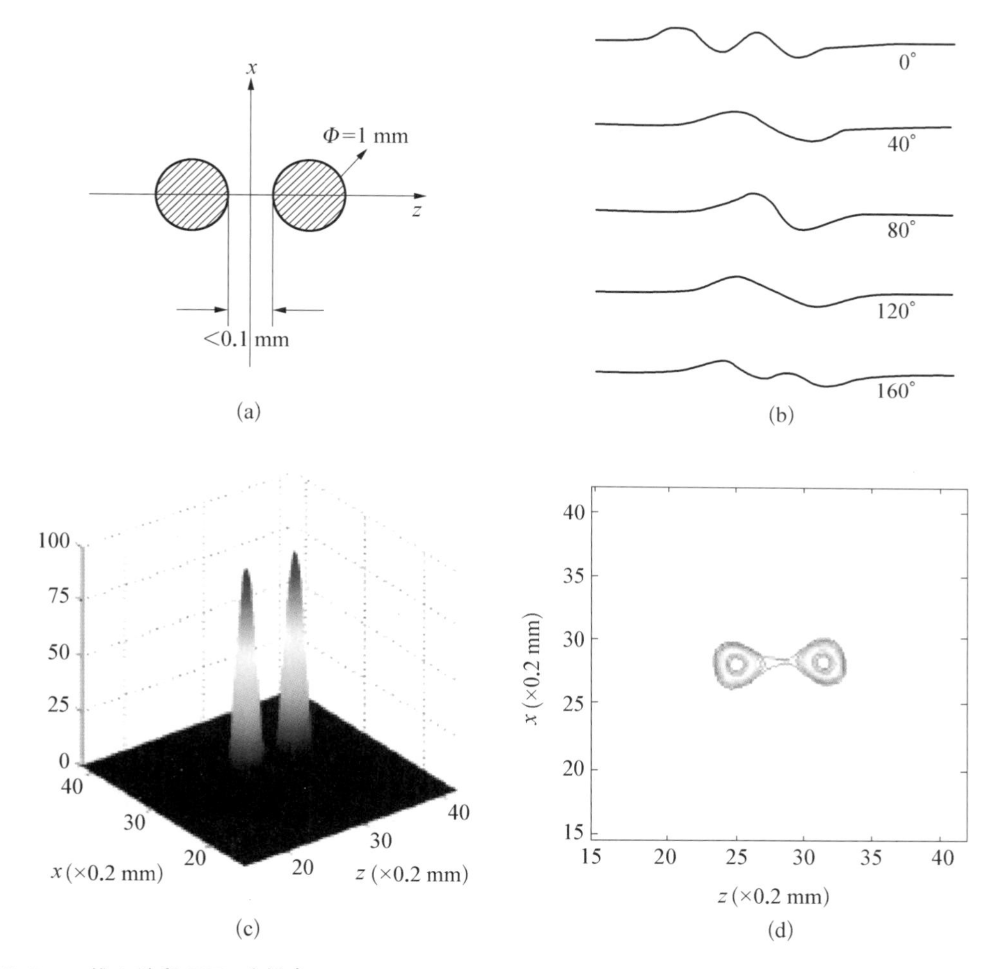

图 5.8 二维 L 波段 ESRI 分辨率

(a) 检测样品的分布；(b) 不同梯度角得到的 ESR 信号；(c) 样品的自旋密度成像；(d) 样品的自旋密度等高成像.

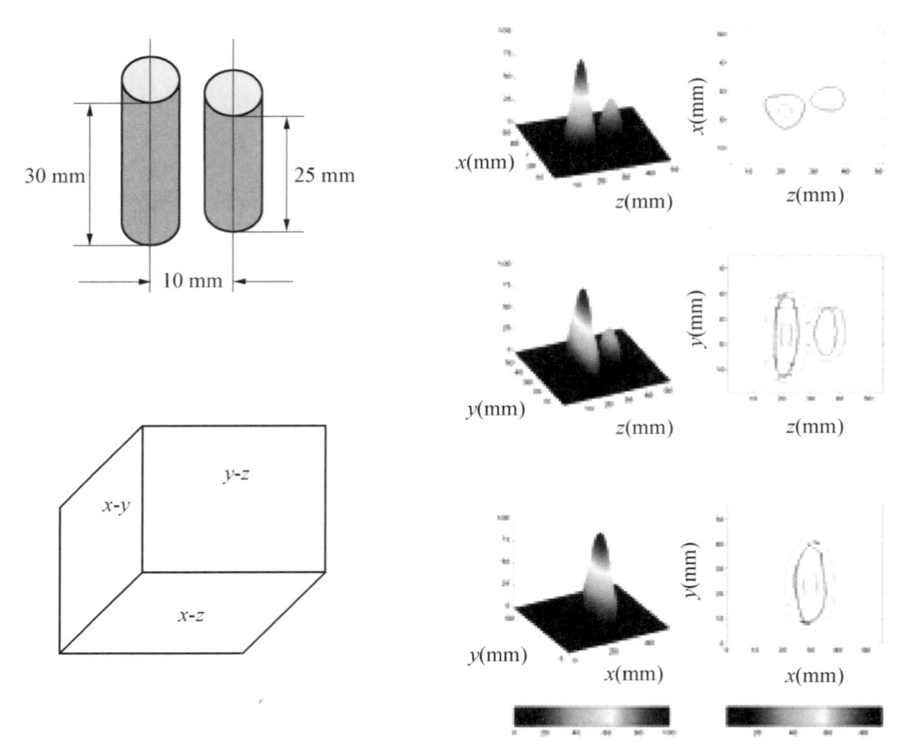

图 5.9 Tempo 水溶液多投影面 2D-ESRI

5.2.4 样品的 3D-ESRI

利用这套 L 波段的仪器不仅可以进行 2D-ESRI，还可以进行 3D-ESRI. 图 5.10 是两个只有 DPPH 样品的 3D-ESRI，图 5.11 是实心中空同心圆 PPH 样品的3D-ESRI；图 5.12 是 Tempo 溶液球体（$\Phi = 10$ mm 球）的 3D-ESRI，图 5.13 是 CTPO 自旋标记化合物在乳鼠体内分布的 3D-ESRI. 由这些 3D-ESRI 图像可以看出，利用这套 ESRI 系统可以研究生物体内自由基的空间分布.

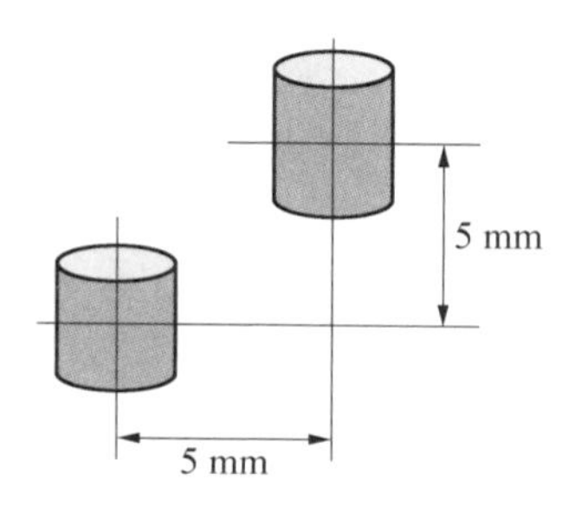

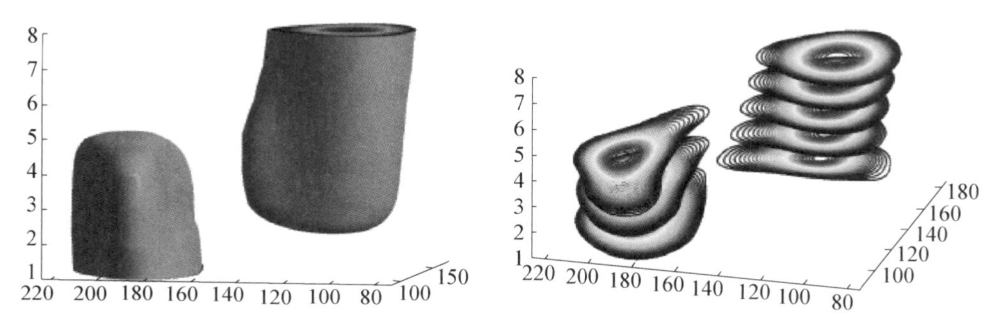

图 5.10　两个只有 DPPH 样品的 3D-ESRI

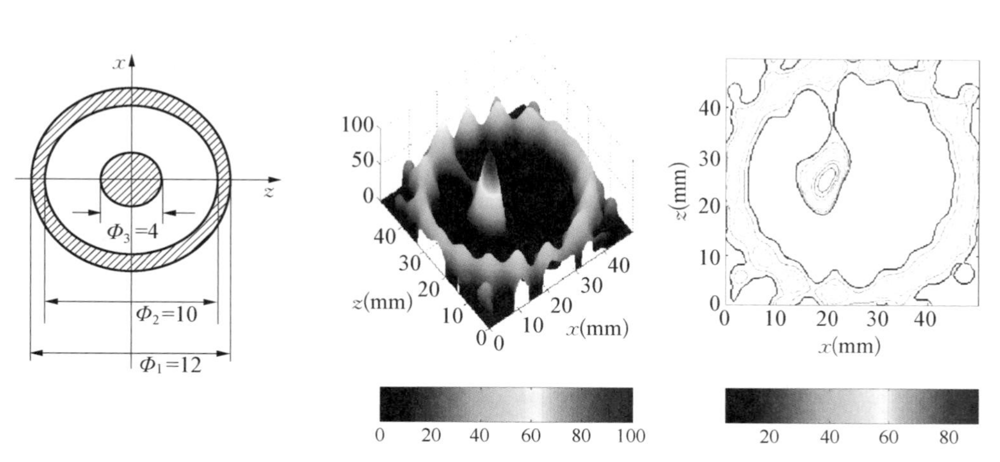

图 5.11　实心中空同心圆样品的 3D-ESRI

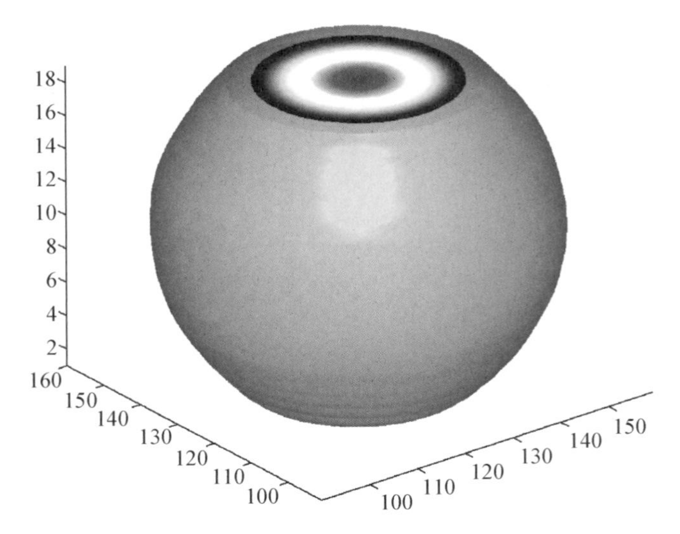

图 5.12　Tempo 溶液球体($\Phi = 10$ mm 球)的 3D-ESRI

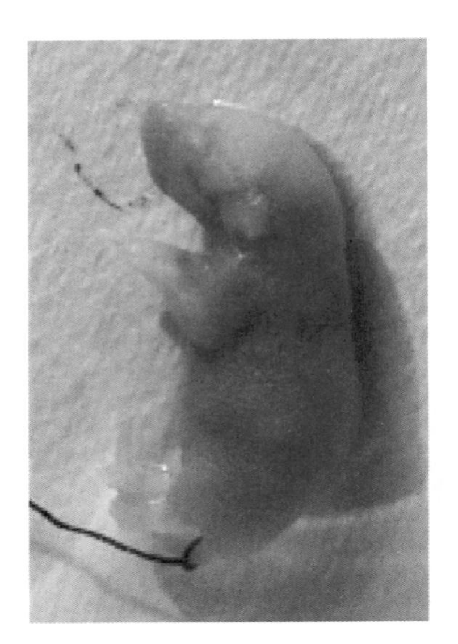

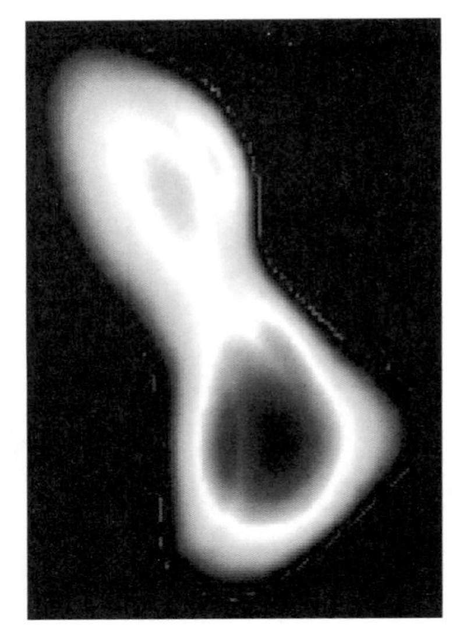

图 5.13　CTPO 自旋标记化合物在乳鼠体内分布的 3D-ESRI

5.3 X 波段 ESRI 系统的研制

L 波段的 ESRI 具有低微波吸收、低热效应和大样品腔的优点，可以用于研究动物组织乃至整体动物，将来可以发展到临床应用. 但是，其与核磁共振成像一样具有分辨率和灵敏度低的缺点. 而笔者所在研究组在原来 X 波段 ESR 波谱仪上改造和研制的空间三维和波谱-空间二维 X 波段的 ESRI 系统，具有较高的灵敏度和分辨率. 合成和研究了用于 ESRI 的自旋标记物和自旋捕集剂及其在生物样品中的稳定性. 实现了对实际生物样品中自由基的空间分布和波谱-空间二维 ESRI 成像[10].

5.3.1 主要性能指标

ESRI 系统主要指标如下：

(1) 工作频率：X 波段($\nu=8.8\sim9.6$ GHz)；

(2) 仪器灵敏度：$N_{min}\approx2\times10^{10}\Delta H\cdot$ 自旋；

(3) 仪器分辨率：$\delta H\leqslant35$ mG.；

(4) 空间三维 ESRI；

(5) 波谱-空间二维 ESRI；

(6) 波谱采集数据点数$\leqslant$4 096；

(7) 成像投影数$\geqslant$81；

(8) 成像矩阵点数$\geqslant256\times256$；

图 5.14 X 波段的 ESRI 系统的主磁场(左)和梯度磁场(右)

（9）空间分辨率≤300 μm；
（10）成像灵敏度≤2×10^{-6} mol/L Tempo 水溶液；
（11）成像空间≤8 mm×10 mm.

5.3.2 3D 空间成像

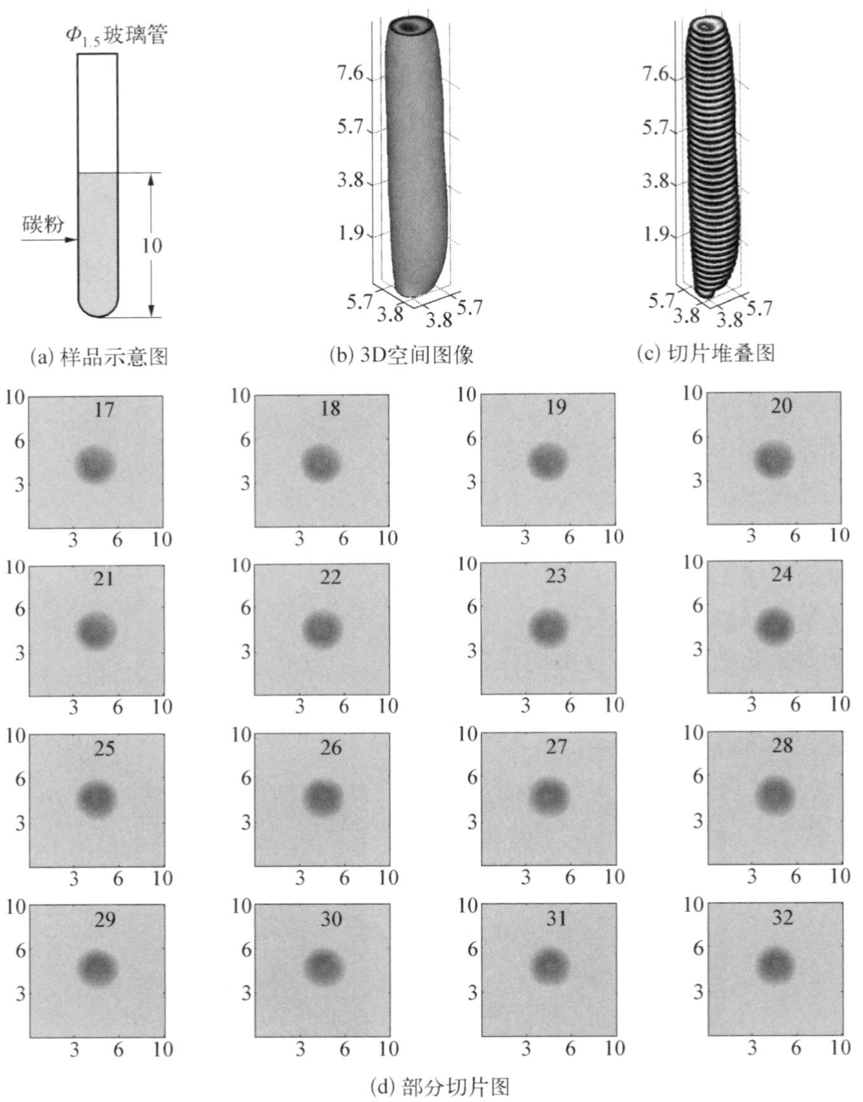

图 5.15　炭粉的 3-DESRI 图

测试条件：微波功率 5 mW，调制幅度 1 G，梯度磁场 72 G/cm.

5.3.3 波谱-空间 2D 成像

2D 或 3D 空间成像只能测量样品中自旋密度的空间分布，不能区分不同的顺磁性物质. 在波谱-空间 2D 成像中，一个坐标表示顺磁性物质的波谱特征，另一个坐标表示顺磁性物质自旋密度的空间分布，所以它是研究样品中含有不同的顺磁性物质（例如含有几种自由基）的波谱特征和自旋密度空间分布的最直观方法.

图 5.16 是两个 DPPH 点样品的谱-空间成像，由图可以看出，在相距一定距离分布着两个波谱信号都是一个峰，但是强度不同的自由基样品.

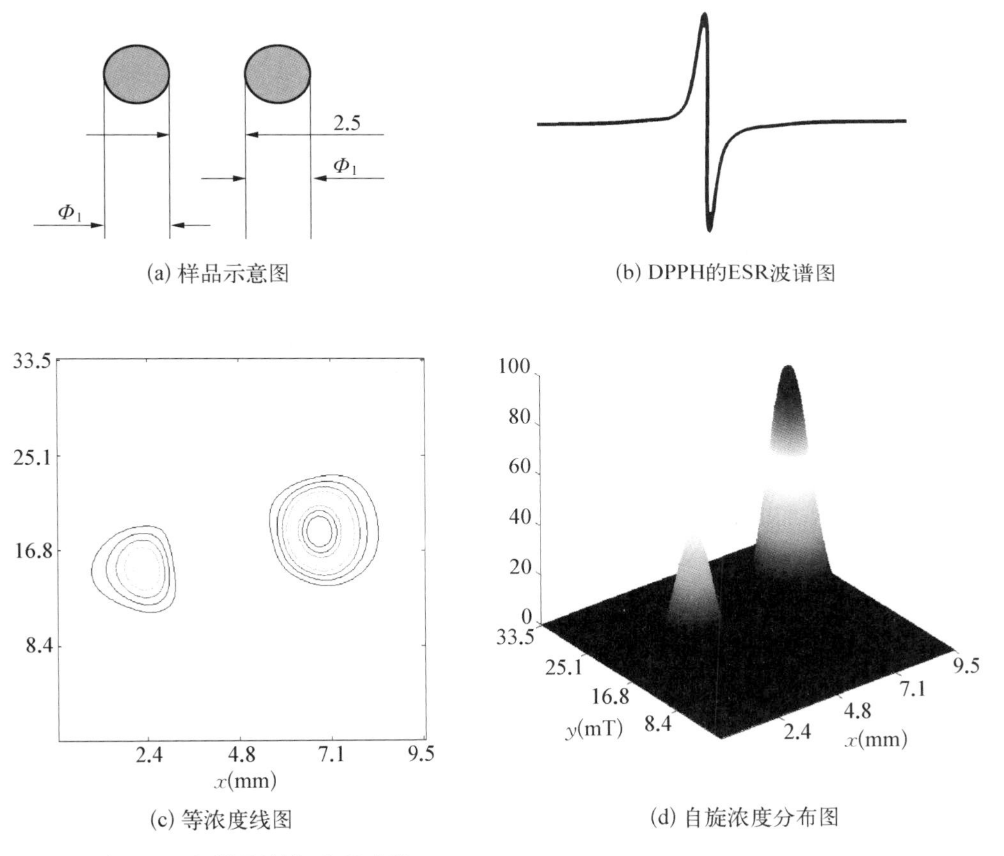

图 5.16　两个 DPPH 点样品的谱-空间成像
测试条件：微波功率 1 mW，调制幅度 1 G，最大梯场强度 90 G/cm.

图 5.17 是一个碳粉样品和 Tempo 水溶液样品的谱-空间成像，由图可以看出，在相距一定距离分布着一个碳粉样品和一个 Tempo 水溶液样品，碳粉样品的波谱信号是一个峰，Tempo 水溶液样品的波谱信号是三个峰，且强度类似.

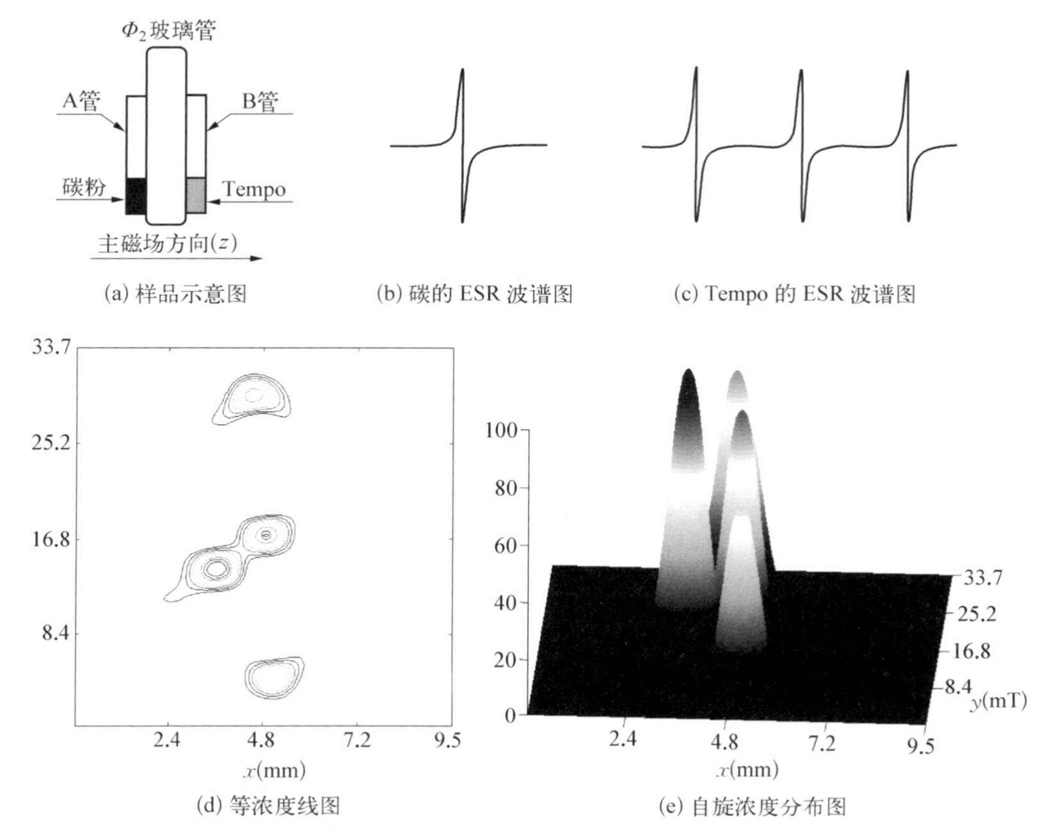

图 5.17 碳粉样品和 Tempo 水溶液样品 X 波段 ESRI 的波谱-空间成像

测试条件：微波功率 5 mW；调制幅度 1 G；最大梯场强度 90 G/cm. 样品：A 管：碳粉，外径：$\Phi = 1.5$ mm，内径：$\Phi = 1$ mm，B 管：Tempo，外径：$\Phi = 1.5$ mm，内径：$\Phi = 1$ mm.

图 5.18 是两支 Tempo 水溶液样品的 X 波段 ESRI 波谱-空间成像，由图可以看出，在相距一定距离分布着一个碳粉样品和两个 Tempo 水溶液样品，它们的波谱信号都是一个峰，但是强度不同.

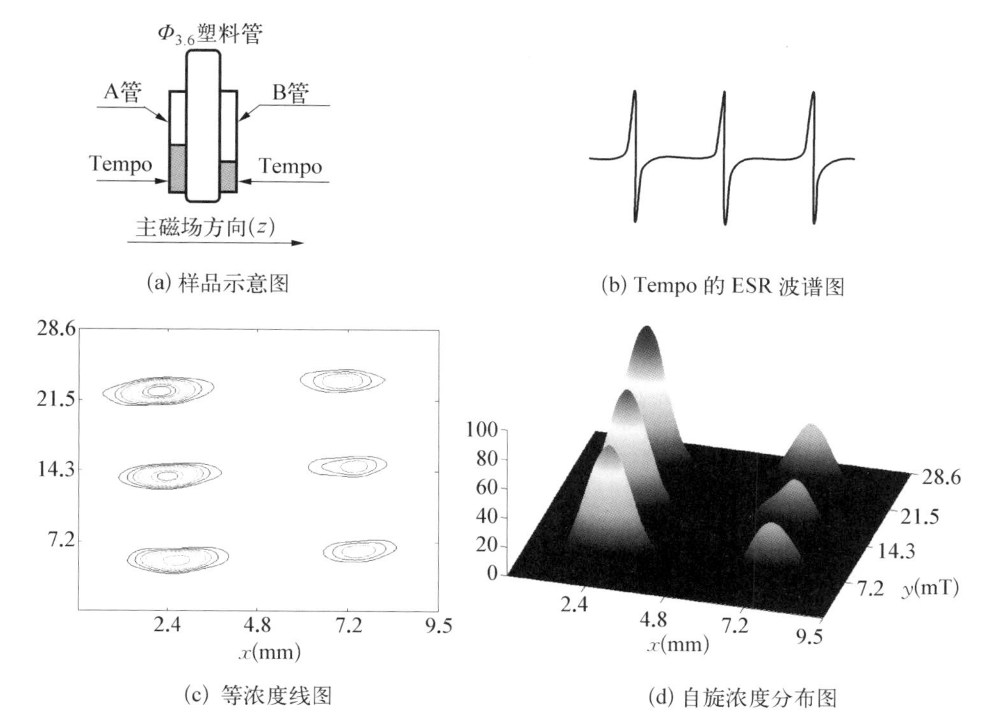

图 5.18　两支 Tempo 水溶液样品的 X 波段 ESRI 波谱-空间成像
样品:A 管:碳粉,外径:$\Phi=1.7$ mm,内径:$\Phi=1$ mm;B 管:Tempo,外径:$\Phi=1.7$ mm,内径:$\Phi=1$ mm.
测试条件:微波功率 2 mW,调制幅度 1 G,最大梯场强度 90 G/cm.

5.3.4　空间分辨率

如图 5.19 所示,与 L 波段 ESRI 相比,X 波段 ESRI 的分辨率提高了 10 倍.

5.3.5　灵敏度测试

如图 5.20 所示,与 L 波段 ESRI 相比,X 波段 ESRI 的分辨率提高了 100 倍.这样就为一些小体积但需要详细自由基分布的研究提供了方便.例如,一些植物的叶子,昆虫体内的自由基都在它们的生长发育、抗病和感病过程中发挥重要作用,需要深入研究.这些在后面将进行详细讨论.

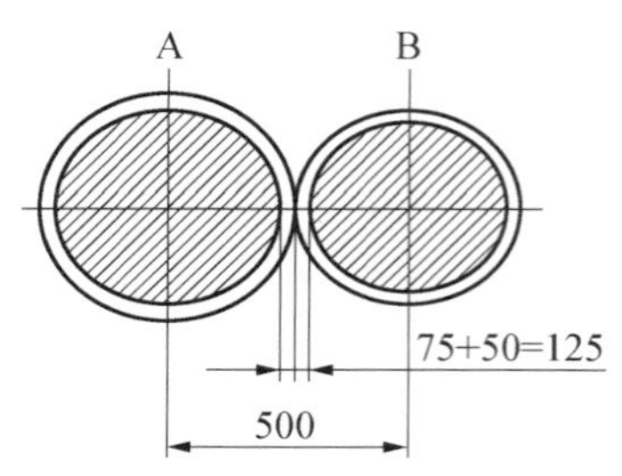

(a) 样品尺寸示意图

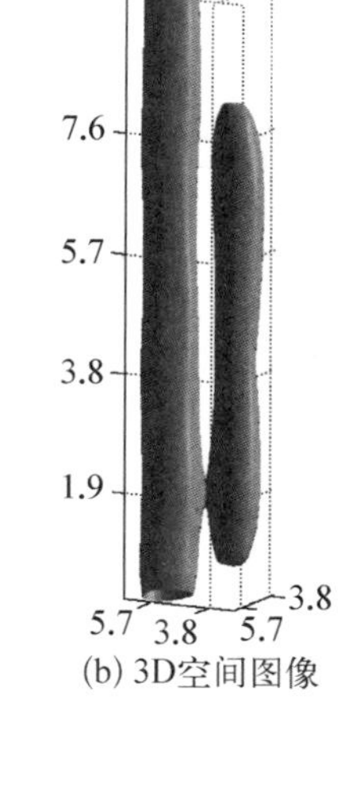

(b) 3D空间图像

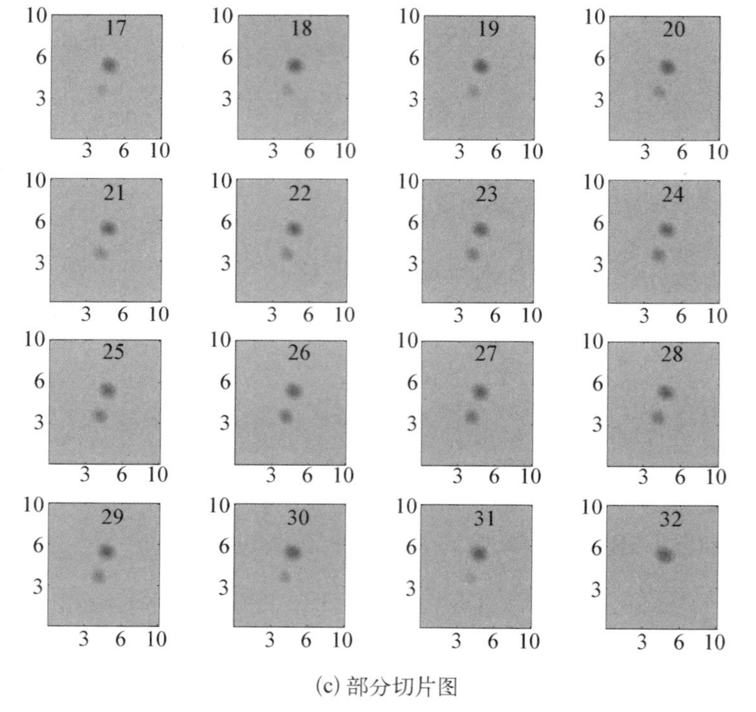

(c) 部分切片图

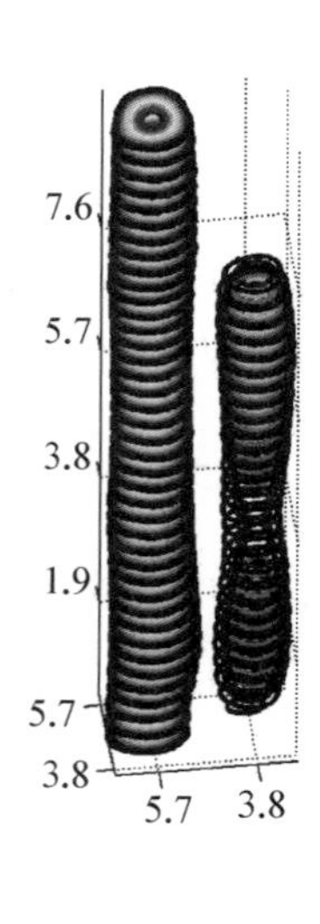

(d) 切片堆叠图

图 5.19 X 波段 ESRI 空间分辨率测试
测试条件：微波功率 2 mW，调制幅度 1 G，最大梯场强度 90 G/cm.

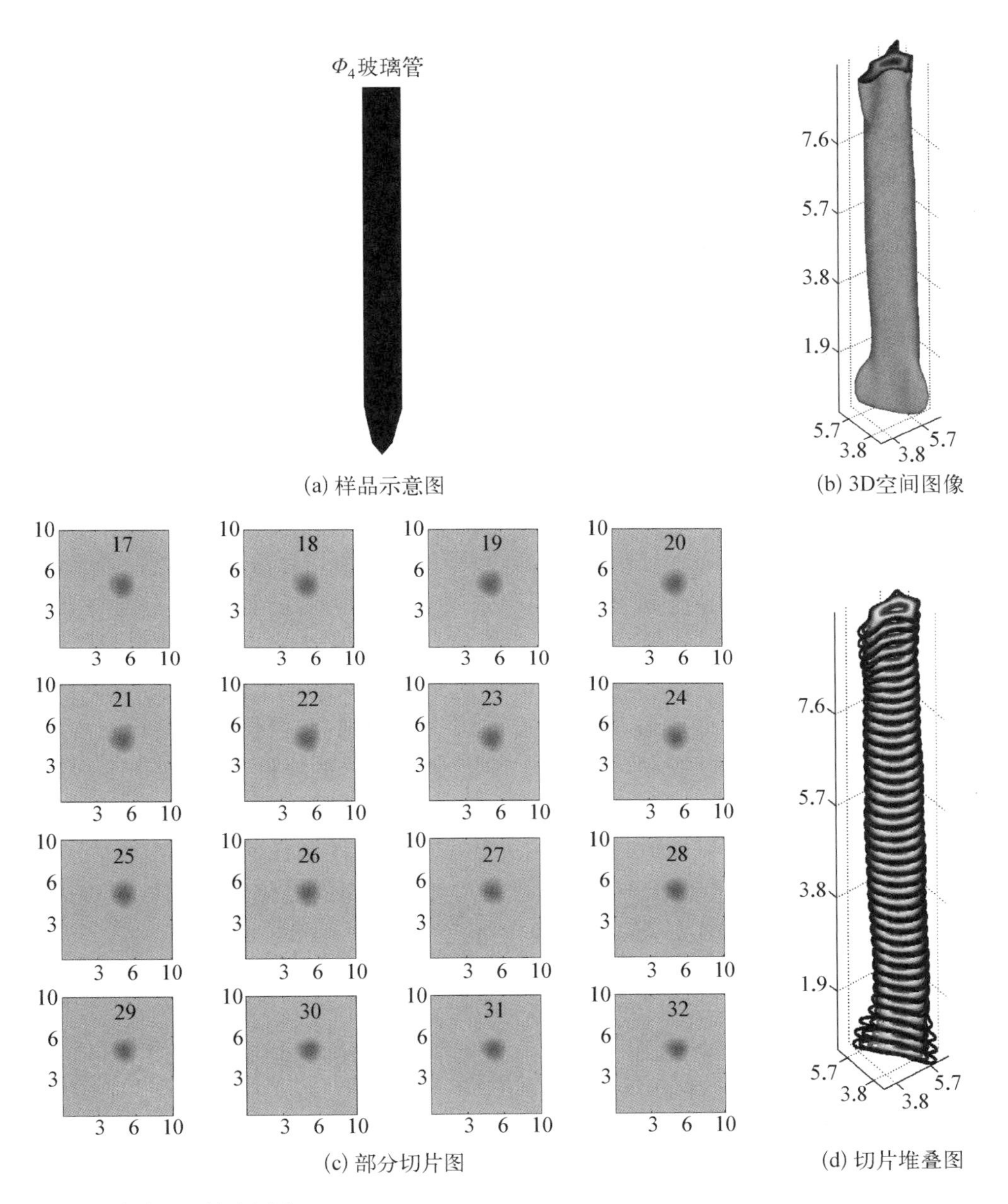

图 5.20　固体样品灵敏度测试

测试条件：微波功率 25 mW，调制幅度 10 G，最大梯场强度 14 G/cm.

5.4 局部心肌缺血再灌所导致的心肌损伤区域和心肌坏死的 ESRI 研究

心肌缺血以及最终导致急性心肌梗死给病人所带来的危害紧随粥样硬化和血栓所产生的危害之后.目前对心肌梗死的治疗方法是尽快终止缺血和恢复血流-再灌.然而,再灌可导致心肌组织新的损伤.活泼氧自由基一致被认为在心肌组织和冠状动脉疾病的病理过程中扮演着一个重要的角色.在心肌缺血后再灌引起的损伤过程中也起着重要的调节作用.为了研究心脏的代谢能力和氧化还原状态随空间的变化,检测生物组织和器官在病理过程中所产生的自由基及其氧化还原在空间和时间上的变化,ESRI 技术可以用来进行非损伤性的检测和研究.

通常确定心肌损伤区域和细胞坏死的方法是利用组织切片法,可是这种损伤性的检测方法无法测定病理过程在时间上的进展程度.在对离体心脏的实验中,三维的 ESRI 方法可以检测由于 LAD 的咬合而引起的心肌组织的缺血,因为在这一损伤区域中显示了图像强度的降低和消失.由于显著降低了灌流使心肌组织更趋于还原状态,就将心肌中的损伤区域和正常组织区分开来.随着缺血的进一步加剧,在损伤区就会出现细胞死亡和心肌组织坏死,这会导致线粒体对氮氧自由基还原能力的降低.这又进一步导致在损伤区图像强度的恢复.ESRI 所取得的数据已得到经典的组织学方法的印证.然而 ESRI 技术所提供的无损性检测以及取得时间相关数据的可能性是任何其他方法所不能取代的.这种方法可提供心肌组织中氧化还原状态及其随时间的变化,对认识在心脏病发作之后心肌组织损伤的机理具有无可替代的作用.[11-18]

5.4.1 在体大白鼠心肌组织中氧分布的 ESRI 检测

氧在心肌组织中的使用与心肌组织的氧化还原代谢相关.在在体大白鼠的心脏中准确地定量氧的浓度对理解许多心脏功能和疾病至关重要.心肌组织中氧的浓度与快速的心脏代谢过程、脉冲式心肌工作方式以及区域性心肌缺血再灌损伤相关.利用表面谐振腔以及 ESRI 技术,可实现对心肌组织和心腔血液中氧的浓度定量化.这一技术还可以检测和确定在体大白鼠心脏的正常工作对心肌组织氧的依赖关系.

使用表面谐振腔和氮氧自由基通过颈静脉注射来检测和成像在体大白鼠心脏的心肌组织氧化还原代谢过程.每隔 5～10 min,将对心肌中的氮氧自由基的空间分布进行检测.在 4 h 的固定缺血或 30 min 的缺血随后进行 4 h 的再灌后,ESRI 所检测出的坏死区域的大小将和 TTC 染色法以及组织学方法相对照.在 ESRI 数据采集完成后,心脏将被隔离.通过主动脉灌流,分离心脏以确定心肌损伤区域的大小.然后心脏被冷冻切割成 2 mm 厚的心肌切片并浸入 1%的 TTC 溶液中 30 min 以观察在损伤区心肌组织梗死面积的大小.

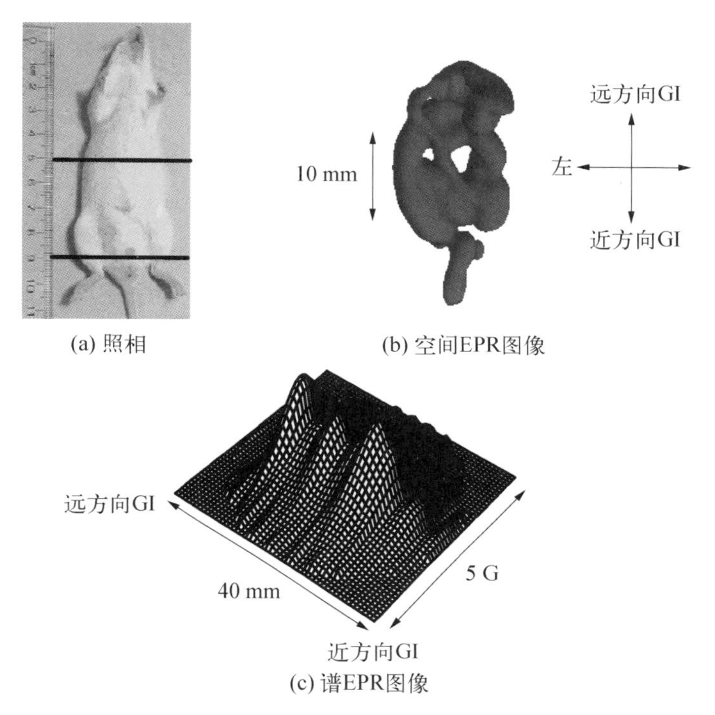

图 5.21　小白鼠的 3D 空间和 2D 谱-空间成像

(a) 照相,小白鼠喂养一天碳自旋标记物;(b) 3D 空间图像显示在 GI 中的碳探针的位置部分;(c) 2D 谱-空间图像显示从远至近 GI 肠道.

图 5.22 是利用碳粉测量小白鼠肠造的 ESR 波谱.可以看出小白鼠喂养一天碳自旋标记物图像显示,在肠造中的碳探针的 ESR 波谱很清晰.

图 5.23 是注入葡萄糖碳悬浊液缺血的离体大白鼠心脏的 3D 图像,由图可以看出整体 3D-ESRI 图像和横向切面图显示的心脏内部结构.

图 5.24 是冠状动脉闭合的离体灌流大白鼠心脏的三维空间 ESRI 及两横切面图像.

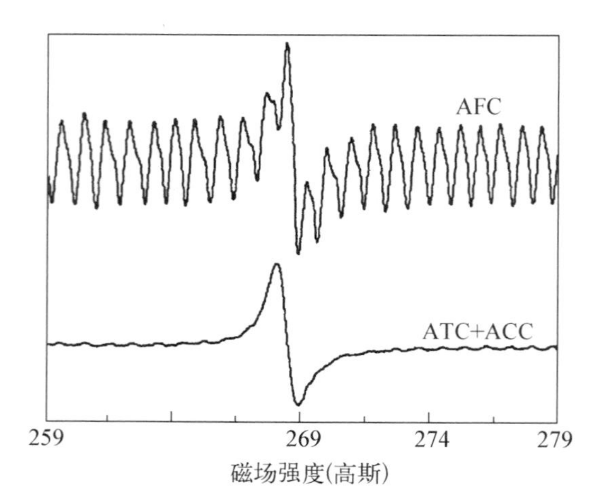

图 5.22　活体小白鼠体内碳谱

上图为 AFC,下图为 ATC 和 ACC.在检测之前小白鼠喂养碳自旋探针一天.

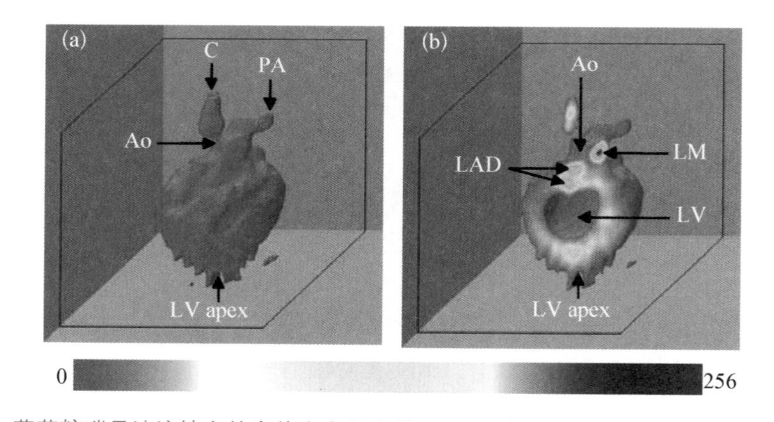

图 5.23　注入葡萄糖碳悬浊液缺血的离体大白鼠心脏的 3D 图像

(a) 整体图像;(b) 横向切面图显示心脏的内部结构.C:插入管; Ao:主动脉根; PA:肺动脉; LM:左主环状动脉; LAD:左前降动脉; LV:左心室.

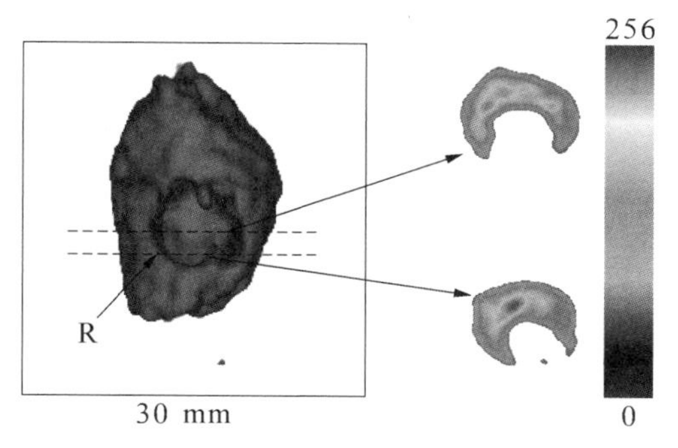

图 5.24　LAD 咬合的离体灌流大白鼠心脏的三维空间 ESRI 及两横切面

5.4.2　利用对氧敏感的氮氧自由基和 LiPC 微晶体/胶体悬浊液对在体大白鼠心脏中氧浓度的分布进行 ESRI 检测

使用氮氧自由基 TEMPO 或^{15}N-PDT 作为自旋探针，利用直径为 15 mm 左右的表面谐振腔对心肌组织和心腔血液氧浓度的空间分布进行 2D 和 3D 的 ESRI 检测. 利用 ESR 谱-空间成像技术，可对不同心肌组织处的氮氧自由基的谱线线宽测定，从而对该区域的氧浓度进行测定. 为了提高氧检测的灵敏度，一种不被生物体消耗的 ESR 自由基——LiPC 微晶体将被安植于心肌壁中的多个位置. 然后通过所检测的 ESR 波谱来确定这些位置上的氧浓度. 由于这种氧敏感自由基是生物惰性的且对氧的存在非常敏感，可检测低至 0.1 torr 的氧浓度而且对氧的响应范围非常宽，所以通过 ESR 成像可以对心肌组织缺血过程中敏感和快速的氧浓度分布进行测定. 为了对整个心肌组织中的氧浓度进行检测，这种氧敏感自由基可被配制成颗粒大小为 10 μm 左右的胶体悬浊液. 将这种胶体悬浊液注入心肌组织中，这些微晶颗粒就会滞留在心肌组织的毛细血管中，从而实现对心肌组织中氧浓度分布的检测.

5.5　NO · 的 ESR 成像

NO · 在心血管的健康和疾病中发挥着重要作用，心脏病，特别是心肌缺血再灌注损伤与 NO · 关系极为密切，所以本节重点讲述 NO · 在心血管疾病中的 ESRI 应用.

5.5.1 缺血再灌注损伤的大鼠脑中产生的NO·的ESRI

由于用二巯甲酸类-铁离子捕集剂在体内ESR实验中得到了较强的ESR信号,因此研究人员也开始探索用ESRI技术检测体内的NO·. Zweier等人在1995年首先用ESRI技术检测了在缺血再灌注损伤大鼠脑中产生的NO·的ESRI图像[19-20]. 在实验中,用$(DETC)_2$-Fe^{2+}作为捕集剂,预先注射到大鼠的体内,缺血再灌后动物的脑组织被分离,冷冻,然后在液氮温度L波段(1.2 GHz)检测了大脑的ESRI,实验中ESRI图像的空间分辨率是1~2 mm. 这项工作虽然不是在体ESRI检测NO·,他们第一次探索性的用ESRI技术观察到了内源产生的NO·在大脑中的分布.

5.5.2 脂多糖(LPS)诱导的坏血症小鼠腹部NO·成像

Yoshimura等人于1996年常温下在体检测了LPS诱导的坏血症小鼠腹部NO·的信号. 小鼠在LPS注射40 h后,注射捕集剂DTCS或MGD或DETC和亚铁离子,然后在小鼠的上腹部观察到了NO·的ESR波谱,其中以DTCS的信号最强(图5.26),然后以DTCS的信号成像,ESRI-CT如图5.27所示. 由图可以看出,脂多糖可以刺激小鼠腹部产生NO·,由二维ESRI断层扫描可以看出NO·在腹部的分布情况.

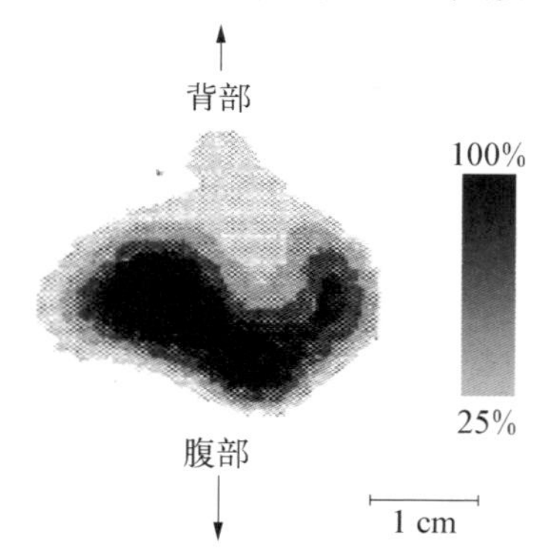

图5.25 在头部分别注射DTCS-Fe-NO,在Z-X平面的二维ESRI[20]

Yoshimura等人又于常温下在体检测了LPS诱导的坏血症小鼠腹部NO·的信号.[21] 小鼠在LPS注射8.5 h后,注射捕集剂DTCS和亚铁离子,然后在小鼠的上腹部观察到了NO·的ESRI图像(图5.28),小鼠用NOS的抑制剂L-NMMA处理后,ESR信号消失,证明了信号来自NOS产生的NO·,ESRI所显示的图像与肝脏部位一致,同时不同组织的ESR信号比较也证明了,信号来自肝脏. 这是第一次用ESRI技术,在体检测体内产生的NO·,ESRI的空间分辨率是6.3 mm.[22]

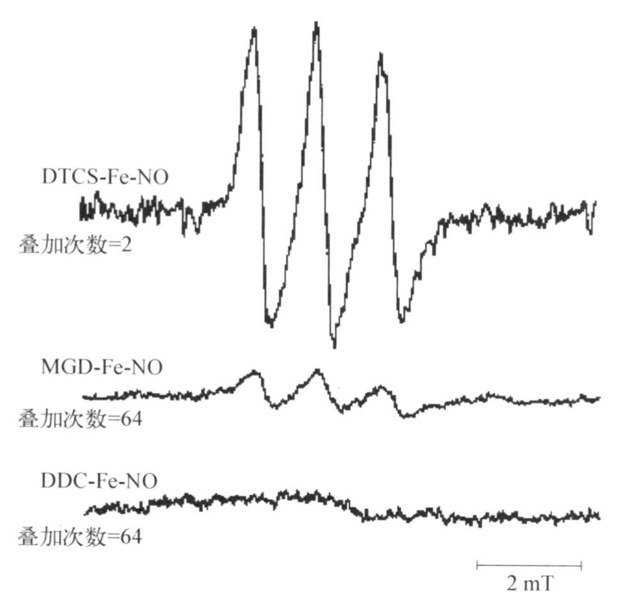

图 5.26　在腹部分别注射 DTCS-Fe-NO，MGD-Fe-NO 和 DDC-Fe-NO 40 min 后在上腹部检测到的 ESR 波谱

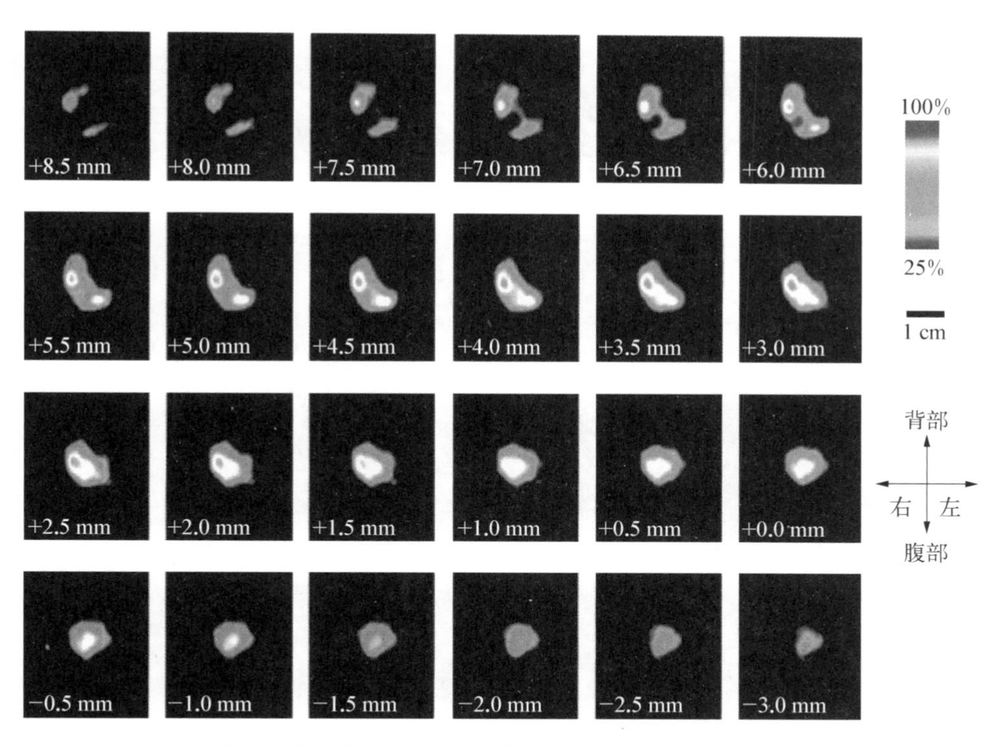

图 5.27　在体 LPS 诱导的坏血症小鼠腹部 NO・二维 ESR-CT

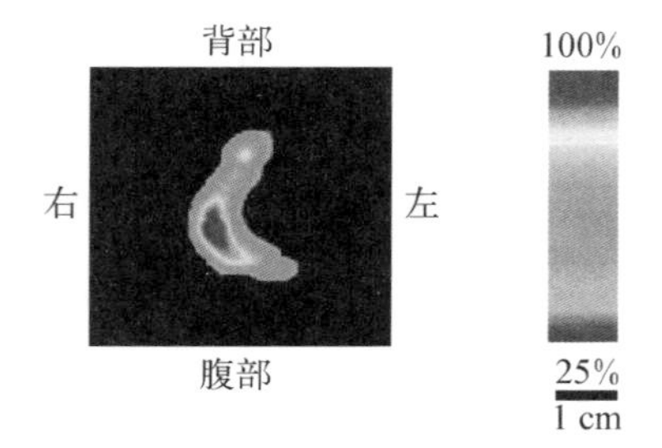

图 5.28　在体 LPS 诱导的坏血症小鼠腹部 NO・二维 ESR 成像

ISDN 是一种临床上常用的缓释的降压药物，可以缓慢地释放 NO・，Fujii 等人用 $(DTCS)_2$-Fe^{2+} 检测了活体小鼠中^{14}N-ISDN 和^{15}N-ISDN 释放的 NO・的 ESRI 图像，如图 5.29 所示，用^{15}N 释放的^{15}NO 的 ESRI 图像是双重峰信号，与^{14}N 相比，空间分辨率由

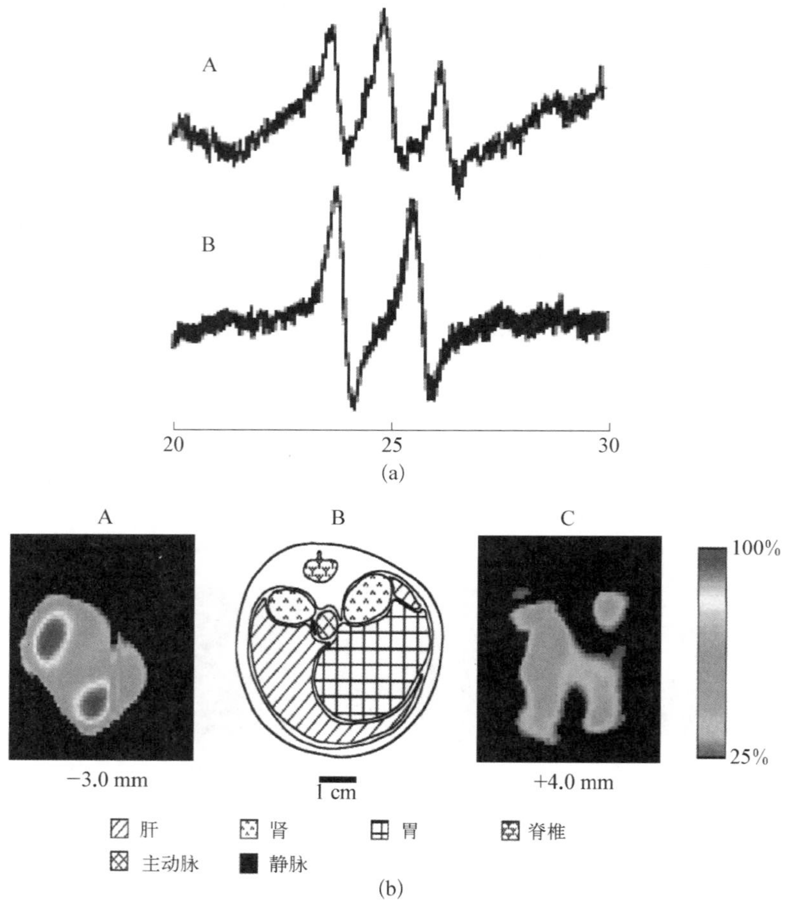

图 5.29　(a) [^{14}N]ISDN (A)和[^{15}N] ISDN (B) 处理小鼠上腹部检测到的 L 波段 ESR 波谱；(b) 小鼠腹部产生 NO・ESR 的成像

5.7 mm 提高到 4.0 mm. 图 5.30 是一组用[^{15}N]ISDN 处理小鼠 30 min 上腹部横切面的 ESR-CT 成像图. 现在,ESRI 技术已经比较广泛地应用于检测在体氧浓度及 pH,随着 ESRI 技术的进步,NO· 在科学研究和医学方面的广泛应用也会成为现实.[23]

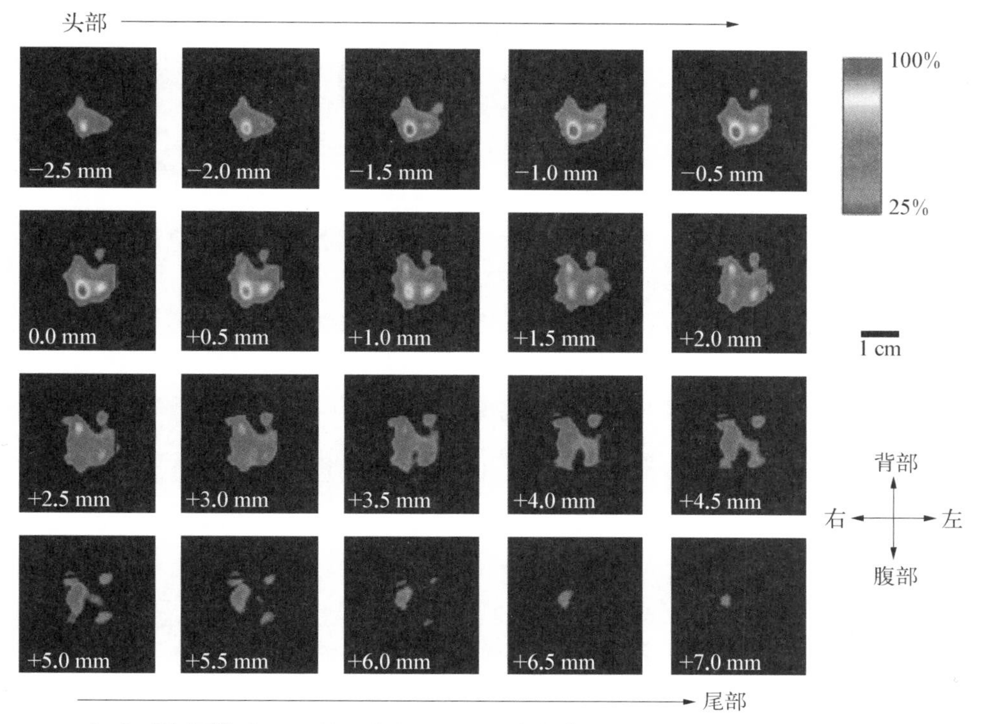

图 5.30　一组典型的用[^{15}N]ISDN 处理小鼠 30 min 上腹部横切面的 ESR-CT 成像图

每一切片的厚度为 0.5 mm. 空间分辨率为 3.95 mm. 每一切片下面的数字是沿尾巴的方向到共振腔中心的距离.

5.5.3　缺血再灌注产生 NO· 的 ESRI[24]

利用铁络合物自旋捕集技术可以对心脏产生的 NO· 进行 ESRI,研究心脏缺血再灌注产生的 NO· 空间分布. 图 5.31 是将样品在冷冻条件下在 L 波段进行收集产生的 NO· 空间分布的信息和成像. 右边是成像的断层,这样可以更加清楚地研究 NO· 空间分布,为研究心脏缺血再灌注产生 NO· 提供更详细的信息.

NMRI 利用质子的核磁自旋共振成像,可以给出身体各个器官的真实三维成像,但不能测定身体内的自由基. 而 ESRI 可以给出身体各个器官自由基的三维成像,但不能给出自由基在身体各个器官的真实位置. 利用质子-电子双共振 PEDRI 就可以克服这两个不足,给出自由基在身体各个器官的真实定位.

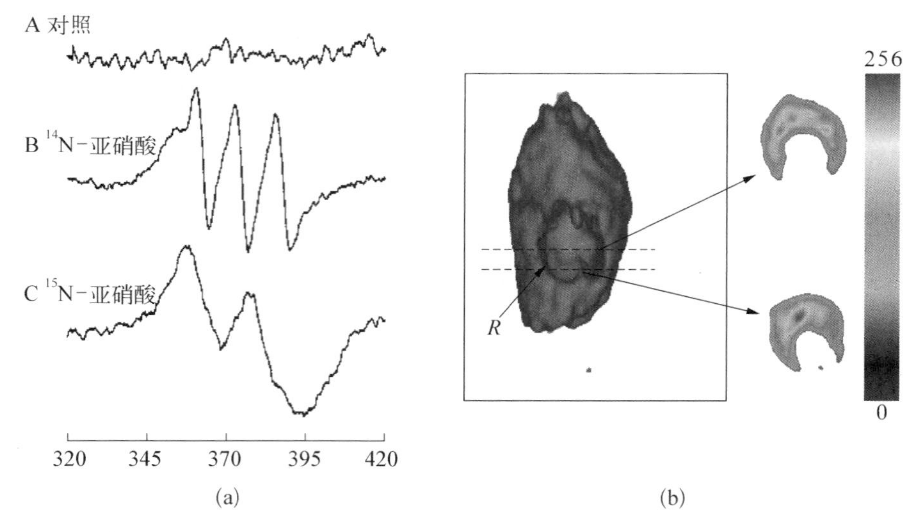

图 5.31　心脏缺血再灌注产生 NO・的 ESR 波谱(a)和 ESR 成像(b)

5.6　植物 X 波段 ESR 波谱成像

尽管以上实验都表明是在体用 ESRI 检测 NO・,但是,实际上都不是真正意义上的在在体生理状态下产生的内源 NO・的 ESRI. 这主要是由 L 波段 ESRI 成像系统分辨率和灵敏度太低造成的. 为了克服 L 波段 ESRI 的这些问题,作者所在研究组在 X 波段 ESR 波谱仪上建立了 X 波段 ESRI 系统,其灵敏度和分辨率都大大优于 L 波段 ESRI 系统. 在这一系统上笔者所在研究组实现了真正意义上的在体生理状态产生的 NO・的 ESRI. 利用铁络合物自旋捕集技术测定了小麦叶片等不同植物体系产生的内源 NO・的 ESRI. 可以清楚地看到,在叶子的中央部位,也就是叶脉部位产生的 NO・浓度最高,这可能反映了这一部分对生长发育起着重要作用.[10-11]

5.6.1　小麦叶片和叶耳产生的 NO・的三维 ESR 波谱成像

笔者所在研究组对小麦叶片和叶耳产生的 NO・的三维 ESR 波谱成像. 由于小麦叶耳与叶片的形状不同,其叶脉的分布也不同,其产生的 NO・的三维 ESR 波谱成像与叶片的三维 ESR 波谱成像也不同.[10-11]

5.6.2 三叶草产生的NO·的二维ESR波谱成像

利用铁络合物自旋捕集技术测定三叶草产生的NO·的三维ESR波谱成像.由于三叶草与小麦叶耳和叶片的形状不同,其叶脉的分布也不同,其产生的NO·的三维ESR波谱成像与小麦叶耳和叶片的也不同.这充分反映了NO·的三维ESR波谱成像可以真实地表现植物内源产生的NO·.

5.6.3 谷芽产生的NO·的三维ESR波谱成像

利用铁络合物自旋捕集技术测定谷芽产生的NO·的三维ESR波谱成像.由于谷芽与上面叶片的形状不同,产生的NO·的三维ESR波谱成像与谷芽的形状很类似,而不发芽的谷种就检测不到任何NO·的信号,这充分反映了NO·的三维ESR波谱成像可以真实地表现谷芽发芽过程内源产生的NO·.这部分的内容将在第19章讨论,并且给出了谷芽发芽过程产生的NO·的ESRI.

5.7 ESRI的其他应用

ESRI与NMRI有类似之处,它可以对波谱空间分布成像,将波谱形状插入成像变成附加的一维.它比NMRI更有波谱特异性,可以提供活体组织与生理有关参数的解剖图,同时还可以提供自由基分布、极性、氧浓度和微观黏度等信息[12-46].氮氧化物是稳定的有机自由基,在氮和氧之间具有单个未成对的电子离域.氮氧化物基团周围的空间位阻使这些化合物非常稳定.它们可以以纯净的形式获得,并且可以在实验室中储存和处理,无需比大多数有机物质有更多的预防变化的措施.在ESRI中,氮氧化物可以根据其还原为ESR沉默的羟胺来检测氧化还原状态.氮氧化物已广泛用于细胞、组织和活体动物的ESRI研究中.在细胞内,氮氧化物被细胞抗氧化剂如抗坏血酸、硫氧还蛋白、还原酶、泛醇、NADPH和GSH还原为羟胺.氮氧化物还可以作为超氧化物歧化酶模拟物并修复紫外线照射引起的DNA损伤.除了用作ESRI外,氮氧化物是ESRI中的T1松弛剂.由于具有不成对电子,它们的还原形式羟胺是抗磁性的,所以还原过程伴随着T1松弛性的降低.此减少反映了氧化还原状态的更改,可用于映射氧化还原状态.尽管氮氧化物的T1弛豫

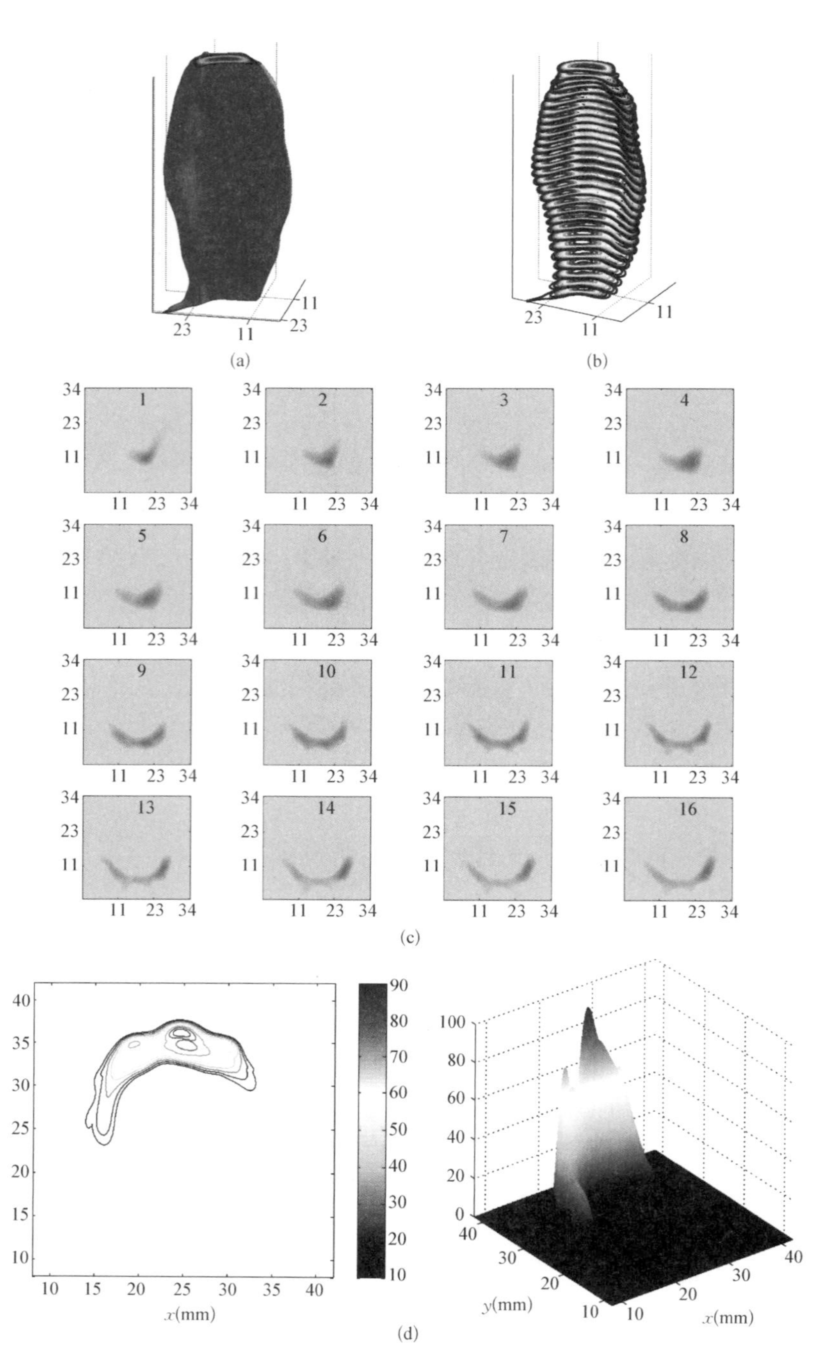

图 5.32　利用铁络合物自旋捕集技术测定的小麦叶产生的 NO· 的 X 波段 ESRI

(a) 小麦叶产生的 NO· 的 ESRI;(b) 小麦叶产生的 NO· 的 ESRI 的断层累加;(c) 小麦叶产生的 NO· 的 ESRI 的断层;(d) 小麦叶产生的 NO· 的 ESRI 二维谱空间成像.

性远低于钆螯合物(一个未成对电子与七个不成对电子),但它们的高细胞通透性导致组织中的体积分布显著增大,并补偿了其较低的弛豫性.ESR 血氧饱和度法能够可靠、准确和重复地测量组织中的氧分压,为研究氧气在癌症、中风和心力衰竭等多种疾病的发病机制和治疗中的作用提供了更多的机会.基于 ESR 血氧仪在小动物疾病模型中的体内应用的重大进展,用于人类受试者所需的合适探针和仪器正在开发之中.使用印度墨水在癌症患者中进行临床 ESR 血氧饱和度测定是可行的,印度墨水是目前唯一被批准用于临床使用的材料.

5.7.1 自旋探针和增强剂的在体 ESR 应用

对不含顺磁性物质的生物体成像需要外加自旋标记物.主要选择在生物体内还原速度慢和能穿过血脑屏障的氮氧自由基.氮氧自由基在体内被还原而不稳定,严重影响成像质量.葡萄糖炭黑和锂晶体的信号在体内非常稳定,最近被用于 ESRI 和测量氧浓度.用于成像的自旋标记剂在体内被生物还原,PNA(polynitroxyl albumin)可以将其转换成自由基,进而延长自旋标记寿命和增强成像质量.

将氮氧自旋探针注射或通过皮肤和肺吸收,然后测量其在整个动物或某器官和组织中浓度的分布和变化动力学.这往往是多种因素的结果,例如自旋探针在体内的浓度,动物的年龄,肺功能,体内的氧化还原状态,甚至动物的饮食和环境温度等.自旋探针进入循环,扩散到组织中,经过代谢,最后排泄出去.一般 piperidine 和 doxyl 氮氧自旋探针比 pyrroline 和 pyrrolidine 氮氧自旋探针在体内还原得更快.

5.7.2 利用自旋标记测量组织和器官氧分压

ESRI 是一种用于氧成像的先进技术.测量组织中的氧是在体 ESRI 的一个重要应用.自旋探针波谱对氧浓度的敏感是由于氧分子的顺磁性质,调制弛豫时间和谱线增宽.利用在体 ESRI 可以得到两类信息,一是氧浓度,二是氧分压.人们不再关注体内氧成像的重要性的原因之一是难以获得可重现的氧气或没有混杂变化的 p_{O_2} 图像.对小分子的氮氧自由基,氧对在体 ESR 波谱的影响主要取决氧分子与氮氧自由基的碰撞速率,因此直接反映氧浓度.利用这一方法测量的组织有脑、心、肝、肾、皮肤和肿瘤等.根据 ESR 谱的氧依赖性线展宽,可以对氮氧基(氮氧化物)代谢进行高质量的 3D 波谱空间成像,以及氧浓度的空间局部测量.外源性注入探针和内源性自由基都用于获得 ESR 图像.ESRI 是一种强大的工具,可以提供有关生物器官和组织中自由基、氧气和一氧化氮的空间定位的独特信息.[46]

5.7.3 测量活体组织中的 pH(0～14)

氮氧自由基的氮原子的超精细分裂对包括 pH 在内的环境因素很敏感.利用这一性质在模型体系可以很精确和灵敏地测定 pH 变化.利用氮氧自由基这一性质,在体内也可以测定 pH 变化,而且这一方法对动物没有任何伤害.已报道的有胃 pH 的测定和药物的排出.从原则上讲,利用这一方法可以测定体内任何位置的 pH.

5.7.4 监测药物在体内的代谢功能

用氮氧自由基和在体 ESR 就可以监测不同高分子材料将药物送入体内的代谢过程.利用这一方法得到的数据就可以研究药物在体内的代谢机理.在体 ESR 对接近皮肤表面的药物的定位和功能特别有效.其中一个典型例子就是检测连接氮氧自由基的不同结构和分子的药物穿过皮肤的过程.

5.7.5 氮氧自由基药物动力学成像

我们用 ESRI 研究了氮氧自由基在大鼠腹部和肠内的代谢动力学.用葡聚糖包裹的氮氧自由基成像的时间大大延长.发现一些脂溶性的氮氧自由基可以穿过血脑屏障,而水溶性的氮氧自由基就很难穿过血脑屏障.用氮氧自由基对大鼠心脏进行成像,可以分辨直径为 0.2 mm 的主动脉.跟踪物理因素如局部压力在心脏循环过程对心肌和氮氧自由基分布的影响.

与癌症治疗的标准疗法相比,纳米医学的创新发展有望提供有效的治疗选择.然而,ESR 靶向纳米药物的效率并不令人满意,因为它受到增强渗透性和保留性效应(ESR)的异质性的强烈损害.通过使用 ESR 增强剂靶向 ESR 效应的动态和改善纳米治疗效果是开发癌症治疗的重要方法.ESR 在人类中疗效的数据不足阻碍了癌症药物的临床转化.改变肿瘤微环境(TME)的分子靶向、物理修正或生理改造是改善 ESR 效果的关键途径.这种改善基于 ESR 的癌症治疗和诊断药物递送的方法,可以用于可视化 ESR 诱导的纳米药物在肿瘤中分布的先进成像技术.也可以使用更好的动物模型,增强 ESR 效应.增强是基于 ESR 效应的癌症治疗药物递送方法的策略,以及用于诊断 ESR 效应的成像技术.一些先进的基于纳米医学的 ESR 增强方法目前正在进行临床实验,这可能有助于改善 ESR 诱导的药物递送和临床转化[47].自 30 多年前发现以来,增强的渗透性和保留性(ESR)效应已成为癌症纳米医学开发的指导原则.多年来,肿瘤靶向药物递送领域取得了重大进展,几种纳米抗癌药物的获批就是证明.然而,最近ESR效应的存在和程度(特别是在患者中)已成为激烈争论的焦点.这是由大量的临床前癌症纳米医学论文与进入市场的相对较少的癌症纳米药物产品之间的不平衡导致的,包括癌症类型特异性病理生理学、纳米医学与异质性肿瘤微环境的相互作用,体内纳米医学行为以及特别复杂化纳米药物开发的转化.ESR效应和癌症纳米医学在不同方面共同推动肿瘤靶向药物递送是当前最新技术和未来的发展方向.[49]

5.7.6 肿瘤的成像

ESRI系统已被定制用于临床前和潜在的临床研究.在ESRI发展早期,就用1.5 GHz ESR对肿瘤成像并发现氮氧自由基在肿瘤血管区域分布不均匀.后来的成像发现肿瘤核心的氧浓度比边缘部分小,这对肿瘤的放射治疗具有重要意义.为了推动该领域向前发展,我们必须提高ESR效应.对组织/细胞中的缺氧、氧合、氧化还原状态和/或糖酵解代谢等肿瘤微环境进行成像有助于诊断和预后.目前我们正在开发新的成像模式,用于对肿瘤微环境的各个方面进行成像.ESRI虽然与NMR/MRI相似,但在提供体内p_{O_2}定量图像的能力方面是独一无二的.较短的电子自旋弛豫时间对临床应用的技术开发带来了巨大的挑战.随着窄线宽三苯甲基化合物的可用性,开发了用于p_{O_2}成像的脉冲ESRI技术.ESRI使外源性自旋探针/造影剂可视化,但缺乏互补的形态学信息.动态核极化(DNP)是一种将高电子自旋极化转移到周围核自旋(^{1}H和^{13}C)的现象,为分子成像开辟了新的能力.^{13}C细胞核的DNP通过对特定的酶动力学进行成像,用于^{13}C标记化合物的代谢成像.体内生理和代谢方面映射的成像策略在癌症研究中的应用具有很大的潜力.[48]放射治疗是治疗癌症/肿瘤的主要方式之一.然而,对放射治疗的反应可能受到靶组织中生理和/或病理条件的影响,特别是低氧分压和癌症/肿瘤组织中氧化还原状态的改变.可视化这种癌症/肿瘤病理生理微环境不仅可用于规划放射治疗,而且可用于早期检测癌症/肿瘤.肿瘤缺氧可以通过ESR氧映射和体内动态核极化(DNP)MRI来感知.组织氧浓度可以通过血氧水平依赖性(BOLD)和/或组织氧水平依赖性(TOLD)MRI信号实时可视化.ESR成像(ESRI)和/或T1加权MRI技术可以根据氮氧自由基造影剂的顺磁性和抗磁性转换,无创伤地可视化组织氧化还原状态.^{13}C-DNP MRI可以可视化肿瘤/癌症组织的糖代谢.这些多模态图像的精确共配准可以使药物机制和/或由此产生的生物效应的关系变得清晰.多模态仪器,如PET-MRI,可能具有连接多种功能的其他可能性.迄今为止单独开发的功能成像技术已经融合在治疗诊断学的概念中.组织氧合可以通过血氧水平依赖性和/或组织氧水平依赖性MRI信号实时可视化,具有非常广泛的应用范围和医学价值.[50]

5.7.7 药物在皮肤扩散成像

由于皮肤和皮下组织容易接近和它的重要性,有大量 ESRI 工作集中在这一领域.最初仍然是用氮氧自由基,研究发现从表皮到真皮,极性明显增加.可以明显分辨出富含脂肪区和脂肪缺乏区氧浓度、黏度和金属离子浓度的不同.皮肤二维成像的分辨率可达到 25 μm.

黑色素瘤的发病率随着时间的推移而不断增加,这对皮肤科医生和肿瘤学家在黑色素瘤诊断和管理方面提出挑战.黑色素瘤是最具侵袭性的皮肤癌,可显著降低晚期患者的生活质量和生存率.因此,早期诊断仍然是改变黑色素瘤患者预后的关键.在这种情况下,先进的技术可以提高诊断的准确性,更好地表征病变并可视化其在表皮中的可能侵袭性.由于黑色素具有顺磁性,临床低频 ESR 表征病变中黑色素含量有可能成为黑色素瘤的辅助诊断方法.黑色素瘤的检测重点是其 ESR 波谱/成像.使 ESR 从体外研究转移到体内,最后到患者是进行黑色素瘤研究的关键要素,ESR 为临床中用于表征色素病变方面提供了重要的工具和方法.[51]

ESRI 与稳定自旋探针结合可以应用于角质层结构分析.通过 X 波段(9.4 GHz)ESR 和 ESRI 阐明角质层(SC)的结构,可以发现寻常型银屑病角质层的结构比对照角质层的结构有序,表明 PV-SC 的结构异常.对 PV-SC 观察到不同的波谱,三线谱图表明 5-多氧硬脂酸(5-DSA)在角质层中具有移动性或刚性较低.在角质层中获得的模拟序参数(S_0)值约为 0.20,统计分析表明,PV-SC 值显著小于对照组($p<0.01$).因此,该 ESR 测定对评估 SC 功能非常有用.此外,各种角质层样品的 ESRI 提供了有关角质层状态的有用图像.在银屑病皮肤上观察到强烈的红色图像.对照组未见红色病变区.ESR 图像区分了角质层中无序状态的各种大小和数量分布.[52]

5.7.8 ESRI 在 3D 打印技术中的应用

ESRI 被描述为一种由光照引起的氧气分布变化的可视化工具.这种非破坏性方法使用无线电波,因此不受光学不透明度的限制,提供更大的穿透深度.ESRI 系统已被用于临床前和潜在的临床研究.设计中使用了由 MATLAB 控制的商业独立模块,成像系统结合了数字和模拟技术,旨在实现最大的灵活性和多功能性,并执行标准和新颖的用户定义实验.在三个原理方面验证成像实验:① 光聚合过程的空间传播;② 后固化导致的缺氧;③ 3D 打印螺旋模型中的氧气可视化.在这些实验中使用了商业立体光刻(SLA)树脂.将八丁氧基萘锂(LiNc-BuO)探针与树脂混合以实现氧成像.Li-萘酞菁探头因其长期稳定性和对氧气的高功能敏感性而常被用于各种 ESR 应用.在多项研究中证明了 ESRI 有可能成为 3D 打印技术发展中强大的可视化工具，包括生物打印和组织工程.[52]在 800 MHz 下实现快速扫描 ESRI. 生成稳定的磁扫描波形对于快速扫描至关重要. 为正弦磁场扫描开发了数字自动扫描控制(DASC)系统. 使用 3D 打印技术开发了表面环谐振器. 快速扫描 ESRI 系统使用样品模型进行了验证，可以成功实现乳腺癌小鼠模型的体内成像.[53]

5.7.9 ESRI 在预防和辐射防护中的应用

ESRI 是一种由氧成像引导辐射的先进氧成像方式. 诊所正在引入新的混合放射治疗系统，将 ESRI 扫描仪与电离辐射源相结合. MRI 的强磁场极大地影响辐射剂量分布，特别是在组织-空气界面处由于电子返回效应(ERE)，在亚毫米厚的表层内对 ERE 进行实验研究仍然极具挑战性. 在本工作中，通过应用 ESRI 技术检查和量化了毫米尺寸气腔周围 0.5 mm 层内剂量分布的磁场引起的扰动. 充气熔融石英管(内径为 3 mm 或 4 mm)模仿小气腔并用作模型系统. 这些管子通过 6 MV 光子束照射，辐照是在有或没有横向磁场的情况下进行的，提供 1.0 T 的磁场强度. 随后通过应用场扫回波检测 ESRI 确定石英管中辐射诱导的顺磁缺陷的空间分布，然后将其转换为相对剂量分布. 横向磁场导致相对于石英管内平均剂量的局部剂量显著增强或减少(低至 35%). 氮氧化物作为稳定的有机自由基最初用作 ESR 光谱学中的自旋标记，涉及细胞间环境的 pH、细胞和组织的氧合、生物膜的流动性、构象状态和蛋白质的形貌等参数. 氮氧化物也已用于生物学和医学中，作为 MRI 中的造影剂，当它们的抗氧化活性被发现时，研究这些药物潜在效用的时代开始了. 氮氧化物可以通过参与氧化/还原反应来调节细胞的氧化还原状态. 因此，它们在各种氧化应激模型中得到了广泛的研究. 氮氧化物的抗氧化作用是因为它们能够催化 $\cdot O_2^-$ 的歧化(超氧化物歧化酶样活性)，抑制脂质过氧化，通过将过渡金属离子氧化为更高的氧化态来防止芬顿和哈伯-韦斯反应，并赋予血红素蛋白过氧化氢酶样活性，可以研究氮氧化物的抗氧化机制、细胞和组织内氮氧化物还原的结构、功能和速率之间的关系以及氮氧化物在化学预防和放射防护中的应用[54]. 迭代重建算法是 ESRI 图像重建的研究热点，该算法可结合图像先验信息构建高级优化模型，实现稀疏投影和/或噪声投影的精确重建.[55]

5.8 ESRI 的新技术

随着 ESRI 在各方面的应用不断增加，人们发现传统的 ESRI 不能满足各种应用，因此又研发了各种 ESRI 新技术.

5.8.1 快速扫描 ESRI 技术

体内或离体 ESRI 是确定活体器官和组织中自由基和其他顺磁性物质的空间分布的强大技术.然而,ESRI 的应用受到较长的投影采集时间的限制,无法实现快速扫描 ESRI.因此,体内 ESRI 通常仅提供时间平均信息.为了实现直接快速的 ESRI,人们开发了一种快速 ESR 采集方案:将 ESR 投影采集时间缩短至 10~20 ms,使用相应的软件和仪器,在短短 2~3 min 内实现具有亚毫米空间分辨率的孤立跳动心脏的快速门控 ESRI.重建的图像显示了心跳周期中大鼠心脏内自由基分布、解剖结构和收缩功能的时间和空间变化.缩放谐振器尺寸以适合具有最大填充因子的鼠标头构建了直径为 20 mm、长度为 20 mm 的单回路 6 间隙谐振器,利用固定位置的双耦合回路实现了高谐振器的稳定性.对称的相互倒置连接使其对场调制和快速扫描不敏感.耦合调整由位于馈线处 $\lambda/4$ 距离的并联可变电容器提供.为了尽量减少辐射损失,谐振器周围的屏蔽层辅以一个平面导电盘,该圆盘聚焦回磁通量.结果表明,装有鼠头部位的谐振器耦合高效且简单.该谐振器在静脉输注氮氧化物探针后实现了小鼠头部的高质量体内 3D ESR 成像.使用该谐振器和快速扫描 ESR 系统,在正向和反向采集了 4 ms 扫描,从而在 25 s 内获得了具有 2 次扫描 3 136 个投影的图像.头部图像的分辨率为 0.4 mm,能够可视化探针定位和跨血脑屏障的摄取.这种谐振器设计为小鼠头部和大脑的体内快速扫描 ESR 提供了良好的灵敏度、高稳定性和 B1 场均匀性,使探针摄取、定位和代谢的测量速度更快,成像分辨率更高.[56]

在连续波 ESRI 中,高质量图像在采集以前受到每个图像投影的必要长采集时间的限制,通常大于 1 s.为了加速图像采集过程,促进更多的投影和更高的图像分辨率,人们开发了仪器来大大加快用于获得每个 ESR 图像投影的磁场扫描.使用用于现场扫描的低电感螺线管线圈和球形螺线管空心磁铁,由三角对称波驱动扫描,正向和反向频谱采集时间可达 3.8 ms.采用投影均匀分布优化投影为三维图像重建做出了贡献.使用这种快速扫描 ESR 系统、三苯甲基或纳米颗粒 LiNcBuO(八丁氧基取代的萘酞菁锂)探针和 L 波段快速扫描 ESRI 技术,能够对幻影和灌注的大鼠心脏进行高质量的 ESR 图像,并且在 1 min 内实现高达 250 μm 的空间分辨率.快速扫描 ESRI 可以极大地促进自由基和其他顺磁探针在生命系统中空间分布的高效和精确映射.[57]

ESR 允许对组织氧化还原状态进行定量成像,从而提供有关缺血综合征、癌症和其他病理的重要信息.然而,对于连续波 ESRI,较差的信噪比和低采集效率限制了其在体内对动态过程(包括组织氧化还原)进行成像的能力,其中条件可能会快速变化.在这里,提出了一种数据采集和处理框架,该框架将快速采集与压缩传感启发的图像恢复相结合,以实现具有高空间和时间分辨率的基于 ESR 的氧化还原成像.快速采集(FA)允许在给定的扫描时间内收集更多(尽管噪声更大)的投影.基于复合正则化的处理方法,也称为时空自适应恢复(STAR),该方法不仅利用了时空图像中表示的稀疏性,而且根据其固有的稀疏性水平自适应地调整每个表示的正则化强度.因此,时空自适应恢复会根据多个表示之间的稀疏性水平的差异进行调整,而不会引入任何调谐参数.模拟和幻影成像研究表明,快速采集和时空自适应恢复(FASTAR)的结合能够实现体积图像系列的高保真恢复,每个体积图像的扫描时间不到 10 s.除了图像保真度之外,从 FASTAR 得出的时间常数也与地面真实值非常匹配,即使使用少量投影进行恢复也是如此.这一发展将增强 ESR 研究使用现有的 ESRI 技术无法实现的快速动态过程的能力.[58]

快速光谱-空间 ESRI 的新方法减少了投影采集的时间,将使用高频正弦调制的塞曼磁场快速扫描与同时施加的磁场梯度相结合,其幅度在低频下调制.该方法的正确性通过在由两个 LiPc 样品组成的模型上进行的研究中得到证实.使用迭代算法重建来自采集数据的光谱空间图像.该方法允许在 200 ms 下获取具有 800 个投影的光谱空间图像.[59]

5.8.2 新型 A 数字自动频率控制 ESRI 技术

ESRI 系统已被定制用于临床前和潜在的临床研究.设计中使用了由 MATLAB 控制的商业独立模块,其成像系统结合了数字和模拟技术,旨在实现最大的灵活性和多功能性,并执行标准和新颖的用户定义实验.该设计目标是通过将中频(IF)输出的任意波形发生器(AWG)与恒定源频率(SF)混频来实现的.该系统提供 250 MHz、750 MHz 和 1 000 MHz 的低噪声 SF,因此可以产生从近基带到 L 波段的宽范围频率.在信号检测侧实现了两级下变频,从而实现多频 ESR 功能.在第一阶段,信号频率转换为 IF,提供了一种在 IF 下工作的新型 AWG 数字自动频率控制方法,该方法用于自动谐振器调谐.正交基带 ESR 信号在第二个下变频步骤中产生,将低噪声频率源与 AWG 混合的半数字方法实现生成任意激励模式,包括但不限于谐振器调谐和匹配的频率扫描、连续波和脉冲序列.在 800 MHz 下实现快速扫描(RS)ESR 成像.生成稳定的磁扫描波形对于 RS 方法至关重要.为正弦磁场扫描开发了数字自动扫描控制(DASC)系统.DASC 允许严格控制扫描的幅度和相位.使用 3D 打印技术开发了表面环谐振器.RS ESR 成像系统使用样品模型进行验证,演示了乳腺癌小鼠模型的体内成像.[60]

使用超声波(US)和 ESR 成像进行图像配准的概念,并讨论了该解决方案的优点及其局限性.幻影和小鼠肿瘤都用于测试超声波和 ESR 图像共配准.对牙科成型铸件固定和预先设计的摇篮的比较表明,后一种方法在稳定基准位置方面更有效.展示了小鼠肿瘤的活体成像、3D 空间和 4D 空间光谱 ESR 成像的基准点系统的图像配准和比较.超声可以为临床前研究中的图像配准提供其他解剖成像方法的便捷替代方案.特别令人感兴趣的是超声波组织结构、多普勒血管功能和 ESR 氧或氧化还原成像的融合.[61]

5.8.3 三维门控 ESR 跳动心脏的成像

在心脏收缩周期中自由基分布的时间分辨测量中，体内或离体 ESR 成像已被确立为确定活体器官和组织中自由基和其他顺磁性物质空间分布的强大技术. 虽然以前已经报道了能够对整个组织和分离器官中的自由基进行 ESR 成像的仪器，但不可能对快速移动的器官（如跳动的心脏）进行成像. 因此，急需开发一种仪器，以便在 L 波段对孤立跳动的大鼠心脏进行门控光谱和成像. 还开发了一种同步脉冲和定时系统，该系统能够为每个周期多达 256 张图像进行门控采集，频率高达 16 Hz. 该仪器的时间和空间精度使用专门设计的跳动心形等体积模型进行了验证，该模型具有机电驱动的正弦运动，循环频率为 5 Hz. 在一系列注入氮氧化物自旋标记的分离大鼠心脏上进行门控 ESR 成像. 这些心脏以 6 Hz 的频率起搏，每个心脏收缩周期获得 16 个或 32 个门控图像. 该图像能够可视化心脏周期中心脏自由基分布和解剖结构的时间依赖性变化.[62]

体内或离体 ESR 成像是确定活体器官和组织中自由基和其他顺磁性物质的空间分布的强大技术. 然而，ESRI 的应用受到较长的投影采集时间的限制，因此无法实现快速门控 ESRI. 因此，体内 ESRI 通常仅提供时间平均信息. 为了实现直接门控 ESRI，人们开发了一种快速 ESR 采集方案，将 ESR 投影采集时间缩短至 10～20 ms，结合相应的软件和仪器，在短短 2～3 min 内实现具有亚毫米空间分辨率的孤立跳动心脏的快速门控 ES-RI. 重建的图像显示了心跳周期中大鼠心脏内自由基分布、解剖结构和收缩功能的时间和空间变化.[63]

磁场扫描的线性度对于高分辨率连续波 ESRI 非常重要. 使用三角波函数驱动场是扫描 ESR 投影的最有效方法. 然而，在快速毫秒投影扫描期间，磁场扫描轮廓可能会明显失真. 在这项工作中，一种方法使用了三角波函数的校准谐波生成高度线性且适当对称的磁场三角扫描. 首先，得到了 ESR 磁体及其电源电路的频率响应函数；为此，用不同频率的正弦信号驱动磁场扫荡线圈，并记录磁体内部的实际磁场. 为了覆盖广泛的频率范围，使用高斯计、霍尔效应线性传感器集成电路和电感线圈独立进行测量. 对于每个频率，确定系统增益和相位延迟. 这些数据用于调整三角波函数的各个谐波的振幅和相位. 校准后，4 ms 扫描时磁场与线性函数的最大偏差为扫描宽度的 0.05%. 正向和反向扫描之间的最大差异小于 0.04%. 更改扫描方向的扫描响应时间为 5%. 所提出的方法允许在高达 48 G 的磁场扫描宽度范围内生成精度优于 0.1%的高保真三角磁场扫描，扫描持续时间从 10 s 到 1 ms.[64]

5.8.4 功能性四维光谱空间电子顺磁成像

功能性四维光谱空间电子顺磁成像通常用于生物医学研究. ESR 线在光谱维度中的位置和宽度报告组织微环境中的氧分压、pH 和其他重要参数. 图像是在均匀的外部磁场中测量的,因为磁场会受到磁化物体的扰动. 研究者对此进行了概念验证成像实验,该实验允许可视化该物体产生的磁场. 实验使用单线锂八丁氧基萘酞菁自旋探针,ESR 线的光谱位置以空间分辨率直接测量了扰动场的强度,因此重建了三维磁场图. 可以预期该技术的几种应用:首先是 ESRI/MPI 共配准,其中 MPI 是一种新兴的磁粉成像技术;其次,ESRI 可以替代用于开发高端永磁体及其组件、消费电子产品和工业传感器的磁场相机. 除了高分辨率的磁场读数外,ESR 探头还可以放置在标准传感器无法接近的各种组件的内部区域;第三,ESRI 可用于开发细胞培养物的磁性操作系统.[65]

在室温(RT)下获得掺杂稳定自由基的生物样品的亚细胞分辨率是 ESRI 中长期追求的目标. 当前 ESRI 方法的空间分辨率受到限制,要么在室温下低电子自旋极化,要么场梯度和自由基线宽受到相关的实验限制. 受最近发色团-硝基自旋探针分子中大电子自旋超极化的启发,该研究提出了一种新颖的光学超偏振 ESR 成像(OH-ESRI)方法,该方法结合了双光子共聚焦显微镜的光学方法产生超偏振和快速扫描 ESR 方法进行信号检测. OH-ESRI 的一个重要方面是它不受传统 ESRI 的上述限制,因为自旋探针中大的超极化克服了室温下较差的热自旋偏振,并且使用发色团的双光子光学激发自然产生所需的空间分辨率,而不需要任何磁场梯度. 基于时变布洛赫方程的仿真,同时考虑了 RS 场调制和光学方式产生的超极化,以检验 OH-ESRI 的可行性. 仿真结果表明,在体外条件下,OH-ESRI 在室温下的空间分辨率可达 2 fL. 值得注意的是,OH-ESRI 实验的大多数要求都可以通过当前可用的技术来满足,从而为其易于实施铺平了道路. 因此,所提出的方法可以潜在地弥合光学和磁成像技术之间的灵敏度差距. ESRI 已发展成为一种有前景的工具,可以提供组织中氧合水平的无创评估. 由于电子的 T2 弛豫时间极短,ESRI 中使用单点成像(SPI),限制了可实现的空间和时间分辨率. 这在尝试测量缺氧状态的变化时会出现问题. 为了捕集缺氧组织中的氧气变化并定位循环缺氧区域,需要一种信息损失最小的加速 ESRI 方法.[66]

5.8.5 利用数字模型的计算机模拟顺磁成像

ESRI 可以产生有关未成对电子自旋密度的三维空间分布的信息,从中可以推导出肿瘤组织内氧浓度的空间分布. 现有的 ESRI 重建算法通常需要在大量密集采样的投影视图中收集数据,导致数据采集时间延长,因此面临许多实际挑战,特别是针对体内动物

ESRI.因此,通过减少ESRI中收集的数据样本数量来缩短数据采集时间具有特殊意义,我们可以通过减少稀疏分布的投影视图来获取数据,也可以从现有算法中重建具有突出虚假信号形成伪影的图像来获取数据.在这项工作中,研究者研究并开发了一种优化的技术,可以对稀疏采样投影视图收集的数据进行图像重建,以减少ESRI中的扫描时间.具体来说,设计了一个凸集上交替投影(projections onto convex sets,POCS)优化程序,其中将感兴趣的ESR图像表述为解决方案,然后定制CP(chambolle-pock)原始对偶算法,通过求解凸集上交替投影优化程序来重建图像.利用来自数字模型的计算机模拟ESRI数据和从物理模型收集的真实ESRI数据,对基于优化的ESR图像重建技术的验证和表征进行了研究.研究结果表明,该技术可以从稀疏分布的投影视图中收集数据来产生准确的ESR图像,从而有可能实现快速ESRI并缩短采集时间.[67]

ESRI是一种先进的肿瘤氧浓度成像方法.ESRI目前的瓶颈问题是扫描时间太长.稀疏重建是一种有效且快速的成像方法,这意味着我们可以从稀疏视图投影重建图像.然而,通过经典滤波背投影(FBP)算法稀疏重建的ESRI图像通常含有严重的条纹伪影,影响后续图像处理.在这项工作中,研究者提出了一种基于特征金字塔注意力的残差、密集、深度卷积网络(FRD-Net)来抑制FBP重建图像中的条纹伪影.该网络结合了残差连接、注意力机制、密集连接并引入感知损失.将带有条纹伪影的ESRI图像输入,则输出的是FBP算法密集重建的相应高质量图像.训练后,FRD-Net获得了抑制条纹伪影的能力.真实数据重构实验表明,与现有的3个具有代表性的深度网络相比,FRD-Net能够更好地提高稀疏重构精度.[68]

ESRI是一种用于小动物体内氧成像的技术.在连续波(CW)ESRI中,测量可以解释为图像函数的采样4D氡变换.传统的FBP算法已被广泛用于根据CW ESRI中获取的氡变换的全部知识重建图像.在CW ESRI的实际应用中,人们通常只对成像对象内部分区域(ROI)的信息感兴趣.希望仅根据氡变换的部分知识准确重建ROI图像,因为获取部分数据集可以大大减少成像时间.然而,传统的FBP算法无法根据偶数维氡变换的部分知识准确重建ROI图像.在这项工作中,描述了两种新算法:反向投影滤波(BPF)算法和最小数据过滤反向投影(MDFBP)算法,可以对CW ESRI中的部分氡变换(或截断氡变换)进行精确的ROI图像重建.我们还在合成2D图像的ROI图像重建背景下进行了数值研究,其密度与小动物ESRI中的相似.这既证明了传统FBP算法的不足,也证明了BPF和MDFBP算法在ROI重建中的成功.所提出的ROI成像方法有望大幅缩短CW ESRI中的图像采集时间.[69]

部分傅里叶压缩感知(PFCS)是一种图像加速技术,它结合了压缩传感(CS)和部分傅里叶重建.PFCS使用共轭对称性信息来扩充原始CS方程,以显示缺失的测量值.为了进一步提高图像质量以重建低分辨率ESRI图像,在重建过程中使用了POCS的投影相位图和球面采样掩模.PFCS技术用于幻影和体内SCC7肿瘤小鼠,以评估O_2图像质量和准确性.在幻影和体内实验中,PFCS都展示了比传统CS至少4倍加速度的更准确地重建图像的能力.同时,PFCS能够以0.6 mm的空间分辨率更好地保留幻影中独特的空间图案.在含有不同氧浓度的Oxo63溶液的模型上,PFCS重建了区分不同O_2浓度的线宽图.此外,与传统的CS重建图像相比,部分采样数据的PFCS重建可以更好地区分腿部肿瘤中的缺氧和含氧区域.使用PFCS对组织氧合进行合理评估,加速度因子为4的ESR图像是可行的.该技术可以大大增强ESR的应用,并提高我们对循环缺氧的理解.此外,该技术可以很容易地扩展到各种MRI应用.[70]

研究和开发基于优化的算法直接从CW ESRI中有限角度范围(LAR)上收集的数据中精确重建四维光谱空间(SS)图像.基于CW ESRI中设计的采用Zeeman调制(ZM)方案进行数据采集的离散到离散数据模型,首先将图像重建问题表述为一个POCS的约束优化程序,该程序包括数据保真项以及对4D-SS图像的单个方向总变化(DTV)的约束.随后,开发了一种基于原始的双DTV算法,简称DTV算法,以求解CW-ZM ESRI从LAR扫描中收集的数据实现图像重建的约束优化程序.我们在模拟和真实数据研究中评估了DTV算法,用于CW-ZM ESRI中的各种LAR扫描,研究的视觉和定量结果表明,4D-SS图像可以直接根据LAR数据重建,这与CW-ZM ESRI中标准全角度范围(FAR)扫描中获得的数据在视觉和定量上具有可比性.我们提出了一种基于优化的DTV算法,可以用于在CW-ZM ESRI中直接从LAR数据中准确重建4D-SS图像.该领域未来的工作包括开发和应用优化后的DTV算法,通过从CW ESRI中获取的FAR和LAR数据重建4D-SS图像.开发的DTV算法可能被用于启用和优化CW ESRI,通过获取LAR扫描中的数据,最大限度地减少成像时间和伪影.

参考文献

[1] 赵保路.顺磁成像[J].生物化学与生物物理进展,1990,17:277-289.

[2] 赵保路.体内EPR和EPR成像在生物和医学中的应用[J].波谱学杂志,2000,17:343-348.

[3] 吴可,丛建波,先宏,等.L波段三维ESR成像系统的研制(Ⅰ):L波段ESR成像的磁场及三维梯度磁场系统[J].波谱学杂志,2002,19(4),337-343.

[4] 郑莹光,许静,董凤霞,等.L波段三维ESR成像系统的研制(Ⅱ):L波段ESR成像系统[J].波谱学杂志,2003,20(2):105-112.

[5] 郑莹光,董凤霞,许静,等.L波段三维ESR成像系统的研制(Ⅲ):L波段谐振腔的研制[J].波谱学杂志,2003,20(3):231-237.

[6] 吴可,丛建波,先宏,等.L波段三维ESR成像系统的研制(Ⅳ):系统组成与各部分性能[J].波谱学杂志,2004,21(1):33-40.

[7] 吴可,丛建波,先宏,等.L波段三维ESR成像系统的研制(Ⅴ):灵敏度与分辨率及系统总性能[J].波谱学杂志,2004,21(1):159-164.

[8] 郑莹光,董凤霞,许静,等. L 波段三维 ESR 成像系统的研制(Ⅵ):三维 ESR 系统软件[J]. 波谱学杂志,2004,21:149-158.

[9] Wu K, Huang C, Cao Y, et al. Plate form three-dimensional gradient coils for L-band ESR imaging experiment[J]. J. Magn. Reson., 2005, 175: 256-263.

[10] 赵保路. L 波段和 X 波段 ESR 成像仪器的研制[C]. 西安:第八届全国波谱学会议,2006,10:5-9.

[11] Cao Y L, Chen Y S, Wan Q, et al. Three-dimensional electron spin resonance imaging of endogenous nitric oxide radicals generated in living plants[J]. Biophysics Reports, 2018, 4(3): 133-142.

[12] He G, Evalappan S P, Hirata H, et al. Mapping of the B_1 field distribution in a surface coil resonator using EPR imaging[J]. Magnetic Resonance in Medicine, 2002, 48(6): 1057-1062.

[13] He G, Samouilov A, Kuppusamy P, et al. In vivo imaging of free radicals: applications from mouse to man[J]. Molecular and Cellular Biochemistry, 2002, 234(1): 359-367.

[14] He G, Deng Y, Li H, et al. EPR/NMR co-imaging for anatomic registration of whole body free radical images[J]. Magnetic Resonance in Medicine, 2002, 47: 571-578.

[15] He G, Samouilov A, Kuppusamy P, et al. In vivo study on the skin penetration and metabolism by EPR and EPR imaging[J]. Journal of Magnetic Resonance, 2001, 148: 155-164.

[16] He G, Patrikov S, Samouilov A, et al. Development of a resonator with automatic tuning and couping capability to minimize sample motion noise for in vivo EPR spectroscopy and imaging [J]. Journal of Magnetic Resonance, 2001, 149: 218-227.

[17] He G, Shankar R A, Chzhan M, et al. Noninvasive measurement of anatonic structure and intraluminal oxygenation in the gastrointestinal tract of living mice with spatial and spectral EPR imaging[J]. Proc. Natl. Acad. Sci. USA, 1999, 96: 4586-4591.

[18] He G L, Fu L Y, Xu G Z. The ESR imaging of the distribution of radical ions on Al_2O_3-SiO_2 surface[J]. Chinese Journal of Magnetic Resonance, 1996, 13(4): 383-387.

[19] Zweier J L, Wang P, Samouilov A, et al. Enzyme-independent formation of nitric oxide in biological tissues[J]. Nat. Med., 1995, 1(8): 804-809.

[20] Yoshimura T, Fujii S, Yokoyama H, et al. In vivo electron pammagneticr esonanceim aging of NO bound iron complex in a rat head[J]. Chem. Len., 1995, 34: 309-310.

[21] Yoshimura T, Yokoyama H, Fujii S, et al. In vivo EPR detection and imaging of endogenous nitric oxide in lipopolysaccharide-treated mice[J]. Nature Biotech, 1996, 14(8): 992-994.

[22] Yokoyama H, Fujii S, Yoshimura T, et al. In vivo ESR-CT imaging of the liver in micereceiving subcutaneous injection of nitric oxide-bound iron complex[J]. Magnetic Resonance Imaging, 1997, 15: 249-253.

[23] Fujii S, Suzuki Y, Yoshimura T, et al. In vivo three-dimensional EPR imaging of nitric oxide production from isosorbide dinitrate in mice[J]. Am. J. Physiol., 1998, 274: 857-862.

[24] Zweier J L, Chzhan M, Samouilov A, et al. Electron paramagnetic resonance imaging of the rat heart[J]. Phys. Med. Biol., 1997, 43: 1823-1835.

[25] Yoshimura T, Yokoyama H, Fujii S, et al. In vivo EPR detection and imaging of endogenous nitric oxide in lipopolysaccharide-treated mice[J]. Nature Biotech, 1996, 14(8): 992-994.

[26] Yang J L, He G L, Xu G Z. Study of the interaction between 4-hydroxy-2, 2, 6, 6-tetramethylpiperidine-1-nitroxyl (TEMPO) and several photo-sensitive molecules[J]. Chinese Science Bulletin, 1996, 41(7): 608.

[27] Berliner L J, Fujii H, Wang X, et al. Feasibility study of imaging a living murine tumor by electron paramagnetic resonance[J]. Magn. Reson. Med., 1987, 4: 380-384.

[28] Hou H, Khan N, O'Hara J A, et al. Increased oxygenation of intracranial tumors by efaproxyn (efaproxiral), an allosteric hemoglobin modifier: In vivo EPR oximetry study[J]. Intern. J. Radi. Oncol. Biol. Phys., 2005, 61: 1503-1509.

[29] Mikuni T, He G, Petryakov S, et al. In vivo D Etection of Gastric Cancer in Rats by Electron Paramagnetic Resonance Imaging[J]. Cancer Research, 2004, 64: 6495-6502.

[30] Berliner L J, Fujii H, Wan X, et al. Feasibility study of imaging a living murine tumour by electron paramagnetic resonance[J]. Magn. Reson. Med., 1987, 4: 380.

[31] Matsumoto K, Hyodo F, Matsumoto A, et al. High-resolution mapping of tumor redox status by magnetic resonance imaging using nitroxides as redox-sensitive contrast agents[J]. Clinical Cancer Research, 2006, 12: 2455-2462.

[32] Zweier J L, Chzhan M, Samouilov A. Electron paramagnetic resonance imaging of the rat heart[J]. Phys. Med. Biol., 1998, 43(7): 1823-1835.

[33] Kuppusamy P, Chzhan M, Vij K, et al. Three-dimensional spectral-spatial EPR imaging of free radicals in the heart: A technique for imaging tissue metabolism and oxygenation[J]. Proc. Nat. Acad. Sci. USA, 1994, 91: 3388-3392.

[34] Kuppusamy P, Wang P, Zweier J L. Three-dimensional spatial EPR imaging of the rat heart [J]. Magn. Reson. Med., 1995, 34: 99-105.

[35] Velayutham M, Li H H, Kuppusamy P, et al. Mapping ischemic risk region and necrosis in the isolated heart using EPR imaging[J]. Magn. Reson. Med., 2003, 49: 1181-1187.

[36] Hirata H, He G, Deng Y, et al. A loop resonator for slice-selective in vivo EPR imaging in rats[J]. J. Magnetic Resonance, 2008, 190: 124-134.

[37] Dhimitruka I, Velayutham M, Bobko A A, et al. Large-scale synthesis of a persistent trityl radical for use in biomedical EPR applications and imaging[J]. Bioorganic & Medicinal Chemistry Letters, 2007, 17: 6801-6805.

[38] Samouilov A, Kesselring E, Wasowicz T, et al. Single loop multi-gap resonator for whole body EPR imaging of mice at 1.2 GHz[J]. J. Magnetic Resonance, 2007, 188: 68-73.

[39] Ahmad R, Vikram D S, Clymer B, et al. Uniform distribution of projection data for improved reconstruction quality of 4D EPR imaging[J]. J. Magnetic Resonance, 2007, 187: 277-287.

[40] He G, Dumitrescu C, Petryakov S, et al. Transverse oriented electric field re-entrant resonator (TERR) with automatic tuning and coupling control for EPR spectroscopy and imaging of the beating heart[J]. J. Magnetic Resonance, 2007, 187: 57-65.

[41] Deng Y, Petryakov S, He G, et al. Fast 3D spatial EPR imaging using spiral magnetic field gradient[J]. J. Magnetic Resonance, 2007, 185: 283-290.

[42] Ahmad R, Deng Y, Vikram D S, et al. Quasi monte carlo-based isotropic distribution of gradi-

ent directions for improved reconstruction quality of 3D EPR imaging[J]. J. Magnetic Resonance, 2007, 184: 236-245.

[43] Ahmad A, Clymer B, Vikram D S, et al. Enhanced resolution for EPR imaging by two-step deblurring[J]. J. Magnetic Resonance, 2007, 184: 246-257.

[44] Yanagida H, Ogata T. Spatiotemporal measurement using L-band ESR-CT system for water sonolysis in the presence of 1-Hydroxy-2, 2, 5, 5-tetramethyl-3-imidazoline-3-oxide[J]. Ultrasonics Sonochemistry, 2008, 15: 497-501.

[45] Kuppusamy P, Zweier J L. Cardiac applications of EPR imaging[J]. NMR Biomed., 2004, 17 (5): 226-239.

[46] Subhan M A, Parveen F, Filipczak N, et al. Approaches to improve EPR-based drug delivery for cancer therapy and diagnosis[J]. J. Pers. Med., 2023, 13(3): 389.

[47] Takakusagi Y, Kobayashi R, Saito K, et al. EPR and related magnetic resonance imaging techniques in cancer research[J]. Metabolites, 2023, 13(1): 69.

[48] Shi Y, Meel R V D, Chen X. The EPR effect and beyond: strategies to improve tumor targeting and cancer nanomedicine treatment efficacy[J]. Theranostics, 2020, 10(17): 7921-7924.

[49] Matsumoto K I, Mitchell J B, Krishna M C. Multimodal functional imaging for cancer/tumor microenvironments based on MRI, EPRI, and PET[J]. Molecules, 2021, 26(6): 1614.

[50] Wehbi M, Harkemanne E, Mignion L, et al. Towards characterization of skin melanoma in the clinic by electron paramagnetic resonance (EPR) spectroscopy and imaging of melanin[J]. Mol. Imaging Biol., 2023,19:343-348.

[51] Nakagawa K. Structuralanalysis of the stratum corneum using EPR and EPR imaging with stable spin probes[J]. J. Oleo Sci., 2020, 69(1): 1-6.

[52] Tseytlin O, O'Connell R, Sivashankar V, et al. Rapid scan EPR oxygen imaging in photoactivated resin used for stereolithographic 3D printing[J]. 3D Print. Addit. Manuf., 2021, 8(6): 358-365.

[53] Tseytlin O, Guggilapu P, Bobko A A, et al. Tseytlinmodular imaging system: rapid scan EPR at 800 MHz[J]. J. Magn. Reson., 2019, 305: 94-103.

[54] Tabaczar S, Talar M, Gwoździński K. Nitroxides as antioxidants-possibilities of their application in chemoprevention and radioprotection[J]. Postep. Hig. Med. Dosw., 2011, 65: 46-54.

[55] Höfel S, Fix M K, Zwicker F, et al. EPR imaging of magnetic field effects on radiation dose distributions around millimeter-size air cavities[J]. Phys. Med. Biol., 2019, 64(17): 175013.

[56] Samouilov A, Komarov D, Petryakov S, et al. Development of an L-band resonator optimized for fast scan EPR imaging of the mouse head[J]. Magn. Reson. Med., 2021, 86(4): 2316-2327.

[57] Tseytlin O, Guggilapu P, Bobko A A, et al. Modular imaging system: rapid scan EPR at 800 MHz[J]. J. Magn. Reson., 2019, 305: 94-103.

[58] Ahmad R, Samouilov A, Zweier J L. Accelerated dynamic EPR imaging using fast acquisition and compressive recovery[J]. J. Magn. Reson., 2016, 273: 105-112.

[59] Gonet M, Epel B, Elas M. Data processing of 3D and 4D in-vivo electron paramagnetic reso-

nance imaging co-registered with ultrasound. 3D printing as a registration tool[J]. Comput. Electr. Eng., 2019, 74: 130-137.
[60] Kuppusamy P, Chzhan M, Wang P, et al. Three-dimensional gated EPR imaging of the beating heart: time-resolved measurements of free radical distribution during the cardiac contractile cycle[J]. Magn. Reson. Med., 1996, 35(3): 323-328.
[61] Chen Z, Reyes L A, Johnson D H, et al. Fast gated EPR imaging of the beating heart: spatiotemporally resolved 3D imaging of free-radical distribution during the cardiac cycle[J]. Magn. Reson. Med., 2013, 69(2): 594-601.
[62] Chen Z, Reyes L A, Johnson D H, et al. Fast gated EPR imaging of the beating heart: spatiotemporally resolved 3D imaging of free-radical distribution during the cardiac cycle[J]. Magn. Reson. Med., 2013, 69(2): 594-601.
[63] Komarov D A, Samouilov A, Hirata H, et al. High fidelity triangular sweep of the magnetic field for millisecond scan EPR imaging[J]. J. Magn. Reson., 2021, 329: 107024.
[64] Tseytlin O, Bobko A A, Tseytlin M. Rapidscan EPR imaging as a tool for magnetic field mapping[J]. Appl. Magn. Reson., 2020, 51(9-10): 1117-1124.
[65] Czechowski T, Chlewicki W, Baranowski M J, et al. Two-dimensional spectral-spatial EPR imaging with the rapid scan and modulated magnetic field gradient[J]. J. Magn. Reson., 2014, 243: 1-7.
[66] Qiao Z, Zhang Z, Pan X, et al. Optimization-based image reconstruction from sparsely sampled data in electron paramagnetic resonance imaging[J]. J. Magn. Reson., 2018, 294: 24-34.
[67] Du C, Qiao Z. EPRI sparse reconstruction method based on deep learning[J]. Magn. Reson. Imaging, 2023, 97: 24-30.
[68] Pan X, Xia D, Halpern H. Targeted-ROI imaging in electron paramagnetic resonance imaging [J]. J. Magn. Reson., 2007, 187(1): 66-77.
[69] Chou C C, Chandramouli G V, Shin T, et al. Accelerated electron paramagnetic resonance imaging using partial Fourier compressed sensing reconstruction[J]. Magn. Reson. Imaging, 2017, 37: 90-99.
[70] Zhang Z, Epel B, Chen B, et al. 4D-image reconstruction directly from limited-angular-range data in continuous-wave electron paramagnetic resonance imaging[J]. J. Magn. Reson., 2023, 350: 107432.

第6章

ESR在细胞膜结构研究中的应用

细胞膜不仅是一个细胞的包被，而且执行着重要的生物功能，物质的运输、信号的传递、能量的交换、生长和发育等都离不开细胞膜.细胞膜还是氧化还原反应、电子传递的重要场所.因此，细胞膜的结构和功能已经是公认的细胞生物学和分子生物学的研究重点和热点.笔者所在研究组早期就开展了利用ESR自旋标记技术研究细胞膜的结构和功能，特别是合成了一系列标记细胞膜磷脂的自旋标记物，研究了肿瘤细胞膜的流动性和膜蛋白构象，后来又研究了自由基进攻细胞膜引起细胞膜磷脂过氧化和膜蛋白构象改变及天然抗氧化剂保护作用.本章结合笔者所在研究组的研究和文献报道来讨论ESR在细胞膜结构研究中的应用.

6.1 细胞膜的结构

生物膜的主要成分是脂类和蛋白质，它们在细胞膜中形成流动镶嵌结构(图6.1).细胞膜执行的功能越多，蛋白质含量越高，大部分生物膜含50%蛋白质，复杂的线粒体膜含80%蛋白质.松散的连在细胞膜表面的蛋白质称为外周蛋白；和细胞膜紧密相连，部分埋在细胞膜内或完全穿越细胞膜的蛋白质称为跨膜蛋白.膜脂一般是两性的,既包含疏水的碳氢侧链,可以互相聚集在一起,又包含极性部分,可以聚集在一起和水相相连.在动物细胞中主要是磷脂,即卵磷脂,有些细胞膜还包含神经鞘磷脂和胆固醇.这些膜脂的脂肪酸侧链一般都是偶数碳原子,链长在14～22个碳原子之间,双键都是顺式结构.细胞膜磷脂包含的不饱和脂肪酸侧链如图6.1所示.[1]

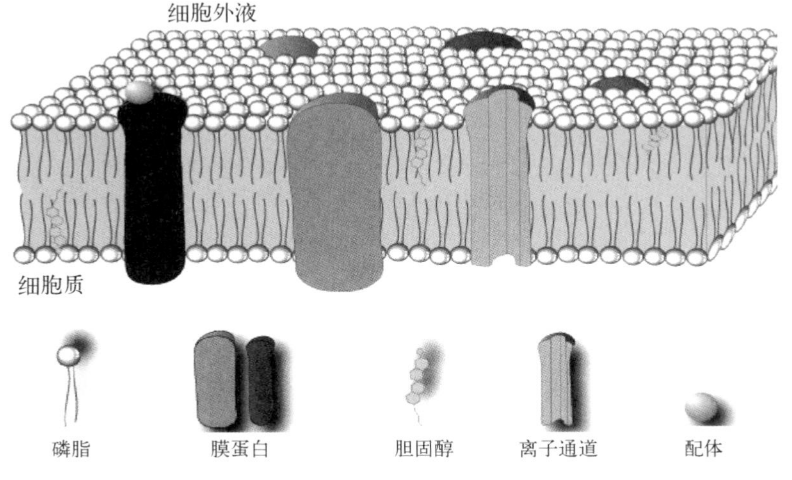

图6.1　细胞膜的结构模型

除了甘油酯类外,还有另一种极性脂类——神经脂类,例如神经氨基醇.脂类的亲水基团可以是磷酸的衍生物,称为磷脂,磷酸中的羟基与胆碱、乙醇胺、L-丝氨酸等含氮化合物相接,分别形成磷脂酰胆碱(卵磷脂)、磷脂酰乙醇胺(脑磷脂)和磷脂酰丝氨酸.亲水端基团也可以通过糖苷键与糖分子相连,形成所谓的糖脂.另外还有第三大类极性脂类——固醇,例如胆固醇、谷甾醇和麦角固醇.

根据镶嵌模型,膜中脂类分子排列成双分子层,膜的内部由长的脂肪链隔开,所有亲水基团都朝向水相环境,烃链疏水尾巴朝向双层中心.在甘油酯类中,疏水尾巴通常是与甘油的两个羟基酯化的两个长链脂肪酸相连,而亲水基团与甘油的第三个羟基相连.当然在实际的脂类分子中,脂肪链的长短可以不同,而且也可能存在不饱和脂肪酸,长链的脂肪醛和酮也可能分别通过O-烷-l-烯(—O—CH ═CH—)和O-烷基(—O—CH_2—CH_2—)链与甘油相连.

随着脂肪酸分子中双键的增加,熔点不断降低,硬脂酸在常温是固体,亚油酸是液体.含多个不饱和脂肪酸比只含0个、1个和2个双键的脂肪酸更容易氧化,很多膜脂包含多个不饱和脂肪酸.因为膜脂是两性分子,置于水中之后,它们的疏水部分就聚集在一起和水分开,亲水部分也聚集在一起和水接触,形成各种稳定结构,具体形成什么结构,取决于脂和水的比例.少量磷脂在水中振荡超声时,形成单层膜微团(micelles);增加磷脂浓度,可形成双层脂质体(liposome);再增加磷脂浓度,可形成多层脂质体.脂双层是所有细胞膜的基本结构.蛋白质插在脂双层的不同部位,在脂双层的每一层,磷脂和蛋白质可以很快横向扩散,但在膜双层的两层之间很难交换.由于细胞膜含大量不饱和脂肪酸侧链,所以细胞膜具有流动性,不饱和脂肪酸的脂质过氧化损伤将影响细胞膜的流动性.

由此可以看出,细胞膜的复杂结构与其功能是直接相关的,另外氧气在有机相中的溶解度远远大于无机相,细胞膜中氧气浓度就很高,这样细胞膜就具备了脂质过氧化的两个重要条件,氧气和不饱和脂肪酸,加之细胞膜在细胞的最外层,会首先受到各种损伤因素的攻击,成为最容易发生脂质过氧化的靶物质和场所.[2]因此,研究细胞膜的结构一直是生物学的一个重要内容.本章将就自旋标记技术研究细胞膜的结构进行讨论.

6.2 ESR研究细胞膜的相变

水有气体、液体和固体三相,细胞膜由于组成不同、所处的温度变化也分为不同相,而且各相都发挥着重要的生物功能.在人工膜中表现尤为明显,在一种成分组成的一元体系表现为相变,在二元体系中就可以表现出相变和相图.在细胞膜中相变就具有特殊的功能.[3-7]

6.2.1 一元体系膜相变

自旋标记物TEMPO(结构如图6.2所示)在水相和脂相中的超精细分裂常数不同,而且它在水相和脂相中的分配系数随温度而改变,利用这些性质就可以研究细胞膜的相变和相性质.图6.2为溶于水合磷脂双层中的TEMPO在三种温度下的ESR波谱.H和P分别来自水和磷脂相中的TEMPO,高场线分为H和P两个峰,P峰来源于溶在水相中的TEMPO,H峰来源于溶在流动的磷脂烃链中的TEMPO.若以H和P表示所对应峰的高度,参数$f = H/(H + P)$,近似等于溶解在双层碳氢链中的TEMPO的分数,称为f参数.

$$f = H/(H + P)$$

随着温度的改变,TEMPO在水相和脂相中的比例在不断变化,两个峰H和P也随之变化.图6.3为几种磷脂的f-T(℃)曲线,也就是大家所熟悉的吸热相转变曲线.温度升到相变点,TEMPO在脂类双层中的溶解度极大地增加,烃链“熔化”.由图可以看出,它们的结构不同,相变温度也明显不同,二肉豆蔻酰磷脂酰胆碱的相变温度大约为23℃,二棕榈酰磷脂酰胆碱相变温度为42℃,二硬脂酰磷脂酰胆碱相变温度为55℃,二棕榈酰磷脂酰乙胺相变温度为 64 ℃. 相变温度的不同反过来也反映了膜脂成分和功能的不同.

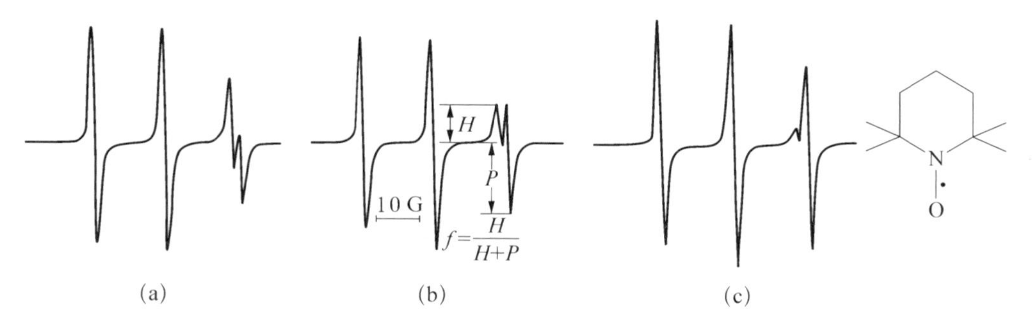

图 6.2　自旋标记 TEMPO 的结构及其在二反油酰磷脂酰胆碱水相和脂相中的 ESR 波谱

(a) 25 ℃; (b) 12.5 ℃; (c) 9.8 ℃. H 和 P 分别来自水和磷脂相中的 TEMPO.

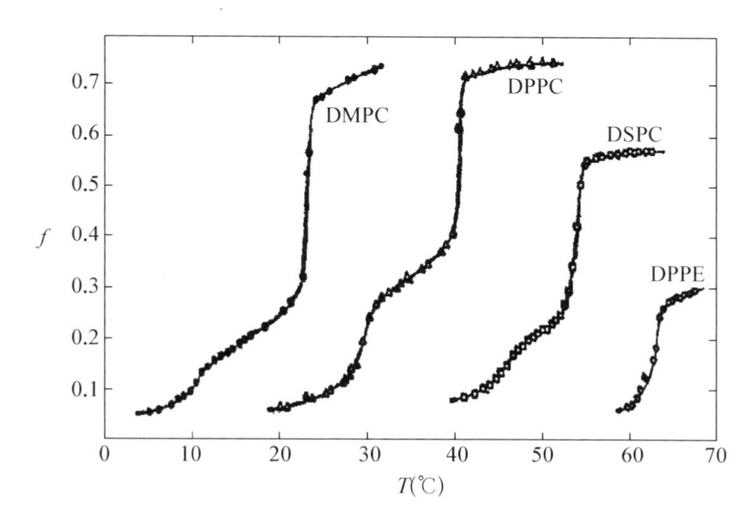

图 6.3　自旋标记 TEMPO 在几种磷脂中的波谱 f-T(℃)曲线

●为二肉豆蔻酰磷脂酰胆碱(DMPC); □为二硬脂酰磷脂酰胆碱(DSPC); △为二棕榈酰磷脂酰胆碱(DPPC); ○为二棕榈酰磷脂酰乙胺(DPPE).

6.2.2　二元体系侧向相分离和相图

对于磷脂二元混合物体系, TEMPO 的波谱数据可用磷脂的侧向相分离(lateral phase separations)来说明. 图 6.4 展示出了一种二元磷脂体系的 f 参数对温度倒数(T^{-1})的关系曲线. 每条曲线都有两个转折点, 对应于相分离的开始和终了. 图 6.5 是根据图 6.4 的数据画出的一种二元磷脂体系——二反油酰磷脂酰胆碱(DEL)-二棕榈酰磷脂酰胆碱(DPL)的相图.若温度处在流动相曲线以上,两个磷脂组分在双层中快速侧向扩散,形成一均匀的流动相;温度在固相温度以下,分子均匀地混合(固溶态),但侧向运动的速度要慢得多;在两曲线的中间区域,固溶体和流动相溶液共存,固溶体和流动相的组成由通过给定点的水平线与两曲线的交点得出.

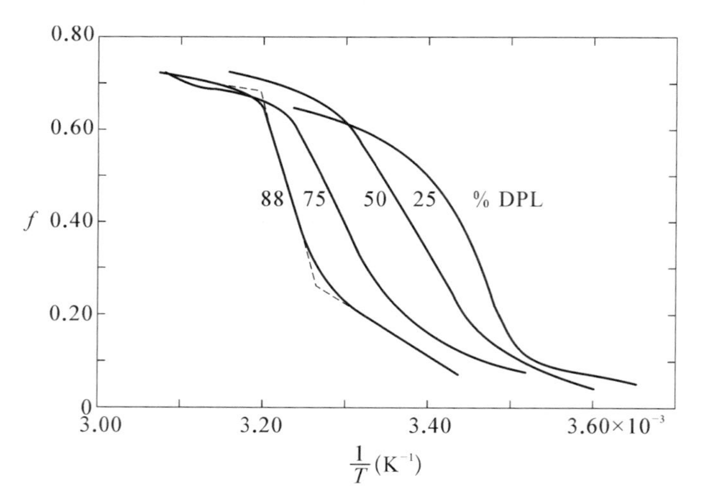

图 6.4　自旋标记 TEMPO 在 DEL-DPL 二元磷脂体系的 f 参数对温度倒数(T^{-1})的关系曲线
每条曲线左边的数字表示二棕榈酰磷脂酰胆碱的摩尔分数.

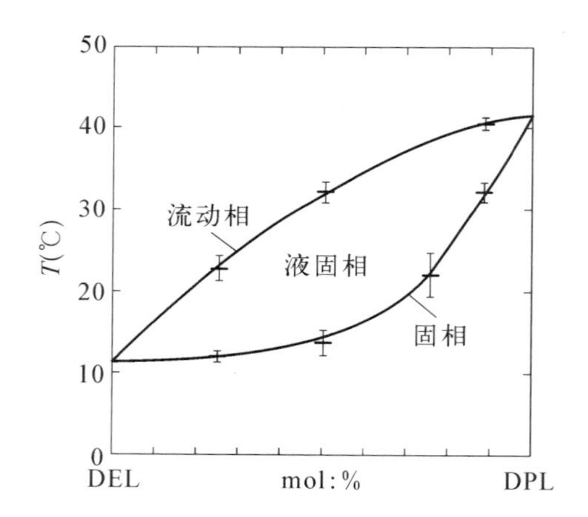

图 6.5　由自旋标记 TEMPO f 参数计算的二元磷脂体系——DEL-DPL 的相图

如两种脂类的物理特征(例如熔化温度)有明显的差别,往往表现出固相的不溶性,尽管流动相是均匀的.胆固醇-二肉豆蔻酰磷脂酰胆碱二元体系的相图,即为固相不溶性的例子.胆固醇在 20%和 0 之间的水平线表示固相的不溶性范围.在此组成范围内,在磷脂的熔化温度以下,磷脂双层由纯的磷脂和胆固醇-二肉豆蔻酰磷脂酰胆碱固溶体两部分组成.

6.2.3 细胞膜的相变

细胞膜也有相变，而且意义很大.笔者所在研究组利用自旋标记研究细胞膜脂不同层次的流动性和动力学性质，发现在细胞膜的亲水表层和深层相变温度相差很大，说明表层已经达到凝胶相而深层还是液晶相，即随着温度降低，细胞膜的相变是分层实现的.既不像晶体那样，存在一个明显的相变点，也不像胶体那样，随着温度改变由表面向深层实现.它对温度的反映是这样的：随着温度降低，表层先由液晶相向凝胶相转变；而随着温度升高，深层先由凝胶相向液晶相转变；这些可能具有重要生理意义.[7-8]

6.3 ESR 研究细胞膜的通透性

通透性是生物膜的一个重要特征，它涉及兴奋性以及细胞体积和组成的调节.膜的通透性往往是通过分子、离子或放射性示踪物穿过双层的运动来测量的.现在，自旋标记技术亦成为观测这一渗透过程的行之有效的方法.

含有氮氧自由基接到胆碱氮原子上的卵磷脂自旋标记的脂质体，氮氧自由基暴露于水相.在 0 ℃用抗坏血酸钠处理这些脂质体，在此温度下脂质体对抗坏血酸离子是不渗透的.双层外表面一侧的氮氧自由基很快被还原，这样双层两侧的 ESR 波谱就有差别，并借此可以测量分子由一侧渗透到另一侧的速度.若脂质膜与抗坏血酸溶液水合，暴露于水相的自由基很快被还原，处在脂类内部的氮氧基由于被保护则衰减得较慢.还原的速度与脂类的组成和所用的自旋标记有关.当嗯唑烷氮氧基位于双层的较深处，还原的半衰期就增加.当向膜中加入正电荷时，就吸引了带负电荷的抗坏血酸负离子，结果使还原速度增加；若加负电荷，则使还原速度减小.过程的活化能与膜电荷无关.另一方面，胆固醇却使活化能由 25 104 J/mol 增加到 62 760 J/mol，因此可推论，渗透过程可分为两步：向膜内的分配和穿过膜的扩散.

含钙或无钙的局部麻醉药可增加磷脂酰丝氨酸囊泡对 $^{22}Na^{+}$ 的通透性.当钙存在时，局部麻醉药可引起通透性的减少.用抗坏血酸钠还原自旋标记的方法，详细地研究了局部麻醉药和钙对脂类双层通透性的影响，发现局部麻醉药和钙离子可以影响脂类分子在膜中的凝聚状态，而且这一效应与脂类的性质和膜电荷有关.

TEMPO 可以被包在细胞膜内，在细胞外如果有还原剂（Vc），就可以测定 TEMPO 通过细胞膜的快慢，也就是细胞膜的通透性.脂肪酸自旋标记物可以定位在细胞膜的某个位置，如果有 Vc 通过细胞膜，就可以测定细胞膜的通透性.笔者等人用卵磷脂人工膜体系，以抗坏血酸还原自旋标记动力学研究了几种抗癌药物对Vc穿入膜和自旋标记穿出膜——膜的通透性的影响(图6.6)，并观察了加入白蛋白对上述影响的作用.[9]由图可以看出，与透皮剂二甲基亚砜相比，放线菌素D、5-氟-脱氧尿嘧啶、磷酸缓冲液和硫杂脯氨酸对卵磷脂人工膜的通透性影响都很大，特别是硫杂脯氨酸，这可能与它们的药理学作用有关.[7-9]

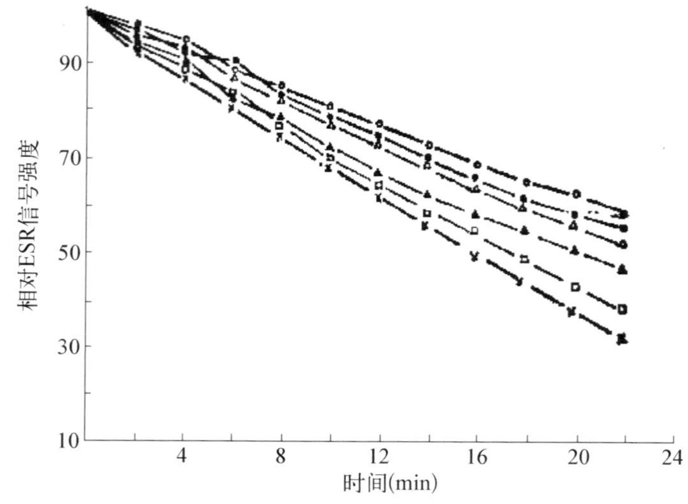

图6.6　几种抗癌药物对Vc穿入膜和自旋标记穿出膜——膜的通透性的影响
●二甲基亚砜；□放线菌素D；△为5-氟-脱氧尿嘧啶；○磷酸缓冲液；×硫杂脯氨酸.

6.4　ESR研究细胞膜的流动性

流动性是细胞膜的一个重要生理特征，物质的运输、离子的进出、信号的传递、能量的转换、酶活性的大小以及肿瘤的发生、转移和发展都和细胞膜的流动性有关.膜的流动性主要是指膜脂脂肪酸烃链部分的运动状态.然而除膜脂外，大部分膜蛋白也处于不断的运动状态，这种现象称为运动性.膜的动态结构的含义既包括膜脂的流动性，也包括膜蛋白等组分的运动状态."流动性(fluidity)"和"运动性(mobility)"两个名词在应用时往往并不太严格.下面所讲的膜脂的柔曲性(flexbility)，膜脂的侧向和翻转扩散，甚至膜的相转变，也主要是讨论脂肪酸烃链的运动状态，[4]也就是通常所说的膜的流动性.细胞膜的流动性可以由两个特征参数描述，序参数S和旋转相关时间τ_c.[3-6]

6.4.1 研究膜脂的自旋标记化合物

研究膜脂最常用的自旋标记化合物如图 6.7 所示. 可以看出,它们是与膜脂分子的形状和结构非常相似的化合物,甚至除氮氧基以外就是膜脂的一个分子. 将它们插入脂类双层中,其行为当然就反映了膜脂分子的行为. R_1 和 R_2 中 m, n 表示不同的氮氧自由基,就处在细胞膜的不同部位, m 越小 n 越大,氮氧自由基越靠近膜的疏水端,反之靠近亲水端. 因此可以研究细胞膜不同部位的流动性.

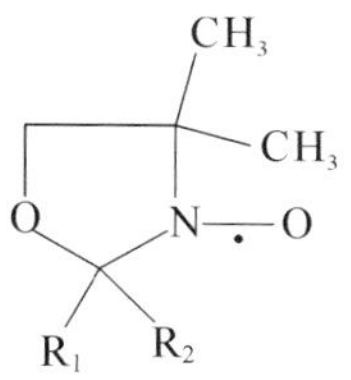

CH_3 CH_3 O N—O R_1 R_2

$R_1 = (CH_2)_m—CH_3$

$R_2 = (CH_2)_n—COOH$

图 6.7 脂肪酸自旋标记物的分子结构

6.4.2 序参数 S

序参数指的是细胞膜磷脂分子排列的有序度,序参数 S 的值为 0~1,0 对应细胞膜处于无序状态,流动性最大;1 对应细胞膜处于晶体状态,流动性最小. 序参数 S 按以下公式计算:

$$S = \frac{A_{/\!/} - A_{\perp}}{A_{zz} - \frac{1}{2}(A_{xx} + A_{yy})}$$

其中, $A_{/\!/} = (1/2)A_{\max}$, $A_{\perp} = (1/2)A_{\min}$, 如图 6.8 所示,这里的 A_{xx}, A_{yy} 和 A_{zz} 由脂肪酸自旋标记物的晶体测得. 这样就可以把没有物理意义的波谱参数 $A_{/\!/} = (1/2)A_{\max}$, $A_{\perp} = (1/2)A_{\min}$, A_{xx}, A_{yy} 和 A_{zz} 转变成了有明确物理和生物意义的参数 S.

6.4.3 旋转相关时间 τ_c

旋转相关时间 τ_c 是指分子由一种构型旋转到另一种构型所需要的时间,旋转相关时间 τ_c 越长,流动性越小,旋转相关时间 τ_c 越短,流动性越大. 旋转相关时间 τ_c 可以按

以下公式计算:

$$\tau_c = 6.51 \times 10^{-10} \times \Delta H_{(0)}\left[\sqrt{h_{(0)}/h_{(-1)}} + \sqrt{h_{(0)}/h_{(1)}} - 2\right]$$

其中,ΔH 为波谱中间信号峰-峰线宽,$h_{(-1)}$,$h_{(0)}$和 $h_{(1)}$为波谱由低场到高场三个信号的峰-峰高度,如图 6.8 所示.这样就可以把没有物理意义的 ΔH,$h_{(-1)}$,$h_{(0)}$和 $h_{(1)}$波谱参数转变成了有明确物理和生物意义的参数 τ_c.

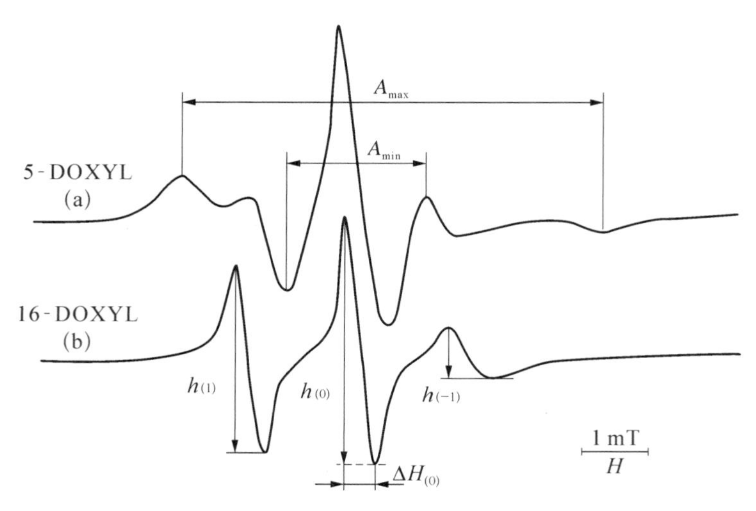

图 6.8　脂肪酸自旋标记细胞膜中波谱

(a) 5-DOXYL 自旋标记物标记细胞膜;(b) 16-DOXYL 自旋标记物标记细胞膜.

6.4.4　脂肪酸自旋标记细胞膜的 ESR 波谱

脂肪酸自旋标记细胞膜中波谱如图 6.8 所示,其中标记在细胞膜表层极性端的 ESR 波谱是典型的轴对称波谱,通常利用它测量和计算细胞膜磷脂的序参数.而其中标记在细胞膜深层疏水端的 ESR 波谱就不是典型的轴对称波谱,而是运动比较自由的波谱了,通常利用它测量和计算细胞膜磷脂的旋转相关时间.

用自旋标记研究膜脂的最典型的应用是以脂肪酸自旋标记(Ⅰ(m, n))或磷脂自旋标记(Ⅲ(m, n))探测脂肪链的柔曲性.分子各向异性的旋转以及 Gauche 和 Trans 构象之间的异构化,表现为在链的不同位置处的运动状态的差别.这种分子的各向异性的运动状态以旋转相关时间 τ_c,平均波动(或涨落)角度 θ,摆动半幅度 γ 来表征 S 以及序参数.

用四种磷脂自旋标记Ⅲ(10, 3),Ⅲ(8, 5),Ⅲ(5, 8)和Ⅲ(3, 10)插入蛋卵磷脂的图谱示于图 6.9.由图计算的序参数分别为 0.547,0.468,0.343 和 0.3.此结果同样表明,磷脂的碳氢链有一个分节的运动，表现出碳-碳单键 Gauche 和 Trans 构象之间的快速异构化作用，越向双层中心烃链的运动性越大. 波谱表明膜脂由亲水的极性端沿碳氢链向双层中心的疏水端运动自由度是逐渐增加的，存在一个柔曲梯度，亦称流动性梯度.[8-10]

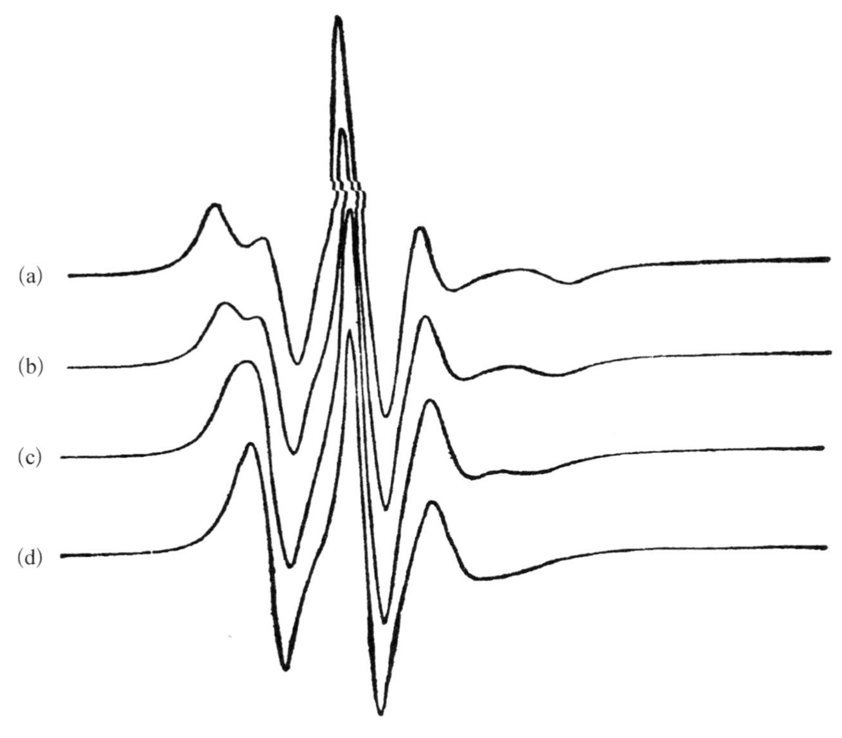

图 6.9　用四种磷脂自旋标记Ⅲ(10，3)，Ⅲ(8，5)，Ⅲ(5，8)和Ⅲ(3，10)插入蛋卵磷脂的 ESR 图谱

脂类链的运动性除与沿烃链的空间位置有关外，还依赖于脂类的组成和温度. 两个更不饱和的卵磷脂有较高的运动自由度，即有较小的序参数；相反，饱和程度较高的卵磷脂的含量增加则运动性减少，序参数增加. 对单一成分的磷脂，例如在 36 ℃以固相存在的 DPL 卵磷脂有较高的序参数(0.455)，而在相同温度下，以一种自旋标记物标记的以流动相存在的 DOL 则表现出较低的序参数(0.241). 而对两种卵磷脂共存的情况，当发生相分离时，脂肪酸自旋标记则主要分布于流动相脂类之中.

6.4.5　膜脂分子的侧向扩散

膜脂的侧向扩散是指膜脂分子在膜的表面上做二维的侧向运动. 用自旋标记方法研究脂类侧向扩散是基于高浓度的自由基的 ESR 谱线的增宽效应——高浓度的自旋标记的磷脂分子由一点向四周扩散. 随着时间的延长，自旋标记的浓度逐渐减少，因而谱线的交换增宽亦逐渐减少.图 6.10 为二棕榈磷脂酰胆碱双层中自旋标记的卵磷脂(Ⅳ)随时间变化的 ESR 波谱.

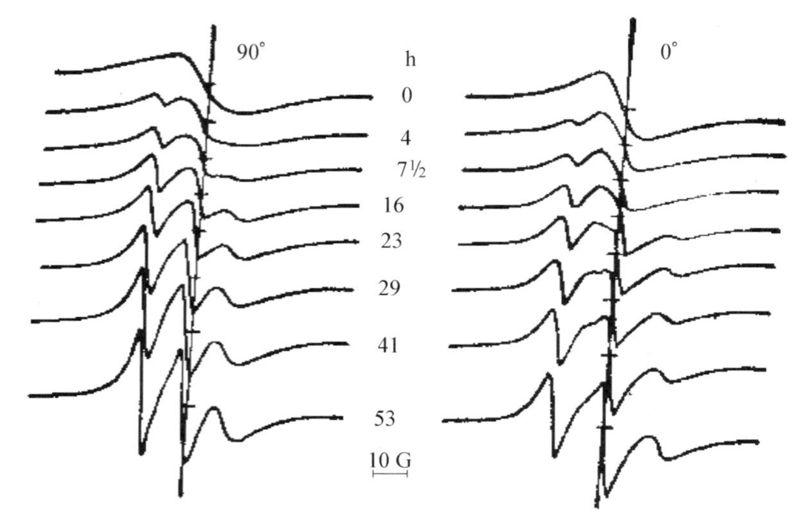

图 6.10　在二棕榈磷脂酰胆碱双层中自旋标记的卵磷脂(Ⅳ)随时间变化的 ESR 波谱

6.4.6　pH 和盐效应对细胞膜流动性的影响

pH 和盐效应对细胞膜流动性也有影响.水相的 pH,所含盐的性质和浓度对膜的结构、稳定性和传导性都有深远的影响.pH 可以改变蛋白质的电荷和结构,因而影响蛋白与脂类的相互作用.药物对生物膜和人工膜体系的作用亦与 pH 和盐的存在有密切的关系.

pH 和盐可对脂类直接产生影响,因为它们可改变或屏蔽脂类的电荷,从而改变脂类的聚集方式.在脂类分子之间也存在盐的横向连接的可能性.从牛脑白色物质提取的脂类所形成的膜和 3-噁唑烷氮氧基胆甾烷在与蒸馏水水合时表现出非常小的各向异性,加入非电解质(例如蔗糖)没有影响,但盐的加入使 ESR 波谱的各向异性大大增加.因此,影响波谱的是电荷而不是渗透压或蒸气压.实验已证明,影响脂类的是正离子,而且与正离子的价态有关.影响的大小,按增加波谱各向异性的顺序为 $NaCl = KCl = LiCl < MgCl_2 = CaCl_2 < LaCl_3 < ThCl_4$.用相同正离子的氯化物、硫氰酸盐、硫酸盐和铬酸盐有相同的效果.正离子的这一效应与脂类有一净负电荷有关.将离子加到水合溶液中,对蛋卵磷质(在 pH = 7 时无净电荷)加胆固醇的膜的有序度没有影响,若膜中含有二(十六烷基)磷酸脂(在 pH = 7 时有一净负电荷)则正离子的影响与对脑脂类产生的影响相同.总之,正离子有减少双层表面电荷密度的作用,由于减小了端基间的排斥,使膜紧缩,从而达到较高的有序性.

正离子对所有负电的脂类的影响并不相同.钙离子引起心磷脂形成六角相而不是片

状相，并引起磷脂酰丝氨酸膜分解，在有或没有胆固醇的磷脂酸膜中没发现有序性，不论钙离子的浓度如何都是如此. X 射线研究证明，在 1 mol/L 钙离子中存在双层结构，说明磷脂酸膜的无序是双层内的. 若磷脂酸用卵磷脂稀释至磷脂酸的成分占膜的 5%～10%，钙离子又能使波谱的各向异性增加.

膜上的净电荷可通过改变与膜水合的缓冲液 pH 的办法来控制. 在自旋标记膜的实验中发现波谱的各向异性程度最大的情况出现在分子没有净电荷的 pH 处，其原因正如以上所说，端基的净电荷导致了分子间的排斥，膜的扩张以及 ESR 谱各向异性的减少. 自旋标记方法还可证明离子和表面电荷对双层和脂质体通透性的影响.

6.4.7 膜中的类固醇对细胞膜流动性的影响

类固醇对细胞膜流动性也有影响. 除磷脂和糖脂外，固醇是膜中的第三大极性脂类. 动物组织中最多的固醇是胆固醇，它是一个紧密的疏水分子，其一端有一极性羟基. 胆固醇对生物膜的性质和功能起着重要的作用. 这里主要侧重讨论胆固醇-脂类的相互作用. 用于研究膜中胆固醇的自旋标记化合物，大家很自然地会想到与胆固醇分子的形状和结构极其相似的一类自旋标记Ⅴ和Ⅵ. 胆固醇的凝聚效应已被许多人工膜和生物膜的实验所证实. 一个普遍的现象是：在水合蛋卵磷脂脂多层中增加胆固醇的含量，会使 3-噁唑烷氮氧基胆甾烷（Ⅴ）波谱的各向异性增加. 实验结果表明，胆固醇的浓度由 0 增加到 55%，$A_{/\!/}$ 由 9.4 G 减少到 6.7 G，$A_{\perp}$ 则由 17 G 增加到 18.9 G. 而且，在相同的胆固醇浓度范围内，在磁场垂直膜平面的方向，线宽减少，在平行方向线宽增加. 随着胆固醇浓度的增加，表征随机摆动锥体的半辐角 γ 由 46° 减少到含有 55%胆固醇时的 17°，而且运动速率减小了.

必须注意，与第 3 章谈到的脂肪酸自旋标记与 ESR 实验频率有关一样，胆甾类自旋标记的波谱也强烈地依赖于微波频率. 在 9.5 GHz、24 GHz 和 35 GHz 的频率下用自旋标记Ⅴ观察了水合卵磷脂和卵磷脂-胆固醇膜在平行和垂直两个方向的波谱（图 6.11）. 对于平行波谱，在 9.5 GHz 时，线宽的次序为 $W_0 < W_1 < W_{-1}$，而在 24 GHz 和 35 GHz 时为 $W_1 < W_0 < W_{-1}$. 图中 ΔH 表示给定的 ESR 谱线由于绕氮氧基的 y 轴（即分子的长轴）转动所产生的谱线位置的变化. 在 X 波段情况下，转动引起的低场和中场线的位置的变化为 −16 G 和 +10 G，然而在 K 波段，低场线的变化范围仅为 0.5 G，而中场变化 26.5 G. 共振线的变化范围越大，则运动对线宽的影响就越大. 由各谱线的相对宽度可以估计运动的相关时间. 加入 30%胆固醇使表征自旋标记运动的相关时间由 1.8×10^{-9} s 增加到 3.8×10^{-9} s，说明流动性降低，有序性增加.

为探测胆固醇对膜脂链运动状态的影响，用一系列脂肪酸类自旋标记研究了胆固醇对卵磷脂波谱的影响. 发现加入胆固醇后所有自旋标记的波谱均表现出各向异性的增加. 脂肪酸自旋标记的数据表明，胆固醇可增加脂肪链的伸展程度（即减少烃链 Gauche

构象的概率)以及降低烃链的运动幅度,使脂链刚性化. 图 6.12 是用磷脂自旋标记Ⅲ(3,10)插入水合蛋卵磷脂在不同胆固醇含量下的 ESR 波谱.

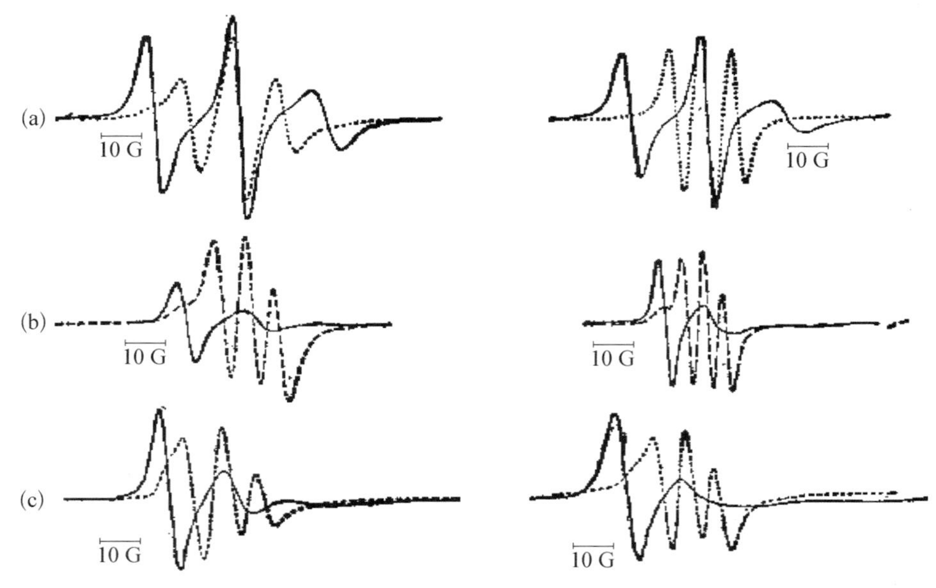

图 6.11　3-噁唑烷氮氧基胆甾烷自旋标记在水合卵磷脂和卵磷脂-胆固醇膜在平行和垂直两个方向的波谱
左:无胆固醇;右:30%胆固醇.(a) 9.5 GHz;(b) 24 GHz;(c) 35 GHZ. 实线:外磁场与膜平面平行;虚线:外磁场与膜平面垂直.

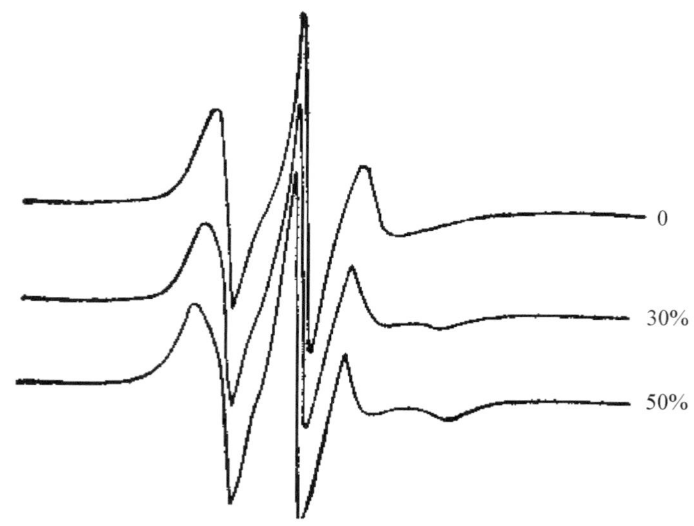

图 6.12　用磷脂自旋标记Ⅲ(3, 10)插入水合蛋卵磷脂在不同胆固醇含量下的 ESR 波谱
胆固醇的含量分别为 0,30%,50%.

然而，如以二棕榈酰卵磷脂代替蛋卵磷脂，胆固醇含量的增加却引起脂肪酸自旋标记的序参数的降低．这一事实说明，胆固醇的生物功能是稳定膜的流动性，但在膜脂的转变温度以下，胆固醇则可使脂类流动化．二棕榈酰卵磷脂在常温下处于凝胶相，饱和脂链处于捆束在一起的全反式（all-turns）构象，胆固醇的加入会削弱脂肪链间的相互作用而促进向流动液晶相转化．

将高浓度（约为 8%）胆甾烷自旋标记插入磷脂膜，从中发现，在蛋卵磷脂和二油酰卵磷脂双层中胆甾烷自旋标记的间隔随胆固醇浓度的增大而减少，而对水合的二棕榈酰卵磷脂双层膜，自旋标记的间隔则随胆固醇浓度增加而增加．这一分子紧束性的改变无疑也是胆固醇的凝聚效应和流动效应的证明．并可推测胆固醇效应可能来源于填充空隙的作用，限制了分子的运动，或者产生一种特殊的卵磷脂-胆固醇相互作用，改变了卵磷脂的空间构象．

由于胆固醇影响膜的流动性，自然也会影响在卵磷脂多层中的侧向扩散速率．用高浓度自旋标记“点”标的方法发现，在卵磷脂和胆固醇等分子混合物中，波谱变化所用的时间是没有胆固醇的卵磷脂所用时间的 1.5～2 倍，表明胆固醇是导致扩散系数减小的原因．

研究从牛脑的白色物质中或人红细胞空泡中分离出来的脂类所制取的膜，其中的胆固醇已用硅胶层析法除去，代之以胆甾烷自旋标记和一系列的不同浓度的类固醇，结果，未加类固醇者 ESR 波谱没有观察到角度相关性，加胆固醇或植物固醇 β-谷甾醇，胆固醇 24-乙基衍生物都有显著的成序效应，然而 5-雄烯-3β-醇（它没有胆固醇的尾巴部分）则有少得多的成序效果．3β 羟基在产生成序方面是重要的，胆甾烷酮仅产生较小的成序效应，而胆甾烷则完全没有效果．类固醇环中双键的存在看来是不重要的，例如胆固醇和胆甾烯醇，在所有的浓度下都是等效的．麦角固醇是另一种在环上带有两个双键的植物固醇，还有一个双键位于侧链上，在低浓度时就有高度的促进成序的效果，它在磷脂中的溶解度是有限的，因而就排除了它的高浓度结合．类固醇环骨架的形状是特别重要的，5β 化合物有一弯曲的类固醇环，对促进成序完全无效．所有能促进成序的类固醇都有一个平面环骨架．因此，平面环和 3β 羟基的存在对促进成序是需要的，并且 C17 位置烃链的存在加强了成序能力．在 C17 上或烃链上存在极性基团，则丧失了对哺乳动物细胞膜脂的成序能力．这些结果与脂类单层的研究结果相一致，胆固醇和 β-谷甾醇在凝聚多种合成的卵磷脂方面是差不多等效的．5α 雄烷-3β-醇同样有凝聚效应，但与胆固醇或 β-谷甾醇相比要小得多．

用脂肪酸和胆甾烷自旋标记研究蛋卵磷脂的结果指出，成序能力也依赖于固醇的结构．与哺乳动物的脂类和上述对单层的研究结果不同，作为凝聚剂 β-谷甾醇的效果要远小于胆固醇．对牛脑白色物质的脂类多层的研究发现，胆固醇对成序度有一个引人注意的影响，图 6.13 展示出在这一体系中的 3-噁唑烷氮氧基胆甾烷自旋标记的磁场垂直于双层平面的 ESR 波谱．在低胆固醇浓度时，大大增宽的线形是由于绕长轴快速转动的标记分子取向的广泛分布．在此用离波谱中心大约 6 G 的低场峰的幅度 B 与中央幅度 C 之比(B/C),作为一个参数来量度有序程度,这是在胆甾类自旋标记的ESR波谱中经常采用的方法.B/C 值等于1和0分别对应于最高和最低的成序度,通常 B/C 值为0~1.胆固醇最有效的成序作用发生在非常窄的浓度范围.

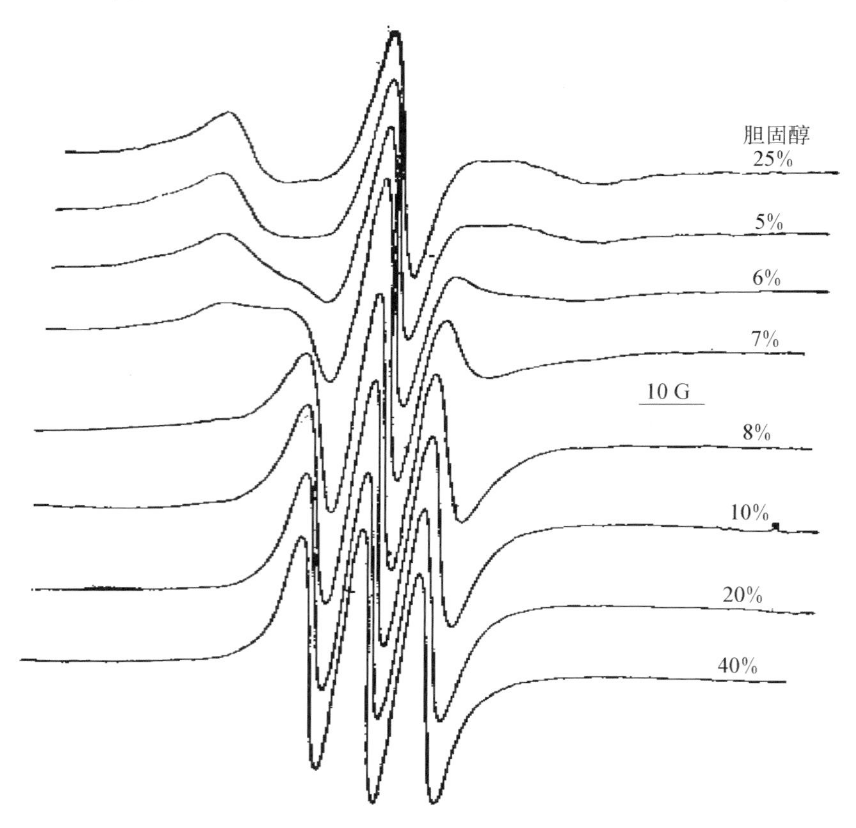

图6.13 胆固醇对牛脑脂类的ESR波谱的影响
在这一体系中的3-噁唑烷氮氧基胆甾烷自旋标记的磁场垂直于双层平面.

6.4.8 肿瘤细胞膜流动性

笔者所在研究组研究了中国地鼠肺正常细胞V79和癌变细胞V79-B1膜脂不同层次的流动性和动力学性质.研究发现,在细胞膜的亲水表层,肿瘤细胞膜流动性变大,而在疏水深层,情况正好相反,澄清了过去人们不分层次地判断肿瘤细胞膜流动性变大、变小的混乱.[10-13]

研究中国地鼠肺正常细胞V79和癌变细胞V79-B1膜脂不同层次的流动性和动力学性质发现,在细胞膜的亲水表层肿瘤细胞膜序参数随温度变化比正常细胞大,说明肿瘤细胞膜对温度的反应比正常细胞膜灵敏.这对癌症的热疗有一定的参考价值.

6.4.9 血液在保存期间红细胞膜表层流动性变化

笔者所在研究组研究了血液在保存期间红细胞膜表层流动性的变化,发现血液在保存期间,红细胞膜表层流动性降低,相变温度点明显降低,深层流动性升高,但出现两个相变温度点 T_1 和 T_2,随保存时间延长,T_1 和 T_2 逐渐接近并最后融合成一个相变温度点;发现红细胞膜蛋白 S/W 值随保存时间明显降低,旋转相关时间随保存时间开始迅速下降继而又缓慢升高,表明相应氮氧自由基周围微观黏度呈先下降后升高的双相性变化.[14-16]

血液红细胞膜在保存期间不仅流动性发生了变化,相应的红细胞膜形态也发生了变化(图 6.14).

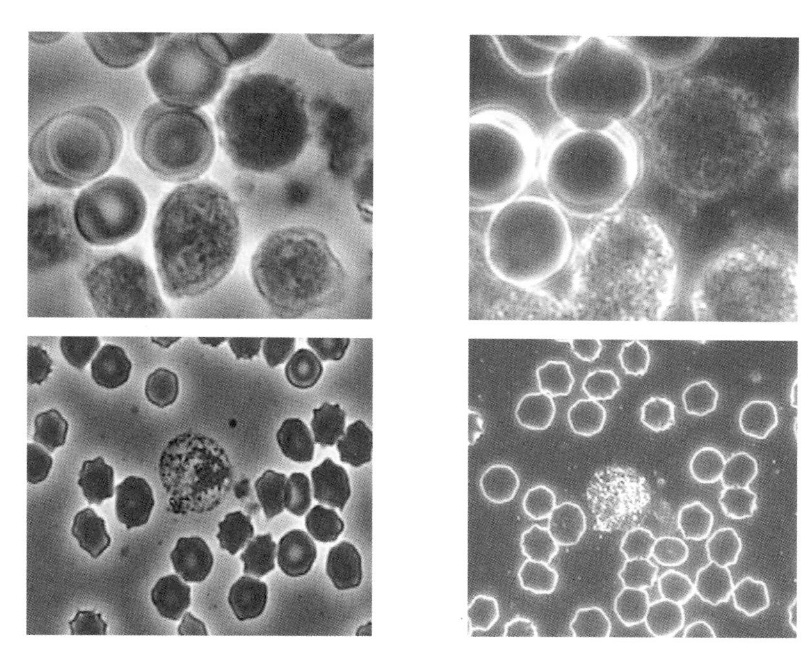

图 6.14 红细胞保存期间膜形态的变化

上图:新鲜血液;下图:保存血液.

另外,笔者所在研究组还发现慢性肾衰贫血病病人红细胞膜表层序参数升高,流动性下降,膜蛋白巯基结合位置构象发生了改变;用重组人红细胞生成素(R-HUEPO)治疗后,病人红细胞膜序参数和膜蛋白巯基结合位置的性质得到了改善.使用笔者所在研究组合成的兼有脂肪酸和马来酰亚胺双功能自旋标记物,发现病人红细胞膜蛋白界面脂相变温度下降，序参数升高．此外，加入茶多酚可以保护红细胞膜免受氧自由基损伤．

6.4.10 茶多酚对 Pb^{++} 引起 HepG2 细胞膜序流动性改变的影响

重金属是重要的职业危害因素和环境污染物之一．有一种说法认为，罗马帝国的覆灭就是由铅污染造成的．古罗马时代铅制品非常普遍，房顶的屋瓦是铅的，饮酒的壶是铅制的，甚至有些餐具也是铅制的，造成了严重的铅污染．铅毒性作用于生殖系统导致生殖能力下降，造成很多王室无后和人口减少．铅对神经系统的毒性导致很多儿童痴呆．这是罗马帝国覆灭的一个重要原因．

铅对人体的危害主要表现为神经、造血、消化、心血管和泌尿系统等的损害．而大脑是对铅毒较敏感的器官之一，微量铅即可引起神经系统的功能障碍．严重中毒可引起中枢神经细胞退行性改变，导致脑病，甚至可导致儿童智力低下．铅的慢性低水平接触可抑制抗体产生以及对巨噬细胞的毒性而影响免疫功能．高浓度的铅对实验动物可显示某些致癌活性．尽管全世界都在努力控制和减少铅污染，但低剂量铅接触仍是一个十分严峻的问题．因此寻找防治急性、亚急性及慢性铅中毒的新方法和新途径已成为当前的研究焦点．笔者所在研究组研究了铅毒性与细胞膜破坏及茶多酚的保护作用．[17-19]

不同浓度的 Pb^{++} 对 HepG2 活性有明显的影响（图 6.15），不同浓度茶多酚对 Pb^{++} 引起的 HepG2 活性下降有明显的保护作用（图 6.16）．

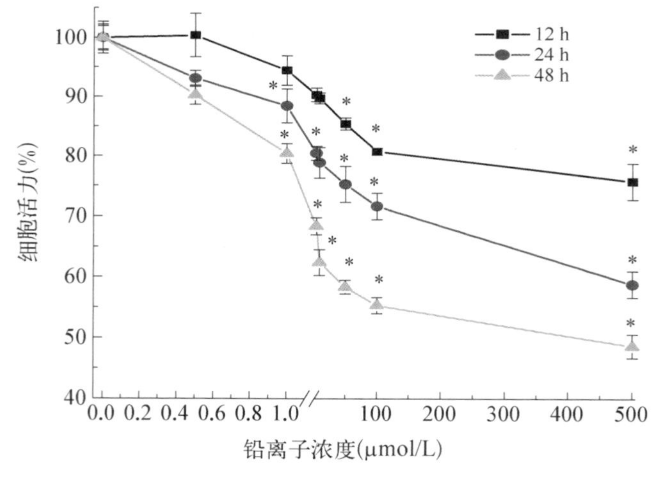

图 6.15 Pb^{++} 对 HepG2 活性的影响

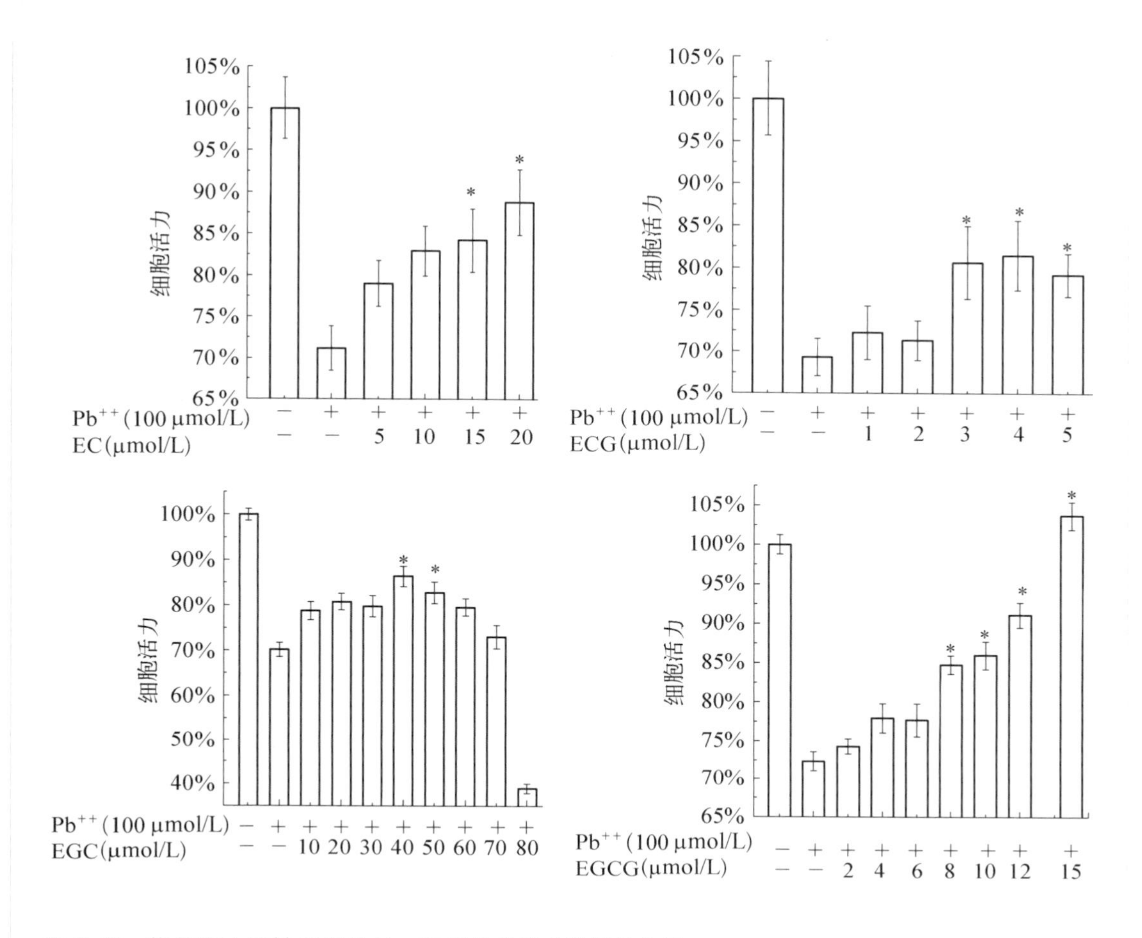

图 6.16 茶多酚对 Pb^{++} 引起的 HepG2 毒性的影响的保护作用

用脂肪酸自旋标记 5-doxyl(a)和 16-doxyl(b)标记 HepG2 细胞膜的典型 ESR 波谱如图 6.17 所示，一个是典型的标记在细胞膜表层的轴对称波谱，一个是标记在细胞膜深层的流动性波谱. 图 6.18 为不同浓度的 Pb^{++} 对 HepG2 细胞膜表层波谱的影响. 不同浓度茶多酚对 Pb^{++} 引起 HepG2 细胞膜序参数升高有明显降低作用，不同成分的茶多酚及其组合保护作用也不同(图 6.19、图 6.20)，其中 ECG 及 ECG + EGCG 的保护作用最强.

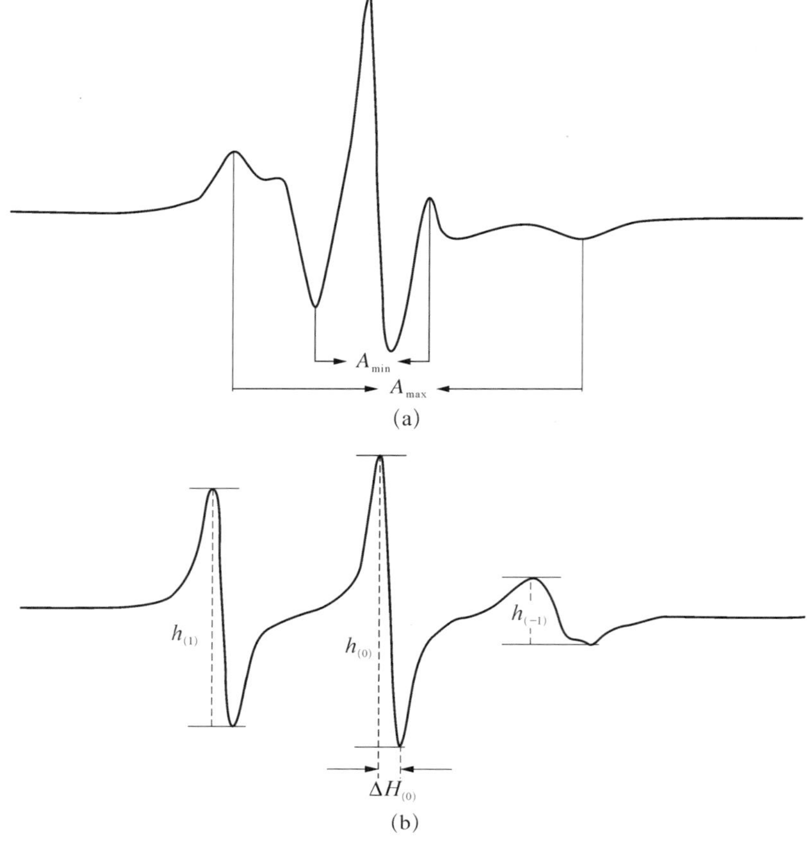

图 6.17　5-doxyl (a) 和 16-doxyl (b)标记 HepG2 细胞膜的典型 ESR 波谱

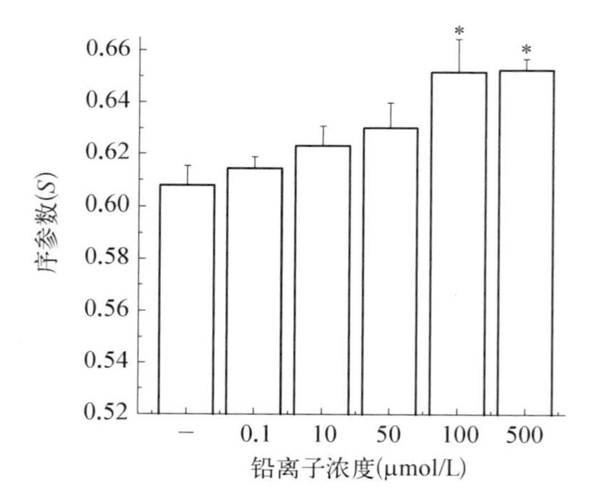

图 6.18　Pb^{++} 对自旋标记 HepG2 细胞膜序参数(S)的影响

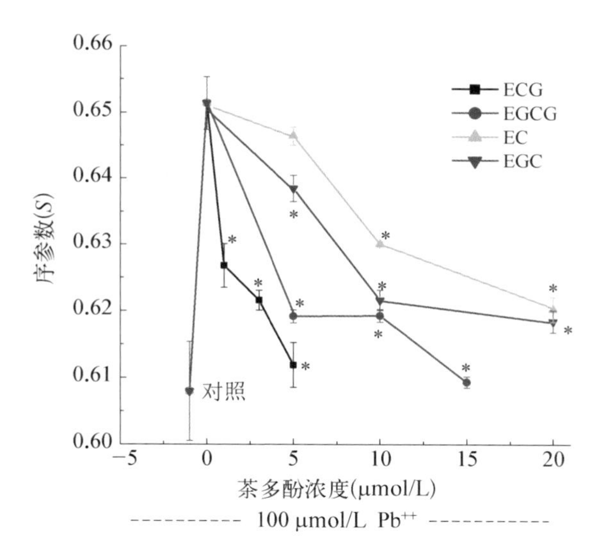

图 6.19　茶多酚对 Pb^{++} 引起 HepG2 细胞膜序参数(S)改变的影响

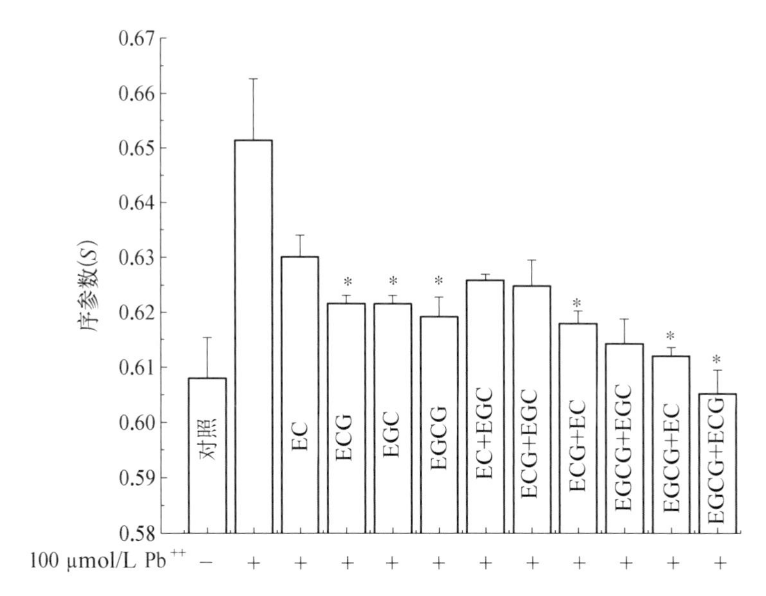

图 6.20　茶多酚组合对 Pb^{++} 引起 HepG2 细胞膜序参数的影响

*：与 Pb^{++} 相比 $P<0.05$.

6.4.11 吸烟气相自由基对细胞膜脂质过氧化和流动性的影响

为了研究吸烟气相自由基对人类健康的损害和致病机理,笔者所在研究组研究了吸烟气相自由基对细胞膜的损伤作用.这里主要采用自旋标记技术,从脂质体人工膜到肺细胞膜,做了一系列研究,发现吸烟气相自由基确实能损伤细胞膜磷脂和蛋白质.[20-21]

1. 吸烟气相自由基对细胞膜脂质过氧化和细胞膜流动性的影响

用TBA法和共轭二烯法测量细胞膜脂质过氧化物,用自旋标记技术研究吸烟气相自由基对细胞膜流动性的影响.将吸烟烟气通过脂质体,测量其中TBA反应物和共轭二烯.随着通烟时间的延长,细胞膜中TBA反应物和共轭二烯不断增加,有很好的相关性,说明吸烟气相自由基可以引起细胞膜的脂质过氧化.

用两种自旋标记物分别标记细胞膜的极性端和疏水端通烟后,测量它们的ESR波谱,从波谱上计算序参数和旋转相关时间.结果发现,随着通烟时间的延长,序参数和旋转相关时间都呈下降的趋势,即细胞膜流动性随通烟时间延长而增加,而且极性端和疏水端的变化是一致的.

2. 茶多酚对吸烟烟气引起培养中国仓鼠肺V79细胞损伤的保护作用

中国仓鼠肺V79细胞采用人工培养,经两层Cambridge滤纸过滤后的香烟烟气通入细胞,对照样品通入同样流量的空气.通烟后V79细胞膜的脂质过氧化程度仍用TBA法来测定,细胞膜流动性仍采用脂肪酸的自旋标记及ESR测试,计算序参数 S 和旋转相关时间 τ_c,同时用马来酰亚胺自旋标记细胞膜蛋白巯基,测量和计算强弱固定化比值.[20-21]

随通烟时间的延长,V79活细胞数目逐渐减少,TBA反应物含量增加,表明V79细胞膜的脂质过氧化程度增大.用极性端和疏水端标记的图谱计算的序参数 S(极性端)和旋转相关时间 τ_c(疏水端)见表6.1.从中可看出,极性端的序参数 S 随通烟时间的延长而减小,而疏水端的旋转相关时间 τ_c 则没有明显的变化,这说明吸烟烟气增大了细胞膜浅层的流动性,对深层则影响不大.从马来酰亚胺标记细胞的ESR波谱计算的强弱固定化比值 S/W 见表6.2,从中可看出,S/W 随通烟时间的增加而增大,表明膜蛋白上巯基结合位点处结构变得紧密,这说明吸烟烟气改变了膜蛋白的构象.

表 6.1　香烟烟气对 V79 细胞膜生物物理特征的影响

吸烟时间(s)	序参数	旋转相关时间	S/W
0	0.657±0.001	8.326±0.366	0.370±0.006
10	0.651±0.005	9.001±0.864	0.383±0.009
20	0.639±0.005	8.373±0.688	0.392±0.012
30	0.634±0.006	8.344±0.630	0.406±0.019

表 6.2　茶多酚对 V79 细胞膜的保护作用

	TBAR	存活率(%)	序参数	旋转相关时间	S/W
对照烟	2.75±0.35	60±8	0.650±0.002	7.715±0.148	0.409±0.005
茶多酚	1.52±0.25	80±9	0.651±0.002	6.226±0.054	0.394±0.004

注:与对照相比,p 值均小于 0.05.

6.5　ESR 研究细胞膜中的脂类-蛋白相互作用

生物膜对于蛋白的功能状态和稳定性至关重要.蛋白质也是细胞膜中的主要成分,即所谓的膜蛋白.膜蛋白可以改变膜脂的结构特性和运动状态,而且膜酶要求具有专门的端基和脂肪酸的组成才有活性.脂类和蛋白质之间的相互作用已用各种不同的方法进行了研究,自旋标记技术是重要的方法之一.[3-7,22-37]膜蛋白的生物物理 ESR 研究需要功能稳定的均质样品,以获得蛋白质的相关结构动力学.在优化生物物理 ESR 测量所需的合适膜环境方面取得了重大进展.然而,没有通用的膜模拟系统可以溶解所有适合生物物理 ESR 研究的膜蛋白,同时保持其功能完整性.我们需要付出巨大的努力来优化样品条件,以获得更好的膜蛋白 ESR 数据质量,从而提供膜蛋白有关结构动力学的有意义的信息.

6.5.1　外周膜蛋白

根据膜蛋白是否易于与膜分离可分为两大类,外周膜蛋白和整体膜蛋白.外周膜蛋白比较容易用温和的方法与膜分离,而整体膜蛋白(又称内在蛋白)通常需要较猛烈的处理,例如要用特别的去污剂才能与膜分离.研究得较多的外周膜蛋白是细胞色素 c.细胞色素 c 是一个线粒体电子传递链的球基蛋白,它有明显的不对称电荷分布,pH 为中性时有 +8 的净电荷.细胞色素 c 靠静电作用结合到酸性或中性脂类双层.结合蛋白的总量随脂类混合物中荷负电磷脂(例如心磷脂或磷脂酰肌醇)量的增加而增加.蛋白的共价自旋标记已被用来探测细胞色素 c 在脂类双层中的定向.脂类自旋标记可用于研究细胞色素 c-磷脂体系,以观察吸附的外周蛋白对脂类双层结构的影响,其判据是流动性梯度、定向样品波谱的各向异性、极性分布以及各种条件下的无规取向的水合样品的波谱响应.实验方法是将自旋标记结合到脂类双层,考察在单独的脂类混合物中和在细胞色素 c-磷脂体系复合物中波谱行为.通过用 5,12 和 16-噁唑烷氮氧基硬脂酸和 3-噁唑烷氮氧基-5α-胆甾烷对这一体系研究的结果[51]发现,细胞色素 c 对脂类双层只能产生轻微的影响,并不影响膜脂的主要性质.

6.5.2 整体膜蛋白

为研究整体膜蛋白的脂类-蛋白的相互作用,需要分离蛋白质复合物,进而研究脂类束缚的蛋白.一个典型的例子是从牛心脏内线粒体膜分离出来的细胞色素氧化酶.细胞色素氧化酶(细胞色素 aa_3)是线粒体电子传递链的末端成员(整个反应为 $4H^+ + O_2 + 4e^- \longrightarrow 2H_2O$).通常细胞色素氧化酶被分离以后,蛋白质复合物以及与其相联系的磷脂自发地形成封闭的膜泡. 这些细胞色素氧化酶不是完整的膜的碎片,而仅由一种与来自内线粒体膜的脂类在一起的主要蛋白复合物组成.细胞色素氧化酶属于整体膜蛋白复合物,不溶于水,分离它需要使用洗涤剂.它是用于酶实验的一个方便的模型体系.Jost 等人将自旋标记扩散到不同脂类含量的细胞色素氧化酶的含水分散体,得到图 6.21 所示的结果[28].图 6.21 左边一列为 16-噁唑烷氮氧基硬脂酸的实验结果,最上端(a)为强固定化自旋标记的波谱,只要脂类的含量低于 2 mg 磷脂/mg,蛋白就会出现这样的波谱.当无蛋白存在时,即呈现如同波谱(e)的另一种极端类型的波谱,即在流动的脂类双层中所观察到的尖锐的三线谱.波谱(b)、(c)、(d)为蛋白和磷脂的含量处于(a)和(e)之间的 ESR 波谱.为了验证这些合成的波谱是相同的两个波谱分量以及合成谱的线形决定于两波谱分量之比,可用两种合理假设的波谱成分——束缚脂类(a)和流动双层(e)加合的办法来作波谱合成.此结果表示在图 6.21 的右边一列.例如波谱(b)就近似等于由 95 分波谱(a)和 5 分波谱(e)的加合,波谱(c)近似于 69 分(a)和 31 分(e)的加合,等等.结果得到,从(a)到(e)流动双层占总脂类的百分数分别为 0,5%,31%,66%,100%.一个较为精确的方法是根据波谱减法,从每一个合成的波谱中减去波谱(a),得出(b)、(c)和(d)所对应的流动双层脂类的含量分别为 6%,35% 和 57%.波谱减法避免了脂类双层中是否存在相对运动性的问题.因为在蛋白不存在时,束缚组分是观察不到的,有理由将固定化的波谱归因于脂类和蛋白复合物的相互作用.

上述方法可用来估计被蛋白固定化的实际磷脂的含量.倘若脂类自旋标记的分布反映了两种环境中的磷脂的分布,亦即自旋标记酰基链结合常数和磷脂酰基链的结合常数相同.以此为假设,束缚脂类的量 C_b(单位为 mg 磷脂/mg 蛋白)可简单表示为 $C_b = X_b C_t$,

C_t 为总脂类，即由磷酸酯和蛋白的分析测定的每毫克蛋白的磷脂，X_b 为固定（束缚）组分的分数. 例如，对波谱（b），$C_t = 0.24$ mg 磷脂/mg 蛋白，$X_b = 0.95$，$C_b = 0.95 \times 0.24 = 0.23$ mg 磷脂 /mg 蛋白. 对（c）和（b），束缚组分为 0.23 mg 和 0.17 mg 磷脂/mg 蛋白. 用波谱减法，（b）、（c）、（d）分别为 0.22 mg、0.21 mg、0.21 mg 磷脂/mg 蛋白. 对若干其他样品也做了分析，值得注意的结果是，不管流动脂类的含量如何，总有大约 0.2 mg 束缚磷脂/mg 蛋白存在.

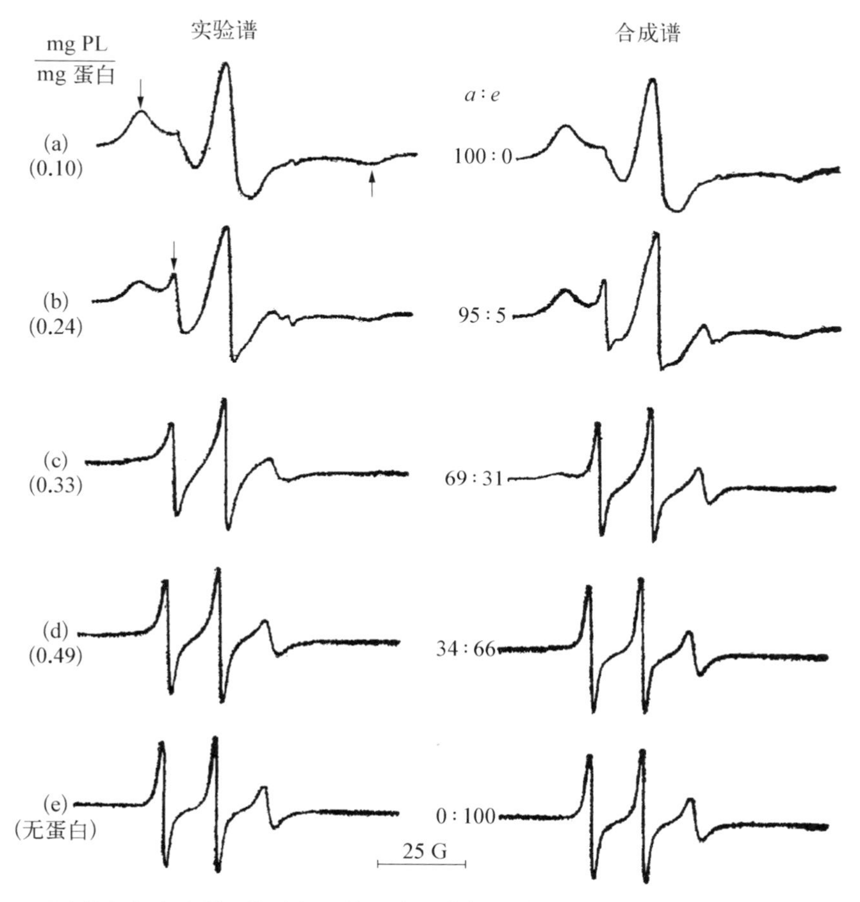

图 6.21　16-噁唑烷氮氧自由基硬脂酸标记的细胞色素氧化酶在水悬浮液中 ESR 波谱和计算机模拟加合得到的合成谱

左图为 16-噁唑烷氮氧自由基硬脂酸在细胞色素氧化酶的水悬浮液中的 ESR 波谱；右图为由波谱（a）和（e）的加合得到的合成谱.

得出固定化磷脂含量约是 0.2 mg 磷脂/mg 蛋白之后，还需要画出这个组分的分子水平的图形. 最简单的模型是把这种束缚脂类看作蛋白质复合物疏水表面的外罩. 蛋白的尺寸是根据 Vanderkooi 等人的电子显微镜的结果，所需要的疏水表面的外罩大约为 0.2 mg 磷脂/mg 蛋白，这刚好与自旋标记测得的结果一致. 当然，由于周边的不规则性，蛋白-蛋白接触或仅由一个酰基链引起的磷脂分子的缔合，会使这一数字多少有所改变.

鉴于在处理自旋标记的数据中所做的假设，将这些数据与其他的测量结果相对照是必要的. 可以利用的四个关于细胞色素氧化酶的数据：第一，各种水平的脂类电子显微镜照片指出，只有较高水平的脂类(>0.3 mg 磷脂/mg 蛋白)才能形成封闭的囊泡，这就说明，为了形成囊泡所需要的流动脂类双层有一个最小的数量；第二，连续地脂类萃取(冷丙酮水溶液)很快将脂类－蛋白的比率减少到接近 0.2，并且残留的脂类很难除去；第三，酶的活性. 用细胞色素 c 的氧化来测量这种酶的活性. 当脂类水平很低时，酶没有活性，把磷脂加到这种没有活性的抽提脂类的复合物中，则活性恢复，达到最大活性的脂的含量约为 0.2 mg 磷脂/mg 蛋白；第四，用类固醇自旋标记 3-噁唑烷氮氧基-5α-雄-17β-醇(Ⅵ)所做的平行的自旋标记的实验结果. 因为这种刚性的自旋标记以振动运动代替了摆动运动，以致表现出非常不同的线形，这就提供了一个很好的减法实验，如引入一个不同的极性端基，所得的结果也大约是 0.2 mg 磷脂/mg 蛋白.

因此，自旋标记的实验结果是令人信服的，可以得出结论：第一，与内在膜蛋白相接触的脂类是固定的；第二，束缚磷脂的数量与流动双层区域的大小无关；第三，与其说脂类环境的连续变化，倒不如说存在两种主要的脂类环境. 这就表明，蛋白复合物有清楚的三维结构，的确没有无规地伸向双层的多肽链. 按照这个观点，即使仅存在非常有限的流动双层区域，此流动双层区域也不会因整体蛋白的存在受到大的扰动，而保持在纯脂类体系中的流动双层所特有的行为.

另一个用自旋标记方法证明界面磷脂的实验是测量 ESR 信号衰减速度随温度的变化. 将自旋标记Ⅰ(12，3)扩散到从兔肝分离的微粒体膜中，在不同的温度测量中央的高度随时间的变化. 当加入 NADPH，信号减小的速率大大增加，酶促还原作用被归因于细胞色素 P_{450}-细胞色素 P_{450}还原酶羟化酶体系. 在 32 ℃以下，脂类自旋标记还原的速度很慢，而在 32 ℃以上，信号衰减的速度明显增加. 采用三个对照实验：① 在相同的温度区间观察水溶性自旋标记 Tempo 磷脂的信号，结果在 Arrhenius 曲线上无转折点，这就证明，上面的曲线在 32 ℃的转折点不是由酶活性的改变造成的；② 在相同的温度区间测量Ⅰ(12，3)的序参数，没有观察到突然的变化；③ 用Ⅰ(1，14)在不同温度下测量侧向扩散，结果表明在主体相中的扩散速度在 20～40 ℃的范围是流动脂的特征. 由这些结果推出的最合理的模型是还原蛋白在 32 ℃以下，被近晶状态的磷脂环围绕，此磷脂在 32 ℃时转变为流动态，以致脂类自旋标记可以与蛋白相接触而被还原. 脂类环可能包括固定化的脂类，如细胞色素氧化酶的情况，但也可能包括比较扩展的脂类区域. 对大肠杆菌膜所做的荧光实验也指出有一定量的脂类不处于流动双层状态.

膜蛋白有暴露于水相的亲水部分和埋在脂类双层中的疏水部分. 一个有趣的例子是从肝内质网分离出来的细胞色素 b_5. 细胞色素 b_5 含有一个血红素基，并由单一多肽链组成. 当用洗涤剂分离时，则得到不含磷脂的细胞色素 b_5，分子量为 16 700. 当膜用蛋白酶处理时则细胞色素 b_5 的带血红素部分被提取出来，并且这个亲水的碎片已由 X 射线结晶学说明.

根据这些自旋标记的数据和其他的生物实验，可画出细胞色素 b_5 的模型. 固定化的脂类被限制在蛋白的一个区域，在胰酶提取的碎片中不存在肽的链段. 疏水尾巴起了把分子固定在脂类双层的作用，与疏水尾巴接触的脂类是强固定化的，这些数据与由线粒体膜的细胞色素氧化酶得到的结果相一致.

近来，Fretten 等同时用六种硬脂酸自旋标记Ⅰ(m，n)(m，n 分别为 13,2；12,3；9,6；7,8；5,10；1,14)和三种磷脂酰胆碱自旋标记Ⅲ(m，n)(m，n 分别为 12,3；5,10；1,14)研究了从牛肾上腺髓质提取的嗜铬颗粒膜和由此膜抽提的磷脂制取的双分子层，发现两个样品的 ESR 波谱差别甚小，表明构成膜双层脂类的主要部分基本上不受膜蛋白的扰动. 实验还指出，自旋标记脂肪链的运动在接近膜表面的前半部分变化很小，即柔曲性梯度很小，而在接近疏水的甲基端运动性急剧增大. 图 6.22 展示出了常温下Ⅰ(m，n)标记的嗜铬颗粒脂类的 ESR 波谱. Fretten 等人还在膜和从膜提取的双分子层两种样品中观察到在 35 ℃左右产生的结构改变，这是脂类-脂类相互作用，而不是脂类-蛋白相互作用的结果.

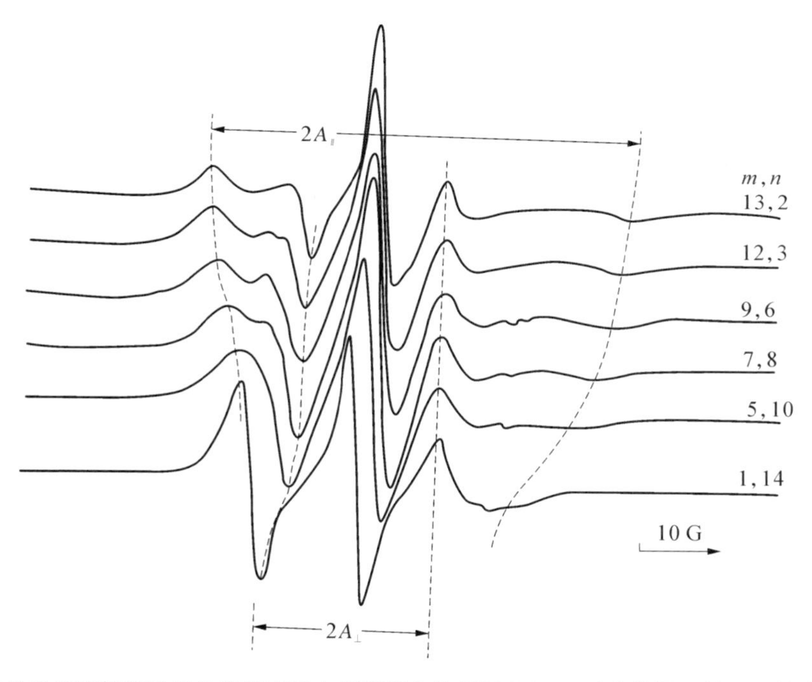

图 6.22　在从嗜铬颗粒膜抽提的脂类双层中硬脂酸自旋标记Ⅰ(m，n)在常温下的 ESR 波谱

总之，与内在膜蛋白(integral membrane protein)疏水表面相接触的脂类自旋标记与在流动脂类双层中相同的自旋标记表现出截然不同的 ESR 波谱特征. 首先，不管自由基在烃链中的位置如何，与蛋白接触的所有脂类自旋标记的氮氧基均被固定化. 而在流动双层中通常可观察到柔曲性梯度；第二，与蛋白表面接触的脂类是无序的，这与在双层中观察到的有序性是不同的；第三，在蛋白表面环境的极性与氮氧基的位置无关，而在双

层中却显示出一个明确的极性梯度；第四，脱水作用对蛋白束缚的自旋标记的波谱影响很小，但对脂类双层的运动、取向和极性则有明显的影响．需要指出的是，界面脂类是否存在至今尚有争论，一些研究者的 NMR 的结果表明，并没有所谓界面脂类与整体脂类之分，而且有的 ESR 的研究结果也并不支持存在两种脂类的观点．

6.5.3 人工膜中的蛋白

将从牛脑的白色物质分离出来的脂类所形成的膜和 3-噁唑烷氮氧基胆甾烷与已知氨基酸组成的蛋白质或肽的水溶液水合，其 ESR 波谱依赖于所用的蛋白质和介质的 pH，表现出低度成序、中度成序和高度成序的特征．只有当水合溶液的 pH 低于蛋白的 pK 值时才能观察到高度角度相关的和角度无关的波谱的极限情况．很明显，蛋白质有一正电荷时，才能对负电荷的脑脂类膜产生显著的影响．蛋白质，例如溶菌酶和核糖酸酶，在脂类多层中具有高的成序度，其作用类似于多价正离子，这个作用与溶液中蛋白的构象无关；氧化的核糖酸酶 A，其中 4 个二硫键被断裂，在改进成序性方面像天然化合物一样是有效的，8 mol/L 的尿素对溶菌酶或核糖酸酶的成序度没有影响．X 射线衍射的研究证明，在与蛋白水合的脑磷脂样品中存在平面周期双层结构，引入蛋白质后，可增加或降低双层有序度．在定向的脂类双层中，无序膜内的自旋标记的方向有一个宽的分布．没发现氨基酸的组成或疏水性与蛋白对脂类膜的影响有明显的关系．亚铁原卟啉蛋白、过氧化氢酶和血红蛋白都是强的去序剂，而细胞色素 c 的作用则小得多．

分子量范围为 2 800～280 000 的聚赖氨酸都会引起脑脂类膜的 ESR 波谱表现出高度的角度相关性．赖氨酸和丙氨酸以及赖氨酸和苯丙氨酸的不同比例的共聚物，使膜的 ESR 波谱只有很小或没有角度相关性．将这些共聚物加入水合的盐溶液使波谱的 B/C 值降低，它们的有效性依赖于丙氨酸或苯丙氨酸残留物的绝对浓度．

与上述共聚物的结果不同，赖氨酸与亮氨酸共聚物的去序效应不是简单地依赖于亮氨酸的含量．随着 Lys-Leu(17：1)浓度的增加，只有失序作用，但对于 Lys-Leu(2.7：1)，开始则增加垂直方向波谱的特征幅度比(B/C)，而当浓度继续增加时，使 B/C 值减小(图 6.23)．

所有上述的实验都是采用胆甾烷自旋标记，多用 B/C 值作为有序度的指标．亦可用其他种类的自旋标记，例如脂类自旋标记，其有序度以序参数 S 或平行和垂直超精细分裂之差来表征，其结果与胆甾烷自旋标记的相平行，但脂类自旋标记可探测整个脂类双层任何一个部位的成序或失序，而不像胆甾烷自旋标记那样，只能表征端基处的行为．实验表明，定向的多层体系对研究蛋白对脂类结构的影响是有用的，这种蛋白和多肽的作用依赖于氨基酸的组成、浓度和 pH．

需要指出的是，不少人利用自旋标记技术研究了某些天然的蛋白或多肽对膜脂双层的作用．一个例子是对蜂毒的研究，发现增加蜂毒的浓度会导致 3-噁唑烷氮氧基胆甾烷沿长轴取向分布宽度的增加,即有序度降低.磷脂酰乙醇胺比蛋卵磷脂对蜂毒更灵敏些,10^{-5} mol/L 的蜂毒可完全使自旋标记的取向混乱.胆固醇可使蛋卵磷脂对蜂毒的灵敏性进一步减小.5-噁唑烷氮氧基硬脂酸对蜂毒的灵敏性比胆甾烷自旋标记要低,但当增大蜂毒的浓度时,表现出 $A_{/\!/}$ 的迅速减少和 $A_{\perp}$ 的增加.因此得出结论:蜂毒重整了磷脂膜中的端基和碳氢链,说明静电力和疏水力均与脂类-蛋白相互作用有关.

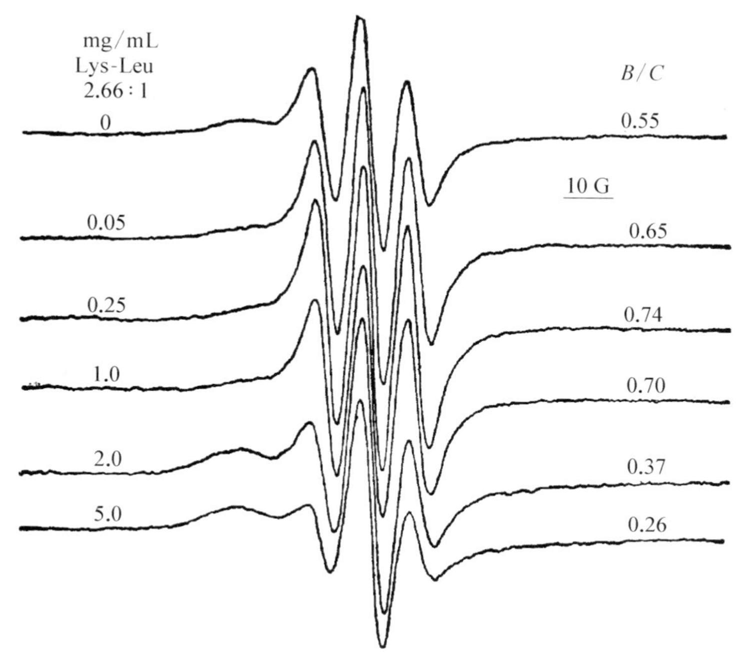

图 6.23　3-噁唑烷氮氧自由基在垂直外磁场的脑磷脂多层中的 ESR 波谱
图中标记的是在溶液中加入赖氨酸-亮氨酸共聚物的浓度.

6.5.4　利用 ESR 研究细胞膜蛋白生物物理特性

膜蛋白具有对生物体生存至关重要的各种功能,膜蛋白负责执行生物体生存所必需的基本生物学功能.尽管它们具有生理重要性,但由于应用生物物理技术研究这些蛋白质系统的挑战,目前可用的结构信息有限.ESR 波谱是研究膜蛋白结构和动态特性的一种非常强大的技术,然而,由于其固有的疏水性,使用传统的生物物理技术探测膜蛋白的结构和动态特性非常困难,特别是在其天然环境中.ESR 波谱与 SDSL 相结合是一种非常强大且快速发展的生物物理技术,可以研究膜蛋白的相关结构和动态特性,并且没有尺寸限制.最常用的 ESR 技术可以回答重要膜蛋白结构和构象动力学相关问题.在细胞内环境中探索生物分子的结构和动力学已成为结构生物学的终极挑战.由于细胞环境在体外几乎不可重复，因此直接在细胞内研究生物分子引起了越来越多人的兴趣. 在磁共振方法中，SDSL 与 ESR 波谱相结合，为捕集细胞内的蛋白质结构和动力学提供了竞争和有利的功能. 迄今为止，几种细胞内 ESR 方法已成功应用于细菌和真核细胞. 特别是 SDSL 可以提供细胞膜内蛋白质的重要信息.[38-39]

生物膜对于提供功能状态下膜蛋白的稳定性至关重要. 膜蛋白的生物物理 ESR 研究需要功能稳定的均质样品，以获得蛋白质的相关结构动力学. 我们虽然在优化生物物理 ESR 测量所需的合适膜环境方面取得了重大进展，然而，仍然没有通用的膜模拟系统可以溶解所有适合生物物理 ESR 研究的膜蛋白，并且同时保持其功能完整性，从而提供有关膜蛋白结构动力学的重要信息，特别重要的是要测试胶束环境中的蛋白质结构是否与其膜结合状态的结构相同. 新合成的一种来源于苯乙烯和马来酸的聚合物 Lipodisq 能够形成可以结合膜蛋白的纳米尺寸的脂质基盘状颗粒，已被引入作为膜蛋白结构研究潜在的良好膜模拟系统，具有单个跨膜掺入脂质纳米颗粒的 KCNE1 膜蛋白的 ESR 表征. 定点自旋标记 ESR 波谱法将脂质纳米颗粒用作膜模拟系统，用于探测更复杂的膜蛋白系统 KCNQ1 电压传感域(Q1-VSD)的结构和动态特性，该域具有四个跨膜螺旋. 通过脉冲 ESR 方法测量的蛋白质残基的溶剂可及性和距离提供了有关动态蛋白质运动的高分辨率信息，可以用于完整膜蛋白的纯化和定点自旋标记的方案. 使用 CW-ESR 谱线形分析和脉冲 ESR DEER 测量对掺入脂质纳米颗粒的自旋标记 Q1-VSD 进行了表征. CW-ESR 谱图表明，随着苯乙烯-马来酸(SMA)聚合物的加入，谱线展宽增加，该聚合物接近刚性极限，提供蛋白质-脂质复合物的均匀稳定. 同样，与蛋白脂质体相比，ESR DEER 测量表明，当样品掺入脂质体纳米颗粒时，相位记忆时间(T_m)值增加，距离测量质量更高. 这些结果与 Q1-VSD 的溶液 NMR 结构研究一致，将有利于研究使用脂质纳米颗粒研究更复杂的膜蛋白系统的结构和动态特性的研究人员.[40-41]

6.5.5 ESR 波谱法表征脓肿分枝杆菌细胞壁和质膜及其两性霉素 B、米替福辛和橙花醇的作用

使用自旋标记 ESR 波谱可以表征脓肿分枝杆菌细胞包膜的组分及其与两性霉素 B (amphotericin B, AmB)、米替福辛(miltefosine, MIL)和橙花醇(nerolidol, NER)的相互作用. 类似于硬脂酸和磷脂酰胆碱(PC)的自旋标记分布在包膜层上，其流动性与其他生物膜(可能是分枝杆菌细胞壁)相当，在用 AmB 处理后，ESR 波谱中具有高度刚性的波谱成分. 硬脂酸甲酯类似物自旋标记发现了更多的流体膜，并且没有检测到 AmB 的存在，除非在非常高的药物浓度下. 一方面，与其他自旋标记的磷脂酰胆碱不同，TEMPO-PC 自旋探针将氮氧化物部分连接到磷脂酰胆碱头基的胆碱上，也没有检测到两性霉素 B (AmB)的存在. 另一方面，类固醇自旋标记不分布在脓肿分枝杆菌的膜上，而是集中在细胞膜的其他位置. 10 μmol/L 的 MIL 和 NER 化合物都导致细胞壁和质膜的流动性增加.

此外，NER 被证明具有从分枝杆菌细胞壁中提取脂质的显著能力. ESR 结果表明，分枝杆菌对 AmB 作用的耐药性一定与该药物未到达细菌质膜的事实有关. 嵌入细胞膜的自旋标记检测到与假定的 AmB/甾醇复合物的强烈相互作用，导致 ESR 波谱发生明显变化，这可以解释为膜流动性降低或自旋探针评估的极性增加. 自旋标记脂质的 ESR 波谱证实了 AmB 不会进入磷脂膜-甾醇模型并可能形成膜外聚集体，正如甾醇海绵模型所预测的那样. 此外，这些聚集体被证明可以从脂质双层中提取自旋探针雄甾醇. 然而，与模型膜的结果相反，ESR 波谱表明 AmB 很容易进入所研究细胞的膜，这意味着进入过程取决于模型膜与膜蛋白的相互作用. 分布在用 AmB 处理的真菌质膜中的硬脂酸和类固醇雄甾烷的自旋标记类似物显示出与假定的两性霉素(AmB)甾醇复合物的强烈相互作用. 观察到的由 AmB 引起的 ESR 参数 $2A_{//}$ 的增加可以解释为自旋标记迁移率的显著降低和/或局部极性的增加. $2A_{//}$ 参数随 MIL 和 NER 浓度的增加而逐渐降低. 所研究的三种化合物的膜-水分配系数($K_{M/W}$)是根据引起 ESR 波谱变化的化合物的最低浓度估计的. $K_{M/W}$值表明，化合物对巴西假单胞菌膜的亲和力遵循以下顺序：AmB>MIL>NER. 最小抑菌浓度(MIC)值低于导致 ESR 波谱变化的化合物各自的最低浓度. 图 6.26 是 5-DSA 和 5-DMSA 的分子结构及其在细胞膜中的 ESR 波谱. ESR 波谱结果表明，所研究的三种化合物的抗增殖作用与细胞膜的改变有关.[42-43] 基于参考文献中的图形及两个自旋标记和 AmB 的潜在位置，很可能自旋标记 5-DSA 仅掺入细胞壁中，而 5-DMSA 掺入质膜中. 25 μmol/L 时的 AmB 会显著影响 5-DSA 的 ESR 波谱，但即使在 50 μmol/L 时，它实际上也不会改变 5-DMSA 的波谱.[42]

分子氧(O_2)是使用饱和恢复 ESR 技术进行的膜研究的完美探针分子. O_2 是一种小的、顺磁性的、疏水性足够的分子，很容易分成膜的不同相和结构域. 在膜研究中，饱和恢复 EPR 方法需要两个顺磁探针：脂质模拟氮氧化物自旋标记和分子氧. 该方法的实验推导参数是自旋标记的自旋晶格弛豫时间(T_1s)和 O_2 与氮氧化物片段之间的双分子碰撞速率. 由于脂质自旋标记长的 T_1(从 1 s 到 10 μs)，该方法对局部(氮氧化物片段周围)O_2 扩散浓度产物的变化非常敏感. 脂质堆积的微小变化都会影响 O_2溶解度和 O_2 扩散效率，这可以通过自旋标记的 T_1缩短来检测. 使用 O_2 作为探针分子并将不同的脂质自旋标记插入膜和膜结构域的特定相中，可以获得有关脂质膜横向排列的数据. 此外，使用脂质自旋标记，将氮氧化物片段连接到其头基或不同位置的烃链，还可以获得有关不同膜深度的分子动力学和结构的数据. 因此，该方法不仅可以用于研究膜的横向组织(即膜结构域和相的存在)，还可以用于研究深度依赖性的膜结构和动力学，从而研究三维膜的性质.[44-45]

参考文献

[1] 杨福愉. 生物膜[M]. 北京：科学出版社，2005.

[2] 赵保路.氧自由基和天然抗氧化剂[M].北京:科学出版社,1999.

[3] Berliner L. Spin Labeling: Theory and application[M]. New York: Springer US, 1989.

[4] Lawrence J B. Spin Labeling: Theory and application[M]. New York: Academic Press, 1978.

[5] 张建中,赵保路,张请刚.自旋标记ESR波谱的基本理论和应用[M].北京:科学出版社,1987.

[6] Lawrence J B. Biological magnetic resonance spin labeling the next millenium[M]. New York: Academic Press, 1998.

[7] 张建中,黄宁娜,李小洁,等.血卟啉衍生物的光敏作用对人工膜脂类动力学和相图的影响[J].科学通报,1988,33:1258-1260.

[8] 赵保路,席丹,张建中,等.用脂肪酸自旋标记研究中国地鼠肺正常细胞V79和癌变细胞V79-B1膜的温度相关性[J].科学通报,1982,27:813-816.

[9] 赵保路,瞿保钧,张建中,等.用抗坏血酸还原自旋标记动力学研究抗癌药物对脂质体膜通透性的影响[J].科学通报,1984,29:48-50.

[10] 赵保路,张清刚,张建中,等.用脂肪酸自旋标记研究中国地鼠肺正常细胞V79和癌变细胞V79-B1膜的流动性[J].科学通报,1982,27:686-689.

[11] 赵保路,段绍谨,瞿保钧,等.用自旋标记研究抗癌药物对中国地鼠肺正常细胞V79和癌变细胞V79-B1膜流动性的影响[J].生物化学与生物物理学报,1984,16:43-49.

[12] Zhao B L, Qu B J, Zhang J Z, et al. Effect of antotumor drugs on liposome membrane permeability wit spin label reductional kinetic by ascorbate[J]. KEXUE TONGBAO, 1984, 29: 385-388.

[13] Duan S J, Zhao B L, Xin W J. Effect of Yin-Invigorating mixture on the cell membrane fluidity of normal and malignant cells[J]. J. Trad. Chinse Med., 1984, 4: 67-76.

[14] 吴泽志,石红联,赵保路,等.用脂肪酸自旋标记研究库存血红细胞膜的流动性[J].生物物理学报,1993,9:59.

[15] 石红联,陈雨亭,侯京武,等.慢性肾衰人血清和红细胞抗氧化能力的ESR研究[J].生物物理学报,1993,9(3):483-487.

[16] Shi H L, Yang F J, Zhao B L, et al. Effects of r-HuEPO on the biophysical characteristics of erythrocyte membrane in patients with anemia of chronic renal failure[J]. Cell Res, 1994, 4: 57-64.

[17] Chen L J, Yang X Q, Jiao H L, et al. Tea catechins protect against lead-induced cytotoxicity, lipid peroxidation and membrane fluidity in HepG2 Cells[J]. Toxcol. Sci., 2002, 69: 149-156.

[18] Chen L J, Yang X Q, Jiao H L, et al. Tea catechins protect against lead-induced ROS formation, mitochondrial dysfunction and calcium dysregulation in PC12 cells[J]. Chem. Res. Toxiol., 2003, 16: 1155-1161.

[19] Chen L J, Yang X Q, Jiao H L, et al. Effect of tea catechins on the change of glutathione levels caused by Pb^{++} in PC12 cells[J]. Chem. Res. Toxiol., 2004, 17: 922-928.

[20] 张树立,赵保路,忻文娟.吸烟烟气的细胞毒性作用和茶多酚保护作用的研究[J].中国环境科学,1996,16:386-390.

[21] Gao J T, Tang H R, Zhao B L. The toxicological damagement of gas phase cigarette smoke on cells and protective effect of green tea polyphenols[J]. Res. Chem. Interm., 2001, 29:

269-279.

[22] Zentrum G E, Zimmer G. A spin label study on fluidization of huma red cell memberane by esters of p-hydroxybenzoic acid: structure-functional aspects on membrane glucose transport [J]. Biochem. pharmacol., 1981, 30: 2362-2364.

[23] Curtis M T, Gilfor D, Farber J L. Lipid peroxidation increases the molecular order of microsomal membrane[J]. Arch. Biochem. Biophys., 1984, 235: 644649.

[24] Bruch R C, Thayer W S. Differential effect of lipid peroxidation on membrane fluidity as determined by electron spin resonance probes[J]. Biochim. Biophys. Acta, 1983, 733: 216-222.

[25] Devaux P F, Davoust J, Rousselet A. Electron spin resonance studies of lipid interaction in membrane[J]. Biochem. Soc. Symp., 1982, 46: 207-222.

[26] Devaux P F, Seigneurent M. Specicity of lipid-protein interactions as determined by spectroscopic techniques[J]. Biochim. Biophys. Acta, 1985: 63-125.

[27] Favre E, Baroin A, Bienvenue A, et al. Spin-label studies of lipid-protein interactions in retinal rod outer segment membranes. Fluidity of the boundary layer[J]. Biochemistry, 1979, 18(7): 1156-1162.

[28] Lai C S, Hopwood L E, Swartz H M. Electron spin resonance studies of changes in membrane fluidity of Chinese hamster overy cells during the cell cycle[J]. Biochim. Biophys. Acta, 1980: 117-126.

[29] Hyono A, Kuriyama S, Hara H, et al. ESR studies on the membrane properties of a moderately halophilic bacterium[J]. J. Biochem., 1980, 88: 1267-1274.

[30] Utsumi H, Murayama J I, Hamada A. Structural changes of rat liver microsomal membranes induced by the oral administration of carbon tetrachloride[J]. Biochem. Pharmcol., 1985, 34: 57-63.

[31] Domagala W, Pilawa B, Lapkowski M. Quantitative in-situ EPR spectroelectrochemical studies of doping processes in poly(3, 4-alkylenedioxythiophene)s. Part 1: PEDOT[J]. Electrochimica Acta, 2008, 53: 4580-4590.

[32] Roy S, Sieger M, Singh P, et al. A radical-bridged bis(ferrocenylcopper(Ⅰ)) complex: structural identity, multifrequency EPR, and spectroelectrochemistry[J]. Inorganica Chimica Acta, 2008, 361: 1699-1704.

[33] Raguz M, Widomska J, Dillon J, et al. Characterization of lipid domains in reconstituted porcine lens membranes using EPR spin-labeling approaches[J]. Biochimica et Biophysica Acta (BBA)- Biomembranes, 2008, 1778: 1079-1090.

[34] Strehmel V, Rexhausen H, Strauch P. Synthesis of 4-trimethylammonio-2, 2, 6, 6-tetramethylpiperidine-1-yloxyl with various anions for investigation of ionic liquids[J]. Tetrahedron Letters, 2008, 49(20): 3264-3267.

[35] Bahri M A, Seret A, Hans P, et al. Does propofol alter membrane fluidity at clinically relevant concentrations? An ESR spin label study[J]. Biophysical Chemistry, 2007, 129: 82-91.

[36] Gamliel A, Afri M, Frimer A A. Determining radical penetration of lipid bilayers with new

lipophilic spin traps[J]. Free Radical Bio. Med., 2008, 44: 1394-1405.

[37] Yamada M D, Maruta S, Yasuda S, et al. Conformational dynamics of loops L11 and L12 of kinesin as revealed by spin-labeling EPR[J]. Biochemical and Biophysical Research Communications, 2007, 364: 620-626.

[38] Bonucci A, Ouari O, Guigliarelli B, et al. In-cell EPR: progress towards structural studies inside cells[J]. Chembiochem., 2020, 21(4): 451-460.

[39] Sahu I D, Lorigan G A. Electron paramagnetic resonance as a tool for studying membrane proteins[J]. Biomolecules, 2020, 10(5): 763.

[40] Sahu I D, Lorigan G A. Role of membrane mimetics on biophysical EPR studies of membrane proteins[J]. Biochim. Biophys. Acta Biomembr., 2023, 1865(4): 184138.

[41] Sahu I D, Dixit G, Reynolds W D, et al. Characterization of thehuman KCNQ1 voltage sensing domain (VSD) in lipodisq nanoparticles for electron paramagnetic resonance (EPR) spectroscopic studies of membrane proteins[J]. J. Phys. Chem. B, 2020, 124(12): 2331-2342.

[42] Alonso L, Mendanha S A, Dorta M L, et al. Analysis of the interactions of amphotericin B with the leishmania plasma membrane using EPR spectroscopy[J]. J. Phys. Chem. B, 2020, 124(45): 10157-10165.

[43] Alonso L, Pimenta L K L, Kipnis A, et al. Mycobacterium abscessus cell wall and plasma membrane characterization by EPR spectroscopy and effects of amphotericin B, miltefosine and nerolidol[J]. Biochimica et Biophysica Acta(BBA)-Biomembranes, 2022, 1864(5): 183872.

[44] Alonso L, Rocha O B. Paracoccidioides brasiliensis plasma membrane characterization by EPR spectroscopy and interactions with amphotericin B, miltefosine and nerolidol[J]. J. Biomol. Struct. Dyn., 2023, 41(12): 5685-5695.

[45] Subczynski W K, Widomska J, Raguz M, et al. Molecular oxygen as a probe molecule in EPR spin-labeling studies of membrane structure and dynamics[J]. Oxygen (Basel), 2022, 2(3): 295-316.

第 7 章

ESR 研究膜蛋白的结构和动态特性

蛋白质尤其是各种酶在催化体内的各种代谢、氧化还原反应中发挥着重要作用. 膜蛋白具有重要的生物功能,但是我们对其二、三级结构了解还很有限,这主要是由于难以得到它们的结晶,无法用 X 晶体衍射技术测定,而二维 NMR 只能测定较小的不结晶蛋白. ESR 自旋标记与位置特异突变(点突变)技术结合就可以用来测定这一类膜蛋白的结构和动态特性. 固有无序蛋白质(IDPs)形成独特的蛋白质类别,其特征在于缺乏明确的结构和显著的构象灵活性. ESR 波谱与 SDSL 相结合是揭示其结构和动力学的最合适的方法. 笔者所在研究组早期也利用 ESR 自旋标记技术研究了细胞膜蛋白的结构和构象,但是多数都没有对膜蛋白进行分离纯化,只能给出一个粗略的结构和构象架构. 即使如此,也为后来利用 ESR 自旋标记技术研究细胞膜蛋白的结构和构象提供了基础. 本章就 ESR 自旋标记与位置特异突变(点突变)技术的基本概念、方法和研究细胞膜蛋白的结构和构象的应用进行讨论.

7.1 自旋标记探测蛋白质巯基结合位置的大小和构象变化

早期研究酶的活性部位是个相当繁杂的过程，包括对各种侧链氨基酸有一定特异性的化学修饰及其催化活性的影响，以及对各种抑制剂、底物的结合或动力学常数进行实验等研究. 这些研究往往产生无法解释的结果. 自旋标记的出现为研究酶活性部位的大小、形状以及在这些部位上不同基团的相对位置带来了很大的方便. 除前面已考虑过的如何测定蛋白质上不同部位之间距离的方法外，还有两类自旋标记实验可以用于这一目的：一类是用一系列被系统修饰了的共价结合或非共价结合标记探测同一个结合部位；另一类是用同一个自旋标记去研究一系列同系或结构类似酶的结合部位. [1]

首先用自旋标记作为分子尺度这个基本方法测量抗体部位的深度，后来又用其研究细胞碳酸脱氢酶 B 活性部位的几何形状. 当磺胺自旋标记结合到这个酶的活性部位上以后，氮氧基的运动受到极大的限制. 随着分子链长的增加，氮氧基的运动性也不断增加，氮氧基和活性部位的作用就很小了. 这些实验表明，此酶的活性部位是一个深度约为 14.5×10^{-10} m 的裂缝.

我们没有在人红细胞碳酸脱氢酶 B 中观察到氮氧基运动性完全单调地随标记物分子链长增加而增加的现象. 这可能是由于活性部位的这个区域变窄了或更加疏水了，因而对氮氧基结合得更加牢固了. 当用这些自旋标记重复做同一样品的碳同工酶时，结合的自旋标记的运动性是均匀单调增加的. 该酶的活性部位的深度为 14 Å，这与用 X 射线衍射法测量的结果是一致的.

为了阐明胰凝乳蛋白酶活性部位的几何形状，用自旋标记的琥珀酯酰胺、琥珀二酯和马来酰二酯测定了含有 Ser 195 的水解部位、芳香结合部位和酰胺结合部位的空间关系. 由研究结果提出的水解顺序为：① 在芳香和酰胺结合部位底物发生作用；② 芳香结合诱导酶结构的改变，将酰胺键限制在一个方向，然后将催化中心排列到一个正确的位置上；③ 发生 Ser 195 酰化，芳香结合区域和酰胺结合区域产生弱相互作用；④ Ser 195 脱酰.

用磺胺类自旋标记，可以系统地比较胰凝乳蛋白酶和胰蛋白酶活性部位的几何形状. 在此类研究中，采用一系列不同但彼此有关的自旋标记试剂，一个标记物连接到这两种酶上得到非常相似的 ESR 波谱，而另一个自旋标记的 ESR 波谱却非常不同. 借助于 X 射线衍射得到的两个酶的三级结构知识可以解释这些结果. X 衍射资料表明，胰蛋白酶活性部位侧链结合区域的入口比胰凝乳蛋白酶窄很多，即有些基团在胰凝乳蛋白酶的这个部位很容易进去，而在胰蛋白酶的这个部位就被排斥在外. 因此，对胰凝乳蛋白酶，只有那些芳香基没有结合到这一部位的自旋标记 ESR 波谱才可以和胰蛋白酶衍生物的波谱相比，这些可作比较的衍生物包括所有对位底物和一些间位底物. 这些结果指出，对磺酰化胰凝乳蛋白酶衍生物，芳香基团被排斥在甲苯磺酰基孔之外. 一般说来，连接到胰蛋白酶上的可比较的自旋标记比连接到胰凝乳蛋白酶上的要更加固定化，这意味着胰蛋白酶在特异结合部位外面的非特异结合部位要比胰凝乳蛋白酶狭窄.

用磷酰类试剂标记乙酰胆碱酯酶的丝氨酸残基活性部位，氮氧基表现出高度的自由旋转，当连接到胰凝乳蛋白酶上时，表现为中等程度的固定化，而连接到弹性蛋白酶、胰蛋白酶或枯草杆菌蛋白酶上时，其运动自由度受到极大的限制. 哌啶环上的甲基取代物太大，不能装入胰凝乳蛋白酶的芳香结合部位. 胰蛋白酶的这个结合部位的入口太窄. 弹性蛋白酶的这个结合部位被 Val 216 的侧链封住了. 在枯草杆菌蛋白酶上没有像在胰凝乳蛋白酶上那样明显的裂缝. 因为在所有这四种情况下，氮氧基是位于特异结合部位的外面，而不是位于里面，所以这四种自旋标记酶的 ESR 波谱可以进行比较. 比较的结果表明，在弹性蛋白酶、枯草杆菌蛋白酶和胰蛋白酶上对哌啶环的非特异性结合部位比胰凝乳蛋白酶上的要狭窄得多.

马来酰亚胺自旋标记，可以特异性地结合到蛋白质巯基结合位置（图 7.1）. 分子结构中的 m 大小不同表明链长不同，可以用来探测蛋白质巯基结合位置的大小和构象的变化，并给出该蛋白质巯基结合位置的构象方面的信息. 蛋白质巯基结合位置可能位于蛋白质的表面，也可能位于蛋白质结构的深层. 如果马来酰亚胺自旋标记同时结合到蛋白质的这两类巯基结合位置上，就会在其 ESR 波谱上表现出强固定化和弱固定化两个成分. 如果蛋白质的构象发生了变化，强固定化和弱固定化两个成分比就会发生改变. 反之，如果强固定化和弱固定化两个成分比发生改变，就说明蛋白质的构象发生了变化.

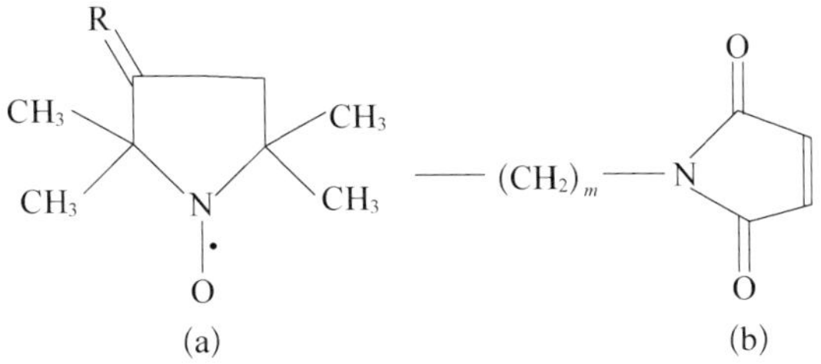

图 7.1　马来酰亚胺自旋标记的结构

（a）马来酰亚胺自旋标记的主体结构；（b）马来酰亚胺自旋标记的 R 的结构. m 大小不同表明链长不同，可以用来探测蛋白质巯基结合位置的大小和构象变化.

7.1.1 肿瘤细胞膜蛋白巯基结合位置构象

笔者所在研究组利用不同链长的马来酰亚胺自旋标记物研究了中国地鼠肺正常细胞 V79 和癌变细胞 V79-B1 巯基结合位置的性质.通过测量和计算旋转相关时间(τ_c)和波谱的强弱固定化比(S/W)(图 7.2),发现 τ_c 和S/W 随着马来酰亚胺自旋标记物的延长是连续变化的,而没有出现在某个长度突然改变,而且在正常细胞膜上蛋白巯基结合位置的 τ_c 和S/W 比肿瘤的大.因此,正常细胞和肿瘤细胞膜上蛋白巯基结合位置都是圆锥形的,而不是圆柱形的,但肿瘤细胞膜上该位置更平坦且浅一些,不像正常细胞膜上那样精细和狭窄(图 7.3).[2-3]

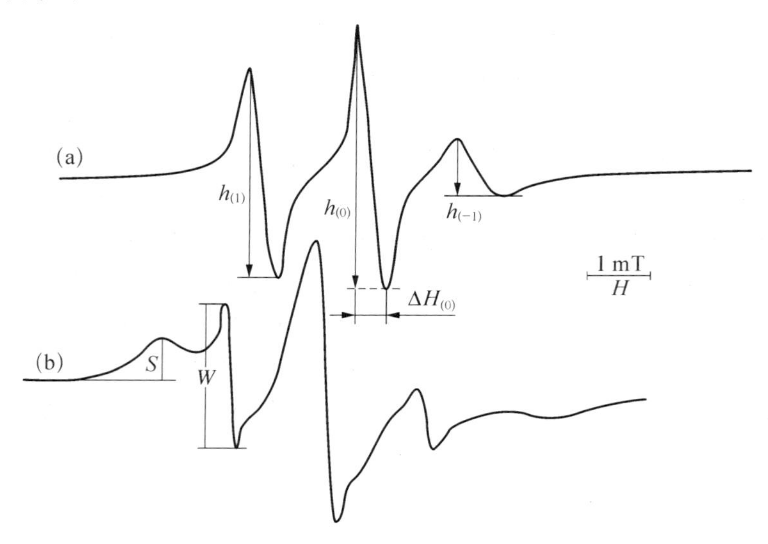

图 7.2 用不同链长的马来酰亚胺自旋标记中国地鼠肺正常细胞 V79 和癌变细胞 V79-B1 巯基结合位置的 ESR 波谱

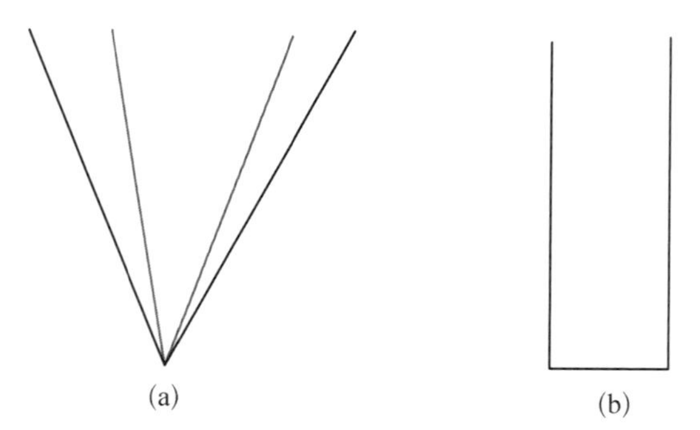

图 7.3 正常和肿瘤细胞膜上蛋白巯基结合位置的模型图

另外，笔者所在研究组还研究了红细胞膜蛋白巯基结合位置构象发生了改变的慢性肾衰贫血病病人，用重组人红细胞生成素(R-HUEPO)治疗后，病人红细胞膜蛋白巯基结合位置的性质得到了改善. 笔者所在研究组用合成的兼有脂肪酸和马来酰亚胺双功能自旋标记物，发现病人红细胞膜蛋白界面脂相变温度下降，序参数升高. 加入茶多酚可以保护红细胞膜免受氧自由基损伤.[4-5]

7.1.2 自旋标记研究人 α_2-巨球蛋白巯基键结合位置构象

α_2-巨球蛋白(α_2-M)是一种蛋白酶抑制剂，分子量为 725 000，两个共价结合的二聚体用二硫键相连形成四聚体. 四聚体人 α_2-M 的硫酯键(Cys-949-Glx-945)与甲氨反应，每个单体暴露出一个巯基(Cys-949)，同时伴随着构象变化和对蛋白酶抑制性质的改变，这些巯基正好被马来酰亚胺自旋和荧光标记. 笔者所在研究组利用自旋标记技术研究 α_2-M 巯基结合位置构象，ESR 结果表明巯基结合位置是在一个大于 8 Å 深度的窄小环境中. 双标记结果显示，在 Glx 和 Cys 之间的距离为 10～25 Å.[6]

1. 蛋白质的分离纯化和标记

α_2-M 是从人血浆分离纯化的. 硫酸铵沉淀，离心得粗蛋白，再用 Zn 螯合琼脂糖凝胶柱(sepharose)梯度层析(pH 为 6～4.7)纯化，经 SDS-PAGE 证实，是分子量为 725 000 的一条单带. 用对胰蛋白酶活性的抑制来检测 α_2-M 的活性. 巯基的含量用 DTNB(5,5-dithiobis 2-notrobenzoic acid)法测定.

500 μL 的 7 μmol/L α_2-M(0.1 mol/L Hepes-0.15 mol/L NaCl, pH = 8.3)用 200 mmol/L 甲胺处理 2 h，然后用 20 μL 大约 5.3 mmol/L 自旋标记物培养 1～2 h. 过琼脂糖凝胶柱(sepharose)G-200，然后在磷酸缓冲液透析(4C)，直到透析外液中检测不到 ESR 信号为止. 将标记好的样品装入偏平石英样品管中，在 VARIANE-4ESR 波谱仪上测试.

2. 自旋标记物的选择

用于该研究的马来酰亚胺自旋标记如图 7.4 所示. 马来酰亚胺自旋标记可以特异地结合到蛋白质巯基结合位置. *m* 大小不同表明链长不同，可以用来探测蛋白质巯基结合位置的大小和构象变化.

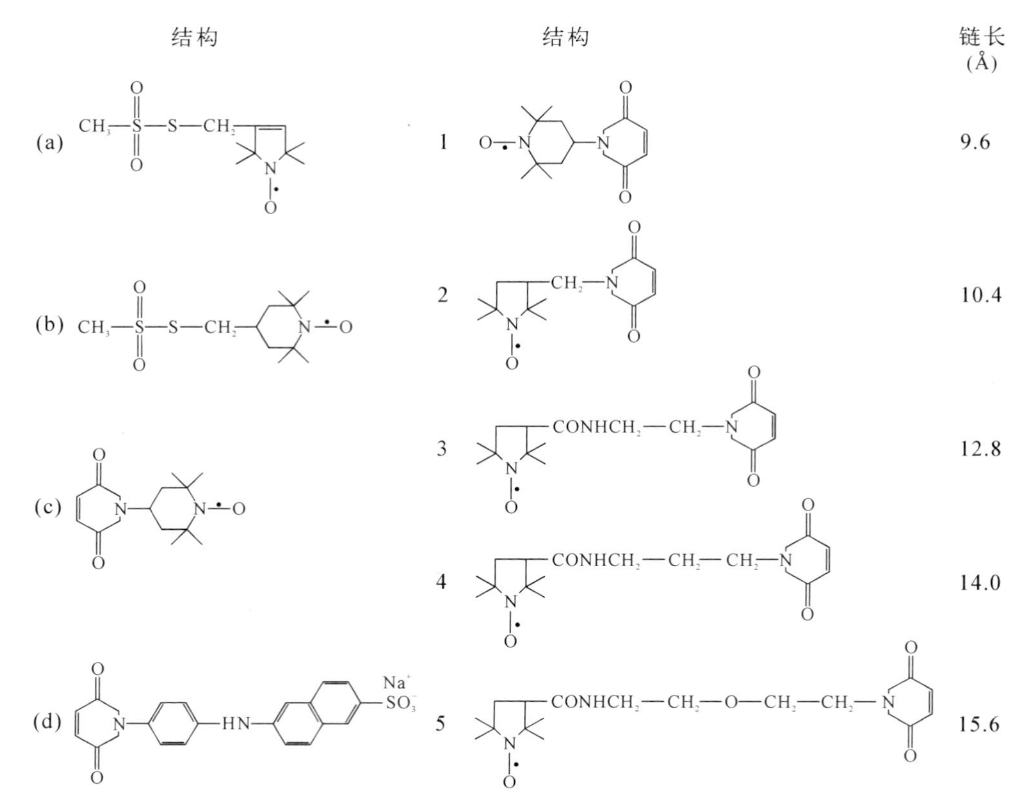

图 7.4　马来酰亚胺自旋标记的结构和分子链长

3. 波谱解析

用自旋标记物 1～5 自旋标记 α_2-M 的 ESR 波谱如图 7.5 所示. 标记 1 的 ESR 波谱是非常强的固定化谱, $2T$ 大约为 68 G, 接近粉末谱或者刚性谱. 随着标记物分子链的延长, 逐渐增加, 在 3 和 4 之间突然出现明显的运动性的改变, 4 和 5 几乎变成完全流动性波谱. 而 3 的分子链长为 12.8 Å, 但是马来酰亚胺部分是不能运动的, 只有碳链部分可以自由转动, 其长度大约为 8 Å. 因此, ESR 结果表明, 巯基结合位置是在一个大于 8 Å 深度的窄小环境中.

用 AB 两个标记物标记的 ESR 波谱也是非常强的固定化波谱(图 7.6), $2T$ 都大于 60 G, 因此也证明了巯基结合位置是在一个大于 8 Å 深度的窄小环境中.

自旋标记物 1 和自旋标记物 B 双自旋标记 α_2-M 的 ESR 波谱(图 7.7)显示, Glx 和 Cys 之间的距离为 10～25 Å.

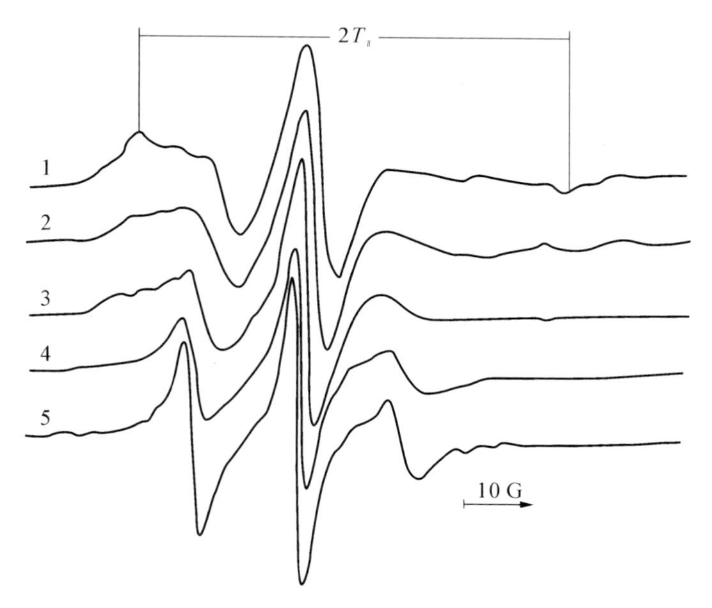

图 7.5　用自旋标记物 1～5 自旋标记 α_2-M 的 ESR 波谱

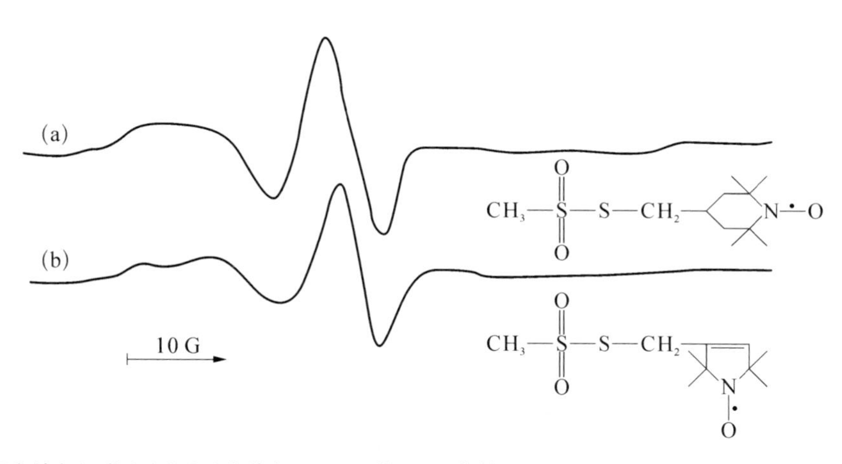

图 7.6　用自旋标记物(a)和(b)自旋标记 α_2-M 的 ESR 波谱

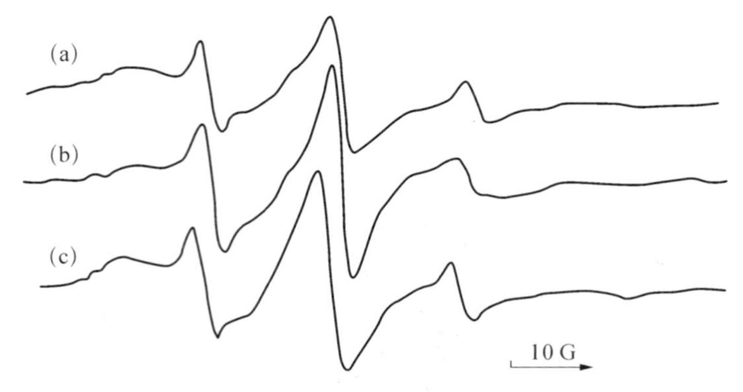

图 7.7　用自旋标记物 1(a)、自旋标记物 1 和自旋标记物 B 双自旋标记 α_2-M(b)，以及计算机模拟(c)的 ESR 波谱

7.2　ESR 研究非共价结合自旋标记血清白蛋白和血红蛋白

Tempyo 自旋标记物作为血清白蛋白和血红蛋白相互作用和构象变化的报告基团，其 ESR 波谱与非共价键结合的自旋标记物在低温冷冻溶液的波谱类似，表明在血红素铁和自旋标记物之间存在自旋-自旋相互作用. ESR 波谱的变化与 pH 相关，说明蛋白质构象发生了变化.[7]

研究波谱模拟和磁场 ESR 参数发现：① 用具有高斯线形可以很好地模拟血清白蛋白一个单参数的样品；② 在血红蛋白样品上需要利用洛伦兹和高斯线形权重的叠加. 研究旋转时间随 pH 的变化，发现自旋标记的固定化成分依赖蛋白质在酸性和碱性条件的构象变化.

7.2.1　自旋标记物在水溶液中的 ESR 波谱

图 7.8(a)是本研究所使用的自旋标记物，实际上是一个自旋探针，因为它不能与蛋白质产生共价结合. 图 7.8(b)是自旋标记物在水溶液中的 ESR 波谱，而且在很低的温度也是这样，说明它运动很自由.

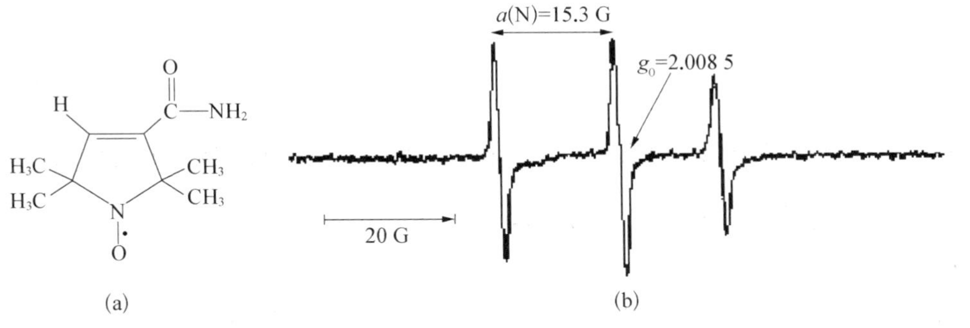

图 7.8　(a) 自旋标记物的结构;(b) 自旋标记物在水溶液中的 ESR 波谱

7.2.2　自旋标记物与血清白蛋白和血红蛋白的 ESR 波谱

图 7.9 是自旋标记物与血清白蛋白(a)和血红蛋白(b)混合以后在低温下得到的 ESR 波谱. 由图 7.9 可以看出,虽然它不能与蛋白质产生共价结合,但是仍然得到了与图 7.8 完全不同的波谱,这几乎是强固定化的波谱,而且波谱的最大分裂也明显随着溶液的 pH 变化而变化.

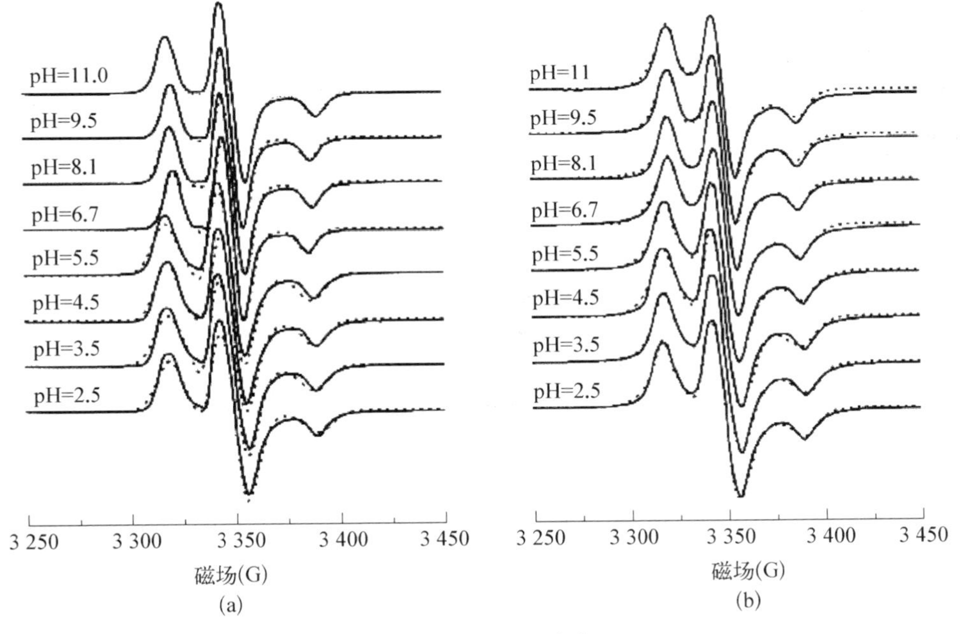

图 7.9　自旋标记与血清白蛋白(a)和血红蛋白(b)的 ESR 波谱
(—) 实验得到的波谱;(…) 计算机模拟的波谱.

7.3 利用位置特异自旋标记物研究S-腺苷甲硫氨酸合成酶活性位置的动力学性质

蛋白质结构动力学性质对其功能的发挥是非常关键的.在酶催化过程中,可运动的蛋白质片段称为环(loops 或 lids),其功能是覆盖活性位置和程序化反应历程.动力学研究发现,动力学构象的改变常常与催化步骤及活性位置的关闭相关.S-腺苷基氮氨酸合成酶(S-adenosylmethionine synthetase)及 ATP L-甲氨-S-腺苷基氮氨酸转移酶(ATP L-methionine S-adenosyltransferase)和腺苷基氮氨酸转移酶(methionine adenosyltransferase)都有一个多肽柔性环,在催化过程中它会向活性位置运动.四聚体晶体研究表明,在没有结合底物时活性位置是关闭的,它必须打开才能让底物进入,在催化阶段它又是关闭的.动力学研究表明,它的开关需要2～10 s,是化学转化的10倍.在它两个位点引入特异自旋标记物,检测底物结合对运动和构象的影响.组建了两个突变环,G105C和D107C,它们保持了野生型的酶活性.用甲烷硫代磺酸盐(methanethiosulfonate)自旋标记连接到R1残基的半胱氨酸上使得标记D107R1 kcat只减少70%.对甲硫氨酸(methionine)使半胱氨酸突变的 K_m 增加2～4倍,使标记的蛋白的 K_m 增加2～7倍.对ATP使其 K_m 改变2倍.[8]

S-腺苷基氮氨酸合成酶两个亚基用深浅不同的颜色表示,ADP在两个亚基之间,D107R1自旋标记用分子模型表示,两个亚基 loop 的残基98～116用粗黑线表示,每个亚基上有4个半胱氨酸(图7.10).

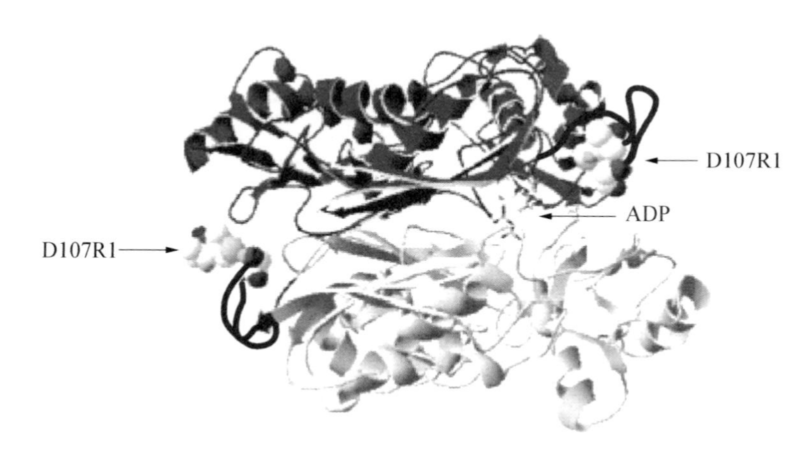

图7.10 S-腺苷基氮氨酸合成酶的空间三维结构

7.3.1 自旋标记物的选择

可用的自旋标记物的结构如图 7.11 所示.(a)可以标记和修饰所有 4 个半胱氨酸,并引起蛋白质凝聚,不合适;(b)不能标记任何半胱氨酸,也不适合;(c)可以标记 1 个半胱氨酸,但是不修饰野生型的;(d)不修饰任何蛋白质;(e)变性所有蛋白质.所以(c)被用在本研究中.

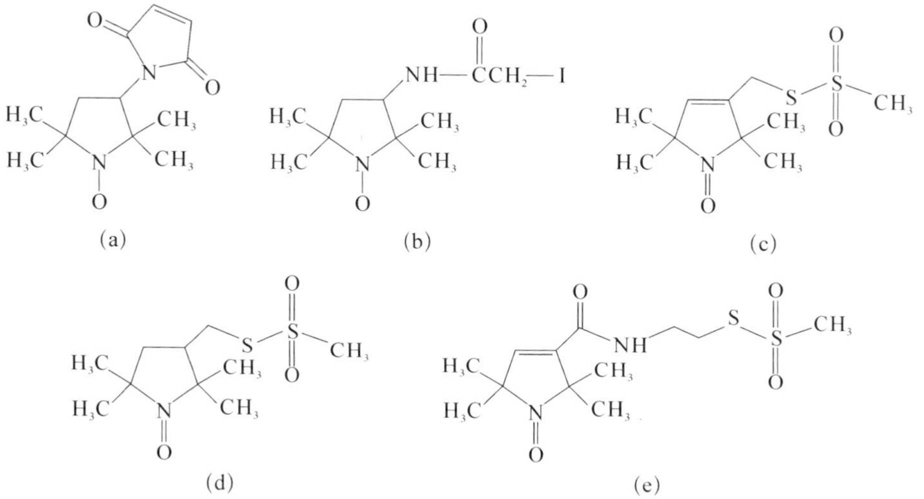

(a) (b) (c)

(d) (e)

图 7.11 自旋标记物的结构

(a) 3-马来酰亚胺-2,2,5,5-四甲基-1-吡咯烃氧基;(b) 3-(2-碘乙酰胺)-2,2,5,5-四甲基吡咯烷氧基;(c) (1-烷氧-2,2,5,5-四甲基吡咯烷-3-甲基)甲烷硫磺酸 MTSL;(d) (1-烷氧-2,2,5,5-四甲基吡咯啉-3-基)甲烷硫磺酸;(e) (1-烷氧-2,2,5,5-四甲基吡咯啉-3-基)脲甲基甲烷硫横酸.

自旋标记物(c)与酶的反应方式如下:

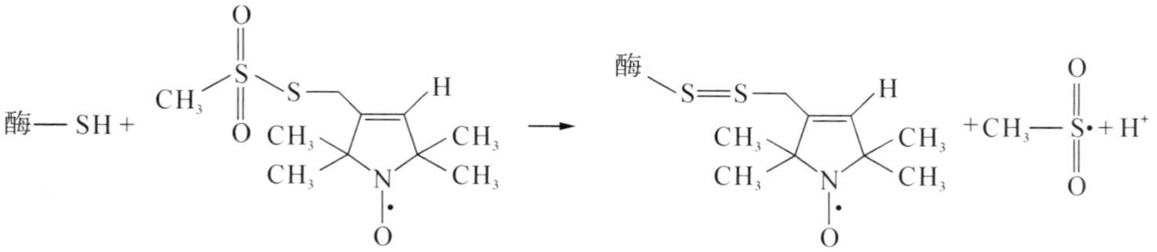

7.3.2 波谱分析

用图 7.11(c)(1-烷氧-2,2,5,5-四甲基-3-吡咯啉-3-甲基)甲烷硫磺酸甲标记酶的 ESR 波谱及其计算机模拟谱如图 7.12 所示.

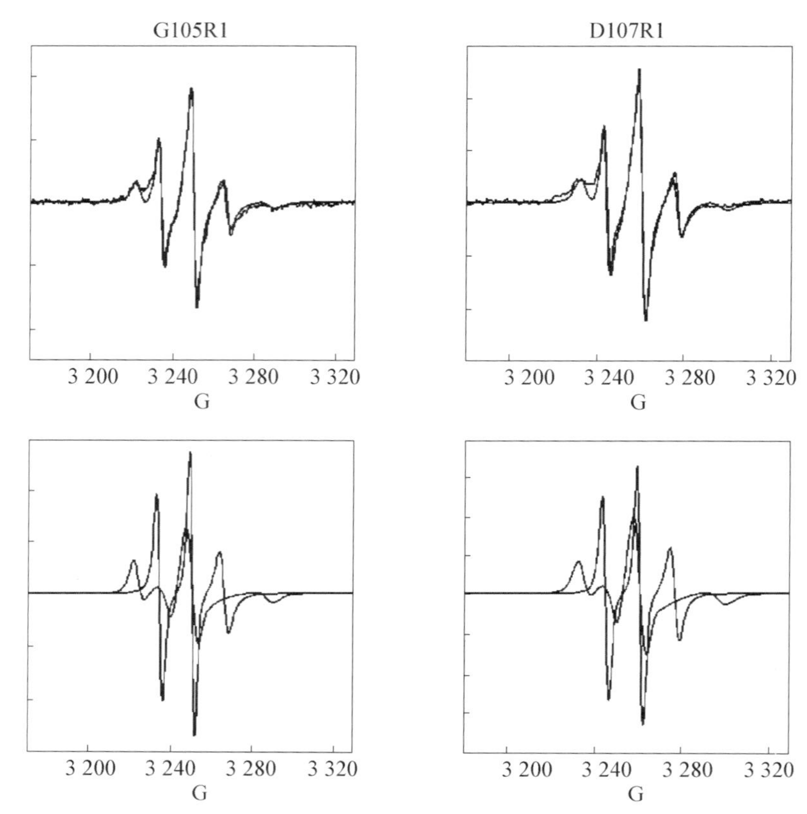

图 7.12 用(1-烷氧-2,2,5,5-四甲基-3-吡咯啉-3-甲基)甲烷硫磺酸标记酶的 ESR 波谱及其计算机模拟谱

比较 G105R1-MAT 和 D107R1-MAT 的 ESR 波谱发现它们都含有两种成分:快运动和慢运动成分,但其慢运动成分没有达到刚性(rigid-limit)程度.计算机模拟分析表明,它们的慢运动成分相似,都不大于 65%.最大分裂 Az 比 MTSL 大 1.5 G,表明环境的极性有所增加.G105R1 的两种主要成分的旋转速率分别为 $1.1\times10^{-7}\ s^{-1}$ 和 $1.4\times10^{-8}\ s^{-1}$,D107R1 的两种主要成分的旋转速率分别为 $1.5\times10^{-7}\ s^{-1}$ 和 $1.6\times10^{-8}\ s^{-1}$,二者区别不大.蛋白质四聚体的旋转相关时间大约为 75 ns.侧链的快运动比整个蛋白质快 10 倍.

加入 ATP(2.5 mmol/L)和蛋氨酸(5.0 mmol/L),没有引起 ESR 波谱的任何变化,说明没有因为加入反应物导致侧链附近环境极性和动力学变化.G105R1 和 D107R1 的

ESR 波谱对底物、产物和抑制剂都不敏感，说明侧链在运动和不运动之间的分布不依赖蛋白质配位状态，而是在这两种环境之间大致平衡分布的. 似乎快运动的 R1 的环境是 loop-open 构象，而慢运动环境对应 loop-closed 形式. 显然 loop position 的平衡与在活性位置的配位结合无关，而是蛋白质固有的性质.

自旋标记研究蛋白质结构和动态变化时，自旋标记蛋白质一般要求蛋白质分子上有特异反应基团，如半胱氨酸的硫氢基，这就限制了自旋标记研究蛋白质结构. 点突变技术能把自旋标记化合物标到任何想研究的蛋白质的任何位置上，然后利用 ESR 波谱技术测定一系列标记蛋白质的突变氨基酸位置，得到水溶部分和脂溶部分的结构. 这一技术给出的是自旋标记物在蛋白质结构中的信息而不是自旋标记物的运动信息.

7.4 利用自旋标记研究跨膜蛋白细菌视紫素的结构

跨膜蛋白具有重要的生物功能，但是对其二、三级结构了解还很有限. 这主要是由于得不到它们的结晶，无法用 X 晶体衍射技术测定，而二维 NMR 只能测定较小的不结晶蛋白. 自旋标记与位置特异突变（点突变）技术结合就可以用来测定这一类膜蛋白的结构和动态特性[9].

7.4.1 细菌视紫素的模型

细菌视紫素（bacteriorhodopsin）是一个维生素 A 醛的蛋白质，其功能是光驱质子泵. 用电子衍射测定知道其在紫膜中大致的二维轮廓，电子密度表明有 7 个跨膜螺旋. 尽管用了各种技术，都没有办法知道这些螺旋的大小和取向. 细菌视紫素的结构模型如图 7.13 所示，A～G 表示 7 个 α 跨膜螺旋.

7.4.2 细菌视紫素的突变和标记

细菌视紫素是一个用该方法研究的理想的蛋白质，因为它的表达、纯化和再组装的方法都已经成熟. 天然视紫素不含有半胱氨酸残基. 在 125～142 位置连续用半胱氨酸取代，按照二级结构模型，这段序列包括膜内 D 和 E 部分及其连接环. 通过用含有改变密码子的副本取代适当合成基因中的有限片段组建突变. 在大肠杆菌中表达之后，纯化突变蛋白质，在变性条件下用马来酰亚氨逐个标记所有 18 个半胱氨酸. 接着用磷脂和去污剂处理，折叠，结合视黄醛，再生类细菌视紫素的生色团.因为再生不是定量的，因此在组装到大豆磷脂脂质体之前，需要用 HPLC 凝胶提纯.最后在脂质体中脂与蛋白质的比为 40∶1.

自旋标记点突变细菌视紫素的结构模型如图 7.13 所示.在螺旋 D～E 中把 125～142 残基突变成半胱氨酸，然后再自旋标记.

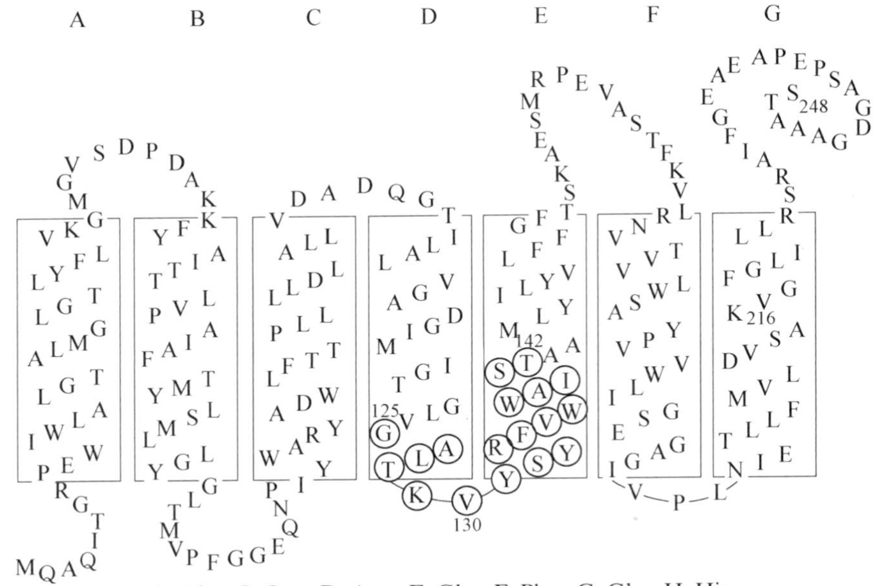

A，Ala；C，Cys；D，Asp；E，Glu；F，Pbc；G，Glu；H；His；
I，Ile；K，Lys；L，Leu；M，Met；N，Asn；P，Pro；Q，Gln；
R，Arg；S，Ser；T，Thr；V，Val；W，Trp；Y，Tyr.

图 7.13　细菌视紫素的结构模型
A～G 表示 7 个 α 跨膜螺旋.

7.4.3　细菌视紫素半胱氨酸突变结构和自旋标记衍生物的完整性鉴定

为了检测细菌视紫素半胱氨酸突变结构和自旋标记细菌视紫素衍生物的完整性，需要检测再生物的动力学和完全程度、最大吸收和质子泵活性、再生和再生时间.半胱氨酸突变和自旋标记细菌视紫素衍生物最大吸收(a)、质子泵活性(b)、再生(c)和再生时间(d)如图 7.14 所示.

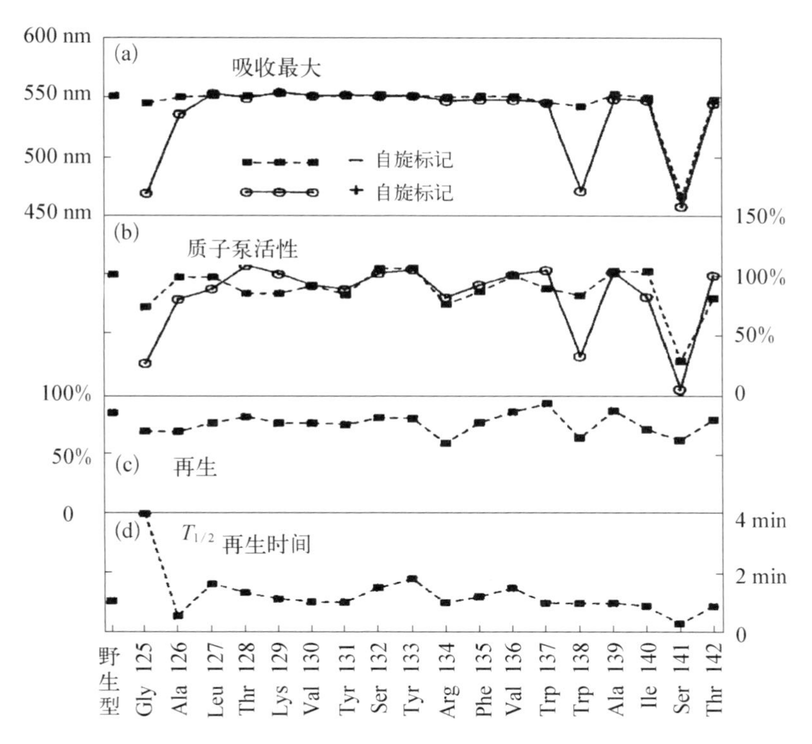

图 7.14　细菌视紫素半胱氨酸突变和自旋标记细菌视紫素衍生物最大吸收(a)、质子泵活性(b)、再生(c)和再生时间(d)

7.4.4　波谱解析

在 1～2 mL 磷酸缓冲液中,2～4 mg 蛋白,扫描累加 250 次,得到如图 7.15 所示的细菌视紫素半胱氨酸突变和自旋标记细菌视紫素衍生物在脂质体中的 ESR 波谱.

1. ESR 波谱和对氧气及 CrOX 的接近程度

一般来说,所有再组装在脂质体上的细菌视紫素突变体的 ESR 波谱不能用简单的各向同性运动模拟,这反映了运动状态或各向异性运动的贡献. 从定量看,相对其他残基,残基 125,126,131,134,140 和 141 运动受到更大限制,因为这几个波谱的最大超精细分裂要分得更开一些. 相反,残基 130,137 和 139 运动相对自由一些. 因为前者处于蛋白质的内部,后者处于蛋白质的表面. 将蛋白质溶于 10%辛基葡萄糖中,引起残基 128,131,132 和 140 运动性只有一点点增加,而对其他几乎没有影响. 这表明该结构对这种去污剂溶解性不敏感.

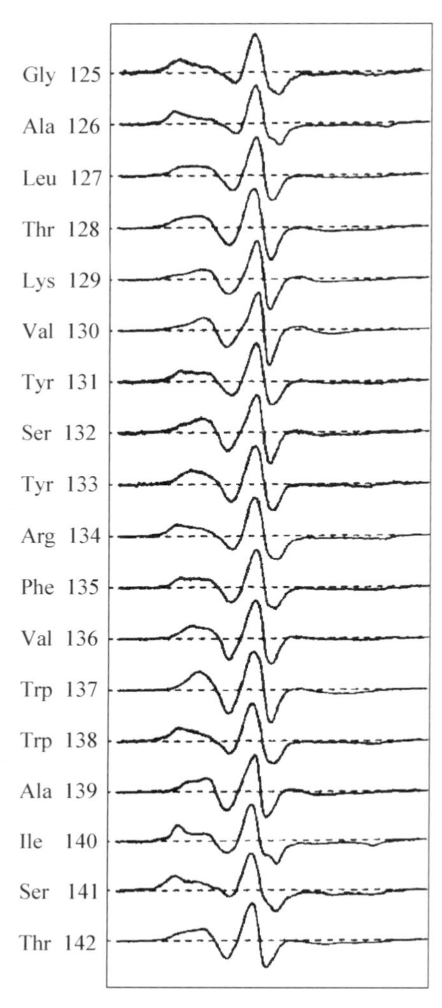

图 7.15 自旋标记细菌视紫素衍生物在脂质体中的 ESR 波谱

在 1～2 mL 磷酸缓冲液中，2～4 mg 蛋白，扫描累加 250 次.

2. 顺磁探针分子和氧气分子

在蛋白质内部，不同螺旋之间在空间有三维相互作用. 在蛋白质的外表面与细胞膜脂双层的疏水链有相互作用. 通过测定自旋标记与引入的顺磁探针分子的碰撞频率可以测量蛋白质在细胞膜的定位.

氧气分子是这一探针的理想的选择，这是因为氧气分子比较小，而且在体系的不同部位的溶解度是确定的，包括在蛋白质内部. 氧气与标记到蛋白质上的自旋标记的碰撞频率取决于横向扩散系数与氧气浓度的乘积. 面向脂双层疏水链的自旋标记有很高的碰撞频率，因为在这种环境下，氧气的扩散和溶解度都是很高的.

顺磁探针氧气或 CrOX 与自旋标记之间的相对碰撞频率可以通过测定氮氧自由基上的未成对电子的自旋-晶格弛豫时间 T_1 来测量，因为这是与探针的直接碰撞. T_1 的变化可以用脉冲饱和恢复 ESR 方法或者连续波段(CW)功率饱和 ESR 技术测定. 饱和的定量实验是用 $P_{\frac{1}{2}}$(ESR 信号中间峰高降低到不饱和信号 50%的功率)确定的. 在有无氧气或 CrOX 存在时 $P_{\frac{1}{2}}$ 的差为 $\Delta P_{\frac{1}{2}}$，与它们的碰撞频率成正比(图 7.16).

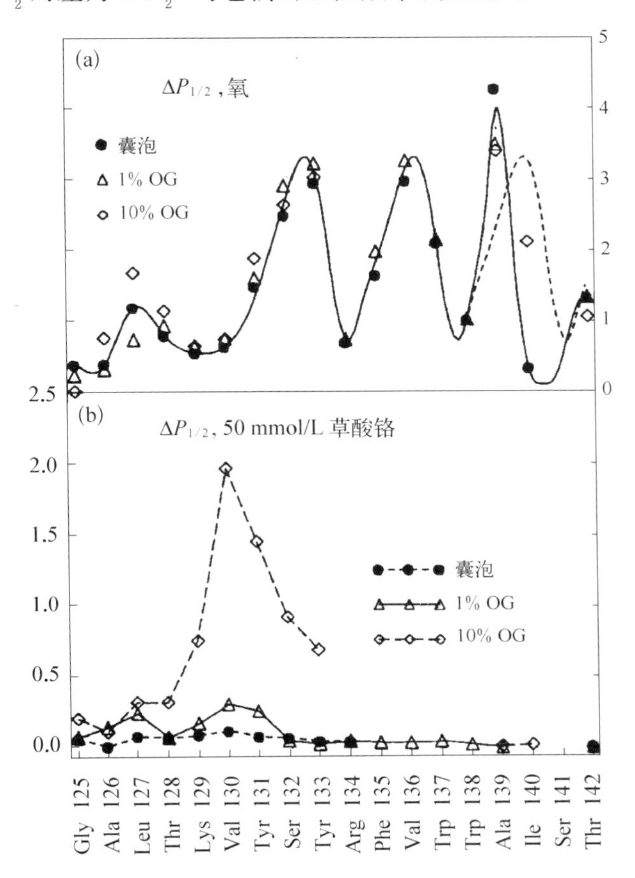

图 7.16　氧气(a)和 CrOX(b)的接近参数 $\Delta P_{\frac{1}{2}}$ 对自旋标记氨基酸系列作图

OG 表示辛基葡萄糖；$P_{\frac{1}{2}}$ 表示饱和功率的一半；$\Delta P_{\frac{1}{2}}$ 表示有和没有氧气或 CrOX 的 $P_{\frac{1}{2}}$ 之差.

3. 顺磁探针分子和氧气分子的物理意义

在一个规则的二维结构中，像一组螺旋的一个跨膜 α-螺旋，其结构定位与氧气的暴露程度，应当是沿着序列周期变化的. 这个周期就是二维结构的特征，振动的相与最高和最低氧气可接近性是一致的.

同样，通过测定自旋标记与其周围水溶顺磁探针之间的碰撞频率(例如草酸铬 CrOX 就只能溶解在水相里)，就可以测量一个特异残基暴露到水介质的程度. 这种碰撞只能出现在蛋白质暴露到水相的区域，与 CrOX 没有碰撞的是那些处在蛋白质或细胞膜内部的自旋标记物.

（1）蛋白质的旋转取向

$\Delta P_{\frac{1}{2}}$ 对氧气作图可以表示序列功能与磷脂脂质体细菌视紫素单体的关系. 在残基 131～138，$\Delta P_{\frac{1}{2}}$，也就是与氧气的碰撞频率表现出明显的周期性. 这些有限数字的离散傅里叶变换得到每圈 3.6 个残基的周期. 按照以上讨论，很显然这个 α 螺旋在膜内大约为 2 圈. 振动的相确定了这个螺旋片段在这个蛋白质的旋转取向. 正比于 $\Delta P_{\frac{1}{2}}$ 的长度矢量从螺旋轴指向相应的残基. 具有最长振动频率$\left(最大 \Delta P_{\frac{1}{2}}\right)$的残基一定指向脂双层，低的 $\Delta P_{\frac{1}{2}}$ 一定指向蛋白质内部. 各个矢量的加和结果是另一个矢量，它所指的就是氧气最大接近程度，可以作为这个片段取向的测定.

（2）残基 132～142 对 CrOX 的不可接近性

$\Delta P_{\frac{1}{2}}$ 对 CrOX 作图可以反映细菌视紫膜脂质体序列位置的功能. 在 1%～10%的辛基葡萄糖中残基 132～142 对 CrOX 是不可接近的，因此这一螺旋片段是在膜内的. 这一结论是与位于螺旋表面残基 133、136 和 139 高的 $\Delta P_{\frac{1}{2}}(O_2)$ 是一致的. 这个值比氮氧基在水中时的值还高，但是与脂双层内高氧气浓度是一致的.

随着自旋标记物从残基 131 移回 125，$\Delta P_{\frac{1}{2}}$ 对氧气的周期性不见了，然而另外一个有趣的现象出现了. 用水溶的 CrOX 的碰撞频率表示发现，残基 129 到 132 显示低但可测到的对 CrOX 的可接近性，因此表明它们是暴露于水相的. 这不是由于这一区域在水溶环境不折叠，因为 ESR 线形变化不大. 因为 CrOX 是带负电荷的，由于负的表面电位，其接近蛋白质表面的电荷浓度会减少. 在中性辛基葡萄糖介质中，稀释了负电荷的脂，减少了电位，因此就增加了接近细菌视紫膜表面的 CrOX 浓度. 在辛基葡萄糖介质中，残基 132 和 133 也变得可接近 CrOX 了. 这些结果表明残基 129，130 和 131 是暴露到水相的，是螺旋之间的环.

残基 125 和 126 对 CrOX 和氧气都是高度不可接近的，说明它们位于蛋白质的内部. 这些标记的 ESR 线形也表现出相对不运动. 但是没有 ESR 证据说明它们是组装在膜内还是埋在环结构内部. 残基 127 和 128 表现出对氧气相对低的碰撞频率. 在 10%辛基葡萄糖介质中，静电效应是最小的，$\Delta P_{\frac{1}{2}}$(CrOX) 和 $\Delta P_{\frac{1}{2}}(O_2)$ 都是比较低的. 这是位于内表面的特征.

氨基酸残基 131～138 氧气可接近性到细菌视紫膜 α 螺旋投影（图 7.17）. 对氧气的 $\Delta P_{\frac{1}{2}}$ 作为起自螺旋 E 的矢量，其长度正比于 $\Delta P_{\frac{1}{2}}$，每一个氨基酸方向增加 100°（α 螺旋的特征）. 实线连接矢量的顶点表示对氧气可接近范围，这个可以用于推导螺旋的取向. 虚线表示氧气可接近性的矢量和的大小和方向.

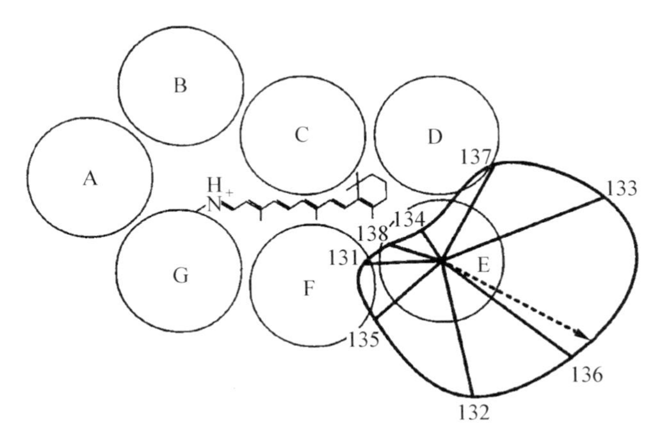

图 7.17　氨基酸残基 131～138 氧气可接近性到细菌视紫膜 α 螺旋投影

4. 蛋白质的旋转取向

残基 139～142，$\Delta P_{\frac{1}{2}}$ 的周期性也是很明显的，但是其相和周期都发生了改变. 这也许是由于在螺旋 E 中发生了倾斜，或者是由于存在视黄醛生色团引起的结构不规则. 确实，残基 141 是位于 β 紫罗酮结合口袋内的.

5. 结论

通过以上分析和讨论，可得到如下结论：

(1) 残基 129～131 形成一个短的暴露于水的连接螺旋 D 和 E 的环；

(2) 残基 132～142 是螺旋 E 的跨膜部分，残基 136 从 7 个螺旋指向外侧；

(3) 残基 125～128 不能得到明确的归属，似乎是跨膜螺旋 D 的一部分.

利用点突变自旋标记 ESR 技术可以得到关于膜蛋白结构的详细信息，包括螺旋片段的某个区域，它们的来源、终端位置和相对取向. 但是有一个问题，就是自旋标记物对蛋白质结构测定的干扰有多大. 从突变后功能测定结果可以看出，突变后与野生型变化不大.

尽管自旋标记的线形可以反映运动、各向异性、环境极性和氢键结合. 一般不能直接用于描述蛋白质结构. 而这里用碰撞频率 $\Delta P_{\frac{1}{2}}$ 就可以，直接用于描述蛋白质结构.

7.5 ESR 研究机械敏感通道蛋白

机械敏感通道(mechanosensitive channels, MscL)蛋白是跨膜机械电子开关,对诸如接触、听和渗透调节等物理刺激很敏感.用 3.5 Å 分辨率解出 MscL 的一个结构是高度一致的螺旋五聚体,每个亚基由两个跨膜部分和一个大约 35 Å 突向质膜的羧基端螺旋结组成.一些实验表明,MscL 在开的状态,可以开出一个 30～40 Å 大的孔,这是已知可以开的最大孔的膜蛋白.[10]

7.5.1 机械敏感通道蛋白的标记

用溶血磷脂酰胆碱(LPC)对称插入溶血磷脂酰胆碱(PC)脂质体的方法,可以把 MscL 固定在开的状态.另外通过重组到由 PC14 或者 PC16 制成的薄膜中可以把 MscL 固定在不同中间态.MscL 在中间态(PC16～PC14)和开的状态的功能如图 7.18 所示.N-端组氨酸标记的突变体 Co_2-碱金属-螯合层析树脂纯化,用自旋标记物(methanethio-sulphonate)以 10∶1 的标记物∶蛋白分子比例标记两次.在两个 TM 部分突变 55 个半胱氨酸,用于自旋标记.其自旋标记在 TM1(残基 21～29)形成通道最窄处残基的 ESR 位置如图 7.18(a)所示.自旋标记物的结构与蛋白质的结合方式如图 7.18(b)所示.

7.5.2 机械敏感通道蛋白波谱分析结果

发生在整个跨膜部分 TM1 和 TM2 由不同开关状态 ESR 波谱计算的运动参数 DH 021 如图 7.18 所示.在 PC18 和 PPC14 中 TM1 和 TM2 的动力学变化是类似的,但是在 LPC 存在时运动性就发生了突然的变化.这个变化可能是由伴随向全开状态过渡时螺旋间的堆积明显减少造成的.自旋标记在 TM1(残基 21～29)转换到中间状态的结构重排形成通道最窄处残基的ESR 波谱如图 7.19 所示.自旋标记在 TM1(残基 21～29)转换到关状态的结构重排形成通道最窄处残基的 ESR 波谱如图 7.20 所示.由这些波谱计算的 TM1(残基 14～43)和 TM2(残基 72～96)在 PC14 囊泡中得到的残基特异环境参数分别如图 7.19 和 7.20 所示.运动参数 $\Delta H_{0\sim1}$,氧接近参数$\Delta P_{\frac{1}{2}}$ O_2,NiEdda 接近参数 $\Delta P_{\frac{1}{2}}$ NiEdda 及环境参数变化程度($\Delta\Delta H_{0\sim1}$,$\Delta\Delta P_{\frac{1}{2}}$ O_2 和$\Delta\Delta P_{\frac{1}{2}}$ NiEdda)表明,在图 7.19 中,对分子表面作图示意关的构象(显示两个底物).

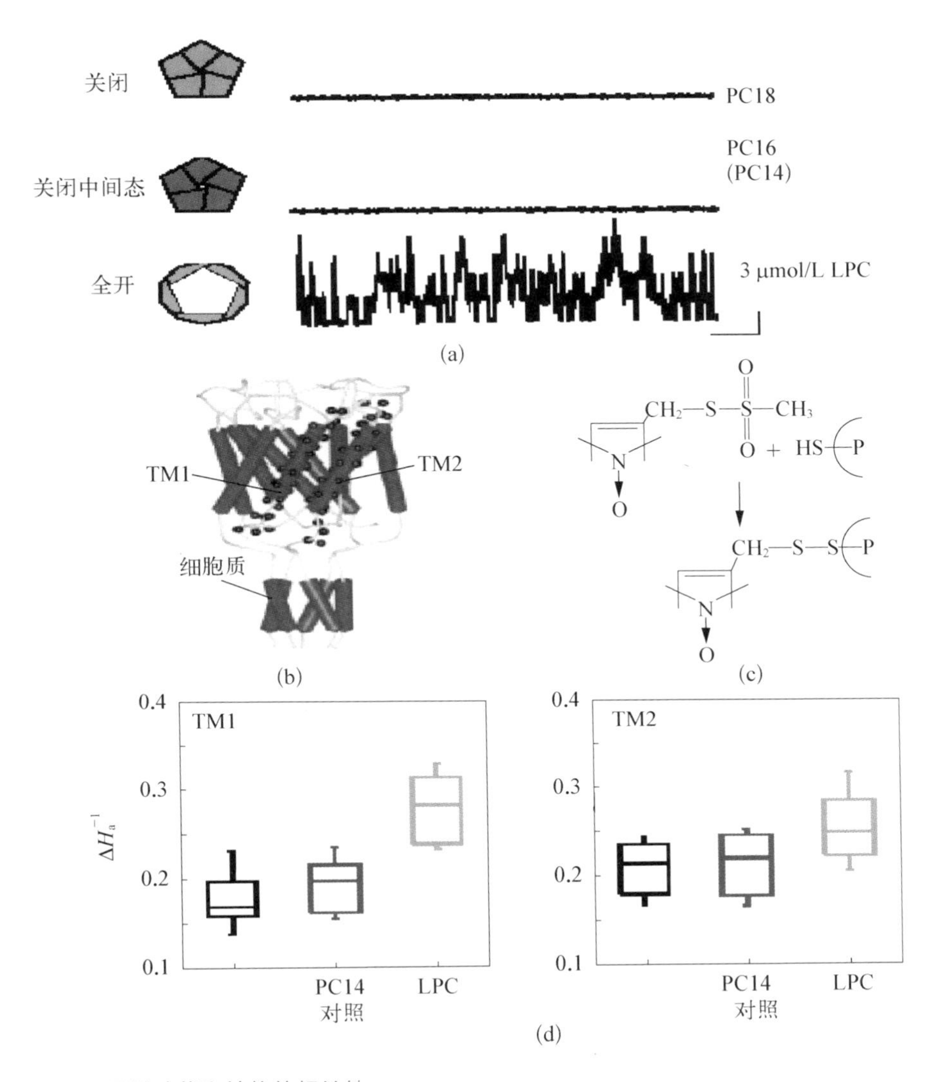

图 7.18　MscL 开关功能和结构的相关性

(a) 捕集不同构象 MscL 实验条件：重组在 18∶1 (PC18) 稳定在关的状态(上)，重组在 14∶1(PC14) 稳定在半关状态(中)，加 LPC 把 MscL 锁定在全开状态(下)；水平时间：5 s；垂直：100 pA.(b) MscL 在关的状态的结构黑点表示突变标记的氨基酸.(c) 自旋标记的化学结构与蛋白巯基反应.(d) 发生在整个跨膜部分 TM1 (左) 和 TM2 (右) ESR 波谱的运动参数 DH 021.

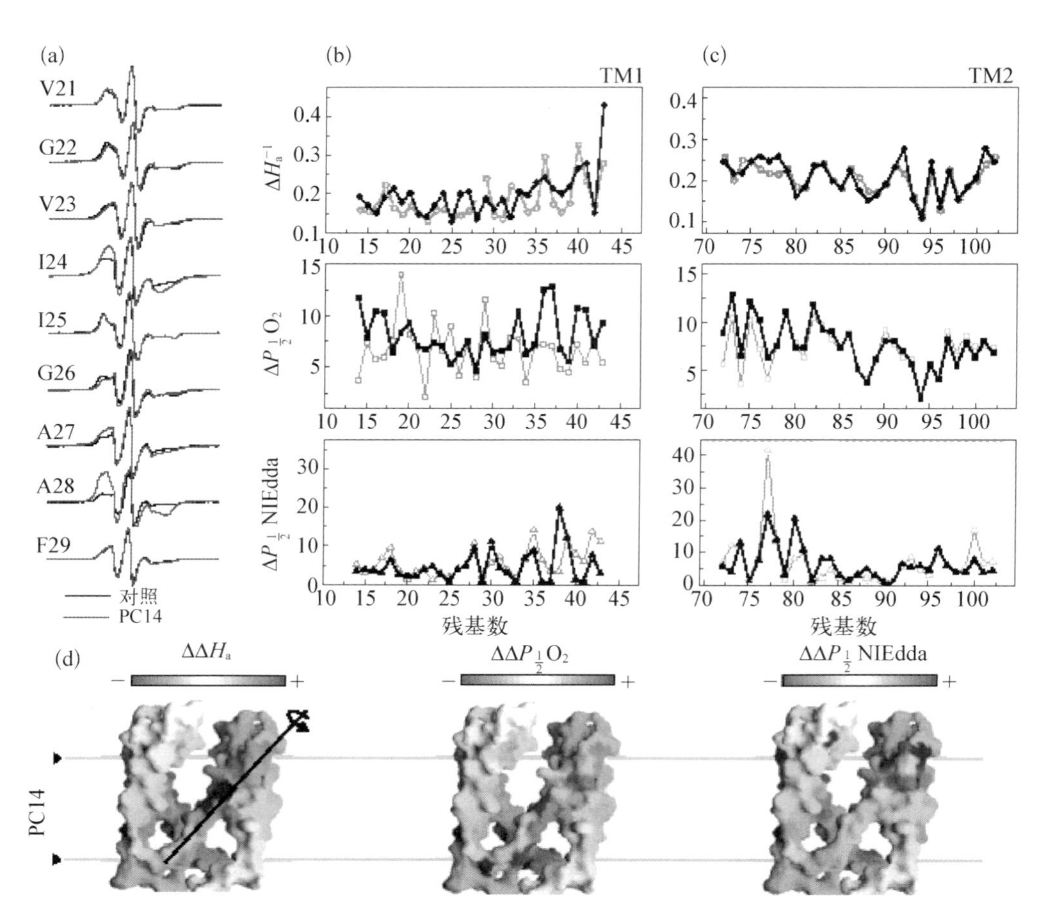

图 7.19　自旋标记在 TM1(残基 21～29)转换到中间状态的结构重排的 ESR 波谱及其环境参数

(a) 关的状态的重叠波谱及中间状态;(b) TM_1 残基数;(c) TM2 残基数;(d) 在 PC14 囊泡中得到的残基特异环境参数.

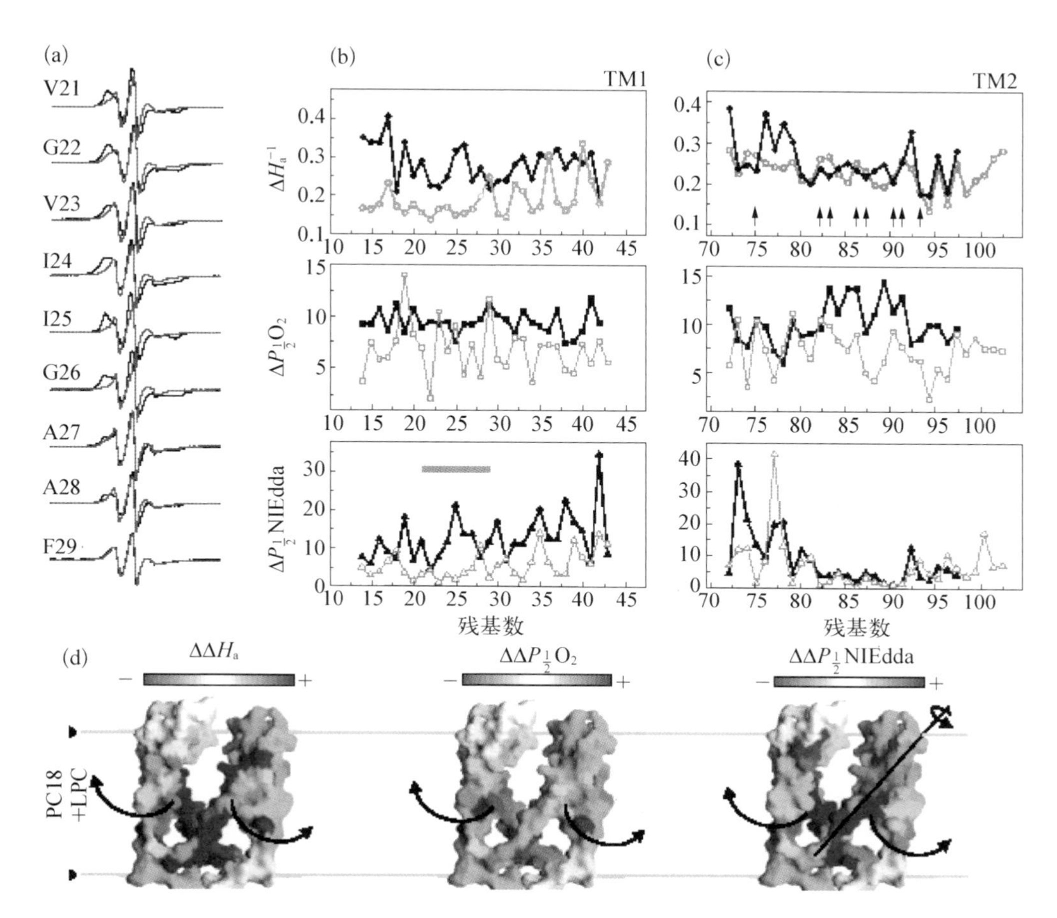

图 7.20　自旋标记在 TM2(残基 21～29)转换到关状态的结构重排的 ESR 波谱及其环境参数

(a) TM1 残基数;(b) TM1 残基数;(c) TM2 残基数;(d) 在 PC18 + 25 mol% LPC 囊泡中得到的残基特异环境参数.

如图 7.21～图 7.24 所示，用自旋标记 ESR 可以将这个蛋白在开、关状态和由开到关的中间状态及其动力学过程研究清楚. 这里用 ESR 位置特异的自旋标记技术研究了真核细胞的机械敏感通道蛋白的机理. 通过调节双层膜的形态把 MscL 捕集在开和半关状态. 中间状态的特征是在第一个跨膜螺旋(TM1)的小运动. 接着是伴随着 TM1 和 TM2 大的重排的转换到开的状态. 这可以从自旋探针大的动力学变化、溶剂的可接近性和消失的自旋-自旋相互作用计算出来. 开的状态是高的动态，在 TM1 有一个至少 25 Å 充满水的孔. 这些结构特点表明了在机械敏感通道上有一个柔性分子机理存在.

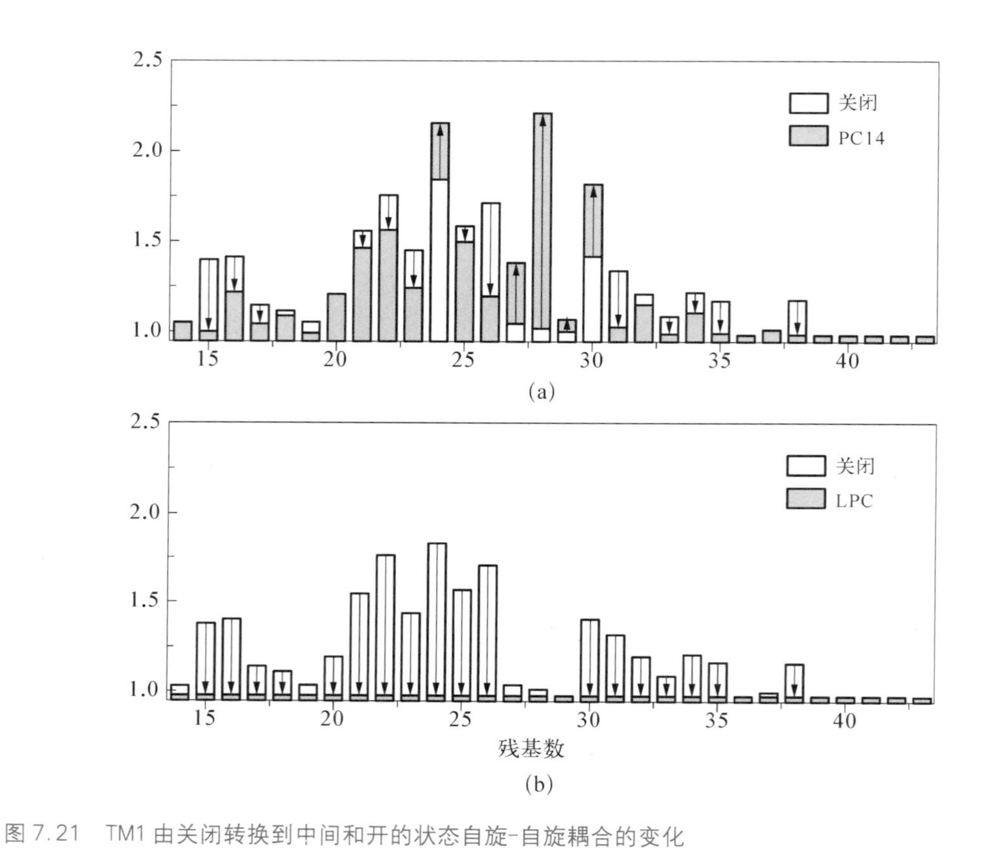

图 7.21　TM1 由关闭转换到中间和开的状态自旋-自旋耦合的变化

(a) 空棒表示关闭状态的 Q 值(PC18)，实心表示中间态开的状态；(b) 箭头表示自旋-自旋耦合减少变化的方向(黑)(残基相互离开).

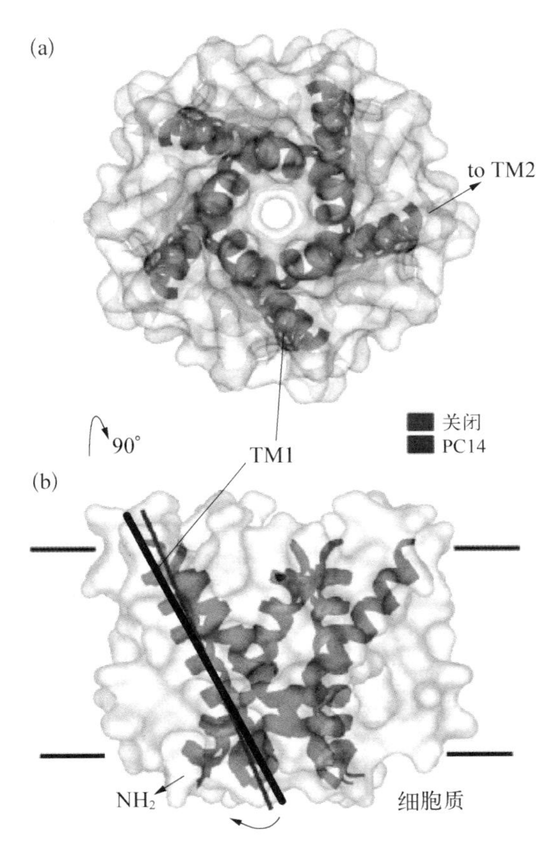

图 7.22　机械敏感通道蛋白 MscL 在中间关闭状态的结构图（PC14）

（a）侧视图；（b）（细棒）与晶体结构比较（粗棒）.

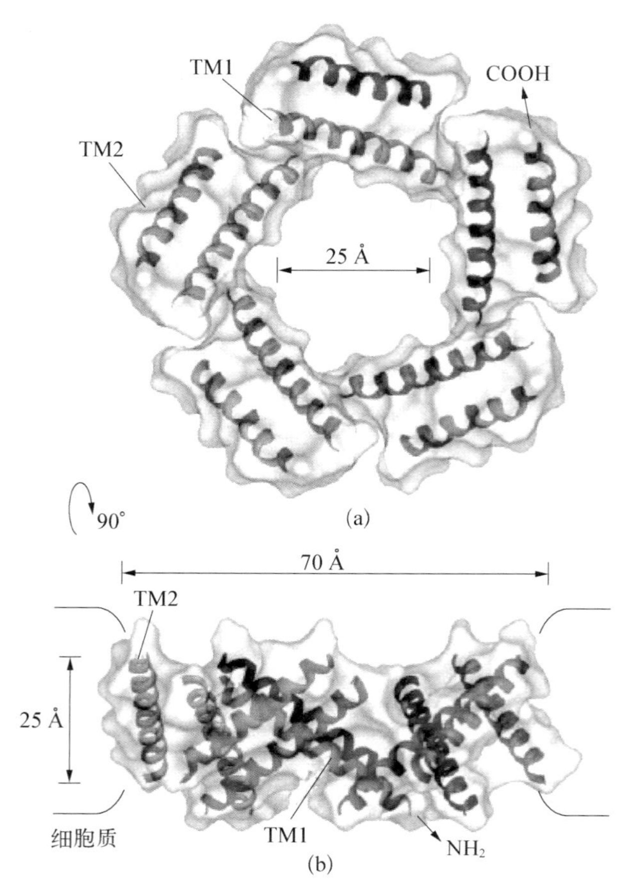

图 7.23　机械敏感通道蛋白 MscL TM 在中间开启状态的结构图(PC14)
(a) 侧视图;(b) 与晶体结构比较 TM1 和 TM2 在开启状态.

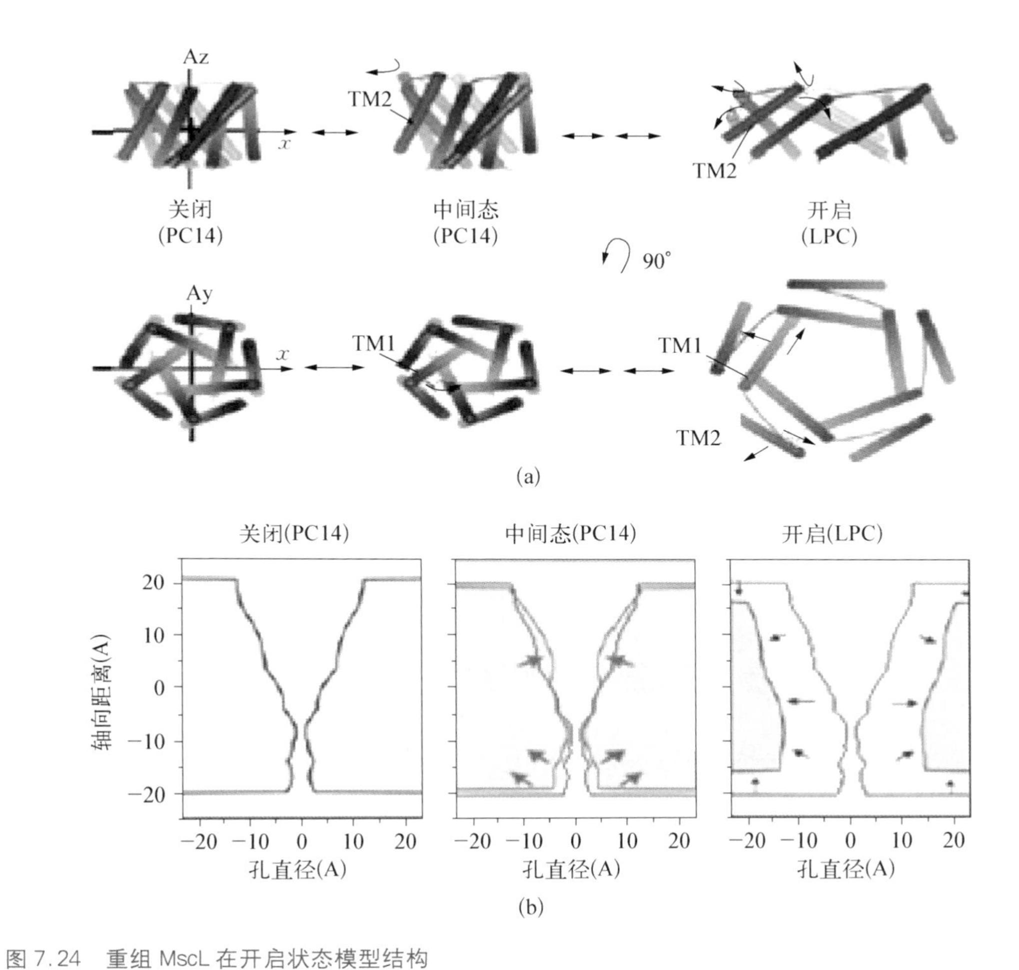

图 7.24　重组 MscL 在开启状态模型结构

(a) 侧视(上)和细胞外(下),用箭头表示浅灰色的 MscL 亚基做螺旋运动,(b) MscL 孔的断面图在关闭状态(左),中间状态(中)和开启状态(右)的构象.

7.6 ESR 研究多药转运体 MsbA 运输循环中能量转换的结构基础

多药耐药性(MDR)是指肿瘤细胞在药物长期反复作用下,对化疗药物出现耐药性的同时,对其他许多结构不同、作用机制不同的药物产生的交叉抗药性,是一种独特的广谱耐药现象. ABC(ATP-binding cassette)转运体不限于药物的转运,而且参与很多离子和底物的运输和调节.[11]

7.6.1 MsbA 自旋标记

MsbA 在开启状态时的晶体结构如图 7.25 所示,图(a)中深色表示要标记的部分及 MsbA 在关闭和开启状态下对 P(O_2)作图的示意图也显示在该图中.

7.6.2 MsbA 自旋标记波谱分析结果

在脂双层中沿着螺旋 6 表面 apo-MsbA(灰色)和高能状态 ADPIVi(红色)的 ESR 波谱如图 7.26 所示. 由图计算的 apo-MsbA 对氧的可接近性 P(O_2); 对水相的可接近性 P(NiEDDA)在螺旋片断的变化如图 7.25 所示. 由图可以看出 3.6 个残基氧接近程度 EP(O_2)具有梯度,反映了螺旋 2 和 5 和它们的取向与膜双层背向. 残基 82 开始接近氧跨膜,残基 76 达最大. 螺旋 6 就没有氧接近程度 EP(O_2)具有梯度,也没有亲水,表明没有脂作用界面. 残基 283～286 松散结构包括 P(O_2)增加(残基 271 和 274),在接近 EC3 loop 的螺旋 5C 末端,在 ICD 接近 NiEDDA 的亲水性 EP(NiEDDA)开始减少. 多药转运体(MsbA)的示意图及对氧和亲水溶液的接近程度图表明,螺旋 6 就没有氧接近程度, EP(O_2)具有梯度,表明没有脂作用界面.

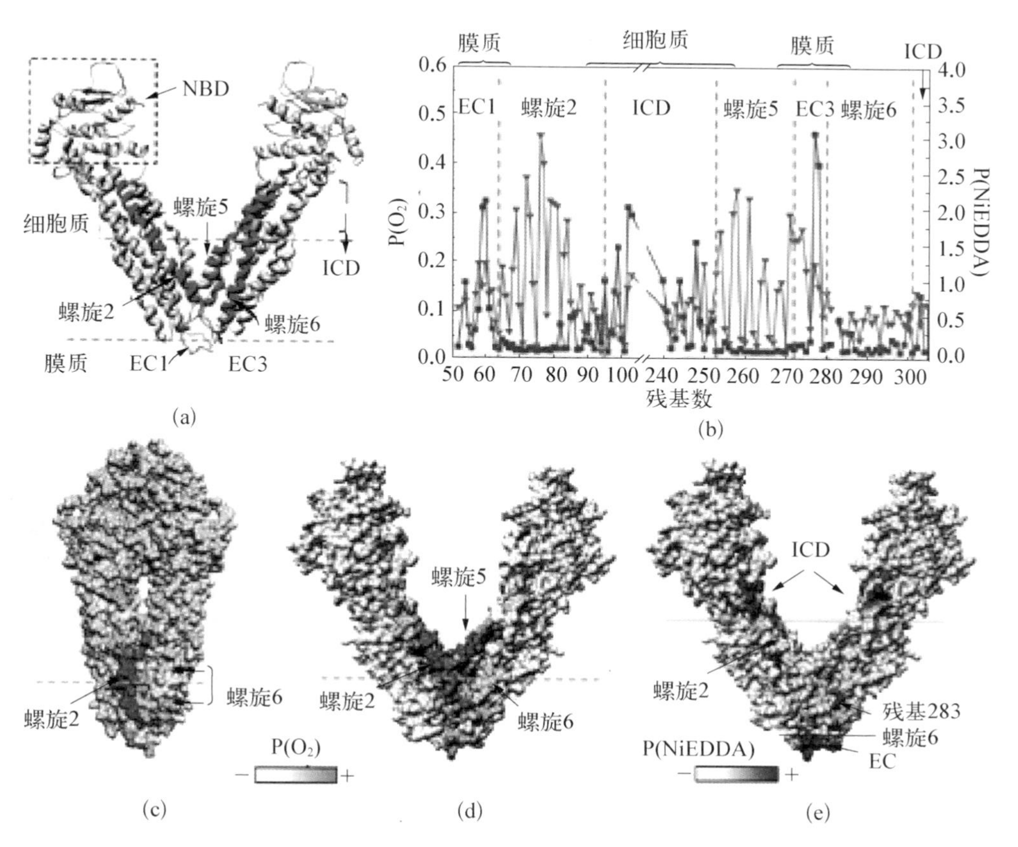

图 7.25　MsbA 在开启状态的晶体结构

(a) 深色表示要标记的部分(112 自旋标记突变体);(b) apo-MsbA 的可接近性,虚线表示根据晶体结构计算出的螺旋片断之间的界限;(c)和(d)分别为 MsbA 在关闭和开启状态 P(O_2) 作图的示意图,虚线表示残基 76 定位在双层膜中间;(e) P(NiEDDA)作图的示意图,包括胞质外 loops (EC1 和 EC3),核苷酸水解域(NDB),细胞内域(ICD).

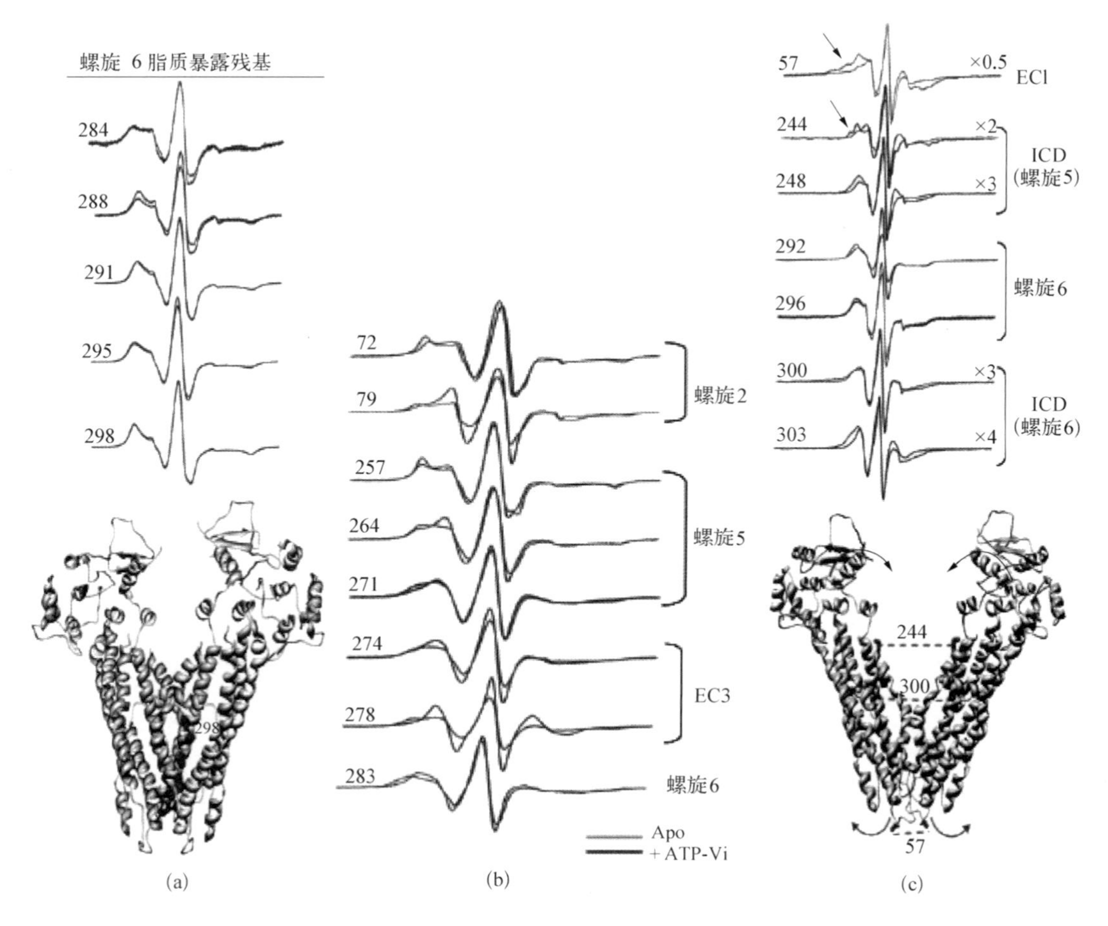

图 7.26　在脂双层中沿着螺旋 6 表面 apo-MsbA (深色)和高能状态 ADPIVi (浅色)的 ESR 波谱

(a) 晶体结构是开启状态的模型；(b) apo-MsbA (深色) 和高能状态 ADPIVi (浅色)的 ESR 波谱，表示在 ATP 结合和水解时的运动性；(c)在膜脂外端 ATP 水解后自旋标记 ESR 波谱的变化，包括胞质端(244，248，300 和 303)，和 TMD(292 和 296)，箭头指向部分表示在 57 和 244 有明显自旋-自旋相互作用.

图 7.27 显示在 AMP-PNP 结合后及 ATP 水解后亲水性 P(NiEDDA)波谱的变化. 在残基 57 强自旋-自旋相互作用,在残基 244,292～296 强自旋-自旋相互作用核苷酸增加了在 ICD 区域多个位点自旋-自旋相互作用,表明可接近性的减少是由于刚体运动自旋标记物更加接近了.

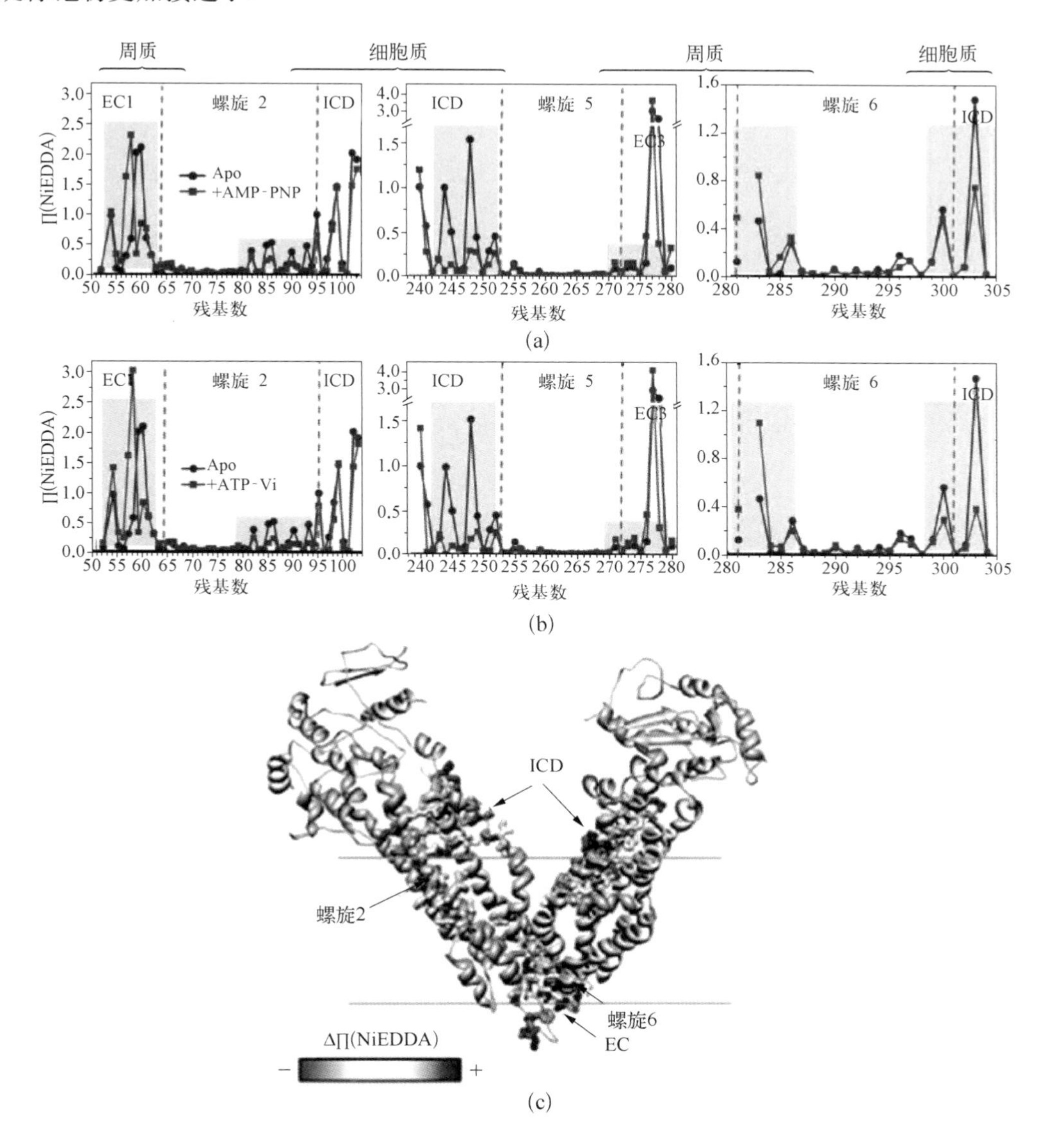

图 7.27 AMP-PNP 结合后及 ATP 水解后亲水性 P(NiEDDA)波谱的变化

(a)和(b)分别表示在 AMP-PNP 结合后及 ATP 水解后亲水性 P(NiEDDA)的变化;(c)表示在高能状态下 ADPIVi 亲水性 P(NiEDDA)变化,以及开启状态的晶体图.

当 AMP 与 ATP 或 ADP 结合后,(ADP)-结合状态被无机离子 Vi 结合而稳定, Vi 作为 γ-,磷酸化和 ADP 的类似物,形成一个复合物能模拟 ATP 水解的过渡状态.核苷酸结合后沿着 ICD 和细胞质螺旋 2,5 和 6 端平行减少,揭示了 AMP-PNP 的结合引起整体构象变化,堵塞了底物结合部位.

图 7.28(a)表示在脱辅基 apo 和高能状态 ADPIVi 的 $P(O_2)$ 和 P(NiEDDA)相在反方向的变化.在不同亚基上的两个 EC1 loops 经历构象变化增加了残基 57 和 58 的距离,从 57 到 61 伸展改变了对 NiEDDA 的接近性.

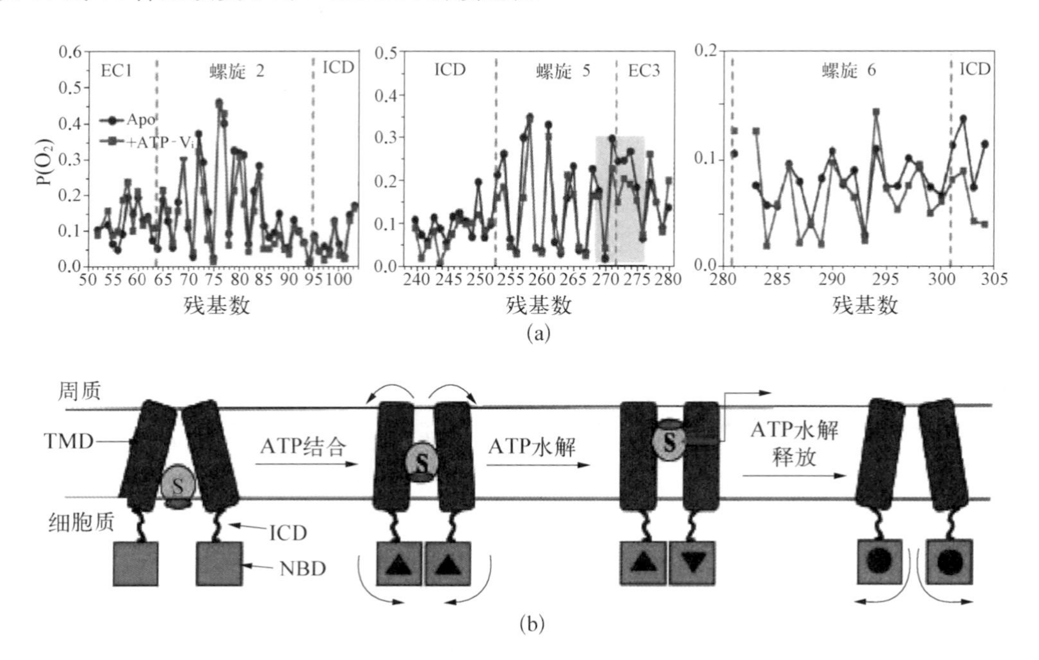

图 7.28 在脱辅基 apo 和高能状态 ADPIVi 的 $P(O_2)$ 和 P(NiEDDA)在相反方向的变化(a)及结构重排的机理应用示意图(b)

(b)中▲表示 Mg-ATP;▼表示 Mg-ADP-Pi;●表示 Mg-ADP,S:底物.

在类开启构象整体区域,ATP 结合堵塞了腔,可能是通过二聚化增加了在质膜侧水的穿透能力.ATP 水解增强了腔的关闭构象.在这个阶段,双亲底物在腔的任何一端适应等价电解质环境,可以分配在脂双层或水相中.一个 ATP 分子可以被 LmrA 和 P-gp 周转.这个研究还表明 ADP 和 Pi 结合在一个 NBD 后还可以再结合 ATP 和完成能量输出.在低能 ADP 结合状态,下腔的可接近性得到恢复,允许结合其他底物分子.

7.7 用自旋标记 ESR 技术研究线粒体解偶联蛋白的结构和功能

解偶联蛋白(UCP)位于线粒体内膜,可以调节线粒体能量代谢和产生 ROS.它与肥胖症、糖尿病、炎症和细胞死亡的抑制有密切关系;可以减少缺血再灌注损伤,改变细线粒体释放活性氧和 caspase-3 的活化;可使电子传递与氧化磷酸化解偶联.UCP-1 对于产生热量具有重要的意义,同时,调节体温和葡萄糖的代谢,广泛表达于人的各个组织(包括肝脏)中.UCP-3 与UCP-1有 57%的同源性,而与 UCP-2 有 73%的同源性,此外还有 UCP-4,UCP-5,它们一同构成了 UCPs 家族.UCP-1 在组织中可转化能量,由 ATP 的合成变为产生热量,这一过程是通过催化跨线粒体膜的质子通透来完成的.[12-13]

UCP-2 和 UCP-3 含量较 UCP-1 低得多,起的作用并不是产生热量.一定的解偶联作用可以降低线粒体产生的活性氧,$\cdot O_2^-$ 可通过 UCPs 的作用而增加线粒体的质子通透性,导致线粒体膜电位的下降,从而降低活性氧的产生,这样活性氧通过 UCPs 达到了对自身的反馈调节.研究发现,在分离的线粒体中,UCP-2 使活性氧释放到线粒体外而不是在基质中.

此外,UCP-2 在调节胰岛素的分泌中起到了一定的作用,UCP-2 缺陷的小鼠,体内 ATP 含量升高,且葡萄糖刺激的胰岛素分泌增强,暗示了 UCP-2 负责调控胰岛素的分泌.2 型糖尿病的一个显著特点是当葡萄糖含量升高后不能分泌充足的胰岛素.活性氧介导的 UCP-2 的激活减少了 ATP 的含量,损害了葡萄糖刺激的胰岛素分泌.因为肥胖和高血糖症增加了线粒体 $\cdot O_2^-$ 的产生,活性氧介导的 UCP-2 的激活在 2 型糖尿病的发病机理中起到重要作用.目前,没有 UCPs 家族的任何一个晶体结构可供参考,虽然 UCP-1 可以从组织中大量分离,但其结构仍未解出.

UCPs 的结构具有相似的特点,在一级序列的基础上提出了一个简单的 6 次跨膜的模型,膜内的结构区从基质一侧伸入膜中,且 N 端和 C 端指向胞浆一侧,此外它的另一特点,与线粒体的其他载体蛋白相类似的是,UCPs 可以被分成三个类似的结构域,每个结构域包含了大约 100 个氨基酸残基,由两个跨膜螺旋和一段富含电荷的 loop 区组成.

线粒体解偶联蛋白从线粒体氧消耗中解离 ATP 合成并抑制自由基产生.基因操作 UCP2 直接影响黑质多巴胺细胞功能.高表达 UCP2 增加线粒体解偶联,去除 UCP2 减少黑质部解偶联.高表达 UCP2 减少 ROS 产生,而去除 UCP2 的小鼠比野生型产生 ROS 多.在 UCP2 基因敲除小鼠中线粒体 ROS 的产生与多巴胺神经元中线粒体数目呈负相关.缺少 UCP2 增加神经对 1-甲基-4-对溴联苯-1,2,5,6-四氢吡啶(MPTP)的敏感,而 UCP2 高表达减少 MPTP-诱导神经元丢失.这表明 UCP2 多巴胺在细胞代谢中的重要性,UCP2 可能是预防和治疗帕金森病的靶位点.

7.7.1 解偶联蛋白的自旋标记

解偶联蛋白预测结构模型及自旋标记位置如图 7.29 所示.

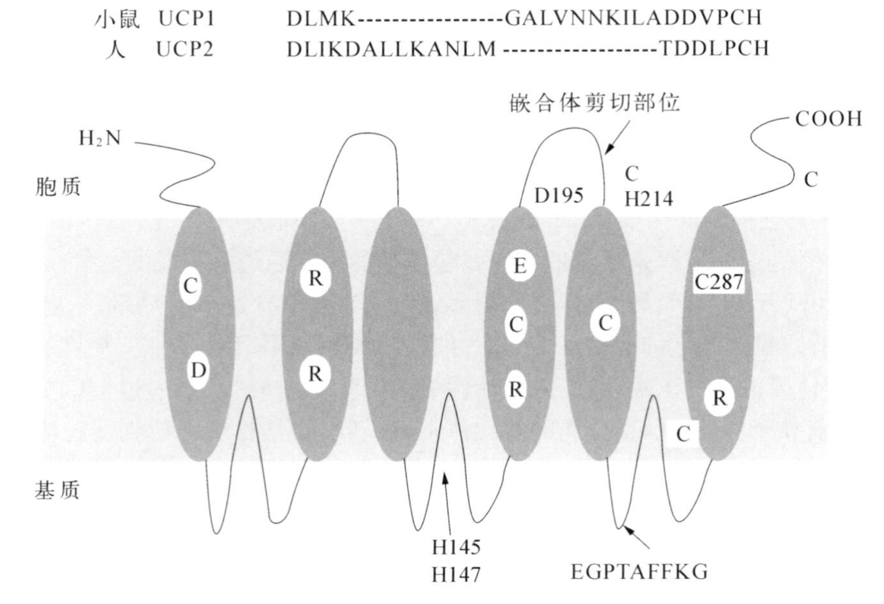

图 7.29 解偶联蛋白预测结构模型

六个跨膜螺旋由几个亲水环相连.对于重复跨膜区域 1~2,3~4 和 5~6,半胱氨酸残基(C)和 Cys287 是 UCP1 特有的.第三个 loop 含有线粒体核苷酸结合基元(共有序列 EGPAAFFKG)突出到脂双层里.质子转运残基(His 145,His 147)和带电残基也在脂双层里.嵌合体剪切位置在连接 4~5 跨膜区域的胞质环中(从 UCP1 Asp195 到 His 214).UCP1 剪切区域和 UCP2、U1U2 和 U2U1 剪切序列表示于图上方.在 U1U2 嵌合体中缺少的类似残基在 hUCP2 序列中用下横线表示.

1. 组建 UCP1 和 UCP2 表达质粒

人 UCP2 全长 cDNA 从人骨骼肌 cDNA 文库(Clontech, PaloAlto, CA)获得,用 PCR 扩增.正向引物(5′-CAGGAAATCGGATCCATGGTTGGGTTC-3′),反向引物(5′-AGCAGCAGGAGAAAGCTTGAAGGGAGCCTCTCG-3′).PCR 条件:1 个循环(2 min,94 ℃),5 个循环(30 s,94 ℃,4 min,68 ℃),25 个循环(30 s,94 ℃,1 min,55 ℃,3 min,72 ℃),1 个循环(5 min,72 ℃).959 bp 产物用 *Bam* HⅠ和 *Hin*dⅢ消化并直接克隆到 pET-21a(1)载体中.测序后把质粒转入 BL21(DE3)pLysS 细胞诱导表达蛋白.产生

的 UCP2 蛋白在 C 端融合 6 个 His 密码子，在 N 端有 1 个 T7 尾巴.

小鼠 UCP1 cDNA 用反转录酶和寡 dT 作为载体从小鼠棕色脂肪组织总 RNA 获得，用 PCR 扩增. 正向引物（5′-CCCGGATCCATGGTGAACCCGACAAC TTCCG-3′），反向引物（5′-CCCCTCGAGAAGTGTGGTACAATCCACTGT C-3′）. 922 bp 产物插入 pET-21a(1)载体的 *Bam*HⅠ和 *Hin*dⅢ之中，按上面条件运行.

2. UCPs 嵌合体的组建

利用小鼠 UCP-1 cDNA 和人 UCP-2 cDNA 连接 pET-21a(1)质粒产生嵌合体 U1U2(mUCP-1，残基 1～198 和 hUCP2，残基 211～309)及嵌合体 U2U1(hUCP-2，残基 1±210，和 mUCP-1，残基 199～307). U1U2 和 U2U1 用于表示融合蛋白的序列(N 端蛋白来源接着 C 端蛋白来源). 过表达并纯化 UCP1、UCP2 的细菌和过表达并纯化重组 UCP 嵌合体的包涵体含有柠檬酸转运蛋白、磷酸转运体、二羧酸转运体酮戊二酸转运体[12-24]. 对 UCP2 蛋白脂质体质子转运活性进行测量，证明重组是成功的.

对于 ESR 样品，用洗洁剂纯化野生型 UCP1 和 UCP2，把重组到膜上的蛋白结合到金属亲和树脂上，再用 500 mmol/L 自旋标记温育 20 min，然后冲洗下来，浓缩后用 ESR 测试. 假定在 UCP2 和 UCP16 或 7 个半胱氨酸残基都没有参加二硫键，所有半胱氨酸都将被标记. 用石英毛细管在 22 ℃下测试 ESR 波谱.

7.7.2 解偶联蛋白的自旋标记波谱分析结果

自旋标记 UCP1 和 UCP2 的 ESR 波谱如图 7.30 所示. UCP1 信号在低场加宽，说明 UCP1 含有一个不运动成分，而 UCP2 没有这个成分. 对照 UCP 模型，UCP1 上的这个不运动成分应当是 Cys287. 在加入 1 mmol/L GTP 或 ATP 时，自旋标记 UCP1 和 UCP2 波谱在低场变窄，反映蛋白质构象的变化，加入 1 mmol/L GMP 没有影响. 但 1 mmol/L ATP 与 1 mmol/L GTP 相比，在低场产生明显变化.

自旋标记 U1U2 和 U2U1 嵌合体也表明了在 UCP1 上的 Cys287 不运动成分的来源. U2U1 嵌合体含有 Cys287，表现出加宽谱，而 U1U2 嵌合体没有 Cys287，在低场就表现窄谱. 与 UCP1 和 UCP2 一致的是，U1U2 和 U2U1 嵌合体的 ESR 波谱对 ATP 和 GTP 敏感，但对 GMP 不敏感. 这类天然蛋白质，在加入嘌呤核苷酸时观察到 U1U2 和 U2U1 在低场变窄，至少一个 Cys 残基被核苷酸结合.

由于对纳秒到微秒时间范围运动的敏感性，ESR 对观察蛋白质构象变化特别有效. 这里观察到的 UCP1，UCP2 和嵌合体 U1U2 及 U2U1 的结果，反映了一个或多个自旋标记的 Cys 残基运动性增加. UCP2 在与 UCP1 同样保守的位置含有 6 个 Cys 残基. UCP1 上的 7 个 Cys，没有一个发现与功能有关. 辨认出负责这一变化的特异 Cys 残基对弄清楚哪一个区域在结合核苷酸后发生了构象变化是很有用的. 这里得到的在 UCP1 和 UCP2

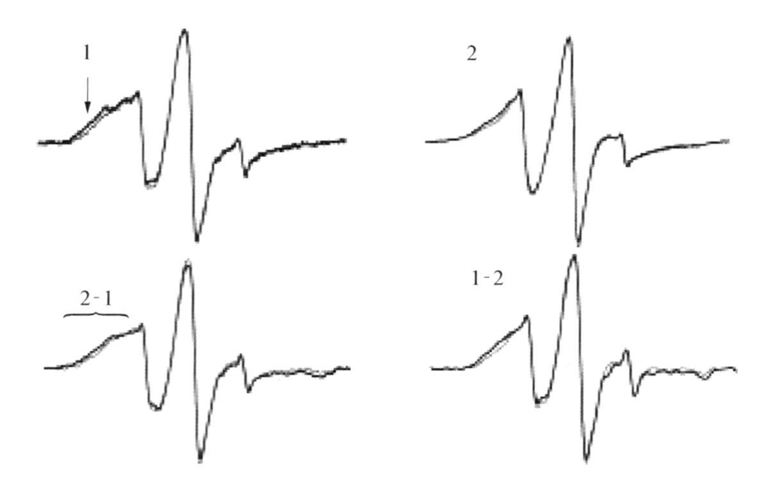

图 7.30　自旋标记 UCP1（1），UCP2（2）和嵌合体 U2U1（2-1）和 U1U2（1-2）的 ESR 波谱
在 1 mmol/L GMP（粗线）和 1 mmol/L GTP（细线）存在时无明显差别. 但1 mmol/L ATP 与 1 mmol/L GTP 相比，在低场产生明显变化.

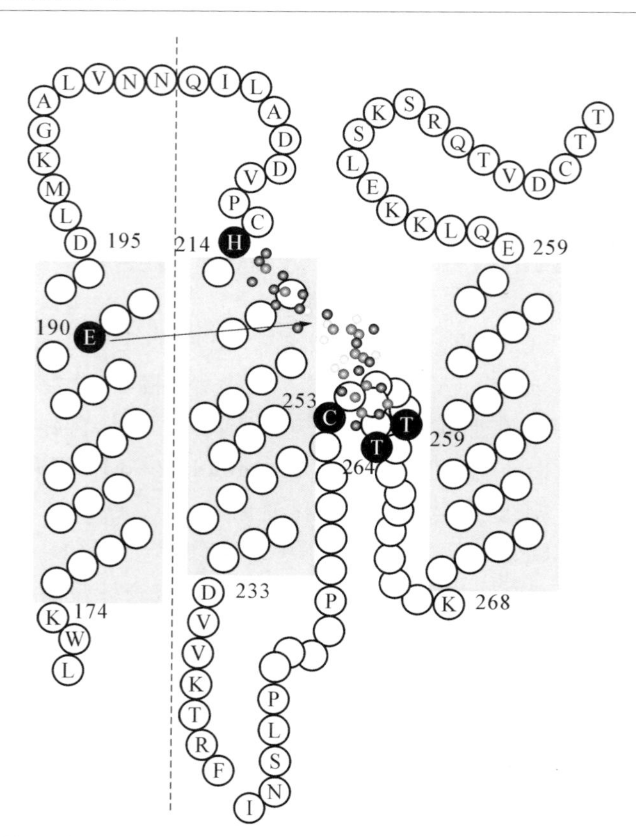

图 7.31　UCP-1 C 端核苷酸结合位置（ATP43）5 个残基参与核苷酸结合
E190 和 H214 调节磷酸部分，C253 在核糖部分作用，T259 和 T264 在腺嘌呤部分作用.

上的单个 Cys 就可以区别每个构象变化在蛋白质中的位点.这将有助于解释每个标记的 Cys 残基是如何贡献野生型蛋白质的波谱的,而且也有助于解释构象动力学变化与底物/抑制剂结合位置之间的关系.

用 ESR 研究膜蛋白 UCPs 的结构,证明 UCP2 能结合核苷酸. ESR 显示 UCP1 和 UCP2 暴露到 ATP 会发生较大变化,表明在 UCP2 上可能有一个核苷酸结合位点. ESR 分析还表明暴露到嘌呤核苷酸 UCP1/UCP2 嵌合体会发生构象变化.这些结构说明核苷酸结合位点存在于 UCP2 的 C 端区域.只有扩散到 UCP1(嵌合体 U1U2)的 N 端才能抑制质子转运.因此核苷酸抑制质子转运的残基位于 UCP1 的前两个基元(图 7.31).

7.8 ESR 波谱研究其他蛋白质的结构

除了以上研究蛋白质结构的方法外,最近发展了很多研究蛋白质结构的其他方法,如基于组氨酸的 ESR 测量技术破译蛋白质中的位点特异性动力学;基于定点自旋标记(SDSL)和 ESR 技术研究蛋白质的特定位置;利用纳米颗粒电压传感域(VSD)研究膜蛋白的 ESR 波谱;利用 ESR 研究蛋白质和核酸的定点 Cu^{2+} 标记之间的距离;利用 ESR 自旋探针技术研究蛋白质周围相关溶剂动力学的约束依赖性;利用手性镧系元素标记研究稳定和刚性地附着在蛋白质中的 ESR 波谱和时间分辨;利用 ESR 波谱研究人体驱动蛋白动力的两种构象;利用 ESR 波谱测定人巨球蛋白巯基结合位置的几何形状等.

7.8.1 ESR 波谱研究线粒体呼吸链

呼吸链是由一系列的递氢反应和递电子反应按一定的顺序排列所组成的连续反应体系,它将代谢产生的成对氢原子与氧结合生成水,同时有 ATP 生成.实际上呼吸链的作用代表着线粒体最基本的功能,呼吸链中的递氢体和递电子体就是能传递氢原子或电子的载体,由于氢原子可以看作由质子和核外电子组成,所以递氢体也是递电子体,递氢体和递电子体的本质是酶、辅酶、辅基或辅因子,在生命活动中发挥着重要作用.杜江峰院士团队利用脉冲 ESR 仪器研究发现,能量转换由呼吸电子传递链进行,该链由嵌入线粒体内膜中的五个不同且偶联的蛋白质复合物(称为复合物Ⅰ-④)组成.其中,复合物Ⅰ(NADH-泛醌氧化还原酶)、复合物Ⅲ(细胞色素 bc1)和复合物Ⅳ(细胞色素 c 氧化酶)是电子偶联质子泵酶.除复合物Ⅴ(即 ATP 合酶)外,每个复合物都有几种氧化还原辅因子来促进自身内部的电子转移,从复合物Ⅰ和Ⅱ到复合物Ⅲ的转移由膜包埋的泛醌穿梭,从复合物Ⅲ到复合物Ⅳ的转移由可溶性细胞色素 c 穿梭.利用钻石中的氮空位中心检测室温下在水性缓冲溶液中用氮氧化物自旋标记的单个系留 DNA 双链体的 ESR 波谱，这项工作为单个生物分子的磁共振研究及其在类天然环境中的分子间相互作用铺平了道路．在接近生理条件下对单个生物分子进行 ESR 波谱可以大大促进对其生物学功能的理解．[18-20]

7.8.2 通过基于组氨酸的 ESR 测量破译蛋白质中的位点特异性动力学

蛋白质中的位点特异性动力学是蛋白质功能的核心．虽然 ESR 有可能测量大型蛋白质复合物中的动力学，但对柔性氮氧化物标记的依赖是有限的，特别是对于精确测量位点特异性 β-片动力学．蛋白质链球菌蛋白 G（GB1，蛋白质 G 的免疫球蛋白结合域）是链球菌表面的一种细胞壁蛋白，由近 600 个氨基酸组成，其 N-端部分为白蛋白结合域，C-端部分是 IgG 结合域和细胞壁结合域．由于具有结合多种不同抗体的功能，链球菌蛋白 G 因此被称为一种超级抗原．在这里，采用 ESR 波谱可以测量 GB1 表面的位点特异性动力学．大多数与神经退行性疾病有关的蛋白质通过使用双组氨酸（dHis）基序结合金属离子，特别是铜和锌．金属离子结合可能是蛋白质功能的一部分，或者可能促进有害的功能增益．关于 Cu^{2+}，ESR 技术已被证明有助于确定铜结合位点的生物物理特性，以及配位蛋白的结构特征和它们如何受到金属结合的影响．细胞朊蛋白（PrPc）是新近被发现与肿瘤多药耐药（MDR）和侵袭相关的蛋白．因为它们适用于朊蛋白，朊蛋白还可作为更广泛的神经退行性蛋白的模型．可以用 Cu^{2+}-次氮基三乙酸（nitrilotriacetic acid，NTA）配合物进行标记，获得 α 螺旋和 β 片位点的动力学信息．由此产生的 CW-ESR 的波谱模拟报告了 GB1 表面独特的特定位置．此外，还进行了分子动力学模拟以补充 ESR 数据，与分子动力学观察到的动力学与 ESR 结果一致．此外，还可以观察到不同位点的 $g_{\parallel}$ 值的微小变化，这可能是由位点的配位几何形状和/或局部静电的微小差异导致的．

综上所述，这项工作扩展了基于 Cu^{2+}-NTA 的 ESR 测量的实用性，以探测超出距离限制的信息．在这里，我们还利用 dHis-CuⅡ NTA 标签来获取 GB1 的 α 螺旋和 β 张位点的动力学的位点特异性信息，以及具有标记二级结构的 GB1 的晶体结构和 Cu^{2+}-NTA 标记的 GB1 突变体在 291 K 处的 CW-ESR 波谱．利用这些信息，我们可以展示这种方法在阐明人的谷胱甘肽转移酶 A1-1（hGSTA1-1）中功能必需的 α-螺旋底物结合作用的潜力，能够观察到螺旋的两种动态模式．抑制剂 GS-Met 和 GS-Hex 的添加导致 hGSTA1-1 更易形成刚性的活性态构象，这种更快的模式可能有助于在研究中寻找新底物．[21-22]

7.8.3 SDSL 和 ESR 技术研究蛋白质的特定位置

SDSL 技术基于顺磁性标记在蛋白质(或其他生物分子)的特定位置,随后通过 ESR 波谱进行研究.特别地,连续波 CW-ESR 波谱可以检测各种条件下蛋白质的局部构象动力学.此外,对双自旋标记蛋白质的脉冲 ESR 实验允许测量 1.5～8 nm 范围内的自旋中心之间的距离,提供有关结构和功能的信息.SDSL-ESR 波谱可以作为使用氮氧化物标记研究蛋白质的结构生物学工具.最近的研究已经证明了这种 ESR 波谱方法在蛋白质结构表征方面的多功能性.该技术对结构生物学各个领域都是适用的.SDSL 技术与 CW-ESR 波谱相结合是一种在局部水平上揭示蛋白质结构跃迁动力学的强大技术.在这里,首先考虑基于氮氧化物在所研究蛋白质上的选择性连接的 SDSL-ESR,然后进行 X 波段连续 ESR 分析.为了从 SDSL-ESR 谱中提取有价值的定量信息,从而对生物系统动力学进行可靠的解释,需要对波谱进行数值模拟.但是,无论选择哪种数值工具来执行此类模拟,参数的数量通常都太多,无法提供明确的结果.波谱参数 Axy(0.40 mT≤轴≤0.60 mT)变化会对氮氧化物 X 波段连续 ESR 谱线形状产生影响.由于在冷冻溶液上记录了补充 X 波段光谱,一些是设置的(gy,gz),而另一些则是确定的(Az,gx).最后,在室温下模拟氮氧化物标记蛋白的 X 波段 CW-ESR 谱,不需要高频波谱和最少数量的可变参数.[23-24]

7.8.4 纳米颗粒电压传感域(VSD)用于膜蛋白的 ESR 波谱研究

Lipodisq 试剂是一种新型聚合物,来源于苯乙烯和马来酸.Lipodisq 聚合物能够形成结合膜蛋白的纳米尺寸的脂质基盘状颗粒.表征 Lipodisq 纳米颗粒中人的 KCNQ1 电压传感域用于膜蛋白的 ESR 波谱研究膜蛋白负责执行生物体生存所必需的基本生物学功能.尽管它们具有生理重要性,但由于应用生物物理技术研究这些蛋白质系统的挑战,目前可用的结构信息有限.ESR 波谱是研究膜蛋白结构和动态特性的一种非常强大的技术.然而,由于在不均匀性样品制备中观察到的复杂性和自旋标记的动态运动,ESR 波谱在天然膜结合状态下的膜蛋白中的应用极具挑战性.洗涤剂胶束因其较小的尺寸和均匀性是非常受欢迎的膜蛋白膜模拟物,可通过溶液 NMR 波谱提供高分辨率的结构分析.然而,重要的是要测试胶束环境中的蛋白质结构是否与其膜结合状态的结构相同.Lipodisq 纳米颗粒或苯乙烯-马来酸共聚物-脂质纳米颗粒(SMALPs)已被引入作为膜蛋白结构研究的潜在良好膜模拟系统.最近,利用单个跨膜掺入脂质纳米颗粒的 KCNE1 可以得到膜蛋白的 ESR 表征.人的 KCNQ1 是由 KCNE 蛋白家族成员调节的电压门控钾通道,在这项工作中，我们使用定点自旋标记 ESR 波谱法将脂质纳米颗粒用作膜模拟系统，用于探测更复杂的膜蛋白系统人的 KCNQ1 电压传感域（Q1-VSD）的结构和动态特性研究，该域具有四个跨膜螺旋. 使用 CW-ESR 谱线形分析和脉冲 ESR 双电子共振测量对掺入脂质纳米颗粒的自旋标记 Q1-VSD 进行了表征. CW-ESR 谱图表明，随着苯乙烯-马来酸聚合物的加入，谱线展宽增加，该聚合物接近刚性极限，提供蛋白质-脂质复合物的均匀稳定. 同样，与蛋白脂质体相比，ESR 双电子共振测量表明，当样品掺入脂质体纳米颗粒时，相位记忆时间（T_m 值）增加，距离测量质量更高. 这些结果与 Q1-VSD 的溶液 NMR 结构研究一致. 这项研究将有利于使用脂质纳米颗粒研究更复杂的膜蛋白系统的结构和动态特性.[25]

7.8.5 利用 ESR 研究蛋白质和核酸的定点 Cu^{2+} 标记之间的距离

蛋白质和 DNA 中的定点 Cu^{2+} 标记为使用 ESR 波谱测量生物分子的结构和动力学开辟了新的途径. 在蛋白质中，自旋标记由天然氨基酸残基和金属复合物原位组装而成，不需要表达后合成修饰或纯化程序. 标记方案利用双组氨酸（dHis）基序和内源性或位点特异性突变组氨酸残基来协调 Cu^{2+} 复合物. 对这种 Cu^{2+} 标记的蛋白质进行脉冲 ESR 测量可能会产生相当于普通蛋白质自旋标记 1/5 的距离分布. 因此，该方法克服了当前技术的固有局限性，该技术依赖于具有高度灵活的侧链的自旋标记. 这种自旋标记方案提供了一种简单的方法，可以利用传统 ESR 标记昂贵、复杂或根本无法获得的生物物理信息，包括在 β 片位点直接测量蛋白质骨架动力学，这在很大程度上无法通过传统的自旋标记获得，以及刚性 Cu^{2+}-Cu^{2+} 距离测量，这些距离测量可以更精确地分析蛋白质构象、构象变化、与其他生物分子的相互作用以及两个标记的蛋白质亚基的相对取向. 同样，开发出的用于 DNA 的 Cu^{2+} 标记很小，与核苷酸无关，并且位于 DNA 螺旋内. Cu^{2+} 标记的位置直接报告生物学相关的骨架距离. 此外，通过这两种标记技术，我们可以解释 ESR 距离信息的模型，主要利用分子动力学（MD）模拟，使蛋白质和 DNA 标记的初步结果和实验结果一致，这是传统自旋标记的主要瓶颈. 展望未来，期待分子动力学和 ESR 的新组合，以进一步了解蛋白质和 DNA 构象变化，并协同研究蛋白质-DNA 相互作用.[26-27]

7.8.6 从 ESR 自旋探针研究蛋白质周围相关溶剂动力学的约束依赖性

蛋白质功能由耦合溶剂波动调节，受周围环境的约束程度的影响. 为了确定外部约束效应的普遍特征，我们使用 ESR 自旋探针 TEMPOL 的旋转相关时间（检测带宽，

10^{-10}～10^{-7} s)来表征蛋白质相关溶剂在200～265 K以上的动力学对不同类别和大小的蛋白质的温度依赖性，该时间仅限于冷冻水溶液中蛋白质附近的区域．施加水溶性二甲基亚砜低温溶剂包围的蛋白质和不添加溶剂的冰边界限制条件．叠加单组分和双组分ESR模拟在选定的温度值下TEMPOL的ESR波谱．可溶性蛋白质组合代表大和小低聚(乙醇胺解氨酶，488 kDa；链霉亲和素，52.8 kDa)和单体(肌红蛋白，16.7 kDa)球状蛋白、固有无序蛋白质(IDP，β-酪蛋白，24.0 kDa)、非结构化肽(鱼精蛋白，4.38 kDa)和具有部分骨架顺序的小肽(淀粉样蛋白-β残基1-16，1.96 kDa)．β酪蛋白和鱼精蛋白的膨胀和缩合结构分别由自旋探针在弱约束和强约束下分离．在每个限制条件下，可溶性球状蛋白显示出旋转相关时间和归一化权重的共同T依赖性，而对于两个迁移率成分，则显示出蛋白质相关结构域及其与周围介域的关系．强限制波谱可检测的蛋白质相关结构域成分，并通过淀粉样蛋白β肽模拟球状蛋白T依赖性．弱限制可以检测可溶性球状蛋白质相关结构域动力学，因此是调节可溶性球状蛋白功能的通用控制参数．ESR波谱用于表征冷冻水溶液中围绕冰边界内蛋白质的同心水合和中间相溶剂域的动力学．溶剂动力学由温度变化(190～265 K)和冰边界约束程度调节，冰边界约束程度由添加的冷冻溶剂的体积(与蛋白质表面的0～50 Å分离距离)调节．这个方法可以从自由小分子(大约7 Å直径)探针的角度，在大约10^{-10} s＜τ＜7 s的相关时间尺度和从蛋白质表面到周围溶液外围的空间尺度上表征蛋白质偶联溶剂动力学，以及揭示溶剂-蛋白质偶联的性质，这些性质可能与蛋白质功能相关．在相同条件下测量氮氧化物自旋探针TEMPOL的旋转迁移率，通过它们不同的温度和约束依赖性值τ和归一化重量来解析和跟踪两种溶剂组分，即蛋白质相关结构域(类似于水合层)和周围的介孔域．该方法还可以描述用于模拟双组分氮氧化物ESR波谱的详细数据，这些数据按线形状态分类，并由来自两个模型可溶性球状蛋白的模板谱图和模拟参数库指导．蛋白质相关结构域中的有序-无序转变是蛋白质偶联溶剂动力学的普遍特征，为阐明溶剂-蛋白质-功能动态偶联的机制提供了明确的可调性质．低温介域系统和ESR自旋探针法通常适用于揭示溶剂对各种大分子介导的生物过程的贡献．[27-28]

7.8.7 利用手性镧系元素标记研究稳定和刚性地附着在蛋白质中的ESR波谱和时间分辨研究

脉冲ESR距离测定已成为生物大分子结构研究的重要技术，DEER是最重要的研究方法．基于Gd(Ⅲ)的自旋标签是DEER常用的自旋标签之一，因为它们具有抗还原稳定性、高磁矩和无取向选择．Gd(Ⅲ)-Gd(Ⅲ) DEER的一个缺点是由于Gd(Ⅲ)的ESR谱宽，调制深度低．特异性附着在蛋白质上的镧系元素结合标签提供了一种通过多种光谱技术(包括核磁共振、ESR和时间分辨发光光谱)探测蛋白质的工具．这里提出了一种新的稳定的手性Ln(Ⅲ)标记，被称为C12，用于与半胱氨酸残基进行自发和定量反应，以产生稳定的硫醚键．标记的合成方法相对简单，并且标记对于存储和运输是稳定的．该方法能够显著增强硒代半胱氨酸的反应性，为在含有半胱氨酸残基的蛋白质中选择性标记硒代半胱氨酸开辟了一条途径．C12 标记加载了 Tb(Ⅲ)或 Tm(Ⅲ)离子，很容易在蛋白质 NMR 波谱中产生伪接触位移(PCS)．在镧系元素和蛋白质之间产生相对刚性的联系，有利于单磁化率各向异性张量解释 PCS，适用于双电子-电子共振实验中的距离分布测量．与半胱氨酸或其他硫醇化合物反应后，Tb(Ⅲ)复合物的发光量子产率提高了 100 倍，为时间分辨 FRET 测定和酶反应监测提供了高度灵敏的开启发光探针．激光诱导磁偶极子光谱(Laser IMD)的自旋对由 Gd(Ⅲ)(PymiMTA)和光激发卟啉组成作为替代技术，该技术表明卟啉的激发态不受 Gd(Ⅲ)配合物存在的干扰，因此调制深度接近 40%是可能的．这明显高于 Gd(Ⅲ)-Gd(Ⅲ)达到的 7.2%的值．[29-30]

7.8.8 ESR 波谱测定人体驱动蛋白动力的两种构象

分子马达驱动蛋白的晶体结构在称为颈部接头的结构元件中显示出构象变异性．由 ATP 交换引发的颈部接头的构象变化被认为是驱动蛋白沿微管轨道的运动．使用位点特异性 ESR 测量来表明，当微管缺失时，颈部接头存在于两种结构状态("无序"和"对接")之间；并且活性位点核苷酸不控制颈部接头所占据的位置．然而，研究发现硫酸盐可以在核苷酸位点附近特异性结合并稳定对接的颈部接头构象，我们通过求解新的晶体结构证实了这一点．我们将构建体的晶体结构与对接或未对接的颈部接头进行比较，揭示了微管结合如何激活驱动蛋白的核苷酸传感机制，允许颈部接头转变为动力运动．[31] 在驱动蛋白 X 射线晶体结构中，α-1 螺旋的 N 末端区域与结合核苷酸的腺嘌呤环相邻，而螺旋的 C 末端区域靠近颈接头．使用定点自旋标记 ESR 监测在有无核苷酸的情况下与微管(MTs)结合的驱动蛋白单体内 α-1 螺旋的位移．驱动蛋白在 α-1 和 α-2 螺旋处被双旋标记，所得 ESR 波谱显示偶极展宽．螺旋间距离分布表明，20%的自旋具有1.4～1.7 nm 分离的峰特征，这与 X 射线晶体结构预测的相似，尽管还有 80%超出了该方法的灵敏度极限(>2.5 nm)．微管结合后，在 AMPPNP(一种不可水解的 ATP 类似物)和 ADP 存在下，驱动蛋白的螺旋间距离为 1.4～1.7 nm，其比例为 20%～25%，在没有核苷酸的情况下，该部分增加到 40%～50%．研究发现这些核苷酸诱导的驱动蛋白部分发生 α-1 螺旋位移的变化与颈部接头从分子马达核心脱离的部分有关，因此，我们提出在核苷酸结合和释放时发生 α-1 螺旋构象平衡的偏移，并且这种偏移控制 NL 对接在分子马达芯上．[32]

7.8.9 ESR 波谱测定人巨球蛋白巯基结合位置的几何形状

α_2-巨球蛋白是血浆中分子量最大的蛋白质，由肝细胞与单核-巨噬细胞系统合成，半衰期约为 5 天，具有酶抑制剂的作用，能调节细胞外蛋白水解，还可以刺激淋巴细胞和粒细胞发育. α_2-巨球蛋白是一种丰富的分泌蛋白，由于其多样化的配体结合谱和多功能性而特别令人感兴趣，能够起到蛋白酶抑制剂和分子伴侣的作用. α_2-巨球蛋白的活性通常取决于其构象是天然构象还是转化构象(即在与蛋白酶或小亲核试剂相互作用后采用更紧凑的构象)，并且还受到天然 α_2-巨球蛋白四聚体解离成稳定二聚体的影响. α_2-巨球蛋白主要作为体内天然四聚体存在. α_2-巨球蛋白是一种细胞外大分子，主要以其能够起到广谱蛋白酶抑制剂的作用而闻名. 通过将自身作为所有催化类型内肽酶的最佳底物，α_2-巨球蛋白将活性蛋白酶引诱到其分子笼中，随后"标记"其复合物以进行消除. α_2-巨球蛋白除了作为细胞外蛋白水解的调节剂外，还具有其他功能，例如将蛋白水解转向小底物，促进细胞迁移以及细胞因子、生长因子和受损细胞外蛋白的结合. 这些功能在免疫细胞功能的背景下显得尤为重要.[33]

复杂的 COVID-19 相关凝血功能障碍似乎会影响预后效果. 最近，有人提出了一个假设，即儿童在某种程度上受到较高 α_2-巨球蛋白水平的保护，免受严重 COVID-19 的侵害. 独特的系统发育古老和"多功能"抑制剂 α_2-巨球蛋白在儿童时期特别有助于血浆的抗凝血酶活性，结合广泛的蛋白酶，并与其他炎症介质(如细胞因子)相互作用. 建议基础研究和临床研究的范围包括 α_2-巨球蛋白在 COVID-19 中的潜在作用.[34] 研究者利用自旋标记和荧光标记研究人 α_2-巨球蛋白中硫酯键，在四聚体人 α_2-巨球蛋白的反应性硫酯键(Cys-949-Glx-952)被甲胺裂解后，暴露于每个 α_2-巨球蛋白亚基一个巯基保留了近乎天然的构象和抑制活性，这表明伴随蛋白酶结合的主要构象变化涉及硫酯键区域转移到更极性的环境中，而不会增加该区域在蛋白质表面的暴露. 人 α_2-巨球蛋白的谷氨酰胺转移酶交联位点与丹磺酰基尸胺(N-(5-氨基戊基)-5-二甲氨基萘-1-磺酰胺)的标记表明该位点处于中度疏水环境中. 用硫醇特异性氮氧化物自旋标记物(1-氧基-2，2，5，5-四甲基-3-吡咯啉-3-基)甲基甲烷硫代磺酸酯和(1-氧基-2，2，6，6-四甲基-4-哌啶基)甲基甲烷硫代磺酸酯、同源系列马来酰亚胺自旋标记物和硫醇特异性荧光探针 2-[(4-马来酰亚胺苯基)氨基]萘-6-磺酸钠盐(MANS)(图 7.32)标记这些相同的巯基基位点. ESR 波谱结果表明，这些巯基位点位于大于或等于 8 Å 深的狭窄缝隙的底部. 尽管结合的 MANS 荧光基团在水中与游离标记相比具有增强的量子产率且略有蓝移，但与几种不同极性的溶剂中的发射最大值相比，巯基位点的环境似乎具有极性. 图 7.33 是利用马来西亚胺(1～5)自旋标记研究人 α_2-巨球蛋白中硫酯键的 X 波段 ESR 波谱. 图 7.34 是甲基胺反应后与完整蛋白中硫酯键的 Glx 残基用 4-氨基-2，2，6，6-四甲基哌啶-1-氧基标记的 ESR 波谱. 图 7.35 是利用 4-氨基 TEMPO(a)和 4-氨基 TEMPO 加马来酰亚胺马(b)自旋标记研究人 α_2-巨球蛋白 X 波段 ESR 波谱. 图 7.35(c)中计算机模拟的与图 7.34 中同样浓度的 ESR 波谱. 从以上自旋标记实验中估计 Glx 和 Cys 部分之间的距离大于或等于 10～25 Å.[35]

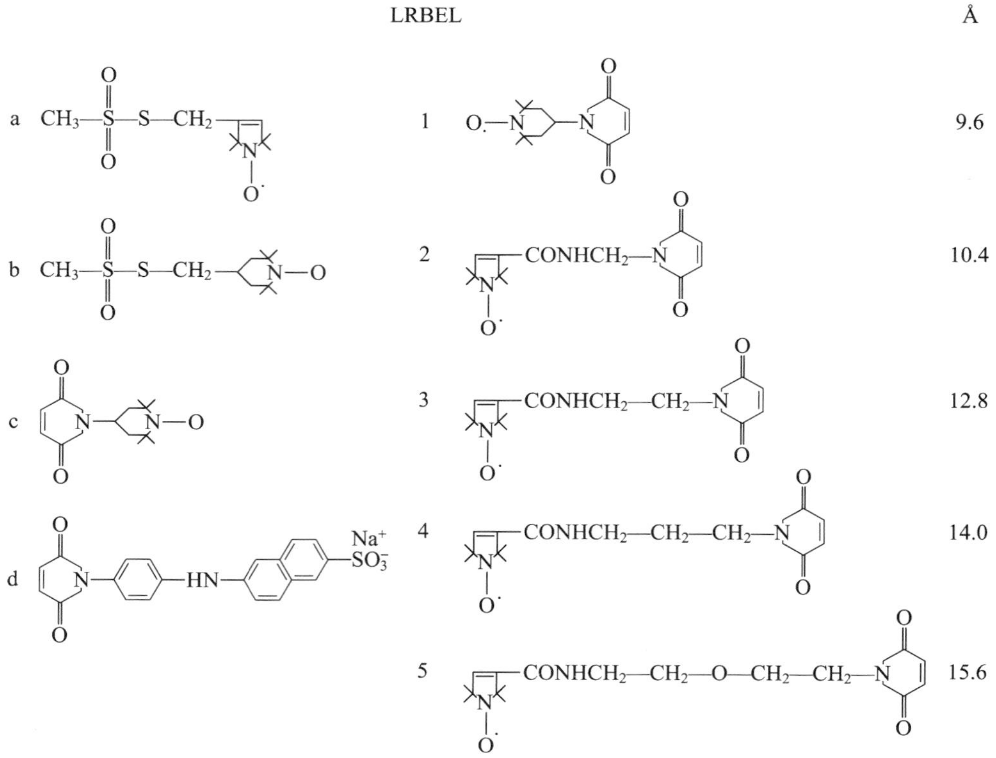

	LRBEL	Å
a	$CH_3—SO_2—S—CH_2$—(吡咯啉氮氧自由基)	
b	$CH_3—SO_2—S—CH_2$—(哌啶氮氧自由基)	
c	马来酰亚胺—N—(哌啶)N—O	
d	马来酰亚胺—N—C_6H_4—HN—(萘)—SO_3^- Na^+	
1	O·—N(哌啶)—N(马来酰亚胺)	9.6
2	(吡咯啉氮氧自由基)—$CONHCH_2$—N(马来酰亚胺)	10.4
3	(吡咯啉氮氧自由基)—$CONHCH_2—CH_2$—N(马来酰亚胺)	12.8
4	(吡咯啉氮氧自由基)—$CONHCH_2—CH_2—CH_2$—N(马来酰亚胺)	14.0
5	(吡咯啉氮氧自由基)—$CONHCH_2—CH_2—O—CH_2—CH_2$—N(马来酰亚胺)	15.6

图 7.32　用于标记巯基的各种自旋标记的结构式

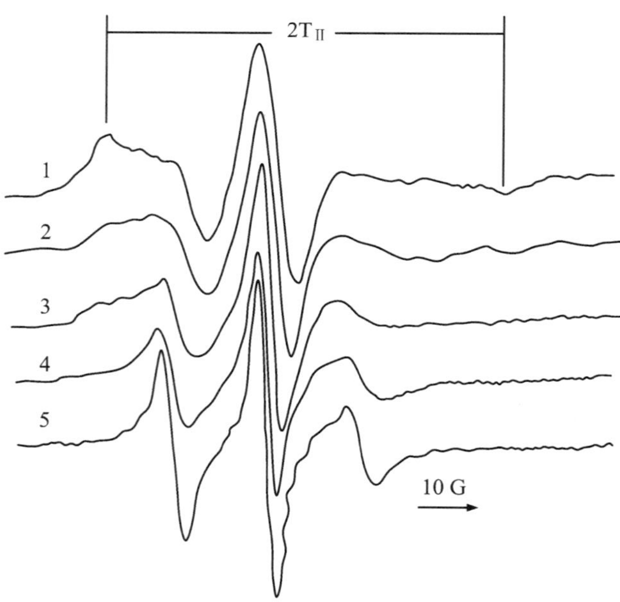

图 7.33　利用马来西亚胺(1～5)自旋标记研究人 α_2-巨球蛋白中硫酯键的 X-波段 ESR 波谱

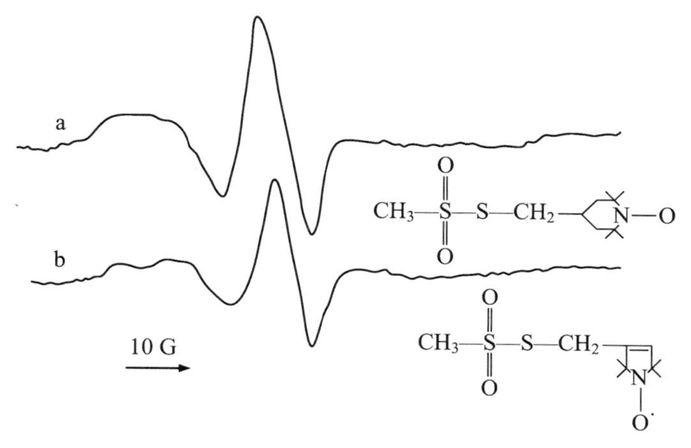

图 7.34　利用丙基(a)和哌啶硫醇(b)自旋标记研究人 α_2-巨球蛋白与甲基氨反应后暴露出硫酯键的 X 波段 ESR 波谱

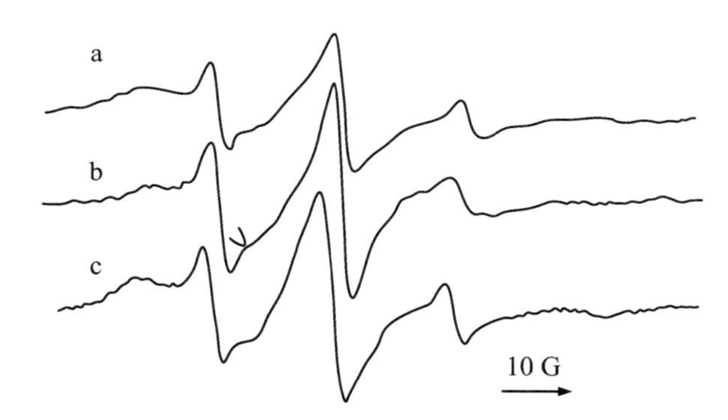

图 7.35　利用 4-氨基 TEMPO(a)和 4-氨基 TEMPO 加马来酰亚胺马(b)自旋标记研究人 α_2-巨球蛋白 X 波段 ESR 波谱以及计算机模拟的与图 7.34 中同样浓度的 ESR 波谱(c)

参考文献

[1] 张建中,赵保路,张清刚.自旋标记 ESR 波谱的基本理论和应用[M].北京:科学出版社,1987.

[2] 忻文娟,赵保路,张建中.用马来西亚胺自旋标记研究中国地鼠肺正常细胞 V79 和癌变细胞 V79-B1 巯基结合位置的性质[J].中国科学(B 辑),1984,26:429-435.

[3] 忻文娟,赵保路,张建中.温度对中国地鼠肺正常细胞 V79 和癌变细胞 V79-B1 膜上巯基结合位置的影响[J].科学通报,1985,30:142-145.

[4] Shi H L, Yang F J, Zhao B L, et al. Effects of r-HuEPO on the biophysical characteristics of erythrocyte membrane in patients with anemia of chronic renal failure[J]. Cell Res., 1994, 4: 57-64.

[5] 赵保路,忻文娟,周凤兰,等.用自旋标记 ESR 波谱研究 PNH 患者红细胞膜蛋白巯基的性质[J].生物化学与生物物理学报,1985,17:175-180.

[6] Zhao B, Beliner L. Spin-label and fluorescence labeling studies of the thioester bonds in human α_2-M[J]. Biochemistry, 1988, 27: 5304-5308.

[7] Cavalu S. EPR study of non-covalent spin labeled serum albumin and hemoglobin[J]. Biophys. Chem., 2002, 99: 181-188.

[8] Taylor J C, Markham G D. Conformational dynamics of the active site loop of S-adenosylmethionine synthetase illuminated by site-directed spin labeling[J]. Arch. Biochem. Biophys., 2003, 415: 164-171.

[9] Altenbach C, Marti T, Khorana H G, et al. Transmemebrane protein structure: spin labeling of bacteriorhodopsin mutants[J]. Science, 1990, 248: 1088-1248.

[10] Perozo E, Cortes D M, Sompornpisut P, et al. Open channel structure of MscL and the gating mechanism of mechanosensitive channels[J]. Nature, 2002, 418: 942-949.

[11] Dong J, Yang G, Mchaourab H S. Structural basis of energy transduction in the transport cycle of MsbA[J]. Science, 2005, 308: 1023-1028.

[12] Zane B A, Balazs H, Colin J, et al. Uncoupling protein-2 is critical for nigral dopamine cell survival in a mouse model of Parkinson's Disease[J]. Neurobiology of Disease, 2005, 25(1): 184-191.

[13] Nathalie C, John C. Voss2 and Craig H. Warden. Structure ± function relationships in UCP1, UCP2 and chimeras EPR analysis and retinoic acid activation of UCP2[J]. Eur. J. Biochem., 2001, 268: 903-913.

[14] Chikira M. DNA-fiber EPR spectroscopy as a tool to study DNA-metal complex interactions: DNA binding of hydrated Cu(Ⅱ) ions and Cu(Ⅱ) complexes of amino acids and peptides[J]. J. Inorg. Biochem., 2008, 102: 1016-1024.

[15] Ueda Y, Doi T, Nagatomo K, et al. In vivo activation of N-methyl-d-aspartate receptors gen-

erates free radicals and reduces antioxidant ability in the rat hippocampus: experimental protocol of in vivo ESR spectroscopy and microdialysis for redox status evaluation[J]. Brain Research, 2007, 1178: 20-27.

[16] Gurachevsky A, Shimanovitch E, Gurachevskaya T, et al. Intra-albumin migration of bound fatty acid probed by spin label ESR[J]. Biochemical and Biophysical Research Communications, 2007, 360: 852-856.

[17] Frontana C, Gonzúlez I. Effects of the molecular structure on the electrochemical properties of naturally occurring α-hydroxyquinones. An electrochemical and ESR study[J]. Journal of Electroanalytical Chemistry, 2007, 603: 155-165.

[18] Shi F, Zhang Q, Wang P, et al. Protein imaging. single-protein spin resonance spectroscopy under ambien condition[J]. Science, 2015, 347(6226): 1135-1138.

[19] Shi F, Kong F, Zhao P, et al. Single-DNA electron spin resonance spectroscopy in aqueous solutions[J]. Nat. Methods, 2018, 15(9): 697-699.

[20] Mao J, Zhang Q, Shi F, et al. Mitochondria respiratory chain studied by electron paramagnetic resonance spectroscopy[J]. Chinese Science Bultin, 2020, 65: 339.

[21] Singewald K, Bogetti X, Sinha K, et al. Doublehistidine based EPR measurements at physiological temperatures permit site-specific elucidation of hidden dynamics in enzymes[J]. Angew. Chem. Int. Ed. Engl., 2020, 59(51): 23040-23044.

[22] Singewald K, Wilkinson J A, Hasanbasri Z, et al. Beyond structure: deciphering site-specific dynamics in proteins from double histidine-based EPR measurements[J]. Protein. Sci., 2022, 31(7): e4359.

[23] Torricella F, Pierro A, Mileo E, et al. Nitroxide spin labels and EPR spectroscopy: a powerful association for protein dynamics studies[J]. Biochim. Biophys. Acta, 2021, 1869(7): 140653.

[24] Etienne E, Pierro A, Tamburrini K C, et al. Guidelines for the simulations of nitroxide X-band cw EPR spectra from site-directed spin labeling experiments using simLabel[J]. Molecules, 2023, 28(3): 1348.

[25] Sahu I D, Dixit G, Reynolds W D, et al. Characterization of thehuman KCNQ1 voltage sensing domain (VSD) in lipodisq nanoparticles for electron paramagnetic resonance (EPR) spectroscopic studies of membrane proteins[J]. J. Phys. Chem. B, 2020, 124(12): 2331-2342.

[26] Gamble Jarvi A, Bogetti X, Singewald K, et al. Going the dHis-tance: site-directed Cu^{2+} labeling of proteins and nucleic acids[J]. Acc. Chem. Res., 2021, 54(6): 1481-1491.

[27] Li W, Whitcomb K L, Warncke K. Confinement dependence of protein-associated solvent dynamics around different classes of proteins, from the EPR spin probe perspective[J]. Phys. Chem. Chem. Phys., 2022, 24(38): 23919-23928.

[28] Li W, Nforneh B, Whitcomb K L, et al. Resolution and characterization of confinement- and temperature-dependent dynamics in solvent phases that surround proteins in frozen aqueous solution by using spin-probe EPR spectroscopy[J]. Method. Enzymol., 2022, 666: 25-57.

[29] Herath I D, Breen C, Hewitt S H, et al. A chiral lanthanide tag for stable and rigid attachment to single cysteine residues in proteins for NMR, EPR and time-resolved luminescence

studies[J]. Chemistry, 2021, 27(51): 13009-13023.

[30] Scherer A, Yao X, Qi M, et al. Increasing themodulation depth of GdⅢ-based pulsed dipolar EPR spectroscopy (PDS) with porphyrin-GdⅢ laser-induced magnetic dipole spectroscopy[J]. J. Phys. Chem. Lett., 2022, 13(47): 10958-10964.

[31] Sindelar C V, Budny M J, Rice S, et al. Two conformations in the human kinesin power stroke defined by X-ray crystallography and EPR spectroscopy[J]. Nat. Struct. Biol., 2002, 9(11): 844-848.

[32] Yasuda S, Yanagi T, Yamada M D, et al. Nucleotide-dependent displacement and dynamics of the α-1 helix in kinesin revealed by site-directed spin labeling EPR[J]. Biochem. Biophys. Res. Commun., 2014, 443(3): 911-916.

[33] Seitz R, Gürtler L, Schramm W. Thromboinflammation in COVID-19: can α2-macroglobulin help to control the fire?[J]. J. Thromb. Haemost., 2021, 19(2): 351-354.

[34] Vandooren J, Itoh Y. Alpha-2-macroglobulin in inflammation, immunity and infections[J]. Front. Immunol., 2021, 12: 803244.

[35] Zhao B L, Musci G, Sugawara Y, et al. Spin-label and fluorescence labeling studies of the thioester bonds in human alpha 2-macroglobulin[J]. Biochemistry, 1988, 27(14): 5304-5308.

第 8 章

ESR 研究 RNA 的结构和构象动态特性

8.1 引言

RNA 是生命活动中不可或缺的一类生物大分子，不仅可以存储遗传信息（RNA 病毒）或将遗传信息从 DNA 传递到蛋白质（信使 RNA），还可以作为功能分子调控多种生理过程如基因的表达等（非编码 RNA）. 研究发现，许多物种包括人类的基因组 DNA，超过 80%可转录成 RNA，但仅有不到 3%最终翻译成蛋白质，这意味着存在大量的不编码蛋白质的非编码 RNA.[1] 这些非编码 RNA 在染色体的重塑，基因组防御，DNA 的复制，RNA 的生成、修饰、剪接，基因的表达调控，蛋白质的代谢等过程中发挥重要的作用. 而 RNA 的突变或代谢失衡往往导致多种疾病，包括癌症、心血管疾病和神经退行性疾病等.[2] 近年来，基于 RNA（例如 mRNA 疫苗、反义寡核苷酸、适配体等）的新型生物疗法，以及靶向 RNA 的药物开发方兴未艾.[3]

RNA 的多种生理功能与其可形成复杂的多层次结构以及构象动态密切相关. 和蛋白质一样，RNA 可形成复杂的多层次结构，例如一级、二级、三级和四级结构，其中三级和四级结构又合称为高级结构.[4-5]此外,RNA 的固有柔性,使其可通过发生构象变化对生理条件改变(温度、pH、离子浓度)或配体结合(蛋白质、DNA、RNA、小分子、离子等)做出响应,进而发挥特定的功能.[6]因此,深入研究 RNA 的结构、构象动态与功能之间的关系对于增进人们对生命现象本质的认识,开展基于 RNA 的生物治疗和靶向 RNA 的药物设计十分关键.[2,7]

相比于 RNA 的一级结构和二级结构,当前人们对 RNA 高级结构的了解还非常有限.在蛋白质数据库(PDB)中,截至 2023 年 10 月 1 日,总共收录有 210 180 条结构数据,其中纯 RNA 和 RNA-蛋白质复合物的结构数据分别有 1 777 和 5 258 条,分别占总数的 0.8%和 2.5%,远远少于蛋白质结构数据(所占超过 90%).RNA 的高级结构信息如此之少,与其在生命体内的高丰度和所发挥的多种重要功能形成了极大反差.这一现状的根源并不是 RNA 的结构信息不重要人们不感兴趣,而主要是因为传统的结构生物学研究手段,包括 X 射线晶体学、核磁共振、冷冻电镜,尽管在蛋白质结构研究中取得了极大成功,由于 RNA 固有的柔性或分子量限制,应用于 RNA 研究时则存在这样或那样的局限,以致 RNA 结构研究长期进展缓慢.[8]X 射线晶体学是当前获得高分辨率 RNA 高级结构信息的最主要手段,然而,由于 RNA 分子固有的柔性,获得具有衍射能力的 RNA 晶体十分困难;核磁共振对所研究生物大分子的柔性没有要求,可获得生物大分子的高分辨率结构并提供其动态特性的信息,然而,长链 RNA 的 NMR 谱峰重叠严重,目前 NMR 仅局限于对小 RNA(<50 核苷酸)的研究[9];冷冻电镜在 2013 年后取得了突破并得到快速发展,生物大分子单颗粒重构分析可提供高分辨率的结构信息,适合于超大分子复合物的结构研究,而对分子量较小或具有较大柔性的分子如 RNA,单颗粒重构图像分析不容易进行.[10-11]为此,开展 RNA 的高级结构与构象动态研究有必要引入新的方法.

ESR 是一门可直接检测顺磁性物质中的未成对电子和唯一可研究未成对电子的结构、动力学以及空间分布等理化性质的技术.[12]ESR 现象最早是由前苏联物理学家 E. K. 扎沃伊斯基于 1944 年从 $MnCl_2$、$CuCl_2$ 等顺磁性盐类中发现的.几十年来,ESR 的理论、实验技术和仪器性能已有了很大的发展,商业化的 ESR 谱仪也越来越多地出现在公众视野中.相比于 NMR,ESR 具有更高的灵敏度,所需样品量更少,对样品的分子量无限制,因而日益成为生命科学研究领域的一种强有力的工具.[13]应用 ESR,人们可以深入研究酶、膜蛋白、RNA/DNA 等的结构、功能和反应机制等.相比于蛋白质,目前 ESR 技术用于 RNA 的研究还较少,相关工作主要集中在国际上的少数几个实验室.本章将就 ESR 在 RNA 的结构与构象动态研究中的应用展开讨论.

8.2 RNA 定点自旋标记技术

由于绝大多数 RNA 结构中不含未成对电子,RNA 本质上是抗磁性的,不会产生 ESR 信号.为了开展 RNA 的 ESR 研究,可以人为地将自旋探针引入 RNA 的特定位点,通过探针的 ESR 信号来反映 RNA 的结构以及构象动态变化等性质,这一方法被称为 RNA 的定点自旋标记(site-directed spin labeling, SDSL).不难理解,SDSL 技术在 RNA 的 ESR 研究中具有至关重要的地位.

经过多年的发展,人们已经合成了上百种自旋探针,其中最常用的自旋探针可归为氮氧自由基、顺磁镧系金属离子、三芳甲基自由基等几类(图 8.1).一个好的自旋探针通常应对其所处位置的环境变化非常敏感,并且在引入后对 RNA 的原始结构和功能影响很小.在大多数情况下,由于其尺寸较小和存在多种商业化产品,氮氧自由基是首选的 RNA 自旋探针.其他的自旋探针,包括顺磁镧系金属离子、三芳甲基自由基(triarylmethyl radical)等已在蛋白质和 DNA 的自旋标记中得到广泛应用,尽管目前应用于 RNA 的报道还较少.

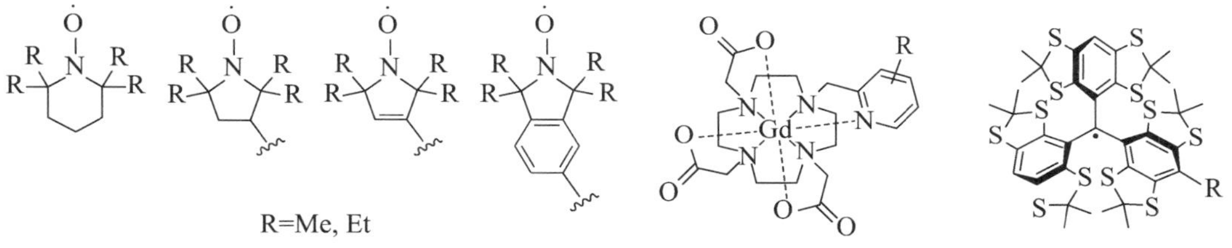

R=Me, Et

氮氧自由基　　镧系金属离子　　三芳甲基自由基

图 8.1　几种常见的自旋探针

多年来,人们已发展出一系列的 RNA 定点自旋标记方法[14],其中,固相化学合成法是目前最为常用的,也是最为高效的方法.通过固相化学合成,人们可以将带有自旋探针(如氮氧自由基)的核苷酸亚磷酰胺前体直接合成到 RNA 链中(co-synthesis labeling)(图 8.2(a)).这种在合成过程中直接引入自旋标记的方式十分高效、准确,但是固相化学合成的还原性环境有可能对氮氧自由基造成不可逆的损伤,使其信号变弱.人们也可以先将带有活性化学反应官能团的核苷酸亚磷酰胺前体通过固相化学合成引入 RNA 链中,再进行合成后修饰(postsynthetic modification)(图 8.2(b)).合成后修饰可在一定程

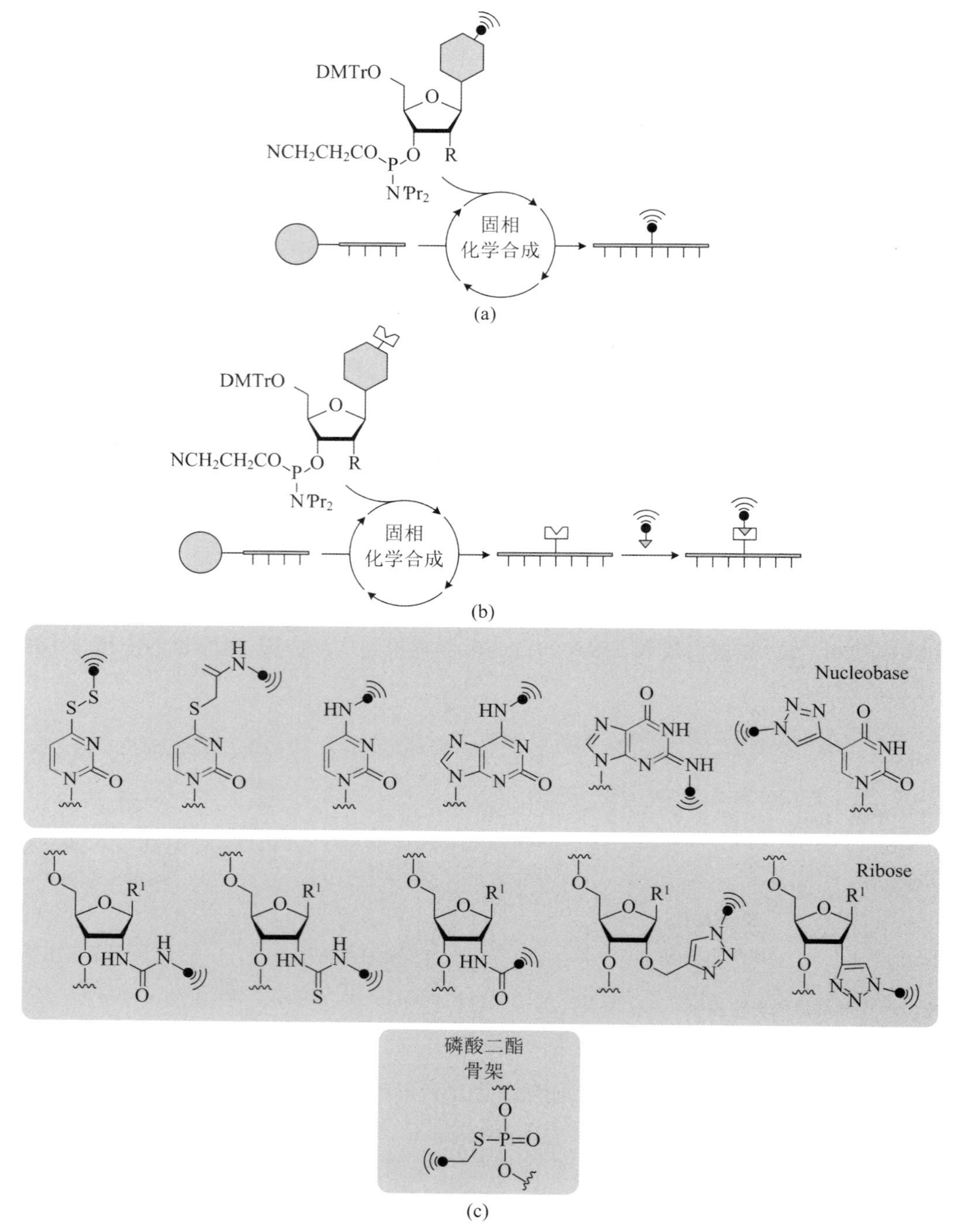

图 8.2　固相化学合成进行 RNA 的定点自旋标记

(a) 合成中自旋标记;(b) 合成后自旋标记;(c) 自旋探针可发生在核苷酸的侧链碱基、2′-核糖环或磷酸骨架上.

度上弥补前述合成中标记方法的缺点.相关自旋标记既可以发生在RNA的侧链碱基上,也可以在糖环的2′号位置或磷酸骨架上(图8.2(c)).通过在RNA不同位点引入具有不同化学反应活性的基团,如氨基、巯基或者炔基,然后与带有N-羟基琥珀酰亚胺、甲烷硫代磺酸盐或叠氮修饰的自旋探针进行化学反应形成稳定的共价键,即可实现位点特异性的自旋标记.然而,固相化学合成本身仅适用于短链RNA(长度一般小于80 nts),在合成长链RNA时往往存在着效率低下、价格昂贵等缺点.

结合固相化学合成,应用多种连接酶,可将不同RNA片段的3′和5′末端连接起来以形成3′-5′磷酸二酯键,从而实现长链RNA的定点自旋标记.为增强连接酶的连接效率,通常可通过RNA片段末端的互补配对将两条RNA链的3′和5′末端拉近(图8.3(a)).这一目的也可以通过DNA夹板实现,其基本原理是,可以先通过固相化学合成一条带有自旋标记的短链RNA,再通过一段互补的DNA夹板将另一条RNA(可固相化学合成或体外转录)的3′-羟基或5′-磷酸基团在空间上拉近,然后依靠具有磷酸二酯键连接活性的酶(如T4 RNA连接酶、T4 DNA连接酶或9DB1脱氧核酶)将两条或多条RNA片段连接起来,后续进一步通过变性丙烯酰胺凝胶电泳将DNA夹板和未连接成功的RNA片段从体系中去除(图8.3(b),(c)).DNA夹板除可用于指导将两条RNA末端在空间上拉近,还可用于对RNA序列进行寻址定位和直接的位点特异性自旋标记(图8.3(d)).利用这一特性,Bagryanskaya发展了RNA定点自旋标记的互补寻址法(complementary-addressed),其基本原理是:通过一段固相化学合成的5′末端带有活性氨基的可与RNA序列互补配对的DNA配体,将活性氨基转移到RNA侧链上,然后通过变性丙烯酰胺凝胶电泳去掉DNA配体,进行后续的自旋标记.应用这种方法,Bagryanskaya等人在长度为310 nts的HCV IRES上成功引入了两个氮氧自由基,并成功实现了ESR测量.但是这一类需利用DNA夹板的自旋标记方法往往需要多个繁琐的步骤,整体标记效率偏低;后续去除DNA片段还需要对RNA进行反复的变性、复性,因而对长链RNA的折叠和结构也存在潜在的损伤.因此,为了更好地应用ESR开展长链RNA的研究,科学家仍在不断开发新的自旋标记方法.

生命的遗传密码是由A,G,C,T(U)核苷酸组成的.长期以来,合成生物学家对于拓展遗传密码并创造人工生命怀有浓厚兴趣.经过多年的发展,目前国际上有三个研究组,分别是Steven Benner, Ichiro Hirao和Floyd Romesberg,成功发展出与生命体系高度兼容的非天然碱基对.这些非天然碱基核苷酸,可以在天然DNA聚合酶(例如Taq DNAP)或RNA聚合酶(例如T7 RNAP)催化下实现体外与体内的复制与转录,并具有类似于天然核苷酸的高效率和低出错率,因而,可用于拓展遗传密码(expanded genetic alphabet).[15]基于拓展遗传密码体系,可人为控制在DNA/RNA中引入的非天然碱基核苷酸的数目,因而可实现DNA/RNA的位点特异性标记.[16]当前,Ichiro Hirao和Floyd Romesberg发展的非天然碱基对体系已被用于RNA的位点特异性标记,限于篇幅,我们仅介绍Floyd Romesberg的工作.

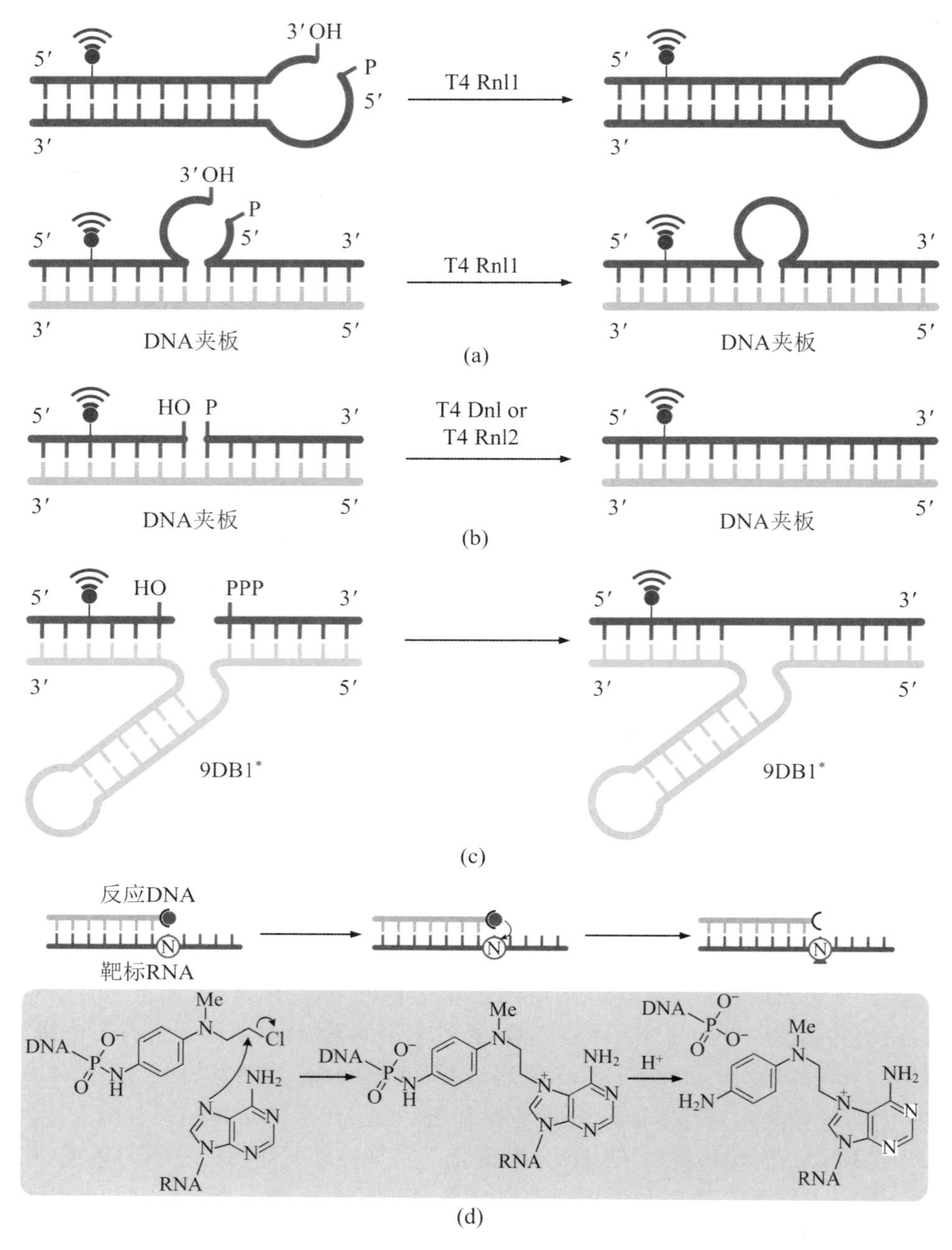

图 8.3　连接酶介导的片段连接法((a)～(c))或互补寻址法(d)用于长链 RNA 的定点自旋标记

Floyd Romesberg 课题组经过多年努力，已开发出一系列基于疏水相互作用识别的非天然碱基对，以及一系列可用于核酸标记的非天然碱基衍生物. 例如，Romesberg 课题组通过在(d)5SICS-(d)MMO2 的侧链或者磷酸骨架上引入生物素或者硫醇基，实现了对 DNA 的位点特异性标记. 2016 年，Romesberg 课题组通过在 5SICS 和 NaM 的侧链上分别引入炔基和氨基(5SICSCO, NaMA)，通过依次进行点击化学、氨基-NHS 特异性反应，在一个长达 240 nts 的核糖体 16S RNA 的片段上通过正交化学反应引入了 Cy3 和 Cy5 两种荧光基团. 2013 年，Romesberg 课题组开发出 TPT3-NaM 非天然碱基对，这可能是目前最为高效的疏水非天然碱基对. 人们同样针对其设计了多种非天然碱基衍生物. 例如，德国科学家 S. Kath-Schorr 课题组于 2015 年和 2016 年分别设计了两种不同的 rTPT3 衍生物、降冰片烯和环丙烯修饰的 rTPT3. 这些衍生物都可以被 T7 RNA 聚合酶所识别，在转录后修饰方面有着潜在的应用价值. 但是这些 rTPT3 衍生物的分子尺寸较大、合成步骤复杂，目前还仅限用于荧光基团的标记，还并未在其他方法如 ESR 中得到应用. 因而，通过非天然碱基对这一强有力工具来实现长链 RNA 的位点特异性标记，仍然具有极大的潜力和挖掘空间.

近年来，笔者课题组在 Floyd Romesberg 教授发展的 TPT3-NaM 非天然碱基对的基础上[17]，发展了长链 RNA 位点特异性自旋标记方法. 我们设计并化学合成了 rTPT3 侧链碱基上带炔基修饰($TPT3^{CO}$)，以及 α-磷硫酰化的 rTPT3 衍生物($TPT3^{\alpha S}$)(图 8.4). 基于 TPT3-NaM 非天然碱基系统，我们通过固相化学合成在 DNA 引物中引入非天然碱基，通过重叠延伸 PCR 法将非天然碱基引入双链 DNA 中，通过体外转录将带有活性化学修饰的 rTPT3 衍生物化合物引入目标 RNA 中，通过点击化学反应、硫醇-马来酰亚胺加成反应，分别实现了嗜热脂肪芽孢杆菌的 RNase P RNA(419 nts)，寨卡病毒的 3′-SL 元件的位点特异性自旋标记，并用 ESR 测定了标记位点间的距离.[18-19] 我们发展的基于 TPT3-NaM 非天然碱基对的拓展遗传密码体系的长链 RNA 定点自旋标记方法，具有高效、快捷、近生理反应条件的特点. 该方法突破了传统 RNA 定点自旋标记方法对 RNA 分子量的限制，必将推动 ESR 等方法在长链 RNA 的结构、动态特性与功能关系研究中的应用.

8.3 SDSL-ESR 在 RNA 研究中的应用

RNA 定点自旋标记技术结合 ESR，可用于获得 RNA 的结构、构象动态以及 RNA 与金属离子、小分子和蛋白质的相互作用等信息.[20] 按工作方式，ESR 可分为连续波 ESR(Continuous wave ESR, CW-ESR)和脉冲 ESR (Pulsed ESR). CW-ESR 设备费用相对较低，技术过程相对简单，可在室温下开展，因而具有更高的灵敏度. CW-ESR 通常可提供 RNA 的局域动力学和整体翻转信息，以及与其他分子相互作用的信息. CW-ESR 还可用于距离的测定，但仅适用于自旋电子对处于短距离时，其测距范围一般为 5～25 Å. 脉冲 ESR 方法的产生是对 ESR 距离测量技术的一项重要的革新. 脉冲 ESR 通常在低温下(例如 50 K)开展，适用于测量较长距离，其有效距离范围通常可达到 15～80 Å. 这些距离信息可用于研究 RNA 的高级结构以及结合配体所引起的构象动态变化，或处于不同环境时的构象柔性.

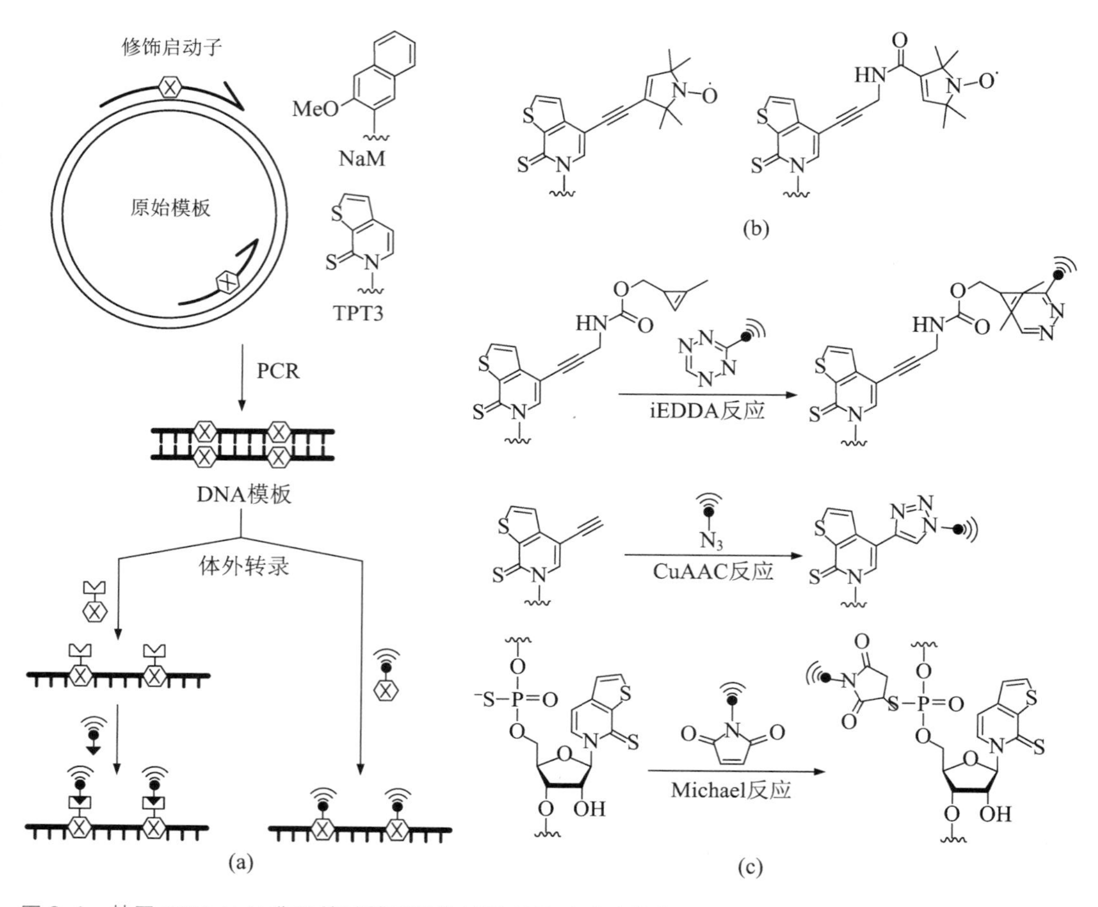

图 8.4　基于 TPT3-NaM 非天然碱基系统的长链 RNA 定点自旋标记

8.3.1　CW-ESR 用于 RNA 的研究

由于自旋探针对所处环境的敏感性，使用具有一定刚性的自旋探针如氮氧自由基对 RNA 进行单点标记，通过分析 CW-ESR 谱中自旋探针的谱学特征，可获得 RNA 的多种局域动力学和整体翻转运动信息.自旋探针通常与 RNA 通过共价化学键连接.自旋探针的运动特性是由其连接 RNA 的化学键的旋转运动、RNA 整体的翻转运动以及标记位点处 RNA 的构象动态共同作用的结果.[21] 自旋探针的旋转重定向运动可能与 RNA 分子在溶液内的整体翻转运动(overall tumbling,称为 τ_R 运动)相耦合,因而可用于探测 RNA 分子的尺寸、形状以及与其他分子的相互作用.在标记位点,RNA 分子本身的结构限制了自旋探针所允许的运动空间,反过来也会影响自旋探针和 RNA 分子连接的化学键的扭转,其被称为内部运动(τ_i运动).此外,标记位点处 RNA 分子本身的构象动态特征(τ_b运动)也可能通过连接的化学键传递并影响氮氧自由基的旋转重定向动力学.因而,τ_i和 τ_b运动对标记位点 RNA 大分子的结构和动态特征也非常敏感,这一特征已被广泛用于 RNA 研究.例如,标记位点的大分子运动(τ_b运动)可能会改变自旋探针所允许的运动空间,进而有可能影响自旋探针和 RNA 分子之间的相互作用,而这二者都会改变氮氧自由基的内部运动(τ_i运动).

自旋探针的动力学信息可从 CW-ESR 谱图的谱宽和强度直接反映出来.常用的 X 波段 ESR 谱仪能够检测 0.1～100 ns 的旋转运动.整个 RNA 分子的整体翻转运动时间往往要达到毫秒级别.在黏性介质中,例如在 0 ℃下含有 20%～30%(质量分数)蔗糖的缓冲溶液中,RNA 分子的整体翻转运动进一步减弱,因而 CW-ESR 谱图通常仅对自旋探针的局域运动敏感.在快运动时(约 0.1 ns),氮氧自由基的 CW-ESR 谱图中能观测到几乎三根等高的谱线.随着氮氧自由基运动性的下降,其 CW-ESR 谱图谱线增宽,强度下降.当氮氧自由基标记到无结构的单链 RNA 时,其运动性受到一定程度的影响.当标记位点处在二级结构时,氮氧自由基的运动性受到的约束进一步增加.CW-ESR 谱图的动力学信息已可进行准确的定量分析.

自旋探针在 RNA 不同标记位点的运动特性可以反映特定核苷酸所处 RNA 二级结构的信息.例如,Prisner 等人对新霉素核糖开关的双链(U26)、凸起环(U7)或末端环(U15)区域分别进行了单点自旋标记,并比较分析了各单标记 RNA 在 X 波段的 CW-ESR 谱(图 8.5).[22] 位于 RNA 不同标记位点的氮氧自由基自旋探针的不同谱宽,反映该位点对应的不同区域的运动差异.其中,运动最为受限的自旋标记位于双链区(U26).相比之下,U15 位于一个末端四核苷酸环(tetraloop)中,这是一个广为人知的 RNA 基序,称为 U 型转弯,由序列 UNRN(N-任何核苷酸,R-嘌呤)定义.从晶体学数据推断,该基序的构象通过 U 的亚氨基质子和基序中最后一个核苷酸的磷酸氧之间以及 U 的 2′-OH 和嘌呤碱基(R)中的 N7 之间的氢键来稳定.因此,受限于 UNRN 末端环中 U15 形成的高级结构,位于 U15 处的自旋标记仅展示出稍微较窄的谱宽.此前,人们从 NMR 研究了解到,核糖开关凸起环区域形成的高级结构最少,据此推测位于凸起环区域的 U7 对应于更高的运动性.CW-ESR 谱的结果与此相符,标记于凸起环 U7 处的自旋探针显示出最窄的谱宽.

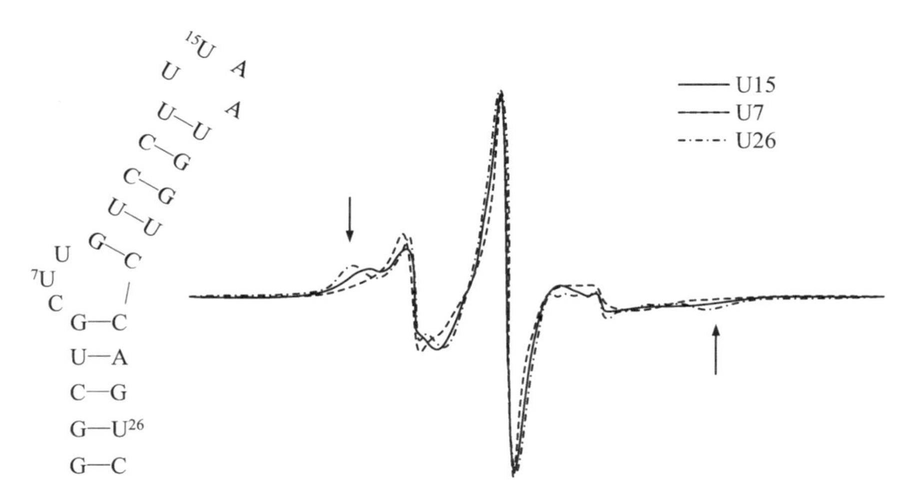

图 8.5 新霉素核糖开关的二级结构及其不同位点单自旋标记 RNA 在 0 ℃,20% 蔗糖溶液中的 CW-ESR 谱

SDSL 结合 CW-ESR 可研究 RNA 与金属离子或多肽等分子的相互作用.人类免疫缺陷病毒(HIV-1)的反式激活响应 RNA 元件(TAR)与反式激活转录蛋白(Tat)之间的相互作用对于病毒复制过程中的全长 RNA 转录本的生成至关重要.Sigurdsson 及其合作者应用 CW-ESR 详细研究了这一相互作用.[23-24] TAR RNA 包含两个螺旋区域,它们之间由一个三核苷酸凸起充当连接.在 Ca^{2+} 存在下或结合 Tat 多肽时,TAR RNA 的两个螺旋间的运动性大大降低,导致螺旋的共轴堆叠.研究者对 TAR RNA 的四个不同位点进行了自旋标记,并比较了 TAR RNA 与不同金属离子、抑制剂和 Tat 多肽相互作用下各标记位点的 CW-ESR 谱图的谱宽变化.通过分析每一相互作用对的动态特征,研究者得出结论:TAR RNA 的构象变化不依赖于二价金属离子,因为在 Na^{+} 和 Ca^{2+} 存在下具有相同的动态特征.并且推测 TAR RNA 的凸起区域能够调整其构象以结合具有不同尺寸和配位特性的金属离子.在后续工作中,研究者分别研究了 Tat 蛋白的 N 端和 C 端点突变,预期残基 R56 在 RNA 结合中发挥作用.R56 的突变影响了 RNA 的 U23 和 U38 的运动性,这两个核苷酸是与 Tat 蛋白相互作用的三核苷酸相互作用的一部分.

SDSL 结合 CW-ESR 可测定相距 8～20 Å 内的成对自旋标记间的距离变化,因而可用来研究 RNA 高级结构的柔性.DeRose 和同事应用 CW-ESR 测量了 TAR RNA 的成对自旋探针的偶极耦合距离分布[25],探索了 TAR RNA 在结合二价金属离子(Ca^{2+})时的构象变化.TAR RNA 的 U25～U40 间的距离分布,经傅里叶反卷积方法分析表明,在无二价金属离子存在下为 11.9 ± 0.3 Å,而在加入 50 mmol/L Ca^{2+} 时,变为 14.2 ± 0.3 Å.这一结果与此前基于晶体结构的推测一致,即在金属离子存在下,TAR RNA 的两个螺旋变为共轴堆叠.

SDSL 结合 CW-ESR 还被广泛用于其他 RNA 体系的研究，其中包括来自嗜热四膜虫的Ⅰ型内含子 RNA[26]，以及在Ⅰ型内含子和Ⅱ型内含子中广泛分布的 GNRA 四核苷酸环-四核苷酸环受体复合物、锤头型核酶[27]、Diels-Alderase 核酶[28]等以及 RNA-蛋白质相互作用的研究，其中包括 N 肽-boxB RNA 的相互作用和艾滋病毒基因组 RNA 上的 20 核苷酸的发夹环 3 与核衣壳锌指蛋白 NCp7 的相互作用研究[29-30]. 限于篇幅，对相关细节感兴趣的读者可参考原文.

8.3.2 脉冲 ESR 用于 RNA 的研究

如前所述，脉冲 ESR 可用于测定成对自旋探针间更为宽广的距离分布(15～80 Å). 近年来，随着更高效便捷的 RNA 定点自旋标记技术的发展，脉冲 ESR 被广泛用于 RNA 二级结构、三级结构以及构象动态变化的研究.[20-21]

多个研究组的工作表明，应用脉冲 ESR 可准确测定双标记双链 RNA 上自旋探针间的距离，并且通常的自旋标记步骤对 RNA 的结构影响很小. Prisner 及其合作者是首次开展 RNA 的脉冲 ESR 研究的团队，他们应用 PELDOR 技术研究了由自互补 RNA 序列形成的 12 碱基对 RNA 双链，自旋探针标记在核糖的 2′位. 基于脉冲 ESR 测得的自旋探针间距离为 3.5 ± 0.2 nm，这与从 RNA 模拟结构预测的距离一致. 后续他们通过使用更刚性的自旋探针进一步拓展了该工作，建立了基于 PELDOR 的 RNA 分子标尺技术.[31]对该 RNA 的全原子动力学模拟的结果也与测得的距离分布一致，表明 RNA 在低温下仍可保持其结构，并且自旋探针的标记仅对 RNA 结构产生细微的影响. PELDOR 技术的精度如此之高，甚至可以区分 A-型 RNA 与 B-型 DNA.

Häbartner 及其合作者应用脉冲 ESR 研究了一个含不完全互补序列 RNA 的两个竞争性结构(发夹或双链)之间的转变(图 8.6).[32]在发夹构象中，自旋探针间相距 6 个碱基对，其距离约为 1.8 nm. 当向体系加入互补链时，发夹结构被破坏，然后形成 20 个碱基对的长双链，自旋探针间相距 11 个碱基对，自旋标记位点间的距离为 3.9 nm. 随着互补链的增加，两种构象间的比例发生改变直至完全以双链 RNA 为主.

Krstic 等人首次用 PELDOR 技术测定了一个具有三级折叠的 RNA 分子即新霉素(neomycin)核糖开关的整体结构[22]. 新霉素核糖开关是通过体外选择结合体内筛选而得到的人工设计的核糖开关. 如果将其插入酵母中某个 mRNA 的 5′非翻译区，其在结合配体时可以抑制翻译起始. 此前人们基于酶学探测认为其二级结构为包含末端环和内环的茎环结构. Krstic 等人对其进行了自旋标记，自旋标记位点选择在配体的结合口袋之外，紫外熔解实验(UV melting)表明自旋标记对二级结构和配体结合均无干扰. 新霉素结合引起的 RNA 热稳定性增强(20.3 ± 3.3℃)以及 CW-ESR 谱图的变化，均表明核糖开关能高效结合配体. 新霉素核糖开关在单独存在或结合新霉素配体下的 PELDOR 时间轨迹以及抽提出的距离分布清晰地表明，新霉素结合并不引起距离分布的变化. 这个结果还表明,新霉素核糖开关在结合配体前,即使在低温下,也已预先形成了三级结构,配体结合并不引起显著的构象变化.PELDOR 实验测定的距离分布也与 NMR 解析的配体结合状态的核糖开关结构一致.这些结果表明新霉素核糖开关具有固有的倾向以形成能量上有利的配体结合的构象状态.

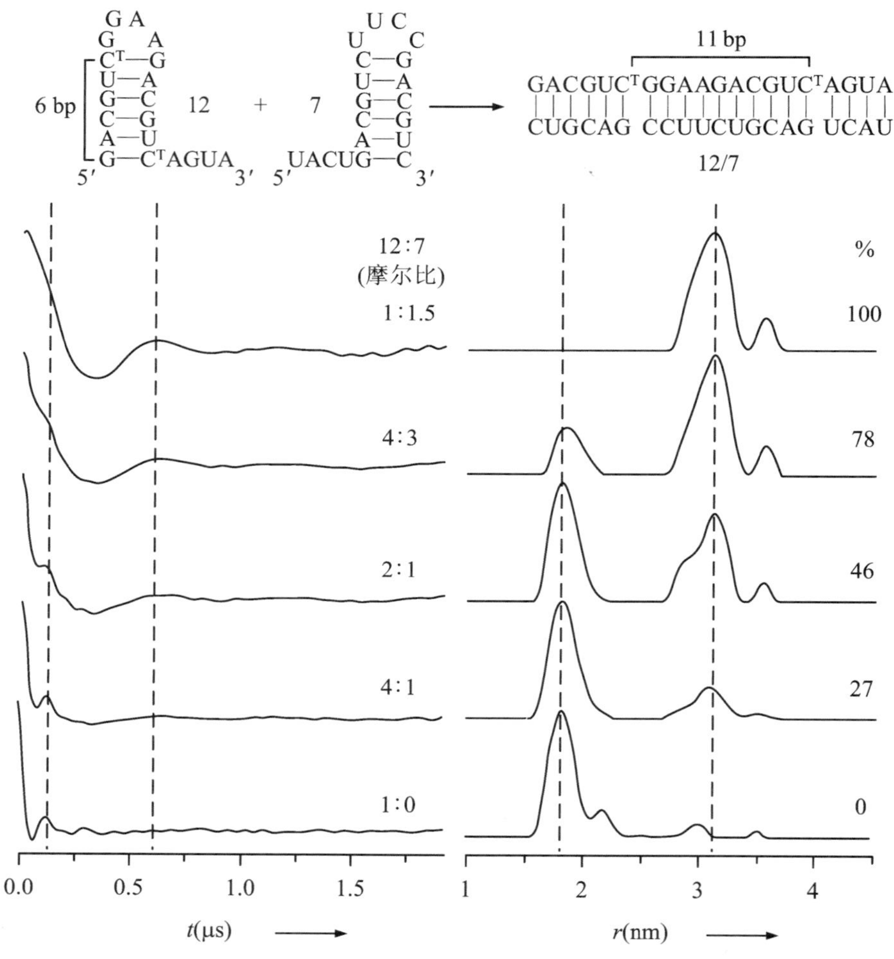

图 8.6　利用 PELDOR 技术研究 RNA 的二级结构

RNA12 和 RNA7 单独存在时均形成发夹环的结构,如混合在一起,则形成伸展的双链结构.PELDOR 滴定实验研究了 RNA-RNA 相互作用过程中的构象变化.

Sicoli 等人则应用 PELDOR 技术研究了人源端粒酶 RNA 重复序列在 K^+ 存在下的结构.[33] 自旋探针标记在三核苷酸的环区域,UV 熔解实验和圆二色光谱实验表明形成了 G-四链体的结构.PELDOR 技术测定的高质量距离分布(3.7 ± 0.2 nm)与为标记 RNA 的 NMR 结构一致,支持形成了平行链的 G-四链体的构象.

将自旋探针引入锤头型核酶的茎结构Ⅰ和茎结构Ⅱ，应用 PELDOR 技术测量 Mg^{2+} 对自旋探针间距离分布的影响，可以研究其折叠过程.[34] DeRose 及其合作者报道，在低离子浓度下，两个茎结构随机定向，因而产生非常宽的距离分布.而在 10 mmol/L 或更高浓度的 Mg^{2+} 下，核酶完全折叠.两标记位点间约 2.4 nm 的距离与一个从三维折叠好的核酶晶体结构重构的简单结构模型相符.

Steinhoff 及其同事也用相同的 RNA 自旋标记方法，研究了四环素适配体结合配体时的构象转变过程.[35]结果表明，该适配体在无配体结合时存在两种构象状态的热力学平衡，配体结合则稳定了其中的一种构象.最近，Prisner 课题组通过使用一种刚性的自旋探针，结合 PELDOR 技术，研究了 Mg^{2+} 对四环素适配体的构象柔性的影响(图 8.7).[36]结果表明，在中等 Mg^{2+} 浓度下，四环素配体对于稳定 RNA 适配体的高级结构非常关键，而在高 Mg^{2+} 浓度下，单独的 Mg^{2+} 足够稳定维持 RNA 的高级结构.

8.3.3 基于脉冲 ESR 的 RNA 长距离测定技术

此前，脉冲 ESR 大多局限于对短链 RNA(100 nt 以下)的研究.最近，笔者所在课题组开发了基于非天然碱基对 NaM-TPT3 系统的长链 RNA 定点自旋标记方法[18]，该方法对 RNA 的长度和标记位点没有限制，这为应用 SDSL-PELDOR 技术开展长链 RNA 的结构与动态特性研究奠定了基础.由于 PELDOR 技术的可测距离范围通常为 1.8～8 nm，对具有更大分子尺寸的长链 RNA，有必要进一步拓宽 PELDOR 技术的可测距离范围.两个自旋探针间的可测距离范围主要由 PELDOR 实验的四脉冲序列中的微波激发脉冲间的时间窗口τ_2决定.而τ_2主要取决于自旋探针的相位记忆时间.对氮氧自由基而言，该时间主要受限于未成对电子与邻近的氢原子核直接的偶极耦合作用.笔者所在课题组选择登革病毒基因组 RNA 中位于 3′-非翻译区的长度为 97 个核苷酸的 3′-SL 元件为模型，结合基于 NaM-TPT3 非天然碱基系统的 RNA 定点自旋标记技术和利用全氘代的 rNTP 进行的体外转录，方便快捷地制备了带有双自旋标记的全氘代 3′-SL RNA.通过与歌德大学 Thomas Prisner 教授合作，在 PELDOR 实验中观察到 RNA 自身的全氘代以及对溶剂的氘代可以显著提升实验信号的信噪比与灵敏度，同时还可以延长其弛豫时间，当进一步降低 RNA 的浓度至 20 μmol/L，还可以延长其时间观测窗口达 50 μs，对应于理论上可获得 14 nm 的远程距离(图 8.8).[37]对 RNA 进行全氘代并全部使用氘代溶剂和试剂的方法极大地拓展了 PELDOR 技术在长链 RNA 中的可测距离上限，必将在应用 PELDOR 技术研究长链 RNA 的结构、构象动态以及建立长链 RNA 的整合结构生物学研究方案中发挥重要作用.

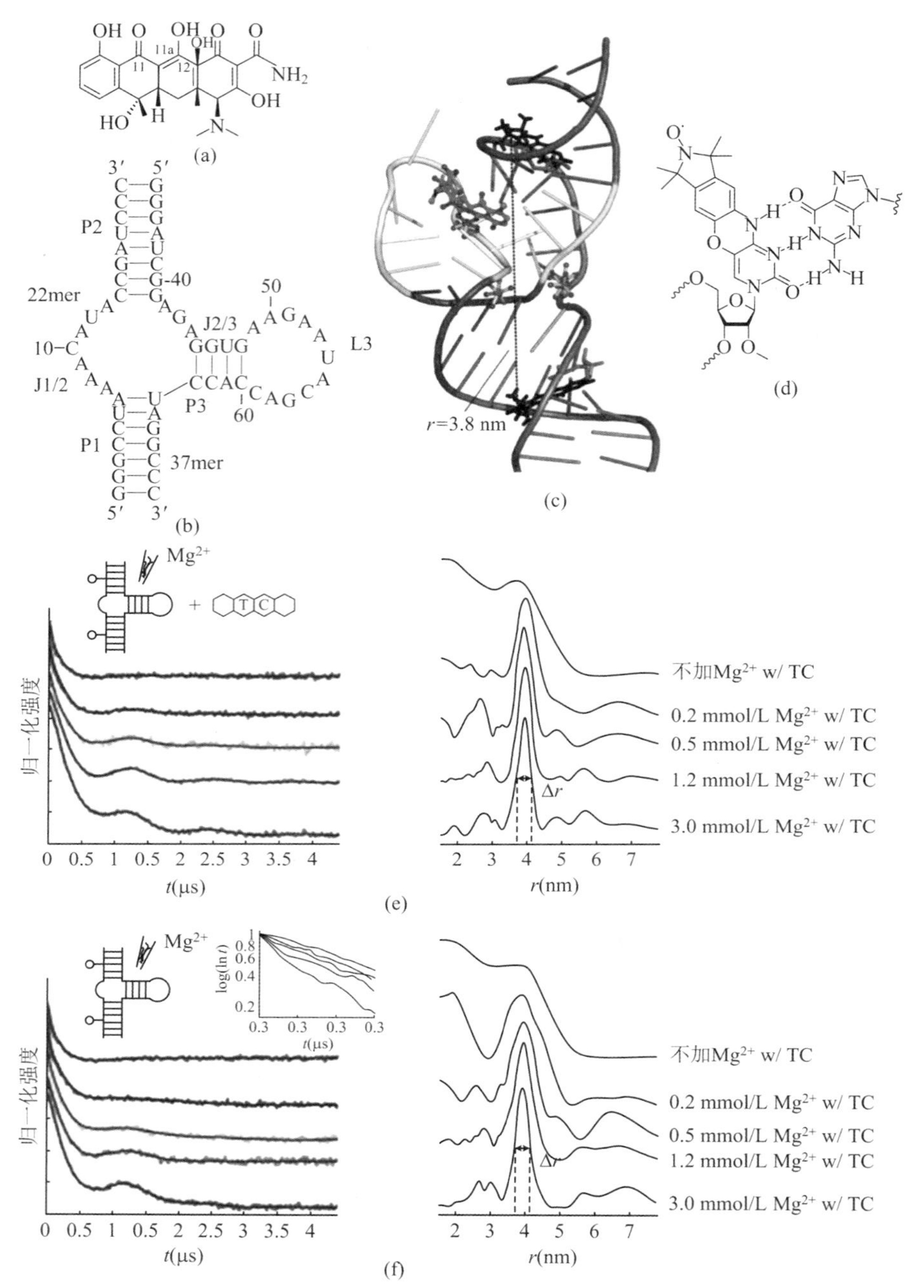

图 8.7　利用 PELDOR 技术研究 Mg^{2+} 对四环素适配体 RNA 构象柔性的影响

(a) 四环素的化学式；(b) 四环素适配体的二级结构；(c) 四环素适配体的高级结构，自旋探针(黑色)间的距离预测为 3.8 nm；(d) 刚性的氮氧自由基探针 Cm；(e) 不同 Mg^{2+} 浓度下和四环素存在时，扣除背景的四环素适配体 RNA 的 Q-波段 PELDOR 含时轨迹以及时间分布曲线；(f) 不同 Mg^{2+} 浓度下和无四环素存在时，扣除背景的四环素适配体 RNA 的 Q-波段 PELDOR 含时轨迹以及时间分布曲线.

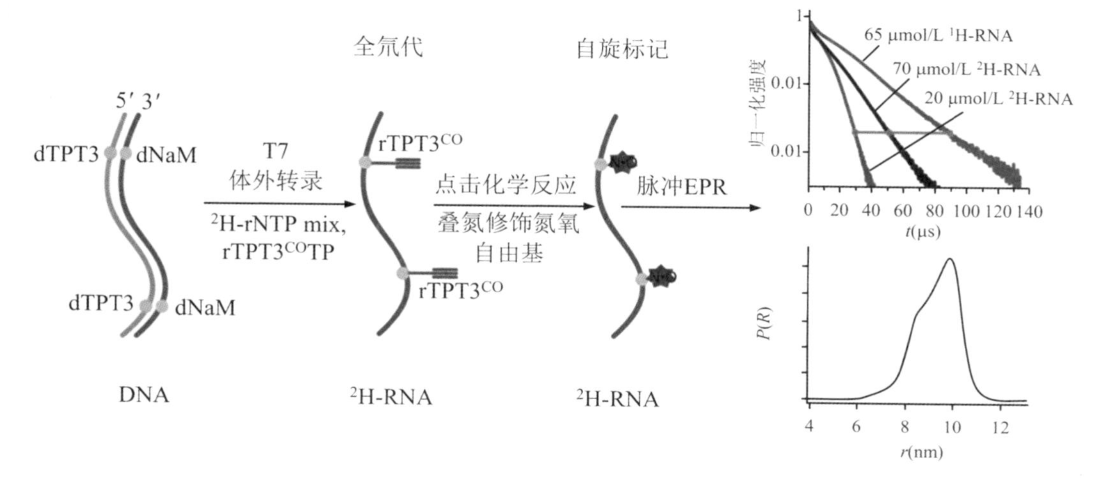

图 8.8　基于 EPR 的长链 RNA 长距离测定法

8.3.4　ESR 技术在 RNA 活细胞结构研究中的应用

当前分子与细胞生物学研究面临的一项巨大挑战是定量获取活细胞内生物大分子的高级结构与构象动态信息. 自 20 世纪 50 年代起,结构生物学家基于还原论范式应用多种生物物理技术对生物大分子的高级结构、构象动态与功能关系的研究主要是从体外稀溶液的简单体系展开的,这与活细胞内广泛存在着生物大分子拥挤、限域和普遍弱相互作用的复杂环境显著不同. 越来越多的研究表明,复杂的细胞环境会影响生物大分子的结构与功能,在活细胞环境原位研究生物大分子的结构与功能是理解细胞生命过程的终极途径.

探索细胞内生物大分子的结构和动态已经成为结构生物学的最终挑战. 由于细胞环境在体外难以进行复刻模拟,因此开展细胞内研究生物大分子的研究则成了研究人员的兴趣所在. 在复杂细胞环境中,谱学方法,包括 NMR 和 ESR 等,由于其非侵入性、无损伤和高选择性等特点,具有独特优势.[38] 国际上,蛋白质和 DNA 的活细胞结构研究已有一定进展,相比之下,活细胞 RNA 结构生物学的研究仍在起步阶段.

ESR 结合 SDSL 技术不仅可以帮助科研人员在试管内开展相关实验,也是捕集细胞内 RNA 结构和动态信息的有力手段. Prisner 课题组将一种未成对电子被四个乙基保护的新型氮氧自由基探针引入一段双链 RNA,并通过显微注射的方法将 RNA 递送至爪蛙卵母细胞内,随后直接开展 PELDOR 实验(图 8.9).[39] 实验结果揭示了在爪蛙卵母细胞中,自由基探针距离分布变近,说明 RNA 双链的结构被轻微压缩. 结合复杂环境蛋白质-RNA 混合物的分子动力学模拟表明,在细胞内与带正电蛋白质的相互作用会略微压缩 RNA,这为活细胞内的 PELDOR 结果提供了可能的 RNA 结构上的解释.

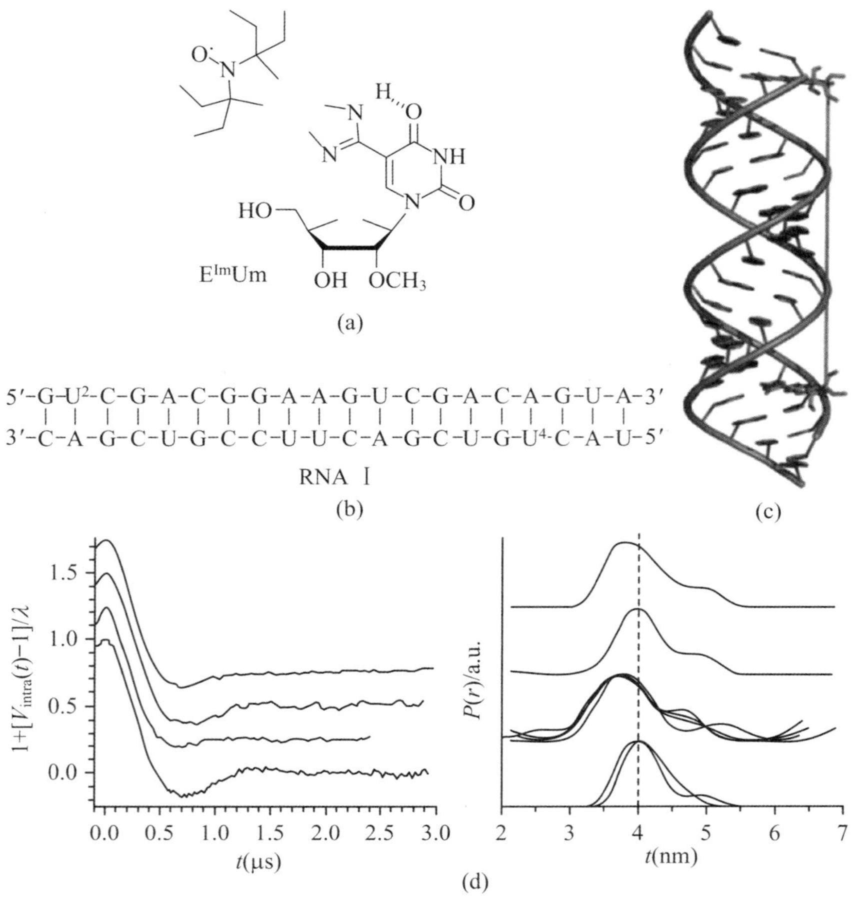

图 8.9　应用 PELDOR 技术开展活细胞内 RNA 结构的研究

参考文献

[1] Cech T R, Steitz J A. The noncoding RNA revolution-trashing old rules to forge new ones[J]. Cell, 2014 157: 77-94.

[2] Statello L, Guo C J, Chen L L, et al. Gene regulation by long non-coding RNAs and its biological functions[J]. Nat. Rev. Mol. Cell Biol., 2021, 22: 96-118.

[3] Winkle M, Daly E, Fabbri S M, et al. Noncoding RNA therapeutics-challenges and potential solutions[J]. Nat. Rev. Drug. Discov., 2021, 20: 629-651.

[4] Bernat V, Disney M D. RNA structures as mediators of neurological diseases and as drug targets[J]. Neuron, 2015, 87: 28-46.
[5] Jones C P, Ferre-D'Amare A R. RNA quaternary structure and global symmetry[J]. Trends Biochem. Sci., 2015, 40: 211-220.
[6] Dethoff E A, Chugh J, Mustoe A M, et al. Functional complexity and regulation through RNA dynamics[J]. Nature, 2012, 482: 322-330.
[7] Ganser L R, Kelly M L, Herschlag D, et al. The roles of structural dynamics in the cellular functions of RNAs[J]. Nat. Rev. Mol. Cell Biol., 2019, 20: 474-489.
[8] Blythe A J, Fox A H, Bond C S. The ins and outs of lncRNA structure: How, why and what comes next?[J]. Biochim. Biophys. Acta, 2016, 1859: 46-58.
[9] Barnwal R P, Yang F, Varani G. Applications of NMR to structure determination of RNAs large and small[J]. Arch. Biochem. Biophys., 2017, 628: 42-56.
[10] Zhang K. Cryo-EM structure of a 40 kDa SAM-Ⅳ riboswitch RNA at 3.7 A resolution[J]. Nat. Commun., 2019, 10: 5511.
[11] Kappel K. Accelerated cryo-EM-guided determination of three-dimensional RNA-only structures[J]. Nat. Methods, 2020, 17: 699-707.
[12] Roessler M M, Salvadori E. Principles and applications of EPR spectroscopy in the chemical sciences[J]. Chem. Soc. Rev., 2018, 47: 2534-2553.
[13] Galazzo L, Bordignon E. Electron paramagnetic resonance spectroscopy in structural-dynamic studies of large protein complexes[J]. Prog. Nucl. Magn. Reson. Spectrosc., 2023, 134: 1-19.
[14] Huang K, Fang X. A review on recent advances in methods for site-directed spin labeling of long RNAs[J]. Int. J. Biol. Macromol., 2023, 239: 124244.
[15] Malyshev D A, Romesberg F E. The expanded genetic alphabet[J]. Angew. Chem. Int. Ed. Engl., 2015, 54: 11930-11944.
[16] Lavergne T. FRET characterization of complex conformational changes in a large 16S ribosomal RNA fragment site-specifically labeled using unnatural base pairs[J]. ACS Chem. Biol., 2016, 11: 1347-1153.
[17] Li L. Natural-like replication of an unnatural base pair for the expansion of the genetic alphabet and biotechnology applications[J]. J. Am. Chem. Soc., 2014, 136: 826-829.
[18] Wang Y. Posttranscriptional site-directed spin labeling of large RNAs with an unnatural base pair system under non-denaturing conditions[J]. Chemical. science, 2020, 11: 9655-9664.
[19] Hu Y. Phosphorothioate-based site-specific labeling of large RNAs for structural and dynamic studies[J]. ACS Chem. Biol., 2022, 17: 2448-2460.
[20] Krstic I, Endeward B, Margraf D, et al. Structure and dynamics of nucleic acids[J]. Top. Curr. Chem., 2012, 321: 159-198.
[21] Nguyen P, Qin P Z. RNA dynamics: perspectives from spin labels[J]. Wiley Interdiscip Rev. RNA, 2012, 3: 62-72.
[22] Krstic I. PELDOR spectroscopy reveals preorganization of the neomycin-responsive riboswitch tertiary structure[J]. J. Am. Chem. Soc., 2010, 132: 1454-1455.

[23] Edwards T E, Okonogi T M, Sigurdsson S T. Investigation of RNA-protein and RNA-metal ion interactions by electron paramagnetic resonance spectroscopy[J]. The HIV TAR-Tat motif. Chem. Biol., 2002, 9: 699-706.

[24] Edwards T E, Robinson B H, Sigurdsson S T. Identification of amino acids that promote specific and rigid TAR RNA-tat protein complex formation[J]. Chem. Biol., 2005, 12: 329-337.

[25] Kim N K, Murali A, DeRose V J. A distance ruler for RNA using EPR and site-directed spin labeling[J]. Chem. Biol., 2004, 11: 939-948.

[26] Grant G P, Boyd N, Herschlag D, et al. Motions of the substrate recognition duplex in a group I intron assessed by site-directed spin labeling[J]. J. Am. Chem. Soc., 2009, 131: 3136-3137.

[27] Kisseleva N, Khvorova A, Westhof E, et al. Binding of manganese(Ⅱ) to a tertiary stabilized hammerhead ribozyme as studied by electron paramagnetic resonance spectroscopy[J]. RNA, 2005, 11: 1-6.

[28] Kisseleva N, Kraut S, Jaschke A, et al. Characterizing multiple metal ion binding sites within a ribozyme by cadmium-induced EPR silencing[J]. HFSP J., 2007, 1: 127-136.

[29] Xi X, Sun Y, Karim C B, et al. HIV-1 nucleocapsid protein NCp7 and its RNA stem loop 3 partner: rotational dynamics of spin-labeled RNA stem loop 3[J]. Biochemistry, 2008, 47: 10099-10110.

[30] Zhang X, Lee S W, Zhao L, et al. Conformational distributions at the N-peptide/boxB RNA interface studied using site-directed spin labeling[J]. RNA, 2010, 16: 2474-2483.

[31] Schiemann O. A PELDOR-based nanometer distance ruler for oligonucleotides[J]. J. Am. Chem. Soc., 2004, 126: 5722-5759.

[32] Sicoli G, Wachowius F, Bennati M, et al. Probing secondary structures of spin-labeled RNA by pulsed EPR spectroscopy[J]. Angew. Chem. Int. Ed. Engl., 2010, 49: 6443-6447.

[33] Singh V, Azarkh M, Exner T E, et alan telomeric quadruplex conformations studied by pulsed EPR[J]. Angew. Chem. Int. Ed. Engl., 2009: 728-730.

[34] Kim N K, Bowman M K, DeRose V J. Precise mapping of RNA tertiary structure via nanometer distance measurements with double electron-electron resonance spectroscopy[J]. J. Am. Chem. Soc., 2010, 132: 8882-8884.

[35] Wunnicke D. Ligand-induced conformational capture of a synthetic tetracycline riboswitch revealed by pulse EPR[J]. RNA, 2011, 17: 182-188.

[36] Hetzke T. Influence of Mg^{2+} on the conformational flexibility of a tetracycline aptamer[J]. RNA, 2019, 25: 158-167.

[37] Endeward B. Long-range distance determination in fully deuterated RNA with pulsed EPR spectroscopy[J]. Biophys. J., 2022, 121: 37-43.

[38] Bonucci A, Ouari O, Guigliarelli B, et al. In-cell EPR: progress towards structural studies inside cells[J]. Chembiochem., 2020, 21: 451-460.

[39] Collauto A. Compaction of RNA duplexes in the cell[J]. Angew. Chem. Int. Ed. Engl., 2020, 59: 23025-23029.

（中国科学院生物物理研究所　方显杨）

第 9 章

电子自旋技术在 NO 配位血红素衍生物研究中的应用

作为血红素(heme)最重要的人工模型与类似物,有关金属卟啉(metalloporphyrin)的研究已经持续了近一个世纪.这种研究不仅在了解与认识各类含血红素金属蛋白(肌红蛋白、细胞色素 P450 等)结构与功能的过程中发挥了不可替代的作用,也使得金属卟啉及其衍生物本身发展成为材料、催化、医药等多领域的明星分子.本章基于笔者多年来在相关领域的实践经验,针对金属卟啉与一氧化氮(NO)键合过程与产物的 ESR 波谱性质做一介绍,不足之处还请读者批评指正.

金属卟啉与 NO 的研究起始于 20 世纪 60 年代,稍迟于其原型血红素(蛋白)与 NO 的研究.而第一例金属卟啉 NO 键合产物的单晶结构是由 W. Robert Scheidt 与 J. L. Hoard 报道于 1973 年的[Co(TPP)(NO)],该工作基于几何结构数据对产物做出了低自旋态($S=1/2$)的判断.[6] 之后,第一例 NO 配位的铁卟啉单晶结构[Fe(TPP)(NO)(1-MeIm)][9] 以及相应的五配位产物[Fe(TPP)(NO)]也被同一小组分别于 1974 年和 1975 年进行了报道[10-11].随后,各种类型的 NO 配位金属卟啉产物不断涌现.1998 年 Robert F. Furchgott,Louis J. Ignarro 和 Ferid Murad 三位科学家因为在 NO 生理功能研究中的卓越贡献而被授予诺贝尔医学奖,更是将有关 NO 的生物化学研究推向了高潮.值得一提的是,那个时代基于同步辐射光源的 XAS 以及 SQUID 等技术尚未得到广泛的应用,而穆斯堡尔谱仅限于铁等少数元素种类,因此凸显了 ESR 技术对确定研究对象电子结构快捷准确的优势.实际上即便是在当下,ESR 技术仍然是对金属卟啉 NO 产物电子结构与自旋态较广泛、可靠、方便的波谱手段之一,当只有少量研究样品或者样品不可破坏时,这一优点显得尤为突出.

在进入详细讨论之前,我们首先引入 NO 在化学中被广泛接受的 Enemark-Feltham 命名法[12],即在核心三原子片段$\{MNO\}^n$中,n 为铁原子 d 轨道价电子数目与 NO π^* 轨道电子数目之和.该命名法的广泛使用表明 NO 强大的配体性质所造成的 M—N—O 三原子片段明显的共价键特征,也即原本位于 NO π^* 轨道上的电子在 NO 与金属键合后,以极强的共价态形式离域于 M—N—O 片段.下面我们按照不同的金属卟啉种类,对其 NO 衍生物的 ESR 性质进行讨论.

9.1 NO 铁卟啉

9.1.1 $\{FeNO\}^7$,$\{FeNO\}^6$的几何结构与 ESR 性质

$\{FeNO\}^6$,$\{FeNO\}^7$分别代表 Fe^{III}(d^5),Fe^{II}(d^6)与 NO 键合后的产物,而$\{FeNO\}^8$则是$\{FeNO\}^7$得到一个电子的还原产物.我们首先考虑由二价铁卟啉构成的$\{FeNO\}^7$的电子结构与 ESR 性质.由于 NO 是强场配体,与其键合后的二价铁卟啉理应是低自旋态($S=0$).不妨做一个假设,此时低自旋 Fe 不存在未成对电子,而 NO 配体 π^* 轨道的自由基电子应该只产生一个简单的 $g\approx 2.0$ 的顺磁响应.这种想当然的推测与最早期对血红素蛋白 NO 配合物的报道一致[13],但是这并不正确.1968 年 Hideo Kon 使用^{15}NO标记技术在对血红蛋白 NO 配合物的研究中首次指出,NO 的自由基单电子很可能存在于铁的 $3dz^2$ 轨道(而非 NO 自身的 π^* 轨道($g_{/\!/}\approx 2.0023$,$g_{\perp}>2.0023$, 77 K)).如图 9.2(a)所示,分别产生于^{14}NO与^{15}NO的两或三条精细分裂清晰可见,这显然不属于自由基信号.[1]之后,在科学家们的不断努力下,对相关化合物的认识不断深入.[14-15]尤其是基于单晶 ESR 实验的报道,使得 Fe—N—O 片段的几何结构与哈密顿参数间的内在关联得以建立.[16]

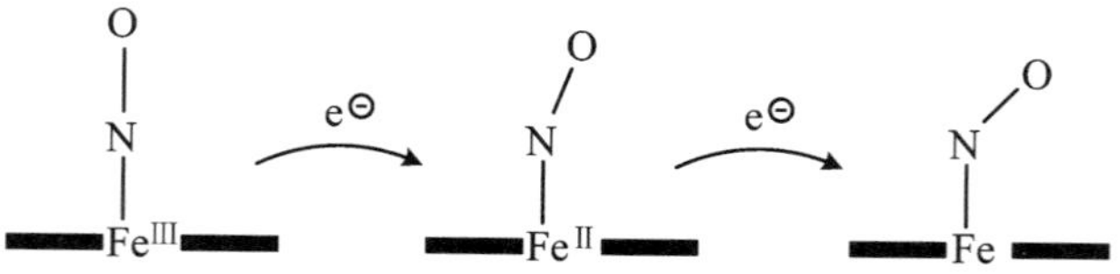

图 9.1 $\{FeNO\}^6$,$\{FeNO\}^7$,$\{FeNO\}^8$的转化

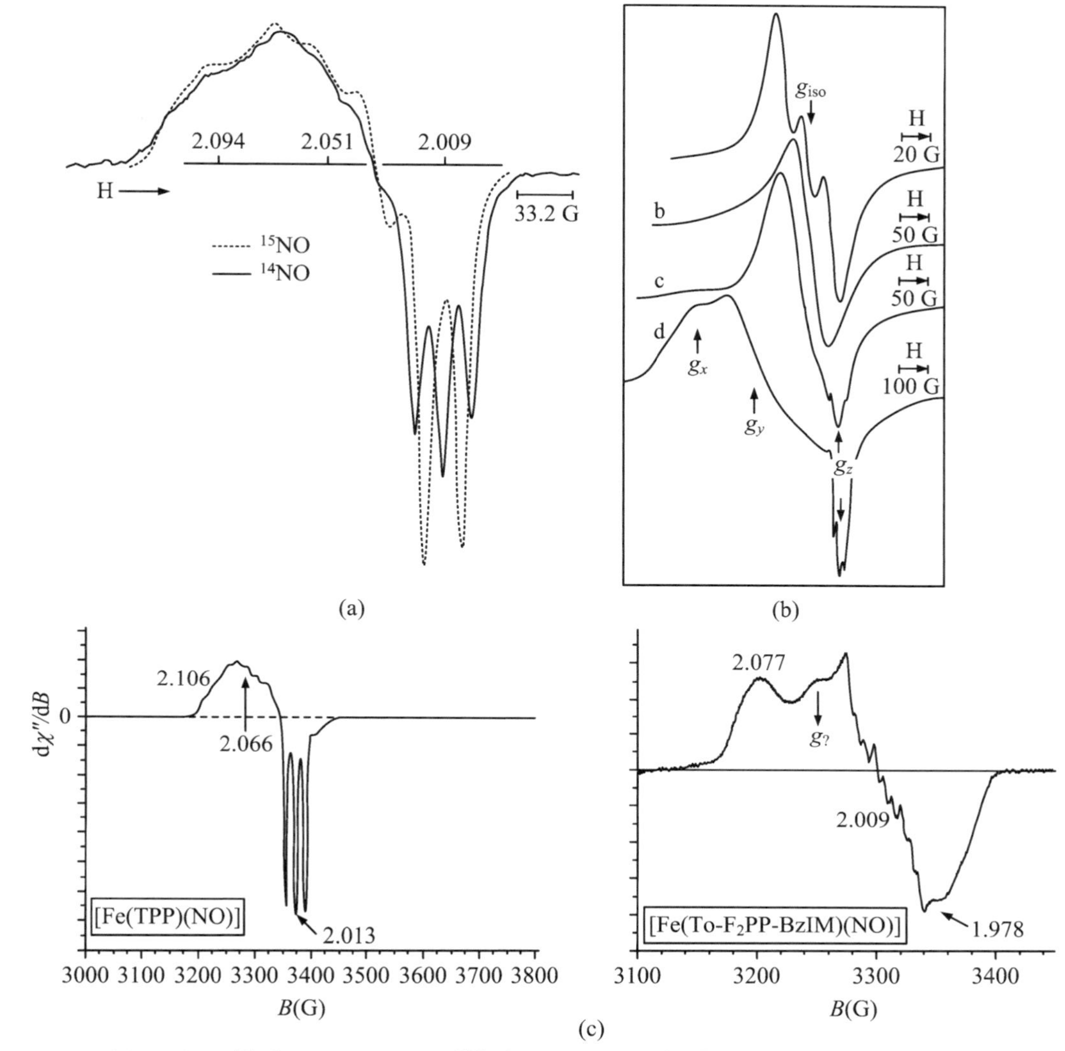

图 9.2　血红蛋白-NO[1]，[Fe(PPDME)(NO)][8]，[Fe(TPP)(NO)]与[Fe(To-F2PP-BzIM)(NO)]的 ESR 波谱图[5,11]

在上述 NO 配位血红素研究的基础上，B. B. Wayland 与 Larry W. Olson 于 1974 年完成了第一例 NO 配位铁卟啉模型化合物的 ESR 测试(77 K). 该工作不仅给出了[Fe(TPP)(NO)]的三个 g 值，分别为 $g_1=2.102$，$g_2=2.064$，$g_3=2.010$，也对化合物的电子轨道排布做出了详细的阐释[17]. 1979 年 Tetsuhiko Yoshimura 等人报道了 iron(Ⅱ) protoporphyrin IX dimethyl ester 配合物的研究(图 9.2(b) $g_x=2.09$，$g_y=2.06$，$g_z=2.010$，77 K). [8] 随后 Robert G. Hayes 与 W. Robert Scheidt 等人通过对化合物[Fe(OEP)(NO)]的单晶 ESR 研究指出，顺磁性电子占据了铁原子几乎整个的 dz^2 轨道. [18] 图 9.2(c)则给出了由 Nicolai Lehnert 小组报道的[Fe(TPP)(NO)]与[Fe(To-

F2PP-BzIM)(NO)]含有三个 g 值的 ESR 波图谱.[11]类似的研究报道还有很多,均印证了由 NO 不同寻常的强配体性质所导致的特殊的电子组态,也因此反映了 Enemark-Feltham 命名法的合理性.下文我们将从分子轨道理论入手,尝试对其进行解析.

上述{FeNO}^{7}配合物给出的各向异性的波谱形貌暗示着原本只存在于 NO 上的单电子带有强烈的 d 轨道属性.对于这种旋轨耦合作用,科学家们给出了各具特色的解释,但是本质原理是一致的.首先根据晶体场理论,五配位 NO 血红素衍生物的四方锥(square pyramid)构型决定了其如图 9.3 所示的轨道分裂与电子排布.[2,19]由于 NO 与金属的键合是通过 dz^2 轨道来完成的,B. B. Wayland 引用如下公式[20]:

$$g_{zz} = 2.002$$

$$g_{xx} = 2.002 - 6\alpha^2\beta^2/\Delta E_{yz-z^2}$$

$$g_{yy} = 2.002 - 6\alpha^2\beta^2/\Delta E_{xz-z^2}$$

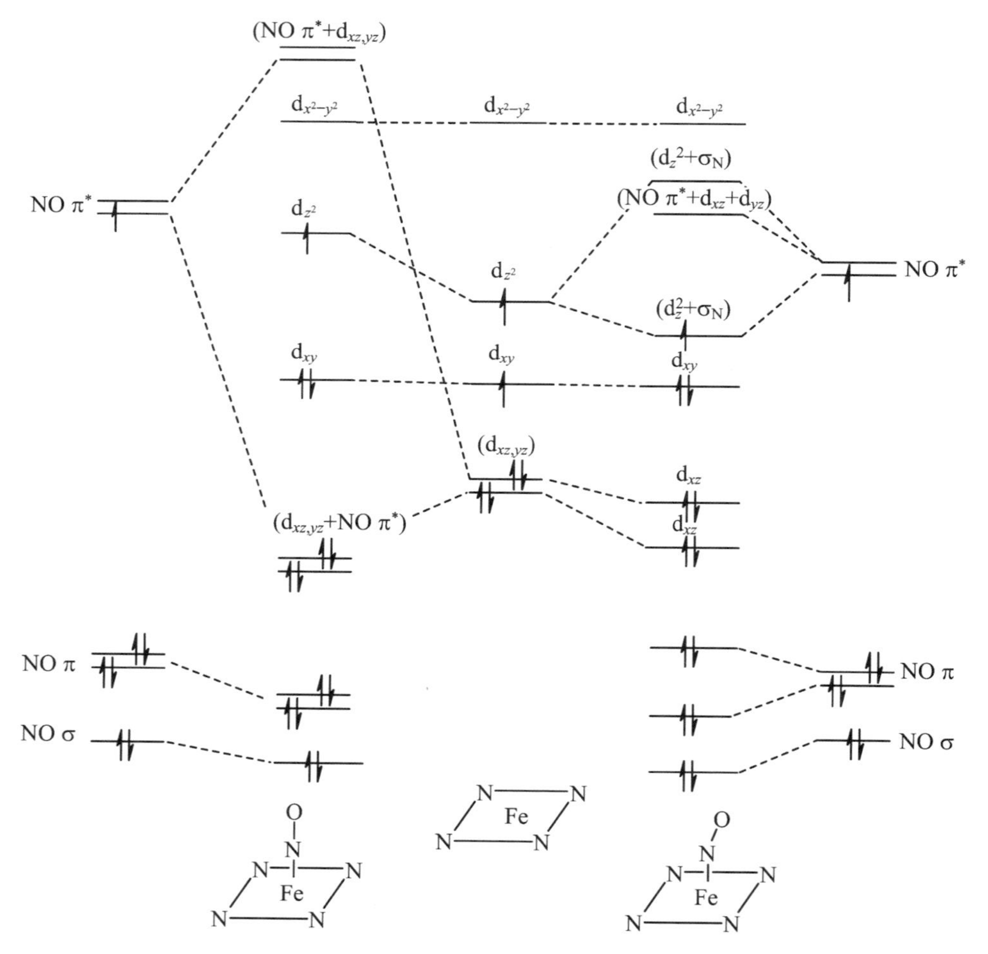

图 9.3 B. B. Wayland 给出的五配位 NO 亚铁血红素衍射物{FeNO}^{7} 的轨道分裂与电子排布[2]

指出当 dxz 与 dyz 非简并，也即式中 $\Delta E_{xz-z^2} \neq \Delta E_{yz-z^2}$ 时，会出现三个不等的 g 值（rhombic，菱形对称），而当 dxz 与 dyz 简并，则会出现 $g_{/\!/}$（～2.0023）与 $g_{\perp}$ 两个 g 值（axial，轴对称）. 在同年的另一项工作中[21]，B. B. Wayland 给出了针对双原子轴向配体 AB 更为普适性的解释：① 当双原子配体与金属线性键合时（即∠A—B—M 接近 180°，图 9.3(a)），dπ-pπ 相互作用得到最大化（即 dxz，yz + NO π^*）；② 弯曲的 AB—M 键（图 9.3(b)）会去除 AB 原有 π^* 的简并性，产生一个新的以双原子 π^* 为主体的分子轨道（即 NO π^* + dxz + dyz），以及一个适合与金属 dz^2 轨道形成 σ 键的轨道（即dz^2 + σ_N）；③ 弯曲的 AB—M 键倾向于发生在双原子 π^* 以及与金属 dz^2 轨道均为部分占有时；④ AB—M 弯曲的程度取决于上述 σ 与反馈 π 键的相对重要性，两者分别在 120°与 180°时达到最大化.[2,21]也是在 1974 年，Roald Hoffman（1981 年诺贝尔化学奖获得者）从不同角度针对{FeNO}^{6}给出了类似的解释（见后文有关{FeNO}^{6}的讨论）.[19]两位作者基于晶体场理论对分子轨道的解析，均符合同一时期发表的相关化合物的晶体学信息（例如[Co(TPP)(NO)][6]、[Fe(TPP)(NO)(1-MeIm)][9]及五配位产物[Fe(TPP)(NO)][10]），从而使几何结构、电子结构以及 ESR 波谱得到完美的结合.

由此我们可以看到，基于晶体场理论对化合物几何结构的理解是联系 ESR 谱学信息与电子组态的关键与难点所在. 据称晶体场理论最早产生于 1929 年，而 X 射线单晶衍射技术的产生无疑促进了该理论的发展（对血红素蛋白的 X 射线单晶衍射与 ESR 研究可以追溯到 1956 年甚至更早[22-23]），二者的紧密结合可以定性地推断出化合物的电子结构[19]，而 ESR 测试则为相关结论提供了波谱学证据. 晶体场理论是联系化合物电子结构与几何结构的基础与纽带，而 ESR 波谱则为这种联系与解释提供了谱学证据. 反之，要深入地解析一组 ESR 谱图并获得产物的电子结构（也即轨道分裂与电子组态），几何结构参与是不可或缺的.

因此我们也看到，从 X 射线单晶衍射获得的键长、键角等几何数据反映了化学键的基本性质，因此也映射着化合物的电子结构. 几何结构与电子结构相辅相成、相互印证. 下面我们就从相关文献中攫取一些数据信息，结合笔者浅显的理解，演示如何建立二者间的内在关联.

表 9.1 给出了若干{FeNO}^{6}，{FeNO}^{7}，{FeNO}^{8}配合物的单晶几何数据，从中可以看到一些显著的变化趋势. 例如，随着{FeNO}^{n}片段 n 值的增加，Fe—NO 键长不断变长，由 1.63～1.64 Å 到 1.71～1.73 Å 再到 1.81 Å 左右，反映出 Fe 与 NO 间的化学键逐渐变弱；同时，也看到 Fe—N—O 三原子片段变得更加弯曲，∠Fe—N—O 由接近于线性变到 150°，再到 122°（例如图 9.4 与图 9.7）. 这种渐进的变化，在 DFT 计算广泛应用之前，就已从配位化学与分子轨道理论上得到了半定量的解释.

我们首先考虑由三价铁构成的{FeNO}^{6}，[Fe(OEP)(2-MeHIm)(NO)]ClO_4中低自旋三价铁的电子组态是 dxy^2dxy^2dyz^1，此时 dπ 轨道因缺少一个电子而存在“hole”，NO 可以通过 σ 与 π 两种形式向其提供电子，即 n→dz^2 以及 pπ^* →dπ，从而分别实现 NO 的孤对电子以及 π^* 轨道自由基电子向 Fe 的转移，此时如果 Fe—N—O 片段取线性，则上

表 9.1　若干$\{FeNO\}^8$，$\{FeNO\}^7$，$\{CoNO\}^8$卟啉衍生物的单晶结构参数[a]

配　合　物	Δ_{24}[a]	$Fe—N_p$[a]	$Fe—N_{NO}$[a]	N—O[a]	$Fe—L_{trans}$[b]	Fe—N—O[b]	τ[b,c]	ν_{NO}[d]	Ref
			五配位$\{FeNO\}^6$						
$[Fe(OEP)(NO)]^+$	0.29	1.994(1)	1.644(3)	1.112(4)		176.9(3)	0.0	1862	[24]
$[Fe(OEP)(NO)]^+$	0.31	1.992(6)	1.6371(15)	1.1473(19)		176.15(15)	0.0	1856	[25]
$[Fe(OEP)(NO)]^+$	0.32	1.994(5)	1.6528(13)	1.140(2)		173.19(13)	4.6	1838	[26]
$[Fe(TPP)(NO)]^+$ (A)	0.34	1.986(10)	1.640(3)	1.153(4)		178.3(3)	0	1850	[27]
$[Fe(TPP)(NO)]^+$ (B)	0.31	1.991(8)	1.665(3)	1.124(4)		177.4(3)	2.0		
			六配位$\{FeNO\}^6$						
$[Fe(OEP)(5\text{-}MeIm)(NO)]^+$	0.07	2.008(4)	1.6437(16)	1.152(2)	1.9823(15)	175.38(16)	2.8	1895	[28]
$[Fe(OEP)(2\text{-}MeIm)(NO)]^+$ (pla)	0.02	2.014(8)	1.649(2)	1.132(3)	2.053(2)	175.6(2)	13.6	1917	[29]
$[Fe(OEP)(2\text{-}MeIm)(NO)]^+$ (ruf)	0.03	2..003(7)	1.648(2)	1.139(2)	2.032(2)	177.4(2)	0.0	1917	[29]
$[Fe(OEP)(1\text{-}MeIm)(NO)]^+$	0.02	2.003(5)	1.6465(17)	1.135(2)	1.9889(16)	177.28(17)	3.5	1921	[30]
$[Fe(TPP)(1\text{-}MeIm)(NO)]^+$	0.06	2.001(3)	1.6275(3)	1.148(5)	1.973(3)	176.3(4)	2.8	1918	[30]
$[Fe(TPP)(NO)(Cl)]$	0.00	2.011(3)	1.668(9)	1.209(8)		180	0.0	1880	[27]
			五配位$\{FeNO\}^7$						
$[Fe(TFPPBr_8)(NO)]$		1.988(12)	1.741(5)	1.131(6)		148.5(4)	5.0	1718	[35]
$[Fe(TPP)(NO)]$	0.21	2.001(3)	1.717(7)	1.122(12)		149.2(6)	NA	1670	[31]
$[Fe(OEP)(NO)]$	0.27	2.009(12)	1.7307(7)	1.1677(11)		142.74(8)	8.2	1673	[32-33]
$[Fe(OEP)(NO)]$	0.29	2.004(15)	1.722(2)	1.167(3)		144.4(2)	6.5	1666	[33,32]
			六配位$\{FeNO\}^7$						
$[Fe(TpOCH_3PP)(1\text{-}MeIm)(NO)]$	0.05	2.010(14)	1.7562(10)	1.1898(14)	2.1699(11)	135.89(9)	4.9	1616	[34]
tri-$[Fe(TpFPP)(1\text{-}MeIm)(NO)]$	0.06	2.011(8)	1.7521(9)	1.1819(12)	2.1689(9)	138.64(8)	5.1	1636	[34]

续表

配合物	Δ_{24}[a]	Fe—N_p[a]	Fe—N_{NO}[a]	N—O[a]	Fe—L_{trans}[b]	Fe—N—O[b]	τ[b,c]	ν_{NO}[d]	Ref
mono-[Fe(T*p*FPP)(1-MeIm)(NO)]	0.08	2.002(14)	1.7481(11)	1.1808(4)	2.1312(13)	137.27(9)	7.2	1624	[34]
{FeNO}^{8}结构									
[Fe(TFPPBr$_8$)(NO)]$^-$		1.972(11)	1.814(4)	1.194(5)		122.4(3)	1.8	1540	[35]
{CoNO}^{8}结构									
[Co(TPPBr$_4$NO$_2$)(NO)]		1.945(28)	1.827(21)	1.081(43)		124.7(23)	1.9	1710	[36]
[Co(OEP)(NO)]		1.984(8)	1.8444(9)	1.1642(13)		122.70(8)	2.2	1677	[37]
[Co(OEP)(NO)]		1.985(9)	1.844(2)	1.152(3)		123.4(2)		1675	[38]
[Co(TPP)(NO)]		1.9672(6)	1.8301(5)	1.1492(7)		123.39(5)	0.6	1681	[39]
五/六配位 Mn(Ⅱ) nitrosyl									
[Mn(TTP)(NO)]	0.40	2.027(3)	1.641(5)	1.160(3)		177.8(3)	5.0	1735	[40]
[Mn(TPP)(NO)$_2$]	0	1.998(4)	1.877(9)	1.160(13)		180.0	0.0	1760	[4]
[Mn(F$_{20}$TPP)(NO)$_2$]	0	2.028(3)	1.873(5)	1.132(10)		180.0	0.0	1763	[41]
[Mn(TPP)(4-MePip)(NO)]	0.08	2.004(5)	1.644(5)	1.176(7)	2.206(5)	176.2(5)	4.5	1740	[40]
[Mn(TPP)(1-MeIm)(NO)]	0.05	2.023(4)	1.641(1)	1.172(2)	2.088(1)	178.4(1)	0.6	1735	[42]
[Mn(TTP)(1-MeIm)(NO)]	0.12	2.0258(27)	1.650(2)	1.174(3)	2.096(2)	176.6(2)	1.5	1738	[43]
[Mn(T(*p*-OCH$_3$)TP)(1-MeIm)(NO)]	0.07	2.027(9)	1.645(3)	1.176(4)	2.097(3)	178.3(3)	4.0	1736	[43]

注：[a]单位为 Å；[b]单位为°；[c]Fe—NO 矢量偏离卟啉 24 原子平面法线的倾斜角；[d]单位为 cm^{-1}.

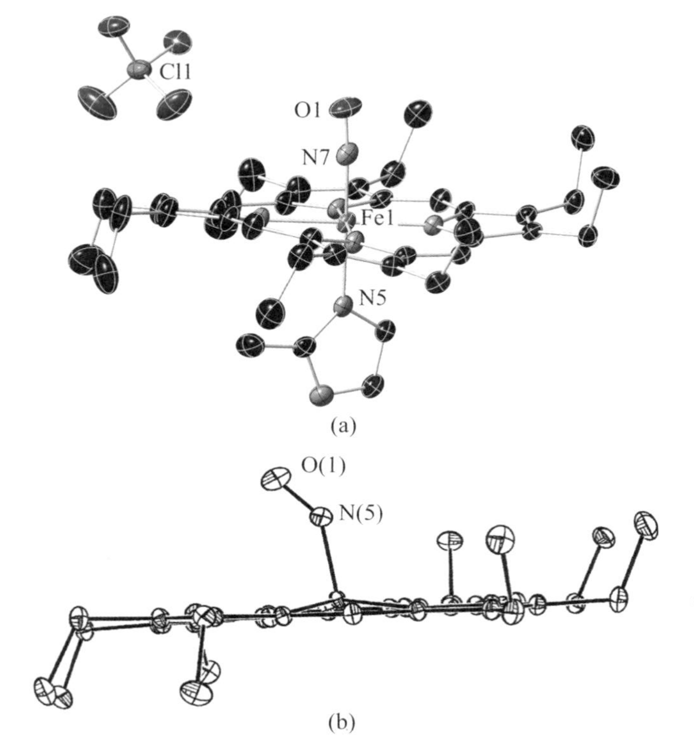

图 9.4 {FeNO}^{6},[Fe(OEP)(2-MeHIm)(NO)]ClO_4(a)与{FeNO}^{7},[Fe(OEP)(NO)](b)的单晶结构

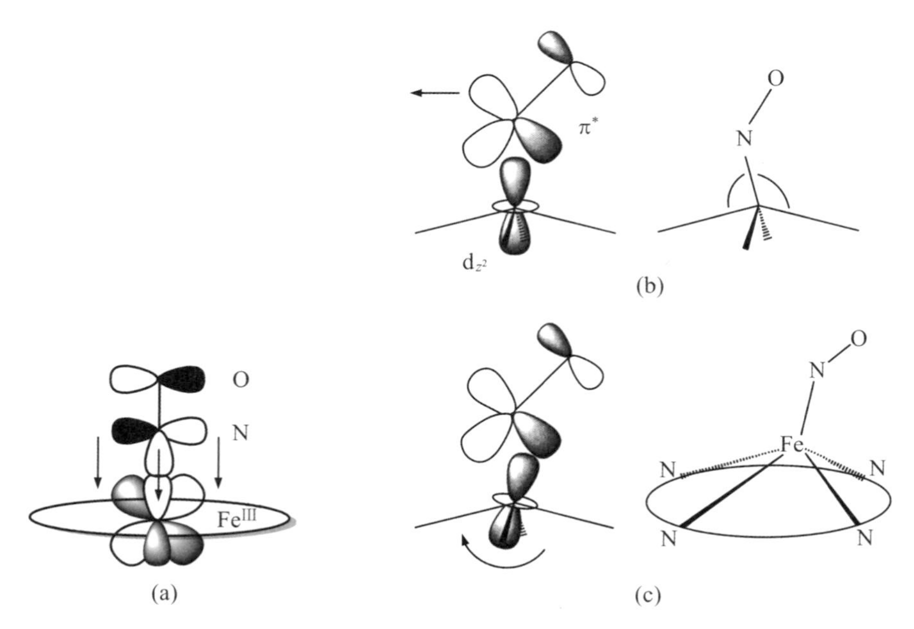

图 9.5 {FeNO}^{6}(a)与{FeNO}^{7}(b)中 Fe 的 d 轨道与 NO 配体的相互作用比较

述两种作用均得到最大化(图 9.4(a)).这与 Lehnert 基于 $Fe^{III}—NO\cdot \leftrightarrow Fe^{II}—NO^{+}$ 之考虑得到的计算结果是一致的.[44] $\{FeNO\}^7$ 却与此不同,二价铁完全填充的 t_{2g}(即 $dxy^2dxy^2dyz^2$),排除了以 π 键接受 NO 电子的形式.但是其空置的 dz^2 轨道仍然可以 σ 键形式接受来自 NO π^* 轨道上的自由基电子,这就要求二者均发生一定程度的扭曲,最终形成如图 9.4(b)所示弯曲的 Fe—N—O 片段.对于这种扭曲,Roald Hoffman 与 W. Robert Scheidt 先后给出了不同的解释.1974 年 Hoffman 首先指出,对于 $\{FeNO\}^{\geqslant 7}$,NO 为了实现 π^* 与 dz^2 间的有效键合,其 N 原子需要发生位移向左侧移动(图 9.5(b)),因此在相关化合物的单晶结构数据中,可以看到其中一组 $\angle N_{Porph}—M—N_{NO}$ 角度大于另外一组 $\angle N_{Porph}—M—N_{NO}$.[19] 在此之后,1997 年 Scheidt 首次在(Fe(OEP)(NO))的单晶结构数据中注意到,铁卟啉的四个 $Fe—N_P$ 键分化为长度差异较大的两组,如 1.989(2) Å≈1.993(2) Å<2.016(2) Å≈2.017(2) Å,并尝试性地给出了解释.[33]经过进一步的积累,2000 年该小组先后在一整篇论文[45]与一篇综述[46]中使用更多组 $\{FeNO\}^7$ 化合物的单晶数据进一步阐述了此现象,并给出了图 9.4(c)所示的解释.他们认为,dz^2 轨道为了实现与 NO 的键合,本身也发生了倾斜,且这种倾斜干扰了卟啉平面内的铁与卟啉 N 原子之间的四个 $Fe—N_P$ σ 键,即弱化了远离倾斜方向的两个 $Fe—N_P$ 键,使其键长较另外两个 $Fe—N_P$ 键更长.读者可以从原文报道的数据中得到印证.应该说,Roald Hoffman 与 W. Robert Scheidt 有关上述分子轨道与单晶几何结构关联性的讨论均是合理的,只是关注的重点不同.值得我们学习的是,两位科学家从几何结构反推电子结构特征的学术造诣,尤其是后者对四个 $Fe—N_P$ 键长细致而敏锐的观察,进一步验证了前文提到的,应该注重基于电子结构与几何结构数据间内在关联的研究.

随着密度泛函理论与计算化学的发展,对分子轨道的理解更加方便,且精准与直观.2005 年 Nicolai Lehnert 小组对多例 $\{FeNO\}^7$ 血红素衍生物进行了更深入的研究.[5,11,47-48] 如图 9.6 所示,配位[Fe(Porph)(NO)]存在于 NO π^* 轨道上的单电子与 dz^2 轨道以 σ 键相互作用,形成了单电子占据的 π_h^*-dz^2 分子轨道,这种相互作用可以从电子云密度分布图得到清晰的显示(图 9.6(a)).Lehnert 进一步指出,在五配位[Fe(Porph)(NO)]中,NO 是一个强的 σ 给体和中等强度的 π 受体,其强大的 σ 给体作用,使得此类化合物呈现显著的 $Fe^{I}—NO^{+}$ 特征,即 $Fe^{II}—NO\cdot \leftrightarrow Fe^{I}—NO^{+}$.这种总结性的结论,貌似简单却有利于初学者了解 NO 配体及其衍生物的性质.

目前分离得到的三价铁卟啉 NO 衍生物 $\{FeNO\}^6$ 较二价铁卟啉 NO 衍生物 $\{FeNO\}^7$ 少很多.这恰恰类似于生命体系中铁血红蛋白(Fe^{III})与亚铁血红蛋白(Fe^{II})之不同,前者与 NO 的键合常数(K_{NO})较后者要小得多,但离去常数却大很多(例如 $K_{off}=10^2\sim10\ s^{-1}$ 或 $K_{off}=10^{-4}\sim10^{-2}\ s^{-1}$).[49-52] $\{FeNO\}^6$ 呈现 ESR 静默[27],因此有关其电子结构的讨论多数停留在低自旋三价铁与 NO 的反铁磁性耦合.但是也有更深入的探索,例如 Walker 曾经指出,此类化合物的电子构型有可能存在两种形式,即 $Fe^{III}—NO\cdot \leftrightarrow Fe^{II}—NO^{+}$,前者代表上述反铁磁性耦合而后者代表 NO 的自由基电子更多地转移至铁(类似于上文所述 $\{FeNO\}^7$ 中起源于 NO 强 σ 给体性质的 $Fe^{III}—NO\cdot \leftrightarrow Fe^{II}—NO^{+}$).

Walker 指出，虽然 Mössbauer 谱无法对这两种电子构型进行有效区分，但是卟啉平面特异性的马鞍形构象支持$(d_{xz},d_{yz})^4(d_{xy})^1$电子构型（也即 Fe^{III}—NO·），因此存在更多的反铁磁性耦合（而非 Fe^{II}—NO^+）.[52]而另一方面，Westcott 与 Enemark 等人则坚持认为上述区分没有意义，因为$\{FeNO\}^6$命名已然明确了这三原子片段强烈的共价键作用.[53]

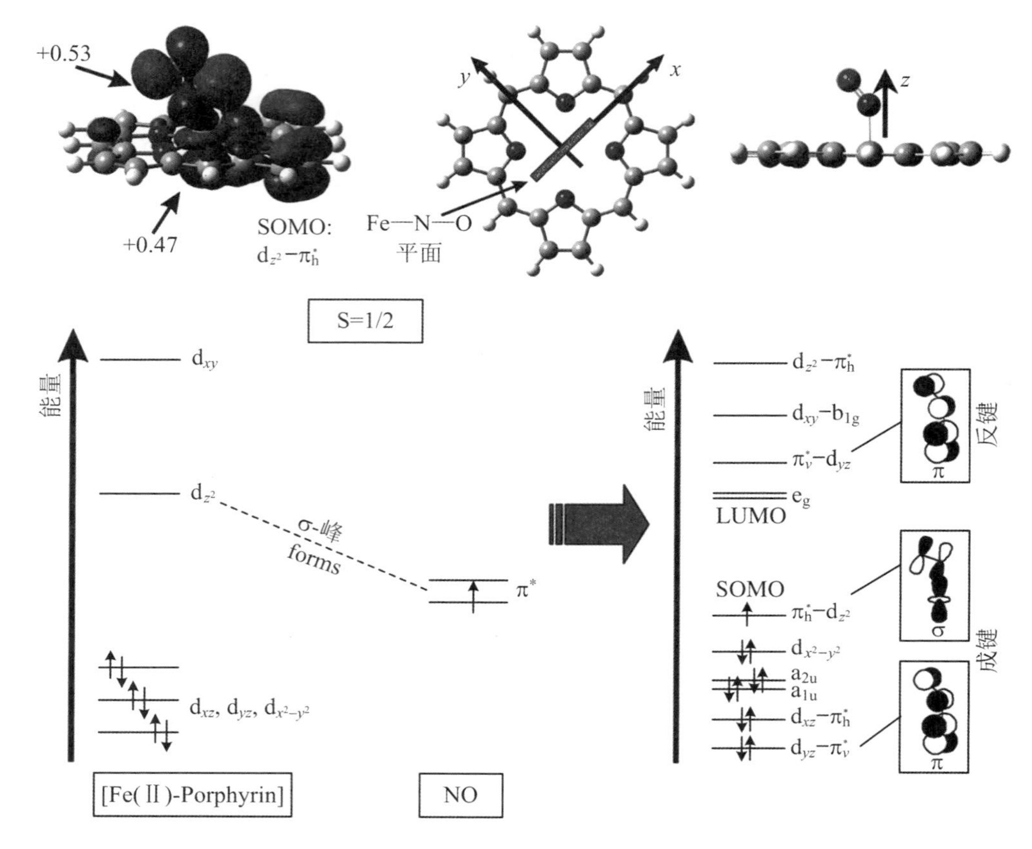

图 9.6 Lehnert 小组基于 DFT 计算给出的$\{FeNO\}^7$中 Fe 与 NO 的相互作用[5]

9.1.2 $\{FeNO\}^8$

图 9.7 给出了首例$\{FeNO\}^8$铁卟啉的合成与分离. 利用阿根廷科学家 F. Doctorovich 报道的合成方法[54]，中国科学院大学李剑峰小组合成并分离了$\{FeNO\}^7$：[Fe(TFPPBr$_8$)(NO)]及其化学还原产物[Co(Cp)$_2$][Fe(TFPPBr$_8$)(NO)]，后者是首例$\{FeNO\}^8$化合物的单晶结构[35]. 从给出的 ORTEP 图中可以清楚地看到在得到一个电子之后（图 9.7），Fe—N—O 三原子片段变得更加弯曲，∠Fe—N—O 由 148.5°变到 122.4°（表 9.1）. 根据前文

分析可以做出合理的推测，即{FeNO}^{7}—[Fe(TFPPBr$_8$)(NO)]会呈现类似于图 9.2 所示的含有三个 g 值的 ESR 响应，而其一个电子的还原产物{FeNO}^{8}—[Co(Cp)$_2$][Fe(TFPPBr$_8$)(NO)]，则会因为一个电子的还原而失去顺磁响应.该工作之后又有数例{FeNO}^{8}铁卟啉衍生物得到分离和表征(例如[K(222)][Fe(OEP)(NO)]).[55]

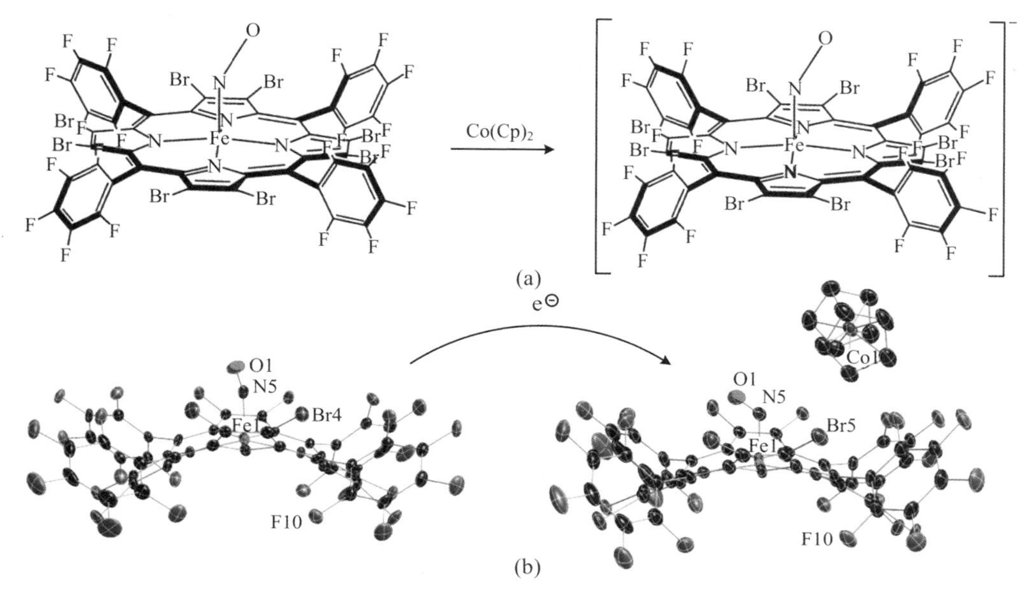

图 9.7　由{FeNO}^{7} 到{FeNO}^{8} 的化学还原过程(a)，以及[Fe(TFPPBr$_8$)(NO)]与还原产物[Co(Cp)$_2$][Fe(TFPPBr$_8$)(NO)]的单晶结构(b)

9.2　NO 钴卟啉

已经有若干二价钴卟啉与 NO 的键合产物[Co(Porph)(NO)]及其单晶得到分离与表征(表 9.1)，这些{MNO}^{8}产物中 NO 与低自旋 Co(Ⅱ) d^7之间的反铁磁性耦合使其呈现 ESR 静默.[6,56]然而，该类型化合物一个电子的氧化产物，例如，[Co(OEP)(NO)]$^+$ ClO_4^-(Cobalt(Ⅱ) Nitrosyl porphyrin Cation Radicals)因其 π-阳离子基的性质而在$g\approx2$ 处呈现出自由基信号.[57]

9.3 NO 锰卟啉

正如上述 NO 三价铁卟啉衍生物[Mn(TPP)$(NO)_2$],以及 NO 钴卟啉衍生物{MNO}^{8},NO 二价锰卟啉作为一种{MNO}^{6},其 ESR 因为低自旋 Mn(Ⅱ)与 NO 的反铁磁性耦合而静默.然而最近双 NO 锰卟啉的成功分离却成为一例值得讨论的研究对象[4].众所周知,NO 是内源性信号分子,在血管扩张调节、神经传递、血小板凝集、免疫、细胞增殖等诸多生理过程中发挥着非常重要的作用.以心血管系统为例,上皮细胞中的 NO 合成酶(NOS)被上游信号激活后会催化生成 NO. NO 扩散至邻近的血管平滑肌细胞中,结合并激活受体可溶性鸟苷酸环化酶(soluble guanylate cyclase, sGC)[58],进而催化三磷酸腺苷(guanosine triphosphate, GTP)生成第二信使环单磷酸腺苷 cGMP(3′-5′-cyclic guanosine monophosphate).[59] cGMP 通过激活下游 PKG 等效应蛋白来发挥生理功能(图 9.8).[60] NO

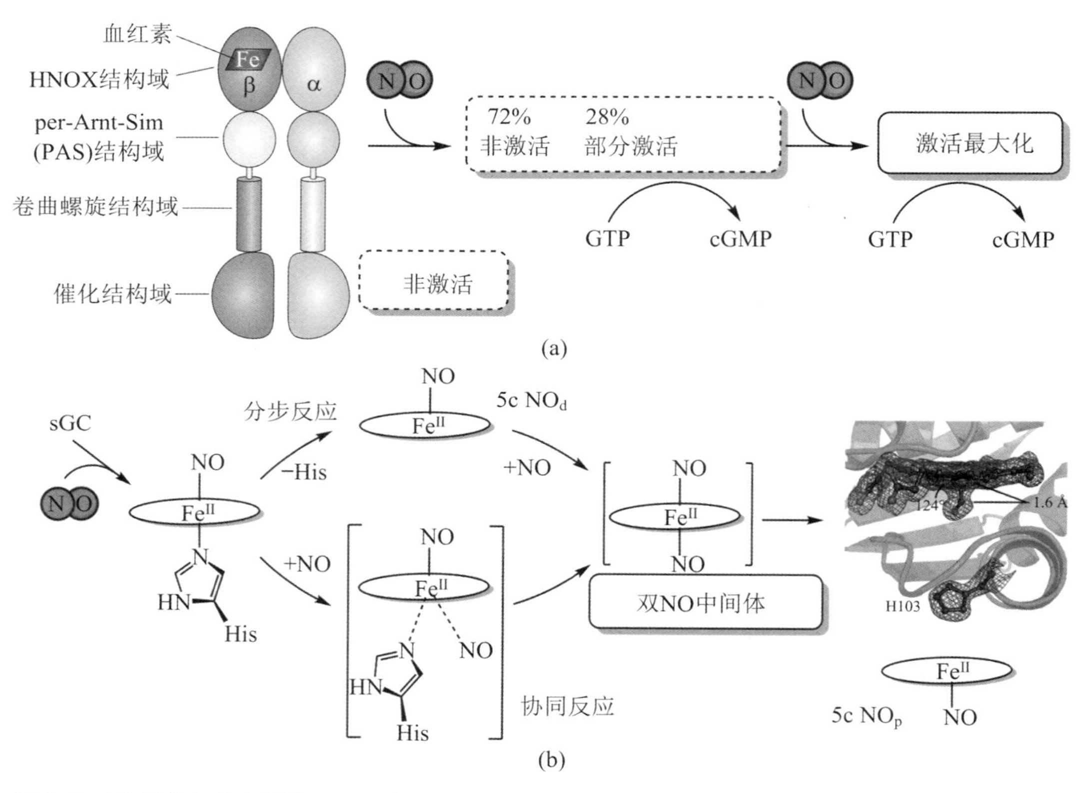

图 9.8 NO 部分与完全活化 sGC 示意图

信号转导通路中还包含若干重要的药物靶点，例如，sGC 本身是利奥西呱（riociguat）用于治疗肺动脉高压的作用靶点[61]，而具有 140 余年药用历史的硝酸甘油（nitroglycerin），也是通过释放 NO 来激活 sGC 治疗心绞病痛.[62]

虽然 NO 活化 sGC 等受体蛋白如此重要，其作用机理至今尚未完全明确，尤其是在高浓度 NO 环境下完全激活的过程与状态（maximally active，图 9.8(a)）. 图 9.8(b)给出了 sGC 完全活化两种可能的路径.[63-64]可以看到，血红素 heme 作为 NO 键合 sGC 蛋白的核心位点，其双 NO 键合的血红素中间体 NO-Fe(Ⅱ)-NO（dinitrosyl intermediate）是两种路径获得近端 NO 血红素（5c NO_p）不可回避的中间产物[65-66]，因此了解其存在形式与性质将极大地推进对活化过程及相关产物的认识. 实际上即便在蛋白体系下，有关双 NO 产物的报道也不鲜见. 1983 年，Anthony W. Addison 等人首次报道了以三价铁形式存在的双 NO 键合血红蛋白中间体.[67]之后，有关此类化合物的报道不断出现，包括 sGC[68]、cytochrome c′（cyt. c′）[69]等一系列生物蛋白[70-71]. 值得一提的是，sGC 与 cyt. c′蛋白酶均是只与 NO 键合，而排斥另外一种生命体系中重要的双原子分子——O_2，从而使其成为特异性的研究对象.

虽然反式双 NO 血红素中间体在生命中是否真实存在以及是如何形成的仍然存在许多争议.[63,65,72]有关双 NO 金属卟啉模型化合物的研究却可以追溯到 20 世纪 70 年代. 1972 年 M. Tsutsui 小组首次报道了双 NO 钌卟啉存在的实验证据. 该小组将出现在两个不同位置（1 786 cm^{-1}与 1 838 cm^{-1}）的红外吸收归因于与 NO 振动相关的固体效应（solid state effect）.[73]之后，针对由[FeTPP(NO)]（顺磁性）生成［$FeTPP(NO)_2$］（抗磁性）的反应，B. B. Wayland 使用 UV-vis、IR、ESR 等手段做了较系统的研究，并将产物在 1 870 cm^{-1}与 1 690 cm^{-1}两处的红外特征吸收分别归属于线性的 Fe^{II}-NO^+ 和弯曲的 Fe^{II}-NO^-.[2]2003 年，Peter C. Ford 在使用溶液红外与 DFT 计算对 Ru(Ⅱ)与 Fe(Ⅱ)卟啉的研究中指出，双 NO 产物有可能存在三种分子构象（图 9.9(b)），其中反式 *trans-syn* 较其他两种中心对称的构象（即 *trans-collinear* 与 *trans-anti*）更加稳定，[7]此结论与 Ghosh 等人基于理论计算的结果基本一致[74]. 2010 年，K. D. Karlin 报道了如图 9.9(a)所示的化学反应. 四配位氟代铁卟啉在 78 K 的溶液中与 NO 反应，先后生成五配位的[$Fe(F_8)(NO)$]与六配位的[$Fe(F_8)(NO)_2$]. 两种产物分别显现出 NO 亚铁卟啉$\{FeNO\}^7$特征性的 ESR 信号（含三个 g 值，$S=1/2$），或者 ESR 静默的$\{FeNO\}^8$—[$Fe(F_8)(NO)_2$]（$S=0$）. 而反应液升温（或 THF 溶剂稀释），会导致一分子 NO 配体脱去重新回到五配位$\{FeNO\}^7$产物（图 9.9(b)）. 该工作证明了此反应的可逆性，也反证了双 NO 中间体的存在.[3]总之，上述来自不同小组的研究工作有效地推进了对双 NO 血红素衍生物的认识，遗憾的是尚未获得的单晶结构仍然阻碍着我们对双 NO 金属卟啉分子几何结构的认知.

在上述研究背景下，李剑峰小组于 2023 年成功分离了首例反式双 NO 配位金属卟啉化合物[$Mn(TPP)(NO)_2$]，并使用 X 射线单晶衍射、傅里叶及原位漫反射红外、ESR 等手段对反应过程与产物做了较深入的研究.[4]可重复的单晶结构表征（100 K）揭示了

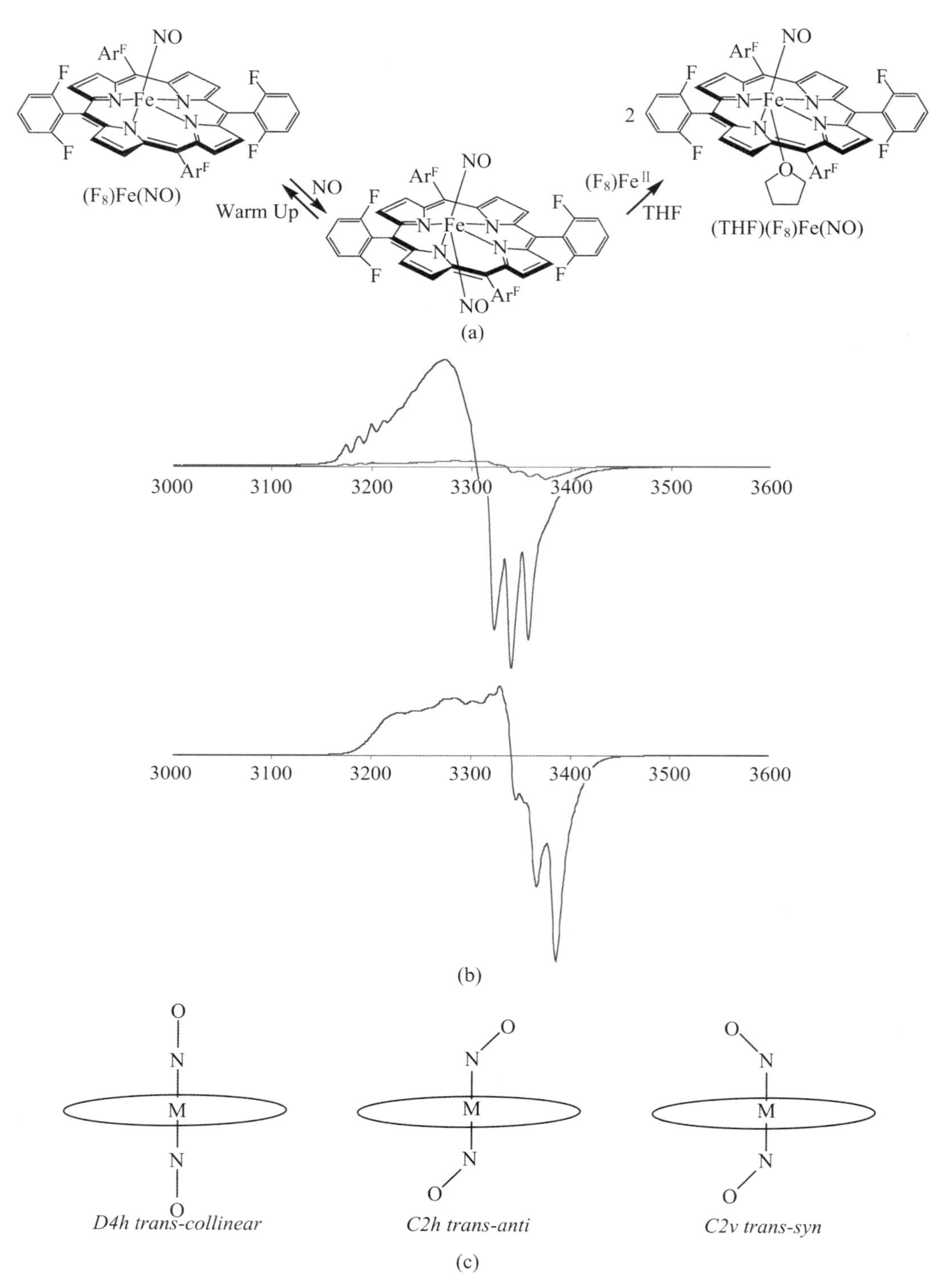

图 9.9　氟代铁卟啉与 NO 的反应与产物[3]及三种不同的双 NO 金属卟啉几何构象[7]

产物反式线性(*trans-collinear*)双 NO 六配位的分子构象(图 9.10(a)). 六配位[Mn(TPP)$(NO)_2$]的轴向 Mn—N 明显长于五配位类似物[Mn(TTP)(NO)]的 Mn—N(1.877(9) Å,1.641(5) Å,表 9.1),这可以归因于卟啉两侧 NO 配体的竞争作用,这种竞争作用降低了 $d\pi \to \pi^*$(NO/CO)反馈 π 键作用.[75-76]此种现象也可以在其他六配位类似物中得到印证,例如六配位[Fe(OEP)$(CO)_2$]较五配位[Fe(OEP)(CO)]更长的轴向距离(1.855 8(10) Å,1.714 0(11) Å).[75]这种发生在卟啉平面两侧,因配位数增加引发的竞争关系也反映在 NO 红外特征吸收的明显变化上,上述六配位 NO 与 CO 衍生物较五配位衍生物呈现出更高场的特征性吸收(1 760 cm^{-1},1 735 cm^{-1}(表 9.1)与 2 021 cm^{-1},1 944 cm^{-1}). 正如在原文中提到的,尽管六配位产物[Mn(TPP)$(NO)_2$]的晶体学与红外证据已经相当明显,然而单晶衍射数据给出的高度对称的分子结构(1/8 卟啉分子没有不对称单元)极易产生误导,因此发生了印度某小组 2019 年将六配位[Mn(F_{20}TPP)$(NO)_2$]错误指认为五配位的报道.[77]

进一步支持六配位[Mn(TPP)$(NO)_2$]的证据来自原位漫反射红外光谱(DRIFT)与 ESR 实验对反应过程的实时监测(图 9.10). 当起始物[Mn(TPP)]粉末和 NO 气体反应时,研究者观察到了分别对应于六配位[Mn(TPP)$(NO)_2$]与五配位中间体[Mn(TPP)(NO)]的 NO 红外伸缩振动峰(ν_{NO}:1 750 cm^{-1} 和 1 738 cm^{-1},图 9.10(b)). 这与[Mn(TTP)]([而非[Mn(TPP)])同 NO 的反应存在明显差别,后者因为只存在五配位产物而仅在 1 738 cm^{-1}处出现了特征吸收. 由此可以看到,只是 *meso* 位苯环取代基的细微差别即可造成产物的不同,具有给电子取代基的[Mn(TTP)](对甲基苯)不利于双 NO 产物的生成,因此只会出现一种五配位产物;而具有吸电子基的[Mn(TPP)](苯)或者[Mn(F_{20}TPP)$(NO)_2$](五氟苯基[77])有利于双 NO 产物生成,因此在经历五配位中间体后,最终获得了六配位产物. 在 ESR 实验中,双 NO 产物的粉末与溶液样品均呈现出 $g=2.0$ 低自旋态特征吸收(图 9.10(c)),因而支持六配位产物[Mn(TPP)$(NO)_2$]作为$\{MNO\}^7$应有的 $S=1/2$ 低自旋态(注:五配位中间态[Mn(TPP)(NO)]($\{MNO\}^6$)应为 ESR 静默). 其中,粉末样品呈现了显著的归属于^{15}N 的精细裂分,与软件模拟一致. 在对[Mn(TPP)]粉末与 NO 气体反应的监测中(图 9.10(c)),归属于四配位起始物[Mn(TPP)] $g=5.9$,2.0 处的高自旋($S=5/2$)信号,在与 NO 反应 1 min 与 10 min 后不断消失,而位于 $g=2.0$ 处的吸收不断增强,进一步印证了 $S=1/2$ 低自旋态双 NO 产物的生成.

至此,本章分别对三种金属卟啉(锰、铁、钴)NO 衍生物的电子顺磁研究与化学性质做了简单介绍. 读者可以看到,铁元素由于其在生命体中以多种价态存在,且至少有两种价态可与 NO 键合,研究内容更广,研究深度也更深,这或许是生命选择铁作为血红素中心金属的原因之一. 无论是 NO、血红素还是 ESR 均是博大精深的学术领域,由于笔者能力所限,本文只能做到浅尝辄止,希望能够起到抛砖引玉的作用,更多未知的领域还等待我们去学习、探索与发现.

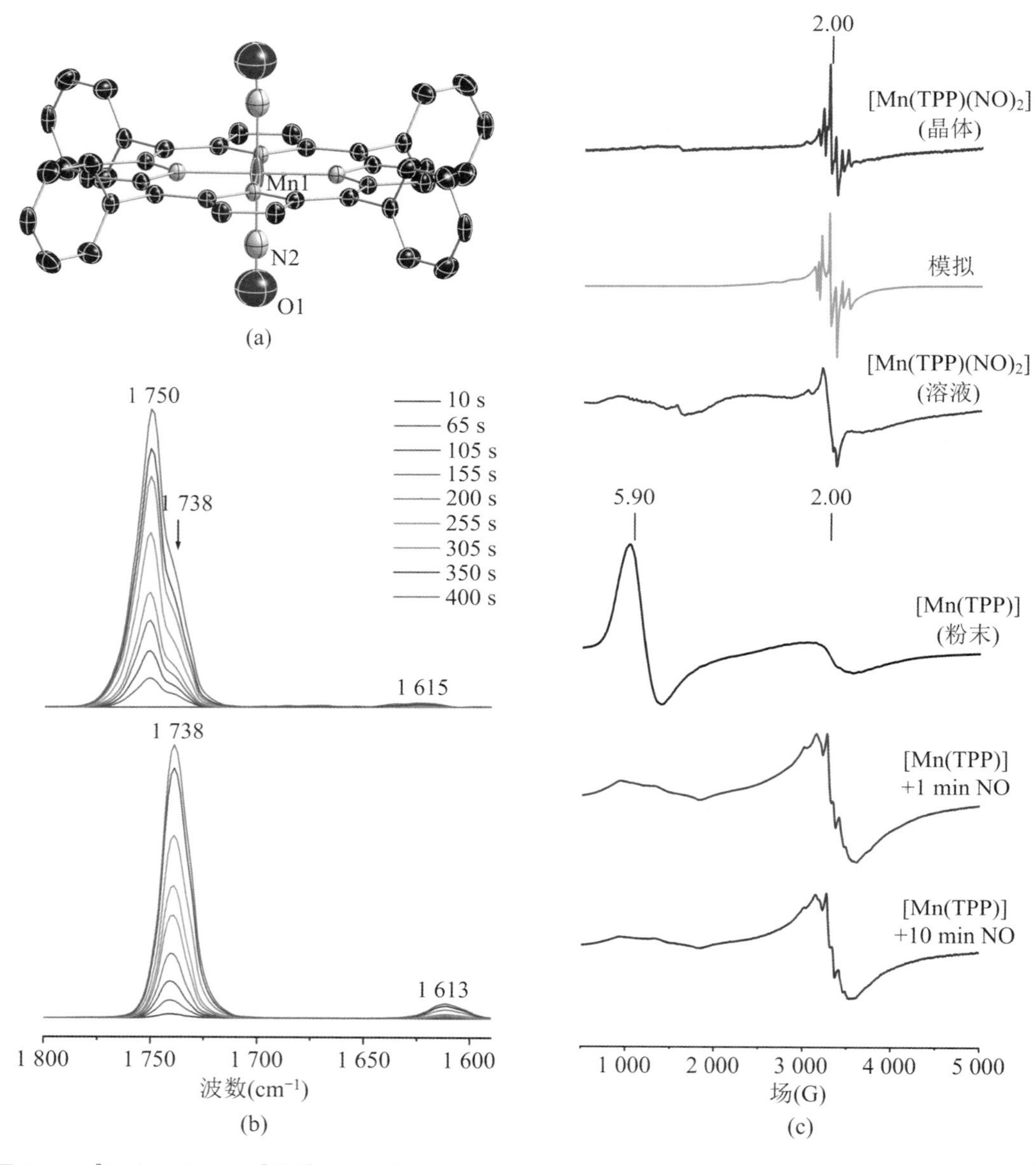

图 9.10 [Mn(TPP)$(NO)_2$]的单晶结构(a);[Mn(TPP)]及[Mn(TTP)]与 NO 反应的原位漫反射红外光谱(b);[Mn(TPP)]与 NO 反应及产物的 ESR 谱图(4 K)(c)[4]

参考文献

[1] Kon H. Paramagnetic resonance study of nitric oxide hemoglobin[J]. J. Biol. Chem., 1968, 243(16): 4350.

[2] Wayland B B, Olson L W. Spectroscopic studies and bonding model for nitric oxide complexes of iron porphyrins[J]. J. Am. Chem. Soc., 1974, 96(19): 6037.

[3] Wang J, Schopfer M P, Puiu S C, et al. Reductive coupling of nitrogen nonoxide (·NO) facilitated by heme/copper complexes[J]. Inorg. Chem., 2010, 49(4): 1404.

[4] Cao H, Ding W, Li J. Experimental determination of an isolated trans-dinitrosyl manganese (Ⅱ) heme analogue[J]. Angew. Chem. Int. Ed., 2023, 62(16): e202217545.

[5] Goodrich L E, Paulat F, Praneeth V K, et al. Electronic structure of heme-nitrosyls and its significance for nitric oxide reactivity, sensing, transport, and toxicity in biological systems[J]. Inorg. Chem., 2010, 49(14): 6293.

[6] Scheidt W R, Hoard J L. Stereochemistry of low-spin cobalt porphyrins. Ⅰ. Structure and bonding in a nitrosylcobalt porphyrin and their bearing on one rational model for the oxygenated protoheme[J]. J. Am. Chem. Soc., 1973, 95(25): 8281.

[7] Patterson J C, Lorković I M, Ford P C. Spectroscopic and density functional studies of the dinitrosyl metalloporphyrin complexes $Fe(P)(NO)_2$ and $Ru(P)(NO)_2$[J]. Inorg. Chem., 2003, 42(16): 4902.

[8] Yoshimura T, Ozaki T, Shintani Y, et al. Electron paramagnetic resonance of nitrosylprotoheme dimethyl ester complexes with imidazole derivatives as model systems for nitrosylhemoproteins [J]. Arch. Biochem. Biophys., 1979, 193(2): 301.

[9] Piciulo P L, Rupprecht G, Scheidt W R. Stereochemistry of nitrosylmetalloporphyrins. Nitrosyl-alpha, beta, gamma, delta-tetraphenylporphinato(1-methylimidazole)iron and nitrosyl-alpha, beta, gamma, delta-tetraphenylporphinato(4-methylpiperidine)manganese[J]. J. Am. Chem. Soc., 1974, 96(16): 5293.

[10] Scheidt W R, Frisse M E. Nitrosylmetalloporphyrins. Ⅱ. Synthesis and molecular stereochemistry of nitrosyl-alpha, beta, gamma, delta-tetraphenylporphinatoiron(Ⅱ)[J]. J. Am. Chem. Soc., 1975, 97(1): 17.

[11] Praneeth V K K, Haupt E, Lehnert N. Thiolate coordination to Fe(Ⅱ)-porphyrin NO centers [J]. J. Inorg. Biochem., 2005, 99(4): 940.

[12] Enemark J H, Feltham R D. Principles of structure, bonding, and reactivity for metal nitrosyl complexes[J]. Coord. Chem. Rev., 1974, 13(4): 339.

[13] Ingram D J E, Bennett J E. Paramagnetic resonance in phthalocyanine, haemoglobin, and other organic derivatives[J]. Discuss. Faraday Soc., 1955, 19(0): 140.

[14] Shiga T, Hwang K J, Tyuma I. Electron paramagnetic resonance studies of nitric oxide hemoglobin derivatives. Ⅰ. Human hemoglobin subunits[J]. Biochemistry, 1969, 8(1): 378.

[15] Chien J C W. Reactions of nitric oxide with methemoglobin[J]. J. Am. Chem. Soc., 1969, 91(8): 2166.

[16] Hori H, Ikeda-Saito M, Yonetani T. Single crystal EPR of myoglobin nitroxide. Freezing-induced reversible changes in the molecular orientation of the ligand[J]. J. Biol. Chem., 1981, 256(15): 7849.

[17] Wayland B, Olson L W. Spectroscopic studies and bonding model for nitric oxide complexes of iron porphyrins[J]. J. Am. Chem. Soc., 1974, 96(19): 6037.

[18] Hayes R G, Ellison M K, Scheidt W R. Definitive assignment of the g tensor of [Fe(OEP)(NO)] by single-crystal EPR[J]. Inorg. Chem., 2000, 39(16): 3665.

[19] Hoffmann R, Chen M M L, Elian M, et al. Pentacoordinate nitrosyls[J]. Inorg. Chem., 1974, 13(11): 2666.

[20] Maki A H, Edelstein N, Davison A, et al. Electron paramagnetic resonance studies of the electronic structures of bis(maleonitriledithiolato)copper(Ⅱ), -nickel(Ⅲ), -cobalt(Ⅱ), and -rhodium(Ⅱ) Complexes[J]. J. Am. Chem. Soc., 1964, 86(21): 4580.

[21] Wayland B B, Minkiewicz J V, Abd-Elmageed M E. Spectroscopic studies for tetraphenylporphyrincobalt(Ⅱ) complexes of carbon monoxide, nitrogen oxide, molecular oxygen, methylisonitrile, and trimethyl phosphite, and a bonding model for complexes of carbon monoxide, nitrogen oxide, and molecular oxygen with cobalt(Ⅱ) and iron(Ⅱ) porphrins[J]. J. Am. Chem. Soc., 1974, 96(9): 2795.

[22] Ingram D J E, Kendrew J C. Electron spin resonance in myoglobin and hæmoglobin: orientation of the hæm group in myoglobin and its relation to the polypeptide chain direction[J]. Nature, 1956, 178(4539): 905.

[23] Bennett J E, Ingram D J E. Analysis of crystalline hæmoglobin derivatives by paramagnetic resonance[J]. Nature, 1956, 177(4502): 275.

[24] Scheidt W R, Lee Y J, Hatano K. Preparation and structural characterization of nitrosyl complexes of ferric porphyrinates. Molecular structure of aquonitrosyl(meso-tetraphenylporphinato)iron(Ⅲ) perchlorate and nitrosyl(octaethylporphinato)iron(Ⅲ) perchlorate[J]. J. Am. Chem. Soc., 1984, 106(11): 3191.

[25] Abucayon E G, Khade R L, Powell D R, et al. Over or under: hydride attack at the metal versus the coordinated nitrosyl ligand in ferric nitrosyl porphyrins[J]. Dalton Trans., 2016, 45(45): 18259.

[26] Ellison M K, Schulz C E, Scheidt W R. Structural and electronic characterization of nitrosyl(octaethylporphinato)iron(Ⅲ) perchlorate derivatives[J]. Inorg. Chem., 2000, 39(22): 5102.

[27] McQuarters A B, Kampf J W, Alp E E, et al. Ferric heme-nitrosyl complexes: kinetically robust or unstable intermediates?[J]. Inorg. Chem., 2017, 56(17): 10513.

[28] Abucayon E G, Khade R L, Powell D R, et al. Hydride attack on a coordinated ferric nitro-

syl: experimental and DFT evidence for the formation of a heme model-HNO derivative[J]. J. Am. Chem. Soc., 2016, 138(1): 104.

[29] Ellison M K, Schulz C E, Scheidt W R. Nitrosyliron(Ⅲ) porphyrinates: porphyrin core conformation and FeNO geometry. Any correlation? [J]. J. Am. Chem. Soc., 2002, 124 (46): 13833.

[30] Ellison M K, Scheidt W R. Synthesis, molecular structures, and properties of six-coordinate $[Fe(OEP)(L)(NO)]^+$ derivatives: elusive nitrosyl ferric porphyrins[J]. J. Am. Chem. Soc., 1999, 121(22): 5210.

[31] Scheidt W R, Frisse M E. Nitrosylmetalloporphyrins Ⅲ synthesis and molecular sterochemistry of nitzososyl alphs, bata, gama, dellte-tetzapheryl porphinatoiroh(Ⅱ)[J]. J. Am. Chem. Soc., 1975, 97: 17.

[32] Scheidt W R, Duval H F, Neal T J, et al. Intrinsic structural distortions in fire-coordinate (nitzosyl) iron (Ⅱ) porphyrinated dirivatires[J]. J. Am. Chem. Soc., 2000, 122: 4651.

[33] Ellison M K, Scheidt W R. Structural distortion in five-coordinate nitrosyl iron porphyrins. Axial ligand tilting and its effect on equatorial geometry[J]. J. Am. Chem. Soc., 1997, 119 (31): 7404.

[34] Silvernail N J, Pavlik J W, Noll B C, et al. Reversible NO motion in crystalline [Fe(Porph) (1-MeIm)(NO)] derivatives[J]. Inorg. Chem., 2008, 47(3): 912.

[35] Hu B, Li J. One electron makes differences: from heme {FeNO}(7) to {FeNO}(8)[J]. Angew. Chem. Int. Ed. Engl., 2015, 54(36): 10579.

[36] Kadish K, Ou Z, Tan X, et al. Synthesis and electrochemistry of cobalt β-halogenated meso-tetraphenylporphyrins containing a nitrosyl axial ligand. Crystal structure of $(TPPBr_4NO_2)Co(NO)$[J]. Dalton Trans., 1999, 10: 1595.

[37] Ellison M K, Scheidt W R. Tilt/asymmetry in nitrosyl metalloporphyrin complexes: the cobalt case[J]. Inorg. Chem., 1998, 37(3): 382.

[38] Godbout N, Sanders L K, Salzmann R, et al. Solid-State NMR, mossbauer, crystallographic, and density functional theory investigation of $Fe\text{-}O_2$ and $Fe\text{-}O_2$ analogue metalloporphyrins and metalloproteins[J]. J. Am. Chem. Soc., 1999, 121: 3829.

[39] Grande L M, Noll B C, Oliver A G, et al. Dynamics of NO motion in solid-state [Co(tetraphenylporphinato)(NO)][J]. Inorg. Chem., 2010, 49(14): 6552.

[40] Scheidt W R, Hatano K, Rupprecht G A, et al. Nitrosylmetalloporphyrins. 5. Molecular stereochemistry of nitrosyl(5, 10, 15, 20-tetratolylporphinato) manganese(Ⅱ) and nitrosyl(4-methylpiperidine)(5, 10, 15, 20-tetraphenylporphinato) manganese(Ⅱ)[J]. Inorg. Chem., 1979, 18(2): 292.

[41] Mondal B, Borah D, Mazumdar R, et al. Nitric oxide dioxygenase activity of a nitrosyl complex of Mn(Ⅱ)-Porphyrinate in the presence of superoxide: formation of a Mn(Ⅳ)-oxo species through a putative peroxynitrite intermediate[J]. Inorg. Chem., 2019, 58(21): 14701.

[42] Zahran Z N, Shaw M J, Khan M A, et al. Fiber-optic infrared spectroelectrochemical studies of six-coordinate manganese nitrosyl porphyrins in nonaqueous media[J]. Inorg. Chem., 2006,

45(6): 2661.
[43] Zahran Z N, Lee J, Alguindigue S S, et al. Synthesis, characterization and molecular structures of six-coordinate manganese nitrosyl porphyrins[J]. Dalton Trans., 2004, 1: 44.
[44] Harland J B, Manickas E C, Hunt A P, et al. In Comprehensive coordination chemistry Ⅲ[J]. Elsevier: Oxford, 2021, 1: 806.
[45] Scheidt W R, Duval H F, Neal T J, et al. Intrinsic structural distortions in five-coordinate (nitrosyl) iron(Ⅱ) porphyrinate derivatives[J]. J. Am. Chem. Soc., 2000, 122(19): 4651.
[46] Scheidt W R, Ellison M K. The synthetic and structural chemistry of heme derivatives with nitric oxide ligands[J]. Acc. Chem. Res., 1999, 32(4): 350.
[47] Praneeth V K K, Näther C, Peters G, et al. Spectroscopic properties and electronic structure of five-and six-coordinate Iron(Ⅱ) porphyrin NO complexes: effect of the axial N-donor ligand [J]. Inorg. Chem., 2006, 45(7): 2795.
[48] Praneeth V K K, Neese F, Lehnert N. Spin density distribution in five-and six-coordinate iron (Ⅱ)-porphyrin NO complexes evidenced by magnetic circular dichroism spectroscopy[J]. Inorg. Chem., 2005, 44(8): 2570.
[49] Mingos D M. Nitrosyl complexes in inorganic chemistry, biochemistry and medicine Ⅱ[M]. Berlin: Springer, 2014.
[50] Olson J S, Foley E W, Rogge C, et al. No scavenging and the hypertensive effect of hemoglobin-based blood substitutes[J]. Free Radical Biol. Med., 2004, 36(6): 685.
[51] Kharitonov V G, Sharma V S, Magde D, et al. Kinetics of nitric oxide dissociation from five-and six-coordinate nitrosyl hemes and heme proteins, including soluble guanylate cyclase[J]. Biochemistry, 1997, 36(22): 6814.
[52] Walker F A. Nitric oxide interaction with insect nitrophorins and thoughts on the electron configuration of the {FeNO}6 complex[J]. J. Inorg. Biochem., 2005, 99(1): 216.
[53] Gütlich P, Ensling J. In Inorganic Electronic Structure and Spectroscopy[M]. New York: Wiley, 1999.
[54] Pellegrino J, Bari S E, Bikiel D E, et al. Successful stabilization of the elusive species $\{FeNO\}_8$ in a heme model[J]. J. Am. Chem. Soc., 2010, 132(3): 989.
[55] Kundakarla N, Lindeman S, Rahman M H, et al. X-ray structure and properties of the ferrous octaethylporphyrin nitroxyl complex[J]. Inorg. Chem., 2016, 55(5): 2070.
[56] Mondal B, Saha S, Borah D, et al. Nitric oxide dioxygenase activity of a nitrosyl complex of cobalt(Ⅱ) porphyrinate in the presence of hydrogen peroxide via putative peroxynitrite intermediate[J]. Inorg. Chem., 2019, 58(2): 1234.
[57] Fujita E, Chang C K, Fajer J. Cobalt(Ⅱ) nitrosyl cation radicals of porphyrins, chlorins, and isobacteriochlorins. Models for nitrite and sulfite reductases and implications for A1u heme radicals[J]. J. Am. Chem. Soc., 1985, 107(25): 7665.
[58] Horst B G, Yokom A L, Rosenberg D J, et al. Allosteric activation of the nitric oxide receptor soluble guanylate cyclase mapped by cryo-electron microscopy[J]. eLife, 2019, 8: e50634.
[59] Liu R, Kang Y, Chen L. Activation mechanism of human soluble guanylate cyclase by stimula-

tors and activators[J]. Nat. Commun., 2021, 12(1): 5492.

[60] Toda N, Okamura T. The pharmacology of nitric oxide in the peripheral nervous system of blood vessels[J]. Pharmacol. Rev., 2003, 55(2): 271.

[61] Dasgupta A, Bowman L, D'Arsigny C, et al. Soluble guanylate cyclase: a new therapeutic target for pulmonary arterial hypertension and chronic thromboembolic pulmonary hypertension [J]. Clin. Pharmacol. Ther., 2015, 97(1): 88.

[62] Farah C, Michel L Y M, Balligand J L. Nitric oxide signalling in cardiovascular health and disease[J]. Nat. Rev. Cardiol., 2018, 15(5): 292.

[63] Yoo B K, Lamarre I, Martin J L, et al. Motion of proximal histidine and structural allosteric transition in soluble guanylate cyclase [J]. Proc. Natl. Acad. Sci. USA, 2015, 112 (14): E1697.

[64] Guo Y, Suess D L M, Herzik M A, et al. Regulation of nitric oxide signaling by formation of a distal receptor-ligand complex[J]. Nat. Chem. Biol., 2017, 13(12): 1216.

[65] Lehnert N, Kim E, Dong H T, et al. The biologically relevant coordination chemistry of iron and nitric oxide: electronic structure and reactivity[J]. Chem. Rev., 2021, 121(24): 14682.

[66] Russwurm M, Koesling D. NO activation of guanylyl cyclase[J]. The EMBO Journal, 2004, 23 (22): 4443.

[67] Addison A W, Stephanos J J. Nitrosyliron(Ⅲ) hemoglobin: autoreduction and spectroscopy [J]. Biochemistry, 1986, 25(14): 4104.

[68] Zhao Y, Brandish P E, Ballou D P, et al. A molecular basis for nitric oxide sensing by soluble guanylate cyclase[J]. Proc. Natl. Acad. Sci. USA, 1999, 96(26): 14753.

[69] Martí M A, Capece L, Crespo A, et al. Nitric oxide interaction with cytochrome c' and its relevance to guanylate cyclase. Why does the iron histidine bond Break?[J]. J. Am. Chem. Soc., 2005, 127(21): 7721.

[70] Muller B, Kleschyov A L, Stoclet J C. Evidence for N-acetylcysteine-sensitive nitric oxide storage as dinitrosyl-iron complexes in lipopolysaccharide-treated rat aorta[J]. Br. J. Pharmacol., 1996, 119(6): 1281.

[71] Keese M A, Böse M, Mülsch A, et al. Dinitrosyl-dithiol-iron complexes, nitric oxide (NO) carriers in vivo, as potent inhibitors of human glutathione reductase and glutathione-S-transferase[J]. Biochem. Pharmacol., 1997, 54(12): 1307.

[72] Wu G, Martin E, Berka V, et al. A new paradigm for gaseous ligand selectivity of hemoproteins highlighted by soluble guanylate cyclase[J]. J. Inorg. Biochem., 2021, 214: 111267.

[73] Srivastava T S, Hoffman L, Tsutsui M. Unusual metalloporphyrins Ⅸ. Preparation of a new (mesoporphyrin Ⅸ dimethyl esterato)dinitrosylruthenium(Ⅱ)[J]. J. Am. Chem. Soc., 1972, 94(4): 1385.

[74] Lim M D, Lorkovic I M, Ford P C. NO and NO_x interactions with group 8 metalloporphyrins [J]. J. Inorg. Biochem., 2005, 99(1): 151.

[75] Silvernail N J, Noll B C, Schulz C E, et al. Coordination of diatomic ligands to heme: simply CO[J]. Inorg. Chem., 2006, 45(18): 7050.

[76] Yi G B, Khan M A, Richter-Addo G B. Ruthenium porphyrins containing nitrosyl, nitrosamine, thiolate, and amine ligands[J]. Inorg. Chem., 1996, 35(12): 3453.
[77] Mondal B, Borah D, Mazumdar R, et al. Nitric oxidedioxygenase activity of a nitrosyl complex of Mn(Ⅱ)-porphyrinate in the presence of superoxide: formation of a Mn(Ⅳ)-oxo species through a putative peroxynitrite intermediate[J]. Inorg. Chem., 2019, 58(21): 14701.

（中国科学院大学　李剑锋）

第 10 章

ESR 用于抗氧化剂的筛选和研究

抗氧化剂(antioxidant)是能够有效减缓、抑制、阻断或防止其他分子氧化的物质.通常指还原电位较高的还原剂,如巯基化合物、维生素 C、维生素 E 和多酚类化合物等.动植物体内都有复杂的抗氧化剂系统,如谷胱甘肽、维生素 C、维生素 E 等抗氧化剂和各种抗氧化的酶系,如超氧化物歧化酶(SOD)、过氧化氢酶、谷胱甘肽过氧化物酶等.由于氧化应激是引起许多疾病的重要因素,因此,在心血管疾病、中风、神经退行性疾病、癌症、甚至高原反应的预防和治疗中,人们深入研究了如何利用抗氧化剂来减轻机体的氧化应激,并发现:许多抗氧化剂对人类疾病的预防和治疗发挥了重要作用.在动物实验中,大量研究表明:补充抗氧化剂可以预防一些疾病和延缓衰老.氧几乎是一切生命活动的基础物质之一,但也是氧自由基的来源和氧化损伤的物质基础.植物利用抗氧化天然色素、维生素 C、维生素 E 和多酚等抗氧化剂抵御光合作用的副产物活性氧类物质.随着具有抗氧化作用的维生素 C、维生素 E 等的发现和研究,人们越来越认识到抗氧化剂在生物体内发挥的重要生理作用,开始对抗氧化剂作用机理进行深入探索.通过研究维生素 E 如何防止脂质过氧化,明确了抗氧化剂作为还原剂通过与活性氧物质反应避免其对细胞的损伤.维生素 C 是最早在动物和植物体内发现的单糖类氧化-还原性催化剂,但人类只能从食物里获得它,故又称维他命 C.它能还原诸如过氧化氢这类的活性氧,因而在抗氧化剂的研究史上,占有重要的地位.20 世纪 30 年代初,匈牙利生理学家 Albert Szent-Gyorgyi 由于发现并分离出维生素 C,以及他在反丁烯二酸催化研究上的贡献,获得 1937 年诺贝尔医学或生理学奖.与此同时,英国糖类化学家

Walter H. Haworth 确定了维生素 C 的化学结构，并用不同的方法合成出维生素 C，从而获得了 1937 年的诺贝尔化学奖.[1-2]

抗氧化剂这一名词经常使用，文献中也随处可见，但人们对它的理解比较混乱. 一个较严格和普遍被接受的定义是：任何物质当以低于氧化底物浓度存在时，可以明显推迟或抑制底物的氧化，该物质就称为抗氧化剂. 抗氧化剂依其作用性质可以分为两大类，第一类为预防性抗氧化剂，这类抗氧化剂可以清除脂质过氧化链启动阶段的自由基等引发剂，如 SOD、过氧化氢酶、谷胱甘肽过氧化物酶等；第二类为脂质过氧化链式反应的阻断剂，这类抗氧化剂可以捕集脂质过氧化链式反应中产生的自由基，减少脂质过氧化反应链长度，因此可以阻断或减缓脂质过氧化的进行，如维生素 C、维生素 E 等就属于这类抗氧化剂. 抗氧化剂可以作用于脂质过氧化的以下几个水平：

(1) 减少局部氧气浓度；

(2) 清除起动脂质过氧化的引发剂；

(3) 结合金属离子，使其不能产生起动脂质过氧化的 · OH 或使其不能分解脂质过氧化产生的脂过氧化氢；

(4) 将脂质过氧化物分解为非自由基产物；

(5) 阻断脂质过氧化的反应链，即清除脂质过氧化中间自由基，如脂自由基、脂氧自由基和脂过氧自由基.

人体正常代谢过程中会产生许多活性氧和活性氮，这些物质既可以是自由基也可以是非自由基的，并且具有不同程度的反应性. 虽然它们在人体中具有一些重要的功能，例如有助于信号传递和免疫系统，但它们的存在必须通过抗氧化防御系统来平衡. 人体除了具有小分子量的不同非酶抗氧化剂外，还具有优良的内在酶抗氧化系统. 抗氧化剂的外在来源是水果、蔬菜、草药和香料等食品，主要富含多酚. 当氧化剂和抗氧化剂之间的微妙生化平衡受到有利于氧化剂的干扰时，就会出现“氧化应激”条件，在该条件下，反应性物质会对蛋白质、碳水化合物、脂质和 DNA 等生物大分子造成氧化损伤. 抗氧化剂的抗氧化作用主要是通过清除高氧化活性的自由基，抑制氧化反应，诱导和刺激抗氧化酶的表达，络合引起氧化反应的金属离子，参与修复蛋白质和 DNA 的氧化损伤，保护细胞免受氧化应激损伤，使机体达到氧化和抗氧化（氧化还原）的平衡. 抗氧化剂分为直接和间接两种，直接抗氧化剂又分为预防型和链阻断型. 直接抗氧化剂能够在链式氧化反应的开始和中间把氧化反应阻断；间接抗氧化剂则通过启动抗氧化酶基因表达或抑制氧化酶基因表达发挥抗氧化剂作用. 抗氧化剂又有内源和外源之分，内源是指人体内固有的抗氧化剂，如胆红素、褪黑激素、硫辛酸、尿酸、谷胱甘肽类含硫化合物等；外源是指通过食物和药物补充的抗氧化剂，如番茄红素、白藜芦醇、维生素 C、茶多酚、原花青素、虾青素等. 抗氧化剂还可分为水溶性（如维生素 C）和脂溶性抗氧化剂（如维生素 E 和胡萝卜素）等. 抗氧化剂还可以分为天然和人工合成两类. 天然抗氧化剂通常来源于蔬菜、水果、茶或中草药等，譬如黄酮类、多酚类、原花青素、类胡萝卜素、丹参素、知母宁、五味子素等. 人工合成的抗氧化剂多用在化工体系，如芳香胺类抗氧剂二苯胺等. 还有一类是一些蛋白质和抗氧化酶，如过氧化氢酶、超氧化物歧化酶(SOD)、谷胱甘肽过氧化物酶和谷胱甘肽还原酶、转铁蛋白、硫氧还蛋白和硫氧还蛋白还原酶等.

脂质过氧化是体内重要的链式氧化反应，与动脉粥样硬化斑块的形成有密切的联系，体内以螯合形式存在的铁离子(如 ATP-Fe^{2+})引起的脂质过氧化过程涉及化学反应.[3] 其中，Fe^{2+} 和 Fe^{3+} 与含有多个能被自由基夺取的烯丙基氢的脂(LH)中存在的脂质过氧化物(LOOH)发生脂质过氧化反应，反应生成的脂氧自由基(LO·)和脂过氧自由基(LOO·)将继续与 LH 和 O_2反应，生成脂自由基(L·)、新的 LOO·和醛(LOH).生成的 LOO·除在反应中消耗部分外，再次氧化 LH；反应中生成的 LO·又生成 L·，然后经反应再生成 LOO·，这样循环往复，形成一个使脂质过氧化持续进行的链式反应.若在体内加入抗氧化剂 AH(例如维生素 E)，将导致脂质过氧化链式反应过程中产生的 L·、LO·和 LOO·被还原，从而阻断链式脂质过氧化反应的进行.

抗氧化剂被广泛应用在化工、营养补充剂、食品保鲜、保健品和药物等诸多领域.抗氧化剂应用于工业领域主要集中在防止金属腐蚀、生产塑料、合成纤维和橡胶的硫化、生产石油制品、加工食品、合成药物和化妆品的保鲜和功能的加强，以及除垢等方面.加入抗氧化剂可以保持高分子材料的优良性能，延长使用寿命.作为燃料和润滑剂的稳定剂防止氧化，也可在汽油中避免引擎积碳形成，抗氧化剂还广泛用于高分子聚合物诸如橡胶和黏合剂的保护，防止聚合物材料氧化降解.生物学上对抗氧化剂的应用早期集中在如何使用抗氧化剂避免不饱和脂肪酸氧化引起的酸败.抗氧化剂作为食品添加剂可以防止、减缓和对抗食品变质.在人体内抗氧化剂通过清除“自由基”的不良作用来保护细胞.在人体内的抗氧化剂包括维生素 C、维生素 E 和多酚及 β 胡萝卜素和矿物质硒，它们可以保护细胞膜、蛋白质和脂质，阻断活性氧自由基引起的氧化反应.研究表明，水果和蔬菜中的天然抗氧化剂对人体健康具有保护效果，例如维生素 C、维生素 E 和 β 胡萝卜素、辅酶 Q10、茶多酚、白藜芦醇、虾青素和黄酮类等被广泛用于防紫外线辐射对皮肤的伤害及一些调节人体健康的保健品及预防和治疗疾病的药物.[4-8] 1954 年和 1962 年分别获诺贝尔化学奖和和平奖的美国科学家 L. Pauling 身体力行地推广服用维生素 C 能保持健康、延缓衰老、预防和治疗疾病，这在科学和医学界广为流传.他 40 岁时患布赖特氏病，医生建议他服用维生素后，疾病明显好转.这启发他开始关注维生素 C 对疾病预防和治疗的作用.他于 1973 年成立了一个研究所，专门研究维生素 C 对感冒、癌症、心脏病、脑病和动脉粥样硬化的预防和治疗作用，后来的实践也证实了维生素 C 的保健作用.[9] 尽管对此有很多争议，维生素 C 对心脑血管疾病和动脉粥样硬化的预防和治疗作用已经得到临床医生的肯定.中国在天然抗氧化剂应用方面，特别是来自食物和中草药的抗氧化剂茶多酚、丹参素、银杏黄酮、五味子素等方面的工作，取得可喜结果，引起国际同行的关注.如绿茶儿茶素治疗尖锐湿疣，在五味子抗氧化的药理和化学的基础上成功地研制出治疗慢性肝炎新药联苯双酯(DDB)，为广大慢性肝炎病人提供了又一种新的治疗药.[10]

自由基的有利和有害作用之间的微妙平衡是人类(病理)生理学的重要方面之一.一方面，活性氧和活性氮的受控生产在各种信号开关的调节中起着至关重要的作用；另一方面,自由基的不平衡生成与许多疾病的发病机制高度相关,这些疾病需要应用选定的抗氧化剂来恢复体内平衡.在对氧化还原过程越来越感兴趣的时代,ESR波谱可以说是最适合此类研究的技术,因为它能够提供对自由基和抗氧化剂世界的独特见解.生物系统处于氧化状态,使用ESR波谱可以有效研究内源性长寿命自由基(抗坏血酸自由基(Asc·))、生育酚自由基(TO·),黑色素可作为标记;能产生短寿命自由基(·OH)、超氧自由基阴离子,硫和碳中心自由基,以及它们与氧化应激和氧化还原信号传导的关系;NO·的代谢,各种药物、化合物和天然产物的抗氧化特性,以及这些自由基与氧化还原相关的参数.因此ESR提供一种能在生化、生理、医学研究中发挥潜力的方法,特别是与临床科学中的ESR应用相关的表征.

用ESR技术筛选抗氧化剂,主要是检测抗氧化剂对各种自由基的清除作用,脂质过氧化过程中会产生多种自由基,检测抗氧化剂对这些自由基的清除作用是揭示脂质过氧化机理的一个重要方面.本章根据笔者所在研究组多年来研究天然抗氧化剂对自由基的清除作用的实验模型、实验技术和得到的结果、发表的文章及有关文献[1-51],现主要以茶多酚为例,对该方面的研究进行介绍和讨论.

10.1 ESR研究茶多酚对氧自由基的清除作用

在生物体系中,电子传递是一个基本反应,氧是一个重要的电子受体.氧气得到一个电子生成·O_2^-,接收两个电子转变成过氧化氢,接收三个电子转变成·OH,在转变过程中还会形成单线态氧.这些活性氧和氧自由基在脂质过氧化过程中起着重要作用.一种抗氧化剂能否抗氧化和抗氧化效率如何,一个很重要的性质就是看它对氧自由基的清除作用.茶多酚的自由基化学性质很重要,因为它们的许多抗氧化功能涉及与O_2衍生的自由基的反应,而这种反应的产物本身通常是自由基.这些产品的稳定性及其参与后续反应的能力可能对其生物学功能有相当大的影响.本节将介绍茶多酚对不同体系氧自由基的清除作用.[20-39]

10.1.1 茶多酚对多形核白细胞呼吸爆发产生氧自由基的清除作用

多形核白细胞(PMN)产生的氧自由基在免疫杀伤过程中发挥着重要的作用,但对正常细胞也有损伤作用.这一体系产生的氧自由基常常被用来检验抗氧化剂对细胞体系产生氧自由基的清除作用.图10.1(a)是用自旋捕集技术捕集的用促癌剂PMA刺激人

PMN 呼吸爆发产生的氧自由基的 ESR 波谱，这是由 $\cdot O_2^-$ 和 $\cdot OH$ 组成的复合图谱，图 10.1(b)～(g)分别是在这一体系中加入 200 mg/mL 玫瑰香精(RA)，姜黄素(Cur)，茶多酚(green tea plyphenols，GTP)，茶多酚(HPLC 分离茶多酚的第六组分，F6)，维生素 C(VitC)和维生素 E(VitE)对 $\cdot O_2^-$ 的清除作用. 由图可以看出，加入两种茶多酚几乎完全清除了这一体系产生的氧自由基，其次是维生素 C 和姜黄素，再次是玫瑰香精，维生素 E 对这一体系产生的氧自由基清除作用不明显.[20]

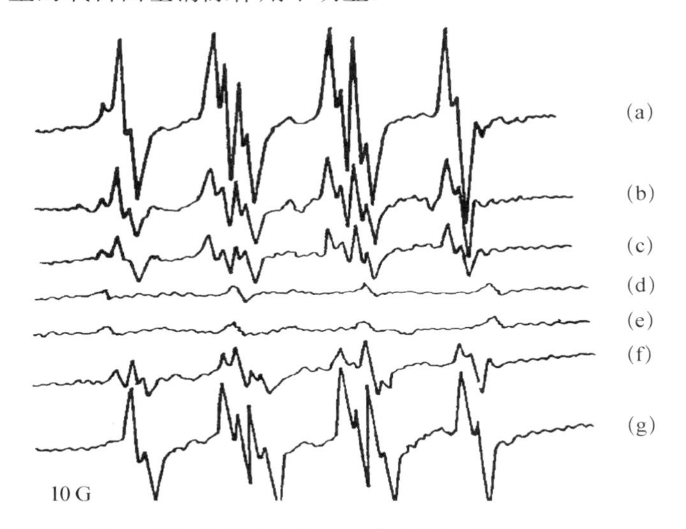

图 10.1 用 DMPO 捕集的 PMA 刺激 PMN 产生氧自由基的 ESR 波谱

(b)，(c)，(d)，(e)，(f)的条件与(a)相同，只是在其中分别加入 200 mg 姜黄素、玫瑰香精、F6、GTP、维生素 C 和维生素 E.

为了证明茶多酚是清除多形核白细胞产生的氧自由基，而不是抑制多形核白细胞呼吸爆发产生氧自由基的能力，利用自旋测氧法测量氧消耗证明了这一点(图 10.2). 在这一体系中加入这几种抗氧化剂，并没有减少多形核白细胞在呼吸爆发过程的氧消耗，说明茶多酚等只清除 PMN 在呼吸爆发过程产生的氧自由基，而没有抑制白细胞的活性.[21]

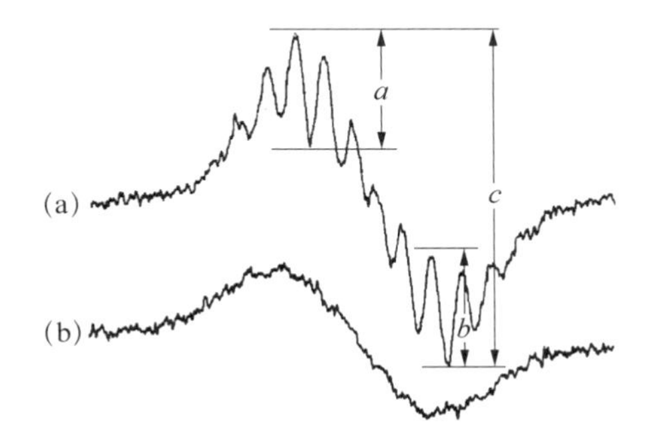

图 10.2 利用自旋测氧法测量氧消耗证明茶多酚等抗氧化剂对 PMA 刺激 PMN 呼吸爆发氧消耗没有影响

10.1.2 茶多酚对 $\cdot O_2^-$ 的清除作用

因为图 10.1(a)是 DMPO—OOH 和 DMPO—OH 的混合波谱,难于定量测定茶多酚等对羟基和 $\cdot O_2^-$ 的清除作用.为了定量测定茶多酚对 $\cdot O_2^-$ 的清除作用,利用光照核黄素/EDTA 体系产生 $\cdot O_2^-$.当把茶多酚和其他抗氧化剂加入这一体系后,$\cdot O_2^-$ 被不同程度地清除.表 10.1 列出了茶多酚和其他几种抗氧化剂对 $\cdot O_2^-$ 的清除作用,由表中的数据可以看出,维生素 C 对这一光照体系产生的 $\cdot O_2^-$ 的清除率最大,其次是两种茶多酚,再次是玫瑰香精和维生素 E,姜黄素的清除率最低.

表 10.1　茶多酚等天然抗氧化剂对光照核黄素/EDTA 体系产生 $\cdot O_2^-$ 的清除作用(%)

	PBS	VitC	VitE	F6	GTP	RA	Cur
E	0	96	23	74	72	23	17
±	0	6.4	6.1	7.4	4.7	5.1	5.5

10.1.3 茶多酚对 $\cdot OH$ 的清除作用

为了定量测定茶多酚对 $\cdot OH$ 的清除作用,利用 Fenton 反应产生 $\cdot OH$.当把茶多酚和其他抗氧化剂加入这一体系后,$\cdot OH$ 被不同程度地清除.表 10.2 列出了茶多酚和这几种抗氧化剂对 $\cdot OH$ 的清除作用.由表中的数据可以看出姜黄素对这一体系中产生的 $\cdot OH$ 的清除率最大,其次是维生素 C 和维生素 E,两种茶多酚和玫瑰香精对这一体系产生的 $\cdot OH$ 的清除作用不明显.

表 10.2　茶多酚对 Fenton 反应产生的 $\cdot OH$ 的清除作用(%)

	PBS	VitC	VitE	F6	GTP	RA	Cur
E	0	56	35	13	12	16	69
±	0	5.6	13.5	16.8	8.6	19.0	11.7

10.2 ESR 研究茶多酚对过氧亚硝基氧化活性的抑制作用

NO· 在体内具有重要的生物功能,如能防治血小板的凝聚,虽然它是内皮细胞松弛因子(EDRF),但它还是自由基,因而它化学性质活泼,反应性强,具有细胞毒性作用,在免疫杀伤过程中发挥着重要作用.最近研究发现,细胞在产生 NO· 的同时,也产生 ·O_2^-.NO· 和 ·O_2^- 具有非常高的反应速率常数(6.4×10^9 mol/(L·s)),反应形成过氧亚硝基($ONOO^-$).这是一种氧化性极强的物质,可氧化细胞膜脂和蛋白质的硫氢基,导致细胞损伤和疾病的发生.在碱性条件下,过氧亚硝基比较稳定,一旦质子化,立即分解产生类羟基和 NO_2·.实验表明,在很多病理状态下发生此类反应,因而对过氧亚硝基的研究非常引人关注.但是过去的研究多是用 $ONOO^-$ 氧化二甲基亚砜(DMSO)产生的醛类物质作为检测对象进行研究的. $ONOO^-$ 很多是通过自由基机理损伤细胞成分的.本节用自旋捕集技术直接捕集到了 $ONOO^-$ 氧化 DMSO 产生的自由基,并且通过波谱解析和计算机模拟证明是甲基自由基,还利用这个自由基产生体系研究了茶多酚和一些天然抗氧化剂对甲基自由基的清除作用和对 $ONOO^-$ 氧化活性的抑制作用.[33]

10.2.1 $ONOO^-$ 氧化 DMSO 产生甲基自由基的捕集

用 MNP 捕集 $ONOO^-$ 氧化 DMSO 产生的甲基的 ESR 波谱如图 10.3 所示.该谱由 12 条谱线组成,其中四个等同分裂强度比为 1∶3∶3∶1 的成分来自甲基的三个等同的质子,超精细分裂常数为 $a_H = 1.42$ mT.三个等同分裂强度比为 1∶1∶1 的成分来自 N 原子,超精细分裂常数为 $a_N = 1.72$ mT.用这些参数计算机模拟波谱如图 10.3 所示,二者吻合得很好.

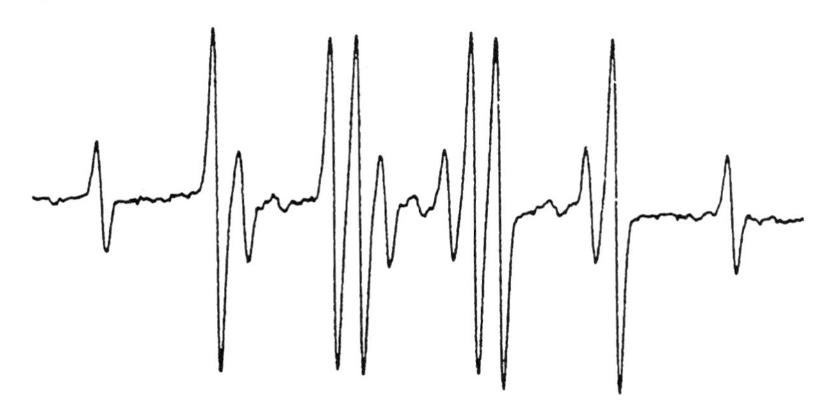

图 10.3 用 MNP(0.08 mol/L)自旋捕集 $ONOO^-$ (4.82 mmol/L)氧化 DMSO(1.4 mol/L) 产生的甲基自由基的 ESR 波谱

10.2.2 茶多酚对 $ONOO^-$ 氧化性的抑制作用

利用这一体系研究了茶多酚、槲皮素和维生素 C 对这一体系产生的甲基自由基的清除作用,即对 $ONOO^-$ 氧化活性的抑制作用. 结果发现,茶多酚对这一体系产生的甲基自由基的清除能力最强,槲皮素次之,维生素 C 最小.

多形核白细胞、内皮细胞和神经细胞等在某些病理条件下,可同时产生 $\cdot O_2^-$ 和 NO·. 考虑到 $\cdot O_2^-$ 在体内酶催化下歧化反应很快(10^9 mol/(L·s))和·OH 的短寿命(10^{-6} s),很难到达生物靶分子位置. NO·和 O_2^- ·反应的速率常数是同一数量级(6.7×10^9 mol/(L·s))的,而且它们是同时在同一种细胞中产生的,因此,它们应首先反应生成 $ONOO^-$. $ONOO^-$ 的半寿命在 pH = 7.4 时为 1.9 s,允许它扩散几个细胞的距离,能达到 $\cdot O_2^-$ 和羟基所达不到的位置,所以各种病理条件下 NO·和氧自由基的细胞毒性可能主要是通过 $ONOO^-$ 来实现的,$ONOO^-$ 攻击和损伤细胞成分很多都是通过自由基机理. 本节的内容为研究这一机理提供了可能的方法. 这一体系仅是一个化学体系,和生物体系还有较大的距离,它的优点是可以给出清楚的反应机理,因为生物体系较复杂,很难捕集和辨认产生的自由基. 过去还没有一种方法能直接检测抗氧化剂对 $ONOO^-$ 氧化产生自由基的清除作用,能否利用这一体系来检测抗氧化剂对 $ONOO^-$ 氧化活性的抑制作用呢? 这里选择了茶多酚、槲皮素和维生素 C 进行了实验,得到很好的效果,说明有些天然抗氧化剂不仅可以清除氧自由基,而且也可能防止 NO·和 $ONOO^-$ 的毒性.[42-43]

10.3 ESR 研究茶多酚对脑突触体脂质过氧化的保护作用和对脂类自由基的清除作用

机体通过酶系统和非酶系统反应产生的氧自由基攻击生物膜磷脂中的多不饱和脂肪酸引发脂质过氧化,脂质过氧化最终能引起细胞代谢和功能障碍,甚至死亡. 在中枢神经系统领域里,研究者们越来越关注氧自由基产生、脂质过氧化反应过程以及中枢神经系统损伤三者之间的关系. 大脑内相对缺乏抗氧自由基损伤的预防机制,几乎不含过氧化氢酶、谷胱甘肽过氧化物酶和 GSH,维生素 E 含量亦甚低,另外,脑内还含有大量的易氧化的多不饱和脂肪酸和铁、铜等活性金属,而且铁介导的脂质过氧化是引起细胞损伤的关键因素,故寻找铁的络合物络合多余的铁以减轻铁诱导的脂质过氧化对脑损伤具有重要的意义. 本节的目的是研究和比较四种茶多酚单体对铁诱导的脑突触体脂质过氧化损伤的保护作用,并用自旋捕集法研究比较它们清除脂类自由基的效果,以此来探讨它

们对脑突触体脂质过氧化损伤的保护机理.[34-35,44]

10.3.1 EGCG,ECG,EGC 和 EC 对脑突触体脂质过氧化损伤保护作用

茶多酚四种单体 EGCG,ECG,EGC 和 EC 的分子结构如图 10.4 所示.茶多酚四种单体对脑突触体脂质过氧化过程形成的 TBA 反应物的抑制作用如图 10.5 所示.

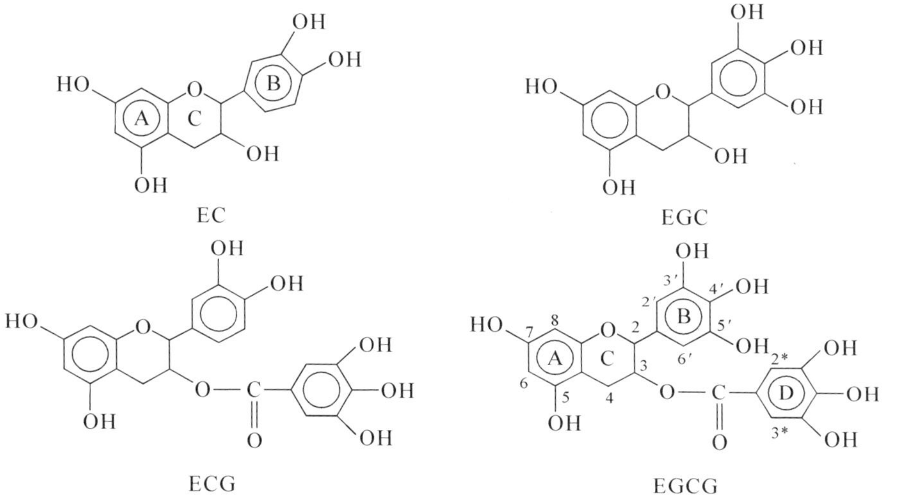

EC　　EGC

ECG　　EGCG

图 10.4　茶多酚四种单体 EGCG,ECG,EGC 和 EC 的分子结构

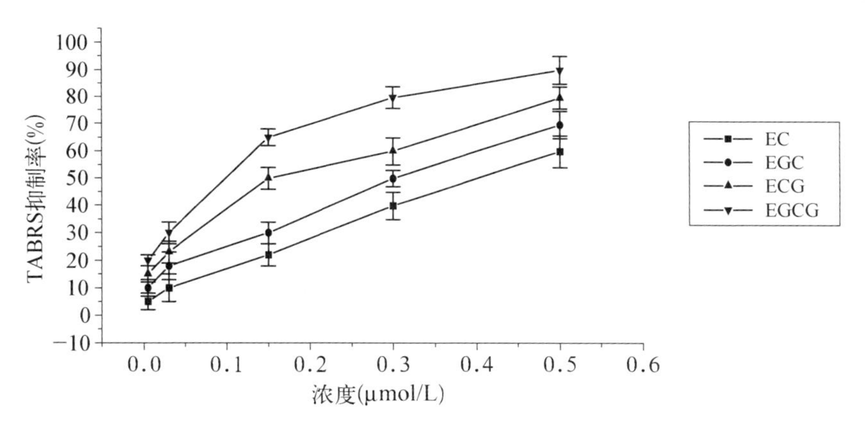

图 10.5　茶多酚单体对脑突触体脂质过氧化过程形成的 TBA 反应物的抑制作用

由图可看出,随 EGCG,ECG,EGC 和 EC 浓度的增加,TBA 反应物形成量逐渐减小,抑制率逐渐增大,并具有很好的量效关系,它们的 IC_{50} 分别是 0.35 mmol/L,

0.24 mmol/L,0.19 mmol/L 和 0.11 mmol/L,说明它们对铁离子诱导脑突触体的脂质过氧化损伤的保护作用按如下顺序增强：EGCG<ECG<GTP<EGC<EC.

10.3.2 茶多酚四种单体对脂类自由基的清除作用

Fe^{2+}/Fe^{3+} 体系启动脑突触体脂质过氧化反应后,产生的脂类自由基被4-POBN捕集后形成如图 10.8 所示的 ESR 波谱.用 ESR 图谱第二组峰高来表示突触体的脂质过氧化产生的脂类自由基和测量茶多酚单体对脂类自由基的清除率,所得结果如图 10.6 所示.

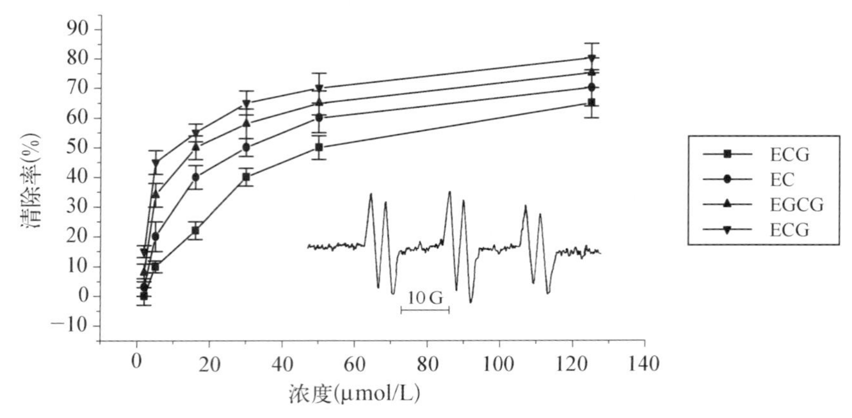

图 10.6　茶多酚单体对脑突触体脂质过氧化产生的脂类自由基的清除作用

由图可以计算出 ECG, EGCG, EC 和 EGC 的 IC_{50} 分别为 7.31 mg/mL, 14.9 mg/mL,22.14 mg/mL 和 59.28 mg/mL,因此,它们清除脂类自由基的能力也是这一顺序：ECG>EGCG>EC>EGC.

从两个方面研究比较了茶多酚四种单体对铁离子诱导的脑突触体脂质过氧化损伤的保护作用,用 ESR 自旋捕集法研究了它们对突触体脂质过氧化产生的脂类自由基的清除作用,清除能力的大小为 ECG>EGCG>EC>EGC.而以脂质过氧化终产物 TBA 反应物含量为指标用紫外分光光度法研究了它们对脂质过氧化的抑制作用,它们抑制 TBA 反应物生成的能力随 EC,EGC,ECG 和 EGCG 顺序依次增强. 虽然它们在这两方面实验中的作用效果在顺序上有所不同,但可看出 EGCG 和 ECG 的作用效果优于 EC 和 EGC.

茶多酚对脂类自由基的清除作用反映的是茶多酚对脂质过氧化过程产生脂类自由基的清除作用,它既包括铁离子诱导脑突触体脂质过氧化启动过程产生的脂类自由基,也包括脂质过氧化链式反应过程产生的脂类自由基,它给出的结果更能反映茶多酚同自由基的作用机理.用 TBA 法测量的茶多酚对脑突触体脂质过氧化的抑制作用反映的是茶多酚对脂质过氧化反应的最终产物 TBA 反应物生成的抑制作用,它给出的结果主要反映茶多酚抗氧化的总体效果和最终结果.要解释它们之间的差异,牵涉很多问题,既包括茶多酚对铁离子的络合作用,又包括茶多酚对·OH和脂类自由基的清除作用,还与茶多酚与自由基反应后形成的半醌自由基的稳定性有关.这些问题比较复杂,将在下一节详细论述.

10.4 ESR研究茶多酚不同异构体对活性氧自由基的清除作用

不同结构的茶多酚不仅具有不同的抗氧化性和对不同自由基具有不同的清除作用,而且即使相同结构但构象不同的茶多酚异构体可能对自由基也有不同的清除作用.这里选择了三对结构相同的茶多酚异构体进行了研究(图10.7),发现它们确实具有不同的抗氧化性,特别是在较低浓度时对不同的自由基具有不同的清除作用表现得更清楚.[34-35]

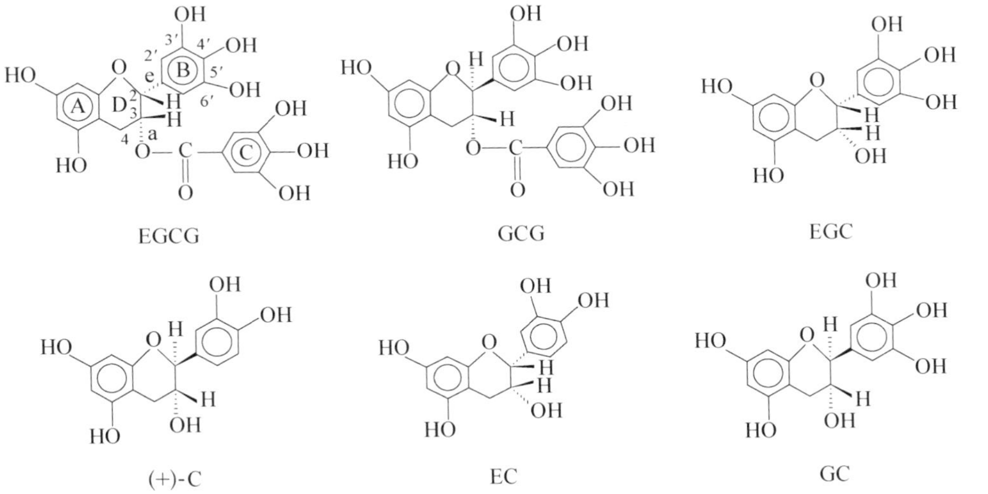

EGCG GCG EGC

(+)-C EC GC

图10.7 三对结构相同的茶多酚异构体的结构

10.4.1 茶多酚异构体对·O_2^-的清除作用

利用EDTA/光照核黄素体系产生·O_2^-,用DMPO捕集后形成DMPO—OOH自旋加合物.它的ESR谱图如图10.8(a)所示($a_N = 14.3$ G, $a_H^\beta = 11.7$ G, $a_H^\gamma = 1.3$ G).加入

茶多酚六种异构体后，随它们的浓度不同，产生的 ESR 信号也不同. 下面以单体 EGCG 为例，详细分析这些变化过程. 当 EGCG 浓度从 0.01 mmol/L 增大到 0.02 mmol/L 时，它对 $\cdot O_2^-$ 的清除率增大，分别为 64.9%和 76.2%(图 10.8). 从图中还可以看出，茶多酚六种异构体在这两种浓度时的清除效果随以下顺序依次增强：EC＜(+)-C＜EGC＜GC＜EGCG＜GCG，即 3 位上多一个没食子酸基团(CH(OH)COO)的 GCG 和 EGCG 的清除作用强于 GC,EGC,EC 和(+)-C,在 5 位上多一个羟基基团的 EGC 和 GC 的清除作用强于 EC 和(+)-C. 而且发现，它们空间结构的差异对它们的清除作用有影响，GCG,GC 和(+)-C 的清除效果分别优于它们的异构体 EGCG,EGC 和 EC,且在低浓度时，这种清除效果的差异更显著.

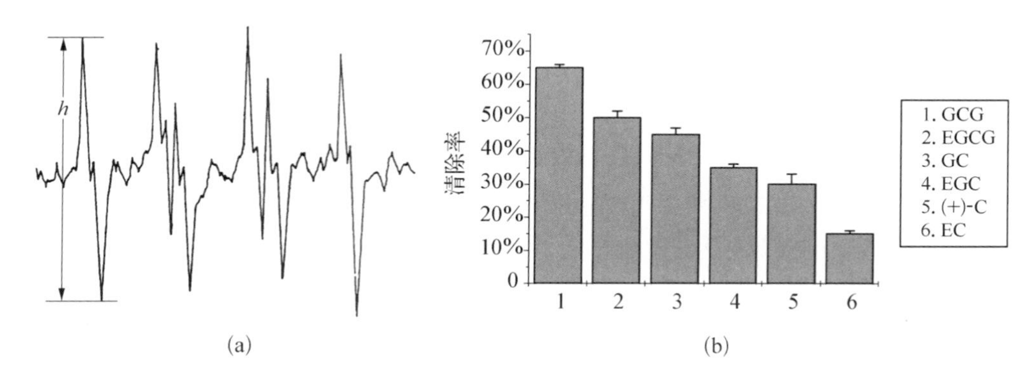

图 10.8 用 DMPO 捕集光照核黄素/EDTA 产生的自由基 ESR 波谱(a),以及茶多酚异构体 ECG,EGCG,GC,EGC,(+)-C 和 EC 对光照核黄素/EDTA 产生的 $\cdot O_2^-$ 的清除作用(b)

当 EGCG 浓度在 0.02 mmol/L 时，有三种自由基同时存在：EGCG，$\cdot O_2^-$ 反应生成的 $\cdot$OH 和 EGCG 自由基. DMPO 与 EGCG 自由基形成的加合物的超精细分裂常数为 $a_N = 15.6$ G 和 $a_H^\beta = 21.5$ G. 随着 EGCG 浓度继续增大，$\cdot O_2^-$ 的 ESR 信号消失，同时，$\cdot$OH 和 EGCG 自由基信号增大，DMPO—OH 加合物以及 DMPO 与 EGCG 自由基形成的加合物的 ESR 信号强度随 EGCG 浓度变化. 当 EGCG 浓度达到 0.2 mmol/L 和 1.0 mmol/L 时，EGCG 自由基和 $\cdot$OH 浓度分别达到最大，然后，它们随着 EGCG 浓度继续增大而减小.

实验结果还发现，GCG,GC 和 EGC 的浓度与 ESR 信号变化关系与上述 EGCG 的一致，即它们的浓度在 0.02 mmol/L 时，同时存在 O_2^-，GCG(或 GC 或 EGC)与 $\cdot O_2^-$ 反应生成的 $\cdot$OH 和相应的茶多酚异构体自由基；浓度在 0.2 mmol/L 和 1.0 mmol/L 时，相应茶多酚异构体的自由基和 $\cdot$OH 浓度分别达到最大，然后，它们随异构体浓度继续增大而减小. 然而，EC 和(+)-C 作用所得的结果与以上四种单体的作用结果不同，它们的浓度增大到0.2 mmol/L 时才同时出现三种自由基. 浓度在 1.0 mmol/L 和 2.0 mmol/L 时，EC 和(+)-C 自由基以及 $\cdot$OH 浓度分别达到最大，然后它们才随异构体浓度继续增大而减小. 但是 DMPO 与这六种异构体自由基形成的加合物的超精细分裂常数都相同.

10.4.2 茶多酚异构体对单线态氧清除作用

利用光照血卟啉产生单线态氧，单线态氧被 TEMPONE 捕集形成的自旋加合物的 ESR 谱图如图 10.9 所示. 它的超精细分裂常数为 $a_N = 15.6$ G. 血卟啉光照产生的单线态氧 $^1O_2$ 的浓度随时间增加，当光照 12 min 时，它的浓度达到最大，而后随光照时间的延长迅速衰减(图 10.9). 从图中还可以看出，加入茶多酚六种异构体(以 GC 为例)改变了血卟啉光照产生单线态氧的动力学过程. GC 浓度在 0.1 mmol/L 时，它加速了单线态氧的产生，达到最大值的时间缩短，最大值降低. 随 GC 的浓度增加，单线态氧的产生速率降低，达到最大值的时间逐渐前移，最大值显著降低. 其他茶多酚异构体的作用效果类似.

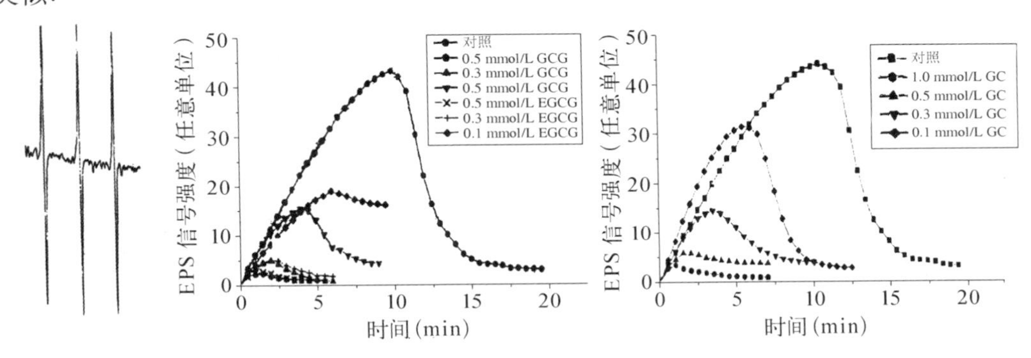

图 10.9　用 TEMPONE 捕集的光照血卟啉产生的单线态氧的 ESR 波谱，以及 GC，GCG 和 EGCG 对光照血卟啉产生的单线态氧的清除作用

图 10.9 是空间异构体 GCG 和 EGCG 浓度对单线态氧清除效果的影响. 从图中可以看出，当 GCG 和 EG 在高浓度时(例如在 0.5 mmol/L 和 0.3 mmol/L 时)，它们对光照血卟啉产生单线态氧的动力学影响无显著性差异，即对单线态氧的清除能力没有显著不同. 当它们的浓度降到 0.1 mmol/L 时，GCG 和 EGCG 对光照血卟啉产生单线态氧的动力学影响有显著性差异，它们使血卟啉产生单线态氧达到最大值的时间分别是 4 min 和 6 min，且在最大值处，GCG 清除单线态氧的效果优于 EGCG 的清除效果. 这些结果提示，当它们在高浓度时，空间结构的差异对它们清除单线态氧的作用影响不明显，而在低浓度时，它们的空间结构则对它们清除单线态氧的能力产生影响，且 GCG 的清除效果好于 EGCG. 类似地，在高浓度时立体异构体 GC 和 EGC 以及(+)-C 空间结构的差异对它们清除单线态氧的作用无影响，而在低浓度时，它们的空间结构则对它们清除单线态氧的能力产生影响，且 GC 和(+)-C 的清除效果分别好于 EGC 和 EC.

表 10.3 显示了茶多酚六种异构体浓度与光照血卟啉产生单线态氧达到最大值的时

间(MT)和最大值(MV)之间的关系.达到最大值的时间越短和最大值降低越多,表明该茶多酚单体对单线态氧的清除能力越强,从表中可以看出,它们对单线态氧的清除效果随以下顺序依次增强：EC((+)-C)＜EGC(GC)＜EGCG(GCG).

表 10.3　茶多酚异构体与光照血卟啉产生单线态氧达到最大值的时间(MT)(min)和最大值(MV)(相对单位为 cm)之间的关系

浓度(mmol/L)		1.0	0.5	0.3	0.1
ECG	MV		2.4	4.9	15.5
	MT		1.5	2.0	4.0
EGCG	MV		2.7	5.1	19.2
	MT		1.5	2.0	6.0
GC	MV		4.8	12.0	22.0
	MT		1.5	3.0	6.0
EGC	MV		5.0	12.4	28.5
	MT		1.5	3.0	7.0
(+)-C	MV	3.5	7.2	14.0	42.3
	MT	1.5	2.5	3.5	12.5
EC	MV	3.7	7.6	18.0	42.1
	MT	1.5	2.5	4.5	12.5

注：MV 代表在不同茶多酚异构体存在时光照血卟啉产生单线态氧的最大值;MT 代表在不同茶多酚异构体存在时光照血卟啉产生单线态氧的最大值所需的最长时间(min).

10.4.3　茶多酚异构体对 AAPH 分解产生的烷类自由基的清除作用

AAPH(2,2′-azobis(2-amidinopropane)hydrochloride)是一种常用的水溶性烷类自由基产生剂，在 37 ℃的水溶液中,它能自发分解产生碳中心的烷类自由基.此类自由基被 4-POBN 捕集后,形成如图 10.10 所示的 ESR 图谱,它的超精细分裂常数为 $a_N = 12.2$ G, $a_H = 2.4$ G.茶多酚六种异构体清除 AAPH 分解产生的烷类自由基的结果如图 10.11 所示.研究发现,这些异构体浓度在 0.01～0.10 mmol/L 范围内对 AAPH 分解产生的烷类自由基有很好的清除作用,且呈浓度依赖性.清除效果随以下顺序依次增强：EC＜(+)-C＜EGC＜GC＜EGCG＜GCG.还发现,它们空间结构的差异对它们的清除作用有影响,GCG、GC 和(+)-C 的清除效果分别优于 EGCG,EGC 和 EC,且在低浓度时,这种清除作用的差异更显著.

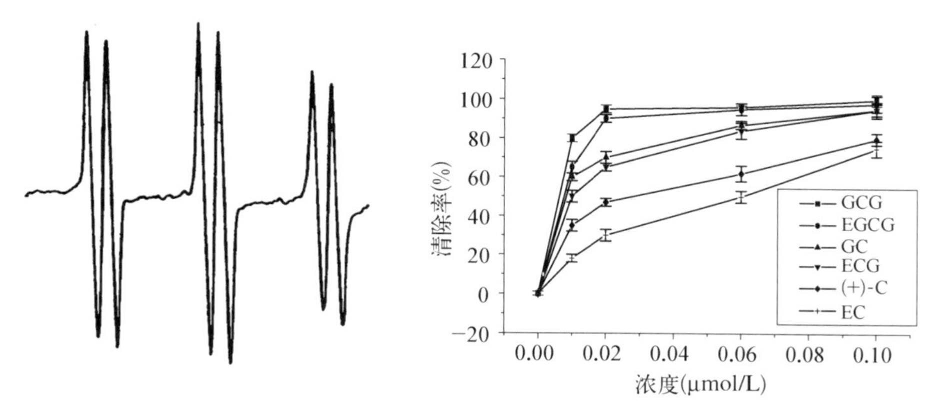

图 10.10　4-POBN 捕集 AAPH 分解产生烷类自由基的 ESR 波谱及茶多酚异构体对 AAPH 分解产生的烷类自由基的清除作用

8.4.4　茶多酚异构体对 DPPH 自由基的清除作用

图 10.11 是 DPPH(1,1-diphenyl-2-pycrylhydrazyl) 自由基的 ESR 图谱,图中显示了茶多酚异构体在两种不同浓度时对 DPPH 自由基的清除作用.从图中可以看出,随茶多酚六种单体浓度从 12.5 μmol/L 增加到 25 μmol/L,它们对 DPPH 自由基的清除率增加,而且在两种不同浓度时,对 DPPH 自由基清除效果都是依下列顺序增强的:GCG>EGCG>GC>EGC>EC>(+)-C.从图中还可以发现,它们空间结构的差异对它们的清除作用有影响,GCG,GC 和(+)-C 的清除效果分别优于 EGCG,EGC 和 EC,在低浓度时,这种清除作用的差异更显著.另外,GCG 和 EGCG 空间结构上的差异对它们的清除作用影响更显著.

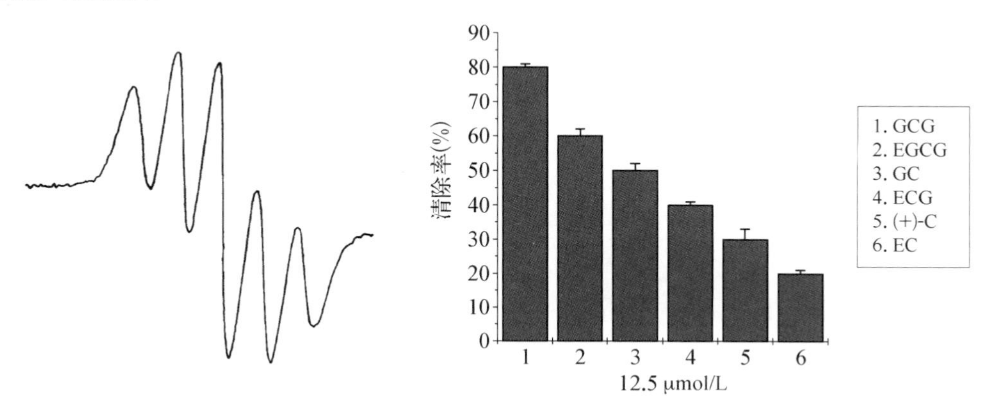

图 10.11　在乙醇中 DPPH 的 ESR 波谱及茶多酚单体对 DPPH 自由基的清除作用

以上结果清楚地表明,不仅不同结构的茶多酚对不同的自由基有不同的清除作用,而且,相同结构的不同异构体对不同自由基也有不同的清除作用.这对于了解为什么在天然茶叶中存在不同茶多酚异构体和考虑使用茶多酚作为抗氧化剂具有重要的意义.

10.5 ESR研究茶多酚清除氧自由基的分子机理

为了深入了解茶多酚对氧自由基的清除机理和抗氧化机理,本节从茶多酚四种单体对铁离子的络合作用,在无铁离子体系中对·OH和脂类自由基的清除作用,以及它们与自由基反应后生成的半醌自由基的稳定性等方面加以阐述,并从茶多酚的结构出发深入分析茶多酚四种单体清除氧自由基的反应活性位点.[29-31]

10.5.1 用摩尔比法测定茶多酚对Fe(Ⅲ)的络合比

在上节中测量的茶多酚单体对脑突触体脂质过氧化产生的TBA反应物的抑制作用和对脂类自由基的清除作用都是在铁诱导体系中得到的.铁离子是诱导脂质过氧化的重要因子,因此茶多酚四种单体对铁离子的络合作用的差别必须加以考虑.这里,首先检查用摩尔比法定量测定的茶多酚四种单体对铁离子的络合分子比,其结果如下:

EGC,3∶2; EGCG,2∶1; ECG,2∶1; EC,3∶1

它们对铁离子的络合强度顺序为EGC>EGCG=ECG>EC.这一结果表明茶多酚对铁离子的络合作用在其抗氧化作用方面起一定作用,但茶多酚对铁离子的络合作用对脑突触体脂质过氧化的保护作用不是唯一因素.下面再来检查茶多酚对·OH的清除作用.

10.5.2 茶多酚单体对光照过氧化氢体系产生的·OH的清除作用

起动脂质过氧化的另一个重要因子是·OH,因此用DMPO来捕集光照过氧化氢产生的·OH.这里没有铁离子的参与因而排除了铁离子的干扰,可以直接检验茶多酚对羟基的清除作用.以谱图第二峰高表示DMPO—OH的浓度,以100%来表示对照组DMPO—OH的浓度.当ECG的浓度为0.75 mmol/L时,它能清除46.5%的羟基,EC在此浓度时能清除19.1%的羟基,其他三种物质在此浓度时都不能清除羟基,当EGCG的浓度增加到1.5 mmol/L 时，它能清除 61.1%的羟基，浓度增加到 3.75 mmol/L 时，它能清除 84.2%的羟基. 而当 EGC 的浓度增加到 7.5 mmol/L 时，它还没有表现出对 · OH 的清除能力. 因此，在这一体系中，茶多酚单体清除 · OH 的顺序为：ECG＞EC＞EGCG＞EGC. 这一结果和它们清除脑突触体脂质过氧化产生脂类自由基的结果有一些一致的地方. 说明虽然脑突触体脂质过氧化过程产生的脂类自由基是由铁离子诱导的，但 · OH 在其中发挥了一定作用. 当考虑它们对脂质过氧化的抑制作用时，必须考虑其他因素.

10.5.3 茶多酚单体 EGCG，ECG，EGC 和 EC 对无铁体系产生的脂类自由基的清除

脂氧酶作用于卵磷脂后产生脂类自由基，被 4-POBN 捕集形成与图 3.8 类似的 ESR 波谱. 这里也没有铁离子参与，可以直接检测茶多酚对脂类自由基的清除作用. EGCG，ECG，EGC 和 EC 清除脂类自由基的 IC_{50} 值分别为 0.37 mmol/L，0.46 mmol/L，0.27 mmol/L 和 0.30 mmol/L，所以它们清除脂类自由基的能力如下：ECG＞EGCG＞EGC＞EC. 这一结果和茶多酚对脑突触体脂质过氧化过程产生的脂类自由基的清除作用中，前半部分一致，但后半部分不一致，和茶多酚对脑突触体脂质过氧化抑制作用后半部分一致，但和前半部分不一致. 而总体结果是一致的，说明脂类自由基在脂质过氧化过程中发挥着极其重要的作用. 为了完全解释茶多酚对脑突触体脂质过氧化的抑制作用，还需考虑其他因素.

10.5.4 茶多酚单体与氧自由基反应生成自由基的稳定性

茶多酚与氧自由基反应形成半醌自由基，半醌自由基的稳定性对茶多酚清除氧自由基和抑制脂质过氧化的能力是一个重要因素. 这里用 ESR 直接观察茶多酚四种单体与氧自由基反应形成的半醌自由基随时间的变化，其中 EGCG，ECG 和 EC 形成的半醌自由基的稳定性如图 10.12 所示. 因为 EGC 形成的半醌自由基太不稳定，这里没有给出它的稳定性.

这一结果和茶多酚抑制脑突触体脂质过氧化的结果基本一致，说明了茶多酚与氧自由基反应形成的半醌自由基的稳定性在抑制脂质过氧化形成最终产物的整体效果方面起主要作用.[33-34]

这些结果说明了在保护脂质过氧化损伤机理中，以上四个方面都起着重要的作用，表现出来的总效果是 EGCG，ECG 的作用优于 EGC 和 EC.

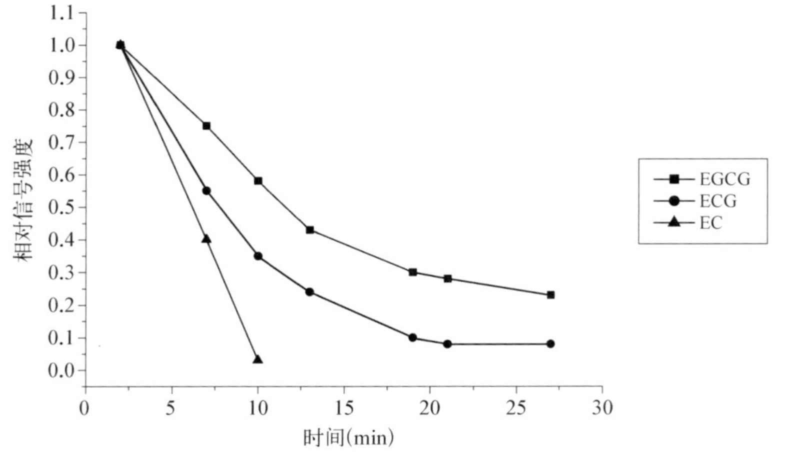

图 10.12　茶多酚单体 EGCG,ECG 和 EC 形成的半醌自由基的稳定性

10.5.5　茶多酚单体与自由基反应的活性位点

为了深入研究茶多酚清除氧自由基和抗氧化的分子机理,需要从茶多酚的分子结构出发,研究它们与氧自由基反应的活性位点.茶多酚自氧化可以产生半醌自由基,半醌自由基在碱性条件下可以保持稳定一段时间.用 ESR 检测它们形成的半醌自由基的结构可以给出这方面的信息.下面通过研究四种茶多酚单体溶于 1 mol/L NaOH 中形成的半醌自由基的 ESR 波谱进行分析.

图 10.13 给出了 EGCG 在碱性条件形成的半醌自由基的 ESR 波谱,它是由 12 条强度比为 1∶1∶2∶2∶1∶1∶1∶1∶2∶2∶1∶1 的谱线组成的 ESR 波谱,其中超精细分

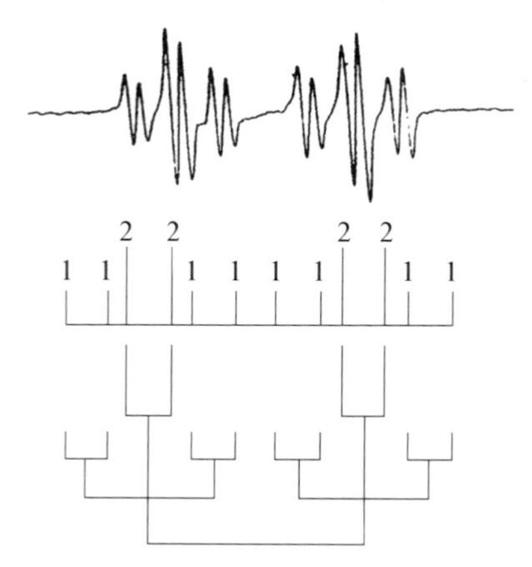

图 10.13　EGCG 在碱性条件下自氧化产生的自由基的 ESR 波谱

裂常数为 $a_{H1}=3.71$ G，$a_{H2}=0.96$ G，$a_{H3}=0.32$ G. 由此可以推论，EGCG 与氧自由基的反应过程和活性位点为

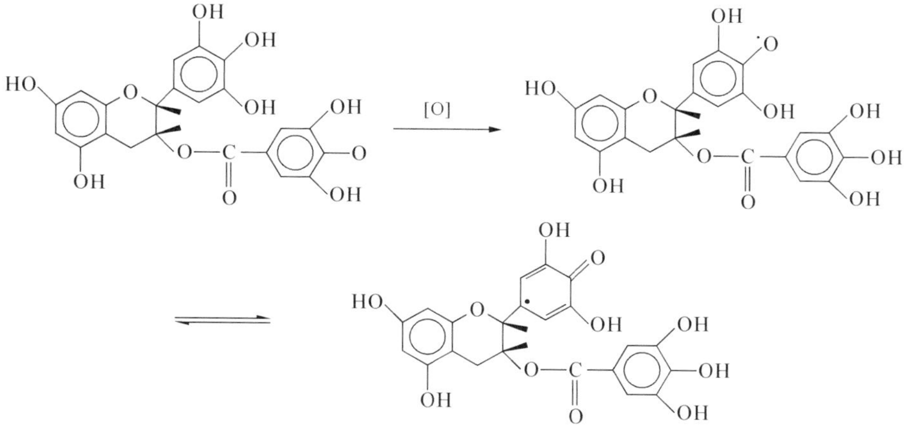

图 10.14 给出了 ECG 在碱性条件形成的半醌自由基的 ESR 波谱，它是由 6 条强度

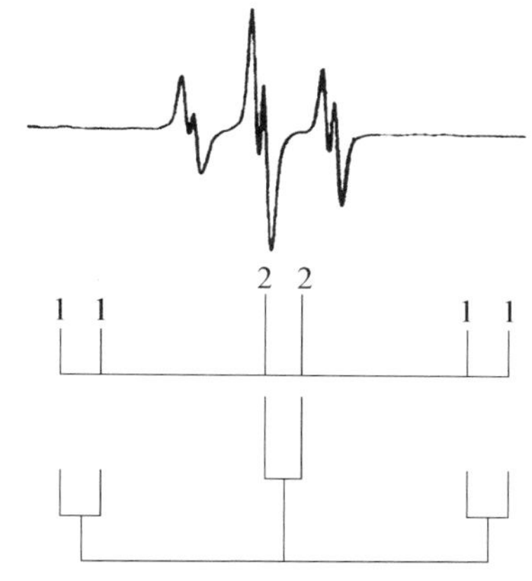

图 10.14　ECG 在碱性条件下自氧化产生的自由基的 ESR 波谱

比为 1∶1∶2∶2∶1∶1 的谱线组成的 ESR 波谱，其中超精细分裂常数为 $a_{H1}=0.19$ G，$a_{H2}=1.09$ G. 由此可以推论，ECG 与氧自由基的反应过程和活性位点为

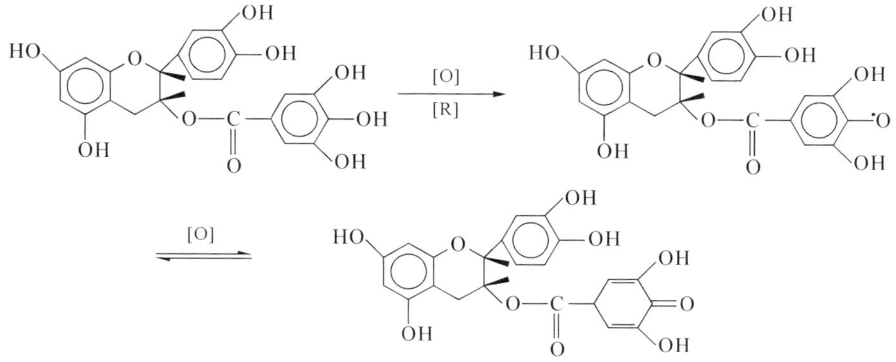

图 10.15 给出了 EC 在碱性条件形成的半醌自由基的 ESR 波谱，它是由 14 条强度

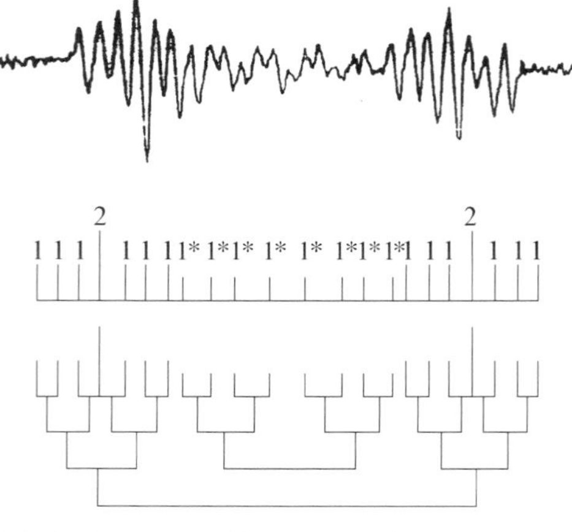

图 10.15　EC 在碱性条件下自氧化产生的自由基的 ESR 波谱

比为 1∶1∶1∶2∶1∶1∶1∶1∶1∶2∶1∶1∶1 的谱线组成的 ESR 波谱，其中超精细分裂常数为 $a_{H1}=1.02$ G，$a_{H2}=0.16$ G，$a_{H3}=0.48$ G. 由此可以推论，EGCG 与氧自由基的反应过程和活性位点为

表儿茶酸(epicatechin,EC)

图 10.16 给出了 EGC 在碱性条件形成的半醌自由基的 ESR 波谱，它是由 6 条强度

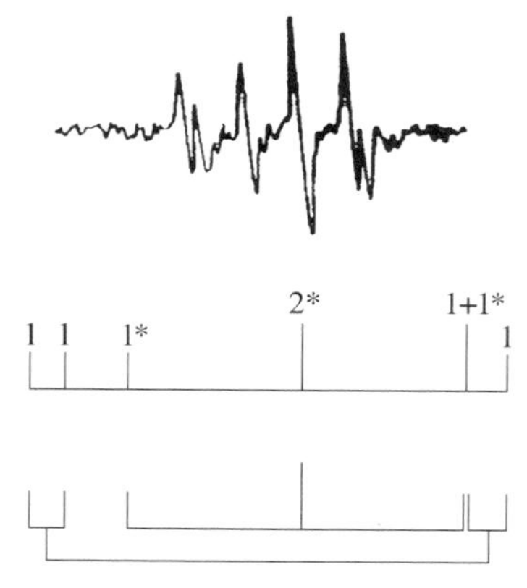

图 10.16　EGC 在碱性条件下自氧化产生的自由基的 ESR 波谱

比为 1∶1∶1∶2∶2∶1 的谱线组成的 ESR 波谱. 这一波谱是由一系列变化而形成的，在第一个自由基中超精细分裂常数为 $a_{H1} = 1.31$ G，$a_{H2} = 0.13$ G，在第二个自由基中超精细分裂常数为 $a_{H1} = 1.13$ G，$a_{H2} = 0.13$ G，$a_{H3} = 0.51$ G. 由此可推论，EGC 与氧自由基的反应过程和活性位点为

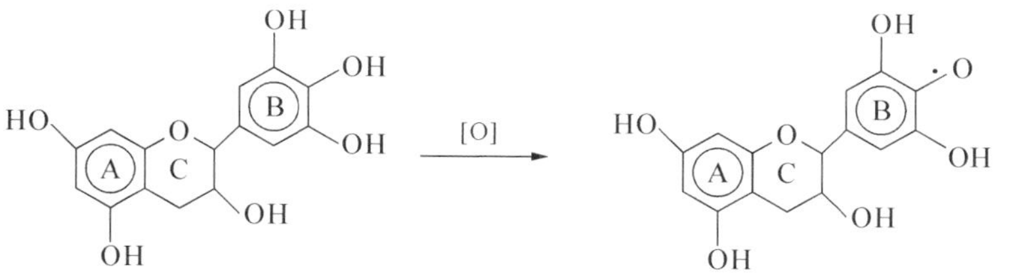

表没食子儿茶素(epigallocatechin, EGC)

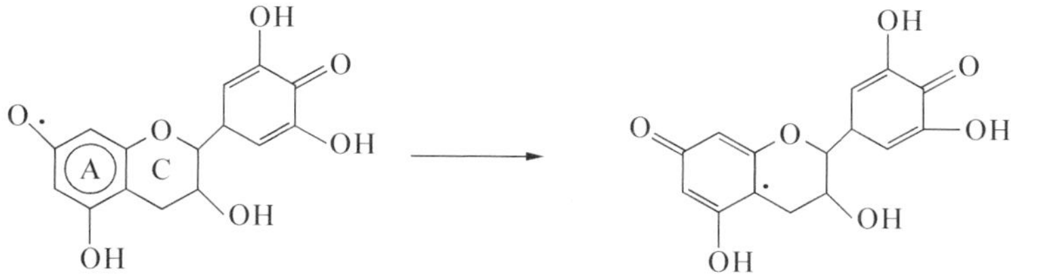

10.5.6 pH 对绿茶多酚、表没食子儿茶素没食子酸酯和没食子酸反应中铜(Ⅱ)形态的影响

在流体和冷冻状态下，通过多频（X 波段和 S 波段）ESR 波谱研究了铜（Ⅱ）与表没食子儿茶素没食子酸酯（EGCG）和没食子酸（GA）反应中作为 pH 函数的变化. ESR 波谱图显示每种多酚形成三种不同的物质，这些物质被解释为一种单核和两种双核配合物. 然而，双核或聚合物配合物在 pH 为 4～8 的 Cu（Ⅱ）形态中占主导地位，只有在碱性 pH 条件下，这些单核配合物才能对金属形态做出明显贡献. 每个单核配合物在流体溶液中都显示出线宽各向异性，这是通过分子运动对自旋哈密顿参数进行不完全平均的结果. 通过使用刚性极限谱模拟确定的参数分析流体溶液谱的线形各向异性，估计了单个配合物的旋转相关时间. 这些表明分子量随着 pH 的增加而增加，作为铜配体的多酚分子数量的配位增加，或者多酚二聚体作为配体越来越多地参与铜配位. 不同 pH 下 Cu-EGCG 配合物在流体溶液中的代表性 X 波段 ESR 波谱，随着 pH 增加，复合物Ⅰ消失，复合物Ⅱ和复合物Ⅲ相继出现，与此同时也出现了一个自由基信号.[63]

10.5.7 时间分辨ESR波谱研究绿茶多酚和高活性氧形成的短寿命苯氧自由基

多酚是有效的抗氧化剂,其行为已被深入研究.然而,尚未实现在氢原子转移(HAT)后立即形成的物质的结构特征,这是氧化应激的关键反应.采用时间分辨ESR波谱在分子水平上实时研究了儿茶素和绿茶多酚与高活性O中心H-提取物质的反应.这反映了高活性氧与多酚的反应.结果表明,所有酚羟基表现出基本相同的反应性.因此,氢原子转移没有位点特异性,初始主要由统计(熵)因素决定.[64]

10.6 ESR研究其他抗氧化剂对自由基的清除作用

除了茶多酚以外,还有很多抗氧化剂可以清除有害自由基,保证人体健康.下面举几个用ESR研究的例子,有类胡萝卜素、虾青素、原花青素、白藜芦醇、小檗胺、芦丁和金毛菊中分离的特噻吩衍生物和类黄酮类.

10.6.1 ESR和ENDOR研究类胡萝卜素的抗氧化能力

类胡萝卜素是生命中不可或缺的分子.它们存在于各种植物、藻类、细菌中,可以防止自由基和氧化应激.通过食用类胡萝卜素以及一些含类胡萝卜素的水果和蔬菜,它们被引入人体并同样发挥保护作用,食用类胡萝卜素对健康有许多益处.类胡萝卜素是抗氧化剂,但同时它们本身容易氧化.类胡萝卜素损失电子形成自由基阳离子.此外,自由基阳离子的质子损失形成中性自由基.通过各种物理化学方法研究的类胡萝卜素自由基,即电子转移形成的自由基阳离子和自由基阳离子质子损失形成的中性自由基.由于电子自旋和类胡萝卜素中的许多质子之间的相互作用,它们包含许多类似的超精细耦合.不同的ESR和ENDOR方法已被用于区分两种独立的类胡萝卜素自由基.ESR和ENDOR有助于阐明类胡萝卜素吸附在固体人工基质上时发生的物理吸附、电子和质子转移过程,并预测水溶液或植物中的类似反应.经过多年对类胡萝卜素自由基的物理化学特性的研究,将不同的已发表结果开始合并在一起,以便更好地了解类胡萝卜素自由基及其在生物系统中的含义.但淬灭能力和中性自由基形成之间的相关性是寻找这些自由基的灵感.此外,ESR自旋捕集技术已被应用于研究具有不同递送系统的类胡萝卜素

包涵体复合物,类胡萝卜素自由基化学被逐步阐明.[65]

10.6.2 通过ESR研究推断出虾青素的独特抗氧化性质

虾青素在体内具有很强的抗氧化性,在消除自由基方面的能力均强于β-胡萝卜素.虾青素的结构如图10.17所示.虾青素能促进抗体的产生、增强宿主的免疫功能.细胞和在体实验都证明虾青素可以提高免疫力.虾青素可以提高小鼠脾脏细胞受羊红细胞作用产生的抗体,可以部分作用到T细胞上,尤其是T辅助细胞上.虾青素可以使老年小鼠体液免疫反应增强.研究发现,虾青素可以减少小鼠患癌风险.在两组喂食致膀胱癌小鼠实验中,一组添加虾青素,另一组不添加虾青素,经过20周,从解剖小鼠膀胱发现,不添加虾青素的小鼠膀胱癌发病率为42%,而添加虾青素小鼠膀胱癌发病率仅为18%,有显著差异.在细胞和分子水平上,虾青素通过各种机制对抗氧化损伤,包括抑制单线态氧、清除自由基、抑制脂质过氧化和调节相关基因表达.[54]虾青素的抗氧化潜力很大程度上归因于它与细胞膜脂的相互作用.[55]与其他类胡萝卜素(如番茄红素和β-胡萝卜素)相比,由于其极性结构,虾青素可在不破坏膜的情况下并入膜中,降低脂质过氧化氢水平,且不会产生有害的促氧化作用[56];事实上,虾青素对脂质过氧化的抑制作用与其在膜内和膜两侧捕集ROS的能力有关.[57-58]越来越多的证据表明,ASX通过减少线粒体活性氧(mtROS)的产生、增加虾青素的生成、线粒体含量和呼吸链复合体的活性来改善线粒体功能.[66]

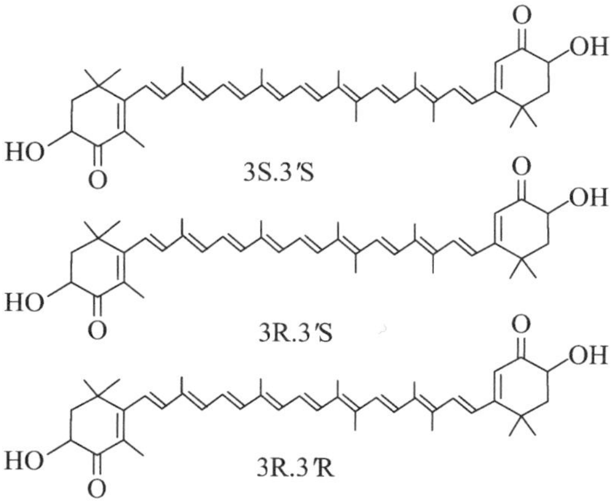

图10.17 虾青素分子结构立体异构体

由虾青素对雨生红球藻藻类的光保护研究表明,积累的虾青素起到抗氧化应激损伤的保护剂的作用,并且在富含虾青素的细胞中对过量ROS的耐受性更大.然而,ESR对类胡萝卜素的光学和电化学表明,虾青素作为保护剂的效率可能与其同金属形成螯合物络合物和酯化的能力有关，无法以酯形式聚集，其高氧化电位以及在金属离子和高光照下形成质子损失中性自由基的能力有关. 自由基阳离子去质子化形成的中性自由基在高辐照下可以非常有效地淬灭叶绿素的激发态.[64-65]

通过脉冲ESR测量二氧化硅-氧化铝人工基质上紫外产生的自由基，并用DFT计算表征了虾青素的正辛酸单酯和正辛酸二酯的自由基中间体. 以前的虾青素ENDOR检测发现由C3(或C3′)位置和甲基质子损失形成的自由基阳离子和中性自由基. 在C3(或C3′)位置形成的虾青素中性自由基的去质子化导致自由基阴离子. 虾青素的最低能量的中性自由基是在末端环的C3(或C3′)位置形成质子损失，然后在多烯链的甲基处形成质子损失. 与虾青素相反，质子损失可能发生在对称自由基的两端，对于虾青素的二酯，这种损失在环己烯末端被阻止，并且因其甲基而受到攻击. 然而，虾青素的单酯允许在C3′处形成中性自由基，并阻止其在酯基连接的另一端形成. 类似于已经发表的虾青素结果表明，在没有酯基连接的末端环上，质子从羟基迁移到羰基有助于共振稳定. 然而，CW-ESR显示没有形成单酯自由基阴离子的证据. 这项研究表明虾青素及其酯的不同自由基在优选疏水或亲水环境中形成，取决于它们的结构.[67]

已知抗氧化剂虾青素在不利于正常细胞生长的环境条件下积聚在雨生红球藻中. 积累的虾青素起到抗氧化应激损伤的保护剂的作用，并且在富含虾青素的细胞中对过量活性氧的耐受性更大. 然而，ESR研究类胡萝卜素的光学和电化学表明，虾青素作为保护剂的效率可能与其与金属形成螯合物络合物和酯化的能力有关，无法以酯形式聚集，其高氧化电位以及在金属离子存在下在高照明下形成质子损失中性自由基的能力有关. 自由基阳离子去质子化形成的中性自由基在高辐照下可以非常有效地淬灭叶绿素的激发态.[68]采用高效液相色谱(HPLC)和ESR实验对树枝状芽孢杆菌膜进行研究，研究不同类型类胡萝卜素掺入率的影响. 在液相膜的情况下，发现极性类胡萝卜素，如虾青素和顺式虾青素，增加了ESR顺序参数，降低了运动自由度和相变温度. 相比之下，非极性类胡萝卜素β-隐黄质和β-胡萝卜素降低了ESR序参数，增加了运动自由度和相变温度.[69]

10.6.3 ESR调节白藜芦醇对自由基的清除作用

白藜芦醇(3,4′,5-三羟基二苯乙烯)的结构如图10.18所示，是一种具有临床证明活性的营养保健品. 白藜芦醇是一种在桑葚、葡萄和红酒中发现的多酚化合物，由于其潜在的抗氧化活性，对各种退行性疾病具有明显的保护作用，因此受到了相当大的关注. 然而，文献中缺乏白藜芦醇超氧化物清除能力的直接证据. 一项研究采用ESR波谱结合5-(二乙氧基磷酰基)-5-甲基吡咯啉-N-氧化物(DEPMPO)-自旋捕集技术来确定白藜芦醇清除超氧化钾和黄嘌呤氧化酶/黄嘌呤系统产生的 $\cdot O_2^-$ 的能力. 首次证明，白藜芦醇的存在导致超氧化钾和黄嘌呤氧化酶/黄嘌呤系统中DEPMPO-超氧化物加合物(DEPMPO-OOH)的形成减少，表明白藜芦醇可以直接清除 $\cdot O_2^-$. 然而，与在钾超氧化物系统中观察到的相比，发现黄嘌呤氧化酶/黄嘌呤系统中 DEPMPO-OOH 的抑制更有效. 进一步表明，白藜芦醇还可以直接抑制黄嘌呤氧化酶活性，如氧气消耗和脲酸的形成所评估的那样. 综上所述，白藜芦醇在直接清除超氧化物和抑制其通过黄嘌呤氧化酶的产生方面的双重作用可能至少部分解释了该化合物在各种疾病过程中对氧化损伤的保护作用. 为了证明上述结论，我们研究了电子束照射(EBI)剂量为 25 kGy 对白藜芦醇(RSV)的稳定性和抗氧化特性的影响，采用 ESR 方法评价照射后自由基的浓度. 电子束照射诱导的自由基引起的化学结构的微小变化通过傅里叶变换红外(FTIR)光谱法证实. HPLC 和 HPLC-MS 分析排除了辐照后降解产物的出现. 此外，HPLC 分析证实没有反式到顺式白藜芦醇的转化. 使用 DPPH，ABTS，CUPRAC 和 FRAP 技术研究了照射后白藜芦醇抗氧化潜力的变化. 经证实，电子束照射对基于 HAT 机制测试的抗氧化性能有有利影响(DPPH 和 CUPRAC 测试的增加)，即通过亲核试剂(如硫酸铵)与氢氧自由基的反应，生成硫酸根自由基，然后硫酸根自由基与底物发生氧化反应，生成硫酸根酰氧自由基，最后进行氢转移，步骤如下：硫酸根酰氧自由基与底物中的氢原子发生氢转移反应，生成相应的醇或醚.[70]

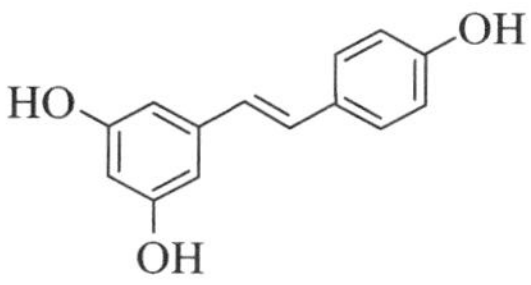

图 10.18　白藜芦醇的分子结构

通常采用基于荧光的方法测量抗氧化剂对荧光探针的保护能力，使用 ESR 自旋捕集技术直接量化自由基水平. 此外，基于自旋捕集的方法采用偶氮引发剂的受控紫外光解生成自由基，但在荧光法中，通常采用偶氮引发剂的热分解. 使用甲基化 β-环糊精作为增溶剂，确定了七种众所周知的亲脂性抗氧化剂(五种类黄酮、白藜芦醇和虾青素)的自由基清除能力. 结果表明，自旋捕集和基于荧光的值之间存在一致性. 典型的自由基清除能力为：儿茶素为 0.96；表儿茶素为 0.94；表没食子儿茶素没食子酸酯为 1.3；山奈酚为 0.37；杨梅素为 3.2；白藜芦醇为 0.64；虾青素为 0.28，这表明杨梅素在测试的化合物中具有最高的抗氧化能力. 为了探索使用特殊功能化纳米乳液去除自由基的可能性，采用白藜芦醇和苯乙基间苯二酚形成白藜芦醇/苯乙基间苯二酚混合活性成分，并评价了自由基的去除效率. 采用 ESR 对原始纳米乳液和特殊功能化纳米乳液进行了表征. 测定白藜芦醇/苯乙基间苯二酚混合活性成分的自由基清除能力与白藜芦醇与苯乙基间苯二酚的质量比、温度和离子强度的函数关系. 结果发现，白藜芦醇/苯乙基间苯二酚纳米乳液系统对自由基的去除比单独使用纳米乳液更有效. 在较高的白藜芦醇比例下，可以去除超过 68%的自由基. 研究还发现，其效率随着温度的升高而增加. 然而，随着离子强度的增加，效率降低. 综上所述，与传统纳米乳液相比，纳米乳液与白藜芦醇/苯乙基间苯二酚混合活性成分的联合利用，由于纳米乳液滴与白藜芦醇/苯乙基间苯二酚混合活性成分在疏水结合、氢结合和分配方面的协同作用，在去除自由基方面取得了更好的效果.[71-72]

10.6.4 ESR 研究原花青素对自由基的清除作用

原花青素可以有效清除有害氧自由基，抑制红细胞膜和低密度脂蛋白脂质过氧化，促进内皮细胞松弛因子 NO·的形成，防止血小板凝聚，防止心脑血管病.不仅葡萄籽中含有原花青素，而且其他很多植物中都含有原花青素，其中松树皮中含有很高浓度的原花青素.绿茶或红葡萄酒中存在的多酚包括常规黄酮和原花青素，即黄烷-3-醇的衍生物，其独特的抗氧化潜力对于解释这些营养饮料的有益作用非常重要.我们使用 ESR 波谱，研究了原花青素母体化合物被辣根过氧化物酶/过氧化氢氧化或在中碱性溶液中氧化后获得的自由基结构.原花青素(缩合单宁的单体，例如(+)-儿茶素、(-)-表儿茶素、(-)-表儿茶素没食子酸酯、(-)-表没食子儿茶素没食子酸酯、(-)-表没食子儿茶素没食子酸酯、碧萝芷)和没食子酸酯(可水解单宁，例如没食子酸丙酯、β-葡甘子酸酯、五溴合金葡萄糖和单宁酸)主要产生源自儿茶酚或邻苯三酚部分的半醌结构.获得了(-)-表没食子儿茶素没食子酸酯的时间依赖性寡聚化的证据，由最初的半醌歧化形成的邻醌容易发生亲核加成反应.这种酚类偶联反应将保留反应性儿茶酚/邻苯三酚结构的数量，从而保留抗氧化潜力.因此，原花青素是优于黄酮的抗氧化剂，其醌更有可能氧化还原循环并充当促氧化剂.研究代表黄烷-3-醇、没食子单宁和鞣花单宁的许多天然多酚的抗氧化潜力.为此，使用脉冲放射法来确定·OH 的清除速率常数和各自 Aroxyl 自由基的衰变速率，并使用 ESR 波谱法鉴定原位氧化后的自由基.利用核磁共振波谱，可以确认没食子儿茶素没食子酸酯和五溴合金葡萄糖在自由基诱导氧化后的酚类偶联反应.[73]

10.6.5 小檗胺对佛波酯刺激的人多形核白细胞活性氧自由基的清除作用

小檗胺(Ber)能促进造血功能，增加末梢血白细胞.动物实验表明，对环磷巯胺引起的大鼠和犬的白细胞减少均有治疗作用；此外，尚具降压、抗心律失常、抗心肌缺血以及防治动物实验性矽肺等作用.采用 ESR 自旋捕集技术方法在磷酸佛波肉豆蔻酸酯(PMA)刺激的多形核白细胞(PMN)和 4 个无细胞·O_2^- 或·OH 生成系统中研究了小檗胺对活性氧自由基的清除作用.小檗胺(0.1～0.3 mmol/L)有效降低了 PMA 刺激 PMN 中的活性氧自由基，但用自旋探针氧饱和度测定，对 PMN 呼吸爆发期间的耗氧量没有明显影响.小檗胺(0.3 mmol/L)突出抑制 PMA 刺激的 PMN 的化学发光响应.小檗胺显著淬灭了·O_2^-.黄嘌呤/黄嘌呤氧化酶和辐照核黄素系统在 Fenton 反应中产生·OH.小

檗胺对 O_2^- ·的清除作用，在黄嘌呤/黄嘌呤氧化酶系统中强于维生素 E，但与核黄素系统中的维生素 E 相同，与维生素 E 相似，对·OH 有相同的清除作用.[74]

10.6.6 ESR 研究芦丁的抗氧化作用

芦丁(RU)又称为芸香苷、维生素 P，分子式为 $C_{27}H_{30}O_{16}$，是一种天然的黄酮苷，属于广泛存在于植物中的黄酮醇配糖体，两个配糖体为葡萄糖和鼠李糖.外观为淡黄色或淡绿色结晶性粉末，能溶于吡啶、甲酰和碱液，微溶于乙醇、丙酮和乙酸乙酯，几乎不溶于氯仿、醚、苯、二硫化碳和石油醚，具有抗炎、抗氧化、抗过敏、抗病毒等功效.研究络合芦丁相对于其游离形式的溶解度、稳定性、抗氧化和微生物活性以及渗透性变化的可能性，从而获得和表征 RU-β-CD(环糊精)复合物.采用 DSC，SEM，FT-IR，ESR 和拉曼光谱证实了通过共磨技术形成 RU-β-CD 配合物，并通过分子建模评估其几何形状.结果表明，与游离形式相比，所获得的配合物的稳定性和溶解度更高；然而，观察到其抗菌效力略有下降.对复合物 ESR 波谱变化的检查排除了络合对芦丁抗氧化活性的任何还原作用.考虑到涉及 RU-β-CD 复合物的配方前研究的前景，还具有重要意义的是观察到在 20 h 内以恒定水平从复合物中长期释放芦丁的可能性，以及与其游离形式相比，能够渗透的复合芦丁的两倍.紫外和 ESR 光谱的应用被发现是评估暴露于某些物理化学因素的芦丁变化的合适分析方法.使用在直接紫外光谱中观察到的吸光度差异来监测降解样品中芦丁浓度的变化.ESR 的光谱允许研究芦丁暴露在光下的自由基淬灭过程.还确定了分子静电势和前沿分子轨道，以预测芦丁的结构变化和反应位点.[75-77]

10.6.7 ESR 测定金毛菊中分离出特噻吩衍生物和类黄酮抗氧化剂的抗氧化和促氧化作用

以上多数研究是利用 ESR 测定抗氧化剂的抗氧化作用，该工作报告了从金毛菊中分离出特噻吩衍生物和类黄酮的抗氧化和促氧化作用.噻吩衍生物广泛应用于合成医药、农药、染料、化学试剂和高分子助剂等，噻吩衍生物是一种常用的有机合成中间体，如 5-甲基噻吩可以被用来合成抗菌剂二甲基硫代唑啉，噻吩及其衍生物是有机合成中的重要中间体，在医学领域，噻吩衍生物具有抗炎、镇痛、抗癌等作用，可以合成杀虫剂、制成生物产品，还可治疗一些特殊疾病.特噻吩因其产生单线态氧($^1O_2$)的能力而被称为光敏剂，并且类黄酮抗氧化活性被公认是最有效的.这些相反的性质可能代表了光动力疗法中有趣的选择.通过 ESR 测定松柏提取物和分离株的抗氧化和光敏活性.利用 ESR 观察到与 Cu^{2+} 的相互作用，以及使用 2,2-二苯基-1-三硝基肼自由基(DPPH)和硫代巴比妥反应物质(TBARS)方法,将提取物和分离物评估为抗氧化剂.ESR还可以估计特噻吩衍生物产生$^1O_2$的能力.金毛菊提取物和分离化合物与Cu^{2+}的相互作用在ESR中表现出两种作用,类黄酮也表现出还原和螯合两种作用,而特噻吩仅显示还原作用.特噻吩和类黄酮在DPPH和TBAR测定中具有抗氧化活性.槲皮素-7-O-β-葡萄糖苷表现出最高的抗氧化和螯合离子活性,3-糖化黄酮活性较低.在先照射下,提取物和特噻吩诱导了$^1O_2$的形成.Cu^{2+}的黄酮还原活性和自由基清除能力与羟基数量和B环和C环之间的共轭有关.所有测试的黄酮醇都显示出与Cu^{2+}形成复合物,其中5-羟基和4-氧代基团之间是最有可能的螯合位点.提取物和特噻吩衍生物显示出光敏活性.因此,ESR可用于评估自由基清除作用和促氧化特性.[78]多年来,伽马辐照一直被用作坚果灭菌的一种有效且廉价的方法.然而,除了这种好处外,由于形成对重要生物活性物质具有毒性作用的活性氧,因此可能会产生负面影响.由于文献中关于伽马辐照杏仁的信息稀少且相互矛盾,检查经10 kGy和25 kGy γ射线处理的杏仁的脂质变化、抗氧化活性和氧化稳定性,以及ESR光谱强度的变化作为辐射诱导自由基稳定性的指标.结果显示,在10 kGy和25 kGy剂量下处理的杏仁的ESR光谱在强度和动力学行为方面没有显著差异.ESR信号在250天内呈指数衰减,中心线减少90%,卫星线减少约73%.[79]

本章以茶多酚为例主要讨论了如何利用ESR技术在细胞和分子水平筛选和研究抗氧化剂,此外,还需要在组织和整体动物水平筛选和研究抗氧化剂的功效,因为细胞和分子水平可以给出比较深入的机理,而在组织和整体动物水平筛选和研究抗氧化剂的功效也是必不可少的,这在其他章节结合其他抗氧化剂已经进行了讨论.[15-31]

参考文献

[1] Nanjo F, Goto K, Seto R, et al. Scavenging effect of tea catechins and their derivatives on DPPH radicals[J]. Free Rad. Biol. Med., 1996, 21: 895-902.

[2] Gardener P T, McPhail D B, Duthie G G. Electron spin resonance spectroscopic assessment of the antioxidant potential of teas in aqueous and organic media[J]. J. Sci. Foode. Agric., 1998, 76: 257-262.

[3] Yamasak H, Grace S C. EPR detection of phytophenoxyl radicals stabilized by zinc ions: eveidence for the redox coupling of plant phenolic with ascorbate in the H_2O_2-peroxidase system[J]. FEBS Lett., 1998, 422: 377-380.

[4] Zalibera M, Staško A, Šlebodová A, et al. Antioxidant and radical-scavenging activities of Slovak honeys: an electron paramagnetic resonance study[J]. Food Chemistry, 2008, 110: 512-521.

[5] Heckert E G, Karakoti A S, Seal S, et al. The role of cerium redox state in the SOD mimetic activity of nanoceria[J]. Biomaterials, 2008, 29: 2705-2709.

[6] Jaehrig S C, Rohn S, Kroh L W, et al. Antioxidative activity of (1→3), (1→6)-β-d-glucan from Saccharomyces cerevisiae grown on different media[J]. LWT-Food Science and Technology, 2008, 41: 868-877.

[7] Crans D C, Baruah B, Gaidamauskas E, et al. Impairment of ascorbic acid's anti-oxidant properties in confined media: inter and intramolecular reactions with air and vanadate at acidic pH [J]. J. Inorganic Biochemistry, 2008, 102: 1334-1347.

[8] Polat M, Korkmaz M. Detection of irradiated black tea (Camellia sinensis) and rooibos tea (Aspalathus linearis) by ESR spectroscopy[J]. Food Chemistry, 2008, 107: 956-961.

[9] Giuffrida F, Destaillats F, Egart M H, et al. Activity and thermal stability of antioxidants by differential scanning calorimetry and electron spin resonance spectroscopy[J]. Food Chemistry, 2007, 101: 1108-1114.

[10] Buico A, Cassino C, Dondero F, et al. Radical scavenging abilities of fish MT-A and mussel MT-10 metallothionein isoforms: An ESR study[J]. J. Inorganic Biochemistry, 2008, 102: 921-927.

[11] Svirbely J L, Szent-Györgyi A. The chemical nature of vitamin C[J]. Biochem. J., 1932, 26: 865-870.

[12] Haworth W H, Hirst E L. Synthesis of ascorbic acid[J]. Chem. Ind., 1933. 52: 645-647.

[13] Tang L X, Zhang Y, Qian Z M, et al. The mechanism of Fe^{2+}-initiated lipid peroxidation in liposomes: the dual function of ferrous ions, the roles of the pre-existing lipid peroxides and the lipid peroxyl radical[J]. Biochem. J., 2000, 352: 27-36.

[14] Burton G W, Ingold K U. Beta-carotene: an unusual type of lipid antioxidant. Science, 1984, 224, 569-573.

[15] Blackett A D, Hall D A. The action of vitamine E on the ageing of connective tissue in the mouse[J]. Mech. Age., 1980(14): 305-314.

[16] Finkel T. A toast to long life[J]. Nature, 2003, 425: 132.

[17] Hall S S. In vino vitalis? Compounds activate life-extending genes[J]. Science, 2003, 301: 1165.

[18] Baur J A, Pearson K J, Price N L, et al. Resveratrol improves health and survival ofmice on a high-calorie diet[J]. Nature, 2006, 444: 337-342.

[19] Linster C L, Schaftingen E V. Vitamin C. Biosynthesis, recycling and degradation in mammals [J]. FEBS J., 2007, 274(1): 1-22.

[20] Wang Q L, Lin M, Liu G T. Antioxidantive actaivity of natural isohapontigenin[J]. Jap. J. Pharmacol., 2001, 87: 6166-6175.

[21] Baillie J K, Thompson A A R, Irving J B, et al. Oral antioxidant supplementation does not prevent acute mountain sickness: double blind, randomized placebo-controlled trial[J]. QJM., 2009, 102: 341-348.

[22] Zhao B L, Li X J, He R G, et al. Scavenging effect of extracts of green tea and natural antioxidants on active oxygen radicals[J]. Cell Biophys., 1989, 14: 175-184.

[23] Zhao B L, Li X J, Xin W J. ESR study on oxygen consumption during the respiratory burst of human polymophonuclear leukocytes[J]. Cell Biol. Intern. Report, 1989, 13: 317-325.

[24] Li X J, Zhao B L, Liu G T, et al. Scavenging effects on active oxygen radicals by schizandrins

with differnet structures and configurations[J]. Free Radical Biol. Med., 1990, 9: 99.

[25] Zhao B L, Li X J, Liu G T, et al. Scavenging effect of schizandrins on active oxygen radicals [J]. Cell Biol. Intern. Report., 1990, 14: 99.

[26] Ju H S, Li X J, Zhao B L, et al. Scavenging effect of berbamine on active oxygen radicals in phorbol ester-stimulated human polymorphonuclear leukocytes. Biochem[J]. Pharmcol., 1990, 39: 1673.

[27] Xin W J, Zhao B L, Li X J, et al. Scavenging effects of chinese herbs and natural health productson active oxygen radicals[J]. Res. Chem. Interm., 1990, 14: 171.

[28] Xin W J, Zhao B L, Li X J, et al. Scavenging effects of chinese herbs and natural health productson active oxygen radicals[J]. Res. Chem. Interm., 1990, 14: 171-180.

[29] 杨法军,赵保路,忻文娟.吸烟烟气对鼠肺细胞膜的损伤和茶多酚的保护作用[J].环境化学,1992,11:50-56.

[30] 杨法军,沈生荣,赵保路,等.茶多酚单体 L-EGCG 对气相烟引起鼠肺细胞损伤的抑制作用[J].生物物理学报,1992,8:450-456.

[31] 沈生荣,杨贤强,赵保路,等.茶多酚复合体及(－)-EGCG 对氧自由基的清除作用[J].茶叶科学,1992,12:59-64.

[32] 沈生荣,杨贤强,杨发军,等.儿茶素抗氧化作用的协同增强效应[J].茶叶科学,1993,13(2):141-146.

[33] 杨贤强,沈生荣,侯京武,等.表没食子儿茶素没食子酸酯对活性氧自由基的清除作用机制[J].中国药理学报,1994,15(4):350-353.

[34] 邹曦露,万谦,李美芬,等.茶多酚对鼠心肌缺血再灌注产生的氧自由基的清除[J].波谱学杂志,1995,12:237-244.

[35] 赵保路,王建潮,侯京武,等.茶多酚对过氧亚硝基氧化二甲基亚砜产生的甲基自由基的清除作用[J].科学通报,1996,41:925-927.

[36] Guo Q, Zhao B L, Li M F, et al. Studies on protective mechanisms of four components of green tea polyphenols (GTP) against lipid peroxidation in synaptosomes[J]. Biochem. Biophys. Acta, 1996, 1304: 210-222.

[37] Guo Q, Zhao B L, Hou J W, et al. ESR study on the structure-antioxidant activiity relationship of tea catechins and their epimers[J]. Bichim. Biophys Acta, 1999, 1427: 13-23.

[38] Zhao B L, Guo Q, Xin W J. Free radical scavenging by green tea polyphenols[J]. Method Enzym, 2001, 335: 217-231.

[39] Zhao B L, Liu S L, Chen R S, et al. Scavenging effect of catechin on free radicals studied by molecular orbital calculation[J]. Acta Pharmocol. Sinica, 1992, 13: 9-14.

[40] Nie G J, Wei T T, Shen S R, et al. Polyphenol protection of DNA against damage[J]. Meth Enzym, 2001, 335: 232-244.

[41] Xin W J, Shi H L, Zhao B L, et al. Studies on Green tea polyphenols antioxidative and protective effects on biomembrane[M]. Champaign: AOCS Press, 1995.

[42] Zhao B L, Shen J G, Li M, et al. Scavenging effect of Chinonin on NO and oxygen free radicals generated from ischemia reperfusion myocadium[J]. Biachem. Biophys. Acta, 1996,

1317：131-137.
[43] 李小洁，晏良军，赵保路，等.茶多酚清除自由基和抗氧化作用的研究[J].环境化学，1992，11：13-19.
[44] Shen J G，Wang J，Zhao B L，et al. Effects of EGb-761 on nitric oxide，oxygen free radicals，myocardial damage and arrhythmias in ischemia-reperfusion injury in vivo[J]. Biochim. Biophys. Acta，1998，1406：228-236.
[45] Shen J G，Li M，Xin W J，et al. Effects of Chinonin on nitric oxide free radical，myocardial damage and arrhythmia in ischemia-reperfusion injury in vivo[J]. Appl. Magn. Reson.，2000，19：9-19.
[46] Guo Q，Zhao B L，Packer L. Electron spin resonance study of free radicals formed from a procyaniding-rich pine bark extract[J]. Free Rad. Biol. Med.，1999，27：1308-1312.
[47] Gao J T，Tang H R，Zhao B L. The toxicological damagement of gas phase cigarette smoke on cells and protective effect of green tea polyphenols[J]. Res. Chem. Intermed.，2001，27(3)：269-279.
[48] Nie G J，Jin C F，Cao Y L，et al. Distinct effects of tea catechins on 6-hydroxydopamine-induced apoptosis in PC12 cells[J]. Arch Biochem. Biophys.，2002，397：84-90.
[49] Nie G J，Cao Y L，Zhao B L. Protective effects of green tea polyphenols and their major component，(－)-epigallocatechin-3-gallate (EGCG)，on 6-hydroxyldopamine-induced apoptosis in PC12 cells[J]. Redox Report，2002，7：170-177.
[50] Chen L J，Yang X Q，Jiao H L，et al. Tea catechins protect against Lead-induced cytotoxicity，lipid peroxidation，and membrane fluidity in HepG2 cells[J]. Toxcol Sci.，2002，69：149-156.
[51] 赵保路.茶多酚的抗氧化作用[J].科学通报，2002，47：1206-1210.
[52] Zhang Y，Zhao B. Green tea polyphenols enhance sodium nitroprusside induced neurotoxicity in human neuroblastoma SH-SY5Y cells[J]. J. Neur. Chem.，2003，86：1189-1200.
[53] Jiao H L，Ye P，Zhao B L. Protective effects of green tea polyphenols on human HepG2 cells against oxidative damage of fenofibrate[J]. Free Rad. Biol. Med.，2003，35(9)：1121-1128.
[54] Chen L J，Yang X Q，Jiao H L，et al. Tea Catechins protect against lead-induced ROS formation，mitochondrial dysfunction and calcium dysregulation in PC12 cells[J]. Chem. Res. Toxiol，2003，16：1155-1161.
[55] Chen L J，Yang X Q，Jiao H L，et al. Effect of tea catechins on the change of glutathione levels caused by Pb^{++} in PC12 cells[J]. Chem. Res. Toxiol，2004，17：922-928.
[56] Zhang D L，Yin J J，Zhao B L. Oral administration of Crataegus extraction protects against ischemia/reperfusion brain damage in the Mongolian gerbils[J]. J. Neur. Chem.，2004，90：211-219.
[57] Zhang J，Wang X F，Lu Z B，et al. The effects of Meso 2，3-dimercaptosuccinic acid and Olipomeric Procyanidins on acute lead neurotoxicity in rat hippocampus[J]. Free Rad. Biol. Med.，2004，37：1037-1050.
[58] Cao Y，Guo P，Zhao B L. Simultaneous detection of NO and ROS by ESR in biological system[J]. Method Enzymol，2005，396：77-83.
[59] Zhao B L. Natural antioxidant for neurodegenerative diseases[J]. Mol. Neurobiol，2005，31：

283-293.

[60] Guo S H, Bezard E, Zhao B L. Protective effect of green tea polyphenols on the SH-SY5Y cells against 6-OHDA induced apoptosis through ROS-NO pathway[J]. Free Rad. Biol. Med., 2005, 39: 682-695.

[61] Zhao B. The health effects of tea polyphenols and their antioxidant mechanism[J]. J. Clinical Biochem. Nutrition, 2006, 38: 59-68.

[62] Jie G, Lin Z, Zhang L, et al. Free radical scavenging effect of Pu-erh tea extracts and their protective effect on the oxidative damage in the HPF-1 cells[J]. J. Agricu. Food Chem., 2006, 54: 8508-8604.

[63] Jump U, Cameron E, Pauling L. Supplemental ascorbate in the supportive treatment of cancer: Reevaluation of prolongation of survival times in terminal human cancer[J]. Proceedings of the National Academy of Sciences, 1978, 75: 4538-4542.

[64] Creagan, E T, Moertel C G, O'Fallon J R. Failure of high-dose vitamin C (ascorbic acid) therapy to benefit patients with advanced cancer. A controlled trial[J]. The New England Journal of Medicine, 1979, 301: 687-690.

[65] Pirker K F, Baratto M C, Basosi R, et al. Influence of pH on the speciation of copper(Ⅱ) in reactions with the green tea polyphenols, epigallocatechin gallate and gallic acid[J]. J. Inorg. Biochem., 2012, 112(10): 10-16.

[66] Neshchadin D, Batchelor S N, Bilkis I, et al. Short-lived phenoxyl radicals formed from green-tea polyphenols and highly reactive oxygen species: an investigation by time-resolved EPR spectroscopy[J]. Angew Chem. Int. Ed. Engl., 2014, 53(48): 13288-13292.

[67] Focsan A L, Polyakov N E, Kispert L D. Carotenoids: importance in daily life-insight gained from EPR and ENDOR[J]. Appl. Magn. Reson., 2021, 52(8): 1093-1112.

[68] Focsan A L, Polyakov N E, Kispert L D. Photo protection of haematococcus pluvialis algae by astaxanthin: unique properties of astaxanthin deduced by EPR, optical and electrochemical studies[J]. Antioxidants (Basel), 2017, 21, 6(4): 80.

[69] Focsan A L, Bowman M K, Shamshina J, et al. EPR study of the astaxanthin n-octanoic acid monoester and diester radicals on silica-alumina[J]. J. Phys. Chem. B, 2012, 116(44): 13200-13210.

[70] Blasko A, Belagyi J, Dergez T, et al. Effect of polar and non-polar carotenoids on Xanthophyllomyces dendrorhous membranes by EPR[J]. Eur. Biophys J., 2008, 37(7): 1097-1099.

[71] Jia Z, Zhu H, Misra B R, et al. EPR studies on the superoxide-scavenging capacity of the nutraceutical resveratrol[J]. Mol. Cell. Biochem., 2008, 313(1-2): 187-194.

[72] Sueishi Y, Ishikawa M, Yoshioka D, et al. Oxygen radical absorbance capacity (ORAC) of cyclodextrin-solubilized flavonoids, resveratrol and astaxanthin as measured with the ORAC-EPR method[J]. J. Clin. Biochem. Nutr., 2012, 50(2): 127-132.

[73] Liu W, Cui S, Ji J, et al. Utilization phase transition component method to prepare specially functionalized nanoemulsion by adding resveratrol/phenethyl resorcinol mixed active components and application in free radicals removal[J]. J. Nanosci. Nanotechnol., 2020, 20(12):

7769-7774.

[74] Bors W, Michel C, Stettmaier K. Electron paramagnetic resonance studies of radical species of proanthocyanidins and gallate esters[J]. Arch. Biochem. Biophys., 2000, 374(2): 347-55.

[75] Bors W, Foo L Y, Hertkorn N, et al. Chemical studies of proanthocyanidins and hydrolyzable tannins[J]. Antioxid Redox Signal, 2001, 3(6): 995-1008.

[76] Ju H S, Li X J, Zhao B L, et al. Scavenging effect of berbamine on active oxygen radicals in phorbol ester-stimulated human polymorphonuclear leukocytes[J]. Biochem. Pharmcol., 1990, 39: 1673.

[77] 陈雨亭,李小洁,赵保路,等.芦丁等天然产物清除活性氧自由基・O_2^- 和・OH的ESR研究[J].生物物理学报,1989,5:235.

[78] Paczkowska M, Mizera M, Piotrowska H, et al. Complex of rutin with β-cyclodextrin as potential delivery system[J]. PLoS One, 2015, 10(3): e0120858.

[79] Paczkowska M, Lewandowska K, Bednarski W, et al. Application of spectroscopicmethods for identification (FT-IR, Raman spectroscopy) and determination (UV, EPR) of quercetin-3-O-rutinoside. Experimental and DFT based approach[J]. Spectrochim Acta A Mol Biomol Spectrosc, 2015, 140: 132-139.

[80] Arciniegas A, Gómez-Vidales V, Pérez-Castorena A L, et al. Recognition of antioxidants and photosensitizers in Dyssodia pinnata by EPR spectroscopy[J]. Phytochem Anal, 2020, 31(2): 252-261.

[81] Vallan L, Istif E, Gómez I J, et al. Thiophene-based trimers and their bioapplications: an overview[J]. Polymers (Basel), 2021, 13(12): 1977.

第 11 章

ESR 在药理学研究中的应用

中药是中华几千年医药实践总结得到的瑰宝，在保障中华儿女身体健康方面发挥了重要作用．尽管很多中药的治病机理还不清楚，但是其医疗效果是有目共睹的，不仅为中华几千年医药的实践所证明，而且也越来越被一些西方国家和地区逐步接受．在中医药现代化过程中，如何研究和解释中药治病的机理就是一个重要内容，ESR 技术为此提供了重要的研究工具．研究发现，很多中药，特别是中草药的有效成分都是天然抗氧化剂，ESR 技术在研究天然抗氧化剂消除自由基中起到了重要作用．本章就 ESR 在药理学研究中的应用，特别是五味子、黄芩、丹参等的药理学及其有效成分对氧自由基清除作用和对细胞成分的保护作用作为讨论的重点．

11.1　ESR 在研究五味子药理学作用中的应用

五味子（Schisandra Chinesis Baill），又名面藤、山花椒，分布于东北、华北、湖北、湖南、江西、四川等地．据《本经》记载："五味子，味酸、温，入肺、肾经，入肝心．致肺，滋肾，生津，收汗，涩精，治肺虚喘咳，口干作渴，自汗，盗汗，劳伤羸瘦梦遗滑精，久泄久痢，主益气，呵逆上气强阴，益男子精，养五脏.”临床报道表明，五味子具有收敛止血、滋补强身之功效，已经被我国人民使用多年. 使用 HPLC-UV-MS 方法对多酚化合物进行定性和定量分析发现，五味子叶子和果实含有抗氧化多酚. 叶子是类黄酮(35.10 ± 1.23 mg RE/g 植物材料)的重要来源. 叶片中的主要黄酮类化合物是异槲皮苷(2 486.18 ± 5.72 μg/g 植物材料)，其次是槲皮苷(1 645.14 ± 2.12 μg/g 植物材料). ESR 波谱测定等方法评价五味子叶提取物的抗氧化活性，结果表明五味子叶提取物具有较好的抗氧化活性. 在抗菌测定中，五味子叶提取物显示出对目标细菌的有效活性，比果实提取物更活跃. 结果表明，五味子叶子是具有显著抗氧化活性的抗氧化化合物的宝贵来源. 五味子具有抗菌活性，根据 102 例观察，治疗无黄疸型传染性肝炎，有效率为 85%，其中基本治愈率占 76.4%，尤其对症状隐匿、肝气郁结及肝脾不和三类效果较好. 五味子对传染性肝炎有较明显的降低谷丙转氨酶的作用，无明显副作用. 另外，五味子还可以治疗急性肠道感染、神经衰弱、失眠、头疼、头晕、遗精等. 最近从五味子中分离一些有效成分，可以保护肝脏免受 CCl_4 的损伤，防止 CCl_4 引起的肝微粒体的脂质过氧化以及由过氧化氢引起的红细胞的溶血和脂质过氧化.[1-2]

本节讨论五味子的有效成分——几种不同结构的五味子素及相同结构但构型不同的五味子素对氧自由基清除作用和对细胞成分的保护作用.

五味子的有效成分包括一组五味子素，主要有五味子酚(Sal)、五味子醇甲(SolA)、五味子甲素(SinA)、五味子乙素(SinB)，这些结构不同的五味子素具有不同的药理作用. 为了探讨它们药理作用不同的根源，笔者所在研究组用自旋捕集技术研究了不同结构五味子素在不同体系中对氧自由基的清除作用，结果发现，结构不同的五味子素对氧自由基的清除作用不同.[3-8]

11.1.1 五味子素对多形核白细胞呼吸爆发产生氧自由基的清除作用

五味子醇甲和五味子乙素对 PMA 刺激多形核白细胞呼吸爆发产生的氧自由基的 ESR 波谱有明显清除作用，五味子乙素对这一细胞体系产生的氧自由基的清除作用比五味子醇甲强，它们对氧自由基的清除能力大于维生素 E，但小于维生素 C(图 11.1).

利用自旋探针测氧法检测了五味子醇甲和五味子乙素对 PMA 刺激多形核白细胞呼吸爆发的氧消耗，发现没有影响，说明它们只清除细胞产生的氧自由基而不抑制细胞产生氧自由基的活性.

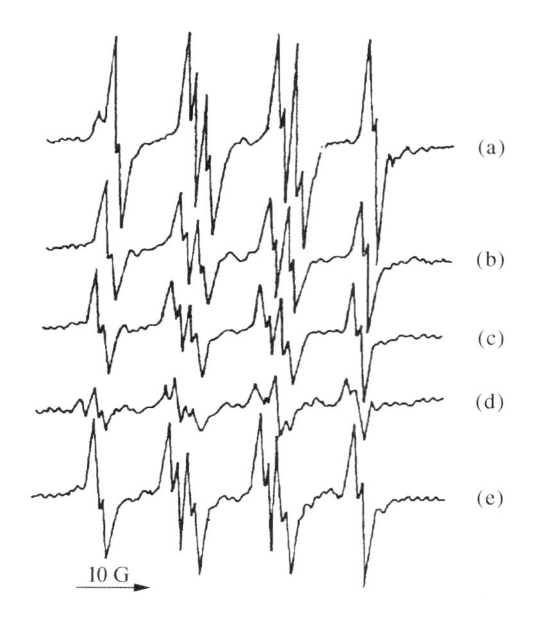

图 11.1　不同结构五味子素对 PMA 刺激多形核白细胞呼吸爆发产生的氧自由基的清除作用

(a) 0.1 mol/L DMPO 捕集的 100 ng/mL PMA 刺激 1.5×10^7 多形核白细胞/mL 产生的氧自由基的自旋加合物的 ESR 波谱;(b),(c),(d),(e)分别为在这一体系中加入 10^{-4} mol/L 的 S(－)SinC,R(＋)SinC,S(－)SinB 和 R(＋)SinB 对 ESR 波谱的影响.

11.1.2　不同结构五味子素对羟基和 · O_2^- 的清除作用

在上面的实验中,因为自旋捕集多形核白细胞呼吸爆发释放的氧自由基包括 · O_2^- 和 · OH,比较难于定量测定五味子素对各种自由基的清除能力,因此这里采用 Fenton 反应产生 · OH,用光照核黄素和黄嘌呤/黄嘌呤氧化酶体系产生 · O_2^-,用 DMPO 分别捕集这两种自由基,可以得到典型的 DMPO 与羟基和 · O_2^- 加合物的 ESR 波谱(DMPO—OH,DMPO—OOH).加入五味子素,测定它们对羟基和 · O_2^- 的清除作用.表 11.1 列出了五味子醇甲(SolA)、五味子乙素(SinB)对不同体系产生的羟基和 · O_2^- 的清除作用.

由表中的数据可以看出,五味子素 SolA 和 SinB 对 Fenton 反应产生的 · OH 的清除作用都是很强的,远远超过维生素 E,甚至超过维生素 C.在光照核黄素体系五味子素 SinB 对 · O_2^- 的清除能力也比较强,超过了维生素 E,但低于维生素 C.五味子素对 · OH 的清除能力比对 · O_2^- 清除能力强.

表 11.1　五味子素对氧自由基的清除率(%)

五味子素	剂　量	$\cdot OH$(Fenton 反应)	$\cdot O_2^-$(光照核黄素)
SolA	0.5 mmol/L	63.0±11.8	14.0± 7.5
SinB	0.5 mmol/L	77.0±26.6	46.0±13.6
维生素 E	0.5 mmol/L	35.0±13.5	23.0±6.1
维生素 C	0.5 mmol/L	56.0±5.9	96.0±6.4
PBS		0	0

五味子素对 $\cdot OH$ 的清除能力远远大于对 $\cdot O_2^-$ 的清除能力,说明五味子素对细胞和组织的保护作用可能是通过清除体内产生的 $\cdot OH$ 起作用的.

比较五味子醇甲和五味子乙素的结构可以发现,它们的结构很类似,唯一的区别是五味子乙素上有一个二氧甲基基团少了两个甲氧基.甲氧基是推电子基团,而二氧甲基基团是吸电子基团,在一个分子中同时存在一个推电子基团和一个吸电子基团,必然导致分子在某个区域缺电子,这个区域正好是自由基进攻的位点,这可能是造成 SinB 比 SolA 清除氧自由基效果好的原因.

11.1.3　不同构型五味子素对多形核白细胞呼吸爆发产生氧自由基的清除作用

生物合成和酶的催化反应,不仅对底物和反应物的结构有特异的要求,而且常常有异构体的要求,例如生物合成几乎都要求 L-构型的氨基酸.药物分子也是如此,结构相同,构型不同,其药效可能相差很远.在分离五味子有效成分时发现每种结构的五味子素还具有不同异构体,它们的药理作用也可能有所不同,本小节将就这一问题进行讨论.笔者所在研究组的实验发现,结构相同而构型不同的五味子素,其清除氧自由基的能力也有区别.[9-10]

利用上面的模型,我们检测了不同构型的五味子乙素 R(+)SinB,S(−)SinB和五味子丙素 R(+)SinC,S(−)SinC 对多形核白细胞呼吸爆发产生的氧自由基的清除作用,结果发现这两对五味子素对 PMA 刺激多形核白细胞产生的氧自由基的清除作用明显不同,S(−)SinC 对这一细胞体系产生的氧自由基清除能力最强,其次是 R(+)SinC,S(−)SinB 和 R(+)SinB 区别不明显.

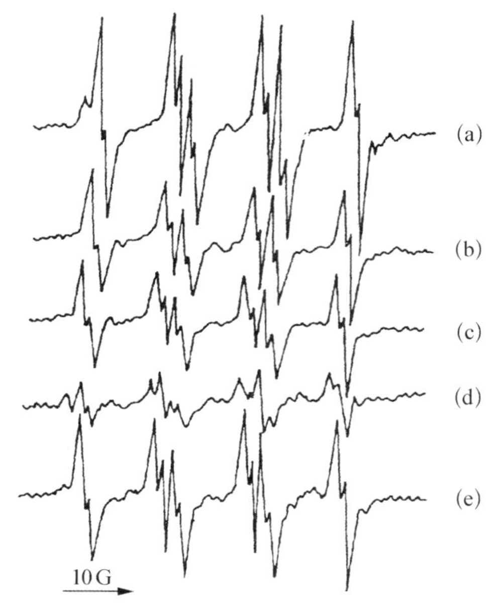

图 11.2　不同构型的五味子乙素 R(+)SinB, S(−)SinB 和五味子丙素 R(+)SinC, S(−)SinC 对多形核白细胞呼吸爆发产生的氧自由基的清除作用

(a) 0.1 mol/L DMPO 捕集的 100 ng/mL PMA 刺激 1.5×10^{7} 多形核白细胞/mL 产生的氧自由基的自旋加合物的 ESR 波谱；(b)，(c)，(d)，(e) 分别为在这一体系中加入 10^{-4} mol/L 的 R(+)SinB、S(−)SinB 和五味子丙素 R(+)SinC, S(−)SinC 对 ESR 波谱的影响.

11.1.4　不同构型五味子素对羟基和 · O_2^- 的清除作用

在细胞体系捕集的自由基的 ESR 波谱包含两种成分，难于定量测定不同构型五味子素对羟基和 · O_2^- 的清除作用. 本小节采用非细胞体系 Fenton 反应和光照核黄素及黄嘌呤/黄嘌呤氧化酶分别产生羟基和 · O_2^-，再加入不同构型的五味子素，测定它们对氧自由基的清除作用. 表 11.2 列出了这两对五味子素在水溶液体系、光照体系和酶体系中对氧自由基的清除作用.[10-11]

表 11.2　不同构型五味子素对非细胞体系中产生的氧自由基的清除作用(%)(剂量 10^{-4} mol/L)

反应体系	S(−)SinC	R(+)SinC	S(−)SinB	R(+)SinB	维生素 C	维生素 E
· OH	41.3 ± 8.2	34.6 ± 7.5	18.6 ± 4.3	18.8 ± 4.3	62.2 ± 3.1	21.0 ± 1.4
· O_2^- (H)	29.7 ± 8.1	18.5 ± 5.7	21.2 ± 9.3	18.2 ± 4.8	100 ± 0.0	22.8 ± 1.0
· O_2^- (XO)	23.8 ± 5.4	20.5 ± 6.3	17.1 ± 3.4	8.9 ± 4.1	100 ± 0.0	11.3 ± 3.1

从表中的数据可以看出，所有 S(－)构型的五味子素无论是对 Fenton 反应产生的·OH，还是对光照核黄素/EDTA 和黄嘌呤/黄嘌呤氧化酶体系产生的·O_2^- 的清除作用都比 R(＋)构型的五味子素强.

比较表 11.1 中 SinB 和表 11.2 中 S(－)SinB 和 R(＋)SinB，及表 11.1 中 SinC 和表 11.2 中 S(－)SinC 和 R(＋)SinC 对氧自由基的清除作用可以发现，混合构型的五味子素比单一构型的五味子素 S(－)或 R(＋)对氧自由基的清除能力强，这可能是混合构型中两种构形五味子素协同作用的结果. 由此可以设想，为什么传统中医药总是用多味药物治疗疾病，而很少用一种成分，其中一个重要原因可能就是多种成分的协同作用.

11.1.5　五味子乙素和槲皮素对佛波醇刺激多形核白细胞膜蛋白构象改变的保护作用

采用马来酰亚胺自旋标记多形核白细胞膜蛋白巯基，与其他细胞不同的是，用马来酰亚胺标记的多形核白细胞膜蛋白的 ESR 波谱没有出现强弱固定化两种成分，而是只有弱固定化一种成分，说明标记化合物主要定位在多形核白细胞膜蛋白巯基表面结合位置，因此采用测量和计算旋转相关时间来表征膜蛋白的构象. 表 11.3 给出了计算的结果，由表中的数据可以看出，五味子乙素和槲皮素对未受刺激的多形核白细胞膜蛋白构象没有影响. 佛波醇刺激多形核白细胞呼吸爆发释放的氧自由基可使旋转相关时间明显增加，说明膜蛋白构象发生了改变，加入五味子乙素和槲皮素均可明显保护多形核白细胞膜蛋白构象的改变.[12]

表 11.3　五味子乙素和槲皮素对马来酰亚胺标记佛波醇刺激多形核白细胞膜蛋白旋转相关时间改变的保护作用

	未刺激多形核白细胞	佛波醇刺激多形核白细胞
HBSS	1.093 ± 0.058	$1.240 \pm 0.021^*$
五味子乙素	1.029 ± 0.065	0.984 ± 0.071
槲皮素	1.069 ± 0.019	1.039 ± 0.015

注：* 表示与对照相比，$p<0.01$.

11.1.6　五味子酚对·OH 的清除作用

采用 Fenton 反应产生·OH，用 ESR 自旋捕集技术捕集产生的·OH，结果发现，在这一体系中加入五味子酚(Sal)可明显清除这一体系产生的·OH. 其清除率比五味子甲素(SinA)高 30%左右，远远高于维生素 E，但比维生素 C 要低一些(表 11.4).[12]

表 11.4　五味子酚对氧自由基的清除作用

清　除　剂	Fenton 反应	X/XO 体系	光照核黄素
Sal(1 mmol/L)	38.8±12.6	26.1±3.7	21.9±9.3
SinA(1 mmol/L)	25.5±2.9	9.4±3.5	24.8±6.8
VitE(1 mmol/L)	21.0±1.4	11.3±3.1	22.8±0.9
VitC(1 mmol/L)	62.2±3.1	100±0	100±0

11.1.7　五味子酚对 $\cdot O_2^-$ 的清除作用

$\cdot O_2^-$ 由黄嘌呤/黄嘌呤氧化酶体系和光照核黄素体系产生，仍用 ESR 自旋捕集技术捕集产生的 $\cdot O_2^-$. 在黄嘌呤/黄嘌呤氧化酶体系中加入五味子酚，可以显著清除这一体系产生的 $\cdot O_2^-$，其清除率远远大于五味子甲素和维生素 E，但比维生素 C 差(表 11.4). 在光照核黄素体系中加入五味子酚仍可以明显清除光照体系产生的 $\cdot O_2^-$，但是清除率比五味子甲素、维生素 E 和维生素 C 都要小一些(表 11.4).

11.1.8　五味子酚对 PMA 刺激 PMN 产生的氧自由基的清除作用

用 PMA 刺激人 PMN 细胞产生氧自由基，用自旋捕集技术捕集产生的氧自由基，将五味子酚加入这一体系，可以显著清除产生的氧自由基，其清除率大于五味子甲素. 用 ESR 自旋探针测氧法检验发现，五味子酚和五味子甲素都不影响 PMN 产生氧自由基活性，只是清除它们产生的氧自由基.

11.1.9　利用 ESR 波谱评估五味子抗氧化与 DPPH 自由基之间的反应速率

对于 DPPH 自由基和五味子抗氧化剂提取物的混合物，我们能通过使用与顺磁性物质数量相关的归一化双积分残余 ESR 信号监测抗氧化化合物与 DPPH 自由基之间的反应速率. 可以观察到，与不含抗氧化剂提取物的 DPPH 溶液相比，不同抗氧化剂提取物混合物中 DPPH 的整体强度降低，观察到抗氧化剂提取物的信号强度较小，它代表 DPPH 自由基的氧化还原率. 比较两个样品，可以观察到五味子叶样品提取物比五味子果样品具有更高的抗氧化能力. 表 11.5 中给出了两个样品的积分强度值与 DPPH 的比较.[13]

表 11.5　五味子抗氧化剂样品 ESR 信号的积分强度值

DPPH(μg/g)	五味子草叶	五味子果实
578.85±10.32	167.32±3.24	277.05±7.05

11.1.10　五味子酚对脑突触体膜流动性的影响

采用两种脂肪酸自旋标记物分别标记脑突触体膜的极性端和疏水端，用铁离子起动突触体膜的脂质过氧化，加入五味子酚保护突触体膜．从所得 ESR 波谱上测量和计算序参数(S)和旋转相关时间(τ_c)，表示突触体膜的流动性．结果见表 11.6.

表 11.6　五味子酚对脂质过氧化损伤脑突触体膜流动性的保护作用

体　系	S	$\tau_c(10^{-10}s)$	W/S
对　照	0.716±0.07	16.50±0.24	4.914±0.17
过 氧 化	0.735±0.03*	14.33±0.29*	5.540±0.23*
五味子酚	0.719±0.01	5.19±0.16	5.041±0.19

注：* 表示与对照相比，$p<0.01$.

由表中的数据可以看出，脂质过氧化使突触体膜极性端序参数升高，膜流动性下降，并且使突触体膜疏水端旋转相关时间减小，膜流动性变大．加入五味子酚之后，可以防止脂质过氧化引起的突触体膜流动性的改变，分别使膜极性端的流动性升高和疏水端的流动性下降，都不同程度恢复到正常突触体膜的流动性，经统计学分析都有显著差异.

11.1.11　五味子酚对脂质过氧化引起突触体膜蛋白巯基结合位置构象改变的保护作用

采用马来酰亚胺标记突触体膜蛋白巯基，用铁离子诱导突触体膜脂质过氧化和加入五味子酚保护突触体膜．从所得 ESR 波谱上测量和计算强弱固定化比表示膜蛋白构象变化，所得结果见表 11.6．由表中的数据可以看出，脂质过氧化使强弱固定化比 W/S 增加了，说明突触体膜蛋白巯基结合位置的构象发生了改变，使得突触体膜蛋白巯基裸露程度增加了．用五味子酚在脂质过氧化以前与突触体膜先温育 10 min，可以使得弱强固定化比减小，趋向于未被过氧化的突触体膜的弱强固定化比．这说明五味子酚可以防止铁离子诱导脂质过氧化引起的突触体膜蛋白构象的改变.

以上结果表明，五味子酚可以清除氧自由基，防止氧自由基诱导的脂质过氧化对突触体膜磷脂和蛋白质的损伤，这很可能是五味子酚防止细胞损伤的机理之一.

11.2 ESR在研究黄芩甙及其铜锌络合物药理作用中的应用

黄芩(radix scutellariae)是唇形科植物黄芩属(*lamiaceae*)的干燥根,在我国分布极广,黑龙江、吉林、辽宁、河南、河北、山东、四川、云南、山西、陕西、甘肃和内蒙古等均为其产地.黄芩首载于《神农本草经》,又名黄文、元芩等.黄芩味苦,性寒.其功能有泄实火、除湿热、解毒、止血、安胎,对多种细菌均有抑制作用,对流感病毒、皮肤真菌也有抑制作用,并有除热、解毒、镇静、降压、利胆、利尿、解除平滑肌痉挛,抑制肠管蠕动等作用.[1-2]本节讨论黄芩的主要有效成分黄芩甙及其铜锌络合物的药理作用,对氧自由基和过氧亚硝基的清除能力及对红细胞膜的保护作用,从而揭示天然抗氧化剂和它们的金属络合物对抗氧化活性的影响.

黄芩含有丰富的黄酮类化合物.第一种从黄芩中分离出的黄酮类化合物是汉黄芩素(wogonin),在黄芩中含量很少.黄芩中含量最丰富的是黄芩甙(baicalin).黄芩甙可用50%乙醇提取,酸水解黄芩甙产生糖基和黄芩甙元(baicalein),黄芩甙在我国黄芩中的含量为12%~17%.

黄芩甙在临床上主要用于抗菌消炎和抗感染.近十年来研究者从各方面对黄芩甙进行了研究,对黄芩甙的提取工艺、药物动力学和黄芩甙金属络合物的药理学研究得比较多,主要包括以下工作.[13-21]

11.2.1 黄芩甙及其铜锌络合物对氧自由基的清除作用

本小节讨论黄芩甙及其铜锌络合物对氧自由基的清除作用,对·OH和·O_2^-清除的速率常数和对血红蛋白损伤的保护作用.[13]

1. 黄芩甙及其铜锌络合物对·OH的清除作用

利用DMPO捕集Fenton反应产生·OH,黄芩甙对这一体系产生的·OH有明显的清除作用,在1.8 mmol/L浓度下,清除率可达30%.黄芩甙铜清除·OH的能力与黄芩甙类似,黄芩甙锌清除·OH的能力明显大于黄芩甙.它们清除50%·OH的浓度分别为:黄芩甙7.8 mmol/L,黄芩甙铜8.0 mmol/L,黄芩甙锌1.0 mmol/L.

2. 黄芩甙及其铜锌络合物对·O_2^-的清除作用

用光照核黄素体系产生·O_2^-,用DMPO捕集这一体系产生的·O_2^-.这三种物质都不同程度地清除了该体系产生的·O_2^-,其中黄芩甙铜络合物清除能力最强,黄芩甙锌次之,黄芩甙最弱.锌离子对该体系产生的·O_2^-没有影响,铜离子可使该体系产生的·O_2^-转化成·OH.

邻苯三酚自氧化法已被广泛用于评估抗氧化生物活性中的各种抗氧化剂.但是,此方法通常不适合估计·O_2^-生物类黄酮的自由基清除能力,因为它使生物类黄酮生成.氧在碱性(pH=8.2)环境中产生·O_2^-自由基.在本研究中,成功开发了一种改进的DMSO(二甲基亚砜)系统(pH=7.25,而邻苯三酚自氧化的pH=8.2)来评估·O_2^-清除能力.通过ESR技术和自旋捕集试剂DMPO(5,5-二甲基-1-吡咯啉-N-氧化物)对生物类黄酮进行清除.系统提供的非质子环境促进了·O_2^-,因此确保更准确地测量·O_2^-清除能力.在生物类黄酮中与质子溶剂相比,结果表明,天然生物类黄酮中的·O_2^-清除效果的顺序为:二氢杨梅素>杨梅素>槲皮素>山奈酚>黄芩素>白杨素,它们与附着在其分子骨架上的羟基数量和/或其构型的活性H密切相关.有趣的是,测量的二氢杨梅素相对于杨梅素的超氧化物阴离子清除效应可能归因于二氢杨梅素可以转化为杨梅素的事实.·O_2^-由二氢杨梅素(DMY)的C_3—H通过供体的活性H均匀分解产生.[14]

3. 黄芩甙清除·OH和·O_2^-的速率常数的测定

利用黄芩甙(B)和DMPO竞争光照过氧化氢产生的·OH,黄芩甙与高铁细胞色素c竞争·O_2^-,用ESR技术可以测量黄芩甙与·OH及·O_2^-的反应速率常数:

$$\text{DMPO} + \cdot\text{OH} \longrightarrow \text{DMPO—OH} \tag{1}$$

$$\text{B} + \cdot\text{OH} \longrightarrow \text{B—OH} \tag{2}$$

$$\text{DMPO} + \cdot\text{O}_2^- \longrightarrow \text{DMPO—OOH} \tag{3}$$

$$\text{B} + \cdot\text{O}_2^- \longrightarrow \text{B—OOH} \tag{4}$$

经过计算得到黄芩甙与·OH及·O_2^-的反应速率常数分别为

$$k_{\text{OH/B}} = 7.7\times10^{11}\ \text{mol/(L·s)},\quad k_{\text{B/O}_2^-} = 3.2\times10^{6}\ \text{mol/(L·s)}$$

4. 黄芩甙及其铜锌络合物对过氧亚硝基氧化二甲基亚砜的抑制作用

为了进一步证实黄芩甙及其铜锌络合物对过氧亚硝基的抗氧化性的抑制作用,笔者所在研究组研究了黄芩甙及其铜锌络合物对过氧亚硝基氧化二甲基亚砜产生的甲基自由基的清除作用.在过氧亚硝基和二甲基亚砜体系加入黄芩甙及其铜锌络合物可以明显清除产生的甲基自由基和抑制过氧亚硝基的氧化作用,黄芩甙对过氧亚硝基氧化二甲基亚砜产生的甲基自由基几乎没有清除作用,黄芩甙锌有一定清除作用,黄芩甙铜的清除作用最强.但随着时间的延长,它们作用的动力学是不同的.在对照组,甲基自由基的产量随时间逐渐增大,在 20 min 达到顶峰,然后逐渐下降;黄芩甙的加入首先是加速甲基自由基的产生,在 2 min 内就使甲基自由基产量达到顶峰,而且在这一段时间内,甲基产量高于对照组;然后迅速下降,在很短时间内使甲基自由基产量远远低于对照组.黄芩甙锌在加入 6 min 内使甲基自由基的产量达到最高峰,其峰值和加入黄芩甙相同,然后很快下降,其达到顶峰的时间比黄芩甙晚,下降也慢一些,即使在最高峰时也没有高于对照组;加入黄芩甙铜使甲基自由基的产生在 15 min 达到顶峰,明显晚于黄芩甙和黄芩甙锌,其峰值与加入黄芩甙或加入黄芩甙锌相同,然后逐渐下降,下降速度也明显慢于黄芩甙和黄芩甙锌(图 11.3).

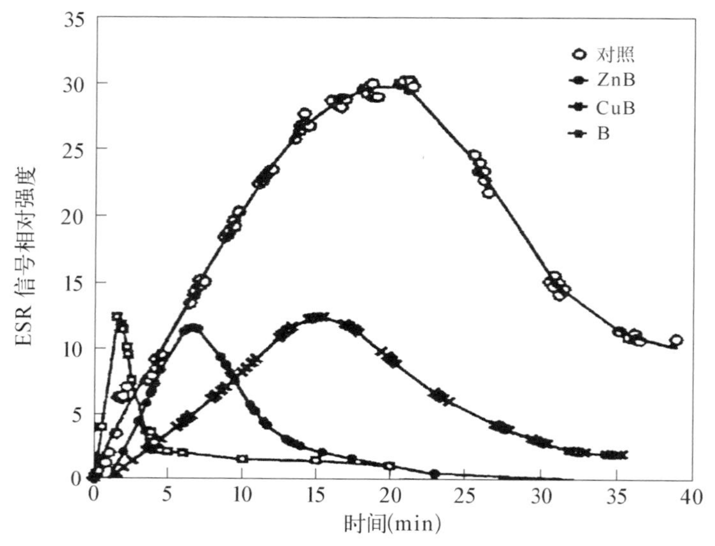

图 11.3 黄芩甙及其铜锌络合物对过氧亚硝基氧化二甲基亚砜产生甲基自由基的清除作用和对过氧亚硝基氧化性的抑制作用

过氧亚硝基对血红蛋白有很强的氧化性.过氧亚硝基的氧化性有两种不同机理:一种认为过氧亚硝基是通过分解成羟基和二氧化氮自由基发挥其氧化作用的;另一种机理认为过氧亚硝基不需分解成羟基和二氧化氮自由基,而是通过构象变化转化为氧化性更强的形式.

从黄芩甙及其铜锌络合物对过氧亚硝基氧化引起损伤的保护作用可以看出,过氧亚硝基对血红蛋白的氧化可能不是通过分解成羟基和二氧化氮自由基来实现的,因为黄芩甙和黄芩甙锌的保护作用很弱,而黄芩甙铜的保护作用很强.黄芩甙铜对 · OH 的清除能力很弱,和这一结果结合起来,可以推论过氧亚硝基不是通过分解成 · OH 起作用的.过氧化氢酶的加入也不能抑制过氧亚硝基的氧化作用,也证明了以上推论,过氧亚硝基可能是通过异构方式夺取氧合血红蛋白电子的.

5. 黄芩甙及其铜锌络合物抗氧化机理

黄芩甙与氧自由基反应生成一个新的自由基，它是黄芩甙通过A环的5、6位上的羟基与氧自由基反应形成的．而黄芩甙铜锌络合物在相同条件下则得不到这样的自由基．从黄芩甙铜与·OH反应的ESR图谱发现（图11.4），随着反应的进行，铜离子与黄芩甙络合物的ESR信号强度逐渐减小，说明其活性中心由羟基转移到了铜离子．

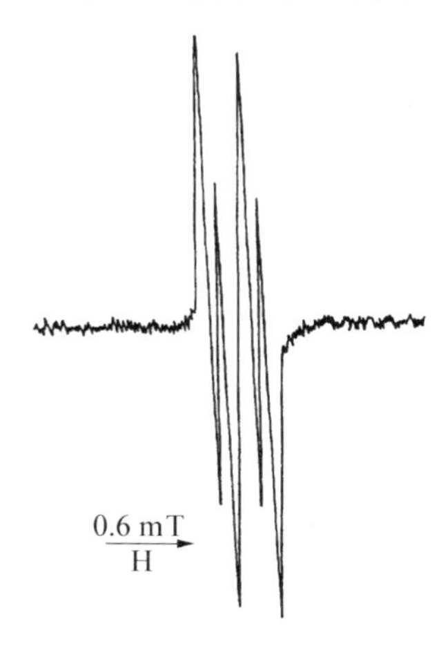

图11.4　黄芩甙与氧自由基反应形成的黄芩甙自由基的ESR波谱

过去一些研究也发现，有的中药粗提成分活性显著，而提纯后活性反而下降了，很可能是在提纯过程中某些金属离子被去除和破坏了．中药中的金属离子的药效大多以结合形式发挥，这样可以增加其脂溶性，比单用无机盐容易吸收、进入组织和细胞．黄芩甙铜锌络合物的研究为中药有效成分与金属离子的结合使用提供了有力的证据和理论基础（图11.5）．

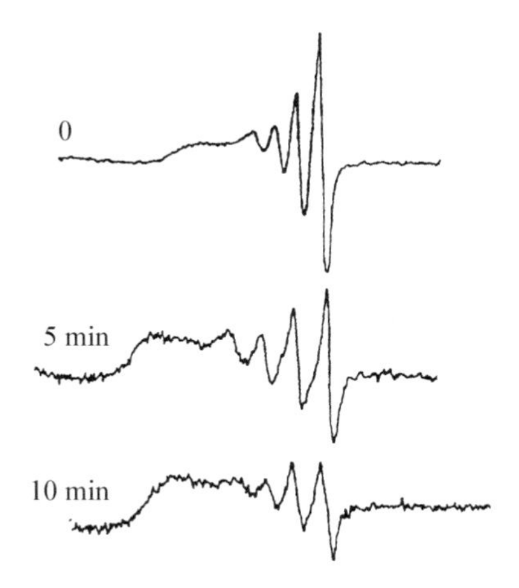

图11.5　黄芩甙铜与·OH反应得到的ESR波谱

11.2.2 黄芩甙及其铜锌络合物对红细胞膜的保护作用

红细胞膜是最容易得到和提纯的细胞膜，它含有大量磷脂和高浓度血红蛋白.在一定条件下，血红蛋白可以刺激脂质过氧化物的分解，释放铁离子促进脂质过氧化和产生·OH，常常被用作细胞膜的模型来研究自由基对细胞膜的损伤和抗氧化剂对细胞膜的保护作用.本小节讨论黄芩甙及其铜锌络合物对氧自由基引起红细胞膜损伤的保护作用.[15-37]

1. 黄芩甙对过氧化氢损伤红细胞膜蛋白巯基结合位置的保护作用

用马来酰亚胺自旋标记红细胞膜，用过氧化氢进攻红细胞膜蛋白巯基，测量其ESR波谱的强弱固定化比（S/W）来表示过氧化氢对红细胞膜蛋白巯基结合位置的损伤和黄芩甙的保护作用，结果见表11.7.和正常红细胞膜相比，过氧化氢使红细胞膜蛋白巯基结合位置的S/W比值明显减小（$p>0.01$），说明它使膜蛋白构象发生了改变.在体系中事先加入黄芩甙或维生素E可以抑制这种改变，而且黄芩甙的作用比维生素E的作用还强.

表11.7　黄芩甙对过氧化氢引起的红细胞膜蛋白巯基结合位置改变的保护作用

体　系	剂量（mmol/L）	S/W
正常红细胞膜		0.212±0.032
H_2O_2 损伤红细胞膜		0.146±0.024
黄芩甙保护红细胞膜	0.04	0.207±0.011
维生素E保护红细胞膜	0.04	0.181±0.034

2. 黄芩甙对过氧化氢损伤红细胞膜流动性的保护作用

用两种脂肪酸自旋标记物标记红细胞膜，一个位于细胞膜的极性亲水端，反映细胞膜表层的流动性；另一个位于细胞膜的疏水非极性端，反映细胞膜深层的流动性.用过氧化氢进攻细胞膜磷脂，计算细胞膜的序参数和旋转相关时间，测量过氧化氢对细胞膜流动性的影响和黄芩甙的保护作用，结果见表11.8.由表中的数据可以看出，过氧化氢氧化红细胞膜使膜表层序参数升高，旋转相关时间增大，膜深层序参数降低，旋转相关时间减少，说明过氧化氢改变了红细胞膜的流动性，并且细胞膜表层和深层不一致.加入黄芩甙或维生素E能够抑制这一改变.

表 11.8 黄芩甙和维生素 E(0.04 mmol/L)对过氧化氢引起红细胞膜流动性改变的保护作用

体系	5-doxyl		16-doxyl	
	S	τ_c	S	τ_c
正常红细胞	0.694±0.033	22.67±0.33	0.228±0.027	12.07±0.89
H_2O_2+红细胞	0.735±0.023	23.40±0.98	0.195±0.038	11.03±0.75
黄芩甙+红细胞	0.698±0.014	21.98±1.05	0.221±0.015	12.67±0.67
VE+红细胞	0.712±0.017	22.89±0.14	0.220±0.041	12.61±0.83

3. 黄芩甙及其铜锌络合物对红细胞膜自氧化的保护作用

血液保存期间红细胞膜发生明显的自氧化损伤.在库存条件下,红细胞膜发生脂质过氧化和膜成分的化学修饰,使膜脂和膜蛋白的结构和生物功能发生异常.下面就红细胞膜在库存条件下由于自氧化引起的溶血、脂质过氧化、膜蛋白巯基结合位置构象的改变和黄芩甙及其铜锌络合物的保护作用进行较详细的讨论.

红细胞由于所处环境特殊,很容易受到氧化损伤,因而富含抗氧化体系,其中包括酶类和非酶类.利用ESR技术检测红细胞自氧化后的完整红细胞和破膜红细胞的抗氧化性,主要检测它们对黄嘌呤/黄嘌呤氧化酶体系产生的氧自由基的化学发光的清除作用.结果发现,自氧化后,红细胞的抗氧化能力大大下降,加入黄芩甙及其锌铜络合物可以分别提高自氧化后的完整和破膜红细胞抗氧化能力约为33%和30%,55%和60%,75%和80%.加入甘露醇可使完整和破膜红细胞抗氧化能力分别提高大约10%和12%.单独加入锌对完整和破膜红细胞的抗氧化能力没有什么影响,单独加入铜不仅没有提高完整和破膜红细胞的抗氧化能力,反而降低了它们的抗氧化能力.

仍采用两种脂肪酸自旋标记物标记红细胞膜的极性端和疏水端,利用ESR波谱技术测量和计算细胞膜磷脂的序参数和旋转相关时间.由所得结果可以看出,红细胞自氧化增加细胞膜磷脂极性端的序参数,即减小细胞膜极性端的流动性,减小疏水端的序参数和旋转相关时间,即增加疏水端的流动性.加入黄芩甙、黄芩甙锌和甘露醇都可以保护红细胞自氧化对细胞膜极性端流动性的影响,其中黄芩甙锌的保护作用最明显.加入黄芩甙铜没有表现出保护作用,单独加入锌也没有表现出保护作用,单独加入铜还有加剧自氧化的细胞膜极性端流动性的作用.加入黄芩甙及其铜锌络合物、甘露醇甚至单独加入铜锌对自氧化红细胞膜疏水端流动性的改变都有不同程度的保护作用.其中仍以黄芩甙锌的保护作用最显著,其次是黄芩甙和单独加入锌.

用马来酰亚胺自旋标记红细胞膜蛋白的巯基,用ESR自旋标记谱强弱固化比表示膜蛋白构象.红细胞自氧化以后,ESR波谱上强弱固定化比明显降低,加入黄芩甙及其铜锌络合物和甘露醇可明显保护自氧化对细胞膜蛋白巯基结合位置构象的改变.其中黄芩甙铜锌络合物的作用比黄芩甙和甘露醇的保护作用更明显,单独加入铜锌保护作用不明显.

从以上结果可以看出黄芩甙对红细胞的自氧化损伤有明显的保护作用,不论是红细胞膜的磷脂，还是细胞膜蛋白，均有较好的保护作用. 黄芩甙锌对自氧化红细胞膜磷脂的保护作用明显高于黄芩甙. 而黄芩甙铜不仅不能改善黄芩甙对细胞膜磷脂的保护作用，并且还加剧自氧化对细胞膜磷脂的损伤作用，但黄芩甙铜对自氧化细胞膜蛋白构象损伤的保护作用比黄芩甙强.

11.3 ESR 在研究山楂黄酮的抗氧化作用中的应用

山楂是我国特有的药食两用果实，在美国和西欧市场几乎看不到山楂. 本草纲目就有记载:"山楂味苦，寒，无毒. 主水痢，头风，身痒. 消积，祛风，止血. 治食积，痢疾，关节痛."山楂不仅果实可以药食两用，而且山楂叶和根也可做药用.[38]

山楂黄酮是目前已经取得药字号的黄酮类药物，并以山楂黄酮为原料制成益心酮. 经大量临床实验表明，益心酮具有活血化瘀、行气止痛的功能，主要用于治疗头晕、心慌、冠状动脉硬化性心脏病、心肌缺血、心绞痛、心率失常、高血压、高黏滞血症、脑动脉硬化、脑供血不足、脑血栓、脑损伤后遗症及老年痴呆症. 笔者所在研究组利用 ESR 波谱和化学发光等技术检测了山楂黄酮对自由基的清除作用，结果发现山楂黄酮对 Fenton 反应产生的 · OH 有很强的清除作用（IC_{50} = 0.015 mg/mL），是银杏黄酮的 1.3 倍（IC_{50} = 0.02 mg/mL），但比维生素 C 稍弱；对黄嘌呤/黄嘌呤氧化酶体系产生的 · O_2^- 有非常强的清除作用（IC_{50} = 0.05 mg/mL），约是维生素 C 的 2 倍（IC_{50} = 0.1 mg/mL），约是银杏黄酮的 18 倍（IC_{50} = 0.9 mg/mL）；山楂黄酮对过氧亚硝基也有很强的清除作用（IC_{50} = 18 μg/mL），约是维生素 C（IC_{50} = 25 μg/mL）的 1.4 倍，比银杏黄酮的弱一些. 此外，它还可以清除线粒体膜脂质过氧化产生的脂类自由基，这无疑是山楂黄酮具有以上药物功能的重要基础. 山楂黄酮类化合物是泛指两个芳环（A 与 B）通过三碳链相互连接而成的一系列化合物，其基本结构如图 11.6 所示. 下面讨论山楂黄酮的抗氧化作用.[22]

11.3.1 山楂黄酮对 · OH 的清除作用

利用 Fenton 反应产生 · OH，用 DMPO 捕集 · OH，由 4 条谱线组成高度比为 1∶2∶2∶1 的典型图谱（图 11.7）. 山楂黄酮对 Fenton 反应产生羟自由基的清除作用如图 11.7 所示. 由这些结果可以看出，山楂黄酮对 Fenton 反应产生 · OH 自由基有很强的清除作用（IC_{50} = 0.015 mg/mL），但比维生素 C 差（IC_{50} = 0.005 mg/mL），是银杏黄酮（IC_{50} = 0.02 mg/mL）的 1.3 倍.

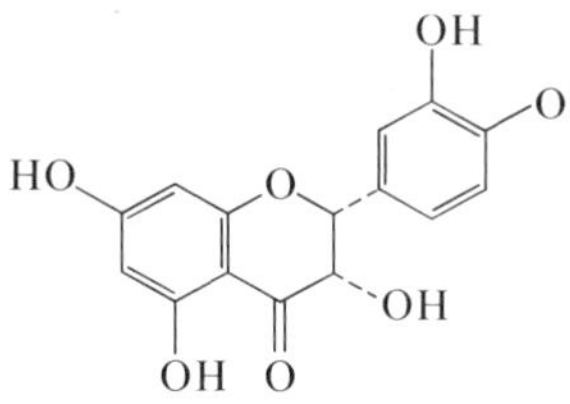

表儿茶酸 (epicatechin) 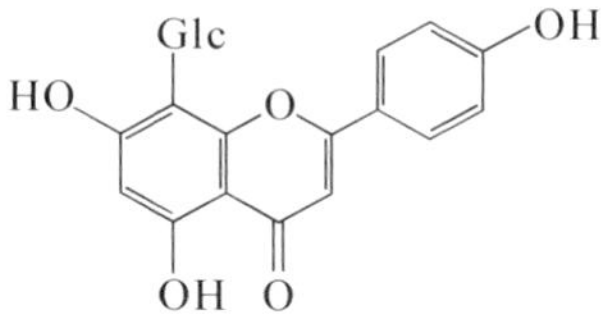　　牡荆素 (vitexin)

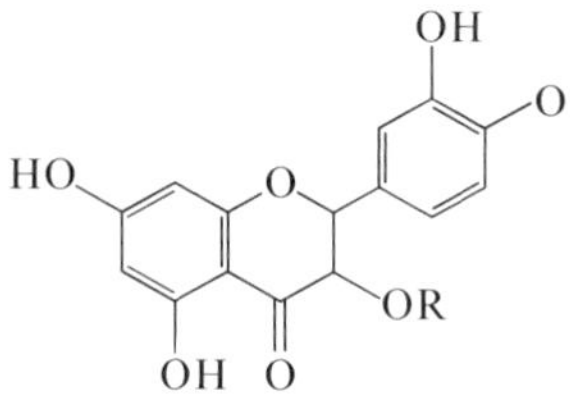

槲皮素 (quercetin) R=H
金丝桃甙 (hyperoside) R=半乳糖
异槲皮苷 (isoquercitrin) R=葡萄糖
芦丁 (rutin) R=芦丁糖

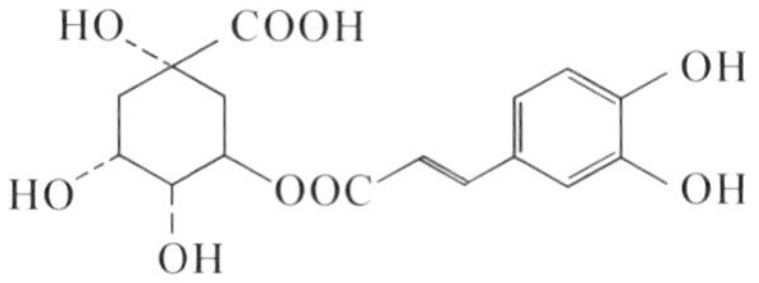

绿原酸 (chlorogenic acid)

图 11.6　山楂黄酮类化合物的结构类型

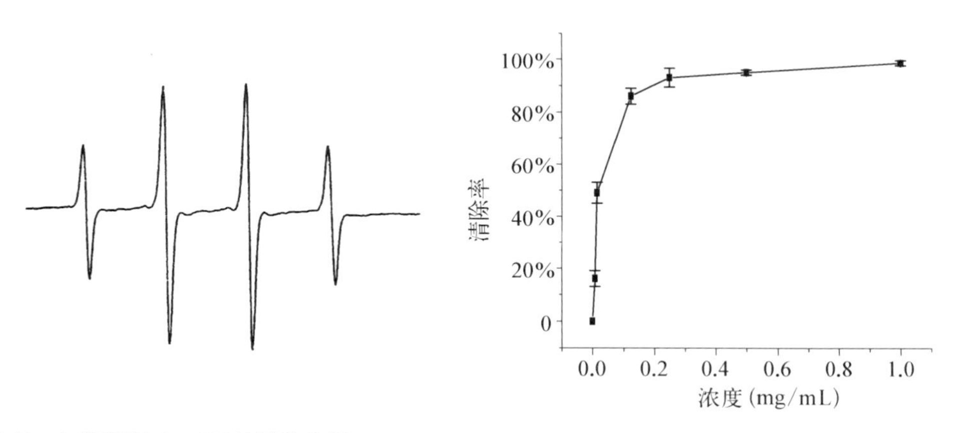

图 11.7　山楂黄酮对・OH 的清除作用

11.3.2　山楂黄酮对・O_2^- 的清除作用

黄嘌呤/黄嘌呤氧化酶体系可以产生・O_2^-，利用 DMPO 自旋捕集剂可以捕集这一活性氧自由基，ESR 测定可以给出特异的 12 条谱线. 山楂黄酮对黄嘌呤/黄嘌呤氧化酶体系产生・O_2^- 的清除作用如图 11.8 所示. 由这些结果可以看出，山楂黄酮对黄嘌呤/黄嘌呤氧化酶体系产生的・O_2^- 有很强的清除作用（IC_{50} = 0.05 mg/mL），是维生素 C 的 2

倍($IC_{50}=0.1$ mg/mL),大约是银杏黄酮的18倍($IC_{50}=0.9$ mg/mL).

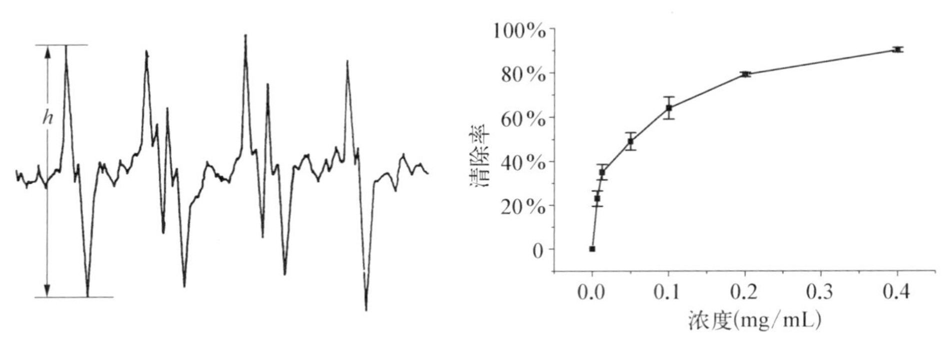

图 11.8　山楂黄酮对 $\cdot O_2^-$ 的清除作用

11.3.3　山楂黄酮对过氧亚硝基的清除作用

NO 和 $\cdot O_2^-$ 具有非常高的反应速率常数(6.4×10^9 mol/(L·s)),反应形成过氧亚硝基($ONOO^-$).这是一种氧化性极强的物质,可氧化细胞膜脂和蛋白质的硫氢基,导致细胞损伤和疾病的发生.实验表明很多病理状态都会发生此反应,因而对过氧亚硝基的研究非常引人关注.用自旋捕集技术直接捕集到了 $ONOO^-$ 氧化二甲基亚砜产生的自由基.用 tNB 捕集的甲基自由基的 ESR 波谱如图 11.9 所示.利用这一体系测定了山楂黄酮对过氧亚硝基的清除作用,如图 11.9 所示,由这些结果可以看出,山楂黄酮对过氧亚硝基有较强的清除作用($IC_{50}=20$ μg/mL),山楂黄酮对过氧亚硝基的清除作用比维生素C大1.4倍($IC_{50}=0.25$ μg/mL),但比银杏黄酮的弱($IC_{50}=0.04$ μg/mL).

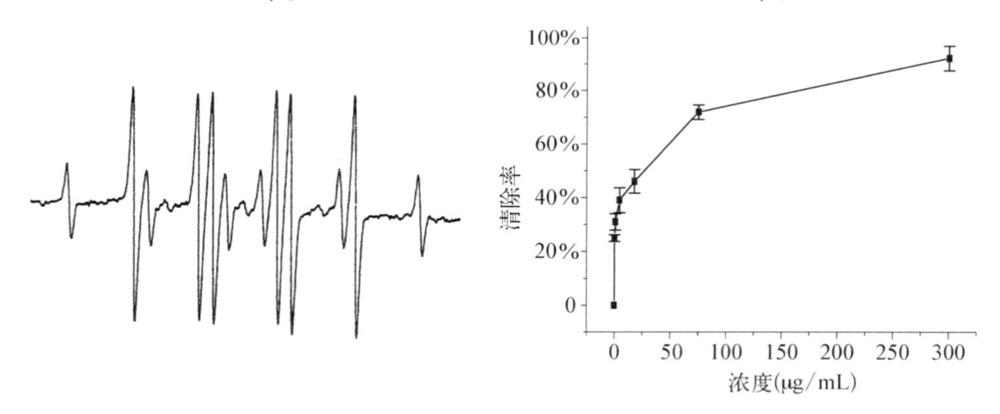

图 11.9　山楂黄酮对过氧亚硝基的清除作用

9.3.4 山楂黄酮对脂类自由基的清除作用

细胞膜和线粒体膜含有大量不饱和脂肪酸，很容易引起脂质过氧化，很多疾病和衰老现象都和脂质过氧化有关. 笔者所在研究组利用 4-POBN 自旋捕集 · OH 诱导线粒体膜脂质过氧化产生的脂类自由基，其 ESR 波谱如图 11.10 所示. 在这一体系研究山楂黄酮对 · OH 引起的细胞线粒体膜脂质过氧化产生脂类自由基的清除作用. 山楂黄酮对线粒体膜脂质过氧化产生的脂类自由基的清除作用如图 11.10 所示. 由这些结果可以发现，山楂黄酮可以有效抑制自由基和其他因素引起的线粒体膜脂质过氧化和损伤，对脂类自由基有明显的清除作用.

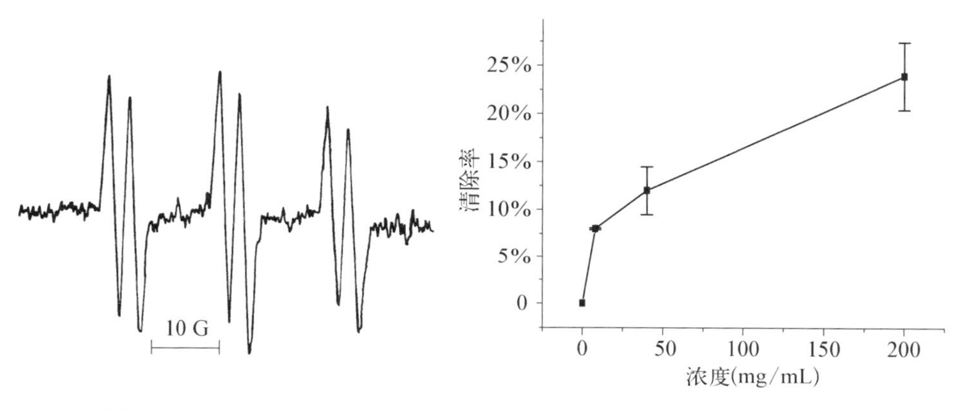

图 11.10 山楂黄酮对脂类自由基的清除作用

由以上结果可以看出，山楂黄酮不仅对活性氧自由基、· OH 和 · O_2^- 有很好的清除作用，而且对线粒体膜脂质过氧化产生的脂类自由基也有较好的清除作用，还对氧化性很强的过氧亚硝基的氧化性有很好的抑制作用. 这很可能是山楂黄酮能够预防和治疗心脑血管病的一个重要原因，因为心脑血管疾病和自由基的产生和损伤关系非常密切.

11.3.5 ESR 研究山楂黄酮类抗氧化剂对 Cu(Ⅱ)-Fenton 反应和 Cu(Ⅱ)-抗坏血酸体系条件下的 DNA 保护

类黄酮的抗氧化特性由其功能性羟基介导，羟基能够螯合氧化还原活性金属，如铁、铜和清除自由基. 在铜- Fenton 反应和铜-抗坏血酸体系条件下研究了黄芩素和 Cu(Ⅱ)-黄芩素配合物的抗氧化、促氧化剂和 DNA 保护性能. 从相关的 ESR 波谱中，证实了黄芩素与 Cu(Ⅱ)离子的相互作用，在 DMSO 中 Cu(Ⅱ)-黄芩素配合物在一段时间内的稳定性高于甲醇、PBS 和磷酸盐缓冲液.研究证实游离黄芩素和 Cu(Ⅱ)-黄芩素复合物的 ROS 清除效率适中,约为 37%(比例为 1∶1 和 1∶2).吸收滴定的结果与黏度研究的结果一致,并证实了 DNA 与游离黄芩素和铜黄芩素配合物之间的结合模式涉及氢键和范德华力相互作用.在铜催化 Fenton 反应和铜-抗坏血酸体系的条件下,研究黄芩素的 DNA 保护作用发现在足够高的浓度下,黄芩素为细胞提供了一些保护,使其免受 ROS(单线态氧、· OH 和 · O_2^-)引起的 DNA 损伤.因此,黄芩素可用作氧化还原金属(如铜)代谢紊乱的疾病的治疗剂,例如阿尔茨海默病、威尔逊病和各种癌症.虽然足够浓度的黄芩素可以保护神经元细胞免受 Cu-Fenton 诱导的 DNA 损伤,但相反,在癌症的情况下,低浓度的黄芩素不会抑制铜离子和抗坏血酸的促氧化作用,这反过来又可以对肿瘤细胞中的 DNA 造成有效的损伤.

11.3.6 山楂黄酮对沙鼠脑缺血再灌注损伤保护作用机理

心血管疾病(CVD)是老年人的常见病,然而,缺乏成功的治疗方法来减小心肌梗塞(MI)的影响是一个令人不安的现实.尽管使用山楂的成功草药配方是可行的,但是,由于缺乏对山楂提取物在 CVD 条件下的分子机制的解释,它不被认为是替代药物.山楂黄酮主要包含槲皮素、金丝桃苷、木荆素、云香苷等黄酮类物质.从这些黄酮类物质的结构可以看出,它们都很容易和自由基反应,能起到清除自由基和保护机体和组织的作用.体内研究表明,山楂提取物显著阻止了半胱天冬酶在心肌梗塞后等条件下的活化;然而,可能参与这一作用的特定次级代谢物的作用探索中发现,山楂提取物中关键次级代谢物在保护心肌细胞凋亡中发挥关键作用.笔者所在研究组研究了山楂黄酮对沙鼠脑缺血再灌注损伤保护作用的自由基调节机理,发现山楂黄酮对沙鼠脑缺血再灌注损伤有很好的保护作用,而且与自由基关系密切.[22]

11.4 ESR 在研究丹参酮抗氧化途径及其对心脏病的治疗作用机理中的应用

相传很久以前,东海岸边的一个渔村里住着一个叫阿明的青年.阿明从小丧父,与母亲相依为命,因自幼在风浪中长大,练就了一身好水性.阿明的母亲患了重病,请了很多大夫,都未治愈,阿明一筹莫展.有人说东海中有个无名岛,岛上生长着一种花呈紫蓝色、根呈红色的药草,用这种药草的根煎汤内服,就能治愈其母亲的病.阿明听后,喜出望外,便决定去无名岛采药.但是去无名岛的海路不但暗礁林立,而且水流湍急,欲上岛者十有九死，犹过“鬼门关”. 阿明救母心切，毅然出海上岛采回药材，每日按时侍奉母亲服药，母亲的病很快就痊愈了. 村里人对阿明冒死采药为母治病的事非常敬佩，都说这种药草凝结了阿明的一片丹心，便给这种根红的药草取名“丹心”. 后来在流传过程中，取其谐音就变成“丹参”了.

丹参、复方丹参和丹参酮注射液已经广泛用于临床治疗各种疾病，特别是心脏病，效果显著，近期研究报道较多. 本节就丹参的有效成分丹参酮作为一种天然抗氧化剂治疗心脏病和防治阿霉素毒性的机理，保护心肌线粒体，建立电子传递旁路，防止氧自由基生成，清除脂质过氧化产生的脂类自由基，阻断脂质过氧化链式反应等方面进行一些讨论.[23-28]

11.4.1 丹参的药理作用

丹参是唇形科植物，取根为药. 据《本草经疏》论述：“丹参味苦微寒，性热无毒，主心腹邪气，止烦满，益气养血，去心腹痼疾结气，强腰肾，除风邪，久服利人.”据《本草汇言》论述：“丹参善治血分，去滞生新，调经顺脉之药也. 主男妇吐血，淋溺，崩血之症，或冲任不和而胎动欠安，或产后失调而血室乖戾，或淤血壅滞而百节攻疼，或经闭不通而小腹作疼，或肝脾郁结而寒热无时，或疝气攻冲而止作无常，或脚膝痹痿而疼痛难履，或心腹留气而肠鸣幽幽，或血脉外障而两目疼赤，以丹参一物，而有四物之功. 补血生血，功过归、地调血敛血，力堪芍药，逐淤生新，性倍芎穷，不论胎前产后，皆可常用.”

丹参的药理作用包括对心血管系统的影响，丹参注射液有扩展冠脉的作用，并使心率减缓，心收缩力先有短暂的抑制然后有所加强；在临床上丹参注射液可使部分病例胆甾醇下降；对小白鼠具有明显的镇静作用，并能延长环已烯巴比妥的睡眠作用；对结核菌有抑制作用和治疗效果；还表现有降血糖作用. 丹参主治活血化淤、安神宁心、排脓、止痛、治心绞疼、月经不调、痛经、经闭血崩带下、淤血腹痛、骨节疼痛、惊悸不眠、恶疮肿毒.

丹参的有效成分包括丹参酮（tanshinone）、隐丹参酮（cryptotanshinone）、二氢参酮（dihydrotanshenone）、丹参素（danshensu）、丹参酸（danshensuan）等. 丹参酮是脂溶性的，丹参素是水溶性的. 临床应用较多的还是丹参提取液，其中包括各种有效成分. 丹参酮及其磺酸化的水溶性衍生物也被用于临床. 丹参酮Ⅰ是一种来自丹参的天然二萜，已被证明具有肝细胞保护、抗癌和增强记忆的特性. 然而，到目前为止，很少有严格的丹参酮Ⅰ神经保护药理学测试.

丹参注射液、复方丹参和丹参酮注射液于临床上主要在治疗迁延性、慢性肝炎，血栓闭塞性脉管炎，晚期血吸虫病肝肿大，冠心病等取得明显疗效. 特别是对冠心病心绞痛治疗效果尤为明显，总有效率达 82.3%，其中显著有效率为 20.3%，对中轻度患者疗效较好.[1-2]

11.4.2 丹参酮对 · O_2^- 的清除作用

丹参能否有效治疗心脏病,首先要考虑到丹参及其有效成分是否能够有效清除 · O_2^- .笔者所在研究组检测了丹参的两个主要有效成分丹参酮(图 11.11)和丹参素对 · OH 和 · O_2^- 的清除作用.[24]

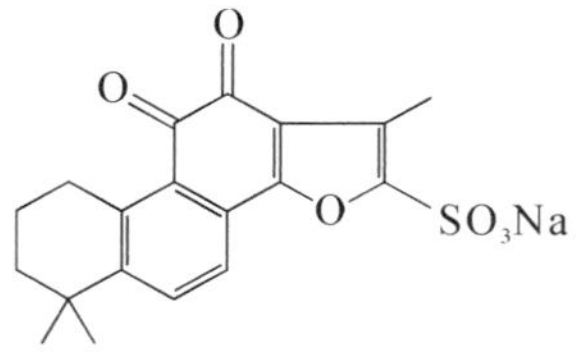

图 11.11 丹参酮的分子结构

在黄嘌呤/黄嘌呤氧化酶体系产生的 · O_2^- 体系中加入不同浓度的丹参素并研究其对 · O_2^- 的清除作用(图 11.12).研究发现,2×10^{-5} mol/L 丹参素可以清除大约 57%的 · O_2^- ,2×10^{-4} mol/L 丹参素几乎清除了所有的 · O_2^- ,IC_{50}大约为 1.5×10^{-5} mol/L.在这一浓度范围内,没有发现丹参酮对这一体系产生的 · O_2^- 有任何清除作用,只有当丹参酮浓度高达 2.3×10^{-3} mol/L 时,才能清除大约 27%的 · O_2^- .

用佛波醇和趋化寡肽(FMLP)刺激人中性粒细胞产生呼吸爆发,释放的活性氧自由基采用化学发光技术检测,将不同浓度的丹参酮加入反应体系,丹参酮对这一体系产生的 · O_2^- 的清除率还是比较明显的,而且有明显的剂量依赖关系.用 ESR 自旋捕集技术检测不到丹参素和丹参酮对 Fenton 反应产生的 · OH 的清除作用.

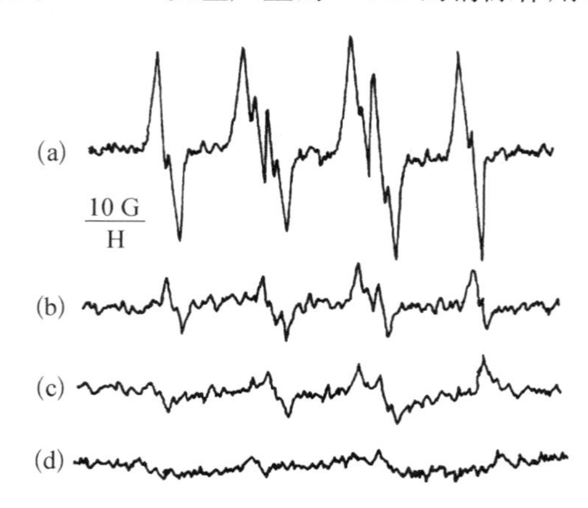

图 11.12 丹参素对 · O_2^- 的清除作用

由于过氧亚硝酸盐参与神经退行性疾病的发病机制，因此本研究旨在探究丹参酮Ⅰ的神经保护作用是否与抑制过氧亚硝酸盐引起的DNA损伤有关，这是导致过氧亚硝酸盐诱导的细胞毒性的关键事件. 结果表明，丹参酮Ⅰ能显著抑制φX-174质粒DNA和大鼠原代星形胶质细胞中过氧亚硝酸盐诱导的DNA损伤. ESR波谱表明，丹参酮Ⅰ能有效地减弱过氧亚硝酸盐的DMPO-·OH加合物信号. 这些结果首次证明丹参酮Ⅰ可以防止过氧亚硝酸盐诱导的DNA损伤、·OH形成和细胞毒性，这可能对丹参酮Ⅰ介导的神经保护产生影响. [25]

11.4.3 丹参酮对脂类自由基的清除作用

肌质网是保持细胞内外钙离子浓度差(～1 000倍)的重要细胞器，肌质网受损伤后将引起细胞质内钙离子超负荷，钙离子作为信号分子启动一系列反应过程，导致细胞损伤. 缺血再灌损伤中同时存在氧异常和钙异常，氧异常一般解释为产生的氧自由基，而钙异常则很可能与活性氧自由基攻击氧化损伤细胞内肌质网，导致肌质网调节钙离子的功能下降有关. 为此笔者所在研究组研究了模型体系产生的自由基对猪心肌质网膜脂质过氧化的影响以及丹参酮对肌质网膜脂质过氧化损伤的保护作用. 在活性氧自由基攻击肌质网引起膜脂质过氧化过程中，利用ESR技术捕集到脂类自由基，并且发现丹参酮对启动脂质过氧化的活性氧自由基的清除能力并不强，但对脂质过氧化过程中的脂类自由基有较好的清除效果. [24-26]

从上面的结果可看出，丹参酮对·O_2^-、·OH的清除效果不强，而对肌质网脂质过氧化的链式反应却有很好的阻断作用，说明丹参酮主要是链阻断式抗氧化剂. 铁离子启动脂质过氧化已得到深入的研究，Fe^{2+}的作用主要是启动已部分过氧化的不饱和脂肪酸的链式反应使其继续进行，对此体系自由基的清除应是对·L的直接清除.

从丹参酮的结构可看到，丹参酮有相邻酮基等还原活性基团，可与自由基等氧化剂反应，从而清除自由基，而且丹参酮具有很好的脂溶性，很容易从水相进入脂膜中，清除脂类自由基. 至于丹参酮对·O_2^-清除能力较弱，可能是由于丹参酮非极性部分在强极性的水溶液中相互靠近、遮掩，·O_2^-与位于丹参酮非极性部分的还原性基团相遇的概率减少.

11.4.4 丹参酮对心肌缺血再灌注损伤的保护作用

心肌缺血再灌注损伤是近年来人们广泛关注的课题，也是证明氧自由基参与疾病过程和抗氧化剂治疗自由基引起疾病的一个重要模型. 线粒体是氧自由基损伤的主要靶位置. 线粒体是真核细胞氧化磷酸化提供能量的场所，它的内膜上分布着呼吸链的酶. 心肌缺血再灌注时，线粒体是细胞活性氧的重要来源. 由于线粒体膜成分中有大量不饱和脂肪酸，容易引起脂质过氧化，脂质过氧化会损坏线粒体膜结构，破坏线粒体呼吸和氧化磷酸化，增加膜的通透性，使膜离子转运机制紊乱，造成细胞损伤. 笔者所在研究组研究了丹参及其有效成分对心肌缺血再灌注产生的氧自由基的清除作用和对心肌缺血再灌注引起的线粒体损伤的保护作用.

1. 丹参对心肌缺血再灌注损伤产生氧自由基的清除作用

家兔缺血再灌注心肌产生氧自由基，通过在灌注液中加入 SOD、过氧化氢酶或丹参注射液后来判断其对自由基的影响. 经发现，加入 SOD 以后，这一信号几乎完全清除，加入过氧化氢酶只能部分清除这一信号，加入丹参注射液则可以和加入 SOD 一样完全清除氧自由基信号(图 11.13). [31-32]

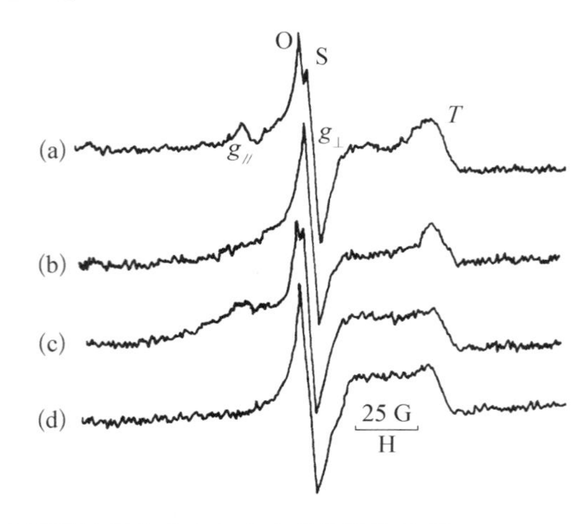

图 11.13　丹参对心肌缺血再灌注损伤产生氧自由基的清除作用

(a) 缺血再灌注心肌；(b) 缺血再灌注心肌 + SOD；(c) 缺血再灌注心肌 + 过氧化氢酶；(d) 缺血再灌注心肌 + 丹参注射液.

2. 丹参酮对缺氧再给氧损伤线粒体膜的保护作用

与正常组相比，缺氧组线粒体磷脂总含量与磷脂膜流动性均无显著差异，再给氧组二者均显著下降，与此对应地，冷冻蚀刻电镜标本上线粒体内外膜的磷脂颗粒较正常组明显减少. 与再给氧组比较，丹参酮再给氧组总磷脂含量明显增高，膜脂流动性也显著恢复. 硝酸镧示踪观察显示，缺氧再给氧组心肌线粒体膜通透性增加，丹参酮组有所改善. [31-32]

采用 ESR 波谱研究了质膜的动力学和热力学性质，以 5-多氧硬脂酸(5-SASL)和 16-SASL 为自旋标记. 5-SASL 监测头组区域显示，在未经处理的鼠尾草油(CS-油)及其两种主要成分芳樟醇(Lol)和乙酸芳樟酯(LA)的膜中，质膜的断点频率在 9.55～13.15 ℃时以温度依赖性方式降低. 结果表明，靠近头部组的处理质膜的流动性显著增加. 将观察到的结果与两个自旋标记进行比较表明，CS-oil 和 LA 在质膜的两个深度上诱导了流化水平的增加.而 Lol 处理在浅层区域诱导的双层组织较少(1%)有序，在深层诱导膜小叶增加(10%)有序.急性毒性实验和 ESR 结果表明，细胞凋亡和对质膜流动性的影响都取决于所检查材料的组成和化学结构.与对照相比，用 CS-油、Lol 或 LA 处理分别诱导 13.0%，12.3%和 26.4%的代谢物在 260 nm 处吸收，这是质膜流化效应的生物学结果.结果证实，鼠尾草油会引起质膜扰动，从而导致细胞凋亡过程.

3. 丹参酮对氧反常心肌线粒体呼吸功能的影响

利用 ESR 技术测定线粒体耗氧量，呼吸底物分别采用谷氨酸、苹果酸或琥珀酸(图 11.14).结果显示，与正常组比较，缺氧组琥珀酸脱氢酶活力无显著变化，细胞色素氧化酶活力代偿性增高；氧反常组二酶活力均降低；丹参酮对此二酶活力降低未显示出改善倾向.当以琥珀酸为底物时，缺氧组呼吸耗氧量较正常组增高，氧反常组、丹参酮氧反常组与正常组比较无显著差异；当以谷氨酸加苹果酸为底物时，与正常组比较，缺氧组耗氧量无显著变化，氧反常组呼吸耗氧量明显降低，说明电子传递受阻，丹参酮明显改善这一状况.[24]

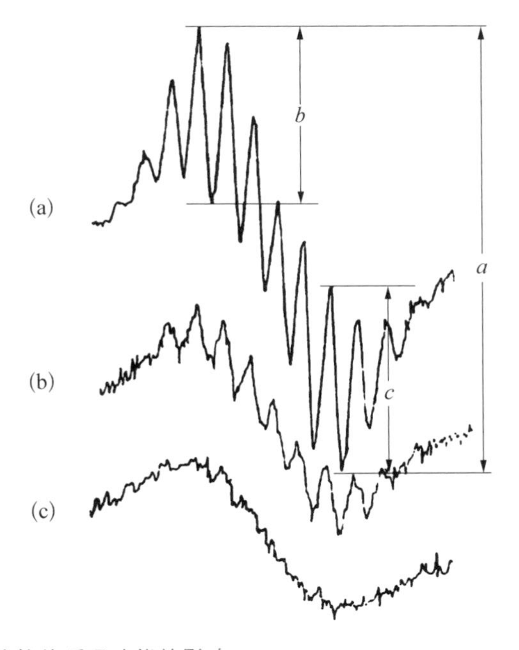

图 11.14 丹参酮对心肌线粒体呼吸功能的影响
(a) 呼吸状态 3；(b) 呼吸状态 4；(c) 无线粒体.

11.4.5 钙过负荷和丹参酮对线粒体脂质过氧化的影响

细胞内钙的过负荷是心脏缺血再灌时伴随氧反常发生的一个重要现象.在缺血再灌初期时,细胞能量低于正常水平,Na^{+}/K^{+} ATP 酶活性降低,细胞内 Na^{+} 增多,通过 Na^{+}/Ca^{2+} 交换,使细胞内 Ca^{2+} 增多,Ca^{2+} 通过与电子传递链的偶联,消耗用来合成 ATP 的能量而被转移到线粒体内,破坏线粒体膜的完整性,对细胞产生不可逆的损伤和细胞坏死.钙离子的增加还可增加膜对脂质过氧化的敏感性.[34]研究发现丹参酮有对线粒体脂质过氧化过程中产生的脂类自由基的清除作用及它对线粒体呼吸的影响.[35]

1. Ca^{2+} 过负荷对 Fe^{2+} 启动的线粒体脂质过氧化的影响

铁死亡是一种铁依赖性程序性坏死,其特征是谷胱甘肽(GSH)耗竭和脂质过氧化(LPO).在前铁死亡和抗铁死亡机制下,线粒体在铁死亡中起着核心作用.然而,线粒体如何感知在(病理)生理设置下激活铁死亡的仍然不完全清楚.经过高钙浓度培养的线粒体再由 Fe^{2+} 启动脂质过氧化,线粒体膜产生的脂类自由基明显增加.随钙浓度增加,脂类自由基增加.当加入的钙浓度为 100 mmol/L 时,脂类自由基增加大约 14.9%,与对照组有明显差异.当钙浓度为 500 mmol/L 时,脂类自由基可增加约 32%.

钙离子在一定浓度范围内可增强 Fe^{2+} 启动的线粒体所产生的脂类自由基,钙离子浓度增加到一定程度时,可激活线粒体外膜上的磷脂酶,使膜磷脂水解,破坏膜结构,产生花生四烯酸等不饱和脂肪酸.这些不饱和脂肪酸从膜上解离下来,增加了脂质过氧化的底物和原料,此时施以自由基攻击,脂类自由基产生的概率增大.$[Ca^{2+}]$继续升高,使更多的磷脂酶处于激活状态,提供更多的脂质过氧化底物,因此随着$[Ca^{2+}]$增加,脂类自由基增加.

2. 丹参酮对线粒体脂质过氧化产生脂类自由基的清除

丹参酮对线粒体脂质过氧化产生脂类自由基有明显的清除作用,随着丹参酮浓度的增加,清除率上升,当丹参酮浓度达到 0.8 mg/mg 蛋白时,清除率可达 70%.据此可知,丹参酮对线粒体脂类自由基有很好的清除作用.丹参酮可以有效清除心肌线粒体脂质过氧化产生的脂类自由基,线粒体是心肌缺血再灌注中氧自由基的重要来源.丹参注射液对心脏的保护和治疗作用很可能就是通过它的不同有效成分在不同部位清除不同自由基实现的,即丹参素作为预防性抗氧化剂清除 $\cdot O_2^-$,丹参酮作为链阻断剂清除脂类自由基.

3. 铁离子、钙离子对线粒体呼吸的影响

为了检测铁离子、钙离子和脂质过氧化对线粒体呼吸功能的影响和丹参酮对线粒体

的保护作用,并且检测线粒体呼吸功能,在实验浓度下,钙离子和铁离子都对线粒体NADH依赖性氧消耗有明显的阻断作用.缺血再灌时,钙离子内流,在细胞内积聚,和细胞内活性氧自由基增加很可能是相辅相成、相互加强的.它们共同阻抑线粒体呼吸链,增加线粒体膜的通透性,破坏离子转运机制,损伤细胞功能,使更多的钙离子进入线粒体,形成羟基磷灰石等,造成线粒体的不可逆损伤.在线粒体这一层次,Ca^{2+}的过负荷可以增加线粒体的脂质过氧化.

11.4.6 丹参酮ⅡA磺酸钠(STS)对线粒体电子传递链的旁路作用

丹参酮ⅡA磺酸钠是丹参酮ⅡA的水溶性衍生物,丹参酮ⅡA是中药丹参的活性亲脂性成分.丹参酮ⅡA磺酸钠具有抗氧化、抗炎、抗细胞凋亡等多种药理活性,已被国家食品药品监督管理总局(CFDA)批准用于治疗心血管疾病.丹参酮ⅡA的药理活性和机理研究可为丹参酮ⅡA的进一步应用和发展提供支持.近几十年来,研究者已经进行了大量的实验和临床研究,以调查丹参酮ⅡA磺酸钠在各种疾病中的潜在治疗效果,例如心脏病、脑部疾病、肺部疾病、癌症、败血症等.丹参酮ⅡA可以有效清除心肌线粒体和肌质网脂质过氧化产生的脂类自由基,阻断脂质过氧化,这可能是丹参酮保护心肌缺血再灌注损伤的机理之一.由于心脏需要大量的能量,线粒体的作用显得更为重要.在心脏疾病和心肌缺血再灌损伤中,线粒体的损伤导致线粒体电子传递链受阻,电子从线粒体漏出,产生氧自由基.本节将探讨和揭示丹参酮保护心肌损伤的另一个机理,即它对线粒体电子传递链的旁路作用.[23-48]

1. 丹参酮ⅡA磺酸钠对心肌线粒体电子传递链产生的自由基的清除作用

用ESR检测发现鱼藤酮、抗霉素A阻断线粒体呼吸链产生的自由基主要是·OH,用KCN阻断线粒体也得到·OH.STS对心肌亚线粒体产生的·OH的初始强度没有什么作用,但显著加速所测试的自由基信号的衰减.

2. 丹参酮ⅡA磺酸钠对DMPO捕集到的心肌线粒体电子传递链的作用

用DMPO捕集鱼藤酮、抗霉素A阻断线粒体呼吸链产生的自由基包含两种成分,一种是·OH与DMPO的加合物(DMPO—OH);另一种是乙醇自由基与DMPO的加合物(DMPO—C_2H_5OH)(ESR波谱如图11.15所示).这是·OH进攻乙醇的产物,体系含有乙醇是因为鱼藤酮、抗霉素A均由乙醇溶解.用KCN阻断线粒体只得到·OH的DMPO

加合物 DMPO—OH,因为此体系应用 KCN 作抑制剂,而 KCN 用水溶解. 丹参酮ⅡA 磺酸钠对心肌亚线粒体产生的·OH 的作用如图 11.16 所示. 可以看到 STS 对心肌亚线粒体产生的自由基的初始强度没有什么作用,但却显著加速所测试的自由基信号的衰减.

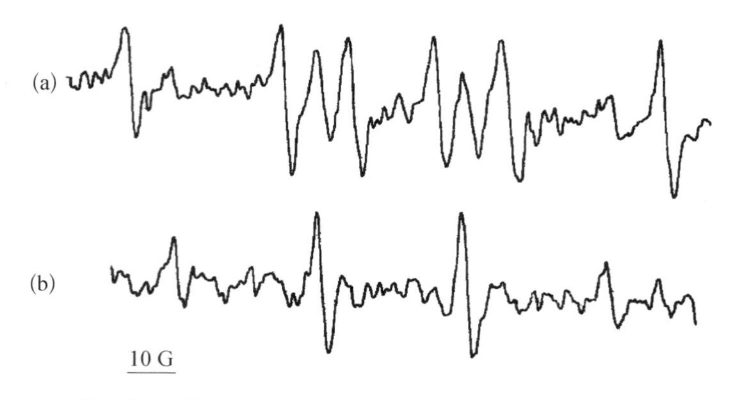

图 11.15 用 DMPO 捕集鱼藤酮、抗霉素 A 阻断线粒体呼吸链产生的自由基的 ESR 波谱

虽然丹参酮ⅡA 磺酸钠在我国已经多年用于治疗心脏疾病,但其确切的作用机制仍未阐明. 前节的工作证明丹参酮ⅡA 磺酸钠有良好的清除脂类自由基的能力,但对·O_2^-、·OH 的清除作用较弱,说明丹参酮ⅡA 磺酸钠主要是一种链阻断式抗氧化剂,这一点可能是丹参酮ⅡA 磺酸钠能治疗心脏病及减轻缺血/再灌损伤的机制之一.

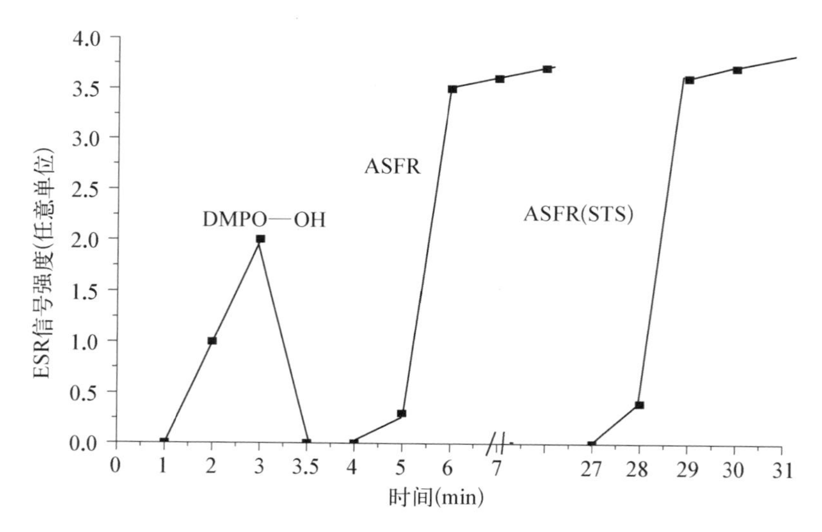

图 11.16 丹参酮ⅡA 对心肌亚线粒体产生的·OH 的作用

正常的线粒体电子传递链不产生或仅产生很低浓度的氧自由基，当被鱼藤酮、抗霉素A或者KCN抑制后，线粒体电子传递链产生较多的氧自由基.加入丹参酮ⅡA磺酸钠不影响自由基信号的初始强度，但显著加速信号的衰减，这种作用方式比较独特，因为前节的工作证明了丹参酮ⅡA磺酸钠对氧自由基的清除能力较弱，如果某物质清除自由基，那么获得信号的时间动力学过程应当是由于此清除剂初始时浓度较高，能够清除大部分的自由基，这时信号强度较小，随着清除剂的逐渐耗尽，自由基被其清除的部分减少，信号强度将逐渐增加，正好与笔者所在研究组得到的信号-时间动力学关系相反.由此推断丹参酮ⅡA磺酸钠对心肌线粒体电子传递链产生的自由基的作用不是直接的清除作用，而是通过从心肌线粒体电子传递链的NADH脱氢酶处接受电子，而抑制自由基的产生.

丹参酮ⅡA磺酸钠能够通过心肌线粒体电子传递链的介导而部分恢复由鱼藤酮抑制的NADH的氧化，这种恢复作用不是对鱼藤酮抑制作用的解除，因为当以抗霉素A、KCN作抑制剂时，丹参酮ⅡA磺酸钠仍能以与鱼藤酮体系相似的速率恢复NADH的氧化.这个结果说明丹参酮ⅡA磺酸钠至少可能在心肌线粒体电子传递链复合体Ⅰ的鱼藤酮作用点之前作为电子受体接受电子的.

丹参酮ⅡA磺酸钠可以以稳定的速率与其自身量10倍的NADH发生氧化反应，如果丹参酮ⅡA磺酸钠仅仅为电子受体的话，每个丹参酮ⅡA磺酸钠分子只能接受两个电子，丹参酮ⅡA磺酸钠将只能导致少数NADH的氧化，因而，丹参酮ⅡA磺酸钠可能不仅是一个电子受体，还可能是一个电子载体，并最终将接受的电子传给氧气，从而建立了一个电子传递旁路.

注射丹参酮ⅡA磺酸钠能导致密封容器内实验鼠的耗氧速率下降，平均存活时间延长，但死亡时残留的氧浓度更低.在这里，笔者所在研究组发现丹参酮ⅡA磺酸钠能抑制线粒体的耗氧，恢复心肌线粒体电子传递链的底物(NADH)的消耗，这些结果有利于解释其能增加动物对缺氧的忍耐力，因为丹参酮ⅡA磺酸钠可以恢复线粒体由于缺乏氧作为电子最终受体而被阻碍的线粒体的代谢过程.

丹参酮ⅡA磺酸钠在心肌线粒体电子传递链的作用很新颖，尽管上文给出了一个可能的解释，仍然有很多的问题如丹参酮ⅡA磺酸钠与心肌线粒体电子传递链的作用机制及其对氧化磷酸化的影响等，都需要更进一步的研究.

11.4.7 丹参酮ⅡA磺酸钠对阿霉素半醌自由基的作用机制

阿霉素可有效治疗多种癌症，如白血病、淋巴瘤和各种实体瘤，是一种广泛使用的化疗抗癌药，但它具有累积性的心肌毒性.阿霉素对心肌的专一毒性一般认为主要是通过线粒体内自由基损伤途径.阿霉素与心肌线粒体内膜上的心磷脂特异结合后，被线粒体电子传递链上NADH脱氢酶单电子还原，生成阿霉素半醌自由基，阿霉素半醌自由基再

与 O_2 反应生成一系列活性氧自由基，这些活性氧自由基引起膜脂过氧化，破坏线粒体结构完整性，使膜上的酶失活．加入抗氧化剂，如维生素 E、GSH、含巯基物质等清除自由基，保护膜脂，均能有效拮抗阿霉素的心肌毒性．本节讨论丹参酮ⅡA磺酸钠对不同系统中产生的阿霉素半醌自由基的作用，试图寻找其用来减轻阿霉素心肌毒性的可能性．[29-48]

1. 丹参酮ⅡA磺酸钠对心肌线粒体中阿霉素半醌自由基的抑制作用

阿霉素半醌自由基的 ESR 波谱为一单峰（$g=2.004$，谱宽为 4.0 G）．以峰高代表阿霉素半醌自由基的相对浓度，可得到如图 11.17 所示的 STS 对心肌匀浆和线粒体中阿霉素半醌自由基的作用．可以看到 STS 在所观测的时间内完全抑制心肌匀浆阿霉素半醌自由基的出现，在 STS 的作用下，在线粒体中阿霉素半醌自由基的出现被大大地延迟．阿霉素自氧化产生半醌自由基，丹参酮ⅡA磺酸钠对心肌匀浆和线粒体中阿霉素半醌自由基有明显抑制作用，在所观测的时间内完全抑制心肌匀浆阿霉素半醌自由基的出现，在线粒体中阿霉素半醌自由基的出现被大大地延迟．不同浓度的丹参酮ⅡA磺酸钠对心肌亚线粒体体系阿霉素半醌自由基也有抑制作用，对阿霉素半醌自由基的出现有显著的延迟作用，延迟的时间长短与所加入的 STS 的量成正比关系．图 11.18 显示了不同浓度的 STS 对心肌亚线粒体体系阿霉素半醌自由基的作用，从图看到 STS 对阿霉素半醌自由基的出现有显著的延迟作用，延迟的时间长短与加入的 STS 的量成正比关系．

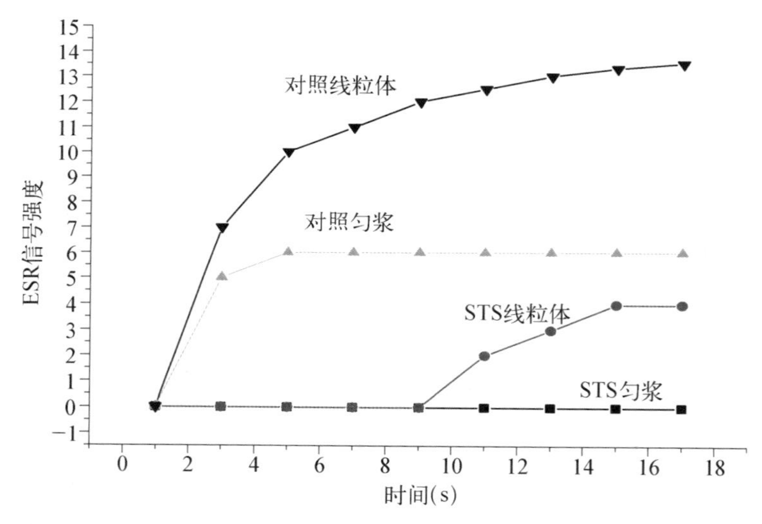

图 11.17　STS 对阿霉素在心肌匀浆和线粒体中产生的半醌自由基的清除作用

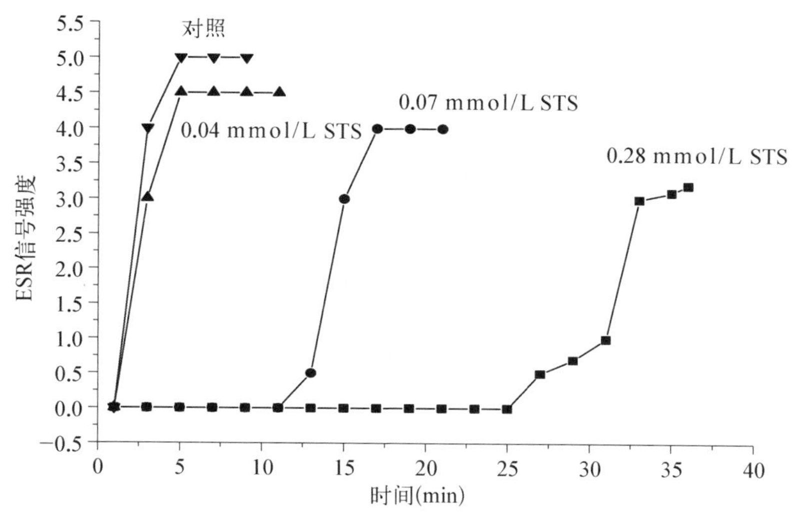

图 11.18　STS 对心肌亚线粒体体系阿霉素半醌自由基的作用

2. 丹参酮ⅡA 磺酸钠对黄嘌呤氧化酶体系产生的阿霉素半醌自由基的作用

黄嘌呤/黄嘌呤氧化酶体系在无氧条件下单电子还原阿霉素，产生阿霉素半醌自由基. 同样地，丹参酮ⅡA 磺酸钠对此半醌自由基的出现和增长的时间特性亦有显著的延迟和减慢作用，这种作用同样具有浓度效应.

3. 丹参酮ⅡA 磺酸钠对阿霉素导致的线粒体肿胀的作用

线粒体电子传递链(ETC)是自由基产生的主要来源. 然而，由于自由基的高反应性及其较短的寿命，在生物系统中准确检测和鉴定这些分子具有挑战性. 体外实验证实，NADH 自由基很容易由·OH 形成，但不能由·O_2^- 形成，进一步暗示·OH 是 NADH 自由基产生的上游介质. 加入阿霉素使线粒体在 520 nm 处的吸光值明显下降，表明线粒体肿胀，而丹参酮能显著抑制这种阿霉素所导致的线粒体肿胀. 线粒体肿胀可能由阿霉素半醌自由基导致的对线粒体的损伤引起，丹参酮能有效清除阿霉素半醌自由基将会很大程度上抑制阿霉素半醌自由基导致的损伤，降低线粒体的肿胀程度，表明丹参酮ⅡA 磺酸钠可以用来拮抗阿霉素的心肌毒性.

这里通过多种体系如心肌匀浆、心肌线粒体、心肌亚线粒体和黄嘌呤氧化酶发现，丹参酮对阿霉素半醌自由基均表现出极显著的延迟作用，而且延迟时间长短与浓度成正比关系，特别是在心肌亚线粒体体系，阿霉素半醌自由基的时间特性只是单纯地推后，阿霉素半醌自由基出现后即迅速增长到一相对稳定强度，丹参酮对此时的增长速度并无影响.

根据这些现象，笔者所在研究组提出丹参酮与阿霉素半醌自由基的相互作用模型：

在无氧条件下阿霉素从线粒体 NADH 脱氢酶或黄嘌呤氧化酶处得到一个电子，被单电子还原成阿霉素半醌自由基，丹参酮随即单电子氧化阿霉素半醌自由基，形成阿霉素的循环，而丹参酮氧化阿霉素半醌自由基后，自身变成不稳定的自由基（图 11.19）形式而被消耗，净结果是底物（xanthine，NADH）和丹参酮的消耗. 阿霉素处于其原始状态和半醌自由基状态二者之间的动态平衡，如果丹参酮氧化阿霉素半醌自由基的速率远大于阿霉素半醌自由基的产生速率，则阿霉素半醌自由基的平衡浓度很低，不能被 ESR 直接探测到，直到丹参酮被耗尽以后，阿霉素半醌自由基才能积累到比较高的浓度而被 ESR 测到，其表现就是阿霉素的出现被延迟，延迟时间的长短与丹参酮的量成正比.

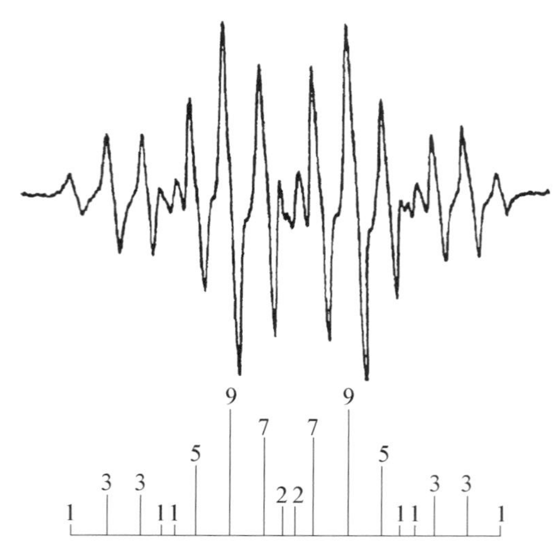

图 11.19　丹参酮还原氧化产生的自由基的 ESR 波谱

在有氧条件下，阿霉素被氧气氧化而不是被丹参酮氧化，这时丹参酮对阿霉素的氧化没有影响，因此不能清除阿霉素半醌自氧化产生的氧自由基，但是可以清除氧自由基引起线粒体膜脂质过氧化产生的脂类自由基，使这一反应形成循环.

研究丹参酮ⅡA 磺酸钠介导的大鼠心脏线粒体的电子转移反应发现，丹参酮ⅡA 磺酸钠可以在呼吸抑制剂（鱼藤酮或抗霉素 A 或 KCN）存在下以剂量依赖性刺激线粒体 NADH 氧化并部分恢复 NADH 氧化. 丹参酮ⅡA 磺酸钠很可能可以接受来自类似于铁氰化物的复合物Ⅰ的电子，并且可以转化为其半醌形式，然后可以还原氧分子. 数据还表明，在 KCN 存在下，细胞色素 c（Cyt c）可以被丹参酮ⅡA 磺酸钠还原，或者丹参酮ⅡA 磺酸钠可以将电子直接转移到氧气上，自由基参与了这个过程. 结果表明，丹参酮ⅡA 磺酸钠可能通过线粒体中的电子转移反应保护缺血再灌注损伤，防止活性氧自由基的形成.[47-48]

参考文献

[1] 南京中医药大学.张爱知,陆家明,蒋武汉.实用药物手册[M].上海:上海科技出版社,1984.

[2] 中药大辞典[M].上海:上海科技出版社,2006.

[3] 刘耕陶.从五味子的研究到联苯双脂的发现[J].药学学报,1989,18:714-720.

[4] 刘耕陶,魏怀玲.五味子对热息痛肝脏毒性的保护作用[J].药学学报,1985,22:650-654.

[5] 王洪洁,陈延镛.红花五味子中木质素成分的化学分析[J].药学学报,1985,20:832-841.

[6] 陈延镛,杨永庆.红花五味子降谷丙转氨酶有效成分的研究[J].药学学报,1982,17:312-313.

[7] 刘耕陶,魏怀玲.五味子酚对肝微粒体单加氧酶的诱导作用[J].中国药理学报,1985,6:41-44.

[8] Zhao B L, Li X J, Liu G T, et al. Scavenging effect of schisandrins on active oxygen radicals [J]. Cell Biol. Intern. Report, 1990, 14: 99-105.

[9] Li, X J, Zhao B L, Liu G T, et al. Scavenging effects on active oxygen radicals by schisandrins with different structures and configurations[J]. Free Radical Biol. Med., 1990, 9: 99-108.

[10] Li X J, Yan L J, Zhao B L, et al. Effects of oxygen radicals on the conformation of sulfhydryl groups on human polymorphonuclear leukocyte membrane[J]. Cell Biol. Intern. Report, 1991, 12: 667-672.

[11] Lin T J, Liu G T, Li X J, et al. Detection of free radical scavenging activity of schisanhenol by electron spin resonc[J]. Acta Pharmcol. Sinica, 1990, 11: 534-540.

[12] 郭琼,赵保路,侯京武,等.五味子酚对突触体膜脂质过氧化损伤保护作用的 ESR 研究[J].神经解剖学杂志,1995,11:331-336.

[13] Mocan A, Crişan G, Vlase L, et al. Comparative studies on polyphenolic composition, antioxidant and antimicrobial activities of Schisandra chinensis leaves and fruits[J]. Molecules, 2014, 19(9): 15162-15179.

[14] Yao Y, Chen S, Li H. An Improved system to evaluate superoxide-scavenging effects of bioflavonoids[J]. Chemistry Open, 2021, 10(4): 503-514.

[15] Shi H L, Zhao B L, Xin W J. Scavenging effects of Baicalin on free radicals and its protection on erythrocyte membrane from free radical injury[J]. Biochem. Mol. Biol. Intern., 1995, 35: 981-994.

[16] 石红联.黄芩甙及其铜锌配合物的抗氧化机理研究[D].中国科学院生物物理研究所,2024.

[17] Weihmayr T, Emst E. Therapeutic effectiveness of crataegus[J]. For-schritte der Medizin, 1996, 114: 27-29.

[18] Schussler M, Holzl J, Rump A F, et al. Functional and antiischaemic effects of monoacetylvitexinrhamnoside in different in vitro models[J]. General Pharmacology, 1995, 26(7): 1565-1570.

[19] Hanack T, Bruckel M H. The treatment of mild stable forms of angina pectoris using crategutt

novo[J]. Therapiewoche, 1983, 33: 4331-4333.
[20] Garjani A, Nazemiyeh H, Maleki N, et al. Effects of extracts from flowering tops of crataegus meyeri a. Pojark. On ischaemic arrhythmias in anaesthetized rats[J]. Phytotherapy Research, 2000: 14(6): 428-431.
[21] Shi H L, Yang F J, Zhao B L, et al. Effects of r-HuEPO on the biophysical characteristics of erythrocyte membrane in patients with anemia of chronic renal failure[J]. Cell Research, 1994, 4: 57-64.
[22] Zhang D L, Yin J J, Zhao B L. Oral administration of Crataegus extraction protects against ischemia/reperfusion brain damage in the Mongolian gerbils[J]. J. Neur. Chem., 2004, 90: 211-219.
[23] 江文,赵燕,赵保路,等.丹参酮对心肌肌浆网脂质过氧化过程中脂类自由基的清除作用[J].生物物理学报,1994,10:685-689.
[24] 赵燕,江文,侯京武,等.钙过负荷和丹参酮对线粒体脂质过氧化的影响[J].生物化学与生物物理学报,1995,27:610-615.
[25] 扬卫东,朱鸿良,赵保路,等.电子自旋共振直接检测心肌再灌注产生的氧自由基和复方丹参对氧自由基的清除作用[J].中华心血管杂志,1989,17:178.
[26] 扬卫东,朱鸿良,赵保路.丹参的氧自由基清除作用[J].中国药理学通报,1990,6:118-123.
[27] Zhao B L, Xin W J, Yang W D, et al. Direct measurement of active oxygen free radical following reperfusion of ischemic rabbit myocardium with ESR technique[J]. Chinese Science Bulletin, 1990, 35: 56.
[28] Zhou S, Chen W, Su W, et al. Protective properties of tanshinone I against oxidative DNA damage and cytotoxicity[J]. Food Chem. Toxicol., 2013, 62: 407-412.
[29] 张力,王孝铭,梁殿权.丹参素对大鼠心肌缺血再灌注致线粒体变化的影响[J].中国病理生理杂志,1990,6:420-428.
[30] 常英姿,梁殿权,王孝铭.丹参素对大鼠心肌线粒体 H^+-ATP 酶氧自由基损伤的保护作用[J].中国病理生理杂志,1991,7:196-201.
[31] 岳平,傅世英,黄永麟.丹参酮ⅡA 磺酸钠对氧反常心肌线粒体钙代谢的影响[J].中国病理生理杂志,1991,7:195-200.
[32] 岳平,傅世英,黄永麟.丹参酮ⅡA 磺酸钠对再给氧损伤心肌线粒体膜的保护作用[J].中国病理生理杂志,1991,7:201-203.
[33] Blaskó Á, Gazdag Z, Gróf P, et al. Effects of clary sage oil and its main components, linalool and linalyl acetate, on the plasma membrane of Candida albicans: an in vivo EPR study[J]. Apoptosis., 2017, 22(2): 175-187.
[34] Zhao Y, Jiang W, Hou J W, et al. Effect of calcium overload and salviol(Tanshinone) on the lipid free radicals generated from lipid peroxidation of mitochondrial membreane[J]. Chinese J. Biochem. Biophys., 1995, 28: 269-276.
[35] Zhou G Y, Zhao B L, Hou J W, et al. Protective effects of sodium tanshinone ⅡA sulfponate against adriamycin-induced lipid peroxidation in mice heart in vivo and in vitro[J]. Pharmco. Res., 1999, 40: 487-491.

[36] Chen W Z, Dong Y L, Wang C G. Pharmacological studies of sodium tanshinone Ⅱ A sulfonate [J]. Acta Pharm. Sinica, 1979, 14: 277-283.

[37] Wang Z M, Chen L X, Zhang Y F. Effects of sodium tanshinone Ⅱ A sulfonate on myocardium and haemolysis[J]. Acta Physiol. Sinica, 1980, 32: 18-22.

[38] Shanghai Cooperative Group for the Study of Tanshinone Ⅱ A. Therapeutic effect of sodium tanshinone Ⅱ A sulfonate in patients with coronary heart disease: a double blind study[J]. J. Tradi. Chinese Med., 1984, 4: 20-24.

[39] Jomova K, Cvik M, Lauro P, et al. The antioxidant properties of flavonoids are mediated by their functional hydroxyl groups, which are capable of both chelating redox active metals such as iron, copper and scavenging free radicals[J]. J. Inorg. Biochem., 2023, 245: 112244.

[40] Zhao B L, Jiang W, Zhao Y. et al. Scavenging efecctts of Salvia milthiorrhza on the oxygen free radicals and its protection effects on the myocardial mitochondria from ischemia-reperfusion injury[J]. Biochem. Molec. Biol. Intern., 1996, 223: 311-314.

[41] 徐廷,江文,李生广,等.镁离子对阿霉素线粒体毒性的防护作用[J].生物物理学报,1995,11: 614-618.

[42] Jiang W, Xu T, Zhao Y, et al. Effect of sodium tanshinone Ⅱ A sulfonate on mitochondrial electron transport chain: a preliminary study[M]. Illinois: AOCS Press Champaign, 1996.

[43] Praet M, Ruysschaert J M. In-vivo and in-vitro mitochondrial membrane damages induced in mice by adriamycin and derivatives[J]. Biochim. Biophys. Acta, 1993, 1149(1): 79-85.

[44] Wu T W, Zeng L H, Fung K P, et al. Effect of sodium tanshinone Ⅱ A sulfonate in the rabbit myocardium and on human cardiomyocytes and vascular endothelial cells[J]. Biochem. Pharmacol., 1993, 46(12): 2327-2332.

[45] Chatham J C, Cousins J P, Glickson J D. The relationship between cardiac function and metabolism in acute adriamycin-treated perfused rat hearts studied by 31P and 13C NMR spectroscopy [J]. J. Mol. Cell. Cardiol., 1990, 22(10): 1187-1197.

[46] Singal P K, Deally C M, Weinberg L E. Subcellular effects of adriamycin in the heart: a concise review[J]. J. Mol. Cell. Cardiol., 1987, 19(8): 817-828.

[47] Zhou G Y, Jiang Y, Zhao Y, et al. Interaction between sodium tanshinone Ⅱ A sulfonate and the adriamycin semiquinone free radical: A possible mechanism for antagonizing adriamycin-induced cardiotoxity[J]. Res. Chem. Interm., 2002, 28: 277-290.

[48] Zhou G Y, Jiang W, Zhao Y, et al. Sodium tanshinone Ⅱ A sulfonate mediates electron transfer reaction in rat heart mitochondria[J]. Biochem. Pharmacol., 2003, 65(1): 51-57.

第 12 章

ESR 在神经退行性疾病和衰老研究中的应用

目前全球人口老龄化的趋势日益明显.我国是在社会、经济不太发达,各地区发展水平又不平衡的情况下进入老龄社会的,这种社会矛盾将给我国带来比发达国家更多更严重的一系列医疗和社会问题,因而深入研究衰老,特别是脑衰老和其相关的神经退行性疾病,例如帕金森病(PD)、阿尔茨海默病(AD)等,显得尤为迫切.从分子、细胞和在体水平上,研究与脑衰老相关的人类重大疾病的发病机理,寻求有效的预防、治疗药物和方法,不仅可以提高老年人的生活质量,减轻家庭和社会的负担,更可以为人类在 21 世纪破译脑的奥秘,最终战胜脑疾病提供重要的线索和依据.神经退行性疾病和衰老是由多种因素引起的,氧化损伤通常与神经退行性疾病和衰老有关.由于氧化损伤反应产生的物质自由基的寿命极短,因此几乎不可能直接测量其浓度.ROS 和 RNS 是在生物环境中产生的自由基.它们通过许多疾病发病机制中的级联反应传播,包括动脉粥样硬化、缺血再灌注损伤、阿尔茨海默病、帕金森病、中风和炎症性疾病.特别地,ROS 与谷胱甘肽(GSH)、NADPH 和抗坏血酸相互作用以维持细胞氧化还原状态.因此,ROS 和 RNS 在组织中的分布可用作替代标志物,以表征疾病相关生理和病理条件下的氧化还原状态/环境.[1] 由于所有自由基都含有不成对的电子,因此 ESR 技术专门用于检测和量化 ROS 和 RNS.本章讨论 ESR 技术在研究神经退行性疾病和衰老研究中的应用,以帕金森病和中风为例.

12.1 ESR 在帕金森病研究中的应用

PD 是老年人群中发病率很高的一种神经系统退行性疾病，是以震颤、肌肉僵直、运动障碍等为特征的综合征．原发性 PD 始发于 50～60 岁，发病率和患病率随年龄的增长而逐渐增加．流行病学调查表明：65 岁以上的老人患 PD 的有 1.7%．PD 的主要病理特征为选择性的黑质和纹状体多巴胺能神经元的减少、丧失和黑体-纹状体束的病理性改变，从而引起运动障碍．本病在临床上呈慢性进展性进程，造成体质逐渐下降，并可引发心肺并发症而致死亡．[1-5]

为了证实 NO・在茶多酚对帕金森病病人进行预防和治疗中的作用，在细胞研究的基础上，笔者所在研究组利用 6-OHDA 建立半脑帕金森病大鼠模型，探讨茶多酚对其保护作用机制．结果发现，茶多酚可以通过浓度和时间依赖性减轻 6-OHDA 诱导产生的旋转行为，降低中脑和纹状体中 ROS 和 NO・的含量、抗氧化水平，增加脂质过氧化程度、硝酸盐/亚硝酸盐含量、蛋白结合硝基酪氨酸浓度，同时还降低 nNOS 和 iNOS 表达水平．TH 免疫染色和 TUNEL 染色表明，茶多酚预处理可增加黑质致密部存活神经元，减少凋亡细胞．本实验结果证明，口服茶多酚可以有效保护脑组织免于 6-OHDA 损伤引起的神经细胞死亡，其保护作用可能是通过 ROS 和 NO・实现的．[6-9]本节将对这方面的结果进行详细的讨论．

12.1.1 动物模型的建立

将雌性 SD 大鼠随机分为四组：6-OHDA 注射组（B 组），无菌纯净水喂养 7 天后进行 6-OHDA 注射手术；阴性对照组（A 组）的处理方法与 B 组相同，但是注射的是生理盐水；低剂量茶多酚处理组（C 组），每天用 150 mg/kg（体重）茶多酚（用无菌纯净水配制）灌胃，其余处理与 B 组相同；高剂量茶多酚处理组（D 组），每天用 450 mg/kg（体重）茶多酚灌胃，其余处理与 B 组相同．茶多酚处理组（C 和 D 组）均先用茶多酚处理 7 天，再进行 6-OHDA 注射手术．动物在手术之后和处死之前，继续用相同的无菌纯净水或用无菌纯净水配制的抗氧化剂喂养．

动物固定在立体定位仪上（采用耳棒定位系统），在头部划开一个 1～1.5 cm 的小口，钝性分离结缔组织，暴露颅骨，用牙科钻在右侧颅骨上钻一个孔，根据大鼠脑立体定位图谱，将微量注射器插入右侧的前脑内侧束（AP，2.4 mm；L，2.0 mm；V，8.0 mm）内，通过控制泵注射 6-OHDA 8 μg(2 μg/μL,溶于含0.01%抗坏血酸的生理盐水里),缝合伤口后抗感染治疗 3 天.

动物分为 A、B、C、D 四组,分别在手术后 1 周、2 周、3 周测其旋转行为来衡量手术情况.在不同的时间段(1 周、2 周和 3 周)将部分动物断头处死,脑组织解剖分离后匀浆,上清液用于脂质过氧化水平、抗氧化水平(对 · O_2^- 和 · OH 的清除能力)、硝酸盐/亚硝酸盐浓度和一氧化氮与活性氧水平的检测.

为了评估帕金森病模型及检测抗氧化剂的神经保护作用,实验采用了阿扑吗啡(apomorphine)诱导动物旋转的方法.手术后 1 周、2 周、3 周,向所有的大鼠腹腔注射阿扑吗啡(0.25 mg/kg(体重))诱发其旋转行为,约 3~5 min 动物出现旋转,记录 30 min 内的旋转圈数及方向,平均每分钟旋转 7 圈以上者为合格的帕金森病大鼠模型.典型的旋转行为是大鼠以毁损侧后肢为支点,首尾相连向毁损对侧旋转.

6-OHDA 注射后,大鼠的旋转行为随时间的增加而递增,到第 3 周时达到稳定(图 12.1),说明 6-OHDA 单侧注射前脑内侧束所导致的黑质致密部多巴胺能神经元的凋亡是时间依赖性的,此大鼠帕金森病模型是 6-OHDA 缓慢发生作用的结果.茶多酚预处理表明,茶多酚可以明显降低大鼠的旋转数,并且随时间延长其作用越发明显,提示茶多酚可以有效地保护大鼠黑质致密部神经元.

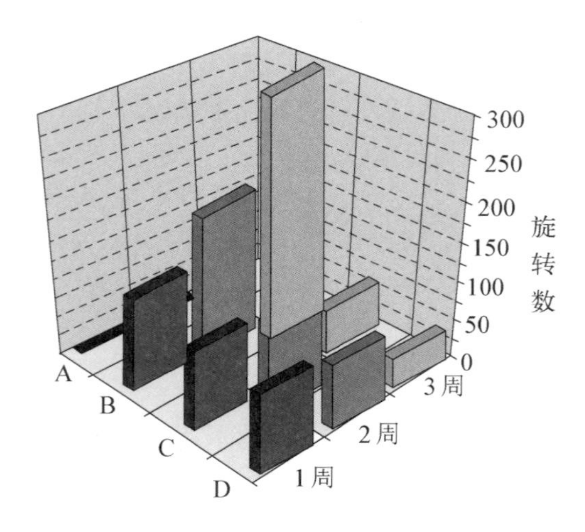

图 12.1 6-OHDA 注射后,大鼠的旋转行为随时间的变化

12.1.2 脑组织中 ROS 和 RNS 的产生

动物手术后,分别于 1 周、2 周、3 周时,测量脑组织中产生的 ROS 和 NO · 、脑匀浆

的脂质过氧化水平、脑匀浆的抗氧化能力(或脑匀浆中的抗氧化剂水平),以评价6-OHDA所产生的ROS和RNS对脑组织的损伤效果.注射6-OHDA后,ESR实验表明,与阴性对照组(A)相比,6-OHDA注射使得中脑和黑质部内的ROS和NO·的含量都有所上升(图12.2、图12.3),并且其量随时间没有太大的变化,可能是因为在手术初期,手术损伤加深了6-OHDA的毒害,而随着时间的延长,手术损伤部位愈合,但6-OHDA通过扩散加剧了对神经元的伤害.茶多酚预处理可以明显降低损伤侧的ROS和NO·的产生,甚至使对照侧明显低于阴性对照组的对照侧,并且有时间和剂量依赖效应.

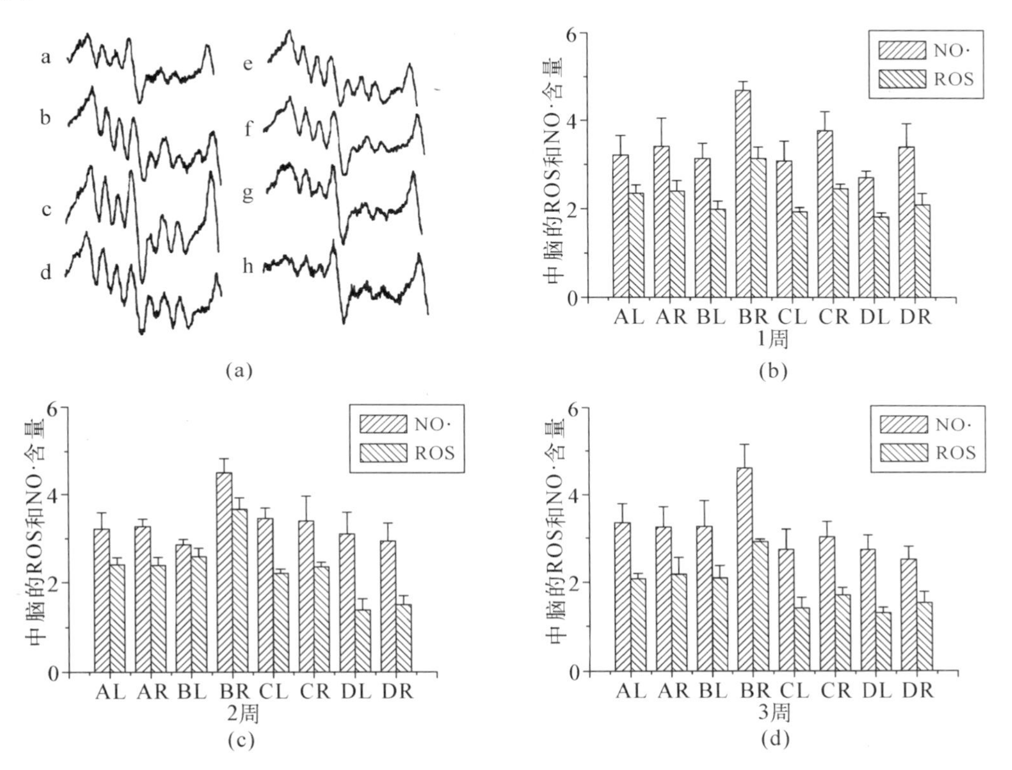

图12.2 6-OHDA注射后中脑组织中产生的ROS和NO·

(a)脑组织中产生的ROS和NO·的ESR波谱图;(b)、(c)、(d)分别于1周、2周、3周时,测量的脑组织中产生的ROS和NO·水平.横坐标中A、B、C、D代表组别,L、R代表左脑和右脑,AL代表A组左脑,AR代表A组右脑,以此类推.

6-OHDA注射后脂质过氧化水平用脂质过氧化产物(TBARS)的含量表示,由此表明,6-OHDA的损伤使得TBARS水平在第1周时均高于阴性对照组,并且在中脑和海马内随时间递增而上升.在中脑和纹状体内,茶多酚预处理都使TBARS水平明显降低,并且具有时间依赖效应(图12.4).

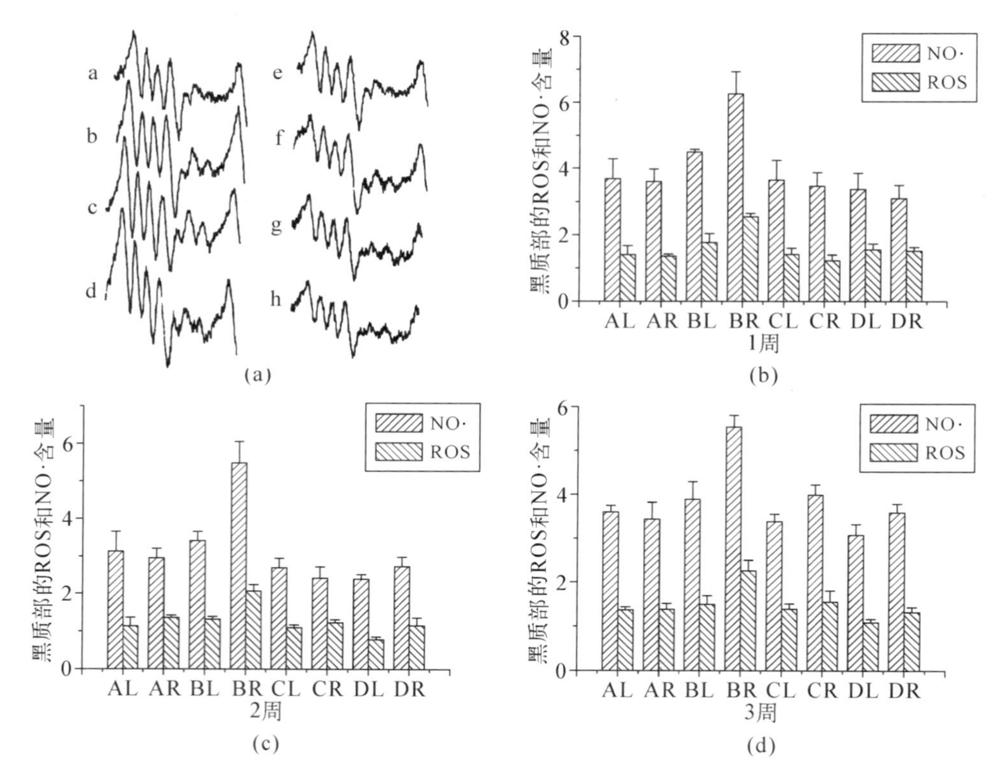

图 12.3 6-OHDA 注射后纹状体组织中产生的 ROS 和 NO·

(a) 黑质部组织中产生的 ROS 和 NO· 的 ESR 波谱图;(b)、(c)、(d)分别于 1 周、2 周、3 周时,测量的 ROS 和 NO· 水平. 横坐标中 A、B、C、D 代表组别,L、R 代表左脑和右脑,AL 代表 A 组左脑,AR 代表 A 组右脑,以此类推.

为了更准确地评价茶多酚在 6-OHDA 诱导的半脑帕金森病大鼠模型中的保护效果,进一步检测了脑匀浆的抗氧化水平,测定了对 $\cdot O_2^-$ 和 ·OH 的清除效果. 光照核黄素实验表明,6-OHDA 损伤侧中脑和纹状体内脑匀浆清除 $\cdot O_2^-$ 的能力比阴性对照组显著下降了 66%和 40%(图 12.5),并且具有时间依赖效应. 茶多酚预处理使得损伤侧中脑和纹状体内脑匀浆清除 $\cdot O_2^-$ 的能力显著升高,并且是时间和剂量依赖性的,对 ·OH 的清除能力与清除 $\cdot O_2^-$ 能力类似(图 12.6).

6-OHDA 损伤侧中脑和纹状体内脑匀浆清除 ·OH 的能力比阴性对照组显著下降,并且具有时间依赖性. 茶多酚预处理使得损伤侧中脑和纹状体内脑匀浆清除 ·OH 的能力显著升高,并且是时间和剂量依赖性的. 无论是对 $\cdot O_2^-$ 还是对 ·OH,茶多酚预处理都使得对照侧中脑和纹状体内抗氧化水平明显升高,并且具有剂量和时间效应(图 12.6).

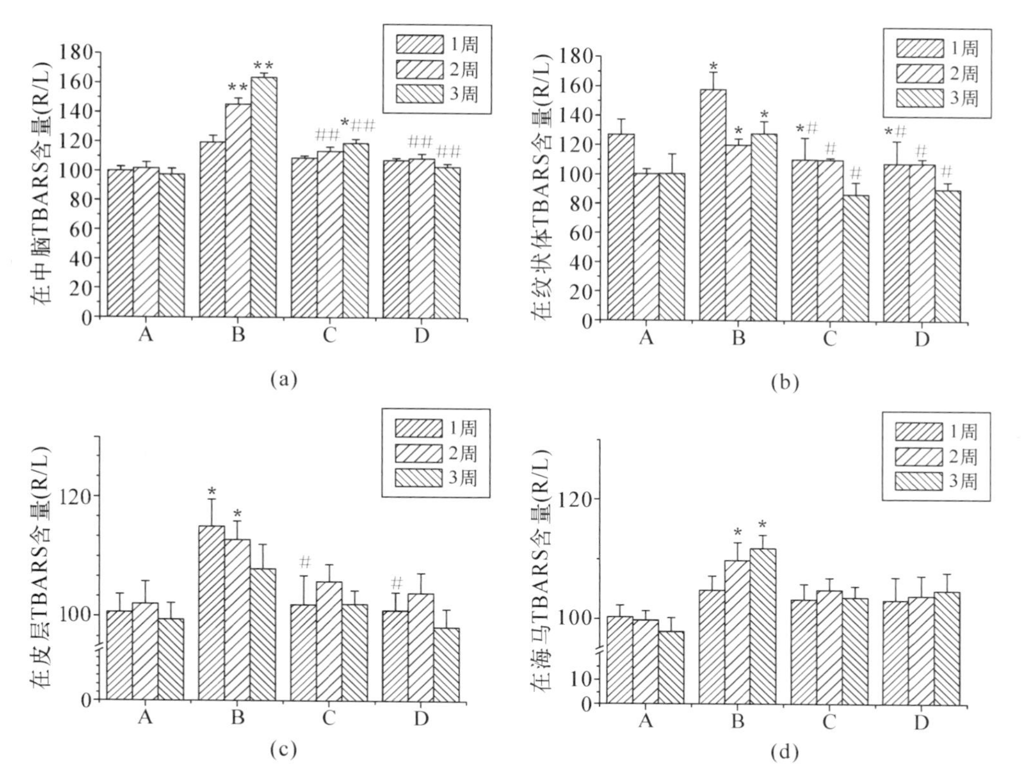

图 12.4　6-OHDA 注射后中脑、纹状体、皮层和海马组织中产生的脂质过氧化水平

横坐标中 A、B、C、D 代表组别，L、R 代表左脑和右脑，AL 代表 A 组左脑，AR 代表 A 组右脑，以此类推.

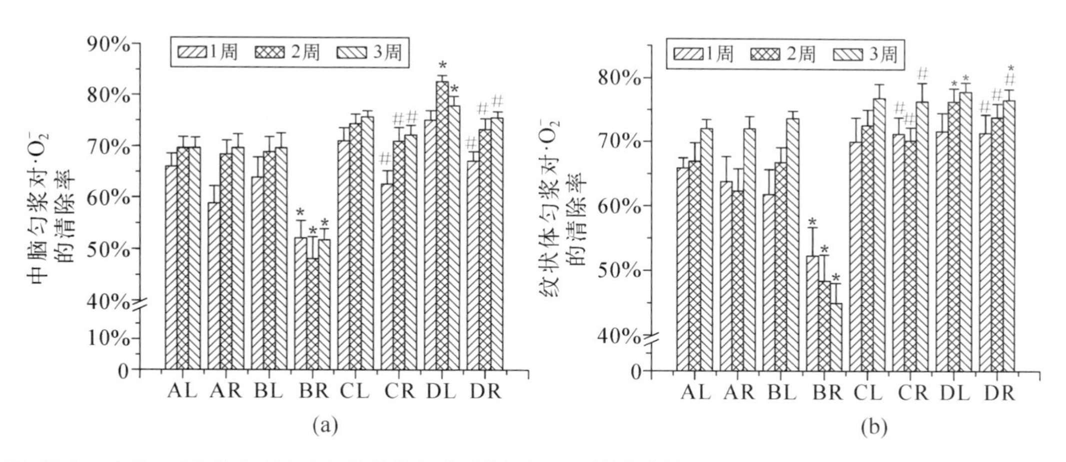

图 12.5　中脑(a)和纹状体(b)匀浆的抗氧化水平对·O_2^- 的清除效果

横坐标中 A、B、C、D 代表组别，L、R 代表左脑和右脑，AL 代表 A 组左脑，AR 代表 A 组右脑，以此类推.

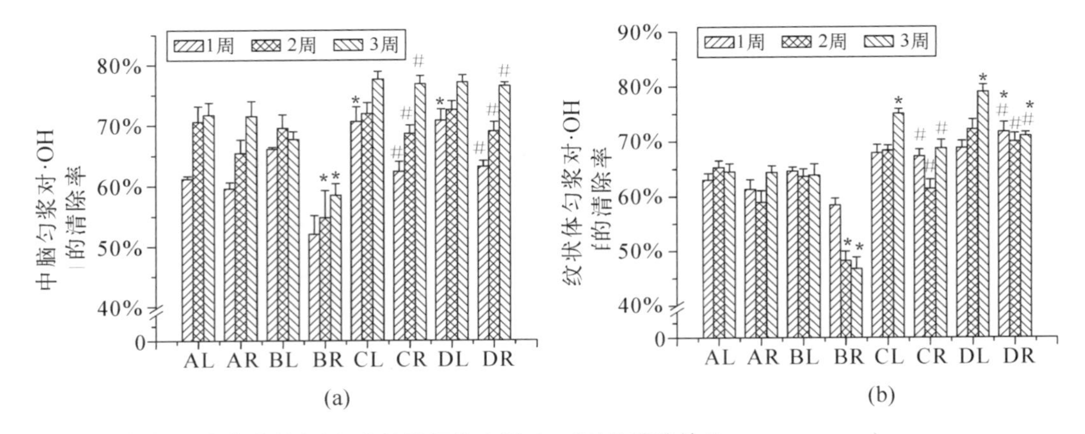

图 12.6　中脑(a)和纹状体(b)匀浆的抗氧化水平对·OH的清除效果
横坐标中A、B、C、D代表组别，L、R代表左脑和右脑，AL代表A组左脑，AR代表A组右脑，以此类推.

12.1.3　脑组织中硝酸盐/亚硝酸盐的量

为了进一步确定NO·及其代谢产物在6-OHDA诱导大鼠帕金森病模型中NO·的作用，本工作用Griess法进一步检测了NO·的终产物硝酸盐/亚硝酸盐的产量(图12.7).与阴性对照组相比，6-OHDA注射侧中脑和纹状体内硝酸盐/亚硝酸盐显著升高，并且具有时间依赖性.

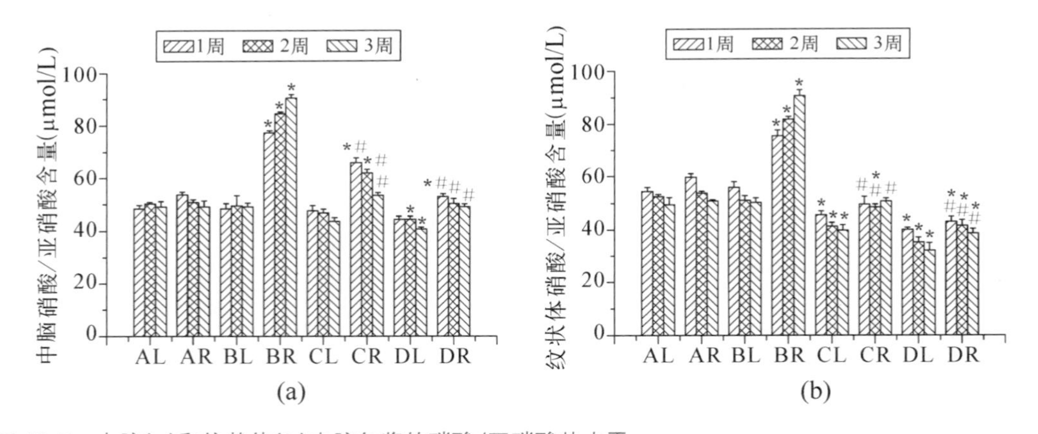

图 12.7　中脑(a)和纹状体(b)内脑匀浆的硝酸/亚硝酸盐水平
横坐标中A、B、C、D代表组别，L、R代表左脑和右脑，AL代表A组左脑，AR代表A组右脑，以此类推.

茶多酚预处理剂量和时间依赖性降低了中脑和纹状体内脑匀浆的硝酸/亚硝酸盐水

平.同时,茶多酚预处理都使得对照侧中脑和纹状体内硝酸/亚硝酸盐水平显著下降,并且具有剂量和时间效应(图 12.7 中的 CL 和 DL).

12.1.4 大鼠中脑和纹状体中 nNOS 和 iNOS 的蛋白质水平

注射 6-OHDA 后,中脑和纹状体内 nNOS 和 iNOS 的蛋白水平如图 12.8 所示.实验数据表明,6-OHDA 显著增加了中脑和纹状体内 nNOS 和 iNOS 的蛋白表达,并且具有时间依赖效应.茶多酚预处理可以显著降低中脑和纹状体内 nNOS 和 iNOS 的蛋白表达. iNOS 在阴性对照组也有表达,但表达量比较低,可能是由手术和灌胃刺激导致的.

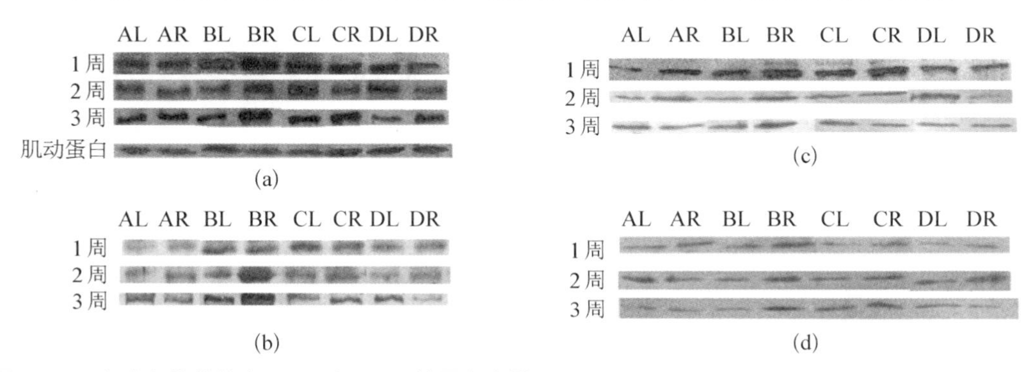

图 12.8 中脑和纹状体内 nNOS 和 iNOS 的蛋白水平

横坐标中 A、B、C、D 代表组别,L、R 代表左脑和右脑,AL 代表 A 组左脑,AR 代表 A 组右脑,以此类推.

大鼠中脑和纹状体内蛋白结合硝基酪氨酸的含量与阴性对照组相比,6-OHDA 可显著提升中脑和纹状体内蛋白结合硝基酪氨酸的含量,并且在中脑内有时间依赖效应(图 12.9),可能是与中脑黑质致密部神经元的缺失有关.茶多酚可以剂量依赖性地降低蛋白结合硝基酪氨酸的含量.

12.1.5 酪氨酸羟化酶免疫活性的变化

用免疫组化的方法标记 TH 阳性神经元是观察中脑黑质多巴胺能神经元变化的有效手段.图 12.10 是对中脑黑质 TH 免疫活性的神经元用 DAB 显色、甲酚紫复染的结果.从图中可以看出,在注射 6-OHDA 3 周后,正常组的动物(图 12.10(a))TH 阳性神经元的数目比 6-OHDA 损伤侧(图 12.10(b))的多,这表明 6-OHDA 对中脑的多巴胺能神经元有显著的损伤作用.而低剂量(图 12.10(c))和高剂量(图 12.10(d))的茶多酚可以明显地保护多巴胺能神经元免受 6-OHDA 的毒害.

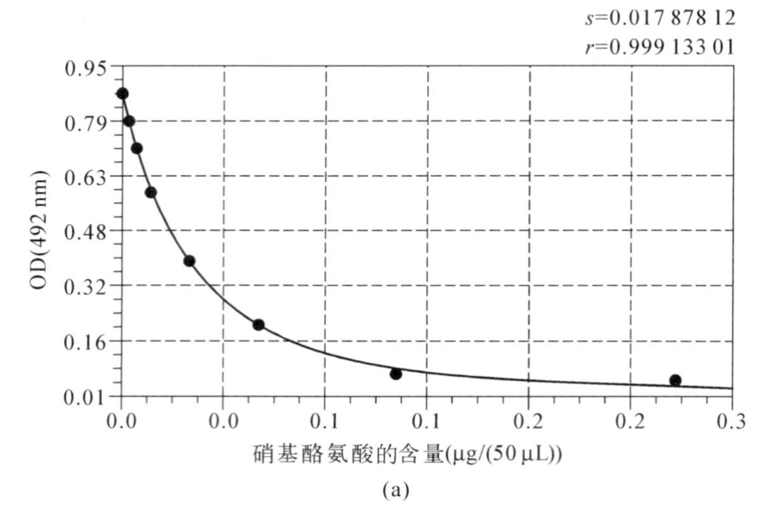

(a)

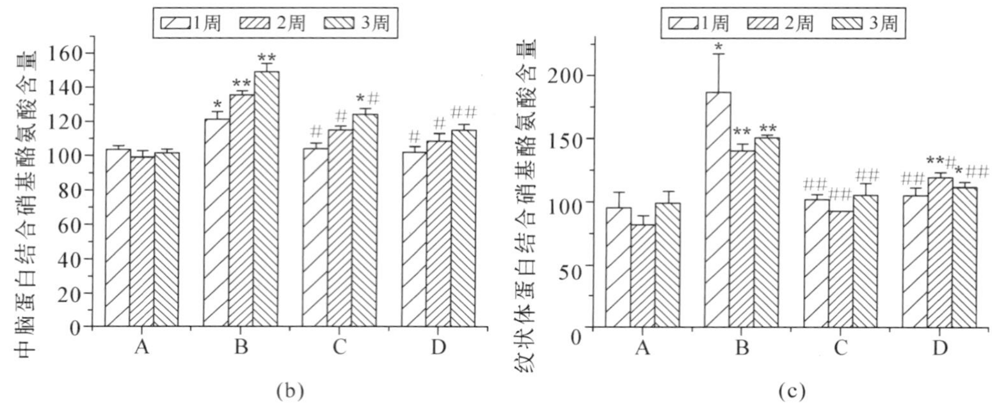

(b) (c)

图 12.9 6-OHDA 对中脑和纹状体内蛋白结合硝基酪氨酸含量的影响

横坐标中 A、B、C、D 代表组别，L、R 代表左脑和右脑，AL 代表 A 组左脑，AR 代表 A 组右脑，以此类推.

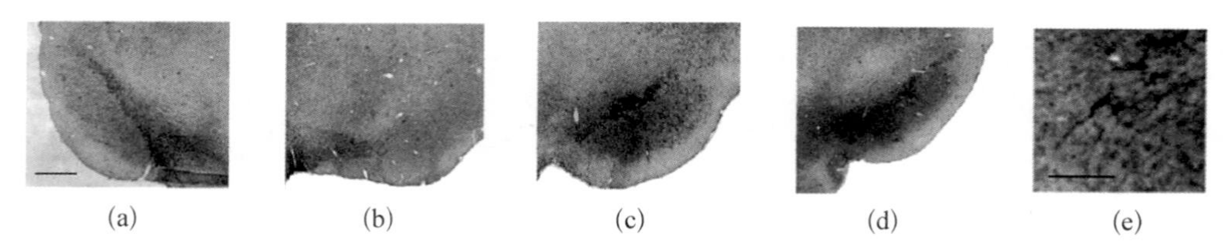

(a) (b) (c) (d) (e)

图 12.10 中脑黑质 TH 免疫活性的神经元用 DAB 显色、甲酚紫复染的结果

12.1.6 TUNEL 检测中脑黑质致密部神经元的凋亡

在细胞凋亡过程中,细胞内 DNA 内切酶被激活,降解基因组 DNA、断裂的 DNA 碎片可以被 TUNEL 实验特异性检测,因此 TUNEL 可以特异性检测凋亡细胞.结果显示,阴性对照组黑质致密部神经元没有特异性染色(图 12.11(a)),注射 6-OHDA 后 3 周,几乎所有的脑黑质区神经元都被特异性地着色,显示 6-OHDA 经前脑内侧束扩散到 SNc 区,引起 SNc 区多巴胺能神经元的大量凋亡(图 12.11(b)).同时,在 6-OHDA 诱导凋亡的神经元中,部分神经纤维显示 TUNEL 阳性(图 12.11(e)).这种现象表明断裂的 DNA 碎片在神经元中由胞体向神经纤维末端运输,是一种凋亡神经元特有的现象,进一步说明注射 6-OHDA 后神经元 DNA 的断裂至少部分是由凋亡引起的.[10]茶多酚预处理剂量依赖性减少切片中凋亡神经元的数目(图 12.11(c),(d)).

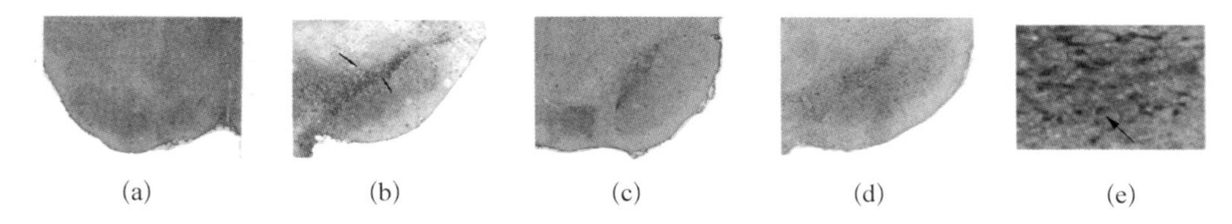

图 12.11 小鼠中脑黑质在 6-OHDA 诱导凋亡的神经元中部分神经纤维显示 DNA 的断裂

6-OHDA 是一种神经毒剂,可以特异性地损伤黑质致密部的多巴胺能神经元,因此可以用来建立帕金森病动物模型.沿黑质纹状体通路的单侧注射 6-OHDA 的方法被广泛地用于建立半帕金森病动物模型,可以通过测试动物旋转行为的变化来判断模型建立成功与否,同时还可以判断抗氧化剂或药物对帕金森病的保护作用.

大量实验证明,6-OHDA 作为一种选择性的儿茶酚胺神经毒剂[11],其特异性的神经毒性是由于儿茶酚胺能神经元细胞膜上存在 DA 特异性转运系统[12-13],并且主要有两种方式:形成活性氧自由基和抑制线粒体呼吸链复合物Ⅰ和Ⅳ.6-OHDA 注射手术使中脑和纹状体内的 ROS 和 NO· 显著增加,脂质过氧化水平显著升高,脑匀浆的抗氧化能力则显著降低,表明6-OHDA的损伤选择性地使黑质和纹状体内 ROS 增加,氧化了细胞内的脂类成分,同时在拮抗 ROS 的同时,脑组织中的抗氧化剂含量降低.[14-15]用茶多酚预处理 1 周后,再进行手术,在动物恢复过程中,继续服用茶多酚,剂量、时间依赖性降低了中脑和纹状体内活性氧和 NO· 的产生,抑制了 TBARS 含量的升高,提高了脑组织的抗氧化能力.这是与茶多酚能够穿过血脑屏障达到靶位点,调节细胞的氧化应激状态密切相关的.

NO· 在细胞凋亡过程中起着重要的作用[16],参与了帕金森病多巴胺能神经元的降解. Levites 等人发现 6-OHDA 可诱导核转录因子 NF-κB 的转运和结合，而 NF-κB 可以启动 iNOS 表达，提高细胞内 NO· 含量. 笔者所在研究组用 ESR 自旋捕集技术和 Griess 法研究了 6-OHDA 处理后 NO· 和其终产物硝酸/亚硝酸盐的浓度，采用 Western blot 和竞争性 ELISA 研究了 NOS 的表达水平和蛋白结合硝基酪氨酸的含量. 结果发现，注射 6-OHDA 使 NO· 和其终产物硝酸/亚硝酸盐的浓度均有所升高，nNOS 和 iNOS 的表达量上调，蛋白结合硝基酪氨酸的含量升高. NO· 在体内有多种产生途径，其中 6-OHDA 诱导的 iNOS 活性升高，产生大量的 NO·[17]；mtNOS 也可能在氧化应激下产生大量的 NO·[18]. 这些 NO· 能够迅速与 ·O_2^- 反应，产生危害性更大的过氧亚硝基，过氧亚硝基会进一步分解产生 ·OH. 此两者是体内毒性大的活性氧之一，能通过氧化或硝化蛋白、脂类和 DNA 而与许多生物靶分子发生反应，从而破坏其功能.[19] 此外，还可引起脂质过氧化[20]，从而氧化蛋白质和非蛋白类巯基，引起芳香类物质的羟基化和硝基化，诱导 DNA 的损伤[21]和激活 p38 MAPK 信号通路.

茶多酚作为一种天然抗氧化剂，具有多种生物功能，可以穿过血脑屏障进入脑组织内而发挥神经保护作用. Tachibana 等人发现在癌细胞上有一 67 KD 的层粘连蛋白受体（67 LR），可作为 EGCG 的受体来调节 EGCG 的抗癌活性. 目前，脑内还未见相关的报道. 茶多酚可以抑制 6-OHDA 的自氧化，清除其产生的活性氧，并且下调 6-OHDA 诱导的 nNOS 和 iNOS 的表达水平，降低 NO· 和蛋白结合硝基酪氨酸的含量，增加细胞的抗氧化能力，可能通过其在 MAPK、PKC 和 PI-3 kinase-Akt[21] 信号通路中的作用而保护多巴胺能神经元免受 6-OHDA 的损伤，其具体机制还有待深入研究.

以上结果表明，茶多酚能够减轻 6-OHDA 诱导的对黑质致密部多巴胺能神经元的损伤，这种作用可能是通过 ROS－NO· 相关途径实现的，进一步证实了笔者所在研究组在细胞体系中得出的结论. 这些研究为茶多酚的神经保护理论提供了新的观点和思路.

因此，可以说饮茶和食用 EGCG 可能是预防帕金森病的一个好的选择，特别是老年人. 根据以上及其他研究结果，北京首都医科大学宣武医院老年病研究所决定利用以茶多酚为主要原料的清元胶囊（特制）产品在临床对帕金森症治疗以及抗衰老，降血脂、血压的保健作用进行研究. 如果得到预期效果，就可以利用茶多酚对帕金森病患者进行预防和治疗.

12.1.7 ESR 研究帕金森病蛋白 α-突触核蛋白质构象变化

与帕金森病有关的人 α-突触核蛋白（aS）在大分子环境采用多种不同的构象. 为了揭示其病理生理作用，监测其细胞内构象状态并确定疾病变异的差异至关重要. 在这里，笔者所在研究组提出的一种基于系统自旋标记位点扫描的细胞内光谱方法，结合细胞内 ESR 波谱确定分子尺度上的构象. ESR 波谱与定点自旋标记（SDSL）相结合是揭示其结构和动力学的最合适方法之一.基于模型的数据定量分析显示,绝大多数 α-突触核蛋白,无论是野生型还是疾病变体 A30P 或 A53T,都以单体固有无序形式存在于细胞中.最后关于固有紊乱的帕金森病蛋白 α-突触核蛋白的结果表明,该方法在帕金森病研究中越来越受到关注.SDSL ESR 现已达到在这个快速发展的领域中广泛应用的水平.ESR 敏感报告基团、自旋标记或自旋探针可以通过定点自旋标记引入生物系统.SDSL 在选定的蛋白质位点引入顺磁性基团,这通常通过半胱氨酸取代诱变来实现,然后用带有氮氧化物自由基的选择性试剂对独特的巯基进行共价修饰.SDSL ESR 波谱能够记录残基水平上帕金森病蛋白 α-突触核蛋白质的构象变化.[22-23]

12.1.8 Q 波段 ESR 研究帕金森病患者的神经黑色素

ESR 对帕金森病发展过程神经黑色素(NM)铁域诱导的变化有了新的见解.将本研究的结果与先前报道的从对照脑组织获得的神经黑色素标本的 X 波段 ESR 波谱的变温分析进行了比较.在 Q 波段(34.4 GHz)工作的高灵敏度仪器的可用性使我们能够处理帕金森病大脑可用的少量神经黑色素.神经黑色素中铁的组织是多核超顺磁性/反铁磁聚集体的形式,但是帕金森病的神经黑色素的 ESR 波谱中缺乏一个或多个信号表明,神经黑色素降低了其结合铁的能力.此外,利用 Q 波段波谱中神经黑色素(Ⅱ)信号的检测作为额外的内部探针可以用来评估帕金森病和对照神经黑色素样品铁域的微小结构差异.[24]

12.2 ESR 在脑缺血再灌注损伤(中风)研究中的应用

中风的死亡率仅次于心脏病和癌症,列于死亡病因的第三位,同时中风还是成年人最主要的致残性疾病.[25]流行病学调查显示,在中国中风的发病率比美国等发达国家还高,每年新发中风的病人有 200 多万人,高于世界平均水平,并且近年来随着工业化和生活水平的提高还有上升的趋势.随着我国老龄化社会的到来,中风将会给社会造成沉重的经济和社会负担,因此,研究中风的发病机理、预防手段和治疗药物是我国所面临的重要课题.ROS 和 RNS 是在生物环境中产生的各种自由基.它们通过许多疾病发病机制中的级联反应传播,包括癌症、中风、动脉粥样硬化、缺血再灌注损伤、阿尔茨海默病、糖尿病血管疾病和炎症性疾病.特别地,ROS 与谷胱甘肽(GSH),NADPH 和抗坏血酸相互作用以维持细胞氧化还原状态.因此,ROS 在组织中的分布可用作替代标志物,以表征疾病相关生理和病理条件下的氧化还原状态/环境.由于所有自由基都含有不成对的电子,因此 ESR 技术能够专门用于检测和量化 ROS/RNS.笔者所在研究组利用 ESR 技术研究了山楂黄酮对沙鼠脑缺血再灌注损伤保护作用的 NO· 调节机理,发现山楂黄酮对沙鼠脑缺血再灌注损伤有很好的保护作用,而且与 NO· 关系密切.[25]

12.2.1 动物的处理

沙鼠被随机分为四组:缺血再灌注组(ischemia/reperfusion group,IR),自来水喂养 15 天后,实行缺血再灌注手术;阴性对照组(sham group),处理与 IR 组相同,但是不结扎颈总动脉;低剂量处理组,用含有 0.5 mg/mL 山楂黄酮的自来水喂养,其余处理与 IR 组相同;高剂量保护组,用含有 2.5 mg/mL 山楂黄酮的自来水喂养,其余处理与 IR 组相同.动物在手术之后处死前,继续用相应的自来水或自来水配制的抗氧化剂喂养.动物手术前 12 h 禁食,但可以自由饮水,腹腔注射 1 300 mg/kg(体重)氨基甲酸乙酯麻醉动物.仰位固定于手术台上,用手术刀在颈部划开一 1～1.5 cm 的小口,钝性分离肌肉,暴露与迷走神经伴行的颈总动脉,动脉夹闭塞双侧颈总动脉 5 min,夹闭或打开后检查血管,以保证血管闭塞或畅通按实验安排进行.该操作可重复性造成沙鼠大脑海马 CA1 区大锥体神经元的死亡.[23]在手术过程中和手术后 5 h 内,动物的体温用肛温计和红外灯控制于 37±0.5 ℃.

缺血再灌注手术 1 h 后,部分动物麻醉处死,脑组织分离后用冰浴的生理盐水冲洗,5 倍冰浴磷酸盐缓冲液(pH=7.4)匀浆,上清液用于 NO· 、脂质的过氧化水平、抗氧化活性(对 $\cdot O_2^-$ 和 ·OH 的清除能力)和硝酸/亚硝酸盐浓度的检测.

12.2.2 缺血再灌注脑组织中产生 NO· 及山楂黄酮的清除作用

NO· 在缺血再灌注脑损伤中具有重要作用,笔者所在研究组用 ESR 自旋捕集法检测了缺血再灌注过程中产生的 NO· .与缺血再灌注过程中 ROS 升高相比,在缺血再灌组 NO· 的产量与阴性对照组相比降低了 19.17%($p>0.05$)(图 12.12,表 12.1),山楂黄酮预处理 15 天显著升高了缺血再灌后脑中的 NO· 的产量,低剂量和高剂量组一氧化氮的产量与缺血再灌组相比分别升高了 44.67%和 77.56%.NO· 在这两组中的产量甚至高于阴性对照组中 NO· 的产量.

表 12.1　15 min 缺血再灌注沙鼠脑 CA1 区 NO·,ROS,抗氧化剂和脂质过氧化水平

组	ROS(a.u)	TBARSs(nmol/mg 组织蛋白)	超氧阴离子(a.u)	羟基自由基(a.u)	一氧化氮自由基(a.u)	硝酸/亚硝酸盐(μmol/L)	细胞存活(cell/mm)
假手术	12.2±1.5	0.78±0.1	10.4±1.1	18.5±2.7	19.3±2.2	20.3±1.3	270±30
IR	16.7±0.7+	1.36±0.1+	14.1±2.1+	24.0±5.0+	15.6±1.3+	45.1±4.9+	12±7+
	↑36.89%	↑74.04%	↓35.58%	↓29.73%	↓19.17%	↑122.21%	4.44%
低剂量	13.8±0.8+	1.0±0.2*+	11.1±1.8*	21.7±3.4+	22.1±1.0+	36.0±1.8*+	129±64*+
	↓17.3%#	↓24.2%#	↑21.2%#	↑9.5%#	↑44.6%#	↓20.1%#	47.78%
高剂量	11.5±0.9*	0.716±0.137*	7.5±2.1*+	16.8±4.5*	27.7±6.7*+	29.4±2.2*+	254±35*
	↓31.1%#	↓47.3%#	↑46.8%#	↑30.0%#	↑77.5%#	↓34.6%#	94.07%

注：* 表示 $p<0.05$ 对 IR；+ 表示 $p<0.05$ 对假手术组；# 表示 $p<0.05$ 百分数是对假手术组.

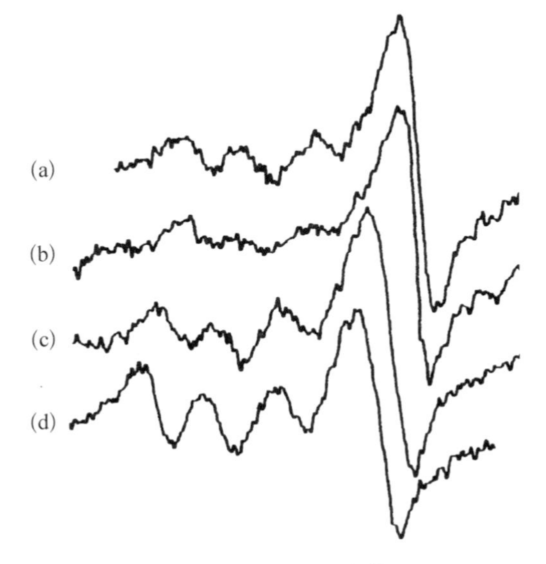

图 12.12　5 min 缺血再灌注沙鼠脑匀浆产生 NO· 的 ESR 波谱
(a) 假手术组;(b) 缺血再灌注组;(c) 低剂量给药组;(d) 高剂量给药组.

为了进一步确定 NO· 在缺血再灌注脑损伤中的作用,本工作用 Griess 法进一步检测了 NO· 的终产物硝酸/亚硝酸盐含量(图12.13,表 12.1).与阴性对照组相比,缺血再灌组硝酸/亚硝酸盐水平升高了 122.21%($p<0.05$),山楂黄酮预处理能剂量依赖性地降低硝酸/亚硝酸盐水平.低剂量组和高剂量组中的硝酸/亚硝酸盐含量与缺血再灌注组相比分别降低了 20.13%和 34.61%,但仍然显著高于阴性对照组的含量.

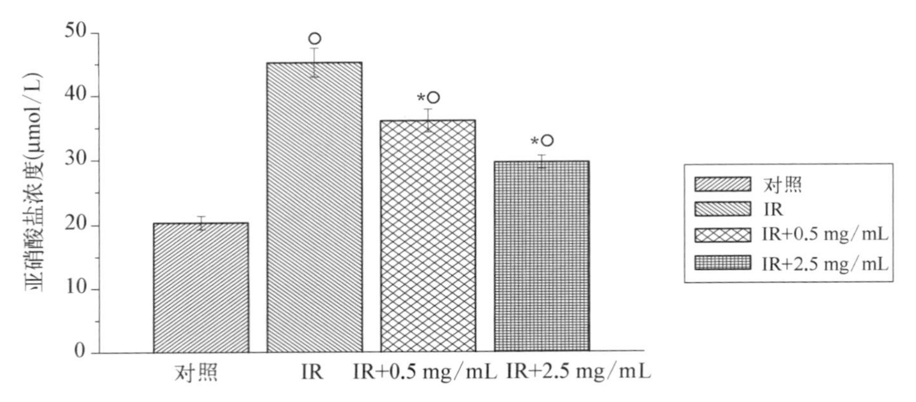

图 12.13　5 min 缺血再灌注沙鼠脑匀浆产生的硝酸/亚硝酸盐
SHAM 假手术组;IR 缺血再灌注组;IR + 低剂量给药组;IR + 高剂量给药组.

12.2.3 缺血再灌注脑组织中产生活性氧及山楂黄酮的清除作用

缺血再灌后，分别测量了缺血再灌过程中产生的 ROS、脑匀浆的脂质过氧化水平及脑匀浆的抗氧化能力(或脑匀浆中的抗氧化剂水平)，以评价缺血再灌手术中活性氧对脑组织的损伤效果.

缺血再灌注手术 1 h 后，ESR 实验表明，与阴性对照组相比，缺血再灌组中 PBN 捕集的 ROS 升高了约 36.89%(图 12.14，表 12.1). 与缺血再灌组相比，抗氧化剂山楂黄酮(CF)预处理 15 天，低剂量组和高剂量组中，ROS 分别显著降低了 17.37% 和 31.14%. 高剂量组中 ROS 的产量甚至低于阴性对照组，但是差异性不显著.

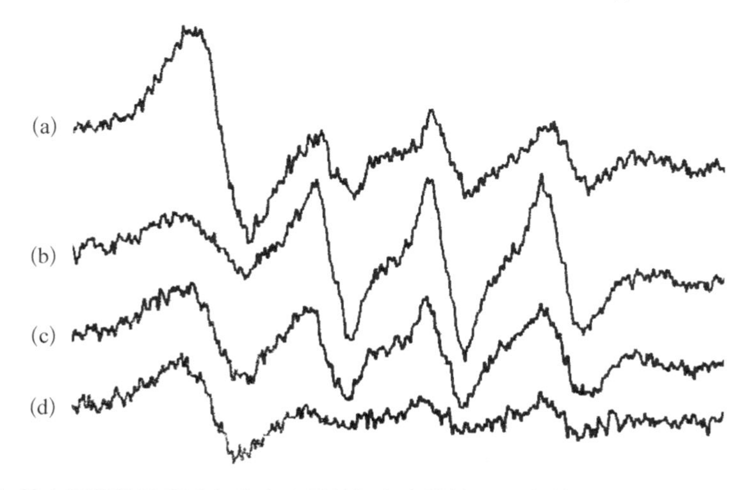

图 12.14　5 min 缺血再灌注沙鼠脑匀浆产生活性氧自由基的 ESR 波谱
(a) 假手术组；(b) 缺血再灌注组；(c) 低剂量给药组；(d) 高剂量给药组.

缺血再灌注后脂质过氧化水平用 TBARS 的含量表示. 结果表明，缺血再灌注损伤使脑匀浆中的 TBARS 水平与阴性对照组相比升高了 74.04%，口服山楂黄酮 15 天，剂量依赖性降低了 TBARS 水平(图 12.15，表 12.1). 与单纯缺血再灌组(IR)相比，在低剂量和高剂量处理组，TBARS 水平分别降低了 24.25% 和 47.39%(图 12.15).

为了更准确地评价山楂黄酮对缺血再灌注脑损伤的效果，进一步检测了缺血再灌手术 1 h 后脑匀浆的抗氧化水平，测定了脑组织对 $\cdot O_2^-$ 和 $\cdot OH$ 的清除效果. 光照核黄素实验表明，缺血再灌注组脑匀浆清除 $\cdot O_2^-$ 的能力比阴性对照组显著下降了 35%(表 12.1). 山楂提取物处理 15 天，脑匀浆清除 $\cdot O_2^-$ 的能力与单纯的缺血再灌注组相比分别显著性升高了 21.28% 和 46.81%(表 12.1). 高剂量处理组清除 $\cdot O_2^-$ 的能力甚至显著大于阴性对照组.对·OH 的清除能力与对·O_2^- 的清除能力类似(表 12.1),缺血再灌注组脑匀浆对·OH 的清除能力与阴性对照组相比降低了 29%($p<0.05$).与缺血再灌注组相比,用山楂黄酮预处理 15 天,缺血再灌注后脑匀浆清除·OH 的能力在低剂量组升高了 9.5%($p>0.5$),但无显著性差异.高剂量处理组清除羟基的能力显著性升高了 30%.

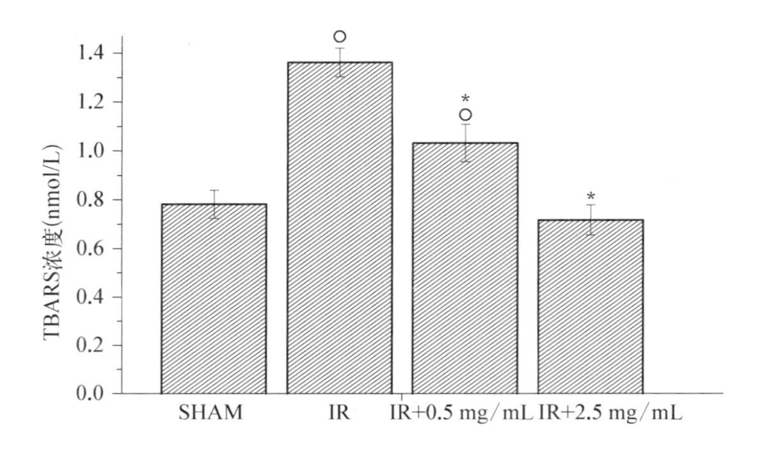

图 12.15　5 min 缺血再灌注沙鼠脑匀浆产生的脂质过氧化(TBARS)

SHAM,假手术组;IR,缺血再灌注组;IR+0.5 mg/mL,低剂量给药组;IR+2.5 mg/mL,高剂量给药组.

12.2.4　缺血再灌注对海马 CA1 区大锥体神经元的损伤及山楂黄酮的保护作用

脑中各部分对缺血再灌注损伤的敏感性不同,海马 CA1 区大锥体神经元(pyramidal neuron)对缺血尤其敏感,5 min 缺血就可造成 CA1 区细胞的不可逆性损伤.本工作中用尼氏染色方法检测了 CA1 区神经元的数量.图 12.16 所示为缺血再灌损伤 6 天后海马 CA1 区的冰冻切片图像.在缺血再灌注组(图 12.16,表 12.1),CA1 区神经元几乎全部消失,活体神经元为(12±7)细胞/mm.与之相比,阴性对照组 CA1 区活体细胞数为(270±30)细胞/mm.与缺血再灌注组相比,山楂提取物预处理显著增加了 CA1 区成活神经元数量,在低剂量组和高剂量组 CA1 区神经元数量分别为(129±64)细胞/mm 和(254±35)细胞/mm(图 12.16,表 12.1).在高剂量组和阴性对照组之间无显著性差异.

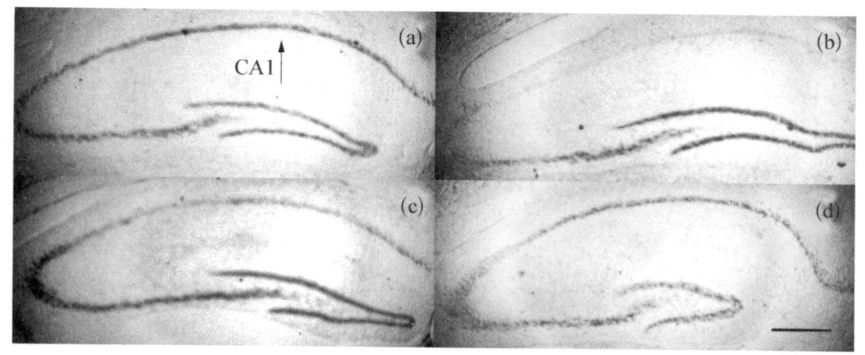

图 12.16　5 min 沙鼠脑缺血再灌注后 5 天海马的 CA1 区大锥体神经细胞的 Nissl 染色
(a) 假手术组;(b) 缺血再灌注组;(c) 低剂量给药组;(d) 高剂量给药组.

12.2.5　缺血再灌注诱导末端脱氧转移酶-dUTP断口标记法(TUNEL)检测海马 CA1 区神经元凋亡及山楂黄酮的保护作用

在细胞凋亡过程中,细胞内 DNA 内切酶会被激活,基因组 DNA 降解,断裂的 DNA 碎片可以被 TUNEL 实验特异性地检测,因此 TUNEL 可以特异性检测凋亡细胞.尼氏染色实验后,相邻的切片用于 TUNEL 实验,检测缺血再灌后海马区 CA1 大锥体神经元的凋亡.结果显示,阴性对照组海马区神经元没有特异性染色(图 12.17(a)),缺血再灌注后,几乎所有 CA1 区细胞都被特异性地着色,显示缺血再灌注引起 CA1 区大锥体神经元大量凋亡(图 10.17(b)). 在缺血再灌注损伤脑片中,与 CA1 区相比,CA2 区神经元部分凋亡,CA3 区凋亡神经元只有少部分凋亡,CA4 区和海马部位几乎没有细胞凋亡.同时,在缺血再灌注脑片 CA1 区神经元中,部分神经纤维显示 TUNEL 阳性,这种现象表明断裂 DNA 碎片在神经纤维中由胞体向末端运输,是一种凋亡神经元特有的现象,进一步提示缺血再灌后神经元 DNA 的断裂至少部分是由凋亡引起的.[26-27]山楂黄酮预处理剂量的依赖性减少了切片中凋亡神经元的数目,如图 10.17(c),(d)所示.

12.2.6　缺血再灌注引起的海马 CA1 区神经元损伤及山楂黄酮的保护作用

电子显微镜检测了缺血再灌注手术 5 天后,海马 CA1 区神经元的状态.阴性对照组中海马 CA1 区神经元的细胞核如图 12.17(a)所示,细胞核膜完整,DNA 均匀地分布于核中.与阴性对照组相比,多数缺血再灌注组的海马 CA1 区神经元细胞核如图 12.18(b)所示,

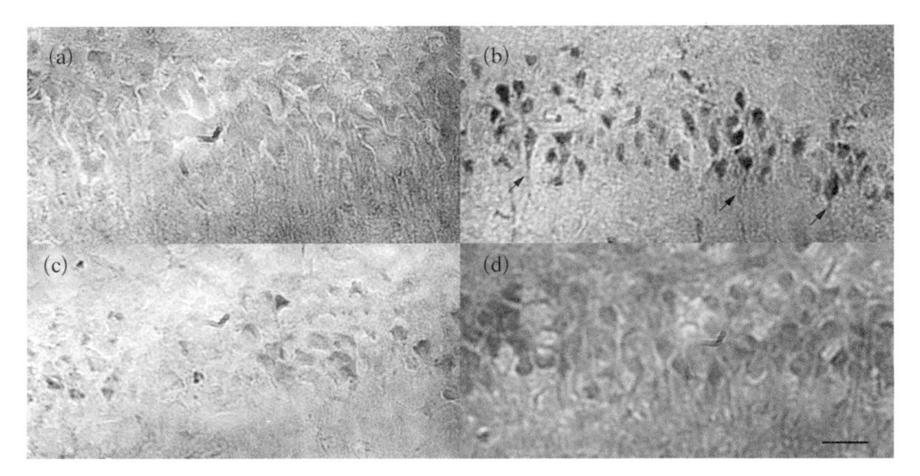

图 12.17　5 min 沙鼠脑缺血再灌注后 5 天海马的 CA1 区大锥体神经细胞的 TUNEL 染色
(a) 假手术组;(b) 缺血再灌注组;(c) 低剂量给药组;(d) 高剂量给药组.

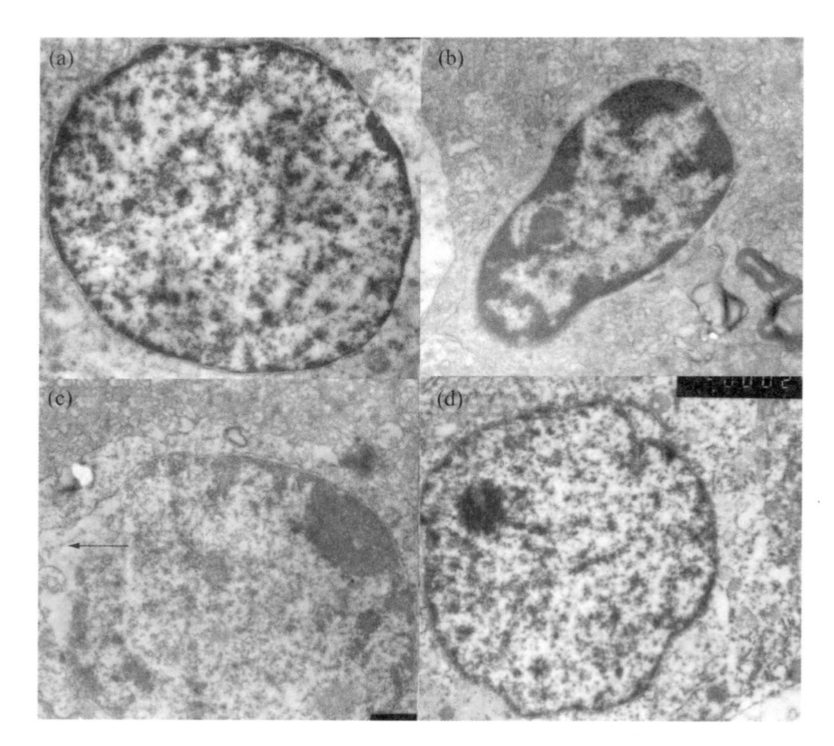

图 12.18　5 min 沙鼠脑缺血再灌注后 5 天海马的 CA1 区锥体神经细胞的透射电子显微镜图像
(a) 假手术组;(b) 缺血再灌注组;(c) 低剂量给药组;(d) 高剂量给药组.

表现出典型的细胞凋亡特征，细胞核皱缩，DNA凝聚在核膜附近．低剂量处理组的CA1区细胞核部分表现出如图12.18(b)所示的细胞凋亡特征，部分细胞核如图12.18(c)所示，DNA均匀地分布于细胞核内，细胞核膜基本完整，但是与核膜相连的内质网膨胀．高剂量处理组中CA1区神经元大部分形态完好，DNA均匀地分布于细胞核内，表现出正常的细胞特征(图12.18(d))，极少数神经元表现出如图12.18(b)所示的细胞凋亡特征．电子显微镜结果进一步表明，山楂黄酮预处理可以保护海马CA1区神经元免受缺血再灌注损伤引起的神经元凋亡．

海马CA1区神经元对于缺血再灌注损伤十分敏感，用尼氏染色，TUNEL标记，透射电子显微镜检测了山楂黄酮对缺血再灌后CA1区神经元的保护作用．用山楂提取物预处理15天，与缺血再灌注组相比，山楂黄酮处理组中海马CA1区存活的神经元数量显著增加了43.34%(低剂量组)和89.63%(高剂量组)．TUNEL实验证明，在山楂黄酮处理组，缺血再灌注引起的凋亡细胞数量剂量依赖性地减少，在高剂量山楂黄酮处理组中海马CA1区几乎没有TUNEL特异性染色的凋亡细胞．透射电子显微镜实验检测证明了缺血再灌注组CA1区神经元细胞核凝聚于核膜周围，表现出明显凋亡特征，而山楂黄酮处理组的凋亡细胞明显减少．结果说明，缺血再灌注手术引起了海马CA1区大锥体细胞神经元的特异性损伤，凋亡细胞数量增加，成活细胞减少，而山楂黄酮对缺血再灌注损伤有明显的保护作用．

缺血再灌注手术使大脑产生的ROS显著增加，脂质过氧化水平显著升高，脑匀浆的抗氧化能力则显著性降低．这表明缺血再灌注损伤使大脑活性氧增加，氧化了细胞内的脂类成分，在拮抗ROS的同时，脑组织中的抗氧化剂含量降低，与文献报道一致．用山楂黄酮处理15天，剂量依赖性降低了ROS的产生，抑制了TBARS含量的升高，提高了脑组织的抗氧化能力．文献报道，山楂黄酮可以清除 $\cdot O_2^-$、$\cdot$OH等自由基，抑制脂质过氧化和低密度脂蛋白的氧化，提高体内的维生素E水平．本实验结果表明，山楂黄酮可以穿过脑血屏障，降低活性氧对脑组织的氧化损伤．对大脑氧化损伤的保护作用，可能是通过山楂黄酮直接对活性氧的清除作用产生的，也可能是通过提高维生素E等内源性的抗氧化剂产生的．

本文用ESR自旋捕集和Griess法研究了一氧化氮和其终产物硝酸/亚硝酸盐的浓度．有趣的是，结果表明，在缺血再灌注脑损伤和山楂黄酮预处理后，NO$\cdot$和硝酸/亚硝酸盐浓度表现出不同的趋势．硝酸/亚硝酸盐的浓度在缺血再灌注后升高，山楂黄酮处理后浓度依赖性降低；而NO$\cdot$浓度在缺血再灌注后降低，山楂黄酮处理后浓度依赖性升高．一氧化氮是一种小分子气体自由基，能够迅速与 $\cdot O_2^-$ 反应产生危害性更大的过氧亚硝基，过氧亚硝基会进一步分解产生$\cdot$OH，过氧亚硝基和$\cdot$OH是体内毒性大的活性氧．同时，在缺血时，细胞中的L-精氨酸浓度成为一氧化氮合成的限速步骤，反应中的电子传递链解偶联，一氧化氮合酶就会在产生NO$\cdot$的同时产生 $\cdot O_2^-$，NO$\cdot$就和 $\cdot O_2^-$ 迅速反应，加速过氧亚硝基的产生，引起细胞毒性．尽管NO$\cdot$在缺血再灌注损伤中的作用一直存在争议，但是有一点得到公认，即NO$\cdot$的部分毒性来自 $\cdot O_2^-$ 与NO$\cdot$反应产生的过氧亚硝基和过氧亚硝酸.这些 NO· 的衍生物可以引起脂质过氧化,氧化蛋白质和非蛋白类巯基[26],引起芳香类物质的羟基化和硝基化.NO· 和硝酸/亚硝酸盐的不同变化趋势,可能是由 NO· 和 ·O_2^- 的相互作用,此消彼长产生的.由于活性氧在缺血再灌注手术后增加,大量产生的 ·O_2^- 和 NO· 反应生成过氧亚硝基,最终生成硝酸/亚硝酸盐.因此,DETC 亚铁离子络合物捕集的一氧化氮降低了,而硝酸/亚硝酸盐的浓度升高.山楂黄酮预处理降低了能够与 NO· 反应的活性氧,从而使硝酸/亚硝酸盐的产生减少,而 DETC 亚铁离子络合物捕集到的 NO· 升高了.NO· 在循环系统中起着内皮细胞松弛因子(EDRF)的作用,山楂黄酮预处理后,升高的 NO· 可能通过松弛血管、抑制血小板凝集,增加血液供应,减轻缺血再灌注损伤.以上结果表明,清除 ·O_2^-,抑制过氧亚硝基的产生,增加生物可利用 NO·,可能是山楂黄酮保护大脑免受缺血再灌注损伤的重要机制之一.Shutenko 等也得到了类似的实验结果.[27-28]他们发现,在缺血再灌注过程中,抗氧化剂槲皮素处理动物可以增加 ESR 检测到的 NO·,但是他们没有检测硝酸/亚硝酸盐的浓度变化.在一些文献中,硝酸/亚硝酸盐的浓度通常被解释为 NO· 的产量.本实验的结果表明,活性氧、硝酸/亚硝酸盐和 NO· 的浓度应该在实验中综合考虑.

山楂黄酮可以增加心肌的血液供应,一直被用作治疗心脏相关疾病的药物.Chen 等报道,山楂黄酮可以诱导肠系膜动脉内皮细胞依赖性的松弛,这种松弛可以被一氧化氮合酶的抑制剂 N^G-硝基-L-精氨酸甲酯(N^G-nitro-L-arginine methyl ester,NAME)所抑制.以上结果提示,山楂黄酮对血管的松弛作用可能是通过对自由基的清除作用实现的.本实验中观察到通过清除缺血再灌注过程中产生的 ·O_2^-,可以提高可利用的 NO· 的浓度.Shutenko 等报道,抗氧化剂预处理后,脑中的谷胱甘肽浓度升高;谷胱甘肽可能代表了一种储存 NO· 的途径[29-30];NO· 与谷胱甘肽的结合可以使 NO· 缓慢释放到细胞外环境中,限制了 NO· 对细胞呼吸链的抑制,这也可能是山楂黄酮在缺血再灌注过程中对脑保护的作用机制之一.

有证据表明,山楂黄酮可以抑制血小板凝集、5-羟色胺释放,降低乳酸脱氢酶(LDH)水平,抑制炎症反应.[31]除了通过活性氧和 NO·,一种或多种上述机制可能在山楂黄酮对缺血脑损伤的保护过程中发挥作用.无论何种机制在缺血再灌注脑损伤中起作用,重要的是本结果显示,预先口服山楂提取物可以保护脑组织,减轻缺血再灌注的损害.[32]

12.2.7 ESR 测定诱导血栓栓塞期间脑内氧张力变化的动态

脑组织氧压(氧张力,p_{O_2})是与大脑代谢、功能和病理生理学密切相关的关键参数.在这项工作中,使用 ESR 血氧仪和深部组织多位点氧传感探针(称为植入式谐振器),在栓塞凝块诱导的缺血性中风的兔模型中,同时监测四个位点的脑 p_{O_2} 随时间的变化.在 4 周内测量的四个位点之间,健康大脑中的 p_{O_2} 值没有显著差异.一方面,在暴露于 15%的 O_2(缺氧)期间,在所有四个部位都观察到 p_{O_2} 突然显著降低.另一方面,短暂暴露于呼吸碳原气体(95%的 O_2 + 5%的 CO_2)中显示大脑 p_{O_2} 从基线值显著增加. 在缺血性中风期间,由左脑栓塞凝块诱导,观察到左皮层(缺血核心)的 p_{O_2} 显著下降,而对侧部位没有任何变化. 虽然非梗死区域的 p_{O_2} 在中风后 24 h 恢复到基线,但梗死核心的 p_{O_2} 与基线和大脑的其他区域相比始终较低. 结果表明,植入式谐振器的 ESR 血氧饱和度可以重复同时报告多个位点的大脑 p_{O_2} 随时间的变化. 这种血氧测定方法可用于开发干预措施,通过在缺氧和中风损伤期间调节脑 p_{O_2} 来挽救缺氧/缺血组织.[33]

低氧水平(缺氧)是定义几种病理生理学(尤其是缺血)病理后果的关键因素,这些病理生理学通常发生在重要器官(如脑和心脏)血管阻塞或微血管系统异常(如外周血管疾病)之后. 因此,能够直接和反复量化大脑和心脏中氧气水平的方法将显著提高我们对缺血病理的理解. 重要的是,这种血氧饱和度能力将有助于研究者制定抵消低水平氧气的策略,从而改善中风或心肌梗死后的状况. 体内 ESR 测量血氧饱和度能够实时监测组织氧水平. 该方法已大量在实验动物中进行测试和使用,而且已经进行了一些临床测量. ESR 可以在小鼠和猪的实验动物模型的大脑和心脏中定量氧气水平. ESR 血氧饱和度法需要在目标组织中一次性放置氧敏探头,而用于可靠、准确和重复测量 p_{O_2}(氧分压)的其余过程是无创的,可以根据需要多次重复实验. 多位点血氧饱和度方法还可用于同时监测多个位点的 p_{O_2}. 基于 ESR 血氧饱和度在实验动物模型中应用的重大进展,已经开发了用于人类受试者的光谱仪. p_{O_2} 测量在患者实体瘤中的初步可行性已经被成功证明.[34]

12.3 ESR 在阿尔茨海默病研究中的应用

ROS 和 RNS 在组织中的分布可用作替代标志物,以表征阿尔茨海默病相关生理和病理条件下的氧化还原状态/环境. 由于所有自由基都含有不成对的电子,因此 ESR 技术专门用于检测和量化 ROS 和 RNS. ESR 波谱图可以为明确鉴定自由基提供阿尔茨海默病的丰富信息.

12.3.1 通过体内 ESRI 评估阿尔茨海默病转基因小鼠模型大脑中的氧化应激

阿尔茨海默病是一种神经退行性疾病,临床特征是进行性认知功能障碍. 淀粉样蛋白-β(Aβ)肽的沉积是 AD 最重要的病理生理学标志. ROS 和 RNS 诱导的氧化应激在 AD 中很突出,一些报告表明,氧化还原状态的变化与包含进行性 Aβ 沉积的 AD 病理、神经胶质细胞活化和线粒体功能障碍之间的关系.因此,使用AD的转基因小鼠模型(APdE9)进行了免疫组织化学分析,并在体外评估了APdE9小鼠脑组织匀浆中超氧化物歧化酶的活性.与这些分析一起,使用氮氧化物(3-甲氧基羰基-2,2,5,5-四甲基吡咯烷-1-基氧基)作为氧化还原敏感探针,通过三维ESR成像非侵入性地测量野生型(WT)和APdE9小鼠大脑中氧化还原状态随年龄的体内变化.两种方法都发现氧化还原状态随年龄的变化相似,特别是通过APdE9小鼠和年龄匹配的9～18个月大的WT小鼠之间的ESR成像,无创观察到海马氧化还原状态的显著变化.与WT相比,ESR成像清楚地显示了APdE9小鼠大脑氧化还原状态的加速变化.通过ESR成像来评估AD模型啮齿动物大脑中的氧化还原状态,可能有助于AD的诊断研究.[35]

通过体外ESR波谱,可以评估AD转基因小鼠模型大脑中的线粒体氧化应激.此外,最近的证据表明,源自线粒体的ROS有助于AD病理的进展.因此,假设Aβ在AD转基因小鼠模型(APdE9)的脑线粒体中积累和氧化应激增加.测量由APdE9和6、9、15和18个月大的WT小鼠制备的脑线粒体组分中Aβ的量和抗氧化酶SOD的活性.使用顺磁性氮氧化物“Mito-Tempo”((2-(2,2,2,6,6-四甲基哌啶-1-氧基-4-基氨基)-2-氧代乙基)三苯基氯化膦一水合物)作为线粒体,靶向氧化还原敏感探针,通过ESR波谱法量化从APdE9和WT小鼠大脑获得的线粒体部分与年龄相关的氧化还原状态变化.在APdE9小鼠中,Aβ在脑线粒体中的积累早于大脑的非线粒体部分.此外,通过体外SOD测定和ESR波谱,证明了在APdE9小鼠的脑线粒体中氧化应激增加.ESR与线粒体靶向氧化还原敏感氮氧化物探针相结合,是阐明AD病因和促进AD新治疗策略开发的潜在强大工具.[36]

12.3.2 通过体内ESRI早期检测阿尔茨海默病

一些报告表明,氧化还原状态的变化与AD病理学之间存在关系,包括进行性Aβ沉积、神经胶质细胞活化和炎症.这项研究采用新型设计的三维连续波数字ESR成像仪,采用血脑屏障(BBB)渗透氧化还原敏感哌啶氮氧化物探针4-氧代-2,2,6,6-四甲基哌啶-d16-1-氧基,用于早期检测脑氧化还原状态的变化.使用该系统,将年龄匹配的7个月大的AD模型小鼠与正常同窝小鼠(WT小鼠)进行了非侵入性比较.研究7个月大小鼠的病理变化比以前的研究更早检测到,因为以前只能对9个月以上的AD小鼠进行成像.由ESR图像表明,与年龄匹配的WT小鼠相比,7个月大的AD小鼠的氧化损伤已经增加,还评估了7个月大的AD和WT小鼠脑组织匀浆中的抗氧化水平和SOD的活性.与WT小鼠相比,AD小鼠中谷胱甘肽和线粒体SOD活性水平降低,这支持ESR成像结果,表明脑氧化还原状态受损.这些结果表明,研究中开发的ESR成像方法可用于由氧化性疾病引起的脑氧化还原状态改变的早期无创检测.[37]

12.3.3 ESR研究淀粉样蛋白β肽的多形性铜配位

关于淀粉样蛋白β(Abeta)肽(阿尔茨海默病的病原体)的 Cu^{2+} 配位环境的性质,已经提出了许多相互矛盾的模型.使用多频 CW-ESR 波谱直接解析 Cu^{2+} 与 Abeta 配体核之间的超精细相互作用,从而避免了与引入点突变相关的歧义.在氨基酸 Asp1、His6、His13 和 His14 处具有位点特异性 ^{15}N 标记的 Abeta16 类似物,ESR 超精细数值模拟描绘了两种独立的 3N1O Cu^{2+} 配位模式:{N(a)(D1), O, N(epsilon)(H6), N(epsilon)(H13)} (component Ia)和{N(a)(D1), O, N(epsilon)(H6), N(epsilon)(H14)} (组分 Ib),pH 为 6~7.在 pH=8.0 下鉴定出第三种配位模式(组分Ⅱ),ESR 超精细模拟表明 3N1O 配位球涉及 His6、His13 和 His14 的氮连接.在 Tyr10 酚氧的 ^{17}O 标记上未观察到差异,证实它不是生理 pH 范围内的关键氧配体.ESR 的超精细水平相关(HYSCORE)波谱与位点特异性 ^{15}N 标记相结合,为 His6 在组分 Ia 和 Ib 中的共同作用,以及将{O, N(epsilon)(H6), N(epsilon)(H13), N(epsilon)(H14)} (H14)}配位球分配给组分Ⅱ提供了额外的支持.对具有 Asp1 选择性 ^{13}C 标记的肽类似物的 HYSCORE 研究表明,Asp1 的羧酸氧基在组分 Ia/Ib 配位中具有赤道配位的 ^{13}C 交叉峰特征.Cu^{2+} 配体相互作用的直接解析,以及组分Ⅰ由两种不同的配位模式组成的关键发现,为一系列相互冲突的配体分配提供了有价值的见解,并强调了 Cu^{2+}/Abeta 相互作用的复杂性.[38]

12.3.4 ESR波谱用于跟踪铝诱导的阿尔茨海默病中分离的皮质突触体膜

突触体膜过氧化和生物物理特性的改变与铝(Al)毒性有关,可能导致认知功能障碍和阿尔茨海默病样发病机制.家独行菜又名金葱(学名:*lepidium sativum*)是十字花科独行菜属的植物,分布在非洲、欧洲、亚洲、印度以及中国的新疆、山东等地.在这里,我们研究了 *lepedium sativum*(LS)作为天然抗炎、抗氧化剂和乙酰胆碱酯酶抑制剂在治疗大鼠模型中 Al 诱导的 AD 样中的治疗潜力.利用 ATR-IR 波谱分析分离的大鼠皮质突触体受损膜结构的恢复及其生物物理特性,ESR 自旋捕集以跟踪 NADPH 氧化酶活性(NOX),以及 ESR 自旋标记响应于 Al 中毒后的 LS 处理.除了光学显微镜组织病理学,通过电感耦合血浆(ICP)测量了大鼠皮质组织中 Ca^{2+} 的浓度,通过磁共振成像(MRI)测量了脑萎缩/治愈和脑积水.结果显示,由于 Al 中毒,突触体膜的硬化、顺序、脂质堆积、ROS 产生和 Ca^{2+} 浓度显著增加.AD 组中检测到的 Ca^{2+} 浓度的急剧增加与突触膜极性的增加和 ESR 检测到的 S 级参数有关,表明突触囊泡释放到突触裂中可能会受到阻碍.

LS 治疗逆转了突触膜的这些变化，并挽救了观察到的 AD 组探索行为缺陷. 研究结果还表明，由 $AlCl_3$ 介导的自由基攻击的突触体膜磷脂在 LS 组中被阻止. 研究结果还表明，由于更大的 NOX 活性，ATR-IR 和 ESR 波谱技术的结果推荐 LS 作为对抗突触膜改变的有前景的治疗剂，为 AD 药物开发人员打开了一扇新窗口.[39]

12.4 ESR 在 AD 的分子机理及尼古丁预防 AD 研究中的应用

AD 是一种神经退行性疾病，目前影响发达国家接近 2%的人口；个体得 AD 的风险从 70 岁开始成倍增加. 据预测，在未来的 50 年中 AD 的发病率将会增加 3 倍. 参与学习记忆过程的脑区在 AD 病人的大脑中有明显的体积缩小，这是因为突触的退行性改变以及神经元的死亡. 因为可能有其他因素造成记忆的丧失，AD 的最终确诊还需对病人的大脑进行尸检，这里面要包括足够数量的“斑”和“神经纤维缠结”以保证是 AD 所导致的. 斑是由细胞外的纤维状和无定形的 Aβ 所致. 神经纤维缠结是细胞内微管相关蛋白 tau 在细胞内的纤维状聚集所致，它呈现出高度磷酸化和氧化修饰. 斑和缠结主要存在于参与学习记忆和感情活动的脑区，诸如皮层、海马、基底前脑和杏仁核. 带有斑块的脑区明显表现出突触和轴突数量的减少同时伴有损伤，这也暗示 Aβ 可以损伤突触和轴突. 以谷氨酸和乙酰胆碱作为神经递质的神经元损伤尤为严重，但是产生 5-羟色胺和去甲肾上腺素的神经元也有损伤. 这种疾病的中心是淀粉样前体蛋白的降解过程发生改变，从而导致神经毒性 Aβ 的产生和聚集. 在 AD 中，退行性改变的神经元有明显的氧化损伤、能量代谢障碍以及胞内钙稳态的紊乱，Aβ 可能是导致这些异常的一个重要因素. 遗传和环境危险因素是导致 AD 的两个重要因素，对这些因素以及它们怎样影响 Aβ 形成的研究和了解将会发展出预防和治疗 AD 的方法和药物.[40-49]

吸烟有害健康，会引起肺癌和呼吸道损伤，因此，禁烟是世界趋势. 一般都认为尼古丁是吸烟中的主要毒性物质，其实这是一个误会. 流行病学研究报告显示，吸烟可以降低 AD 和帕金森综合征（PD）的发病率，也有一些实验和临床结果显示烟碱可以预防和治疗 AD 和 PD，这引起人们广泛重视.[50-56]

12.4.1 ESR 技术研究尼古丁的抗氧化作用

AD 和 PD 中都有活性氧的参与，而且都存在氧化应激增强. 用色谱研究发现，尼古丁能影响多巴胺的氧化，因此它可影响神经毒剂 6-羟基多巴的形成.[32] 在本研究中，采用

ESR 自旋捕集技术研究尼古丁的抗氧化作用，以及对·OH 和·O_2^- 的清除作用.[52,59]

尼古丁对 Fenton 反应体系产生的·OH，光照核黄素产生的·O_2^- 具有清除作用，尼古丁可以有效清除吸烟产生的自由基. GPCS 中含有大量高活性的氮氧自由基，而这些自由基容易引起脂质过氧化.[35]尼古丁作为香烟的主要成分之一，能清除烟气中的自由基，对烟气自由基造成的损伤可能具有潜在的保护作用，而且尼古丁本身可能降低香烟的毒性. 这些结果显示尼古丁是一个天然抗氧化剂.

图 12.19 为由 Fenton 反应产生的·OH 被 DMPO 捕集产生的自旋加合物 DMPO—OH 的 ESR 波谱，它是由四条高度比为 1∶2∶2∶1 的谱线组成的典型图谱（$g = 2.0045$，$a_N = a_H = 14.9$ G）. 加或不加尼古丁（或维生素 C）对波谱信号的超精细分裂常数和 g 值没有影响，仅随着尼古丁浓度的增加，其 ESR 信号强度递减，具有较明显的剂量依赖效应，故用波谱信号第二峰的高度 h(cm) 表示 ESR 信号的相对强度. 其清除率被定义为 $E = (h_0 - h_x)/h_0 \times 100\%$，$h_0$ 指对照的 ESR 信号的相对强度，h_x 指加入样品（尼古丁或维生素 C）后的 ESR 信号的相对强度. 由图 12.19 所示的结果可知，尼古丁明显比维生素 C 对·OH 有更强的清除效果，尼古丁的 IC_{50}（清除 50% 自由基时的浓度）为25 μmol/L，而维生素 C 为 500 μmol/L，尼古丁约为维生素 C 的 20 倍.

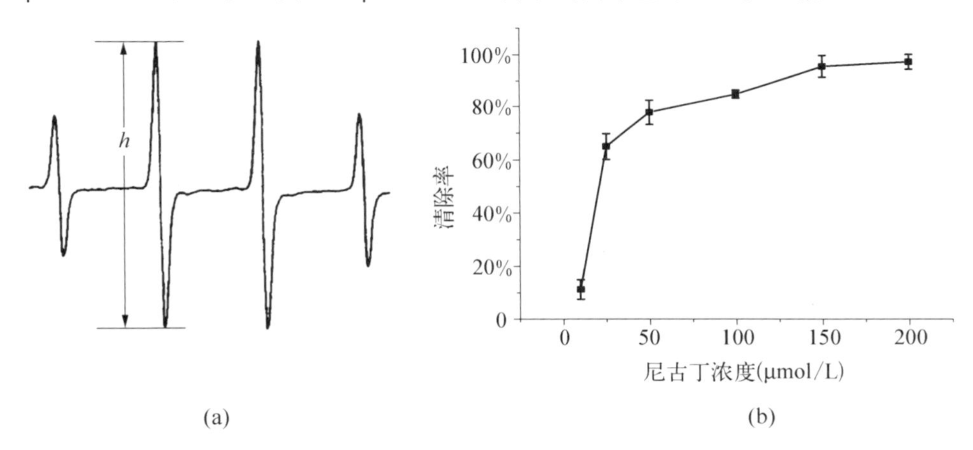

图 12.19 由 Fenton 体系产生的·OH 被 DMPO 捕集后的 ESR 波谱图(a)，以及尼古丁对 Fenton 体系产生的·OH 的清除作用(b)

图 12.20 为用 DMPO 捕集光照核黄素/DETAPAC 体系产生的·O_2^- 形成的自旋加合物 DMPO—OOH ESR 波谱. 它是由 12 条谱线组成的典型图谱（$a_N = 14.3$ G，$a_H^\beta = 11.3$ G，$a_H^\gamma = 1.25$ G）. 尼古丁清除·O_2^- 的能力强于维生素 C，尼古丁的 IC_{50} 为 50 μmol/L，而维生素 C 为 300 μmol/L，尼古丁约为维生素 C 的 6 倍.

图 12.21 为用 PBN 捕集烟中自由基的典型图谱. 由图可知，随着尼古丁浓度的上升，其清除效果越明显，呈现一定的剂量依赖效应.

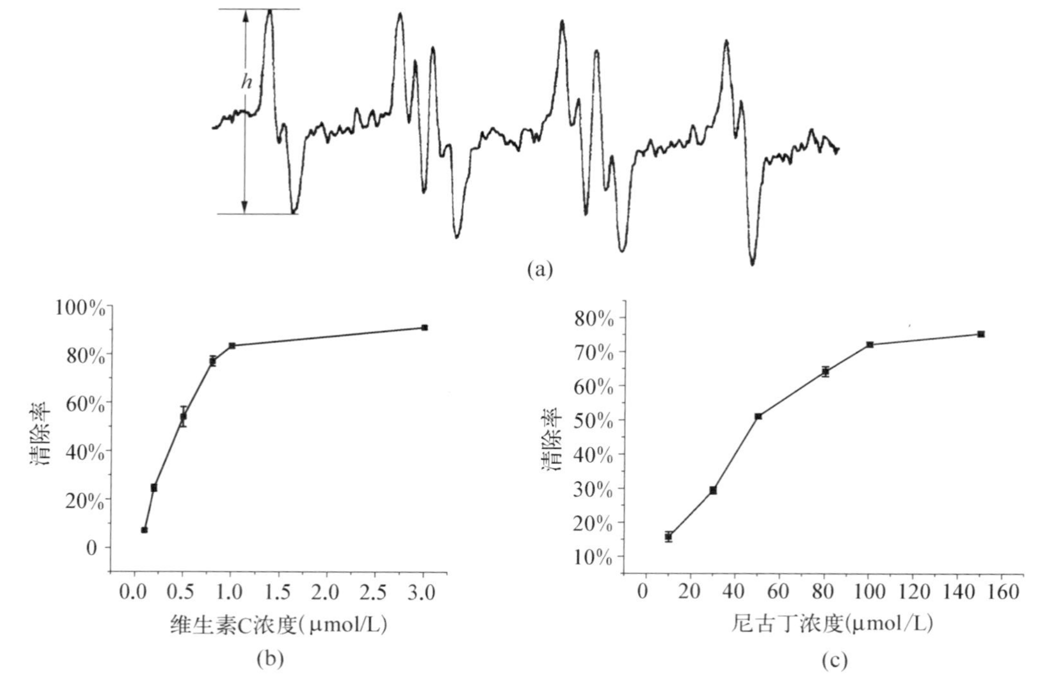

图 12.20　由光照核黄素/DETAPAC 体系产生的・O_2^- 被 DMPO 捕集后的 ESR 波谱图，以及尼古丁和维生素 C 对光照核黄素/DETAPAC 体系产生的・O_2^- 的清除作用

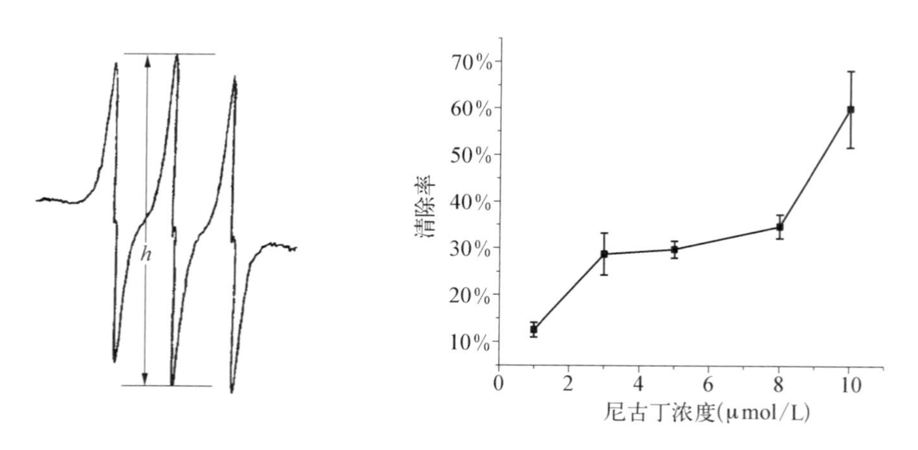

图 12.21　GPCS 中自由基被 PBN 捕集后产生的 ESR 谱图，以及尼古丁对 GPCS 中自由基的清除作用

以上数据表明，尼古丁有明显的抗氧化活性，具有很强地清除·OH和·O_2^-的能力，但清除的机制还不清楚.有假说认为，尼古丁可通过形成氮化嘧啶螯合金属离子(铁离子)从而影响Fenton反应.[9]也有人认为，尼古丁可直接和·OH或·O_2^-反应，达到清除的效果.

GPCS中含有大量高活性的氮氧自由基，而这些自由基容易引起脂质过氧化.[22-23]尼古丁作为香烟的主要成分之一，却能清除烟气中的自由基，这暗示了尼古丁对烟气自由基造成的损伤具有潜在的保护作用，而且尼古丁本身可能降低香烟的毒性.

越来越多的研究表明，许多神经退行性疾病诸如AD和PD都和氧化应激有很强的相关性[12-17]，尼古丁或许可以通过其较强的抗氧化性质对这类疾病起到一定的保护作用，比如或许可以改善AD病人运动能力的障碍.在目前的研究中，尼古丁对·OH和·O_2^-的清除作用的研究限于体外的化学体系，因此进一步研究应集中在体内抗氧化性质上，这对于尼古丁的药理学应用前景有极其重要的意义.

12.4.2 尼古丁对转基因鼠脑内Aβ沉积的抑制作用

为了深入理解这种作用的机制，笔者所在研究组利用转基因的动物模型模拟了这种疾病，探索尼古丁究竟在体内以怎样的方式起作用.[36-37] APP^{V717I}转基因小鼠(C57/BL)表达大量的APP751，包含London突变(V717I突变).9个月大的转基因小鼠用2%蔗糖或尼古丁加2%蔗糖处理(加入饮水中)5个月.尼古丁的浓度是逐渐加大的，第1天是25 μg/mL，第2～3天是50 μg/mL，第4～6天是100 μg/mL，接下来的时间都是200 μg/mL.5个月后，用灌流法去掉血液，断颈处死，快速取出鼠脑.每只鼠的一个大脑半球被固定在4%的多聚甲醛中，然后储存在加有叠氮纳的盐溶液中.剩下的另一个大脑半球被进一步分离出海马以及皮层区，样本冻存在－80 ℃.[58-61]

脑内Aβ沉积是AD的重要标志和特征，用尼古丁喂食老年性痴呆转基因鼠半年，尼古丁对转基因鼠脑内Aβ沉积有明显的抑制作用(图12.22).

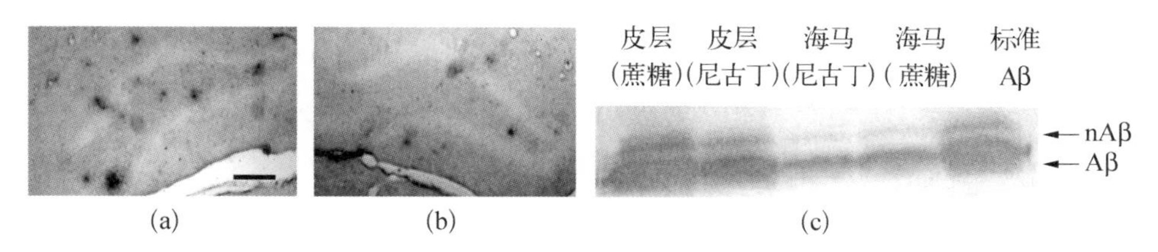

图12.22 转基因鼠脑内Aβ沉积(a)和尼古丁对转基因鼠脑内Aβ沉积的抑制作用(b)，及尼古丁对转基因鼠脑内Aβ蛋白表达的抑制作用(c)

12.4.3 ESR 技术研究尼古丁在 AD 模型中抑制 NO・产生和 NOS 活性

利用 ESR 方法，研究了转基因鼠海马和皮层区内 NOS 酶的活力和产生的 NO・. 结果发现，在尼古丁处理的转基因鼠组，海马和皮层区内 NOS 酶的活力显著下降，而且在这两个脑区内，活性氧和 NO・的含量也有显著下降(图 12.23).[59-61]

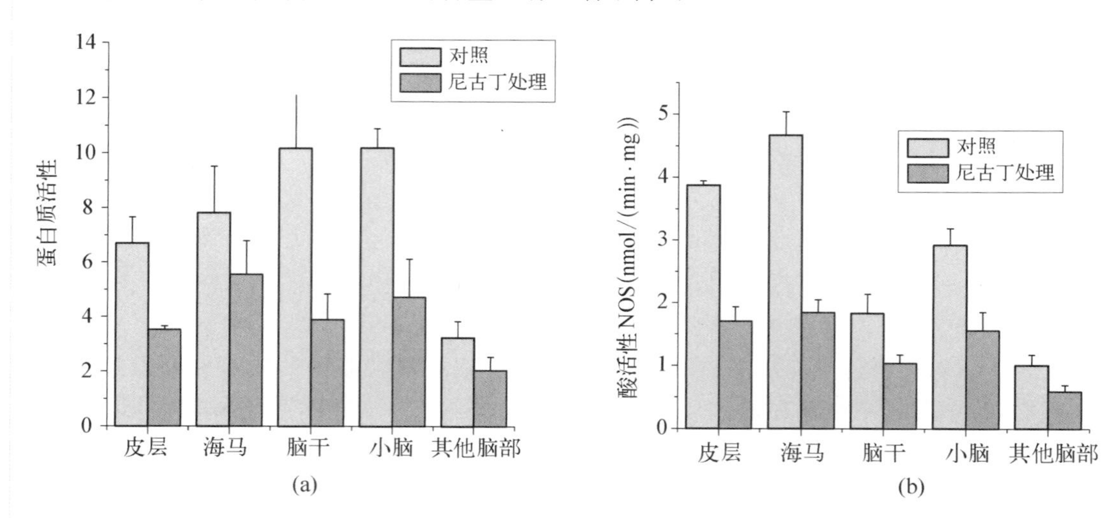

图 12.23 尼古丁对转基因鼠脑组织中 NO・产生的影响(a)，以及对转基因鼠脑组织中 NOS 活力的影响(b)

12.5 ESR 在衰老的分子机理及天然抗氧化剂延缓衰老研究中的应用

延年益寿、颐享天年是人们的美好愿望，因此人们试图通过各种方法延缓和对抗衰老，进行了多种尝试和研究，提出了很多关于衰老的理论和假说. 例如，衰老的基因程序理论、端粒和端粒酶的理论、自由基理论等.[62-65] 本节将重点讨论 ESR 技术与衰老的自由基理论及天然抗氧化剂在延缓衰老研究中的一些结果及其意义.

12.5.1 衰老的自由基理论

衰老的自由基理论是 Harman 博士于 1955 年在美国原子能委员会提出的[66-68]，大致内容如下：

生长、衰退和老死现象一直是人们思考的一个重要问题.这一现象的普遍性说明引起这类反应对所有生物应当基本上是相同的.纵观这一过程，其实质是细胞的退化.以现今自由基和放射化学及辐射化学的观点来看，老化的一个可能因素是自由基(细胞正常代谢产生的)对细胞成分的有害攻击.衰老和与衰老相关联的退行性疾病基本上可以归因于自由基对细胞成分和连接组织的有害进攻.自由基大部分是通过细胞内氧化酶和连接组织中的微量金属离子如铁、钴、锰催化下与氧分子的反应产生的.

Harman 博士提出的衰老自由基理论的主要内容，可以简单归纳为以下几点：

(1) 衰老是由自由基对细胞成分的有害进攻造成的.

(2) 这里所说的自由基主要就是氧自由基，即 · OH 和质子化的 · O_2^- 及高反应活性自由基.因此衰老的自由基理论，其实质就是衰老的高反应活性氧自由基理论.

(3) 维持体内适当水平的抗氧化剂和自由基清除剂水平可以延长寿命和延缓衰老.

线粒体是提供能源的细胞器，线粒体氧化磷酸化生成 ATP，比葡萄糖的非氧化性代谢更有效.1 mol 的葡萄糖分解只能产生 4 mol ATP，而氧化代谢可产生 30 mol ATP.但线粒体氧化磷酸化的副产品也能产生 ROS.因此，作为细胞能量的主要生产者以及潜在的有害活性氧的来源，线粒体同时发挥着生理和病理的核心作用.热量/葡萄糖限制(CR)导致营养提供能量的减少，短期能量逆差诱导线粒体活性增加抵消了能量消耗.有些药物治疗和体育锻炼能够延长寿命，诱导线粒体活性增加.参与线粒体代谢活化机制的一些关键细胞调节剂，包括沉默调节蛋白(SIR2)和 AMPK，这些蛋白质的活化能增加了线粒体的活性.而这些线粒体活性与寿命延长的研究表明，氧化代谢似乎更有益延缓衰老和预防衰老相关疾病的发生.[69-70]

哈曼博士首次提出的“自由基衰老理论”受到相当重视，但由于受当时知识的局限，因为当时不知道代谢率增加能导致更多的活性氧形成的事实，对活性氧作为信号分子及其对衰老的影响的作用也不能理解.现在研究表明，衰老是由复杂的多因素造成的，有不计其数的通路介入.研究活性氧自由基对脂质、蛋白质和 DNA 的氧化应激和老化过程作用的文章，每年几乎以指数增加，现在对衰老的生命过程的机理已经取得了长足的进步.总结以上氧自由基导致衰老和活性氧作为延寿信号两方面的研究结果，我们应当对氧自由基理论进行修正和扩展：

(1) 氧自由基在衰老和抗衰老过程既有损伤作用，又有信号功能，与其产生的条件、速度和浓度有关.

(2) 以温和方式产生的低剂量的 ROS 作为信号分子，对健康和延寿发挥着有益的效果，而高速度产生的较高剂量的ROS无疑对健康和延寿是有害的，是引起衰老的一个重要因素.

(3) 维持体内氧化/抗氧化的平衡可以延长寿命和延缓衰老.

12.5.2 ESR探测衰老过程产生的自由基和损伤

ESR是检测和研究衰老过程产生的自由基和损伤的有效工具，可以直接测量衰老过程产生的自由基及其损伤的各种结果.

1. 使用自旋捕集剂通过ESR测定老年人脑脊液和大鼠大脑中SOD活性

ESR在生物自由基研究中得到广泛的应用，主要用于活性氧和活性氮的定量和定性分析.ESR自旋捕集方法是在20世纪70年代早期开发的，能够分析短寿命的自由基.这种方法现在被广泛用作自由基研究的有力工具之一.ESR不仅可以在氧化应激期间利用ESR测量ROS和RNS，而且可以检测SOD活性.使用自旋捕集剂，通过ESR测定患者脑脊液中的SOD活性，并且在患者中检测SOD活性的变化.受试者脑脊液中SOD活性随年龄的增长而增加，电泳法将其鉴定为Cu-Zn-SOD活性.此外，动物实验表明，老年大鼠线粒体和细胞质的SOD活性高于成年大鼠.这一关于老年大鼠大脑的发现验证了老年人脑脊液中SOD活性的增加.[69-70]

2. ESR检测和研究皮肤衰老过程产生的自由基

研究表明，自由基/ROS/RNS参与大脑衰老是直接的，也是相关的.越来越多的证据表明，自由基氧化DNA、蛋白质和脂质的积累是导致老年人大脑功能下降的原因.此外，据报道，脂质过氧化产物如MDA、HNE和丙烯醛与DNA和蛋白质反应，在衰老的大脑中产生进一步的损害.因此，自由基对大脑衰老的影响是显而易见的.据估计，每个人细胞每天在DNA和内源性产生的自由基之间发生10 000次氧化相互作用，并且由于氧化修饰，老年动物细胞中每三种蛋白质中至少有一种作为酶或结构蛋白功能失调.尽管这些估计数字表明自由基介导的蛋白质和DNA修饰在衰老大脑的恶化中起着重要作用，但这并不意味着自由基损伤是衰老大脑功能下降的唯一原因.然而，尽管其他因素可能涉及大脑中级联的破坏性影响，但自由基在这一过程中的关键作用不容低估.该研究根据自由基在大脑衰老中的作用和形成，表明自由基对老年大脑和内源性细胞损伤至关重要.因此外源性抗氧化剂可能在年龄相关神经退行性疾病的治疗策略中发挥有效作用.[71]

ESR和ESRI深深植根于基础物理学和量子物理学，但它们在现代实验、临床皮肤病学和美容学中的应用却出人意料地广泛.例如，利用自由基和金属离子检测、ESR剂量测定、黑色素研究、自旋捕集、自旋标记、血氧饱和度测定和无测定、ESR成像、在离体和体内状态下使用的新一代 ESR 和 ESR/NMR 混合技术的方法在临床和实验皮肤研究的背景下，研究紫外线或炎症产生的氧化和亚硝化应激等问题，如：皮肤氧合，表皮角膜层的水合作用，药物和药剂的运输和代谢，皮肤衰老、癌变和皮肤肿瘤等. 对 ESR 皮肤衰老和皮肤病学应用补充了一些关于 ESR 实验和 ESR 试剂使用的实际方面的建议.[72]

皮肤老化是一个多因素的过程，涉及活性氧的形成、连续的炎症、表皮和真皮细胞活力降低（并导致细胞外基质受损）. 理想的有效皮肤美容治疗方式应以整体方法解决这些特征. 在一系列体外、离体和体内细胞研究中确定了补骨脂酚（一种植物衍生的美罗特萜）的相应活性谱，并将其与视黄醇进行了比较. 目前，视黄醇被认为是局部抗衰老化妆品的金标准. 通过吸收衰减和 ESR 波谱，分别测定补骨脂酚和视黄醇的 2,2″-二苯基-1-三硝基肼（DPPH）还原，分析了补骨脂酚和视黄醇的抗氧化能力，测定对前列腺素 E2（PGE2）、巨噬细胞迁移抑制因子（MIF）、成纤维细胞生长因子 7（FGF7）、Ⅰ型和Ⅶ型胶原（COL1A1，COL7A1）、纤连蛋白（FN）水平，以及水溶性四唑 1（WST-1）在人真皮成纤维细胞中代谢的影响. 实验中，我们使用体外伤口愈合模型评估表皮再生；用含有补骨脂酚、视黄醇或使用吸泡液的载体处理后，离体分析 FN 蛋白水平；在应用补骨脂酚或载体后的脸比较研究中确定体内皮肤状况改善. 结果表明，与视黄醇相比，补骨脂酚表现出很高的抗氧化功效；补骨脂酚和视黄醇均显著降低了 PGE2 和 MIF 的水平；补骨脂酚较视黄醇显著增加了 FGF7 蛋白水平；补骨脂酚和视黄醇显著增强了 WST-1 代谢水平；补骨脂酚和视黄醇的应用导致 COL1A1、COL7A1 和 FN 蛋白水平显著增加；补充补骨脂酚较视黄醇的伤口表皮再生显著增加. 临床上，与未处理的区域和用载体处理的区域相比，用含补骨脂酚制剂处理的区域在应用 4 周后 FN 蛋白值在统计学上显著增加. 因此可以得出结论：这些数据为补骨脂酚对皮肤老化细胞特征的多项功效提供了证据. 补骨脂酚的活性特征与视黄醇有一些共同特征，但在我们的研究中显示出一些迄今为止未知的生物积极作用，即刺激关键的细胞外基质成分 FN，加速表皮再生和伤口愈合.[73]

3. ESR 波谱和黑色素成像

随着年龄的增长特别是高龄老人，皮肤上出现的一种脂褐质色素斑块，人们又称其为“寿斑”. 除了面部外，手背、小腿、足背、躯干上也常常见到这种斑，大的斑点直径可达 2～3 cm. ESR 光谱已被用于尝试观察可能与衰老过程有关的自由基. 研究从人脑中分离出的脂褐素颗粒表明，其可能充当反应性 ESR 中心的陷阱. 脂色素表现出金属离子的 ESR 信号，并且我们观察到高自旋三价铁和铜（Ⅱ）配合物. 铜共振显示出轴对称性，观察到的 ESR 参数（平行 = 185 G，$g_{/\!/}$ = 2.25 和垂直 $g_{\perp}$ = 2.066）表明，铜离子属于“非蓝色”类型（所谓的“类型 2”）. 数据表明，铜离子可能与两个氮原子和两个氧原子相连. 来自患有终末期犬蜡样脂褐质沉着症的狗大脑的蜡样颗粒会产生涉及金属复合物的类似共振. 脂色素中铜离子的浓度似乎在生命的末期略有增加. 体外生长来自犬蜡样脂褐质沉着症的狗眼睛的视网膜色素上皮（RPE）细胞，并在细胞达到汇合时用 ESR 检查，然后在保持汇合 2 周后进行检查. 光谱表明，这种“老化”导致了金属离子的积累. 相差显微镜显示，

在汇合期间，核周致密体增加. 与“以氧为中心”的自由基兼容的微弱 ESR 信号也被发现在“老化”期间略有增加.[74]

为了探究视网膜色素上皮细胞中的色素颗粒对光敏和铁离子介导的氧化的影响，以及黑色素体光降解对其抗氧化性能的影响，我们做了以下研究：① 从人眼中分离视网膜色素上皮细胞，分别分离色素沉着和非色素牛视网膜色素上皮细胞；② 从 60 岁以上的人视网膜色素上皮供体中分离出黑色素体、黑色素脂褐素素体和脂褐素颗粒，将黑色素体暴露在蓝光下而发生光降解；③ 在存在和不存在色素颗粒的情况下，研究铁/抗坏血酸诱导视网膜色素上皮细胞或亚油酸的氧化. 研究结果表明，A2E 是双类视黄醇吡啶化合物之一，在视网膜色素上皮细胞中积累为脂褐素色素，与衰老和某些遗传形式的视网膜变性有关. 这里我们观察到，在自旋 DMPO 存在下对 A2E 的 430 nm 光照射，导致 DMPO-OH 的超氧化物歧化酶抑制 ESR 谱特征. 我们还观察到二氢乙锭（HEt）荧光和基于鲁米诺的化学发光的增加，在超氧化物歧化酶抑制的基础上，当 A2E 在无细胞系统中以 430 nm 照射时会产生 $\cdot O_2^-$. 然而，虽然 A2E 在单线态氧发生器存在下容易氧化，但 $\cdot O_2^-$ 不能氧化 A2E. 具体而言，通过 HPLC 定量发现，当 A2E 与 $\cdot O_2^-$ 发生器（黄嘌呤/黄嘌呤氧化酶）在各种溶剂（100% PBS，PBS 在 30% DMSO，100% MeOH 和 $CHCl_3$）中孵育或在洗涤剂存在下孵育时，没有证据表明 A2E 氧化. 然而，过氧-A2E 是 A2E 的氧化形式，在其分子的短臂上具有过氧化部分，当与黄嘌呤/黄嘌呤氧化酶孵育时，很容易经历进一步产生 $\cdot O_2^-$. 超氧化物可导致已经氧化的 A2E 进一步氧化.[75]

黑色素生物聚合物的药物结合会影响化疗、放疗和光动力疗法的效果. 黑色素的自由基参与其与药物复合物的形成. 这项工作的目的是确定两种化合物丙戊酸（VPA）和顺铂（CPT）对从 A-375 黑色素瘤细胞中分离的黑色素的自由基特性的影响. 通过 X 波段（9.3 GHz）ESR 波谱检查自由基，测量模型合成真黑素-多巴黑色素. 从对照 A-375 细胞中分离的黑色素的 ESR 波谱发现，对于所有检查的样品，观察到 ESR 线宽为 0.48～0.68 mT，g 因子为 2.004 5～2.006 0，具有邻半醌自由基的特征. 分析了被试样品中的自由基浓度（N）、ESR 谱的 g 因子、振幅（A）、积分强度（I）和线宽. ESR 波谱的连续微波饱和度表明，所有测试的黑色素样品都存在缓慢的自旋-晶格弛豫过程. 相对慢的自旋晶格松弛过程表征了从用 VPA 和 CPT 处理的 A-375 细胞中分离的黑色素. 评估了在 2.2～70 mW 范围内随着微波功率的增加，ESR 波谱的变化，发现 A-375 细胞黑色素中的自由基浓度高于合成的 DOPA-黑色素. 在用 VPA 处理后，观察到 A-375 细胞黑色素中自由基浓度强烈增加. CPT 还导致所检查的天然黑色素中自由基浓度增加.[76]

众所周知，富含类胡萝卜素的营养可以防止细胞损伤、皮肤过早老化和皮肤癌. 皮肤类胡萝卜素可以通过营养在皮肤中富集，局部应用的抗氧化剂在紫外/可见光照射后显示出对自由基的防护作用增强. 利用体内 ESR 波谱研究了口服类胡萝卜素是否能增加皮肤的自由基清除活性和对自由基的防护作用，并研究了在皮肤脂质提取物上应用 HPTLC 的皮肤脂质谱. 此外，体内拉曼共振光谱用于测量皮肤类胡萝卜素浓度. 对 24 名健康志愿者进行的一项双盲安慰剂对照临床研究表明，八角茴香组中皮肤类胡萝卜素缓慢增加.类胡萝卜素的增加增强了皮肤的自由基清除活性,并为压力诱导的自由基形成提供了保护.此外,与安慰剂组相比,八角茴香组的皮肤脂质增加,但神经酰胺(NS)增加不明显.这些结果表明,补充含有生理浓度类胡萝卜素的膳食产品可以保护皮肤免受活性氧的侵害,并可以避免皮肤过早老化和其他与其相关的皮肤病.[77]

非洲裔加勒比人的皮肤癌发病率低于白种人,但黑色素作为光保护色素的有效性存在争议.我们使用ESR波谱研究了人体皮肤和DMPO离体的UVA和太阳照射,以确定色素沉着的皮肤是否受到黑色素的保护而免受自由基损伤.研究结果表明,高加索人皮肤中的初始抗坏血酸自由基被脂质和/或蛋白质自由基加合物所取代,其各向同性($a_{\mathrm{H}}=1.8$ mT)和各向异性光谱与辐照猪脂肪($a_{\mathrm{H}}=1.9$ mT)和BSA中的光谱相当.在基因组DNA/黑色素中,检测到以DNA碳为中心的自由基加合物($a_{\mathrm{H}}=2.3$ mT)和广泛的单线态,但在辐照的高加索人皮肤中无法区分两者.非洲加勒比皮肤的蛋白质和脂质自由基(高加索人皮肤 $n=6$)最小($n=4$).在辐照的非洲加勒比人皮肤中,检测到黑色素自由基(也在UVA照射的色素黑色素瘤细胞和基因组DNA/黑色素和褐黑素固有物中检测到类似自由基).在该样品组中,蛋白质(但不是脂质)自由基加合物直接随着色素沉着而减少.ESR/自旋捕集方法有可能筛查皮肤对衰老和癌症相关损伤的易感性,并测量黑色素、防晒霜和抗衰老霜提供的保护.[78]

在4.2 K至500 K的温度范围内对鱿鱼黑色素进行ESR测试,并研究了黑色素的各种化学处理对ESR波谱的影响.研究结果表明,这种黑色素的顺磁性遵循居里定律,从4.2 K到500 K,可以通过向黑色素中添加Cu^{2+}来消除自旋信号,并且黑色素的光学吸收和ESR吸收是独立的,因为任何一种减少或消除都不影响另一种.通过自氧化或酶促氧化,对许多双酚产生的合成黑色素进行了类似的研究.结果发现,这些合成黑色素的ESR信号(在线宽、线形和 g 值方面)与鱿鱼黑色素的信号惊人地相似.结论是,观察到的不成对电子与黑色素聚合物中被捕集的自由基有关,黑色素的生物合成可能涉及自由基机制,并且这些物理数据符合尼古拉斯的概念,即黑色素是一种高度不规则的三维聚合物.[79]

ESR是一种提供有关生物系统中自由基的直接信息技术.到目前为止,X波段ESR很少用于体内研究,因为用于检测ESR信号的小谐振器尺寸和高功率不适合生物体.在这里报告了新的解决方案,这些解决方案消除了一些限制,使X波段ESR适用于斑马鱼自由基的检测(斑马鱼是一种小型实验动物,通常用作与自由基相关的各种研究的模型).我们设计了特殊形状的玻璃和石英毛细管,以确保斑马鱼在实验过程中的安全,并且设置了最佳的ESR波谱仪参数:20 s扫描4次,用100 G扫描,功率为0.8 mW.我们将特殊形状的毛细管与用于ESR波谱仪的多谐波分析仪相结合,可将多达16次扫描的时间增加11 s,并将功率降低到0.25 mW.作为原理证明,我们演示了斑马鱼幼虫中黑色素自由基和5-DSA自旋探针的检测.随着鱼类在ESR扫描中幸存下来,对活斑马鱼中的自由基进行多次测量的可能性,为在了解氧化还原生物学和健康与疾病中的膜依赖性功能的研究提供了新的工具.[80]

4. 衰老人脑中重金属的ESR分析

使用ESR波谱仪,对5名老年尸体(平均年龄80.2岁)和15名对照尸体(平均年龄29岁)进行了重金属分析.得出以下结论:① 衰老大脑的特征是分离的Cu^{2+}浓度有降低的趋势,Fe^{3+}和自由基的浓度明显降低,而Cu^{2+}簇的浓度显著增加;② 显示动脉硬化和老年退行性变化的病例的特征是Cu^{2+}簇的浓度前者高于后者,而分离的Cu^{2+}和Fe^{3+}的浓度以及自由基的浓度在两个亚组之间没有差异;③ 在老年尸体大脑中观察到的Cu^{2+}和Fe^{3+}以及自由基的浓度降低,并伴随着多离子聚集体(簇)浓度的增加,似乎是与衰老大脑中代谢过程减慢有关.[81]

由体内自由基引起的氧化应激与衰老过程和许多人类疾病有关.由于自由基特别是超氧化物难以测量,因此在大肠杆菌和酵母中成功使用了另一种间接测量氧化应激水平的方法.该方法基于超氧化物水平升高与溶剂暴露的[4Fe-4S]酶簇中铁释放之间的联系,最终导致·OH增加.在过去使用细菌和酵母的研究中,发现生物体内超氧化物产生或氧化应激与ESR可检测到的"游离"铁水平之间存在正相关关系.在目前的研究中,开发了一种可靠、有效的方法,即使用$g=4.3$的低温Fe^{3+} ESR测量秀丽隐杆线虫中的"游离"铁水平.该方法在平板上使用生长的同步蠕虫培养物,将这些平板均质化并用去铁胺(一种Fe^{3+}螯合剂)处理,然后再包装ESR管.发现均质化不会改变"游离"铁水平,而去铁胺处理显著提高了这些"游离"铁水平,表明"游离"铁池中同时存在Fe^{2+}和Fe^{3+}.通过热应激和百草枯处理,检查了自由基水平与观察到的"游离"铁水平之间的相关性.研究结果表明,Fe^{3+}的ESR信号强度以及"游离"铁池的浓度,随着改变自由基水平而不改变总铁水平的处理而变化.这项研究为揭示氧化应激、"游离"铁水平和寿命之间的相关性提供了证据.[82]

将硝基自由基3-氨基甲酰基-2,2,5,5-四甲基-1-吡咯烷基氧基(氨基甲酰基PROXYL)通过腹膜给予小鼠后,测量来自其大脑的L波段ESR光谱中信号强度变化的时间过程.研究结果表明,限制食物的老年小鼠的ESR信号强度显著高于随意喂养的老年小鼠,并且与随意喂养的小鼠相当.研究发现自旋清除使得硝基自由基的一个电子还原,这是因为血清中硝氧自由基的自旋强度降低体外六氰铁酸钾(Ⅲ)氧化恢复到原始水平.这些结果表明,随着年龄的增长,小鼠心血管系统的降低自由基能力减弱,并且食物限制可以防止年龄依赖性降低自由基能力的减弱.[83]

5. ESR探测生理和病理活性氧与肌肉老化的研究

活性氧和活性氮(ROS和RNS)在触发、介导和调节细胞内的生理和病理生理信号转导途径中起着至关重要的作用.在细胞内,ROS外排在空间和时间上都受到严格控制,这使得ROS动力学的研究成为一项具有挑战性的任务.虽然为ROS评估开发了不同的方法,但是许多测定不能直接鉴定或确定不同ROS的亚细胞定位.在这里,ESR是一种强大的技术,能够独特地解决不同生物标本和细胞区室中的ROS动力学问题.由于它们在肌肉功能和功能障碍中至关重要，人们合成了各种 ROS 和一氧化氮的自旋捕集剂，并利用 ESR 探测了稳定自由基周围环境的生物物理特征. 尽管 ESR 波谱学已证明有能力提供有关自由基的成分、数量、动态和环境的独特信息，但其在肌肉生理学、疲劳和衰老领域的应用却不成比例地少见. 在回顾肌肉生物学中成功应用 ESR 的有限示例时，该领域更多地受益于通过自旋捕集探索 ROS 来源和动力学的研究，通过定点自旋标记的蛋白质动力学，以及自旋探测 ESR 方法可以探索膜动力学和全球氧化还原变化.[84]

使用 ESR 研究了钙调蛋白(CaM)中氧化特定蛋氨酸(M)侧链的结构影响. 结果表明，CaM 中 M109 或 M124 的氧化会减少肌肉钙释放通道，瑞诺定(ryanodine)是从肌浆网释放 Ca^{2+} 的有效抑制剂，Ryanodine 受体(RyR)受 CaM 调节，并且在这两种情况下 M 到 Q(谷氨酰胺)的突变都会产生与氧化相同的功能效果. 在这里，研究者使用的定点自旋标记和 DEER 是一种脉冲 ESR 技术，可以测量自旋标记之间的距离，以表征由这些突变引起的结构变化. 将自旋标记附着在一对引入的半胱氨酸残基上，一个在 CaM 的 C 叶(T117C)中，另一个在 N 叶(T34C)中，并且使用 DEER 来确定自旋距离的分布. DEER 揭示了有关 CaM 在溶液中的结构异质性的其他信息：在存在和不存在 Ca 的情况下，CaM 填充两种结构状态，一种是探针相隔 4 nm(闭合)，另一种相隔 6 nm(开放). Ca 将结构平衡常数向开放状态移动了 13 倍. DEER 揭示了探针间距离的分布，表明这些状态中的每个都是部分无序的，每个群体的宽度范围为 1～3 nm. 两种突变(M109Q 和 M124Q)都降低了 Ca 对 CaM 结构的影响，主要是通过降低 Ca 存在下的闭开平衡常数. Met 氧化通过扰乱这种 Ca 依赖性结构转变来改变 CaM 与其靶蛋白的功能相互作用. ESR 解决了氧化应激对肌肉蛋白质的影响.[85]

使用定点自旋标记和 ESR 探索氧化对肌肉功能的影响，以及肌动蛋白-肌球蛋白相互作用. ESR 测量表明，老化或氧化修饰导致强结合状态下肌球蛋白的比例降低，这可以追溯到肌球蛋白催化域的肌动蛋白结合裂缝.[86-88] 据报道，由琥珀酸刺激的线粒体产生的 ROS 被自旋捕集并通过 ESR 检测. 这里研究的是衰老对增加的代谢刺激对线粒体呼吸的影响，包括氧自由基的产生和脑新皮质膜中可能的脂质过氧化变化. 制备来自不同年龄的棕色挪威雄性大鼠的脑突触体和线粒体的混合群体，即兴喂养(AL)或热量限制饮食(DR)，并用膜脂质特异性自旋标记物 5-硝基硬脂酸酯(5-NS)标记. 插入细胞膜的 5-NS 自旋探针的各向异性运动变化，还允许人们通过顺序参数评估脂质微环境中膜流动性的状态. 在琥珀酸刺激线粒体时，产生的 ROS 导致 5-NS 报告分子的 ESR 信号幅度降低，表明产生的氧自由基可能通过氧化诱导的突触体脂质膜变化. 线宽保持不变，表明整体强度降低. 结果显示，与年轻动物相比，代谢刺激后产生氧源性自由基的能力总体年龄效应显著($p<0.0001$). 用 20 mmol/L 琥珀酸刺激状态 4 线粒体呼吸导致 25 个月大的动物产生更多的氧自由基，这表明线粒体渗漏随着年龄的增长而增加. 代谢刺激诱导的自由基应激也导致膜流动性的伴随增加($p<0.0001$). 对膜混合群体的顺序参数也存在显著的年龄效应($p<0.0007$). 虽然热量限制减轻了老化引起的膜僵化，但发现它在线粒体代谢刺激后限制氧自由基的产生中起作用. 年龄对琥珀酸刺激时膜自旋标记 ESR

信号的强度总体影响表明，进行性线粒体功能障碍可能是衰老过程和年龄相关疾病发展的关键因素.[89-90]

12.5.3 天然抗氧化剂对延缓衰老的意义和应用前景

天然抗氧化剂可以保护心脑血管健康，减少心脑血管疾病发生的危险，这本身就可以延缓衰老，心脑血管疾病对健康的危害极大，是导致死亡的重要原因.利用线虫作为模型，我们研究了几种天然抗氧化剂，发现它们可以清除氧自由基，对抗氧化应激和热应激引起的线虫寿命缩短，[91-92]这与 Gusarov 等人于 2013 年在 *Cell* 杂志发表的文章[91]有吻合之处.天然抗氧化剂有可能延缓衰老，为人类健康和抗衰老做出贡献.以前很多人利用抗氧化剂实验对生物寿命的延长作用和老化的推迟作用进行了研究，发现一定量的某些抗氧化剂对不同模型动物，如小鼠、大鼠、果蝇、线虫甚至链孢菌的寿命有延长作用，所使用的抗氧化剂有很多种，如维生素 E、山道奎、愈创木酸、二氮二环辛烷和胡萝卜素、白黎卢醇等.[93-96]在这一小节中我们将重点讨论最近以线虫为模型，发现的几种天然抗氧化剂通过清除自由基、对抗氧化应激和热应激引起线虫寿命缩短的研究结果及其机理，与对抗氧化应激和热应激引起线虫寿命缩短的研究结果及其机理做一个对照，先后研究了猫爪水提物及其成分中的奎尼酸、茶多酚和玉米多肽对线虫寿命的延长作用.实验结果表明，这几种天然抗氧化剂可以通过清除自由基对抗氧化应激和热应激引起的线虫寿命缩短，保持体内氧化和抗氧化平衡，提高线虫抵抗环境应激能力并延长其寿命，是具有巨大潜力的天然抗衰老成分.[96-101]

1. 猫爪草水提物及其成分奎尼酸(QA)对线虫的抗衰老作用

猫爪草是生长于南美热带雨林的一种药用植物，在传统医药中经常用于慢性炎症、胃肠疾病及癌症等的治疗.一般认为，猫爪草的有效成分是其次级代谢产物，如羟吲哚生物碱、奎诺酸苷、奎尼酸及原花青素. 为了探索猫爪草提取物延缓衰老的作用，我们以一种猫爪草水提物(CC)及其成分之一的 QA 为材料，对其抗衰老效应做了较全面的研究.结果发现，CC 和 QA 在线虫中表现出多种抗衰老效应.在正常的培养条件下，CC 和 QA 分别可以延长野生秀丽线虫的寿命达 11.7% 和 14.7%左右. 同时，CC 和 QA 还可以提高野生秀丽线虫在热应激及氧化应激条件下的抗性，寿命延长作用优于白藜芦醇.我们进而采用多种手段包括 RT-PCR 及检测绿色荧光蛋白的表达，进一步研究了 CC 和 QA 延长寿命的机制.结果发现，CC 和 QA 可以直接清除活性氧、提高 GSH/GSSG 的比例，还可以上调 *sod*-3，*skn*-1，*hsp*-16.2，*daf*-18，*daf*-16 及 *sir*-2.1 等相关衰老基因的表达.我们的研究还发现，*daf*-16 在 CC 和 QA 的抗衰老效应中起着必不可少的作用.[96]

(1) QA 在正常条件下对线虫的抗衰老作用

使用线虫作为动物模型进行抗衰老研究，寿命实验是最基本的也是最重要的.我们重复了四次实验，判断 CC 和 QA 是否具有延长线虫在正常生长条件下寿命的作用，每次实验都取得了类似的结果. 结果显示，QA 以浓度依赖的方式延长线虫寿命（图 12.24），如浓度为 0.1 mg/mL 时，QA 具有最佳的延长寿命的效果，可以延长野生型线虫的平均寿命达 14.7%（$p<0.001$）. CC 在各浓度也表现出浓度依赖性的作用方式，如浓度为 0.01 mg/mL 时，CC 具有最佳的延长寿命的效果，可以延长野生型秀丽线虫的平均寿命达 11.7%（$p<0.001$）. 在各自的最佳浓度下，CC 和 QA 分别能延长线虫的中位值寿命达 10% 和 27.8%. 同时，用白藜芦醇（RES）作为阳性对照，在相同的实验条件下，利用 RES 处理线虫，结果发现可以延长野生型线虫的寿命达 12.1%，中位值寿命延长达 15%，和文献报道的数据 14% 接近. 根据我们的结果，QA 似乎比 RES 具有更好的延长寿命的效果，因为两者在相同的实验条件下分别能够延长线虫的寿命达 14.7% 和 12.1%，这是一个令人振奋的结果.

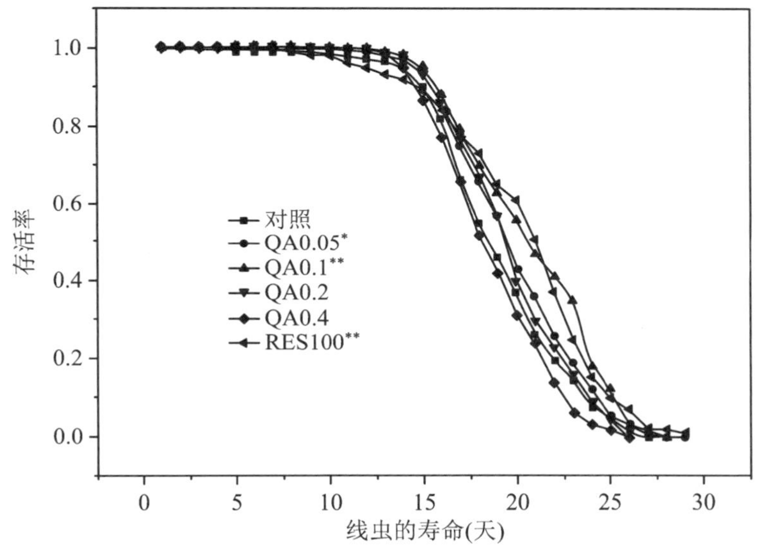

图 12.24　不同 QA 和 RES 在正常生长条件下对线虫寿命的延长作用

QA0.05（0.05 mg/mL），QA0.1（0.1 mg/mL），QA0.2（0.2 mg/mL），QA0.4（0.4 mg/mL），RES100（100 mg/mL）处理线虫；与对照相比，* $p<0.01$，** $p<0.001$.

（2）CC 和 QA 在热应激条件下对线虫的抗衰老作用

在热应激实验中，当 35 ℃时对线虫热应激，热应激前，加药处理组用 CC（0.01 mg/mL）或 QA（0.1 mg/mL）预处理成虫后 1 天的线虫 48 h，对照组不用药物处理. CC 和 QA 都可以显著提高线虫抵抗热应激的能力. 在 CC 处理组，线虫的平均存活时间和中位值存活时间分别被延长了 34.6% 和 33.3%（$p=1.53\times10^{-23}$）. 而在 QA 处理组，秀丽线虫的平均存活时间和中位值存活时间分别被延长了 67.6% 和 66.7%（$p=1.65\times10^{-32}$）（图 12.25）.

为了研究 CC 和 QA 对秀丽线虫延长热应激造成寿命缩短的防护作用机制，采用标有绿荧光蛋白 HSP-16.2::GFP 的转基因线虫 CL2070（*dvIs*70），检测热应激蛋白 HSP-16.2 的表达．在 35 ℃热应激条件下，与对照组相比，QA(0.1 mg/mL)能提高线虫的存活时间达 17.8%(图 12.25(a))；在 35 ℃热应激 4 h，QA(0.1 mg/mL)处理组与对照组的 HSP-16 蛋白表达无差异(图 12.25(b))；热应激 24 h，QA(0.1 mg/mL)处理组与对照组的 HSP-16 表达有显著差异(图 12.25(c))；QA 处理能够明显延长标有 *hsp*-16.2 突变线虫 VC475［*hsp*-16.2 (gk249)］的寿命约 15.7%(图 12.25(d))．

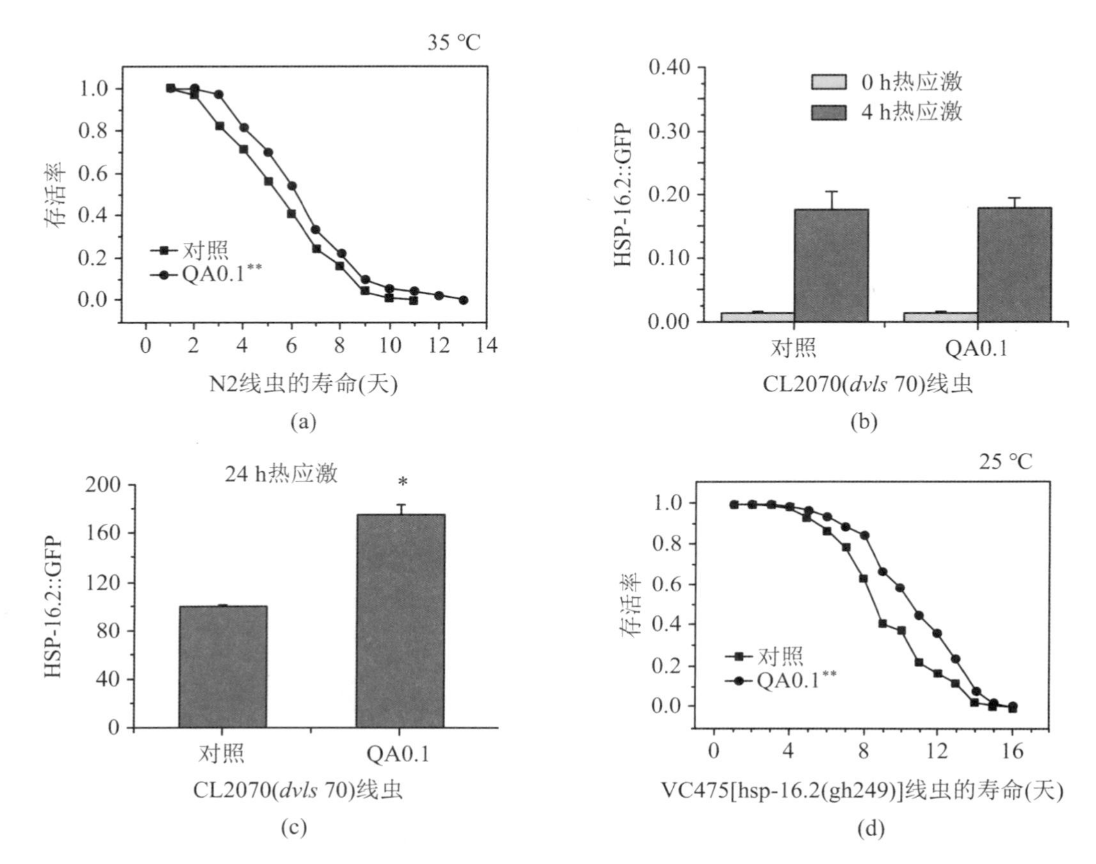

图 12.25　QA 在热应激条件下对秀丽线虫存活时间和热休克蛋白 HSP-16 的影响

(a) 在 35 ℃热应激条件下，与对照相比，QA(0.1 mg/mL)能提高线虫的存活时间达 17.8%；(b) 在 35 ℃热应激 4 h，QA(0.1 mg/mL)处理组与对照组的 HSP-16 表达无差异；(c) 热应激 24 h，QA(0.1 mg/mL)处理组与对照组的 HSP-16 表达有显著差异；(d) QA 处理能够明显延长 VC475［*hsp*-16.2(gk249)］线虫的寿命约 15.7%．与对照相比，* $p<0.01$．

(3) CC 和 QA 在氧化应激条件下对线虫的抗衰老作用

在氧化应激实验中，我们用 500 μmol/L 胡桃醌(*juglone*)对线虫造成氧化损伤．加药处理组用不同浓度 CC 和 QA 预处理成虫后 1 天的线虫 48 h，对照组不用 CC 和 QA 处理．氧化应激实验结果显示，CC 和 QA 都可以显著提高线虫的抵抗氧化应激能力．在 CC

处理组，线虫的平均存活时间和中位值存活时间分别被延长了 34.8% 和 50%（$p<0.001$）. 而在 QA 处理组，线虫的平均存活时间和中位值存活时间分别被延长了 45.1% 和 100%（$p<0.001$）. 这表明在氧化应激条件下，CC 和 QA 对线虫起到保护作用，延长了因氧化应激缩短的寿命(图 12.26).

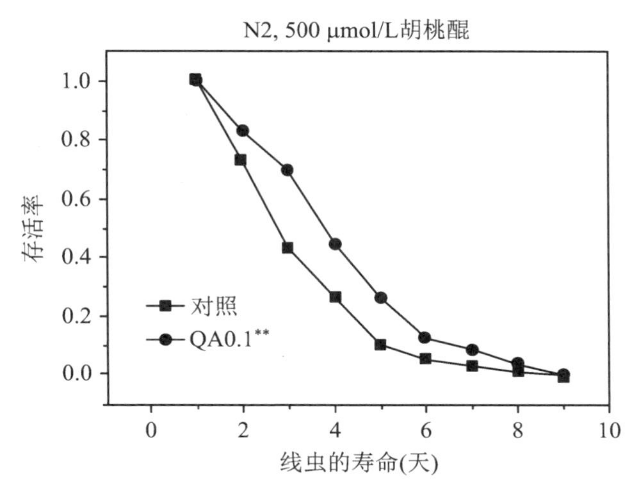

图 12.26　QA 在氧化应激情况下对 N2 线虫寿命的影响

QA0.1(0.1 mg/mL)，与对照相比，** $p<0.001$.

（4）CC 和 QA 在热应激及氧化应激条件下对线虫的抗衰老作用机理

SOD-3 是重要的抗氧化酶，同时也是某些和衰老相关基因如 *daf*-16 的下游效应因子，所以 SOD-3 是调节线虫抗性和寿命的重要因子. 为了探索 CC 和 QA 延长秀丽线虫寿命的机理，我们在蛋白质和 mRNA 水平分别检测了 CC 和 QA 处理对 SOD-3 表达的影响. 在蛋白质水平，使用转基因的突变株线虫 CF1588 和 CF1553. 在 CF1588 中，*daf*-2 和 *daf*-16 被敲除，同时含有 SOD-3∷GFP 绿色荧光蛋白标记. 而在 CF1553 中，只含有 SOD-3∷GFP 绿色荧光蛋白标记. 在 CF1588 中，用 CC 或 QA 处理的实验组与对照组相比，SOD-3∷GFP 只有微弱上调，但没有统计差异(图 12.27(a)). 而在 CF1553 中，CC 和 QA 分别能使 SOD-3∷GFP 的表达上调 93.3%（和对照组相比，$p<0.01$）和 68.2%（和对照组相比，$p<0.05$）(图 12.27(b)). 所以在 *daf*-2 和 *daf*-16 被敲除的情况下，CC 和 QA 不能显著上调 SOD-3∷GFP 的表达，而在两者功能正常的线虫中，CC 和 QA 能显著上调 SOD-3∷GFP 的表达. 因为 *daf*-16 是 *daf*-2 的下游靶基因，所以可以认为 CC 和 QA 需要 *daf*-16 来上调 SOD-3VGFP 的表达. 结果发现，CC 和 QA 可以显著提高 *sod*-3 和 *daf*-16 的 mRNA 水平(图 12.27(c)). 另外，CC 和 QA 对突变的 *daf*-16 转基因线虫 CF1038 在 25 ℃的存活率没有影响(图 12.27(d)). 这些结果表明，CC 和 QA 以依赖于 *daf*-16 的方式上调 *sod*-3 基因的表达.

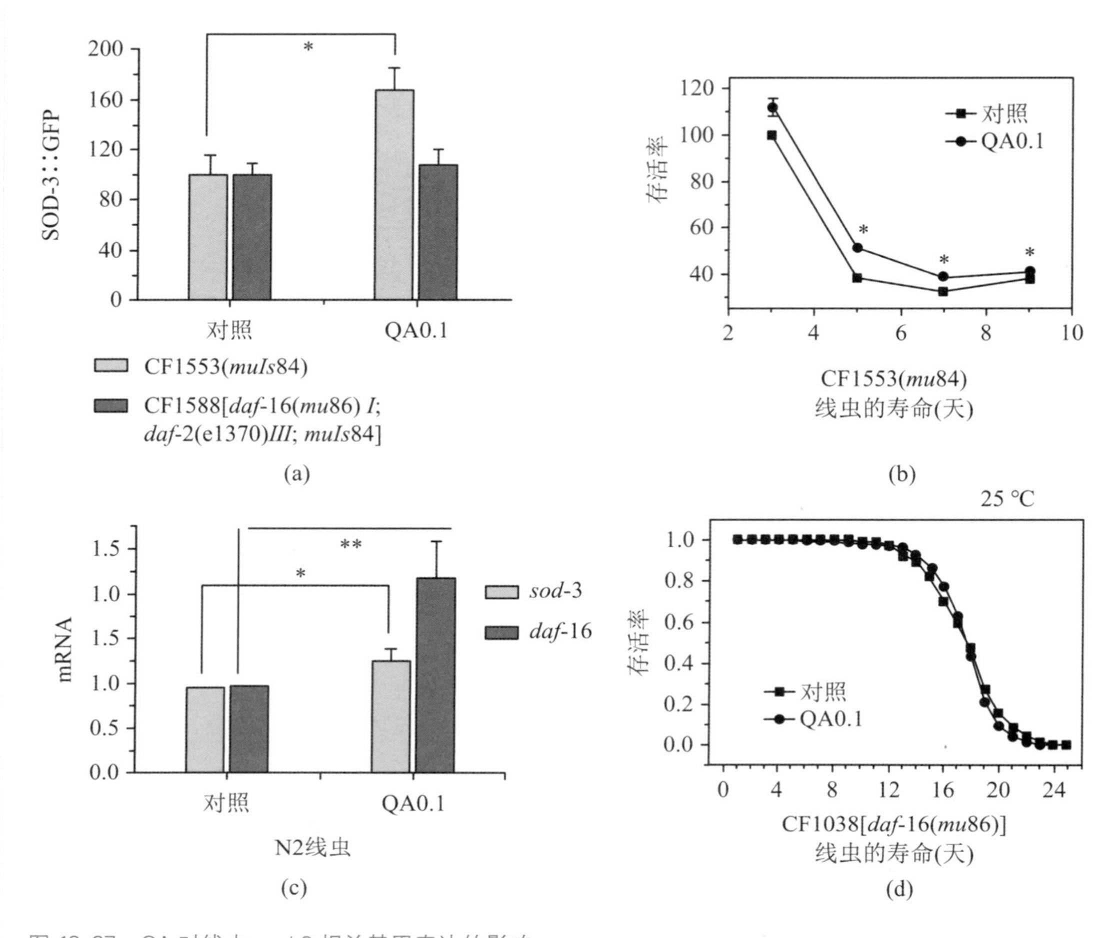

图 12.27　QA 对线虫 *sod*-3 相关基因表达的影响

(a) SOD-3∷GFP 在转基因线虫 CF1588 和 CF1553 中的表达，QA(0.1 mg/mL)；(b) SOD-3∷GFP 在转基因线虫 CF1553 的表达，QA(0.1 mg/mL)；(c) 在 N2 线虫 *sod*-3 的 mRNA 水平；(d) 转基因线虫 CF1038 在 25 ℃的存活率. 与对照组相比，* $p<0.01$，** $p<0.001$.

为了进一步探索 CC 和 QA 延长秀丽线虫寿命的机理，利用 ESR 技术我们检测了它们对自由基的清除作用. 结果发现，它们能够直接清除黄嘌呤/黄嘌呤氧化酶产生的超氧自由基(图 12.28(a)). CC 和 QA 能够增加线虫体内的抗氧化性，即 GSH/GSSG 比例. 与对照组相比，QA(0.1 mg/mL) 处理能够增加线虫体内的 GSH/GSSG 比例达 34.9%(图 12.28(b)). CC 和 QA 能够直接和间接清除氧自由基，QA(0.1 mg/mL)能够明显抑制正常条件下线虫体内的 ROS 达 35.7%(图 12.28(c))，在氧化应激情况下(500 μmol/L 胡桃醌)能够时间依赖地显著抑制线虫体内的 ROS 水平(图 12.28(d)).

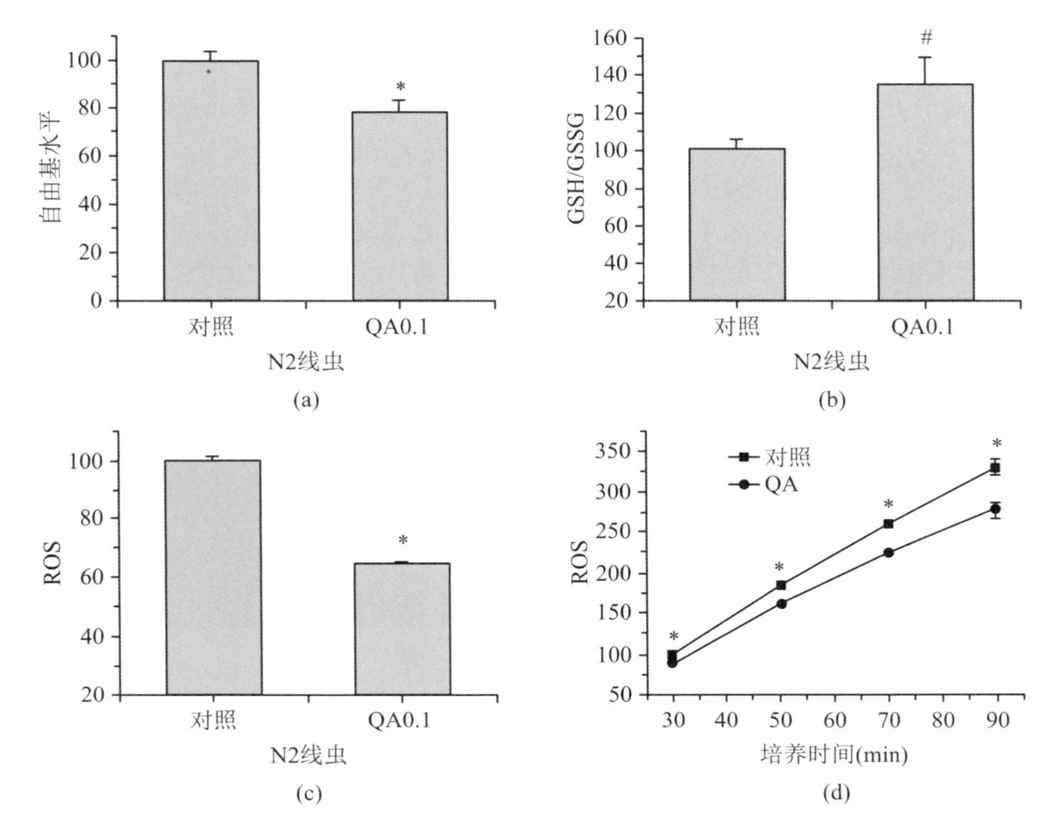

图 12.28 ESR 检测 QA 能够直接和间接清除自由基

(a) QA(0.1 mg/mL)清除黄嘌呤/黄嘌呤氧化酶产生的超氧自由基;(b) QA(0.1 mg/mL)增加 N2 线虫体内的 GSH/GSSG 水平;(c) QA(0.1 mg/mL)抑制正常条件下线虫体内的 ROS;(d) QA(0.1 mg/mL)在氧化应激情况下(500 μmol/L 胡桃醌)抑制线虫体内的 ROS. 与对照组相比, * $p<0.01$.

以上结果表明,天然抗氧化剂 CC 和 QA 对秀丽线虫表现出多种抗衰老效应,这种抗衰老效应是由于 CC 和 QA 可以直接清除活性氧自由基、提高 GSH/GSSG 的比例,还可以上调 *sod*-3, *hsp*-16.2 等相关衰老基因的表达,它们是通过调节内源抗氧化网络及相关衰老基因表达发挥作用的.

2. 茶多酚在环境应激条件下对秀丽线虫寿命的延长作用

茶多酚是茶叶中主要的天然抗氧化剂,是茶中的主要有益健康物质. 为了探索茶多酚延缓衰老的作用,我们以其中一种成分 EGCG 为材料,对其在热应激及氧化应激条件下抗衰老效应做了深入研究. 结果发现,EGCG 可以提高野生线虫在热应激及氧化应激条件下的抗性. EGCG 可以直接清除活性氧,还可以上调 *sod*-3、*skn*-1、*hsp*-16.2、*daf*-18、*daf*-16 及 *sir*-2.1 等相关衰老基因的表达.[97]

在氧化应激实验中,使用 500 μmol/L 胡桃醌对线虫造成氧化损伤. 加药处理组用不同浓度的 EGCG 预处理成虫后 1 天的线虫 48 h，对照组不用 EGCG 处理. 如图 12.29(a) 所示，EGCG 预处理的各实验组的线虫存活时间都得到了延长，对照组、10 μg/mL 的 EGCG 组的平均存活时间分别为 3.2 h 和 7 h. 而当该两组的所有线虫死亡时，0.1 μg/mL EGCG、1.0 μg/mL EGCG 两组的线虫仍有近半数存活. 通过 SOD-3∷GFP 在转基因线虫 CF1553 中的表达，发现 EGCG 在热应激条件下对 N2 线虫体内 SOD-3∷GFP 绿荧光蛋白显著提高，在浓度为 0.1 μg/mL 时，EGCG 可以显著提高线虫体内绿荧光蛋白达 49.0%. 随着时间的延长，虽然线虫体内绿荧光蛋白都有所下降，但 EGCG 可以使线虫体内绿荧光蛋白表达一直高于对照组(图 12.29(b)～(d)).

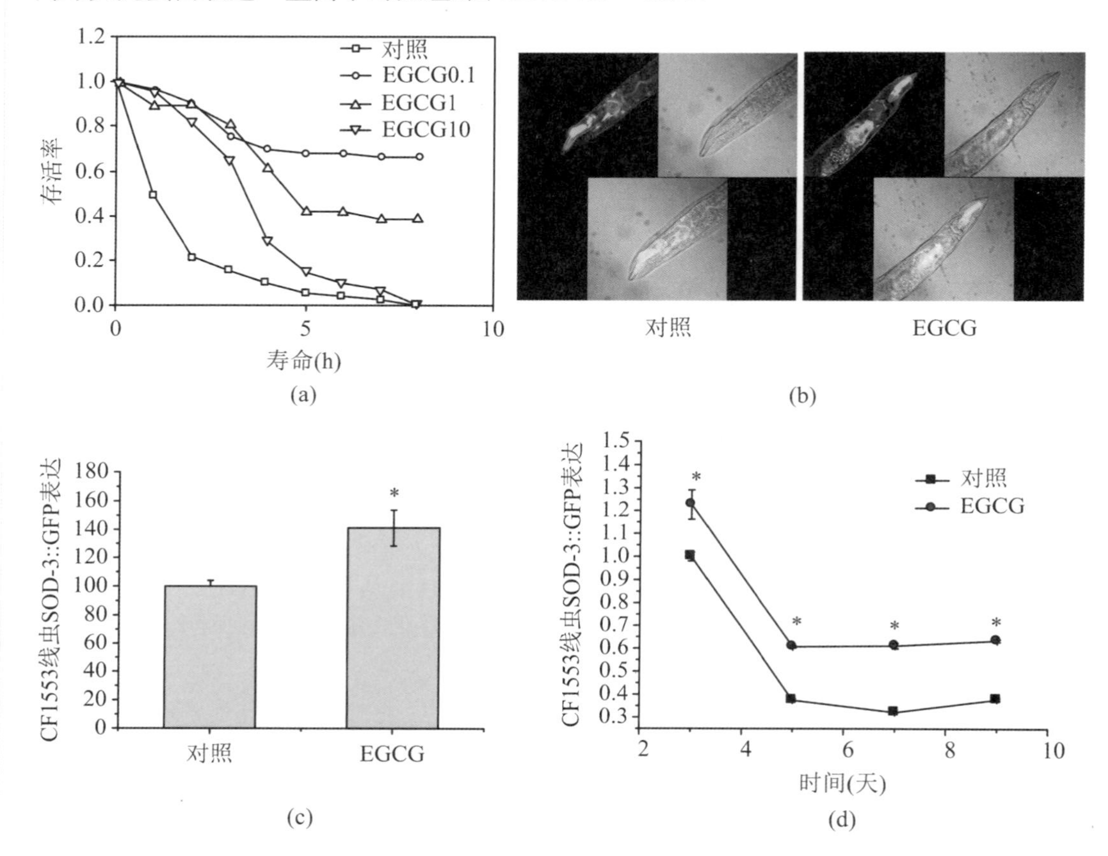

图 12.29　EGCG 在氧化应激和热应激条件下延长秀丽线虫的寿命和提高 SOD 蛋白表达

(a) EGCG 在氧化应激条件下对 N2 线虫在 25 ℃的存活率的影响；(b) EGCG 在热应激条件下对 N2 线虫体内 SOD-3∷GFP 绿荧光蛋白的影响电镜结果；(c) 统计结果；(d) 随时间变化 SOD-3∷GFP 绿荧光蛋白的表达效果. 与对照相比，* $p<0.01$.

ESR 检测发现，EGCG 能够直接和间接清除自由基和提高抗氧化能力，还发现 EGCG 有很强的抗氧化能力和清除黄嘌呤/黄嘌呤氧化酶产生的超氧自由基能力. 线虫体内实验表明，EGCG(0.1 g/mL SOD-3∷GFP 绿荧光蛋白) 可以在正常情况及在氧化应激情况下(500 μmol/L 胡桃醌)清除线虫体内的 ROS(图 12.30).

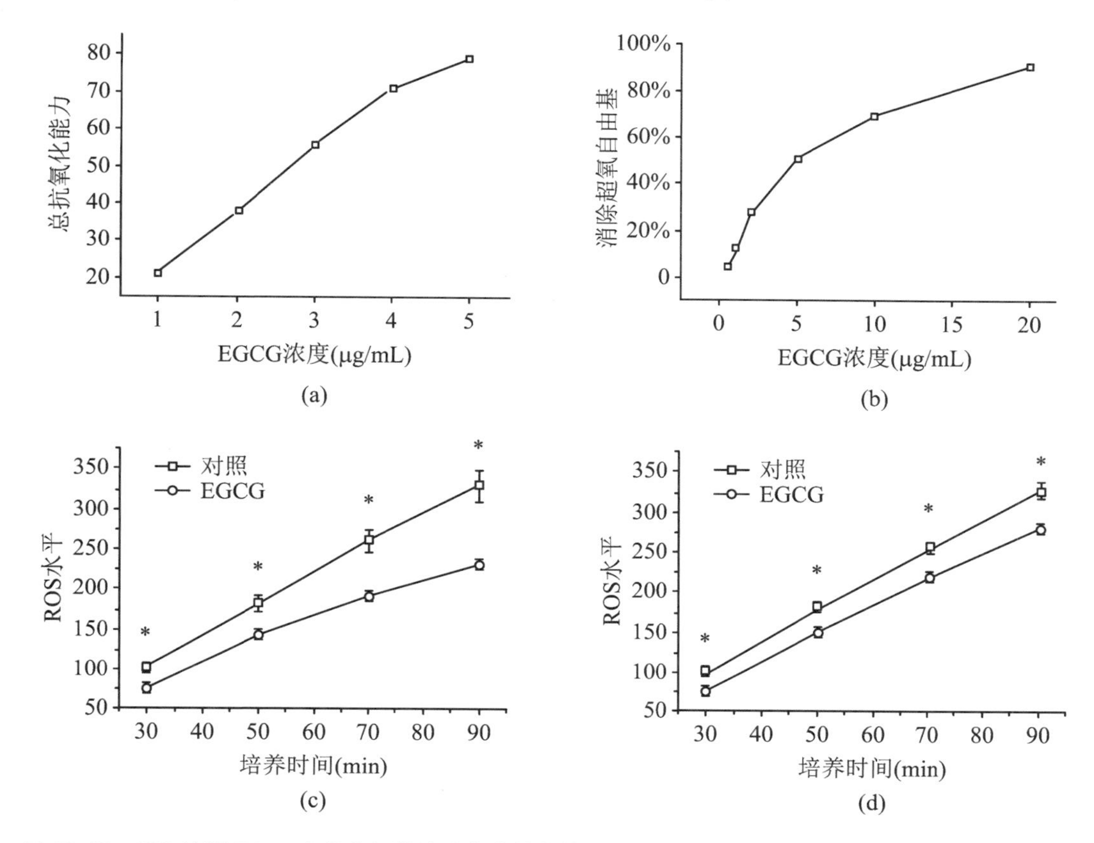

图 12.30　ESR 检测 EGCG 直接和间接清除自由基的效果

(a) 总抗氧化能力(清除 $ABTS^+$);(b) EGCG(0.1 μg/mL) 清除黄嘌呤/黄嘌呤氧化酶产生的超氧自由基;(c) EGCG(0.1 μg/mL) 在正常情况下抑制线虫体内 ROS; (d) EGCG(0.1 μg/mL) 在氧化应激情况下(500 μmol/L 胡桃醌)抑制线虫体内 ROS. 与对照相比, * $p<0.01$.

在热应激实验中,我们在 35 ℃ 对线虫热应激,在热应激前,加药处理组用各浓度的 EGCG 预处理成虫后 1 天的线虫 48 h,对照组不用 EGCG 处理. 结果发现,EGCG 预处理的各实验组的线虫存活时间都得到了延长,对照组、0.1 μg/mL 的 EGCG 组、1.0 μg/mL 的 EGCG 组、10 μg/mL 的 EGCG 组的平均存活时间分别为 13 h,14.5 h,14 h,14.5 h,中位值寿命分别为 14 h,15 h,14 h,15 h. 与对照组比较, 各 EGCG 处理组的 p 值均小于 0.001(图 12.31(a)). 在 35 ℃ 热应激 4 h 后,EGCG 处理组与对照组在 CL2070 线虫中的热休克蛋白 HSP-16.2∷GFP 的结果显示,用 EGCG 处理组与对照组的 HSP-16.2 表达均显著升高 (图 12.31(b)～(c)).

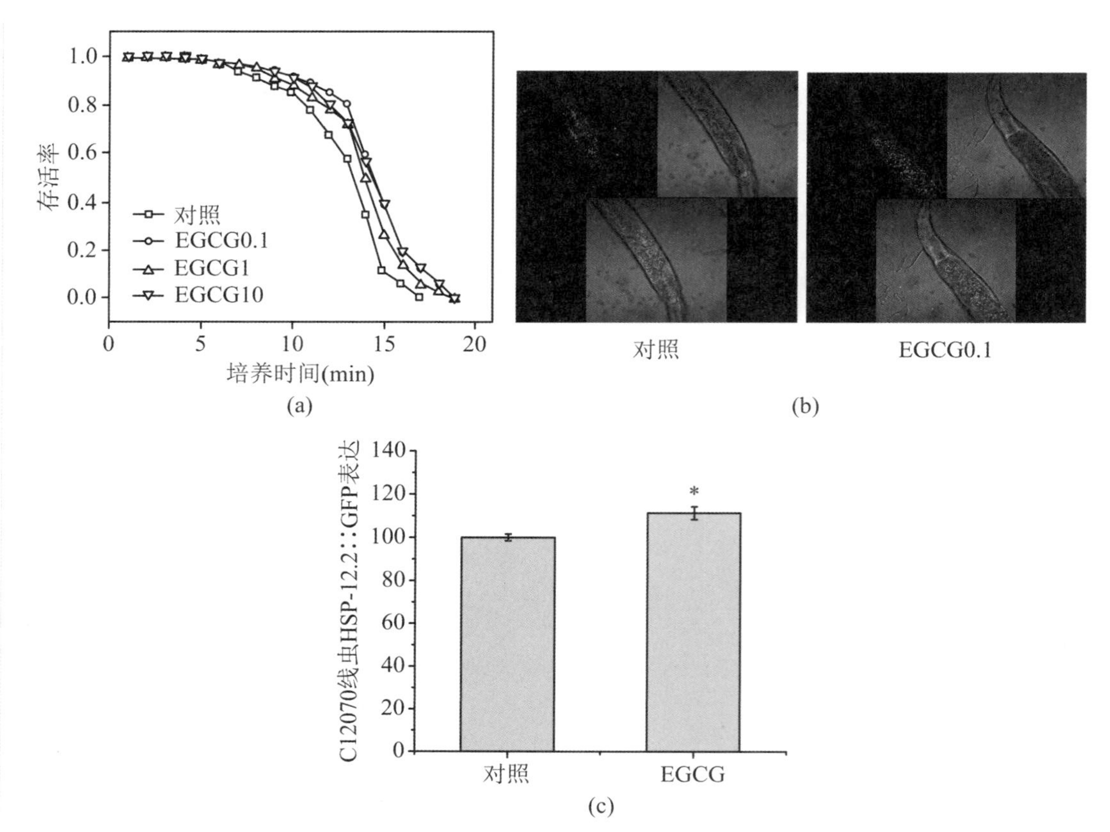

图 12.31　EGCG 在有环境应激的条件下对秀丽线虫的存活时间和热休克蛋白 HSP-16.2 的影响

(a) 在 35 ℃热应激条件下，与对照组相比 EGCG(0.1 μg/mL)能提高线虫的存活时间 17.8%；(b) 在 35 ℃热应激 4 h 后，用 EGCG(0.1 μg/mL)处理组与对照组在 CL2070 线虫中的热休克蛋白 HSP-16.2∷GFP 电镜结果；(c) 统计处理结果. 与对照组相比，* $p<0.01$.

各实验组的 RT-PCR 实验使用野生型秀丽线虫 N2，对照组不用药物处理，药物处理组用 EGCG 处理. 结果发现，EGCG 可以上调 *daf*-2、*daf*-16、*sod*-3 和 *skn*-1 基因水平，但不上调 *daf*-2(图 12.32). 上调 *sod*-3 基因水平与图 12.31 上调 SOD-3∷GFP 蛋白表达是一致的.

甲基化是茶叶中儿茶素的一种常见结构修饰，可以提高儿茶素的生物利用度. 黄生物碱是儿茶素的衍生物，在 C-6 或 C-8 位置含有氮的五元环. 这里，我们从 Echa 1 绿茶(*camellia sinensis*，Echa 1)中分离出三种新的甲基化黄生物碱，并合成了另外四种新的甲基化黄生物碱. 其中，秀丽隐杆线虫 6 和 7 的 α-葡萄糖苷酶抑制活性最强，脂质含量显著降低，抑制率分别为 73.50% 和 67.39%. 同时，秀丽隐性线虫 6 和 7 在体外也表现出较强的抗氧化活性及抗热、抗氧化应激和抗紫外线照射的应激性.[97]

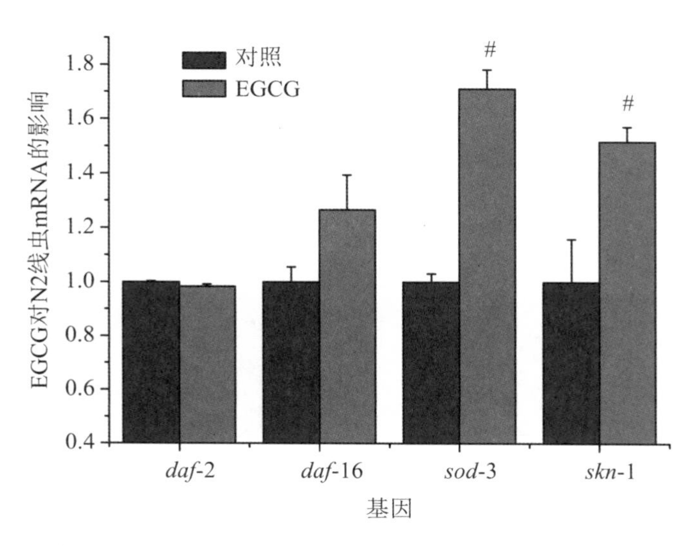

图 12.32　RT-PCR 检测 EGCG 处理对 N2 线虫的 mRNA 水平的影响

以上结果表明,EGCG 对热应激和氧化应激条件下线虫表现出多种抗衰老效应.这种抗衰老效应是由于 EGCG 可以直接或间接清除活性氧,还可以上调 *sod*-3、*hsp*-16.2、*skn*-1 等相关衰老基因的表达,维持氧化和抗氧化平衡,通过调节内源抗氧化网络及衰老相关基因的表达来发挥抗衰老作用的.

3. 玉米多肽在环境应激条件下对秀丽线虫寿命的延长作用

玉米具有丰富的营养价值和广泛用途,是世界上重要的农作物之一.玉米肽是从天然食品玉米中提取的蛋白质,再经过定向酶切及特定小肽分离技术获得的小分子多肽物质.玉米肽是近年来研究者非常关注的天然活性成分.TPM 是玉米蛋白经蛋白酶水解获得的一种小肽物质,其结构是 Leu-Asp-Tyr-Glu.我们研究发现 TPM 可以在氧化应激和热应激条件下显著延长秀丽线虫的寿命.在氧化应激条件下,TPM 可以延长秀丽线虫的寿命约 36.9%;在热应激条件下,TPM 可以延长秀丽线虫的寿命约 27.6%(图 12.33).进一步的研究证明,TPM 在环境应激下之所以可以显著延长秀丽线虫寿命的原因在于,ESR 检测发现其具有较强的清除自由基能力(图 12.34),以及 TPM 可以上调超氧化物歧化酶 *sod*-3 和热休克蛋白 *hsp*-16.2 等,能够抵抗应激相关蛋白的表达和降低线虫体内的脂肪积累等途径.荧光定量 PCR 的结果显示,TPM 还可以调节一些与抗衰老相关基因的表达,如 *daf*-2,*daf*-16,*sod*-3,*hsp*-16.2,*skn*-1,*ctl*-1,*ctl*-2 等(图 12.35).实验结果表明,玉米肽 TPM 可以通过多种途径来提高线虫抵抗环境应激的能力并延长其寿命,具有巨大潜力的天然抗衰老成分.[98]

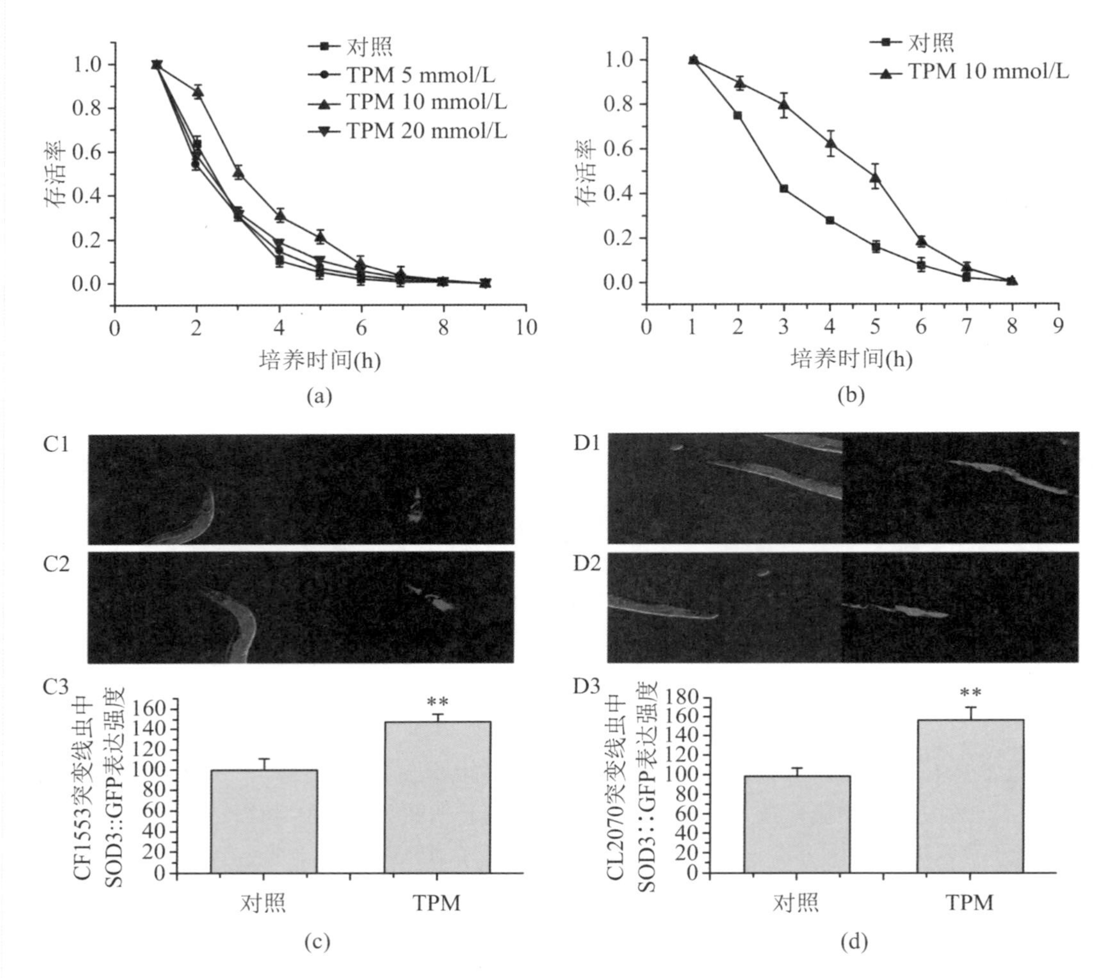

图 12.33　在氧化应激和热应激条件下 TPM 延长秀丽线虫的寿命((a)～(b)),以及对 CF1553 突变线虫中 SOD3::GFP(c)和 CL2070 突变线虫 HSP-162::GFP(d)表达的影响

D1:对照荧光,D2:氧化应激荧光,D3:统计结果;与对照组相比,** $p<0.001$.

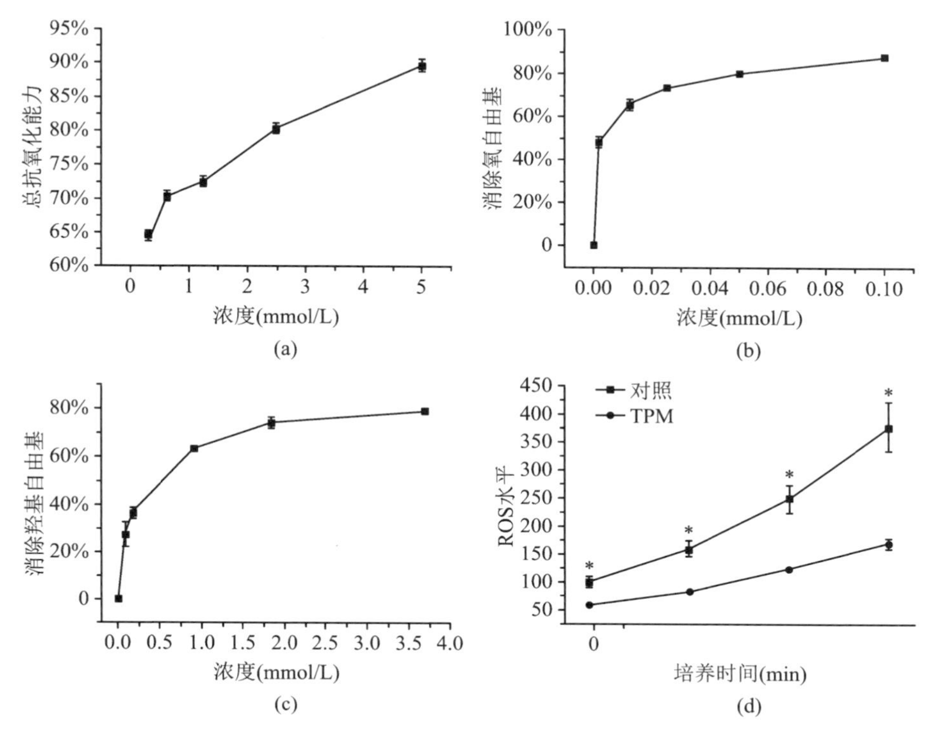

图 12.34 ESR 检测 TPM 清除自由基的能力和抗氧化活性($* p<0.01$)

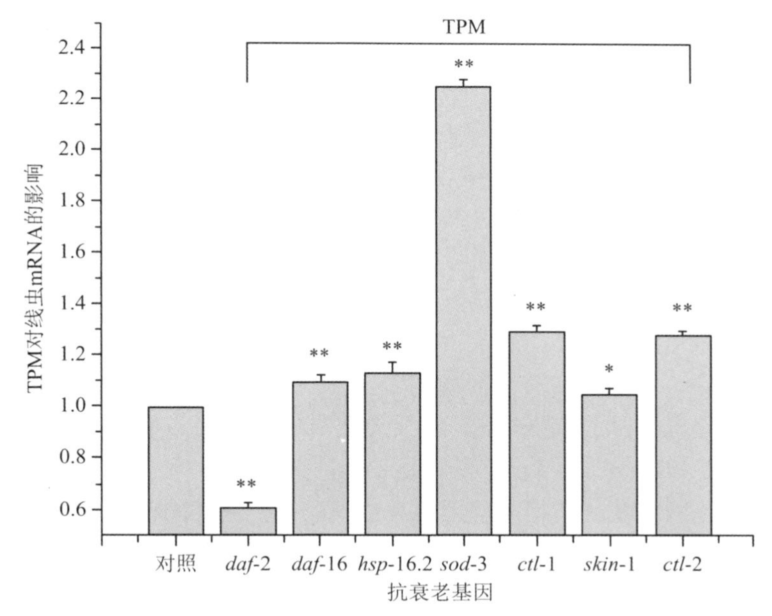

图 12.35 TPM 调节一些与相关抗衰老基因的表达

$* p<0.01$，$** p<0.001$.

最近,从水解玉米蛋白中分离出新型二肽 Tyr-Ala. Tyr-Ala 显著延长了野生型秀丽隐杆线虫的寿命,并延长了线虫的健康寿命和热/氧化应激期间的寿命. 与其组成氨基酸相比,Tyr-Ala 在增强抗逆性方面更有效. 进一步的研究表明,Tyr-Ala 对秀丽隐杆线虫延长寿命的作用归因于其体外和体内自由基的清除作用,以及其上调抗应激相关蛋白质的能力,如 *sod*-3(超氧化物歧化酶)和 *hsp*-16.2(热休克蛋白). 实时荧光定量 PCR 结果表明,衰老相关基因(如 *daf*-16、*sod*-3、*hsp*-16.2 和 *skn*-1)的上调也有助于 Tyr-Ala 的抗逆作用. 这些结果表明,新型二肽 Tyr-Ala 可以抵御外部压力,从而延长秀丽隐杆线虫的寿命. 因此,Tyr-Ala 可以用作抗衰老研究的潜在药物.[98-99] 另外,我们还检测了茶氨酸对线虫衰老的延缓作用.[100]

5. ESR 研究硫代保护金纳米颗粒(AuNPs)的老化

合成的环保没食子酸包覆金纳米颗粒(GA-AuNPs)已被评估为抗衰老抗氧化剂. ESR 研究硫代保护金纳米颗粒(AuNPs)的老化导致二硫交换的反应性降低,这是通过 ESR 波谱与双硝基二硫进入配体监测的. 研究了决定老化颗粒反应性的因素. AuNPs 表面存在不同的结合位点以及老化过程中的表面重组过程,可以解释观察到的反应性趋势. 通过 ESR 波谱监测证明 AuNPs 形成和生长过程中粒径的变化. 两个自旋探针 CAT16 和 DIS3 分别对 BSA 和 AuNPs 具有亲和力的 ESR 特征波谱的变化,能够监测颗粒生长并证明 AuNPs 对牛血清白蛋白(BSA)的保护作用. 正如 TEM 所揭示的那样,BSA 溶液中形成的 AuNPs 的大小随着时间的推移而缓慢增加,导致了不同形态的纳米颗粒. BSA 的拉曼光谱表明,白蛋白通过含硫氨基酸残基与 AuNPs 相互作用. 这项研究表明,AuNPs 既是白蛋白的还原剂,也可能具有延缓衰老的作用. 此外,本数据表明,GA-AuNPs 具有抑制真皮成纤维细胞中高葡萄糖介导的 MMP-1 引发的 Ⅰ 型胶原降解的优越能力. 研究数据还表明,用 GA-AuNPs 处理细胞后,高葡萄糖介导的 ROS 产生减少,这阻止了 p38 MAPK/ERK 介导的 c-Jun,c-Fos,ATF-2 磷酸化和 NFκB 的磷酸化,导致 MMP-1 mRNA 和蛋白质表达在高葡萄糖处理的细胞中下调. 研究结果表明,GA-AuNPs 具有抑制高葡萄糖介导的 MMP-1 诱发的 ECM 降解的卓越能力,凸显了其作为抗衰老成分的潜力.[101-103]

以上几个实验结果表明抗氧化剂特别是天然抗氧化剂表现出对抗热应激和氧化应激多种抗衰老效应. 这种抗衰老效应是由于天然抗氧化剂可以直接或间接清除活性氧,还可以上调 *sod*-3、*hsp*-16.2、*skn*-1 等相关衰老基因的表达,维持氧化和抗氧化平衡,通过调节内源抗氧化网络及衰老相关基因的表达来发挥抗衰老的作用.

天然抗氧化剂都具有多种生物功能,可以在调节人体健康和延缓衰老方面发挥多种作用,但也各有不足之处. 比如在浓度过高或氧自由基存在时,就可能对细胞和机体造成损伤,而天然抗氧化剂可以清除氧自由基,保护和促进 NO 产生,使其安全地发挥作用. 但是,不同的天然抗氧化剂在不同细胞体系和组织中的作用又是不同的,需要深入细致地研究,找出合适的匹配关系和匹配浓度及比例,以发挥它们的最佳作用. 相信在这方面的研究可以和它们在心脑血管方面的研究一样，结出丰硕的成果，为人类健康和延缓衰老做出重大贡献.

12.5.4 大麦叶衰老期间类囊体膜流动性的ESR自旋标记测量

NO在动物系统和植物系统中都起着重要作用.ESR自旋捕集技术在检测植物系统中的NO·起到重要作用.植物中的加合物$(DETC)_2$-Fe^{2+}-NO可以通过有机溶剂提取，然后在室温下由ESR波谱仪测量(间接方法)，也可以在鲜活植物中用ESR波谱仪测量，但植物中的水必须部分脱去(直接法).NO作为一种具有多种信号功能的核心分子，正受到越来越多的关注.已经有研究表明，NO是叶片衰老的负调节剂，ESR能用于叶片衰老中的NO测定.亚铁和单亚硝基二硫代氨基甲酸酯($Fe^{2+}(DETC)_2$)的铁络合物用作NO的螯合剂. 以乙酸乙酯为提取溶剂，提取$NOFe^{2+}(DETC)_2$配合物，并用ESR波谱仪进行测定.[104-105]

采用ESR自旋标记技术已研究了从大麦中分离出的类囊体膜的物理性质.在自然和黑暗诱导的衰老过程中，硬脂酸自旋标记5-SASL和16-SASL的ESR波谱作为次生大麦叶片温度的函数进行测量.氧传输参数是根据25 ℃时存在和不存在分子氧的情况下获得的自旋标记的功率饱和曲线确定的. 两个自旋标记的ESR谱参数显示，在衰老期间，膜的头群区域及其内部的类囊体膜流动性增加.氧转运参数也随着大麦年龄的增加而增加，表明氧气在膜内更容易扩散，流动性更高.数据与直接通过ESR波谱获得的自旋标记参数的年龄相关变化一致.当在黑暗孵化成熟的次生大麦叶中诱导衰老时，也能观察到类似的结果.与在光照条件下生长的同龄叶相比，这些叶子表现出更高的膜流动性.将大麦次生叶膜流动性的变化与类胡萝卜素(CAR)和蛋白质水平的变化进行比较，类胡萝卜素和蛋白质已知会改变膜流动性.总CAR和蛋白质的测定显示，其水平随着衰老而线性降低.结果表明，大麦叶片类囊体膜的流动性随衰老而增加；这些变化伴随CAR和蛋白质含量的减少，这可能是一个促成因素.[105]

植物乙烯受体ETR1是植物激素感知和随后下游乙烯信号传递的关键参与者，对成熟、衰老和脱落等过程至关重要.然而迄今为止，关于ETR1的跨膜传感器域(TMD)的结构知识很少，该结构域负责植物激素的结合并启动下游信号传输.序列信息和模型表明，TMD由三个跨膜螺旋组成.将定点自旋标记与ESR波谱相结合，通过ESR波谱绘制重构ETR1乙烯受体跨膜结构域的螺旋排列，获得了脂质体重构ETR1_TMD对跨膜螺旋取向和排列的距离限制.可以使用数据来仔细检查TMD的不同计算结构预测.[105]

研究表明，在衰老期间，类囊体中活性氧的产生在增加.在两个大麦品种中，超氧化物产量没有差异，而单线态氧产量仅在一个品种中增加.在衰老过程中，叶绿素含量降低，光合电子传递受到抑制，如从田间种植的大麦品种Lomerit和Carina收集的旗叶所示.利用自旋捕集ESR研究类囊体膜中活性氧的产生，使用特定的自旋阱进行ESR测量，以区分单线态氧和活性氧的中间体.结果表明，在衰老过程中，两个品种的活性氧中间体生成均增加，单线态氧仅在品种 Carine 中增加.而它在品种 Carina 中保持低水平.在光系统Ⅱ抑制剂和细胞色素 b6f 复合物存在下进行的测量表明，衰老的叶片中，光系统Ⅰ受体侧的氧气减少是 $\cdot O_2^-$ 的主要来源，但不是唯一来源.这项研究表明，在衰老过程中，不同大麦品种中个体活性氧的产生各不相同.[106-108]

12.5.5 ESR 研究氧化应激状态与衰老的关系

衰老的氧化应激理论带来了氧化应激随着年龄增长而增加的隐含期望.由于常规氧化应激状态(OSS)分析的局限性，缺乏对人类的广泛调查.使用 ESR-自由基探针技术，对 247 名年龄在出生 2 天～104 岁的健康志愿者的外周血中测量氧化应激状态，并通过简单和多元线性回归分析，得知 OSS 与年龄(-1.1%/年；$p<0.0001$)呈负相关，并且仅受性别轻微影响.这些发现推动了进一步的机理研究.[94] ROS 和 RNS 在触发、介导和调节细胞内生理和病理信号转导途径中起着至关重要的作用.在细胞内，ROS 外排在空间和时间上都受到严格控制，这使得 ROS 动力学的研究成为一项具有挑战性的任务.

使用植入式谐振器的 ESR 血氧饱和度仪可以在比表面谐振器更深的部位进行测量(>80 mm 与 10 mm)，并且在任何深度都能实现更高的灵敏度.本章报告了一种改进技术的发展，使我们能够从多个站点和各种深度获取信息.使用简单的磁场梯度对来自不同站点的测量值进行求解.在大鼠大脑中，多探针植入谐振器在常态氧、缺氧和高氧条件下同时于多个位点测量 p_{O_2} 超过 6 个月.该技术还有助于测量动物的运动部件，例如心脏，因为顺磁性材料相对于传感回路的方向不会因运动而改变.测量的反应很快，能够实时测量生理和病理变化，例如小鼠的实验性心脏缺血.该技术对于跟踪肿瘤 p_{O_2} 的变化也非常有用，包括在肿瘤和邻近正常组织中同时测量的应用.[100-111]

参考文献

[1] Zhang Z X, Roman G C. Worldwide occurrence of Parkinson's disease: an updated review[J]. Neuroepidemiology, 1993, 12: 195-206.

[2] Jenner P, Olanow W. Understanding cell death in Parkinson's disease[J]. Ann Neurol, 1998, 44: S72-84.

[3] Polymeropoulos M H. Mapping of a gene for Parkinson's disease to chromosome 4q21-q23[J]. Science, 1996, 274: 1197-1199.

[4] Yuan J, Yankner B. Apoptosis in the nervous system[J]. Nature, 2000, 407: 802-809.

[5] Mizuno D Y, Hiroyo Yoshino B S, Ikebe S I, et al. Mitochondrial dysfunction in Parkinson's disease[J]. Ann. Neurol., 1998, 44: S99-S109.

[6] Nie G J, Jin C F, Cao Y L, et al. Distinct effects of tea catechins on 6-hydroxydopamine-induced apoptosis in PC12 cells[J]. Arch. Biochem. Biophys., 2002, 397: 84-90.

[7] Nie G J, Cao Y L, Zhao B L. Protective effects of green tea polyphenols and their major component, (−)-epigallocatechin-3-gallate (EGCG), on 6-hydroxyldopamine-induced apoptosis in PC12 cells[J]. Redox. Report, 2002, 7: 170-177.

[8] Guo S H, Bezard E, Zhao B L. Protective effect of green tea polyphenols on the SH-SY5Y cells against 6-OHDA induced apoptosis through ROS-NO pathway[J]. Free Rad. Biol. Med., 2005, 39: 682-695.

[9] Guo S H, Bezard E, Zhao B L. Protective effects of green tea polyphenols on rat against 6-OHDA induced apoptosis through ROS-NO pathway[J]. Biol. Sychory., 2007, 39: 682-695.

[10] Sullivan P G, Dragicevic N B, Deng J H, et al. Proteasome inhibition alters neural mitochondrial homeostasis and mitochondria turnover [J]. J. Biol. Chem., 2004, 279 (20): 20699-20707.

[11] Valente S. Sharon Valente, RN, ARNP, PhD, FAAN [J]. J. Psychosoc. Nurs. Ment. Health. Serv., 2004, 42(1): 17.

[12] Gerlach M, Götz M, Dirr A, et al. Acute MPTP treatment produces no changes in mitochondrial complex activities and indices of oxidative damage in the common marmoset ex vivo one week after exposure to the toxin[J]. Neurochem. Int., 1996, 28(1): 41-49.

[13] Parker W D, Boyson S J, Parks J K. Abnormalities of the electron transport chain in idiopathic Parkinson's disease[J]. Ann. Neurol., 1989, 26(6): 719-723.

[14] Haas R H, Nasirian F, Nakano K, et al. Low platelet mitochondrial complex I and complex Ⅱ/Ⅲ activity in early untreated Parkinson's disease[J]. Ann. Neurol., 1995, 37(6): 714-722.

[15] Sherer T B, Kim J H, Betarbet R, et al. Subcutaneous rotenone exposure causes highly selective dopaminergic degeneration and alpha-synuclein aggregation[J]. Exp. Neurol., 2003, 179 (1): 9-16.

[16] Uversky V N. Neurotoxicant-induced animal models of Parkinson's disease: understanding the role of rotenone, maneb and paraquat in neurodegeneration[J]. Cell Tissue. Res., 2004, 318 (1): 225-241.

[17] Bywood P T, Johnson S M. Mitochondrial complex inhibitors preferentially damage substantia nigra dopamine neurons in rat brain slices[J]. Exp. Neurol., 2003, 179(1): 47-59.

[18] Sherer T B, Betarbet R, Testa C M, et al. Mechanism of toxicity in rotenone models of Parkinson's disease[J]. Neurosci. J., 2003, 23(34): 10756-10764.

[19] Nagatsu T. Isoquinoline neurotoxins in the brain and Parkinson's disease[J]. Neurosci. Res., 1997, 29(2): 99-111.

[20] Schuchmann S, Heinemann U. Diminished glutathione levels cause spontaneous and mitochondria-mediated cell death in neurons from trisomy 16 mice: a model of Down's syndrome[J].

Neurochem. J., 2000, 74(3): 1205-1214.

[21] Degli E M. Inhibitors of NADH-ubiquinone reductase: an overview[J]. Biochim. Biophys. Acta, 1998, 1364(2): 222-235.

[22] Drescher M. EPR in protein science: intrinsically disordered proteins[J]. Top. Curr. Chem., 2012, 321: 91-119.

[23] Cattani J, Subramaniam V, Drescher M. Room-temperature in-cell EPR spectroscopy: alpha-Synuclein disease variants remain intrinsically disordered in the cell[J]. Phys. Chem. Chem. Phys., 2017, 19(28): 18147-18151.

[24] Lopiano L, Chiesa M, Digilio G, et al. Q-band EPR investigations of neuromelanin in control and Parkinson's disease patients[J]. Biochim. Biophys. Acta, 2000, 1500(3): 306-312.

[25] Zhang D L, Zhao B L. Oral administration of Crataegus extraction protects against ischemia/reperfusion brain damage in the Mongolian gerbils[J]. Neurochem J. 2004, 90: 211-219.

[26] Grisham M B, Johnson G G, Gautreaux M D, et al. Measurement of nitrate and nitrite in extracellular fluids: A window to systemic nitiric oxide metabolism[J]. Method. Dis., 1995, 7: 84-90.

[27] Hara A, Niwa M, Iwai T, et al. Neuronal apoptosis studied by a sequential tunel technique: a method for tract-tracing[J]. Brain Res. Protoc., 1999, 4: 140-146.

[28] Hogg N, Singh R J, Kalyanaraman B. The role of gluthatione in the transport and catabolism of nitric oxide[J]. FEBS Lett., 1996, 382: 223-238.

[29] Holubarsch C J F, Colucci W S, Meinertz T, et al. Survival and prognosis: investigation of Crataegus extract was 1442 in congestive heart failure (spice)-rationale, study design and study protocol[J]. Eur. J. Heart Failure, 2000, 2: 431-437.

[30] Hurtado O, Cardenas A, Lizasoain I, et al. Up-regulation of TNF-a convertase (tace/adam17) after oxygen-glucose deprivation in rat forebrain slices[J]. Neuropharmacology, 2001, 40: 1094-1102.

[31] Jander S, Schroeter M, Stoll G. Interleukin-18 expression after focal ischemia of the rat brain: association with the latestage inflammatory response[J]. J. Cereb. Blood. Flow. Metab., 2002, 22: 62-70.

[32] Kuehl F A, Egan R W. Prataglandins, arachidonic acid and inflammation[J]. Science, 1980, 210: 978-984.

[33] Hou H, Khan N, Gohain S, et al. Dynamic EPR oximetry of changes in intracerebral oxygen tension during induced thromboembolism[J]. Cell. Biochem. Biophys., 2017, 75(3/4): 285-294.

[34] Khan N, Hou H, Swartz H M, et al. Direct and repeated measurement of heart and brain oxygenation using in vivo EPR oximetry[J]. Method. Enzymol., 2015, 564: 529-52.

[35] Matsumura A, Emoto M C, Suzuki S, et al. Evaluation of oxidative stress in the brain of a transgenic mouse model of Alzheimer disease by in vivo electron paramagnetic resonance imaging[J]. Free Radic. Biol. Mede., 2015, 85: 165-173.

[36] Manabe T, Matsumura A, Yokokawa K, et al. Evaluation of mitochondrial oxidative stress in

the Brain of a transgenic mouse model of Alzheimer's disease by in vitro electron paramagnetic resonance spectroscopy[J]. J. Alzheimers Dis., 2019, 67(3): 1079-1087.
[37] Emoto M C, Sato-Akaba H, Hamaue N, et al. Early detection of redox imbalance in the APP-swe/PS1dE9 mouse model of Alzheimer's disease by in vivo electron paramagnetic resonance imaging[J]. Free Radic. Biol. Mede., 2021, 172: 9-18.
[38] Drew S C, Noble C J, Masters C L, et al. Pleomorphic copper coordination by Alzheimer's disease amyloid-beta peptide[J]. J. Am. Chem. Soc., 2009, 131(3): 1195-1207.
[39] Ahmed G A, Khalil S K H, Hotaby W E, et al. ATR-IR and EPR spectroscopy for following the membrane restoration of isolated cortical synaptosomes in aluminium-induced Alzheimer's disease - Like rat model[J]. Chem. Phys. Lipids, 2020, 231: 104931.
[40] West M J, Coleman P D, Flood D G, et al. Differences in the pattern of hippocampal neuronal loss in normal ageing and Alzheimer's disease[J]. Lancet, 1994, 344: 769-772.
[41] Yuan J, Yankner B A. Apoptosis in the nervous system[J]. Nature, 2000, 407: 802-809.
[42] Dewachter L, Van Leuven F. Secretases as targets for the treatment of Alzheimer's disease: the prospects[J]. Lancet Neurol, 2002, 1: 409-416.
[43] Ritchie C W, Bush A I, Mackinnon A, et al. Metal-protein attenuation with iodochlorhydroxyquin (clioquinol) targeting Abeta amyloid deposition and toxicity in Alzheimer disease: a pilot phase 2 clinical trial[J]. Arch. Neurol, 2003, 60: 1685-1691.
[44] Schenk D, Barbour R, Dunn W, et al. Immunization with amyloid-beta attenuates Alzheimer-disease-like pathology in the PDAPP mouse[J]. Nature, 1999, 400: 173-177.
[45] Resnick S M, Henderson V W. Hormone therapy and risk of Alzheimer disease[J]. J. Am. Med. Assoc, 2002, 288: 2170-2172.
[46] Leibson C L, Rocca W A, Hanson V A, et al. Risk of dementia among persons with diabetes mellitus: a population-based cohort study[J]. Am. J. Epidemiol., 1997, 145: 301-308.
[47] Shahi G S, Moochhala S M. Smoking and Parkinson's disease: a new perspective[J]. Rev. Environ. Health, 1991, 9(3): 123-136.
[48] Yong V W, Perry T L. Monoamine oxidase B, smoking, and Parkinson's disease[J]. J. Neurol. Sci., 1986, 72(2-3): 265-272.
[49] Guan Z Z, Yu W F, Nordberg A. Dual effects of nicotine on oxidative stress and neuroprotection in PC12 cells[J]. Neurochem. Int., 2003, 43(3): 243-249.
[50] Quik M, Di Monte D A. Nicotine administration reduces striatal MPP^+ levels in mice[J]. Brain Res., 2001, 917(2): 219-224.
[51] Zhao B L. Nitric oxide in nurodegenarative diseases[J]. Front. Biosci., 2005, 10: 454-461.
[52] Zhao B L. Natural antioxidant for neurodegenerative diseases[J]. Mol. Neurobiol., 2005, 31: 283-293.
[53] 赵保路.吸烟,自由基和心脏病[J].自然杂志,1989,12:655-657.
[54] 赵保路.尼古丁的功与过[J].北京烟草,2001,34:23-24.
[55] Zhao B L. Natural antioxidants protect neurons in alzheimer's disease and Parkinson's disease [J]. Neurochem. Res., 2009, 34: 630-638.

[56] 谢渝湘,刘强,张杰,等.尼古丁预防帕金森综合征和老年痴呆症的分子机理[J].中国烟草学报,2006,12:25-30.

[57] Liu Q, Tao Y, Zhao B L. ESR study on scavenging effect of nicotine on free radicals[J]. Appl. Mag. Reson., 2003, 24: 105-112.

[58] Liu Q, Zhao B L. Nicotine attenuates β-amyloid peptide induced neurotoxicity, free radical and calcium accumulation in hippocampal neuronal cultures[J]. Brit. J. Pharmocol., 2004, 141: 746-754.

[59] Xie Y X, Bezard E, Zhao B L. Unraveling the receptor-independent neuroprotective mechanism in mitochondria[J]. J. Biol. Chem., 2005, 396: 84-92.

[60] Zhang J, Liu Q, Liu N Q, et al. Nicotine reduces β-amyloidosis by regulating metal homeostasis [J]. FASEB J., 2006, 20: 1212-1214.

[61] Liu Q, Zhang J, Zhu H, et al. Dissecting the signalling pathway of nicotine-mediated neuroprotection in a mouse alzheimer disease model[J]. FASEB J., 2007, 21: 61-73.

[62] 马永兴,俞卓伟.现代衰老学[M].北京:科学技术文献出版社,2008.

[63] 陈可冀,曾尔康,于普林,等.中华老年医学[M].南京:江苏科学技术出版社,2016.

[64] 赵保路.氧自由基和天然抗氧化剂[M].北京:科学出版社,1999.

[65] 田清晰.老年生物学[M].北京:北京大学出版社,2022.

[66] Harman D. Prolongation of the normal life span by radiation protection chemicals[J]. J. Geron., 1957, 12: 257-264.

[67] Harman D, Eddy D E. Free radical theory of aging: beneficial effect of adding antioxidant to the maternal mouse diet on life span of offspring: possible explanation of the sex difference in longevity[J]. Age, 1979, 2: 109-112.

[68] Harman D. Free radical theory of aging: effect of free radical reaction inhibitors on the mortality rate of male LAF mice[J]. J. Gero., 1968, 23: 476-484.

[69] Kohno M. Applications of electron spin resonance spectrometry for reactive oxygen species and reactive nitrogen species research[J]. J. Clin. Biochem. Nutr., 2010, 47(1): 1-11.

[70] Hiramatsu M, Kohno M, Edamatsu R, et al. Increased superoxide dismutase activity in aged human cerebrospinal fluid and rat brain determined by electron spin resonance spectrometry using the spin trap method[J]. J. Neurochem., 1992, 58(3): 1160-1164.

[71] Poon H F, Calabrese V, Scapagnini G, et al. Free radicals and brain aging[J]. Clin. Geriatr. Med., 2004, 20(2): 329-59.

[72] Plonka P M. Electron paramagnetic resonance as a unique tool for skin and hair research[J]. Exp. Dermatol., 2009, 18(5): 472-84.

[73] Vistnes A I, Henriksen T, Nicolaissen B, et al. Free radicals and aging: Electron spin resonance studies on neuronal lipopigments and cells grown in vitro[J]. Mech. Ageing Dev., 1983, 22(3-4): 335-345.

[74] Kim S R, Jockusch S, Itagaki Y, et al. Mechanisms involved in A2E oxidation[J]. Exp. Eye Res., 2008, 86(6): 975-982.

[75] Nakagawa K, Minakawa S, Sawamura D. Melanin radicals in paraffin-embedded melanoma in-

vestigated using surface-type dielectric resonator for X-band EPR[J]. Anal. Sci., 2018, 34(7): 837-840.

[76] Meinke M C, Friedrich A, Tscherch K, et al. Influence of dietary carotenoids on radical scavenging capacity of the skin and skin lipids[J]. Eur. J. Pharm. Biopharm., 2013, 84(2): 365-373.

[77] Haywood R, Rogge F, Lee M. Protein, lipid, and DNA radicals to measure skin UVA damage and modulation by melanin[J]. Free Radic. Biol. Med., 2008, 44(6): 990-1000.

[78] Blois M S, Zahlan A B, Maling J E. Electron spin resonance studies on melanin[J]. Biophys. J., 1964, 4(6): 471-490.

[79] Makarova K, Zawada K, Wiweger M. Benchtop X-band electron paramagnetic resonance detection of melanin and Nitroxyl spin probe in zebrafish[J]. Free Radic. Biol. Med., 2022, 183: 69-74.

[80] Wender M, Szczech J, Hoffmann S, et al. Electron paramagnetic resonance analysis of heavy metals in the aging human brain[J]. Neuropatol. Pol., 1992, 30(1): 65-72.

[81] Pate K T, Rangel N A, Fraser B, et al. Measuring "free" iron levels in Caenorhabditis elegans using low-temperature Fe(Ⅲ) electron paramagnetic resonance spectroscopy[J]. Anal. Biochem., 2006, 358(2): 199-207.

[82] Gomi F, Utsumi H, Hamada A, et al. Aging retards spin clearance from mouse brain and food restriction prevents its age-dependent retardation[J]. Life Sci., 1993, 52(25): 2027-2033.

[83] Gargey A, Nesmelov Y E. The local environment of loop switch 1 modulates the rate of ATP-induced dissociation of human cardiac actomyosin[J]. Int. J. Mol. Sci., 2022, 23(3): 1220.

[84] Naber N, Málnási-Csizmadia A, Purcell T J, et al. Combining EPR with fluorescence spectroscopy to monitor conformational changes at the myosin nucleotide pocket[J]. J. Mol. Biol., 2010, 396(4): 937-948.

[85] Purcell T J, Naber N, Franks-Skiba K, et al. Nucleotide pocket thermodynamics measured by EPR reveal how energy partitioning relates myosin speed to efficiency[J]. J. Mol. Biol., 2011, 407(1): 79-91.

[86] Moen R J, Klein J C, Thomas D D. Electron paramagnetic resonance resolves effects of oxidative stress on muscle proteins[J]. Exerc. Sport Sci. Rev., 2014, 42(1): 30-36.

[87] Abdel R E, Mahmoud A M, Khalifa A M, et al. Physiological and pathophysiological reactive oxygen species as probed by EPR spectroscopy: the underutilized research window on muscle ageing[J]. J. Physiol., 2016, 594(16): 4591-4613.

[88] Moen R J, Klein J C, Thomas D D. Electron paramagnetic resonance resolves effects of oxidative stress on muscle proteins[J]. Exerc. Sport Sci. Rev., 2014, 42(1): 30-36.

[89] McCarthy M R, Thompson A R, Nitu F, et al. Impact of methionine oxidation on calmodulin structural dynamics[J]. Biochem. Biophys. Res. Commun., 2015, 456(2): 567-572.

[90] Gabbita S P, Butterfield D A, Hensley K, et al. Aging and caloric restriction affect mitochondrial respiration and lipid membrane status: an electron paramagnetic resonance investigation[J]. Free Radic. Biol. Med., 1997, 23(2): 191-201.

[91] Baur J A, Pearson K J, Price N L, et al. Resveratrol improves health and survival of mice on a high-calorie diet[J]. Nature, 2006, 444(7117): 337-342.

[92] Viner R I, Ferrington D A, Huhmerh A F. Accumulation of nitrotyrosine on the SERCA2a isoform of SR Ca-ATPase of rat skeletal muscle during aging: a peroxynitrite-mediated process? [J]. FEBS Lett., 1996, 379: 286-290.

[93] Barbarash N A, Kuvshinov D, Chichlenko M V, et al. Nitric oxide and humen aging[J]. Advances in Gerontology, 2012, 2: 256-239.

[94] Collins R, Armitage J, Parish S, et al. MRC/BHF Heart Protection Study of antioxidant vitamin supplementation in 20536 high-risk individuals: a randomised placebo-controlled trial[J]. The Lancet, 2002, 360: 23-33.

[95] Zhang L Z, Zhang J J, Zhao B L, et al. Quinic acid could be a potential rejuvenating natural compound by improving survival of caenorhabditis elegans under deleterious conditions[J]. Rejuvention Res., 2012, 15(6): 573-583.

[96] Zhang L Z, Jie G L, Zhang J J, et al. Significant longevity-extending effects of EGCG on elegans under stresses[J]. Free Rad. Biol. Med., 2009, 46: 414-421.

[97] Wu H, Zhao Y, Guo Y, et al. Significant longevity-extending effects of a tetrapeptide from maize on C elegans under stress[J]. Food Chemistry. 2012, 130: 254-260

[98] Zhang Z, Zhao Y, Wang X, et al. The novel dipeptide Tyr-Ala (TA) significantly enhances the lifespan and healthspan of Caenorhabditis elegans[J]. Food&Function, 2016, 7(4): 1975-1984.

[99] Gong Y S, Luo Y F, Huang J A, et al. Theanine improves stress resistance in Caenorhabditis elegans[J]. J. Funictional Foods, 2012, 4(4): 988-993.

[100] Ma Y, Chechik V. Aging of gold nanoparticles: ligand exchange with disulfides[J]. Langmuir, 2011, 27(23): 14432-14437.

[101] Matei I, Buta C M, Turcu I M, et al. Formation and stabilization of gold nanoparticles in bovine serum albumin solution[J]. Molecules., 2019, 24(18): 3395.

[102] Wu Y Z, Tsai Y Y, Chang L S, et al. Evaluation of gallic acid-coated gold nanoparticles as an anti-aging ingredient[J]. Pharmaceuticals, 2021, 14(11): 1071

[103] Xu Y, Cao Y, Tao Y, et al. The ESR method to determine nitric oxide in plants[J]. Method. Enzymol., 2005, 396: 84-92.

[104] Kugele D, Uzun B, Müller L, et al. Mapping the helix arrangement of the reconstituted ETR1 ethylene receptor transmembrane domain by EPR spectroscopy[J]. RSC Adv., 2022, 12(12): 7352-7356.

[105] Jajić I, Wiśniewska-Becker A, Sarna T, et al. EPR spin labeling measurements of thylakoid membrane fluidity during barley leaf senescence[J]. J. Plant Physiol., 2014, 71(12): 1046-1053.

[106] Krieger-Liszkay A, Trösch M, Krupinska K. Generation of reactive oxygen species in thylakoids from senescing flag leaves of the barley varieties Lomerit and Carina[J]. Planta, 2015, 241(6): 1497-1508.

［107］ Valgimigli L, Sapone A, Canistro D, et al. Oxidative stress and aging: a non-invasive EPR investigation in human volunteers[J]. Aging Clin. Exp. Res., 2015, 27(2): 235-238.

［108］ Sun A. The EPR method for detecting nitric oxide in plant senescence[J]. Methods Mol. Biol., 2018, 1744: 119-124.

［109］ Li H, Hou H, Sucheta A, et al. Implantable resonators: a technique for repeated measurement of oxygen at multiple deep sites with in vivo EPR[J]. Adv. Exp. Med. Biol., 2010, 662: 265-272.

［110］ Hou H, Khan N, Gohain S, et al. Dynamic EPR oximetry of changes in intracerebral oxygen tension during induced thromboembolism[J]. Cell Biochem. Biophys., 2017, 75(3-4): 285-294.

［111］ Bluemke A, Ring A P, Immeyer J, et al. Multidirectional activity of bakuchiolagainst cellular mechanisms of facial ageing-Experimental evidence for a holistic treatment approach[J]. Int. J. Cosmet. Sci., 2022, 44(3): 377-393.

第 13 章

ESR 在心脏病研究中的应用

心脏病是一种高致死率的疾病.缺血再灌注损伤会引起和加重人类很多严重疾病,如心脏病、中风、风湿性关节炎、运动损伤及器官的保存和移植.近来的研究结果表明,组织的缺血再灌注损伤与自由基有着密切关系.本章将较详细地讨论和分析几种组织缺血再灌注损伤和自由基的关系,重点讨论心肌缺血再灌注损伤.

13.1 ESR 研究心肌缺血再灌注损伤和氧自由基

1973 年,Ahren 和 Hayland 用 SOD 有效保护了小肠缺血再灌注引起的损伤.[1] SOD 在体内除了清除 · O_2^- 外,没有其他功能,这就首先表明了氧自由基可能是引起小肠缺血再灌注损伤的原因.又根据小肠黏膜中黄嘌呤脱氢酶非常丰富,经过进一步研究,提出了缺血再灌注损伤的氧自由基假说,认为在非缺血情况下,组织中黄嘌呤氧化酶活性很低,在缺血时,黄嘌呤脱氢酶被水解转化成黄嘌呤氧化酶,同时三磷酸腺苷 ATP 分解为黄嘌呤氧化酶的底物次黄嘌呤,并聚积在组织中.在无氧条件下,黄嘌呤氧化酶的活性很低,在再灌注过程中黄嘌呤氧化酶的另一个底物氧气得到突然大量供应,黄嘌呤氧化酶活性剧增，次黄嘌呤被迅速氧化，氧气被还原生成 $\cdot O_2^-$，并进一步歧化生成过氧化氢；然后经 Fenton 反应，生成毒性更大的 ·OH 进攻细胞成分，造成细胞损伤.

冠状动脉硬化形成血栓，产生局部缺血，心肌梗塞，最后导致心肌坏死. 使用药物和机械方法将血栓溶解或除去，理应获得治疗效果，但却常常带来更加严重的再灌注损伤. 近年来的研究发现，一些自由基清除剂对心肌缺血再灌注损伤具有一定保护作用，因而提出了心肌缺血再灌注损伤可能来自自由基.[2-19]最近，国内外一些研究者和医学工作者用 ESR 技术直接测定了心肌缺血再灌注产生的自由基(主要是用低温 ESR 技术和自旋捕集技术). 本节就这些研究的方法、结果和存在的问题给予总结.

13.1.1 低温 ESR 技术

方法很简单，将心肌样品立即放入液氮中，直接在液氮温度或接近液氮温度(<100 K)下测量 ESR 波谱. 这是因为心肌缺血再灌注产生的自由基寿命短，常温会很快衰变消失，低温可以延长其寿命；另外，心肌是含水样品，常温对微波吸收太大，无法测量. 有三种方法将心肌样品装入 ESR 样品管：一是将心肌在液氮温度下研成粉末装入样品管；二是将心肌在冰上迅速剪成长条装入样品管；三是制造一种特殊采样器将心肌直接采集并冷却成样品管的形状. 这样测量的 ESR 波谱是强固定化各向异性的 ESR 波谱.

13.1.2 自旋捕集技术

将自旋捕集剂加入再将灌注液一起灌注缺血心肌，或者在缺血再灌注前注射到体内，捕集产生的自由基，形成寿命较长的自旋加合物. 目前，使用的自旋捕集剂主要有两种：一是 PBN，二是 DMPO.

13.1.3 实验结果

1. 兔心肌缺血再灌注产生的自由基和复方丹参对自由基的清除作用

兔心肌在 15～18 ℃缺血 150 min，有氧再灌注 15 s，在 100 K 时测量的 ESR 波谱如图 13.1 所示. 它由三个成分组成：一个由 $g=2.0390$ 和 $g=2.0050$ 两个信号组成；第二个为 $g=2.0047$ 的信号；第三个为 $g=1.9370$ 的信号.

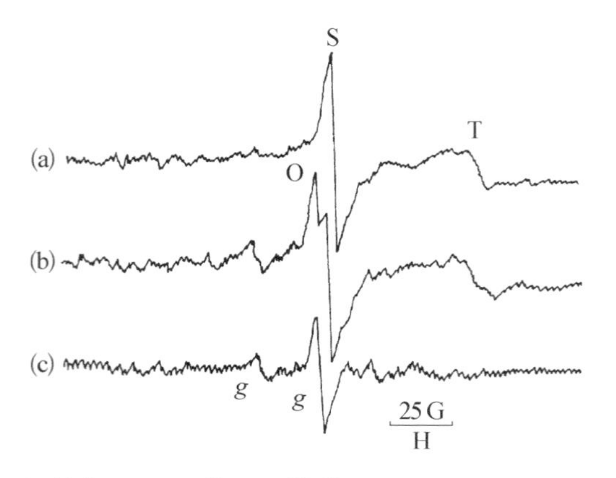

图 13.1　兔心肌在 15～18 ℃缺血 150 min 的 ESR 波谱图
(a) 有氧再灌注 15 s;(b) 在 100 K 时测定的 ESR 波谱.(c)为(a)和(b)的差谱.

为了对这些信号进行归属,首先检查它们的热稳定性.结果发现,当温度升高到 223 ℃时,第一、第三个信号下降并消失,第二个信号基本保持不变,这是和氧自由基、过渡金属离子及半醌自由基的 ESR 信号的热稳定性是一致的.通过研究这几个 ESR 信号的饱和功率发现,第一、第三个信号到 10 mW 仍未出现饱和,而第二个信号在 2 mW 时就出现了饱和,这也是与氧自由基、过渡金属离子及半醌自由基的 ESR 信号的饱和特性是一致的.为了进一步证实上述自由基的辨认,在灌注液中加入自由基特异清除剂 SOD 或过氧化氢酶.结果发现,加入 SOD 之后,相应氧自由基的 ESR 信号全部消失.这说明该组 ESR 信号确实来自与 $\cdot O_2^-$ 有关的自由基.加入过氧化氢酶,相应氧自由基的信号有所下降,但没有完全消失.这说明该信号与过氧化氢和 ·OH 也有关系.综合以上结果,可以把第一个 $g=2.039\,0$ 和 $g=2.005\,5$ 的信号归结为氧自由基,它可能是 $\cdot O_2^-$ 在心肌中的一种结合状态或由此引起的过氧自由基;第二个 $g=2.004\,7$ 的信号可能是醌类自由基;第三个 $g=1.937\,0$ 的信号可能是过渡金属离子的蛋白复合物(Fe-S 蛋白)的贡献.[2-3]

在灌注液中加入对心肌有保护作用的复方丹参,相应氧自由基的 $g=2.039\,0$ 和 $g=2.005\,5$ 的信号完全消失.这说明复方丹参和 SOD 一样可以清除心肌缺血再灌注产生的氧自由基并通过这一途径保护心肌.[4]

Zweier 等人在低温用 ESR 测试了缺血再灌注心肌粉末的 ESR 信号.利用计算机处理等技术,发现相对正常心肌缺血使自由基增加了约 30%,缺血再灌注增加了约 2 倍,并提出了心肌缺血再灌注产生了氧自由基、半醌自由基和含氮自由基.[5-6]

2. 大鼠心肌缺血再灌注产生的自由基和药物对氧自由基的清除作用

大鼠心肌缺血 30 min 再灌注 15 s 在 100 K 时测定的 ESR 波谱与兔心肌的类似.加入 SOD、辅酶 Q 和金属硫蛋白可明显清除产生的氧自由基.联合使用 SOD 和钙拮抗剂硫氮卓酮可以清除心肌缺血再灌注产生的氧自由基.[7-9]

3. 用自旋捕集技术研究心肌缺血再灌注产生的自由基和药物对自由基的清除作用

笔者所在研究组用自旋捕集技术研究了心肌缺血再灌注产生的自由基和药物对自由基的清除作用.用自旋捕集剂 PBN 捕集到大鼠心肌缺血再灌注产生的自由基,如图 13.2 所示.它的 ESR 波谱由 2×3 的六条谱线组成,其中 $a_N = 14$ G, $a_H = 2$ G,是由缺血再灌注产生的氧自由基及与心肌细胞膜反应产生的脂类自由基与 PBN 加合而成的.加入 SOD 和金属离子络合物去铁敏可明显使这一信号减小,说明这一信号是由缺血再灌注产生的 · O_2^- 及 · OH 引起的.[10]

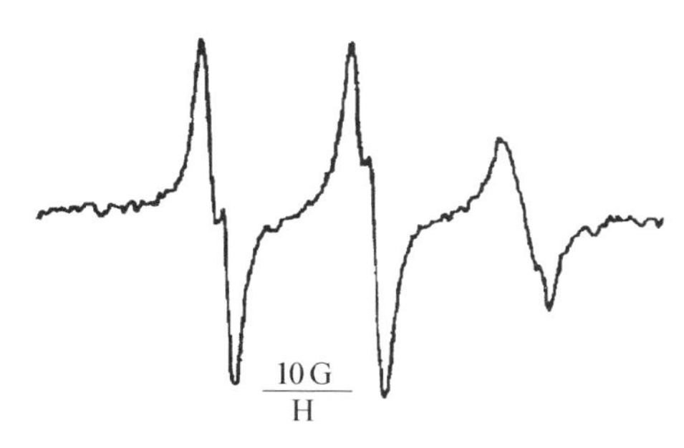

图 13.2　用 PBN 捕集的大鼠心肌缺血再灌注产生的自由基的 ESR 信号

利用这一方法检测了可逆缺血再灌注损伤过程产生自由基的动力学,发现再灌注刚开始和 3 min 左右出现两次自由基高峰.与此对应,表示心肌损伤的肌酸激酶(CK)的释放也出现两个高峰,只是第二个高峰比自由基出现的晚 30 s,它们可能分别对应缺血和灌注损伤.[11]用 DMPO 捕集大鼠缺血再灌注心肌产生的自由基,得到了 DMPO—OH 的信号.用 SOD 可以清除这一信号,因此提出缺血再灌注产生了 · O_2^- .有人还检测到碳中心自由基与 DMPO 加合物 DMPO—R 的 ESR 波谱,这是氧自由基与心肌反应产生的脂类自由基.[12-13]

13.1.4　心肌缺血再灌注产生自由基的来源[14]

1. 黄嘌呤氧化酶体系

在心肌缺血再灌注过程中,黄嘌呤脱氢酶在钙和蛋白水解酶的催化下转化成黄嘌呤氧化酶,ATP 转化成次黄嘌呤.再灌注时突然得到大量氧气供应,黄嘌呤氧化酶活性剧增,次黄嘌呤很快被氧化,同时氧气被还原成 · O_2^- .在体液微量铁离子的催化下产生过氧化氢和 · OH,对心肌造成严重损伤.这一假说似乎可以很好地解释心肌缺血再灌注产生氧自由基的机理,也得到了一些实验的证实.但是兔和人的心肌中黄嘌呤脱氢酶和氧化酶的活性很低,兔心肌中几乎检测不到,人心肌只有大鼠的千分之一,因此根据实验事实提出了另一个来源.

2. 线粒体呼吸链系统

在兔心肌缺血再灌注时得到了半醌自由基,半醌自由基可以和氧气反应产生·O_2^-.在实验中发现,缺血再灌注产生自由基时,相应半醌自由基的ESR信号相对减少.因此,假设兔心肌缺血再灌注损伤产生的自由基可能来自心肌线粒体呼吸链上泛醌的氧化还原反应.

3. 多形核白细胞体系

缺血再灌注产生自由基的另一个来源可能是多形核白细胞的侵入和激活.多形核白细胞在吞噬和受刺激时产生呼吸,爆发释放大量自由基.用过量的维生素D_3造成心肌缺血损伤模型,研究了多形核白细胞在心肌缺血再灌注产生的氧自由基的作用,发现在多形核白细胞存在时,缺血损伤心肌比正常心肌产生氧自由基大43%左右.这比无多形核白细胞心肌增加65%左右.说明心肌缺血过程氧自由基的一个重要来源是多形核白细胞在心肌中的聚积和活化.[15] Romson等人用兔抗血清减少狗心肌中的多形核白细胞,可以降低心肌缺血再灌注损伤43%左右.[16]

13.1.5 存在的问题和分歧

虽然很多实验室用ESR研究缺血再灌注心肌产生氧自由基,但是关于样品的制备、测量方法及谱线的归属等都还存在一些分歧和争论.

1. 样品制备

有人在低温环境下用ESR做了类似实验,只测到$g=2.0045$的半醌信号,而且在缺血心肌中这一信号减少,再灌注时增大,因此提出其他信号都是样品制备过程中产生的人为信号.为了解决这一问题,不少人做了一系列工作.首先,将心肌在液氮温度下研磨2 min成2 mm直径的颗粒,这时只观察到$g=2.0045$的信号.然后,将心肌再研磨10 min成0.2 mm的颗粒,这时ESR波谱上出现了另外两个信号.在研磨时若充氧,这两个信号明显增加,说明在心肌样品制备、机械粉碎过程和氧浓度的大小均可能引起一些人为信号,减少样品粉碎过程可以减少人为信号.用取样器在低温时一次将心肌取成和样品管大小一样的尺寸,基本可以避免这些人为信号.[17]

2. 在低温时检测氧自由基的ESR信号

在低温时能检测到氧自由基的ESR信号吗?对这个问题的答案是肯定的.早在几年前,人们就在液氮温度下测到了黄嘌呤和黄嘌呤氧化酶产生的·O_2^-的ESR信号

($g_{\parallel}=2.06\sim2.08$，$g_{\perp}=2.0050$).[18]用产生·OH的Fenton反应体系加入灌注液，再灌注心肌的ESR信号明显增大.这说明在接近液氮温度下用ESR可以检测氧自由基，但这一信号随温度升高是极不稳定的.

3. 来自氧自由基的ESR信号

黄嘌呤氧化酶体系产生·O_2^-的ESR信号$g=2.06\sim2.09$，而心肌缺血再灌注产生的氧自由基$g=2.026\sim2.039$，如何解释这一区别呢？氧自由基的g因子是随环境不同而有所改变的，而且在心肌中测定的ESR信号并不是·O_2^-和羟基本身，而是它们与细胞成分结合或反应产物的信号.有人将$g=1.9370$和$g=2.026$的信号归结为铁硫蛋白.在很多心肌中，只观察到了$g=1.9370$而无$g=2.026$的信号，在灌注液中加入SOD或氧自由基清除剂，$g=2.026$的信号明显减少；而$g=1.937$的信号不受影响.这说明两个信号不一定是来自同一顺磁中心，同时也说明$g=2.026$的信号与氧自由基有关，而$g=1.937$的信号与氧自由基关系不大.[19]

4. 用自旋捕集技术研究心肌缺血再灌注产生自由基存在的问题

有些研究者认为用自旋捕集技术研究心肌缺血再灌注产生的自由基比较可靠，但是也存在一些问题.首先，自旋捕集剂DMPO对光、热和氧气都比较敏感，实验时稍不注意就会产生人为信号，干扰实验结果.因为灌注液需要一定浓度的氧气和温度，在这个环境下要保证不产生人为信号是很困难的；另外，灌注液中还会含有少量铁离子，也会使自旋捕集剂产生人为信号.

5. 用ESR检测心肌缺血再灌注产生氧自由基的定量问题

在低温环境下测量的心肌缺血再灌注产生氧自由基的ESR信号是各向异性的，而且有些信号互相重叠，给定量测定带来很大困难.有人将所有信号一起积分表示产生自由基的浓度，这一方法不能区分哪些是氧自由基，同时谱线噪声和不对称也会带来很大误差.有人直接测量$g=2.026\sim2.039$的信号高度代表氧自由基，但这会由于样品量的多少和紧密程度不同而带入误差.有人采用$g=2.026\sim2.039$的信号与$g=2.0047$的信号比表示氧自由基的浓度，这样可以减少样品带入的误差，但由于$g=2.0047$和$g=2.0050$信号的重叠使这一参数的物理意义并不清楚.

13.2 ESR研究NO·和心脏病

NO·具有重要生物功能，它既是内皮细胞松弛因子(EDRF)[20-21]，能抑制血小板凝聚,又是自由基,具有自由基的两面性.即除了生物功能以外,它还具有反应性强和细胞毒性,对心血管既有保护作用又有损伤作用.NO·的“双刃剑”作用在这里体现得非常清楚.心脏病特别是心肌缺血再灌注损伤与NO·的关系引起人们广泛的关注和兴趣,不仅用生理生化方法进行了研究,而且也用ESR技术研究了缺血再灌注过程产生的NO·.[22-23]本节将讨论利用三种不同方法研究离体和在体缺血再灌注损伤中产生的NO·及其作用,心肌细胞缺氧再给氧产生的NO·的信号转导作用,以及银杏黄酮和知母宁等天然抗氧化剂对NO·的调节作用和对心肌的保护作用.

13.2.1 离体心脏缺血再灌注产生的NO·

离体心脏缺血再灌注是研究心脏病的重要模型,广泛用于各种研究中,取得了一系列重要结果.本节将讨论利用血红蛋白作为NO·的自旋捕集剂测定和研究大鼠心脏缺血再灌注产生的NO·.NO·与血红蛋白的结合能力比CO高1 000倍[24],人们很早就利用它的这一特点作为含铁蛋白的ESR探针,因此有不少关于研究NO·与含铁蛋白结合的ESR信息.这一技术一个突出优点是它只给出这一复合物的ESR信息而不受细胞和组织中大量逆磁性物质的干扰,是一种既灵敏又特异的检测NO·技术.笔者所在研究组用这一技术研究了肾缺血再灌注产生的自由基,在肾缺血1 h再灌注1 min的情况下,于腔静脉血和缺血24 h的肾组织中检测到了NO·结合到血红蛋白铁上的ESR信号.[25]这里讨论应用这一技术研究离体心肌缺血再灌注损伤过程中产生NO·的机理,特别是NO·和氧自由基在心肌缺血再灌注所致心肌损伤中的协同作用.

13.2.2 利用血红蛋白测定NO·

图13.3为NO·结合到血红蛋白不同亚基上的ESR波谱.它们主要由两种波谱成分组成,$g=2.080$的宽峰和$g=2.010$的三重峰($a_N=1.57$ mT)来自一个自旋复合体,它为NO·结合到血红蛋白α-亚基铁上的ESR信号(α-NO复合物).$g=2.040$和$g=2.015$的单峰来自另一个自旋复合体,它为NO·结合到血红蛋白β-亚基铁上的ESR信号(β-NO复合物).[26]图13.3(a)主要是NO·结合到血红蛋白α-亚基上的信号(90% α/10% β),图13.3(b)为NO·部分结合到血红蛋白α-亚基和部分结合到血红蛋白β-亚基上的信号(30% α/70% β),图13.3(c)主要是NO·结合到血红蛋白β-亚基上的信号(90% β/10% α).用ESR在低温环境下检测与含铁蛋白结合的NO·是一个灵敏且特异的方法,能分辨NO·是结合到血红蛋白铁还是非血红蛋白铁上,是结合到血红蛋白的α-亚基还是β-亚基上,是五配位体还是六配位体,结合状态是R态(氧合的或高亲和状态)还是T态(脱氧的或低亲和状态).[26-27]

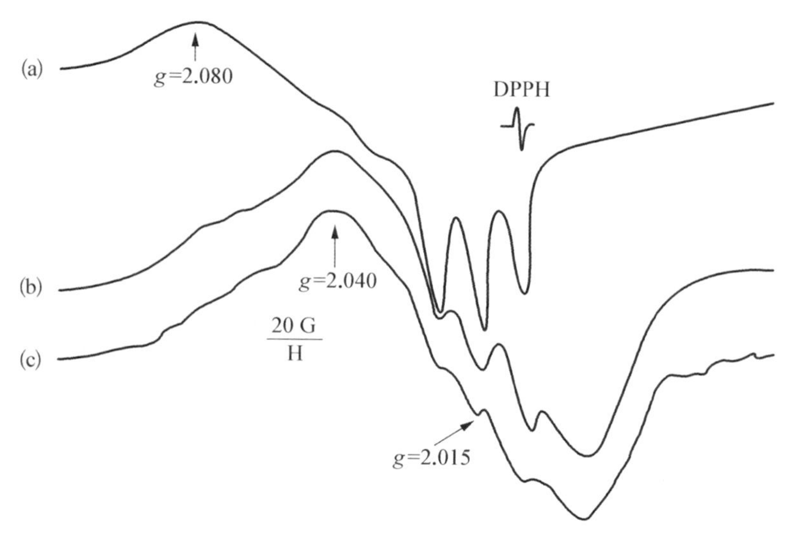

图 13.3 NO·结合到血红蛋白不同亚基上的 ESR 波谱

(a) 主要是 NO·结合到血红蛋白 α-亚基上的信号(90% α/10% β);(b) NO·部分结合到血红蛋白 α-亚基和部分结合到血红蛋白β-亚基上的信号(30% α/70% β);(c) 主要是 NO·结合到血红蛋白 β-亚基上的信号(90% β/10% α).

13.2.3 离体心肌缺血再灌注产生的 NO·

一般都是按 Langendorff 法进行离体心肌缺血再灌注实验的,[28]它以改良的 Krebs-bicarbonate 缓冲液(124 mmol/L NaCl, 19.5 mmol/L $NaHCO_3$, 4.7 mmol/L KCl, 2.5 mmol/L $CaCl_2$, 1.2 mmol/L K_2HPO_4, 1.2 mmol/L $MgSO_4$, 0.5 mmol/L EDTA-Na, 10 mmol/L glucose, 95%O_2, 5% CO_2, pH=7.4, 37 ℃)预灌注 10 min,使心脏跳动正常,作为正常组;在预灌注液中加 L-精氨酸,作为正常加 L-精氨酸组;正常心脏停止灌注 120 min,作为缺血组(因为在短时间缺血的可逆损伤心肌中,用 ESR 技术很难检测到产生的 NO·,因此这里采用 120 min 缺血是为了检测不可逆损伤心肌产生的 NO·);缺血心脏用灌注液再灌注 10 min,作为缺血再灌注组;在再灌注液中加一氧化氮合酶底物 L-精氨酸(100 mmol/L),作为缺血再灌注加 L-精氨酸组;在再灌注液中加入一氧化氮合酶抑制剂 L-NAME(100 mmol/L),作为缺血再灌注加 L-NAME 组;在再灌注液中加 SOD(500 U/mL)和 CAT,作为缺血再灌注加 SOD/CAT 组;在再灌注液中加 100 mmol/L X/(0.09 U/mL) XO,作为缺血再灌注加黄嘌呤/黄嘌呤氧化酶(X/XO)组;在再灌注液中加 100 mmol/L Fe^{2+}/H_2O_2,作为缺血再灌注加 Fe^{2+}/H_2O_2组.再灌注一开始就收集冠脉流出液,以测定乳酸脱氢酶(LDH)和肌酸激酶(CK)活性.实验完成后，立即将心肌组织装入内径为 2 mm、长度为 2.5 cm 的塑料管中，并迅速放入液氮中待 ESR 测试.

正常心肌、缺血再灌注心肌、缺血再灌注心肌加 100 mmol/L 精氨酸，以及缺血再灌注心肌加 100 mmol/L L-NAME 的 ESR 波谱如图 13.4 所示. 由图可以看出，正常心肌在低温环境下的 ESR 波谱只有 $g=2.0050$ 和 $g=1.937$ 处分别对应半醌自由基和金属离子两个峰. 加入不同浓度 L-精氨酸并没有使所得 ESR 波谱发生变化. 而在缺血再灌注心肌的 ESR 波谱上，却出现了 $g=2.0400$ 和 $g=2.0300$ 两个小峰，$g=2.0400$ 的信号与上面检测的 β-NO 复合物完全一致，$g=2.0300$ 的信号与文献报道的心肌缺血再灌注产生的氧自由基一致.[29] 当在灌注液中加入 NO 合酶的底物 L-精氨酸时，$g=2.0400$ 的信号明显变大；相反，当加入 NO 合酶的底物抑制剂 L-NAME 时，$g=2.0400$ 的信号明显变小，进一步证明了这一信号来自心肌缺血再灌注产生的 NO·.

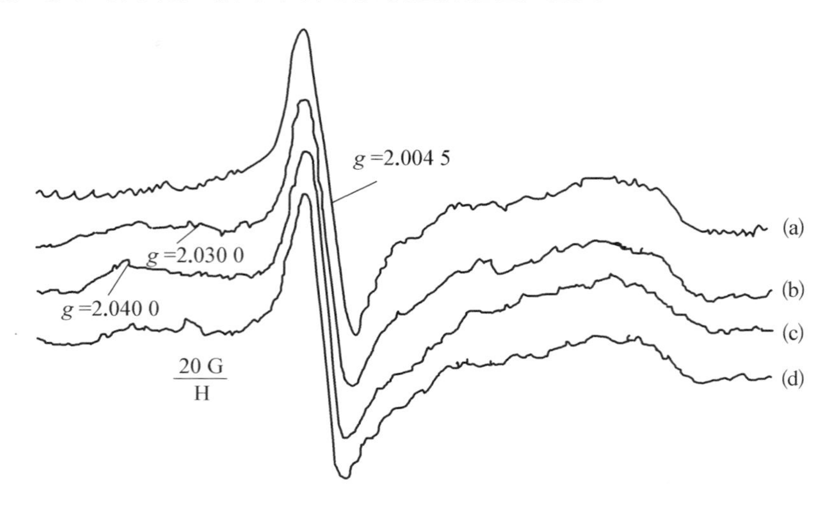

图 13.4　离体大鼠心脏缺血再灌注产生的 NO· 的 ESR 波谱

(a) 正常心肌；(b) 缺血再灌注心肌；(c) 在灌注液中加入 L-精氨酸的缺血再灌注心肌；(d) 在灌注液中加入 L-NAME 的缺血再灌注心肌在 100 K 时的 ESR 波谱.

在体内形成 NO· 或 NO· 与含铁蛋白复合物有两类过程：一类是极端条件，如急性毒性、坏死、肿瘤和急性暴露到致癌的芳香胺的组织，或缺血再灌注损伤的血液中的 ESR 信号，主要表现为 NO· 与血红蛋白 α-亚基铁结合的 α-NO 复合物的信号；另一类是由细胞和血管系统产生的 NO·，如巨噬细胞、内皮细胞和神经细胞等产生的 NO·，主要表现为与血红蛋白 β-亚基或非血红蛋白铁结合的 β-NO 复合物的信号. 这里看到的就是 β-NO 复合物的 ESR 波谱，说明这里的 NO· 主要是由心肌血管系统的内皮细胞产生的.

在各种条件下 $g=2.0300$ 和 $g=2.0400$ 的 ESR 信号的相对强度如表 13.1 所示. 由表中的数据可以看出，在正常心肌加入 L-精氨酸也没有检测到 NO· 产生，在缺血和缺血再灌注的心肌中就有 NO· 产生. 在缺血再灌注损伤的心肌中加入 L-精氨酸，使心肌中产生的NO·进一步增加,同时氧自由基的信号也随着增加,而且它们是随加入的L-精氨酸的浓度增加而同步增加的.

目前,已知在感染、炎症、缺血再灌注等病理过程中一氧化氮合酶催化L-精氨酸的脱胍基生成NO·,NO·通过内皮细胞松弛因子的作用扩张血管,抗血小板凝聚,改善微循环.同时NO·具有细胞毒作用,NO损伤细胞的主要机制是破坏含铁蛋白(包括线粒体电子传递链、顺乌头酸酶、核苷酸还原酶),形成铁-硝基蛋白复合物.[30]用低温ESR方法在缺血再灌注心肌检测到 $g=2.0400$ 的信号,可能是缺血再灌注造成线粒体损伤释放含铁蛋白,而缺氧再给氧损伤造成的心肌血管内皮细胞释放NO·,两者结合生成铁硝基蛋白复合物,所以 $g=2.0400$ 的信号与心肌损伤程度相一致.此外,缺血再灌注造成大量氧自由基产生,NO·与氧自由基结合生成 $ONOO^-$,后者进一步造成心肌细胞的损伤.

13.2.4 离体心肌缺血再灌注产生NO·对LDH和CK释放的影响

以酶动力学方法,用Biomenuieux标准试剂盒在HITACHI 7150全自动生化分析仪上测定冠脉流出液的LDH和CK活性.表13.1显示不同条件下心肌缺血再灌注流出液中的LDH和CK活性.由表中的数据可以看出,正常心脏的灌注流出液中只含有少量的LDH和CK活性.在正常心肌中加入L-精氨酸(1～100 mmol/L)并没有使灌注流出液中的LDH和CK活性增加,说明L-精氨酸对正常心脏没有损伤作用.缺血再灌注流出液中的LDH和CK活性明显高于正常心肌流出液中的LDH和CK活性,说明缺血再灌注确实损伤了心肌.在再灌流液中加入低浓度L-精氨酸(1 mmol/L),灌注流出液中的LDH和CK活性降低,说明对心肌有一定保护作用,但当加入高浓度的L-精氨酸(100 mmol/L)时,灌注流出液中的LDH和CK活性明显增加,说明对心肌损伤作用明显增大,而且存在量效关系.在灌注液中加入L-NAME(100 mmol/L)也可以明显减少灌注流出液中的LDH和CK活性,说明抑制NO·也可以明显保护缺血再灌注损伤心肌.

13.2.5 缺血再灌注损伤氧自由基和NO·的协同作用

图13.5为在再灌注液中分别加入L-精氨酸(100 mmol/L),SOD/CAT(500 U/mL),黄嘌呤(100 mmol/L)/黄嘌呤氧化酶(X/XO, 0.09 U/mL)及 Fe^{2+}/H_2O_2(100 mmol/L)后,缺血再灌注心肌在低温环境下的ESR波谱.加入SOD/CAT之后,$g=2.0400$ 和 $g=2.0300$ 的信号几乎全部消失,而加入黄嘌呤/黄嘌呤氧化酶和 Fe^{2+}/H_2O_2 的心肌在 $g=2.0400$ 处出现了一个很大的信号,不仅如此,在 $g=2.0300$ 处的峰

表 13.1　大鼠离体缺血再灌注心肌产生的 NO· 和 $\cdot O_2^-$ 及释放的 LDH 和 CK

组　　别	NO·	$\cdot O_2^-$	LDH	CK
N($n=5$)	0	0	4.0±1.1	2.7±1.2
N+LA1($n=5$)	0	0	4.2±1.2	2.5±1.0
N+LA10($n=5$)	0	0	4.0±1.0	2.6±1.2
N+LA100($n=5$)	0	0	3.9±1.4	2.7±1.2
I($n=10$)	5.7±2.8*	4.1±2.7*	—	—
IR($n=10$)	7.5±3.2*+	5.8±1.0*+	25.5±5.8*	16.0±4.6*
IR+NAME($n=10$)	5.9±1.1*#	4.5±1.0*#	7.8±1.9*#	6.3±2.3*#
IR+LA1($n=10$)	6.0±1.1*	4.6±1.0*	14.3±2.8*#	9.2±2.9*
IR+LA10($n=10$)	8.1±2.6*	5.8±1.4*	31.6±8.0*	18.0±2.6*
IR+LA100($n=10$)	10.7±2.5*#	6.7±2.7*	46.7±7.8*#	25.9±7.4*
IR+SOD/CAT($n=5$)	2.9±1.0*#	2.9±0.8*#	6.0±2.3*#	5.6±2.5*#
IR+X/XO($n=5$)	20.2±4.3*#	16.0±2.8*#	85.0±5.6*#	71.0±12.6*#
IR+Fe^{2+}/H_2O($n=5$)	20.5±3.5*#	16.5±9.1*#	113.0±18.3*#	85.5±10.5*#

注：N，正常；IR，缺血再灌注；LA1，1 mmol/L L-精氨酸；LA10，10 mmol/L L-精氨酸；LA100，100 mmol/L L-精氨酸；NAME，100 mmol/L 硝基精氨酸；X/XO，黄嘌呤/黄嘌呤氧化酶；SOD/CAT，超氧化物歧化酶/过氧化氢酶；* 表示 $p<0.05$ 与对照组比；# 表示 $p<0.005$ 与 IR 比；+ 表示 $p<0.005$ 与 I 比.

值也随之增大.由表13.1的数据也可以看出,在灌注液中加入SOD/CAT可以明显减少灌注流出液中的LDH和CK活性,说明对缺血再灌注心肌损伤有明显保护作用;在灌注液中加入X/XO或Fe^{2+}/H_2O_2,使灌注流出液中的LDH和CK活性明显增加,表明它们能增加心肌缺血再灌注损伤.这些结果说明NO·和氧自由基在心肌缺血再灌注损伤过程中具有协同作用.

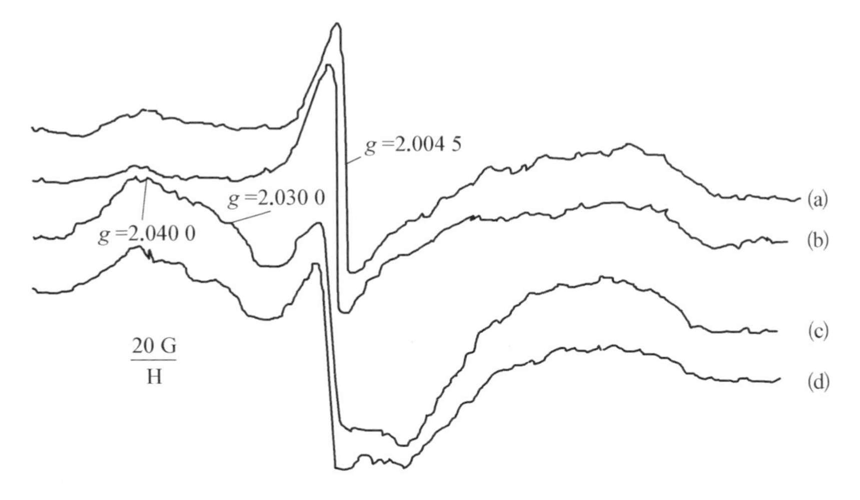

图13.5 离体大鼠心脏缺血再灌注产生的NO·的ESR波谱

(a) 在灌注液中加入L-精氨酸缺血再灌注心肌;(b) 在灌注液中加入SOD/CAT的缺血再灌注心肌;(c) 在灌注液中加入黄嘌呤/黄嘌呤氧化酶的缺血再灌注心肌;(d) 在灌注液中加入H_2O_2/Fe^{2+}缺血再灌注心肌在100 K时的ESR波谱.

13.2.6 离体心肌缺血再灌注的心肌细胞形态学变化

心脏再灌注后,心肌组织立即以2.5%戊二醛(0.1 mol/L二甲基胂酸钠缓冲液配制)和1%多聚甲醛固定2 h,然后以0.1 mol/L二甲基胂酸钠缓冲液配制的四氧化锇酸固定2 h,乙醇梯度脱水,环氧树脂包埋,超薄切片,醋酸铀和柠檬酸铅双染色,在透射电镜下观察.

图13.6显示了缺血再灌注心肌细胞的电镜观察结果.正常心肌细胞核的染色质分布均匀,形态正常,线粒体结构完整(图13.6(a)).缺血再灌注后细胞核出现染色质浓缩,沿核膜分布,形成典型的凋亡细胞核的形态特征,线粒体出现嵴断裂、空泡化和线粒体膜结构破坏(图13.6(b)).加入SOD/CAT或L-NAME的缺血再灌注心肌细胞核仍有染色质浓缩和沿核膜分布现象,但是程度均明显减轻,同时线粒体结构完好,无嵴断裂和空泡化现象(图13.6(c)和(d)).这说明SOD/CAT或L-NAME并不能完全阻止细胞凋

亡的发生，但能减轻细胞核和线粒体的损伤程度，延缓细胞凋亡的发生. 结果提示，氧自由基和 NO· 参与了缺血再灌注心肌细胞凋亡的发生过程.

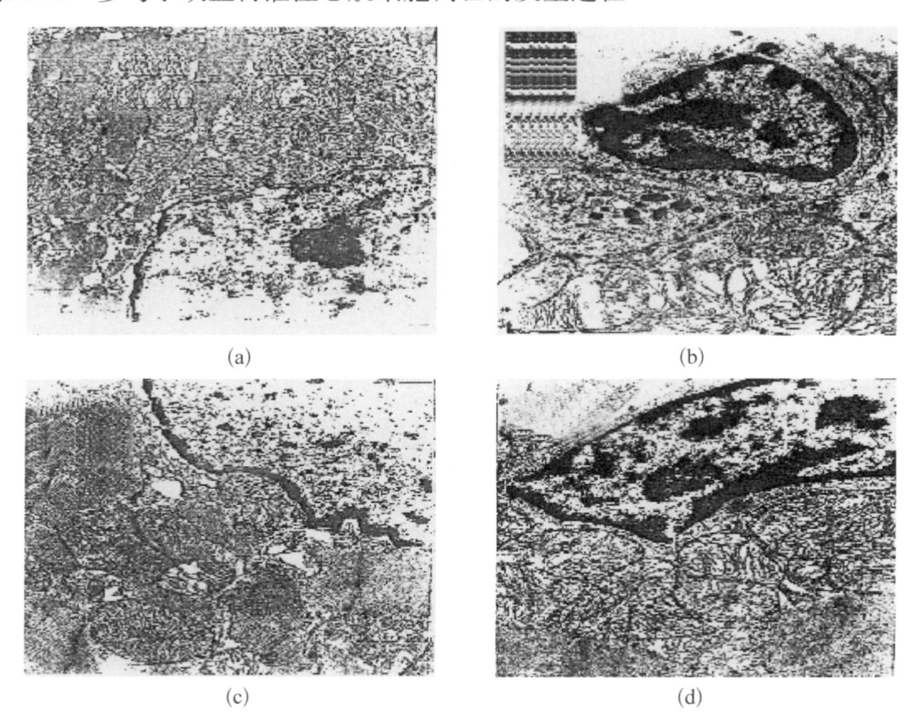

图 13.6　大鼠缺血再灌注心肌细胞电镜图
(a) 正常心肌；(b) 缺血再灌注心肌；(c) 在灌注液加入 SOD/CAT 缺血再灌注心肌；(d) 在灌注液加入 L-NAME 缺血再灌注心肌.

尽管正常血液和心血管组织也可能释放 NO·，但利用 ESR 检测结合到含铁血红蛋白上的 NO· 的灵敏度有限，这一技术一直检测不到这一基础水平的. NO·[31-32] 即使加入过量的 L-精氨酸也检测不到有 NO· 生成，只有在缺血再灌注损伤的心肌中才能检测到生成的 NO·，而且 NO· 的生成量随加入 L-精氨酸的浓度增加而增加. 由标志心肌损伤的灌注流出液中的 LDH 和 CK 活性也可以看出，随着加入 L-精氨酸浓度的增加，心肌损伤也越来越严重. 有文献报道，缺血再灌注过程产生的 NO· 对心肌有保护作用.[33] 从表 3.1 中的数据可以看出，加入 1 mmol/L L-精氨酸，确实使灌注液中的 LDH 和 CK 活性下降了. 也就是说，心肌损伤减少了；但是再检查产生的 NO· 的量也减少了. 仔细阅读这些文献，发现它们并没有检测 NO· 的生成量，只是把加入 L-精氨酸作为产生 NO·，然后测量心肌的功能，而且所用 L-精氨酸的浓度也比较低，或者是外源提供的 NO·.[34] 另外，也有报道加入 L-精氨酸可以增加心肌缺血再灌注损伤和脑细胞缺氧再给氧损伤.[35] 综合起来考虑，也许可以这样说，低浓度的 L-精氨酸对心肌缺血再灌注损伤的确有保护作用，但是否通过产生 NO· 的机理还需进一步研究. 因为这里检测的 NO· 生成量减少了.但是这一方法只能检测和含铁蛋白结合的NO·,是否还有游离的NO·或其他形式的NO·存在,这需要多种实验方法加以研究和证实.从这些数据可以看出,在心肌缺血再灌注过程中,高剂量的L-精氨酸肯定产生高浓度的NO·,同时也引起更严重的心肌损伤.在灌注液中加入NOS抑制剂L-NAME,可使缺血再灌注心肌中产生的NO·减少,灌注流出液中的LDH和CK活性也明显降低,心肌损伤减轻.此外,从形态学角度看,缺血再灌注后细胞核出现染色质浓缩,沿核膜分布,形成典型的凋亡细胞核的形态特征;线粒体出现嵴断裂、空泡化和线粒体膜结构破坏,加入NOS抑制剂L-NAME虽然不能完全阻止细胞凋亡的发生,但能减轻细胞核和线粒体的损伤程度,延缓细胞凋亡的发生.这也说明了NO·的产生是与心肌缺血再灌注损伤联系在一起的.

很多实验证明氧自由基在心肌缺血再灌注损伤过程中起着重要作用,[36] SOD和CAT可以有效保护心肌缺血再灌注损伤.[30]这里的结果也清楚地表明了这一点.在灌注液中加入X/XO或Fe^{2+}/H_2O_2,均使灌注流出液中的LDH和CK活性明显增加,心肌损伤明显加剧.在灌注液中加入SOD和CAT,使灌注流出液中的LDH和CK活性明显降低,心肌损伤明显减轻.再看心肌中的NO·和氧自由基的含量,即ESR波谱中$g=2.0400$和$g=2.0300$处的峰值,在灌注液中加入X/XO或Fe^{2+}/H_2O_2可使心肌中的NO·和氧自由基明显增加,在灌注液加入SOD和CAT可使心肌中的NO·和氧自由基明显减少.从形态学角度看,加入SOD/CAT的缺血再灌注心肌的细胞核虽然仍有染色质浓缩和沿核膜分布现象,但是程度均明显减轻,同时线粒体结构完好,无嵴断裂和空泡化现象,说明SOD/CAT通过清除氧自由基减轻了线粒体和细胞核的损伤,延缓了细胞凋亡的发生.这也提示,氧自由基和NO·参与了缺血再灌注心肌细胞凋亡的发生过程.这清楚地表明,在心肌缺血再灌注过程中,NO·的产生和心肌的损伤是紧密相关的,同时也表明在心肌缺血再灌注损伤过程中,氧自由基和NO·是协同作用的.$\cdot O_2^-$可以和NO·反应,生成过氧亚硝基($ONOO^-$).[36-37]这是一种氧化性非常强的物质,在略低于生理pH条件下,它很容易产生羟基和NO_2自由基,导致细胞成分的氧化损伤.[38-40]心肌损伤反过来又增加NO·和氧自由基的产生,这可能就是在灌注液中加入X/XO或Fe^{2+}/H_2O_2,使心肌中的NO·和氧自由基平行地增加,及灌注流出液中的LDH和CK活性明显升高的原因.SOD可以催化歧化$\cdot O_2^-$生成H_2O_2,CAT可以使H_2O_2分解成对机体无害的H_2O和氧气,这样就减少了$\cdot O_2^-$与NO·反应生成过氧亚硝基的机会,因而减轻了对心肌的损伤,同时也降低了NO·的产生.

总之,在离体缺血再灌注损伤心肌细胞过程中,NO·显示出心肌细胞损伤效应为主,加入SOD/CAT或L-NAME能降低NO·和氧自由基的信号强度、抑制LDH和CK释放,保护缺血再灌注的心肌细胞形态结构.这说明NO·和氧自由基在心肌缺血再灌注损伤中具有重要作用.

13.3 ESR研究银杏黄酮对离体心肌缺血再灌注产生的NO·和·O_2^-的清除作用

银杏黄酮是由银杏叶提取物的特殊复合成分,它的主要成分是银杏黄酮糖甙和萜类.有报道银杏黄酮具有清除·O_2^-和·OH等自由基作用,[41-42]最近报道银杏黄酮具有抗再灌注心律失常和心功能损伤作用.[43-44]银杏黄酮在非细胞体系中具有清除NO·作用,[45]通过抑制脂多糖/γ-干扰素活化的巨噬细胞iNOS mRNA表达和iNOS酶活性而抑制NO·的生成.本节将讨论银杏黄酮灌注对离体缺血再灌注心脏NO·水平的影响,以探讨银杏黄酮对心脏保护效应的抗氧化机制.[27,34]

13.3.1 银杏黄酮对离体心肌缺血再灌注产生的NO·和氧自由基的清除作用

在低温环境下测定离体缺血2 h再灌注10 min的心肌,及在灌注液中加入银杏黄酮、SOD/CAT或L-NAME后心肌的ESR波谱.由ESR谱图测量的$g=2.04$和$g=2.03$信号强度如表13.2所示.由所得结果可以看出,与缺血再灌注相比,在灌注液中加入银杏黄酮和加入SOD、L-NAME都可以明显减少$g=2.04$和$g=2.03$的ESR信号.也就是说,银杏黄酮、SOD或L-NAME一样可以清除缺血再灌注心肌产生的NO·和氧自由基.

表13.2 银杏黄酮对缺血再灌注心肌的ESR波谱$g=2.04$和$g=2.03$自由基信号的清除作用

组　别	n	ESR信号($g=2.04$)	ESR信号($g=2.04$)
N	5	0	0
N+LA	4	0	0
IR	10	12.20±3.20	14.55±3.46
IR+LA	10	11.50±3.67	16.10±4.07
IR+L-NAME	10	6.40±2.50[a]	7.90±3.30[a]
IR+SOD/CAT	5	7.40±2.70[a]	8.90±3.50[a]
IR+LA+SOD/CAT	6	8.75±1.26[a]	10.25±1.26[a]
IR+EGb761	7	7.07±3.22[a]	9.93±3.35[a]
IR+LA+EGb761	6	8.00±1.87[a]	13.17±2.32[a]

注:N,正常;IR,缺血再灌注,LA,L-精氨酸;L-NAME,硝基化L-精氨酸;SOD,超氧化物歧化酶;CAT,过氧化氢酶. [a],和IR相比$p<0.05$.

13.3.2 银杏黄酮对离体缺血再灌注心肌的保护效应

银杏黄酮对离体缺血再灌注心肌的保护效应由冠脉流出液的 LDH 和 CK 活性来表示.表 13.3 和图 13.7 显示银杏黄酮对缺血 120 min、再灌注 10 min 的心脏冠脉流出液的 LDH 和 CK 活性的抑制作用.缺血再灌注后 LDH 和 CK 活性显著增强,银杏黄酮加入含或不含 L-精氨酸的灌流液灌注心脏,其 LDH 和 CK 活性显著降低,结果与 SOD/CAT 及 L-NAME 相似,提示银杏黄酮具有抑制缺血再灌注心肌损伤作用.

表 13.3 缺血再灌注心肌流出液中的 LDH 和 CK 活性及 EGb761 的影响

N	n	LDH	CK
N	5	4.00±1.10	2.70±1.20
N+LA	4	4.00±1.00	2.60±1.20
IR	10	34.67±7.23	32.00±5.97
IR+LA	10	36.25±8.36	34.50±8.38
IR+L-NAME	6	7.83±1.94[a]	6.33±2.34[a]
IR+SOD/CAT	5	11.00±2.92[a]	7.60±1.52[a]
IR+LA+SOD/CAT	6	6.00±2.37[a]	5.67±2.50[a]
IR+EGb761	7	13.14±2.61[a]	11.00±3.61[a]
IR+LA+EGb761	6	14.17±3.98[a]	13.50±4.86[a]

注:N,正常;IR,缺血再灌注;LA,L-精氨酸;L-NAME,硝基化 L-精氨酸;SOD,超氧化物歧化酶;CAT,过氧化氢酶. [a],和 IR 相比 $p<0.05$.

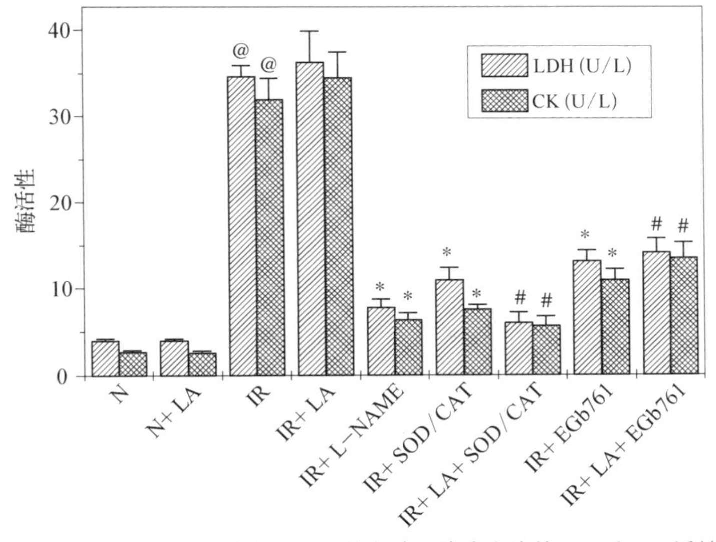

图 13.7 银杏黄酮对缺血 120 min、再灌注 10 min 的心脏冠脉流出液的 LDH 和 CK 活性的抑制作用

13.3.3 银杏黄酮对缺血再灌注心肌细胞超微结构的保护作用

图 13.8 的电镜照片显示缺血再灌注心肌的细胞核出现染色质浓缩，沿核膜分布，形成典型的凋亡细胞核的形态特征，线粒体出现嵴断裂、排列紊乱、空泡化和线粒体膜结构破坏(图 13.8(a)).加入 EGb761 灌注的缺血再灌注心肌的细胞核结构基本正常，线粒体结构完好，无嵴断裂和空泡化现象(图 13.8(b))，说明 EGb761 能显著保护缺血再灌注心肌细胞和抑制细胞凋亡的发生.

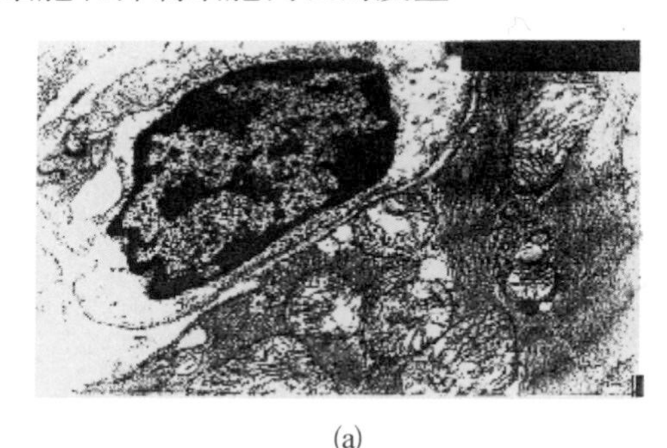

(a)

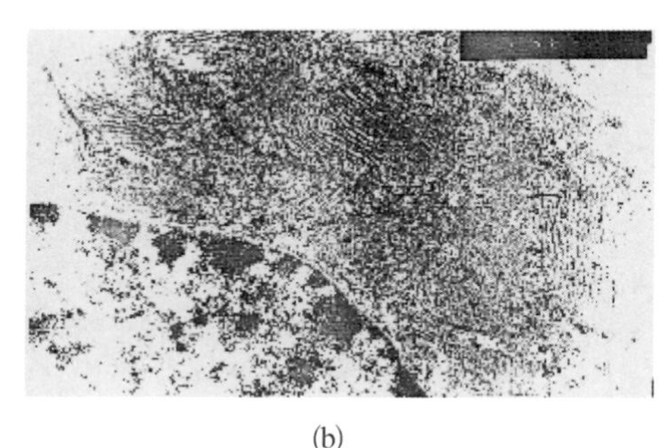

(b)

图 13.8 银杏黄酮对缺血再灌注心肌形态学的保护作用
(a) 缺血再灌注心肌；(b) 在灌注液中加入银杏黄酮的心肌.

13.3.4 银杏黄酮的过氧亚硝基的清除作用

过氧亚硝基($ONOO^-$)是 NO· 与 $\cdot O_2^-$ 细胞毒性的重要途径，NO· 和 $\cdot O_2^-$ 均为自由基，在生理 pH 条件下迅速反应生成 $ONOO^-$. $ONOO^-$ 在生理 pH 条件下不稳定，分解成为许多小分子毒性物质.由于 $ONOO^-$ 强氧化性，它对组织细胞可产生直接损伤，因其半衰期短，很难在组织中测定. $ONOO^-$ 在碱性溶液中与 luminol 反应能产生很强的发光现象，使用这种方法观察了银杏黄酮对碳酸盐溶液体系 $ONOO^-$ 氧化 luminol 发光的抑制作用.结果显示，银杏黄酮剂量依赖地抑制碳酸盐溶液体系 $ONOO^-$ 氧化 luminol 产生的化学发光，表明银杏黄酮对 $ONOO^-$ 氧化活性的抑制作用是其心血管保护机制之一(图 13.9).

文献中有不少关于银杏黄酮的抗氧化作用及心肌保护效应的报道，[41-42] 许多证据显示氧自由基在心肌缺血再灌注过程中起重要作用，[43] 血管内皮细胞是氧化损伤的靶器官，也是氧化损伤的来源.缺血再灌注激活黄嘌呤/黄嘌呤氧化酶体系(X/XO)产生 $\cdot O_2^-$. [44] 另外，银杏黄酮还能减少 X/XO 体系和 Fenton 反应体系生成的 $\cdot O_2^-$ 和 ·OH

所致的 luminol 化学发光强度，其效应呈剂量依赖关系. 银杏黄酮能显著减弱缺血再灌注心肌 $g=2.03$ 和 $g=2.04$ 的 ESR 信号强度. 也就是说，银杏黄酮能够降低缺血再灌注心肌的氧自由基和 NO· 水平. 同时能减少 LDH 和 CK 的释放，维持线粒体结构的完整性，并抑制细胞凋亡的发生，其作用与 SOD/CAT 和L-NAME 相似. 氧自由基和 NO· 在细胞凋亡中起重要作用，抗氧化酶和 NOS 抑制剂均能显著保护缺血再灌注心脏，抑制细胞凋亡. 银杏黄酮能清除氧自由基和 NO·，保护缺血再灌注心肌，抑制细胞凋亡. 这说明银杏黄酮的心脏保护机制与其清除氧自由基和 NO· 的作用有关.

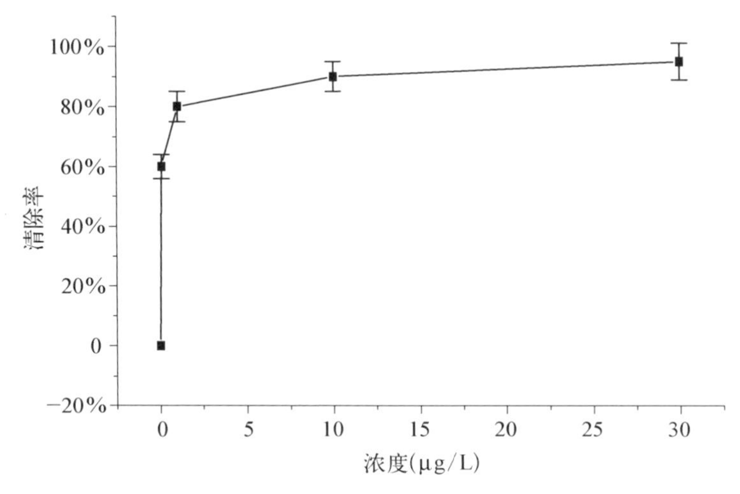

图 13.9 银杏黄酮对过氧亚硝基产生的化学发光的清除作用

银杏黄酮具有抗离体心肌缺血再灌注损伤作用，其作用机制可能与其清除 NO· 和氧自由基、抑制 $ONOO^-$ 氧化活性有关.

13.4 ESR 研究知母宁抗离体心肌缺血再灌注损伤的 NO· 和氧自由基机制

知母宁(chinonin)是中药知母(rhizoma anemarrrhenae)分离纯化的有效成分，其化学名称为 2C-β-D-吡喃葡糖-1,3,6,7-四氢羟基-9H-黄素-9-酮. 知母宁是含有四个酚羟基的多酚类物质. 知母具有清热泻火、滋阴润燥、退热消炎、抑菌杀菌、降血糖等作用，最近人们建议把它用于治疗心脏病. 本节将讨论知母宁对 $ONOO^-$ 的清除作用，对大鼠心肌缺血再灌注损伤过程产生的 NO· 和氧自由基的清除作用，以及对心肌缺血再灌注损伤的保护效应，并从自由基角度讨论知母宁治疗疾病，特别是治疗心脏病的机理.[28]

13.4.1 知母宁对心肌缺血再灌注产生的NO·的清除作用

图13.10显示了知母宁对缺血再灌注损伤心肌 $g=2.03$ 和 $g=2.04$ 的ESR信号强度的抑制作用.对于知母宁加入含或不含L-精氨酸的灌流液的缺血再灌注心脏,其心肌的 $g=2.03$ 和 $g=2.04$ 的ESR信号均被抑制,结果与SOD/CAT及L-NAME相似,表明知母宁具有清除缺血再灌注心肌产生的氧自由基和NO·的作用.

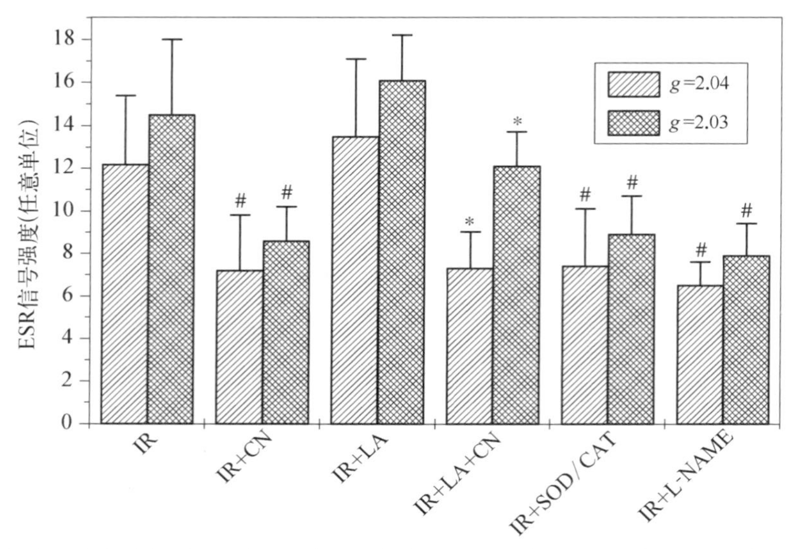

图13.10 知母宁对大鼠缺血再灌注损伤心肌自由基在 $g=2.03$ 和 $g=2.04$ 的ESR信号强度的抑制作用

13.4.2 知母宁对过氧亚硝基氧化活性的抑制作用

$ONOO^-$ 是很强的氧化剂,可以将luminol氧化激发出很强的化学发光,而且发光强度与加入的 $ONOO^-$ 浓度有很好的量效关系.在这一体系加入知母宁,可以有效抑制 $ONOO^-$ 对luminol的氧化(图13.11).$IC_{50}\approx7\times10^{-5}$ mmol/L.

13.4.3 知母宁对心肌缺血再灌注损伤的保护作用

图13.12显示了知母宁对缺血120 min、再灌注10 min心脏冠脉流出液的LDH和

CK 活性的抑制作用.缺血再灌注后 LDH 和 CK 活性显著增强,对于知母宁加入含或不含 L-精氨酸的灌流液的缺血再灌注心脏,灌注流出液中的 LDH 和 CK 活性显著降低,结果与 SOD/CAT 及 L-NAME 相似,提示知母宁具有抑制缺血再灌注心肌损伤的作用.

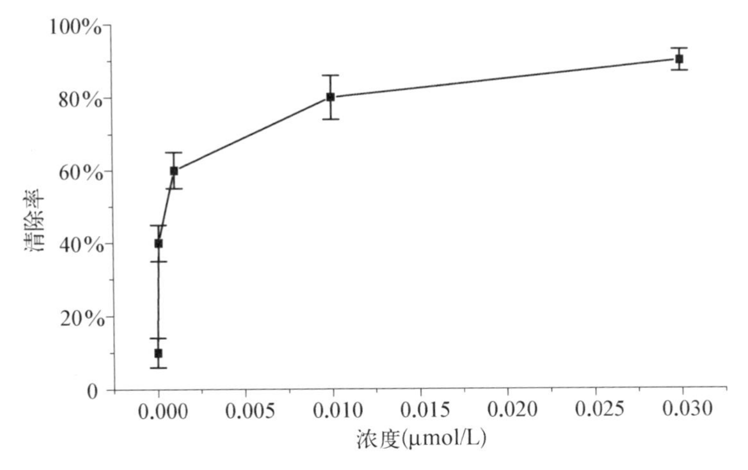

图 13.11 知母宁对过氧亚硝基氧化活性的抑制作用

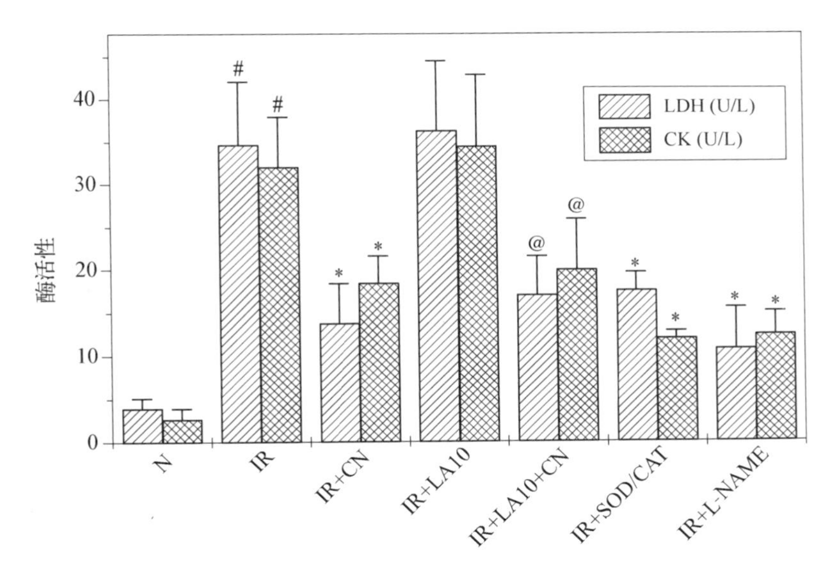

图 13.12 知母宁对心肌缺血再灌注损伤的保护作用

13.4.4 知母宁对缺血再灌注心肌形态学的保护作用

图 13.13 显示了缺血再灌注心肌细胞的电镜观察结果.缺血再灌注后细胞核出现染

色质浓缩，沿核膜分布，形成典型的凋亡细胞核的形态特征，线粒体出现嵴断裂、空泡化和线粒体膜结构破坏，如图 13.13(a)所示. 加入知母宁能显著抑制心肌细胞核和线粒体的损伤，阻断细胞凋亡的发生，如图 13.13(b)所示. 结果表明，知母宁具有保护缺血再灌注心肌细胞作用.

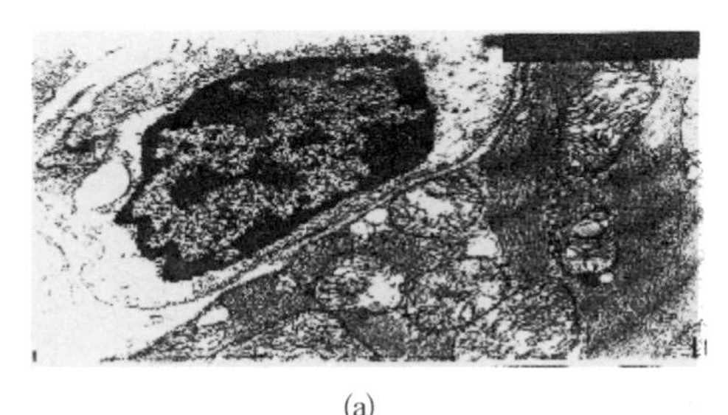

(a)

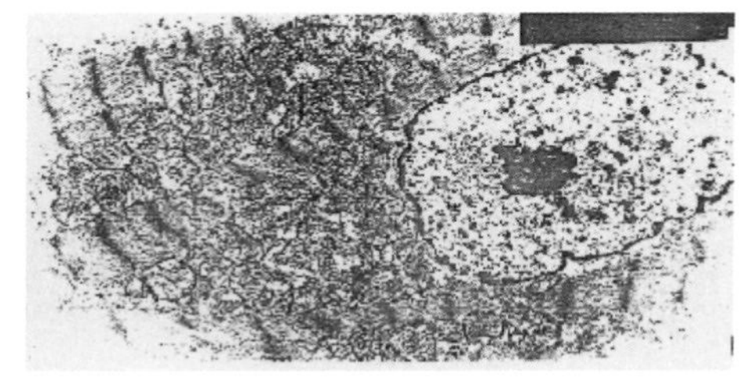

(b)

图 13.13 知母宁对缺血再灌注心肌形态学的保护作用
(a) 缺血再灌注心肌；(b) 在灌注液中加入知母宁的心肌.

氧自由基和 NO・所引起的氧化损伤在心肌缺血再灌注损伤中起重要作用，其可能途径与 $ONOO^-$ 的生成有关. $ONOO^-$ 在碱性条件下很稳定，但在酸性条件下很快分解产生・OH 和 NO_2，它们可以氧化 SH 基和脂类，损伤组织细胞. 有报道 $ONOO^-$ 可直接损伤心肌细胞. 文献报道在黄嘌呤/黄嘌呤氧化酶体系和 Fenton 反应体系中知母宁对・O_2^- 和・OH 的清除作用，知母宁对・O_2^- 和 $ONOO^-$ 均有较强的清除作用，其清除・O_2^- 的 IC_{50} 为 2.5×10^{-4} mmol/L，清除・OH 的 IC_{50} 为 7.5×10^{-6} mmol/L，抑制 $ONOO^-$ 氧化活性的 IC_{50} 为 7.0×10^{-4} mmol/L. 以上数据说明知母宁具有很强的清除自由基能力，这在天然抗氧化剂中是不多见的. 在 Fenton 反应体系中，知母宁清除・OH 后自身转变为一个自由基分子，在 pH 为中性或生物体系中可衰变成非自由基产物，所以测不到它们；而在碱性条件下，这种自由基能被测到. 最近也有报道，在均相和非均相体系中知母宁对・OH、・O_2^- 和 $^1O_2$ 均具有较强清除作用，其作用优于维生素 E，通过动力学方法计算其淬灭氧自由基的速率常数为 7.2×10^8 mol/(L・s). [28]

由于氧自由基和 NO・在此缺血再灌注损伤模型中起协同作用，其通路可能与 $ONOO^-$ 有关. 知母宁能清除・O_2^-、・OH 和抑制 $ONOO^-$ 的生成与氧化活性. 在灌注液中加入知母宁，在含和不含 L-精氨酸的两种情况下，知母宁都能有效地清除缺血再灌注过程中产生的 NO・和氧自由基，抑制 LDH 和 CK 释放，保护心肌细胞形态结构，抑制细胞凋亡，其对 LDH 和 CK 释放的抑制作用与 L-NAME 和 SOD/CAT 相似，SOD 和 CAT 可以有效保护心肌缺血再灌注损伤. [12] 心肌中的 NO・和氧自由基的含量(即 ESR 波谱中 $g=2.04$ 和 $g=2.03$ 处的峰值)显著减少. 这清楚地表明，在心肌缺血再灌注过程中，NO・的产生和心肌损伤是紧密地联系在一起的. L-NAME 抑制 LDH 和 CK 的活性和明显保护心肌细胞形态结构的作用也证明了这一点. 知母宁可以同时清除 NO・和氧自由基,抑制 $ONOO^-$ 的氧化活性,因此在灌注液中加入知母宁和加入 L-NAME 或 SOD/CAT 一样,能同时减少心肌缺血再灌注过程中产生的 NO· 和氧自由基,保护心肌缺血再灌注损伤.由此看来,知母宁是一个很有应用前景的治疗心脏病的药物.

此外,与银杏黄酮比较,知母宁在体外化学体系清除 $\cdot O_2^-$ 、·OH 和抑制 $ONOO^-$ 氧化活性的效应似乎强于银杏黄酮,但在缺血再灌注心脏模型中,两者对心脏保护的程度基本上是一致的.由于在离体缺血再灌注心脏中,两种药物都只用了一个剂量,没有进行量效关系的比较,所以要比较两者的心脏保护作用,还需要进一步观察和深入研究,特别应当在体模型中加以验证和研究.

13.5 ESR 研究在体大鼠缺血再灌注心脏产生的 NO·

前面几节讨论了在离体大鼠心脏缺血再灌注模型中产生的 NO· 和银杏黄酮及知母宁对 NO· 的清除作用,而离体模型与实际体内发生的情况还有很大差距,因为体内是一个复杂的多因素调控体系.NO· 在体内心肌缺血再灌注损伤中如何发挥作用,特别是在体内可逆心肌缺血再灌注损伤中的作用很值得研究,这对理解心肌缺血再灌注损伤机理和临床防治心脏病具有重要意义.此外,上节讨论的用血红蛋白捕集 NO· 也有不足之处,本节将讨论用另一类自旋捕集技术研究大鼠在体缺血再灌注心肌产生的 NO·,及其在不同浓度对心肌的保护和损伤作用.[40,49-50]

13.5.1 用铁络合物捕集心肌产生的 NO·

NO· 具有与铁络合物结合形成铁硝基复合物的能力.目前合成的有三类铁络合物:DETC、MGD 和 DTCS.其中,DETC 是脂溶性的,其他两种是水溶性的.它们都可以和铁形成络合物,用于捕集组织和细胞产生的 NO·.DETC 铁络合物与 NO· 形成的复合物在 $g=2.035$ 处有一个三重峰($a=13.5$ G)的 ESR 信号(图 13.14).目前,文献测量这一信号计算 NO· 的方法有以下几种:一是测量第一低场峰的信号高度;二是测量第三高场峰的高度;三是测量从第一低场峰到第三高场峰的垂直高度;四是测量三个峰高度之和.相比之下,第四种方法测量的结果与 NO· 的浓度相关系数符合得最好($r=0.9931$).[46]

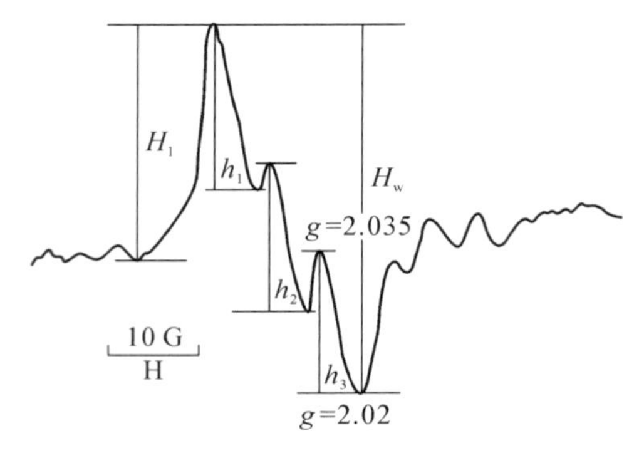

图 13.14 NOFe(DETC)$_2$ 复合物的结构和 ESR 波谱

13.5.2 用 Fe(DETC)$_2$ 复合物测定在体缺血再灌注心肌产生的 NO·

用 15%戊巴比妥酸钠(5 mg/kg(体重))于腹腔注射麻醉大鼠,在缺血前 30 min 时皮下注射枸橼酸铁复合物(50 mg $FeSO_4\cdot 7H_2O$/25 mg 枸橼酸钠/kg(体重)),腹腔注射 DETC(50 mg/kg(体重))和其他药物.对缺血再灌注大鼠进行气管切开术,给予人工呼吸,监测肢导联心电图,开胸,将一塑料管与左冠状动脉主干同时结扎,30 min 后取出塑料管,造成心肌缺血再灌注损伤模型.再灌注 10 min 后,立即心脏采血,经常规方法分离血清,并立即测定 CK 和 TBARS 含量.然后立即将心肌取下,剪成直径为 2.5 cm 的细条,装入石英管,放入液氮测定 ESR 信号.图 13.15 是在不同条件下用 Fe(DETC)$_2$ 复合物测定的大鼠在体缺血再灌注心肌的 ESR 波谱.由图可以看出,在体缺血再灌注心肌的 ESR 波谱在 $g=2.035$ 处有一个三重峰,而且随着注射的 L-精氨酸浓度的增加,这个三重峰的强度依次增加;当同时注射 L-精氨酸和 NAME 时,这一信号明显减小;如果只注射 NAME 这一信号全部被抑制掉.由 ESR 谱图测定的数据表示在图 13.16 中.由图可以看出,利用这一技术在正常心肌中就可以测到 NO·的信号,比利用心肌血红蛋白测定灵敏.注射一氧化氮合酶的底物 L-精氨酸,信号显著增加,而且在一定剂量范围内与剂量相关(小于 50 mg/kg(体重)),但再增加浓度剂量依赖关系不明显.缺血心肌信号明显增强,注射 L-精氨酸,信号进一步增强.相反,缺血再灌注心肌产生的 NO·明显降低,注射一氧化氮合酶抑制剂 L-NAME 后,信号进一步降低.

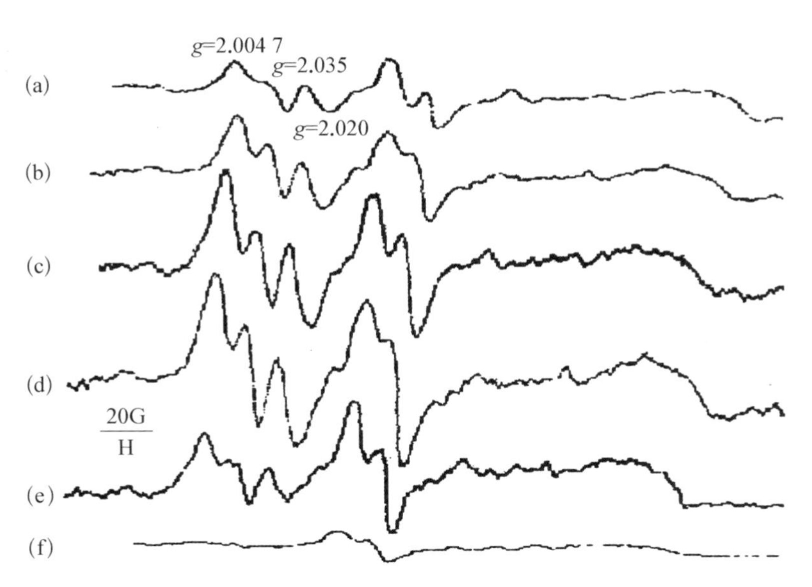

图 13.15　用 $Fe(DETC)_2$ 复合物测定的大鼠心脏在体缺血再灌注产生的 NO· 的 ESR 信号

缺血再灌注心肌(a)；注射 L-精氨酸 5 mg /kg(体重)(b)；L-精氨酸 50 mg /kg(体重)(c)；L-精氨酸 500 mg /kg(体重)(d)；L-精氨酸 500 mg /kg(体重)和 L-NAME 5 mg /kg(体重)(e)；L-NAME 50 mg /kg(体重)(f).

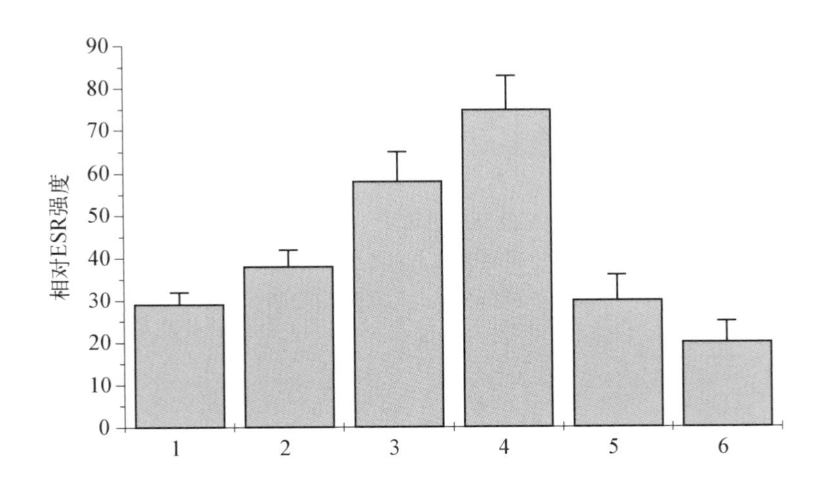

图 13.16　在不同条件下用 $Fe(DETC)_2$ 复合物测定的大鼠心脏在体缺血再灌注产生的 NO· 的 ESR 信号

1，正常心肌；2，注射 500 mg L-精氨酸/kg(体重)的正常心肌；3，缺血心肌；4，注射 50 mg L-精氨酸/kg(体重)的缺血心肌；5，缺血再灌注心肌；6，注射 500 mg L-NAME /kg(体重)的缺血再灌注心肌.

13.5.3 缺血再灌注产生 NO· 与心肌细胞脂质过氧化的关系

心肌缺血再灌注产生的自由基会引起心肌细胞膜脂质过氧化损伤，因此在测定 NO·的同时测定血清的脂质过氧化程度，用 TBARS 表示. 图 13.17 显示了在不同条件下心肌缺血再灌注时血清 TBARS 含量. 由图可以看出，正常心肌注射 500 mg/kg(体重)L-精氨酸对心肌脂质过氧化几乎没有影响，缺血和注射 L-精氨酸缺血对心肌脂质过氧化也影响不大，只有缺血再灌注使心肌脂质过氧化明显增加. 注射低浓度(50～100 mg/kg(体重)) L-精氨酸使缺血再灌注心肌脂质过氧化明显减少，但注射高浓度(500 mg/kg(体重))L-精氨酸使缺血再灌注心肌脂质过氧化进一步增加.

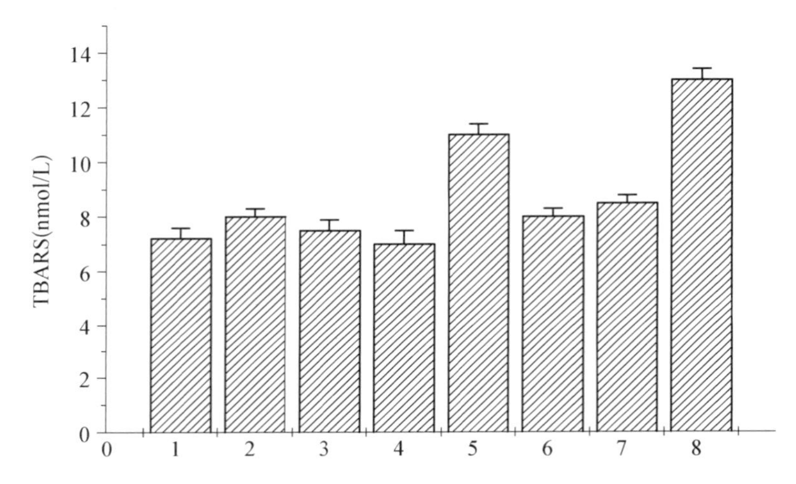

图 13.17 不同条件缺血再灌注心肌产生的脂质过氧化

1，正常心肌；2，注射 500 mg/kg(体重)L-精氨酸的正常心肌；3，缺血心肌；4，注射 500 mg/kg(体重)L-精氨酸的缺血心肌；5，缺血再灌注心肌；6，注射 50 mg/kg(体重)L-精氨酸缺血再灌注心肌；7，注射 100 mg/kg(体重)L-精氨酸缺血再灌注心肌；8，注射 500 mg/kg(体重)L-精氨酸缺血再灌注心肌.

13.5.4 L-精氨酸-NO·对缺血再灌注损伤释放肌酸激酶(CK)的关系

心肌缺血再灌注损伤心肌细胞，使细胞内的肌酸激酶释放到血液中，因此在测定 NO·的同时测定血清的 CK 释放情况，能够表示心肌损伤程度(图 13.18). 由图可以看出，正常心肌释放的 CK 很少，即使注射 500 mg /kg(体重)L-精氨酸，对心肌释放的 CK 也几乎没有影响.缺血明显增加血清释放的 CK，注射 L-精氨酸使缺血对心肌释放的 CK 明显减少.缺血再灌注使心肌释放的 CK 明显增加.注射低浓度(50～100 mg /kg(体重))L-精氨酸使缺血再灌注心肌释放的 CK 明显减少，但注射高浓度(500 mg /kg(体重))L-精氨酸使缺血再灌注心肌释放 CK 进一步增加.

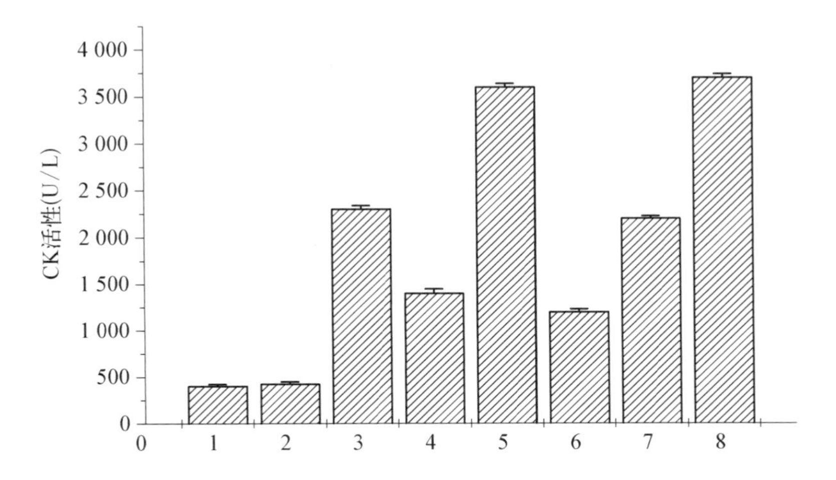

图 13.18　不同条件缺血再灌注心肌损伤释放到血清的 CK 活性

1，正常心肌；2，注射 500 mg /kg(体重)L-精氨酸的正常心肌；3，缺血心肌；4，注射 500 mg /kg(体重)L-精氨酸的缺血心肌；5，缺血再灌注心肌；6，注射 50 mg /kg(体重)L-精氨酸缺血再灌注心肌；7，注射 100 mg /kg(体重)L-精氨酸缺血再灌注心肌；8，注射 500 mg /kg(体重)L-精氨酸缺血再灌注心肌.

13.5.5　L-精氨酸-NO·对缺血再灌注损伤心律失常的关系

在测定 NO·的同时测定心率和心律失常情况，来表示心肌损伤程度(表 13.4).由表中的数据可以看出，缺血 30 min 就出现心率加快，心律失常，再灌注 10 min，心率进一步加快和心律失常明显增加.心律失常类型包括室性早搏、二联率、三联率、室性心动过速和心室颤动.注射 L-精氨酸使缺血再灌注心肌心率减缓，心律失常有明显减少，注射低浓度(50～100 mg /kg(体重))L-精氨酸使缺血再灌注心脏心律失常明显减少，但注射高浓度(500 mg /kg(体重))L-精氨酸使缺血再灌注心脏心律失常进一步增加.NAME 能显著减慢缺血再灌注心率，增加心律失常发生.同时给予 NAME 和 L-精氨酸，能消除心律失常，但对心率变化无影响，说明内源 NO·具有抗心律失常作用.

表 13.4 L-精氨酸-NO·对缺血再灌注损伤心率和心律失常的关系

组　别	正常阶段	缺血	缺血再灌注	心率失常率(%)
正常心脏	330±14	—		0
缺血心肌	345±8	346±14	—	10
缺血再灌注	325±13	373±18	392±31	44
缺血再灌注+LA				
5(mg/kg(体重))	347±17	317±20	313±25	17
50(mg/kg(体重))	320±18	295±11	303±25	25
100(mg/kg(体重))	317±14	303±16	275±10	0
500(mg/kg(体重))	340±12	331±15	300±18	33
缺血再灌注+NAME	338±8	310±15	287±12	50
缺血再灌注+NAME+LA	333±13	317±22	273±19	33

NO·的"双刃剑"作用在大鼠在体缺血再灌注损伤过程中表现得十分清楚.注射低浓度的L-精氨酸,在心肌中产生低浓度NO·,心肌细胞膜脂质过氧化损伤降低,心肌损伤释放到血清中的肌酸激酶CK减少,心律失常降低,心脏受到保护;相反,注射高浓度的L-精氨酸,在心肌中产生高浓度NO·,心肌细胞膜脂质过氧化损伤升高,心肌损伤释放到血清中的肌酸激酶CK增加,心律失常加大,心脏受到损伤加剧.当同时注射一氧化氮合酶的抑制剂L-NAME时,L-精氨酸的这一作用消失.低浓度一氧化氮可以通过继发性扩张微血管,抑制因中性粒细胞的聚集等途径造成的心肌损伤;而高浓度NO·可能是通过与同时产生的活性氧结合成过氧亚硝基引起一系列心肌损伤的.

和上节离体不可逆心肌缺血再灌注的结果不同,在体缺血再灌注检测到的NO·不是比缺血时增加了,而是减少了.结合再灌注时产生的TBAES增加,可以设想,在再灌注期间产生大量细胞膜脂质过氧化,一氧化氮与活性氧结合生成过氧亚硝基,它可能是造成脂质过氧化和检测一氧化氮减少的主要原因.在体缺血再灌注与离体缺血再灌注模型的最大区别在于,在体缺血再灌注时有多形核白细胞存在,而离体缺血再灌注时用的是灌注液,没有多形核白细胞存在.多形核白细胞的聚集与黏附能介导缺血再灌注损伤,诱导蛋白激酶的释放和氧自由基的生成,增加微血管的通透性和扩大梗塞面积.[47-50] NO·能抑制多形核白细胞的聚集与黏附,减少蛋白激酶的释放和氧自由基的生成,降低微血管的通透性和扩大梗塞面积.此外,体内环境是一个多因素多环节的多调控系统,受多种因素影响,比离体缺血再灌注系统要复杂得多,这里只揭示了NO·在缺血再灌注损伤过程中的部分机理.

13.6 ESR 研究银杏黄酮对在体缺血再灌注心肌产生的 NO·的调节作用

在上节建立的在体缺血再灌注模型的基础上，笔者所在研究组用 $(DETC)_2Fe$ 自旋捕集技术研究了银杏黄酮对大鼠在体缺血再灌注心肌产生的 NO·的调节作用，[34] 既发现了与离体缺血再灌注类似的结果，也发现了不一样的结果. 在一定浓度范围内，银杏黄酮不仅不会清除在体缺血再灌注心肌产生的 NO·，而且可以增加检测的 NO·. SOD 和过氧化氢酶也有类似效应. 同时，它们还可以抑制由缺血再灌注损伤引起的血浆中 CK 活性的升高和脂质过氧化物水平的升高. 这说明银杏黄酮对在体缺血再灌注损伤的保护作用，主要是通过清除缺血再灌注产生的氧自由基和调节 NO·的方式实现的.[27,34]

13.6.1 银杏黄酮对溶液体系 $NO(DETC)_2Fe$ 复合物 ESR 信号的清除作用

为了更好地理解银杏黄酮对在体缺血再灌注产生的 NO·的影响，首先在溶液体系中用 $(DETC)_2Fe$ 自旋捕集技术研究了银杏黄酮对 NO·的清除作用. 图 13.19 显示了银杏黄酮可以剂量依赖地清除化学体系产生的 NO·. 由图可以看出，银杏黄酮对溶液中的 NO·有很好的清除作用，当银杏黄酮浓度为 100 mg/mL 时，几乎清除了所有的 NO·.

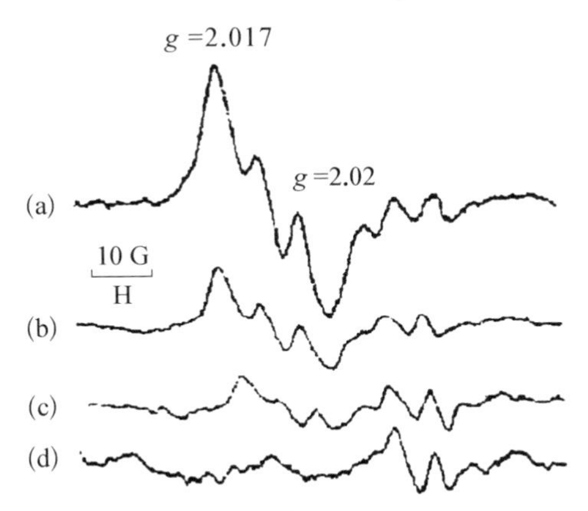

图 13.19 银杏黄酮对化学体系产生的 NO·的清除作用

(a) $NO(DETC)_2Fe$ 复合物在溶液中的 ESR 信号；(b)，(c)，(d) 是在溶液中分别加入 1 mg/mL，10 mg/mL 和 100 mg/mL 银杏黄酮对 NO·信号的清除作用.

13.6.2 银杏黄酮对在体心肌缺血再灌注体系 $NO(DETC)_2Fe$ 复合物 ESR 信号的调节作用

用$(DETC)_2Fe$ 自旋捕集技术研究银杏黄酮对大鼠在体缺血再灌注心肌产生的 NO· 的调节作用. 图 13.20 显示的是注射银杏黄酮和 SOD 对缺血再灌注心肌产生 NO· 的调节作用. 由图可以看出,缺血使心肌产生的 NO· 明显增加,而缺血再灌注使心肌产生的 NO· 减少,注射银杏黄酮和 SOD 都能使心肌产生的 NO· 比缺血再灌注时大. 图 13.21 显示了注射不同浓度银杏黄酮对缺血再灌注产生的 NO· 的作用. 由图可以看出,在一定浓度范围,缺血再灌注心肌产生的 NO· 是随着银杏黄酮浓度的增加而增加的,但当浓度超过 100 mg/kg(体重)时,产生的 NO· 不仅没有增加,反而降低了. 这提示银杏黄酮对缺血再灌注产生的 NO· 有双向调节作用. SOD 是通过清除缺血再灌注产生的氧自由基使得 NO· 增加的,银杏黄酮在低浓度可能也是通过清除氧自由基使 NO· 信号增强的,但是银杏黄酮不仅对氧自由基有清除作用,而且对 NO· 也有清除作用,在高浓度时,它对 NO· 的清除作用可能表现得就更突出了.

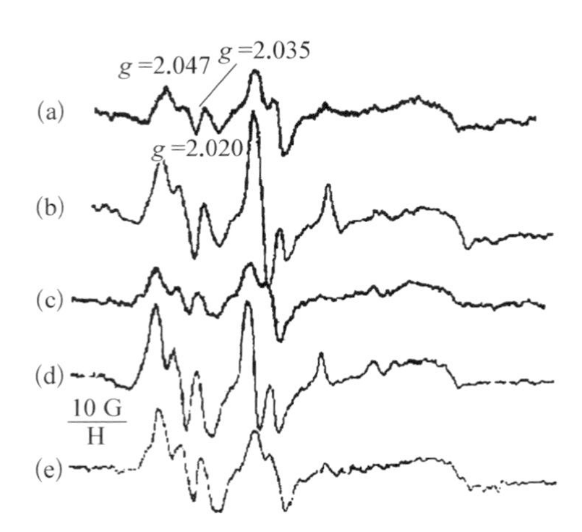

图 13.20 银杏黄酮对在体心肌缺血再灌注体系 $NO(DETC)_2Fe$ 复合物 ESR 信号的调节作用

(a) 正常心肌;(b) 缺血心肌;(c) 缺血再灌注心肌;(d),(e) 分别是注射 10^4 USOD/kg(体重)和 50 mg 银杏黄酮/kg(体重)心肌的 ESR 信号.

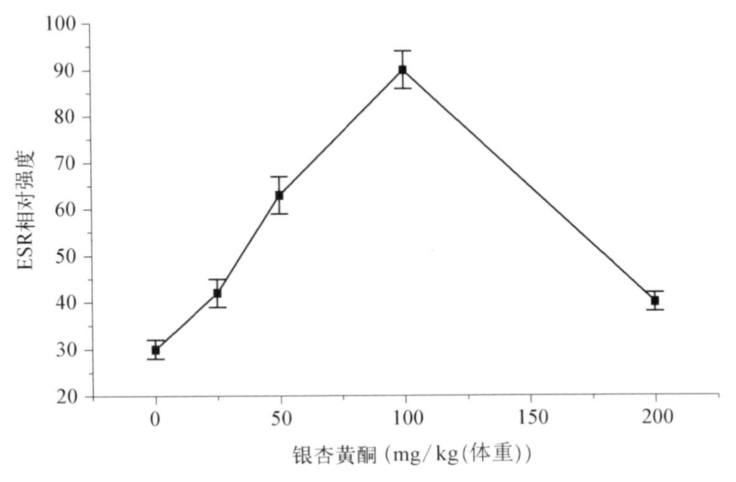

图 13.21　注射银杏黄酮对在体心肌缺血再灌注体系 $NO(DETC)_2Fe$ 复合物 ESR 信号的调节作用

13.6.3　银杏黄酮对在体心脏缺血再灌注损伤血清 TBARS 水平和 CK 活性的抑制作用

图 13.22 和图 13.23 显示的是银杏黄酮对心脏在体缺血再灌注损伤血清 TBARS 水平和 CK 活性的抑制作用. 由图可以看出,正常对照大鼠血清 TBARS 和 CK 的活性都很低,而心脏缺血再灌注损伤大鼠血清中 TBARS 和 CK 都明显增高. 注射银杏黄酮可以计量依赖地抑制在体心脏缺血再灌注损伤大鼠血清中的 TBARS 和 CK. 这说明银杏黄酮可以同时抑制脂质过氧化和保护缺血再灌注心肌.

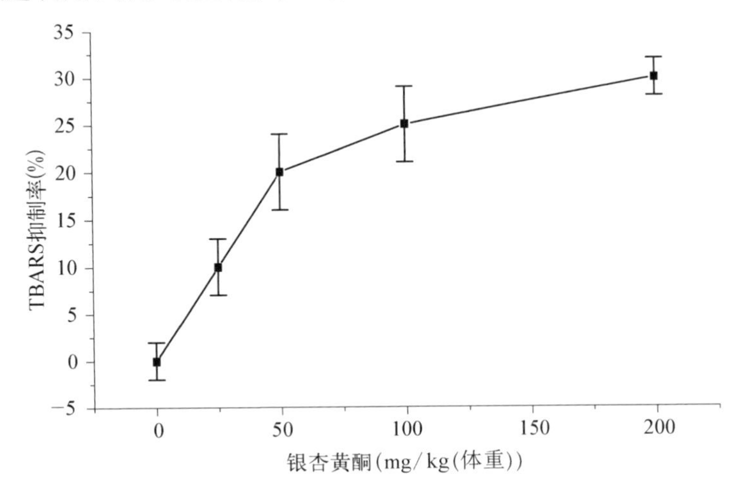

图 13.22　银杏黄酮对大鼠在体心脏缺血再灌注损伤在血清中的 TBARS 的抑制作用

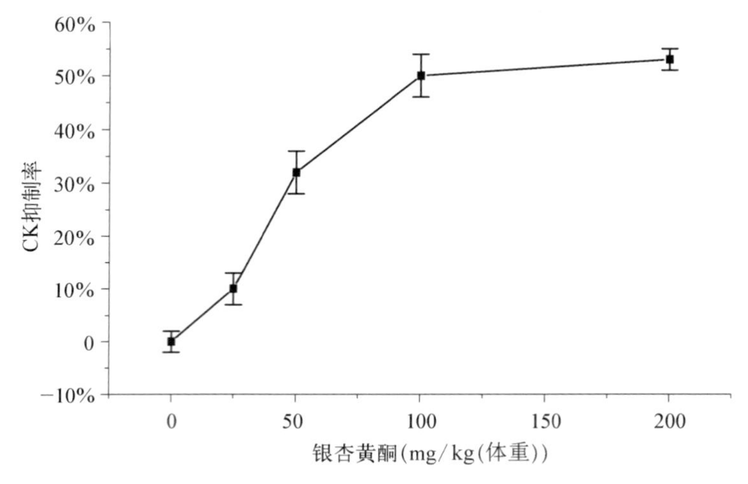

图 13.23 银杏黄酮对大鼠在体心脏缺血再灌注损伤在血清中的 CK 的抑制作用

13.6.4 银杏黄酮对大鼠在体心脏缺血再灌注损伤心律失常发生率的抑制作用

表 13.5 显示了不同给药条件对大鼠在体心脏缺血再灌注心率和心律失常的影响.可以看出,缺血再灌注使大鼠心率和心律失常明显增加,包括室性早搏、室性心动过速和心室颤动.注射银杏黄酮可以抑制缺血再灌注,使大鼠心率和心律失常增加,在 100 mg/kg(体重)时效果最好,但剂量再增加,效果反而不好.同样,注射一定剂量 SOD 或 L-精氨酸也可以依赖地抑制缺血再灌注导致的大鼠心率和心律失常增加.这说明银杏黄酮可能是通过清除活性氧保护心脏缺血再灌注损伤的.

表 13.5 银杏黄酮对缺血再灌注损伤心率和心律失常的保护作用

组　　别	正常阶段	缺血	缺血再灌注	心率失常率(%)
正常心脏	330 ± 14	—	—	0
缺血心肌	345 ± 8	346 ± 14	—	10
缺血再灌注	325 ± 13	373 ± 18	392 ± 31	44
缺血再灌注 + 银杏黄酮				
25(mg/kg(体重))	343 ± 17	320 ± 27	343 ± 15	17
50(mg/kg(体重))	350 ± 10	373 ± 18	363 ± 14	17
100(mg/kg(体重))	337 ± 14	333 ± 14	310 ± 10	0
200(mg/kg(体重))	323 ± 13	310 ± 20	327 ± 15	22
缺血再灌注 + SOD	351 ± 13	325 ± 23	348 ± 16	25
缺血再灌注 + LA	320 ± 18	295 ± 11	303 ± 23	25

由本节银杏黄酮对在体心脏缺血再灌注产生的NO·的调节作用可以看出,与银杏黄酮在溶液体系和离体缺血再灌注心肌产生的NO·的清除作用明显不同,注射银杏黄酮不仅不是剂量依赖地清除NO·,而且在一定浓度范围内剂量依赖地增加心肌中检测到的NO·.我们知道,银杏黄酮可以有效清除活性氧自由基,而NO·可以快速与氧自由基反应.这很可能是由于银杏黄酮清除了缺血再灌注产生的活性氧自由基,使得可检测的NO·增加.但是,当注射的银杏黄酮剂量超过100 mg/kg(体重)时,检测的NO·的量就开始减少了.这是因为银杏黄酮不仅可以清除活性氧自由基,而且可以清除NO·,只不过清除活性氧自由基的能力大于清除NO·的能力.银杏黄酮可以剂量依赖地抑制在体缺血再灌注损伤产生的TBARS和释放到血清中的CK活性以及心律失常.这说明银杏黄酮对缺血再灌注心肌保护作用的一个重要途径是,通过清除缺血再灌注产生的活性氧自由基和调节NO·.当然,也不能排除其他机理,比如防止中性粒细胞在血管壁的黏附和渗透,就可以减少中性粒细胞产生的活性氧自由基造成的损伤.

13.7 ESR研究知母宁对大鼠在体缺血再灌注心肌产生的NO·的调节作用

本节将讨论用知母宁对大鼠在体缺血再灌注心肌产生的NO·的调节作用.在体和离体存在很大差异,但也有与离体缺血再灌注类似的结果.[35,50]与银杏黄酮类似,在一定浓度范围内,知母宁不仅不清除在体缺血再灌注心肌产生的NO·,而且可以增加检测到的NO·,同时抑制由缺血再灌注损伤引起的血浆中CK活性的升高和脂质过氧化物水平的升高.这说明知母宁对在体缺血再灌注的损伤主要也是通过清除缺血再灌注产生的氧自由基和调节NO·的方式实现的.

13.7.1 知母宁对心脏在体心肌缺血再灌注体系NO$(DETC)_2$Fe复合物ESR信号的调节作用

仍然用$(DETC)_2$Fe自旋捕集技术研究知母宁对大鼠在体缺血再灌注心肌产生的NO·的调节作用.图13.24显示的是注射知母宁对缺血再灌注心肌产生NO·的调节作用.由图可以看出,缺血使心肌产生的NO·明显增加,而缺血再灌注使心肌产生的NO·减少,注射知母宁能使心肌产生的NO·比缺血再灌注时大.在实验所用浓度范围内,缺血再灌注心肌产生的NO·是随着注射知母宁浓度的增加而增加的.

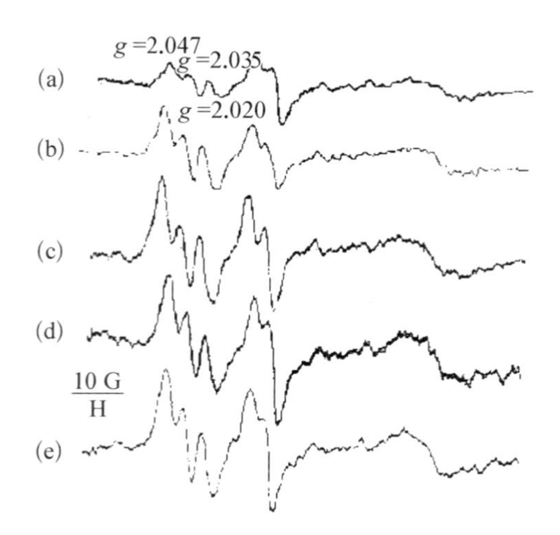

图 13.24　注射知母宁对大鼠在体心肌缺血再灌注产生的 $NO(DETC)_2Fe$ 复合物 ESR 信号的调节作用
(a) 缺血再灌注心肌；(b)，(c)，(d)和(e)分别是注射知母宁 5 mg/kg(体重)、10 mg/kg(体重)、25 mg/kg(体重)和 50 mg/kg(体重)大鼠心肌的 ESR 信号.

13.7.2　知母宁对大鼠心脏在体缺血再灌注损伤血清脂质过氧化水平和 CK 活性的抑制作用

图 13.25 和 13.26 显示的是知母宁对大鼠心脏在体缺血再灌注损伤血清中的脂质过氧化水平和 CK 活性的抑制作用.由图可以看出，正常对照大鼠血清中的脂质过氧化产

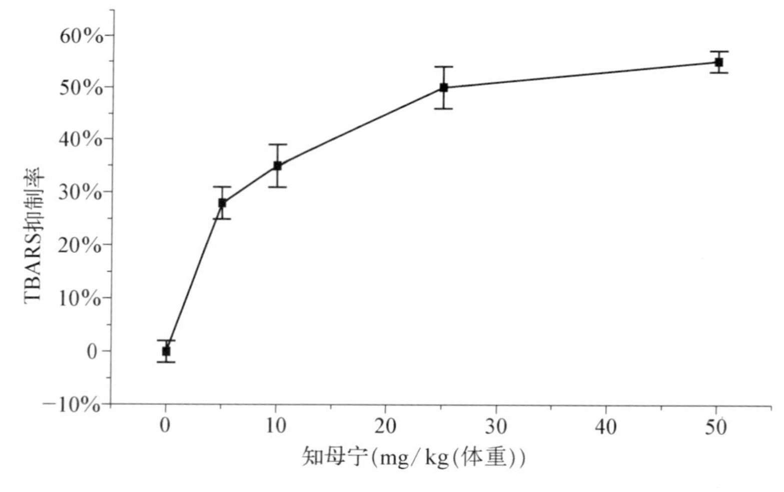

图 13.25　注射知母宁对大鼠心脏在体缺血再灌注损伤血清的脂质过氧化的抑制作用

物(TBARS)和 CK 的活性都很低,心脏缺血再灌注损伤大鼠血清中的脂质过氧化和 CK 都明显增高. 注射知母宁可以剂量依赖地抑制在体心脏缺血再灌注损伤大鼠血清中的脂质过氧化和 CK. 这说明知母宁可以抑制脂质过氧化并同时保护缺血再灌注心肌.

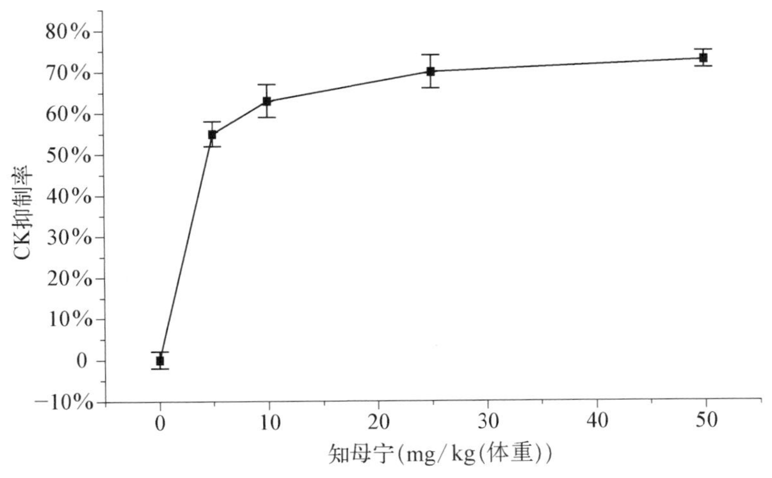

图 13.26　注射知母宁对大鼠心脏缺血再灌注损伤血清中的 CK 的抑制作用

13.7.3　知母宁对在体缺血再灌注损伤心律失常发生率的抑制作用

表 13.6 显示了不同给药条件对大鼠在体心脏缺血再灌注心率和心律失常的影响. 可以看出,缺血再灌注使大鼠心率和心律失常明显增加,包括室性早博、室性心动过速和心室颤动. 注射知母宁可以剂量依赖地抑制缺血再灌注,使大鼠心率和心律失常增加,这说明知母宁可能是通过清除活性氧和调节 NO· 来避免心脏缺血再灌注损伤的.

表 13.6　知母宁对缺血再灌注损伤心率和心律失常的保护作用

组　别	正常阶段	缺血	缺血再灌注	心率失常率
正常心脏	330±14	—	—	0
缺血心肌	345±8	346±14	—	10%
缺血再灌注	325±13	373±18	392±31	44%
缺血再灌注+知母宁				
5(mg/kg(体重))	340±19	313±24	283±18	17%
10(mg/kg(体重))	307±10	263±15	233±18	0
25(mg/kg(体重))	320±13	277±16	243±12	0
50(mg/kg(体重))	340±12	283±22	253±22	0

由本节介绍的知母宁对在体缺血再灌注产生的NO·的调节作用可以看出,与知母宁在溶液体系和离体缺血再灌注心肌产生的NO·的作用明显不同,注射知母宁不是剂量依赖地清除NO·,而是剂量依赖地增加检测的NO·.我们知道,知母宁可以有效清除活性氧自由基,这很可能是由于知母宁清除了缺血再灌注产生的活性氧自由基,使得可检测的NO·增加.与注射的银杏黄酮剂量超过剂量后检测的NO·的量减少不同,知母宁在实验浓度范围内看不到对NO·的下调作用.知母宁也可以剂量依赖地抑制在体缺血再灌注损伤产生的脂质过氧化产物(TBARS),以及释放到血清中的肌酸激酶(CK)活性与心律失常,而且效果好于银杏黄酮.这说明知母宁对缺血再灌注心肌保护作用的一个重要途径是,清除缺血再灌注产生的活性氧自由基和调节NO·,也说明知母宁是一个潜在的抗心肌缺血再灌注损伤的药物.

13.8 缺血再灌注诱导心肌细胞凋亡的NO·信号通路

心肌炎和心肌缺血再灌注损伤会引起细胞凋亡和细胞坏死,缺血-再灌注组织和缺氧-再给氧细胞同时出现这两类细胞损伤.失去细胞膜的对称性是细胞凋亡的早期特征,磷脂酰丝氨酸和磷脂酰乙胺在细胞膜的再分配出现于细胞凋亡之前.细胞氧化损伤导致氨基磷脂转移酶活性降低,导致磷脂酰丝氨酸在细胞膜外层再分配和巨噬细胞对凋亡细胞的辨认.NO·在调节血压和免疫过程中起着重要作用,但是过量的NO·又抑制心肌收缩,损伤线粒体呼吸并引起细胞凋亡.外源NO·通过依赖cGMP和caspase通路引起心肌细胞凋亡,但也有报道指出内源一氧化氮合酶能保护缺血再灌注引起的心肌细胞凋亡.在缺血再灌注不同阶段产生的活性氧与NO·结合生成过氧亚硝基,可以明显引起细胞坏死.另外,也有报道指出NO·能够通过积累或表达p53和其靶基因p21,引起巨噬细胞和其他细胞凋亡.关于缺血再灌注过程中NO·和过氧亚硝基与p53活化通路已有一些报道,笔者所在研究组利用培养的心肌细胞研究了缺氧再给氧诱导心肌细胞凋亡的NO·信号通路,及天然抗氧化剂对这一信号通路的调节作用.[50-51]分别利用改进的DETC铁络合物和格林法检测了心肌缺氧再给氧产生的NO·和NO_2^-/NO_3^-,利用多克隆抗体技术测定了Bcl-2、p53的表达,用双染色法测定了细胞凋亡和细胞坏死.[39]

13.8.1 缺氧再给氧诱导心肌细胞产生NO·

由于培养心肌细胞产生的NO·浓度很低,用$(DETC)_2Fe^{2+}$捕集缺氧再给氧产生的

NO・无法用ESR波谱仪测量到.利用$(DETC)_2Fe^{2+}$捕集NO・加合物的脂溶性,笔者所在研究组改进了这一技术,用乙酸乙酯将其萃取出来并加以浓缩,就可以直接利用ESR技术检测体系产生的NO・,而且灵敏度可以提高1～2个数量级,达到纳米级.利用这一技术从心肌中萃取出来的一氧化氮复合物在暗处可以保存48 h,并且信号强度没有明显减小,但是在光照条件下信号衰变很快.[40-42]

利用改进的$(DETC)_2Fe^{2+}$捕集技术,测定培养心肌细胞缺氧再给氧产生的NO・如图13.27所示.由图可以看出,正常心肌细胞中产生的少量一氧化氮可以清楚地被检测到,而且信噪比很好.[40-42]该图所示为培养心肌细胞产生的NO・被$(DETC)_2Fe^{2+}$捕集后在ESR波谱仪测量的信号.这是一个典型NO・产生的三线谱($g=2.035$, $a_N=12.5$ G).在体系中加入一氧化氮合酶抑制剂L-NAME明显抑制了产生的NO・;在体系中加入一氧化氮合酶底物L-精氨酸明显地增加了自由基的产生,表明所测到的NO・是由心肌细胞一氧化氮合酶产生的.

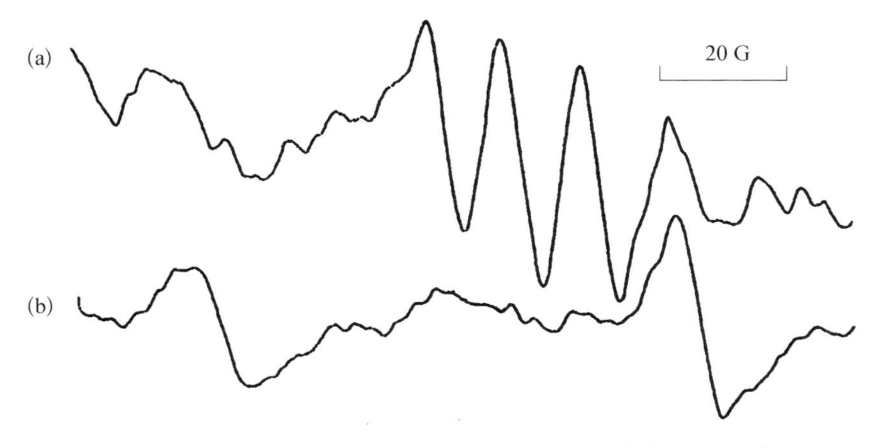

图13.27 培养心肌细胞产生的NO・被$(DETC)_2Fe^{2+}$捕集后(a)与没有心肌细胞时的对照(b)ESR波谱

利用格林氏法测定的心肌细胞缺氧再给氧产生的NO_2^-/NO_3^-如表13.7所示.在缺氧24 h的培养心肌细胞上清液中,NO_2^-/NO_3^-水平显著升高.缺氧24 h再给氧4 h后的NO_2^-/NO_3^-水平,显著低于单纯缺氧24 h时培养心肌细胞上清液的NO_2^-/NO_3^-水平,加入SNP到培养细胞上清液中能显著提升NO_2^-/NO_3^-.

13.8.2 缺氧再给氧心肌细胞培养介质中脂质过氧化的产生及LDH的释放

缺氧再给氧心肌细胞培养介质中产生的脂质过氧化和LDH如表13.7所示.可以看出,缺氧24 h的培养心肌细胞上清液中NO_2^-/NO_3^-水平显著升高,同时脂质过氧化和

LDH 水平轻度升高.缺氧 24 h 再给氧 4 h 后 NO_2^-/NO_3^- 水平显著低于单纯缺氧 24 h 培养心肌细胞上清液中 NO_2^-/NO_3^- 水平,而脂质过氧化和 LDH 水平显著升高.这一结果表明,缺氧促进心肌细胞 NO・生成,再给氧造成"氧爆发",引起脂质过氧化损伤并降低 NO・水平.加入 SNP 到培养细胞上清液中能显著升高 NO_2^-/NO_3^- 和 LDH 水平;加入 L-NAME 和 SOD/CAT 到培养细胞上清液中可以显著降低 NO・和脂质过氧化水平,抑制 LDH 释放.而 D-NAME 对上述指标无影响.这说明一氧化氮和氧自由基参与心肌细胞缺氧再给氧的损伤过程.

表 13.7 心肌细胞培养介质中 NO(μmol/L),TBARS(μmol/L)和 LDH(U/L)水平的变化(Mean ± S.E., $n=3$)

组　别	NO_2^-/NO_3^-	TBARS	LDH
对照	2.47 ± 0.09	4.10 ± 0.21	2.60 ± 0.31
HO	14.28 ± 0.78*	5.33 ± 0.43*	7.82 ± 0.47*
HR	12.32 ± 0.27#	7.41 ± 0.42#	12.77 ± 0.56#
HR + SNP	18.24 ± 2.07△	9.85 ± 0.28△	16.35 ± 0.28△
HR + L-NAME	6.35 ± 0.63△	5.52 ± 0.27△	7.50 ± 0.63△
HR + D-NAME	11.57 ± 1.42	7.49 ± 0.37	10.78 ± 0.55
HR + SOD/CAT	10.73 ± 0.69	5.07 ± 0.28△	8.06 ± 0.95△

注:HO 表示缺氧;HR 表示缺氧再给氧;* 表示与对照组比较 $p < 0.05$;# 表示与缺氧组比较,$p<0.05$;△表示与缺氧再给氧组比较,$p<0.05$.

13.8.3 缺氧再给氧心肌细胞 Bcl-2、p53 和 p21/Waf1/Cip1 蛋白的表达

用多克隆抗体技术测定的缺氧再给氧心肌细胞 Bcl-2,p53 和 p21/Waf1/Cip1 蛋白的表达分别如图 13.28、图 13.29 和图 13.30 所示.由图可以看出,缺氧 24 h Bcl-2,p53 和 p21/Waf1/Cip1 蛋白表达均增强,再给氧 4 h 可使 Bcl-2 表达水平降低而 p53 和 p21/Waf1/Cip1 表达水平继续增强.加入 SNP 能进一步下调 Bcl-2 表达水平和上调 p53 表达水平,但对 p21/Waf1/Cip1 表达水平无影响.加入 L-NAME 和 SOD/CAT 能分别显著上调 Bcl-2 表达和下调 p53 及 p21/Waf1/Cip1 表达.D-NAME 对上述指标无影响.这些结果表明 Bcl-2,p53 和 p21/Waf1/Cip1 表达水平可能与细胞体系中的氧化和抗氧化状态有关.在细胞死亡过程中,NO・和・O_2^- 参与下调 Bcl-2 和上调 p53 及 p21/Waf1/Cip1 表达水平.

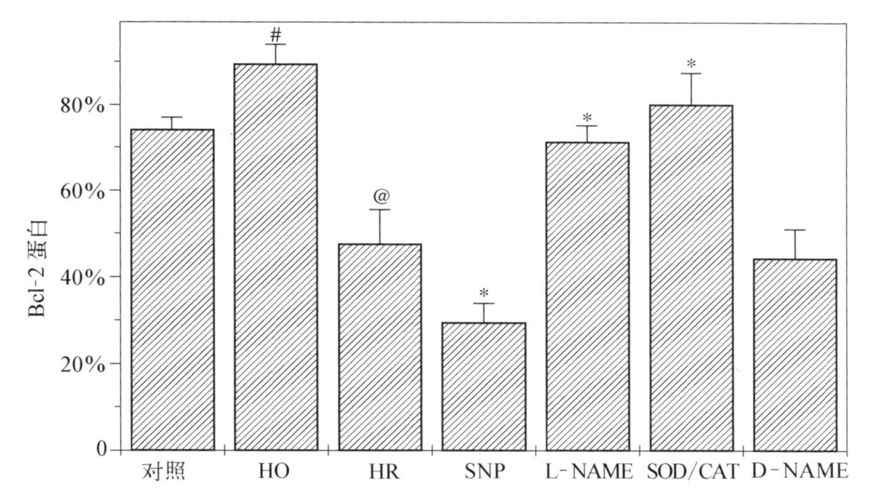

图 13.28　缺氧再给氧心肌细胞 Bcl-2 蛋白的表达百分率

HO，缺氧；HR，缺氧再给氧；D-NAME，缺氧再给氧加 D-NAME（100 μmol/L）；L-NAME，缺氧再给氧加 L-NAME（100 μmol/L）；SNP，缺氧再给氧加 SNP（5 μmol/L）；SOD/CAT，缺氧再给氧加 SOD/CAT（100 U/mL）；#，与对照组比较 $p<0.05$；@，与缺氧组比较 $p<0.05$；*，与缺氧再给氧组比较 $p<0.05$.

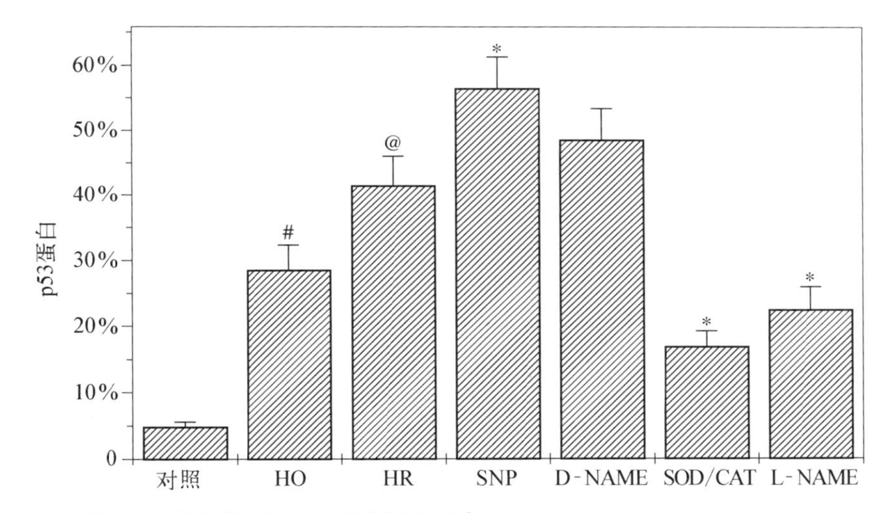

图 13.29　缺氧再给氧心肌细胞 p53 蛋白的表达百分率

HO，缺氧；HR，缺氧再给氧；D-NAME，缺氧再给氧加 D-NAME（100 μmol/L）；L-NAME，缺氧再给氧加 L-NAME（100 μmol/L）；SNP，缺氧再给氧加 SNP（5 μmol/L）；SOD/CAT，缺氧再给氧加 SOD/CAT（100 U/mL）；#，与对照组比较 $p<0.05$；@，与缺氧组比较 $p<0.05$；*，与缺氧再给氧组比较 $p<0.05$.

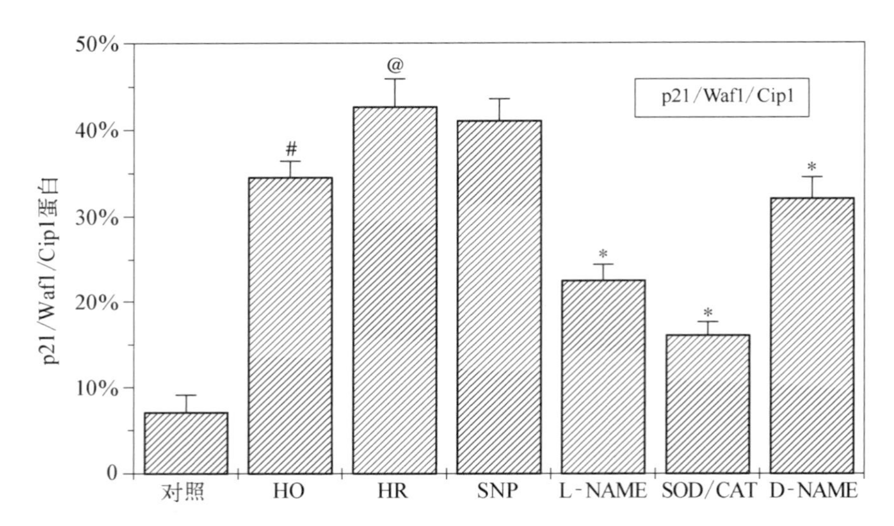

图 13.30　缺氧再给氧心肌细胞 p21/Waf1/Cip1 蛋白的表达百分率

HO，缺氧；HR，缺氧再给氧；D-NAME，缺氧再给氧加 D-NAME(100 μmol/L)；L-NAME，缺氧再给氧加 L-NAME(100 μmol/L)；SNP，缺氧再给氧加 SNP (5 μmol/L)；SOD/CAT，缺氧再给氧加 SOD/CAT(100 U/mL)；#，与对照组比较 $p<0.05$；@，与缺氧组比较 $p<0.05$；*，与缺氧再给氧组比较 $p<0.05$.

13.8.4　缺氧再给氧引起心肌细胞 DNA 断裂

为了了解缺氧再给氧过程 NO・与细胞凋亡的关系，用凝胶电泳研究 DNA 断裂. 图 13.31 是缺氧再给氧引起的 DNA 梯状断裂. 单纯缺氧 24 h 以及缺氧 24 h 再给氧 4 h 的电泳分析均可检测到培养的新生鼠心肌细胞的 DNA 片段梯形带，加入 SNP 也可检测到 DNA 片段梯形带. 加入 SOD/CAT 和 L-NAME，则无 DNA 梯形电泳带出现. 加入 L-NAME 可抑制缺氧再给氧引起的 DNA 断裂，但加入 D-NAME 不能抑制. 说明内源产生的 NO・调节缺氧再给氧引起的心肌细胞凋亡. 加入 SOD/CAT 也能抑制 DNA 断裂，说明・O_2^- 也是缺氧再给氧导致心肌细胞凋亡的重要调节因素.

13.8.5　缺氧再给氧引起的心肌细胞凋亡

用 ELISA 方法定量测定 DNA 断裂，如图 13.32 所示. 富集因子(enrichment factor，EF)代表与组蛋白结合的 DNA 片断的富集和心肌细胞凋亡的程度. 缺氧 24 h，寡核苷酸小体的和多核苷酸小体的富集因子(EF)值增加. 再给氧 4 h 后，EF 值进一步增加，说明缺氧再给氧可诱导心肌细胞凋亡. NO 供体 SNP 能显著增加寡核苷酸小体和多核苷酸小体的 EF 值,NOS 抑制剂L-NAME 和SOD/CAT 均能显著抑制寡核苷酸小体和多核苷酸小体 EF 值,而D-NAME 对 EF 值无影响. 这表明外源 NO· 进一步加剧了缺氧再给氧引起的心肌细胞凋亡.

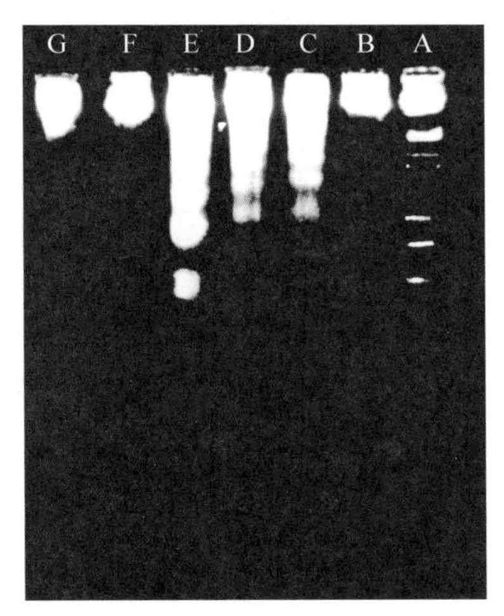

图 13.31 缺氧再给氧心肌细胞 DNA 琼脂糖电泳分析结果

A,λ DNA/*Eco*RⅠ + *Hin*dⅢ marker; B,对照组;C,缺氧组;D,缺氧再给氧组; E,缺氧再给氧加 SNP 组;F,缺氧再给氧加 L-NAME 组; G,缺氧再给氧加 SOD/CAT 组.

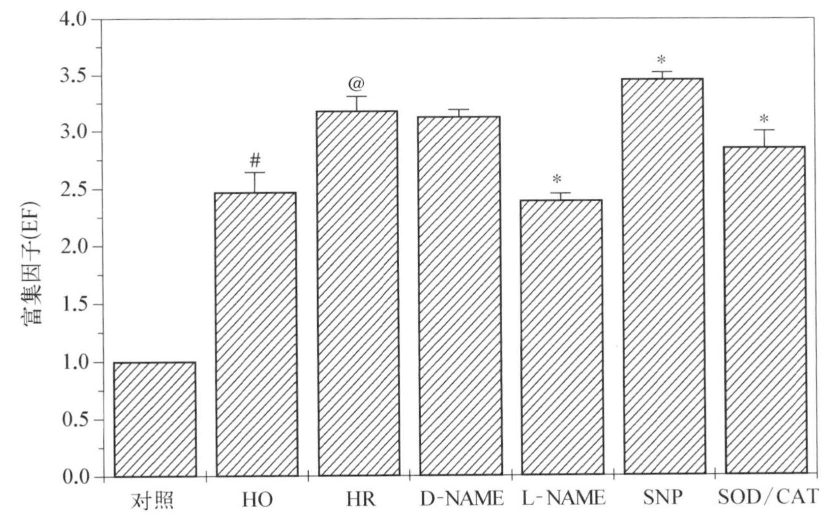

图 13.32 培养心肌细胞介质中单核苷酸和多核苷酸的富集因子(EF)水平

HO,缺氧; HR,缺氧再给氧; D-NAME,缺氧再给氧加 D-NAME(100 μmol/L);L-NAME,缺氧再给氧加 L-NAME(100 μmol/L); SNP,缺氧再给氧加 SNP (5 μmol/L); #,与对照组比较 $p<0.05$; @,与缺氧组比较 $p<0.05$; *,与缺氧再给氧组比较 $p<0.05$.

膜联蛋白(annexin V,AV)和二碘化丙锭(propidium iodide,PI)双染色能够区分细胞凋亡和细胞坏死.如图 13.33 所示, AV 和 PI 标记均阴性出现在第 3 象限中的细胞为正常活细胞,AV 标记阳性而 PI 标记阴性的细胞出现在第 4 象限中为凋亡细胞,AV 和 PI 标记均呈阳性的细胞出现在第 2 象限中为坏死细胞.[51] 由此得到的各象限的细胞百分率结果如图 13.34 所示.由图可以看出,缺氧 24 h 凋亡细胞百分率增加,再给氧 4 h 凋亡

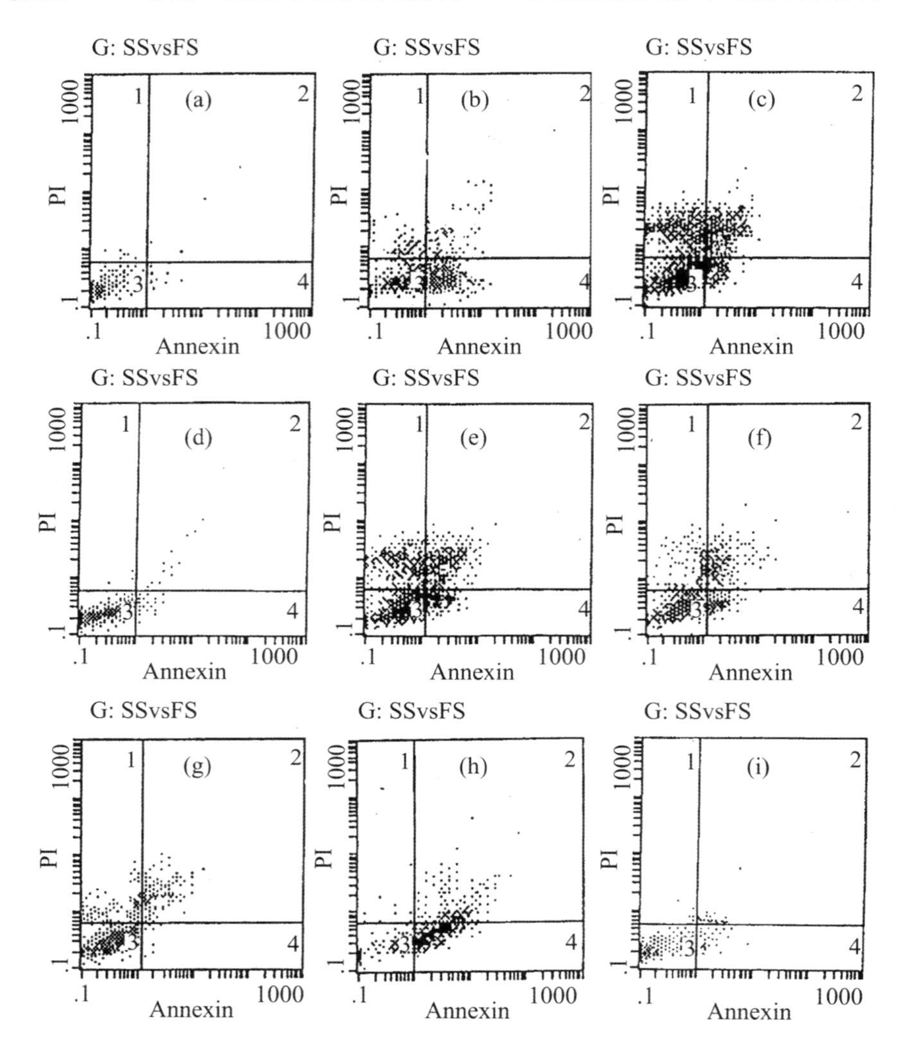

图 13.33　AV/PI 双标记流式细胞仪检测的细胞凋亡和坏死结果

(a) 正常对照组;(b) 缺氧;(c) 缺氧再给氧;(d) 缺氧加 L-NAME(100 μmol/L);(e) 缺氧加 SNP(5 μmol/L);(f) 缺氧加 SOD/CAT(100 U/mL);(g) 缺氧再给氧加L-NAME(100 μmol/L);(h) 缺氧再给氧加 SNP(5 μmol/L);(i) 缺氧再给氧加 SOD/CAT(100 U/mL).第 3 象限为存活细胞群(Annexin V^-/PI^-),第 4 象限为凋亡细胞群(Annexin V^+/PI^-),第 2 象限为坏死细胞群(Annexin V^+/PI^+).

细胞百分率未见继续增加，但是坏死细胞百分率显著增加. NO・供体 SNP 显著增加凋亡和坏死细胞百分率. NOS 抑制剂 L-NAME 和 SOD/CAT 均能显著抑制凋亡和坏死细胞百分率，说明 NO・和・O_2^- 参与缺氧再给氧所致的细胞死亡过程. 有趣的是，外加 SOD/CAT 能明显抑制缺氧再给氧引起的细胞凋亡和细胞坏死，但对缺氧引起的细胞凋亡却没有明显保护作用，说明・O_2^- 主要参与缺氧再给氧引起的细胞凋亡和细胞坏死，而没有参与缺氧导致的细胞凋亡.

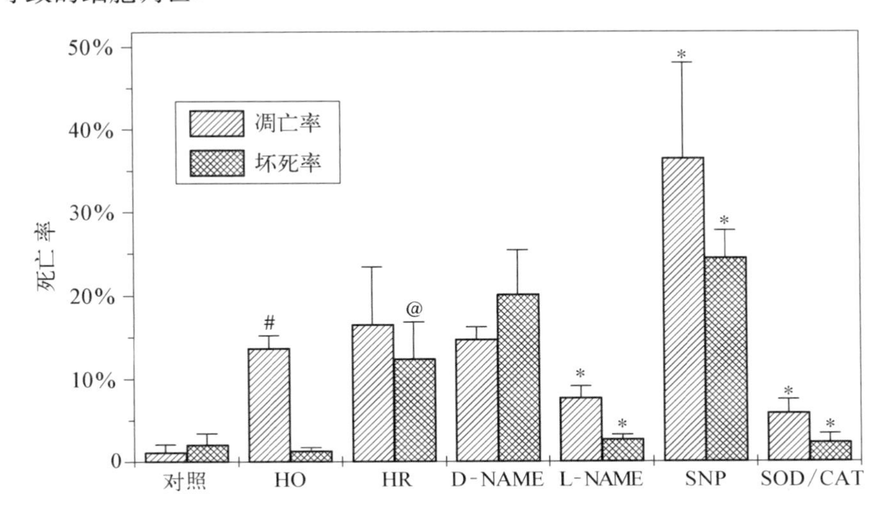

图 13.34　AV/PI 双标记流式细胞仪检测的凋亡和坏死细胞百分率

HO，缺氧；HR，缺氧再给氧；D-NAME，缺氧再给氧加 D-NAME（100 μmol/L）；L-NAME，缺氧再给氧加 L-NAME（100 μmol/L）；SNP，缺氧再给氧加 SNP（5 μmol/L）；SOD/CAT，缺氧再给氧加 SOD/CAT（100 U/mL）；#，与对照组比较 $p<0.05$；@，与缺氧组比较 $p<0.05$；*，与缺氧再给氧组比较 $p<0.05$.

通过以上讨论可以看出，缺氧引起的心肌细胞凋亡是通过上调 iNOS、Bcl-2 和活化 p53，而再给氧引起的细胞凋亡和细胞死亡是通过 NO・-过氧亚硝基下调 Bcl-2 和活化 p53.

以前研究表明，缺氧引起 iNOS 表达增加但抑制 eNOS 表达，NO・和・O_2^- 在心肌缺血再灌注损伤中有协同作用. 这里的结果表明，缺氧增加 NO・产生是通过活化 iNOS 和进一步上调 mRNA 水平引起的. 再给氧进一步上调 iNOS mRNA 及其蛋白的表达，但是却减少了 NO・的产生. 这可能是再给氧期间产生过多・O_2^- 与 NO・反应生成过氧亚硝基的结果. 因为加入 SOD/CAT 可以明显增加检测到的 NO・水平. 作为强氧化剂，过氧亚硝基不仅可以分解为毒性很强的・OH，还可以硝基化蛋白质引起 DNA 损伤和链断裂. 另外，SOD/CAT 下调 iNOS mRNA 及其蛋白表达，表明・O_2^- 在缺氧再给氧过程中也对 iNOS 活化有贡献.

磷脂酰丝氨酸向细胞膜外的转移和暴露可能是缺氧再给氧引起细胞膜不对称和巨

噬细胞对凋亡细胞辨认和清除的一个最显著特征．作为早期凋亡信号，磷脂酰丝氨酸向外膜转移出现在缺血再灌注心肌细胞膜上．因为磷脂酰丝氨酸对 AV 有很强的结合力，所以可以用它标记细胞外膜的磷脂酰丝氨酸．用 AV/PI 双染可以区分细胞凋亡和细胞坏死．在缺氧期间，磷脂酰丝氨酸的外翻和细胞凋亡同时出现，而在再给氧期间又和细胞凋亡和细胞坏死相联系．为了探讨外源和内源 NO· 在这一过程的作用，分别加入 SNP 和 L-NAME．结果发现，SNP 和 L-NAME 分别加速和抑制 iNOS 表达、NO· 产生、细胞凋亡和磷脂酰丝氨酸的外翻．因此，磷脂酰丝氨酸在细胞膜上的外翻可以作为心肌缺氧再给氧损伤引起凋亡的一个早期信号．

值得讨论的另一个问题是，NO· 诱导细胞凋亡可能取决于其由 iNOS 产生的量的多少和同时产生的 $\cdot O_2^-$．少量产生的 NO· 可以通过调节微血管张力和改善血液与氧气供应，保护心肌缺血再灌注损伤．经过长期缺氧，iNOS 活化产生大量 NO·，导致心肌细胞凋亡，加入 SOD/CAT 并不能保护缺氧引起的心肌细胞凋亡，说明 $\cdot O_2^-$ 可能没有参与缺氧引起的细胞凋亡，而是 NO· 直接和间接启动凋亡信号通路．在再给氧期间产生的大量 $\cdot O_2^-$ 与 NO· 共同导致细胞凋亡和细胞坏死，这主要可能是生成的过氧亚硝基发挥了重要作用．因此 $NO - ONOO^-$ 在缺氧再给氧引起的细胞凋亡过程中是一个重要通路．

研究证实，细胞凋亡是由基因控制的，缺血再灌注心肌损伤过程中 p53 表达增加而 Bcl-2 表达减少[49-50]．这里的结果表明，iNOS 活化和 NO· 生成增加与 p53 活化蛋白表达增加和 Bcl-2 抑制蛋白表达减少紧密相连．p53 表达被 NO· 供体上调和被一氧化氮合酶抑制剂下调表明 NO－p53 可能是缺氧引起细胞凋亡的一条重要信号通路．在再给氧阶段，$\cdot O_2^-$ 参与了诱导细胞凋亡过程．SOD/CAT 和L-NAME 下调 p53 表达，表明 $\cdot O_2^-$ 和 NO· 都参与了缺氧再给氧活化 p53 通路．

13.9 ESR 研究天然抗氧化剂银杏黄酮和知母宁对细胞凋亡 NO· 通路的调节作用

前面几节的讨论表明，天然抗氧化剂银杏黄酮和知母宁对离体缺血再灌注心肌产生的氧自由基和 NO· 具有明显的清除作用，对在体缺血再灌注心肌产生的氧自由基具有明显的清除作用；但对在体缺血再灌注心肌产生的 NO· 具有明显的促进作用，对离体和在体缺血再灌注心肌损伤均具有明显保护作用．在此基础上，本节将讨论天然抗氧化剂银杏黄酮和知母宁对缺氧再给氧引起心肌细胞凋亡 NO· 通路的调节作用．[49]

13.9.1 银杏黄酮和知母宁对缺氧再给氧引起心肌细胞产生的NO·的清除作用和细胞损伤的保护作用

在上节建立的模型和得到的结果的基础上[50-51]，首先讨论银杏黄酮和知母宁对缺氧再给氧引起心肌细胞产生的NO·的清除作用，然后讨论它们对细胞损伤产生的脂质过氧化产物和乳酸脱氢酶的抑制作用. 表13.8的数据清楚地表明，银杏黄酮和知母宁对缺氧再给氧引起心肌细胞产生的NO·具有明显的清除作用，但剂量依赖性并不明显，而且银杏黄酮和知母宁对NO·的清除效果也差不多. 这一结果和离体缺血再灌注的结果很类似，但和在体缺血再灌注的结果明显不同. 从表13.8的数据还可以看出，天然抗氧化剂银杏黄酮和知母宁能剂量依赖地抑制缺氧再给氧损伤心肌细胞膜脂质过氧化产物，及心肌细胞损伤释放乳酸脱氢酶的抑制作用.

表13.8 银杏黄酮和知母宁对缺氧再给氧引起心肌细胞产生的NO·、脂质过氧化产物和LDH的抑制作用

组　　别	NO·	TBARS	LDH
正常对照	2.47±0.09	4.10±0.21	2.60±0.31
缺氧心肌	14.28±0.78	5.33±0.44	7.82±0.47
缺血再给氧	12.32±0.27	7.41±0.42	12.77±0.56
缺氧再给氧+银杏黄酮			
1 μg/mL	6.01±0.53	5.80±0.29	8.61±0.50
10 μg/mL	4.16±0.21	5.44±0.26	6.57±0.53
100 μg/mL	2.98±0.23	4.18±0.22	4.95±0.42
缺氧再给氧+知母宁			
1 μg/mL	6.25±0.58	3.68±0.25	9.32±0.68
10 μg/mL	4.26±0.36	4.71±0.21	7.30±0.17
100 μg/mL	3.20±0.35	4.18±0.22	5.35±0.23

13.9.2 银杏黄酮和知母宁对缺氧再给氧引起心肌细胞凋亡的保护作用

利用双标记流式细胞仪和ELISA试剂盒，测定天然抗氧化剂银杏黄酮和知母宁对缺氧再给氧引起细胞坏死和细胞凋亡的作用. 结果发现，银杏黄酮和知母宁对缺氧再给氧引起心肌细胞凋亡和细胞坏死具有明显的抑制作用，而且是剂量依赖的. 它们对细胞凋亡的抑制作用明显大于对细胞坏死的抑制作用. 比较还发现，知母宁对细胞凋亡和细胞坏死的保护作用大于银杏黄酮. 这一结果与离体和在体心脏缺血再灌注的结果是一致的.

13.9.3 银杏黄酮和知母宁对缺氧再给氧引起心肌 Bcl-2 和 p53 表达的调节作用

利用流式细胞仪测定的天然抗氧化剂银杏黄酮和知母宁对缺氧再给氧引起的心肌细胞 Bcl-2 和 p53 表达的调节作用，发现银杏黄酮和知母宁不仅可以有效保护心肌缺氧再给氧对 Bcl-2 的抑制，有效抑制缺氧及缺氧再给氧引起 p53 表达的增加，而且可以剂量依赖地上调 Bcl-2 表达和下调 p53 表达. 通过比较还发现，天然抗氧化剂对 p53 表达水平的抑制作用大于对 Bcl-2 的抑制作用，知母宁的抑制作用大于银杏黄酮的抑制作用. 这说明，银杏黄酮和知母宁的抗缺氧再给氧所致的心肌细胞凋亡的机制与 Bcl-2 和 p53 的表达水平有关.

本节的结果表明，天然抗氧化剂银杏黄酮和知母宁对细胞缺氧再给氧诱导心肌细胞产生的 NO· 的清除作用、对缺氧再给氧引起心肌细胞损伤的保护作用与对 Bcl-2 和 p53 表达的调节作用是相关联的. 这说明，银杏黄酮和知母宁的抗缺氧再给氧所致心肌细胞凋亡的机制是通过 NO·，Bcl-2 和 p53 信号通路的.

根据以上讨论，可以清楚地看出，缺氧再给氧活化了 iNOS mRNA 表达，增加了 NO· 的产生，作为重要的信号分子调节了磷脂酰丝氨酸在细胞膜上外翻，活化了 p53 和抑制了 Bcl-2 及其表达，导致心肌细胞凋亡. 天然抗氧化剂银杏黄酮和知母宁参与了清除和调节缺氧再给氧产生的 NO· 和活性氧自由基，抑制了 p53 并活化了 Bcl-2 及其表达，防止了缺氧再给氧引起的心肌损伤和细胞凋亡.

图 13.35 是天然抗氧化剂银杏黄酮和知母宁调节缺血再灌注（缺氧再给氧）对心脏损伤的保护机制模式图.

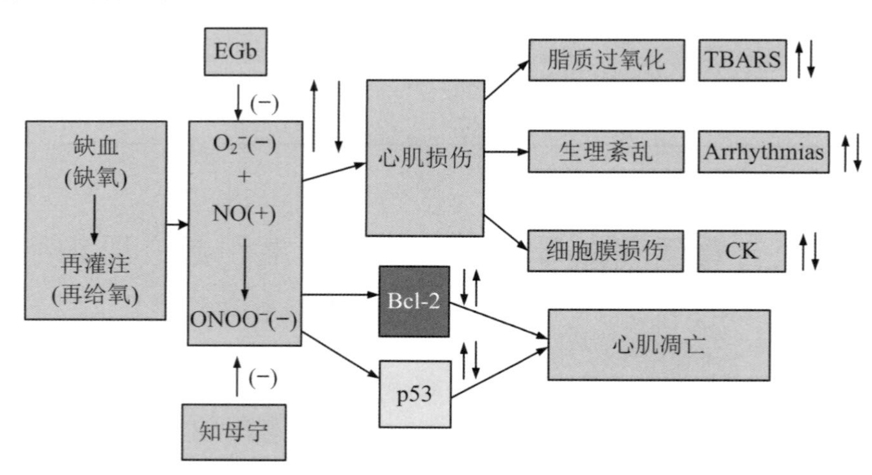

图 13.35 天然抗氧化剂银杏黄酮和知母宁调节缺血再灌注（缺氧再给氧）对心脏损伤的保护机制[50]

13.10 ESR 用于心脏病的临床研究

体内 ESR 成为重要的新临床工具.在许多情况下,体内 ESR 与 NMR 的组合可能具有非常好的协同作用.ESR 是一种基于磁共振的技术,可检测具有不成对电子的物质.该技术已成为从生物学和化学到固态物理学等不同领域的主要工具.在过去的几年中,许多研究成果已经证明,活体动物的 ESR 测量(体内 ESR)可以为生理学、病理生理学和药理学提供非常重要的新见解.体内 ESR 最成功的应用是氧、一氧化氮、生物自由基、pH 和氧化还原状态的非侵入性测量,应用于肿瘤学、心脏病学、神经科学和毒理学.最明显的直接、有效和广泛的临床应用领域是血氧饱和度法,其中 ESR 几乎可以重复和准确地测量组织中的 p_{O_2}.这种测量可以为临床医生提供影响诊断和治疗的直接信息,特别是对于肿瘤学、外周血管疾病和伤口愈合.另一个直接和极重要的领域是体内 ESR 测量电离辐射的临床显著的独特能力,例如由于事故、恐怖主义或核战争而可能发生的电离辐射.体内 ESR 还有许多其他能力,也可能广泛地用于人类受试者.在药理学中,体内 ESR 检测和表征自由基的独特能力可用于测量药物和氧化过程中的自由基中间体.潜在广泛应用的一个密切相关的领域是使用 ESR 测量一氧化氮.这些独特的能力,加上 ESR 波谱对直接环境(例如 pH、分子运动、电荷)的敏感性,已经在动物研究中产生了一些非常富有成效的应用,并且在不久的将来可能会大幅扩展.它们将为扩大体内 ESR 的临床应用的发展提供基础.[52]

13.10.1 用于临床研究的 ESR 波谱仪

ESR 波谱仪可用于直接测量自由基,然而,由于传统的 ESR 波谱仪设计不适合对大型水溶性结构(如整个器官或组织)进行测量,因此无法原位测量重要的生物自由基.为了在测量完整生物器官或组织中的自由基方面获得最佳性能,就需要对 ESR 仪器进行重新设计、构造.这种 ESR 波谱仪由一个 1～2 GHz 微波桥组成,其源锁定在专门设计的凹间隙、环隙谐振器的谐振频率.在一项报告中,已经分析和描述了谐振器设计和构造的原理.使用该 ESR 波谱仪可以测量水溶液中低至 0.4 μmol/L 的自由基浓度.对孤立跳动的心脏进行研究,包括同时实时测量自由基和心脏收缩功能.这种体内 ESR 技术用于研究正常灌注和缺血心脏中自由基摄取和代谢的动力学.此外,已有研究证实,该技术可用于无创测量组织耗氧量.因此,低频 ESR 波谱仪在研究体内自由基生成以及这种自由基生成对整个生物组织的影响方面具有很大的应用前景.[53]

在脉冲ESR中,未成对电子的自由感应衰减(FID)或自旋回波(SE)信号记录在时域中.在这两种方法中,电磁波在ESR波谱仪检测不成对电子中起着重要作用.谐振器能产生并感测电磁波,因此是未成对电子与ESR波谱仪发射/接收系统之间的关键接口.由于谐振器是一种敏感电路,当谐振器的电路处于谐振状态时,它可以放大电压和电流,因此谐振器是连续波和脉冲ESR中ESR检测的重要组成部分.没有谐振器,就无法以足够的灵敏度检测ESR信号.有一项研究解释了谐振器的基础知识,以及小动物和人类受试者临床前研究中使用的谐振器的一些示例.虽然已经在L波段开发了能够对整个组织和分离器官中的自由基进行三维ESR成像的仪器,但关于使用目前可用的自由基标记在实践中所获得的分辨率和图像质量仍然存在重要问题.因此,可以在L波段应用三维空间ESR成像,对分离的心脏和类似大小的幻影中自由基标记的分布进行成像研究.使用氮氧化物标记时,获得的分辨率受到ESR吸收函数中超精细结构的限制,这反过来又限制了最大适用梯度.使用氮氧化物标记时,分辨率在1~2 mm的范围内是可能的;而使用葡萄糖碳标记时,可以获得0.2 mm的分辨率.使用氮氧化物标记时,图像是有足够的分辨率来解析心脏的整体形状以及左、右心室腔的位置,但是无法解决更精细的结构.使用葡萄糖碳,可以获得更精细的分辨率,从而实现心室、主动脉根部和近端的可视化.[54]

体内或离体ESR成像(ESRI)已被确立为确定活体器官和组织中自由基和其他顺磁性物质空间分布的强大技术.虽然先前已经报道了能够对整个组织和分离器官中的自由基进行ESR成像的仪器,但该仪器不可能对快速移动的器官(如跳动的心脏)进行成像.因此,我们需要开发新的仪器,以便在L波段对孤立跳动的大鼠心脏进行门控光谱和成像;并且需要开发一种同步脉冲和定时系统,该系统能够为每个周期多达256张图像进行门控采集,频率高达16 Hz.该仪器的时间和空间精度使用专门设计的跳动心形等体积模型进行了验证,该模型具有机电驱动的正弦运动,循环速率为5 Hz.在一系列注入氮氧化物自旋标记的分离大鼠心脏上进行了门控ESR成像.这些心脏以6 Hz的频率起搏,每个心脏收缩周期获得16或32个门控图像.该图像能够可视化心脏周期中的心脏自由基分布和解剖结构的时间依赖性变化.频率为200 MHz~2 GHz的ESRI,可以绘制顺磁性物质的体内分布图,例如水溶性自由基和氮氧化物自由基.ESR图像反映了代谢作用对外源性氮氧化物的复杂性.它们在体内的还原速率受氧浓度、pH和生物分布等参数的影响.低频ESRI和重建技术的主要特点给出了ESR成像的例子,如氮氧化物自由基在幻影和整个大鼠中分布的二维空间映射[55].

在L波段获得大样品的高质量三维空间电子-顺磁-共振图像的开发与优化程序,是投影采集、仪器和算法选择优化参数的策略,以校正微波频率漂移以及静态和梯度磁场的不准确性.使用具有光谱反卷积的两阶段滤波反向投影方法,进行图像重建.利用该仪器、校正算法和图像重建方法,使用0.5 mmol/L的氮氧化物标记,在复杂模型中观察到空间精确的自由基分布三维图像.结果表明,可以在合理的时间内以亚毫米分辨率获得样品的高质量图像,包括尺寸达25 mm的生物器官和组织[56].利用稳定的硝氧自由基的

ESR 成像是一种有前景的技术，它可测量器官和组织中的自由基分布、代谢和组织氧浓度. 然而，该技术因体内氮氧化物快速还原为其羟胺衍生物（一种抗磁性、无 ESR 活性物质）而受到限制. 在一份报告中，提出一种新型的人血清白蛋白聚硝基化衍生物被证明能够在体内将羟胺重新氧化回氮氧化物. 聚硝基-白蛋白（PNA）被证明可以有效维持缺血性孤立大鼠心脏中氮氧化物 4-羟基-2，2，6，6-四甲基哌啶-1-氧基（TEMPOL）的信号强度，从而允许在长达 2.5 h 的整体心脏缺血期间获取心脏的高分辨率 3D ESR 图像. 在 3D 图像的连续横截面中，心脏的 TEMPOL 强度图显示了亚毫米分辨率的心脏结构. 冠状动脉和心肌中的 TEMPOL 强度显示，氮氧化物浓度随着与大血管距离的增加而降低. 这些结果表明，将氮氧化物与 PNA 结合使用可以在体内进行 ESR 成像. 除了在新兴的 ESR 成像技术中的有效使用，在 PNA 存在下观察到的 TEMPOL 的半衰期大大延长，可能有助于氮氧化物在各种疾病过程中的治疗应用.[57-58]

据推测，心脏等生物器官中的自由基代谢和一氧化氮的产生可能在空间定义的组织结构上有所不同. 一项研究开发了针对 1.2 GHz 自由基的 3D 空间和 3D 或 4D 波谱空间成像进行了优化的仪器. 使用该仪器，根据 ESR 波谱仪的氧依赖性线展宽，对氮氧基（氮氧化物）代谢进行了高质量的 3D 波谱空间成像，以及对氧浓度进行了空间定位测量. 外源性注入探针和内源性自由基都用于获得图像. 结果表明，ESR 成像是一种强大的工具，可以提供有关生物器官和组织中自由基、氧气和一氧化氮的空间定位的特征信息.[59] 样品运动尤其是跳动的心脏运动，会在 ESR 频谱上引起基线噪声和频谱失真. 为了消除运动噪声，恢复 ESR 信号幅值和线宽，设计并构建了 L 波段横向定向电场折返谐振器（TERR），并规定了自动调谐控制（ATC）和自动耦合控制（ACC），从而适用于孤立的跳动大鼠心脏的研究. 运用了两组电子电路，为两个变容二极管提供直流偏置电压，以电子方式调整耦合和调谐. 谐振器具有直径为 25 mm 的矩形横截面样品臂，Q 值为1 100（不含样品）. 一旦插入 0.45% NaCl 的有损水样，Q 值在体积为 0.5 mL 时下降至 400，在体积为 5 mL 时下降至 150. 使用移动的幻影和孤立的跳动大鼠心脏测试 ATC/ACC 功能，信噪比（S/N，信号峰值幅度与基线噪声峰值幅度的比值）分别提高 6.7 倍和 4～6 倍. 通过这些改进，可以在孤立的跳动大鼠心脏上进行 ESR 成像. 因此，这种带有 ATC/ACC 的 TERR 谐振器能够应用 ESR 波谱来测量和成像分离跳动的大鼠心脏中的自由基代谢、氧化还原状态和氧合.[60]

13.10.2 保护心脏的新型 NO 靶向输送系统

NO 是一种多功能的内源性信使，其时空生成受到精确控制. 尽管基于 NO 的疗法具有治疗多种疾病的潜力，但由于缺乏将 NO 精确输送到特定部位的有效策略，基于 NO 的疗法在临床上受到限制. 一项研究通过将二苯基膦基和三苯基膦基掺入二氮二酸铵中，开发了一种新型线粒体靶向超氧化物响应性一氧化氮供体，其可以进入线粒体，从而对 H9c2 细胞和分离的大鼠心脏中的缺血/再灌注损伤具有显著的保护作用.[62] 在另外的一项研究中,通过使用修饰半乳糖苷酶-半乳糖基-NONOate 的酶新的 NO 递送系统,测定结果清楚地表明了精确递送到目标组织.不仅在大鼠心脏系统,而且在后肢缺血和小鼠急性肾损伤模型中都评估了其治疗潜力.靶向递送 NO 明显增强了其在组织修复和功能恢复方面的治疗效果,并消除了由于 NO 释放全身而产生的副作用.所开发的方法和技术在重要气体信号分子的靶向递送方面具有广泛的适用性,并为研究相关分子机制提供了有效的工具.[63]

13.10.3 ESR 用于测量心肌血氧饱和度

氧气在缺血和随后再灌注(I/R)期间心肌损伤的病理生理学中起着关键作用.因此,氧浓度是 I/R 期间测量的重要变量.在一项工作中,基于 ESR 的血氧饱和度法测量了一系列 I/R 期间的氧浓度,这是因为氧合水平与心脏的收缩和血流动力学的功能相关.定制开发的电子可调谐表面线圈谐振器(工作频率为 1.1 GHz),用于测定跳动心脏中的组织 p_{O_2}.将锂酞菁(LiPc)微晶颗粒用作 ESR 血氧饱和度测量探头.分离和灌注的大鼠心脏进行 1 h 或 3 h 的缺血前灌注,然后进行 15 min 的 I/R 循环.在 15 min I/R 循环前灌注 3 h 的心脏中,心肌 p_{O_2} 在随后连续三个 I/R 循环的再灌注中逐渐降低.在灌注 1 h 的心脏中,所有三个 I/R 周期的心肌 p_{O_2} 几乎恢复了 100%.每个再灌注循环中恢复的氧合程度与血流动力学和收缩功能的恢复相关.结果还显示,每次 I/R 循环结束时,心脏的耗氧率与功能恢复成正比.综上所述,观察 I/R 期间心肌耗氧量可以提供心脏功能障碍的可靠指标.p_{O_2} 在需氧细胞的能量代谢中起着决定性作用.然而,低 p_{O_2} 水平会诱发病理生理状况,例如肿瘤缺氧、缺血或再灌注损伤,以及伤口愈合延迟/改变.特别地,已知肿瘤中的 p_{O_2} 水平与肿瘤进展和放疗的有效性有关.为了监测体内 p_{O_2} 水平,采用连续波(CW)和时域(TD) ESR 波谱方法,其中表面线圈谐振器和 LiPc 作为氧传感器至关重要.一旦 LiPc 颗粒嵌入器官/组织的所需位置,就可以重复且无创地监测 p_{O_2} 水平.该方法基于氧气浓度对 LiPc 的 ESR 波谱的影响,具有以下几个优点:① 高灵敏度;② 最小侵入性;③ 重复测量;④ 无毒性(无毒);⑤ 能够使用嵌入 LiPc 在组织的局部区域进行测量.因此,在本小节中,我们描述了使用 CW 和 TD ESR 波谱与氧敏感颗粒 LiPc 进行体内氧气监测的方法.[64]

ESR 血氧饱和度法需要在目标组织中一次性放置氧敏探头,用于可靠、准确和重复测量 p_{O_2} 过程.多位点血氧饱和度方法可用于同时监测多个位点的 p_{O_2}.基于 ESR 血氧饱和度在实验动物模型中应用的重大进展,已经开发了用于人类受试者的光谱仪.p_{O_2} 测量在患者实体肿瘤中的初步可行性已经得以成功证明.[65]

ESR 血氧饱和度法能够可靠、准确和重复地测量组织中的氧分压,为研究氧气在中风和心力衰竭等多种疾病的发病机制和治疗中的作用提供了独特的结果.基于 ESR 血氧仪在小动物疾病模型中的体内应用的重大进展，用于人类受试者所需的合适探针和仪器也在开发之中.一个实验室已经确定了使用印度墨水在癌症患者中进行临床 ESR 血氧饱和度测定的可行性，印度墨水是目前唯一被批准用于临床使用的材料.作为下一代探针，它在氧敏感性和生物相容性方面都非常出色，包括在人体中出色的安全性.进一步的进展还包括开发与外部耦合回路相连的植入式氧传感器，以用于测量任何深度的深层组织氧饱和度，克服了 10 mm 的电流限制.这是在临床环境中对人类受试者的氧分压进行有意义测量能力的最新发展.[66]

低氧水平(缺氧)是定义几种病理生理学(尤其是缺血)病理后果的关键因素，这些病理生理学通常发生在重要器官(如脑和心脏)血管阻塞或微血管系统异常(如外周血管疾病)之后.因此，能够直接和反复量化大脑和心脏中氧气水平的方法将显著提高我们对缺血病理的理解.重要的是，这种血氧饱和度测试将有助于制定抵消低水平氧气的策略，从而改善中风或心肌梗死后的结局.体内 ESR 血氧饱和度能够实时监测组织氧水平.该方法在实验动物中已进行大量测试和使用，并已经进行了一些临床测量，从小鼠到猪的实验动物模型的大脑和心脏中反复定量氧气水平.ESR 血氧饱和度法已成为动物模型中测量组织氧水平(氧分压，p_{O_2})的可行方法；然而，它尚未建立用于人类的测量.ESR 血氧饱和度法需要在测量部位/器官放置氧传感顺磁探头(分子或颗粒)，这可能带来安全问题，包括探头放置程序的侵入性，缺乏长期(重复)测量的时间稳定性和灵敏度，以及短期和长期可能的毒性.在过去，研究者曾开发了一种植入式氧传感探针，称为氧芯片，已成功地建立了用于临床前动物模型中的血氧测定.目前，氧芯片正在患者的有限临床实验中进行评估.氧芯片的一个主要限制是它有一个大型(1.4 mm^3)植入物，因此不适合测量实体瘤、慢性伤口中可能存在的氧异质性.另外，研究者还开发了一种更小的氧芯片(0.07 mm^3 或 70 μm^3)，可以使用23G 注射器针头放置在感兴趣的组织中，具有最小的侵入性.使用体外和体内模型，已经证明注入微芯片提供了足够的 ESR 灵敏度、稳定性和生物相容性，因此可以从多个植入物中进行稳健、重复和同时的测量，从而在植入区域中提供平均/中位数 p_{O_2} 值.氧芯片对需要重复测量浅表组织和恶性肿瘤中平均/中位数 p_{O_2} 的应用特别有用.[67]

LiNc-BuO(一种氧感应顺磁性材料)掺入聚二甲基硅氧烷(PDMS)中，成为一种透氧性、生物相容性和稳定的聚合物.使用 20 G 特氟龙管制造了可植入和可回收的氧传感芯片(PDMS 中加入 40%八丁氧基萘锂 LiNc-BuO)，将芯片模制成可变的形状和尺寸，用于大鼠的体内研究.体外 ESR 测量用于测试芯片的氧响应.氧气诱导线性和可重复的线展宽随着 p_{O_2} 的增加而增加.氧反应与裸(未封装)晶体相似，并且在高压灭菌后没有明显变化.将芯片植入大鼠股骨肌肉中，并在植入后 12 周内重复(每周)进行 ESR 血氧测定.测量结果显示，在测试期间该芯片显示出良好的可靠性和可重复性.这些结果表明，含有40%的 LiNc-BuO 氧芯片的新配方将使 ESR 血氧饱和仪适用于长期测量组织中的氧浓度，并具有临床应用潜力.[68]组织氧饱合度是各种病理生理情况下的关键参数，包括心血管疾病和癌症.缺氧可显著影响实体恶性肿瘤的预后及其放疗或化疗效果.ESR 血氧饱和度法是重复评估和监测组织中氧气水平的可靠方法. LiNc-BuO 已被开发为生物 ESR 血氧饱和度测量的探针,特别适用于临床用途. 然而,LiNc-BuO 晶体的临床适用性受到与生物相容性、生物降解或组织中单个裸晶体迁移相关的潜在限制. 为了克服这些限制,将 LiNc-BuO 晶体嵌入 PDMS 中,这是一种透氧生物相容性聚合物,并开发了一种可植入/可检索形式的芯片. 该芯片针对最大旋转密度(PDMS 中 40%的 LiNc-BuO)进行了优化,并以适合使用 18G 注射器针头植入的形式制造. 氧芯片的体外评估表明,它坚固耐用且对氧高度敏感. 其 ESR 线宽对氧气的依赖性是线性的,并且具有高度可重复性. 通过将氧芯片植入大鼠股骨肌肉,并跟踪其对组织氧合的反应长达 12 个月,来评估氧芯片的体内功效. 结果显示,在整个植入过程中,氧芯片的完整性(大小和形状)和校准(氧敏感性)得以保持. 此外,在植入区域周围未观察到炎症或不良反应,从而建立起它的生物相容性和安全性. 结果表明,新制备的高灵敏度氧芯片能够在临床条件下以可靠和重复的方式进行长期的氧浓度测量.[69]

13.10.4 ESR 用于测量体内的氧化还原状态

ESR 波谱是检测和鉴定自由基和其他具有不成对电子的分子的最直接和最强大的方法. 这些分子由生物系统中的氧化应激机制产生并对生物系统功能至关重要,ESR 波谱提供了检测、鉴定和定量测定自由基的独特能力,以帮助我们了解这些分子在氧化应激中的作用,以及 ESR 波谱在生物系统中重要活性氧和氮分子研究中的应用,包括它们的体内检测. ESR 波谱被认为是体外和动物模型中自由基测定和表征的宝贵工具;然而,它在人类中的使用带来了技术挑战. 虽然自旋阱和自旋探针各有优缺点,但对于任何可能应用的适用性,需要考虑几个因素. 除了使用外源性探针检测自由基,还使用几种内源性分子,用于氧化应激临床研究的内源性和外源性药物,来确定使用 ESR 技术的测试患者的氧化还原状态. ESR 信号的形成或消失是 ROS 产生程度的量度,但也利用了 ESR 波谱分布的变化,例如在一些三苯甲基自由基探针的情况下,详细提及信号形成、消失或其变化的机制,以及其应用的局限性和解释中的注意事项.[70-71]

基于 ESR 的波谱和成像技术可用于研究具有一个或多个不成对电子的自由基分子. 生物 ESR 应用包括检测内源性生物相关自由基,以及使用专门设计的外源性自由基来探测局部微环境. 尽管大多数情况下,在体内直接 ESR 检测内源性自由基(如 ROS)仍然不太可能,但基于先进自旋捕集剂和探针的替代方法通常用于检测 ROS 反应的顺磁性产物,并且能够对活体受试者产生的自由基进行具体评估. 近几十年来,在开发和体内应用专门设计的顺磁探针作为“分子间谍”,来评估和绘制生理相关的功能信息(如组织氧合、氧化还原状态、pH 以及间质无机磷酸盐和细胞内谷胱甘肽的浓度)方面取得了重大进展. 临床 ESR 仪器和用于体内多功能组织分析的生物相容性顺磁探针的开发,最终将使 ESR 技术在临床环境中的转化成为可能.[72]

参考文献

[1] 赵保路，陈惟昌. NO 自由基的性质及其生理功能[J]. 生物化学与生物物理进展，1993，20：409-411.

[2] Palmer R M J, Moncad S. Nitric oxide release accounts for the biological activity of endothelium-derived relaxing factor[J]. Nature, 1987, 327: 524-526.

[3] Lepoivre M, Chenais B, Yapo A, et al. Alteration of ribonucleotide reductase activity of following induction of the nitrite pathway in adnocacima cells[J]. J. Biol. Chem., 1990, 265: 14143-14149.

[4] Kosaka H, Watanabe M, Yoshihara H, et al. Detection of nitric oxide production in lipopolysaccharide-treated rats by ESR using carbon monoxide hemoglobin[J]. Biochem. Biophys. Res. Commn., 1992, 184: 1119-1124.

[5] Hille R, Olson J S, Palmer G. Sectral transitions of nitrosyl hemes during ligand binding to hemoglobin[J]. J. Biol. Chem., 1979, 254: 12110-12120.

[6] 赵保路，忻文娟，陈雨亭，等. 用自旋共振（ESR）研究肾缺血移植和缺血再灌过程产生的自由基[J]. 生物物理学报，1994，10(1)：170-173.

[7] Reisberg P, Olson J S, Palmer G. Kinetic resolution of ligand binding to the a and b chains within human hemoglobin[J]. J. Biol. Chem., 1976, 251: 4379-4383.

[8] Westenberger U, Thanner S, Ruf H H, et al. Formation of free radicals and nitric oxide derivative of hemoglobin in rats during shock syndrome[J]. Free Radi. Res. Commn., 1990, 11: 167-178.

[9] Zhao B L, Shen J G, Li M, et al. Scavenging effect of Chinonin on NO and oxygen free radicals and its protective effect on the myocardium from the injury of ischemia-reperfusion[J]. Biochem. Biophys. Acta, 1996, 1315: 131-137.

[10] 赵保路，忻文娟，杨卫东，等. 用电子自旋共振直接检测兔心肌缺血再灌注产生的活性氧自由基[J]. 科学通报，1989，34：780.

[11] Henry Y, Lepoivre M, Drapier J C, et al. EPR characterization of molecular targets for NO in mammalian cells and organelles[J]. FASEB J., 1993, 7: 1124-1134.

[12] 赵保路，沈剑刚，侯京武，等. 用 ESR 研究心肌缺血再灌注组织和多形核白细胞产生的 NO 自由基[J]. 波谱学杂志，1997，14：99-106.

[13] 赵保路. 生物体系的 NO 自由基及其检测[J]. 自由基生命科学进展，1997，6：4-13.

[14] Zhao B L, Shen J G, Hou J W, et al. ESR studies of NO radicals generated from ischemia-reperfusion tissu and polymophonukocyte[J]. Biochimica et Biophysica Acta, 1996, 1315(2): 131-137.

[15] Masini E, Gambassi F, Bianchj S, et al. Effect of nitric oxide generators on ischemia-reperfu-

sion injury and histamine release in isolated perfused guinea pig heart[J]. Int. Arch. Allergy. Immunol., 1991, 22:123-126.

[16] Matheis G, Sherman M P, Buckberg G D, et al. Role of L-arginine-nitric oxide pathway in myocardial reoxygenation injury[J]. Am. J. physiol., 1992, 262(2):616-620.

[17] Omar B A, Jordan M C, Downey J M, et al. Protection afforded by superoxide dismutase is dose dependent in the in situ reperfused rabbit heart[J]. Circulation, 1989, 80: 281-294.

[18] 赵保路,沈剑刚,忻文娟.心肌缺血再灌注损伤过程中 NO·和超氧阴离子自由基的协同作用[J].中国科学,1996,26:331-338.

[19] Saran M, Michel C, Bors W. Reaction of NO with ·O_2^- implications for the action of endothelium-derived relaxing factor (EDRF)[J]. Free Rad. Res. Commun., 1990, 10: 221-226.

[20] Koppenol W H, Moreno J J, Pryor W. Peroxynitrite, a cloaked oxidation formed by nitric oxide and superoxide[J]. Chem. Res. Toxcol., 1992, 5: 834-842.

[21] Tosaki A, Engelman D T, Pali T, et al. Ginkgo biloba extract (EGb761) improves postischemic function in isolated preconditioned working rat hearts[J]. Cor. Artery. Dis., 1994, 5: 443-450.

[22] 杨卫东,朱鸿良,赵保路,等.电子自旋共振直接检测心肌再灌注产生的氧自由基和复方丹参对氧自由基的清除作用[J].中华心血管杂志,1989,17:178.

[23] 赵保路,张春爱,忻文娟.心肌缺血再灌注损伤和活性氧自由基[J].生理科学,1989,9:193.

[24] Shen J G, Zhao B L, Li M F, et al. Inhibitory effects of Ginkgo biloba extract (EGb761) on oxygen free radicals, nitric oxide and myocardial injury in isolated ischemic-reperfusion hearts [C]. Champaign Illionoisi: AOCS Press, 1996.

[25] Pietri S, Maurelli, Drieu K, Culcasi. Cardioprotective and antioxdant effects of the terpenoid constituents of Ginkgo biliba extract (EGb761)[J]. J Mol Cell Cardiol, 1997, 29: 733-742.

[26] Kleijnen J, Knipschild P. Ginkgo biloba[J]. Lancet, 1992, 340: 1136-1139.

[27] Shen J G, Zhou D Y. Efficiency of Ginkgo biloba extract (EGb761) in antioxidant protection against myocardial ischemia-reperfusion injury[J]. Biochem Mol Biol Internat, 1995, 35: 125-134.

[28] Zhao B L, Shen J G, Li M, et al. Chinonin can scavenging No free radicals and protect the myocardium against ischemia-reperfusion injury[C]. Champaign Illionoisi: AOCS Press, 1996.

[29] 赵保路,沈剑刚,汤畅,等.DETC 铁络合物捕捉生物组织 NO 自由基的 ESR 波谱解析[J].波谱学杂志,1988,15:307-311.

[30] Zhao B L, Wang J C, Hou J W, et al. Studies on nitric oxide free radicals generated from polymorphonuclear leukocytes (PMN) stimulated by phorbol myristate acetate (PMA)[J]. Cell Biol. Intern., 1996, 20(5): 343-350.

[31] Li H T, Zhao B L, Xin W J. Two peak kinetic curve of chemiluninescence in phorbol stimulated macrophage[J]. Biochem. Biophys. Res. Commn., 1996, 223: 311-314.

[32] 赵保路,王建潮,侯京武,等.多形核白细胞产生的 NO 和超氧阴离子自由基主要形成 $ONOO^-$[J].中国科学,1996,26:406-413.

[33] 赵保路,李海涛,侯京武,等.多形核白细胞产生 NO 和氧自由基的分子机理[J].生物化学杂志,

1998,14:328-333.

[34] Shen J G, Wang J, Zhao B L, et al. Effects of EGb-761 on nitric oxide, oxygen free radicals, myocardial damage and arrhythmias in ischemia-reperfusion injury in vivo[J]. Biochim. Biophys. Acta, 1998, 1406: 228-236.

[35] Shen J G, Li M, Xin W J, et al. Effects of Chinonin on nitric oxide free radical, myocardial damage and arrhythmia in ischemia-reperfusion injury in vivo[J]. Appl. Magn. Reson., 2000, 19: 9-19.

[36] Dimmeler S, Zeiher A M. Nitric oxide and apoptosis: another paradigm for the double-dged role of nitric oxide[J]. Nitric. Oxide, 1997, 1(4): 275-281.

[37] 卫涛涛,陈畅,赵保路,等.一氧化氮损伤神经细胞线粒体并诱导细胞凋亡[J].科学通报,1999,44:1867-1871.

[38] Wei T T, Chen C, Zhao B L, et al. The antioxidant EPC-K1 attenuates NO-induced mitochondrial dysfunction, lipid peroxidation and apoptosis in cerebellar granule cells[J]. Toxicol., 1999, 134: 117-126.

[39] 沈剑刚,丘幸生,姜泊,等.一氧化氮和氧自由基诱导缺氧再给氧心肌细胞凋亡的 Bcl-2 和 p53 信号通路研究[J].中国科学,2002,32:436-446.

[40] 张德良,李美芬,赵保路.乙酸乙酯抽提法在 ESR 检测一氧化氮自由基中的应用[J].生物化学与生物物理进展,2001,28:94-98.

[41] Zhang D, Niu Z, Wan Q, et al. Stability and Reaction of Dithiocarbamate-ferrous-NO Complex in PMA-stimulated Peritoneal Macrophages[J]. Res. Chem. Interm., 2003, 29: 201-212.

[42] Zhou G Y, Zhao B L, Hou J W, et al. Detection of nitric oxide by spin trapping EPR spectroscopy and triacetylglycerol extraction[J]. Biotech. Tech., 1999, 13: 507-511.

[43] Vermes I, Haanen C, Steffens-Nakken H, et al. A novel assay for apoptosis flow cytometric detection of phosphatidylserine expression on early apoptotic cells using fluorescein labelled Annexin V[J]. J. Immunol. Meth., 1995, 184: 39-51.

[44] Steck K, McDonnell T, Sneige N, et al. Flow cytometric analysis of apoptosis and Bcl-2 in primary breast carcinomas: clinical and biological implications[J]. Cytometry, 1996, 24: 116-122.

[45] Long X, Boluyt M O, Hipolito M L, et al. p53 and the hypoxia-induced apoptosis of cultured neonatal rat cardiac myocytes[J]. Clin. Invest., 1997, 99(11): 2635-2643.

[46] Melkova Z, Lee S B, Rodriguez D, et al. Bcl-2 prevents nitric oxide-mediated apoptosis and poly(ADP-ribose) polymerase cleavage[J]. FEBS Lett., 1997, 403(3): 273-278.

[47] Krishenbaum L A, Moissac D. The Bcl-2 gene product prevents programmed cell death of ventricular cardiac myocytes[J]. Circulation, 1997, 96(5): 1580-1585.

[48] Marx J. New link found between p53 and DNA repair[J]. Science, 1994, 266: 1321-1322.

[49] Shen J G, Guo X S, Jiang B, et al. Chinonin, a novel drug against cardiomyocyte apoptosis induced by hypoxia and reoxygenation[J]. Biochim. Biophyscs. Acta, 2000, 1500: 217-226.

[50] Shen J G, Li M, Xin W J, et al. Effects of Chinonin on nitric oxide free radical, myocardial damage and arrhythmia in ischemia-reperfusion injury in vivo[J]. Appl. Magn. Reson., 2000,

19: 9-19.

[51] Dimmeler S, Zeiher A M. Nitric oxide and apoptosis: another paradigm for the double-dged role of nitric oxide[J]. Nitric. Oxide, 1997, 1(4): 275-281.

[52] Swartz H M, Khan N, Buckey J, et al. Clinical applications of EPR: overview and perspectives [J]. NMR Biomed., 2004, 17(5): 335-351.

[53] Zweier J L, Kuppusamy P. In vivo EPR spectroscopy of free radicals in the heart[J]. Environ. Health Persp., 1994, 10: 45-51.

[54] Hirata H, Petryakov S, Schreiber W. Resonators for clinical electron paramagnetic resonance (EPR)[M]. Berlin: Springer, 2020.

[55] Kuppusamy P, Chzhan M, Wang P, et al. Three-dimensional gated EPR imaging of the beating heart: time-resolved measurements of free radical distribution during the cardiac contractile cycle[J]. Magn. Reson. Med., 1996, 35(3): 323-328.

[56] Kuppusamy P, Chzhan M, Zweier J L. Development and optimization of three-dimensional spatial EPR imaging for biological organs and tissues[J]. J. Magn. Reson., 1995, 106(2): 122-130.

[57] Sotgiu A, Colacicchi S, Placidi G, et al. Water soluble free radicals as biologically responsive agents in electron paramagnetic resonance imaging[J]. Cell Mol. Biol., 1997, 43(6): 813-823.

[58] Kuppusamy P, Wang P, Zweier J L, et al. Electron paramagnetic resonance imaging of rat heart with nitroxide and polynitroxyl-albumin[J]. Biochemistry, 1996, 35(22): 7051-7057.

[59] Kuppusamy P, Zweier J L. Cardiac applications of EPR imaging[J]. NMR Biomed., 2004, 17 (5): 226-239.

[60] He G, Dumitrescu C, Petryakov S, et al. Transverse oriented electric field re-entrant resonator (TERR) with automatic tuning and coupling control for EPR spectroscopy and imaging of the beating heart[J]. Journal of Magnetic Resonance, 2007, 187(1): 57-65.

[62] Hou J L, He H Y, Huang S P, et al. A mitochondria-targeted nitric oxide donor triggered by superoxide radical to alleviate myocardial ischemia/reperfusion injury[J]. Chem. Commun., 2019, 55: 1205-1208.

[63] Hou J L, Pan Y W, Zhu D S, et al. Targeted delivery of nitric oxide via a'bumpand-hole'-based enzyme-prodrug pair[J]. Nat. Chem. Biol., 2019, 15: 151-160.

[64] Hyodo F, Matsumoto S, Hyodo E, et al. In vivo measurement of tissue oxygen using electron paramagnetic resonance spectroscopy with oxygen-sensitive paramagnetic particle, lithium phthalocyanine[J]. Method. Mol. Biol., 2010, 610: 29-39.

[65] Khan N, Hou H, Swartz H M, et al. Direct and repeated measurement of heart and brain oxygenation using in vivo EPR oximetry[J]. Method. Enzymol., 2015, 564: 529-552.

[66] Swartz H M, Hou H, Khan N, et al. Advances in probes and methods for clinical EPR oximetry[J]. Adv. Exp. Med. Biol., 2014, 812: 73-79.

[67] Kmiec M M, Tse D, Mast J M, et al. Implantable microchip containing oxygen-sensing paramagnetic crystals for long-term, repeated, and multisite in vivo oximetry[J]. Biomed. Microdevices, 2019, 21(3): 71.

[68] Hou H, Khan N, Nagane M, et al. Skeletal muscle oxygenation measured by EPR oximetry using a highly sensitive polymer-encapsulated paramagnetic sensor[J]. Adv. Exp. Med. Biol., 2016, 923: 351-357.
[69] Hou H, Khan N, Gohain S, et al. Pre-clinical evaluation of OxyChip for long-term EPR oximetry[J]. Biomed. Microdevices, 2018, 20(2): 29.
[70] Jackson S K. Applications of Electron Paramagnetic Resonance (EPR) Spectroscopy in the Study of Oxidative Stress in Biological Systems[J]. Method. Mol. Biol., 2019, 1990: 93-102.
[71] Zamora P L, Villamena F A. Clinical probes for ROS and oxidative stress[M]. Berlin: Springer, 2020.
[72] Khramtsov V V. In vivo electron paramagnetic resonance: radical concepts for translation to the clinical setting[J]. Antioxid. Redox. Sign., 2018, 28(15): 1341-1344.

14

第 14 章

ESR 在辐射治疗研究中的应用

自 20 世纪 40 年代始，日本广岛和长崎两颗原子弹的爆炸和大规模的核实验，造成了大量人员的辐射损伤. 人体暴露于辐射中导致与健康有关的许多问题. 电离辐射比非电离辐射更有害，因为它会引起直接和间接影响. 电离辐射照射导致自由基诱导的氧化应激. 自由基介导的氧化应激与多种疾病状态有关，包括癌症、关节炎、衰老、帕金森病等. ESR 波谱在辐射研究中测量自由基有多种应用. 自由基在水性环境中立即分解. 很多国家都开展了这方面的研究，使放射生物学的研究有了长足的进步. 用 ESR 技术发现了电离辐射使机体生成自由基，自由基可以通过 ESR 自旋捕集技术间接检测，其中，各种形式稳定自由基加合物能产生自由基的特征 ESR 谱. 钙化组织中的电离辐射诱导的自由基，例如牙齿、骨骼和指甲，可以通过 ESR 波谱直接检测，因为它们具有扩展的稳定性. 由此建立了机体电离辐射损伤的自由基学说，并很快达成共识，成为辐射生物学效应的重要理论，同时也成为自由基生物学与医学中最早被人们关注的领域，这对推动自由基生物学与医学的发展起到了重要的作用. 本章将讨论 ESR 在辐射治疗研究中的应用.

14.1 ESR 研究辐射治疗和氧自由基

前面已经介绍辐射可以致癌，但辐射也可以治疗癌症，而且是一个重要方法. 这种方法就是用高能辐射照射肿瘤，杀伤肿瘤细胞. 为了提高疗效，近年来又使用了敏化剂，氧自由基在放疗中发挥重要作用.

1. 放疗过程产生的自由基[1]

由辐射化学研究知道，辐射离解细胞中的水，产生一系列自由基，依照辐射条件不同产生不同自由基(表 14.1). 其中，G 值是每吸收 100 eV 能量所形成的分子数. 辐照产生的 · H 和水合电子可以快速与氧气反应生成质子化的 $\cdot O_2^-$.

表 14.1 在不同条件下辐照水产生的各种产物

条 件	G 值							原初自由基	反应自由基
	· H	eaq	H_2	H_3O	H_2O_2	· OH	$\cdot O_2^-$		
饱和空气	—	—	0.45	2.65	0.70	2.75	3.3	H，eaq－＞ $\cdot O_2^-/HO_2$	$\cdot O_2^-/HO_2$，· OH
饱和空气 (0.1 mol/L 甲酸盐)	—	—	0.45	2.65	0.70	—	6.05	eaq，· OH－＞ $\cdot O_2^-$	$\cdot O_2^-/HO_2$
饱和 N_2O	0.65	—	0.45	2.65	0.70	5.4	—	eaq＞ · OH	· H，· OH
饱和 N_2	0.65	2.65	0.45	2.65	0.45	2.65	0.70 2.75	—	· H，eaq，· OH

在饱和 N_2O 溶液中，水合电子转化为 · OH，使其产率加倍. 在 N_2 饱和溶液中，初级反应产物得以保护，主要是羟基、水合电子和少量 · H.

辐射产生的 · OH 进攻细胞靶分子(RH)，包括抽氢和形成次级自由基(· R). 如果这些次级自由基不能被氢供体很快修复，就会与氧气反应产生过氧自由基(ROO ·). 在磷脂存在的情况下，过氧自由基可以进攻磷脂，形成脂过氧化氢(LOOH)和脂自由基 · L，这就是脂质过氧化链式反应. 同时还可以破坏蛋白质和其他化合物的巯基. 辐射产生的自由基还互相参与加成和抽氢反应，形成各种自由基.

非鲁莫昔醇(ferumoxytol，FMX)是一种氧化铁纳米颗粒. 目前，Fe_3O_4 纳米颗粒的氧化还原化学仍未被深入探索. FMX 最近作为抗癌剂引起了人们的关注. 电离辐射是一种用于治疗几种癌症的方式之一. 利用 ESR 波谱研究，发现水的放射性分解产生的产物可以氧化 FMX 中的 Fe_3O_4. 由于产生的 HO_3 · 和 HO · 扩散有限，这些高度氧化的物质对 FMX 的氧化几乎没有直接影响. 已经确定 H_2O_2 是 FMX 的主要氧化剂. 在不稳定的

Fe^{2+}存在的情况下，发现由 H_2O 放射性分解产生的还原物质能够减少 Fe_3O_4 中 Fe^{3+} 的位点. 重要的是，研究还表明，电离辐射刺激 FMX 中 Fe^{3+} 的释放. 由于其释放铁，FMX 可作为加强放疗的佐剂.[2]

2. 放疗中氧自由基对细胞及生物分子的损伤[3]

辐射产生的氧自由基，在分子水平可以和蛋白质、酶磷脂、DNA 等生物分子进行反应；在细胞器水平可以对线粒体、微粒体、细胞膜、染色体造成损伤和破坏；在细胞水平可以杀伤甚至杀死细胞. SOD、过氧化氢酶和一些氧自由基清除剂对辐射损伤有明显的保护作用.

以细菌氯素 a(BCA)作为敏化剂的光动力疗法在体内诱导红细胞损伤. 为了评估活性氧(ROS)的贡献程度并确定可能的反应机理，在人红细胞作为模型系统和磷酸盐缓冲液中，使用各种 ROS 淬灭或/和增强剂进行了竞争实验. 在红细胞实验中，将 2%悬浮液与 BCA 孵育 1 h，用磷酸盐缓冲盐水洗涤，重悬并随后使用 2.65 mW/cm^2 通量率用二极管激光照射. 结果表明，钾渗漏和溶血较轻，且 BCA 剂量具有依赖性. 在光照前向红细胞悬液中添加色氨酸(3.3 mmol/L)、叠氮化物(1 mmol/L) 或组氨酸(10 mmol/L)，可延迟钾渗漏和溶血的发生，D_2O 不影响钾渗漏和光溶血. 添加甘露醇(13.3 mmol/L)或甘油(300 nmol/L)也导致钾渗漏和溶血的发生延迟，表明有自由基参与. 在磷酸盐缓冲液实验中，使用与自旋捕集技术相关的 ESR，显示 BCA 能够产生 $\cdot O_2^-$ 和 $\cdot OH$，不产生水性电子的自由基. 在自旋捕集剂 5,5-二甲基-1-吡咯啉-N-氧化物(DMPO)存在下，染料的可见光或紫外照射给出了 DMPO 与 $\cdot OH$ 自旋加合物(DMPO-OH)的 ESR 特征光谱. 由于各自的 CH_3CH_2OH、添加乙醇或甲酸钠产生补充的超细分裂和二氧化碳自由基加合物，表明存在游离的 $\cdot OH$. DMPO-OH 的产生过程受到超氧化物歧化酶、过氧化氢酶和去铁胺的抑制，表明铁催化的 H_2O_2 分解部分参与了 $\cdot OH$ 的形成. 叠氮化物和 9,10-蒽二丙酸(ADPA)对 DMPO-OH 生成的互补抑制，与 BCA 产生$^1O_2$一致，随后，$^1O_2$与 DMPO 反应，中间复合物衰变形成 DMPO-OH 和游离的 $\cdot OH$. 所有的结果似乎都表明，BCA 在缓冲水溶液中是一种 50%/50%的 1 型/2 型敏化剂，并证实了染料诱导的红细胞溶血是由氧自由基引起的.[4]

14.1.3 ESR 用于放疗中剂量的检测

放疗过程中剂量的检测非常重要. 在这项工作中，通过 ESR 剂量测定法对生物等效敏感材料进行剂量测定，通过实验评估由纳米颗粒-辐射相互作用引起的剂量增加. 采用粉末形式的 2-甲基丙氨酸(2MA)，组成嵌入直径为 5 nm 的 AuNPs 辐射敏感介质. 在剂量学中，临床使用的 250 kV 正电压或 6 MV 直线加速器 X 射线照射用的 0.1% 的 AuNPs 或无纳米颗粒制造的剂量计. 使用中央 ESR 谱线的峰值幅度(App)进行剂量测定，获得有或没有纳米颗粒的样品和每个能量束的剂量反应曲线.根据绝对剂量增强(DEs)分析纳米颗粒引起的剂量增量，根据每个剂量/光束条件的App比率；或根据相对剂量增强因子(DEF)，计算剂量-反应曲线的斜率.观察到剂量增强在小剂量(0.1～0.5 Gy)表现出放大行为，这种效应在kV光束中更为突出.对于0.5～5 Gy的剂量，观察发现到两个光束的剂量无相关趋势，kV和MV光束分别稳定在2.1±0.7和1.3±0.4.人们发现相同光束的DEF为1.62±0.04或1.27±0.03.此外，人们还测量了AuNPs和ESR设备之间的干扰，包括激发微波、磁场和顺磁自由基.2MA被证明是一种可行的顺磁辐射敏感材料，可用于存在AuNPs情况下进行的剂量测定，并且ESR剂量学是一种强大的实验方法，可用于进一步验证纳米颗粒介导的生物学剂量的增加.最终，金纳米颗粒可以在以kg或MV电压束照射的生物样品中引起明显且可检测的剂量增强.[5]

14.2 ESR研究辐射敏化剂和氧自由基[6-11]

辐射敏化剂是一种化学试剂，它可以增强辐射对肿瘤的杀伤作用.现有三种敏化剂，分别作用于辐射前、辐射中和辐射后.辐射前的敏化剂主要作用是在细胞分裂周期同步化细胞，辐射后主要是抑制细胞修复过程，辐射期间主要是通过与辐射产生的自由基的相互作用.

血卟啉是近年来引起人们广泛注意的一种治疗肿瘤的光敏剂.当注射到体内以后，血卟啉可以较快地集中在肿瘤部位，用适当波长光照时显现出荧光，可用于诊断肿瘤.用一定的波长辐照时，可提高对肿瘤的辐照杀伤作用.笔者所在研究组用ESR自旋捕集技术研究了光照血卟啉产生的自由基，图14.1为光照血卟啉捕集的自由基的ESR波谱.通过分析计算波谱参数和计算机波谱模拟，发现主要有三种波谱成分，其中一种是·OH，加入SOD或NaN_3都能使这一信号减小，但又不能使其完全消失，说明这里的·OH部分来自·O_2^-的Harber－Weiss反应，部分来自单线态氧与水的反应.我们还检测到质子的ESR信号，这可能是由光照血卟啉与水分子作用形成水合电子并与H^+结合产生的.

另外，笔者所在研究组还研究了光照血卟啉同脂质体膜的相互作用，发现光照血卟啉可以使脂质体膜的通透性明显增加，红外激光和紫外激光增加更明显，紫外激光比红外激光作用更大.光照血卟啉可以使脂质体膜中的脂肪酸自旋标记物的ESR信号减小，说明发生了电子转移.光照血卟啉还可以使脂质体膜磷脂分子有序地稍有下降.

用ESR技术对光照血卟啉产生的单线态氧、·OH、·O_2^-和血卟啉负离子自由基的研究也比较深入.竹红菌甲素和竹红菌乙素的光敏机理的研究，也得到了很有意义的结果.

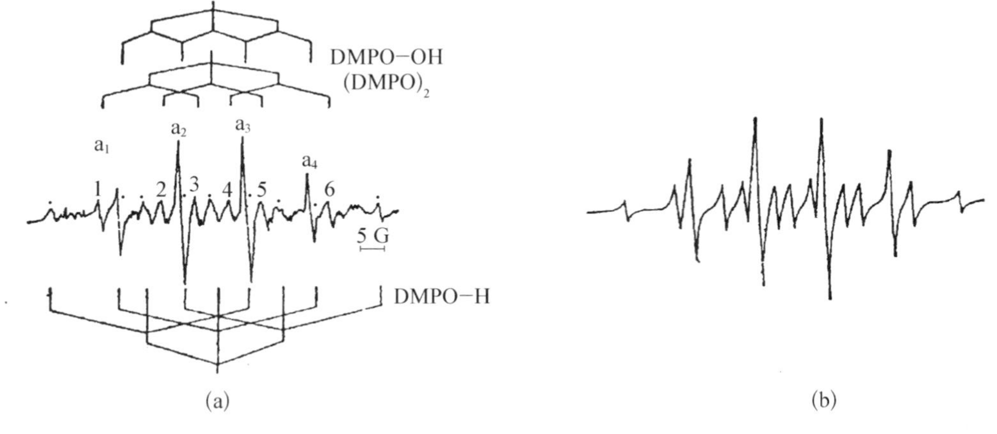

图 14.1 光照血卟啉产生的自由基的 DMPO 加合物的 ESR 波谱(a)和计算机模拟波谱(b)

14.3 光动力疗法产生的一氧化氮自由基

光动力疗法(photodynamic therapy,PDT),又被称为光辐照疗法(photoradiation therapy,PRT)或光化学疗法(photochemotherapy).该方法是利用光敏剂分子接收某些波长的光能后,通过光化学反应和能量传递过程将光能转化为分子内能,在有氧条件下,产生多种活性氧物质,包括单线态氧、氧自由基、羟基自由基等,从而对蛋白质、核酸和脂类等生物大分子产生破坏作用,使细胞的结构和功能受到严重影响,导致细胞凋亡或细胞死亡,从而起到治疗作用.[9-11]光动力治疗最早在 1900 年用曙红(eosin)和吖啶(acridine)作光敏剂,配合日光治疗皮肤癌.然而直到 1966 年才第一次将血卟啉衍生物(HPD)加光辐射用于病人的转移性胸壁乳腺癌治疗,并获得肯定疗效.1993 年,加拿大健康保护司批准了第一个商品化的光敏剂 Photofrin,用于治疗浅表乳头状膀胱癌.随后,日本、欧洲和美国也相继批准了 Photofrin 的临床应用,这标志着光动力疗法正式成为除手术、化疗、放疗三大肿瘤常规方法外的一种新的治疗癌症方法.光动力学疗法综合了放射治疗和化学治疗的长处,与传统方法相比具有许多优点和特点:① 具有一定的选择特异性,包括光敏剂在肿瘤组织的选择性积聚和光照波长、强度和部位的选择,使 PDT 具有能相对特异性地杀伤肿瘤细胞、定向地减少原发和复发肿瘤,而对正常组织损伤很少,毒副作用小;② 癌细胞对光敏药物无耐药性,可重复治疗;③ 操作简单,借助光纤、内窥镜和其他介入技术,可将激光引导到体内深部进行治疗,避免了开胸、开腹等手术造成的创伤和痛苦,缩小手术的范围;④ 具有广谱性,对多种癌症均有疗效等,甚至对艾滋病毒也有杀伤和抑制作用.此外,光动力疗法可以与化疗和放疗同时进行,并具有协同作用.由于这些得天独厚的优点,自20世纪70年代进入临床研究以来,光动力疗法在恶性肿瘤的治疗中取得了令人瞩目的成就,已成为肿瘤防治研究中的一个十分活跃的领域.

光动力疗法的基本原理是利用光敏剂的光化学反应进行治疗.所谓光动力反应,是指光敏剂分子在光的照射下,吸收一定波长的光能而由基态跃迁至激发态,由于激发态的不稳定性,处于激发态的光敏剂要返回原始的基态,在衰变过程中,光敏剂分子释放出能量,同时与周围其他分子发生相互作用.光动力反应主要包括Ⅰ型和Ⅱ型两种反应机制.Ⅰ型反应机制是光敏剂的三重态与底物直接作用产生 $\cdot O_2^-$、H_2O_2 和 $\cdot OH$ 等;Ⅱ型反应机制是光敏剂的三重态与基态分子氧发生能量传递产生单线态氧.[11-12]单线态氧是一种反应活性很高的亲电瞬间中间体,能高效氧化不饱和脂肪酸和细胞膜蛋白,改变膜蛋白功能.在光动力治疗中,两种类型的反应可能同时出现.两种机制贡献的相对大小取决于底物和光敏剂的特性和浓度,氧的浓度,以及光敏剂与底物间的键合作用.光动力效应与氧密切相关.有许多证据表明,大多数光敏剂的光疗效果取决于单线态氧.也就是说,在大多数情况下,2型反应起主导作用.然而,其他活性物质如 $\cdot O_2^-$、$\cdot OH$ 等,也参与了光动力损伤的某些过程.但是,光动力疗法是否产生NO·,如果产生,NO·又在光动力疗法中发挥什么作用,文献对此报道很少.笔者所在研究组研究了光动力疗法产生的NO·,以及NO·在光动力疗法中发挥的作用,本节将加以介绍.

NO·是一种非常重要的生物活性分子,参与并调节了许多生理功能.同时,NO·在许多疾病的发病机制中也扮演着重要角色,包括肿瘤的发生、发展和转移,肿瘤免疫响应和细胞凋亡等方面.最近,研究者在光动力处理的肿瘤细胞[16]和巨噬细胞[17-18]中观察到NO·的产生,推测NO·可能参与了光动力治疗的机理.然而,NO·对光动力治疗的影响是非常复杂的,具有利弊两面性.NO·在光动力治疗中可以调节一系列事件,包括血管的变化、嗜中性粒细胞的补充和细胞死亡等.在NO·产生较多的肿瘤中,NO·会导致光动力治疗引起的肿瘤供血速度减慢、血管闭塞和随后的局部缺血等,并且抑制光动力治疗诱导的炎症反应.在光动力治疗过程中,同时使用NO·抑制剂 N^G-nitro-L-arginine可以促进肿瘤的消退.利用Photofrin进行光动力治疗,一方面,发现产生NO·较少的肿瘤比那些产生NO·较多的肿瘤对光动力治疗更敏感.[19-20]另一方面,增加NO·可以保持肿瘤血管扩张,增加肿瘤的氧消耗,进而提高依赖氧消耗的光毒性.在光动力治疗诱导肿瘤细胞凋亡方面,NO·在不同体系中也有着不同效果.在人来源的类淋巴母细胞中,用NO·供体硝普钠或NO·合酶的底物L-精氨酸预处理,可以减少光照磺化铝酞菁诱导的细胞凋亡,其机理是NO·预处理激活了Caspase-9上游的蛋白酶G.[18]在第29届美国光生物学年会上,Kelley Eric和Buettnerv Garry报道了用NO·饱和溶液或供体预处理人的乳腺癌细胞MCF-7,可以使癌细胞对Photofrin的光毒性更敏感.细胞转染iNOS也有类似的效果,并且敏感程度和iNOS蛋白水平及活性密切相关.这说明提高细胞内的NO·水平可以提高光动力治疗的效率.

最近研究证实,线粒体可以通过钙敏感的线粒体一氧化氮合酶(mtNOS)产生NO·.

mtNOS 结合在线粒体内膜上，存在于体内肝脏、脑、肌肉、肺、胰脏等组织的线粒体中，其产生的 NO· 可以与 $\cdot O_2^-$ 快速反应，生成更具氧化性的过氧亚硝基，而过氧亚硝基氧化线粒体靶分子，导致线粒体膜脂质过氧化和细胞色素 c 的释放，从而引起氧化应激.[22-23] 有文献报道，氧化应激和钙离子内流可以提高 mtNOS 的活力[24-25]. 众所周知，氧化应激和钙离子内流是光动力治疗中的重要事件，因此不禁要提出两个问题：① 用富集在线粒体上的光敏剂进行光动力治疗，能够激活 mtNOS 吗？ ② 如果光动力治疗能够激活 mtNOS，那么这种线粒体上产生的 NO· 对细胞死亡又有什么调节作用？ 为了回答这两个问题，笔者所在研究组研究了一种最新合成的 2-丁胺-2-去甲氧基竹红菌乙素(2-butylamino-2-demethoxy-hypocrellin B，2-BA-2-DMHB，结构见图 14.2)在 MCF-7 乳腺癌细胞中光动力治疗的机理. 研究主要集中在细胞内活性氧和钙离子对细胞内 NO· 水平的影响，细胞内 NO· 的分布，以及对细胞凋亡的调节作用.

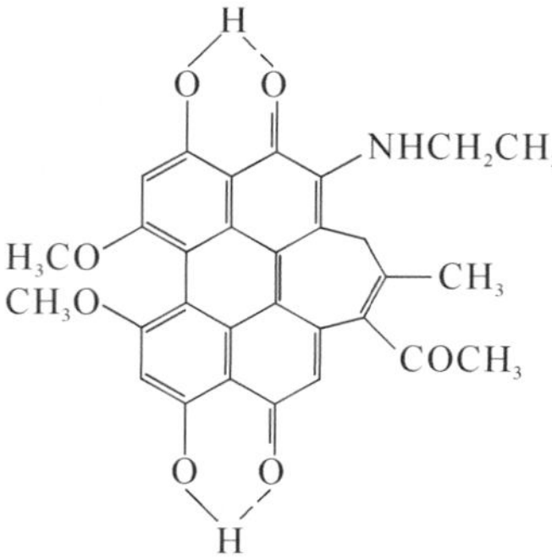

图 14.2　光敏剂 2-BA-2-DMHB 的化学结构

光敏剂 2-BA-2-DMHB 的处理时间均为 3 h，并且所有操作在黑暗中进行，直到进行光处理. 叠氮钠或其他化学药品处理时，和光敏剂一同加入培养基处理(EGTA 除外). 实验中所使用的光源为红光治疗仪，测定的红光在细胞平面的能量为 50 mW/cm^2，其中 90% 以上的红光在 600～700 nm 的波长内.

14.3.1　ESR 自旋捕集一氧化氮、活性氧及单线态氧自由基

使用笔者所在实验室建立的活性氧和 NO· 同时捕集的方法，检测了光照 30 min 后细胞内活性氧和 NO· 的水平，如图 14.3(b)所示，光照以后细胞内活性氧和 NO· 均显著增加，其中活性氧增加最为明显，这说明光动力反应产生的单线态氧氧化细胞内蛋白和不饱和脂肪酸，从而显著增加细胞内活性氧水平；而用叠氮钠预处理可以减少活性氧和 NO· 的含量，这和使用荧光探针得到的实验结果一致.

笔者所在研究组采用了 ESR 方法进一步确定了光动力处理过程中单线态氧的产

生，以及细胞内活性氧和 NO· 含量的增加. 单线态氧的捕集采用 2,2,6,6-四甲基哌啶(TEMP)，NO· 和活性氧同时进行捕集. 如图 14.3(a)所示，光照 2-BA-2-DMHB 以后可以使捕集的单线态氧 ESR 信号显著增强. 加入细胞(MCF-7 是人来源的乳腺癌细胞)裂解液或通透的细胞可以显著降低 ESR 信号强度，说明光动力产生的单线态氧可以迅速地氧化细胞内蛋白质或不饱和脂肪酸，发生淬灭，从而降低 ESR 信号强度. 对使用孵育了 2-BA-2-DMHB 的细胞光照，没有观测到 ESR 信号的显著增强，同样证明了这一点.

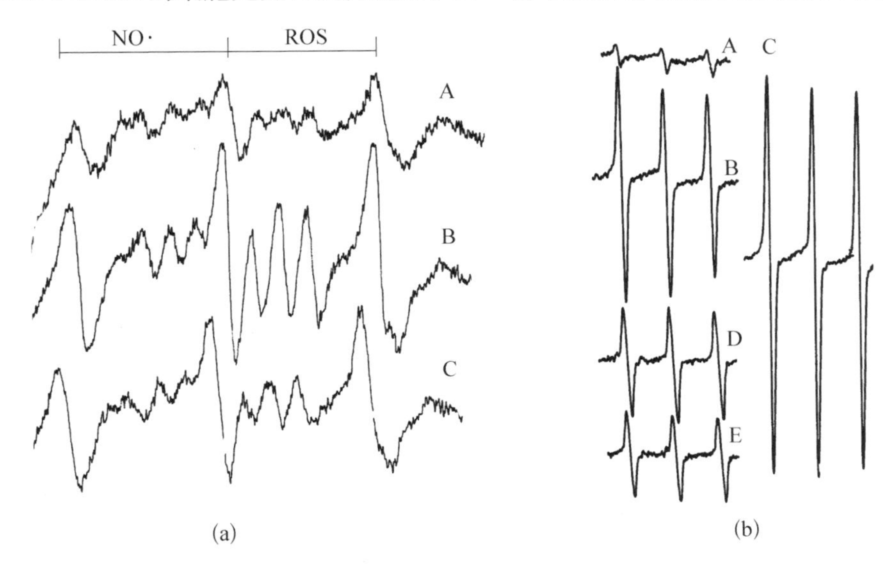

图 14.3　自旋捕集 NO· 和 ROS 机单线态氧的 ESR 波谱

(a) 2-BA-2-DMHB-PDT 诱导产生的 NO· 和 ROS. A，光照前；B，20 J/cm² 光照后；C，光照 + NaN_3. (b) 2-BA-2-DMHB-PDT 诱导产生的单线态氧. A，光照前；B，20 J/cm² 光照后；C，40 J/cm² 光照后；D，40 J/cm² 光照 + 10 mg/mL 细胞溶解液(protein content)；E，40 J/cm² 光照 + 20 mg/mL 细胞溶解液(protein content).

14.3.2　2-BA-2-DMHB 光动力处理增加了 MCF-7 细胞线粒体 NO· 的水平

细胞内 NO· 用 DAF-2DA 标记. 收集 1 μmol/L 2-BA-2-DMHB 处理的细胞，冰冷 PBS 洗 2 次，接着再加入 5 μmol/L DAF-2DA(DMSO 溶解)，在暗处于 37 ℃ 下孵育 45 min. 使用荧光分光光度计分别测量光照前和 10 J/cm² 的光照后的荧光值，激发波长 485 nm，发射波长 515 nm. 细胞内钙离子浓度测定采用荧光探针 Fluo-3 的方法.

用细胞色素 c-GFP 质粒和细胞转染试剂(lipofectamine 2000)转染细胞，细胞线粒体用 20 nmol/L 的线粒体标记物 CMXRos (MTR)标记. 激光共聚焦显微镜用于同时观察活细胞中线粒体的形态和细胞色素 c-GFP 的分布.

为了观测细胞内的 NO·,2-BA-2-DMHB 处理后的细胞继续用 5 μmol/L DAF-2DA 和 20 nmol/L MTR 在 DMEM 中孵育 30 min,其余步骤和激发波长都和观测细胞色素 c-GFP 的实验条件一致. 细胞内的钙离子用 Fluo-3/AM 标记.

为了检测 eNOS 的表达,用 BCA 试剂盒测定,每次电泳上样量为 40 μg,蛋白在聚丙烯酰胺凝胶(细胞色素 c 和 eNOS 分别用 12%和 6%的分离胶)分离并转至硝酸纤维素膜上.

使用一氧化氮特异性荧光探针 DAF-2DA 监测 2-BA-2-DMHB 细胞内 NO· 的产生. 如图 14.4(a)所示,光照以后细胞内 NO· 的含量有明显增加,到 30 min 后增加至光照前的 160%. 用 NOS 酶的抑制剂 L-NMMA 预处理细胞可以削弱光动力处理引起的 NO· 含量的增加. 当加入 5 mmol/L EGTA 到细胞悬液中时,也可以观察到类似的抑制效果,说明钙内流引起的细胞内钙离子浓度增加是 2-BA-2-DMHB 光动力处理过程中 NOS 酶激活的关键因素,增加高浓度 NOS 酶底物 L-arginine(10 mmol/L)只是轻微地促进一氧化氮的增加.

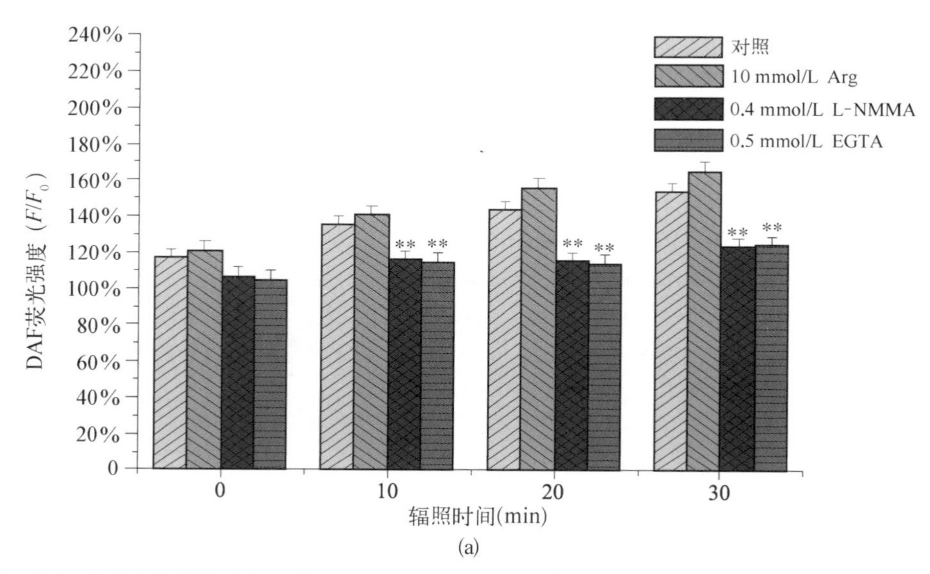

图 14.4 2-BA-2-DMHB PDT 在加入 DAF-2DA 的 MCF-7 细胞中诱导产生的细胞内和线粒体内的 NO·
(a) 完整 MCF-7 细胞(10^6/mL) 加入 L-精氨酸、EGTA 和 L-NMMA 再光照. (b) 通透的细胞溶解液(5×10^6/mL),光照前加入 CCCP 和钙. (c) PDT 处理 MCF-7 细胞的激光共聚焦成像: (c.1) 光照前 DAF-2DA 荧光; (c.2) 光照后荧光; (c.3) 10 min; (c.4) 20 min; (c.5) 光照后 20 min 线粒体荧光; (c.6) DAF-2DA 和线粒体荧光的重叠.

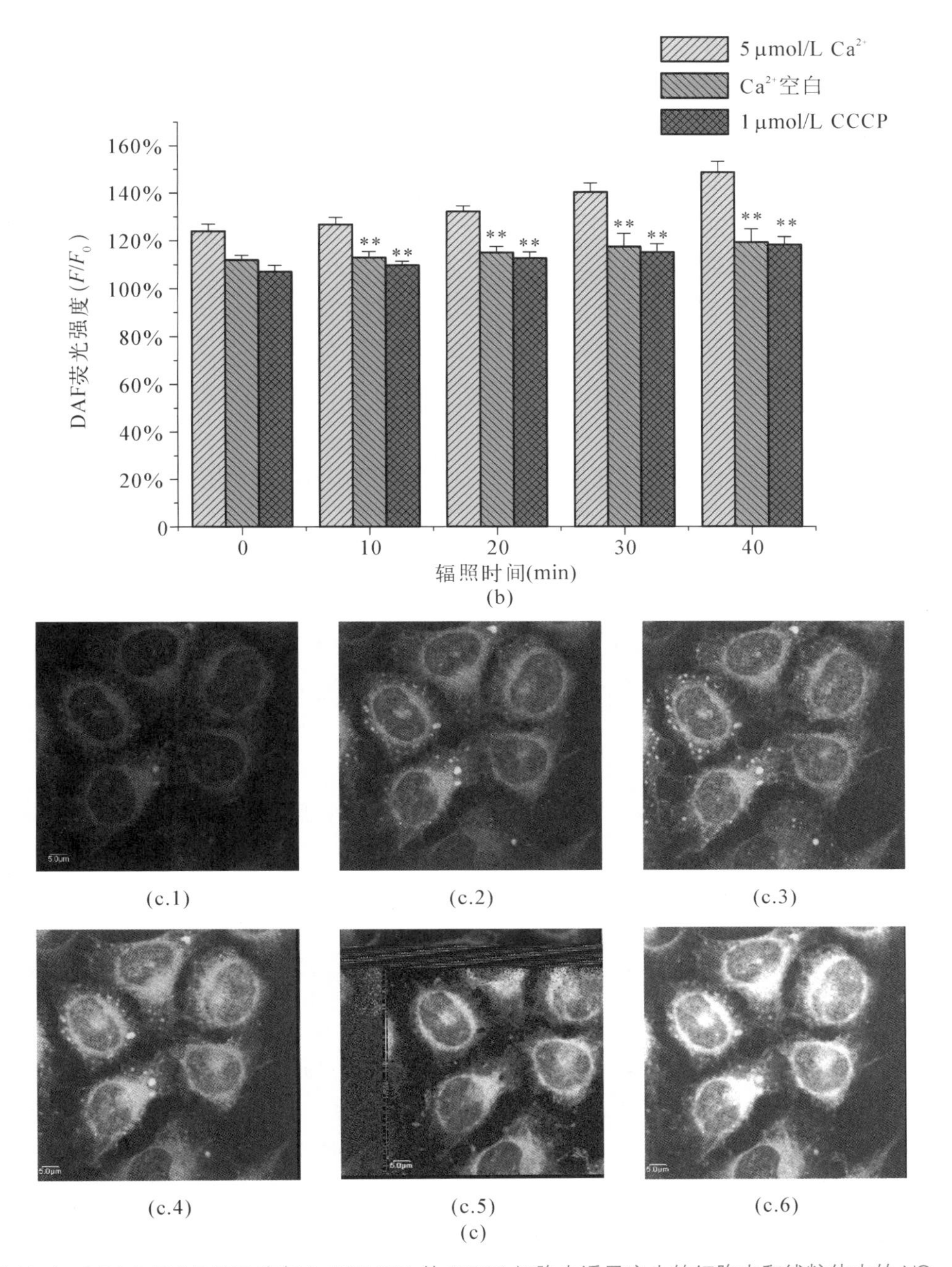

(b)

(c.1) (c.2) (c.3)

(c.4) (c.5) (c.6)

(c)

续图 14.4 2-BA-2-DMHB PDT 在加入 DAF-2DA 的 MCF-7 细胞中诱导产生的细胞内和线粒体内的 NO·

(a) 完整 MCF-7 细胞(10^6/mL) 加入 L-精氨酸、EGTA 和 L-NMMA 再光照.(b) 通透的细胞溶解液(5 $\times 10^6$/mL),光照前加入 CCCP 和钙.(c) PDT 处理 MCF-7 细胞的激光共聚焦成像:(c.1) 光照前 DAF-2DA 荧光;(c.2) 光照后荧光;(c.3) 10 min;(c.4) 20 min;(c.5) 光照后 20 min 线粒体荧光;(c.6) DAF-2DA 和线粒体荧光的重叠.

为了确认细胞内 NO· 的增加是否来自线粒体，用毛地黄皂甙(digitonin)将细胞膜通透，除去胞浆内 DAF 的荧光. 如图 14.4(b)所示，光照处理后，悬浮在含 5 μmol/L Ca^{2+} 的"胞内"缓冲液中的通透细胞的 DAF 荧光强度仍然有明显增加. 如果使用 Ca^{2+} 浓度很低(≤100 nm/L)的缓冲液(其余成分完全一样)，光动力处理引起的 DAF 荧光强度将被抑制. 当加入 1 μmol/L 线粒体解偶联剂 CCCP 处理时，即使在 5 μmol/L Ca^{2+} 的情况下，光动力处理也不能明显增加 DAF 的荧光强度.

用激光共聚焦进一步确认，在 2-BA-2-DMHB 光动力处理中有线粒体 NO· 的产生，如图 14.4(c)所示. 光照射后绿色荧光(DAF-2DA/NO 加合物)显著增加，增加的区域和线粒体荧光染料 MTR 有很好的共定位，说明光动力处理的确能够增加线粒体 NO· 的含量.

图 14.4 中三个方面的结果充分说明了 2-BA-2-DMHB 光动力处理能够引起线粒体 NO· 的含量增加，并且这种增加依赖于线粒体膜电位和 Ca^{2+} 浓度.

14.3.3 NO· 清除剂 PTIO 可以抑制 2-BA-2-DMHB 光照过程中细胞色素 c 的释放，推迟线粒体的膨胀

PTIO 能够特异性地清除 NO· 并抑制 NOS 酶的活性. 如图 14.5(a)所示，2-BA-2-DMHB 的光动力处理(1 μmol/L，6 J/cm^2)使线粒体中的细胞色素 c 减少，而胞浆内细胞色素 c 增加，用 PTIO 预处理可以抑制细胞色素 c 的释放.

激光共聚焦显微镜的结果显示，细胞色素 c-GFP (图 14.5(c)，格 1)和线粒体荧光染料 MTR 位置重叠得很好，证实了细胞色素 c-GFP 定位于线粒体. GFP 和 MTR 重叠的图像呈细丝状(图 14.5(c)，格 4). 光动力处理过程中线粒体直径增加，由细线膨胀成球形(图 14.5(c)，格 5 和 6).

2-BA-2-DMHB 光动力处理(1 μmol/L，20 J/cm^2)能够在 1 min 内迅速导致线粒体高度膨胀(图 14.5(d))，而图 14.5(e)中共定位的绿色和红色荧光分开，红色荧光(线粒体)变成收缩的球形，而绿色荧光(细胞色素 c-GFP)很快分散并从线粒体分离开. 而用 20 μmol/L PTIO 预处理细胞，可以将红、绿荧光的分离推迟 10 min 左右. 对照实验表明，单独用 2-BA-2-DMHB(1～10 μmol/L)或与 PTIO(20 μmol/L)联用，在没有照射的情况下对荧光的分布无影响.

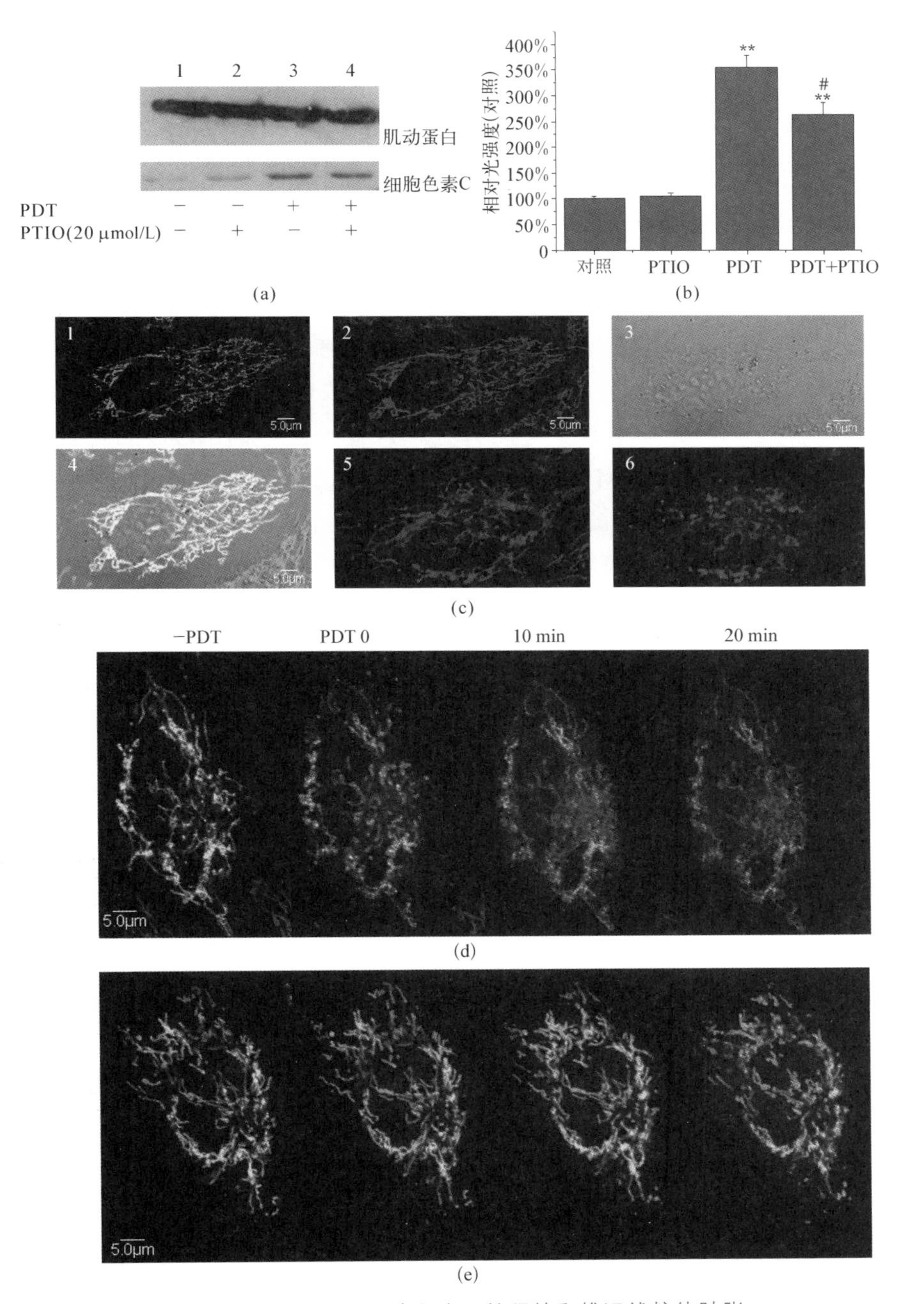

图 14.5　NO·清除剂 PTIO 抑制 PDT 处理细胞色素 c 的释放和推迟线粒体肿胀

(a) Western blot 测试的 MCF-7 细胞 PDT 处理和/或 PTIO 处理细胞色素 c;(b) 清除剂处理后,相对荧光强度;(c) 单个 MCF-7 细胞表达细胞色素 c-GFP(格 1),线粒体染色(格 2),透射镜照片(格 3),GFP 和线粒体荧光重叠(格 4),正常线粒体形态(格 5),肿胀(格 6);(d) 用 1 μmol/L 2-BA-2-DMHB 预先处理或用 20 μmol/L PTIO 处理再光照.(e) 单独 2-BA-2-DMHB 或 2-BA-2-DMHB+20 μmol/L PTIO.

14.3.4 NO·对 2-BA-2-DMHB 光动力处理的细胞活力的调节作用

细胞活力采用 MTT 方法测量. 如图 14.6(a)所示,2-BA-2-DMHB 对 MCF-7 细胞的毒性与浓度及光照强度相关,没有光照或单独光照且未加 2-BA-2-DMHB 时,对细胞活力没有明显影响. 用 4 mmol/L 叠氮钠预处理,可以使细胞活力恢复至 60%.

为了评价 NO·对光动力处理诱导的细胞死亡的影响,分别用 NO·清除剂 PTIO 和 NOS 酶的抑制剂 L-NMMA,来减少光动力处理过程中细胞内 NO·的含量. 结果如图 14.6(b)所示,PTIO 和 L-NMMA 可以浓度依赖地减少 2-BA-2-DMHB 对细胞的光毒性,而加入 NOS 的底物 L-精氨酸在0.1～1 mmol/L 的范围内对细胞活力没有明显影响. 单独使用 PTIO(20 μmol/L) 或 L-NMMA (0.6 mmol/L)预处理 3 h 对细胞活力也没有影响.

14.3.5 2-BA-2-DMHB 光动力处理生成 NO·诱导细胞内活性氧的产生

细胞内活性氧测定采用 DCF-DA 标记活性氧的方法,用荧光分光光度计检测. 如图 14.7(a)所示,2-BA-2-DMHB 光动力处理后,DCF 荧光强度增加至光照前的 350%,30 min 后强度可基本稳定在 500%. 而同样用 2-BA-2-DMHB 处理但不光照或未加 2-BA-2-DMHB 单独光照时,DCF 荧光强度没有显著变化,30 min 后只增加少许,这可能是 DCF 在细胞内不断和活性氧反应的结果.

为了证实光动力处理能够在线粒体产生活性氧,用毛地黄皂甙将细胞膜通透,除去胞浆内 DCF 的荧光. 如图 14.7(b)所示,光照处理后,DCF 的荧光强度仍然有显著的增加,和完整细胞中的变化趋势一致. 这说明在 2-BA-2-DMHB 的光动力处理中,有大量活性氧在细胞线粒体上产生. 提高线粒体间 Ca^{2+} 浓度到 10 μmol/L,或用 1 μmol/L 线粒体解偶联剂羰基氰化物间氯苯腙(CCCP)处理,对线粒体活性氧的产生没有显著影响,而叠氮钠可以显著抑制线粒体活性氧的产生. 这说明 2-BA-2-DMHB 光动力处理引起的活性氧的增加可能来源于单线态氧,并与线粒体的功能无关.

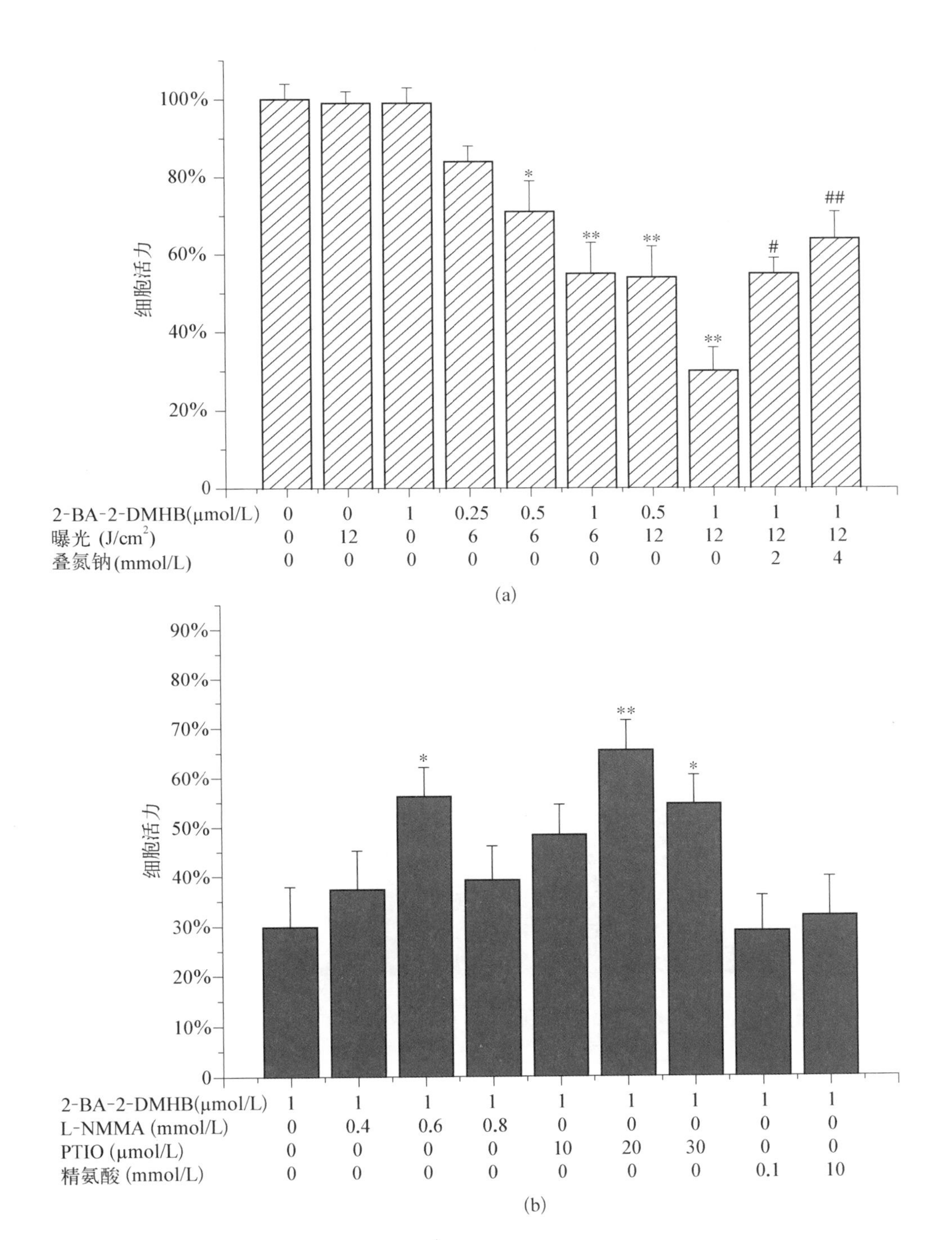

图 14.6　在 PDT 处理中 NO 对细胞活力的调节作用

(a) MCF-7 细胞预先用 2-BA-2-DMHB 处理和/或经不同光强处理后培养 12 h；(b) PTIO、L-NMMA 或 L-精氨酸和 1 μmol/L 2-BA-2-DMHB 预培养再经 12 J/cm^2 光照.

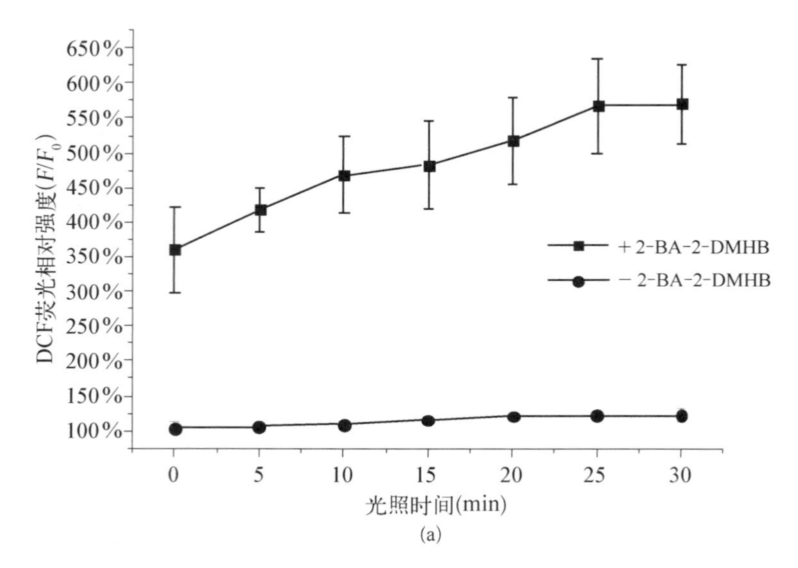

(a)

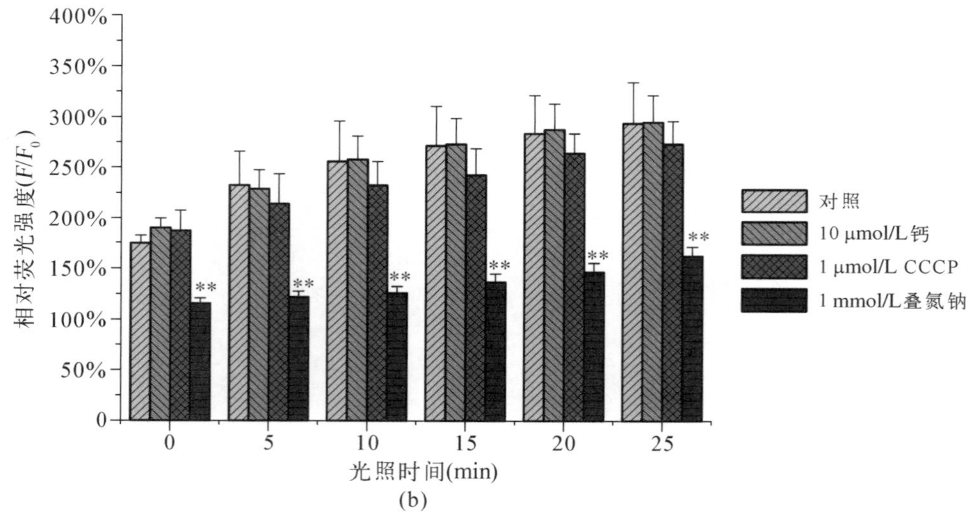

(b)

图 14.7 PDT 明显诱导细胞内和线粒体产生 ROS

(a) 完整 MCF-7 细胞(10^6/mL) 在 BSS 溶液中;(b) 通透细胞(5×10^6/mL)的细胞内液,钙、叠氮钠和 CCCP 光照前分别加到溶液中.

14.3.6 光动力处理生成 NO·引起细胞内钙离子的变化

以 Fluo-3/AM 为荧光探针，2-BA-2-DMHB 光动力处理引起细胞内钙离子的变化，用荧光分光光度计和激光共聚焦显微镜观测. 如图 14.8(a)所示，激光共聚焦显微镜的结果显示，2-BA-2-DMHB 光动力处理能够导致细胞内钙离子的浓度快速增加，然后持续保持在一个更高的钙离子水平. 这和荧光分光光度计测量的 Fluo-3 荧光强度变化的结果一致. 如图 14.8(b)所示，光照 30 min 后细胞内钙离子的浓度增加到 200%，但如果用不含钙离子的缓冲液悬浮细胞，光照引起的钙离子浓度增加将被抑制，说明光动力处理导致细胞内钙离子浓度的增加主要来自钙离子的内流. 而使用不含钙离子的缓冲液时，细胞内钙离子浓度的少量增加可能来自细胞内的钙库，如内质网、线粒体、细胞核以及其他储钙的组织或钙结合蛋白.[26-27]

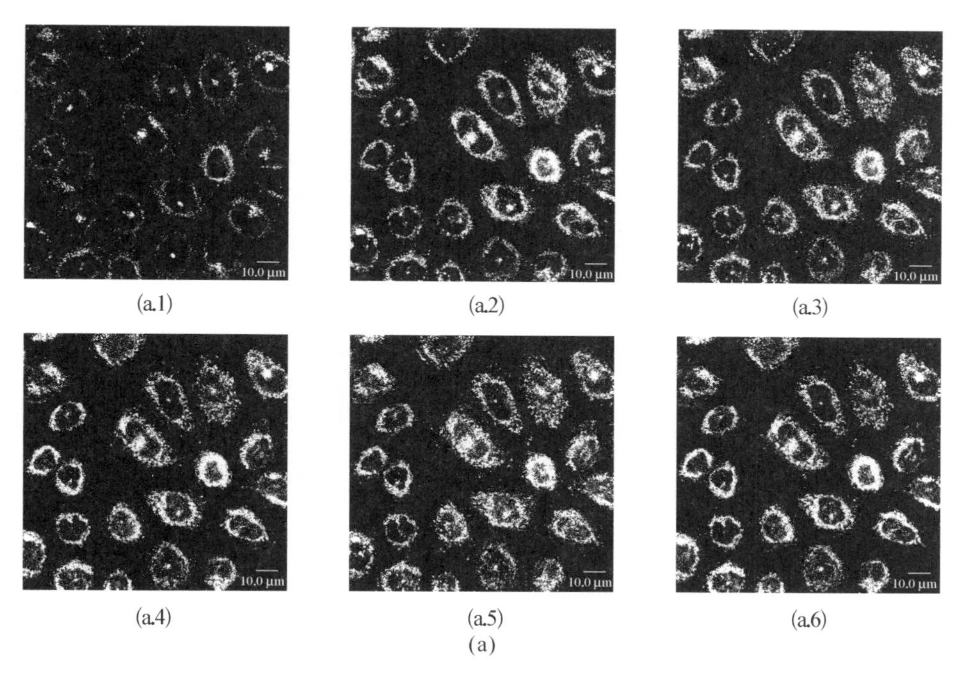

图 14.8 2-BA-2-DMHB PDT 处理加入 Fura-3/Am-MCF-7 后细胞内钙离子浓度的变化

(a) PDT-处理 MCF-7 细胞激光共聚焦成像随时间的变化：(a.1) PDT 前；(a.2) PDT 后；(a.3) 5 min；(a.4) 10 min；(a.5) 20 min；(a.6) 30 min. (b) 在有和没有细胞外钙存在时细胞内钙离子浓度在 PDT 处理后的变化. (c) PDT 诱导细胞内 $[Ca^{2+}]_i$ 增加及 ROS 和 NO·抑制剂的影响.

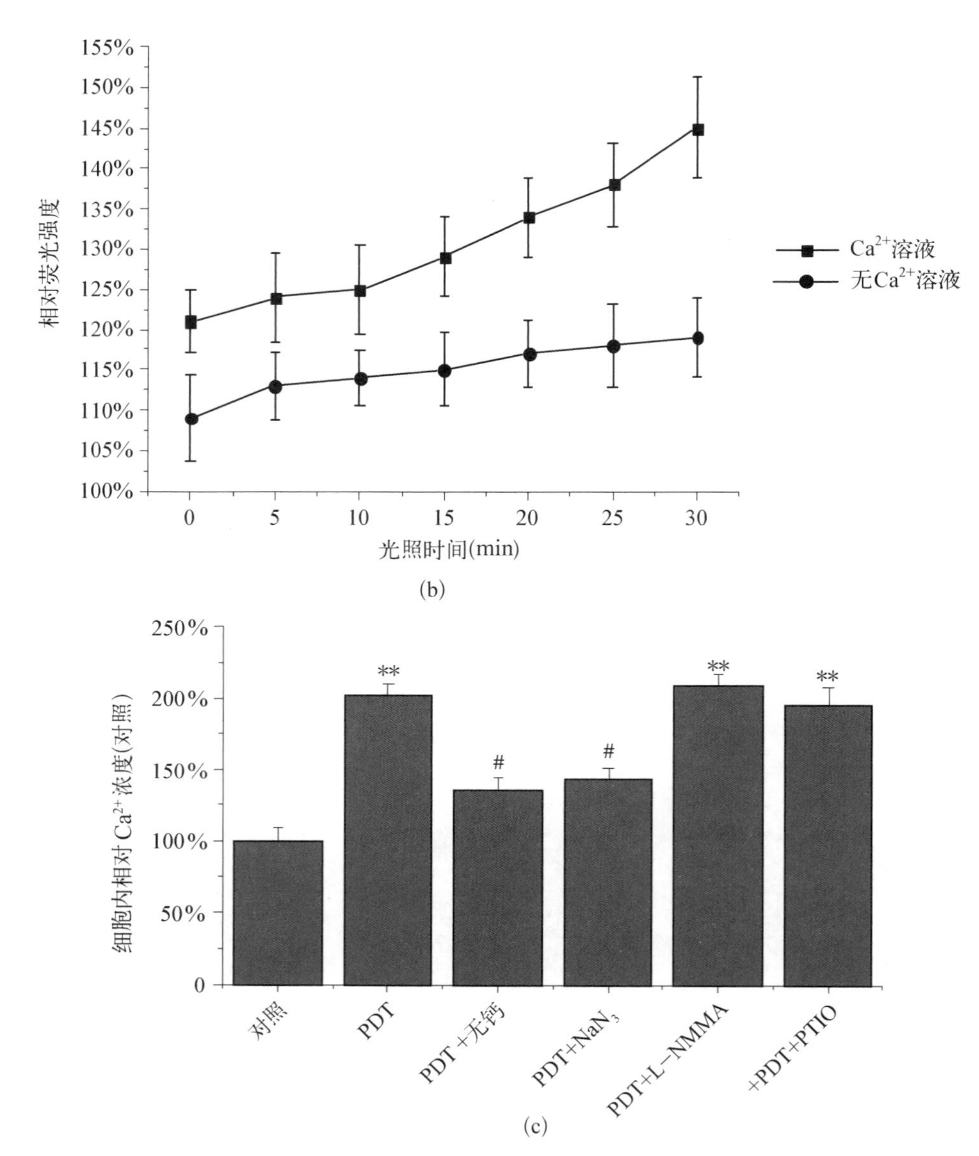

续图 14.8　2-BA-2-DMHB PDT 处理加入 Fura-3/Am-MCF-7 后细胞内钙离子浓度的变化

(a) PDT-处理 MCF-7 细胞激光共聚焦成像随时间变化：(a.1) PDT 前；(a.2) PDT 后；(a.3) 5 min；(a.4) 10 min；(a.5) 20 min；(a.6) 30 min. (b) 在有和没有细胞外钙离子存在时细胞内钙离子浓度在 PDT 处理后的变化.(c) PDT 诱导细胞内 $[Ca^{2+}]_i$ 增加及 ROS 和 NO・抑制剂的影响.

PTIO(20 μmol/L)和 L-NMMA(0.6 mmol/L)对光动力处理诱导的细胞内钙离子浓度的增加影响很小，而用 4 mmol/L 的叠氮钠预处理可以显著减少钙离子浓度的增加，如图 14.8(c)所示. 这说明，细胞内钙离子浓度的增加主要是由光动力处理产生活性氧引起的，和 NO· 关系不大.

14.3.7 2-BA-2-DMHA 光动力处理产生 NO· 对荧光观察的细胞核形态的影响

细胞核形态的观察进一步证实了叠氮钠和 PTIO 对细胞活力的保护作用. 对照细胞的核呈均匀荧光(图 14.9(a))，当用 1 μmol/L 2-BA-2-DMHA 和 6 J/cm^2 的光照处理细胞 12 h 之后，细胞核形态表现出明显的凋亡变化，即核发生固缩或出现碎裂(图 14.9(b)). 但是这种核凋亡的形态变化在用 4 mmol/L 叠氮钠或 20 μmol/L PTIO 预处理后明显减轻或消失了，细胞核形态与正常细胞接近(图 14.9(c)～(d)).

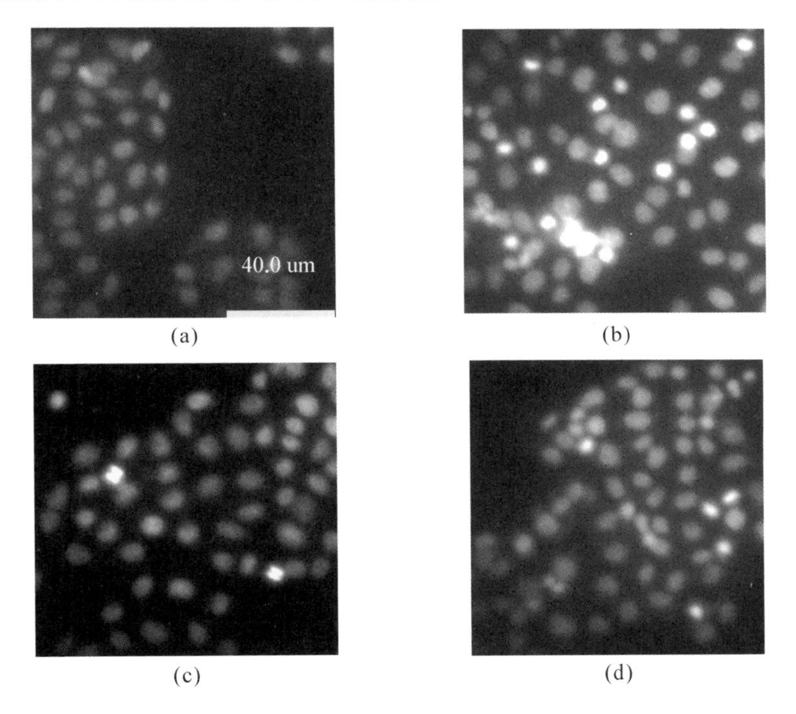

图 14.9 MCF-7 细胞核形态

(a) 细胞暴露在 2-BA-2-DMHB-PDT 中；(b) 预先用 4 mmol/L 叠氮钠处理；(c) 20 μmol/L PTIO 处理；(d) 细胞 DNA 用 Hoechst 33258 染色.

14.3.8 2-BA-2-DMHA 光动力处理产生 NO·诱导的 mRNA 水平和蛋白表达的变化

RT-PCR 和 Western blot 的结果显示(图 14.10),eNOS 的 mRNA 水平和蛋白表达能够显著地被2-BA-2-DMHB介导的光动力处理上调,而用叠氮钠预处理可以减弱这种

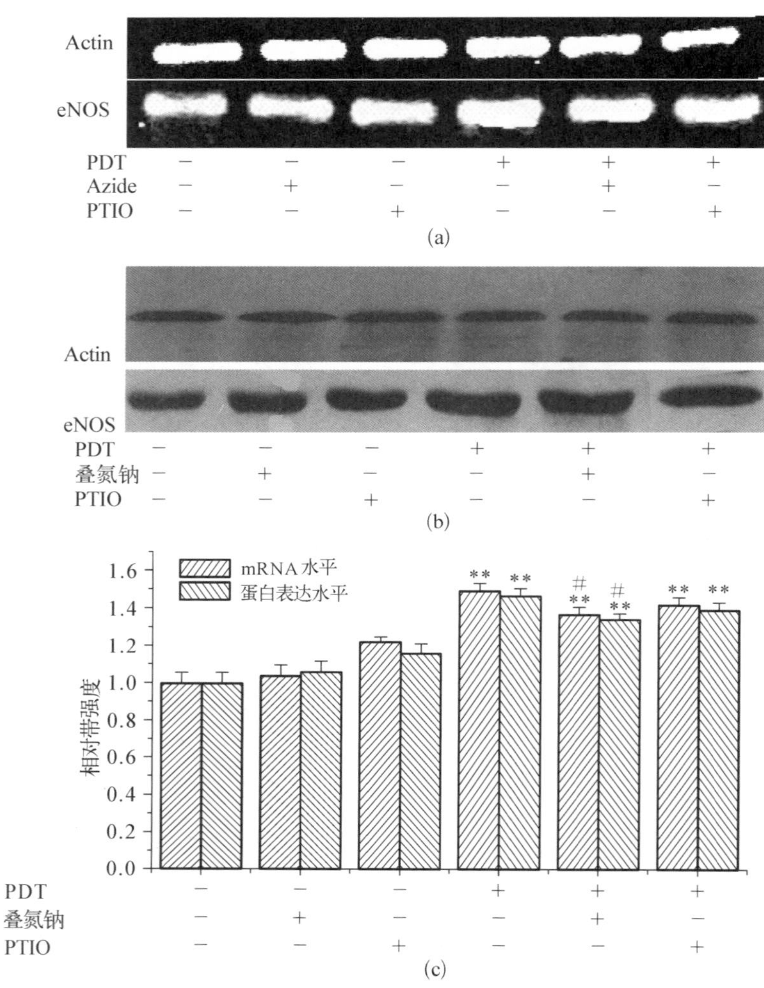

图 14.10 叠氮钠(4 mmol/L)和 PTIO(20 μmol/L)对 mRNA 水平和 eNOS 表达的影响

在叠氮钠或 PTIO 处理 MCF-7 细胞后暴露在 2-BA-2-DMHB-PDT(1 μmol/L,6 J/cm²)中.(a) eNOS 和 actin 的 RT-PCR 结果;(b) eNOS 和肌动蛋白(actin)的 Western blot 结果;(c) eNOS 的mRNA 和蛋白水平结果.

上调.PTIO 预处理对 eNOS 变化的减弱作用不明显,这可能是因为 PTIO 单独处理也能够增加 eNOS 的 mRNA 水平.

研究还检测了和 NO· 诱导细胞凋亡相关的两个促凋亡基因 p53 和 p21 mRNA 水平的变化.光动力处理可以显著提高这两个基因的 mRNA 水平,而叠氮钠和 PTIO 预处理可以显著减少这种上调作用(图 14.11).

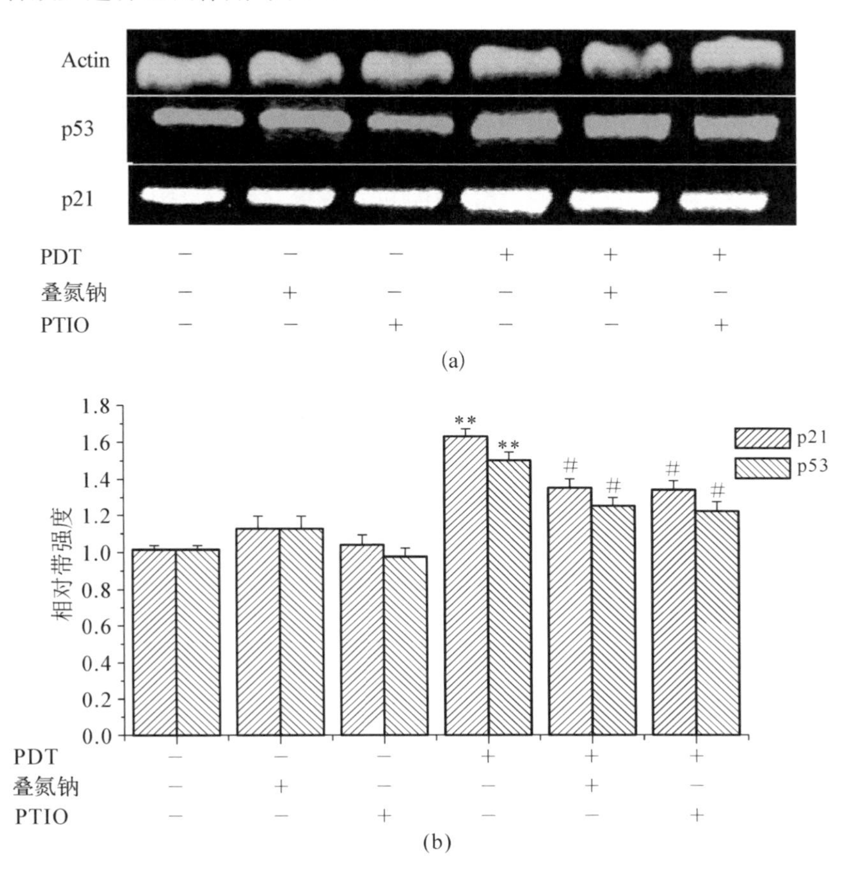

图 14.11 叠氮钠(4 mmol/L)和 PTIO(20 μmol/L)对 p21 和 p53 mRNA 的影响

在用叠氮钠或 PTIO 预处理 MCF-7 细胞后暴露在 2-BA-2-DMHB-PDT(1 μmol/L, 6 J/cm²)中.(a) p21, p53 和 Actin 的 RT-PCR 结果;(b) p21 和 p53 数据分析结果.

以上结果表明,活性氧和 NO· 对 2-BA-2-DMHB 光动力处理诱导的细胞凋亡有重要影响.光动力处理增加了细胞内活性氧的含量,导致细胞内钙离子含量增加,激活了线粒体 NOS 酶,产生了大量的 NO·.而 NO· 和活性氧协调作用,促进线粒体膨胀和细胞色素 c 的释放,从而导致细胞凋亡.

光敏剂吸收光能量后,首先跃迁到寿命较短的单重态,然后经过系统跃迁到寿命较长的三重态.光敏剂的三重激发态很容易和基态氧发生能量转移,产生单线态氧等活性氧,能够氧化生物分子电子富集的区域,造成氧化损伤.[28]由于单线态氧的寿命很短,所以$^1O_2$氧化损伤的部位主要在光敏剂所处的位置附近.[29]研究发现,2-BA-2-DMHB的光动力处理导致细胞内活性氧在短时间内增加3～5倍,并且大部分活性氧来自线粒体.叠氮钠是单线态氧的清除剂,能够抑制线粒体活性氧的增加,说明$^1O_2$是光动力处理后线粒体活性氧的主要来源,这在ESR自旋捕集实验中也得到证实.增加线粒体间钙离子浓度或线粒体解偶联剂处理对活性氧的影响很小,说明光动力诱导的线粒体活性氧增加不依赖于线粒体功能.

钙离子在光动力处理中的作用和变化已经有很多报道,[30-31]已经证实光动力处理各种细胞都会引起细胞内自由钙离子浓度增加,从而最终导致细胞死亡.[32-36]笔者所在研究组的实验结果进一步证实了在2-BA-2-DMHB光动力处理过程中细胞内自由钙离子浓度增加,并且发现这种增加主要来自钙离子内流,叠氮钠预处理可以显著抑制钙离子浓度的增加,说明光动力处理产生的$^1O_2$是引起钙离子内流,从而增加细胞内钙离子的主要因素.

最近一系列研究表明,光动力处理能够增加细胞内NO·的含量.利用邻四羟苯基二氢卟吩(meta tetrahydroxyl phenyl chlorine, mTHPC)光动力处理巨噬细胞,可促进NO·的释放,而在鼻咽癌细胞CNE2中发现,金丝桃苷素(hypericin)的光动力处理增加了辅酶Ⅱ依赖性黄递酶(NADPH-d,NOS酶活力的标志)的活性和NOS Ⅰ和Ⅱ的表达.利用在线检测NO·的电化学传感器系统,Dalbasti等人发现在氨基酮氨酸(aminolevulinic acid, ALA)介导的光动力处理过程中,小脑部分NO·有短暂增加,可能是激活了钙依赖的NOS Ⅰ.[34]在笔者等人的研究中,也发现了光动力处理过程中NO·的迅速增加,NO·在照射30 min后增加到原来的150%.在细胞悬液中加入EGTA能够抑制细胞内NO·的增加,说明在此过程中NO·增加是受细胞内钙离子浓度调控的.

在前人的研究中,NOS Ⅰ和Ⅱ被认为是光动力处理过程中NO·的主要来源,但这两种NOS酶在MCF-7中都不存在.[38]而笔者所在研究组的结果明确显示,2-BA-2-DMHB光动力处理过程中,有NO·在MCF-7细胞的线粒体上产生.首先,我们用激光共聚焦显微镜,原位观测到光动力处理过程中活细胞内NO·含量增加,并且标记NO·的荧光探针DAF-2DA和线粒体的荧光探针MTR有很好的共定位.其次,我们采用细胞膜通透技术,研究了光动力处理过程中NO·的来源.这项技术可以除去胞浆内DAF-2的荧光信号,并保持线粒体相对完整,完成能量代谢.利用这一方法,笔者所在研究组证实了光动力处理能够增加线粒体NO·的含量,并且发现这种增加依赖于细胞内自由钙离子浓度的增加和线粒体钙的吸收(图14.8).在此过程中,L-精氨酸是必不可少的,如果用L-NMMA替换,NO·的产生将受到显著抑制.此外,光动力处理中诱导的线粒体NO·的增加还依赖于线粒体膜电位,即使在5 μmol/L钙离子存在的情况下,用线粒体的解偶联剂CCCP处理几乎可以完全抑制NO·的增加.mtNOS活性对L-精氨酸、钙离子和线粒体膜电位的依赖在纯化线粒体中已经被多篇论文证实.[39-40]

除此之外,我们还发现2-BA-2-DMHB光动力处理可以显著促使细胞色素c从线粒体释放，而 PTIO（NO 的清除剂）可以减少细胞色素 c 的释放. 这说明光动力处理可以激活 mtNOS，促进 NO・的产生对细胞色素 c 的释放有重要的影响. 这种激活 mtNOS 和细胞色素 c 释放的联系和前人的工作很吻合.[41]

关于 mtNOS 的存在和归属，现在还有很多争论. mtNOS 曾被认为是 eNOS[42-43]、iNOS[44]和 nNOS 的一个亚基，[48-50]但是这些结果都缺乏足够的证据，而且这三种蛋白没有在线粒体上找到同源序列. Lacza 等人用 Western-blot 证明了 mtNOS 不是以上三种 NOS 酶，因此对 mtNOS 的存在提出了疑问.[48]直到最近在拟南芥上发现的新 mtNOS 酶，可能为动物 mtNOS 的发现提供新的线索. 本研究支持在 MCF-7 细胞中存在mtNOS，可以钙依赖地被 2-BA-2-DMHB 光动力处理激活.

在 2-BA-2-DMHB 光动力处理中，除了 mtNOS，eNOS 也可能是另外一个潜在的 NO・来源. RT-PCR 和 Western-blot 的结果显示，光动力处理 12 h 后能够使 eNOS 的 mRNA 水平和蛋白表达增加 1.4 倍.

有研究认为，光动力治疗导致肿瘤组织的破坏主要由单线态氧引起的氧化损伤作用，[46-47]使用单线态氧清除剂叠氮钠可以减少光动力的毒性[51-52]. 本研究的结果表明叠氮钠可以抑制光动力反应引起的线粒体活性氧的产生，恢复细胞活力和细胞核形态，降低 eNOS、p21 和 p53 mRNA 水平的上调.

NO・在细胞凋亡中的作用比较复杂，根据细胞类型和凋亡机制不同，NO・既可以促进凋亡，在某些情况下又可以抑制细胞凋亡，是典型的"双刃剑".[53-54]这在光动力处理诱导细胞凋亡中也得到了充分地体现. 对于人来源的类淋巴母细胞，NO・供体硝普钠或 NOS 酶的底物 L-精氨酸预处理可以激活 Caspase-9 上游的蛋白酶 G，从而减少磺化铝酞菁的光动力处理诱导的细胞凋亡. 然而对于 MCF-7 细胞，无论是用 NO・饱和溶液预处理还是转染 iNOS，都可以增强 Photofrin 的光毒性. 笔者等人的研究结果表明，应用 NO・清除剂 PTIO 或 NOS 酶抑制剂 L-NMMA 可以减少 2-BA-2-DMHB 的光毒性，主要表现在提高细胞活力，减少细胞核形态的变化（图 14.8）. PTIO 预处理还可以减缓线粒体膨胀和细胞色素 c 的释放. 所有这些结果都表明，在 2-BA-2-DMHB 光动力处理中产生的 NO・是促进细胞凋亡的.

研究显示，NO・诱导细胞凋亡通常和 p53 基因的活化相关联，从而上调细胞周期因子或者促凋亡蛋白，如 $p21^{Waf1/Cip1}$ 或 Bax 等.[55-56]在巨噬细胞中，$p21^{WAF1/CIP1}$ 是 p53 的下游目标基因，用以调节细胞对 NO・氮的敏感性.[54-57]在笔者所在研究组的研究结果中，2-BA-2-DMHB 光动力处理可以显著上调 p53 和 p21 的 mRNA 水平，PTIO 预处理可以减少这种上调作用，说明 NO・在 2-BA-2-DMHB 光动力处理中是一个调控基因表达和细胞凋亡的重要因子.

笔者所在研究组总结了在 MCF-7 细胞中 2-BA-2-DMHB 介导的光动力处理过程中各种凋亡相关事件的发生顺序（图 14.12）：细胞中的光敏剂接收红光照射后，产生大量的 $^1O_2$ 和其他自由基，增加了细胞内活性氧水平，导致钙离子内流，提高了细胞内自由钙离子浓度，激活了细胞线粒体 NOS 酶，产生了大量 NO・，促进细胞线粒体膨胀和细胞色素 c 的释放，最终导致细胞凋亡. 用叠氮钠或 PTIO 预处理可以减少细胞核形态的变化，抑制 p53 和 p21 基因的上调，提高细胞活力，说明活性氧和 NO · 在光动力处理诱导细胞凋亡中都是很重要的因素.

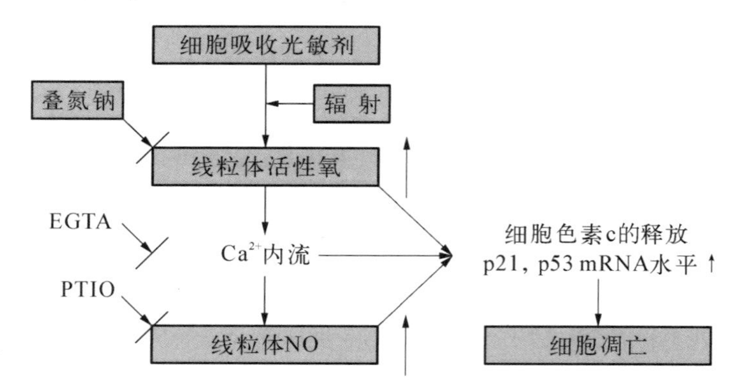

图 14.12 2-BA-2-DMHB-PDT 诱导产生 NO · 对细胞凋亡的调节途径

14.4 ESR 在肿瘤研究中的应用

放射损伤一个非常严重的结果就是导致肿瘤的发生. 基于磁共振的方法来获取癌症的代谢信息已经探索了几十年. ESR 已被开发用于代谢分析，并成功用于监测一些生理参数，如 p_{O_2}、pH 和氧化还原状态. 所有这些参数都与各种疾病的病理生理学有关. 特别是在肿瘤学中，癌症缺氧因其与代谢改变、获得治疗耐药性或恶性表型的关系而得到深入研究. 增强的通透性和保留性(ESR)效应被认为是肿瘤靶向药物递送的基础. 已经开发出约 1 GHz 低频微波的体内 ESR 波谱，以测量给定顺磁化合物的动物的非侵入性 ESR 波谱，其中使用环隙型谐振器并在动物的头部或腹部测量 ESR 波谱. 因此，血液和器官中顺磁性物质的浓度对 ESR 波谱有复合贡献. 我们需要详细了解顺磁性物质的动力学，以及这些动力学在每个器官中如何表达. 为此，人们已经开发了一种表面线圈型谐振器，它可以在特定器官中进行局部 ESR 测量. 人们通过使用该方法，监测下腔静脉、肝脏和肾脏，研究了在静脉内(IV)给予 4-羟基-2,2,6,6-四甲基哌啶-1-氧基(4-羟基-TEMPO)的小鼠器官中检测到的旋转清除曲线的实时药代动力学. 研究发现，得到的药代动力学参数取决于测量部位，并且自旋探针的分布和消除过程在小鼠的血液和器官之间是可以成功分离的.[61-62]

14.4.1 研究肿瘤细胞膜不同部位的流动性

利用四种在不同位置脂肪酸自旋标记物(1,14),(5,10),(10,3)和Ⅱ(12,13),标记细胞膜不同深度的序参数 S、平均涨落角度 q、旋转相关时间 τ_c、相变温度 T 和旋转活化能 E_0. 我们利用脂肪酸自旋标记物研究肺正常组织 V79 和癌肿瘤细胞 V-79 膜不同部位的流动性,序参数指的是细胞膜磷脂分子排列的有序度和旋转相关时间 τ_c. 脂肪酸自旋标记细胞 V79 和癌肿瘤细胞 V-79 膜中的波谱如图 14.13 所示,其中标记在细胞膜表层极性端的 ESR 波谱是典型的轴对称波谱,通常利用它测量和计算细胞膜磷脂的序参数. 但其中标记在细胞膜深层疏水端的 ESR 波谱就不是典型的轴对称波谱,而是运动比较自由的波谱. [63-64]

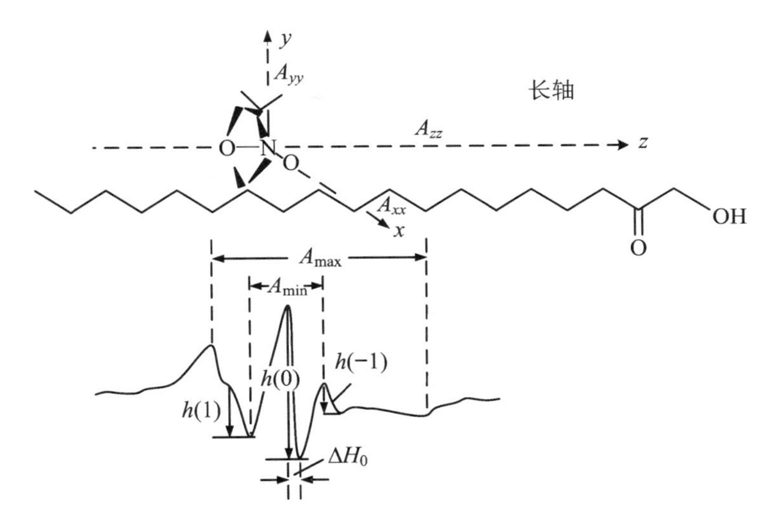

图 14.13 脂肪酸自旋标记化合物的分子坐标及其在细胞膜中的 ESR 波谱

图 14.14 和图 14.15 分别表示序参数 S 和旋转相关时间 τ_c 与脂肪酸链碳原子数 m 的关系曲线. 由这两个曲线可以看出,正常细胞 V79 和癌细胞 V79-B1 的细胞膜磷脂的序参数和旋转相关时间都随 m 的增大(由细胞膜的疏水端移向极性端)而逐渐增大. 这说明在细胞膜双层中,由细胞膜的疏水端移向极性端细胞膜越来越有序,黏度越来越大,流动性越来越小. 由图还可以看出,在细胞膜中间的疏水端,癌变细胞膜的流动性比正常细胞膜的小;而在细胞膜的极性端,癌变细胞膜的流动性比正常细胞膜的大.

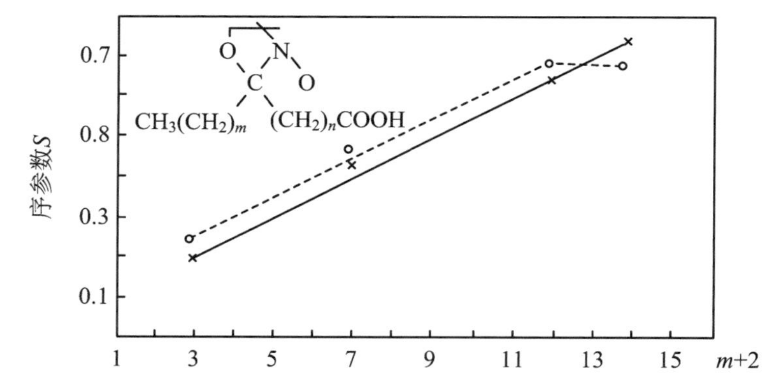

图 14.14　序参数 S 与脂肪酸链碳原子数 m 的关系图

×:V79;○:V79-B1.

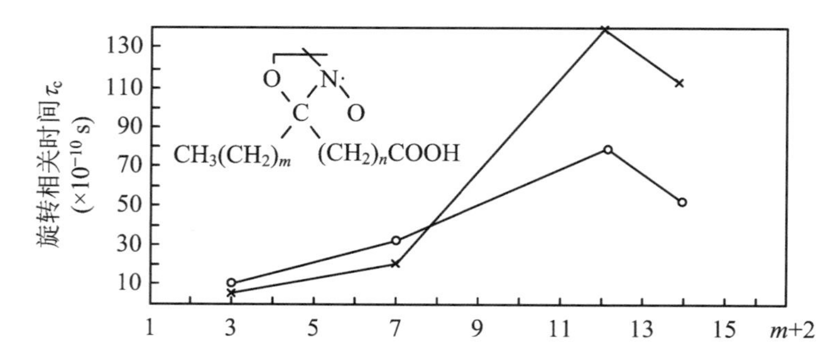

图 14.15　旋转相关时间 τ 与脂肪酸链碳原子数 m 的关系图

×:V79;○:V79-B1.

脂肪酸自旋标记物(1,14),(5,10),(10,3)和Ⅱ(12,13)标记的 V79 和 V-B1 细胞膜测得的 ESR 波谱的序参数 S 和旋转相关时间 τ 的 Arrhenius 图,分别表示在图 14.16 和图 14.17 中.由图可知,随着温度的降低,V79 和 V79-B1 细胞膜表层和深层的序参数和旋转相关时间都在逐渐增大,说明随着温度的降低,V79 和 V79-B1 细胞膜越来越有序,黏度越来越大,流动性越来越小.但 V79 和 V79-B1 细胞膜表层和深层的相变温度明显不同.在表层 V79 的相变温度为 30 ℃左右,而 V79-B1 的相变温度为 21 ℃左右,相差 9 ℃左右;在深层 V79 的相变温度为 −3 ℃左右,V79-B1 的相变温度为 21 ℃左右,相差 24 ℃左右.V79 细胞膜表层和深层的相变温度相差很大,这说明表层已经达到凝胶相而深层还是液晶相.随着温度降低,细胞膜的相变是分层实现的.既不像晶体那样,存在一个明确相变点,又不像胶体那样,随着温度改变,由表层向深层逐步改变.随着温度降低,表层先由液晶相向凝胶相转变;随着温度升高,深层先由凝胶相向液晶相转变.

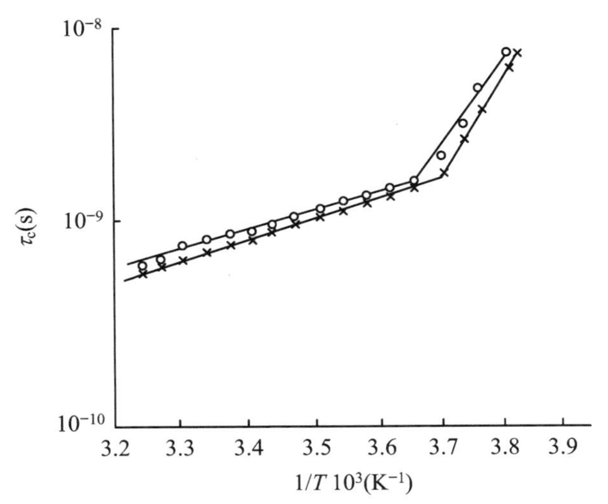

图 14.16 脂肪酸自旋标记物(1,14)标记的 V79 和 V-B1 细胞膜旋转相关时间 τ 的 Arrhenius 图

×:V79;○:V79-B1.

用四种磷脂自旋标记物(10,3)、(8,5) (5,8)和Ⅱ(3,10)插入蛋卵磷脂,计算的序参数分别为 0.547,0.468,0.343 和 0.3.此结果同样表明,磷脂的碳氢链有一个分节的运动,表现出碳碳单键 Gauche 和 Trans 构象之间的快速异构化作用,愈向双层中心,烃链的运动性愈大.波谱表明,膜脂由亲水的极性端沿碳氢链向双层中心的疏水端运动时,自由度逐渐增加,并且存在一个柔曲梯度,亦称为流动性梯度.

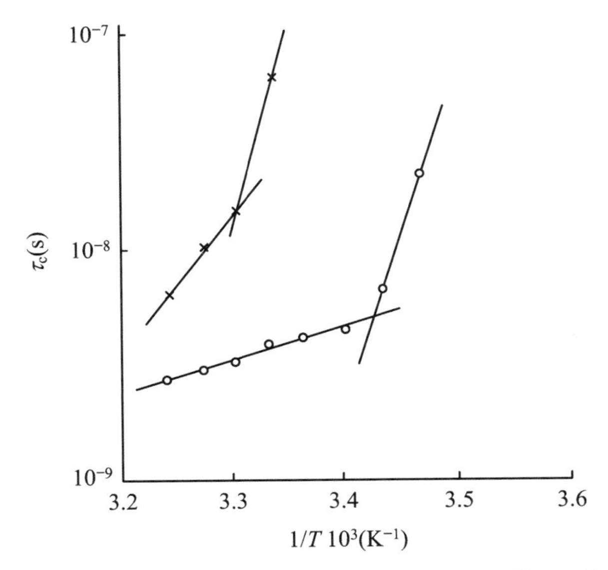

图 14.17 脂肪酸自旋标记(12,3)标记的 V79 和 V-B1 细胞膜旋转相关时间 τ_c 的 Arrhenius 图

×:V79;○:V79-B1.

将 AH66F 或吉田肉瘤(YS)细胞腹膜内移植到雄性 Donryu 大鼠中.从腹水获得的癌细胞在洗涤后悬浮在盐溶液(10(7)个细胞/mL)中.然后,分别将从两种菌株获得的每种 0.1 mL 悬浮液注射到 5 只大鼠的尾静脉中,之后将这样获得的每个直径为 1 mm 或更小的转移结节注射到这些转移细胞游离的腹膜腔中.10 天后,从每个腹水获得的癌细胞洗涤后悬浮在磷酸盐缓冲盐水(不含 Ca^{2+} 和 Mg^{2+},pH = 7.2)中.将每个悬浮液(10(7)个细胞/mL)用一定量的 5-多西基硬脂酸剧烈振动,并对癌细胞膜进行自旋标记.此外,对这样获得的每个样品进行 ESR 测量,并根据光谱确定阶序参数.在 YS 和 AH66F 菌株中,5~35 ℃的每个温度下转移癌细胞的细胞膜流动性增加.这项获得的结果表明,癌细胞细胞膜流动性的变化与癌症转移密切相关.[63-65]

14.4.2 研究肿瘤细胞膜蛋白质巯基结合部位的性质

我们用五种不同链长的马来酰亚胺自旋标记物研究了正常 V79 和癌变 V-B1 细胞膜蛋白质上巯基结合部位的性质.所用五种不同链长的马来酰亚胺自旋标记物化合物Ⅰ、Ⅱ、Ⅲ、Ⅳ和Ⅴ的结构和链长参数如表 14.2 所示.马来酰亚胺自旋标记物可以特异结合蛋白质的巯基结合部位.因此,可以用马来酰亚胺自旋标记物研究中国地鼠 V79 和癌变 V-B1 细胞膜蛋白质上巯基结合部位的性质,得到的 ESR 波谱是强固化成分(S)和弱固化成分(W)两种谱线的叠加.计算的波谱参数是这五种不同链长马来酰亚胺自旋标记物标记的 V79 和 V-B1 细胞膜蛋白质上巯基结合部位强固化成分和弱固化成分比(S/W)与旋转相关时间 τ_c.由这些波谱参数的变化推算出这两种细胞膜蛋白质上巯基结合部位的深度和形状,比较了它们的性质异同.[67]

表 14.2 五种不同链长的马来酰亚胺自旋标记物化合物Ⅰ、Ⅱ、Ⅲ、Ⅳ和Ⅴ的结构和链长参数

化合物	分子结构	$d(\times 10^{-10}$ m)
Ⅰ	(吡咯烷 N–O 环)–N(马来酰亚胺环,两个 O)	4.57
Ⅱ	(吡咯烷 N–O 环)–CH_4–N(马来酰亚胺环,两个 O)	6.11
Ⅲ	(吡咯烷 N–O 环)–$CONHCH_2CH_4$–N(马来酰亚胺环,两个 O)	9.31

续表

化合物	分子结构	$d(\times 10^{-10}\ \mathrm{m})$
Ⅳ	$CONHCH_2CH_3CH_4-N$	10.55
Ⅴ	$CONHCH_2CH_{3OCH3}CH_4-N$（d）	15.73

用五种不同链长的马来酰亚胺自旋标记物研究了正常 V79 和癌变 V-B1 细胞膜蛋白质的 ESR 波谱，结果如图 14.18 所示. 由波谱计算的 S/W 和 τ_c 对自旋标记物化合物Ⅰ、Ⅱ、Ⅲ、Ⅳ和Ⅴ的链长作图，结果如图 14.19 所示. 由图可以看出，随自旋标记物化合物Ⅰ、Ⅱ、Ⅲ、Ⅳ和Ⅴ的链长增加，其 ESR 波谱 S/W 和 τ_c 逐渐变小. 这说明随链长增加，氮氧自由基运动越来越自由，表示其所处的环境越来越宽敞. 由此可以推断，正常 V79 和癌变 V-B1 细胞膜蛋白质上巯基结合部位是圆锥形的. 用同样链长的马来酰亚胺自旋标记

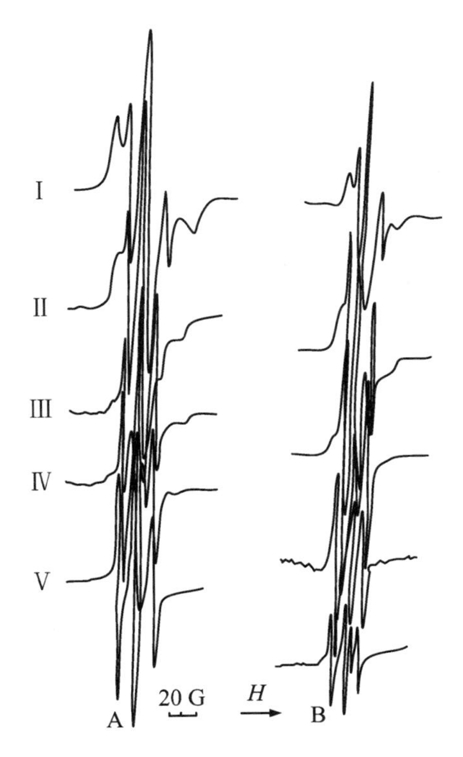

图 14.18　用马来酰亚胺自旋标记物Ⅰ、Ⅱ、Ⅲ、Ⅳ和Ⅴ标记的正常 V79 和癌变 V79-B1 细胞的 RESR 波谱

物研究了正常 V79 和癌变 V-B1 细胞膜蛋白质，结果表明，S/W 和 τ_c 正常 V79 的 ESR 波谱比癌变 V-B1 细胞膜的大，表明氮氧自由基运动在正常 V79 细胞中比在癌变 V-B1 细胞中窄小. 在正常 V79 细胞膜蛋白质的 ESR 波谱上，直到自旋标记Ⅴ，其强固化成分才基本消失，这说明 V79 细胞膜蛋白质上巯基结合部位的深度为$(10.85\sim15.33)\times10^{-10}$ m；而癌变 V79-B1 细胞膜蛋白质的 ESR 波谱上，直到自旋标记Ⅳ，其强固化成分就基本消失了，这说明 V79-B1 细胞膜蛋白质上巯基结合部位的深度在 10.85×10^{-10} m 以下.

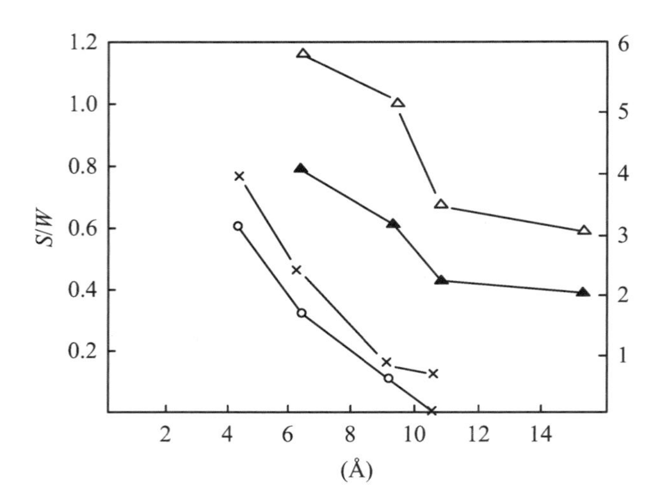

图 14.19 用马来酰亚胺自旋标记物Ⅰ、Ⅱ、Ⅲ、Ⅳ和Ⅴ标记的正常 V79 和癌变 V79-B1 细胞的 ESR 波谱强弱固定化比 S/W(左：×：V79；○：V79-B1)，以及旋转相关时间(右：△：V79；▲：V79-B1)与分子链长的关系图

细胞膜蛋白质巯基与很多生物细胞膜的重要生理现象及疾病有密切关系. 例如葡萄糖运输的抑制与红细胞膜的巯基有关，阳离子穿越细胞膜的运输与细胞膜内表面的巯基有关. 红细胞的溶血作用就是红细胞膜上巯基有关的疾病. 癌变 V-B1 细胞膜蛋白质上巯基结合部位的深度比正常 V79 细胞膜蛋白质的浅一些且敞开一些. 这可能与癌变 V-B1 细胞膜脂质表层流动性大有关. 因为细胞膜脂质表层流动性变大以后，细胞膜蛋白质上巯基结合部位就不像在细胞膜脂质表层流动性较小的环境中那样，容易保持原来较窄小的环境时的精细构象了，因而变得更加平坦和敞开，这样其深度自然就变浅了.

我们还用马来酰亚胺自旋标记物研究了伴刀豆蛋白 A 诱导小鼠腹水肝癌细胞膜的糖蛋白构象.[67-69]

14.4.3 L 波段 ESR 波谱仪研究体内肿瘤的性质

ESR 技术在自由基和癌症检测中起着重要作用. 氮氧化物基团 2,2,6,6-四甲基哌啶-1-氧基(TEMPO)通过N-乙酰氨基键与葡聚糖共价结合,产生一种新的自旋探针TEMPO-葡聚糖(TEMPO-DX),其在动物体内长时间循环而不会发生代谢降解. TEMPO-DX在小鼠中是稳定的,而小的TEMPO类似物在给药后迅速消失. 由于右旋糖酐在合成过程中的分子量有所减小,因此所得的自旋标记的葡聚糖可以通过肾脏排泄. 将TEMPO-DX注入小鼠尾静脉后不久,获得了非常强的L波段ESR信号,从中计算了特定器官的三维图像,发现信号持续超过1 h. 使用两种不同类型的自旋探针(低分子量自旋探针CPROXYL)和聚合物自旋探针(TEMPO-DX)对肿瘤进行ESR成像. 使用两种方法:常规腹膜内注射和微型喂食器连续静脉注射,将自旋探针施用于携带实体瘤的小鼠体内,该实体瘤是背部移植的埃利希腹水癌. 首先,通过X波段ESR检查探头的积累. 腹膜内给予小鼠的CPROXYL仅保留在尿液中,表明其迅速排泄到膀胱中,而TEMPO-DX难以从腹膜腔吸收到血管中. 采用连续静脉注射时,CPROXYL也迅速排泄,但证实TEMPO-DX集中在肿瘤组织中,因为它在体内具有较长的半衰期. 此外,还进行了ESR成像测量,以测量连续静脉注射时自旋探针的分布. 在ESR图像上观察到CPROXYL的最强斑点,显示膀胱处的积聚,而在小鼠背部的实体瘤中观察到TEMPO-DX斑点. 这些结果表明,TEMPO-DX在体内的停留时间比低分子量自旋探针长得多,并集中在肿瘤处. TEMPO-DX可用于开发针对肿瘤的特异性ESR成像剂.[69]

动物中的自由基种类已通过X波段ESR光谱法在器官块或部分均质样品上测量. 然而,通过使用最近开发的L波段ESR波谱法,已经实现了无损体内ESR测量. 使用一种L波段ESR方法,测量了注射稳定氮氧化物自由基的动物的ESR波谱. 在静脉注射氮氧化物自由基,如4-羟基-2,2,6,6-四甲基哌啶-1-氧基(4-羟基-TEMPO)和3-氨基甲酰基-2,2,5,5-四甲基吡咯烷-1-氧基(3-氨基甲酰基-丙氧基)后,立即在小鼠上腹部以及不同年龄的小鼠和大鼠头部观察到L波段ESR波谱,其中自由基的ESR测量是实时无创进行的. 在观测到的时间依赖性自由基清除曲线的基础上,获得了以下重要结果:① 自由基清除率能够通过药代动力学方法进行分析. ② 给予4-羟基-TEMPO的小鼠头部的自由基首次使用L波段ESR的新分析方法定量测定. ③ 发现自由基的消除在小鼠中是饱和的. ④ 在小鼠头部检测到的4-羟基-TEMPO的清除率常数以剂量和年龄依赖性方式降低. 同时,在小鼠上腹部未观察到4-羟基-TEMPO的年龄依赖性清除率常数. ⑤ 检测到的自由基数量与施用自由基的量之比随年龄依赖性降低,但它们与自由基的剂量无关,表明动物头部自由基的分布能力随年龄依赖性降低. ⑥ 通过X波段和L波段ESR估计的小鼠和大鼠血液的4-羟基-TEMPO和3-氨基甲酰基-丙氧基的清除率常数,明显小于通过体内L波段ESR方法观察到的整个活体动物的清除率常数. 结果表明,氮氧化物自由基的清除与动物器官分布和代谢改变后自由基的改变有关. ⑦ 分别在没用氧化剂和用氧化剂的小鼠和大鼠收集的尿液中检测到自由基及其相应的羟胺. 在L波段ESR波谱结果的基础上,首次提出了动物稳定自旋探针的定量药代动力学分析.[70]

使用氧芯片OxyChip作为植入式氧传感器的ESR血氧仪,可以直接和重复地测量组织氧水平. 一项Ⅰ期首次人体临床研究已经确定了使用OxyChip进行可靠和重复测量各种肿瘤和治疗方案中氧气水平的安全性和可行性.这些研究的一个局限性是无法轻松定位和识别组织中植入的探针,特别是从长远来看,从而限制了植入物的空间/解剖学配准,以便正确解释氧气数据.在这项研究中,开发并评估了一种嵌入金纳米颗粒(GNP)的增强型氧传感探针,称为 OxyChip-GNP,它以使用常规临床成像模式实现传感器的可视化.使用组织模型、切除组织和体内动物模型(小鼠和大鼠)进行体外表征、成像和组织病理学研究.结果表明,使用 OxyChip-GNP 可以显著增强超声和 CT 对比度,而不会影响其 ESR 和氧传感特性或生物相容性.嵌入 OxyChip-GNP 的 OxyChips 可以使用标准的临床成像方式(如 CT、锥形束-CT 或超声成像)在软组织中轻松鉴定,同时保持其长期重复体内测量组织氧水平的能力.OxyChip-GNP 的这种独特功能有助于在临床环境中精确定位体内氧浓度测量.[71]

磁性纳米颗粒因其在诊断和医学治疗中的应用而被广泛研究.纳米颗粒加入细胞培养物后的行为是一个基本因素(即它们是附着在细胞膜上,还是穿透膜并进入细胞).一项研究证明了 ESR 作为监测内吞过程中进入细胞的纳米颗粒的合适技术的应用.模型纳米颗粒由磁铁矿铁(Ⅱ,Ⅲ)氧化核与含有氮氧化物自由基 4-羟基-TEMPO(TEMPOL)的有机单元官能团组成.研究包括乳腺癌细胞、模型酵母和人类微血管内皮细胞,结果证实,ESR 方法适用于研究所选细胞中纳米颗粒的内吞过程.它还允许直接监测自由基在细胞内产生的过程.研究磁性纳米颗粒作为药物载体在医疗中的潜在应用,需要事先确定它们对细胞的影响.在这项工作中,使用 ESR 方法研究了使用自旋标记功能化的不同自旋标记物和磁性纳米颗粒,以及它们与酵母细胞的相互作用.ESR 被证明是监测磁芯和附着的自旋标记物的合适方法.需要特别强调的是,细胞内运行的内吞作用和氧化还原过程的表征,能导致自旋标记的重组.此类数据只能在低温度 ESR 测量下获得.[72-74]

自由基在癌症中起关键作用的最有力证据是基于冻干肿瘤的 ESR 数据.最近的结果表明,这些数据是人为的,因为观察到的信号与冻干前存在的自由基没有直接关系.然而这些数据也表明,观察到的一些变化是可重复的,并且可能与肿瘤细胞中发生的生物物理或生化变化间接相关.这种联系的一个可能原因是抗氧化剂,特别是抗坏血酸.现在可以通过实验来证明以下几点:① 冻干对肿瘤光谱影响的普遍性;② 在冻干肿瘤和正常组织中观察到的自由基的分子性质;③ 氧化还原反应和物质对观测到的 ESR 波谱的影响;④ 致癌过程中自由基的变化.[75]

可以用一种设备来评估丙氨酸/ESR 剂量测定法在前列腺癌 3D 放射治疗中质量保证的潜力,这种设备由一个带有八个丙氨酸剂量计探头和两个金属标记的直肠气球组成,用于记录气球的确切位置.可以测量充气直肠球囊对直肠壁剂量的影响,并将这些结果与治疗计划系统的应用剂量分布进行了比较.在 10 个部分,每个部分 2.0 Gy,在三名患者中测量累积剂量.将 ESR 测量结果与应用剂量进行比较,结果表明,可以插入该装置,而不会产生临床并发症,也不会给患者带来额外的直肠不适.在前壁和直肠后壁累积的剂量的测量与施用剂量一致,平均偏差分别为 1.5%(高剂量)和 3.5%(剂量低估).然而,在具有髋关节假体的患者中,观察到应用和测量的直肠剂量之间的临床差异较大.在这种情况下，高估了直肠前壁的剂量约11%，直肠后壁的剂量被低估了约7%．本研究提出的方法可用于体内辐照的质量控制．[76]

前列腺癌的^{192}Ir高剂量率(HDR)近距离放射治疗期间，使用丙氨酸/ ESR在尿道中进行剂量测定．联邦物理技术二级标准的测量方法必须稍作修改，以便能够在导尿管(Foley)内进行测量．丙氨酸剂量测定系统对前列腺癌Ir的吸收剂量与水的反应，相对于^{60}Co的重现性为1.8%．尿道内测量的结果不确定性约为3.6%，不包括剂量率常数λ的不确定性．将治疗计划系统计算的应用剂量与凝胶体系中一小系列前列腺癌Ir HDR照射的测量剂量进行比较，发现测量剂量和应用剂量之间的差异在不确度范围内．因此，该方法被认为适用于体内测量．[77]在高剂量率近距离放射治疗中，靠近肿瘤的放射源定位不是瞬时的．在放射源在轨迹中移动到其静态位置的过程中，剂量将增加．这种增加放射剂量的步骤，在近距离治疗计划中通常不被考虑．放射剂量取决于规定的剂量、治疗分数的数量、放射源的速度和活性．结合所有这些因素，放射剂量可以比规定的吸收剂量值高5%，但是不能超过这个百分比．在这项工作中，使用丙氨酸-ESR剂量测定系统，分析信号的一阶导数．对HDR系统的放射剂量进行了评估，并且与TLD剂量计已经给出的剂量一致．同样使用相同的剂量学系统，确定了用于评估源周围放射剂量退化的径向剂量函数，其行为与蒙特卡罗模拟获得的行为及与TLD测量效果相比，效果更吻合．[78]

14.4.4 ESR研究活体动物肿瘤中的氧分压

一个多世纪以来，人们已经知道肿瘤缺氧，即氧合水平低的肿瘤区域，是肿瘤对放射治疗耐药性和癌症放射治疗失败的重要因素．最近，使用新型脉冲ESR氧成像技术，已经获得了活体动物肿瘤中p_{O_2}的近似绝对图像．在活组织和肿瘤中获得ESR信号的方法的发展以对肿瘤中的p_{O_2}进行成像，以及在人类受试者中获取p_{O_2}图像的潜力都需要评估．这项工作的目的是建立一种基于ESR血氧饱和度的新颖而强大的技术，作为测量肿瘤氧的实用工具．此前，已经报道了封装在称为氧芯片OxyChip的生物相容性聚合物中的氧感应顺磁晶体(LiNc-BuO)的开发．在这项报告中，最近提供了关于使用OxyChip在临床前对大型动物兔模型肿瘤进行p_{O_2}测量的数据．结果表明，OxyChip能够在大型动物模型中对p_{O_2}进行无创和重复测量．[75]氧气在光聚合过程中起着关键作用，在三维打印过程中促使液体树脂形成固体结构，其中氧气充当阻聚剂．暴露在光线下时，氧气将耗尽，结果就是聚合过程被激活．ESR成像被描述为一种由光照引起的氧气分布变化的可视化工具．这种非破坏性方法使用无线电波，因此不受光学不透明度的限制，可提供更大的穿透深度．演示了三个原理验证成像实验：① 光聚合过程的空间传播；② 后固化导致的缺氧；③ 3D打印螺旋模型中的氧气可视化．在这些实验中，使用了商业立体光刻(SLA)树脂．将八丁氧基萘锂(LiNc-BuO)探针与树脂混合，以允许氧成像．Li-萘酞菁探头因其长期稳定性和对氧气的高度敏感性而常常用于各种ESR应用．这项研究证明了

ESR 成像有可能成为肿瘤 3D 打印技术发展中强大的可视化工具,包括生物打印和组织工程.[79]

组织中的 p_{O_2} 在许多疾病的病理生理学中起着重要作用,并影响癌症治疗、缺血性心脑血管疾病治疗和伤口愈合的结果. 多年来,人们已经开发了一套用于可靠氧气测量的 ESR 技术. 这是一种利用可溶性自旋探针的脉冲 ESR 体内氧成像方法. 脉冲 ESR 成像技术的最新发展使图像采集速度提高了一个数量级,灵敏度、氧气测量的精度和准确性大大提高. 这项临床研究的总体目标是验证 OxyChip,作为一种临床可行的技术,可以在缺氧调节干预(如高氧呼吸)之前和期间,对癌症患者进行个体化的肿瘤氧评估. 计划接受手术切除(有或没有新辅助治疗)且皮肤表面深度为小于 3 cm 的任何实体瘤的患者,有资格参加该研究. OxyChip 被植入肿瘤中,随后在标准护理手术中被移除. 使用 ESR 血氧饱和度法评估植入物位置的 p_{O_2}. 结果表明,23 例癌症患者在肿瘤中接受了 OxyChip 植入术,6 名患者在植入 OxyChip 时接受了新辅助治疗. 种植体持续时间为 30 天(范围为 4～128 天),在 15 名患者中进行了 45 次成功的氧气测量. 基线 p_{O_2} 值是可变的,总体中位数为 15.7 mmHg(范围为 0.6～73.1 mmHg);33%的值低于 10 mmHg. 高氧处理后,总体中位数 p_{O_2} 为 31.8 mmHg(范围为 1.5～144.6 mmHg),有 83%的患者测量结果对高氧合的反应有统计学意义($p \leqslant 0.05$). 因此,使用 ESR 血氧仪和 OxyChip 测量基线 p_{O_2},以及对高氧的反应在多种肿瘤治疗中具有临床可行性. 患者基线时的肿瘤含氧量差异显著. 虽然大多数肿瘤对高氧干预有反应,但有些肿瘤无反应. 这些数据表明,在有计划的高氧合干预背景下,需要对肿瘤氧合进行个体化评估,以优化临床结果.[80]

米托-二甲双胍 10(MM10)是通过 10 碳脂肪族侧链将三苯基膦阳离子部分连接到二甲双胍上合成的,是一种线粒体靶向的二甲双胍类似物. 最近,MM10 被证明可以改变胰腺导管腺癌的线粒体功能和增殖. 在这里,假设这种化合物可以降低前列腺癌细胞中的耗氧率(OCR),增加线粒体中的 ROS 水平,缓解肿瘤缺氧,并使肿瘤放射致敏. 可以通过 ESR(9 GHz)体外评估 PC-3 和 DU-145 前列腺癌细胞的耗氧率和线粒体超氧化物的产生. 在 MM10 暴露前、后,评估还原和氧化的谷胱甘肽. 在 PC-3 肿瘤模型中,使用 1 GHz ESR 血氧测定法在体内测量肿瘤氧合度,并在最大复氧时照射肿瘤. 暴露于 MM10 24 h 显著降低了 PC-3 和 DU-145 癌细胞的耗氧率. 在 PC-3 中,观察到线粒体超氧化物的增加,但在 DU-145 癌细胞中没有观察到,这一观察结果与两种癌细胞系中观察到的谷胱甘肽水平的差异一致. 在体内,PC-3 模型(每日注射 2 mg/kg MM10)开始治疗后 48 h 和 72 h 肿瘤氧合显著增加. 尽管对肿瘤缺氧有显著影响,但与单独照射相比,MM10 联合照射并没有增加肿瘤生长延迟. MM10 改变了前列腺癌细胞中的耗氧率. 它对超氧化物水平的影响取决于细胞系的抗氧化能力. 在体内,MM10 缓解了肿瘤缺氧,但在对辐射的反应方面没有结果.[81]

缺氧是实体瘤的共同特征,有助于血管生成、侵袭、转移、代谢改变和基因组不稳定. 由于缺氧是肿瘤进展和对放疗、化疗和免疫疗法耐药的主要因素,因此出现了多种针对肿瘤缺氧的方法,包括旨在缓解放射治疗时肿瘤缺氧的药物干预,在缺氧细胞中选择性激活的前药,或参与缺氧细胞存活的分子靶标抑制剂(即缺氧诱导因子 HIF,PI3K/AKT/mTOR 途径,未折叠的蛋白质反应).虽然许多策略在临床前模型中取得了成功,但到目前为止,它们在临床实践中的转化令人失望.这种治疗失败通常是由于缺乏可以有针对性地对干预措施中受益的患者进行适当地分层.伴随诊断可能有助于不同级别的研究和开发,以及将患者与针对缺氧的特定干预措施相匹配.在这项工作中,讨论了现有缺氧生物标志物的相对优点、它们的现状,以及未来验证它们作为适应干预性质的伴随诊断的挑战.[82]基于磁共振的方法来获取癌症的代谢信息已经探索了几十年,ESR 已被开发用于代谢分析,并成功用于监测一些生理参数,如 p_{O_2}、pH 和氧化还原状态.所有这些参数都与各种疾病的病理生理学有关.特别是在肿瘤学中,癌症缺氧因其与代谢改变、获得治疗耐药性或恶性表型的关系而受到深入研究.因此,p_{O_2} 成像成为这方面的有关代谢的评估.Overhauser 效应是一种核磁共振技术,通过调节电子自旋的状态,可以控制核磁共振信号的强度,从而实现信号增强的效果.质子电子双共振成像(PEDRI)是一种利用 Overhauser 效应可视化 ESR 的成像技术.ESR 中评估的大多数生物学参数都可以使用质子电子双共振成像可视化.然而,由于探针的毒性或高吸收率等限制,ESR 和 PEDRI 尚未得到充分的临床应用评估. 超极化(HP) ^{13}C MRI 是一种新颖的成像技术,可以直接可视化代谢谱.以这种成像技术评估输送到靶组织的 HP ^{13}C 探针代谢物的产生.与需要注射自由基探针的 ESR 或 PEDRI 不同,^{13}C MRI 需要可以生理代谢和有效超极化的探针.在超极化探针的几种方法中,溶解动态核超极化是一种广泛使用的体内成像技术.丙酮酸是最适合进行 HP ^{13}C MRI 的探针,因为它是糖酵解途径的一部分,丙酮酸到乳酸转化的高效率是癌症的一个显著特征.其临床适用性也使其成为一种有前景的代谢成像方式.这些间接和直接基于 MR 的代谢需要评估和应用,重点是 p_{O_2} 和丙酮酸到乳酸的转化.这两个参数彼此密切相关,因此在评估对氧依赖性癌症疗法的治疗反应时,所获得的信息是可以互换的.[83-86]

14.4.5 ESR 研究肿瘤药物的递送

将药物和生物化合物递送和释放到患病器官和组织的非病毒载体是过去几十年中药物和生物化学中广泛研究的主题之一.在用作生物体的药物载体之前,所有新的载体都必须从物理化学角度在稳定性、电荷、大小、迁移率等方面进行充分表征.为此,我们已经采用了几种分子和笨重的技术进行表征.这项工作考虑了分子取向光谱方法(即 ESR)获得的结果.该技术是在连续波(cw-ESR)和脉冲波(pw-ESR)模式中的各种形式的应用.特别是,考虑脂质体(用于基因治疗、硼中子捕集治疗、氧合测定等)、胶束、水凝胶、纳米颗粒、树枝状聚合物、环糊精和葫芦醇等载体[82].我们用磷脂自旋标记Ⅰ(10,3)研究了抗癌药物硫杂脯氨酸(THIPRO)、阿糖胞苷(CYTO)、放线菌素 D(ACTI)和 5-氟-2′-托氧嘧啶(5-F-U)对中国地鼠 V79 和 V79-B1 癌变细胞膜流动性的影响,计算了抗癌药物处理前、后细胞膜的序参数、平均涨落角度、旋转相关时间和微黏度的变化，并作了序参数随着药物作用时间变化的动力学曲线.[87]

从药物处理 1 h 左右测量的 ESR 波谱中计算的序参数 S 和相关时间 τ_c，如图 14.20 和图 14.21 所示. 由图可以看出，用各种药物处理 1 h 左右，V79 和 V79-B1 癌变细胞膜的序参数增加，平均涨落角度变小，旋转相关时间和微黏度增加，胞膜流动性变小. 四种药物对两种细胞膜的序参数和平均涨落角度的影响类似，对相关时间 τ_c 和微黏度的影响，则以硫杂脯氨酸最明显，阿糖胞苷、放线菌素和 5-氟-2′-托氧嘧啶依次减弱. 自旋标记Ⅰ(10,3)的序参数和平均涨落角度反映了细胞膜脂肪酸链的有序性和运动状态. 因此，几种药物对细胞膜脂肪酸链的有序度作用是类似的. 磷脂自旋标记Ⅰ(10,3)在极性端的一个甲基上，它对分子的旋转运动起着空间阻碍作用，因而磷脂自旋标记Ⅰ(10,3)的相关时间 τ_c 比序参数 S 更能反映细胞膜表面的变化. 所以硫杂脯氨酸对细胞膜表面的影响作用最大，阿糖胞苷、放线菌素 D 和 5-氟-2′-托氧嘧啶依次减弱.

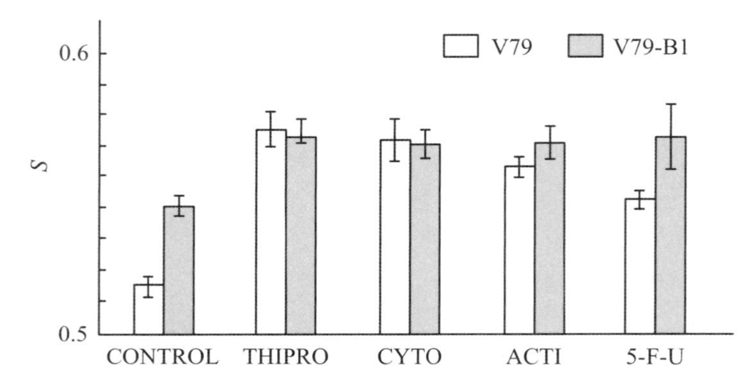

图 14.20　从药物处理 1 h 左右测量的 V79 和 V79-B1 癌变细胞膜的 ESR 波谱中计算的序参数 S

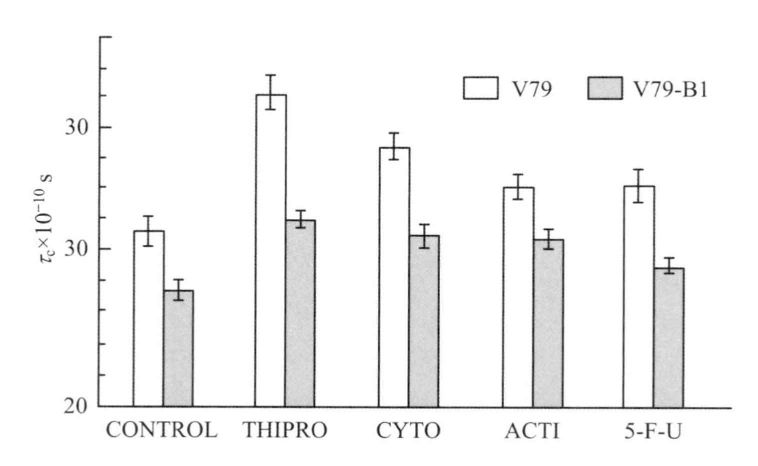

图 14.21　从药物处理 1 h 左右测量的 V79 和 V79-B1 癌变细胞膜的 ESR 波谱中计算的相关时间 τ_c

药物处理以前，V79 比 V79-B1 癌变细胞膜序参数小、平均涨落角度大，旋转相关时间和微黏度比 V79-B1 癌变细胞膜的大. 这说明在细胞膜表面，V79 与 V79-B1 癌变细胞膜的流动性大，而在细胞膜深层正好相反. 当用药物处理以后，硫杂脯氨酸、阿糖胞苷和放线菌素使得 V79 与 V79-B1 癌变细胞膜的序参数和平均涨落角度接近，但 5-氟-2′-托氧嘧啶使得 V79 与 V79-B1 癌变细胞膜的序参数和平均涨落角度保持一定差异. 除了放线菌素对 V79 以外，几种药物使得 V79 与 V79-B1 癌变细胞膜的旋转相关时间 τ_c 增大，但仍然保持 V79 与 V79-B1 之间有一定差异. 硫杂脯氨酸处理不同时间对 V79 与 V79-B1 癌变细胞膜序参数的动力学影响表明，当用硫杂脯氨酸处理不同时间以后，V79 细胞膜的序参数逐渐增加，平均涨落角度逐步变小；在 55 min 时，序参数达到最大，平均涨落角度最小；然后序参数和平均涨落角度逐渐恢复到初始值附近. 阿糖胞苷对 V79 和 V79-B1 癌变细胞膜的序参数和平均涨落角度的影响与硫杂脯氨酸类似. 与前两者不同，放线菌素对 V79 细胞膜的序参数立即达到最大，平均涨落角度立即降到最小，然后逐渐增大；对 V79-B1 癌变细胞膜的序参数是逐步增加的，在 55 min 时序参数达到最小，然后逐渐回升，并且在 235 min 时恢复到初始值附近. 5-氟-2′-托氧嘧啶与硫杂脯氨酸和阿糖胞苷类似.[87]

由以上结果可以看出，硫杂脯氨酸处理不同时间对 V79 和 V79-B1 癌变细胞膜的作用尤其是对细胞膜表层的作用，比其他三种药物大一些.

另外，我们还研究了抗癌药物长春新碱和氮芥对 V79 和 V79-B1 癌变细胞膜磷脂分子的相互作用，也得到了类似的结果.[88]

ESR 是一种强大的非侵入性波谱工具，可用于监测体外和体内药物的释放过程. 此外，空间溶解度可以通过 ESR 成像来实现，可以纵向检测 ESR（LODESR）和 PEDRI 等新发展的信息. ESR 在药物递送领域的有用性的例子包括微黏度和微极性的测量、体外和体内药物释放机制的直接检测、可生物降解聚合物中微酸度的监测，以及胶体药物载体的表征. 在药物递送研究的应用中，ESR 允许直接测量给药系统（DDS）内的微黏度和微极性，检测微酸度、相变和胶体药物载体的表征. 有关空间分布的其他信息可以通过 ESR 成像获得.[88]

肿瘤缺氧导致其对化疗和放疗产生耐药性，但提供了一个环境，其中缺氧激活的前药（HAP）在生物还原后被激活以释放靶向细胞毒素. 苯并三嗪 1，4-二-N-氧化物（BTO）HAP、替拉帕胺（TPZ，1）已与放疗联合使用，并进行了广泛的临床评估，以帮助杀死缺氧肿瘤细胞. 虽然化合物 1 没有获得临床使用批准，但它激发了其他 BTO 的发展，如 3-烷基类似物 SN30000. 人们普遍认为，BTO 的细胞毒素来自化合物的单电子还原形式. 鉴定细胞毒性自由基，以及它们是否在缺氧肿瘤细胞的选择性杀伤中发挥作用，对于 BTO 类抗癌前药的持续开发非常重要. 在这项研究中，氮气自旋捕集与 ESR 相结合，为化合物 1，2 和 3-苯基类似物，化合物 3 和 4 形成芳基自由基提供了证据，这些类似物形成碳中心自由基. 此外，高浓度的 DEPMPO（5-（二乙氧基磷酰）-5-甲基-1-吡咯啉 N-氧化物）自旋捕集・OH 自由基. 自旋捕集与高浓度 DMSO 和甲醇的组合也为强氧化性自由基的参与提供了证据.当 DMSO 存在时,在化合物Ⅱ的生物还原上未能用 PBN(N-叔丁基苯硝基)自旋捕集到甲基自由基,这意味着游离的·OH 不会从化合物 2 的质子化自由基阴离子中释放出来.高浓度的 DEPMPO 对·OH 的自旋捕集,以及由 DMSO 和甲醇产生的自由基,为清除参与分子内的·OH 提供了直接和间接的证据.缺氧选择性细胞毒性与 BTO 化合物形成芳香类自由基无关,因为它们与高需氧细胞毒性有关.[89-91]

参考文献

[1] Wang C D, Qiang Y Z, Lao Q H, et al. Autioxidative and scanvengine effects on free radicals of some extracts from chinese medicines[J]. Nucl. Scie. and Tech., 1999, 10: 211-216.

[2] Petronek M S, Spitz D R, Buettner G R, et al. Oxidation of ferumoxytol by ionizing radiation releases iron. An electron paramagnetic resonance study[J]. J. Radiat. Res., 2022, 63(3): 378-384.

[3] 强亦忠,王崇道,劳勤华,等.几种制剂清除辐射所致自由基的 ESR 研究[J].辐射防护,1999,19:371-376.

[4] 赵保路,瞿保钧,张春爱,等.用自旋标记 ESR 技术研究光照血卟啉衍生物同脂质体的相互作用[J].药学学报,1985,28:89-94.

[5] Hoebeke M, Schuitmaker H J, Jannink L E, et al. Electron spin resonance evidence of the generation of superoxide anion, hydroxyl radical and singlet oxygen during the photohemolysis of human erythrocytes with bacteriochlorina[J]. Photochem. Photobiol., 1997, 66(4): 502-508.

[6] Wolfe T, Guidelli E J, Gómez J A, et al. Experimental assessment of gold nanoparticle-mediated dose enhancement in radiation therapy beams using electron spin resonance dosimetry[J]. Phys. Med. Biol., 2015, 60(11): 4465-4480.

[7] 赵保路,黄宁娜,张建中,等.用自旋捕集技术研究光照血卟啉衍生物水溶液产生的羟基自由基[J].科学通报,1985,30:1743-1746.

[8] 张建中,黄宁娜,赵保路,等.在血卟啉生物光敏体系中 DMPO 捕集自由基的 ESR 研究[J].化学学报,1986,44:627-630.

[9] Zhao B L, Huang N N, Zhang J Z, et al. Studies on the exposition of hydroxyl radical from hemotoporphyrin derivatives to light by spin trapping method[J]. Sci. Bult., 1986, 31: 1139-1143.

[10] 张建中,黄宁娜,李小洁,等.血卟啉衍生物的光敏作用对人工膜脂类动力学和相图的影响[J].科学通报,1988,33:1258-1260.

[11] 黄宁娜,陈力,赵保路,等.HPD 对人工膜的光敏作用[J].生物物理学报,1990,6:9-15.

[12] 张志义,许以明.光卟啉(YHPD)光敏作用的分子机制[J].中国科学(B 辑),1991,6:595-601.

[13] Claudia B, Christian R, Ove E, et al. Implications of the generation of reactive oxygen species by photoactivated calcein for mitochondrial studies[J]. Euro. J. Biochemy., 2000, 267: 5585-5592.

[14] Foote C S. Mechanisms of photosensitized oxidation[J]. Science, 1968, 162: 963-969.

[15] Gomer C J. Preclinical examination of first and second generation photosensitizers used in photodynamic therapy[J]. Photochem. Photobiol., 1991, 6: 211-214.

[16] Gupta S, Ahmad N, Mukhtar H. Involvement of nitric oxide during phthalocyanine (Pc4) photodynamic therapy- mediated apoptosis[J]. Cancer. Res., 1998, 58: 1785-1788.

[17] Coutier S, Bezdetnaya L, Marchal S, et al. Foscan (mTHPC) photosens itized macrophage activation: enhancement of phagocytosis, nitric oxide release and tumour necrosis factor-alpha-mediated cytolytic activity[J]. Br. J. Cancer, 1999, 81: 37-42.

[18] Seyed M A, Malini O. Nitric oxide mediated photo-induced cell death in human malignant cells [J]. Int. J. Oncology., 2005, 22: 751-756.

[19] Henderson B W, Sitnik-Busch T M, Vaughan L A. Potentiation of photodynamic therapy antitumor activity in mice by nitric oxide synthase inhibition is fluence rate-dependent[J]. Photochem. Photobiol., 1999, 70: 64-71.

[20] Korbelik M, Parkins C S, Shibuya H, et al. Nitric oxide production by tumour tissue: impact on the response to photodynamic therapy[J]. Br. J. Cancer, 2000, 82: 1835-1843.

[21] Gomes E R, Almeida R D, Carvalho A P, et al. Nitric oxide modulates tumor cell death induced by photodynamic therapy through a cGMP-dependent mechanism[J]. Photochem. Photobiol., 2002, 76: 423-430.

[22] Ghafourifar P, Cadenas E. Mitochondrial nitric oxide synthase[J]. TRENDS Pharmacol. Sci., 2005, 26: 190-195.

[23] Brookes P S. Mitochondrial nitric oxide synthase[J]. Mitochondria, 2004, 3: 187-204.

[24] Dennis J, Bennett J P. Interactions among nitric oxide and bcl-Family proteins after MPP exposure of SH-SY5Y neural cells I: MPP + increases mitochondrial NO and bax protein[J]. J. Neurosci. Res., 2003, 79: 76-88.

[25] Elfering S L, Sarkela T M, Giulivi C. Biochemistry of mitochondrial nitric-oxide synthase[J]. J. Biol. Chem, 2002, 277: 38079-38086.

[26] Dedkova E N, Ji X, Lipsius S L, et al. Mitochondrial calcium uptake stimulates nitric oxide production in mitochondria of bovine vascular endothelial cells[J]. Am. J. Physiol. Cell Physiol., 2004, 286: 406-415.

[27] Zhou Z X, Yang H Y, Zhang Z Y. Role of calcium in phototoxicity of 2-butylamino-2-demethoxy-hypocrellin a to human gastric cancer MGC-803 cells[J]. Biochim. Biophys. Acta, 2003, 1593: 191-200.

[28] Meldolesi J, Volpe P, Pozzan T. The intracellular distribution of calcium[J]. Trends. Neurosci., 1986, 11: 449-452.

[29] Rosenthal I, Ben-Hur E. Role of oxygen in the phototoxicity of phthalocyanines[J]. Int. J. Radiat. Biol., 1995, 67: 85-91.

[30] Moan J, Berg K. The photodegradation of porphyrins in cells can be used toestimate the lifetime of singlet oxygen[J]. Photochem. Photobiol., 1991, 53: 549-533.

[31] Tajiri H, Hayakawa A, Matsumoto Y, et al. Changes in intracellular Ca^{2+} concentrations related to PDT-induced apoptosis in photosensitized human cancer cells[J]. Cancer Letter, 1998, 128: 205-210.

[32] Penning L C, Rasch M H, Ben-Hur E, et al. A role for the transient increase of cytoplasmic free calcium in cell rescue after photodynamic treatment[J]. Biochim. Biophys. Acta, 1992, 1107: 255-260.

[33] Ben-Hur E, Dubbelman T M, Van Steveninck J. Phthalocyanine induced photodynamic changes of cytoplasmic free calcium in Chinese hamster cells[J]. Photochem. Photobiol., 1991, 54: 163-166.

[34] Inanami O, Yoshito A, Takahashi K, et al. Effects of BAPTA-AM and forskolin on apoptosis and cytochrome c release in photosensitized Chinese hamster V79 cells[J]. Photochem. Photobiol., 1999, 70: 650-655.

[35] Yonuschot G. Early increase in intracellular calcium during photodynamic permeabilization[J]. Free Rad. Biol. Med., 1991, 11: 307-317.

[36] Ben-Hur E, Dubbelman T M. Cytoplasmic free calcium changes as a trigger mechanism in the response of cells to photosensitization[J]. Photochem. Photobiol., 1993, 58: 890-894.

[37] Dalbasti T, Cagli S, Kiline E, et al. Online electrochemical monitoring of nitric oxide during photodynamic therapy[J]. Nitric. Oxide, 2002, 7, 301-305.

[38] Mortensen K, Skouv J, Hougaard D M, et al. Endogenous endothelial cell nitric-oxide synthase modulates apoptosis in cultured breast cancer cells and is transcriptionally regulated by p53[J]. J. Biol. Chem., 1999, 274: 37679-37684.

[39] Ghafourifar P, Richter C. Nitric oxide synthase activity in mitochondria[J]. FEBS Letters, 1997, 418: 291-296.

[40] Giulivi C, Poderoso J J, Boveris A. Production of Nitric Oxide by Mitochondria[J]. J. Biol. Chem., 1998, 273: 11038-11043.

[41] Tatoyan A, Giulivi C. Purification and characterization of a nitric-oxide synthase from rat liver mitochondria[J]. J. Biol. Chem., 1998, 273: 11044-11048.

[42] Gao S, Chen J, Brodsky S V, et al. Docking of endothelial nitric oxide synthase (eNOS) to the mitochondrial outer membrane: A pentabasic amino acid sequence in the autoinhibitory domain of eNOS targets a proteinase K-cleavable peptide on the cytoplasmic face of mitochondria[J]. J. Biol. Chem., 2004, 279: 15968-15974.

[43] Kobzik L, Stringer B, Balligand J L, et al. Endothelial type nitric-oxide synthase in skeletal-muscle fibers-Mitochondrial relationships[J]. Biochem. Biophys. Res. Commun., 1995, 211: 375-381.

[44] Iadecola C. Bright and dark sides of nitric oxide in ischemic brain injury[J]. Trends in Neuronsciences, 1997, 20: 132-139.

[45] Kanai A J, Pearce L L, Clemens P R, et al. Identification of a neuronal nitric oxide synthase

in isolated cardiac mitochondria using electrochemical detection[J]. PNAS, 2001, 98: 14126-14131.

[46] Haynes V, Elfering S L, Traaseth N, et al. Mitochondrial nitric-oxide synthase: Enzyme expression, characterization and regulation[J]. J. Bioenerg. Biomembr., 2004, 36: 341-346.

[47] Riobo N A, Melani M, Sanjuan N, et al. The modulation of mitochondrial nitric-oxide synthase activity in rat brain development[J]. J. Biol. Chem., 2002, 277: 42447-42455.

[48] Lacza Z, Snipes J A, Zhang J, et al. Mitochondrial nitric oxide synthase is not eNOS, nNOS or iNOS[J]. Free Radi. Biol. Med., 2003, 35: 1217-1228.

[49] Lam M, Oleinick N L, Nieminen A L. Photodynamic therapy-induced apoptosis in epidermoid carcinoma cells[J]. J. Biol. Chem., 2001, 276: 47379-47386.

[50] Fuchs J, Weber S, Kaufmann R. Genotoxic potential of porphyrin type photosensitizers with particular emphasis on 5-aminolevulinic acid: implications for clinical photodynamic therapy [J]. Free Radi. Biol. Med., 2000, 28: 537-548.

[51] Ding X, Xu Q, Liu F, et al. Hematoporphyrin monomethyl ether photodynamic damage on HeLa cells by means of reactive oxygen species production and cytosolic free calcium concentration elevation[J]. Cancer Letter, 2004, 216: 43-54.

[52] Bonfoco E, Krainc D, Ankarcrona M, et al. Apoptosis and necrosis: Two distinct events induced, respectively, by mild and intense insults with n-methyl-d-aspartate or nitric oxide/superoxide in cortical cell cultures[J]. Proc. Natl. Acad. Sci. USA, 1995, 92(16): 7162-7166.

[53] Li C Q, Wogan G N. Nitric oxide as a modulator of apoptosis[J]. Cancer Letter, 2005, 226: 1-15.

[54] Kim P K M, Zamora R, Petrosko P, et al. The regulatory role of nitric oxide in apoptosis[J]. Intern. Immunopharm., 2001, 1: 1421-1441.

[55] Li C Q, Robles A I, Hanigan C L, et al. Apoptotic signaling pathways induced by nitric oxide in human lymphoblastoid cells expressing wild-type or mutant p53[J]. Cancer Res., 2004, 64: 3022-3029.

[56] Okada H, Mak T W. Pathways of apoptosis and non-apoptosis death in tumour cells[J]. Nat. Rev. Cancer, 2004, 4: 592-603.

[57] Yang F, von Knethen A, Brune B. Modulation of nitric oxide-evoked apoptosis by the p53-downstream target p21WAF1/CIP1[J]. J. Leukoc. Biol., 2000, 68: 916-922.

[58] Messmer U K, Ankarcrona M, Nicotera P, et al. P53 expression in nitric oxide-induced apoptosis[J]. FEBS Letter, 1994, 355(1): 23-26.

[59] Liu R Q, Xie L D, Sheng K L. ESR signals from silk fabrics irradiated by UV-rays[J]. Nuclear Science and Techniques, 2007, 18: 268-271.

[60] Parlato A, Calderaro E, Bartolotta A, et al. Application of the ESR spectroscopy to estimate the original dose in irradiated chicken bone[J]. Radiation Physics and Chemistry, 2007, 76: 1466-1469.

[61] Miyagusku L, Chen F, Kuaye A, et al. Irradiation dose control of chicken meat processing with alanine/ESR dosimetric system[J]. Radiation Measurements, 2007, 42: 1222-1226.

[62] Kamataria M, Yasui H, Ogata T, et al. Local pharmacokinetic analysis of a stable spin probe in mice by in vivo L-band ESR with surface-coil-type resonators[J]. Free Radic. Res., 2002, 36(10): 1115-1125.

[63] 赵保路,张清刚,张建中,等.用脂肪酸自旋标记研究中国地鼠肺正常细胞 V79 和癌变细胞 V79-B1 膜的流动性[J].科学通报,1982,27:686-689.

[64] 赵保路,席丹,张建中,等.用脂肪酸自旋标记研究中国地鼠肺正常细胞 V79 和癌变细胞 V79-B1 膜的温度相关性[J].科学通报,1982,27:813-816.

[65] 席丹,赵保路,王大辉.ESR 波谱仪变温装置的研制[J].仪器仪表学报,1983,4:72-75.

[66] Nakazawa I, Iwaizumi M. A role of the cancer cell membrane fluidity in the cancer metastases: an ESR study[J]. Tohoku J. Exp. Med., 1989, 157(3): 193-198.

[67] 忻文娟,赵保路,张建中.用马来西亚胺自旋标记研究中国地鼠肺正常细胞 V79 和癌变细胞 V79-B1 巯基结合位置的性质[J].中国科学,1984,26:429-435.

[68] 张清刚,黄宁娜,忻文娟,等.伴刀豆蛋白 A 诱导小鼠腹水肝癌细胞膜糖蛋白构象的自旋标记研究[J].科学通报,1984,29:492-496.

[69] 张建中,赵保路,忻文娟.用自旋标记 ESR 波谱方法研究 HEP. A22 腹水肝癌细胞膜动力学性质[J].研究生院学报,1984,1:182-187.

[70] Saito K, Kazama S, Tanizawa H, et al. ESR imaging on a solid-tumor-bearing mouse using spin-labeled dextran[J]. Biosci. Biotechnol. Biochem., 2001, 65(4): 787-794.

[71] Nishino N, Yasui H, Sakurai H. In vivo L-band ESR and quantitative pharmacokinetic analysis of stable spin probes in rats and mice[J]. Free Radic. Res., 1999, 31(1): 35-51.

[72] Kmiec M M, Hebert K A, Tse D, et al. OxyChip embedded with radio-opaque gold nanoparticles for anatomic registration and oximetry in tissues[J]. Magn. Reson. Med., 2022, 87(3): 1621-1637.

[73] Krzyminiewski R, Dobosz B, Krist B, et al. ESR method in monitoring of nanoparticle endocytosis in cancer cells[J]. Int. J. Mol. Sci., 2020, 21(12): 4388.

[74] Krzyminiewski R, Dobosz B, Schroeder G, et al. ESR as a monitoring method of the interactions between TEMPO-functionalized magnetic nanoparticles and yeast cells[J]. Sci. Rep., 2019, 9(1): 18733.

[75] Epel B, Halpern H J. In Vivo p_{O_2} imaging of tumors: oxymetry with very low-frequency electron paramagnetic resonance[J]. Methods Enzymol., 2015, 564: 501-527.

[76] Swartz H M. Free radicals in cancer[J]. Ciba Found. Symp., 1978, (67): 107-130

[77] Wagner D, Anton M, Vorwerk H, et al. In vivo alanine/electron spin resonance (ESR) dosimetry in radiotherapy of prostate cancer: a feasibility study[J]. Radiother. Oncol., 2008, 88(1): 140-147.

[78] Anton M, Wagner D, Selbach H J, et al. In vivo dosimetry in the urethra using alanine/ESR during (192)Ir HDR brachytherapy of prostate cancer — a phantom study[J]. Phys. Med. Biol., 2009, 54(9): 2915-2931.

[79] Calcina C S, de Almeida A, Rocha J R, et al. Ir-192 HDR transit dose and radial dose function determination using alanine/EPR dosimetry[J]. Phys. Med. Biol., 2005, 50(6): 1109-1117.

[80] Tseytlin O, O'Connell R, Sivashankar V, et al. Rapid scan EPR oxygen imaging in photoactivated resin used for stereolithographic 3D printing[J]. 3D Print. Addit. Manuf., 2021, 8(6): 358-365.

[81] Epel B, Redler G, Halpern H J. How in vivo EPR measures and images oxygen[J]. Adv. Exp. Med. Biol., 2014, 812: 113-119.

[82] Schaner P E, Williams B B, Chen E Y, et al. First-in-human study in cancer patients establishing the feasibility of oxygen measurements in tumors using electron paramagnetic resonance with the oxychip[J]. Front. Oncol., 2021, 11: 743256.

[83] d'Hose D, Mathieu B, Mignion L, et al. EPR investigations to study the impact of mito-metformin on the mitochondrial function of prostate cancer cells[J]. Molecules., 2022, 27(18): 5872.

[84] Moore W, Yao R, Liu Y, et al. Spin-spin interaction and relaxation in two trityl-nitroxide diradicals[J]. J. Magn. Reson., 2021, 332: 107078.

[85] Kishimoto S, Oshima N, Krishna M C, et al. Direct and indirect assessment of cancer metabolism explored by MRI[J]. NMR Biomed., 2019, 32(10): e3966.

[86] Martini G, Ciani L. Electron spin resonance spectroscopy in drug delivery[J]. Phys. Chem. Chem. Phys., 2009, 11(2): 211-54.

[87] 赵保路,张清刚,张建中,等.抗癌药物和中国地鼠肺正常细胞 V79 及癌变细胞 V79-B1 膜磷脂分子的相互作用[J].分子科学与化学研究,1984,13:333-337.

[88] 赵保路,段绍谨,瞿保钧,等.用自旋标记研究抗癌药物对中国地鼠肺正常细胞 V79 和癌变细胞 V79-B1 膜流动性的影响[J].生物化学与生物物理学报,1984,16:43-49.

[89] Lurie D J, Mäder K. Monitoring drug delivery processes by EPR and related techniques-principles and applications[J]. Adv. Drug Deliv. Rev., 2005, 57(8): 1171-1190.

[90] Kempe S, Metz H, Mäder K. Application of electron paramagnetic resonance (EPR) spectroscopy and imaging in drug delivery research-chances and challenges[J]. Eur. J. Pharm. Biopharm., 2010, 74(1): 55-66.

[91] Qi W, Yadav P, Hong C R, et al. Spin trapping hydroxyl and aryl radicals of one-electron reduced anticancer benzotriazine 1, 4-dioxides[J]. Molecules., 2022, 27(3): 812.

第 15 章

ESR 研究肥胖症

代谢综合征被称为 21 世纪的主要健康杀手. 高血压、血糖异常、血脂异常、肥胖等多种疾病在人体内蓄积，直接导致严重心血管疾病的发生. 代谢综合征主要指高体重、高血压、高脂血症、高血糖、高脂肪酸、高尿酸、高血液黏度、高胰岛素抗体等. 如果有这“八高”中的“两高”，则可称为代谢综合征. 美国 20 岁以上人群代谢综合征的发病率为 24%，包括 60%的肥胖患者. 根据中华医学会的调查，中国城市 20 岁以上人群中代谢综合征的患病率为 14%～16%. 代谢综合征随年龄增长而增加，在 50～70 岁人群中达到高峰，其中女性患者多于男性. 据估计，在未来七年内，每八名患者中就会有一名死于代谢综合征.[1-2]

肥胖是由多种因素引起的慢性疾病，可以定义为体内脂肪积累增加. 脂肪组织不仅是甘油三酯的存储器官，也是白色脂肪组织作为脂肪因子生物活性物质的产生者. 在脂肪因子中，发现了一些炎症功能，如白细胞介素-6(IL-6)；其他脂肪因素具有调节食物摄入的功能，因此它们对体重控制有直接影响. 脂肪因子通过刺激多巴胺的吸收作用于边缘系统，产生饱腹感. 然而，这些脂肪因子诱导 ROS 的产生，从而引起氧化应激. 由于脂肪组织是一个分泌脂肪因子的器官，而脂肪因子又会产生活性氧，因此脂肪组织被认为是产生全身氧化应激的独立因素. 肥胖产生氧化应激的机制有很多. 第一种是线粒体和脂肪酸过氧化物酶的氧化，在氧化反应中可产生 ROS，而另一种机制是过度消耗氧气，线粒体呼吸链中产生自由基，并与线粒体中的氧化磷酸化结合. 高脂肪饮食也可以产生活性氧，因为它们可以改变氧代谢. 随着脂肪组织的增加，超氧化物歧化酶、过氧化氢酶和谷胱甘肽过氧化物酶等抗氧化酶活性显著降低.最后,高活性氧的产生和抗氧化能力的降低导致各种身体异常.其中,内皮功能障碍的特征是血管扩张剂(尤其是一氧化氮)的生物利用度降低,内皮源性收缩因子增加,这导致动脉粥样硬化疾病.

肥胖可导致早期或“糖尿病前期”的特征及心血管疾病等.肥胖已成为一个社会健康问题,必须认真对待.研究发现,抗氧化剂可以起到减肥效果,天然抗氧化剂可以抑制肥胖和糖尿病产生的氧化应激,减少肥胖引起的一系列危害健康的风险.本章将讨论 ESR 在肥胖研究中的应用、氧化应激与肥胖和糖尿病的关系,以及抗氧化剂抑制肥胖的氧化应激.

15.1 ESR 在肥胖研究中的应用

肥胖是一种慢性代谢性疾病.由于肥胖的发病机制复杂,给肥胖的预防和减肥带来了巨大的挑战,因此需要进行多种方法研究, ESR 在肥胖研究中发挥了重要作用.

15.1.1 ESR 检测肥胖综合征产生的自由基

高胆固醇血症(HC)与血管和心肌功能受损有关.由于高胆固醇血症可以改变氧化状态,我们研究了 30 天胆固醇饮食对心血管氧化应激的影响.新西兰兔接受胆固醇(1%)或正常食物 30 天,在 30 天时,通过 ESR 波谱评估主动脉的 $\cdot O_2^-$ 水平,发现胆固醇喂养(CF)组的 NAD(P)H 氧化酶(NOX)活性和二氢乙锭(DHE)染色高于对照组.与对照组相比,胆固醇喂养组主动脉中的 NOX gp91 phox 和 p67 phox 表达更高.在髂动脉上评估的内皮依赖性松弛比胆固醇喂养组更高.缺血 60 min 后,胆固醇喂养组孤立心脏估计的心脏舒张压高于对照组.因此可得出结论:高胆固醇血症诱导的主动脉超氧化物水平升高、*NOX* 亚基因表达升高与血管松弛改变有关.在心脏中观察到的舒张压升高,与缺血后收缩功能障碍一致,可能是由超氧化物的产生介导的.[3]

血管紧张素Ⅱ通过血管紧张素Ⅰ受体(AT1)刺激激活 NAD(P)H 依赖性氧化酶,血管紧张素受体 AT1 刺激是超氧化物最重要的血管来源.AT1 受体在体外被低密度脂蛋白上调.这项研究发现在测试高胆固醇血症是否与 NAD(P)H 依赖性血管 $\cdot O_2^-$ 产生增加有关,以及 AT1 受体阻断是否可能抑制这种氧化酶并同时改善内皮功能障碍.通过等张力研究确定血管反应,并使用 ESR 研究来确定血管 $\cdot O_2^-$ 产生的相对速率.通过定量分析 AT1 受体 mRNA,并通过放射性配体结合测定 AT1 受体密度.高胆固醇血症与内皮依赖性血管舒张受损和完整血管中生成的 $\cdot O_2^-$ 量有关.在血管匀浆中,发现在两种高脂血症模型中，NADH 驱动的 $\cdot O_2^-$ 产生显著激活. 用 AT1 受体拮抗剂 Bay 10-6734 治疗胆固醇喂养的动物，改善了内皮功能障碍，使血管 $\cdot O_2^-$ 和 NADH 氧化酶活性正常化，减少了巨噬细胞浸润和早期斑块的形成. 在高胆固醇血症的情况下，主动脉 AT1 受体 mRNA 上调至 166% ± 11%，同时 AT1 受体密度也相应增加. 因此可得出结论：高胆固醇血症与 AT1 受体上调、内皮功能障碍和 NADH 依赖性血管 $\cdot O_2^-$ 生成增加有关. AT1 受体拮抗剂改善内皮功能障碍、抑制氧化酶和减少早期斑块的形成，这表明血管紧张素Ⅱ介导的 $\cdot O_2^-$ 产生在动脉粥样硬化早期起着至关重要的作用.[4-5]一种硬脂酸衍生物自旋探针用于研究不同血浆水平的高密度脂蛋白（HDLP）受试者血浆中不同脂蛋白（LP）的结构特征. 位于高密度脂蛋白内部非极性区域的自旋探针，在高 α 脂蛋白血症中的浓度高于高密度脂蛋白胆固醇浓度的平均值. 在密度非常低的脂蛋白受试者中，也观察到类似的效果. 这种差异的可能原因是它们在脂蛋白参与的生化反应中的作用.

为了研究高甘油三酯血症患者体内单核细胞生成 $\cdot O_2^-$ 的机制，研究者分别采用电子自旋共振/自旋捕集法和 2-甲基-6-[对甲氧基苯基]-3,7-二氢咪唑并[1,2-a]-吡嗪-3-酮（MCLA）依赖性化学发光法，测定了单核细胞超氧化物的清除活性（SSA）和 $\cdot O_2^-$ 的生成. 通过贴壁方法，从以下四个男性组中分离外周单核细胞：正常对照、单独糖尿病（DM）、高甘油三酯血症糖尿病（DM + HTG）和单独高甘油三酯血症（HTG）. 单核细胞由 4β-佛波尔 12β-肉豆蔻酸 13α-乙酸酯（PMA）或调理酶聚糖（OZ）刺激. 与正常对照组相比，高甘油三酯血症和高甘油三酯血症 + 单独糖尿病中的单核细胞，在刺激下生成的 $\cdot O_2^-$ 增强，但在单独糖尿病中没有增强. 单核细胞超氧化物清除活性的平均值在四组实验之间相似. 当使用各种参数分析关系时，发现 $\cdot O_2^-$ 的生成与血浆甘油三酯水平之间存在显著的正相关关系；超氧化物的清除活性与 $\cdot O_2^-$ 的生成和血浆甘油三酯水平之间存在显著的负相关关系. 在体外系统中，单核细胞中的超氧化物清除活性在 PMA 或酶聚糖的刺激下显著降低. 结果表明，单核细胞中超氧化物清除活性的降低可能源于体内 $\cdot O_2^-$ 生成增强，并且是高甘油三酯血症刺激的 $\cdot O_2^-$ 释放增强的原因. 单核细胞的这些异常功能可能部分加速了动脉粥样硬化的发展.[6]

荧光素已被广泛用作化学发光底物来监测血管 $\cdot O_2^-$ 的形成. 但荧光素检测 $\cdot O_2^-$ 的有效性受到质疑，因为 $\cdot O_2^-$ 是由荧光素本身产生的. 研究已经表明，荧光素的浓度是影响该测定有效性的关键参数. 在本研究中，我们评估了降低浓度的荧光素（5 μmol/L）作为量化血管组织中 $\cdot O_2^-$ 产生的工具. 通过悬浮在器官浴中的孤立主动脉环的等强张力记录，评估荧光素诱导对内皮功能的影响. 采用自旋捕集 ESR 波谱，研究了荧光素对 $\cdot O_2^-$ 产生的影响. 荧光素在 250 μmol/L 时引起乙酰胆碱的内皮依赖性松弛的显著衰减，这是通过超氧化物歧化酶预处理来阻止的. 自旋捕集研究表明，250 μmol/L 的荧光素使血管 $\cdot O_2^-$ 的产生增加了几倍，而 5 μmol/L 的荧光素没有刺激 $\cdot O_2^-$ 的产生. NG-M-l-精氨酸对 NO 合酶的抑制以及内皮的去除，几乎使荧光素衍生的化学发光翻了一番，表明内皮 NO 的基生抑制了基线化学发光信号. 因此，浓度为 5 μmol/L 的荧光素似乎是评估血管组织中 $\cdot O_2^-$ 灵敏有效的探针. 它也可以用作估计基底血管 NO 释放的间接

探针.[7]

高胆固醇血症会导致起搏诱导的预处理(PC)的丧失,这可能是由于心脏 NO· 合成受损.相关研究已经表明,过量的外源性胆固醇能抑制参与信号转导的几种聚戊二烯衍生物的形成.在这项研究中,检查起搏诱导预处理和心脏 NO· 合成是否能通过在胆固醇喂养的大鼠中使用关键聚戊二烯产品法尼醇处理而恢复.研究发现,喂食 2% 富含胆固醇/对照饮食 24 周的大鼠分别给予 ip. 5 μmol/L/kg 法尼醇/载体. 1 h 后,分离心脏并准备"工作"灌注.然后,进行 PC/非 PC 方案,在 10 Hz 下进行 3 个间歇性的起搏,持续时间为 5 min.最后,进行 10 min 的冠状动脉闭塞以测试 PC 的效果.起搏诱导的预处理将缺血性主动脉血流(AF),从其控制值(15.6 ± 1.5) mL/min 增加到(27.3 ± 1.7) mL/min ($p<0.05$).在从高胆固醇血症大鼠获得的心脏中,未观察到 PC(AF:15.7 ± 1.2 mL/min),但是它在法尼醇处理的高胆固醇血症组中再次出现(AF:31.8 ± 3.4 mL/min, $p<0.05$).在左心室的组织样本中,胆固醇饮食显著降低了用 Fe^{2+}-二乙基二硫代氨基甲酸酯复合物体内自旋捕集后获得的 NO· 的 ESR 波谱的强度.法尼醇治疗不影响胆固醇喂养组或对照组的心脏中的 NO· 含量.这些结果表明,在高胆固醇血症中,法尼醇治疗可以重新捕集丢失的起搏诱导的预处理,但是,不能恢复心脏中的 NO· 合成.[8]

一氧化氮合酶(NOS)通常催化 NO· 的产生.然而,在底物和辅因子缺乏的条件下,该酶直接催化超氧化物的形成.考虑到这种替代化学,NOS 对自发性高脂血症驱动性动脉粥样硬化关键事件的影响尚未得到研究.在这里,评估内皮一氧化氮合酶(eNOS)如何调节动脉粥样硬化中的白细胞/内皮(L/E)和血小板/内皮(P/E)的相互作用,以及酶产生的一氧化氮和超氧化物.颈动脉活体显微镜(IVM)显示,载脂蛋白 E/eNOS 双敲除小鼠(apoE(−/−)/eNOS(−/−))的 L/E 相互作用显著增加,而 P/E 相互作用与 apoE(−/−)相比没有差异.eNOS 缺乏增加了颈动脉中的巨噬细胞浸润及内皮平滑肌细胞中血管细胞黏附分子−1(VCAM-1)的表达.尽管斑块中表达了其他 NOS 亚型(诱导性 NOS,iNOS 和神经元 NOS,nNOS),但 NO· 的 ESR 测量显示 eNOS 对总循环和血管壁中的 NO· 产生有贡献.eNOS 的药理学抑制和遗传缺失减少了血管超氧化物的产生,表明酶在 apoE(−/−)血管中被解偶联.明显的斑块形成、血管炎症增加和 L/E-相互作用,与 apoE(−/−)/eNOS(−/−)血管中产生的超氧化物显著减少有关.因此,缺乏 eNOS 不会导致氧化应激的自动增加.eNOS 的解偶联发生在 apoE(−/−)动脉粥样硬化中,但不会否定酶的强大保护作用.[9-11]

高脂血症患者的心脏应激适应能力恶化可能是由 NO· 代谢恶化所致.然而,抑制甲羟戊酸途径中的关键酶 HMG-CoA 还原酶可增加内皮 eNOS 中 mRNA 的水平.在这里,研究者研究了甲羟戊酸途径的饮食和药理调节对心脏中 NO· 合成的影响.给大鼠喂食 2% 富含胆固醇或正常饮食 8 周.正常饮食和胆固醇喂养的动物用法尼醇(甲羟戊酸途径的主要代谢物)(2.2 mg/kg 腹膜)或 HMG-CoA 还原酶抑制剂洛伐他汀(3×5 mg/kg,持续 3 天,每组 $n=5\sim6$)处理.通过 ESR 波谱评估,胆固醇喂养的大鼠的心脏中的 NO· 含量显著降低,然而,其他处理不影响心脏中 NO· 含量.通过 ^{14}C-瓜氨酸测定法评估,

Ca^{2+}依赖性 NOS 的心脏活性不受胆固醇饮食和法尼醇或洛伐他汀治疗的影响. 所有组均与 Ca^{2+} 无关的 NOS 活性可忽略不计. 通过蛋白质印迹法测量的心脏 eNOS 蛋白含量，在所有组中也保持不变. 研究得出的结论是，胆固醇饮食会降低心脏中的 NO・含量；然而，胆固醇饮食诱导的甲羟戊酸途径抑制并不能解释心脏中 NO・水平的降低，并且甲羟戊酸途径不影响心脏中 NO・生物的合成[10].

多囊卵巢综合征(PCOS)是生育年龄妇女常见的一种复杂的由内分泌及代谢异常所致的疾病，具有闭经、多毛、肥胖及不孕四大病症，评估 PCOS 是依据女性内皮功能和硝基氧化应激的循环生化指标. 研究了 17 名患有 PCOS 的女性和 18 名年龄与体重指数匹配的健康志愿者. 使用自旋捕集的 ESR 波谱法，评估体内和体外氧化应激和 NO・代谢物水平. 使用氧自由基吸光度法，测量抗氧化能力、内皮功能生化指标，包括 NO・代谢物、脂质衍生自由基和抗氧化能力. 结果发现，两组血浆 NO・代谢物相似(亚硝酸盐：(257 ± 116) nmol/L[PCOS]，(261 ± 135) nmol/L[对照] $p = 0.93$；硝酸盐：(27 ± 7) μmol/L[PCOS]，(26 ± 6) μmol/L[对照] $p = 0.89$). 烷氧基自由基(脂质衍生)被检测为主要物质，但多囊卵巢综合征女性和对照组之间的水平没有差异，无论是直接离体测量(中位数分别为 7.2(范围为 0.17～16.73)a.u. 和 7.2(1.7～11.9)a.u.，$p = 0.57$)，还是在体外刺激以测试自由基的生成能力(分别为 1.23(0.3～5.62)a.u. 和 1.1(0.48～15.7)a.u.，$p = 0.71$). 在回归分析中，内脏脂肪面积与体外氧化电位独立相关($\beta = 0.6$，$p = 0.002$). 血浆总抗氧化能力(94 ± 30%[PCOS]，79 ± 24%[对照]，$p = 0.09$)和血浆氢过氧化物((7.5 ± 4) μmol/L [PCOS]，(6.7 ± 5) μmol/L[对照]，$p = 0.21$)在组间无差异. 然而，多囊卵巢综合征女性的亲脂抗氧化能力低于对照组(分别为 92% ± 32% 和 125% ± 48%，$p = 0.02$). 由此可得出结论：与健康志愿者相比，患有 PCOS 的年轻超重女性表现出亲脂抗氧化能力降低，但循环自由基或硝基氧化应激没有变化[11].

15.2 ESR 研究肥胖和氧化应激

越来越多的证据表明，氧化应激是联系肥胖及其相关并发症的关键因素. 全身性和组织特异性慢性炎症和氧化应激是肥胖的共同特征. 肥胖本身可通过多种生化机制诱导全身性氧化应激，如 NADPH 氧化酶产生超氧物、氧化磷酸化、甘油醛自动氧化、蛋白激酶 C 激活等. 肥胖患者氧化应激的其他因素包括高瘦素血症、低抗氧化防御、慢性炎症和餐后活性氧生成等. 氧化应激和炎症是肥胖的重要方面. 大量营养素介导氧化应激和炎症的分子机制. 随着炎症的诱导，促炎分子可能干扰胰岛素信号转导，导致肥胖者胰岛素抵抗. 此外，其他分子促进肥胖者动脉粥样硬化炎症. 过多的疾病过程与反应性物质形成以及生物分子的联合反应有关，这些生物分子会改变细胞信号传导，诱导明显的损伤并促进组织功能障碍.不幸的是,我们在有效检测组织中的反应性物质,尤其是在验证物质种类、确认浓度和识别生产部位能力上存在严重缺限.这些缺点表明,我们迫切需要新的方法来更精确地评估体内反应性物质的产生.一种体内免疫自旋捕集 ESR 方法,通过检测氧化剂与生物分子反应产生的自由基,以形成稳定的、免疫学上可检测的氮-生物分子加合物来间接评估氧化剂水平.该过程将 ESR 自旋捕集的反应性和灵敏度与共聚焦成像的分辨率相结合,通过检测产生的自由基,能够可视化细胞和组织氧化的程度以及产生的部位.[12]

ROS 引起了人们的关注,越来越多的证据表明它们在细胞信号传导和各种疾病状态中的重要性.ROS 作为正常氧代谢的天然副产物连续产生,高水平的 ROS 会导致氧化应激和对生物分子的损害.这会导致蛋白质功能丧失、DNA 切割、脂质过氧化,最终导致细胞损伤或细胞死亡.肥胖已成为一种世界性的流行病.研究表明,脂肪堆积与 ROS 和氧化应激增加有关.有证据表明,氧化应激是推动胰岛素抵抗(IR)的一个因素,可能导致糖尿病.Na^+/K^+-ATP 酶信号传导也是 ROS 促进氧化应激的潜在来源.观察生物系统中自由基的最佳方法是具有自旋捕集的 ESR 波谱.ESR 自旋捕集是研究驱动 ROS 疾病状态机制的重要技术.[13]

15.2.1 ESR 研究肥胖炎症与氧化应激

大量研究表明,肥胖人群中动脉粥样硬化心脑血管等严重疾病与炎症有着密切关系.伴随饮食而来的氧化应激,尤其是当过量摄入脂肪和/或其他大量营养素而不同时摄入富含抗氧化剂的食物/饮料时,可能会导致肥胖引起的炎症.肥胖与脂肪细胞功能障碍、巨噬细胞浸润和低度炎症有关,这可能有助于胰岛素抵抗的诱导.脂肪组织合成并分泌许多生物活性分子,即脂肪因子和细胞因子,它们影响脂质和葡萄糖的代谢.最近的研究表明,脂肪组织中生物活性脂质的积累可能调节脂肪因子和促炎细胞因子的合成/分泌.一项研究还表明,一些食物是非炎症或抗炎的,因此它们不会干扰胰岛素信号.一旦体内脂肪积累过多,就会分泌大量细胞因子,抑制脂肪和肌肉组织的功能.这些细胞因子主要包括游离脂肪酸(FFA)、炎症因子(如 TNF-α)和 ROS.在超重/肥胖的学生中,高焦虑水平与低 NO·水平独立相关.[14]更重要的是,炎症因子可以以自分泌和旁分泌的形式直接作用于脂肪细胞,抑制胰岛素信号通路,从而抑制过氧化物酶体增殖物激活受体(PPARγ)转录因子的表达,调节脂肪细胞功能,降低葡萄糖转运体 GLUT-4 的质膜定位,导致胰岛素抵抗.炎症因子还可增加脂肪细胞中 ROS 的水平,导致氧化应激,减少脂联素等有利于糖代谢因子的分泌,并增加抵抗素的分泌.肥胖患者的炎症因子如 IL-6 和 TNF-α 的分泌也显著增加.它们可以诱导肌肉胰岛素抵抗,损伤血管内皮细胞并导致动脉粥样硬化.积累多余脂肪的脂肪细胞会增加 NADPH 氧化酶的活性,并合成大量 ROS.脂肪细胞的氧化应激不仅导致 P-JNK 水平升高,抑制 AKT 磷酸化,而且通过脂肪细胞向血液中分泌 ROS，导致全身氧化应激和胰岛 β 细胞损伤. TNF 主要由活化的巨噬细胞、NK 细胞及 T 淋巴细胞产生.[15] 通过研究 24 h TNF-α 组织暴露对随后葡萄糖代谢和分离脂肪细胞脂解的影响，结果表明，脂肪组织（AT）碎片暴露于 TNFα（4 nmol/L）24 h 后，甘油释放到培养基中的量显著增加（50%，$p = 0.027$），而瘦素释放量呈减少趋势.[16]

作为受伤位点的早期变化，中性粒细胞衍生的人髓过氧化物酶（hMPO）提供了一种具有吸引力的蛋白质靶标，通过合适的抑制剂调节宿主组织的炎症. 一种新方法使用低温 ESR 波谱（6 K）和肪酸合成酶（FAS）TM 技术筛选各种小分子，这些小分子通过与 MPO 天然状态的可逆结合来抑制过氧化物酶功能. 最初对抑制 MPO 引发的 Apo-A1 肽硝化测定的分子进行了分析，结果表明几种有效的（具有亚微摩尔的 IC_{50}s）但虚假的抑制剂，它们要么不与酶中的血红素口袋结合，要么保留高（＞50%）抗氧化剂潜力. 当这些分子进行 X 射线时，不会产生抑制剂结合的共晶体. 然后，使用 ESR 波谱，通过测量结合诱导的电子参数 g 的偏移来确认与天然状态酶的直接结合，以对分子进行排序. 具有较高秩序的分子与具有 g-相对移位≥15 的分子，可形成良好的蛋白质结合晶体（$n = 33$ 结构）（图 15.1）. 与抑制剂的共晶结构表明，氯苯基沿着 Phe366 和 Phe407 侧链苯基环的边缘从血红素中突出，从而空间限制了 H_2O_2 等底物对血红素的接近. ESR 和抗氧化筛选均用于推导作用机制（可逆性、竞争性底物抑制和抗氧化潜力百分比）. 总之，研究结果指出了一条可行的途径，以靶向 MPO 的天然状态治疗局部炎症.[17]

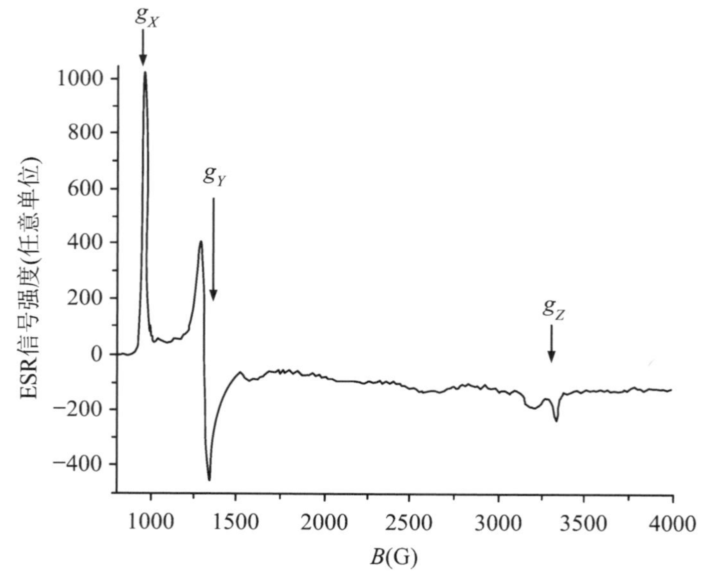

图 15.1　人髓过氧化物酶的 X 波段 ESR 波谱

显示高场和低场信号（800～4000 G）. g_X、g_Y 和 g_Z 表示电子 g 张量的三个分量.[17]

从以上结果可以看出，肥胖本身不仅会引起炎症导致氧化应激，而且与肥胖相关的疾病更可以引起炎症导致氧化应激.

15.2.2 高胆固醇肥胖与氧化应激

大量研究表明，高胆固醇特别是氧化的低密度脂蛋白(即坏胆固醇)，可以导致动脉粥样硬化心脑血管等严重疾病.低密度脂蛋白(LDL)-胆固醇是公认的动脉粥样硬化致病因素.高水平的低密度脂蛋白(LDL)-胆固醇，通过增加动脉粥样硬化斑块的形成而导致心脏病.胆固醇代谢紊乱在肥胖症中很明显，可能与代谢性炎症导致氧化应激直接相关.许多临床和实验研究一致认为，内皮功能障碍是动脉粥样硬化发展的主要步骤，也是后续临床事件的危险因素.由血浆 LDL 慢性升高引起的氧化应激是内皮功能障碍及其并发症的主要原因.一项研究表明，高胆固醇血症血管(30 天胆固醇喂养的兔子)产生的 $\cdot O_2^-$ 增加了 3 倍.另一项研究发现，含胆固醇喂养的兔子的血管中产生的 $\cdot O_2^-$ 比正常动物的血管多 4.5 倍.与非高胆固醇血症血管相比($p<0.001$)，内皮细胞去除增加.非高胆固醇血症血管的生成量增加($p<0.05$)，而高胆固醇血症血管的生成量减少($p<0.05$).$\cdot O_2^-$ 在高胆固醇血症血管中产生，但在非高胆固醇血症血管中没有影响.在单独的等长张力研究中，用氧嘌呤醇治疗可改善乙酰胆碱诱导的高胆固醇血症血管舒张，而对正常血管的反应无影响.氧嘌呤醇并没有改变硝普钠的舒张作用.因此，内皮细胞是 $\cdot O_2^-$ 的来源.在高胆固醇血症中，可能通过黄嘌呤氧化酶激活，内皮细胞 $\cdot O_2^-$ 增加.高胆固醇血症血管中的产物可能使内皮源性一氧化氮失活，并为其他氧自由基提供来源，从而导致早期动脉粥样硬化.血液中的 ROS 也会损伤血管内皮细胞，导致动脉粥样硬化.高胆固醇血症兔血浆中的黄嘌呤氧化酶活性升高两倍以上.用纯化的黄嘌呤氧化酶，在正常饮食条件下培养兔子的血管环也会受损，损害依赖性血管舒张的 NO 的生成.[18]脂肪酸通量的相关增加被认为增强了底物向线粒体的递送，导致超氧化物产生增强，从而导致线粒体功能障碍和高血糖状态的进行性恶化.在啮齿动物模型中，量化了腓肠肌、心脏和肝脏线粒体产生的 $\cdot O_2^-$，该模型通过向喂食高脂肪 (HF) 的大鼠施用低剂量链脲佐菌素，来模拟糖尿病前期的病理生理学.研究发现，高脂肪和低剂量的链脲佐菌素均能轻度增加血糖($p<0.05$，通过 2 因素方差分析).高脂肪喂养显著降低了复合物Ⅱ底物琥珀酸酯上腓肠肌线粒体呼吸产生的基质和外部超氧化物，以及肝线粒体在复合物Ⅰ底物谷氨酸加苹果酸盐上呼吸产生的基质 $\cdot O_2^-$，但不受轻度高血糖的影响.在由复合物Ⅰ或Ⅱ底物推动的心脏线粒体中进行任何治疗时，$\cdot O_2^-$ 的产生均未发生显著改变.线粒体的功能状态不受高脂肪或轻度高血糖影响.底物和抑制剂对 $\cdot O_2^-$ 释放作用的比较表明，与肌肉和心脏相比，调节肝脏线粒体 $\cdot O_2^-$ 产生的氧化还原机制存在显著差异.总之，不同胰岛素敏感组织的线粒体产生超氧化物在机制上有所不同.然而，在任何情况下，过量的 $\cdot O_2^-$ 产生作为胰岛素敏感组织线粒体的内在特性，并不是由模仿糖尿病前期或早期病理生理

学的疾病引起的.[19]

以上结果表明,活性氧持续产生,NO・和・O_2^- 反应生成过氧亚硝酸盐($ONOO^-$),能氧化胆固醇生成氧化型的低密度脂蛋白,可能不可逆转地损害血管功能.在血管炎症和动脉粥样硬化形成中起着核心作用,・O_2^- 的增加显著损害了胆固醇的一氧化氮依赖性血管舒张功能.

15.2.3 ESR研究肥胖症脂肪堆积与氧化应激

大量研究表明,肥胖脂肪堆积可以导致动脉粥样硬化心脑血管等严重疾病.肥胖患者比正常人分泌更多的游离脂肪酸,这是脂肪细胞分解甘油三酯的产物,因此身体脂肪含量与游离脂肪酸的分泌成正比.一旦脂肪存储过多,内脏脂肪组织就会比周围脂肪组织分泌更多的游离脂肪酸.脂肪细胞肥大,通过物理原因,促进细胞破裂,引发炎症反应.脂肪组织发育无法吞噬传入的脂肪,导致脂肪沉积在其他器官,主要是肝脏,从而导致胰岛素抵抗和氧化应激.中心性肥胖导致代谢综合征有两个原因.首先,内脏脂肪组织本身脂肪堆积过多,导致脂肪细胞存储能力下降,无法存储更多多余的脂类和糖类,导致其他器官的血脂和脂肪含量增加,从而危害健康;附着于肠系膜和内脏的脂肪增多也会影响内脏器官的功能.其次,由于脂肪组织作为一种分泌器官存在,尤其是内脏脂肪组织,一旦积累过多的脂肪,就会分泌大量的细胞因子,抑制脂肪和肌肉组织的功能.这些细胞因子主要包括游离脂肪酸(FFA)、炎症因子(如 TNF-α、抵抗素)和 ROS 等.细胞因子可以以自分泌和旁分泌的形式直接作用于脂肪细胞,导致其产生胰岛素抵抗和糖脂代谢紊乱,以及炎症和氧化应激.尽管游离脂肪酸是饥饿状态下脂肪细胞向其他组织提供能量的基本形式,但肥胖患者的脂肪细胞分泌过量的游离脂肪酸是非常危险的.游离脂肪酸可以抑制肌肉组织中的碳水化合物氧化,还可以抑制胰岛素受体磷酸化的产生,从而抑制胰岛素信号通路,导致胰岛素抵抗并诱导 2 型糖尿病.游离脂肪酸也可直接作用于胰岛 β 细胞,损害其功能,也会导致 2 型糖尿病.[20]

细胞因子以自分泌和旁分泌的形式直接作用于脂肪细胞,产生胰岛素抵抗和糖脂代谢紊乱.它们还可以进入血液,作用于肌肉细胞,产生胰岛素抵抗,降低其能量存储和消耗能力,或作用于胰腺等器官,损害其功能.脂肪因子具有调节食物摄入的功能,因此对体重控制有直接影响.肥胖患者比正常人分泌更多的游离脂肪酸.这些脂肪因子诱导 ROS 的产生,导致氧化应激的过程.由于脂肪组织能分泌脂肪因子,而脂肪因子又会产生 ROS(这是脂肪细胞分解甘油三酯的产物),因此身体脂肪含量与游离脂肪酸的分泌成正比.一旦脂肪存储过多,内脏脂肪组织就会比周围脂肪组织分泌更多的游离脂肪酸,这是中心性肥胖的危害远大于周围性肥胖的一个重要原因.虽然游离脂肪酸是饥饿状态下脂肪细胞向其他组织提供能量的基本形式,但肥胖患者的脂肪细胞分泌过多的游离脂肪酸是非常危险的.游离脂肪酸将抑制肌肉组织中的碳水化合物氧化.[21]游离脂肪酸可增加肝脏甘油三酯含量,导致脂肪肝,降低高密度脂蛋白合成,增加低密度脂蛋白合成.此外,游离脂肪酸也会导致高血压.脂肪组织分泌大量炎症因子,如 TNF-α 和 IL-6.肥胖患者的炎症因子也显著增加,可诱导肌肉胰岛素抵抗,损伤血管内皮细胞,导致动脉粥样硬化.我们用地塞米松 DEX(20 nmol/L)或 TNF-α 长时间处理(6 天)诱导成熟分化的脂肪细胞的氧化应激.通过研究发现,它是通过激活 NADPH 氧化酶产生 ROS 导致氧化应激的,增加 JNK 的磷酸化而激活 JNK 通路.我们用 ESR 测量 ROS,结果显示,长时间的高脂饲料饲养能显著升高大鼠脂肪组织的 ROS 水平(52.3%).[22]

因此,脂质过度积累引起的肥胖,一方面,脂肪细胞的糖和脂质存储能力不足,会进而导致高血糖和高脂血症,使多余的糖和脂质留在身体其他部位;另一方面,脂肪细胞分泌大量有害因素,导致高血糖、高脂血症、脂肪肝、高血压和动脉粥样硬化,导致氧化应激损伤发生.

15.2.4 ESR 研究肥胖症动脉粥样硬化中的氧化应激

大量研究表明,肥胖人群动脉粥样硬化的发病率非常高.动脉粥样硬化形成的主要原因是活化的炎性细胞向动脉壁的浸润.在那里,它们分泌活性氧并氧化脂蛋白,诱导泡沫细胞形成和内皮细胞凋亡,进而导致斑块生长、侵蚀和破裂.此外,有证据表明,氧化应激和炎症之间的恶性循环不仅发生在患病的动脉壁中,也发生在肥胖患者的脂肪组织中.在这种情况下,氧化应激和炎症损害脂肪细胞成熟,导致胰岛素作用和脂肪细胞因子信号传导缺陷.有证据证明了血管氧化应激和 NO· 在动脉粥样硬化中的作用.过量活性氧产生引起的氧化应激已成为动脉粥样硬化的一个关键、最终的共同机制.活性氧和氧化低密度脂蛋白胆固醇在动脉粥样硬化发展中发挥关键作用.动脉粥样硬化过程由多种因素加速,如炎症趋化因子和细胞因子的释放、ROS 的生成、生长因子和血管平滑肌细胞的增殖.炎症和免疫是动脉粥样硬化发展和并发症的关键因素.动脉粥样硬化形成中的关键分子事件,如脂蛋白和磷脂的氧化修饰、内皮细胞激活和巨噬细胞浸润/激活,由血管氧化应激促进,并由内皮细胞 NO· 抑制.所有已确定的心血管危险因素,如高胆固醇血症、高血压、糖尿病和吸烟,都会导致 ROS 生成增加、内皮细胞 NO· 生成减少.中等浓度的活性氧在生理条件下发挥重要的信号作用.然而,当超过现有的抗氧化防御系统时,过量或持续的活性氧产生会导致氧化应激.活性氧和活性氮是非酶和酶(髓过氧化物酶(MPO)、烟酰胺腺嘌呤二核苷酸磷酸(NADH)氧化酶和脂氧合酶(LO))反应产生的最重要的内源性来源,这些反应可能与抗氧化化合物(谷胱甘肽(GSH)、多酚和维生素)和酶(谷胱甘肽过氧化物酶(Gpx)、过氧化物酶(Prdx)、超氧化物歧化酶(SOD)、对氧磷酶(PON))氧化和抗氧化失衡导致细胞增殖和迁移信号通路的参与,巨噬细胞极化导致动脉粥样硬化斑块的形成.此外,免疫事件和细胞外基质重塑的变化可发展为动脉粥样硬化过程.[23]

15.2.5 肥胖症线粒体与氧化应激

线粒体功能障碍导致代谢综合征中的氧化应激和全身炎症.棕色脂肪细胞有大量线粒体,为脂质氧化和产热提供场所.它可以调节解偶联蛋白-1(UCP-1)的表达,使线粒体内膜两侧脂肪氧化产生的质子动力势,通过解偶联蛋白产生热能.PGC-1α 还可以增加线粒体数量,增强棕色脂肪细胞的氧化功能.在正常情况下,白色脂肪细胞中 PPARδ 和 PGC-1α 的表达非常低.脂肪酸的线粒体和过氧化物酶体氧化,可在氧化反应中产生 ROS;而另一种机制是过度消耗氧气,在线粒体呼吸链中产生自由基,与线粒体中的氧化磷酸化相结合.高脂饮食也能产生活性氧,因为它们可以改变氧代谢.随着脂肪组织的增加,超氧化物歧化酶、过氧化氢酶和谷胱甘肽过氧化物酶等抗氧化酶的活性显著降低.高活性氧产生和抗氧化能力下降导致各种异常,其中包括内皮功能障碍,其特征是血管扩张剂,特别是一氧化氮的生物利用度降低,内皮源性收缩因子增加,导致动脉粥样硬化疾病.肥胖时,脂肪细胞承受强烈的能量压力,导致线粒体质量和功能丧失.我们已经发现,脂肪细胞通过快速而有力地释放小细胞外囊泡(sEV)来响应线粒体应激.这些小细胞外囊泡含有呼吸能力强但氧化损伤的线粒体颗粒,这些颗粒进入循环并被心肌细胞吸收,在那里它们触发 ROS 的生成.[24]有文章探讨了自噬与线粒体和肥胖的关系:线粒体吞噬消除了氧化应激和线粒体损伤的恶性循环,从而抵消了致病过程.自噬还介导运动诱导的肌肉葡萄糖摄取增加,并保护 β 细胞抵抗糖尿病条件下的内质网应激.此外,脂肪组织自噬促进脂肪细胞分化,可能通过其在线粒体清除中的作用.自噬涉及许多方面,似乎是治疗肥胖症和糖尿病的一个有吸引力的靶点.[25]

15.3 ESR 研究天然抗氧化剂的减肥降脂作用

流行病学和临床研究已经证明,用于植物疗法的蔬菜和药用植物的生物活性化合物对预防多种疾病有益.除了众所周知的天然抗氧化剂,如维生素,其他天然物质也可以作为抗氧化剂.1992 年,卓越的营养学家和生物化学家发表了 Saas 声明,强调了基于天然化合物科学研究的健康维护预防的重要性.根据声明,抗氧化剂是主要的活性和有益成分.他们制定了一个复杂的检查系统,以研究抗氧化剂、自由基清除和分离成分、天然植物提取物和草药制剂脂质过氧化的抑制作用.研究内容包括供氢能力、还原能力和螯合活性,通过化学发光技术测量自由基的清除活性.电子自旋共振/自旋捕集研究发现,抑制大鼠脑/肝微粒体中诱导的脂质过氧化,可以用于实验性高脂血症的治疗、形态学和组织学研究.仅有一次测量是不能提供有关产品抗氧化特性的足够信息的.对一种新型抗氧化剂进行复杂的体外检查,可以得出化学结构与抗氧化作用之间的相关性、其有利作用的机制,及其在预防脂质过氧化中的可能作用.随着这些结果的发现,体内检查的规划和执行应该更加精确、实用和必要.[26]

15.3.1 黑种草中提取物的减肥降脂作用

黑种草(*nigella damascena*)是一种传统的草药,几个世纪以来一直用于治疗类风湿性关节炎、糖尿病、哮喘和其他代谢紊乱疾病.最新的研究指出了黑种草的抗肥胖特性.十一项研究结果显示,黑种草补充剂降低了体重(−2.11 kg,95%置信区间),与安慰剂组相比差异显著.黑种草对减轻体重、BMI 和 WC 有中等作用.然而,由于体重的高异质性和有限数量的高质量研究,应对宣布研究结果慎之又慎.补充苜蓿猪笼草后也没有报告出严重的副作用.需要进一步的研究来阐明苜蓿猪笼草对其他人体测量指数的影响.一项研究报道了从黑种草中提取的富含胸腺醌的组分(TQRF)及其生物活性化合物百里醌(TQ),在诱发高胆固醇血症大鼠中的抗氧化活性.给大鼠喂食补充有 1%(质量分数)胆固醇的半纯化饮食,并分别以 0.5~1.5 g/kg(体重)和 20~100 mg/kg(体重)的剂量用胸腺醌的组分和 TQ 治疗 8 周.遗传分析系统用于研究介导 TQRF 和 TQ 抗氧化特性的分子机制.结果表明,与未治疗的大鼠相比,TQRF 和 TQ 处理的大鼠血浆中,总胆固醇和低密度脂蛋白胆固醇水平显著降低.给大鼠喂食 1%胆固醇饮食 8 周导致血浆抗氧化能力显著降低,这是通过清除·OH 的能力来衡量的.然而,与未处理的大鼠相比,用不同剂量的 TQRF 和 TQ 处理的大鼠对·OH 的形成表现出显著的抑制活性.在检查肝脏 RNA 表达水平时,与未处理的大鼠相比,用 TQRF 和 TQ 处理导致超氧化物歧化酶 1(SOD1)、过氧化氢酶和谷胱甘肽过氧化物酶 2(GPX)基因的上调($p<0.05$).为了支持这一点,与未治疗的大鼠相比,TQRF 和 TQ 处理的大鼠的肝脏抗氧化酶水平(包括 SOD1 和 GPX)也明显增加($p<0.05$).综上所述,TQRF 和 TQ 有效提高了高胆固醇血症大鼠的血浆和肝脏抗氧化能力,增强了肝脏抗氧化基因的表达.[27-28]

15.3.2 黄酮类化合物的减肥降脂作用

目前,治疗肥胖和糖尿病可用的口服合成药物、双胍类、肠促胰岛素模拟物、GLP-1R 和 PPAR 激动剂以及 DPP-4 抑制剂,长期使用会有几种不良反应.最新的证据支持,膳食植物类黄酮通过保护和增殖胰腺 β 细胞及激活 cAMP/PKA 信号通路,改善其胰岛素分泌功能;以及通过抑制炎症,改善外周代谢细胞中的葡萄糖摄取;并利用胰岛素的敏感性,预防和减轻肥胖、脂毒性和氧化应激.这些类黄酮通过激活胰岛素敏感的 PI3K/Akt

信号传导和胰岛素非依赖性 AMPK、SIRT-1 和 MOR 激活途径，来调节葡萄糖稳态，从而改善 GLUT-4 表达和向质膜的易位；并通过调节肥胖糖尿病动物体内脂质稳态的相关基因，改善脂肪氧化和减少脂质合成. 为了研究天然黄酮类化合物和多酚化合物对混合功能氧化酶的影响，采用 ESR 波谱和化学光度技术证明了刺栗提取物（STF1）对 • OH 的清除特性. 在这项工作中，研究了这种提取物对细胞膜的稳定、抗氧化和脂质代谢修饰作用. 如果用刺栗提取物（在富含脂肪的饮食喂养同时，于饮用水中 2 g/kg（体重），9 天）处理，可以保证 NAD（P）H 还原酶的活性和细胞色素 P450 含量在高脂血症大鼠的肝脏微粒体中正常化. 通过分析检查脂肪酸的组成，发现对脂肪酸的组成进行了有益的改变. NAD（P）H 诱导的脂质过氧化在体内和体外实验中微粒体也降低. 同时，刺栗提取物对正常血脂动物混合功能氧化酶系统，及高脂血症大鼠微粒体组分中的细胞色素 b5 的浓度无显著影响.[29-30]

15.3.3 中药配方的减肥降脂作用

目前的药物在短期内可以治疗肥胖症；然而，它们可能会给患者带来严重的身体和情绪问题的副作用. 因此，迫切需要探索疗效明确、可长期服用、不良反应轻微的新治疗方法. 大量研究表明，中医（TCM）可以多靶向、全面地控制肠道菌群，从而恢复菌群稳态，修复受损的肠黏膜屏障，最终遏制肥胖的发展. 中医的有效成分和化合物可以通过调节肠道菌群来调节能量代谢，抑制脂肪堆积，影响食欲，减少肠黏膜炎症反应，从而有效促进减肥，为肥胖防治提供新的策略. 虽然有一些关于中医调节肠道菌群预防和治疗肥胖的研究，但都有系统性和综合性的缺点. 因此，需要基于肥胖、肠道菌群和中医的研究，全面描述肠道菌群介导的肥胖分子机制. 全面、系统地总结中医针对肠道菌群调控治疗肥胖症方法，为肥胖症的治疗提供新的策略和思路. 丹雄方（DF）是一种用于治疗动脉粥样硬化和血管再狭窄的新型中药配方. 丹雄方中的活性成分是丹参素（DSS）、丹参酮（隐丹参酮，CT）和阿魏酸（FA）. 这项研究评价了丹雄方及其活性成分对大鼠血管平滑肌细胞（VSMC）的细胞增殖和防止过氧化氢（H_2O_2）诱导损伤的抑制作用. 在 ESR 波谱仪上用自旋捕集技术进行检测 Fenton 反应产生的 • OH 和 NO • 水平. 内皮素-1（ET-1）水平由 ELISA 测量. 从细胞活力、SOD 活性和丙二醛（MDA）水平等方面，评估 DF 及其活性成分对 H_2O_2 诱导的细胞损伤的保护作用. 结果表明，DSS，CT，FA 和 DF 通过提高 NO • 水平和降低 ET-1 含量来抑制 VSMC 增殖. 在暴露于 H_2O_2 的大鼠血管平滑肌细胞中，FA，DSS，CT 和 DF 等六种制剂增加了细胞活力和 SOD 活性，并降低了 MDA 和 • OH 的水平. FA、DSS 和 CT 的这些影响以剂量依赖性方式发生. 在六个制剂中，分离的 DF 4 和 DF 5 的活动更为重要. 丹雄方的影响远大于单个成分，即使丹雄方配方中这些成分的浓度远低于每项研究中使用的单个成分的剂量，丹雄方中的 DSS，CT 和 FA 仍对大鼠 VSMC 具有显著的协同作用. 这些发现为丹雄方在预防和治疗与内皮细胞增殖和损伤相

关的高脂血症和动脉粥样硬化中的临床应用提供了药理学基础.[31-32]

15.3.4 姜黄素和辣椒素的减肥降脂作用

目前的证据表明,姜黄素、辣椒素和一些天然甜味剂是白色脂肪组织褐变的有效促进剂,可以增加棕色脂肪组织活性和改善肥胖相关性状.然而,只有姜黄素、辣椒素和儿茶素在临床实验中被证明疗效.姜黄素、槲皮素、小檗碱、硫辛酸、多不饱和脂肪酸、蜂王浆和天然甜味剂对棕色脂肪组织影响的证据,仅在动物或体外研究中被观察到,需要等待临床实验验证.在维持富含胆固醇的饮食(0.5%)8 周而引起的高胆固醇血症的大鼠中,由于膜结构脂质的改变,我们观察到红细胞变形并变得更加脆弱.姜黄素和辣椒素以及香料大蒜,由于其具有很大程度降低高胆固醇血症的能力,部分逆转了这种畸形和脆弱性.对可能降低高胆固醇血症大鼠红细胞流动性的因素的进一步研究,揭示了膜脂肪酸谱、膜双层磷脂组成、Ca^{2+}、Mg^{2+}-ATP 酶降低,以及红细胞对刀豆缬氨酸 A 的敏感性降低的变化.膳食辣椒素似乎部分抵消了高胆固醇血症大鼠的这些变化.ESR 波谱和荧光各向异性参数也揭示了高胆固醇血症大鼠红细胞流动性的改变.膳食辣椒素和姜黄素显著逆转了这种改变.高胆固醇血症大鼠红细胞中的棘皮细胞群增加,膳食辣椒素明显抵消了这一点.膜蛋白谱和活性阳离子外排,在高胆固醇血症情况下似乎不受影响.[33-34]

15.4 茶多酚对肥胖代谢综合征的影响

流行病学调查表明,饮用绿茶可显著降低脂质代谢异常导致的肥胖和代谢综合征.作为一种世界性饮料,绿茶有许多有益作用,尤其是绿茶多酚(GTC)能显著降低体重和体脂含量.其有效成分 EGCG 可以降低肥胖症和糖尿病的发病率,预防肥胖氧化应激诱导的神经退行性疾病.绿茶儿茶素多酚不仅是自由基清除剂,现在还被认为可以激活与其神经保护活性相关的一系列细胞作用机制,包括清除自由基、激活生存基因和细胞信号通路、调节线粒体功能,以及泛素-蛋白酶体系统等药理活性.茶多酚能显著降低血液中的甘油三酯和胆固醇的含量,提高高密度脂蛋白水平,降低肝脏脂蛋白的释放能力.茶多酚改善肥胖和代谢综合征的机制是多方面的.[35]

最近的研究表明,膳食多酚在预防肥胖和肥胖相关慢性病方面具有重要作用.全世界超重和肥胖的流行率和发病率,以及与这些疾病相关的疾病持续增加.这归因于能量摄入的增加和能量消耗的减少.绿茶的消费与降低身体脂肪和体重有关.有许多临床结果及动物研究强烈表明,常用的茶多酚通过提高能量消耗、脂肪利用率及调节葡萄糖,降低体重、脂肪质量和甘油三酯，对肥胖有显著影响. 但在这一领域进行的人体研究有限，关于饮食多酚的抗肥胖作用报道也不一致，这可能是由不同的研究设计和饮用茶多酚浓度不同、饮用时间长度不等、受试者之间的差异(年龄、性别、种族)、所饮食多酚的化学形式，以及其他减肥剂等混杂因素造成的. 绿茶的消费与降低身体脂肪和体重有关. 然而，对绿茶的研究已经非常多样化. 多项研究评估了绿茶及其 EGCG 含量对人体脂肪和体重的影响. 虽然研究结果千差万别，但结论却是一致的.

15.4.1 喝茶及茶多酚对体重的影响

体重是肥胖症的重要指标，如果体重指数 BML 超过标准值，就有可能导致很多疾病的发生. 流行病学调查和临床结果及动物实验都表明，茶叶和茶多酚可以帮助肥胖症减少体重.

1. 流行病调查结果

绿茶的消费与减少体脂肪和体重有关. 2017 年，在 PubMed 和 Web of the Science 数据库中进行了搜索，得到了 424 篇潜在文章的总结果；排除了 409 篇，使用了 15 篇文章. 然而，研究结果各不相同，每天饮用 EGCG 剂量在 100～460 mg 的绿茶，在 12 周或更长的干预期内，对降低体脂肪和体重的效果更大. 关于绿茶对减肥和维持体重的影响，还有另一项荟萃分析. 在针对不同种族和习惯的受试者的研究中，绿茶对体重减轻(WL)和体重维持(WM)的影响有不同的结果. 目的是通过荟萃分析阐明绿茶是否确实具有调节体重的功能. 结果显示，儿茶素有利于降低体重，并在减肥一段时间后能保持体重($p<0.001$). 因此他们得出结论：儿茶素或 EGCG-咖啡因混合物对减肥和维持体重有很小的积极作用.[36] 2009 年 4 月，对 MEDLINE，EMBASE，CENTRAL 和天然药物综合数据库进行了系统的文献检索，包括评估含 GTC 对 BMI、体重的影响. 随机对照实验(RCT)研究了绿茶多酚(GTP)对人体重测量的影响，并得出了不太一致的结果. 服用 GTC 可显著降低 BMI 和体重，然而，这些减少的临床意义是不明显的.[37]

在一项随机、双盲的临床实验中，共筛查了 115 名中心性肥胖女性，其中 102 人的体重指数(BMI)$\geqslant 27\ kg/m^2$ 和腰围(WC)$\geqslant 80$ cm 符合研究条件. 这些女性被随机分配到高剂量绿茶组或安慰剂组，总治疗时间为 12 周. 大剂量 EGCG 治疗 12 周后，治疗组体重显著减轻，从(76.8 ± 11.3) kg 降至(75.7 ± 11.5) kg($p=0.025$)，BMI($p=0.018$)和腰围($p=0.023$)也有所下降. 这项研究还表明，总胆固醇下降趋势一致，达到 5.33%，低密度脂蛋白血浆水平也明显下降. 受试者对治疗有良好的耐受性，无任何副作用或不良事件. 在另一项随机、双盲、安慰剂对照研究中发现，体重、体重指数和腰围都显著降低.[38] 在一项随机安慰剂对照实验中，182 名中度超重的中国受试者食用含儿茶素的饮料，观察到 GTP 组的腹内脂肪(IAF)面积减少了 5.6 cm. 此外，GTP 组与对照组相比，腰围减少

1.9 cm，体重减少 1.2 kg($p<0.05$).在一项随机、双盲、安慰剂对照实验中，研究了健康受试者服用茶黄素对身体成分的影响.在另一项实验中，30 名日本男性和女性被纳入研究，参与者被随机分配接受安慰剂、茶黄素(50 或 100 mg/天)或儿茶素(400 mg/mL)治疗 10 周.与安慰剂相比，服用茶黄素显著改善了体脂百分比、皮下脂肪百分比和骨骼肌百分比.[39]

以上流行病调查和临床实验显示，喝茶和茶多酚确实可以帮助减肥，特别是茶黄素，效果非常明显，但儿茶素的效果不太一致.将来应当进行严格的流行病学调查和临床实验，验证茶多酚对减肥作用的真实效果.

2. 动物实验茶多酚对体重的影响

有大量动物实验证明了茶多酚可以减肥.一项实验用低剂量(0.48% g/kg)、中剂量(0.96% g/kg)和高剂量(1.92% g/kg)的绿茶多酚喂养犬只 18 周.结果表明，绿茶多酚可减少高脂饮食诱导的肥胖犬的体重增加，改善肠道微生物群的变化，减轻肠道炎症.另外一项实验利用 SD 雌性大鼠进行研究，与对照组相比，高脂肪组(HF)体重增加.与 HF 组相比，HF + GTP 组在饮用水中补充 GTP 可以降低体重.红茶，俗称"发酵茶"，在动物模型中显示出对减轻体重的积极作用.红茶多酚(茶黄素)是红茶中减肥的主要成分.红茶多酚(BTP)比绿茶多酚更有效，在抑制肥胖方面发挥积极作用.[40]普洱茶含茶褐素(TB)、多糖、多酚和他汀类药物，可下调脂肪的生物合成，上调脂肪的氧化，从而降低体重和血脂.一项小鼠实验研究结果表明，茶多酚可以有效降低小鼠的体重、肝重和肝指数.茶褐素增加回肠结合胆汁酸(BAs)水平，进而抑制肠 FXR-FGF15 信号通路，导致 BAs 的肝脏生成和粪便排泄增加，肝脏胆固醇降低，脂肪生成减少.[41]另一项实验也表明，茶多酚的日剂量在短期内对食欲有显著影响，但同时体重显著下降.[42]与高脂肪/高糖(HF/HS)对照组小鼠相比，GTPs、红茶(BT)和乌龙茶(OT)可以使高脂肪/高糖饮食导致体重、MRI 显示的总内脏脂肪体积和肝脏脂质重量显著降低.只有 GTP 显著降低了食物摄入量(～10%).与高脂肪/高糖对照相比，GTP、BTP 和低脂/高糖-饮食治疗显著降低了血清单核细胞趋化蛋白-1(MCP-1).[41]

我们的实验也证明，茶多酚可以帮助降低体重.与对照喂食 CHOW 的大鼠相比，喂食 HF 的大鼠体重显著增加.与对照组粮喂食和高 HF 喂食相比，GTC 显著降低体重(图 15.2(a)～(b)).在 HF 和 CHOW 组中，给大鼠喂食 GTC，30 天内导致体重显著减轻(与相应的对照组相比，分别约 9.4%和 6.3%)(图 15.2(a)).在喂食 GTC 45 天后，这种效果变得更明显(约为 11.8%和 8.2%)(图 15.2(c)).

以上流行病学调查和临床结果及动物实验都表明，茶叶和茶多酚确实可以帮助肥胖症患者降低体重.

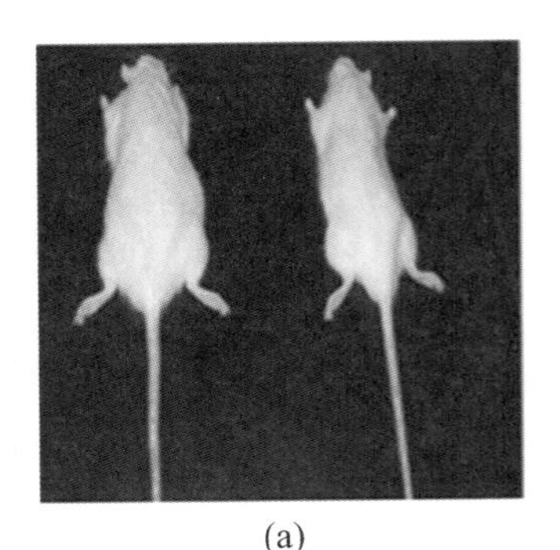

(a)

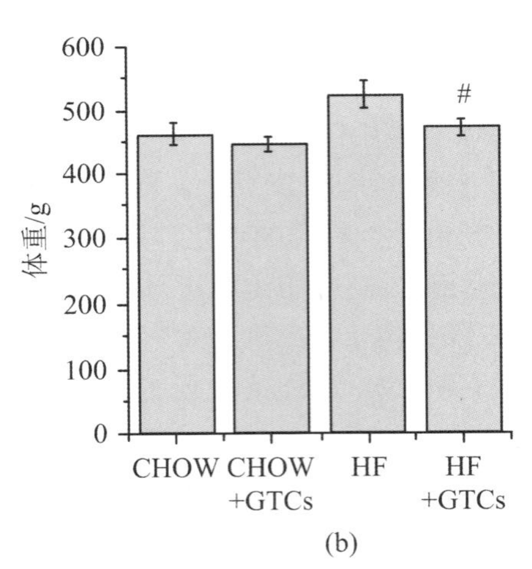

(b)

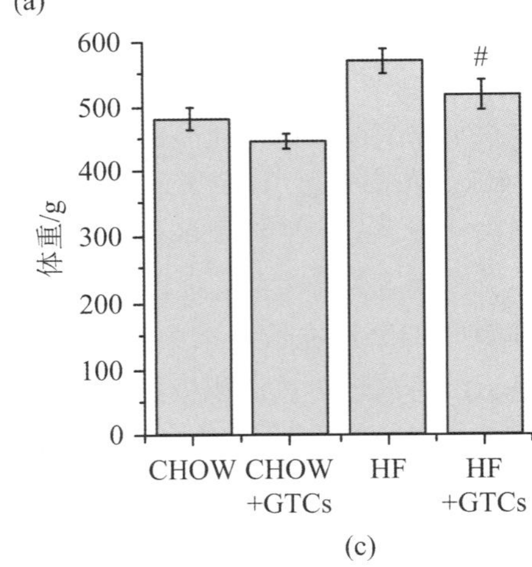

(c)

图 15.2　GTCs 对 SD 大鼠体重的影响

15.4.2　喝茶及茶多酚对内脏脂肪的影响

流行病学调查和临床结果及动物实验都表明，茶叶和茶多酚可以帮助肥胖症减少内脏脂肪.

1. 流行病学调查喝茶对内脏脂肪的影响

六项人体实验汇集了富含茶多酚的饮料在肥胖和超重受试者中，降低腹部肥胖和代谢综合征风险的功效. 这项汇总分析评估了 GTP 在降低与腹部脂肪减少相关的代谢综合征(MetS)风险方面的有效性. 收集了六项人体实验(921505 名男性)的数据，比较了含 GTC 的饮料(540～588 mg GTC/饮料)和安慰剂饮料的效果. 结果指标为腹部脂肪(总脂肪)面积(TFA)、内脏脂肪面积(VFA)、皮下脂肪面积(SFA)和代谢综合征风险. 饮用含

GTC 的饮料 12 周后，总脂肪面积降低 17.7 cm^2，内脏脂肪面积降低 7.5 cm^2，皮下脂肪面积降低 10.2 cm^2；而且可以改善血压. 持续饮用含 GTC 的饮料可减少腹部脂肪，并改善代谢综合征，这表明其有可能预防糖尿病和心血管疾病.[38] 对 79 名年龄在 20～55 岁的Ⅰ级或Ⅱ级全身动脉高血压患者，进行了一项开放、随机对照实验，调查多酚对血压、血脂、瘦素、肥胖和炎症有额外的益处. 在一项随机安慰剂对照实验中，182 名中度超重的中国受试者食用含儿茶素的饮料，观察到绿茶 3 组的腹内脂肪（IAF）面积减少了 5.6 cm^2. 此外，同时还发现绿茶 3 组与对照组相比，腰围减少 1.9 cm，体重减少 1.2 kg（$p<0.05$）. 还观察到总体脂（绿茶 2，0.7 kg，$p<0.05$）和体脂（GT1，0.6%，$p<0.05$）的减少. 在一项随机、安慰剂对照、双盲、交叉实验中，在第一个实验期间，要求参与者每天饮用含 55 mg BTP 的饮料或不含 BTP 的对照饮料 3 次，持续 10 天；在第二个实验期间，间隔 11 天之后，他们每天饮用替代实验饮料 3 次，持续 10 天. 结果发现，摄入 BTP 可以抑制餐后三酰甘油的升高，增加了脂质排泄.[43]

2. 动物实验中茶多酚对内脏脂肪的影响

实验室研究的数据表明，绿茶多酚在脂肪代谢中具有重要作用，可以减少食物摄入，中断脂肪乳化和吸收，抑制脂肪生成和脂肪合成，并通过产热、脂肪氧化和粪便脂质排泄增加能量消耗. 与单独喂食高脂饮食的大鼠相比，GTP 减轻了肝组织中的脂质积累，并改变了脂质代谢调节因子，即过氧化物酶体增殖激活受体（PPAR）的表达水平. 我们还观察到，与喂食 HFD 大鼠相比，喂食 GTP 大鼠的内脏白色脂肪及体重显著下降，PPARα 对脂肪酸 β-氧化的调节增强，并增强了内脏白色脂肪中线粒体生物的合成.[22]

我们研究发现，茶多酚可以明显降低高脂喂食的大鼠体内的脂肪. GTC 具有抗内脏降血脂作用，GTC 喂养显著降低了肝脏重量/体重的比率以及肝脏和血清中的甘油三酯含量（图 15.3(a)～(c)），也降低了肝脏中的 MDA 水平（图 15.3(d)）.[22]

我们研究了 EGCG 对脂肪细胞 3T3-L1 细胞系脂质积累的影响，发现 EGCG（0～50 μmol/L）如图定量甘油三酯分析的结果表明，EGCG 以浓度依赖的方式减少了脂质积累约 8%（2.5 μmol/L）、20%（25 μmol/L）和 35%（50 μmol/L）（图 15.4(a)）. EGCG 也增加了培养基中的甘油含量（图 15.4(b)），但没有显著改变培养基中游离脂肪酸的含量（图 15.4(c)）.

以上流行病学调查和临床结果及动物实验都表明，茶叶和茶多酚确实可以帮助肥胖症患者减少内脏的脂肪含量.

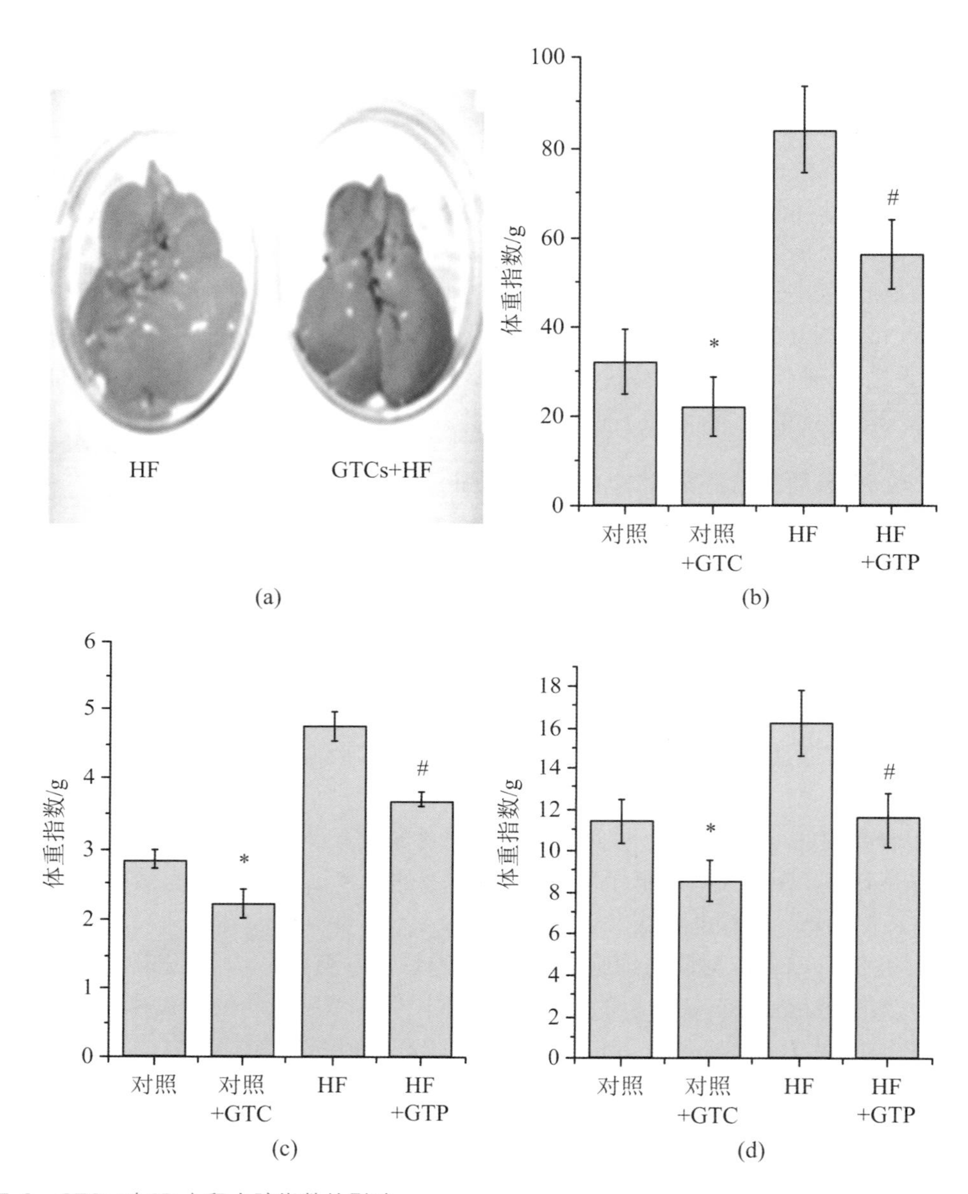

图 15.3 GTCs 对 SD 大鼠内脏指数的影响

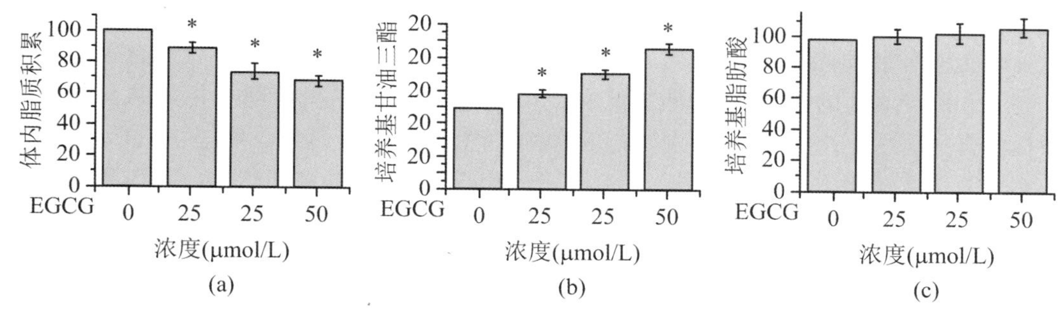

图 15.4 EGCG 降低脂肪细胞 3T3-L1 细胞系中的脂质积累

(a) 用或不用 EGCG 处理的细胞油红 O 染色.用分化培养基刺激两天后(第 0 天)的 3T3L1 前脂肪细胞 48 h.第 8 天加入 EGCG,孵育 48 h,第 10 天进行油红 O 染色.只有分化的脂肪细胞,才能用油红 O 进行染色和可视化.在完全分化后,添加 EGCG 并孵育 48 h.通过甘油三酯检测试剂盒(b)、培养基中的甘油(c)和培养基中游离脂肪酸的水平定量细胞中的甘油三酸酯含量.

15.4.3 喝茶及茶多酚可以降低肥胖者的低密度脂蛋白水平

胆固醇在血液中一般存在于脂蛋白中,其存在形式包括高密度脂蛋白胆固醇、低密度脂蛋白(low density lipoprotein,LDL)胆固醇和极低密度脂蛋白胆固醇.在血液中,存在的胆固醇绝大多数都是和脂肪酸结合的胆固醇酯,仅有不到 10%的胆固醇是以游离态存在的.高密度脂蛋白有助于清除细胞中的胆固醇,而超标的低密度脂蛋白一般被认为是心血管疾病的前兆.胆固醇在血液中常以脂蛋白的形式存在,而血浆中低密度脂蛋白是运输内源性胆固醇的主要载体,其通过结合细胞膜上的低密度脂蛋白受体(LDL-R)被降解和转化.低密度脂蛋白受体功能缺陷会造成血浆低密度脂蛋白胆固醇(LDL-C)的清除能力降低,最终导致动脉内膜粥样斑块形成.因此,低密度脂蛋白胆固醇的含量与心血管疾病的发病率及病变程度相关,被认为是动脉粥样硬化的主要致病因子,其浓度与冠心病的发病率呈明显正相关,也是评价个体冠心病发生的危险因素的一个重要指标.流行病学调查和临床结果及动物实验都表明,茶叶和茶多酚可以帮助肥胖者减少低密度脂蛋白.

1. 流行病学调查喝茶对胆固醇的影响

为了研究绿茶提取物(GTE)对高水平低密度脂蛋白胆固醇(LDL-C)在超重和肥胖女性中的影响,我们进行了一项随机、双盲、交叉安慰剂对照临床实验.本研究旨在探讨绿茶提取物补充剂对超重和肥胖女性低密度脂蛋白胆固醇水平的影响.该随机、双盲、交叉、安慰剂对照临床实验于 2012 年 8 月至 2013 年 12 月进行.90 名受试者中有 73 名年龄在 18～65 岁,BMI≥27 kg/m^2,低密度脂蛋白胆固醇含量≥1.3 mg/mL.结果显示,服用 GTE(73 例)6 周的受试者之间存在显著差异,LDL-C 降低 4.8%($p=0.048$),瘦素升高 25.7%($p=0.046$).然而,治疗后 GTE 组和安慰剂组之间的总胆固醇、甘油三酯和高密度脂蛋白水平没有统计学差异.这项研究表明,绿茶提取物在治疗 6 周后,有效地增加了超重和肥胖女性的瘦素,并降低了低密度脂蛋白胆固醇,尽管与超重相关的其他生化指标没有显著变化.在年龄和性别匹配的病例对照实验中,发现经常喝茶的人($n=224$)的血浆前蛋白转化酶枯草杆菌蛋白酶/kexin9 型(PCSK9)和低密度脂蛋白胆固醇水平低于不喝茶的人($n=224$,$p<0.05$).[44-45] 在中国 6 家城市医院的门诊进行双盲、随机、安慰剂对照、平行组实验,共有 240 名 18 岁及 18 岁以上的低脂肪饮食伴轻度至中度高胆固醇血症的男性和女性,他们被随机分配接受富含茶黄素的绿茶提取物(375 mg)或安慰剂的每日胶囊治疗 12 周.结果发现,12 周后,茶提取物组中总胆固醇、LDL-C、HDL-C 和甘油三酯水平的平均 ± SEM 变化,分别为 $-11.3\%\pm0.9\%$($p=0.01$),$-16.4\%\pm1.1\%$($p=0.01$),$2.3\%\pm2.1\%$($p=0.27$)和 $2.6\%\pm3.5\%$($p=0.47$).安慰剂组的总胆固醇、低密度脂蛋白胆固醇、高密度脂蛋白胆固醇和甘油三酯的平均水平没有显著变化.未观察到重大不良事件.研究的富含茶黄素的绿茶提取物可以降低高胆固醇血症成年人的低密度脂蛋白胆固醇,并且耐受性良好.[46]

2. 动物实验茶多酚对胆固醇的影响

以绿茶粉为原料制备的粗茶儿茶素添加量为 1% 和 2% 猪油胆固醇饮食.茶儿茶素可以降低血浆总胆固醇、胆固醇酯、总胆固醇-低密度脂蛋白胆固醇(非常低密度脂蛋白胆固醇 + 低密度脂蛋白胆固醇)和致动脉粥样硬化指数(非常低密度脂蛋白胆固醇 + 低密度脂蛋白胆固醇/高密度脂蛋白胆固醇).与普罗布考相当,绿茶多酚能有效抑制低密度脂蛋白氧化,提高血清抗氧化活性.绿茶多酚可能由于其抗氧化特性和增加 HDL 胆固醇水平,而发挥抗动脉粥样硬化作用.[47] 大鼠的实验也证明茶多酚可以降低胆固醇在体内的积累[22].在喂食 15%猪油和 1%胆固醇饮食的大鼠中,研究了红茶多酚对血脂水平的影响.饮食中添加了从红茶中提取和浓缩的 1%红茶多酚.喂食猪油胆固醇饮食的大鼠与喂食基础饮食的大鼠相比,血浆胆固醇和肝脏脂质增加.在这种猪油胆固醇饮食中补充红茶多酚,可以降低血浆中的脂质水平,并增加总脂质和胆固醇的粪便排泄量.[48]

以上流行病学调查和动物实验结果显示,喝茶确实可以降低肥胖者的胆固醇,特别是低密度脂蛋白.

15.4.4 茶多酚通过调节肠道功能预防脂肪肝

肥胖可以导致脂肪在肝脏中积累形成脂肪肝,进一步发展为肝硬化和肝癌,严重损害人体健康.非酒精性脂肪肝(NAFLD)可能以相对良性、非进展性肝脂肪变性发生,但在许多个体中,其严重程度可能进展为非酒精性脂肪性肝炎、纤维化、肝硬化、肝衰竭或肝细胞癌.除减肥外,目前没有有效的治疗非酒精性脂肪肝的方法,但减肥的长期成功率很低.因此,迫切需要预防肝脏脂肪变性或其进展为非酒精性脂肪性肝炎的饮食策略.研究发现,喝茶(茶多酚)可以预防脂肪肝.绿茶富含多酚儿茶素,具有降血脂、生热、抗氧化和抗炎活性,可缓解非酒精性脂肪肝的发生和发展.一项研究在C57BL/6N小鼠中建立了非酒精性脂肪肝模型.在建立的高脂饮食诱导的C57BL/6N小鼠非酒精性脂肪肝模型中,观察到茶多酚(BTP)通过调节肠道功能预防非酒精性脂肪肝的作用及其机制.结果表明,茶多酚能有效降低非酒精性脂肪肝小鼠的体重、肝重和肝指数.茶多酚的血清效应为:丙氨酸氨基转移酶(ALT)、天冬氨酸氨基转移酶(AST)、碱性磷酸酶(AKP)、总胆固醇(TC)、甘油三酯(TG)、低密度脂蛋白胆固醇(LDL-C)、D-乳酸(D-LA)、二胺氧化酶(DAO)、脂多糖(LPS)水平降低,高密度脂蛋白胆固醇(HDL-C)水平升高;减少炎症细胞因子,如白细胞介素1β(IL-1β)、白细胞介素4(IL-4)、白细胞介素6(IL-6)、白细胞介素10(IL-10)、肿瘤坏死因子α(TNF-α)和干扰素γ(INF-γ);降低肝组织活性氧水平;减轻非酒精性脂肪肝对肝脏、附睾和小肠组织的病理损伤,保护身体组织.结果还表明,茶多酚可上调非酒精性脂肪肝小鼠肝脏中GPL、PPAR-α、CYP7A1和CPT1的mRNA和蛋白表达,下调PPAR-γ和C/EBP-α.此外,茶多酚还可以下调CD36和TNF-α的表达.对小鼠粪便的研究表明,茶多酚降低了厚壁菌的水平,增加了类杆菌和嗜黏蛋白阿克曼菌的最低水平,并降低了非酒精性脂肪肝小鼠粪便中厚壁菌/类杆菌的比例,这在调节肠道微生态方面起到了作用.该效果与100 mg/kg的剂量呈正相关,甚至优于临床药物苯扎贝特.[49]另一项研究发现,绿茶提取物可以预防高脂饮食大鼠的非酒精性肝脂肪变性.绿茶含有许多多酚成分,可以预防非酒精性脂肪肝.24只雄性Wistar大鼠随机分为四个相等的组(两个研究组和两个对照组).研究组接受HFD(大约50%的能量来自脂肪),分别添加1.1%和2.0%的GTP,共56天.对照组分别在同一时期内单独喂食HFD和正常标准化饮食(低脂饮食).HFD组受脂肪变性影响的肝细胞百分比比HFD-2.0%GTE组高9%,比正常饮食组高10%($p<0.033$和$p<0.050$).服用HFD-1.1%GTE组没有观察到显著差异.这一发现指出了GTP在预防饮食诱导的肝脂肪变性方面的肝保护潜力.鉴于超重和肥胖的发病率不断增加,一种简单而廉价的饮食调整——GTP补充,在临床上可能是有效果的.[50]

15.4.5 茶多酚对前脂肪细胞的抑制作用

体重的增加不仅意味着脂肪细胞中脂肪存储量的增加,也意味着脂肪细胞数量的增加.脂肪细胞本身不能增殖,只有前脂肪细胞增殖并分化为脂肪细胞,细胞外调节蛋白激酶(ERK)和细胞周期蛋白(CDK)控制的通路在前脂肪细胞增殖中起重要作用.我们研究发现,茶多酚对前脂肪细胞增殖起到抑制作用,EGCG以剂量、时间和生长期依赖的方式抑制前脂肪细胞的增殖,其表现为细胞数量增加和溴脱氧尿苷(BrdU)的大量掺入.此外,EGCG剂量和时间依赖性地降低磷酸化ERK1/2、Cdk2和细胞周期蛋白D(1)的水平,降低 CDK 2 活性，导致脂肪细胞 G(0)/G(1)生长停滞，增加 p21(waf/cip)和 p27(kip1)，但不增加 p18(ink)、蛋白质及其与 Cdk2 的关联白蛋白. 这些数据表明，EGCG 具有 ERK 和 Cdk2 依赖的抗有丝分裂作用. 此外，EGCG 在改变有丝分裂信号方面比表儿茶素没食子酸酯和表儿茶素更有效. EGCG 抑制 3T3-L1 前脂肪细胞生长的信号与 3T3 成纤维细胞不同. 体外研究表明，10～50 μmol/L EGCG 可显著抑制 3T3-L1 前脂肪细胞 ERK1/2 的磷酸化，但 ERK1/2 的蛋白水平没有改变. 同时，MEK1 和 p38 MAPK 的磷酸化也没有改变，这表明 EGCG 特异性抑制 ERK1/2 的磷酸化，从而抑制前脂肪细胞的增殖.[51] 茶多酚抑制前脂肪细胞向脂肪细胞的分化，主要通过抑制两种信号通路. 细胞实验表明，10～50 μmol/L EGCG 在分化过程中能明显激活 AMPK 通路，这可能与 ROS 的异常变化有关. 50 μmol/L 的 EGCG 可显著抑制 3T3-L1 前脂肪细胞分化过程中 C/EBPα 和 PPARγ 的表达. 脂肪细胞分化所需的特异性蛋白质能调节的特异性蛋白质 AP-2、Fas、脂肪和 GLUT-4 的 C/EBPα 和 PPARγ 表达，能抑制脂肪积累、碳水化合物吸收和脂肪细胞分化.[52]

以上结果表明，茶多酚对脂肪细胞和前脂肪细胞的生理功能有显著影响，能抑制肥胖.

15.4.6 茶多酚可以抑制体内脂肪酸的合成

现有的实验和临床结果表明，茶多酚能有效抑制肥胖和代谢综合征，影响多方面的脂肪代谢和脂肪细胞的生理功能，但仍有许多方面需要解释. 我们需要提出新的机制，对现有机制进行改进，从而为肥胖和代谢综合征的防治提供依据. 据报道，抑制脂肪酸合成酶(FAS)对人类癌细胞具有选择性的细胞毒性作用. 人们对鉴定这种酶复合物的新型抑制剂产生了相当大的兴趣. 我们之前的研究表明，绿茶(－)-表没食子儿茶素没食子酸酯在体外可以抑制脂肪酸合成酶. 与没食子酸儿茶素相比，绿茶中的儿茶素没有表现出明显的抑制作用. 另一种没食子酸儿茶素——表儿茶素没食子酸酯，是一种有效的脂肪酸合成酶抑制剂，其抑制特性与表没食子儿茶素没食子酸酯相似. 我们利用原子轨道能的分析表明，正电荷更明显地分布在没食子酸儿茶素没食子酸酯部分酯键的碳原子上，并且没食子酸形式比其他儿茶素更容易受到亲核攻击. 此外，没儿茶素骨架的没食子酸部分类似物，如没食子酸丙酯也表现出明显的缓慢结合抑制作用. 在这里，我们确定了绿茶儿茶素的没食子酸部分对失活脂肪酸合成酶的酮酰还原酶活性至关重要. 表没食子儿茶素没食子酸酯和表儿茶素没食子酸酯，主要通过作用于脂肪酸合成酶的 β-酮酰基还原酶(KR)结构域来抑制脂肪酸合成酶，IC(50)值分别为 52 μm 和 42 μm. 儿茶素没食子酸酯(CG)的抑制能力是 EGCG 和 ECG 的 15 倍和 12 倍. 抑制动力学表明，它们与乙酰辅酶 A 竞争性地抑制脂肪酸合成酶，并且很可能主要在酰基转移酶结构域上发生反应.[53] 通过对没食子酸的抑制动力学和结构的分析，我们发现酰基转移酶结构域可能是与(－)-CG 反应的主要位点，该结构由一个 B 环、一个 C 环和一个没食子酸环组成，这可能是其抑制效果所必需的. GTP 抑制脂肪酸合成酶的主要成分是多酚而非生物碱. 在分离过程中,我们还发现该部分抑制脂肪酸合成酶的总能力增加了15倍,这可能是由于形成了除(−)-CG以外的一些新型有效的肪酸合成酶抑制剂.[53]膳食中补充EGCG可导致体内脂肪积累的剂量依赖性衰减.EGCG对食物摄入没有影响,但粪便能量含量略有增加,表明食物消化率降低,从而减少长期能量吸收.白脂肪中瘦素和SCD1基因表达降低,而棕色脂肪中硬脂酰辅酶A去饱和酶(SCD)1和解偶联蛋白(UCP)1的表达没有改变.在肝脏中,SCD1、苹果酸酶(ME)和葡萄糖激酶(GK)的基因表达减少,UCP2的基因表达增加.3天以上急性口服EGCG对体温、活动和能量消耗没有影响,而夜间(活动期)呼吸熵降低,支持脂肪生成减少和脂肪氧化增加.[54]

这些结果表明,茶多酚可以通过抑制脂肪酸合成酶抑制脂肪酸的合成,达到减肥的效果,而且不同结构的茶多酚表现出不同的抑制作用.

15.4.7 茶多酚对皮下白色脂肪组织和内脏脂肪组织中PPARγ基因表达的不同影响

我们研究发现,喂食茶多酚提高了大鼠皮下白色脂肪组织(subcutaneous white adipose tissue, SWAT)中PPARγ基因的表达,其中基础组(CHOW)升高了约39.8%,高脂组升高了约50.2%(图15.5(a)).同时,茶多酚却降低了大鼠内脏白色脂肪组织(visceral white adipose tissue, VWAT)中PPARγ基因的表达,其中高脂组降低了约23.1%,基础组降低了约18.7%(图15.5(b)).这些结果表明,茶多酚在不同脂肪组织中对PPARγ的作用是不同的.[22]

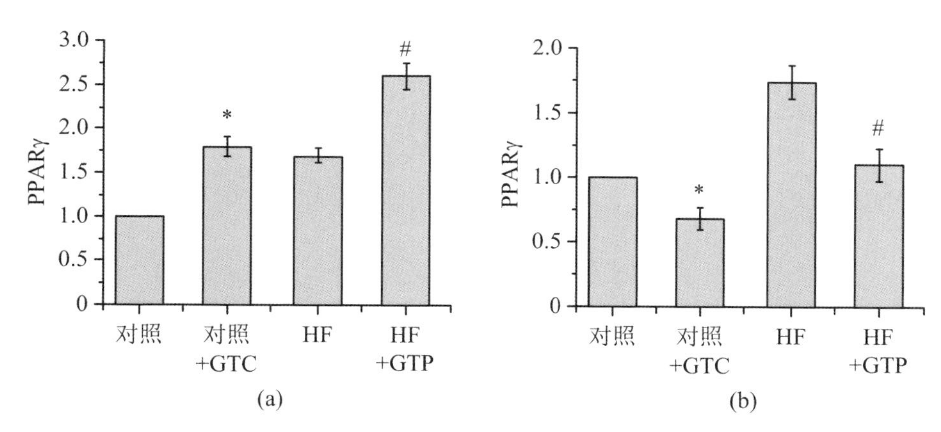

图15.5 茶多酚对大鼠脂肪组织中PPARγ基因表达的影响

(a) 外周皮下脂肪组织(SWAT)中PPARγ基因的表达水平;(b) 内脏脂肪组织(VWAT)中PPARγ的表达水平.结果以对照组(CHOW)的数值(设为1.0)进行标准化(# 与HF组数值比较 $p<0.05$).

15.4.8 绿茶多酚促进脂肪细胞 3T3-L1 细胞系中 PPAR 相关通路对脂质的氧化作用

我们调查了β-脂肪细胞 3T3-L1 细胞系中脂质的 PPAR 相关氧化途径，发现β-脂质的氧化导致脂肪细胞中脂肪酸的减少，生理浓度的 EGCG 上调对棕色脂肪组织、皮下白色脂肪组织，以及内脏白色脂肪组织在细胞系中的 PPARδ 的表达有影响(图 15.6(a)～(c)). 同时，还上调了棕色脂肪组织、皮下白色脂肪组织和内脏白色脂肪组织细胞系中的 UCP-1(图 15.6(d)～(f))；也增加了内脏白色脂肪组织的 AOX(图 15.6(g))和 UCP-1 中的 RNA 水平(图 15.6(h)).[22]

15.4.9 EGCG 对 3T3-L1 脂肪细胞线粒体的影响

线粒体是脂质氧化和产生能量的主要场所. 我们研究了 EGCG 对脂肪细胞中脂质氧化、线粒体质量和耗氧量的最重要标记物的影响. 如图 15.7(a)所示，EGCG 在 1.0 μmol/L 和 5.0 μmol/L 时显著增加了线粒体的相对质量. EGCG 增加脂肪细胞中复合物Ⅰ、Ⅱ、Ⅴ的蛋白表达，但不增加复合物Ⅲ的蛋白表达. 如图 15.7(c)所示，EGCG 显著增加了 5.0 μmol/L(131%)的线粒体复合物Ⅰ蛋白、5.0 μmol/L 复合物Ⅱ蛋白(172%)、5.0 μmol/L(276%)和 10.0 μmol/L(227%)的复合物Ⅴ蛋白表达. EGCG 对脂肪细胞线粒体复合物Ⅲ的表达没有影响. EGCG 增加线粒体的 DNA 表达，表现为 D-loop 增加，其中 D-loop 是线粒体 DNA 重链和轻链转录起始的主要位点. 如图 15.7(d)所示，经 2.0～5.0 μmol/L EGCG 处理的脂肪细胞中，mt D-loop/18SRNA 的比率显著增加. EGCG 增加脂肪细胞中 PGC-1α 蛋白水平. 如图 15.7(e)所示，EGCG 对 PGC-1α 的影响从 0.1 μmol/L 增加到 10.0 μmol/L，在 2.0 μmol/L(154%)时 PPARγ 蛋白表达最高，浓度为 5～10.0 μmol/L(图 15.7(f)).

15.4.10 茶多酚显著降低大鼠脂肪组织的 ROS 水平

用 PBN 捕集，以 ESR 测量的 ROS 结果显示，长时间的高脂饲料饲养能显著提升大鼠脂肪组织的 ROS 水平(52.3%)，灌喂茶多酚(45 天)能显著降低大鼠脂肪组织的 ROS 水平(基础组降低 28.4%，高脂组降低 26.2%)，如图 15.8 所示.

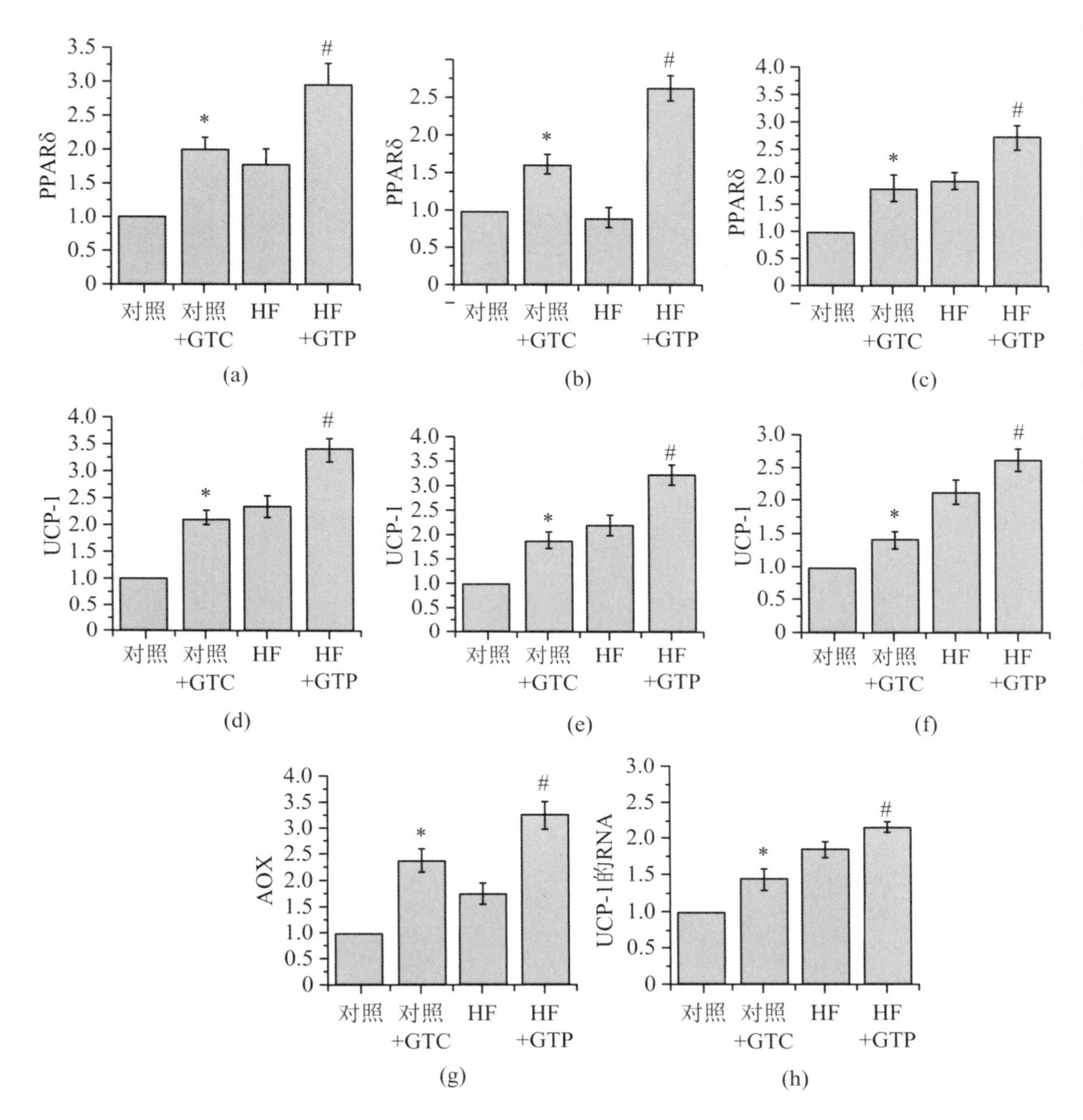

图 15.6　EGCG 减少脂质积累并促进脂肪细胞 3T3-L1 细胞系中 PPAR 相关通路对脂质的氧化作用

EGCG 对棕色脂肪组织(a)、皮下白色脂肪组织(b)、内脏白色脂肪组织(c)在细胞系中的 PPARδ 表达；EGCG 对棕色脂肪组织(d)、皮下白色脂肪组织(e)、内脏白色脂肪组织(f)在中 CPT-1 的影响；AOX 和 UCP-1 对 mRNA 水平的影响(h). *：与对照组(未治疗组)相比，差异显著($p<0.05$，$n=8$).

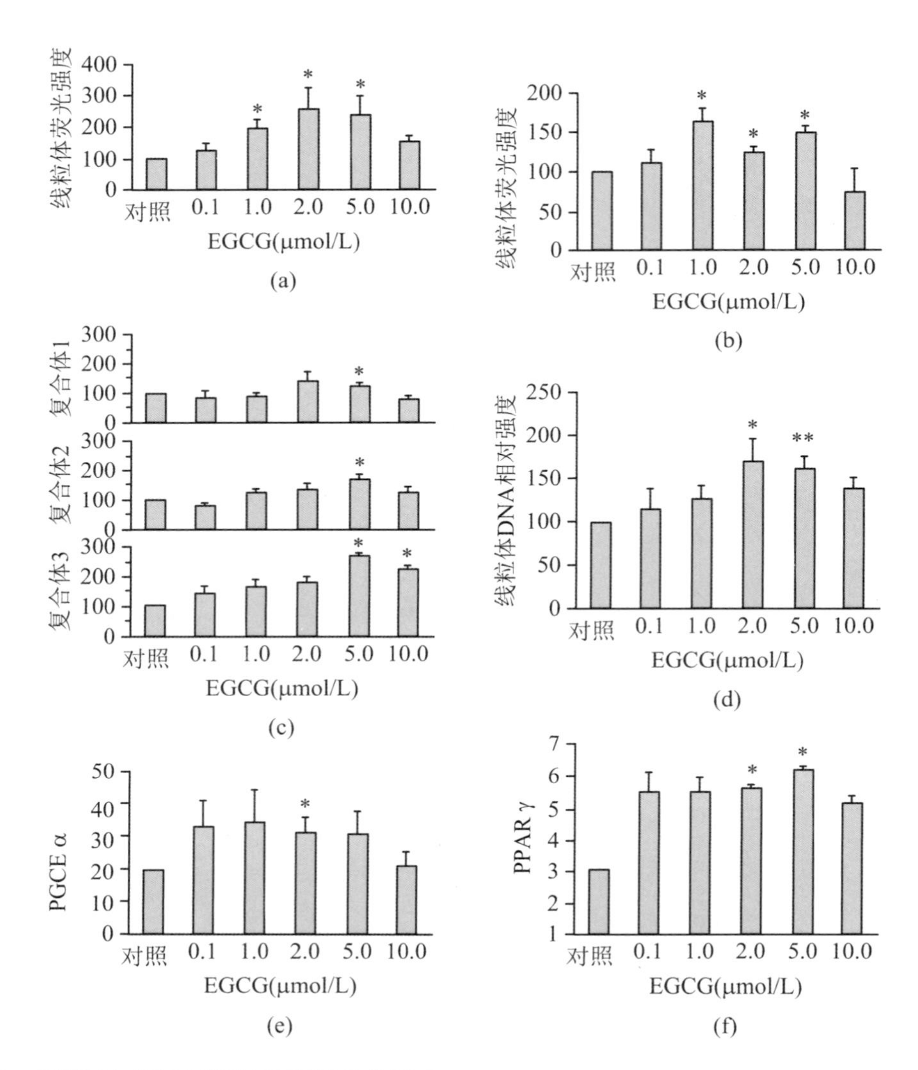

图 15.7 EGCG 对 3T3-L1 脂肪细胞线粒体的影响

(a) 线粒体数量；(b) 耗氧量；(c) 复合物 Ⅰ、Ⅱ、Ⅴ 线粒体蛋白的表达；(d) 线粒体 DNA 的表达；(e) EGCG 刺激对线粒体 PGC-1α 和 F、PPARγ 的影响. 数值为五次实验的平均值 ± SE($n=5$). * 与对照组相比，$p<0.05$；** 与对照组相比，$p<0.01$.

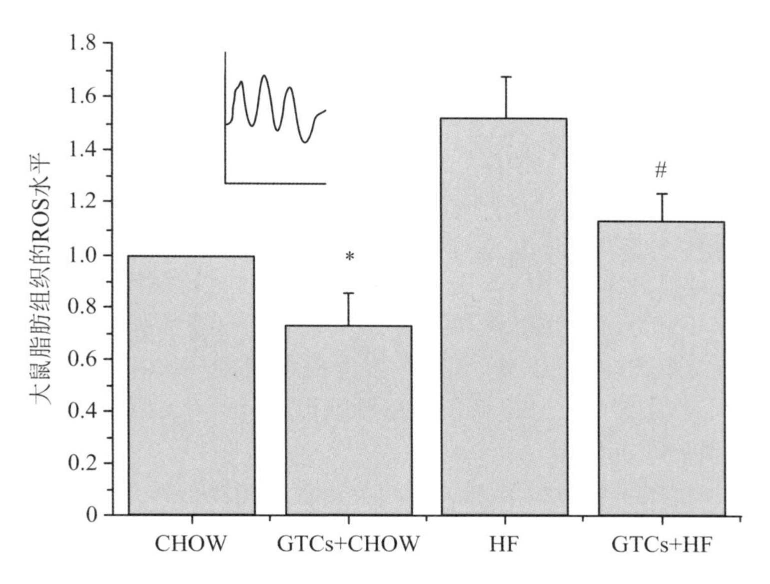

图 15.8　在第 45 天通过 ESR 检测脂肪组织中的 ROS 水平

数值为标准±平均值，每次测量每组 $n=10$ 只动物．* 表明 CHOW+GTCs 与 CHOW 组的差异显著，# 表示 HF+GTCs 与 HF 组的差异有统计学意义（$p<0.05$）．

15.4.11　乌龙茶、红茶的减肥降脂作用

众所周知，女性比男性更容易患酒精引起的肝损伤．此外，经常饮酒且肥胖十年或更长时间的女性患肝炎和肝硬化的风险更大．接受肠内酒精处理的雌性大鼠比雄性更快地表现出肝损伤，在大部分肝小叶上存在广泛的脂肪变化．服用酒精后，雌性大鼠肝脏中血浆内毒素、细胞间黏附分子-1、自由基加合物、浸润性中性粒细胞和核因子-κB 的水平比雄性大鼠增加约 2 倍．体内雌激素治疗增加了 Kupffer 细胞对肉毒素的敏感性．有证据表明，Kupffer 细胞在酒精性肝损伤的发展中起着关键作用．用 $GdCl_3$ 破坏 Kupffer 细胞，或通过用抗生素灭菌肠道减少细菌肉毒素，可阻断酒精引起的早期炎症．抗肿瘤坏死因子-α 抗体也获得了类似的结果．这些发现导致了酒精诱导的肝损伤涉及循环肉毒素的增加，导致 Kupffer 细胞的激活，从而导致缺氧复氧损伤．这一想法已经使用硝基咪唑标志物匹莫硝唑进行了测试，以定量肝小叶下游中央周围区域的缺氧状况．慢性肠内酒精测试后，匹莫硝唑结合增加 2 倍．肠内酒精实验还通过 ESR 检测了自由基．重要的发现是，通过用 $GdCl_3$ 破坏 Kupffer 细胞，减少了胆汁中检测到的肝脏缺氧和产生的自由基．这些数据与 Kupffer 细胞参与酒精引起的肝损伤的重要性别差异的假设一致．[48-55]

与喂食高脂肪/高糖对照组小鼠相比，GTPs、乌龙茶 OTPs、红茶 BTPs 和低脂/高糖

LF/HS饮食组小鼠，其体重、MRI显示的总内脏脂肪体积和肝脏脂质重量显著降低. 非酒精性脂肪肝炎的标志性特征，与脂肪肝细胞和炎性细胞浸润与肝细胞核因子 κB（NFκB）激活增加相关，从而加重肝损伤. GTP具有对肠道屏障功能的抗炎活性，以及肠道微生物生态的改善环境和抗菌作用，有助于限制肠源性肉毒素（如脂多糖）向肝脏的转移；否则，它们会通过Toll样受体4信号上调NFκB. 茶多酚对大鼠慢性酒精性肝损伤的保护作用实验表明，与对照组相比，慢性肝损伤大鼠的脂肪/体重比、SOD/MDA、T-AOC和GSH-Px活性均显著降低（$p<0.05$，$p<0.01$）. 同时，慢性肝损伤大鼠肝脏指数、脂肪/CD36蛋白水平和肝脏脂质沉积均升高（$p<0.01$）. 与慢性肝损伤大鼠相比，茶多酚干预可提高大鼠的脂肪/体重比（$p<0.05$），显著提高SOD/MDA、T-AOC和GSH-Px活性（$p<0.01$）. 同时，茶多酚干预降低了大鼠肝脏指数（$p<0.01$）、脂肪/CD36蛋白水平（$p<0.01$）和肝脏脂质沉积.[56]

以上结果表明，GTP通过调节PPAR相关途径起到降低体重作用，如对PPARγ的不同调节. 在BAT、SWAT和VWAT中，脂肪细胞的脂质净流量增加和脂肪细胞中的脂肪氧化导致体重减轻. 基于这些结果，经常喝绿茶可能是预防超重和肥胖的好策略. 此外，考虑到天然性质且无明显副作用，GTP应比噻唑烷二酮（如吡格列酮）能够更好地治疗肥胖患者.

15.4.12 他汀类药物的减肥降脂作用

他汀类药物可以降低血脂，ESR光谱显示，他汀类药物显著减少了膜脂筏（MR）级分中OxLDL诱导的超氧化物（$\cdot O_2^-$）. 与NADPH氧化酶相关的膜脂筏-氧化还原信号平台参与冠状动脉内皮功能障碍. 在这里，研究他汀类药物是否干扰膜脂筏-氧化还原信号平台的形成，以保护冠状动脉内皮免受氧化的低密度脂蛋白（OxLDL）诱导的损伤和急性高胆固醇血症. 在培养的人冠状动脉内皮细胞中，共聚焦显微镜检测到暴露于OxLDL时形成的聚集MRs，并且他汀类药物（包括普伐他汀和辛伐他汀）显著抑制了这种膜脂筏平台的形成. 在这些膜脂筏簇中，NADPH氧化酶亚基gp91（*phox*）和p47（*phox*）聚集，并被两种他汀类药物显著阻断. 此外，酸性鞘磷脂酶（ASM）和神经酰胺的共定位是由OxLDL诱导的，OxLDL被他汀类药物阻断. 在急性高胆固醇血症小鼠的冠状动脉内膜中，共聚焦显微镜显示gp91（*phox*）、p47（*phox*）、ASM或神经酰胺在MR簇中的共定位. 这种共定位很少在正常小鼠的动脉中观察到，可以通过他汀类药物预处理高胆固醇血症小鼠而显著降低. 此外，高胆固醇血症小鼠冠状动脉中，原位$\cdot O_2^-$的产生比正常小鼠高3倍，并且他汀类药物抑制了这种增加. 研究结果表明，阻断内皮细胞膜膜脂筏-氧化还原信号平台的形成，可能是他汀类药物预防内皮损伤和动脉粥样硬化的另一种重要治疗机制，这可能与其对膜胆固醇结构和功能的直接作用有关.[57]

他汀类药物对临床事件的有益作用，可能涉及改变内皮功能障碍、斑块稳定性、血栓形成和炎症反应的机制.该研究的目的是评估普伐他汀和辛伐他汀对2型高胆固醇血症患者的红细胞膜流动性和红细胞损伤的降血脂疗效和影响,并与对照组健康受试者对比.该研究涉及53名受2型高胆固醇血症(平均年龄,53.3±10.3)影响的患者,初始血清总胆固醇(TC)水平>2.50 mg/mL,LDL-胆固醇(LDL-C)水平>1.70 mg/mL,甘油三酯(TG)水平<4 mg/mL.对照组由30名健康个体组成(平均年龄:56.9±6.3).他汀类药物给药12周,口服辛伐他汀和普伐他汀的剂量为每天20 mg.在药物治疗4周和12周之前和之后进行实验检测.在脂质过氧化的基础上,测量红细胞质膜的损伤.通过ESR波谱法,测定红细胞质膜的流动性,使用两个自旋标记:5-DSA和16-DSA.估计红细胞膜中的胆固醇水平.辛伐他汀和普伐他汀降低血浆中的总胆固醇浓度和LDL-胆固醇浓度,以及红细胞膜中的胆固醇浓度.高胆固醇血症诱导人红细胞质膜基本性质的变化,包括其流动性和脂质过氧化强度.这些结果表明,辛伐他汀和普伐他汀治疗逆转了红细胞质膜特性的改变.[58]

另一项研究对来自高胆固醇血症患者($n=30$,平均年龄:54.2±6.9)和健康供体($n=22$,平均年龄:53.1±6.1)的2%红细胞悬浮液:在37 ℃下孵育24 h,有或没有普伐他汀(9 μmol/L,90 μmol/L),槲皮素(10 μmol/L,50 μmol/L,100 μmol/L).孵育后,评估了胆固醇含量(通过Ilcy方法)、TBARS水平(通过Stock和Dormandy方法)和膜流动性(通过ESR).

在2型高胆固醇血症(HIP 2)患者的红细胞(pts)中,与对照组相比,膜胆固醇含量的平均值显然更高(0.065±0.013,$p<0.001$),观察顺序参数S(0.775±0.018,$p<0.001$)和TBARS水平(2.91±1.01,$p<0.001$).在用普伐他汀孵育高胆固醇血症患者的红细胞后,与没有他汀类药物的红细胞孵育后的值相比,平均胆固醇含量(分别降低23%和37%)和序参数S分别降低2%和3%,而普伐他汀对TBARS水平没有影响.槲皮素孵育后,观察到膜胆固醇(26%~33%)、序参数S(最大4%)、TBARS水平(16%~25%)显著降低.因此可以看出,普伐他汀和槲皮素在体外可以降低膜胆固醇水平,对高胆固醇血症患者的红细胞膜流动性是有利的.与槲皮素相反,普伐他汀不影响高胆固醇血症患者和健康红细胞中的脂质过氧化.[59]

15.4.13 瘦素的减肥降脂作用

最近,有迹象表明,瘦素是人类肥胖基因的产物,不仅积极参与代谢调节,还积极参与血压调控.有人提出,细胞膜物理性质的异常可能是与高血压、中风和其他心血管疾病密切相关的缺陷的基础.之前已经证明,瘦素通过一氧化氮依赖性机制显著增加了人体膜流动性,并改善了红细胞的微黏度.在本研究中,通过ESR和自旋标记方法研究了瘦素对原发性高血压受试者的红细胞膜流动性的影响.从红细胞ESR波谱获得的序参数(S)和峰高比($h_0/h-1$)的值中,发现在原发性高血压(HT)患者的S和$h_0/h-1$明显大于年龄匹配的正常血压受试者(NT)(S:原发性高血压为 0.719 ± 0.002,$n=16$,正常血压受试者为 0.713 ± 0.001,$n=29$,$p<0.05$;$h_0/h-1$:原发性高血压为 5.17 ± 0.02,$n=16$,正常血压受试者为 5.05 ± 0.02,$n=29$,$p<0.05$).结果表明,瘦素疗法患者的红细胞膜流动性低于正常血压受试者,瘦素在正常血压受试者和激素疗法中均以剂量依赖性方式降低 S 和 $h_0/h-1$.瘦素对膜流动性的影响在原发性高血压中明显高于正常血压受试者(S 的百分比变化:瘦素 10^{-8} g/mL,原发性高血压为 $-3.4\% \pm 0.2\%$,$n=16$,正常血压受试者为 $-2.3\% \pm 0.1\%$,$n=29$,$p<0.05$;瘦素 10^{-7} g/mL,原发性高血压为 $-4.3\% \pm 0.3\%$,$n=16$,正常血压受试者为 $-3.3\% \pm 0.1\%$,$n=29$,$p<0.05$).本研究结果表明,瘦素可能在调节红细胞膜流动性和高血压微循环中起着关键作用.[60]

在本研究中,研究者为了评估瘦素在调节膜特性中的作用,研究了瘦素对人类红细胞膜流动性的影响.通过 ESR 和自旋标记方法,测定健康志愿者中红细胞的膜流动性.在一项体外研究中,瘦素降低了从健康志愿者中红细胞膜的 ESR 谱中获得的 5-硝基硬脂酸酯(5-NS)的 S 和 16-NS 的 $h_0/h-1$.结果表明,瘦素增加了膜流动性,改善了红细胞的微黏度.NO 供体 L-精氨酸和 S-亚硝基-N-乙酰青霉胺(SNAP),以及环鸟苷单磷酸(cGMP)类似物 8-溴-cGMP 增强了瘦素对膜流动性的影响.相反,在 NO 合酶抑制剂 N(G)-硝基-L-精氨酸-甲基酯(L-NAME)和不对称二甲基-L-精氨酸(ADMA)存在下,瘦素引起的变化显著减弱.本研究结果表明,瘦素通过 NO 和 cGMP 依赖性机制,在一定程度上提高了细胞膜的流动性和刚性.此外,数据还表明瘦素可能在调节人类红细胞和微循环的流变行为中起着至关重要的作用.[57,61]

15.5 结论

以上实验结果表明,肥胖症与自由基氧化应激损伤密切相关,天然抗氧化剂对减肥都有效.它们可能会抑制脂质和糖类的消化和吸收,减少热量摄入.抗氧化剂在抑制肥胖方面发挥积极作用,涉及以下四个主要机制:

(1) 抑制脂质和糖类的消化、吸收和摄入,从而减少热量摄入.

(2) 通过激活溶酶体腺苷-磷酸(AMP)活化蛋白激酶来促进脂质代谢,减少脂肪生成并增强脂肪分解,并通过抑制前脂肪细胞的分化和增殖来减少脂质积累.

(3) 抗氧化剂还可以通过激活 AMPK,PGC-1,PPAR 信号通路,抑制脂肪生成和促进脂肪分解及脂质代谢.它们还可以通过抑制脂肪细胞和前脂肪细胞的分化和增殖,以及减少氧化应激来降低脂质积累.

(4) 通过减少氧化应激来阻断肥胖的病理过程和肥胖相关的疾病.

参考文献

[1] Thethi T, Bratcher C, Fonseca V. Metabolic syndrome and heart-failure[J]. Heart Fail. Clin., 2006, 2: 1-11.

[2] Fonseca V A. The metabolic syndrome, hyperlipidemia, and insulin resistance[J]. Clin. Cornerstone, 2005, 7: 61-72.

[3] Collin B, Busseuil D, Zeller M, et al. Increased superoxide anion production is associated with early atherosclerosis and cardiovascular dysfunctions in a rabbit model[J]. Mol. Cell. Biochem., 2007, 294(1-2): 225-235.

[4] Warnholtz A, Nickenig G, Schulz E, et al. Increased NADH-oxidase-mediated superoxide production in the early stages of atherosclerosis: evidence for involvement of the renin-angiotensin system[J]. Circulation, 1999, 99(15): 2027-2033.

[5] Torkhovskaia T I, Artemova L G, Shcherbakova I A, et al. Effect of hyperal phalipoproteinemia on structural characteristics of plasma lipoproteins according to electron paramagnetic resonance spin probe findings[J]. Biull. Esp. Biol. Med., 1980, 90(12): 694-696.

[6] Prónai L, Hiramatsu K, Saigusa Y, et al. Low superoxide scavenging activity associated with enhanced superoxide generation by monocytes from male hypertriglyceridemia with and without diabetes[J]. Atherosclerosis, 1991, 90(1): 39-47.

[7] Skatchkov M P, Sperling D, Hink U, et al. Validation of lucigenin as a chemiluminescent probe to monitor vascular superoxide as well as basal vascular nitric oxide production[J]. Biochem. Biophys. Res. Commun., 1999, 254(2): 319-324.

[8] Ferdinandy P, Csonka C, Csont T, et al. Rapid pacing-induced preconditioning is recaptured by farnesol treatment in hearts of cholesterol-fed rats: role of polyprenyl derivatives and nitric oxide[J]. Mol. Cell. Biochem., 1998, 186(1-2): 27-34.

[9] Ponnuswamy P, Schröttle A, Ostermeier E, et al. eNOS protects from atherosclerosis despite relevant superoxide production by the enzyme in apoE mice[J]. PLoS One, 2012, 7(1): e30193.

[10] Giricz Z, Csonka C, Onody A, et al. Role of cholesterol-enriched diet and the mevalonate pathway in cardiac nitric oxide synthesis[J]. Basic. Res. Cardiol., 2003, 98(5): 304-310.

[11] Willis G R, Udiawar M, Evans W D, et al. Detailed characterisation of circulatory nitric oxide and free radical indices is there evidence for abnormal cardiovascular homeostasis in young women with polycystic ovary syndrome?[J]. BJOG, 2014, 121(13): 1596-1603.

[12] Khoo N K H, Cantu-Medellin N, St Croix C, et al. In vivo immuno-spin trapping: imaging the footprints of oxidative stress[J]. Curr. Protoc. Cytom., 2015, 74(12): 1-11.

[13] Nawab A, Nichols A, Klug R, et al. Spin trapping: a review for the study of obesity related

oxidative stress and Na^+/K^+-ATPase[J]. J. Clin. Cell. Immunol., 2017, 8(3): 505.

[14] Chung K H, Chiou H Y, Chang J S, et al. Associations of nitric oxide with obesity and psychological traits among children and adolescents in Taiwan[J]. Pediatr. Obes., 2020, 15(3): e12593.

[15] Houstis N, Rosen E D, Lander E S. Reactive oxygen species have a causal role in multiple forms of insulin resistance[J]. Nature, 2006, 440: 944-948.

[16] Porter M H, Cutchins A, Fine J B, et al. Effects of TNF-alpha on glucose metabolism and lipolysis in adipose tissue and isolated fat-cell preparations[J]. J. Lab. Clin. Med., 2002, 139: 140-146.

[17] Chavali B, Masquelin T, Nilges M G, et al. ESR and X-ray structure investigations on the binding and mechanism of inhibition of the native state of myeloperoxidase with low molecular weight fragments[J]. Appl. Magn. Reson., 2015, 46(8): 853-873.

[18] Ohara Y, Peterson T E, Sayegh H S. Dietary correction of hypercholesterolemia in the rabbit normalizes endothelial superoxide anion production[J]. Circulation, 1995, 92(4): 898-903.

[19] Herlein J A, Fink B D, Sivitz W I. Superoxide production by mitochondria of insulin-sensitive tissues: mechanistic differences and effect of early diabetes[J]. Metabolism, 2010, 59(2): 247-245.

[20] Paoletti R, Bolego C, Poli A, et al. Metabolic syndrome, inflammation and atherosclerosis. Vasc[J]. Health Risk. Manag., 2006, 2: 145-152.

[21] Flashner B M, Rifas-Shiman S L, Oken E, et al. Obesity, sedentary lifestyle, and exhaled nitric oxide in an early adolescent cohort[J]. Pediatr. Pulm., 2020, 55(2): 503-509.

[22] Yan J, Zhao Y, Zhao B. Green tea catechins prevent obesity through modulation of peroxisome proliferator-activated receptors[J]. Life Sciences, 2013, 56: 804-810.

[23] Khosravi M, Poursaleh A, Ghasempour G, et al. The effects of oxidative stress on the development of atherosclerosis[J]. Biol. Chem., 2019, 400(6): 711-732.

[24] Crewe C, Funcke J B, Li S, et al. Extracellular vesicle-based interorgan transport of mitochondria from energetically stressed adipocytes[J]. Cell Metab., 2021, 33(9): 1853-1868.

[25] Sarparanta J, García-Macia M, Singh R. Autophagy and mitochondria in obesity and type 2 diabetes[J]. Curr. Diabetes Rep., 2017, 13(4): 352-369.

[26] Kéry A, Lugasi A, Baláżs A, et al. Free radical scavenger and lipid peroxidation inhibiting effects of medicinal plants used in phytotherapy[J]. Acta Pharm. Hung., 2004, 74(3): 158-165.

[27] Namazi N, Larijani B, Ayati M H, et al. The effects of Nigella sativa L. on obesity: A systematic review and meta-analysis[J]. J. Ethnopharmacol., 2018, 219: 173-181.

[28] Ismail M, Al-Naqeep G, Chan K W. Nigella sativa thymoquinone-rich fraction greatly improves plasma antioxidant capacity and expression of antioxidant genes in hypercholesterolemic rats[J]. Free Radic. Biol. Med., 2010, 48(5): 664-672.

[29] Blázovics A, Lugasi A, Kemény T, et al. Membrane stabilising effects of natural polyphenols and flavonoids from Sempervivum tectorum on hepatic microsomal mixed-function oxidase system in hyperlipidemic rats[J]. J. Ethnopharmacol., 2000, 73(3): 479-485.

[30] Dinda B, Dinda M, Roy A, et al. Dietary plant flavonoids in prevention of obesity and diabetes[J]. Adv. Protein. Chem. Struct. Biol., 2020, 120: 159-235.

[31] Li D, Tang W, Wang Y, et al. An overview of traditional Chinese medicine affecting gut mi-

crobiota in obesity[J]. Front. Endocrinol., 2023, 14: 1149751.

[32] Wu L, Li X, Li Y, et al. Proliferative inhibition of danxiongfang and its active ingredients on rat vascular smooth muscle cell and protective effect on the VSMC damage induced by hydrogen peroxide[J]. J. Ethnopharmacol., 2009, 126(2): 197-206.

[33] Li K, Liu C, Wahlqvist M L. Econutrition, brown and beige fat tissue and obesity[J]. Asia Pac. J. Clin. Nutr., 2020, 29(4): 668-680.

[34] Kempaiah R K, Srinivasan K. Influence of dietary spices on the fluidity of erythrocytes in hypercholesterolaemic rats[J]. Br. J. Nutr., 2005, 93(1): 81-91.

[35] Zhao B L. The pros and cons of drinking tea[J]. Traditional Medicine and Modern Medicine, 2020, 3(3): 1-12.

[36] Phung O J, Baker W L, Matthews L J, et al. Effect of green tea catechins with or without caffeine on anthropometric measures: a systematic review and meta-analysis[J]. Am. J. Clin. Nutr., 2010, 91: 73-81.

[37] Hursel R, Viechtbauer W, Westerterp-Plantenga M S. The effects of green tea on weight loss and weight maintenance: a meta-analysis[J]. Int. J. Obes., 2009, 33(9): 956-961.

[38] Hibi M, Takase H, Iwasaki M, et al. Efficacy of tea catechin-rich beverages to reduce abdominal adiposity and metabolic syndrome risks in obese and overweight subjects: a pooled analysis of 6 human trials[J]. Nutr. Res., 2018, 55: 1-10.

[39] Aizawa T, Yamamoto A, Ueno T. Effect of oral theaflavin administration on body weight, fat, and muscle in healthy subjects: a randomized pilot study[J]. Biosci. Biotechnol. Biochem., 2017, 81(2): 311-315.

[40] Pan H, Gao Y, Tu Y. Mechanisms of body weight reduction by black tea polyphenols[J]. Molecules, 2016, 21(12): 1659.

[41] Huang F, Zheng X, Ma X, et al. Theabrownin from Pu-erh tea attenuates hypercholesterolemia via modulation of gut microbiota and bile acid metabolism[J]. Nat. Commun., 2019, 10(1): 4971.

[42] Heber D, Zhang Y, Yang J, et al. Green tea, black tea, and oolong tea polyphenols reduce visceral fat and inflammation in mice fed high-fat, high-sucrose obesogenic diets[J]. J. Nutr., 2014, 144(9): 1385-1393.

[43] Ashigai H, Taniguchi Y, Suzuki M, et al. Fecal lipid excretion after consumption of a black tea polyphenol containing beverage-randomized, placebo-controlled, double-blind, crossover study [J]. Biological & Pharmaceutical Bulletin, 2016, 39(5): 699-704.

[44] Huang J, Wang Y, Xie Z, et al. The anti-obesity effects of green tea in human intervention and basic molecular studies[J]. Eur. J. Clin. Nutr., 2014, 68(10): 1075-1087.

[45] Cui C J, Jin J L, Guo L N, et al. Beneficial impact of epigallocatechingallate on LDL-C through PCSK9/LDLR pathway by blocking HNF1α and activating FoxO3a[J]. J. Transl. Med., 2020, 18(1): 195.

[46] Maron D J, Lu G P, Cai N S, et al. Cholesterol-lowering effect of a theaflavin-enriched green tea extract: a randomized controlled trial[J]. Arch. Intern. Med., 2003, 163(12):

1448-1453.

[47] Yokozawa T, Nakagawa T, Kitani K. Antioxidative activity of green tea polyphenol in cholesterol-fed rats[J]. J. Agric. Food Chem., 2002, 50(12): 3549-3552.

[48] Matsumoto N, Okushio K, Hara Y. Effect of black tea polyphenols on plasma lipids in cholesterol-fed rats[J]. J. Nutr. Sci. Vitaminol., 1998, 44(2): 337-342.

[49] Cheng J, Tan Y, Zhou J, et al. Green tea polyphenols ameliorate metabolic abnormalities and insulin resistance by enhancing insulin signalling in skeletal muscle of Zucker fatty rats[J]. Clin. Sci., 2020, 134(10): 1167-1180.

[50] Karolczak D, Seget M, Bajerska J, et al. Green tea extract prevents the development of nonalcoholic liver steatosis in rats fed a high-fat diet[J]. Pol. J. Pathol., 2019, 70(4): 295-303.

[51] Hung P F, Wu B T, Chen H C, et al. Antimitogenic effect of green tea (-)-epigallocatechin gallate on 3T3-L1 preadipocytes depends on the ERK and Cdk2 pathways[J]. Am. J. Physiol. Cell Physiol., 2005, 288: 104-108.

[52] Moon H S, Lee H G, Seo J H, et al. Down-regulation of PPAR gamma 2-induced adipogenesis by PEGylated conjugated linoleic acid as the pro-drug: Attenuation of lipid accumulation and reduction of apoptosis[J]. Arch. Biochem. Biophys., 2006, 456: 19-29.

[53] Zhang R, Xiao W, Wang X, et al. Novel inhibitors of fatty-acid synthase from green tea (Camellia sinensis Xihu Longjing) with high activity and a new reacting site[J]. Biotechnol. Appl. Biochem., 2006, 43(1): 1-7.

[54] Klaus S, Pültz S, Thöne-Reineke C, et al. Epigallocatechin gallate attenuates diet-induced obesity in mice by decreasing energy absorption and increasing fat oxidation[J]. Int. J. Obes., 2005, 29(6): 615-623.

[55] Thurman R G. Alcoholic liver injury involves activation of Kupffer cells by endotoxin[J]. Am. J. Physiol., 1998, 275(4): G605-11.

[56] Zhang Y, Li M M, Hua T M, et al. The protective effect of tea polyphenols on chronic alcoholic liver injury in rats[J]. Chinese Journal of Applied Physiology, 2018, 34(6): 481-484.

[57] Wei Y M, Li X, Xiong J, et al. Attenuation by statins of membrane raft-redox signaling in coronary arterial endothelium[J]. J. Pharmacol. Exp. Ther., 2013, 345(2): 170-179.

[58] Koter M, Franiak I, Broncel M, et al. Effects of simvastatin and pravastatin on peroxidation of erythrocyte plasma membrane lipids in patients with type 2 hypercholesterolemia[J]. Can. J. Physiol. Pharm., 2003, 81(5): 485-492.

[59] Broncel M, Franiak I, Koter-Michalak M, et al. The comparison in vitro the effects of pravastatin and quercetin on the selected structural parameters of membrane erythrocytes from patients with hypercholesterolemia[J]. Pol. Merkur. Lekarski., 2007, 22(128): 112-116.

[60] Tsuda K, Nishio I. Leptin and membrane fluidity of erythrocytes in essential hypertension. An electron paramagnetic resonance investigation[J]. Am. J. Hypertens., 2004, 17(4): 375-379.

[61] Tsuda K, Kimura K, Nishio I. Leptin improves membrane fluidity of erythrocytes in humans via a nitric oxide-dependent mechanism an electron paramagnetic resonance investigation[J]. Biochem. Biophys. Res. Commun., 2002, 297(3): 672-681.

第16章

ESR研究糖尿病

代谢综合征被称为21世纪的主要健康杀手,而糖尿病是常见的代谢性疾病.随着糖尿病在世界范围内的流行,它已成为一个重要的健康问题.目前,全世界有4.63亿人(占20~79岁成年人的9.3%)患有糖尿病.还有100万20岁以下的儿童和10万青少年患有1型糖尿病.预计到2030年,这一数字将增至5.78亿.美国20岁以上人群代谢综合征的发病率为24%,其中60%为肥胖患者.美国疾病控制中心(CDC)估计,2 900万美国人患有糖尿病,70%的糖尿病患者将发展为糖尿病周围神经病变.糖尿病患者的经济负担也令人震惊.2012年,美国糖尿病协会对糖尿病的直接医疗费用为1 760亿美元.与糖尿病相关的医疗保健,总成本估计约为7 600亿美元,预计在未来10年将达到8 250亿美元.根据中华医学会的调查,中国城市20岁以上人群中代谢综合征的患病率为14%~16%.代谢综合征随年龄增长而增加,在50~70岁人群中达到高峰,女性患者多于男性.据估计,未来7年内,每8名患者中就有1名代谢综合征患者.

糖尿病是一种胰岛素分泌受损、胰岛素作用不当或两者兼有的慢性病.胰岛素缺乏可导致高血糖.如果不严格控制,可能导致残疾和危及生命健康的并发症发生,包括心血管疾病、视网膜病变、神经病变、肾病和伤口愈合时间延长/不完全.此外,糖尿病还会导致骨骼脆弱和骨骼折损难愈合.糖尿病和肥胖症是如此紧密地交织在一起,科学家们现在把它们称为一种整体代谢综合征.糖尿病是代谢综合征的主要组成部分.研究表明,糖尿病与一氧化氮密切相关.代谢综合征的特征是一个人有一组代谢危险因素,包括腹部肥胖、动脉粥样硬化性血脂异常、血压升高和胰岛素抵抗或葡萄糖不耐受.[1]代谢综合征的主要潜在危险因素是腹部肥胖和胰岛素抵抗,[2]脂肪细胞中的氧化应激损伤胰岛素信号、降低胰岛素刺激的葡萄糖摄取.由于脂肪细胞不仅是葡萄糖和脂肪的存储位置,它还可以分泌细胞因子来影响葡萄糖和脂质的稳态.脂肪超载的脂肪细胞分泌 ROS、TNF-α、抵抗素和游离脂肪酸,从而导致肌肉和肝脏的胰岛素抵抗.脂肪细胞分泌的活性氧可通过血液运输改变全身氧化还原系统.

ESR 波谱研究发现,糖尿病与自由基和氧化应激损伤密切相关.ESR 与自旋捕集技术结合,能够研究和了解自由基如何参与各种病理过程.自旋捕集技术在糖尿病等疾病研究中具有重要作用.[3]研究还发现,天然抗氧化剂具有抗糖尿病的作用[4],可以保护胰腺免受氧化损伤.[5]最近的研究结果表明,天然抗氧化剂茶多酚 GTP 可以增加糖尿病动物的胰岛素敏感性,[6]GTPs 可以增强 *glut*-4 的表达,增加葡萄糖耐量,促进脂肪细胞和肌肉中的葡萄糖摄取.此外,GTPs 还能降低糖尿病大鼠的氧化应激.[7]由于 GTPs 是最常用的抗氧化剂之一,流行病学证据也表明氧化应激与胰岛素抵抗有关,[8]尤其是脂肪细胞中的氧化应激可能是肥胖与 2 型糖尿病之间的相关因素,所以我们认为 GTPs 抗糖尿病作用的机制之一是 GTPs 能降低脂肪细胞的氧化应激,提高胰岛素敏感性.GTPs 可以直接清除其他组织中的 ROS,脂肪细胞分泌的 ROS 也可以作用于其他组织,从而减轻全身尤其是肌肉和肝脏的氧化应激.本章就发病机理、氧化应激及天然抗氧化剂对糖尿病的预防和治疗进行讨论.

16.1 ESR 研究糖尿病产生的自由基

ESR 方法的缺点是自旋加合物由于生物还原和/或氧化过程而寿命短.免疫自旋捕集(IST)涉及使用识别大分子 5,5-二甲基吡咯啉-N-氧化物(DMPO)自旋加合物(抗 DMPO 抗体)的抗体,而无论捕集的自由基加合物的氧化/还原状态如何.最新进展表明,免疫自旋捕集方法已扩展到结合免疫自旋捕集与分子磁共振成像(mMRI)的体内应用.这种组合的 IST-mMRI 方法涉及使用自旋捕集剂 DMPO 来捕集疾病模型中的自由基,并使用 mMRI——抗 DMPO 探针,其结合了针对 DMPO 自由基加合物的抗体和 MRI 造影剂,从而产生靶向自由基加合物.[3]

16.1.1 ESR 检测链脲佐菌素诱导糖尿病产生的自由基

糖尿病患者的氧化应激增强可能有助于我们对糖尿病血管病的发病机制的了解.

ESR是一种测定体内活性氧和自由基的方法,它使用氮氧化物衍生物氨基甲酰基-PROXYL作为探针.在这项研究中,通过链脲佐菌素(STZ)注射(65 mg/kg,体重,静脉注射)诱导Wistar大鼠患糖尿病,在2周、4周和8周后,动物接受氨基甲酰-PROXYL(300 nmol/g),静脉注射,并在上腹部以300 MHz的频率测量ESR.注射后,氨基甲酰基-PROXYL ESR信号的强度逐渐降低,并在前5 min内测定自旋清除率.在所有时间点,糖尿病大鼠的ESR信号清除率明显高于对照大鼠.此外,糖尿病大鼠的ESR信号清除率与尿MDA水平显著相关,尿MDA水平是脂质过氧化的标志物.每天用4单位中性丙胺(NPH)胰岛素治疗4周,降低糖尿病大鼠的ESR信号清除率.同时,注射氨基甲酰-PROXYL和超氧化物歧化酶,以剂量依赖性方式降低了糖尿病大鼠的ESR信号清除率.注射抗氧化剂α-生育酚(40 mg/kg,腹膜内)2周,恢复糖尿病大鼠的ESR信号清除率,而不伴有血糖恢复.这些结果表明,糖尿病状态增强了体内自由基的产生,血糖控制和抗氧化治疗都可以减少这种氧化应激.非侵入性体内ESR测量可能有助于评估糖尿病的氧化应激.[9]

活性氧可能在糖尿病患者的血管炎症和动脉粥样硬化中起关键作用.在这项研究中,黄嘌呤氧化酶(XO)系统被检查为链脲佐菌素诱导的实验性糖尿病小鼠超氧化物的潜在来源.与非糖尿病对照小鼠(15±6 μU/mL)相比,糖尿病发作2周后,小鼠((50±33) μU/mL)的血浆XO活性增加了3倍.通过体内ESR/自旋探针方法,评估糖尿病小鼠体内超氧化物的产生.糖尿病小鼠的超氧化物生成显著增强,并且通过施用超氧化物歧化酶和4,5-二羟基-1,3-苯二磺酸(Tiron)来恢复增强,超氧化物歧化酶清除超氧化物.用XO抑制剂别嘌呤醇及其活性代谢物奥嘌呤醇对糖尿病小鼠进行预处理,使增加的超氧化物生成正常化.此外,糖尿病和非糖尿病小鼠的血浆XO活性水平,与超氧化物产生的相对程度之间存在相关性($r=0.78$).因此,这项研究的结果表明,超氧化物应该通过糖尿病模型小鼠中观察到的XO产生的增加,这可能与糖尿病血管并发症的发病机制有关.[10]

缺氧通常被认为是糖尿病患者伤口愈合受损的主要原因.即使氧气在伤口愈合过程中的作用已得到充分认可,但测量伤口中的氧气水平仍然具有挑战性.本研究测定了ESR血氧饱和度法在糖尿病小鼠模型中监测伤口愈合过程中p_{O_2}的值.在处理和db/db小鼠中进行伤口闭合动力学的研究表明,在愈合过程中,通过1 GHz ESR波谱反复跟踪p_{O_2},其中锂酞菁晶体用作两种不同伤口模型中的氧传感器:全层切除皮肤伤口和带蒂皮瓣.与对照(db/+)小鼠相比,12周龄db/db的伤口闭合动力学变慢;同时,与对照小鼠相比,STZ处理的动力学没有统计学差异.在切除伤口的中心,测量在愈合过程的早期受到大气氧气的高度影响.在带蒂皮瓣中,由于受伤后的早期观察到缺氧.虽然db/+小鼠的复氧随着时间的推移而发生,但在糖尿病db/db模型中缺氧时间延长.这一观察结果与使用活体显微镜观察到的愈合受损和微血管病一致.总之,使用锂酞菁晶体作为氧传感器的ESR血氧测定法,是跟踪正常和糖尿病动物急性和慢性伤口氧合的有效技术.然而,该技术仅限于带蒂皮瓣的测量,不能应用于大气氧显著扩散影响测量的切除伤口.[11]

16.1.2 糖尿病导致冠状动脉微血管功能障碍

冠状动脉微血管功能障碍在糖尿病患者中十分普遍，与心脏死亡率相关. 受损内皮依赖性扩张(EDD)是糖尿病发展的早期事件，但其机制目前仍不完全清楚. NO是健康冠状动脉循环中主要的内皮依赖性血管舒张代谢物，但在冠状动脉疾病(CAD)患者中会转变为H_2O_2. 由于糖尿病是CAD的重要危险因素，糖尿病中会发生类似的NO-H_2O_2转换. 在食物或高脂肪/高糖饮食中，野生型(WT)和microRNA-21(miR-21)(瘦素受体缺乏)短暂性2型糖尿病小鼠，以及使用肌图的B6. BKS(D)-$Lepr^{db}$/J (db/db)小鼠分离冠状动脉中体外测量血管舒张. 使用造影超声心动图和固态压力传感器导管，在体内测量心肌血流量(MBF)、血压和心率. 通过实时荧光定量PCR，分析来自冠状动脉、内皮细胞和心脏组织的RNA的基因表达；并通过蛋白质印迹分析，评估心脏蛋白表达. 通过ESR检测 $\cdot O_2^-$，发现：① 糖尿病小鼠离体冠状动脉受损内皮依赖性扩张和体内心肌血流量受损；② N-ω-硝基-L-精氨酸甲酯(一种NO合酶抑制剂，L-NAME)，抑制WT体内离体冠状动脉内皮依赖性扩张和体内MBF. 相比之下，聚乙二醇过氧化氢酶(一种H_2O_2清除剂，Peg-Cat)在体内抑制糖尿病小鼠内皮依赖性扩张离体和心肌血流量. ③ miR-21在糖尿病小鼠内皮细胞中上调，miR-21的缺乏阻止了NO-H_2O_2转换，改善了糖尿病小鼠血管舒张障碍. ④ 糖尿病小鼠血清中NO和H_2O_2升高，*Sod*1、*Sod*2、*iNos*和*Cav*1的mRNA表达上调，冠状动脉*Pgc*-1α下调，但*miR*-21的缺乏逆转了这些变化. ⑤ *miR*-21缺陷小鼠表现出心脏PGC-1α、PPARα和eNOS蛋白增加，及内皮超氧化物减少. ⑥ *PGC*-1α的抑制改变了*miR*-21调控基因的mRNA表达，*PGC*-1α的过表达降低了*miR*-21在高(25.5 mmol/L)葡萄糖处理的冠状动脉内皮细胞中的表达. 糖尿病小鼠在冠状动脉受损内皮依赖性扩张的介质中表现出NO向H_2O_2转变，这有助于微血管功能障碍，并由*miR*-21介导. 这项研究是第一个在小鼠模型中观察到了在糖尿病CAD患者中才能观察到的NO向H_2O_2的转变. [12]

高血糖诱导的活性氧是心功能不全的关键介质. JunD(Jund原癌基因亚基)是转录因子AP-1(激活蛋白-1)家族的成员，正在成为抗氧化应激的关键因素. 然而，它对糖尿病心脏氧化还原状态和炎症的贡献仍有待阐明. 本研究通过ESR波谱，以及常规和二维散斑跟踪超声心动图进行评估，探讨了JunD在高血糖诱导和活性氧驱动的心肌功能障碍中的作用. 与对照组相比，链脲佐菌素诱导的糖尿病小鼠心肌中的JunD mRNA和蛋白质表达降低. JunD下调与氧化应激和左心室功能障碍有关. 此外，自由基清除剂超氧化物歧化酶1和醛脱氢酶2的心肌表达降低，而NOX2(NADPH(烟酰胺腺嘌呤二核苷酸磷酸酶)氧化酶亚基2)和NOX4(NADPH(烟酰胺腺嘌呤二核苷酸磷酸酶)氧化酶亚基4)上调. 氧化还原变化与NF-κB(核因子κB)结合活性增加和炎症介质表达有关. 有趣的是，发现了α MHC(α-肌球蛋白重链)启动子(α MHC JunDtg)，具有心脏特异性过表达

JunD 的小鼠受到保护，避免了高血糖诱导的心功能障碍. 结果还表明，JunD 受启动子高甲基化、组蛋白标记的翻译后修饰，以及 miRNA(microRNA)-673/menin 的翻译抑制的表观遗传调控. 与非糖尿病受试者相比，从 2 型糖尿病患者获得的左心室标本中证实了 JunD mRNA 和蛋白质表达的降低. 结果表明，涉及 DNA 甲基化、组蛋白修饰和 microRNA 的复杂表观遗传机制，介导实验和人类糖尿病中高血糖诱导的 JunD 下调和心肌功能障碍. 研究结果认为，JunD 的组织特异性治疗调节为预防糖尿病、心肌病铺平了道路.[13]

16.1.3 ESR 研究糖尿病发病的机理

Mn^{2+} 的 ESR 波谱对配位对称性的变化具有高度响应性. 因此，使用 ESR 波谱法研究与山羊外周血淋巴细胞凝集素结合的 Mn^{2+}，以描绘凝集素金属结合位点的性质. 研究结果表明，山羊外周血淋巴细胞凝集素上存在两个金属结合位点：一个是可解离位点，可以结合 Cu^{2+}，Ca^{2+}，Mg^{2+} 和 Ni^{2+}，以置换结合的 Mn^{2+}；另一个是非解离位点，结合的 Mn^{2+} 不能被置换. 由于结合 D-葡萄糖时未观察到波谱变化，因此 Mn^{2+} 不太可能直接参与糖结合.[14]

合成的 $NiCo_2O_4$ 介孔球(MS)表现出固有的过氧化物酶和氧化酶样活性. 采用 ESR 方法，详细分析了 $NiCo_2O_4$ 中空球样氧化酶活性的催化机理. 研究发现，$NiCo_2O_4$ 中空球可以直接氧化 3,3′,5,5′-四甲基联苯胺(TMB)，但不产生 $^1O_2$ 和 · OH；并且 $NiCo_2O_4$ 中空球过氧化物酶样活性的机制也得到了验证. TMB 的氧化不仅源于 · OH，还有 $^1O_2$. 基于 $NiCo_2O_4$ 中空球，在较宽的温度范围内表现出优异的过氧化物酶样活性，特别是在正常体温下，设计了一种检测工具，用于糖尿病患者血清样品中的葡萄糖测定. 这种基于 $NiCo_2O_4$ 中空球的检测方法给出的检测限，低于使用 $NiCo_2O_4$ NPs 和 NiONPs 作为 $NiCo_2O_4$ 单组分氧化物的方法. 这个研究可能开辟了对糖尿病下一代酶模拟系统产生重大影响的可能性.[15]

通过叶酸(FA)、$VOSO_4$ 和氨基酸(AAn)在中和培养基中的摩尔比相等的化学反应，合成了新的六种腹膜内注射胰岛素模拟钒(Ⅳ)化合物[(VO)(FA)(AAn)](其中 $n = 1 \sim 6$：AA1 = 异亮氨酸，AA2 = 苏氨酸，AA3 = 脯氨酸，AA4 = 苯丙氨酸，AA5 = 赖氨酸和 AA6 = 谷氨酰胺). 通过元素分析和钒基(Ⅳ)金属离子的估计，对这些配合物进行了表征. 这些配合物的结构通过 ESR 和固体反射光谱仪等光谱方法阐明. 磁矩和电子光谱揭示了复合物的方形金字塔几何结构. 电导率结果表明，所有合成的钒基(Ⅳ)配合物都具有非电解质行为. 这些复合物的红外光谱分配显示，FAH2 和 AAn 螯合物充当双齿连接. 通过 FAH2 药物配体的一个羧基的去质子化，而存在对钒(Ⅳ)离子的螯合，因此氨基酸通过 N-氨基和 O-羧酸基团充当双齿配体. 在链脲佐菌素诱导的糖尿病雄性白化大鼠中，评估这些复合物的抗糖尿病效率. 肝和肾功能、胰岛素和血糖水平、血脂谱和超氧化

物歧化酶抗氧化剂是 VO(Ⅳ)/FA/AAn 系统化合物作为抗糖尿病药物效率的验证标志符.[16]

一种磁共振成像造影剂被用于携带聚乙二醇(PEG)和葡萄糖偶联物的顺磁性非离子囊泡(niosome)的肿瘤检测,可以靶向过表达的葡萄糖受体.测试了四种钆苯酸二甲葡胺负载的囊泡制剂,包括非共轭囊泡、携带葡萄糖偶联物(N-棕榈酰氨基葡萄糖(NPG))的囊泡、带有 PEG 4400 的囊泡 e,以及同时携带 PEG 和 NPG 的囊泡.与人的前列腺癌 PC3 细胞孵育后,在 ESR 处测量体外细胞摄取.注射 6 h、12 h 和 24 h 后,在磁共振成像下研究体内分布,评估 49 只携带 PC3 细胞的小鼠的肿瘤、脑、肝脏和肌肉信号强度(SI).用肿瘤-肌肉噪声比(CNR)评估靶向造影剂的效率.通过方差分析,进行差异检验,然后进行后验费舍尔检验.在体外,只有在与携带葡萄糖偶联物的囊泡或同时携带葡萄糖偶联物和 PEG 的囊泡 e 一起孵育的细胞沉淀中,才能于 ESR 下检测到 PC3 细胞.在体内,注射糖基化聚乙二醇尼奥小体 24 h 后,显示出显著的肿瘤增强($p<0.01$);注射非共轭尼奥小体、糖基化尼奥小体或 PEG 4400 尼奥小体后,未观察到显著差异.注射 24 h 后,囊泡表面仅存在 N-棕榈酰氨基葡萄糖或聚乙二醇 4400 导致的肿瘤到肌肉的肿瘤-肌肉对比噪音比,高于注射非结合囊泡后观察到的肿瘤-肌肉对比噪音比(CNR 为 3.3 ± 0.7 [SD],3.4 ± 2.2 和 0 ± 1.9).N-棕榈酰氨基葡萄糖和聚乙二醇的组合导致更高的肿瘤-肌肉肿瘤-肌肉对比噪音比(6.3 ± 2.2).因此得出结论:在人癌异种移植模型中,聚乙二醇和葡萄糖偶联物在囊泡表面的组合显著改善了通过磁共振成像评估的包封顺磁性剂的肿瘤靶向性.[17]

内皮功能障碍是由一氧化氮生物利用度降低和/或过量产生的活性氧引起的.这项研究调查了内皮 eNOS 增强剂 AVE3085,在保留糖尿病小鼠内皮功能方面的血管益处及其所涉及的机制.雄性 db/db 和 db/m(+)小鼠口服给药 AVE3085 7 天(10 mg/kg(−1)天(−1)).在等距离和等压条件下,通过肌图研究动脉的血管反应性.使用二氢乙锭荧光染料和 ESR 自旋捕集法,测定主动脉中的 ROS 水平.慢性治疗 AVE3085 降低血压,增强主动脉、肠系膜动脉和肾动脉中乙酰胆碱的内皮依赖性松弛(EDR),降低氧化应激,并增加 db/db 小鼠肠系膜阻力动脉中减弱的血流依赖性扩张.将 C57BL/6J 小鼠的主动脉在高葡萄糖(30 mmol/L)培养基中孵育 48 h 后,EDR 受损和 ROS 生成升高,通过与 AVE3085(1 μmol/L)共同处理来逆转这些影响.转录抑制剂放线菌素 D,NOS 抑制剂 N(G)-硝基-L-精氨酸甲酯和 eNOS(−/−)的小鼠消除了 AVE3085 的作用.用 NO 敏感荧光染料检测小鼠主动脉原代内皮细胞中的 NO 产生情况,蛋白质表达通过蛋白质印迹测定.用 AVE3085 治疗可增强内皮细胞中的 NO 产生和主动脉中的 eNOS 表达.由此得出结论:AVE3085 通过提高 NO 生物利用度来改善 db/db 小鼠的内皮功能障碍,从而减少血管壁中的氧化应激.靶向 eNOS 和 NO 产生可能是对抗糖尿病血管病变的一种有效方法.[18]

16.1.4 ESR 波谱研究葡萄糖、胰岛素和二甲双胍对分离红细胞膜顺序参数的影响

人的红细胞(RBC)膜病变用葡萄糖、胰岛素和二甲双胍治疗.通过 5-和 16-多氧基-硬脂酸自旋标记,测定红细胞膜的序参数.使用分离的红细胞膜系统排除代谢效应.将膜与生理(5 mmol/L)、肾脏阈值(10 mmol/L)和表现为糖尿病(20 mmol/L)浓度的葡萄糖一起孵育有限的时间.高浓度的葡萄糖(10 mmol/L,20 mmol/L,100 mmol/L)显著增加了红细胞膜的序参数.胰岛素本身具有类似的效果,但并不严格依赖浓度.相比之下,二甲双胍的治疗浓度(0.5 μmol/L 和 5.0 μmol/L)降低了红细胞膜的序参数.在 50 μmol/L 浓度下,二甲双胍效应表达较少,但在 100 μmol/L 浓度下表达增加.5-多氧基硬脂酸的影响显著,但 16-多氧基衍生物的影响不显著.当红细胞膜与 20 mmol/L 葡萄糖和二甲双胍以 0.5 μmol/L 和 5.0 μmol/L 浓度共同孵育时,由 5-多西基-硬脂酸确定的红细胞膜的序参数保持正常(=对照值).较高浓度的二甲双胍(50 μmol/L 和 100 μmol/L)会导致超调至极低序参数.10 mU/L,100 mU/L 和 200 mU/L 的胰岛素不会显著影响二甲双胍的作用.添加生理量的牛血清白蛋白并不能消除二甲双胍的作用.二甲双胍在治疗浓度(0.5 μmol/L 和 5.0 μmol/L)下,通过在体外用20 mmol/L 葡萄糖平衡非酶糖基化,可以维持分离的人红细胞膜的膜极性界面的正常流动性.[19]

16.2 ESR 研究糖尿病和氧化应激

对越来越多疾病的研究证据表明,氧化应激与糖尿病的发病机制有关.氧化应激是活性氧和活性氮自由基产生和抗氧化防御之间的干扰.氧化应激是 1 型和 2 型糖尿病病理生理学,以及糖尿病血管并发症发病机制中最相关的机制,也是糖尿病并发症引起糖尿病患者死亡的主要原因.氧化应激损伤可能的后果是脂质过氧化.氧化应激导致细胞代谢和细胞间稳态失调.氧化应激在胰岛素抵抗和 β 细胞功能障碍发病机制中发挥着重要作用.本节将讨论糖尿病过程中产生的重要自由基损伤作用和生物来源,以及主要的抗氧化防御机制.基于这些讨论,我们可以知道氧化应激是糖尿病的危险因素,并且通过氧化应激对糖尿病患者产生有害作用.

16.2.1 活性氧和氧化应激与糖尿病

从生物氧化反应的分子过程来看，氧作为一种重要物质，具有二元性．一方面，氧作为呼吸链的末端电子受体，参与 ATP 的氧化磷酸化反应，维持生命重要的能量代谢过程；另一方面，氧可以通过一系列化学反应产生有害的氧自由基、$\cdot O_2^-$、过氧化氢和 $\cdot OH$，破坏细胞系统中氧化物和抗氧化剂之间的动态平衡，并触发细胞氧化应激反应．富含果糖的饮食诱导腹部脂肪组织的早期促氧化状态和代谢功能障碍，这将有利于胰岛素抵抗（IR）和氧化应激（OS）的全面发展以及胰腺 β 细胞衰竭的进一步发展．[20]采用自旋捕集和 ESR 波谱方法监测自由基，在氧化应激下完整的神经母细胞瘤细胞系 NCB-20 中检测到内源性细胞内谷硫酰（GS·）自由基．用自旋捕集法测量 5,5-二甲基-1-吡咯啉-1-氧化物（DMPO）孵育的细胞受到葡萄糖/葡萄糖氧化酶反应产生的 H_2O_2 的作用．这些细胞表现出谷硫酰的 ESR 波谱．DMPO 的自由基加合物（DMPO-SG·），不含外源性还原型谷胱甘肽（GSH）．通过观察与体外研究中先前报道的值相同的超精细偶联常数，证实了这种自由基加合物的成分．该研究利用已知的酶反应，例如辣根过氧化物酶和 Cu/Zn 超氧化物歧化酶，以 GSH 和 H_2O_2 为底物形成谷硫酰．自由基需要活细胞和 GSH 的连续生物合成．添加不透水顺磁增宽剂对共振振幅没有显著影响，表明这些自由基位于完整细胞内．N-乙酰-L-半胱氨酸（NAC）处理的细胞产生 N-乙酰-L-半胱氨酸衍生的自由基（NAC·）代替谷硫酰基．动力学研究表明，DMPO-SG· 的形成导致滞后期浓度大幅增加，而用 DMPO-NAC· 处理的细胞没有显示出这种浓度的增加．根据这些结果，研究者对细胞中抗氧化酶防御的极限和谷硫酰的潜在作用进行了研究，发现响应氧化应激的转录核因子 NF-κB 激活了自由基爆发．[21]

间接生化技术仅用于确定 1 型糖尿病患者是否更容易受到休息和运动诱导的氧化应激的影响．迄今为止，没有直接证据支持 1 型糖尿病患者自由基水平增加的论点．因此，本研究的目的是使用 ESR 波谱法并结合 α-苯基-叔丁基硝烷（PBN）自旋捕集，测量年轻男性 1 型糖尿病患者（HbA(1c) = 8.2 ± 1%， $n = 12$）和健康匹配对照组（HbA(1c) = 5.5 ± 0.2%，$n = 13$）糖化血红蛋白．还测量了脂质过氧化（丙二醛和脂质氢过氧化物）、环境血糖和选定抗氧化剂的支持措施．与健康组相比，通过 ESR 和脂质氢过氧化物（LH）测量的糖尿病患者的自由基浓度相对较高（$p < 0.05$）．健康组 α-生育酚相对较低（$p < 0.05$，合并休息和运动数据与糖尿病组相比），这是由于体育锻炼期间选择性的下降（$p < 0.05$ 与休息相比）．ESR 波谱记录的超精细耦合常数（$a_N = 1.37$ mT 和 $a_H = 0.17$ mT）提示为氧或碳中心自由基．糖尿病组中氧化剂浓度较高可能是由于葡萄糖自氧化（作为该病理学的功能）增加，和/或主要脂溶性抗氧化剂 α-生育酚的运动诱导氧化速率较低．ESR 检测到的自由基是 LH 分解衍生的次级产物，因为它们是自由基攻击细胞膜的主要初始反应产物．[22]

众所周知，糖尿病患者的氧化应激会增强.然而，氧化应激的主要体内来源尚不清楚.血管 NAD(P)H 氧化酶可能是糖尿病和肥胖模型中氧化应激的主要来源.采用体内 ESR/自旋探针，评价体内的全身氧化应激.在糖尿病发作后 2 周，自旋捕集的 ESR 信号衰减率(自旋清除率;SpCR)在链脲佐菌素诱导的糖尿病大鼠中显著增加.通过抗氧化剂 α-生育酚(40 mg/kg)和超氧化物歧化酶(5000 单位/kg)处理，这种增加完全正常化，并且用 PKC 特异性抑制剂 CGP41251(50 mg/kg)和 NAD(P)H 氧化酶抑制剂香荚兰乙酮(5 mg/kg)处理，能够得到显著抑制.与对照组相比，患有轻度高血糖的肥胖 ob/ob 小鼠(10 周龄)和具有正常血糖的 Zucker(肥胖)大鼠(11 周龄)，均表现出明显的 ESR 信号增加.同样，这种增加被 CGP41251 和顶蛋白治疗所抑制.口服胰岛素增敏剂吡格列酮(10 mg/kg)7 天，也可以使 ESR 信号的清除率完全正常化.这些结果表明，血管 NAD(P)H 氧化酶可能是糖尿病和肥胖症氧化应激增加的主要来源.[23]

高浓度 H_2O_2 激活胰岛素信号，并诱导典型的胰岛素代谢作用. H_2O_2 增加脂肪细胞和肌肉中的葡萄糖摄取.在肥胖小鼠中，可以观察到糖尿病发病之前脂肪组织产生的 H_2O_2 增加.在糖尿病和肥胖症的动物模型中，肝脏中脂质过氧化标记物的数量增加了.系统性氧化应激的最新证据包括在 1 型和 2 型糖尿病患者与肥胖患者中检测到循环，以及尿液中脂质过氧化产物 F2 异前列腺素(8-epi-前列腺素 F2α)水平升高.值得注意的是，该标志物与血糖水平和血糖变异性相关,[24]活性氧和氧化应激在糖尿病的发生、发展和慢性并发症中起着关键作用.高血糖诱导的活性氧可减少胰岛 β 细胞的胰岛素分泌，降低胰岛素敏感组织的胰岛素敏感性和信号转导，改变 1 型和 2 型糖尿病患者的内皮细胞功能.最近的研究表明，氧化应激和过量的脂肪酸可以减少葡萄糖刺激的胰岛素分泌，抑制胰岛素基因表达，导致 β 细胞死亡，从而使 2 型糖尿病转化为 1 型糖尿病.脂肪组织不仅存储脂肪和能量，还分泌许多生物活性蛋白质，如瘦素和许多炎症因子，如 TNF-α，IL-6，IL-8，IL-10，MCP-1.此外，脂肪组织还可以分泌一些蛋白质.糖尿病及其并发症的发生与氧化应激和低慢性炎症有关.自由基和相关活性氧产生过多导致高糖，促进慢性炎症，并促进活性氧的形成，最终导致糖尿病并发症，包括血管功能障碍.此外，ROS 水平的升高还会减少胰岛素分泌，破坏胰岛素敏感性和胰岛素反应性组织的信号转导.因此，适当治疗高糖和抑制 ROS 的过度产生，对于延缓糖尿病的发生和发展以及预防后续并发症至关重要.通过细胞氧化还原状态的测量和基因表达的分析表明，两种模型中的 ROS 水平均增加.在细胞培养中，使用六种旨在改变活性氧水平的方法，包括使用两种小分子和四种转基因，均不同程度地改善了胰岛素抵抗.其中一种治疗方法在肥胖、胰岛素抵抗的小鼠身上进行了实验.结果表明，它可以改善胰岛素敏感性和葡萄糖稳态.活性氧在多种形式的胰岛素抵抗中起着因果作用.胰岛素抵抗是 2 型糖尿病的一个主要特征，也是其他临床和实验环境的一个特征.地塞米松(DEX)和 TNF-α 通过诱导脂肪细胞氧化应激而引起胰岛素抵抗.这里报告了两种胰岛素抵抗细胞模型的基因组分析：一种是用细胞因子肿瘤坏死因子 α 诱导的，另一种是用糖皮质激素地塞米松诱导的.基因表达分析表明，两种模型中的 ROS 水平均增加，研究者通过细胞氧化还原状态的测量证实了

这一点.[25]

糖尿病环境会诱导高水平的ROS.糖尿病患者巨噬细胞活化和功能中产生的ROS,会导致糖尿病的血管并发症.最新的研究表明,由于糖酵解代谢的改变,糖尿病单核细胞和巨噬细胞中ROS的形成加剧.巨噬细胞在糖尿病的发展过程中起着重要作用,通过释放促炎细胞因子和蛋白酶促进炎症.由于活性氧是激活促炎信号通路的重要介质,肥胖和高血糖诱导的活性氧生成可能有利于在糖尿病发病和进展期间诱导M1样促炎巨噬细胞.ROS诱导丝裂原活化蛋白激酶(MAPK)、信转导和转录激活因子(STAT)1、STAT6和NFκB信号,并通过表观遗传编程干扰巨噬细胞分化.ROS的产生与糖尿病及其并发症的代谢和炎症有关.ROS与2型糖尿病的来源、后果和靶向治疗密切相关.氧化应激被认为是糖尿病并发症进展中的一个中心介质.细胞内的ROS导致氧化应激,并通过线粒体以及五条主要途径的激活而升高:增加多元醇途径流量、激活蛋白激酶C(PKC)途径、增加晚期糖基化终产物(AGEs)的形成、增加己糖胺途径的过度活动和增加血管紧张素Ⅱ的生成.通过这些途径增加的活性氧,导致β细胞功能障碍和胰岛素抵抗,从而导致细胞损伤和细胞死亡.ROS在2型糖尿病中的激活以及ROS是其治疗的可能靶点.对于调节糖尿病患者活性氧水平的各种策略和药物来说,这将是一个很有希望的目标.[26]

两项关键观察表明,氧化剂可以促进或模拟胰岛素作用,H_2O_2是响应其靶细胞的胰岛素刺激而产生的,这导致了ROS可能作为胰岛素作用级联中的第二信使的假设.胰岛素诱导的ROS的特定分子靶点包括其信号活性通过氧化生化反应被修饰的酶,从而导致增强的胰岛素信号转导,因为长期暴露于相对高水平的ROS也与功能性β细胞损伤和糖尿病的慢性并发症相关.ROS最具特征的分子靶点是蛋白质酪氨酸磷酸酶(PTPs),因为这些重要的信号酶需要还原形式的关键的半胱氨酸残基来催化活性.PTPs通常通过胰岛素受体及其酪氨酸磷酸化细胞底物的去磷酸化作用,作为胰岛素的负调节因子.然而,ROS可以快速氧化靶PTPs催化半胱氨酸,有效地阻断其酶活性并逆转其对胰岛素信号的抑制作用.脂肪组织中的氧化应激如何诱导全身胰岛素抵抗的另一个途径是分泌细胞因子.根据其对血脂和糖代谢的影响,脂肪因子一般分为两组:阳性组,包括瘦素、脂联素等;阴性组,包括TNF-a、抵抗素.脂联素可以刺激脂肪、肌肉和其他组织摄取葡萄糖,而抵抗素可以在许多糖代谢相关组织中诱导炎症反应.肥胖诱导的脂肪细胞氧化应激可以减少脂联素,但增加脂肪细胞抵抗素的分泌,进而导致脂肪、肝脏和肌肉的胰岛素抵抗.在我们的实验中,地塞米松和TNF-a增加脂肪细胞中ROS的生成,从而减少脂联素的合成,增加抵抗素的合成.EGCG可以减弱地塞米松和TNF引起的这些变化,这是其ROS清除作用的结果.[27]

总之,研究结果表明,在许多环境中,活性氧水平升高是胰岛素抵抗的重要触发因素.ROS参与糖尿病并发症中巨噬细胞和内皮细胞之间的相互作用,在1型糖尿病尤其是2型糖尿病中,ROS与过度营养和肥胖有密切关系.

16.2.2 活性氮和氧化应激与糖尿病

除了活性氧在糖尿病中引起氧化应激，活性氮也发挥着重要作用. 研究发现，NO·与糖尿病密切相关. NO·在调节血管张力中起着重要作用，NO·活性受损可能与糖尿病血管病变的发生有关. 内源性NO·是一种小信号分子，可以刺激线粒体的产生. 糖尿病并发症的特点是内皮（血管）功能障碍. 大量研究表明，活性氧在糖尿病血管功能障碍的发病机制中起着重要作用，因为糖尿病并发症的途径与氧化应激密切相关. 特别是，葡萄糖增加导致ROS的线粒体增加. $\cdot O_2^-$ 在与NO·反应时产生过亚硝酸根的活性氧. 有一项关于糖尿病患者NO·水平的系统回顾和荟萃分析，描述了NO·水平与1型或2型糖尿病患者之间是否存在关系. 文献检索了所有调查1型或2型糖尿病患者与非糖尿病受试者（对照组）之间NO·水平的研究. 与对照组相比，欧洲1型糖尿病患者的NO·水平升高. 在1型糖尿病研究中，未评估其他种族. 与对照组相比，欧洲和亚洲2型糖尿病患者的NO·水平也有所升高，但拉丁美洲患者的NO·水平没有升高. 该荟萃分析检测到欧洲1型糖尿病患者以及欧洲和亚洲2型糖尿病患者的NO·水平显著增加.[28]在人类研究中也有记录表明，糖尿病患者的内皮细胞不能产生足够数量的NO·，也不能对内皮依赖性血管舒张药（如乙酰胆碱、缓激肽、剪切应力等）作出反应.[29]糖尿病的动物模型与NO·的生物利用度降低和内皮依赖性舒张功能受损有关. 有趣的是，eNOS基因敲除小鼠表现出糖尿病肾病加速，证明了eNOS衍生的NO·生成不足在糖尿病肾病发病机制中的作用. iNOS与糖尿病病理生理学密切相关. 最近的报告显示，在患糖尿病的大鼠研究中，eNOS表达降低伴随iNOS和硝基酪氨酸表达增加. 一氧化氮生物利用度的降低与糖尿病大血管和微血管疾病有关. 糖尿病与血管内皮功能障碍产生的NO·减少有关. NOS催化NO·的形成. NOS在肥胖、糖尿病和心脏病等病理条件中的作用已被研究. 在高血糖状态下，eNOS的解偶联和自由基生成的增加也会导致高活性氮物质的形成，如过氧亚硝酸盐会导致DNA损伤、致癌突变、细胞增殖和凋亡关键途径的激活.[30]

氧化应激增加和一氧化氮生物利用度降低，在糖尿病患者血管系统内皮细胞功能障碍中起着因果作用. 活性氮引起糖尿病氧化应激损伤的一个重要原因是，与氧化应激共同产生. 一氧化氮与活性氧反应生成过氧亚硝酸盐，而过氧亚硝酸盐是一种具有更强氧化活性的物质，可导致氧化应激.

16.2.3 线粒体氧化损伤和胰岛素抵抗

线粒体功能作用的改变已成为糖尿病并发症发生的重要机制. 此外，线粒体是产生超氧化物的重要来源，尤其是在细胞内葡萄糖浓度升高的状态下. 线粒体功能受多种因素调节，包括一氧化氮、氧化应激、雷帕霉素的哺乳动物靶点、ADP 和 P(i)可用性，这些因素导致 ATP 生成和耗氧量增加，以及超氧化物生成的复杂调节.1 型糖尿病患者的线粒体产生活性氧和活性氮.1 型糖尿病(T1D)的复杂病因是免疫调节失败与 β 细胞紊乱相结合的结果.β 细胞和免疫细胞的线粒体功能障碍可能参与了 1 型糖尿病的发病机制.线粒体能量的产生对于 β 细胞的主要任务(胰岛素分泌对葡萄糖的反应)至关重要.线粒体是 ROS 产生的主要场所.在免疫攻击下，线粒体活性氧(mtROS)参与 β 细胞损伤.同样，T 细胞在免疫应答过程中也受到线粒体生理学、形态学和代谢的密切调控.mtROS 的产生对于抗原特异性 T 细胞激活的信号转导至关重要.T 细胞线粒体功能障碍是一些人类自身免疫性疾病的一个特征.β 细胞对 mtROS 的敏感性与人类和非肥胖糖尿病(NOD)小鼠的 1 型糖尿病风险基因相关.在 NOD 小鼠和 1 型糖尿病患者的免疫细胞中，也观察到线粒体功能障碍和代谢改变.这种免疫细胞的线粒体功能障碍与受损的功能改变有关.[31]

研究表明，胰岛素抵抗与线粒体功能障碍有关，线粒体数量减少和 ATP 生成减少相关.在糖尿病前期的患者中，参与氧化磷酸化(OXPHOS)基因表达的骨骼肌减少. 线粒体是机体产生活性氧的重要组成部分.如果氧化磷酸化的效率降低(线粒体基因组中参与能量代谢的基因被消除)，ATP 的合成伴随着更多超氧自由基的产生.因此，通过减少氧化损伤来改善线粒体功能，是治疗/改善胰岛素抵抗的合理途径.氧化物可以促进胰岛素的作用，过氧化氢作为第二信使可以刺激胰岛素下游信号通路的激活.此外，糖限制可以延长秀丽隐杆线虫的寿命，这主要是因为诱导线粒体呼吸和增加氧化应激.过表达谷胱甘肽过氧化物酶 1 可以增加小鼠胰岛素抵抗的发生.其原因可能是谷胱甘肽过氧化物酶 1 的增加抑制了内源性活性氧，干扰了胰岛素的作用.研究发现，一氧化氮可触发棕色脂肪细胞、3T3-L1、U937 和 HeLa 细胞等多种细胞的线粒体生物.此外，在内皮一氧化氮合酶缺失突变(eNOS－/－)小鼠的棕色脂肪组织中，暴露于寒冷诱导的线粒体增加显著减慢.与野生型小鼠相比，其代谢率降低，体重增加加快.因此，一氧化氮 cGMP 依赖性途径控制线粒体增加和身体能量平衡.[32]

脂毒性在胰岛素抵抗和胰岛 β 细胞功能障碍中起作用.脂质循环水平的增加以及脂肪酸利用和细胞内信号的代谢改变与肌肉和肝脏的胰岛素抵抗有关.不同的途径，如新型蛋白激酶 c 途径和 JNK-1 途径，参与了脂肪毒性导致非脂糖组织器官(如肝脏和肌肉)胰岛素抵抗的机制.线粒体功能障碍在胰岛素抵抗的发病机制中起作用.内质网应激主要通过增加氧化应激，在胰岛素抵抗的病因中也起着重要作用，特别是在非酒精性脂肪肝中.越来越多的研究表明，2 型糖尿病与线粒体功能障碍密切相关.线粒体是细胞内产生活性氧的主要场所，也是活性氧的主要靶点.线粒体 DNA 的氧化损伤包括常见的缺失和涉及氧化磷酸化的基因缺失.在患有糖尿病或糖耐量受损的老年患者的骨骼肌中，发现了线粒体 DNA8468 13446 位点的异源突变，这被认为是一种“常见”的缺失.他们的研究证实，胰岛素抵抗大鼠存在线粒体 DNA 缺失的易感性，而高糖引起的活性氧增加可在体外诱导线粒体 DNA 的变化.据推测，高糖相关氧化应激和可能的高胰岛素血症可以改变线粒体基因的完整性.与正常人相比,糖尿病前期患者和糖尿病患者的线粒体氧化磷酸化相关基因在转录水平上下调了 3 个.同时,线粒体富含多种酶、结构蛋白、膜脂和核酸,也是活性氧等氧化剂直接攻击的目标.一系列天然化合物和营养素可以促进线粒体的形成和功能.这些线粒体营养素和成分可以有效上调过氧化物酶体增殖受体 γ 辅激活因子(α(PGC-1))的活性,促进线粒体的形成,从而防止胰岛素抵抗.同时,线粒体富含多种酶、结构蛋白、膜脂和核酸,它们也是活性氧等氧化剂直接攻击的目标.线粒体结构损伤、DNA 突变和酶活性降低,进而加剧线粒体损伤,导致线粒体蛋白表达改变、细胞能量代谢紊乱、线粒体功能下降、细胞功能丧失,从而引起疾病和衰老.[33]

线粒体功能障碍是胰岛素抵抗的重要原因.由活性氧引起的线粒体功能障碍导致活性氧物种和线粒体功能障碍的恶性循环,在胰岛素抵抗和 1,2 型糖尿病的过程中起着重要作用.因此,促进线粒体生成和预防线粒体功能障碍是预防和治疗胰岛素抵抗的主要策略.

16.2.4 炎症可直接导致糖尿病患者的氧化应激

糖尿病及其并发症的发生与氧化应激和低慢性炎症有关.氧化应激是细胞氧化剂和抗氧化系统之间的失衡,是自由基和相关活性氧物质过度产生的结果.高糖会增加慢性炎症的发生,促进活性氧的产生和氧化应激损伤,从而导致糖尿病并发症,包括血管功能障碍.此外,活性氧的升高会减少胰岛素分泌,破坏胰岛素敏感性和胰岛素反应性组织的信号转导.因此,适当的高糖治疗和抑制活性氧的过度产生对于延缓糖尿病的发生和发展以及预防随后的并发症至关重要.活性氧和促炎细胞因子在 1 型糖尿病发病机制中起着关键作用.1 型糖尿病(T1D)是一种 T 细胞介导的自身免疫性疾病,其特征是破坏分泌胰岛素的胰腺 β 细胞.在患有 1 型糖尿病的人类和非肥胖糖尿病小鼠(人类 T1D 的小鼠模型)中,自身反应性 T 细胞导致 β 细胞破坏,因为这些细胞的转移或缺失分别诱导或预防疾病.$CD4^+$ T 细胞使用不同的效应机制,在整个 1 型糖尿病的不同阶段发挥作用,促进胰腺 β 细胞的破坏和疾病发病机制.虽然这些适应性免疫细胞利用不同的机制破坏 β 细胞,但增强其自身反应性的一个主要手段是分泌促炎细胞因子,如 IFN-γ,TNF-α 和 IL-1.除了糖尿病 T 细胞产生促炎细胞因子,活性氧可以通过氧化还原依赖性信号途径诱导促炎细胞因子.高活性分子、促炎细胞因子在淋巴细胞浸润胰岛时产生,并通过直接杀死 β 细胞诱导疾病,致病性 β 细胞具有低水平的抗氧化酶.除了破坏 β 细胞,促炎细胞因子对于有效的适应性免疫成熟也是必要的,在 1 型糖尿病的情况下,它们通过增强适应性免疫反应而加剧自身免疫.[34]

大量研究表明,1 型糖尿病病理学是由活性氧高度驱动的.活性氧形成自身免疫反应的一种方式是通过促进 $CD4^+$ T 细胞活化和分化.由于 $CD4^+$ T 细胞是 1 型糖尿病中胰腺 β 细胞破坏的重要因素,了解活性氧如何影响其发育、激活和分化至关重要.$CD4^+$ T

细胞自身通过烟酰胺腺嘌呤二核苷酸磷酸(NADPH)氧化酶表达,以及电子传递链活性产生活性氧.此外,T细胞也可以暴露于其他免疫细胞(如巨噬细胞和树突状细胞)和β细胞产生的外源性活性氧中.转基因动物和活性氧抑制剂已经证明,活性氧在活化过程中的阻断会导致$CD4^+$ T细胞的低反应性,并降低糖尿病发病率.活性氧和氧化还原也被证明在$CD4^+$ T细胞相关的耐受机制中发挥作用,包括胸腺选择和调节性T细胞介导的抑制.相反,氧化应激和炎症增加可导致胰岛素抵抗和胰岛素分泌受损.适当治疗高血糖症和抑制活性氧的过度生成,对于延缓糖尿病的发病和预防心血管并发症至关重要.必须确定从糖尿病前期到糖尿病进展的相关机制,包括澄清新、旧药物如何影响糖尿病的氧化和免疫机制.氧化应激与高血糖之间的关系,以及炎症与糖尿病前期之间的联系需要研究.此外,还需要强调高血糖记忆、微泡、微RNA和表观遗传调节对炎症、氧化状态和血糖控制的影响.[35]

上面的结果表明,氧化应激和炎症是糖尿病前期和糖尿病的标志物.糖尿病前期患者通常已经存在胰岛素抵抗和β细胞功能受损.高血糖可上调慢性炎症标志物,并促进活性氧生成增加;炎症损伤血管功能,破坏胰腺β细胞,最终导致糖尿病.

16.3 ESR研究天然抗氧化剂茶多酚对糖尿病的影响

糖尿病是世界范围内的主要公共卫生问题之一.大量最新证据表明,细胞氧化还原失衡通过调节与β细胞功能障碍和胰岛素抵抗有关的某些信号通路,导致氧化应激和随后的糖尿病及相关并发症的发生和发展.活性氧还可以直接氧化参与糖尿病过程的某些蛋白质.在抗氧化疗法的临床应用中,存在许多潜在问题.新型抗氧化剂茶多酚可以克服药代动力学和稳定性问题,提高清除活性氧的选择性.作为一种世界性饮料,绿茶有很多有益的作用,尤其是绿茶多酚(GTPs),主要是EGCG可以降低糖尿病的发病率,预防氧化应激诱导的其他疾病和糖尿病的并发症.流行病学调查表明,饮用绿茶可显著降低脂质代谢异常引起的死亡率.茶多酚能够显著降低血液中甘油三酯和胆固醇的含量,降低血糖、氧化(氧化还原)失衡、氧化应激及随后糖尿病的发生发展.茶多酚还可以显著降低体重和体脂.[36]因此,接下来我们将重点研究茶多酚疗法在糖尿病发病机制中的作用.目前,针对活性氧和下游靶点的精确治疗干预已成为可能,并为糖尿病的治疗提供了重要的新见解.

16.3.1 流行病学调查和临床研究结果

有一项关于中国人群中茶叶消费和糖尿病风险的多中心研究,探讨中国人群喝茶对糖尿病的影响.这项多中心研究在中国南部、东部、北部、西部和中部地区的八个地点进行,纳入了12 017名20～70岁的受试者.糖尿病的诊断是通过标准的75 g口服葡萄糖耐量实验确定的.在最终分析中,纳入10 825名参与者,并应用多个logistic模型和交互作用分析,评估饮茶与糖尿病之间的关联.与非饮茶者相比,每日饮茶者、偶尔饮茶者和很少饮茶者的新诊断糖尿病多变量,校正后分别为0.80,0.88和0.86.此外,每天喝茶可使女性患糖尿病的风险降低32%,老年人(>45岁)降低24%,肥胖者(BMI>30 kg/m^2)降低34%.此外,喝红茶可使糖尿病风险降低45%($p<0.01$)[31].一项研究确定了红茶对健康人餐后血糖和胰岛素浓度的影响,与对照饮料和咖啡因饮料相比,每天饮用1.0 g茶饮料后,在小于60 min时间内的血糖浓度情况相似,但在120 min时显著降低($p<0.01$).与对照组和咖啡因饮料相比,喝茶导致胰岛素浓度在90 min时升高($p<0.01$);与单独咖啡因饮料相比,在150 min时显著升高($p<0.01$).[37]

一项单盲交叉研究比较了异麦芽酮糖和绿茶对血糖反应和抗氧化能力的影响.15名健康受试者(8名女性和7名男性;年龄(23.5±0.7)岁;体重指数为(22.6±0.4) kg/m^2)饮用了五种饮料:① 400 mL水中加入50 g蔗糖;② 400 mL水中加入50 g异麦芽酮糖;③ 400 mL绿茶;④ 400 mL绿茶中加入50 g蔗糖;⑤ 400 mL绿茶中加入50 g异麦芽酮糖.在饮用120 min期间,测定餐后血糖、胰岛素、血浆铁还原能力和丙二醛(MDA)浓度的增量面积.摄入异麦芽酮糖后,2 h的增量面积曲线表明,餐后葡萄糖(43.4%)和胰岛素浓度(42.0%)的下降幅度高于蔗糖.在异麦芽酮糖中添加绿茶对餐后血糖(20.9%)和胰岛素浓度(37.7%)有更大的抑制作用.根据抗氧化能力,蔗糖(40.0%)和异麦芽酮糖(28.7%)的消耗导致绿茶引起的餐后血浆还原能力降低.与蔗糖(34.7%)和异麦芽酮糖(17.2%)一起饮用绿茶后,餐后丙二醛的降低减弱.有一项关于绿茶与咖啡因总摄入量,以及日本成年人自我报告的2型糖尿病风险之间关系的研究:共有17 413人(6 727名男性和10 686名女性,年龄在40～65岁);在5年的随访期间,有444例(231名男性和213名女性)自我报告的新糖尿病病例.绿茶和咖啡的消费与糖尿病风险呈负相关.但未发现食用红茶或乌龙茶与糖尿病风险之间存在关联.[38]

并不是所有的实验研究结果都是一致的,有两个研究就没有发现喝茶及茶多酚与糖尿病呈负相关.为了研究绿茶和多酚摄入对胰岛素抵抗和全身炎症的影响,对66名年龄在32～73岁的临界糖尿病或糖尿病患者(53名男性和13名女性)进行了随机对照实验.干预组的受试者被要求每天服用一包含有544 mg多酚的绿茶提取物/粉末,这是一种可以毫无困难地服用的剂量.除了每天的食物摄入,要求每天将一包绿茶提取物/粉末分成3或4份溶于热水,并在每餐或零食后服用1份,持续2个月.对对照组的受试者进行简单跟踪.为了计算受试者通常在家摄入的绿茶多酚量,要求受试者品尝3种不同浓度(1%,2%和3%)的茶,并由每个受试者选择与自己在家喝茶最接近的浓度.2个月后,干预组的平均每日多酚摄入量为747 mg,显著高于对照组的469 mg.在干预组,服用补充剂2个月后,体重、BMI、收缩压和舒张压、血糖水平、糖化血红蛋白、胰岛素水平和胰岛素抵抗指数均低于干预前的相应值;然而,干预组在2个月时的这些参数与对照组没有显著差异.在干预组内,胰岛素水平的变化往往与多酚摄入量的变化有关.此外,BMI的变化与血糖水平和胰岛素水平的变化相关.1.0 g茶饮料可降低健康人的晚期血糖反应,并相应增加胰岛素.这可能表明,餐后血糖降低由刺激胰腺β细胞后胰岛素反应增强所致.这种影响可能归因于茶叶中含有酚类化合物.每天补充摄入500 mg绿茶多酚对血糖水平、糖基化血红蛋白水平、胰岛素抵抗或炎症标志物没有明显影响.多酚类物质摄入水平与胰岛素水平之间的正相关关系,值得进一步研究绿茶对胰岛素抵抗的影响.[39]

另一项关于绿茶和红茶提取物对成人2型糖尿病患者血糖控制效果的研究:双盲随机研究,评估了绿茶和红茶提取物在3个月内改善血糖控制的能力.对未服用胰岛素的成人2型糖尿病患者,进行了一项双盲、安慰剂对照、随机多剂量(每天0,375 mg或750 mg,为期3个月)研究.在3个月时测量受试者糖化血红蛋白的变化.完成这项研究的49名受试者主要是白人,平均年龄为65岁,糖尿病平均持续时间为6年,其中80%的受试者使用降糖药物.3个月后,安慰剂组、375 mg组和750 mg组的糖化血红蛋白平均变化分别为+0.4,+0.3和+0.5.虽然375 mg的药物减少了,但研究组之间的变化没有显著差异.[40]

从以上临床结果可以看出,饮用绿茶后,糖尿病风险显著降低.在女性、老年人和肥胖人群中,每天喝茶与患糖尿病的风险呈负相关.绿茶可以促进餐后葡萄糖和胰岛素浓度的降低.此外,喝红茶也与降低糖尿病风险相关.但是,也有一些例外和不确定的结果,可能主要是选取的糖尿病患者及服用茶多酚的剂量和时间不同造成的.因此还需要进一步研究,特别需要严格确定茶多酚对糖尿病的定量和定时研究.

16.3.2 动物和细胞实验

大量实验研究发现,GTPs能够显著降低动物和细胞的血糖水平,增加葡萄糖耐受量.

1. GTPs改善KK-ay的糖尿病表型

血糖水平是糖尿病的重要指标.我们研究了茶多酚GTPs喂养对高脂引起的糖尿病大鼠血糖的影响.结果发现,GTPs喂养4周后,随机血糖含量分别降低了30.4%(低浓度)和51.2%(高浓度),空腹血糖含量分别降低了31.6%(低浓度)和43.3%(高浓度),2 h血糖含量分别降低了26.5%(低浓度)和49.7%(高浓度).正常随机血糖、空腹血糖和2 h血糖标准分别为11 mmol/L,7 mmol/L和11 mmol/L.高剂量GTPs组平均空腹血糖为6.7 mmol/L,低于正常标准.高GTPs组的平均随机血糖和2 h血糖分别为16.2 mmol/L和13.5 mmol/L,均接近正常标准[27].茶多酚对KK-ay小鼠随机血糖的影响如图16.1所示.

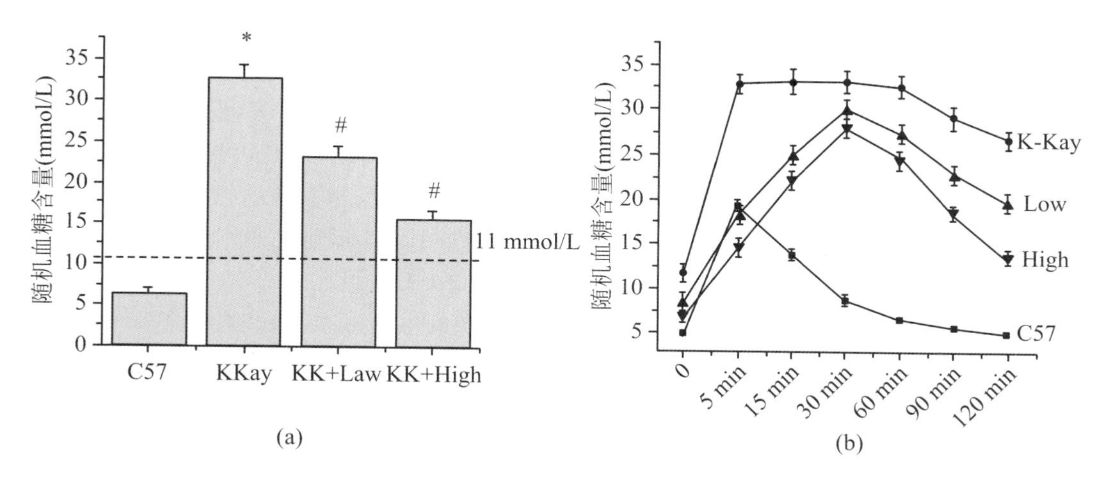

图 16.1 GTCs 饲喂降低 KK-ay 小鼠的血糖含量

(a) GTCs 喂养 KK-ay 小鼠降低随机血糖含量.(b) GTCs 喂养增加 KK-ay 小鼠的葡萄糖耐量.测量值是每次测量每组 10 只动物的平均值 ± 标准误差. * 表示 GTCs 对照饲喂组之间存在显著差异($p<0.05$).

一项研究发现,GTP 干预能够显著降低血清丙氨酸氨基转移酶(ALT)和天冬氨酸氨基转移酶(AST)水平. GTP 处理的大鼠的空腹血糖、胰岛素抵抗和肝脏脂质水平均降低. GTP 还显著降低了 TNF-α、IL-6 和丙二醛的水平. 相反,肝脏中的超氧化物歧化酶水平升高. 此外,GTP 也显著增加了 AMPK 的磷酸化,并减弱了肝组织损伤的病理学变化. GTP 对 HFD 诱导的肝脏脂肪变性、胰岛素抵抗和炎症具有保护作用,其潜在机制可能涉及 AMPK 途径.[41]

2. 茶多酚对链脲佐菌素诱导的糖尿病的影响

绿茶(-)-表儿茶素(EC)对选择性 β 细胞毒素 STZ 在体内、外对胰岛毒性作用的保护作用研究中,发现 EC 治疗后对完全发展的糖尿病没有有益影响,但在另一个研究中,发现 EC 似乎有助于在体内和体外系统中保护胰岛免受 STZ 的影响. 白茶与绿茶非常相似,但白茶是由茶树的芽和幼叶制成的,而 GTP 是由成熟的茶叶制成的. 该研究旨在探讨 0.5%白茶水提取物对 STZ 诱导的大鼠糖尿病模型的影响. 将 6 周龄雄性 Sprague-Dawley 大鼠分为 3 组,每组 6 只,即正常对照组、糖尿病对照组和糖尿病白茶组. 除正常对照组,糖尿病对照组和糖尿病白茶组均通过腹腔注射 STZ(65 mg/kg 体重)诱发糖尿病. 喂食 0.5%白茶水提取物 4 周后,与正常对照组和糖尿病对照组相比,糖尿病白茶组的饮料摄入量显著增加($p<0.05$). 与糖尿病对照组相比,糖尿病白茶组的血糖浓度显著降低,糖耐量能力显著提高. 与糖尿病对照组相比,糖尿病白茶组的肝脏重量和肝糖原显著增加,血清总胆固醇和低密度脂蛋白胆固醇显著降低. 摄入白茶对食物摄入、体重增加、血清胰岛素和果糖胺浓度均没有影响. 这项研究的数据表明,在 STZ 诱导的大鼠糖尿病模型中,0.5%的白茶水提取物可以有效减少大多数糖尿病的相关异常.[42]

3. 绿茶多酚预防糖尿病大鼠体外循环后的急性肾损伤

糖尿病可以造成肾脏损害.肾脏病变是糖尿病主要的微血管并发症之一,糖尿病发生率为20%～40%.糖尿病患者如果病史经过5～10年,可能就会合并糖尿病的肾脏病变,特别是合并高血压的患者、合并眼底病变或者长期血糖控制不佳的患者,发生糖尿病肾脏损害会更加明显.EGCG通过其不同的生化特性对肾脏起到保护作用,一项研究评估了糖尿病大鼠体外循环后茶多酚对肾功能的影响.EGCG组在组织学上表现出较轻的肾小管损伤($p<0.0001$),肾损伤分子-1(肾小管损伤的生物标志物)和8-羟基-2′-脱氧鸟苷的表达降低($p<0.01$),表明氧化应激减弱,说明EGCG可通过抗氧化特性改善糖尿病大鼠急性肾损伤.GTPs可改善高脂饮食引起的肾氧化应激增加和肾功能丧失.肾酮生成和SIRT3表达及活性水平(HFD降低).在体外,用真核表达质粒pcDNAHMGCS2转染HEK293细胞.GTP处理可上调HMGCS2和SIRT3的表达.尽管HMGCS2转染不影响SIRT3的表达,但在H_2O_2情况下,HMGCS2细胞中的4-羟基-2-壬烯醛(4-HNE)水平和乙酰基MnSOD(K122)/MnSOD比率降低.研究发现,高脂饮食组的丙二醛(MDA)水平显著高于对照组($p<0.05$).高脂饮食组还检测到过氧化物酶体增殖物激活受体(PPAR)-α和sirtuin 3(SIRT3)表达降低,锰超氧化物歧化酶(MnSOD)乙酰化水平升高($p<0.05$).GTP处理上调了喂食高脂饮食的大鼠的SIRT3和PPARα表达,增加了PPARα mRNA水平,降低了MnSOD乙酰化水平,并降低了MDA的产生($p<0.05$).肾脏MnSOD和PPAR-γ辅激活因子-1α(PGC1-α)表达无显著差异.GTP治疗后,肾组织中检测到的氧化应激减少是由于SIRT3表达较高,这可能与PPARα介导有关.[43]

4. 红茶和普洱茶改善高糖代谢综合征

红茶是六大茶之一,具有多种生物活性,它们来源于其活性底物,如多酚、多糖等.降血糖作用是其显著活性.在本研究中,研究者分别分析了4种红茶水提取物的植物化学成分、糖苷酶抑制和自由基清除活性、2型糖尿病小鼠的降血糖活性,以及对HepG2细胞胰岛素抵抗的缓解作用.结果表明,红茶水提取物的植物化学成分显著不同,它们都具有良好的糖苷酶抑制和自由基清除活性、体内降血糖活性和减轻胰岛素抵抗,并且还可以激活磷脂酰肌醇3-激酶-Akt-外泌体增殖受体级联信号通路,以调节葡萄糖和脂质代谢,改变与葡萄糖代谢和抗氧化活性相关的关键酶活性,并降低氧化应激和炎性因子水平.其中,六宝砖茶(LBT)和普洱茶(PET)具有更好的糖苷酶抑制活性、体内降血糖活性和胰岛素抵抗活性;而清浊砖茶和复浊砖茶具有更好的自由基清除活性,这可以通过其独特的植物化学成分来解释,包括儿茶素和茶色素以及其他一些元素.[44]

茶褐蛋白(TB)是普洱茶中最活跃、含量最丰富的色素,它是一种棕色色素,具有多个芳香环和附着的多糖和蛋白质残基.一项研究发现,普洱茶茶褐蛋白可以调节拟杆菌,改善高脂、高糖、高盐饮食诱导的大鼠代谢综合征.茶褐素是一种高分子化合物,也是普洱茶的特色成分,能够显著调节血脂和糖代谢.甘油磷脂代谢、花生四烯酸代谢、糖酵解/糖异生和胰岛素抵抗是关键途径.结核病在降低代谢疾病风险方面具有很高的应用潜力.研究表明,在高脂肪饮食的大鼠中,茶褐素具有降血脂和降低空腹血糖(FBG)的特性.本研究旨在通过研究糖尿病 Kakizaki(GK)大鼠来确定茶褐素在治疗糖尿病中的作用,并探讨肠道微生物的潜在作用机制.糖尿病 GK 大鼠用茶褐素(GK-TB)治疗长达 8 周.治疗后,对 GK-TB 浓度组的体重、甘油三酯(TG)含量、空腹血糖(FBG)含量和胰岛素抵抗稳态模型进行评估(HOMA-IR),结果显著低于糖尿病 GK 对照组($p<0.05$).同时,GK-TB 组血清中循环脂联素(ADPN)、瘦素和葡萄糖激酶水平显著高于糖尿病 GK 组,而肝脂酶(HL)和激素敏感性甘油三酯脂酶(HSL)活性差异不大($p>0.05$).此外,随着治疗时间的延长,糖尿病 GK 大鼠独特肠道微生物的数量大大增加,并观察到肠道微生物之间的相互作用.厚壁菌门/拟杆菌门比率显著降低,放线菌门和变形菌门的组成增加.多种组学技术的使用表明,茶褐素参与了核心特征肠道菌群的靶向调节,包括泰奥陶微米拟杆菌(BT)、鼠乳杆菌(LM)、远侧拟杆菌(PD)和嗜酸杆菌(BA),它们通过 AMP 激活的蛋白激酶信号通路,改善糖尿病 GK 大鼠的糖和脂代谢,胰岛素信号通路、胆汁分泌和甘油磷脂代谢.胃内给予 BT,LM,PD 或 BA,导致糖尿病 GK 大鼠 HOMA-IR 显著降低.此外,泰奥陶微米拟杆菌显著降低了血脂 TG 和总胆固醇(TC),嗜酸杆菌 BA 显著降低了血脂 TC 和低密度脂蛋白(LDL).远侧拟杆菌 PD 显著降低了血清 LDL,而鼠乳杆菌 LM 的影响不显著.然而,鼠乳杆菌 LM 和远侧拟杆菌 PD 显著增加了血清中脂联素 ADPN 的含量.[45]

红茶是开发抗糖尿病食品极具吸引力的候选者,六宝砖茶和普洱茶可能是具有抗糖尿病作用的农产品的良好天然来源.

16.4 ESR 研究天然抗氧化剂茶多酚治疗糖尿病的机理

流行病学数据和动物实验结果表明,饮用绿茶与糖尿病呈负相关.越来越多的动物研究结果支持一些膳食茶多酚的抗糖尿病特性,表明膳食茶多酚可能是预防和治疗 2 型糖尿病的一种饮食疗法.根据最近的研究发现,脂肪氧化应激可能在导致胰岛素抵抗中起着核心作用.为了阐明绿茶抗胰岛素抵抗作用的新机制,我们采用肥胖 KK-ay 小鼠、高脂饮食诱导肥胖大鼠和诱导胰岛素抵抗的 3T3-L1 脂肪细胞作为模型.采用 ESR 技术,在动物和脂肪细胞中检测胰岛素敏感性和脂肪反应性氧化物质(ROS)水平,例如检测氧化应激实验、葡萄糖摄取能力实验和 EGCG 对胰岛素信号的影响.结果表明,GTPs 能显著降低动物的血糖水平,增加葡萄糖耐量;GTPs 降低脂肪组织中的 ROS 含量;EGCG 抑制地塞米松和 TNF-a 促进活性氧生成,提高葡萄糖摄取能力;EGCG 还可以降低 JNK 磷酸化,促进 GLUT-4 易位;EGCG 和 GTPs 可以改善脂肪胰岛素抵抗,并对其 ROS 清除功能产生确切的影响.茶多酚改善糖尿病的机制主要集中在以下几个方面.[27]

16.4.1 GTPs 减轻 KK-ay 脂肪组织中的氧化应激

脂肪积累造成的脂肪氧化应激引起全身氧化应激.我们的 ESR 技术检测结果表明,KK-ay 脂肪组织中的 ROS 含量增加(图 16.2(a)).脂肪细胞分泌的 ROS 增加了肝脏、血清和全血 MDA 含量(图 16.2(b)~(d)).GTPs 喂养可以降低 KK-ay 小鼠白色脂肪组织中的 ROS 含量(图 16.2(a)),并降低肝脏、血清和血液中的 MDA 含量(图 16.2(b)~(d)).这些数据表明,GTPs 喂养降低了脂肪组织中的 ROS 含量,减缓了脂肪 ROS 分泌.[27]

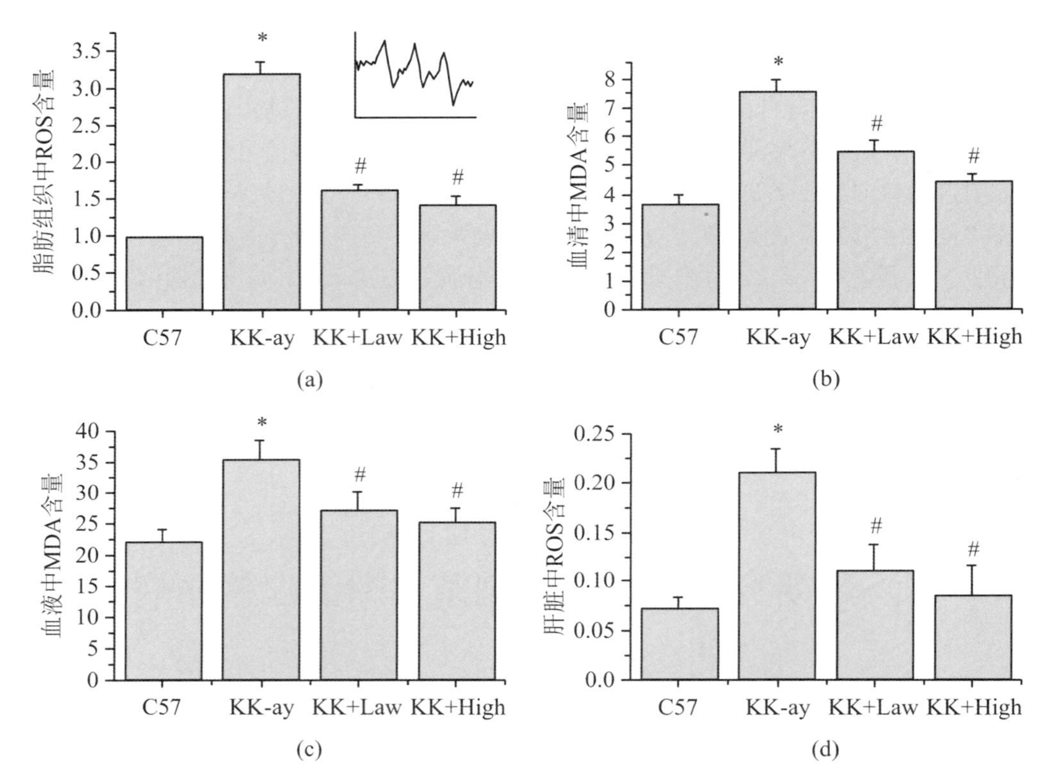

图 16.2 GTCs 喂养可改善 KK-ay 小鼠的氧化应激

(a) ESR 技术检测 GTCs 喂养降低的血清 ROS 含量;(b) 血清 MDA 含量;(c) 血液和肝脏;(d) GTPs 治疗 45 天后,用 ERS 自旋捕集技术检测小鼠体内 ROS 含量,用 TAB 法检测小鼠体内 MDA 含量.有关详细信息,请参见"方法"部分.数值为每组 10 只动物每次测量的平均值 ± SE. * 表明 GTPs 喂养组和溶媒喂养组之间存在显著差异($p<0.05$).

由于肝脏、肌肉和脂肪组织在进食后存储了大部分葡萄糖，脂肪细胞中的 ROS 被报道为不同类型的胰岛素抵抗的常见诱因，我们检测了动物脂肪组织中的 ROS 水平. GTPs 喂养可以显著降低脂肪组织中的 ROS 水平. 脂肪组织产生的 ROS 不仅影响脂肪氧化还原，还导致其他组织的氧化应激. 一项实验检测了 62～83 岁超重男性的血液，用来研究年龄与胰岛素抵抗的关系、氧化应激的选定参数以及抗氧化防御系统. 研究结果显示，受调查组之间的 TBARS，TAS，GSH 和 GPx 浓度没有明显差异. 然而，与"年轻人"组相比，74 岁以上男性组的葡萄糖浓度和抗 oxLDL 抗体浓度显著升高（$p<0.05$）. 研究表明，老年男性胰岛素抵抗和高血糖的增加与体重有关，并导致 LDL 的氧化修饰加剧. $\cdot O_2^-$、$\cdot OH$ 和脂质过氧化自由基被抑制 50%，所需茶多酚的浓度分别为 10 μg/mL，52.5 μg/mL 和 136 μg/mL. 给正常大鼠服用绿茶多酚（500 mg/kg（体重））60 min 后，显著增加了葡萄糖耐量（$p<0.005$）. 另外还发现，在剂量为 100 mg/kg（体重）时，绿茶多酚可以显著降低四氧嘧啶糖尿病大鼠的血糖水平. 继续每日服用提取物 50 mg/kg（体重）、100 mg/kg（体重）（15 天），由四氧嘧啶给药引起的血糖升高水平分别降低了 29% 和 44%. 绿茶多酚可以降低四氧嘧啶引起的肝、肾酶升高（$p<0.001$）. 四氧嘧啶使血清脂质过氧化水平升高，而 100 mg/kg（体重）使其显著降低（$p<0.001$）. 四氧嘧啶给药后，肝糖原减少；绿茶多酚治疗后，肝糖原显著增加（$p<0.001$）.[46] 从超氧化物歧化酶和谷胱甘肽水平的改善可以看出，绿茶多酚处理组显示出增强的抗氧化潜力. 但过氧化氢酶、脂质过氧化和谷胱甘肽过氧化物酶水平没有变化. 这些结果表明，四氧嘧啶增加的大鼠体内葡萄糖利用系统和氧化状态的改变，可以通过服用谷氨酸丙酮酸转氨酶部分逆转.

我们的结果表明，喂食 GTPs 可以改善血液和肝脏的氧化应激. 流行病学调查结果表明，许多组织中的氧化应激与胰岛素抵抗一致，病理学研究也发现氧化应激在胰岛素抵抗中的重要作用. 与对照组相比，肥胖糖尿病患者的血浆总抗氧化能力、红细胞和血浆还原型谷胱甘肽水平显著降低，肥胖健康受试者的血浆总抗氧化能力、红细胞和血浆还原型谷胱甘肽水平也显著降低. 与对照组健康受试者相比，肥胖糖尿病患者的血浆脂质过氧化产物和蛋白质羰基显著高于肥胖健康受试者. 肥胖型糖尿病患者基础状态下红细胞脂质过氧化的增加更为明显，与对照组相比，肥胖型健康受试者和肥胖型糖尿病患者在红细胞暴露于 H_2O_2 诱导的氧化应激后，红细胞脂质过氧化的增加有明显差异. 丙二醛水平与胰岛素敏感性指数呈正相关.[27] 脂肪和其他组织中 ROS 水平的降低可能会增加胰岛素敏感性. 这可能是 GTPs 胰岛素增敏作用的机制.

16.4.2 茶多酚 GTPs 抑制 KK-ay 小鼠的氧化相关信号并增加葡萄糖转运蛋白 4(GLUT-4)的表达

肥胖与胰岛素抵抗密切相关，是 2 型糖尿病的主要危险因素. 脂肪细胞和肌肉中 JNK 的异常磷酸化诱导胰岛素抵抗. c-Jun 氨基末端激酶（JNKs）可以干扰培养细胞中的胰岛素作用,并被炎症细胞因子和游离脂肪酸激活,这些分子与 2 型糖尿病的发生有关.JNK 是肥胖和胰岛素抵抗的重要介质,也是潜在的治疗靶点.已知 JNK 途径在糖尿病条件下被激活,并可能参与胰岛素抵抗过程.在糖尿病的遗传和饮食模型中,肝脏 JNK 通路的抑制对胰岛素抵抗状态和糖耐量都有很大的有益影响.氧化应激通过激活 JNK 抑制 GlLUT-4 的表达和向质膜的易位.GTPs 喂养降低了脂肪组织中的 JNK 磷酸化(图 16.3),并增加了 GLUT-4 的表达(图 16.3).GTPs 喂养也增加了质膜中 GLUT-4 的含量,这意味着 GLUT-4 易位增强(图 16.3).这些数据表明,GTPs 通过抑制 JNK 途径提高胰岛素的敏感性.[27]

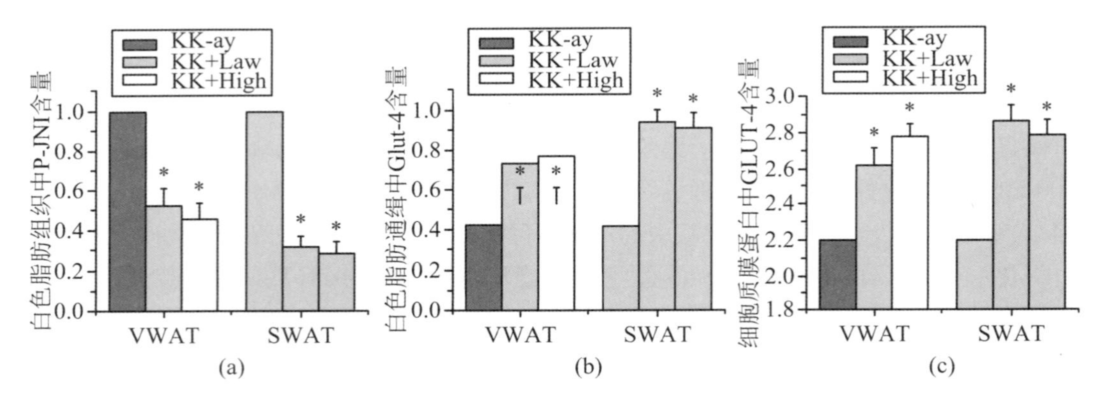

图 16.3 GTCs 对 KK-ay 小鼠磷酸化 JNK(P-JNK)和 GLUT-4 水平,以及皮下内脏白色脂肪组织和质膜蛋白中 GLUT-4 含量的影响

GTCs 喂养可降低皮下和内脏白色脂肪组织(SWAT 和 VWAT)中磷酸化 JNK(P-JNK)(a)和 GLUT-4(b)的水平.GTCs 喂养降低了总细胞蛋白和质膜蛋白中 GLUT-4(c)的含量.柱状图是谱带强度的统计结果.数值为每组 10 只动物每次测量的平均值 ± SE. * 表明 GTCs 喂养组和溶媒喂养组之间存在显著差异($p<0.05$).

16.4.3 GTPs 改善饮食诱导肥胖(DIO)大鼠糖代谢和 ROS

越来越多的动物研究结果支持膳食茶多酚具有抗糖尿病特性,表明膳食多酚可能是预防和治疗 2 型糖尿病的一种饮食疗法.膳食茶多酚可以抑制 α-淀粉酶和 α-葡萄糖苷酶,抑制钠依赖性葡萄糖转运蛋白 1(SGLT1)在肠道中的葡萄糖吸收,刺激胰岛素分泌并降低肝脏葡萄糖的输出.茶多酚还可以增强胰岛素依赖性葡萄糖的摄取,激活 5′腺苷单磷酸激活的蛋白激酶(AMPK),修饰微生物组并具有抗炎作用.我们研究了 GTP 对肥胖大鼠血糖代谢和 ROS 的影响,结果发现,在 DIO 大鼠中,与对照组相比,血糖含量增加.高脂食物还导致大鼠脂肪组织中的 ROS 含量增加.GTPs 喂养可以降低 DIO 大鼠的葡萄糖含量,并减少脂肪组织的 ROS 生成.这些数据表明,在饮食诱导的肥胖动物中,

GTPs 喂养增加了葡萄糖吸收，降低了 ROS 含量[27]. 茶多酚通过降低内脏脂肪、血液总胆固醇和循环游离脂肪酸(FFA)来逆转饮食诱导的体重增加($p \leqslant 0.05$). 茶多酚治疗改善了脂联素比值(LAR)，降低了所记载的脂肪因子调节($p < 0.05$). 茶多酚治疗也改善了葡萄糖稳态参数，如空腹血糖(FBG)和胰岛素抵抗稳态模型评估(HOMA-IR)降低($p \leqslant 0.05$)，以及增加 GLUT4($p < 0.05$). 因此，茶多酚可能对 2 型糖尿病和肥胖症具有潜在益处.[27]

在饮食诱导的大鼠代谢综合征中，茶具有抗肥胖和抗炎特性，提高葡萄糖摄取并降低胰岛素抵抗，这可能是由于其中富含茶多酚.

16.4.4 EGCG 恢复 3T3-L1 脂肪细胞受损的胰岛素刺激的葡萄糖摄取

逆转胰岛素抵抗的药物很重要，因为胰岛素抵抗是代谢综合征重要的特征之一，通常与 2 型糖尿病相关. 胰岛素抵抗是 2 型糖尿病的一个主要特征，也是其临床和实验环境的一个特征. DEX 和 TNF-α 通过诱导脂肪细胞氧化应激而引起胰岛素抵抗. 基因表达分析表明，这两种模型中的 ROS 水平均升高，此前有人认为 ROS 与胰岛素抵抗有关，但缺乏证据证明其存在因果关系. 夹竹桃麻素(apocynin)是 NADPH 氧化酶的抑制剂，可以减少细胞内 ROS 的产生. NADPH 氧化酶被广泛认为是脂肪积累引起的氧化应激的主要来源. DEX 或 TNF-α 孵育降低胰岛素刺激的 2-脱氧-D-[3H]葡萄糖的摄取. 作为阳性对照，夹竹桃麻素可以防止 DEX 或 TNF-α 损伤引起的 2-脱氧-D-[3H]葡萄糖的摄取. EGCG 治疗减弱了 DEX 或 TNF-α 的作用，增加了受损的葡萄糖摄取. 这些数据表明，EGCG 可以保护脂肪细胞葡萄糖摄取免受氧化应激的干扰(图 16.4). 我们通过给肥胖的 KK-ay 小鼠、高脂饮食所致(DIO)肥胖的大鼠和 3T3-L1 用 GTPs 处理，研究 GTC 对 2 型糖尿病的影响，并探讨 GTPs 对胰岛素敏感性的作用机制. 结果发现，它们均不同程度地改善了胰岛素抵抗. KK-ay 小鼠在遗传上易患肥胖症和 2 型糖尿病，并伴有高血糖水平和糖耐量异常. GTPs 喂养改善了随机血糖(RBG)、空腹血糖(FBG)和餐后 2 h 血糖(2HBG). 在糖耐量测定中，与对照组相比，GTPs 喂养延迟了葡萄糖峰值的出现，并迅速降低了葡萄糖水平. 这意味着，GTPs 喂养显著提高了自发性 2 型糖尿病(KK-ay)的葡萄糖摄取能力，并增强了胰岛素敏感性. 在高脂饮食所致肥胖大鼠中，也得到了类似的结果. 肥胖可诱导脂肪细胞氧化应激产生胰岛素抵抗，活性氧在各种胰岛素抵抗中起重要作用. 基于体内、外的结果，我们发现 EGCG 和 GTPs 可以改善脂肪胰岛素抵抗，并对其 ROS 清除功能发挥这种作用. 虽然关于 GTPs 在 2 型糖尿病的临床应用中仍存在许多争议，但我们的结果已经发现并解释了 GTPs 的抗脂肪胰岛素抵抗作用.[27]

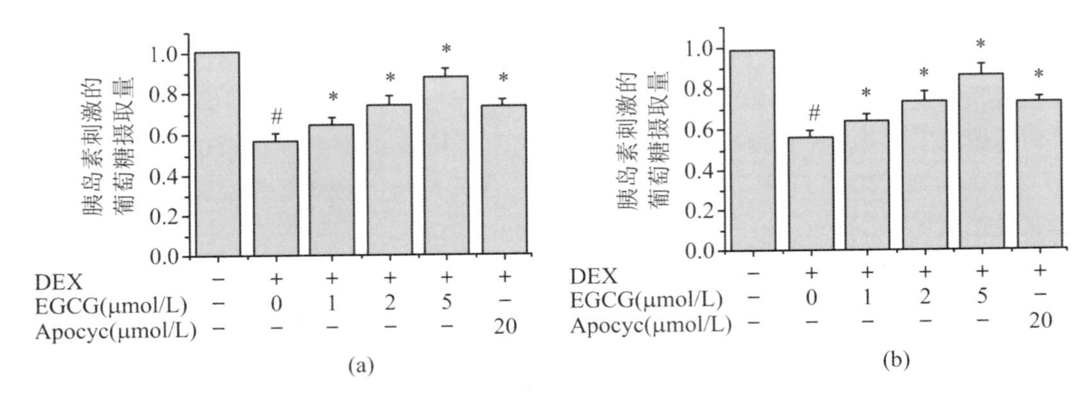

图 16.4　EGCG 对 3T3-L1 脂肪细胞中胰岛素刺激的葡萄糖摄取的影响

用 2-脱氧葡萄糖和 2-脱氧-D-[3H]-葡萄糖测定胰岛素刺激的葡萄糖摄取.(a) 将完全分化的 3T3-L1 脂肪细胞与 EGCG 和 DEX 或 DEX 和罗布麻素(20 μmol/L) 持续 8 天;(b) 用 EGCG 和 TNF 孵育完全分化的 3T3-L1 脂肪细胞-α 或 TNF-α 和罗布麻素(20 μmol/L) 持续 4 天. 用 2-脱氧葡萄糖和 2-脱氧-D-[3H]-葡萄糖测定胰岛素刺激的葡萄糖摄取. 平均值 ± SE; * 表示 EGCG 组与 DEX 或 TNF 组之间存在显著差异-α 组($p<0.05$); # 表示 DEX 或 TNF 之间存在显著差异(与对照组比较)($p<0.05$).

16.4.5　EGCG 减少 DEX 或 TNF-α 诱导的活性氧生成

硝基蓝四氮唑(NBT)可以被 ROS 还原为深蓝色的不溶性的 NBT 形式,称为三苯基甲脂(formazan). DEX 或 TNF-α 可以增加蓝紫色的甲瓒产量,EGCG 可以减少甲瓒产量. 甲瓒可溶于 50% 乙酸中,在 560 nm 处测定其吸光度. NBT 染色后,脂肪细胞匀浆的吸光度通过 DEX 或 TNF-α 处理增加,但通过处理 EGCG 降低. 用氧化还原敏感染料 DCFH-DA 检测的 ROS 含量,也表明 DEX 或 TNF-α 增加了脂肪细胞中的 ROS 含量,EGCG 减弱了这些 ROS 增加. 这些数据表明,EGCG 改善了 DEX 或 TNF-α 诱导的氧化应激. 脂肪细胞的氧化应激在全身胰岛素抵抗中起着核心作用,脂肪细胞分泌的活性氧导致许多组织的胰岛素抵抗. 我们检测了 GTPs 对 3T3-L1 脂肪细胞胰岛素信号的影响. 为了检测 GTPs 在不同类型胰岛素抵抗中的作用,我们用细胞因子 TNF-α 和糖皮质激素 DEX 分别诱导成熟的 3T3-L1 脂肪细胞产生胰岛素抵抗. TNF-α 通过其膜受体诱导脂肪细胞氧化应激和胰岛素抵抗,而 DEX 通过炎症反应诱导. 在 KK-ay 脂肪组织中,NADPH 氧化酶被证明是氧化应激的主要来源,本实验将 NADPH 氧化酶抑制剂 Apocynin 作为阳性对照治疗脂肪细胞. 在胰岛素刺激下,脂肪细胞对葡萄糖的摄取能力迅速增强. 我们的结果表明,三苯基甲脂 Apocynin 部分改善了 TNF-α 对葡萄糖的摄取能力. 这意味着,TNF-α DEX 诱导的胰岛素抵抗依赖于活性氧的产生过程. EGCG 可以提高脂肪细胞对胰岛素刺激的葡萄糖摄取能力. EGCG 作为一种有效的抗氧化剂,可以改善 TNF-α

地塞米松通过清除活性氧诱导的胰岛素抵抗. 依次检测治疗后脂肪细胞中的活性氧,发现 NBT 染色和 2′,7′-二氯荧光素二乙酸酯(DCF-DA)检测均显示 TNF-α DEX 可以提高脂肪细胞的 ROS 水平,EGCG 治疗抑制了这种效应. NBT 与细胞孵育3 h,DCF-DA 与细胞孵育 30 min. 由于活性氧不断将 NBT 降低为甲赞,DCF-DA 结果反映了脂肪细胞中活性氧的最终水平,而 NBT 结果反映了 EGCG DEX 或 TNF-α 治疗的累积效应. 脂肪细胞中过量的 ROS 部分通过激活 JNK 磷酸化诱导胰岛素抵抗. 磷光体 JNK 干扰胰岛素信号并减弱下游反应. 临床研究表明,在胰岛素抵抗患者体内发现了极高水平的磷光体 JNK. EGCG 治疗可降低 DEX 和 TNF-α 通过清除活性氧诱导 JNK 的磷酸化.[27]

16.4.6 EGCG 降低脂肪细胞中 JNK 的磷酸化

研究发现,EGCG 增强了胰岛素信号通路. EGCG 通过潜在降低 ROS 诱导的 JNK/IRS1/AKT/GSK 信号,改善了肝细胞中高糖诱导的胰岛素抵抗. EGCG 预处理显著恢复了暴露于高糖的 HepG2 细胞和原代肝细胞中 AKT 和 GSK 的活化. 在 HepG2 细胞和原代肝细胞中,EGCG 以剂量依赖的方式改善了糖原合成. 高糖显著刺激 ROS 的产生,而 EGCG 减少高糖诱导的 ROS 产生. 已知 ROS 通过增加 JNK 和 IRS1 丝氨酸的磷酸化,在高糖诱导的胰岛素抵抗中起主要作用. 地塞米松和 TNF-α 可以快速升高血糖,引起血糖波动,我们研究发现,DEX 或 TNF-α 导致磷光体 JNK 水平升高(图 16.5). 当脂肪细胞

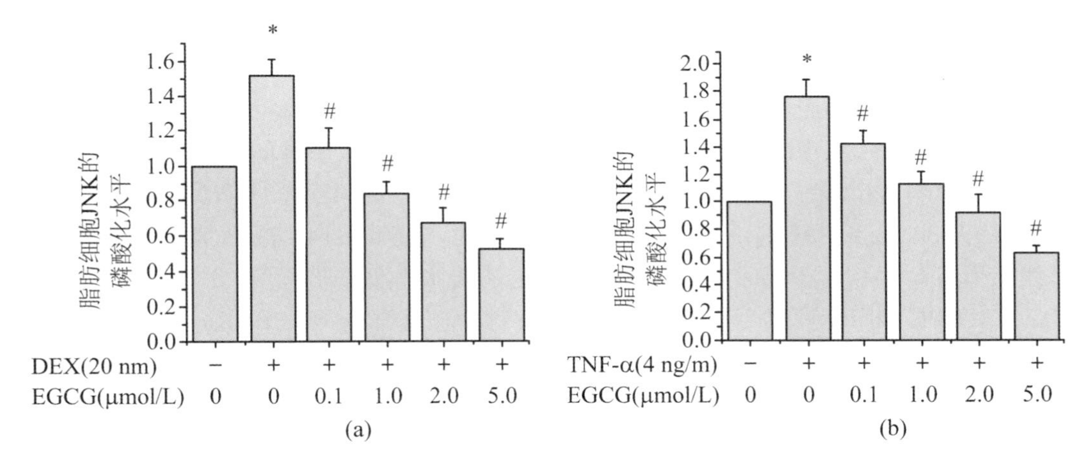

图 16.5 EGCG 对 3T3-L1 脂肪细胞中 JNK 磷酸化水平的影响

在用 EGCG 和 DEX 或 EGCG 和 TNFα 处理细胞后的第 16 天,通过免疫印迹 Western blot 检测用 EGCG 和 DEX(a)或 EGCG 和 TNFα(b)培养的 3T3-L1 脂肪细胞中 JNK 的磷酸化水平. 数值为平均值 ± SE; * 表示 DEX 或 TNF-α 组与对照组之间存在显著差异($p<0.05$),并且表示考虑到 EGCG 对 3T3-L1 脂肪细胞中 JNK 磷酸化水平的影响,DEX 或 TNF-α 组与对照组之间存在显著差异($p<0.05$).

与 EGCG 孵育时，JNK 磷酸化的增加减弱. 这些数据表明，DEX 或 TNF-α 激活了 JNK 通路，但 EGCG 抑制了这种激活. 磷光体 JNK 干扰胰岛素信号，并延迟 Glut-4 向质膜的易位. Glut-4 是胰岛素刺激后的脂肪-葡萄糖内部的主要转运体. EGCG 降低 DEX 和 TNF-α 诱导的 JNK 磷酸化，并增强 Glut-4 易位. EGCG 可以提高脂肪细胞的葡萄糖摄取能力. 这就解释了为什么 EGCG 与 DEX 或 TNF-α 一起加入培养基时，与 DEX 或 TNF-α 损伤组相比，EGCG 促进脂肪细胞摄取更多的 2-脱氧-D-[3H]-葡萄糖.[27]

16.4.7　EGCG 增强 GLUT-4 向质膜的易位

茶多酚被认为通过抑制小肠中的糖转运蛋白和改善胰岛素敏感性，而具有降低血糖的特性. 在一项报告中，研究了茶和茶儿茶素对小肠糖转运蛋白 SGLT1 和 GLUTs（GLUT1、2 和 5）的影响. 绿茶提取物（GT）、乌龙茶提取物（OT）和红茶提取物（BT）抑制了肠道 Caco-2 细胞的葡萄糖摄取. 茶中存在的儿茶素是 Caco-2 细胞葡萄糖摄取的主要抑制剂，没食子酸化儿茶素最有效，其中 CG＞ECG＞EGCG≥GCG（与非没食子酸儿茶素（C、EC、GC 和 EGC）相比）. 在 Caco-2 细胞中，单个茶儿茶素降低 SGLT1 基因，但不降低蛋白质表达水平. 相反，暴露于儿茶素 2 h 后，GLUT2 基因和蛋白质表达水平降低，但 24 h 后增加. 这些体外研究表明，含有儿茶素的茶可能是有益的膳食补充剂，能够减轻人类（包括患有或有 2 型糖尿病风险的人）的餐后血糖.[47]

用共聚焦显微镜检测 GLUT4-eGFP（增强型绿色荧光蛋白）嵌合蛋白的 GLUT4 易位，及其在加入刺激物后的细胞内分布动态. 单独用 DEX 或 TNF-α 处理脂肪细胞，可以减弱胰岛素刺激后质膜 GLUT-4-eGFP 的荧光强度. 但 EGCG 提高了混淆 GLUT-4-eG-FP 向质膜的易位. 一项研究报道了绿茶对肥胖胰岛素抵抗犬模型的胰岛素敏感性和血脂浓度的影响. 肥胖犬分为两组：绿茶组和对照组. 绿茶组的犬在每日单餐前口服绿茶提取物（每天 80 mg/kg（体重）），为期 12 周. 在 12 周时，绿茶组的平均胰岛素敏感性指数比基线水平高 60%（$p<0.05$），总胆固醇浓度比基线水平低 50%（$p<0.001$）. PPARγ、GLUT4、LPL 和脂联素在两种脂肪组织中的表达均显著升高，而 PPARα 骨骼肌中 LPL 表达明显高于基线水平. 研究发现，高脂饮食组的丙二醛（MDA）水平显著高于对照组（CON）（$p<0.05$）. 在高脂饮食组中，还检测到过氧化物酶体增殖物激活受体（PPAR）-α 和 sirtuin 3（SIRT3）表达降低，锰超氧化物歧化酶（MnSOD）乙酰化水平升高（$p<0.05$）. GTP 处理上调了喂食高脂饮食的大鼠的 SIRT3 和 PPARα 表达，增加了 PPARαmRNA 水平，降低了 MnSOD 乙酰化水平和 MDA 的产生（$p<0.05$）. 肾总 MnSOD 和 PPAR-γ 辅激活因子-1α（PGC1-α）表达无显著差异. GTP 治疗后，肾组织中检测到的氧化应激减少部分是因为 SIRT3 表达较高，这可能是由 PPARα 介导引起的.[48]

这些发现表明，营养剂量的绿茶提取物可以改善胰岛素敏感性和脂质分布，并改变参与葡萄糖和脂质稳态的基因表达.

16.4.8 EGCG 改变脂肪因子的合成

脂联素是脂肪细胞分泌的内源性生物活性多肽或蛋白质.脂联素是一种胰岛素增敏激素,可以改善小鼠的胰岛素抵抗.抵抗素是一种脂肪组织激素,被认为有助于代谢疾病.脂肪细胞中合成了脂联素和赖氨酸.我们测定了 DEX 和 EGCG 对脂联素和抵抗素(reisitin)的 mRNA 水平的影响.结果发现,DEX 增加了抵抗素的 mRNA 水平,但降低了脂联素的 mRNA 水平;EGCG 降低了 DEX 对脂肪细胞的影响,降低了脂联素的基因表达,但增加了抵抗素的基因表达(图 16.6).[27]研究绿茶对胰岛素的敏感性、脂质分布及 PPAR-α 和 PPAR-γ 表达的影响,以及肥胖犬的靶基因.

这些发现表明,绿茶提取物的营养剂量可以改善胰岛素的敏感性和脂质分布,并改变参与葡萄糖和脂质稳态的基因表达.糖尿病可以诱导脂肪细胞对氧化应激产生的胰岛素抵抗,ROS 在各种类型的胰岛素抵抗中发挥重要作用.EGCG 和 GTPs 可以改善脂肪胰岛素抵抗,并对其 ROS 清除功能发挥这种作用.尽管关于 GTPs 在 2 型糖尿病中的临床应用仍有许多争论,但我们的结果已经发现并解释了 GTPs 抗脂肪胰岛素的抵抗作用.

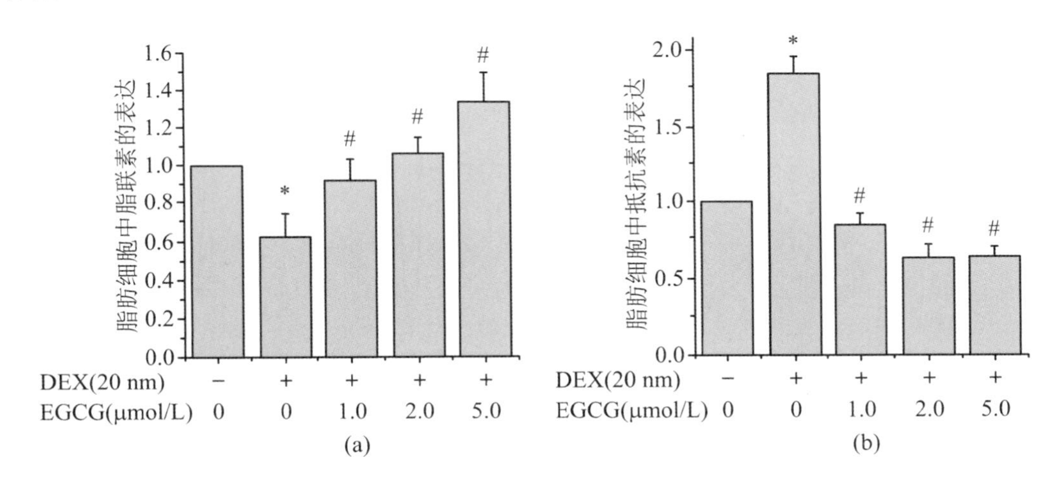

图 16.6　EGCG 对脂肪细胞中脂联素和抵抗素表达的影响

用 EGCG 和 DEX 孵育的 3T3-L1 脂肪细胞中脂联素和脂蛋白的表达,并在用 EGCG 或 DEX 处理细胞后第 16 天通过 RT-PCR 检测.* 表示 EGCG 组与 DEX 组之间存在显著差异($p<0.05$);# 表示 DEX 组与对照组之间存在明显差异($p>0.05$).

16.5 ESR 研究其他天然抗氧化剂及药物对糖尿病的影响

除了茶叶,研究还发现其他天然抗氧化剂对糖尿病也有预防和治疗作用.

16.5.1 大麻二酚对糖尿病型心肌病的作用

大麻二酚(CBD)是大麻植物中最丰富的非精神活性成分,在各种疾病模型中发挥抗炎作用,并减轻与人类多发性硬化症相关的疼痛和痉挛. 在本研究中,研究者使用 1 型糖尿病心肌病和暴露于高葡萄糖的原发性人心肌细胞的小鼠模型,研究了 CBD 对心肌功能障碍、炎症、氧化/硝化应激、细胞死亡和相互关联的信号通路的影响(图 16.7). 采用 ESR

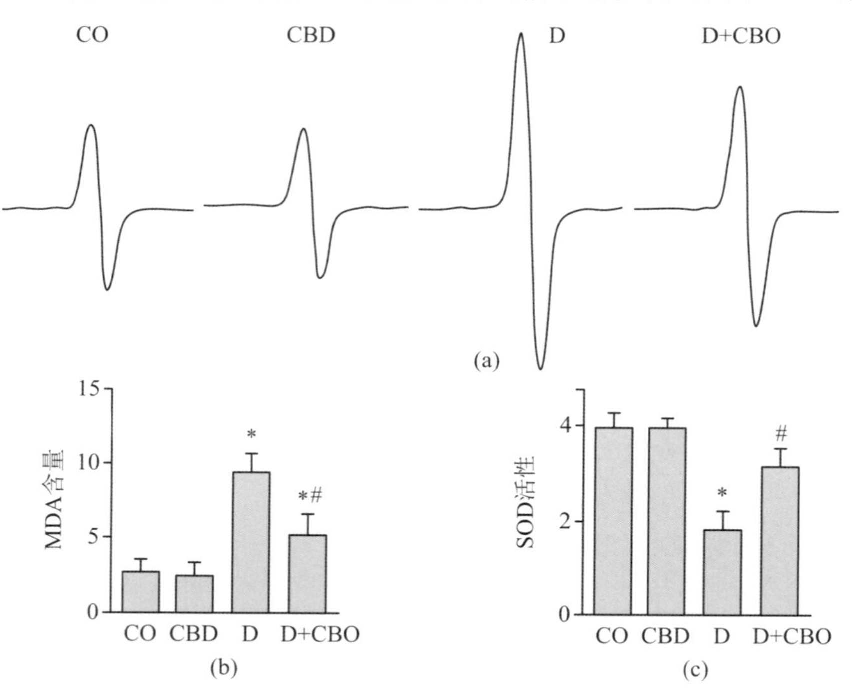

图 16.7 大麻二酚(CBD)减轻糖尿病诱导的心肌氧化应激

心肌组织中的氧化应激是:(a) 通过 ESR 测量 ROS 水平;(b) MDA 水平;(c) SOD 活性. * $p<0.05$ 与单独控制/CBD 相比,# $p<0.05$ 与糖尿病[D],$n=6\sim9$/组[49].

波谱和流式细胞术，评估氧化应激、细胞死亡和纤维化标志物.发现糖尿病型心肌病的特征是舒张期和收缩期心肌性能下降，与氧化-迭代应激、核因子-κB 和丝裂原活化蛋白激酶(c-Jun N-末端激酶，p-38，p38α)激活、黏附分子表达增强(细胞间黏附分子-1、血管细胞粘附分子-1)、肿瘤坏死因子-α、纤维化标志物(转化生长因子-β、结缔组织生长因子、纤连蛋白、胶原蛋白-1、基质金属蛋白酶-2 和-9)、增强细胞死亡(半胱天冬酶 3/7 和聚(腺苷二磷酸-核糖)聚合酶活性、染色质片段化和末端脱氧核苷酸转移酶 dUTP 缺口末端标记)和减少 Akt 磷酸化.值得注意的是，CBD 减轻了心肌功能障碍、心脏纤维化、氧化/硝化应激、炎症、细胞死亡和相互关联的信号通路.此外，CBD 还减弱了高葡萄糖诱导的原代人的心肌细胞中活性氧生成的增加、核因子-κB 活化和细胞死亡.总的来说，这些结果加上 CBD 在人类中的出色安全性和耐受性，强烈表明它可能在治疗糖尿病并发症方面具有巨大的治疗潜力，也许还有其他心血管疾病，可以通过减弱氧化/硝化应激、炎症、细胞死亡和纤维化达到治疗效果.[49]

16.5.2 替格利汀对糖尿病的预防作用

最近出现了各种二肽基肽酶-4(DPP-4)抑制剂，因为它们具有高效和安全性.尽管它们具有抑制 DPP-4 的共同作用，但化学结构是多种多样的.采用 ESR 波谱法检测，研究新型 DPP-4 抑制剂替格列汀的结构对 · OH 和 · O_2^- 的清除作用. · OH 和 · O_2^- 分别由芬顿反应和次黄嘌呤-黄嘌呤氧化酶系统在体外生成.根据 ESR 信号强度，估计自由基的水平和鉴定 · OH 反应.对使用链脲佐菌素诱导的患有糖尿病的 DPP-4 缺陷大鼠，评估体内效应.ESR 波谱分析表明，替格列汀没有清除 · O_2^-，而是以剂量依赖性方式清除了 · OH.其活性大于谷胱甘肽.该反应产物似乎具有与替格利汀相似的氧原子添加结构，其与人血浆中最丰富的替格列汀代谢物相同.此外，使用 DPP-4 的缺陷大鼠，替格利汀不影响血糖水平或体重，但使糖尿病大鼠尿液、肾脏和主动脉中的 8-羟基-2′-脱氧鸟苷水平升高，表明替格利汀可能具有清除 · OH 的作用.替力利汀不仅作为 DPP-4 抑制剂有效，而且可能有益于清除 · OH，所以可能有助于预防糖尿病并发症.[50]

16.5.3 黄芩苷对糖尿病导致脑神经损伤的预防作用

脑神经损伤是糖尿病的并发症之一，黄芩苷是从黄芩干根中分离出的主要类黄酮之一，长期以来一直用于治疗缺血性中风.然而，我们对其针对脑缺血损伤的神经保护机制知之甚少.本小节将探讨黄芩苷对脑缺血再灌注损伤的神经保护机制.在化学体系中，进行了 ESR 自旋捕集实验，以评估黄芩苷对超氧化物和一氧化氮的清除作用，并对黄芩苷和过氧亚硝酸盐的反应进行了质谱分析.在细胞实验中，我们研究了黄芩苷对用过氧亚硝酸盐供体、合成的过氧亚硝酸盐处理并暴露于体外氧葡萄糖剥夺和复氧（OGD/RO）的 SH-SY5Y 细胞中外部和内源性过氧亚硝酸盐介导的神经毒性的影响．此外，通过使用体内大脑中动脉闭塞的大鼠模型，研究了黄芩苷的神经保护作用．过氧亚硝酸盐分解催化剂 FeTMPyP 用作阳性对照．分别通过比色法 MTT 测定和 TUNEL 测定，获得细胞活力和确定凋亡细胞死亡；免疫染色实验和 TTC 染色分别检测 3-硝基酪氨酸的形成和梗死体积．结果表明，黄芩苷通过直接清除超氧化物并与过氧亚硝酸盐反应，显示出较强的抗氧化能力．黄芩苷保护神经元细胞免受外来和内源性过氧亚硝酸盐诱导的神经毒性．在缺血再灌注的脑中，黄芩苷抑制 3-硝基酪氨酸的形成，减少梗死体积并减轻凋亡细胞死亡，其作用与过氧亚硝酸盐分解催化剂 FeTMPyP 相似．黄芩苷可以直接清除过氧亚硝酸盐，过氧亚硝酸盐的清除能力有助于其对脑缺血再灌注损伤的神经保护．[51]

16.5.4　麦芽酚抑制糖尿病

糖基化终产物（AGEs）抑制剂具有预防糖尿病并发症的潜力．体外糖基化终产物抑制活性、过渡金属螯合和自由基清除活性实验，已被用于筛选和鉴定有效的糖基化终产物抑制剂．在一个正在进行的阐明糖基化终产物的抑制热加工人参活性成分的项目中，选择了麦芽酚进行更详细的研究．尽管有几条关于麦芽酚抗氧化活性的证据，但尚未评估麦芽酚对糖基化终产物生成的体外和体内抑制作用．本研究考察了麦芽酚的体外糖基化终产物的抑制作用和自由基清除活性．此外，使用链脲佐菌素（STZ）-糖尿病大鼠，测试了麦芽酚对糖尿病肾损伤的体内治疗潜力．麦芽酚显示出比氨基胍更强的糖基化终产物的抑制作用，氨基胍是一种众所周知的糖基化终产物抑制剂．此外，麦芽酚在 ESR 波谱上的 · OH 清除活性略强于氨基胍．因此与氨基胍相比，麦芽酚具有更强的体外糖基化终产物 E 抑制活性．每天服用 50 mg/kg（－1）麦芽酚，抑制糖尿病对照大鼠血清糖基化蛋白、肾糖基化终产物、羧甲基赖氨酸、糖基化终产物受体和核因子-κB p65 水平升高．麦芽酚对 STZ-糖尿病肾损伤的这些有益作用，被认为是由其对自由基的清除能力和糖基化终产物的抑制作用造成的．[52]

16.5.5　赤藓糖醇预防高血糖引起的血管损伤

高血糖、氧化应激以及糖尿病并发症的发生和进展密切相关．在糖尿病患者的长期治疗中，减少氧化应激可能至关重要．该疾病的慢性性质要求一种可以轻松维持的抗氧化剂摄入模式，例如通过饮食．赤藓糖醇，一种简单的多元醇，可能是这样的化合物．它是口服的，耐受性良好，其化学结构类似于甘露醇，是一种众所周知的 · OH 清除剂．研究赤藓糖醇的体外抗氧化性能，测定其在链脲佐菌素糖尿病大鼠中的抗氧化活性和血管保护作用.结果表明,赤藓糖醇是一种优良的·OH清除剂和2,2′-偶氮二-2-脒基丙烷二盐酸盐诱导的溶血的抑制剂,但对超氧自由基呈惰性.高效液相色谱和ESR波谱研究表明,赤藓糖醇与·OH的反应通过提取碳结合氢原子导致赤藓糖和赤藓酮糖的形成.在链脲佐菌素糖尿病大鼠中,赤藓糖醇显示出对内皮保护作用;并且根据体外实验,在消耗赤藓糖醇的大鼠的尿液中发现了赤藓糖.赤藓糖醇在体内作为一种抗氧化剂,可能有助于预防高血糖引起的血管损伤.[53]

16.5.6 杨叶肖瑾对糖尿病的治疗作用

糖尿病自古以来就是一个国际公共卫生问题.这种情况在印度等发展中国家更为严重,由于在快节奏的全球场景中生活方式的改变,人们经常久坐不动.杨叶肖瑾(*thespesia populnea*)在印度被广泛用于治疗糖尿病.从杨树皮己烷馏分中分离出倍半萜进行合成修饰,然后采用ESR波谱等分析技术进行鉴定,并通过抗高血糖、降血糖电位评价其抗糖尿病的活性.在本工作中,研究了钒复合物在葡萄糖负荷中的抗高血糖和降血糖活性.结果表明,正常动物的血浆血糖水平显著降低.临床前的研究结果证实了新的倍半萜的潜力.本研究结果可为杨叶肖瑾降低血糖水平的抗糖尿病潜力提供证据.杨叶肖瑾的抗糖尿病潜力可能是通过作用于PPAR-γ受体来降低血糖水平的.[54]

16.5.7 肝胰岛素基因疗法可以改善糖尿病

肝胰岛素基因疗法(HIGT)改善了糖尿病啮齿动物的高血糖,这表明类似的方法最终可能提供一种改善糖尿病治疗的方法.然而,肝胰岛素基因疗法产生的代谢和激素变化是否有益于血管功能尚不清楚.采用主动脉环制剂、ESR波谱、胰岛素抵抗稳态评估(HOMA-IR)和胰岛素耐量实验(ITT),研究了肝胰岛素基因疗法对内皮依赖性血管舒张、亚硝酰血红蛋白含量(NO-Hb)和胰岛素敏感性的影响.所得到的数据与选定的激素和脂肪细胞因子浓度相关.用链脲佐菌素制成的糖尿病大鼠作为实验组,在皮下注射胰岛素颗粒治疗,非糖尿病大鼠作为对照,结果发现与对照组相比,高血糖大鼠表现出内皮依赖性血管舒张受损、NO-Hb水平降低,以及胰岛素、瘦素和脂联素浓度降低.相比之下,HIGT治疗显著降低了血糖,并将内皮介导的血管舒张和NO-Hb维持在对照水平.HOMA-IR计算和胰岛素耐量实验表明,肝胰岛素基因疗法治疗的大鼠胰岛素敏感性增强,部分恢复了高血糖大鼠中抑制的瘦素水平,并将脂联素浓度增加到超正常水平,符合胰岛素敏感性的指标.研究结果表明,肝胰岛素基因疗法产生的代谢环境足以保护糖尿病啮齿动物的血管功能.这些数据表明,改善血糖、诱导有益的脂肪细胞因子谱和增强胰岛素敏感性相结合,可以保护肝胰岛素基因疗法治疗的糖尿病大鼠的内皮依赖性血管功

能.因此,肝胰岛素基因疗法可以作为一种减少糖尿病相关血管功能障碍的新颖有效的方法.[55]

16.5.8 钒配合物已被研究用于治疗糖尿病

糖尿病是一种与高血糖相关的复杂异质性疾病,是导致死亡的主要原因.钒配合物已被研究用于治疗糖尿病.复合物的效果[VO(bpy)(mal)]在人肝癌(HepG2)细胞系和链脲佐菌素(STZ)诱导的糖尿病雄性 Wistar 大鼠中评估 VO(bpy)(mal)]·H_2O(复合物 A),分为七组,接受不同治疗(每组 $n=10$ 只动物).高葡萄糖 Dulbecco 改良培养基(DMEM)中复合物 A 的 ESR 和^{51}V NMR 分析显示,氧化钒(Ⅳ)复合物在 37 ℃下于 24 h 内氧化和水解,得到低核钒酸盐"V1"($H_2VO_4^-$),"V2"($H_2V_2O_7^{2-}$)和"V4"($V_4O_{12}^{4-}$).在 HepG2 细胞中,复合物 A 在浓度为 2.5~7.5 μmol/L(IC_{50} 10.53 μmol/L)时,表现出低细胞毒性作用,葡萄糖摄取(2-NBDG)增加至 93%,其作用类似于胰岛素.在 STZ 诱导的糖尿病大鼠中,通过灌喂 10 mg/kg(体重)和 30 mg/kg(体重)的复合物 A,结果发现不影响动物行为,表明在实验期间毒性低或代谢损伤.与单独胰岛素治疗相比,发现与胰岛素相关的复合物 A(30 mg/kg(体重))分别改善血糖(30.6±6.3) mmol/L 与(21.1±8.6) mmol/L;$p=0.002$,导致血糖额外降低约 30%.复合物 A 的胰岛素增强作用与低毒性有关,并且通过口服给药实现,这表明复合物 A 是辅助治疗糖尿病的有前景的药物.[56]

16.6 结论

以上流行病学调查和临床及动物实验表明,不论绿茶还是红茶多酚或其他抗氧化剂和药物,对抑制糖尿病都有效.它们可能会抑制脂质和糖类的消化和吸收,减少热量摄入.在抑制糖尿病方面发挥积极作用,涉及四个主要机制:

(1) 抑制淀粉和糖类的消化、吸收和摄入,从而降低血糖.

(2) 抑制胰岛素抵抗;茶多酚清除 ROS 和 RNS,抑制炎症,保护线粒体.

(3) 还可以通过激活 AMPK、抑制脂肪生成和促进脂肪分解,从而促进脂质代谢.它们也可以通过抑制脂肪细胞和前脂肪细胞的分化与增殖,以及减少氧化应激来降低脂质积累,预防糖尿病.

(4) 通过减少氧化应激来阻断糖尿病的病理过程.

膳食多酚可抑制 α-淀粉酶和 α-葡萄糖苷酶,抑制钠依赖性葡萄糖转运蛋白 1(SGLT1)在肠道中的葡萄糖吸收,刺激胰岛素分泌并降低肝脏葡萄糖输出.多酚还可以增强胰岛素依赖性葡萄糖摄取，激活5′-腺苷单磷酸激活的蛋白激酶（AMPK），修饰微生物组并具有抗炎作用.然而，人类流行病学与干预研究显示了不一致的结果.进一步的干预研究对于澄清相互矛盾的发现，确认或反驳膳食多酚对抗糖尿病的作用至关重要.

参考文献

[1] Flier J S. Obesity wars: molecular progress confronts an expanding epidemic[J]. Cell, 2004, 116: 337-350.

[2] Montague C T, O'Rahilly S. The perils of portliness: causes and consequences of visceral adiposity[J]. Diabetes, 2000, 49: 883-888.

[3] Barriga-Gonzúlez G, Olea-Azar C, Zuñiga-López M C, et al. Spin trapping: an essential tool for the study of diseases caused by oxidative stress[J]. Curr. Top. Med. Chem., 2015, 15(5): 484-495.

[4] Mackenzie T, Leary L, Brooks W B. The effect of an extract of green and black tea on glucose control in adults with type 2 diabetes mellitus: double-blind randomized study[J]. Metabolism, 2007, 56: 1340-1344.

[5] Kim M J, Ryu G R, Chung J S, et al. Protective effects of epicatechin against the toxic effects of streptozotocin on rat pancreatic islets: in vivo and in vitro[J]. Pancreas, 2003, 26: 292-299.

[6] Wu L Y, Juan C C, Ho L T, et al. Effect of green tea supplementation on insulin sensitivity in Sprague-Dawley rats[J]. J. Agric. Food Chem., 2004, 52: 643-648.

[7] Sabu M C, Smitha K, Kuttan R. Anti-diabetic activity of green tea polyphenols and their role in reducing oxidative stress in experimental diabetes[J]. J. Ethnopharmacol., 2002, 83: 109-116.

[8] Fukino Y, Shimbo M, Aoki N, et al. Randomized controlled trial for an effect of green tea consumption on insulin resistance and inflammation markers[J]. J. Nutr. Sci. Vitaminol., 2005, 51: 335-342.

[9] Sano T, Umeda F, Hashimoto T, et al. Oxidative stress measurement by in vivo electron spin resonance spectroscopy in rats with streptozotocin-induced diabetes[J]. Diabetologia, 1998, 41(11): 1355-1360.

[10] Matsumoto S, Koshiishi I, Inoguchi T, et al. Confirmation of superoxide generation via xanthine oxidase in streptozotocin-induced diabetic mice[J]. Free Radic. Res., 2003, 37(7): 767-772.

[11] Desmet C M, Lafosse A, Vériter S, et al. Application of electron paramagnetic resonance (EPR) oximetry to monitor oxygen in wounds in diabetic models[J]. PLoS One, 2015, 10(12): e0144914.

[12] Juguilon C, Wang Z, Wang Y, et al. Mechanism of the switch from NO to H_2O_2 in endothelium-dependent vasodilation in diabetes[J]. Basic. Res. Cardiol., 2022, 117(1): 2.

[13] Hussain S, Khan A W, Akhmedov A, et al. Hyperglycemia induces myocardial dysfunction via epigenetic regulation of JunD[J]. Circ. Res., 2020, 127(10): 1261-1273.

[14] Kayestha R, Hajela K, Bharti S. Electron spin resonance study of the metal binding site of glucose specific peripheral blood lymphocyte lectin[J]. Mol. Immunol., 1995, 32(1): 97-100.

[15] Su L, Dong W, Wu C, et al. The peroxidase and oxidase-like activity of $NiCo_2O_4$ mesoporous spheres: mechanistic understanding and colorimetric biosensing[J]. Anal. Chim. Acta, 2017, 951: 124-132.

[16] Naglah A M, Al-Omar M A, Almehizia A A, et al. Synthesis, characterization, and anti-diabetic activity of some novel vanadium-folate-amino acid materials[J]. Biomolecules, 2020, 10(5): 781.

[17] Luciani A, Olivier J C, Clement O, et al. Glucose-receptor MR imaging of tumors: study in mice with PEGylated paramagnetic niosomes[J]. Radiology, 2004, 231(1): 135-142.

[18] Cheang W S, Wong W T, Tian X Y, et al. Endothelial nitric oxide synthase enhancer reduces oxidative stress and restores endothelial function in db/db mice[J]. Cardiovasc. Res., 2011, 92(2): 267-275

[19] Freisleben H J, Ruckert S, Wiernsperger N, et al. The effects of glucose, insulin and metformin on the order parameters of isolated red cell membranes: an electron paramagnetic resonance spectroscopic study[J]. Biochem. Pharmacol., 1992, 43(6): 1185-1194.

[20] Rebolledo O R, Marra C A, Raschia A, et al. Abdominal adipose tissue: early metabolic dysfunction associated to insulin resistance and oxidative stress induced by an unbalanced diet[J]. Horm. Metab. Res., 2008, 40(11): 794-800.

[21] Kwak H S, Yim H S, Chock P B, et al. Endogenous intracellular glutathionyl radicals are generated in neuroblastoma cells under hydrogen peroxide oxidative stress[J]. Proc. Natl. Acad. Sci. USA, 1995, 92(10): 4582-4586.

[22] Davison G W, George L, Jackson S K, et al. Exercise, free radicals, and lipid peroxidation in type 1 diabetes mellitus[J]. Free Radic. Biol. Med., 2002, 33(11): 1543-1551.

[23] Sonta T, Inoguchi T, Tsubouchi H, et al. Evidence for contribution of vascular NAD(P)H oxidase to increased oxidative stress in animal models of diabetes and obesity[J]. Free Radic. Biol. Med., 2004, 37(1): 115-123.

[24] Svegliati-Baroni G, Candelaresi C, Saccomanno S, et al. A model of insulin resistance and nonalcoholic steatohepatitis in rats: role of peroxisome proliferator-activated receptor-alpha and n-3 polyunsaturated fatty acid treatment on liver injury[J]. Am. J. Pathol., 2006, 169: 846-860.

[25] Houstis N, Rosen E D, Lander E S. Reactive oxygen species have a causal role in multiple forms of insulin resistance[J]. Nature, 2006, 440: 944-948.

[26] Panigrahy S K, Bhatt R, Kumar A. Reactive oxygen species: sources, consequences and targeted therapy in type 2 diabetes[J]. J. Drug. Target., 2017, 25(2): 93-101.

[27] Yan J, Zhao Y, Suo S, et al. Green tea catechins ameliorate adipose insulin resistance by im-

proving oxidative stress[J]. Free Radical Biology & Medicine, 2012, 52: 1648-1657.

[28] Assmann T S, Brondani L A, Bouças A P, et al. Nitric oxide levels in patients with diabetes mellitus: A systematic review and meta-analysis[J]. Nitric Oxide, 2016, 61: 1-9.

[29] Avogaro A, Fadini G P, Gallo A, et al. Endothelial dysfunction in type 2 diabetes mellitus[J]. Nutr. Metab. Cardiovasc. Dis., 2006, 16(11): S39-S45.

[30] Zhao H J, Wang S, Cheng H, et al. Endothelial nitric oxide synthase deficiency produces accelerated nephropathy in diabetic mice[J]. J. Am. Soc. Nephrol., 2006, 17(10): 2664-2669.

[31] Chen Y, Li W, Qiu S, et al. Tea consumption and risk of diabetes in the Chinese population: a multi-centre, cross-sectional study[J]. Br. J. Nutr., 2020, 123(4): 428-436.

[32] Nisoli, E. Mitochondrial biogenesis in mammals: the role of endogenous nitric oxide[J]. Science, 2003, 299: 896-899.

[33] Yazıcı D, Sezer H. Insulin resistance, obesity and lipotoxicity[J]. Adv. Exp. Med. Biol., 2017, 960: 277-304.

[34] Padgett L E, Broniowska K A, Hansen P A, et al. The role of reactive oxygen species and proinflammatory cytokines in type 1 diabetes pathogenesis[J]. Annals of the New York Academy of Sciences, 2013, 1281(1): 16-35.

[35] Luc K, Schramm-Luc A, Guzik T J, et al. Oxidative stress and inflammatory markers in prediabetes and diabetes[J]. J. Physiol. Pharmacol., 2019, 70(6).

[36] Zhao B L. The pros and cons of drinking tea[J]. Traditional Medicine and Modern Medicine, 2020, 3: 1-12.

[37] Bryans J A, Judd P A, Ellis P R. The effect of consuming instant black tea on postprandial plasma glucose and insulin concentrations in healthy humans[J]. J. Am. Coll. Nutr., 2007, 26(5): 471-477.

[38] Iso H, Date C, Wakai K, et al. The relationship between green tea and total caffeine intake and risk for self-reported type 2 diabetes among Japanese adults[J]. Ann. Intern. Med., 2006, 144: 554-562.

[39] Fukino Y, Shimbo M, Aoki N, et al. Randomized controlled trial for an effect of green tea consumption on insulin resistance and inflammation markers[J]. J. Nutr. Sci. Vitaminol., 2005, 51: 335-342.

[40] Mackenzie T, Leary L, Brooks W B. The effect of an extract of green and black tea on glucose control in adults with type 2 diabetes mellitus: double-blind randomized study[J]. Metabolism, 2007, 56: 1340-1344.

[41] Xia H M, Wang J, Xie X J, et al. Green tea polyphenols attenuate hepatic steatosis, and reduce insulin resistance and inflammation in high-fat diet-induced rats[J]. Int. J. Mol. Med., 2019, 44(4): 1523-1530.

[42] Islam M S. Effects of the aqueous extract of white tea (Camellia sinensis) in a streptozotocin-induced diabetes model of rats[J]. Phytomedicine, 2011, 19(1): 25-31.

[43] Yang H, Zuo X Z, Tian C, et al. Green tea polyphenols attenuate high-fat diet-induced renal

oxidative stress through SIRT3-dependent deacetylation[J]. Biomed. Environ. Sci., 2015, 28(6): 455-459.

[44] Zhu J, Yu C, Zhou H, et al. Comparative evaluation for phytochemical composition and regulation of blood glucose, hepatic oxidative stress and insulin resistance in mice and HepG2 models of four typical Chinese dark teas[J]. J. Sci. Food Agric., 2021, 101(15): 6563-6577.

[45] Yue S, Shan B, Peng C, et al. Theabrownin-targeted regulation of intestinal microorganisms to improve glucose and lipid metabolism in Goto-Kakizaki rats[J]. Food Funct., 2022, 13(4): 1921-1940.

[46] Karolkiewicz J, Pilaczynska-Szczesniak L, Maciaszek J, et al. Insulin resistance, oxidative stress markers and the blood antioxidant system in overweight elderly men[J]. Aging. Male., 2006, 9: 159-163.

[47] Ni D, Ai Z, Munoz-Sandoval D, et al. Inhibition of the facilitative sugar transporters (GLUTs) by tea extracts and catechins[J]. FASEB J., 2020, 34(8): 9995-10010.

[48] Yang H, Zuo X Z, Tian C, et al. Green tea polyphenols attenuate high-fat diet-induced renal oxidative stress through SIRT3-dependent deacetylation[J]. Biomed. Environ. Sci., 2015, 28(6): 455-459.

[49] Rajesh M, Mukhopadhyay P, Bátkai S, et al. Cannabidiol attenuates cardiac dysfunction, oxidative stress, fibrosis, and inflammatory and cell death signaling pathways in diabetic cardiomyopathy[J]. J. Am. Coll. Cardiol., 2010, 56(25): 2115-2125.

[50] Kimura S, Inoguchi T, Yamasaki T, et al. A novel DPP-4 inhibitor teneligliptin scavenges hydroxyl radicals: In vitro study evaluated by electron spin resonance spectroscopy and in vivo study using DPP-4 deficient rats[J]. Metabolism, 2016, 65(3): 138-145.

[51] Xu M, Chen X, Gu Y, et al. Baicalin can scavenge peroxynitrite and ameliorate endogenous peroxynitrite-mediated neurotoxicity in cerebral ischemia-reperfusion injury[J]. J. Ethnopharmacol., 2013, 150(1): 116-124.

[52] Kang K S, Yamabe N, Kim H Y, et al. Role of maltol in advanced glycation end products and free radicals: in-vitro and in-vivo studies[J]. J. Pharm. Pharmacol., 2008, 60(4): 445-452.

[53] den Hartog G J, Boots A W, Adam-Perrot A, et al. Erythritol is a sweet antioxidant[J]. Nutrition, 2010, 26(4): 449-458.

[54] Phanse M A, Patil M J, Abbulu K. The isolation, characterization and preclinical studies of metal complex of thespesia populnea for the potential peroxisome proliferator-activated receptors-γ agonist activity[J]. Pharmacogn. Mag., 2015, 11(3): S434-S438.

[55] Thulé P M, Campbell A G, Kleinhenz D J, et al. Hepatic insulin gene therapy prevents deterioration of vascular function and improves adipocytokine profile in STZ-diabetic rats[J]. Am. J. Physiol. Endocrinol. Metab., 2006, 290(1): E114-E122.

[56] de Nigro T P, Manica G C M, de Souza S W, et al. Heteroleptic oxidovanadium(IV)-malate complex improves glucose uptake in HepG2 and enhances insulin action in streptozotocin-induced diabetic rats[J]. Biometals, 2022, 35(5): 903-919.

第 17 章

ESR 在环境污染研究中的应用

随着国民经济的发展，人民生活水平的提高，大量废水、废物和废气的排放，环境污染问题日益加剧，严重影响了人类的生存和健康.很多环境污染对生物的毒害和人类健康的危害都与自由基有密切关系.例如，大多数废水、废物和废气都是化学污染.在这些化学污染中研究比较多的而且与自由基关系比较密切的一类是卤代烃，包括四氯化碳、氯仿、溴代乙烷和各种卤代烷.除草剂百草枯(paraquat)和杀草快(diquat)这类化合物常被还原得到一个电子形成稳定的自由基.重金属是重要的职业危害因素和环境污染物之一，很多重金属如铅和汞的生物毒性是通过自由基机理发挥作用的.另外，大气颗粒物及纳米颗粒污染与自由基损伤关系密切，吸烟和饮酒对健康的危害也是通过自由基机理起作用的，本章就这些内容进行讨论.

17.1 吸烟过程中产生的自由基

烟草是一种特殊的消费品，烟草工业是世界各国国民经济的重要组成部分，也是世界各国财政的重要来源之一.但是，吸烟有害健康也是公认的，因此戒烟是有必要的.

吸烟者在吸烟时会得到生理和心理享受,因而吸烟具有成瘾性,也造成了戒烟困难.如何降低吸烟有害物质对烟民的危害成了烟草科技工作者的当务之急.目前,我国有3.5亿烟民,并且还有继续增加的趋势.流行病学调查表明,吸烟不仅可以引起支气管和肺损伤,而且可以导致人类最可怕的疾病——癌症,以及死亡率最高的心血管疾病.过去人们一直认为吸烟的毒性来自尼古丁,但这是错误的.吸烟是一个很复杂的燃烧过程,在吸烟的气相和焦油中存在大量自由基,它们可以直接和间接攻击细胞成分,这可能是引起各种疾病的重要原因.点燃过程中产生大量的有害气体,其中毒性最大的就是自由基、焦油和一氧化碳.亚硝胺和苯芘芘是焦油中致癌性最强的两种物质,因吸烟致死的人群中大部分是死于亚硝胺、苯芘芘引发的肺癌.本节就吸烟过程中产生的自由基及其致病机理进行讨论,并对清除有害自由基的方法和防止吸烟中有害自由基对人类健康的损害作一些探讨.

17.1.1 吸烟的燃烧过程[1-8]

吸烟是一个非常复杂的物理化学过程.一支燃烧的香烟就是一个微型化工厂,可以产生几千种物质,其中包括大量自由基.这些自由基分布在吸烟的焦油和气相中,在致病过程中起着不同作用.

吸烟是组成香烟的原料燃烧生成大批新的化合物的过程,这些化合物的形成随着燃烧在香烟的不同部位和不同温度而变化.燃烧的香烟最高温度可达900 ℃左右,而从香烟后部冒出来的烟气只有50~80 ℃,从燃着的锥体到不燃的烟丝之间存在一个温度梯度.卷烟的主要成分是碳水化合物(48.3%)、非脂肪族有机酸(11.7%)、含氧化合物(11.1%)、总树脂(9.8%)和灰分(13.2%).如果在600 ℃以上完全燃烧,将主要生成H_2O、CO_2和NO_2等,但由于氧气在燃着的锥体表面已基本耗尽,所以吸烟过程不是一个完全燃烧过程.当燃烧产生的炽热气流通过烟丝时,这里还有蒸馏和一系列氧化还原过程.当这一过程在450 ℃时,烟草发生焦化,在300 ℃时,来自烟草的各种蒸汽冷凝形成烟气.某些烟草成分在高温锥体除燃烧生成其他化合物外,特别容易生成稠环芳烃和烯烃,有些成分则原封不动地转入烟气.通常挥发性高的物质可以直接蒸馏出来,转入烟气,而挥发性低的物质则通过热裂解作用发生化学变化后再进入烟气中.还有些物质开始燃烧时被氧化,但进入烟气流之后又被还原,如CO_2转变成CO.在这一复杂过程中,产生的几千种物质随着炽热的烟气流顺着烟柱前进,在几百分之一秒时间内,温度从800 ℃迅速降低到周围环境的温度,形成气溶胶,产生大量核粒.其中包括燃烧不完全的有机物微小碎片、碳、灰分、离子化的分子,或从燃烧区飞溅来的不挥发物.这些粒子的直径为0.1~1 mm,它们占烟气的8%.在这一复杂的氧化还原过程中,电子很容易在这些物质之间转换,形成多种稳定和不稳定的产物,如自由基,它们分布在香烟燃烧产生的气相和焦油中(图17.1).

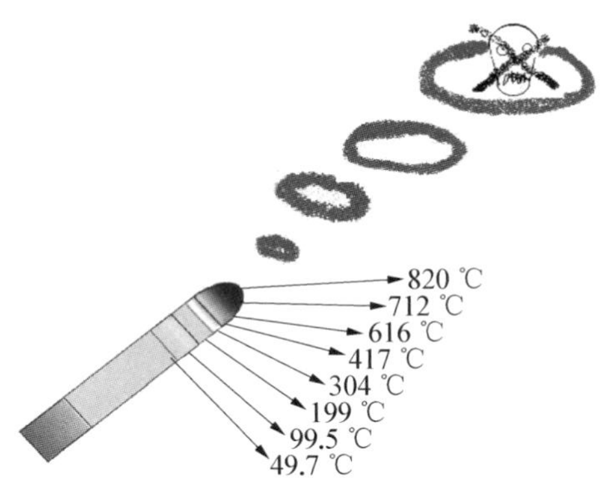

图 17.1　香烟的燃烧过程和温度分布

17.1.2　香烟焦油中的自由基

焦油是香烟烟气中颗粒大于 0.1 μm 的物质.用一种标准滤纸(cambridge)可以收集 99%的焦油,其中包括几种特别稳定的自由基,可以用 ESR 波谱仪直接观察到.通过 ESR 波谱分析,发现它们主要来自醌/半醌自由基(·Q/·QH)、多环芳烃自由基、碳和磷自由基,后三者的浓度在焦油中比较低,只占 15%,最后两个更低.每支烟中焦油自由基约为 6×10^{14} 个.多环芳烃自由基是一类直接致癌物,其 ESR 信号不饱和,但在室温时不宜观察到.焦油中的主要自由基成分是·Q/·QH,大约占 85%,其 ESR 信号很容易饱和,在低温时很容易观察到.这是一类非常重要的自由基,很容易自氧化产生氧自由基,从而导致一系列毒理反应.

香烟烟雾、木材烟雾,以及被困在火灾中的人员吸入的塑料和建筑材料烟雾的化学成分,在多年后会诱发癌症、肺气肿和其他疾病.在火灾中急性暴露于烟雾中会导致肺功能丧失和在数天或数周后死亡.从化学的角度来看,烟草烟雾和燃烧建筑物中吸入的烟雾有一些相似之处.例如,两者都含有高浓度的 CO 和其他燃烧产物.此外,两者都含有高浓度的自由基,通过 ESR 方法研究了这些自由基.通过这些不同类型的烟雾、烟灰和焦油中存在的自由基的已知信息,表明这些自由基可能参与各种烟雾引起的病理学和烟雾吸入死亡的证据.所有有机材料的燃烧都会产生自由基.通过 ESR 方法检测到的自由基(以及到达肺部的自由基)不是燃烧过程中产生的自由基.相反,它们来自烟雾本身发生的化学反应.因此,了解烟雾的化学性质对了解形成的自由基的性质是必要的.即使是与香烟和木材(纤维素)相似的材料燃烧时,也会产生含有非常多的不同寿命和化学特性的自由基的烟雾.香烟焦油含有无限稳定的半醌自由基,可以通过 ESR 波谱仪直接观察.含有这种自由基的香烟焦油水提取物可以将其氧还原为·O_2^-,从而产生过氧化氢和·OH.这些产物都能氧化 α-1 蛋白酶抑制剂(a1PI)和 DNA.由于自由基在烟雾吸入损伤中的潜在作用，抗氧化治疗(例如对从燃烧的建筑物中救出的人使用吸入器)被证明是有效的.

17.1.3 吸烟气相中的自由基

吸烟气相中的自由基多是瞬时不稳定自由基，主要是一氧化氮、二氧化氮、烷氧基(·RO)和烷类(·R)自由基.它们不能用ESR波谱仪直接观察，需要用自旋捕集技术将不稳定自由基捕集到，并转化成一种能用ESR波谱仪检测的自旋加合物.笔者所在研究组用自旋捕集剂PBN和DMPO捕集到了吸烟气相的自由基，其中主要是·RO和·R.这些自由基是在吸烟燃烧形成的气流中不断形成的.在吸烟燃烧时，首先含氮物质氧化生成大量NO·，遇氧生成反应性更强的NO_2·，它可以和吸烟燃烧生成的烯类物质反应，生成烷类自由基·R，而·R可以和O_2反应生成烷过氧自由基·ROO，·ROO又可以和NO·反应生成·RO.这些自由基遇到细胞成分就会发生反应，不仅与细胞膜发生脂质过氧化反应，还可以氧化蛋白质和核酸.自由基的高反应活性对细胞造成损伤是引起各种疾病的重要原因.

17.2 ESR检测吸烟产生的自由基

要研究吸烟产生的自由基，首先必须有一个方法可以用来检测它.ESR是检测自由基最直接、最有效的技术，笔者所在研究组建立和发展了用ESR技术检测吸烟产生的自由基方法.吸烟产生的自由基分布在焦油和气相中，它们的性质差别很大.焦油中的自由基比较稳定，可以直接用ESR技术测定；气相中的自由基活泼、不稳定，不能用ESR直接测定，可用自旋捕集技术测定.

17.2.1 吸烟焦油中自由基的检测

吸烟焦油中的自由基是稳定的，主要由两类组成：一类是醌类自由基，另一类是多环芳烃自由基.

首先用滤纸收集吸烟产生的焦油，不需要分离，可以根据自由基的ESR波谱特征直接测定(图17.2).因为醌类自由基的饱和功率很低，一般在2 mW就可以饱和，而多环芳烃自由基的饱和功率在100 mW.这样在1 mW左右测定一个ESR波谱，则它主要是来自醌类自由基，多环芳烃自由基的贡献小于百分之一，可以忽略不计. 在 100 mW 记录一个波谱，则它主要来自多环芳烃自由基，因为这时来自醌类自由基的信号已经饱和了.

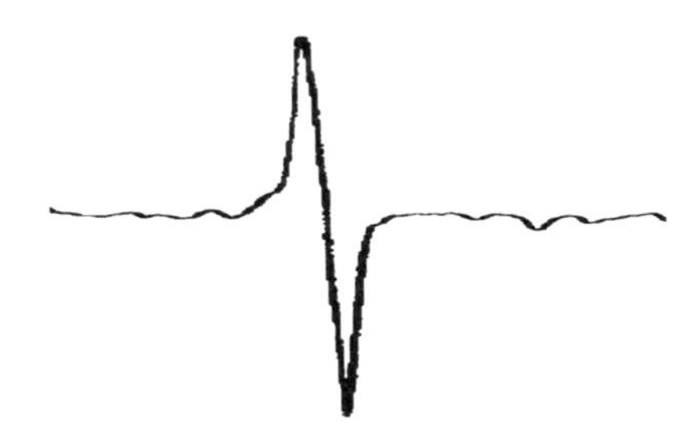

图 17.2 吸烟焦油中的醌类自由基信号的 ESR 波谱

来自主流和侧流烟雾的焦油都含有稳定的自由基，表现出广泛的单线 ESR 光谱，g 值为 2.003. 焦油自由基可以用叔丁基苯和其他有机溶剂萃取，对这些溶液应用了各种分馏程序. 大多数自由基出现在含有酚类烟叶色素的馏分中. 用碱处理焦油的酒精溶液，会产生一组新的自由基，这些自由基似乎是来自焦油中酚类和多酚类物质氧化的半醌自由基.

ESR 自旋捕集研究表明，水性焦油颗粒物（TPM）和气相香烟烟雾（GPCS）表现为香烟烟雾（CS）中自由基的不同来源，但由于其与自然吸烟过程的相关性，仅在香烟烟雾 S 中评估了它们的细胞毒性意义.

17.2.2 吸烟气相中自由基的检测

吸烟气相中的自由基是不稳定的，不能用 ESR 技术直接检测，也不能用一般过滤嘴滤掉，因此对人体的毒害更大. 笔者所在研究组采用自旋捕集技术，捕集到了吸烟气相中的自由基，并根据波谱性质对气相自由基进行了归属，这就为吸烟有害自由基的研究和清除提供了保证.

用吸烟机模仿人吸烟的模式，流量 400 mL/min，每 2 s 吸一次，间隔 1 min. 用 Cambridge 滤纸收集焦油，然后将烟气导入 2 mL 自旋捕集溶液，捕集其中的自由基后在 ESR 波谱仪上测试自由基的信号.

一支香烟的烟气在 0.01 mol/L DMPO 和 PBN 苯溶液中都可以检测到 ESR 波谱（图 17.3，图 17.4）. 由 ESR 波谱和超精细分裂常数得到的吸烟气相自由基主要有三类：一类是烷氧自由基（·RO），它是主要成分，占整个波谱的 60%～70%；另一类是烷基自由基（·R），它只占一小部分，但这并不说明气相中烷氧自由基多，因为 PBN 对烷氧自由基捕集效率比烷基高，同时烷基自由基不稳定，容易转变成烷过氧自由基. 此外，在 CCl_4 中还捕集到一种由三个峰组成的波谱，可能是由烷氧自由基转变成烯烃氮氧自由基. 这一推论在苯溶液中得到进一步证实，此类三峰信号开始并不明显，但随着时间的增加越来越明显.

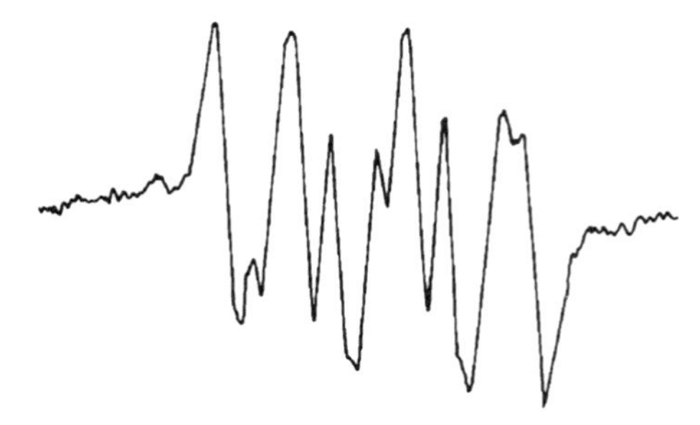

图 17.3　一支中南海香烟的气相在 DMPO 苯溶液中捕集到的自由基的 ESR 信号

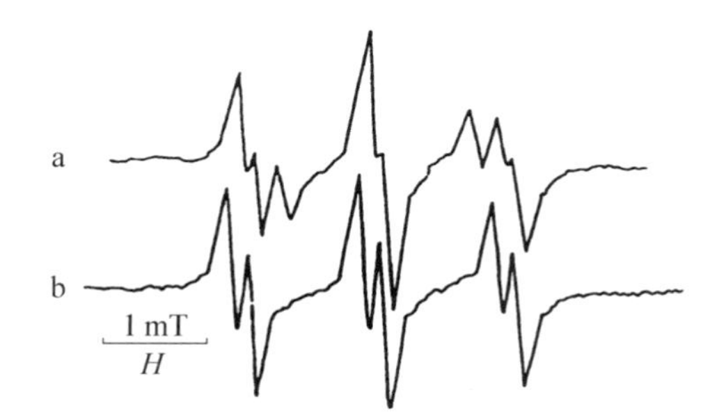

图 17.4　一支中南海香烟的烟气在苯中 PBN 捕集产生的 ESR 波谱
(a) 1 min;(b) 5 min.

另外，用 PBN 和 DMPO 水溶液捕集气相中的自由基，都未得到可检测的 ESR 波谱. 这进一步说明，吸烟气相中的自由基主要来自烷氧自由基，因为烷氧自由基在极性介质中极不稳定.

从香烟燃烧点到自旋捕集溶液的距离大约是 300 mm，相当于从吸烟燃烧点到人的肺细胞的距离. 烷氧自由基为短寿命自由基，其寿命小于 1 s. 寿命这样短的自由基不可能通过这样长的距离就衰变掉了，因此可以设想，烷氧自由基是在进入捕集剂(或进入肺细胞)之前瞬时形成的. 对于香烟燃烧时形成哪些自由基以及烷氧自由基的形成过程，Pryor 等提出了一个吸烟气相自由基形成的稳态假说，并通过一些模型化合物得到了证实. 他们认为，吸烟气相中的自由基是在不断形成和衰变的，香烟最初燃烧生成一氧化氮，一氧化氮和大部分有机物反应性不强，但在烟气流中容易和氧气反应生成二氧化氮，而二氧化氮很容易和烟气中的烯烃反应生成烷基自由基，烷基自由基又非常容易氧化生成烷氧自由基. 他们用一氧化氮/异丙烯/空气混合物通过苯的 PBN 溶液，得到了类似吸烟气相自由基的 ESR 波谱.[9-15]

$$NR + O_2 \longrightarrow NO$$

$$2NO + O_2 \longrightarrow 2NO_2$$

$$NO_2 + R \longrightarrow RO_2 + \cdot R$$

$$\cdot R + O_2 \longrightarrow \cdot ROO$$

$$\cdot RO_2 + NO \longrightarrow \cdot RO + NO_2$$

自旋捕集技术已应用于香烟烟雾的识别和量化存在的自由基.分析结果发现,只有过滤烟雾才能捕集自由基.实验使用了三种自旋捕集剂:N-叔丁基-α-苯基硝基(PBN)、5,5-二甲基 δ1-吡咯啉-1-氧化物(DMPO)和 α-[3,5-二叔丁基-4-羟基苯基)-N-叔丁基硝基(OHPBN).从烟雾自由基与自旋捕集剂反应产生的自由基的 ESR 分裂常数,以及从香烟和自旋捕集剂溶液之间路径长度变化的有效性,可以观察到三种类型的信号.Ⅰ型信号表明存在含氧自由基,其似乎是烷氧基自由基和芳酰氧基自由基($ArCO_2^- \cdot$)的混合物.数据无法得出关于这两个氧自由基中 R 或 Ar 基团性质的结论;然而,基于自由基寿命周期的考虑表明,R 组可能是第三级.Ⅱ型和Ⅲ型信号不是自旋加合物的典型光谱.相反,它们是由烟雾(可能还有烟雾中的自由基)与 PBN 自旋捕集剂的反应引起的,并表明烟雾具有影响单电子氧化的能力.研究者仅观察到 DMPO 和 OHPBN 的Ⅰ型信号.一项定量研究表明,烟雾中存在 4×10^{14} 次自旋/抽吸,与最近的一项研究结果形成鲜明对比.该研究使用了一种非常不同的方法来确定烟雾的自由基含量.利用 PBN 捕集的主要自由基似乎是·RO.主流和侧流气相烟雾的根基浓度大致相同,每支香烟约有 1×10^{16} 个自由基(或每口 5×10^{14} 个自由基).这些自由基是反应性的,但它们似乎非常长寿:它们在超过 5 min 仍然能被气相烟雾捕集.气相香烟烟雾中存在反应自由基的稳态浓度.这种稳态是由一氧化氮(在烟雾中以高浓度存在且相对不活泼)缓慢氧化为更具活性的二氧化氮产生的,然后二氧化氮与烟雾中的活性有机分子(如烯烃和二烯烃)反应[15-16].

使用自旋捕集剂并与模型反应系统进行比较,评估了香烟烟雾颗粒相的水提取物产生的活性氧.采用 DMPO 检测提取物中 DMPO-OH 的 ESR 信号,这些信号通过添加超氧化物歧化酶消除,但几乎不能被过氧化氢酶消除.ESR 信号对清除剂的这些反应,与次黄嘌呤-黄嘌呤氧化酶系统的响应相似.结果表明,提取物中DMPO-OH 的信号来源于 DMPO 与·O_2^- 的反应产物,阐明了萃取物生成·O_2^- 的机理.香烟烟雾含有高活性自由基,被认为在烟草烟雾引起的伤害中起重要作用.以前,在商业卷烟中,观察到自由基和有毒物质输出有巨大变化.这些变化可能是由卷烟设计特征(纸张、过滤嘴和添加剂)、烟草品种(白肋、明亮、东方等)和烟草固化方法(空气、阳光、烟道和火)造成的.以前的报告显示,烟草品种和固化方法会影响烟草烟雾成分,如烟草特异性致癌物尼古丁衍生的亚硝胺酮(NNK).用 15 种不同类型的烟草生产的香烟,检测其烟雾中的自由基、尼古丁和亚硝胺酮的产生.通过 PBN 自旋捕集技术捕集气相自由基,并在剑桥过滤垫(CFP)上捕集颗粒相自由基.使用 ESR 波谱分析了两种类型的自由基.从剑桥过滤垫中提取尼古丁和亚硝胺酮,并分别采用气相色谱火焰电离检测和液相色谱-质谱分析.结果显示,不同烟草类型的气相自由基差异近 8 倍,圣詹姆斯佩里克烟草产生最高水平((42 ± 7) nmol/g),

加拿大弗吉尼亚烟草产生最低水平（(5 ± 2) nmol/g）. 烟雾中的尼古丁和亚硝胺酮水平分别因类型而相差 14 倍和 192 倍. 气相自由基与亚硝胺酮水平高度相关（$r = 0.92, p < 0.0001$），并且似乎受烟草固化方法的影响最大. 香烟自由基和亚硝胺酮水平的变化因烟草品种和固化方法而异. 这些数据表明，卷烟生产中使用的烟草类型可以作为减少吸烟危害的监管目标.[17]

NO· 是在无颗粒气相主流香烟烟雾中产生的气态游离的自由基，使用自旋捕集技术通过 ESR 波谱观察. N-甲基-D-葡糖胺-二硫代氨基甲酸酯（MGD）2-Fe^{2+} 络合物是被用于水溶液中的 NO· 自旋捕集剂捕集的. 在约 20 ℃下，由一支香烟冒出的烟雾形成的自旋加合物的 ESR 信号强度，随时间延长（超过 2 h）而逐渐增加，并且能恒定 2 天或更长时间. NO· 的产生时间过程为一级反应，在 Fe^{2+} 溶液混合后约 25 min，然后缓慢接近由自旋加合物浓度确定的最大值. 这些发现表明，NO· 是由 NO· 供体（如胺-NO· 络合物、过氧化物亚硝酸盐（$ONOO^-$）和其他反应物（如氮氧化物（NO_x））缓慢反应产生的，这些反应物是由烟叶的烟雾产生的，并表明其产生可能参与这些物质的分解或裂解过程.[18]

本研究使用 5-(二乙氧基磷酰基)-5-甲基-1-吡咯啉-N-氧化物（DEPMPO）的灵敏自旋捕集剂检测，比较了香烟烟雾和气相香烟烟雾衍生的自由基诱导的细胞毒性和脂质过氧化的作用，发现产生了广泛的水性焦油颗粒物产量. 在用香烟烟雾鼓泡的缓冲液中，DEPMPO/超氧化物自旋加合物是检测到的主要氮氧化物. 使用适当的 NO· 或羰基硫化物对照实验，以及对自旋加合物非对映异构体的计算机分析表明，在气相香烟烟雾气泡中看到的 DEPMPO 的 ·OH 加合物，与金属催化的亲核合成有关，而与直接捕集的 ·OH 无关. 在早期（<3 h）自由基、气相香烟烟雾诱导的死亡细胞中，观察到水性焦油颗粒物对小鼠 3T3 成纤维细胞的保护作用，碳过滤减少了气相香烟烟雾攻击的 3 个细胞系（包括人上皮肺细胞）的自由基形成、毒性和脂质过氧化. 这些结果显示了，气相香烟烟雾阶段特有的急性自由基依赖性的有害机制，可能涉及 NO· 化学反应，其物理或化学控制可能非常有趣，这可能是降低烟雾毒性的方法.[9]

17.3 ESR 研究吸烟气相自由基对细胞膜脂质过氧化和流动性的影响

为了阐明吸烟气相自由基对人类健康的损害和致病机理，笔者所在研究组研究了吸烟气相自由基对细胞膜的损伤作用. 这里主要采用自旋标记技术，从脂质体人工膜到肺细胞膜做了一系列研究，发现吸烟气相自由基确实能损伤细胞膜磷脂和蛋白质.

17.3.1 吸烟气相自由基对细胞膜脂质过氧化和细胞膜流动性的影响

用TBA法和共轭二烯法测量细胞膜脂质过氧化物，用自旋标记技术研究吸烟气相自由基对细胞膜流动性的影响.

1. 吸烟气相自由基引起细胞膜的脂质过氧化

将吸烟烟气通过脂质体，用TBA反应物和共轭二烯测量产生的脂质过氧化物. 随通烟时间的延长，细胞膜中TBA反应物和共轭二烯不断增加，且有很好的相关性. 这说明吸烟气相自由基可以引起细胞膜的脂质过氧化.

2. 吸烟气相自由基对细胞膜流动性的影响

用两种自旋标记物分别标记细胞膜的极性端和疏水端，通烟后，测量它们的ESR波谱，从波谱上计算序参数和旋转相关时间. 结果发现，随着通烟时间的延长，序参数和旋转相关时间都呈下降的趋势，即细胞膜的流动性随通烟时间延长而增加，而且极性端和疏水端的变化是一致的.

以鼠心肌细胞的线粒体膜为模型，用ESR自旋捕集技术研究了香烟烟气中的烷氧自由基，香烟烟气引起膜脂质过氧化产生的脂类自由基的性质，葡萄子提取物对脂类自由基和香烟气相自由基的清除作用，以及葡萄子提取物在吸烟气相物质损伤鼠心肌细胞线粒体的模型中所具有的保护作用. 结果表明，葡萄子提取物能有效地清除脂类自由基和香烟气相自由基，也能防御香烟气相物质改变细胞线粒体膜的动态性质. 由此推测，葡萄子提取物在此过程中很有可能从以下两方面起作用：一方面是清除了香烟气相物质中的烷氧自由基或其他氧化性物质；另一方面是清除了香烟气相物质引发的脂质过氧化过程中产生的脂类自由基，从而保护了细胞的线粒体膜.

3. 吸烟引起细胞膜脂质过氧化产生的脂类自由基

用自旋捕集剂4-POBN捕集吸烟气相物质会引起细胞膜脂质过氧化，产生脂类自由基(图17.5). 随着通烟时间的延长，捕集的脂类自由基和TBA反应物同时增加.[19-21]

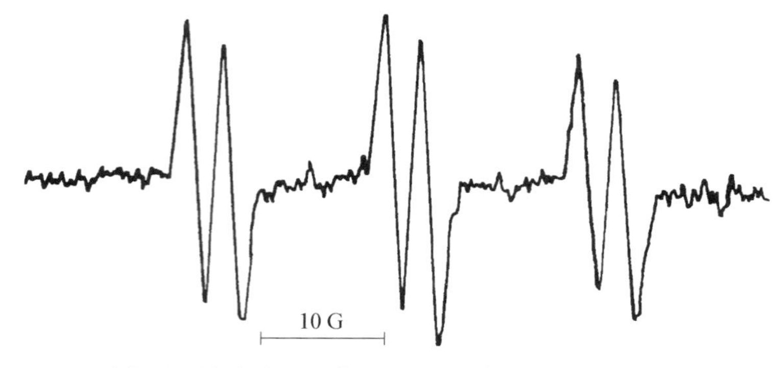

图 17.5　以 4-POBN 为捕集剂，香烟烟气通过脂质体而产生脂类自由基的 ESR 波谱

17.3.2　吸烟气相自由基对大鼠肺细胞的膜蛋白巯基结合位置构象的影响

用马来酰亚胺自旋标记大鼠肺细胞的膜蛋白巯基，发现随着通烟时间的延长，其 ESR 波谱强弱固定化比逐渐减小，表明吸烟气相自由基使得肺细胞的膜蛋白结合位置的构象发生了改变，使膜蛋白巯基结合位置更加裸露了.[19-21]

由以上结果可以看出，吸烟气相自由基引起细胞膜不饱和磷脂的氧化断裂，膜脂成分发生了变化，进而使膜流动性变大. 这可能由于实验采用的是脂质体. 因此，生成的丙二醛不存在与蛋白质的偶联问题，脂质过氧化使膜脂发生降解，从而膜流动性变大.

17.4　ESR 研究吸烟气相自由基对巨噬细胞呼吸爆发产生氧自由基的影响

因为吸烟气相物质直接和肺细胞接触，所以吸烟的一个主要毒性是导致肺损伤和由此引起的支气管炎和肺癌. 引起肺损伤的另一个途径是吸烟可引起巨噬细胞在肺部聚集和活化，产生呼吸爆发，释放大量氧自由基，对肺部细胞造成更大的损伤. 笔者所在研究组研究了吸烟气相物质对巨噬细胞呼吸爆发的影响，发现吸烟气相物质可以直接影响巨噬细胞呼吸爆发过程，也可以通过氧化细胞膜诱导巨噬细胞呼吸爆发.

17.4.1 吸烟气相物质对巨噬细胞呼吸爆发的直接影响

巨噬细胞通烟后，若不加 PMA 刺激，检测不到任何 ESR 信号，说明吸烟气相物质不能直接刺激巨噬细胞产生氧自由基. 多形核白细胞通烟后，再用 PMA 刺激，则有氧自由基产生，但信号强度明显减小. 而且随通烟时间延长，氧自由基逐渐变小. 不仅如此，如果跟踪巨噬细胞产生氧自由基动力学，还可以发现，通烟后的巨噬细胞产生氧自由基动力学与不通烟明显不同. 前者产生的氧自由基先随通烟时间的延长而逐渐增加，然后逐渐减小；后者一开始就达到最大，然后逐渐减小，说明吸烟气相物质改变了巨噬细胞呼吸爆发的过程.[19-21]

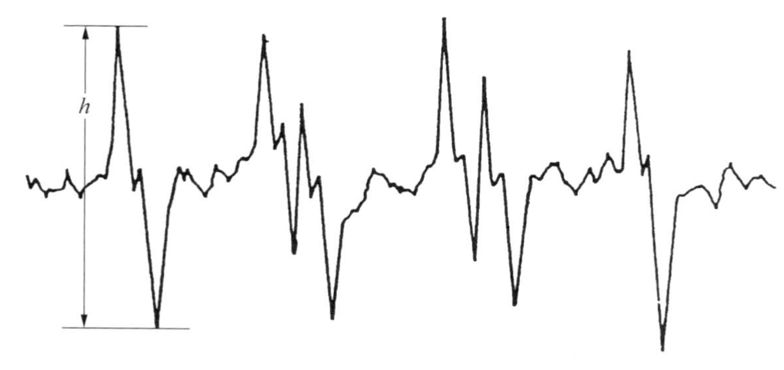

图 17.6 吸烟气相物质处理脂质体与大鼠粒细胞温育对 PMA 刺激粒细胞产生氧自由基的 ESR 波谱

17.4.2 吸烟气相自由基引起人多形核白细胞的脂质过氧化

人多形核白细胞通烟后测定脂质过氧化水平，结果发现，和对照组相比，脂质过氧化反应物明显增加，而且随通烟时间的延长而逐渐增加，有很好的相关性，说明多形核白细胞通烟后确实发生了脂质过氧化. 吸烟气相中含有大量二氧化氮和氧中心自由基，应当是高度氧化性的，因此应当引起脂质过氧化；而在吸烟固相中，主要含有醌类自由基，应当是高度还原性的. 但也有实验发现，不论是吸烟固相还是气相物质，都表现出氧化性.[19-21]

这项研究的结果表明，吸烟气相物质对多形核白细胞是氧化性的，结合上一节用脂质体所得结果，可以肯定吸烟气相物质氧化性是很强的. 这也许可以解释为什么单独香烟气相物质不仅不能刺激多形核白细胞产生呼吸爆发，而且能影响其呼吸爆发的动力学过程. 脂质过氧化产生的 MDA 能够使膜蛋白交联，发生构象变化，从而导致功能的改变甚至丧失.负责呼吸爆发的 NADPH 氧化酶就位于细胞膜上,可能是脂质过氧化首当其冲的攻击对象.

17.4.3 吸烟气相自由基处理脂质体对大鼠粒细胞呼吸爆发的影响

既然吸烟气相物质不能直接刺激多形核白细胞呼吸爆发产生氧自由基,那么它会不会通过其他途径刺激多形核白细胞产生呼吸爆发呢?上面的结果表明,吸烟气相物质可以引起脂质体脂质过氧化,脂质过氧化的脂质体会不会对多形核白细胞产生刺激作用呢?为此,笔者所在研究组研究了脂质过氧化的脂质体对大鼠粒细胞的刺激作用.

1 mg/mL 脂质体通烟 20 s 后在 37 ℃下温育,随温育时间的延长,其脂质过氧化的浓度增加,即脂质过氧化增加(图 17.7(a)).若将此脂质体与大鼠粒细胞在 37 ℃共同温育,然后再用 PMA 刺激.结果表现,用 DMPO 捕集产生的氧自由基要比对照组粒细胞产生的氧自由基明显增多,而且随温育时间的延长,该作用先不断加强;在 15 min 时出现最大值,然后开始减弱;当温育时间大于 25 min 后,开始抑制粒细胞产生氧自由基(图 13.7(b)).

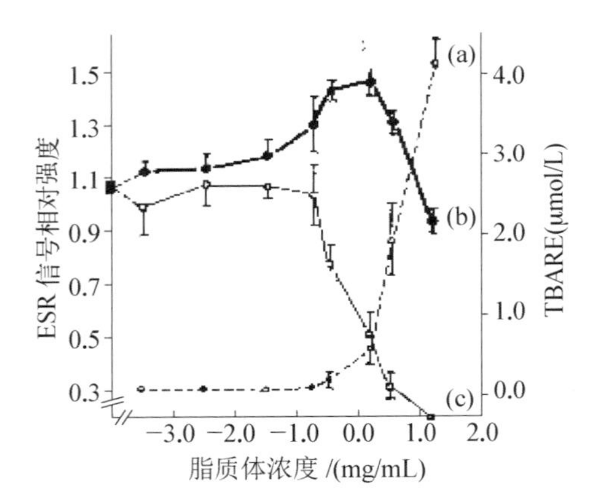

图 17.7 吸烟气相物质处理脂质体与大鼠粒细胞温育对 PMA 刺激粒细胞产生氧自由基和脂类自由基的影响

(a) 烟气处理的脂质体细胞的脂质过氧化;(b) 烟气处理的脂质体引起细胞产生的自由基的 ESR 信号;(c) 未经烟气处理的脂质体引起细胞产生自由基的 ESR 信号.

不同浓度脂质体均通烟 20 s,随浓度的增加,脂质过氧化物含量也在不断增加.将这种气相烟处理过的脂质体与大鼠粒细胞在 37 ℃共同温育 15 min,然后用 PMA 刺激,测试呼吸爆发产生的氧自由基.结果发现,与对照组相比,产生的氧自由基明显增加,且随脂质过氧化物浓度的增加而增加.当脂质体浓度为 1 mg/mL 时,产生的氧自由基达到最大值，然后随浓度增加开始减小；当脂质体浓度大于 15 mg/mL 时，这种过氧化的脂质体又表现出对大鼠粒细胞产生氧自由基的抑制作用.[23-25]

过氧化的脂质体对粒细胞呼吸爆发产生氧自由基的抑制作用的原因可能是多方面的，一个原因可能是不饱和脂类对粒细胞产生氧自由基的清除作用；另一个原因可能是过多的脂类插入粒细胞膜，导致膜结构的改变，从而影响了粒细胞的功能. 随着吸烟烟气处理脂质体与粒细胞温育时间的延长，过氧化的脂类进入粒细胞膜，并引发粒细胞膜脂质过氧化，产生大量中间物，导致细胞膜中蛋白质和酶的损伤及膜结构的破坏，其中 NADPH 氧化酶的破坏将直接影响呼吸爆发产生的氧自由基.

以上这些结果可以提示吸烟气相自由基引起肺损伤和导致疾病的一种机理：吸烟气相物质进入肺部后，首先引起肺细胞脂质过氧化，同时吸烟可使巨噬细胞在肺部聚集，这样，过氧化的细胞膜磷脂就可以刺激聚集在肺部的巨噬细胞呼吸爆发，产生大量的活性氧自由基，而活性氧自由基进一步使肺细胞过氧化损伤，产生恶性循环，导致疾病的发生和发展.

17.4.4 利用 ESR 波谱法研究吸烟对皮肤的损伤

ESR 波谱法能够检测不同系统中的自由基，根据污染物香烟烟雾模型在皮肤中形成自由基的直接证据，评估皮肤污染的潜在危害. 在所研究的皮肤区域旁边测量尼古丁，可以得出皮肤暴露的颗粒浓度的结论. 紫外线额外的照射应用甚至使皮肤中自由基的形成增加了 7 倍. 根据感兴趣的问题，可以使用不同的自旋探针对皮肤中的自由基，进行各种评估：估计自由基的数量以及微环境的抗氧化状态. 使用两个暴露室，在有和没有额外的紫外线暴露情况下，可以重复检查香烟烟雾在离体皮肤上直接形成的氧化应激. 该测量方法有望用于抗污染产品的评估，并且可以在污染物对皮肤的影响和护肤品的保护功能之间建立直接的因果关系.[26]

单线态氧会诱导各种疾病的发病机制，包括光引起的皮肤病和炎症反应. 有研究评价了人血清单线态氧淬灭活性(SOQA)与血液生化或生活方式的相关性. 实验中，招募健康志愿者，并使用 ESR 和关于吸烟的问卷调查进行单线态氧淬灭活性测量. 结果表明，血清中单线态氧的主要淬灭剂是蛋白质，小分子抗氧化剂相对次要. 全血单线态氧淬灭活性与蛋白质浓度无相关性，但与小分子组分单线态氧淬灭活性呈正相关. 体外研究表明，NO· 或超氧化物对巯基的降低显著减弱了白蛋白的单线态氧淬灭活性. 总之，这些结果可能意味着每个人的潜在氧化条件都会影响小分子抗氧化状态和血清蛋白的巯基含量. 与不吸烟的女性相比，有吸烟史的女性血清中的单线态氧淬灭活性显著降低，这表明吸烟习惯损害了单线态氧的防御机制[27].

17.4.5 利用 ESR 波谱法研究吸烟对心肺的损伤

氧化还原状态改变的体内 ESR 波谱对于了解器官特异性病理和疾病非常重要.虽然ESRI 能够对自由基进行空间映射,但它不能使身体的解剖可视化,质子 MRI 能解决这一难题.应用 ESR/NMR 共成像仪器,绘制和监测活小鼠在由吸烟产生的二手烟烟雾(SHS)暴露引起的正常或氧化应激条件下的氧化还原状态.使用适合于小鼠全身共成像的混合共成像仪器 ESRI(1.2 GHz)/质子 MRI(16.18 MHz),使用普通磁铁和梯度以及双 ESR/NMR 谐振器,无需样品移动即可进行共成像.氮氧化物探针 3-氨基甲酰基-丙氧基(3-CP)的代谢用于绘制对照组和二手烟烟雾暴露小鼠的氧化还原状态.3D 共成像可以精确地发现映射主要器官(如心脏、肺、肝脏、膀胱和肾脏)的自由基分布和减少情况.在二手烟烟雾暴露小鼠中,还原代谢显著降低,ESR/NMR 共成像允许对其全身进行定量评估.因此,体内 ESR/NMR 共成像能够评估在体器官特异性映射自由基代谢和氧化还原应激,以及疾病发病机制中发生的改变.[28]

已知烟草烟雾会导致 NO・失活和内皮功能障碍.在这项工作中,研究者利用 ESR 评估了自由基之间的相互作用,研究了 NO・和・O_2^- 及其对暴露于香烟烟雾提取物(CSE)和牛主动脉内皮细胞中的 NO・生物利用度和氮氧应激的影响.牛主动脉内皮细胞在 CSE 存在下触发・O_2^- 的产生,如自旋捕集 ESR 实验所示.香烟烟雾提取物与对照组(细胞色素 C^{3+} 还原测定)和细胞内(40%抑制胞质乌头酸酶)均产生・O_2^-(分别为 3.4 nmol/(h・mg),1.0 nmol/(h・mg)).CSE 还导致过氧亚硝酸盐的产生,通过二氢罗丹明氧化和蛋白质酪氨酸硝化对细胞进行评估,发现抗坏血酸和 α-生育酚可以减少・O_2^- 和过氧亚硝酸盐的形成.此外,香烟烟雾提取物导致内皮一氧化氮合酶的氧化,增加了内皮一氧化氮合酶的单体无活性形式.吸烟者和年龄匹配的健康志愿者每 12 h 口服补充 500 mg 抗坏血酸,加 400 IU α 生育酚,持续 165 天.与对照组相比,吸烟者有内皮功能障碍,通过血流介导的肱动脉扩张评估,发现血浆蛋白 3-硝基酪氨酸水平高出 1.4 倍.长期补充抗氧化剂后,吸烟者血流介导的扩张丧失恢复,达到与对照组总体相当的值.这些数据表明,烟草烟雾中的元素最有可能通过氧化还原循环,以及在体外和体内诱导血管内皮细胞中产生・O_2^- 与 NO・反应生成过氧亚硝酸盐.[29]

17.5 ESR 研究吸烟气相自由基对细胞膜脂质过氧化和流动性的影响

为了研究吸烟气相自由基对人类健康的损害和致病机理,笔者所在研究组研究了吸烟气相自由基对细胞膜的损伤作用.这里主要采用自旋标记技术,从脂质体人工膜到肺细胞膜,做了一系列研究,发现吸烟气相自由基确实能损伤细胞膜磷脂和蛋白质.[23-25]

17.5.1 吸烟气相自由基对细胞膜脂质过氧化和细胞膜流动性的影响

用TBA法和共轭二烯法测量细胞膜脂质过氧化物,用自旋标记技术研究吸烟气相自由基对细胞膜流动性的影响.将吸烟烟气通过脂质体,测量其中TBA反应物和共轭二烯.随通烟时间延长,细胞膜中TBA反应物和共轭二烯不断增加,有很好的相关性,说明吸烟气相自由基可以引起细胞膜的脂质过氧化.

用两种自旋标记物分别标记细胞膜的极性端和疏水端,通烟后测量它们的ESR波谱,从波谱上计算序参数和旋转相关时间.结果发现,随着通烟时间的延长,序参数和旋转相关时间都呈下降的趋势,即细胞膜流动性随通烟时间延长而增加,而且极性端和疏水端的变化是一致的.

17.5.2 茶多酚对吸烟烟气引起培养中国仓鼠肺V79细胞损伤的保护作用

中国仓鼠肺V79细胞采用人工培养,经两层Cambridge滤纸过滤后的香烟烟气通入细胞,对照样品通入同样流量的空气.通烟后,V79细胞膜的脂质过氧化程度仍用TBA法来测定,细胞膜流动性仍采用脂肪酸的自旋标记及ESR测试,计算序参数S和旋转相关时间τ_c(图17.8).同时,用马来酰亚胺自旋标记细胞膜蛋白巯基,测量和计算强弱固定化比值.[23-28]

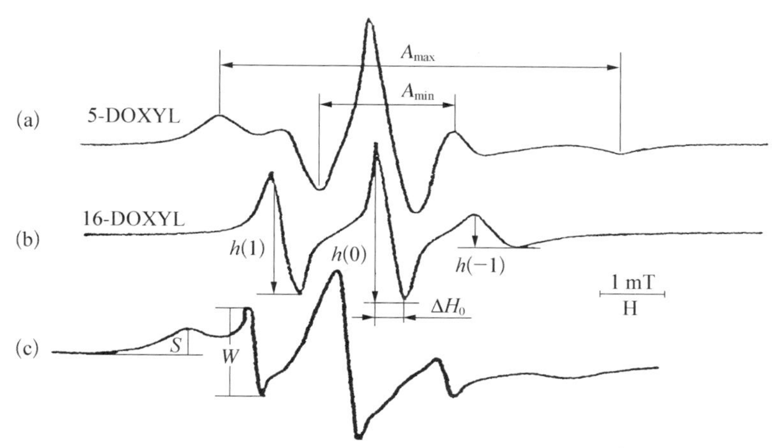

图17.8 用两种脂肪酸自旋标记物分别标记吸烟气相物质处理细胞膜的极性端(a)和疏水端(b),以及用马来酰亚胺标记细胞膜蛋白巯基(c)的ESR波谱

随通烟时间的延长，V79 活细胞数目逐渐减少，TBA 反应物含量增加，表明 V79 细胞膜的脂质过氧化程度增大. 用脂肪酸自旋标记物标记的细胞膜极性端和疏水端的图谱，计算的序参数 S（极性端）和旋转相关时间 τ_c（疏水端）见表 17.1. 从中可看出，极性端的序参数 S 随通烟时间的延长而减小，而疏水端的旋转相关时间 τ_c 没有明显的变化. 这说明吸烟烟气增大了细胞膜浅层的流动性，对深层则影响不大. S/W 随通烟时间的增加而增大，表明膜蛋白上巯基结合位点处的结构变得紧密. 这说明吸烟烟气改变了膜蛋白的构象.

表 17.1　香烟烟气对 V79 细胞膜生物物理特征的影响

吸烟时间（s）	序参数（S）	旋转相关时间（τ_c）	强弱固定化比值（S/W）
0	0.657±0.001	8.326±0.366	0.370±0.006
10	0.651±0.005	9.001±0.864	0.383±0.009
20	0.639±0.005	8.373±0.688	0.392±0.012
30	0.634±0.006	8.344±0.630	0.406±0.019

17.6　ESR 研究空气颗粒物对环境的影响

暴露于环境的颗粒物（PM）增加与多种健康问题有关，包括心肺疾病. ROS 的形成被认为在诱导这些健康问题中起重要作用. 空气中细颗粒物对健康的影响是政府监管和科学辩论的主题. 根据空气中颗粒物的动力学、人体肺部的沉积模式，以及有关健康影响的现有实验和流行病学数据，我们专注于空气动力学平均直径小于 2.5 μm（PM2.5）的空气传播颗粒物研究，这种颗粒物对健康影响最大. 最近的一些流行病学调查显示，呼吸道症状发生率增加，与暴露于空气动力学直径小于 10 μm 或小于 2.5 μm 的低水平颗粒物（分别为 PM10 和 PM2.5）之间存在关联. 如果微粒与呼吸道症状有因果关系，那么了解颗粒物的成分是很重要的. 20 世纪 90 年代的一系列流行病学研究表明，造成呼吸系统健康的不良影响，以及发病率和死亡率增加与接触环境颗粒物有关. 氧化应激已成为颗粒物毒性肺效应的关键机制.

17.6.1　ESR 在木材塑料燃烧产生的气相烟雾中检测到自由基

为了便于 ESR 在木材燃烧产生的气相烟雾中检测到自由基，我们将木材置于有流动气流的石英管中快速加热进行热解. 将过滤后的烟雾鼓泡到 α-苯基-N-叔丁基硝基的十二烷溶液中，通过 ESR 检测所得的氮氧化物自由基.将木材燃烧产生的烟雾捕集的自由基，与从烟草烟雾中捕集的自由基进行比较；黄松和橡树的烟雾比在这些实验条件下燃烧的每单位质量的烟草烟雾产生更强烈的 ESR 波谱.当木材燃烧产生的烟雾通过纯十二烷鼓泡，并且所得的木烟/十二烷溶液在添加 PBN 之前保持延迟时间时，即使在木材燃烧产生的烟雾/十二烷溶液老化超过 20 min 后，也能检测到自由基.烟草烟雾的类似实验表明，即使在烟草烟雾/十二烷溶液的延迟时间短得多之后，自由基也不再被捕集.[30]

使用 ESR 自旋捕集技术，研究胺和酚等自由基清除剂对捕集聚甲基丙烯酸甲酯(PMMA)燃烧产生的气相自由基的影响.结果表明，二苯胺并没有减少自由基的数量，反而增加了自由基的数量.这表明，在本研究条件下，气相自由基几乎不会被自由基清除剂捕集，并且可以产生其他类型自由基的前体.有报道指出，在使用几种过氧化物的实验中，自由基前体应该是 PMMA 燃烧产生的二酰过氧化物.为了获得 PMMA 燃烧烟雾引起的生物损伤的基础知识，研究了 PMMA 烟雾诱导半胱胺的氧化机理.PMMA 烟雾中涉及的长寿命和以氧为中心的自由基应该在半胱胺的氧化中发挥重要作用.考虑到 pH、氧和自由基浓度的影响，说明 PMMA 燃烧烟雾氧化半胱胺的机理是自由基引发的链式反应.[31-32]

17.6.2 ESR 研究 PM2.5 中的自由基

在这项工作中，研究者提出了一个新的假设来解释 PM2.5 沉积在肺中时连续产生活性氧的机理.研究发现，PM2.5 含有丰富的持久性自由基，通常为 $10^{16}\sim10^{17}$ 个不成对的自由基/克，并且这些自由基可以稳定数月.这些自由基与半醌自由基的稳定性和 ESR 波谱特性一致.半醌自由基催化的氧化还原循环在文献中有详细记载，前文也已经详细研究了它在香烟烟雾颗粒物中对健康产生的影响.研究结果表明，相同或相似的自由基不仅存在于香烟烟雾颗粒物中，还存在于 PM2.5 中.这些半醌自由基经历氧化还原循环，从而减少氧气并产生活性氧，同时消耗组织还原物，如 NAD(P)H 和抗坏血酸.这些由颗粒产生的活性氧在沉积部位引起氧化应激反应，并在肺部观察到有害影响.[33]

越来越多的证据表明，颗粒中存在的过渡金属尤其是铁，会产生 ROS，这可能与观察到的一些呼吸道症状有关.这项研究的假设是双重的：来自吸入空气传播颗粒的生物可利用过渡金属催化人肺上皮细胞中的氧化还原反应，导致氧化应激和肺部炎症介质的产生增加；颗粒的大小、过渡金属含量和矿物形态会影响它们引起这些影响的能力.这项工作的重点是研究颗粒的物理特性(例如大小、生物可利用的过渡金属含量和矿物形态)与它们在无细胞系统中产生 ·OH，以及引起氧化应激反应的能力之间的关系，发现这导致培养的人肺上皮细胞中肺部炎症介质的合成.通过比较三种不同煤燃烧产生的不同尺寸分馏、化学表征的粉煤灰(CFA)来研究这些关系，研究者需要获得毫克量的灰分.铁作为迄今为止 CFA 中主要的过渡金属，被专门用来研究.此外，研究者还研究了来自汽油发动机、柴油发动机和环境空气中的少量颗粒.所有来源的颗粒磷酸盐缓冲可溶性成分能够产生 ROS，通过 2-脱氧核糖生成丙二醛（MDA）来测量发现金属螯合剂 N-[5-[3-[(5-氨基戊基)羟基氨基甲酰基]丙酰胺醇-戊基]-3-[[5-(N-羟基乙酰氨基)戊基]氨基甲酰基]丙氧肟酸（去铁胺 B 或 DF）对所有颗粒的活性抑制超过 90%，强烈表明，这是由过渡金属（可能是铁）引起损伤的主要物质.来自煤或汽油燃烧的颗粒，比来自柴油燃烧的颗粒具有更大的形成 ROS 的能力.通过柠檬酸盐（pH = 7.5）用 ESR 对所有来源的颗粒进行测试，颗粒物中均含有铁；汽油燃烧颗粒是唯一未分析铁指标的颗粒，因为没有足够的颗粒用于铁指标参与测定.对 CFA 颗粒进行尺寸分割，柠檬酸盐引起的铁量变化与颗粒的大小呈反比，这也取决于煤的来源.来自 CFA 颗粒的铁能在培养的人肺上皮细胞（A549 细胞）中诱导铁蛋白氧化.柠檬酸盐介入引起的铁量与 A549 细胞中诱导的铁蛋白氧化量呈正比.来自 CFA 的铁也能诱导 A549 细胞中的炎症介质白细胞介素（IL-8）.铁存在于粉煤灰中的几种物质中，但生物可利用的铁与玻璃状铝硅酸盐有关，这导致铁蛋白和 IL-8 在 A549 细胞中被诱导氧化.在地壳尘埃（城市颗粒物的另一种成分）中，铁与氧化物和黏土有关，但与铝硅酸盐无关.地壳尘埃中几乎没有由柠檬酸盐产生的铁.研究者能够从柴油燃烧颗粒中发现铁，但其含量远低于所有其他燃烧颗粒.研究者在一个月内收集盐湖城 5 天的环境中的 PM2.5 样本，研究发现铁量的差异很大.如果生物可利用的过渡金属（例如铁）与此处概述的特定生物学反应有关，那么开发体外测定技术以确定颗粒的未知成分和来源将是一个十分具有前景的方向.[34]

该研究的一个关键问题是，PM 的不良健康影响是否由吸附到颗粒中的反应性化合物的碳质颗粒介导.实验证据表明，PM 含有氧化还原活性过渡金属、氧化还原循环醌和多环芳烃（PAHs），它们协同作用产生 ROS.精细的 PM 具有深入呼吸树的能力.在那里，它通过 ROS 的氧化作用破坏肺部液体内壁中的抗氧化防御.研究确定了 PM 中的亚铁离子当 H_2O_2 存在时在 ·OH 的产生中起重要作用.在本研究中，研究者探索了过渡金属和持久性喹类化合物和半醌自由基在没有 H_2O_2 的情况下生成 ROS 的协同作用；测试了空气中的颗粒物，如 TSP（总悬浮颗粒）、新鲜汽车尾气颗粒（柴油、DEP 和汽油、GEP）和新鲜木材烟灰.使用 ESR 检查了持久性自由基的数量，这个数量反映了具有不同结构的奎宁自由基和碳中心自由基的碳质核心的混合物的特征.研究者通过碱性溶液（pH = 9.5）和 TLC 的 ESR 提取，分离和分析了奎宁化合物.此外，研究者还研究了在没有 H_2O_2 的 PM 的水性和 DMSO 悬浮液中 $\cdot O_2^-$ 和破坏性 ·OH.研究结果表明，PM 的细胞毒性和致癌潜力可能部分是由持久性喹类自由基氧化还原循环引起的，循环中产生大量的 ROS.在第二阶段，PM 的水溶性部分通过 ·OH 的反应性过渡金属依赖性形成引起 DNA 损伤，这个反应依赖过渡考虑暗示 H_2O_2 也发挥重要作用.总之，这些数据表明，涉及醌的氧化还原循环和过渡金属的 Fenton 反应在产生 ROS 中发挥重要作用.这些结果在最近的研究中得到支持.近期的研究还表明了 PM 提取物的细胞毒性作用，特别是在线粒体损伤以及氧化还原循环醌杀死细胞的差异机制中起到关键作用.[35]

为了量化 PM 产生 ROS 的能力，研究者开发了一种改进的基于 ESR 波谱的方法．即直接在含有 PM 的过滤器上测量 ROS 的生成量，从而避免在过滤器提取过程中可能发生的组分选择性提取和/或材料反应性损失．此外，过滤器中添加了抗坏血酸，以刺激 ROS 的形成．该方法适用于不同来源的 PM10 样品．研究结果表明，汽油和柴油发动机废气中 PM10 的自由基产生能力，明显高于环境或室内空气中的 PM10．此外，在城市 PM10 和 PM2.5 中，ROS 的产生能力与多环芳烃含量和特定过渡金属的浓度显著相关．这表明，这种改进的 ESR 方法可能是评估 PM 形成 ROS，以及与此类空气污染相关的不良健康影响之间关系的宝贵工具．[36] ·OH 由环境 PM2.5 的水悬浮液产生，研究者利用 5,5-二甲基-1-吡咯啉-N-氧化物（DMPO）作为自旋捕集与 ESR 波谱耦合剂对其进行检测．检测结果表明，PM2.5 中环境持久性自由基（EPFRs）能够产生非常多的·OH（即使不添加 H_2O_2），而允许环境持久性自由基随时间衰变的颗粒诱导的·OH 较少．此外，较高的颗粒浓度会产生更多的·OH．当溶液被空气吹散时，一些样品没有改变·OH 的产生．这归因于内部而不是外表面相关的环境持久性自由基．[37]

2005 年夏季，在德国奥格斯堡的一个城市背景地点采集 PM2.5 过滤器样本，使用了气相色谱/质谱分析多环芳烃（PAH）及其含氧衍生物（O-PAH）．在同一滤光片上直接加入自旋捕集剂后，通过 ESR 波谱法测量 ROS 的形成，发现环境、高沸点多环芳烃和 O-PAH 的浓度与 ROS 的形成高度相关，甚至优于颗粒质量或数量浓度．对于一些多环芳族单酮（例如苯并（脱）蒽-7-酮），其相关性最为明显，文献中尚未报道其具有氧化还原循环活性．ESR 测量与特定半挥发性有机化合物之间是否存在关联，表明木材燃烧对 PM2.5 相关 ROS 的形成有重要影响．这些结果表明，进一步研究自由基的形成与特定 O-PAH 和半挥发性有机化合物（SVOC）之间是否存在关联，可能有助于更好地理解 PM 的来源依赖性化学成分与 PM 暴露相关的毒理学风险之间的关系．[38]

使用自旋捕集剂的 ESR 技术，研究了暴露于空气和光条件下针铁矿水悬浮液中反应性物质的产生．捕集试剂包括 5,5-二甲基吡咯啉 N-氧化物（DMPO）和 2,2,6,6-四甲基哌啶（TEMP），分别用于·OH 和单线态氧的检测．在针铁矿悬浮液中加入 DMPO 时，形成了 DMPO-OH 加合物（即使添加了·OH 清除剂甘露醇）．这一结果意味着 DMPO-OH ESR 信号的假阳性．在 TEMP 试剂存在下，检测到 TEMP-O 信号，该信号在单线态氧清除剂叠氮化钠存在时完全被抑制．在针铁矿/H_2O_2 系统中，无论是·OH 还是单线态氧的产生，都是通过 DMPO-OH 观测的．事实上，测量·OH 应通过校正由单线态氧引起的 DMPO-OH 量来仔细计算．这项研究首次报道了，针铁矿悬浮液也可以作为天然敏化剂，如富里酸，形成单线态氧．[39]

17.7 ESR 研究抗氧化剂茶多酚对吸烟毒害的防护作用

茶和茶多酚是氧自由基的清除剂和脂质过氧化的阻滞剂.它们可以防止吸烟自由基对细胞成分的氧化毒性,保护细胞膜磷脂和蛋白质免受吸烟损伤,补充吸烟引起的抗氧化剂损失,清除多余的自由基,恢复吸烟破坏的氧化还原平衡,避免心脏病、癌症和其他疾病的发生.

17.7.1 茶多酚对吸烟气相自由基的清除作用

用自旋捕集技术和 ESR 波谱仪测量表明,茶多酚及含有茶多酚滤嘴可以有选择地降低吸烟产生的有害气相自由基(表 17.2),能够保护细胞和动物,减少吸烟的毒害.

表 17.2 茶多酚对吸烟气相自由基的清除作用

茶多酚(mg/mL)	清除率(%)
0.0	0
0.5	20.4±0.203
1.5	45.0±1.380
2.0	50.5±0.233
2.5	60.5±0.101

17.7.2 茶多酚对吸烟气相物质引起的大鼠肺细胞膜损伤的保护作用

预先在大鼠肺细胞中加入茶多酚,在相同通烟时间下,大鼠肺细胞的脂质过氧化程度随茶多酚浓度的增加而降低,说明茶多酚对吸烟气相物质引起的大鼠肺细胞脂质过氧化有明显的抑制作用.随茶多酚浓度的增加,极性端的序参数逐渐回升,当茶多酚浓度为 0.1 mg/mL 时,其序参数几乎恢复到不通烟时间的数值.从马来酰亚胺标记细胞膜的 ESR 波谱计算的强弱因素化比 S/W 可以看出,与对照组相比,茶多酚组的 S/W 变大说明茶多酚保护组膜蛋白减弱了吸光度的损伤.这些结果说明茶多酚可以保护吸烟烟气对大鼠肺细胞膜的损伤作用(表 17.3).[39-43]

表 17.3　茶多酚对 V79 细胞膜的保护作用

	TBAR	存活率(%)	序参数	旋转相关时间(s)	*S*/*W*
对照烟组	2.75±0.35	60±8	0.650±0.002	7.715±0.148	0.409±0.005
茶多酚组	1.52±0.25	80±9	0.651±0.002	6.226±0.054	0.394±0.004

注:与对照组相比 p 值均小于 0.05.

17.7.3　茶多酚对吸烟毒性的防护作用

笔者研究了茶多酚过滤器对吸烟急性和慢性毒性的影响,结果表明,茶多酚对这两种毒性均有很好的防护作用.[2]

1. 茶多酚对吸烟急性毒性的影响

将 10 只小鼠放置在 35 cm×35 cm×20 cm 的染毒箱中.箱体两侧开一个小孔进行通风,将烟气引入箱体.每支香烟持续 2~3 min,并持续操作,直到小鼠中毒死亡.CO_2 和 O_2 的暴露压力在正常范围内.实验结果表明,茶多酚可以显著延长小鼠的寿命(表 17.4).

表 17.4　香烟烟雾对小鼠生存时间的影响

组别	动物数	体重(g)	存活时间(min)	减少毒性
对照吸烟组 1	10	28.5±1.9	60.0±18.4	
茶多酚组 1	10	27.6±1.5	96.0±9.7	69.5%
对照吸烟组 2	10	19.0±1.9	52.0±9.7	
茶多酚组 2	10	19.5±1.5	101.0±1.3	93.3%

组织病理学检查也显示茶多酚具有保护作用.吸烟对照组 80%的小鼠表现为肺组织明显充血、肺出血,肾间质小血管扩张充血,以及肝小叶中央静脉或小叶间静脉轻度扩张出血,心脾未见异常.茶多酚滤嘴烟组 40%的小鼠肺组织内也有间质性小血管,肾间质小血管扩张充血,肝小叶中央静脉或小叶间静脉轻度扩张出血,心脾未见异常.以上研究表明,茶多酚对吸烟所致急性毒性有保护作用.

2. 茶多酚对吸烟慢性毒性的影响

动物骨髓细胞微核率的变化反映了突变和致癌作用.我们观察了茶多酚过滤器对吸烟动物骨髓细胞微核率的影响.每组 30 只雄性 NIH 小鼠,分别为正常组、对照组和茶多酚滤嘴香烟组.采用被动吸烟,一个接一个,每天吸烟 20 min,连续 75 天.最后一次吸烟 24 h 后处死所有小鼠,取骨髓计数多色红细胞和微核细胞.每只动物计数 1 000 个,计算微核百分比(<5%).同时,计算多色红细胞与正常红细胞的比值.实验结果表明,茶多酚

滤嘴烟对小鼠骨髓细胞微核率有显著的保护作用(表 17.5).

表 17.5　茶多酚滤嘴香烟烟雾对小鼠骨髓细胞微核率的影响

组别	数量	骨髓细胞微核率(%)	减少
正常组	20	1.85±1.42	
对照组	20	14.60±7.06	60%
茶多酚滤嘴香烟组	20	5.50±2.10	

从以上结果可以看出,茶多酚可以清除吸烟产生的有害自由基,抑制由吸烟气体物质引起的细胞膜脂质过氧化,保护细胞免受因吸烟产生的自由基而引起的急性毒性和慢性毒性的损害.

3. 茶对吸烟所致肺损伤的解毒作用

茶具有抗氧化、抗菌、抗突变和抗癌特性化合物的效果.肺癌是全世界男性和女性癌症死亡的最常见疾病.由于吸烟的增加,全世界有 100 多万人可能死于肺癌.因此,使用茶及其活性成分茶多酚进行化学预防干预,可能是减少肺癌死亡的可行手段.在本研究中,笔者使用苯并(a)芘(BP)诱导小鼠患有肺癌,以评估红茶的活性成分茶黄素和表没食子儿茶素没食子酸酯的潜在凋亡诱导和增殖抑制作用.致癌物对照组分别在第 8 周、第 17 周和第 26 周出现明显的增生、发育不良和原位癌.在使用表没食子儿茶素没食子酸酯治疗的第 8 周、第 17 周和第 26 周,苯并(a)芘暴露小鼠的增殖细胞数量显著减少,凋亡细胞数量增加.

将动物随机分为以下组($n=10$),用不同的化学品进行治疗:① 对照组,小鼠不吸烟;② 吸烟组,给小鼠每天吸烟 20 min,连续 25 天;③ 吸烟+GTP 组,吸加茶多酚过滤器的烟.在光学显微镜下对各组动物的肺标本进行病理检查.在吸烟对照组的肺部发现了各种病理改变:观察到破裂的肺泡增多,支气管毛细血管壁增厚,有中性粒细胞和淋巴细胞浸润的迹象;支气管腔内炎性渗出物和淋巴增生增加;4 只大鼠的肺组织中发现脓肿和低纤维增生,茶多酚显著减少了这些病理变化,只有 1 只大鼠出现病理改变,1 只大鼠肺部出现轻微病理改变(肺泡中性粒细胞和淋巴细胞中度浸润),在 3 只动物中观察到茶多酚组几乎正常的肺组织.正常对照组的 1 只大鼠出现轻微病理变化(图 17.9)[44].这些研究表明,茶多酚具有抗癌活性.

4. 茶多酚对小鼠血液中羧基血红蛋白(COHb)的影响

COHb 是一氧化碳和血红蛋白的稳定复合物,当吸入一氧化碳时在红细胞中形成.通过吸烟吸入一氧化碳会提高血液中的 COHb 水平,[36-37]导致心脑血管损伤和疾病,如神经衰弱、心肌损伤和动脉粥样硬化.为了研究茶过滤器对吸烟产生的一氧化碳毒性的影响,我们测量了血液中的 COHb 水平.研究发现,与未接触过滤嘴香烟烟雾的小鼠相比,接触过正常滤嘴香烟的小鼠血液中的 COHb 水平增加了约 561%;而使用茶多酚香烟烟雾的小鼠血液中的 COHb 水平与接触过正常滤嘴香烟烟雾小鼠相比,降低了约

53%.这些结果表明,茶多酚过滤器抑制了吸烟产生的 COHb 水平,并预防了吸烟引起的心脑血管疾病(表 17.6).[44]

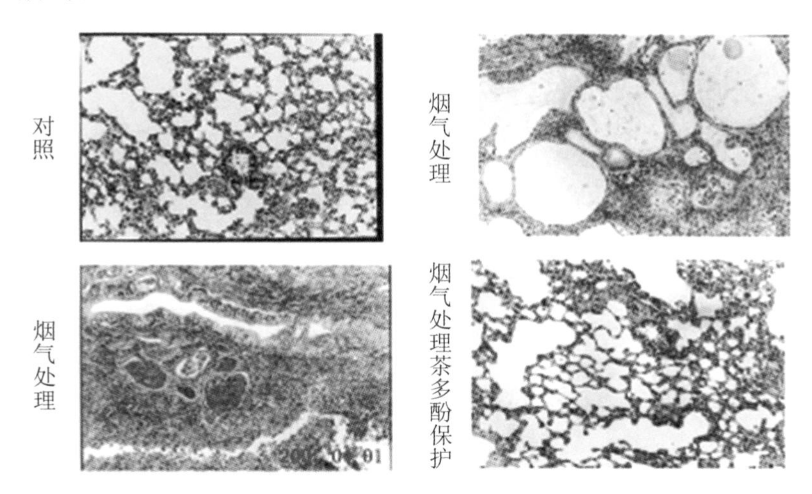

图 17.9 茶多酚对吸烟引起肺损伤的保护作用

表 17.6 茶多酚滤嘴对香烟烟雾诱导的大鼠血液中 COHb 变化的影响

组别	动物数目	COHb(mg/mL)	效果(%)
对照组	5	1.27 ± 0.66	
吸烟组	5	$8.40 \pm 0.42^{\#}$	+561
茶多酚吸烟组	5	$3.98 \pm 0.99^{*}$	−53

5. 亲水性苯乙烷抑制烟草毒害

香烟焦油水提取物(ACT)在空气饱和的缓冲水溶液中自氧化产生半醌、$\cdot$OH 和 $\cdot O_2^-$.通过直接 ESR 测量检测半醌种类,并与邻苯二酚和对苯二酚自由基在类似条件下的 ESR 信号进行比较,将其鉴定为邻苯二酚和对苯二酚自由基.这些自由基的形成速率取决于 pH.通过 ESR 自旋捕集法,检测 $\cdot$OH 和 $\cdot O_2^-$ 为 DMPO 自旋加合物.超氧化物歧化酶(20 单位/毫升)完全抑制 DMPO 超氧化物自旋加合物的形成.向该系统添加 Fe^{2+},使 DMPO $\cdot$ OH 自旋加合物的 ESR 信号强度提高了 3~5 倍.这些结果表明,在 ACT 的氢醌和儿茶酚相关物质的自氧化过程中会产生超氧化物和 $\cdot$OH[45].使用 ESR 研究了两种抗氧化剂和一种螯合剂在抗污染香烟烟雾模型中的功效,直接测量紫外线和香烟烟雾暴露在猪皮肤上离体后自由基的产生.将香烟烟雾的影响与城市灰尘(NIST 标准)的效果进行了比较,ESR 还用于测量测试产品的铜螯合活性.在体内施用香烟烟雾后,从烟雾暴露的皮肤部位采集的拭子溶液中,测量了脂质过氧化丙二醛(MDA)和角鲨烯单氢过氧化物(SQOOH)两种标志物.EDTA 对非螯合剂和生育酚的抗氧化剂对暴露于香烟烟雾细胞和组织仅产生很小的抗氧化作用,只有亲水性苯乙烷 H1 表现出显著效果.测量的离体自由基显著减少,并进一步较大程度地减少了体内脂质过氧化物的形成.香烟烟雾模型是外用产品体内抗污染效果评价的理想模型,与城市污染暴露对象真实情况密切相关.需要进一步的研究来更好地了解螯合剂在抗污染化妆品中的作用.[46]

6. 抗氧化剂茶多酚抑制烟草毒害的机制

从以上讨论可以得出结论:茶中的茶多酚可以通过消除吸烟产生的有害自由基,抑制吸烟引起的氧化应激损伤,特别是吸烟引起的急性和慢性毒性和肺损伤;茶多酚对因香烟烟雾诱导的炎症而引起的中性粒细胞聚集,及弹性蛋白酶和基质金属蛋白酶-12 氧化损伤具有抑制作用.茶多酚能够防止由吸烟导致的细胞突变而引起的各种癌症,有效消除吸烟的危害.茶本身也可以过滤掉吸烟产生的致癌物质,如亚硝胺、α-芘、苯并 α-蒽、chrysene 和吸烟过程中产生的总多环芳烃.茶过滤器抑制了吸烟产生的 COHb 水平,并预防了吸烟引起的心脑血管疾病,以保护人类健康(图 17.10).

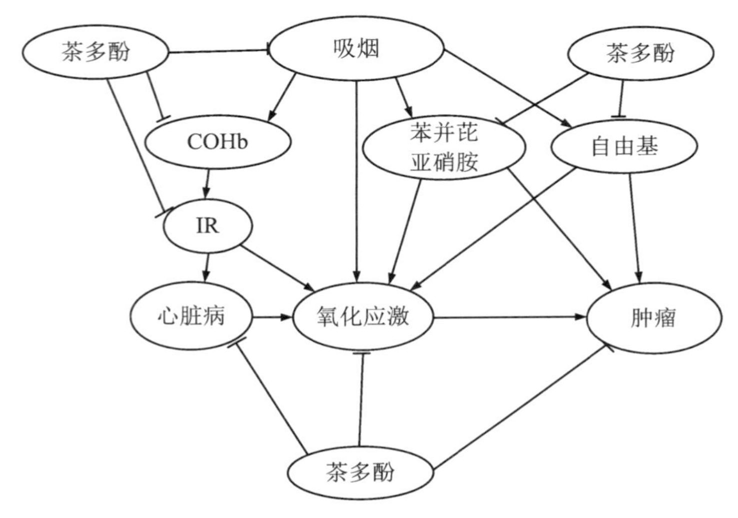

图 17.10 茶和茶多酚减少烟草烟雾危害的机理示意图

17.8 茶及茶氨酸抑制烟草成瘾的机制

虽然戒烟运动在西方国家已经一波接一波地兴起,吸烟者的数量急剧下降,但在中国,吸烟者的数量并没有减少,而是在向年轻化的方向发展.吸烟对健康的危害已成为人类面临的重大公共卫生问题.虽然科研人员和医务工作者已经尝试了各种方法,但效果仍然不理想,控烟已成为一个世界性的问题.然而,由于尼古丁的成瘾性,戒烟仍然极其困难.尽管研究者们做出了种种努力,但目前可用的戒烟方法成功率很低,且经常反复.此外,这些戒烟方法也不方便,并导致各种各样的副作用.[47-48] 因此,开发替代方案的必要性仍然是公共卫生的高度优先事项,即提高疗效和减少副作用的戒烟策略.为了降低吸烟对人体的毒性,有必要在戒烟的同时研究一些低自由基、低毒的香烟.我们以上的研究表明,吸烟会引起一系列严重的疾病,而茶成分可以保护细胞免受香烟烟雾诱导的毒性.[49]

为了找到解决这一问题的新方法,我们开发了一种可以显著消除吸烟依赖上瘾的茶滤器,并初步探讨了其机制.人体测试表明,使用茶滤器吸烟显著减少了自愿吸烟者的烟气量.进一步研究表明,L-茶氨酸的作用类似于尼古丁乙酰胆碱受体抑制剂.第一批临床实验发现,吸烟志愿者使用茶滤器 2 个月后,吸烟量减少了约 52%,其中有 31%的人吸烟量降至 0.另一批临床实验表明,在使用茶过滤器 3 个月之后,吸烟志愿者的吸烟量在第一季度就减少了,尤其是第二个月和第三个月,志愿者每日吸烟量几乎下降为 0.动物实验表明,茶滤器中的茶氨酸可以显著抑制小鼠因尼古丁引起的条件性位置偏爱,这类似于尼古丁乙酰胆碱受体(nAChRs)抑制剂的作用.研究发现,茶氨酸处理的动物可以抑制由尼古丁导致的三种尼古丁乙酰胆碱受体亚单位表达的上调,多巴胺释放受到明显抑制.茶滤器还可以显著减少由吸烟产生的有害物质,减少吸烟对动物的急性毒性和慢性致癌性.这项研究发现了抑制烟草和尼古丁成瘾的新物质——茶滤器和茶氨酸,这为克服吸烟带来的危害提供了一种新的策略.这项工作的实施和推广,将保护当代和子孙后代免受吸烟对健康、社会、环境和经济的破坏性影响,对构建和谐的人类文明社会和国民经济的可持续发展具有重要意义.[52-53]

17.8.1 人体实验

我们进行了一项关于茶滤器戒烟效果的人体实验,在该实验中,我们对 100 名年龄在 18～30 岁的健康男性吸烟者进行了筛查,有 30 名志愿者被排除在外,另外 70 人按照双盲、安慰剂对照随机分为两组(用茶滤器或常规滤嘴吸烟).在另一项实验中,我们对 70 名健康的男性吸烟者进行了筛选,并对 59 名吸烟历史较长、戒烟意愿较强的志愿者进行了为期 3 个月的茶滤器测试,在筛查时对志愿者评估吸烟史,包括尼古丁依赖性评估.

我们将招募的平均每天摄入约 14 支香烟的健康男性吸烟者随机分为两组(双盲、安慰剂对照):茶滤器组和常规滤嘴组.研究发现,使用茶滤器 1 个月后,茶滤器组的平均每日吸烟量减少了约 43%.相比之下,常规滤嘴组中未检测到平均每日吸烟量的变化.由于吸烟量的减少,使用茶滤器吸烟的志愿者呼出的一氧化碳水平和尿可替宁含量分别降低了 52.6%和 26.3%.对照组停止实验后,我们对滤茶器组再随访 1 个月,我们发现志愿者使用茶滤器 2 个月后,平均每日吸烟量减少了约 56.5%(图 17.11).在另一项实验中,我们测试了茶过滤器对烟瘾较大的吸烟者的影响.研究发现,这些吸烟者有更强烈的戒烟欲望.我们招募了 59 名健康男性吸烟者,并对其进行了为期 3 个月的使用茶滤器吸烟测试.结果表明,使用茶滤器1个月、2个月和3个月后,他们的平均每日吸烟量分别减少了48%、83%和91%(图17.12),这表明使用茶滤器对戒烟有效,并且使用茶滤器的戒烟效果优于许多其他报道的方法.此外,与对照组相比,大多数受试者咳痰和其他吸烟相关症状有所减少,并且受试者的体格检查没有发现任何明显的副作用.[50]

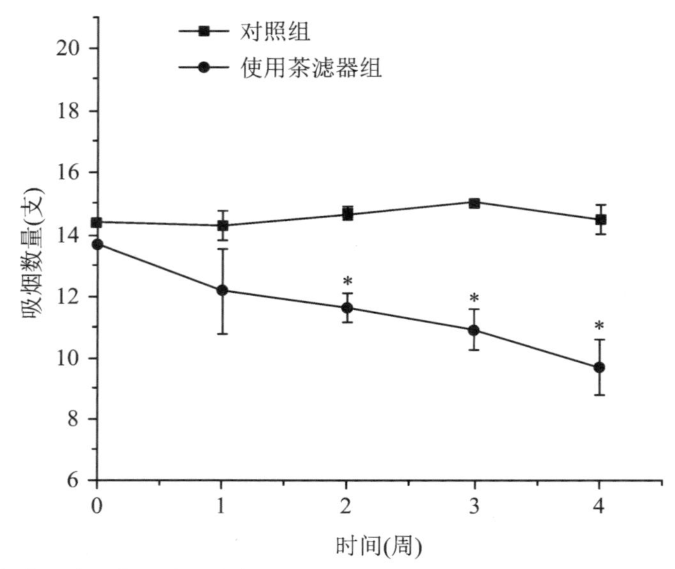

图17.11 滤茶器组志愿者吸烟量明显减少

每个志愿者在0,1～4周每天的平均吸烟量(CCD) *:$p<0.05$(与0周相比).

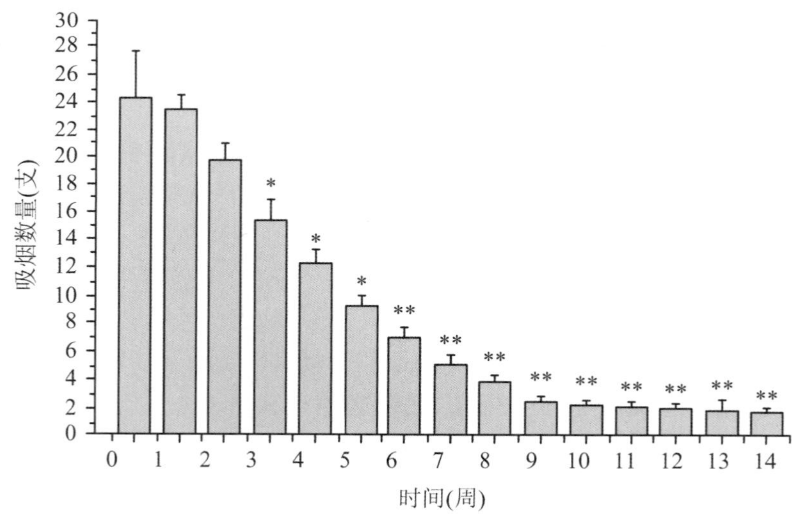

图17.12 茶过滤器对烟瘾较大者的影响

使用茶质滤器3个月,每个志愿者在0,1～14周每天的平均吸烟量(CCD);*:$p<0.05$(与0周相比);**:$p<0.01$(与0周相比).

17.8.2 动物实验中茶滤器对尼古丁诱导的奖赏效应的影响

条件性位置偏爱(CPP)实验是衡量动物尼古丁成瘾的一种方法.为了找出茶滤器中的哪些成分能够帮助戒烟,并阐明茶滤器的戒烟机制,我们在小鼠模型中使用CPP方法,研究了茶滤器各种成分对动物尼古丁成瘾的影响.每天向小鼠注射尼古丁(0.5 mg/kg(体重)),连续7天诱导小鼠尼古丁成瘾,在每次注射尼古丁前15 min给小鼠喂食从茶滤器中分离的不同化合物.我们分别测试了茶滤器中的主要成分:茶多酚(GTP)、咖啡因(CF)、L-茶氨酸(TH)及nAChR抑制剂氢溴酸二氢-β-红啶(DHβE),研究尼古丁引起动物成瘾的戒断效果.我们将动物随机分为以下组($n=10$),用不同的化学品进行治疗:① 对照组,给小鼠注射0.9%的生理盐水;② 尼古丁组,给小鼠腹部注射尼古丁(0.5 mg/(kg(体重)),s.c.);③ 尼古丁+GTP组,给小鼠灌喂绿茶多酚(250 mg/kg(体重))并注射尼古丁;④ 尼古丁+CF组,给小鼠注射咖啡因(2 mg/kg(体重),s.c.)和尼古丁;⑤ 尼古丁+TH1组,给小鼠注射低L-茶氨酸(250 mg/kg(体重),s.c.)和尼古丁;⑥ 尼古丁+TH2组,给小鼠组注射高L-茶氨酸(500 mg/kg(体重),s.c.)和尼古丁;⑦ 尼古丁+DHβE组,给小鼠注射氢溴酸二氢-β-红啶(DHβE)(2.0 mg/kg(体重),s.c.)和尼古丁.小鼠每天注射尼古丁(0.5 mg/kg(体重))或生理盐水1周.结果表明,茶的氨基酸衍生物茶氨酸(500 mg/kg(体重))在小鼠体内的作用与nAChR抑制剂DHβE相似,但绿茶多酚(250 mg/kg(体重))和咖啡因(2 mg/kg(体重))对尼古丁诱导的增强作用没有影响.茶氨酸的抑制作用具有时间和剂量依赖性.两种剂量的茶氨酸(250 mg/kg(体重)和500 mg/kg(体重))连续注射7天后,分别抑制了25%和50%的尼古丁成瘾;茶氨酸治疗2周后,对尼古丁成瘾的抑制率分别约为90%和95%(图17.13).[50-51]

17.8.3 茶氨酸对香烟戒断作用的机制

基于这些尼古丁成瘾机制的基础研究,我们在细胞和动物系统中继续研究了茶氨酸对戒烟的机制.茶氨酸可以和尼古丁乙酰胆碱受体的抑制剂一样,表现出抑制尼古丁引起的强化效应和细胞兴奋.我们以小鼠和体外培养的SH-SY5Y细胞为模型,从三种尼古丁乙酰胆碱受体亚基的蛋白表达水平、酪氨酸羟化酶表达水平、多巴胺释放水平,以及转录因子c-FOS蛋白表达水平的变化,研究了茶氨酸对尼古丁强化效应和细胞兴奋状态影响的机理.[52-53]

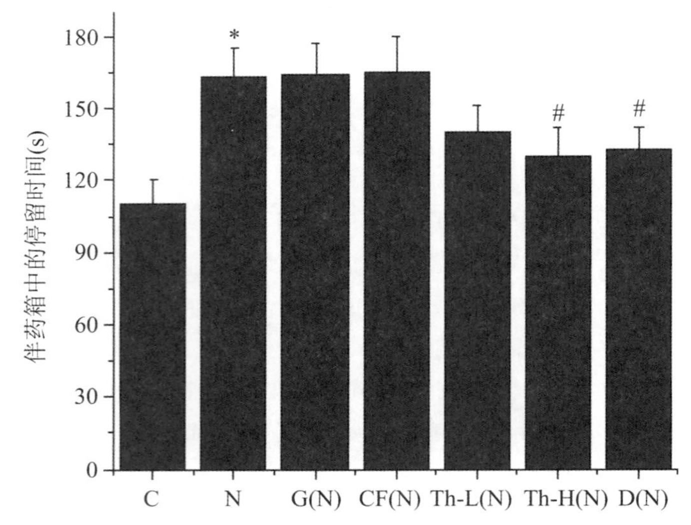

图 17.13 茶叶中不同成分对尼古丁引起的条件性位置偏爱的影响

C：对照组；N：尼古丁组(0.5 mg/kg(体重))；G(N)：茶多酚(250 mg/kg(体重))预处理组；CF(N)：咖啡因(2 mg/kg(体重))预处理组；Th-L(N)：茶氨酸低剂量(250 mg/kg(体重))预处理组；Th-H(N)：茶氨酸高剂量(500 mg/kg(体重))预处理组；D(N)：尼古丁乙酰胆碱受体抑制剂(2 mg/kg(体重))预处理组. 结果以伴药箱中平均停留时间表示，$n=10$. 多因素方差分析，*：$p<0.05$(与对照组相比)；#：$p<0.05$(与尼古丁组相比).

1. 茶氨酸对小鼠脑内尼古丁受体(nAChR)表达的影响

神经元烟碱乙酰胆碱受体(nAChRs)亚型在体外对慢性尼古丁暴露的上调有不同的敏感性. 在大多数受调查地区，慢性尼古丁暴露导致 α4beta2 样结合增加 20%～100%. 研究表明，尼古丁可以增加 nAChR 的表达，而抑制 nAChR 及其相关过程，这有助于戒烟. 为了研究茶氨酸对尼古丁依赖的停止机制，我们接下来使用小鼠模型，研究了茶氨酸是否通过影响尼古丁诱导的 nAChR 表达而导致尼古丁成瘾抑制. 每天注射尼古丁，两周后，小鼠脑内 nAChR 亚单位 α4、α7 和 β2 的蛋白质水平升高. 茶氨酸预处理显著抑制了脑内 nAChR 亚单位的诱导(图 17.14). 因此，茶氨酸对尼古丁依赖的抑制作用可能归因于其抑制尼古丁诱导的 nAChR 亚单位的表达.

2. 茶氨酸对小鼠大脑多巴胺释放的影响

多巴胺(DA)是大脑中含量最丰富的儿茶酚胺类神经递质. DA 充当神经递质调控中枢神经系统的多种生理功能. DA 释放的增加是尼古丁引起的一个重要奖励过程. 我们检查了茶氨酸是否对尼古丁诱导的小鼠 DA 释放有影响. 研究发现，注射尼古丁后，小鼠大脑纹状体中 DA 水平显著升高. 注射尼古丁前用茶氨酸预处理动物，显著降低了尼古丁诱导的 DA 水平(图 17.15).

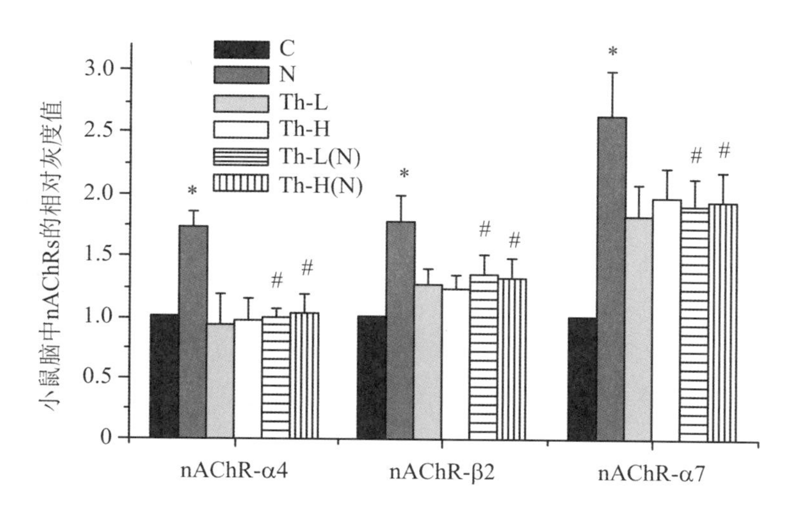

图 17.14 茶氨酸和尼古丁对小鼠脑中腹侧被盖区中尼古丁乙酰胆碱受体的 3 种亚基表达的影响

C：对照组；N：尼古丁组(0.5 mg/kg(体重))；Th-L：茶氨酸低剂量(250 mg/kg(体重))处理组；Th-H：茶氨酸高剂量(500 mg/kg(体重))处理组；Th-L(N)：茶氨酸低剂量(250 mg/kg(体重))预处理组；Th-H(N)：茶氨酸高剂量(500 mg/kg(体重))预处理组；$n=4$. 多因素方差分析；*：$p<0.05$(与对照组相比)；#：$p<0.05$(与尼古丁组相比).

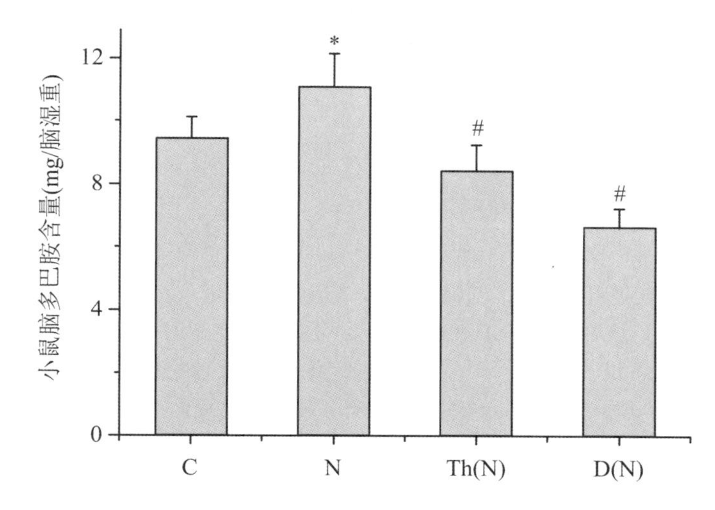

图 17.15 茶氨酸对尼古丁诱导的小鼠脑多巴胺含量的影响

结果以每毫克小鼠脑湿重的多巴胺量表示. C：对照组；N：尼古丁组(0.5 mg/kg(体重))；Th(N)：L-茶氨酸(250 mg/kg(体重))预处理组；D(N)：尼古丁乙酰胆碱受体抑制剂(2 mg/kg(体重))预处理组；$n=3$，数据的多因素分析，差异分析. *：$p<0.05$(与对照组相比)；#：$p<0.05$(与尼古丁组比较).

3. 茶氨酸抑制小鼠大脑奖赏回路相关区域中尼古丁诱导的 *c-fos* 基因表达

c-fos 是存在于神经细胞内的即刻早期基因，伤害性刺激可引起它们在与痛觉传递有关的神经元核内的表达. *c-fos* 表达的增强是运动中前庭功能发挥作用的体现. 成瘾影响大鼠中脑神经元及海马不同亚区神经元 *c-fos* 的表达. 成瘾性药物滥用可能诱导神经元特异性适应，并导致身体和心理依赖[43]. 最近的研究表明，*c-fos* 的变化可能在尼古丁成瘾中起着至关重要的作用，用甲胺咪嗪(1.0 mg/kg(体重)，皮下注射)预处理，可以减弱免疫反应. 我们的数据表明，与全身施用尼古丁引起的运动激活效应相似，包括行为敏化效应，可以通过脑被盖内施用尼古丁产生. 我们的研究表明，尼古丁处理后，小鼠三个奖赏回路相关区域的 *c-fos* 表达上调，而茶氨酸预处理后，这一现象受到抑制. 同时，双重免疫荧光染色显示，经尼古丁处理后，TH 和 *c-fos* 的表达在 SH-SY5Y 细胞中共同定位并上调，而茶氨酸预处理可以抑制尼古丁的刺激作用(图 17.16).

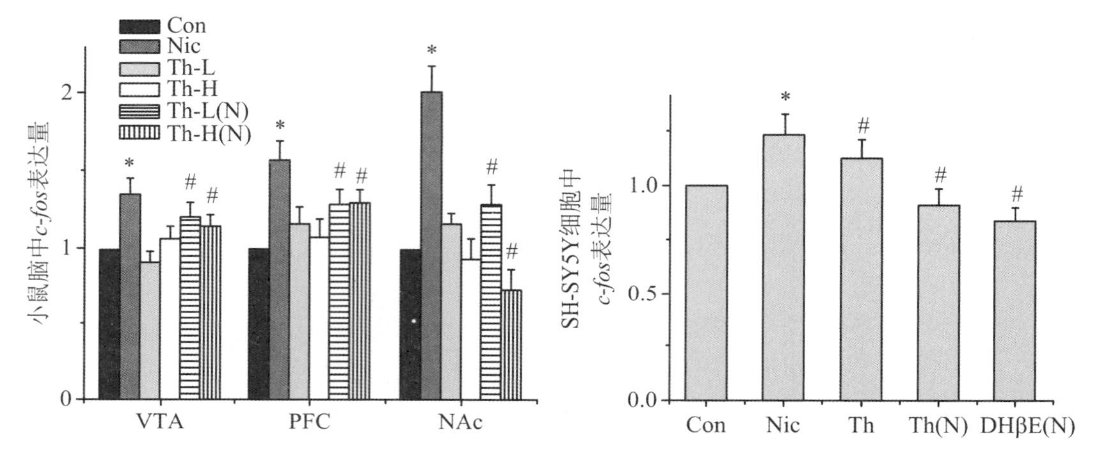

图 17.16　茶氨酸对小鼠脑和 SH-SY5Y 细胞的 *c-fos* 表达的影响

使用 Western 印迹法分析从小鼠脑或 SH-SY5Y 细胞的不同部分制备的蛋白质提取物. 检测腹侧被盖区(VTA)(a)前额叶和 SH-SY5Y 细胞(b)中 *c-fos* 的表达. Con：用生理盐水处理小鼠；Nic：用尼古丁处理小鼠；Th-L：用低剂量茶氨酸(250 mg/kg(体重))处理小鼠；Th-H：用高剂量(500 mg/kg(体重))茶氨酸处理小鼠；Th：用茶氨酸单独处理细胞；Th(N)：用尼古丁和茶氨酸处理细胞；DHβE(N)：用尼古丁和尼古丁受体 nAChR 处理细胞. 数据表示为比率 ± SEM，$n = 5$. *：$p < 0.05$(与对照组相比)；$p < 0.05$(与尼古丁组相比).

4. 茶氨酸抑制尼古丁诱导的 SH-SY5Y 细胞的兴奋状态

交感神经处于兴奋状态，引起肾上腺素分泌增多，促进肠道对葡萄糖的吸收. 尼古丁能激活细胞并使其保持兴奋状态. 从血液中摄取葡萄糖，以维持细胞运动期间对碳水化合物作为能量来源的需求. 这种摄取涉及不同于胰岛素激活的复杂分子信号传导过程.

尼古丁诱导的多巴胺能够引起神经元的兴奋，被认为是尼古丁奖励效应机制的一部分.[52-53]葡萄糖是细胞能量代谢的关键分子，其摄取是细胞兴奋状态的指标.因此，我们通过使用荧光探针 2-NBDG，评估细胞的葡萄糖摄取，来研究茶氨酸对尼古丁诱导的 SH-SY5Y 细胞兴奋状态的影响.尼古丁处理后，SH-SY5Y 细胞中的荧光信号强度显著增加，表明尼古丁诱导的兴奋状态和葡萄糖摄取在细胞中增强.当细胞用茶氨酸或尼古丁受体抑制剂(DHE)预处理时，与单独用尼古丁处理的细胞相比，细胞的荧光强度显著降低($p<0.01$).

5. 敲除 *c-fos* 可抑制 SH-SY5Y 细胞中尼古丁诱导的 TH 上调，抑制细胞的兴奋状态

为了研究 *c-fos* 在尼古丁诱导的细胞兴奋状态中的重要性，我们在 SH-SY5Y 细胞中进行了 *c-fos* siRNA 实验，并测量了葡萄糖摄入量. *c-fos* siRNA 处理后，*c-fos* 的表达减少了 47%.同时，经 *c-fos* siRNA 处理的细胞中尼古丁诱导的葡萄糖摄取也显著降低($p<0.05$).这表明 *c-fos* 的敲除抑制了细胞的兴奋状态.然而，*c-fos* siRNA 处理并没有改变尼古丁诱导的 TH 表达.[52-53]

6. 茶氨酸抑制烟瘾的机理

总结以上结果，茶氨酸抑制烟瘾的机理可以用图 17.17 表示.茶氨酸是绿茶和红茶中的一种非蛋白质氨基酸成分，近年来，因其对中枢神经系统的影响而受到越来越多的关注.在本项研究中，我们利用小鼠条件性位置偏爱模型分析了茶中的三种成分：茶多酚、茶氨酸和咖啡因对尼古丁引起的强化作用的影响.我们发现，三种茶成分中只有茶氨酸可以明显影响尼古丁引起的条件性位置偏爱.茶氨酸的这种作用可能是通过抑制尼古丁引起的与奖赏通路相关的脑区的三种尼古丁乙酰胆碱受体亚基蛋白表达的增加，从而减少了因尼古丁刺激产生效应的细胞的数目，进而抑制了尼古丁引起的 TH 蛋白表达、中

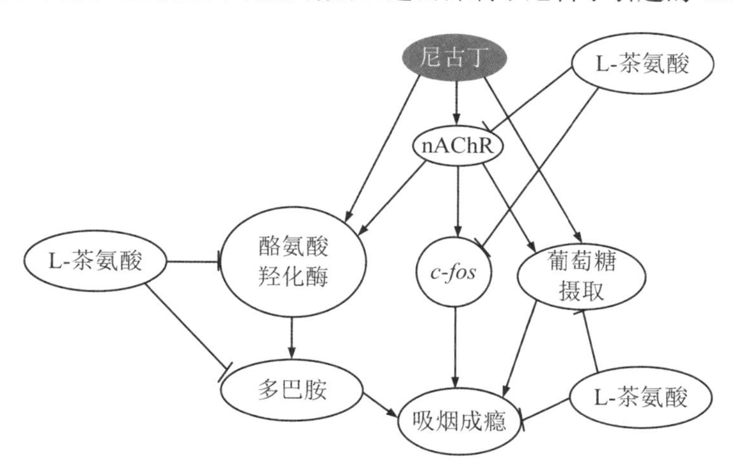

图 17.17 茶氨酸通过 nAChRs 和多巴胺奖赏途径抑制尼古丁依赖的机制示意图

脑多巴胺水平和 *c-fos* 表达的增加，最终抑制了尼古丁引起的强化效应和细胞兴奋.这些数据暗示，天然成分茶氨酸可能会安全有效地帮助人类解决烟瘾，及由抽烟引起的公众健康和环境污染等难题.总之，本研究表明，茶氨酸通过抑制 nAChR 多巴胺奖赏途径，减少了尼古丁诱导的奖赏效应.本研究提出了一种茶滤器和茶氨酸，通过抑制 nAChR 来抑制烟瘾，为治疗烟瘾提供了一种有效的方法.

本节我们讨论了吸烟与氧化应激损伤及导致的多种疾病，以及茶多酚和茶滤器对吸烟与氧化的抑制作用和对吸烟引起各种疾病的预防作用；还讨论了茶和茶氨酸对烟瘾的戒除作用.研究表明，茶叶和茶多酚可以清除 ROS、安定 RNS 自由基，抑制其引起氧化应激损伤，预防吸烟引起的各种疾病.如果使用本方法实现对烟瘾的戒除作用，不仅可以大大减少烟草对人类的毒害，而且可以减少吸烟导致的环境污染，是一件利国利民的策略.

17.9 关于尼古丁的利与弊

尼古丁俗名烟碱，是一种有机化合物，化学式为 $C_{10}H_{14}N_2$，有剧毒，是一种存在于茄科植物(茄属)中的生物碱，也是烟草的重要成分，还是 N-胆碱受体激动药的代表，对 N1 和 N2 受体及中枢神经系统均有作用.尼古丁会使人上瘾或产生依赖性，重复使用尼古丁能够增加心跳速率、升高血压并降低食欲. 大剂量的尼古丁会引起呕吐以及恶心，严重时会致人死亡，但最早尼古丁是作为医疗用途使用的.尼古丁作用于烟碱乙酰胆碱接受体，特别是自律神经上的接收器((α1)2(β4)3)和中枢神经的接收器((α4)2(β2)3)，前者位于副肾髓质和其他位置，后者位于中央神经系统.低浓度时，尼古丁增加了这些接收器的活性，对其他神经传递物也有少量直接作用；高浓度时抑制接收器活性.尼古丁可以与尼古丁乙酰胆碱接收器结合，增加神经传递物的量，使脑中的多巴胺增加.尼古丁实际上制造了大脑空虚感，通过吸烟等方式提高浓度后，缓解了尼古丁快速代谢所带来的空虚感，制造出吸烟可以给人自信，让人放松等幻觉，最终致人成瘾.[52-57]

近百年来，一直与“死亡”“癌症”等紧密联系的尼古丁当前得到了不少新的关注.有不少专家为它正名，认为香烟中的尼古丁并没有太多的危害，真正的致癌凶手是焦油和一氧化碳.但尼古丁能刺激末梢血管收缩，导致心跳加快、血压上升和呼吸变快，促进高血压、中风等心血管疾病的发生.我们在第 12 章中介绍了尼古丁可以清除氧自由基，尼古丁是一个天然抗氧化剂，而且发现尼古丁对老年痴呆症和帕金森病有一定的预防和治疗作用.因此，我们需要对尼古丁的利与害做具体分析，关键在于如何使用.[58-65]

17.10 ESR研究除草剂与自由基

除草剂给农民带来方便，给农业带来效益，但是也给环境带来了污染. 目前，使用比较广泛的除草剂有两种：百草枯（paraquat）和杀草快（diquat）. 两者都是双吡啶化合物，都含有两个吡啶环，分别在2,2′或4,4′位置连在一起. 这类化合物常被还原得到一个电子，形成稳定自由基，在无氧条件下可以得到特征的ESR波谱. 未成对电子离域到两个环结构上，中和了两个氮原子上的部分正电荷.[66-69]

17.10.1 ESR检测除草剂产生的自由基

在这项研究中，研究者探究了百草枯（PQ^{2+}）和铁螯合剂去铁胺（DFO）对铁依赖性的单独和综合影响. ·OH与PQ^{2+}代谢过程中产生的超氧化物和H_2O_2之间的相互作用可能影响百草枯的毒性. 利用二级自由基捕集技术，检测急性铁过载期间动物体内产生的·OH. 用这种技术，·OH与二甲基亚砜反应生成·CH_3，然后通过ESR波谱法，将其加合物与自旋捕集剂苯基-N-叔丁基硝基（PBN）在处理动物的胆汁中检测. 发现生成高于单独存在金属离子时看到的水平. 尽管经常发现PQ^{2+}可以进一步促进·OH的产生. 当百草枯也给予铁的动物·OH生成时，观察到个体动物之间与使用试剂的巨大差异，这意味着效果没有统计学意义（$p>0.05$）. 另外，研究还发现二甲基亚砜可以消除铁依赖性. 无论是在存在还是不存在PQ^{2+}的情况下，都生成·OH. 这被认为是二甲基亚砜螯合铁的结果，形成的氧化还原惰性的铁（Ⅲ）复合物，无法催化·OH自由基形成. 此外，还发现二甲基亚砜的铁（Ⅱ）复合物可以在体外将PQ^{2+}还原为自由基阳离子，因此表明二甲基亚砜对铁的螯合不一定会阻止其参与自由基反应. 采用ESR自旋捕集技术，研究了Cu（Ⅱ）在大鼠百草枯（PQ^{2+}）中毒过程中对·OH生成的作用. 使用二级自由基捕集技术，检测铜介导的PQ^{2+}毒性过程中体内产生的·OH. 根据这种技术，生成的·OH在体内与二甲基亚砜反应，形成甲基自由基，然后被PBN自旋捕集. 同时使用$CuSO_4$，PQ^{2+}，PBN和DMSO处理2 h后，在大鼠胆汁中检测到相对稳定的PBN甲基自由基加合物. 而在未给予PQ^{2+}的情况下，未检测到自由基加合物. 将胆汁样品收集到Cu（Ⅰ）-和Fe（Ⅱ）稳定剂中，以防止收集过程中发生胆汁离体产生的自由基加合物. 对通过胆道途径排泄的自由基加合物的分析，为PQ^{2+}，无法给出酶氧化还原循环导致·OH的产生提供强有力的ESR证据，其中铜起到重要的介质作用. 当排除$CuSO_4$或PQ^{2+}时，未检测到自由基加合物. 从另一个角度看，体内铜依赖性·OH的生成可以说是由PQ^{2+}促进的. 这是铜和

PQ^{2+}在整个动物中产生这种协同·OH的ESR证据的第一份报告.[66-69]

使用自旋捕集ESR波谱进行实验,以定量和动力学方式,评估百草枯引起大鼠肝微粒体活性氧中间体的产生.比较了NADH和NADPH催化微粒体生成活性氧中间体的有效性.通过测定由1-羟基-2,2,6,6-四甲基-4-氧代哌啶形成的超氧化物歧化酶敏感稳定硝基自由基的产生,来确定超氧化物产量.当微粒体与NADH或NADPH孵育时,产生相同的光谱;反应速率在至少10 min的反应中呈线性,NADPH的反应速率提升约3～4倍.在铁的存在下,微粒体在电子转移过程中催化·OH的产生.使用DMPO作为自旋捕集剂的初始实验,鉴于DMPO-OH加合物以及DMPO-CH_3或DMPO-羟乙基(HER)等次级加合物的快速衰变,无法确定足够的动力学.评估了自旋捕集剂α-[4-吡啶基-1-氧化物]-N-叔丁基硝基(POBN),结果发现,POBN-OH加合物稍微稳定一些,但在2～3 min后也迅速衰减.然而,POBN-CH_3和POBN-HER(羟乙基)加合物的产生与微粒体蛋白的产生呈正比,在5～15 min内随时间增加,然后相对稳定.百草枯氧化还原循环剂使POBN-HER加合物的形成增加了两倍.用NADH或NADPH形成加合物需要铁催化剂,并且在铁螯合剂去铁胺存在下不会发生.EDTA铁在催化加合物产生方面反应最灵敏,戊二酸或二亚乙基三胺五乙酸(DTPA)铁的有效性是EDTA铁的60%～70%,ATP铁的有效性是EDTA铁的20%～30%.无论铁复合物如何,POBN-HER与NADH的形成率约为NADPH的70%.过氧化氢酶、甘露醇和GSH抑制加合物的形成,但超氧化物歧化酶不抑制.这些实验支持POBN加乙醇在生产动力学研究中的有用性.通过微粒体并验证微粒体在铁催化剂存在下生成·OH,不仅以NADPH为辅助因子,还以NADH为辅因子.[70]

17.10.2 除草剂对植物的危害

双吡啶类化合物是非常有价值的除草剂,因为它们对各种植物都有毒害作用.与土壤接触后,这类化合物就紧紧与黏土结合,使各种微生物失活.因此,当杂草丛生时喷洒这种除草剂时,各种杂草就被杀死,犁地之后就可以种植农作物.光照可以加速这两种除草剂对绿色植物的杀伤力.这两种除草剂很容易穿透细胞膜,可以从光系统Ⅰ的非血红蛋白接收一个电子,也可以从铁氧还蛋白-NADPH还原酶活性位置的黄素上接收一个电子,形成自由基.在无氧条件下,可以用ESR观察到这一自由基的波谱.加氧后,自由基很快消失.若用$paraq^{2+}$表示除草剂,这一过程可以用下列反应表示:

$$\mathrm{paraq}^{2+} \xrightarrow[k_1]{\text{电子传递链}} \mathrm{paraq}^{+}$$

$$\mathrm{paraq}^{2+} + O_2 \xrightarrow{k_2} \mathrm{paraq}^{2+} + \cdot O_2^-, \quad k_2 = 7.7\times10\ \mathrm{mol/(L\cdot s)}$$

其中有$\cdot O_2^-$生成,因此光照两种除草剂处理过的叶绿体会导致快速氧吸收.$\cdot O_2^-$被

SOD歧化生成过氧化氢，而叶绿体又不含有过氧化氢酶，因此用抗坏血酸-谷胱甘肽循环处理过氧化氢．但GSH和抗坏血酸很快被氧化，使二磷酸果糖酶失活，二氧化碳固定停止．抑制二氧化碳固定的另一个原因是来自光系统Ⅰ的电子被释放到除草剂上，这将减少对光合作用和谷胱甘肽酶供应的NADPH．二氧化碳固定以后，离子从叶子漏出，过氧化增加，加剧脂质过氧化．从叶子中提取总脂肪的分析表明，很多脂肪侧链断裂．电子显微镜观察发现，细胞膜包括类囊体和液泡膜变性和分解，中心液泡含有高浓度的水解酶．用百草枯处理的大豆叶子的细胞膜流动性变小，膜分解增加，并伴有脂质过氧化反应物增加，这很可能是这两种除草剂杀死植物的主要原因．[71]

17.10.3 除草剂对动物和人类的毒害

农业中使用除草剂（百草枯和杀草快）产生的主要问题是对几种动物的毒害，其中包括鱼、大鼠、猫、狗、牛、羊甚至人．口服百草枯会产生局部效应，刺激口腔和食道，有时会导致呕吐和腹泻．内脏对百草枯吸收很慢，因此用盐溶液洗胃和肠常常可以保住性命．服用黏土悬浮液也可以吸收百草枯，透析血液也是一个抢救办法．百草枯对动物和人的主要致命伤害是对肺的损伤．研究发现，在百草枯中毒的肺里，沿肺泡排列的类型Ⅰ肺细胞开始肿胀，最后伴随水肿而毁坏，毛细血管充血，中度发炎．类型Ⅱ肺细胞也受到损伤，降低肺衬里表面张力，气体交换受到阻碍．百草枯对动物肺的损伤说明它不仅可以通过口服中毒，而且可以通过吸入喷洒除草剂产生的液滴致毒．[72]

在NADPH存在时，几种动物肺组织的微粒体可以还原百草枯形成自由基，然后百草枯自由基与氧气反应产生$\cdot O_2^-$．大鼠静脉注射百草枯，很快引起肺戊糖磷酸支路活化．用百草枯处理肺组织，脂肪酸合成减少，蛋白质巯基和氧化谷胱甘肽之间形成的混合二硫键增加，喂食烟酰胺可以减少吸入百草枯的毒性．

百草枯对动物肺组织的损伤随氧气浓度的增加而增加，说明百草枯自由基在体内同氧反应造成肺损伤的严重性．硒缺乏大鼠对百草枯毒性比正常大鼠更敏感，说明硒蛋白谷胱甘肽过氧化物酶的保护作用．很少有报道注射SOD可以改善百草枯毒性，这可能是因为SOD不能进入肺细胞膜，且很快被肾脏从体内排出，很难发挥作用．另外，有报道将SOD引入中国地鼠卵巢细胞，可以防止百草枯造成的失去形成菌落的能力，而且给小鼠注射二乙基二硫代氨基甲酸可以抑制Cu，Zn-SOD的活性，能够提高百草枯的毒性．

17.10.4 除草剂和脂质过氧化

在NADPH存在时，百草枯可以明显引起鼠肺微粒体的脂质过氧化．光照含有特丁基过氧化氢的大鼠肺灌洗液，发现加入百草枯明显增加了测量的脂质过氧化物浓度，同时在肝灌洗液中乙烷和 GSSG 也明显增加.百草枯可能首先通过自由基对组织造成损伤,然后通过复杂途径导致脂质后氧化损伤.百草枯对大肠杆菌 DNA 的损伤及铁盐可以加剧损伤,表明·OH 起着重要作用.[73]

杀草快可以引起大鼠白内障,可能是通过晶状体谷胱甘肽还原酶还原除草剂,产生自由基,导致晶状体蛋白氧化途径.[74]

总之,双吡啶类除草剂对动植物及人类的毒害的机制之一是通过氧化还原反应产生自由基.特别是氧自由基,在除草剂造成环境污染及对动植物和人类的毒害中发挥了重要作用.

17.11 ESR 研究化学污染和自由基

所谓环境污染,绝大多数是化学污染,在这些化学污染中已经比较多的而且与自由基关系比较密切的一类是卤代烃,包括四氯化碳、氯仿、溴代乙烷和各种卤代烷.下面就它们的毒性和自由基的关系加以讨论.[75-82]

17.11.1 四氯化碳

有机化学最早碰到的反应之一就是甲烷和卤素分子的反应.此反应首先需要紫外光提供能量,使氯分子共价均裂,然后按典型的链式反应进行,甲烷连续转化为一氯甲烷、二氯甲烷、三氯甲烷和四氯甲烷(四氯化碳).三氯甲烷(氯仿)是最早使用的外科手术麻醉剂,但很快发现其对肝脏有损伤作用.因为四氯化碳很容易溶解油污,所以它是很多干洗剂的成分.四氯化碳的脂溶性使得它可以穿透细胞膜,一旦吸入体内,就会很快分布到全身的各个器官并产生毒害作用,但主要作用于肝脏.即使一次性小剂量吸入四氯化碳,也能使大鼠肝脏脂肪积累,因为四氯化碳可以阻断把甘油三酯运出肝脏的脂蛋白的合成.在电解条件下发现肝细胞内质网的结构发生改变,蛋白质合成变慢,位于内质网的葡萄糖-6-磷酸酶和 P450 体系酶活性降低.细胞内 Ca^{2+} 浓度升高,最后在组织核心出现肝细胞坏死.四氯化碳对肝脏的毒性作用主要是由于它是肝细胞色素 P450 体系的底物.当存在 NADPH 时,四氯化碳就能使 NADPH 细胞色素 P450 还原酶发生作用,微粒体迅速氧化,酶失活,细胞色素 P450 分解.用苯巴比妥处理过的大鼠或羊,对四氯化碳毒性特别敏感,肝脏微粒体过氧化增加.服用抗氧化剂,如维生素 E、异丙嗪、没食子酸丙酯或 GSH 可以减少四氯化碳对动物的毒性.四氯化碳可能被 P450 体系首先代谢生成碳中心的三氯甲烷自由基:

$$CCl_4 \xrightarrow[\text{P450 体系}]{e^-} \cdot CCl_3 + Cl^-$$

四氯化碳对自由基中间体的代谢活化，是有毒物质产生的急性肝损伤导致代谢紊乱的重要原因. ESR自旋捕集技术用于表征所涉及的自由基. 在NADPH存在下，通过肝脏微粒体部分和分离的完整大鼠肝细胞，将自旋捕集应用于四氯化碳的活化. 使用自旋捕集剂N-亚苄基-2-甲基丙胺N-氧化物(苯基叔丁基硝基，PBN)和(^{13}C)四氯化碳获得的结果，为这些系统中三氯甲基自由基的形成和捕集提供了确切的证据. 然而，使用自旋捕集剂2-甲基-2-亚硝基丙烷时，捕集的主要自由基是由脂质过氧化引发反应产生的不饱和脂质自由基. 尽管脉冲辐射和其他证据支持三氯甲基过氧自由基从三氯甲基自由基和氧中非常迅速地形成，没有明确的证据证明过氧自由基被捕集. 研究者研究了多种自由基清除剂和代谢抑制剂，以及改变PBN浓度和孵育时间对PBN-三氯甲基自由基加合物形成的影响. 结果发现，高浓度的旋转捕集剂对细胞色素P450介导的反应有显著影响；这需要谨慎解释在PBN浓度大于50 mmol/L的实验结果. 利用ESR技术，研究四氯化碳的自旋捕集化学污染物先前已在大鼠肝脏中体外和体内完成. 除了三氯甲基自由基，研究者在体外还检测到了“以碳为中心”和“以氧为中心”的自由基. 这些自旋加合物分别是“脂质”和“脂氧基”自由基. 然而迄今为止，研究者还没有提供这些自由基具体的结构特征. 研究者需要使用氘代α-苯基N-叔丁基硝基重新研究了该系统的自旋捕集化学污染物，以获得更好的光谱分辨率. 进一步研究结果表明，PBN捕集的碳中心脂质自由基为伯烷基类型.[75-76]

利用ESR技术对卤代烷烃特别是四氯化碳代谢活化的研究表明，自由基中间体通过脂质过氧化、共价结合和辅因子消耗等机制，参与许多此类化合物的毒性. 在这里，用于确定卤代烷烃在动物组织中代谢为活性自由基的实验方法. ESR波谱用于鉴定自由基产物，通常使用自旋捕集剂. 通过放射性分解方法产生特定的自由基，有助于确定对细胞有害的自由基中间体的精确反应性. 用特定的代谢抑制剂和自由基清除剂，研究了产生这种自由基的酶机制及其与生物分子的后续反应. 这些组合技术为卤代化合物的代谢活化过程提供了相当多的见解. 例如，活化部位的局部氧浓度对随后的反应至关重要；从初级自由基产物中形成过氧自由基衍生物被证明与四氯化碳有关，并且可能具有普遍性. 然而，虽然这些研究提供了许多关于卤代烷烃毒性生化机制的信息，但很明显，许多问题仍有待解决.[77]

线粒体也能把四氯化碳代谢成三氯甲烷. 在存在NADPH和四氯化碳时，用ESR在分离的大鼠肝线粒体中观察到了产生的碳中心自由基，如三氯甲烷自由基和二氧化碳. 三氯甲烷自由基能直接同生物分子结合引起共价修饰，从膜脂抽氢启动脂质过氧化. 脂质过氧化产物可以抑制一些蛋白质的合成和酶活性. 用四氯化碳处理大鼠，分离肝线粒体，发现与蛋白质结合的羰基明显增加，大鼠呼出的戊烷气体增多，说明三氯甲烷自由基发生抽氢反应生成了氯仿. 如果用缺乏维生素E的食物喂养大鼠，以上效果会更明显. 用四氯化碳处理大鼠肝细胞，乙烷产生增加，脂质过氧化物也增加. 抗氧化剂异丙嗪能够减少肝细胞的过氧化，防止葡萄糖-6-磷酸酶失活，但不能防止 P450 本身丢失. 也许三氯甲烷和形成的其他自由基可以直接攻击细胞色素 P450，而脂质过氧化产物可以失活葡萄糖-6-磷酸酶. 用维生素 E 预先处理大鼠肝细胞，对四氯化碳毒害有较强的抑制作用.

脉冲辐解技术研究表明，三氯甲烷自由基同分子氧反应生成三氯甲烷过氧自由基是最快的反应：

$$\cdot CCl_3 + O_2 \longrightarrow \cdot CCl_3O_2, \quad k = 3.3 \times 10^9 \ mol/(L \cdot s)$$

$\cdot CCl_3O_2$ 同花生四烯酸、异丙嗪、维生素 C、含硫化合物及蛋白质的谷氨酸残基反应，比三氯甲烷自由基快得多. 因此，CCl_3O_2 可能是引起过氧化损伤的主要产物，但是用 ESR 检测没有发现这个自由基，也许是由于它反应性太强而难以检测. 用三氯甲烷过氧自由基的形成可以解释四氯化碳处理线粒体中产生的少量光气（$COCl_2$）. 四氯化碳生成的自由基对肝脏的损伤能够导致细胞内钙离子升高和 GSH 的消耗. 用去铁敏预处理小鼠，可以减少四氯化碳的肝毒性和抑制呼出的乙烷，说明铁离子加剧四氯化碳代谢而引起的脂质过氧化.

17.11.2 氯仿

氯仿已经不再用作麻醉剂，但仍然作为溶剂广泛应用于工业生产中，少量用于镇咳药和口腔清洁剂. 氯仿对肝脏的损伤比四氯化碳小，对分离的肝微粒体脂质过氧化启动速率较低. 这可能是由于裂解氯仿产生三氯甲烷自由基所需的能量比四氯化碳高. 但是，氯仿气体对人肝脏损伤仍然是一个严重问题. 氯仿的毒性可能是由于肝脏 P450 体系代谢的结果，代谢产物同细胞膜分子共价结合. 另外，氯仿代谢还产生光气.

自由基自旋捕集技术已被用于研究脂肪族卤烃（如 CCl_4、$CBrCl_3$ 和氟烷）的厌氧溶液在甲苯或室温下的光解行为. 自旋捕集剂 PBN 和 2-甲基-2-亚硝基丙烷为碳卤烃的光解裂解产生自由基提供了证据，例如，$\cdot CCl_3$（来自 CCl_4 和 $CBrCl_3$）和 $\cdot CHClCF_3$（来自氟烷）容易被捕集. 在有氧条件下，通过使用自旋捕集剂 PBN，向最初产生的卤烃自由基中添加氧气提供了产生卤烃过氧自由基（如 $CCl_3O_2 \cdot$）. 尽管在这些实验条件下，直接检测自旋捕集剂中的过氧自由基加合物被证明是不现实的，但观察到的自旋捕集剂（酰基氮氧化物）的氧化产物表明确实存在这种物质. 结果表明，全身麻醉剂氙、六氟化硫、一氧化二氮和氯仿导致果蝇电子自旋含量在不同时间有不同幅度增加. 除 $CHCl_3$ 外，其他反应可能是可逆的. 果蝇的麻醉抗性突变菌株对麻醉剂表现出不同的旋转反应模式. 在两个这样的突变体中，对 $CHCl_3$ 的自旋反应不存在. 研究结果认为，这些自旋变化是由全身麻醉剂对蛋白质电子结构的扰动引起的. 密度泛函理论表明，全身麻醉剂扰动并延伸了九个残基 α 螺旋的最高分子轨道. 计算出的扰动在质量上与迈耶-奥弗顿关系及其一些例外情况一致. 因此得出结论：细胞中的电子自旋电流和神经系统的功能两者可能存在联系.[78-79]

17.11.3 溴代乙烷和溴苯

溴代乙烷(CH_2BrCH_2Br)广泛用于汽油驱铅清除剂和工业溶剂.它是一种突变剂和致癌物,会引起自由基参与肝脏和肾的损伤.溴代乙烷可以和 GSH 共轭代谢形成硫醚,或被细胞色素 P450 体系氧化通过自由基中间物生成溴代乙醛.毒性剂量的溴代乙烷引起 GSH 快速消耗和脂质过氧化.溴代苯(C_6H_5Br)在肝脏中也能快速消耗 GSH,引起脂质过氧化.小鼠实验表明,抗氧化剂和去铁敏对溴代苯引起的肝脏坏死有一定防护作用.

溴苯阳离子($BrBz^+$)的电子基态由中性溴苯(BrBz)的共振增强双光子电离制备,并通过高谐波(HHG)产生的 X 射线进行探测.用溴原子替换苯中的一个氢原子,与其他碳原子(C)相比,与溴键合的碳原子(C^*)的 1 s C^* 轨道转变为 X 射线光谱中具有更高能量的 C 轨道.此外,在 $BrBz^+$ 中,X 射线光谱由两个相对强烈的跃迁:1s C→π^* 和 1s C^* →σ^*(C^*—Br)主导,其中第二个跃迁相对于中性 BrBz 增强.此外,研究者在实验中观察到这两个转变的双峰形状.1s C→π^* 双峰形状是由部分空置 π 轨道(电离)中的未成对电子与从 1s C 核心轨道跃迁到完全空置 π^* 轨道产生的另外两个不成对电子的自旋耦合而产生的.1s C^*→σ^* 双峰形状是由紫外电离后涉及 σ^* 和振动 C^*-Br 模式活化的几次跃迁引起的,这表明 C^*—Br 键长对核价转变及 $BrBz^+$ 弛豫几何形状的影响.[80]

17.11.4 卤代烷

卤代烷常被用作麻醉剂,一般无明显副作用,但是在一些疾病中会引起肝脏损伤.卤代烷和肝微粒体共同培育,在 NADPH 存在时,用 PBN 可以捕集到生成的自由基.卤代烷与肝微粒体共同培养形成活性中间代谢物,可以共价结合到细胞膜上,引起脂质过氧化.细胞色素 P450 作用于卤代烷形成的自由基之一是 F_3CCHCl.这个自由基可以解释为什么吸入卤代烷的兔子和人呼出气体中包含卤代三氟乙烷和氯代二氟乙烯.由自由基形成的氯代二氟乙烯是由细胞色素 P450 催化提供一个电子和移去一个氟而得到的.氯代二氟乙烯还可以与氧结合形成反应性很强的过氧自由基.因此,自由基反应在卤代烷的毒性作用中是很重要的,它们对环境的污染和对人及动物的毒性影响及其机理需要深入研究.

当从苯巴比妥诱导的大鼠中分离的肝细胞与氯仿和自旋捕集剂 PBN 在厌氧条件下孵育时,可通过 ESR 光谱法检测自由基-自旋捕集加合物.在空气中对肝细胞进行类似的孵育,引起的 ESR 信号的强度是厌氧条件下的 1/8;暴露于纯氧的孵育混合物没有检测到加合物的信号.添加细胞色素 P450 的抑制剂(如 SKF-525A、美替拉酮和一氧化碳)也显著降低了信号强度,表明自由基的形成取决于混合氧化酶系统介导的氯仿的还原代谢.使用(^{13}C)$CHCl_3$证实了$CHCl_3$衍生自由基的起源,而在氘代氯仿($CDCl_3$)和溴二氯甲烷($CHBrCl_2$)存在时,获得的ESR波谱之间的差别表明,来自$CHCl_3$的自由基可能是$CHCl_2\cdot$.在分离的肝细胞与溴仿($CHBr_3$)的需氧和厌氧孵育过程中,也检测到自由基中间体和碘仿(CHI_3).用各种三卤甲烷获得的ESR信号强度,按$CHCl_3$,$CHBrCl_2$,$CHBr_3$,CHI_3的顺序增强.用苯巴比妥诱导的大鼠氯仿、溴仿或碘仿中毒时,也观察到PBN自由基加合物的形成,这表明三卤甲烷的还原代谢产物可能与它们在整个动物中确定的毒性有关.[81]

17.11.5 二氧化硫

城市中二氧化硫污染是一个严重问题,特别是北方冬季取暖期间,含硫煤的燃烧释放大量二氧化硫.二氧化硫可以令人窒息,它不含未成对电子,不是自由基,但是溶于水形成亚硫酸,亚硫酸根可以刺激自由基反应.在一定环境下,氧气可以参与亚硫酸氧化.二氧化硫污染空气,使植物叶绿体积累过氧化氢,分解叶绿素和类胡萝卜素,损伤细胞膜,积累脂质过氧化物和乙烷气体产生明显增加.亚硫酸根可以刺激亚油酸和亚麻酸、微粒体和肺组织过氧化.这可能是亚硫酸根参与脂质过氧化启动反应造成的.在亚硫酸氧化过程中,形成反应性很强的硫酸自由基和过氧硫酸自由基.吸入二氧化硫导致肺损伤可能就是由这些自由基反应机理造成的.

这项研究探究了葡萄酒中·OH介导乙醇氧化速率的影响因素.在亚铁离子和二氧化硫存在竞争的情景下,研究了葡萄酒系统中过氧化氢的作用.金属催化过氧化氢还原的反应称为Fenton反应,该反应能产生将乙醇氧化成乙醛的·OH,这可能是非酶氧化酒的关键步骤.二氧化硫似乎通过在氧化葡萄酒中清除过氧化氢来发挥其在葡萄酒中的保护功能,从而将过氧化物从Fenton路线中转移出去.排除葡萄酒中氧气导致Fe^{3+}(50 μmol/L)迅速减少,可能是由1-羟乙基自由基参与其中造成的.这导致H_2O_2(300 μmol/L)完全转化为·OH,得到等浓度的乙醛(约300 μmol/L).令人惊讶的是,在氧气存在的条件下,乙醛的产率明显降低.添加苯酚4-甲基邻苯二酚(4-MeC,12 mmol/L)并不能在测试的条件下保护乙醇免受·OH介导的氧化,而是似乎略微增加了Fenton反应的速率,可能是通过与添加的铁形成络合物.另外,研究者还研究了在Fe^{2+}和SO_2存在下H_2O_2的竞争反应,并研究了添加4-MeC和溶解氧的效果.当排除氧气和4-MeC时,观察到较高浓度的1-羟乙基自由基,这些自由基被PBN捕集并通过ESR波谱检测.[82]

17.11.6 饮酒的毒副作用与自由基

饮酒的毒副作用虽不属于环境污染,但是其造成的社会危害是十分严重的,因此也可以视为一种污染.饮酒的毒副作用很大程度上是通过自由基起作用的,因此这里做一简要介绍和讨论.[83]最近关于乙醇及其代谢物(乙醛)毒性和有益作用的实验与流行病学数据,证明了它们的免疫调节作用.尽管考虑了急性毒性,但涉及酒精毒性作用的部分侧重于其慢性毒性(肝脏疾病、心血管疾病、神经精神疾病、成瘾和戒断综合征、血液系统疾病、生殖疾病、骨质疏松症、各种癌症).本研究还强调了乙醇通过醇脱氢酶、细胞色素P450 2E1和醛脱氢酶氧化代谢的作用,以及遗传多态性在其生理病理学中的影响.关于低至中度饮酒的有益影响(对心血管系统、糖尿病、神经系统和感觉器官、自身免疫性疾病和风湿病)的部分,强调了抗炎和免疫调节作用在这些观察中的重要性.关注乙醇及其代谢物的免疫调节作用,特别是对NLRP3炎症小体途径的关注,可能有助于开发减少乙醇的有害作用或其有益作用的治疗方法.[84]

大部分人都会或多或少饮入乙醇,因为各种酒都含浓度不同的乙醇.即使不喝任何酒的人,其内脏中也会含有少量乙醇,因为内脏中的细菌作用和糖代谢过程也会产生乙醇.乙醇可以溶于水和有机溶剂,能够穿过细胞膜和血脑屏障,快速影响中枢神经系统.但是吸收的乙醇90%在肝脏中被代谢掉.目前认为,饮酒引起肝损伤主要是由氧化应激产生自由基引起的,乙醇在肝脏代谢产生活性氧自由基主要有三种途径.

1. 肝细胞微粒体

在肝微粒体中,乙醇代谢通过NADPH和P450体系,除了二电子还原外,还产生一电子传递反应,生成 $\cdot O_2^-$,再经Harber - Weiss反应生成反应性更强的 $\cdot OH$,引起一系列反应而损伤肝脏.其中,生成的乙醛是毒性非常强的物质,长期过量的饮酒者肝脏中乙醛含量都很高.

肝微粒体与NADPH再生系统、乙醇和自旋捕集剂4-吡啶基-1-氧化物-叔丁基硝基(4-POBN)一起孵育,产生ESR信号,该信号已通过使用 ^{13}C 标记的乙醇分配给4-POBN的羟乙基自由基加合物.自由基的形成取决于微粒体单加氧酶系统的活性,并且在用乙醇长期喂养大鼠后增加.添加叠氮化物刺激羟乙基自由基的产生,而过氧化氢酶的添加减少了 $\cdot OH$.这表明,在内源性过氧化氢的Fenton反应中产生的 $\cdot OH$ 参与了乙醇的自由基活化.以各种形式补充的铁也增加了ESR信号的强度,相反,ESR信号被铁螯合剂去铁胺抑制.用含有去铁胺的溶液洗涤微粒体,并用Chelex X-100处理以去除污染铁,但仍然产生羟乙基自由基,只不过速率降低了.在这些条件下,自由基的形成显然与 $\cdot OH$ 的产生无关.添加细胞色素P450抑制剂可以减少羟乙基自由基的形成,表明细胞色素P450介导的过程也可能参与乙醇的活化.还原型谷胱甘肽(GSH)能够有效地清除羟乙基自由基,防止其被4-POBN捕集.所提供的数据表明,乙醇衍生的自由基可能在酒精的微粒体代谢过程中通过两种不同的途径产生.研究乙醇自由基的检测方法,可能有助于了解酗酒引起的肝脏病变的发病机制.[85]

2. 线粒体

采用自旋标记ESR和 ^{31}P-NMR波谱,研究了可溶线粒体泛氢醌:细胞色素-c氧化还原酶(bc1 复合物)中的蛋白质/磷脂相互作用.使用自旋标记的磷脂,探测其他磷脂的相对结合亲和力,以了解磷脂对该多亚基复合物的活性和稳定性的重要性.用自旋标记的心磷脂(1,3-二磷脂酰-sn-甘油)和自旋标记的 PtdCho 和 PtdEtn 类似物滴定蛋白质,这两种类似物最近都被证明可以引起电子传输活性的显著增加.简化的分布模型显示,中性磷脂的蛋白质亲和力远低于心磷脂.与自旋标记 ESR 检测到的瞬时弱脂质结合相反,^{31}P-NMR 揭示了紧密结合的心磷脂部分,即使在对复合物进行仔细脱脂后也是如此.线粒体是产生能量的场所,但也是呼吸链电子传递过程漏出电子生成自由基的主要场所.饮酒过量者乙醇代谢过程中线粒体呼吸功能亢进产生的自由基明显增多.[86]

除了微粒体和线粒体,胞质溶胶或胞液内的黄嘌呤氧化酶系统和过氧化酶体内的脂肪酶 β 氧化系统,亦可能是肝细胞内产生活性氧的来源.乙醇代谢中经过乙醛产生乙酸盐,并伴随乙酰 CoA 代谢和 ATP 分解,黄嘌呤代谢增加,而黄嘌呤在黄嘌呤氧化酶催化下产生大量活性氧,损伤肝细胞.

酒精中毒患者和实验动物(大鼠)均表现出氧化损伤的生化迹象,这表明自由基可能在引起酒精的一些毒性作用方面发挥作用.使用与自旋捕集相关的 ESR 波谱技术,已经证明了羟乙基自由基在乙醇代谢过程中由微粒体单加氧酶系统产生,并且涉及醇诱导的细胞色素 P450 2E1(CYP2E1).观察喂食含有乙醇的高脂肪饮食的大鼠的结果表明,羟乙基自由基的形成与刺激脂质过氧化和肝损伤的发展有关.此外,通过烷基化肝脏蛋白特别是 CYP2E1,羟乙基自由基也能够诱导特异性抗体的产生,这些抗体可以在乙醇喂养的动物以及滥用酒精的患者中观察到.最近的研究表明,羟乙基自由基衍生的抗原暴露在乙醇的肝细胞的质膜上,能够产生靶向抗体依赖性细胞介导的对肝细胞的免疫毒性反应.因此,除了酒精介导的氧化损伤,羟乙基自由基还可以通过免疫机制引起与酒精滥用相关的肝细胞病变.[87]

最近有人用荧光显微镜观察发现,乙醇处理的大鼠肝细胞内活性氧明显增加,而且仅局限于肝小叶内;另外还发现,单一肝细胞内活性氧释放与细胞内谷胱甘肽含量明显减少.

活性氧在乙醇损伤肝细胞过程中通过若干机制发挥作用,可以导致蛋白及酶的氧化变性,引起代谢异常.对 DNA 的损伤可以引起突变和癌症的发生,在长期过量饮酒导致的肝坏死和肝癌中,自由基起着重要作用.

乙醇的毒性与氧化应激密不可分.尽管有许多关于酒精依赖对血液氧化还原稳态影响的报道,但没有关于酒精中毒病例中氧化应激谱的数据,也没有关于各种死亡的生物体液中的氧化还原生物标志物诊断的有用数据.这项工作研究了酶促和非酶抗氧化屏障、氧化还原状态,以及氧化/亚硝化应激生物标志物在不同生物体液(如血液、尿液、玻璃体液和脑脊液)中的效用,并且在急性酒精中毒患者的尸检中进行了研究.实验组为因急性乙醇中毒而死亡的人($n=22$).研究表明,与对照组相比,谷胱甘肽过氧化物酶活性、总抗氧化状态,以及 Fe^{3+} 降低抗氧化能力和色氨酸浓度,仅在实验组的尿液中显著增加.在其他循环液中,与突然死亡的个体相比,死于酒精过量的个体的抗氧化酶活性和糖氧化产物浓度没有明显差异.研究也没有观察到氧化还原平衡与死亡前饮酒量之间的联系.这些意想不到的观察可能是由于自溶和腐败而在细胞水平上发生不可逆的死后变化.总之,使用循环体液评估氧化还原稳态在尸检分析中受到限制.这些结果表明,与其他循环生物液体相比,死后收集的尿液稳定性更高.需要进一步的研究来评估乙醇受损器官中氧化和羰基应激的强度,以及死后过程对细胞氧化还原平衡的影响.[88]

17.12 ESR波谱法检测农药产生的自由基及其危害作用

农药是指农业上用于防治病虫害及调节植物生长的化学药剂,被广泛用于农林牧业生产、环境和家庭卫生除害防疫、工业品防霉与防蛀等.农药品种很多,按用途主要可分为杀虫剂、杀螨剂、杀鼠剂、杀线虫剂、杀软体动物剂、杀菌剂,按成分分主要有有机氯、有机磷、有机氮、有机硫、氨基甲酸酯、拟除虫菊酯、酰胺类化合物、脲类化合物、醚类化合物、酚类化合物、苯氧羧酸类、脒类、三唑类、杂环类、苯甲酸类、有机金属化合物类等,它们都是有机合成农药.尽管农药的使用可以减少和避免病虫害对农作物的伤害,但是人长期食用受污染的蔬菜,会导致癌症、动脉硬化、心血管病、胎儿畸形、死胎、早夭、早衰等疾病.虽然绝大多数人食用有害蔬菜后并不马上表现出症状,但是毒物在人体中富集,时间长了便会酿成严重后果.一个值得注意的倾向——癌症的发病率越来越高且日趋年轻化,这很大程度上与食用受污染的蔬菜有关.因此,如何减少农药的使用及其对人体的伤害研究引起社会的广泛关注.下面仅讨论几个利用ESR得到的农药的检验结果.

17.12.1 ESR波谱法检测除虫菊酯杀虫剂

菊酯类杀虫剂类农药品种有溴氰菊酯、氯氰菊酯、氯菊酯、胺菊酯、甲醚菊酯等,多属中低毒性农药,对人畜较为安全,但也不能忽视安全操作规程,不然也会引起中毒.氯氰菊酯(一种Ⅱ型合成拟除虫菊酯杀虫剂)的皮肤暴露剂量率为0.25%,连续14天在水牛犊中产生轻微的毒性迹象;丙氨酸氨基转移酶(ALT;39.5%)、天冬氨酸氨基转移酶(AST;32.0%)、血尿素氮(BUN;57.7%)和血浆肌酐(30.0%)水平显著升高.氯氰菊酯还能导致血红蛋白(Hb)浓度(5.4%)、浓缩细胞体积(PCV;3.4%)和总红细胞计数(4.0%)显著降低,此外,红细胞沉降率(ESR;3.1%)显著增加.根据本研究,可以得出结论:氯氰菊酯在皮肤暴露时能够诱导水牛犊的生化和血液改变.一种新型的ESR自由基捕集技术结合荧光光谱分析,研究了四种合成拟除虫菊酯(SMD)、芬普洛汀(DTL)、环苯菊酯(GKL)和氯氰菊酯(AGT)光脱羧产生的自由基中间体.在>290 nm 的光照射下,所有拟除虫菊酯通过酯基中碳氧键的均质裂解进行直接光解.氮氧化物自由基的消耗量作为所有拟除虫菊酯共有的光化学生成的 α-氰基-3-苯氧基苄基自由基的反应产率的量度,通过 ESR 确定.研究的拟除虫菊酯的反应性按 SMD,DTL,GKL,AGT 序列逐渐降低.[89-90]

17.12.2 ESR 波谱法检测丁酰胆碱酯酶(BChE)和有机磷农药

有机磷农药是指含磷元素的有机化合物农药,主要用于防治植物病、虫、草害;多为油状液体,有大蒜味,挥发性强,微溶于水,遇碱破坏.在实际应用中,应选择高效低毒及低残留品种,如乐果、敌百虫等.其在农业生产中的广泛使用,导致农作物中发生不同程度的残留.丁酰胆碱酯酶(BChE)能够清除低剂量的有机磷(例如氧磷)和氨基甲酸酯类杀虫剂(例如西维因),并以这种方式保护人们免受这些毒物的毒性作用.BChE 的保护作用研究发现,农药施用者 BChE 活性降低且没有中毒的临床迹象.这里有一个问题,即具有 BChE 遗传变异的人是否是因为受到的保护较少.研究显示,76%的人群是野生型 BChE 的纯合子,而 24%的人携带至少一个遗传变异等位基因,且 BChE 的大多数遗传变异活性均降低了.临床上最重要的变体是非典型 (D70G) BChE,因为患有这种变体的人在接受旨在麻痹肌肉 3～5 min 的琥珀酰胆碱剂量后有 2 h 的呼吸暂停.在试管实验中,非典型变体与所有带正电荷的化合物(例如毒扁豆碱、回硫磷酯)的反应更慢.这使得更多的毒素可用于神经突触中的乙酰胆碱酯酶反应,并预测非典型 BChE 患者将受到较少的保护.根据猴子和啮齿动物的实验,预计具有低活性的变体,如沉默的 BChE,将面临增加有机磷农药的风险,其中注射纯化的 BChE 可以保护动物免受神经毒剂的毒性作用.需要更多的研究来加强论证具有 BChE 遗传变异的人发生农药中毒的风险更高的假设.[91]采用 Mn(Ⅱ)ESR 波谱法,检测 BChE 和有机磷农药(OPs).用氯化锰和过氧化氢合成了 MnO_2 纳米片,在 BChE 的催化下,S-丁酰硫代碘化胆碱(BTCh)被水解成具有还原-SH 基团的硫代胆碱.在硫代胆碱存在下, MnO_2 纳米片被分解,其中 MnO_2 纳米片中的 Mn(Ⅳ)被还原成 Mn(Ⅱ).Mn^{2+} 是一种顺磁性离子,可以提供良好的 ESR 信号.相比之下,MnO_2 纳米片没有 ESR 信号,不需要与 Mn^{2+} 分离.Mn^{2+} 可以通过 ESR 波谱直接测定,不需要进一步的传感探头.基于直接检测 Mn^{2+} 的 ESR 光谱,比使用除 MnO_2 以外的其他探针的 ESR 光谱要简单得多.Mn^{2+} 的 ESR 信号与 BChE 的催化活性呈正比.抑制 BChE 活性的 OP 也可以通过探测 Mn^{2+} 的 ESR 信号来检测.由于没有 MnO_2 纳米片的 ESR 信号,在没有 BChE 的情况下背景信号接近于零.BChE 的检测限(LOD)低至 0.042 U/L.通过测定对氧磷对 BChE 的抑制作用,建立了测定 OP 对氧磷的标准曲线,发现对氧磷的 LOD 为 0.076 ng/mL.对加标大白菜提取物样品进行分析,实验结果表明，回收率为 96.5%～102.8%. 对种植的大白菜喷施对氧磷溶液，用该方法估算提取物中对氧磷的残留量. 该方法得到的结果与 HPLC 的结果一致，证明了该方法的实用性.[92]

17.12.3 采用 ESR 波谱研究氮杂苯农药

杂环类有机农药为近年来发展最为迅速的一类农药，其主要应用于杀虫剂、除草剂和杀菌剂，也用作杀螨剂、杀鼠剂和植物生长调节剂. 本研究提出了一种新型六方氮化硼(h-BN)基自供电光电化学(PEC)适体传感器，用于超灵敏检测二嗪嗪(DZN)，具有优异的光电转换效率. 这是 h-BN 基材料首次应用于 PEC 适配传感器，创新性地提出了通过掺杂硫到 h-BN 中构建 h-BN 和石墨氮化碳(CN)的 Z 型异质结. 同时，利用 AuNPs 进行表面等离子体共振(SPR)效应，促进新的复合中心的形成. 通过 ESR 自旋捕集技术，阐述并验证了电荷转移机理. 用于测定 DZN 的 PEC 适体传感器，具有 0.01～10 000 nmol/L 的宽线性范围和 6.8 pmol/L 的低检测限，具有出色的选择性和稳定性. 此外，构建的 PEC 适体传感器在三种不同的真实样品中表现良好，具有较好的回收率. 这项研究表明，PEC 适体传感器是检测 DZN 和其他有机磷农药的传统分析技术的有前景的替代方案. 所提出的 h-BN 基材料的设计思路可以为 PEC 生物分析用光活性材料的创新构建提供立足点.[93]

采用 ESR 波谱和 X 射线晶体学，合成了异常稳定的全氯-2,5,8-三氮杂苯丙烯基自由基 1 及其扭曲的脱氯二聚体 2. 二聚体 2 的 X 射线结构表明，连接两个三氮杂苯那烯系统的双键是强扭曲的. 二聚体 2 从固态到液态具有戏剧性的颜色变化，这可能是由两种状态之间扭曲角度的变化引起的. 研究报道了稳定、持久的二氮杂硼环中性自由基 3 的首次分离和完整表征，还原碱稳定的二氟硼烷 2 提供了自由基 3 作为中性分子，具有连接到一个氟原子和两个氮原子的平面 sp^2 硼原子. ESR 波谱和 DFT 计算表明，未成对的电子在六元环上离域. 由于与单独占据的分子轨道相关的电子跃迁，自由基 3 具有特征性的红色，因为紫外-可见光谱显示 498 nm 处的吸收最强. 尽管 DFT 计算表明，与六元环中的氮原子和碳原子相比，自由基 3 在硼原子上的自旋密度相对较低，但当用苯醌或过氧化苯甲酰处理时，自由基 3 反应为碱稳定的硼基自由基.[94-95]

研究高度纯化的细胞色素 P450 还原酶(也称为细胞色素 C 还原酶；EC 1.6.2.4.)发现，NADPH 从 11 种不同的杂环胺(HCA)中产生超氧化物自由基($\cdot O_2^-$)，使用 ESR 波谱与 DMPO 捕集方法，鉴定这些杂环胺(HCAs). DMPO-OOH($\cdot O_2^-$)(即 $\cdot O_2^-$ 的 DMPO 自旋加合物)的信号强度对 2-氨基-3,4-二甲基咪唑并[4,5-f]-喹啉最强. HCA 的 $\cdot O_2^-$ 生成按以下顺序减少：2-氨基-3,8-二甲基咪唑并[4,5-f]-喹喔啉 = 2-氨基-3-甲基咪唑并、2-氨基-3,4,8-三甲基咪唑并[4,5-f]-喹喔啉、其他 HCA；2-氨基-3-甲基-9H-吡啶并[2,3-b]吲哚-CH_3COOH 的 $\cdot O_2^-$ 生成最低. 通过使用 Lineweaver-Burk 图，确定丝裂霉素2-氨基-3-甲基咪唑并[4,5-f]-喹啉和2-氨基-3,8-二甲基咪唑并[4,5-f]的细胞色素P450还原酶的 K_m 值分别为 1.60×10^{-6} mol/L, 1.97×10^{-5} mol/L和 2.83×10^{-6} mol/L. 3-氨基-1-甲基-5H-吡啶并[4,3-b]-吲哚-HCI-CH_3COOH(Trp-P-2)的N-羟基衍生物被认为是Trp-P-2与细胞色素P450体系反应的关键中间体,产生的 $\cdot O_2^-$ 非常少. 由于已知细胞中存在大量细胞色素P450还原酶,以及氧自由基对促进/进展、细胞杀伤和增殖的已知影响,本研究结果对杂环胺农药的致癌作用和肿瘤促进机理的研究具有重要意义.[96-97]

参考文献

[1] 赵保路. 自由基讲座(一),(二)[J]. 北京烟草,1994,4:21-25.

[2] 赵保路. 吸烟、自由基和癌[J]. 自然杂志,1988,12:453-456.

[3] 赵保路. 吸烟、自由基和心脏病[J]. 自然杂志,1989,12:655-657.

[4] 赵保路,张春爱,忻文娟. 心肌缺血再灌注损伤和活性氧自由基[J]. 生理科学,1989,9:193-197.

[5] 赵保路. 氧自由基和衰老[J]. 自然杂志,1989,13:511-514.

[6] 赵保路,张春爱,忻文娟. 吸烟、自由基和皮肤衰老[J]. 现代老年医学杂志,1995,41:43-45.

[7] 赵保路. 香烟烟气中NO自由基对人体的作用[J]. 北京烟草,1996,4:17-20.

[8] 赵保路,晏良军,侯京武,等. 电子自旋共振自旋捕集吸烟气相自由基的研究[J]. 中华医学杂志,1990,70:386-391.

[9] Culcasi M, Muller A, Mercier A, et al. Early specific free radical-related cytotoxicity of gas phase cigarette smoke and its paradoxical temporary inhibition by tar: An electron paramagnetic resonance study with the spin trap DEPMPO[J]. Chem. Biol. Interact., 2006, 164(3): 215-31.

[10] Church D F, Pryor W A. Free-radical chemistry of cigarette smoke and its toxicological implications[J]. Environ. Health Perspect., 1985, 64: 111-123.

[11] Pryor W A. An ESR spin trapping study of the radicals produced in NO/olefin reactions: a mechanism for the production of the apparently long-lived radicals in gasphase smoke[J]. J. Am. Chem., 1984, 106: 5073-5086.

[12] Capellupo D M , Hamann F , Shields J C ,et al. Variability in quasar broad absorption line outflows I. trends in the short-term versus long-term data[J]. Proceedings of the International Astronomical Union, 2013, 5(S267):394-394.

[13] Pryor W A. An electron spin resonence study of mainstream and sidestream cigarette smoke: nature of the free radicals in gas-phase smoke[J]. Environ. Health Perspect., 1983, 47: 345-355.

[14] Yan L J, Zhao B L, Xin W J. Experimental studies on smoke aspects of toxicological effects of

gas phase cigarette smoke[J]. Research Chem. Interm., 1991, 16: 15-24.

[15] Pryor W A, Terauchi K, Davis W H Jr. Electron spin resonance (ESR) study of cigarette smoke by use of spin trapping techniques[J]. Environ. Health Perspect., 1976, 16: 161-176.

[16] Pryor W A. Biological effects of cigarette smoke, wood smoke, and the smoke from plastics: the use of electron spin resonance[J]. Free Radic Biol. Med., 1992, 13(6): 659-676.

[17] Bitzer Z T, Mocniak L E, Trushin N, et al. Influence of tobacco variety and curing on free radical production in cigarette smoke[J]. Nicotine Tob. Res., 2023, 25(7): 1400-1405.

[18] Shinagawa K, Tokimoto T, Shirane K. Spin trapping of nitric oxide in aqueous solutions of cigarette smoke[J]. Biochem. Biophys. Res. Commun., 1998, 253(1): 99-103.

[19] 晏良军,赵保路,李小洁,等.用 ESR 研究香烟烟气对多形核白细胞呼吸爆发的影响[J].环境科学学报,1991,11:79-82.

[20] 晏良军,赵保路,忻文娟.吸烟气相物质引起膜的生物物理特性改变的研究[J].生物物理学报,1991,7:5-9.

[21] 晏良军,赵保路,郭尧君,等.吸烟气相物质引起的脂质过氧化的研究[J].环境化学,1992,11:58-65.

[22] Yang F J, Zhao B L, Xin W J. Studies on toxicological mechanisms of gas-phase cigarette smoke and protective effects of GTP[J]. Res. Chem. Interm., 1992, 17: 39-57.

[23] 杨法军,赵保路,忻文娟.用 ESR 自旋捕集法研究吸烟烟气处理的脂质体对大鼠粒细胞产生 $\cdot O_2^-$ 的影响[J].生物物理学报,1992,8:659-663.

[24] 杨发军,赵保路,忻文娟.香烟气相物质引发的脂质过氧化与粒细胞呼吸爆发关系的 ESR 研究[J].环境科学学报,1993,13:355-359.

[25] 杨法军,赵保路,忻文娟.吸烟烟气引起鼠肝微粒体脂质过氧化的 ESR 波谱研究[J].环境化学,1993,12:117-125.

[26] 杨发军,任小军,赵保路,等.茶多酚抑制吸烟气相物质刺激鼠肝微粒体产生脂类自由基的 ESR 研究[J].生物物理学报,1993,9:468-471.

[27] Diana J N, Pryor W P. Tobacco smoking and nutrition[J]. Annals of New York. Academy of Science, 1993, 686: 66-128.

[28] 赵保路,张春爱.降低吸烟中自由基的危害[J].北京烟草,1994,3:16-17.

[29] Tran P T, Beidoun B, Lohan S B, et al. Establishment of a method to expose and measure pollution in excised porcine skin with electron paramagnetic resonance spectroscopy[J]. Ecotoxicol. Environ. Saf., 2022, 247: 114258.

[30] Kon T, Tanigawa T, Hayamizu K, et al. Singlet oxygen quenching activity of human serum[J]. Redox Rep., 2004, 9(6): 325-330.

[31] Caia G L, Efimova O V, Velayutham M, et al. Organ specific mapping of in vivo redox state in control and cigarette smoke-exposed mice using EPR/NMR co-imaging[J]. J. Magn. Reson., 2012, 216: 21-27.

[32] Peluffo G, Calcerrada P, Piacenza L, et al. Superoxide-mediated inactivation of nitric oxide and peroxynitrite formation by tobacco smoke in vascular endothelium: studies in cultured cells and smokers[J]. Am. J. Physiol. Heart. Circ. Physiol., 2009, 296(6): 781-792.

[33] Lachocki T M, Church D F, Pryor W A. Persistent free radicals in woodsmoke: an ESR spin trapping study[J]. Free Radic Biol. Med., 1989, 7(1): 17-21.

[34] Kawamura T, Akutsu Y, Arai M, Tamura M. Radical formation from the reaction of combustion smoke with diphenylamine[J]. Free Radic. Res., 1997, 27(2): 181-185.

[35] Akutsu Y, Gu W, Furusawa K, et al. Oxidation of cysteamine induced by gas-phase radicals from combustion smoke of poly (methyl methacrylate)[J]. Chemosphere., 1998, 37(5): 875-883.

[36] Squadrito G L, Cueto R, Dellinger B, et al. Quinoid redox cycling as a mechanism for sustained free radical generation by inhaled airborne particulate matter[J]. Free Radic Biol. Med., 2001, 31(9): 1132-1138.

[37] Aust A E, Ball J C, Hu A A, et al. Particle characteristics responsible for effects on human lung epithelial cells[J]. Res. Rep. Health Eff. Inst., 2002, (110): 1-65.

[38] Valavanidis A, Fiotakis K, Bakeas E, et al. Electron paramagnetic resonance study of the generation of reactive oxygen species catalysed by transition metals and quinoid redox cycling by inhalable ambient particulate matter[J]. Redox Rep., 2005, 10(1): 37-51.

[39] Gehling W, Khachatryan L, Dellinger B. Hydroxyl radical generation from environmentally persistent free radicals (EPFRs) in PM2. 5[J]. Environ. Sci. Technol., 2014, 48(8): 4266-4272.

[40] Sklorz M, Briedé J J, Schnelle-Kreis J, et al. Concentration of oxygenated polycyclic aromatic hydrocarbons and oxygen free radical formation from urban particulate matter[J]. J. Toxicol. Environ. Health PARTA., 2007, 70(21): 1866-1869.

[41] Han S K, Hwang T M, Yoon Y, et al. Evidence of singlet oxygen and hydroxyl radical formation in aqueous goethite suspension using spin-trapping electron paramagnetic resonance (EPR)[J]. Chemosphere, 2011, 84(8): 1095-1101.

[42] 杨法军,赵保路,忻文娟.吸烟烟气对鼠肺细胞膜的损伤和茶多酚的保护作用[J].环境化学,1992,11:50-56.

[43] 杨法军,沈生荣,赵保路,等.茶多酚单体 L-EGCG 对气相烟引起鼠肺细胞损伤的抑制作用[J].生物物理学报,1992,8:450-456.

[44] 张树立,赵保路,忻文娟.吸烟烟气的细胞毒性作用和茶多酚保护作用的研究[J].中国环境科学,1996,16:386-390.

[45] Gao J T, Tang H R, Zhao B L. The toxicological damagement of gas phase cigarette smoke on cells and protective effect of green tea polyphenols[J]. Res. Chem. Intermed., 2001, 27: 269-280.

[46] Gao J T, Tang H R, Li Y, et al. EPR study of the toxicological effects of Gas-phase cigarette smoke and the protective effects of grape seed extract on the mitochondrial membrane[J]. Applied Magnetic Resonance, 2002, 22: 497-551.

[47] Zang L Y, Stone K, Pryor W A. Detection of free radicals in aqueous extracts of cigarette tar by electron spin resonance[J]. Free Radic Biol. Med., 1995, 19(2): 161-167.

[48] Bielfeldt S, Jung K, Laing S, et al. Anti-pollution effects of two antioxidants and a chelator-Ex vivo electron spin resonance and in vivo cigarette smoke model assessments in human skin[J].

Skin Res. Technol., 2021, 27(6): 1092-1099.

[49] Balbani A P S, Montovani J C. Methods for smoking cessation and treatment of nicotine dependence[J]. Rev. Bras. Otorrinolaringol, 2005, 71: 820-826.

[50] Ray R, Schnoll R A, Lerman C. Nicotine dependence: biology, behavior, and treatment[J]. Annu. Rev. Med., 2009, 60: 247-260.

[51] Mackenzie T, Leary L, Brooks W B. The effect of an extract of green and black tea on glucose control in adults with type 2 diabetes mellitus: double-blind randomized study[J]. Metabolism, 2007, 56: 1340-1344.

[52] Yan J Q, Di X J, Liu C Y, et al. The cessation and detoxification effect of tea filters on cigarette smoke[J]. 中国科学：生命科学(英文版), 2010, 53: 533-541.

[53] Di X J, Yan J Q, Zhao Y, et al. L-theanine inhibits nicotine-induced dependence via regulation of the nicotine acetylcholine receptor-dopamine reward pathway[J]. Life Sciences, 2012, 55: 1064-1074.

[54] Cardoso W V, Saldiva P H N, Criado P M P, et al. A comparison between the isovolume and the end-inflation occlusion methods for measurement of lung mechanics in rats[J]. J. Applied. Toxicol., 1991, 11: 79-84.

[55] Cendon S P, Battlehner C, Lorenzi-Filho G, et al. Pulmonary emphysema induced by passive smoking: an experimental study in rats[J]. Braz. J. Med. Biol. Res., 1997, 30: 1241-1247.

[56] Balbani A P S, Montovani J C. Methods for smoking cessation and treatment of nicotine dependence[J]. Rev. Bras. Otorrinolaringol, 2005, 71: 820-826.

[57] Mansvelder H D, Keath J R, McGehee D S. Synaptic mechanisms underlie nicotine-induced excitability of brain reward areas[J]. Neuron, 2002, 33: 905-919.

[58] Peng X, Gerzanich V, Anand R. Nicotine-induced increase in neuronal nicotinic receptors results from a decrease in the rate of receptor turnover[J]. Mol. Pharmacol, 1994, 46: 523-530.

[59] Sylow L, Kleinert M, Richter E A, et al. Exercise-stimulated glucose uptake - regulation and implications for glycaemic control[J]. Nat. Rev. Endocrinol., 2017, 13(3): 133-148.

[60] 谢渝湘,刘强,张杰,等.尼古丁预防帕金森综合征和老年痴呆症的分子机理[J].中国烟草学报, 2006,12:25-30.

[61] Liu Q, Tao Y, Zhao B L. ESR study on scavenging effect of nicotine on free radicals[J]. Appl. Mag. Reson., 2003, 24: 105-112.

[62] Liu Q, Zhao B L. Nicotine attenuates β-amyloid peptide induced neurotoxicity, free radical and calcium accumulation in hippocampal neuronal cultures[J]. Brit. J. Pharmocol, 2004, 141: 746-754.

[63] Xie Y X, Bezard E, Zhao B L. Unraveling the receptor-independent neuroprotective mechanism in mitochondria[J]. J. Biol. Chem., 2005, 396: 84-92.

[64] Zhang J, Liu Q, Liu N Q, et al. Nicotine reduces β-amyloidosis by regulating metal homeostasis[J]. FASEB J., 2006, 20: 1212-1214.

[65] Liu Q, Zhang J, Zhu H, et al. Dissecting the signalling pathway of nicotine-mediated neuro-

protection in a mouse Alzheimer disease model[J]. FASEB J., 2007, 21: 61-73.

[66] Bagley A C. Superoxide mediates the toxicity of paraquat for Chinese hamster ovary cells[J]. Proc. Natl. Acad. Sci. USA, 1986, 83: 3189-3194.

[67] Beloqui O I. Microsomal intereactions between iron, paraquat and menadiodione: effect on hydroxyl radical production and alcohol oxidation[J]. Arch. Biochem. Biophys., 1985, 242: 187-192.

[68] Burkitt M J, Kadiiska M B, Hanna P M, et al. Electron spin resonance spin-trapping investigation into the effects of paraquat and desferrioxamine on hydroxyl radical generation during acute iron poisoning[J]. Mol. Pharmacol., 1993, 43(2): 257-263.

[69] Kadiiska M B, Hanna P M, Mason R P. In vivo ESR spin trapping evidence for hydroxyl radical-mediated toxicity of paraquat and copper in rats[J]. Toxicol. Appl. Pharmacol., 1993, 123(2): 187-192.

[70] Rashba-Step J, Turro N J, Cederbaum A I. ESR studies on the production of reactive oxygen intermediates by rat liver microsomes in the presence of NADPH or NADH[J]. Arch. Biochem. Biophys., 1993, 300(1): 391-400.

[71] Cheseman K H. Biochemical studies on the metabolication of halogenated alkanes[J]. Environ Health Perpect, 1985, 64: 85-90.

[72] Di M D. Comparative studies on the mechanisms of paraquat and 1-methyl-4-phnylpyridine (MPP) toxicity[J]. Biochem. Biophys. Res. Commun., 1986, 137: 303-307.

[73] Rorni L G. Reactions of the trichloromethyl and halothane derived peroxy radicals with unsaturated fatty acids: a pulse radilysis study[J]. Chem. Biol. Intereact., 1983, 45: 171-176.

[74] Neta P, Huie R E. Free radical chemistry of sulrite[J]. Environ. Health Perspect., 1985, 64, 209-212.

[75] Reinke L A, Towner R A, Janzen E G. Spin trapping of free radical metabolites of carbon tetrachloride in vitro and in vivo: effect of acute ethanol administration[J]. Toxicol. Appl. Pharmacol., 1992, 112(1): 17-23.

[76] Janzen E G, Towner R A, Haire D L. Detection of free radicals generated from the in vitro metabolism of carbon tetrachloride using improved ESR spin trapping techniques[J]. Free Radic Res. Commun., 1987, 3(6): 357-364.

[77] Cheeseman K H, Albano E F, Tomasi A, et al. Biochemical studies on the metabolic activation of halogenated alkanes[J]. Environ. Health Perspect., 1985, 64: 85-101.

[78] Davies M J, Slater T F. Electron spin resonance spin trapping studies on the photolytic generation of halocarbon radicals[J]. Chem. Biol. Interact., 1986, 58(2): 137-147.

[79] Turin L, Skoulakis E M, Horsfield A P. Electron spin changes during general anesthesia in drosophila[J]. Proc. Natl. Acad. Sci. USA, 2014, 111(34): 3524-3533.

[80] Epshtein M, Tenorio B N C, Vidal M L, et al. Signatures of the bromine atom and open-shell spin coupling in the X-ray spectrum of the bromobenzene cation[J]. Am. Chem. Soc., 2023, 145(6): 3554-3560.

[81] Tomasi A, Albano E, Biasi F, et al. Activation of chloroform and related trihalomethanes to

free radical intermediates in isolated hepatocytes and in the rat in vivo as detected by the ESR-spin trapping technique[J]. Chem. Biol. Interact., 1985, 55(3): 303-316.

[82] Le Daré B, Lagente V, Gicquel T. Ethanol and its metabolites: update on toxicity, benefits, and focus on immunomodulatory effects[J]. Drug Metab. Rev., 2019, 51(4): 545-561.

[83] Elias R J, Waterhouse A L. Controlling the fenton reaction in wine[J]. J. Agric. Food Chem., 2010, 58(3): 1699-1707.

[84] Jeon S, Carr R Alcohol effects on hepatic lipid metabolism[J]. J. Lipid. Res., 2020, 61(4): 470-479.

[85] Hayer-Hartl M, Schägger H, von Jagow G, et al. Interactions of phospholipids with the mitochondrial cytochrome-c reductase studied by spin-label ESR and NMR spectroscopy[J]. Eur. J. Biochem., 1992, 209(1): 423-430.

[86] Liebr C S. Alcohol and the liver, up date[J]. Gastroenterology, 1994, 106: 1085-1090.

[87] Albano E, French S W, Ingelman-Sundberg M. Hydroxyethyl radicals in ethanol hepatotoxicity [J]. Front. Biosci., 1999, 4: 533-540.

[88] Maciejczyk M, Ptaszyńska-Sarosiek I, Niemcunowicz-Janica A, et al. Do circulating redox biomarkers have diagnostic significance in alcohol-intoxicated people? [J]. Int. J. Mol. Sci., 2022, 23(19): 11808.

[89] Dar S A, Kaur R. Hematobiochemical evaluation of dermal subacute cypermethrin toxicity in buffalo calves[J]. Toxicol. Int., 2014, 21(3): 283-7.

[90] Suzuki Y, Ishizaka S, Kitamura N. Spectroscopic studies on the photochemical decarboxylation mechanisms of synthetic pyrethroids[J]. Photochem. Photobiol. Sci., 2012, 11(12): 1897-1904.

[91] Lockridge O, Masson P. Pesticides and susceptible populations: people with butyrylcholinesterase genetic variants may be at risk[J]. Neurotoxicology, 2000, 21(1-2): 113-126.

[92] Tang L, Wang C, Tian S, et al. Label-free and ultrasensitive detection of butyrylcholinesterase and organophosphorus pesticides by Mn(Ⅱ)-Based electron spin resonance spectroscopy with a zero background signal[J]. Anal. Chem., 2022, 94(46): 16189-16195.

[93] Tan J, Peng B, Tang L, et al. Enhanced photoelectric conversion efficiency: a novel h-BN based self-powered photoelectrochemical aptasensor for ultrasensitive detection of diazinon[J]. Biosens. Bioelectron., 2019, 142: 111546.

[94] Zheng S, Thompson J D, Tontcheva A, et al. Perchloro-2, 5, 8-triazaphenalenyl radical[J]. Org. Lett., 2005, 7(9): 1861-1863.

[95] Aramaki Y, Omiya H, Yamashita M, et al. Synthesis and characterization of B-heterocyclic π-radical and its reactivity as a boryl radical[J]. J. Am. Chem. Soc., 2012, 134(49): 19989-19992.

[96] Maeda H, Sato K, Akaike T. Superoxide radical generation from heterocyclic amines[J]. Princess Takamatsu. Symp., 1995; 23: 103-112.

[97] Petrov P A, Sukhikh T S, Nadolinny V A, et al. Paramagnetic rhenium iodide cluster with N-Heterocyclic carbene[J]. Inorg. Chem., 2021, 60(9): 6746-6752.

第18章

光合系统中活性自由基产生分子机制的ESR研究

18.1 引言

高等植物叶绿体在光合作用过程中因处于富氧环境而极易受到氧化损伤[1].当光照过强或光能利用率过低时,活性自由基都有可能大量产生.而这些活性自由基对蛋白、膜脂和色素分子都具有破坏作用,导致光合作用效率降低和强光抑制损伤.因而,深入研究活性自由基所诱导的光合作用抑制分子机理,对于如何减缓植物细胞的强光破坏,进而提高植物的光合作用效率都具有重要意义.

早在1951年就有研究者针对类囊体膜中光照产生·O_2^-的现象提出了著名的Mehler反应,[2]认为该反应发生在光系统Ⅰ(PSⅠ)中.然而,由于当时自由基检测水平的局限,对·O_2^-的判断主要是根据Cyt c还原实验.而后人们又在光系统Ⅱ(PSⅡ)中发现了大量的·O_2^-.[3-4]这些研究工作主要是依据电位滴定方法,或从热力学角度分析,认为在PSⅡ受体侧的$Pheo^-$,Q_A^-,Q_B^-,PQH_2都有可能成为·O_2^-的生成位点.事实上,Cyt c还原法与电化学方法在对·O_2^-的分析可靠性方面都存在一定的局限,很难排除杂质的干扰,对自由基的专一选择性也不强.

ESR 方法是一种对自由基具有专一性的分析技术,结合自旋捕集后可直接用于检测生物体系内的活性氧自由基.[5-6]但早期的 ESR 自旋捕集方法由于捕集剂性能的限制,对 $\cdot O_2^-$ 的捕集一直不理想.[7]直至十几年前,新一代高效自由基捕集剂 DEPMPO 出现之后,文献中才报道了关于从水稻叶绿体 PS Ⅱ 颗粒中捕集 $\cdot O_2^-$ 的可靠证据.[8-9]在此基础上,中国科学院化学研究所研究组近年来又相继开展了一系列有关强光照射条件下,波茶叶绿体 PS Ⅱ 颗粒内 $\cdot O_2^-$ 与 $\cdot OH$ 等高活性自由基生成及其生物学调控作用的分子机制的研究课题.[10-13]

本章的主要内容就是介绍这些以 ESR 自旋捕集为主要手段,针对强光照射下高等植物 PS Ⅱ 中的 $\cdot O_2^-$ 与 $\cdot OH$ 等活性自由基的产生、清除及其调控光抑制损伤的分子机制研究的系列成果.

18.2 PS Ⅱ 中 $\cdot O_2^-$ 生成机制的 ESR 研究

18.2.1 PS Ⅱ 中 $\cdot O_2^-$ 产生的 ESR 证据

为了更可靠地应用 ESR 自旋捕集技术确认高等植物PS Ⅱ 在强光(633 nm He - Ne 激光器)照射下能够生成 $\cdot O_2^-$,分别采用 DMPO 与 DEPMPO 两种自由基捕集剂进行原位分析,实测所得的 ESR 信号如图 18.1 所示.虽然从信号谱峰分析来看,确信无疑两个信号都来自 $\cdot O_2^-$ 的加合物,但实验中为避免干扰也同时验证了 SOD 的歧化效应.

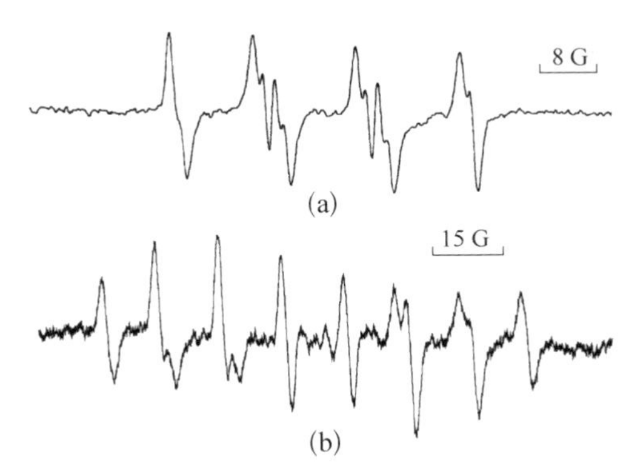

图 18.1 光照后 PS Ⅱ 颗粒中生成的 ·[DMPO—OOH]加合物(a)和 ·[DEPMPO—OOH]加合物(b)的 ESR 波谱图

获得产生 $\cdot O_2^-$ 的捕集信号后，下一个研究目标就是分析该自由基产生的分子机制，这包括它生成的位点和反应的分子模式.

18.2.2 氧分子与 $\cdot O_2^-$

1. $\cdot O_2^-$ 产生对氧分子的依赖性

根据 PS Ⅱ电子传递的方式，有理由假设：如果 $\cdot O_2^-$ 产生位点在 PS Ⅱ原初电子激发的电子供体侧，那么它的产生应该与氧分子没有直接的关联；反之，如果它产生于电子受体侧一端，那么 $\cdot O_2^-$ 应该来源于氧分子的还原，即

$$O_2 + e^- \longrightarrow \cdot O_2^-$$

文献报道结果显示[14]，在 PS Ⅱ 中 $\cdot O_2^-$ 产生恰好与氧气分子的浓度直接相关(图 18.2).该结论来自分别用氧气、空气和氩气饱和条件下，$\cdot O_2^-$ 的捕集实验.考虑到 PS Ⅱ 颗粒光照可自身产生氧气的事实，不妨做这样一个假设：在纯氩气饱和条件下 7%的信号来自光合放氧产生的氧气.如果在空气饱和与氧气饱和条件下自由基信号也都相应扣除 7%后，那么两者自由基信号强度的比值是 20∶93 ≈ 21.5%.此值恰巧与空气中氧分子所占的百分比(20.9%)接近，充分说明强光照射条件下，PS Ⅱ 中 $\cdot O_2^-$ 产生的过程依赖于氧气分子，并且来源于氧气分子获得电子的过程.

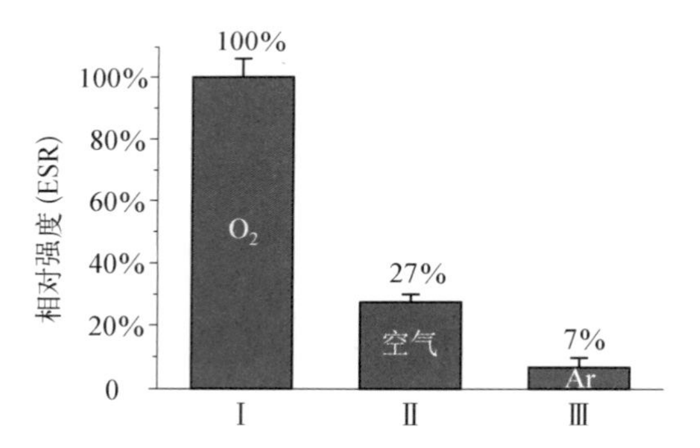

图 18.2 氧气分子的浓度对 $\cdot O_2^-$ 捕集的 ESR 信号的影响

Ⅰ. 氧气饱和；Ⅱ. 空气饱和；Ⅲ. 氩气饱和.

2. $\cdot O_2^-$ 与单线态氧

基态氧气分子有两个自旋平行的电子，故其自旋多重性为 3，是三重态，用 $^3O_2$ 或 $^3\Sigma_g^-$ 表示.当基态氧气分子吸收一定能量后，达到激发态，两个电子自旋转变为自旋反平行的电子，共同占有一个轨道(或不同轨道)，其自旋多重性为 1，是单重态，用 $^1O_2$ 或 $^1\Delta_g^-$ (或 $^1\Sigma_g^+$)

表示，又称为单线态氧. 光照色素与 P_{680} 都有可能激发氧气分子，而产生 $^1\Delta_g^-$ 态的单线态氧.

为考察氧自旋态与 $\cdot O_2^-$ 生成反应分子机制的关联，分别检验了重水环境与单线态氧的淬灭剂组氨酸存在条件下，光诱导产生的 $\cdot O_2^-$ 与捕集剂反应所生成的加合物的 ESR 信号强度变化. 正如图 18.3 所示，在重水环境下自旋捕集的 ESR 信号强度比空白对照实验增加近 2 倍；而淬灭剂组氨酸可以降低约 80% $\cdot O_2^-$ 加合物的 ESR 信号.

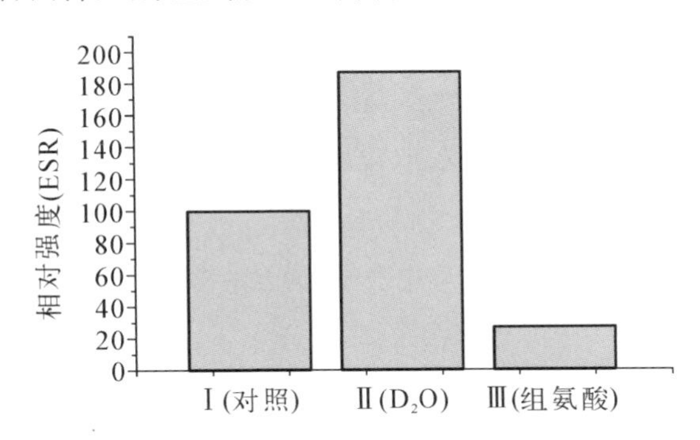

图 18.3　单线态氧 $^1O_2$ 增强剂(重水环境)和淬灭剂组氨酸对 PSⅡ中 $\cdot O_2^-$ 信号的影响

另据文献报道[15]，重水环境可导致单线态氧 $^1O_2$ 的半衰期延长，这也意味着能够增加生物体系内的单线态氧浓度.[16] 上述实验中，$\cdot O_2^-$ 的 ESR 信号相对强度在重水缓冲液中显著增加，其原因就在于重水使得反应中心 P_{680} 光照下产生的单线态氧 $^1O_2$ 的浓度，在单位时间范围内增加，有利于单线态氧 $^1O_2$ 进一步参与生成 $\cdot O_2^-$ 的反应过程.

另一方面，组氨酸作为单线态氧清除剂，降低单线态氧的浓度，从而导致 $\cdot O_2^-$ 加合物的信号明显下降，也更进一步地证明了 $\cdot O_2^-$ 的生成依赖单线态氧 $^1O_2$ 的存在.

18.2.3　质体醌与 $\cdot O_2^-$

进一步更加确切地排除 $\cdot O_2^-$ 产生于电子传递链的给体一侧可能性的实验证据，还来自 PSⅡ给体、供体两侧电子传递抑制剂的检验(图 18.4).

TEMED 与 DCMU 分别是 PSⅡ内给体与受体端的电子传递抑制剂. 如图 18.4 所示，不论 TEMED 或 DCMU 均可抑制 PSⅡ的电子传递活性. 对比而言，只有加入受体端抑制剂 DCMU 时，$\cdot O_2^-$ 信号才会降低至一半. 这进一步说明，$\cdot O_2^-$ 生成的位点在电子受体侧一端. DCMU 作为一种可以结合在 D1 蛋白上抑制 PSⅡ受体侧电子传递的抑制剂，虽然认为它与 D1 蛋白的结合位点是在 $\cdot Q_B^-$ 结合位置，从而阻断 Q_A 到 Q_B 的电子传递.[17] 实验中，在 DCMU 完全抑制 PSⅡ颗粒内 Q_A 到 Q_B 电子传递活性后，它仍保留约 50% 的 $\cdot O_2^-$ 生成能力，这清楚地表明大约一半的自由基可以在电子到达 Q_B 之前生成. 如果考虑到分子结构一致的 Q_A 与 Q_B 彼此氧化还原能力也接近，那么 $\cdot Q_A^-$ 与 $\cdot Q_B^-$ 两种负离子有同等能力贡献电子给氧分子来生成 $\cdot O_2^-$，而 DCMU 仅能抑制 $\cdot Q_B^-$ 一半的贡献.

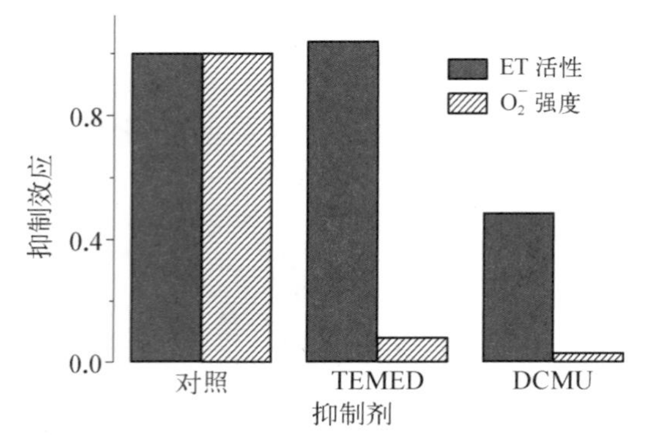

图 18.4 PS Ⅱ 电子传递抑制剂对 $\cdot O_2^-$ 信号和电子传递活性的影响

18.2.4 醌重组反应中心与 $\cdot O_2^-$

1. UQ_0 重组反应中心的 ESR 实验

为确定质体醌 Q_A 与 Q_B 是 $\cdot O_2^-$ 的生成位点，又采用醌重组的 D1/D2/Cyt b-559 反应中心复合物检验.[18] D1/D2/Cyt b-559 反应中心复合物既不包含放氧的锰簇复合物，也没有给体端的质体醌(Q_A 与 Q_B)，且具有良好的原初电荷分离活性. 结合泛醌重组实验后，正是验证 PS Ⅱ 中 $\cdot O_2^-$ 生成位点的最佳体系.

实验结果显示，即使在有氧条件下，缺少质体醌的 PS Ⅱ 反应中心在强光照条件下也不能产生任何自由基信号(图 18.5(a))；而在无氧条件下，即使有自由基捕集剂 DEPMPO，光照醌重组后的 PS Ⅱ-RC 也不能获得 $\cdot O_2^-$ 加合物的 ESR 信号，ESR 实测信号来自泛醌单电子还原产物 $\cdot UQ_0^-$ (图 14.5(b))；一旦氧分子加入光照后的外源性泛醌(UQ_0)与 D1/D2/Cyt b-559 反应中心复合物的重组体系，原有的 $\cdot UQ_0^-$ 自由基的 ESR 信号立即消失，重新产生的 ESR 信号来自 $\cdot O_2^-$ 与 DEPMPO 的加合物(图 18.5(c)).

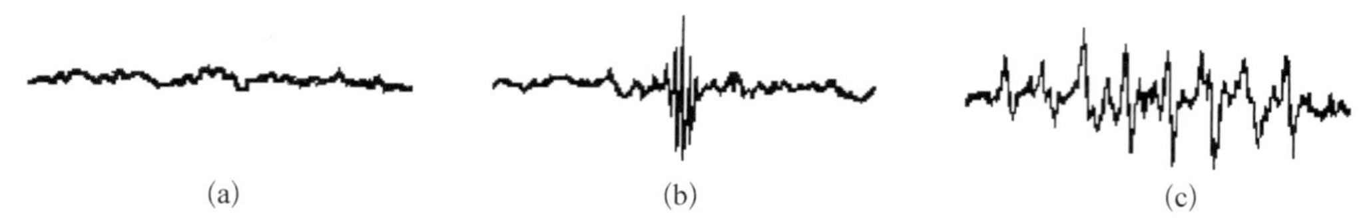

图 18.5 醌重组 PS Ⅱ-RC 的 $\cdot O_2^-$ 和半醌自由基的生成

(a) PS Ⅱ RC/DEPMPO 有氧条件下光照；(b) UQ_0 - PS Ⅱ RC/DEPMPO 无氧条件下光照；(c) 体系 b 加入氧气.

当外源性 UQ_0 重组到 D1/D2/Cyt b-559 反应中心复合物时，从氧化还原电位角度分析，UQ_0 能够降低三线态P680 的生成，并被反应中心所还原，恢复质体醌位点的功能与活性.[19]此外，采用外源性 UQ_0 组分也是考虑到泛醌是生物体系中广泛存在并具有重要生理功能的辅酶. 在细菌光合反应中心中，它是次级电子受体；而在线粒体呼吸链电子传递过程中，它又被认为参与了 $\cdot O_2^-$ 的生成.[20-21]诚然，仅在 UQ_0 存在的条件下，D1/D2/Cyt b-559 反应中心复合物又重新恢复了生成 $\cdot O_2^-$ 的能力，并且 $\cdot O_2^-$ 生成条件与 PS Ⅱ颗粒中的实验结果一致，即 D1/D2/Cyt b-559 反应中心复合物生成 $\cdot O_2^-$ 也依赖于氧气分子的存在. 在无氧环境下，UQ_0 重组的 PS Ⅱ反应中心复合物不能将电子传递到氧气分子，仅获得单电子还原的半醌自由基 $\cdot UQ_0^-$；外加氧气分子后，$\cdot UQ_0^-$ 立即将电子传递给氧气分子，获得活泼的 $\cdot O_2^-$. 这从另一个角度明确说明，醌与氧气分子是在 PS Ⅱ颗粒中光照生成 $\cdot O_2^-$ 的必要条件.

2. 醌重组浓度效应

有研究认为，[19]DBMIB 是与 PS Ⅱ反应中心复合物进行醌重组效率最高的醌类化合物. 图 18.6 展示出不同浓度 UQ_0 与 DBMIB 重组的 PS Ⅱ-RC 复合物中 $\cdot O_2^-$ 的生成效果. 图中恰好显示出 DBMIB 重组后的 PS Ⅱ-RC 复合物具有更高的 $\cdot O_2^-$ 生成能力. 当 UQ_0 和 DBMIB 的浓度为 10^{-1} mmol/L 时，超氧自由基生成浓度保持在最高值. 当醌浓度低于 10^{-1} mmol/L 时，生成的 $\cdot O_2^-$ 下降可能是由于低浓度下醌不能有效重组. 高浓度的醌(大于 10^{-1} mmol/L)使 $\cdot O_2^-$ 生成减少的原因是产生的自由基又被未参与重组的游离的醌所清除.

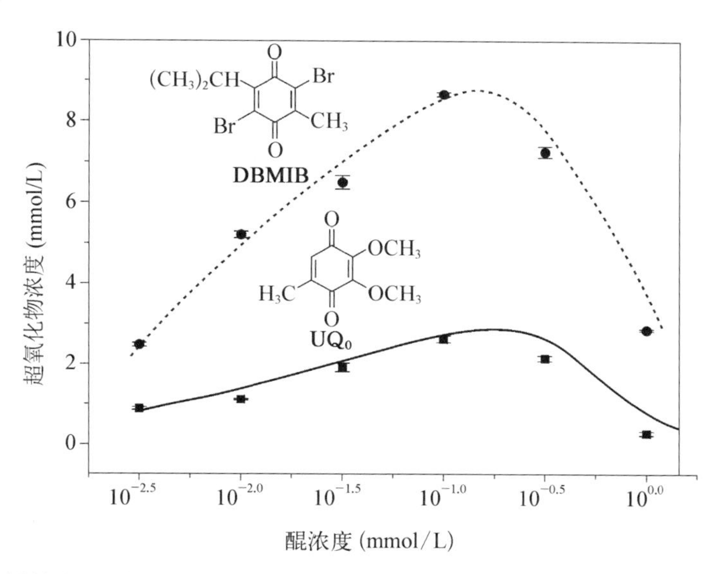

图 18.6　SOD 抑制剂对醌重组 PS Ⅱ-RC 中 $\cdot O_2^-$ 生成的影响(重组醌为 DBMIB)

18.2.5 PS Ⅱ中 $\cdot O_2^-$ 产生的 pH 效应

令人感兴趣的一个效应是 pH 对 $\cdot O_2^-$ 生成反应的影响，即氢离子（H^+）浓度对 $\cdot O_2^-$ 生成机理的作用. 据文献报道，[20-21] 在线粒体膜内 $\cdot O_2^-$ 的产生可能与质子化的泛醌半醌自由基（或者说氢离子浓度）相关. 即

$$\cdot UQ^- + O_2 \xrightarrow{H^+} \dot{U}Q + \cdot O_2^-$$

类囊体膜从结构上与线粒体膜具有一定相似性，在功能上两者也都与能量代谢直接相关. 因此，很可能活性的 $\cdot O_2^-$ 产生机制也有一定的类比性. 为此，探索在 PS Ⅱ颗粒和反应中心复合物中 $\cdot O_2^-$ 生成反应的 pH 效应也是至关重要的.

当以 DMPO 为自旋捕集剂时，PS Ⅱ颗粒中 $\cdot O_2^-$ 产生的 pH 效应的实验结果如图 18.7(a)所示. 显然，不同 pH 下 PS Ⅱ颗粒中产生 $\cdot O_2^-$ 的能力也有所不同. pH 变化的效应大致可分为三个区间：主要变化范围是 pH 为 6.5～8.0 的区间，此范围自由基的浓度随着 pH 的升高而降低；当 pH 小于 6.0 时，信号随着 pH 的升高而增强；当 pH 位于 6.0～6.5 的区间时，$\cdot O_2^-$ 的产率呈现一个最高区域. 当以 DEPMPO 为自旋捕集剂时，PS Ⅱ颗粒中 $\cdot O_2^-$ 产生的 pH 效应与以 DMPO 为自旋捕集剂时略有不同，即在 pH 为 5.5～7.0 范围内自由基的产率始终处于最高区域，低 pH 时没有下降.

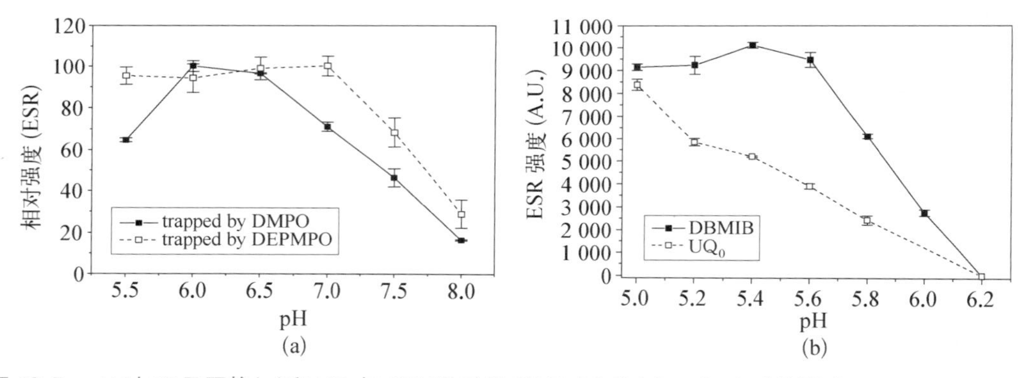

图 18.7 pH 对 PS Ⅱ颗粒(a)和 UQ_0 与 DBMIB 重组 PS Ⅱ-RC (b)中 $\cdot O_2^-$ 生成的影响

醌重组的 PS Ⅱ反应中心复合物 $\cdot O_2^-$ 生成的 pH 效应的实验结果如图 18.7(b)所示. 与 PS Ⅱ颗粒相比，PS Ⅱ反应中心 $\cdot O_2^-$ 生成需要低一些的 pH，当 pH 达到约 5.6 时，DBMIB 重组的 PS Ⅱ反应中心复合物中自由基浓度开始下降，而 UQ_0 重组的 PS Ⅱ反应中心复合物在 pH 为 5.0～6.2 区间内始终呈下降趋势.

在水溶液中，通常 $\cdot O_2^-$ 的寿命极短，增加 pH 可以使 $\cdot O_2^-$ 寿命延长，这应该更加有利于被自旋捕集剂所捕集. 尽管如此，上述实验中 pH 在 6.5～8.0 范围内，随着 pH 的升

高，PS Ⅱ颗粒中产生・O_2^-的能力在降低. 这说明降低pH，含H^+的酸性环境有利于PS Ⅱ颗粒中・O_2^-的生成. 这一实验事实与线粒体膜中的实验推论和作者前文的设想一致. 据报道，・O_2^-加合物・［DMPO—OOH］在低pH时半衰期会大幅度降低[22]. 因此当以DMPO为自旋捕集剂时，低pH条件下的相反效应可解释为捕集后的加合物的衰变速度对pH的依赖性. 以DEPMPO为自旋捕集剂的实验进一步验证了这种推测. 在PS Ⅱ反应中心复合物中，光照下生成的・O_2^-的浓度更加依赖于质子浓度，在pH>6.0的条件下，几乎无法检测到自由基的存在. 与PS Ⅱ-RC复合物相比，PS Ⅱ颗粒的膜结构相对比较完整，因此PS Ⅱ颗粒中・O_2^-的生成受水相中pH的影响，较裸露的PS Ⅱ-RC复合物所受影响要弱.

总之，在高等植物PS Ⅱ电子传递链受体侧生成・O_2^-的反应，是质体醌、半醌与氧气分子之间的电子传递，且依赖于类囊体膜外部(stroma side)的氢离子浓度.

18.2.6 PS Ⅱ中・O_2^-生成机理的理论阐述

综合上述关于类囊体膜PS Ⅱ颗粒中・O_2^-生成的实验结果，拟提出如下的反应机制：

$$\cdot PQ^- + O_2 \xrightarrow{H+} PQ + \cdot O_2^-$$

这显然是一个质体醌、半醌与氧气分子之间的单电子传递过程，并且必须有质子的参与. 然而，对于判断这个反应过程是否依赖于氧分子的自旋态，尚需进一步借助对该过程的反应动力学和热力学模式的理论计算.

1. ・O_2^-生成反应的动力学理论分析[10]

电子传递反应的动力学计算模型，是根据诺贝尔化学奖获得者Marcus的著名电子转移理论[23]提出的. 电子转移反应的速率常数k可表达为

$$k = \kappa Z \exp[-\Delta G^*/(RT)] \tag{1}$$

式中，κ代表交叉区电子转移反应的平均跃迁概率，对于绝热电子转移反应，它近似等于1；Z是碰撞频率；ΔG^*代表反应的活化能，可表达为

$$\Delta G^* = \lambda/4(1+\Delta G^0/\lambda)^2 + w^r \tag{2}$$

式中，ΔG^0是反应的标准活化能变化；λ是反应重组能.

进一步考虑质体醌、半醌与氧气分子之间的交叉电子转移反应. 其速率常数k_{12}可由自交换电子转移反应的速率常数近似. 即

$$k_{12} = (k_{11} k_{22} K_{12} f)^{1/2} W_{12} \tag{3}$$

k_{11}与k_{22}分别代表两组自交换反应$\cdot Q^- + Q \rightleftharpoons Q + \cdot Q^-$与$\cdot O_2^- + O_2 \rightleftharpoons O_2 +$

$\cdot O_2^-$ 的反应速度常数；K_{12}是交叉电子转移反应的平衡常数；f 是自交换电子转移反应的速率常数k_{11}，k_{22}以及交叉电子转移反应的平衡常数 K_{12}的函数，在此可近似为 1；W_{12}代表交叉电子转移反应的做功项，常常忽略为 1.

因此，总的速度常数表达式可简化为

$$k_{12} \approx (k_{11} k_{22} K_{12})^{1/2} \tag{4}$$

针对本章涉及的半醌与氧气分子间交叉电子转移反应，考虑到氧气分子的自旋多重态，应该有以下两种反应的可能性：

$$\cdot Q^- + {}^3O_2 \rightleftharpoons Q + \cdot O_2^- \qquad \text{反应 1}$$
$$\cdot Q^- + {}^1O_2 \rightleftharpoons Q + \cdot O_2^- \qquad \text{反应 2}$$

针对这两种可能，分别以苯醌与 UQ_0 为分子模型，应用量子化学从头(ab initio)计算法优化，并计算了醌[24]与氧气分子[25]的自交换电子转移反应的动力学常数. 再根据公式(4)，即获得如表 18.1 所示的动力学计算结果.

表 18.1 交叉电子传递反应 1 与反应 2 的动力学速度常数的 ab initio 计算

Q	反应模型	k_{ET}		
		a	b	c
BQ	1	2.23×10^{-14}	2.25×10^{-14}	1.79×10^{-14}
	2	2.88	2.38	1.87
UQ_0	1	1.40×10^{-13}	1.58×10^{-13}	1.54×10^{-13}
	2	18.0	16.0	15.9

注：a，B3LYP/6-31G*；b，B3LYP/6-311G**//B3LYP/6-31G*；c，B3LYP/6-311G(2d,p)//B3LYP/6-31G*.

从该表中的反应速率数据可知，无论对于苯醌还是 UQ_0，激发态的单线态氧在动力学上都极有利于这个交叉电子转移反应；而对于基态的三重态氧分子，反应几乎不可能发生. 很显然，这个结论与前文中介绍的实验数据不谋而合.

2. $\cdot O_2^-$ 生成反应的热力学理论研究

虽然反应动力学是化学反应得以发生的基本要素，然而，决定反应可行性的根本条件是热力学判据.

除了上述一对电子传递反应模式，又考虑了质子实际上对 $\cdot O_2^-$ 的生成起着重要作用，在热力学计算过程中又添加了以下四种反应模型：

$$\cdot QH + {}^3O_2 \rightleftharpoons QH^+ + \cdot O_2^- \qquad \text{反应 3}$$
$$\cdot QH + {}^1O_2 \rightleftharpoons QH^+ + \cdot O_2^- \qquad \text{反应 4}$$
$$QH\cdot + {}^3O_2 \rightleftharpoons Q + \cdot O_2H \qquad \text{反应 5}$$
$$\cdot QH + {}^1O_2 \rightleftharpoons Q + \cdot O_2H \qquad \text{反应 6}$$

反应 3 与反应 4 仍属于交叉电子转移反应；反应 5 与反应 6 则是一对质子转移耦合的电子传递过程.

针对上述六组反应方程式，在热力学计算过程中全部采用了杂化的密度泛函 B3LYP 方法.但为减少理论计算的工作量，PS Ⅱ 颗粒中的质体醌分别被苯醌和 UQ_0 所替代.对苯醌和 UQ_0 的计算结果，分别在图 18.8 与图 18.9 中显示，其中纵轴代表相对的能量值，反应物能量值在左侧，产物的能量值在右侧.从图 18.8 与图 18.9 的计算结果可以明显得知，无论对于苯醌还是 UQ_0，唯有反应 6 过程的能量在下降，显示出热力学的可行性.恰好，反应 6 有质子转移过程，氧气分子又必须是单线态，与实验结论完全相符.

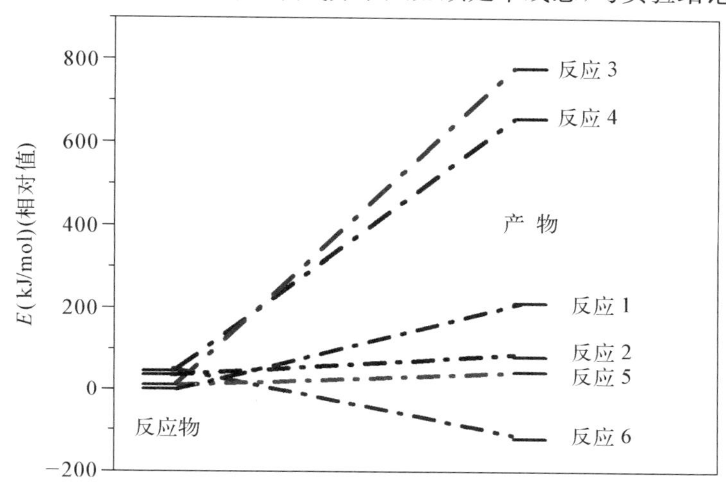

图 18.8 电子传递反应 1～6 的自由能变化($\Delta G^{\ominus}$)的 ab initio 计算
B3LYP/6-311G(2d, p)//B3LYP/6-31G*，Q 代表苯醌.

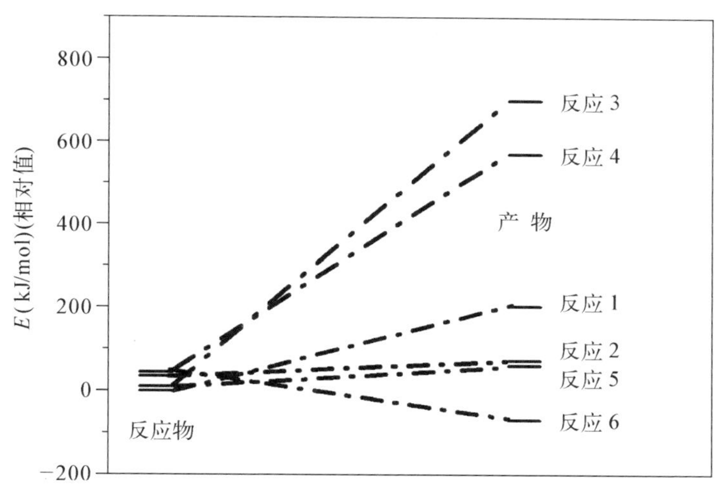

图 18.9 电子传递反应 1～6 的自由能变化($\Delta G^{\ominus}$)的 ab initio 计算
B3LYP/6-311G(2d, p)//B3LYP/6-31G*，Q 代表 UQ_0.

综合分析上述热力学与动力学两方面的理论计算结果，并结合前文中介绍的实验证据，可判定在高等植物 PS Ⅱ 颗粒中光诱导产生 $\cdot O_2^-$ 反应的分子机制是

$$\cdot PQH + {}^1O_2 \longrightarrow PQ + \cdot O_2H$$

18.3 PS Ⅱ 中由 $\cdot O_2^-$ 和 $\cdot OH$ 诱导的光抑制损伤的 ESR 研究

高等植物长时间强光照射往往会导致光合器官的光合活性降低，它通常表现为PS Ⅱ 电子传递活性减弱，以及 PS Ⅱ 反应中心（PS Ⅱ-RC）中 D1 蛋白的结构损伤，这正是所谓的光抑制现象. 目前对于 PS Ⅱ 光抑制的分子机制尚不十分明确，现已提出的光抑制模型主要有受体侧光抑制[26-27]、给体侧光抑制[28-30]、单线态氧假说[31-32]和锰依赖的光抑制[33]. 此外，有文献认为光合器官不仅仅在吸收了过量光能时才会发生光抑制现象，在弱光条件下也同样会产生光抑制[34]. 虽然研究者们从各自不同的角度阐述了 PS Ⅱ 光抑制机制，但是从目前的研究结果可以明确的一点是，光抑制的首要靶点是 PS Ⅱ-RC 尤其是 D1 蛋白，并且认为上述损伤机制大多与单线态氧密切相关.

上节中论述 PS Ⅱ 中 $\cdot O_2^-$ 产生的分子机制时提出它来自单线态氧与质子化的质体半醌之间的电子传递反应. 进一步的光抑制实验发现，PS Ⅱ-RC与醌重组后所产生 $\cdot O_2^-$ 的途径，恰好可以减轻单线态氧对 PS Ⅱ-RC 蛋白与色素的损伤.[11] 根据这一实验，似乎能够推论 PS Ⅱ 受体侧 $\cdot O_2^-$ 的产生可以减少或缓解光系统的损伤. 然而，考虑到 $\cdot O_2^-$ 也是一种较强活性的反应物质，且极易转化为其他高活性自由基（如 $\cdot OH$），因此不能简单排除 $\cdot O_2^-$ 对 PS Ⅱ 中其他组分或功能的破坏与抑制作用. 鉴于此，本节将结合 ESR 技术介绍 PS Ⅱ 中由 $\cdot O_2^-$ 以及接续产生的其他活性小分子（或称为活性氧，ROS）导致的放氧功能与锰簇合物的损伤.[12]

18.3.1 $\cdot O_2^-$ 对 PS Ⅱ 放氧活性的抑制作用

正如图 18.10 所述，PS Ⅱ 颗粒经强光抑制（3 000 μmol/（$m^2 \cdot s$））处理 10 min 后，放氧活性立即明显降低，并降到了空白水平的 80%以下. 再者，次黄嘌呤和黄嘌呤氧化酶体系产生的外源 $\cdot O_2^-$ 对 PS Ⅱ 放氧活性的抑制效果可达 40%（第三组柱形图）. 据文献报道，PS Ⅱ-RC 的 Cyt b_{559} 在 PS Ⅱ 颗粒中可能担当内源 SOD 的作用，[3,35-36] 并认为四氰基乙烯（TCNE）能够通过将具有 SOD 活性的高氧化还原态的 Cyt b_{559}（HP Cyt b_{559}），转变

为不具有 SOD 活性的低氧化还原态的 Cyt b_{559}（LP Cyt b_{559}），来抑制 PS Ⅱ 的内源 SOD 活性. 为了研究光抑制过程中产生的内源 $\cdot O_2^-$ 对 PS Ⅱ 放氧活性的影响，实验在光抑制处理的同时向样品中加入 5 μmol/L TCNE，以扩大内源自由基的破坏效果. 实验结果证实，上述条件下的 PS Ⅱ 颗粒放氧活性也只有空白水平的 60%（第四组柱形图）. 内源和外源 $\cdot O_2^-$ 对 PS Ⅱ 放氧活性影响实验的一致效果表明，该自由基可以抑制 PS Ⅱ 的放氧活性. 此外，外源加入 20 U/mL SOD 的实验结果表明，SOD 能够很好地保护 PS Ⅱ 颗粒免受光抑制损伤，放氧活性可恢复到空白水平的 96% 左右（第五组柱形图）. 由上述正反两方面实验结果可以一致推断：光抑制造成的 PS Ⅱ 颗粒放氧活性的降低与强光照射所产生的 $\cdot O_2^-$ 有关.

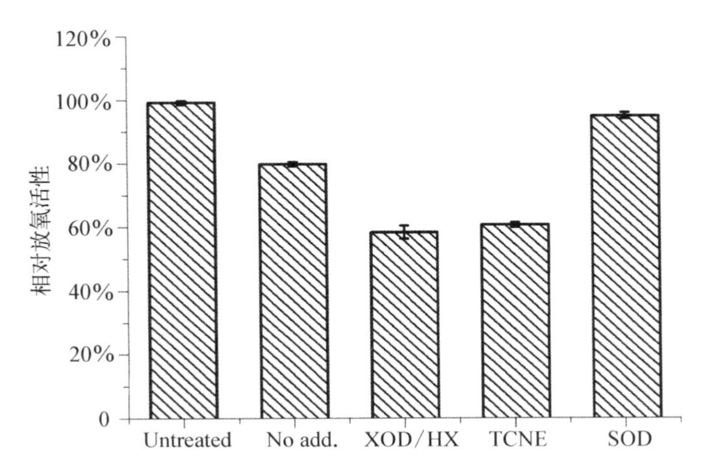

图 18.10　外源及内源 $\cdot O_2^-$ 对 PS Ⅱ 放氧活性的影响

PS Ⅱ 样品分别在经 3 000 μmol/(m^2 · s) 光照 10 min 光抑制处理后（No add.）及在光抑制过程中分别加入外源超氧（由 XOD/HX 体系产生）、TCNE(5 μmol/L) 和外源 SOD(20 U/mL) 的放氧活性检测. 100% 为未经光抑制处理的 PS Ⅱ 所具有的放氧活性（Untreated），其放氧速率约为 480 μmol O_2 mg^{-1} Chl/h. 样品的叶绿素浓度为 20 μg Chl/mL.

早期文献报道，产生 ROS 的 Mehler 反应发生在 PS Ⅰ.[2,37-38] 尽管钛试剂 Tiron 实验表明 PS Ⅱ 颗粒和 PS Ⅱ-RC 仅能够产生少量的 $\cdot O_2^-$，[39] 但是包括本章第 2 节内容在内的许多近期关于新型捕集剂的 ESR 自旋捕集实验的结果，一致认为 PS Ⅱ 是产生 $\cdot O_2^-$ 的另一个活性位点.[8,40-41]

为更准确地评价光诱导产生的 $\cdot O_2^-$ 对 PS Ⅱ 放氧活性的影响，在放氧活性检测的平行条件下进行了下列 ESR 自旋捕集实验. 首先，当捕集剂 DEPMPO 存在时，在 PS Ⅱ 颗粒样品中得到了与在次黄嘌呤和黄嘌呤氧化酶（HX/XOD）体系捕集的 DEPMPO 超氧加合物（DEPMPO—OOH）（图 18.11(b)）一致的 ESR 信号（图 18.11(a)）. 其精细分裂常数为 $A_N = 1.32$ mT，$A_H = 1.10$ mT，$A_P = 5.01$ mT，与文献报道的 DEPMPO—OOH 精细分裂常数（$A_N = 1.34$ mT，$A_H = 1.19$ mT，$A_P = 5.25$ mT）相符.[49] 该结果再次验证了PS Ⅱ颗粒在光照条件下的确可以产生·O_2^-.图 18.11(c)给出的是 PS Ⅱ内源 SOD 活性被抑制时的 ESR 信号,PS Ⅱ经 TCNE 处理后,其内的细胞色素 b_{559} 由高氧化还原电位态转变成低氧化还原电位态,从而使PS Ⅱ 丧失了内源 SOD 活性,[3] 于是所检测到的自由基信号大大增强.对比而言,外源 SOD 的加入几乎完全清除了 PS Ⅱ 在光照条件下产生的·O_2^-,ESR 基本检测不到 DEPMPO—OOH 信号(图 18.11(d)).此处自由基 ESR 信号的消失,与外源 SOD 使光抑制处理的 PS Ⅱ 的放氧活性恢复到非光抑制处理空白水平的 96%相呼应.

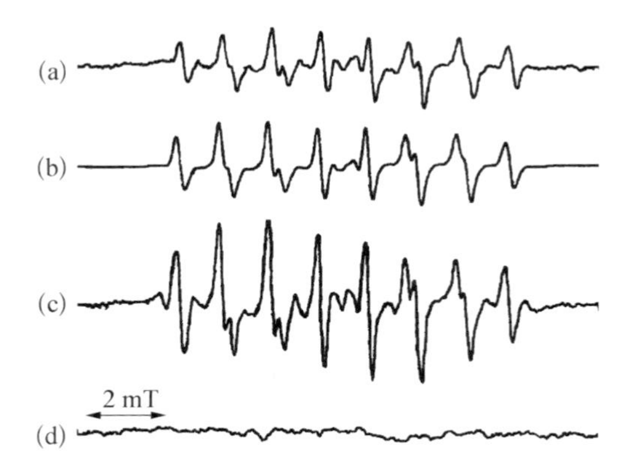

图 18.11　DEPMPO 对光系统中·O_2^- 捕集的 ESR 光谱图

(a) 在光抑制处理后的 PS Ⅱ 中捕集的 DEPMPO 超氧加合物信号;(b) 将 PS Ⅱ 与 XOD/HX 共孵育后再进行光抑制处理所得到的 ESR 信号;(c) 在(a)条件下加入 TCNE;(d) 在(a)条件下加入 SOD.

综合 ESR 与放氧实验结果,完全可以推断,无论是由 PS Ⅱ 内源性产生的·O_2^-,还是由外源性 HX/XOD 产生的自由基所诱导的抑制作用,均可以使 PS Ⅱ 的放氧活性部分丧失.

18.3.2　过氧化氢和·OH 对 PS Ⅱ 放氧活性的抑制作用

为定量检测 PS Ⅱ 颗粒在光抑制过程中产生的过氧化氢,采用了两种检验方法: 分光光度法[43] 和电极法.分光光度法的实验结果表明,PS Ⅱ 颗粒在光抑制处理过程中每毫克叶绿体中约有 2.5 μmol 过氧化氢产生.用电极法定量检测光照 PS Ⅱ 产生的过氧化氢借助过氧化氢标准曲线,光照菠菜 PS Ⅱ 颗粒 10 min 所产生的过氧化氢的总量为(2.1 ± 0.1) μmol H_2O_2 Chl/mg,与光谱法检测的结果十分接近.

在确定 PS Ⅱ 光照确实产生相当浓度的条件下,分别检验了外源性过氧化氢和·OH 的放氧活性抑制作用.如图 18.12 所示,“Untreated”和“No add.”两组实验条件完全与图 18.10 相同,分别为未经强光抑制处理和经强光抑制处理后 PS Ⅱ 的相对放氧活性的变化.将未处理样品的放氧活性设为100%时,强光抑制处理后 PS Ⅱ 的放氧活性降低约20%.进一步对外源过氧化氢条件下 PS Ⅱ 放氧活性损伤的检验,结果发现超氧信号仅剩余49%(第三组柱形图),说明外源过氧化氢严重抑制 PS Ⅱ 的放氧活性.反之,当向光抑制处理的 PS Ⅱ 中加入 20 U/mL CAT 时,样品放氧水平为未处理样品的114%(第四组柱形图).该数据暗示 PS Ⅱ 即使在"Untreated"相对较弱的光照条件下自身也会产生少量的过氧化氢来产生破坏作用.

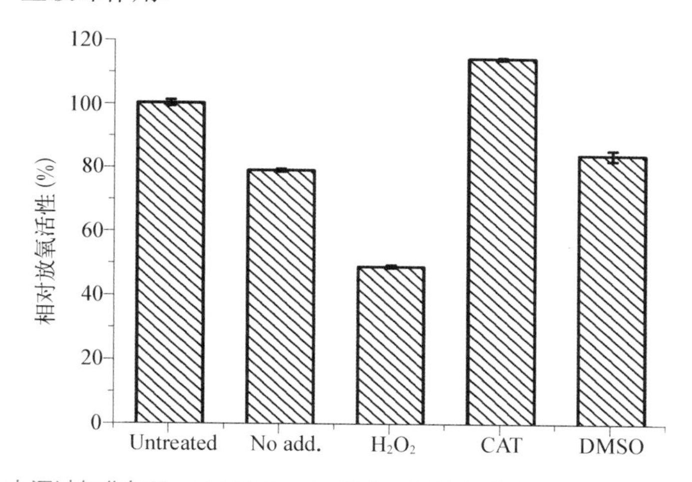

图 18.12　外源与内源过氧化氢及 · OH 对 PS Ⅱ 颗粒放氧活性的影响

100%为未经光抑制处理的 PS Ⅱ 所具有的放氧活性("Untreated"),其放氧速率约为 500 μmol O_2 Chl/(mg · h).样品的叶绿素浓度为 20 μg Chl/mL."No add."为光抑制处理组.光抑制过程中加入的外源 H_2O_2 和 CAT 的浓度分别为 6 mmol/L 和 20 U/mL.

与较稳定的过氧化氢相比,· OH 是一种更加活跃和更具有分子破坏性的活性自由基,在强光引起的光抑制中最有可能破坏 PS Ⅱ 的放氧中心,致使 PS Ⅱ 失活.因此有理由认为,在光抑制过程产生的过氧化氢对放氧的破坏作用不但源于过氧化氢本身,而且更可能源于它的衍生物——· OH.为直接验证由过氧化氢介导的 · OH 的产生,实验中以 DEPPEPO 为自由基捕集剂,检测 PS Ⅱ 光抑制过程中产生的自由基信号.在此需要说明的是,DEPPEPO 是亲脂性的 DEPMPO 类似物,同 DEPMPO 一样,也能够有效地捕集 · O_2^- 和 · OH.[44] 由于 DEPPEPO 在1-辛醇/水体系中的油水分配系数(Kp)为7.6,所以它可优先选择性地进入 PS Ⅱ 颗粒的脂溶性区域,并有效地原位捕集该地区产生的自由基.[44-45]

如图 18.13(a)所示,在光抑制处理 PS Ⅱ 中并未检测到 DEPPEPO · OH 加合物(DEPPEPO—OH)的 ESR 信号,但将 PS Ⅱ 与 5 mmol/L H_2O_2 在冰浴中共育 10 min 后,实验观察到了 DEPPEPO—OOH 和 DEPPEPO—OH 两组分别来自 · O_2^- 和 · OH 加合物的叠加 ESR 波谱(图 18.13(b)).通过对图 18.13(b)的计算机模拟谱(图 18.13(c))进一步计算,求得它们的精细分裂常数(DEPPEPO—OOH: $A_N = 1.28$ mT, $A_H = 1.25$ mT,

$A_P = 5.28$ mT；DEPPEPO—OH：$A_N = 1.39$ mT，$A_H = 1.36$ mT，$A_P = 4.95$ mT）.

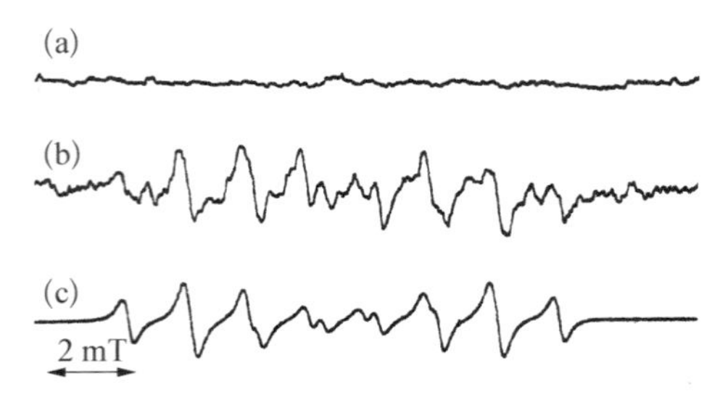

图 18.13　光抑制过程中所检测到的 DEPPEPO 与超氧和羟基加合物的 ESR 信号
(a) PS Ⅱ颗粒；(b) PS Ⅱ颗粒/过氧化氢；(c) 谱图(b)的计算机模拟谱图.

外源过氧化氢可能通过 Fenton 类型的反应产生更多的・OH，[46] PS Ⅱ中结合的金属离子，包括亚铁血红素和非亚铁血红素的铁和锰都可能是催化该反应的活性位点[11]. 另外，在水溶液中・OH 的平均寿命只有 0.1 μs，[47] 相应的平均扩散距离也只有 4.5 nm. 由此可见，・OH 在 PS Ⅱ颗粒等非水环境中的平均扩散距离将更小. 所以，・OH 在其产生位点很小的范围内就与细胞成分发生反应[48]. 由此认为，由 DEPPEPO 捕集的・OH 很可能产生于 PS Ⅱ颗粒放氧中心附近的脂溶性区域，从而更容易损伤 PS Ⅱ的放氧中心，使其放氧活性降低.

通过对比图 18.13(a)和图 18.11(a)的 ESR 结果，可知在 PS Ⅱ受体侧产生的・O_2^- 只能被水溶性的捕集剂 DEPMPO 捕集，而不能被脂溶性的捕集剂 DEPPEPO 捕集. 所以有理由认为，在 PS Ⅱ受体侧产生的・O_2^- 主要溶于水溶液或位于 PS Ⅱ颗粒的亲水性区域. 而由 DEPPEPO 捕集的・O_2^-（图 18.13(b)）并不是直接来源于溶解氧接受从 PS Ⅱ受体侧泄漏的电子而产生的自由基. 那么这部分脂溶性区域内的・O_2^- 究竟来自何方呢? 这个问题可以根据过氧化氢与・OH 间的下述反应途径[49]来解释：

$$H_2O_2 + \cdot OH \longrightarrow H_2O + H^+ + \cdot O_2^-$$

由于在高等植物叶绿体内并不存在专一的・OH 清除酶，所以在实验中采用二甲基亚砜(DMSO)作为・OH 的清除剂. 如图 18.12 中的最后一个柱形图所示，当向 PS Ⅱ光抑制组加入 2%(v/v)DMSO 时，其放氧活性较对照组的放氧水平增加了 6%. 进一步加大 DMSO 的体积比至 3%时，放氧活性可相应地增加到 11%. 然而，DMSO 的浓度并不能无限制增加，当它大于 5%时，PS Ⅱ在光抑制过程的放氧活性不但没有受到保护，反而进一步降低了. 这可以解释为过量的 DMSO 导致 PS Ⅱ颗粒内蛋白的结构变性.

18.3.3　ROS 诱导放氧复合物失活的协同机制

光抑制过程中产生的・O_2^-、过氧化氢，以及由过氧化氢衍生而来的・OH 均能削弱

PS Ⅱ的放氧活性.事实上,超氧自由基一旦产生,便会被迅速地通过酶或非酶途径歧化成过氧化氢和氧气.[50-51] Mehler 早在 1951 年便提出光系统光照还原反应的产物是过氧化氢.[2] 而过氧化氢易在金属离子(如 Fe^{2+} 和 Mn^{2+})催化下发生 Fenton 或类 Fenton 反应,产生活性更强的 · OH.前文曾提出羟基与过氧化氢反应又产生新的 · O_2^-.由此看来,强光下 PS Ⅱ光抑制过程中产生的超氧、过氧化氢以及 · OH 等含氧的活性分子之间存在错综复杂的转换关系,因而它们在抑制 PS Ⅱ放氧活性的过程中极可能发挥着协同的作用.

为了检验由 · O_2^- 引发的 ROS 对 PS Ⅱ放氧功能的协同抑制作用,实验中首先用不同浓度外源 SOD 处理的 PS Ⅱ放氧活性的变化.如图 18.14 所示,SOD 对 PS Ⅱ抑制过程中的影响可分为两部分:低浓度 SOD 条件下,它对 PS Ⅱ放氧活性的保护功效随浓度的增加而增加,在 SOD 浓度约为 30 U/mL 时达到最大值;而后随着 SOD 浓度的升高,PS Ⅱ的放氧活性反而急剧下降,在 100 U/mL 时甚至降低到光抑制空白水平以下.

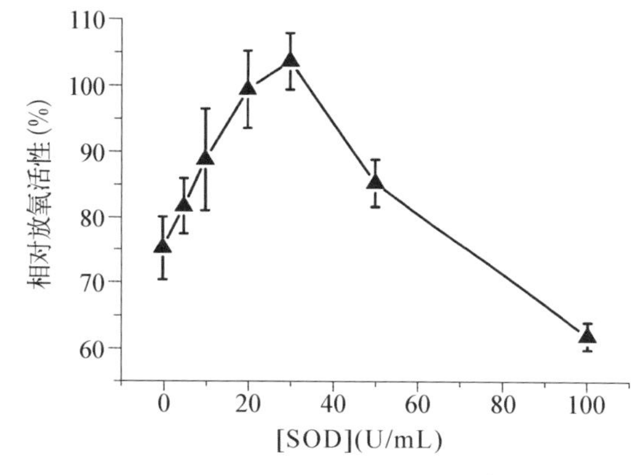

图 18.14 SOD 在 PS Ⅱ光抑制过程中的浓度效应

SOD 的浓度效应实验提示我们:低 SOD 浓度时,酶的主要作用是淬灭 · O_2^-,这时产生的过氧化氢浓度又会被 PS Ⅱ上的过氧化氢酶及时分解,从而有效保护 PS Ⅱ在强光抑制过程中免受活性氧引发的氧化损伤.但在高浓度 SOD 的条件下,由于大量的 SOD 瞬间歧化 · O_2^- 产生过多的过氧化氢,以致大大超越了过氧化氢酶的清除能力范围,过剩的过氧化氢通过类 Fenton 反应或与 · O_2^- 反应,产生大量高反应活性的 · OH,最终致使 PS Ⅱ的放氧活性大大损伤.这个实验还暗示,只有高反应活性的自由基(· O_2^- 或 · OH),才是破坏 PS Ⅱ与抑制放氧活性的罪魁祸首.

为了进一步认证活性氧在抑制 PS Ⅱ放氧活性上的协同作用,在图 18.15 中详尽讨论了各种条件下的抑制放氧或保护效果.图中的对照实验(No add.)代表 PS Ⅱ在强光抑制处理后的相对放氧速率,在此设定为 100%.在低浓度 SOD(20 U/mL)条件下,强光抑制引起的 PS Ⅱ放氧活性的降低有所缓解,使放氧效率提高 33%.20 U/mL 的 SOD 外加 20 U/mL CAT,使放氧效率又进一步提高约 13%;相比而言,高浓度的 SOD(100 U/mL)反而使 PSⅡ的放氧效率降低了 12%，但在同一条件下添加相同浓度的 CAT(20 U/mL)，却能使 PSⅡ的放氧效率显著提高到 79%左右．两种不同浓度的 SOD 与 CAT 的协同效果进一步验证了前面的分析结果，说明当 SOD 过量会催化生成过多的过氧化氢，远远超出 PSⅡ内源 CAT 的清除能力，不但没起到保护作用，反而促进了由 $\cdot O_2^-$ 引发的氧化抑制．事实上，Barényi 和 Krause 在完整叶绿体的实验里也获得了类似的结果．[52]

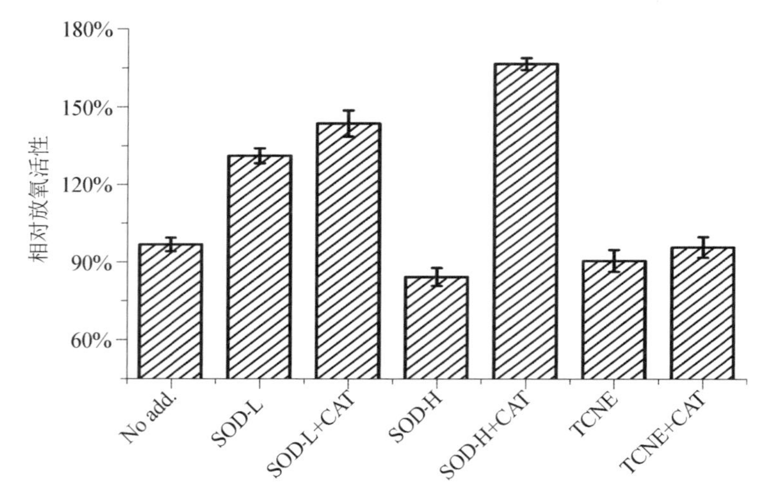

图 18.15　$\cdot O_2^-$，$\cdot$OH 以及过氧化氢在 PSⅡ光抑制过程中对放氧活性的协同抑制作用

光抑制处理的 PSⅡ样品的放氧活性为 100%；SOD-L，SOD-L + CAT，SOD-H，SOD-H + CAT，TCNE 和 TCNE + CAT，分别代表向光抑制处理的 PSⅡ中加入 20 U/mL SOD，20 U/mL SOD 和 20 U/mL CAT，100 U/mL SOD，100 U/mL SOD 和 20 U/mL CAT，5 μmol/L TCNE，及 5 μmol/L TCNE 和 20 U/mL CAT．

尽管在 PSⅡ中并不存在 SOD，但当它的反应中心内细胞色素 b_{559} 处于高氧化还原电位态(HP Cyt b_{559})时，却具有类 SOD 活性．[3] 如果向 PSⅡ中加入 HP Cyt b_{559} 的抑制剂 TCNE，也可以导致 PSⅡ的放氧效率降低(图 18.15 中的柱形图 6)，而额外加入 20 U/mL CAT 仅使 PSⅡ的放氧效率恢复 5%．根据前面提出的假设：光抑制过程中产生的 $\cdot O_2^-$、过氧化氢以及 $\cdot$OH 等活性氧对 PSⅡ的光抑制具有协同作用，TCNE 造成 PSⅡ内源 SOD 活性后未能歧化 $\cdot O_2^-$ 产生大量过氧化氢，此时 CAT 便没有了用武之地，更无法有效保护 PSⅡ放氧活性在光抑制过程中的损失．致于 CAT 加入后导致的放氧效率的轻微提高，可能是由 CAT 清除了因 $\cdot O_2^-$ 自歧化所产生的过氧化氢，或由其他途径(如水的不完全还原)所产生的过氧化氢造成的．

在活体内，大部分由 PSⅡ受体侧产生的 $\cdot O_2^-$ 通常都会通过扩散进入叶绿体的基质区，然后被镶嵌在该区域膜上的 Cu/Zn-SOD 或 Mn-SOD 所歧化．[53] $\cdot O_2^-$ 不可能在 PSⅡ膜内进行扩散的结论，在前面的实验结果(图 18.11(a)和图 18.13(a))中也得到了进一步证实．在类囊体膜内部，完成活性氧从PSⅡ受体侧向给体侧转运的一个非常合适的对象，便是由超氧歧化而来的中性小分子——过氧化氢. 一旦过氧化氢穿越 PS Ⅱ膜，它便能通过螯合金属中心催化的 Fenton 或类 Fenton 反应诱生 · OH，而后产生的 · OH 进一步还原过氧化氢产生 · O_2^- .[54] 如此，无论是 · OH 还是超氧自由基，都有了在放氧中心附近产生的可行性，也具有三种活性氧协同抑制 PS Ⅱ放氧功能的可能.

18.3.4 光抑制过程中 PS Ⅱ放氧失活与锰的脱落

在 PS Ⅱ中，锰簇的基本功能是催化水向分子氧的转化.[55] 近来对光合放氧中心立体结构的研究，确认了放氧中心中立方烷结构的 Mn_3CaO_4 簇通过 mono-μ-oxo 桥与第四个锰连接(图 18.16).[56]

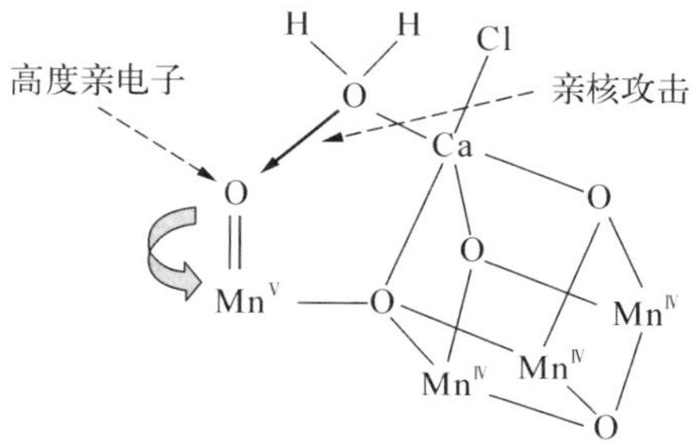

图 18.16 锰簇的结构与水氧化机制模型[56]

大量实验表明，当锰从放氧中心中丢失后，PS Ⅱ的放氧活性丧失.[57-58] 此外，在去除放氧中心区域的氯离子或钙离子后，PS Ⅱ的放氧活性也会因随之产生的活性氧而受到抑制.[43] 为了考察光抑制处理过程中产生的超氧等活性氧对放氧中心的协同损伤作用，实验采用非火焰原子吸收法检测了各种 ROS 胁迫条件下的 PS Ⅱ中锰的丢失.

图 18.17 所示的两组对照实验(Untreated 和 No add.)与前面放氧活性实验一致，唯一不同的是此处检验的是 PS Ⅱ样品中游离锰的含量. 该图中纵坐标表征的是每个 PS Ⅱ反应中心区域丢失的锰的数量. 假设未处理 PS Ⅱ样品中丢失的锰的数量设定为 0，那么本研究采用的强光抑制处理使得每个 PS Ⅱ中丢失的锰增加了 0.45 个. 低浓度的 SOD(20 U/mL)使得每个受光抑制处理的PS Ⅱ少丢失了 0.22 个锰，但高浓度的 SOD (100 U/mL)却使每个 PS Ⅱ中的锰丢失在光抑制空白水平的基础上又增加了 0.15 个. 活性氧对光抑制 PSⅡ的放氧中心区域的致使锰丢失的协同作用，类似 CAT(20 U/mL)对高浓度 SOD 的明显保护作用. 当 CAT 加入时，它使得每个光抑制 PSⅡ的锰丢失减少了 0.35 个. 由此数据可以推断，过氧化氢及其衍生物对放氧中心锰簇结构的破坏作用. 对于单纯 · OH 的破坏效果，可以通过向光抑制处理的 PSⅡ中加入 2%(v/v)的 · OH 的清除剂——DMSO 来观察. 结果发现，在此过程中每个 PSⅡ中的锰丢失减少了 0.11 个(图 18.17).

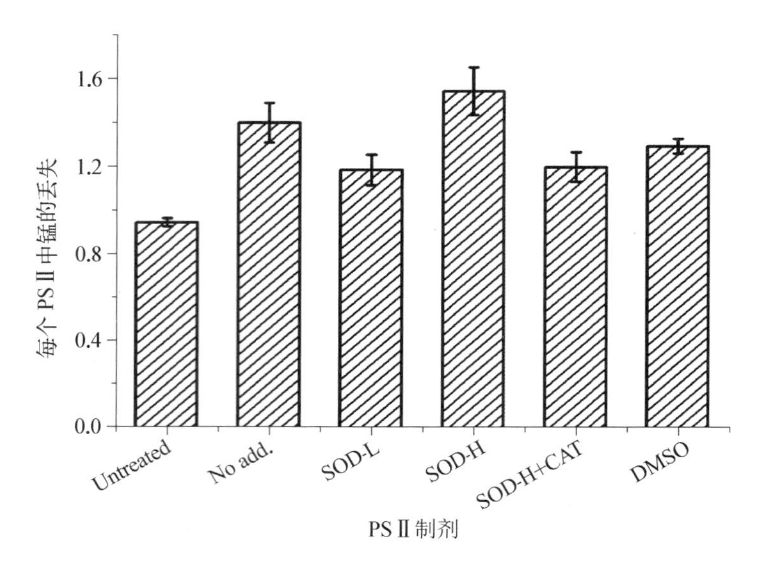

图 18.17　在光抑制处理条件下由活性氧诱导的放氧中心区域锰的丢失

No add.代表光抑制处理过程中每个 PS Ⅱ中丢失的锰；SOD-L，SOD-H，SOD-H + CAT，DMSO，分别表示向光抑制处理的 PS Ⅱ样品中加入 20 U/mL SOD，100 U/mL SOD，100 U/mL SOD + 20 U/mL CAT，以及 2%（v/v）DMSO 后的效果.

至此可以认为，PS Ⅱ在强光照射下的放氧活性抑制的主要原因是 ROS（包括 $\cdot O_2^-$、过氧化氢与 $\cdot OH$）协同作用下产生的放氧中心锰脱落. ROS 产生的起因是 PS Ⅱ受体侧光诱导产生的电子漏. 同时还必须注意一个事实，即使在 SOD 和 CAT 充分保护条件下锰的丢失也未能减少到未经光抑制处理的零水平. 这方面可结合 Hakala 提出的假设[33]进行解释：在光抑制过程中锰的丢失应该包含两部分，一部分由在光抑制过程中产生的活性氧引起，这部分可以被 SOD 联合 CAT 有效阻止；另一部分则是不依赖于活性氧而是直接由可见光的吸收产生的，SOD 和 CAT 并不能阻止这部分锰的丢失.

18.3.5　与 $\cdot O_2^-$ 关联的放氧抑制分子模型

根据前四小节的实验证据，从 $\cdot O_2^-$、过氧化氢以及 $\cdot OH$ 等活性氧角度对强光光抑制机制提出了一种新的假设：

① 在正常有氧代谢过程中，PS Ⅱ受体侧电子传递链上泄漏的电子传递使溶解氧产生 $\cdot O_2^-$；② 产生的超氧被 Cu/Zn－SOD 或 HP Cyt b_{559} 催化歧化，或者自歧化生成过氧化氢；③ 然后，长寿命的中性小分子过氧化氢就有可能从 PS Ⅱ的受体侧扩散到给体侧，包括放氧中心的区域；④ 扩散到给体侧的过氧化氢便可以通过与蛋白螯合的金属离子催化的 Fenton 或类 Fenton 反应产生 $\cdot OH$；[54] ⑤ 生成的 $\cdot OH$ 又会与过氧化氢反应生成

· O_2^{-} ;[62] ⑥ 由此产生的超氧自由基也会和过氧化氢反应产生更多的 · OH. 如此形成活性氧间的循环反应. 这样，由受体侧超氧诱发产生的活性氧导致放氧中心区域锰的部分丢失，最终导致放氧活性不同程度的丧失. 当然，尚存在非活性氧依赖的由可见光诱导的锰丢失. 此外，由于锰的脱落导致放氧中心结构和功能都受到破坏，也会导致水的不完全分解，从而产生更多的过氧化氢，进而加速了上述活性氧之间的循环反应，最终导致不可逆的氧化损伤.

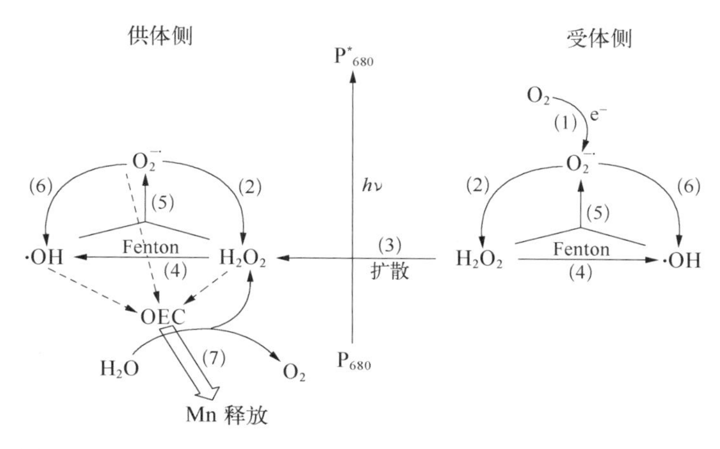

图 18.18　PS Ⅱ受体侧产生的超氧等 ROS 诱导的供体侧光抑制[56]

18.4　PS Ⅱ抑制过程中 · O_2^{-} 产生的自调节保护功能

在光照条件下，高等植物叶绿体中的 PS Ⅱ会发生不同程度的损伤，其中包括光合蛋白 D1/D2 的降解[31]、色素的漂白[11]，以及放氧中心锰簇复合物的锰脱落[12,33]等. 关于光抑制所导致锰复合物中锰的脱落与放氧功能的丧失机理的研究，显示除了 D1 蛋白降解引起的放氧功能降低外，Hakala 等人于 2005 年提出了一种光照直接导致锰离子脱落的抑制机制.[33] 另据最新文献中的观点，锰离子脱落以及放氧功能的损伤很可能与 PS Ⅱ电子给体端产生的 · O_2^{-} 有着密切的联系.[12]

然而，PS Ⅱ在发生光氧化损伤的同时也存在不断地修复受损的蛋白，以及对锰簇进行重组等过程，在损伤与修复之间形成一个动态的"光损伤/光修复"循环机制.[59] 为模拟光系统对自身放氧功能的修复过程，人们发现去锰的 PS Ⅱ在锰离子或人工合成锰簇合物存在条件下，经光活化过程可以部分恢复其电子传递功能和放氧功能.[60-62] 对这一组装过程的进一步研究认为，光活化首先是一个 Mn^{2+} 结合到高亲和力的特异位点，并被光

氧化成不稳定的 Mn^{3+} 单核复合物；随后，发生第二个 Mn^{2+} 在暗条件下的结合，形成更加稳定的 Mn^{2+}-Mn^{3+} 双核复合物，这一复合物可被低量子效率的光进一步氧化成 Mn^{3+}-Mn^{3+} 二聚体复合物；最后，其余两个 Mn^{2+} 与此二聚体复合物连接，形成具有放氧功能的 $(Mn^{2+})_2$-$(Mn^{3+})_2$ 四核复合物.[63]

根据 $\cdot O_2^-$ 引起的放氧功能损伤的光抑制的研究，[12] 可知 $\cdot O_2^-$ 是 PS Ⅱ“损伤”的根源之一.那么 PS Ⅱ在锰的脱落和重组的平衡过程中，是如何调节超氧这个光抑制因素的呢？PS Ⅱ损伤过程中产生大量的超氧自由基等活性氧物质，它们会产生更快速的“破坏”作用，甚至加剧光系统的崩溃，PS Ⅱ将难以完成自修复过程.因而有理由推测 PS Ⅱ内很可能存在一个调节 $\cdot O_2^-$ 过量产生的调控机制.

18.4.1 去锰过程中 PS Ⅱ对 $\cdot O_2^-$ 的调节

早在 1994 年 Ananyev 等人就用细胞色素 c 还原法，发现了 PS Ⅱ具有光诱导生成 $\cdot O_2^-$ 的性质，并且 TCNE 可以增加上述过程中的自由基.[3] 此外，还发现经抑制剂 TEMED 处理得到的去锰 PS Ⅱ对 Cyt c 光还原，较未处理空白水平更高，说明去锰处理使得 PS Ⅱ内的 $\cdot O_2^-$ 浓度增加.他们推测 PS Ⅱ中的锰和 33 kD 蛋白以及 HP Cyt b_{559} 都可能具有内源 SOD 的活性.然而，由于细胞色素 c 还原法仅是一种间接的 $\cdot O_2^-$ 检测手段.事实上，它所检测的是氧化型细胞色素 c 接受 $\cdot O_2^-$ 内的电子后的还原产物.显然，其结果可能受体系中氧化还原电位相近的电子给体干扰.鉴于此，近期 Zhang 等人再次针对 PS Ⅱ去锰体系，改用 ESR 自旋捕集方法验证了光诱导超氧产生的增加效果.[41] 他们的解释是，PS Ⅱ中的内源 SOD 活性是由 33 kD 蛋白和锰共同担当的.

ESR 自旋捕集方法与细胞色素 c 还原法相比，是对自由基更为专一的分析手段.其原理为自由基加成，基本不受非自由基电子给体干扰.再者，根据上述结果可以推测，PS Ⅱ中去锰过程、Cyt b_{559} 的 HP 或 LY 状态与 $\cdot O_2^-$ 之间可能存在一个内在的关联.为此设计了下列实验：

首先，图 18.19(a)中 A 与 B 分别展示出 PS Ⅱ去锰前、后用新型磷酰基捕集剂 DEPMPO 所得的 $\cdot O_2^-$ 信号变化.在捕集剂 DEPMPO 存在条件下，光照所得的 DEPMPO 超氧加合物[DEPMPO—OOH]$\cdot$ 的 ESR 信号可以根据以下两点加以确认：其一是比较自由基加合物信号(图 18.19(a)A 与 B)与经典 XOD/HX 体系(图 18.19(a)C)的 ESR 波谱图形，实验发现两者几乎完全一致；其二是根据图 18.19(a)A 所测的超精细耦合参数($A_N = 1.32$ mT，$A_H = 1.10$ mT 和 $A_P = 5.01$ mT)，也与以往文献报道 $\cdot O_2^-$ 加合物参数十分接近.[49] 考虑到文献报道 PS Ⅱ中 HP Cyt b_{559} 具有一定的内源 SOD 活性，[3] 为检验 PS Ⅱ内产生 $\cdot O_2^-$ 的实际能力，在图 18.19(a)D 实验中加入内源 SOD 活性抑制剂 TCNE，发现 ESR 信号强度陡然大幅度增加.

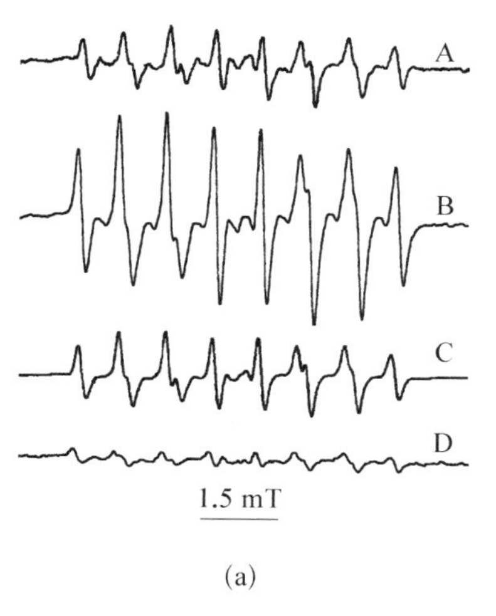

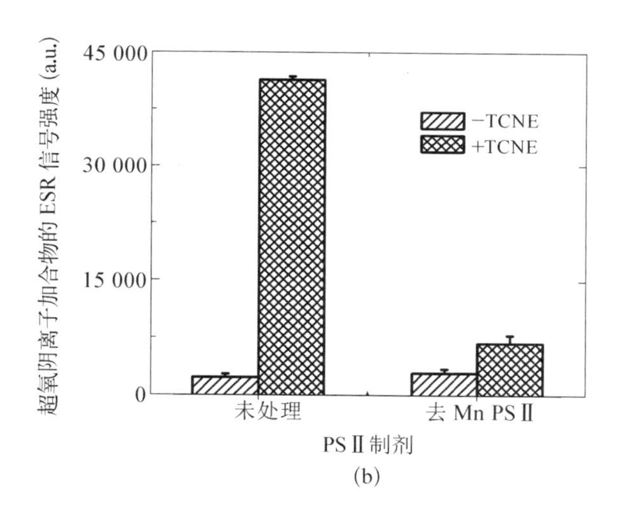

图 18.19 ·O_2^-加合物的ESR信号

(a) A, UT-PSⅡ/DEPMPO光照; B, MD-PSⅡ/DEPMPO光照; C, DEPMPO/XOD/HX/DETA-PAC; D, TCNE/UT-PSⅡ/DEPMPO光照.(b) UT-PSⅡ和MD-PSⅡ样品在±TCNE条件下·O_2^-加合物的ESR信号强度对照.

进一步的ESR信号数据统计综合分析如图18.19(b)中的柱形图所示.在TCNE不存在条件下,MD-PSⅡ·O_2^-的生成量较UT-PSⅡ的自由基生成量高了约1.2倍,这点与Ananyev和Zhang等人的实验结果完全一致.然而,当加入TCNE时,MD-PSⅡ的实验结果显示其·O_2^-的ESR信号较TCNE处理前仅增强1倍左右;相比之下,UT-PSⅡ的·O_2^-生成量在添加TCNE后增加了一个数量级以上.换言之,加入TCNE后MD-PSⅡ·O_2^-的生成量仅为UT-PSⅡ的自由基生成量的1/6,两者信号强度的次序完全颠倒.

与Ananyev和Zhang等人的实验结果相比,上述实验对PSⅡ去锰处理后究竟·O_2^-是增加还是减少可以给出一个更加明确的解释.即在内源性SOD活性未被抑制的情况下,去锰后·O_2^-信号是略为增加的;而在内源性SOD活性抑制条件下,去锰后实际·O_2^-的产生远远比未处理前弱.换言之,未加抑制剂TCNE的光系统中所测的·O_2^-是经HP Cyt b_{559}衰灭后的表观值;而外加TCNE后,HP Cyt b_{559}转化(或部分转化)为LP Cyt b_{559},所测得的ESR信号强度相当(或更加接近)于光系统内实际产生的自由基的数量.由此可以推测,PSⅡ去锰处理导致它光照产生·O_2^-的能力显著降低.其原因可以合理地解释为:去锰过程引起PSⅡ给体端缺失电子给体,进而使受体端醌Q_A的中点电位也相应从活性态(E_m = −80 mV)转变为非活性态(E_m = +110 mV),[64]或者说Q_A的寿命变短,由它产生·O_2^-的概率也大为下降.

下一步的问题是考察PSⅡ内在的SOD活性,以及验证HP Cyt b_{559}成分确实对·O_2^-具有清除作用.为此,在图18.20的实验中分别采用TCNE和HQ来调节UT-PSⅡ和MD-PSⅡ中HP Cyt b_{559}的百分含量,然后将其与经典的·O_2^-酶生成体系XOD/

HX 混为一体,并最终在黑暗条件下用 ESR 自旋捕集方法检测自由基信号的衰减与变化.作为平行对照实验,在相同样品制备条件下分析 HP Cyt b_{559} 组分的百分比.[65]

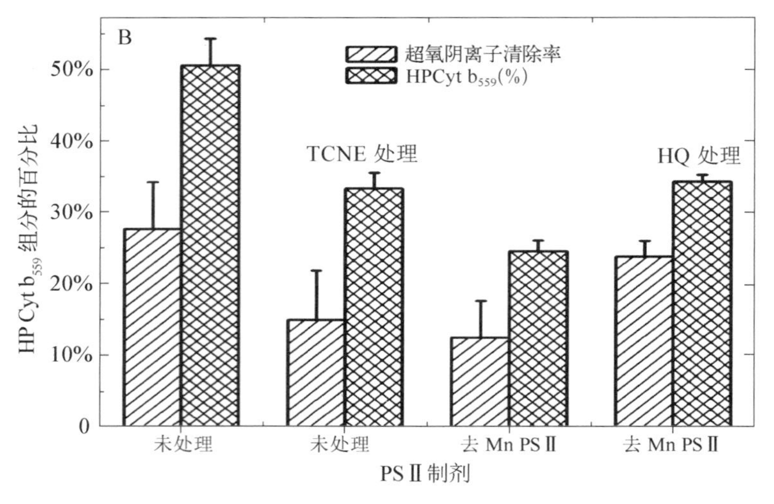

图 18.20　UT-PS Ⅱ 和 MD-PS Ⅱ 样品清除 $\cdot O_2^-$ 效率与 HP Cyt b_{559} 百分含量的对照

图 18.20 的实验结果表明,在 UT-PS Ⅱ 中 HP Cyt b_{559} 约占 Cyt b_{559} 总量的 50%.相应地,该 PS Ⅱ 对 HX/XOD 体系产生的 $\cdot O_2^-$ 的清除率约为 28%(第一组柱形图);TCNE 处理后,HP Cyt b_{559} 的量降为 Cyt b_{559} 总量的 33% 左右,而对 $\cdot O_2^-$ 的清除率随之降为 13%(第二组柱形图).这两组实验结果的对比充分说明了经 TCNE 处理后,使得 UT-PS Ⅱ 中的 HP Cyt b_{559} 部分转变为 LP Cyt b_{559},从而失去了部分 SOD 活性,表现为对 HX/XOD 体系产生的 $\cdot O_2^-$ 清除率的降低.在使用 NH_2OH 对 UT-PS Ⅱ 进行去锰处理后,MD-PS Ⅱ 中含有的 HP Cyt b_{559} 只占 Cyt b_{559} 总量的 24%.相应地,MD-PS Ⅱ 对 HX/XOD 体系产生的 $\cdot O_2^-$ 的清除率也下降到 12%.这表明,去锰处理后 PS Ⅱ 的 SOD 样活性降低一半以上.如果将低 HP Cyt b_{559} 成分的 MD-PSⅡ和 8 mmol/L HQ 共育 30 min,不但 HP Cyt b_{559} 的含量部分恢复到 Cyt b_{559} 总量的 34%,而且它对 $\cdot O_2^-$ 的清除百分率也相应上升为 24%.上述实验结果一致说明,PS Ⅱ 内源 SOD 样活性与 HP Cyt b_{559} 的相对含量呈正相关变化,也更进一步验证了 HP Cyt b_{559} 在 PS Ⅱ 中所担当的类 SOD 角色.以此类推,就不难理解图 18.19 中 TCNE 处理后 MD-PS Ⅱ 的 $\cdot O_2^-$ 生成量仅为 UT-PS Ⅱ 的 1/6 的事实.

针对 PS Ⅱ 的内源性类 SOD 活性,有观点认为除 Cyt b_{559},与锰簇邻近的内周33 kD 蛋白与 CuZn-SOD,MnSOD 和 FeSOD 也有部分的同源性,且在 pH 为 7.0 时具有相近的标准电位.因此,他们推测与锰作用的 33 kD 蛋白很可能是另一个内源性类 SOD 活性位点.然而,上述实验显示,经 HQ 处理可使去锰后的 PS Ⅱ 清除 $\cdot O_2^-$ 的能力由 12%提升到 24%.这个数值相当于未去锰时 UT-PS Ⅱ 的类 SOD 活性的 86%以上.换言之,即使没有锰和 33 kD 蛋白,PS Ⅱ 的 SOD 活性仍可以得到很好的恢复. 因此认为 PS Ⅱ 中的类 SOD 活性主要是由 HP Cyt b_{559} 承担的,而且 HP Cyt b_{559} 的活性不依赖于锰簇(或 33 kD

蛋白).相反,其去锰过程的类SOD活性降低是与HP Cyt b_{559}成分的升高有直接的相关性与依赖性.至于与锰簇邻近的内周33 kD蛋白是否也具有独立的类SOD活性尚需进一步的实验考证.

总之,去锰处理过程对PSⅡ光照中·O_2^-检测的影响体现在该自由基的产生和清除两个方面.锰的脱落一方面借助上调Q_A的中点电位来降低PSⅡ的·O_2^-生成能力;另一方面通过调节Cyt b_{559}的氧化还原电位降低PSⅡ的内源SOD样活性.虽然去锰导致表观自由基的信号检测值略有增加,但实际上·O_2^-生产量是大幅度下降的.从光保护角度来看,PSⅡ对·O_2^-的内源性调节机制可能有利于保护去锰过程.大量产生的超氧化物及其衍生而来的其他活性氧物质会导致氧化损伤,这很可能是PSⅡ的自保护机制之一.

18.4.2 光活化过程中PSⅡ对·O_2^-的调节

从锰簇的脱落与组装的意义上来讲,光活化反应可看成含锰的放氧复合物光诱导重组修复的过程.大量光活化实验证实,无论单核还是多核,锰簇合物都可以使MD-PSⅡ光活化重组,进而部分恢复电子传递和光合放氧的功能.考虑到光活化过程可以看作去锰的逆过程,因而在锰簇重组的同时,·O_2^-信号也很可能受HP Cyt b_{559}成分恢复的影响.文献中就曾报道过MD-PSⅡ光活化过程中由于去锰而丧失的HP Cyt b_{559}在经历两个步骤后得以部分恢复;[66]与此同时,Q_A的中点电位也从非活性态转变回活性态,恢复了从Q_A^-向Q_B传递电子的能力.恢复HP Cyt b_{559}代表SOD样活性增加,清除自由基能力加大;而Q_A中点电位由非活性态向活性态转化,意味着电子传递能力的恢复,生成更多的·O_2^-.为验证这两个相反方向的因素调控自由基的综合作用设计了如下实验:

光活化重组实验分别采用0.05 mmol/L,0.1 mmol/L,0.2 mmol/L和0.4 mmol/L四组不同浓度的锰离子,经光活化后其放氧功能立即得到相应的恢复.如图18.21中的插图所示,不同浓度的锰离子在光活化条件下·O_2^-的生成能力与放氧能力恢复几乎呈一对一相关(斜率R为0.99).这里有两点说明:① 插图所示的实验中,由于外加TCNE致使所检测的信号代表的是·O_2^-实际的产生量;② 100%的数据点来自未去锰的UT-PSⅡ.考虑光活化过程中放氧功能的恢复与电子传递能力的恢复也是一一对应的,可以认为PSⅡ中超氧的实际产生量与电子传递能力的恢复呈正比.这也进一步验证了前期关于PSⅡ中·O_2^-与电子传递相关的实验结论.[10-13]

PSⅡ光活化反应是去锰过程的逆过程.因此,恢复了从Q_A^-向Q_B传递电子的能力,一方面增加了PSⅡ中超氧的含量,另一方面也势必增加了其SOD样活性.具体而言,图18.21中主图对比性地显示出放氧能力(■),以及有TCNE存在下的·O_2^-信号(○)与无TCNE存在下的·O_2^-信号(▲)在光活化后恢复的百分比.如插图中所示,放氧能力与TCNE存在下的·O_2^-信号强度的恢复呈正相关.但当未外加TCNE时,发现所检测的自由基信号随光活化程度的加大反而略微减少.结合上节中的去锰实验,不难看出,光活化对 PS Ⅱ的内源 SOD 活性恢复的程度要更加明显一些，最终致使整个光活化中的自由基的含量维系在相对稳定的较低水平.

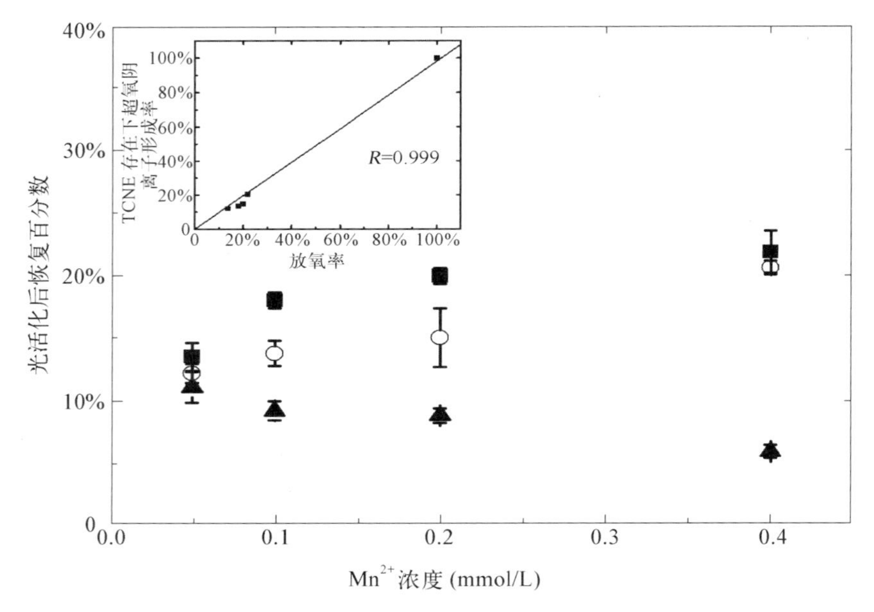

图 18.21　分别在 TCNE 存在(○)和不存在(▲)条件下 MD-PS Ⅱ光活化后实测的 · O_2^- 信号的强度变化和活化后放氧活性的恢复(■)

18.4.3　PS Ⅱ对 · O_2^- 自调节的生理意义

根据去锰和光活化的自由基检验结果，可以得出结论：对 · O_2^- 的生成而言，Cyt b_{559} 的氧化还原电位在两个过程中的变化要比 Q_A 的响应快. 在去锰过程中，HP Cyt b_{559} 被迅速转换到 LP Cyt b_{559}，从而失去了 SOD 样活性；而 Q_A 的失活是滞后的过程，结果使得超氧在此过程中表现为略有增加. 同样，在光活化过程中，HP Cyt b_{559} 被迅速恢复，而 · O_2^- 的生成能力则慢于 SOD 活性的恢复，从而使得 · O_2^- 的表观生成略有减少. 该结果与文献报道的 HP Cyt b_{559} 的恢复是光活化的原初步骤相一致. 综上所述，无论在去锰还是光活化过程中，PS Ⅱ均能够使光依赖产生的 · O_2^- 维持在相对稳定的水平，这可能对 PS Ⅱ在自然条件下避免光氧化损伤具有重要作用.

尽管目前的研究结果是在分离的 PS Ⅱ膜中获得的，但 PS Ⅱ对超氧的自调节作用在正常活体中是可能发生的. 光氧化损伤过程中产生 · O_2^- 不仅可以攻击含双键的化合物，而且可以与如 D1 蛋白上的酪氨酸等氨基酸发生反应，进而损伤 PS Ⅱ膜结构和反应中心. 此外，根据第三节的讨论结果，· O_2^- 及其歧化产物过氧化氢和 · OH 亦能够损伤

PS Ⅱ 的放氧活性.所以在“光损伤/光修复”的循环过程中,PS Ⅱ 通过调节 Cyt b_{559} 和 Q_A 的氧化还原电位,使 $\cdot O_2^-$ 保持在一个相对稳定的水平,从而避免由大量 $\cdot O_2^-$ 以及 $\cdot O_2^-$ 衍生而来的其他活性氧物质所造成的光氧化损伤,这具有重要的自我保护功能.另外, $\cdot O_2^-$ 也是植物体内重要的活性分子,它能够协同一氧化氮共同参与信号转导.所以在“光损伤/光修复”循环过程中 PS Ⅱ 维持 $\cdot O_2^-$ 在一个相对稳定的水平,也有利于保持 $\cdot O_2^-$ 的正常生理活性,这具有重要的生理学意义.

18.5 光系统中蛋白质磷酸化的保护作用与 $\cdot O_2^-$ 产生的关联

磷酸化是生物体内蛋白质的一种普遍修饰形式,其在蛋白质的结构与功能、细胞信号传导等方面发挥重要的生理学作用.早期研究发现,在正常光照下的玉米、棉花、大豆和小麦中,32 kD-D1 蛋白存在一种磷酸化修饰形式,其迁移率略小于 32 kD-D1 蛋白.[67]进一步实验证实,D1 蛋白的磷酸化修饰依赖于光照强度.[68]在强光抑制条件下,32 kD-D1 蛋白的磷酸化修饰是应对 PS Ⅱ 光损伤的一种自我保护机制[69]深入研究还表明,D1 蛋白的磷酸化修饰位点在类囊体膜外侧的 N 端苏氨酸残基处.[68,70-72]

本章前几节阐述了强光下单线态氧对光系统蛋白与色素的损伤,以及 $\cdot O_2^-$/$\cdot OH$ 对放氧中心的抑制.但高等植物光系统蛋白在光诱导下的磷酸化自我保护作用与 $\cdot O_2^-$ 的损伤机制是否有什么内在的关联?本节恰是分析这个关键疑点.

如图 18.22 所示,当应用另一种新型高效自由基捕集剂 BMPO 时,光照 PS Ⅱ 后产生 $\cdot O_2^-$ 信号.ESR 实验表明,无论 PS Ⅱ 中 D1 蛋白是否磷酸化,加入 DCMU 之后 $\cdot O_2^-$ 的信号强度并不受磷酸化影响.此 ESR 信号强度大约是未磷酸化且在未加 DCMU 时 $\cdot O_2^-$ 的一半.这与前文用 DEPMPO 捕集 $\cdot O_2^-$ 时 DUMU 的效应一致,它们可以相互印证.

与图 18.22 统计结果对应,无论磷酸化与否,图 18.23(b)最后一组柱状信号所代表的 D1 蛋白质光致降解强度,在外加光系统电子传递阻断剂 DCMU 后都大为减少,表明 D1 蛋白受到保护.这个对 D1 蛋白光降解的保护效应显然可以认为是由 $\cdot O_2^-$ 减少所致的.对照图 18.23(a)和图 18.23(b)中的结果还可进一步推断,光致 D1 蛋白磷酸化的位点与 DCMU 和 PS Ⅱ 受体端 $Q_B^- \cdot$ 结合的位点是一致的.[73]据此,D1 蛋白磷酸化可阻止 50%的 $\cdot O_2^-$ 生成,并降低 $\cdot O_2^-$ 及其后续自由基所导致的 D1 蛋白降解比例,以此达到光保护效果.

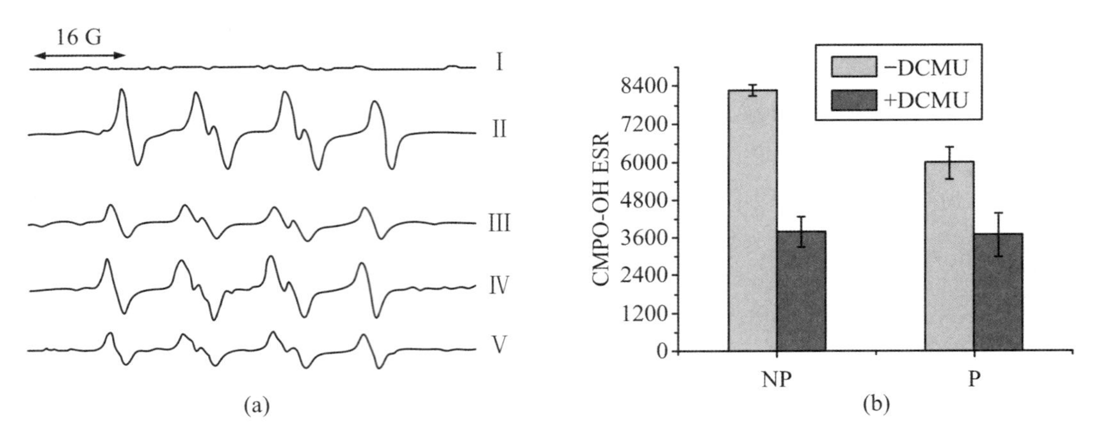

图 18.22　未磷酸化和磷酸化 PSⅡ膜中 · O_2^- 信号的 ESR 检测

(a) 未磷酸化和磷酸化 PSⅡ膜中 · O_2^- 的 BMPO-OOH ESR 信号图谱；(b) 四条柱状图分别代表图(a)中Ⅱ、Ⅲ、Ⅳ与Ⅴ四种实验条件下的自由基 ESR 信号的统计结果. 其中 NP、P 分别表示未磷酸化和磷酸化的 PSⅡ膜.

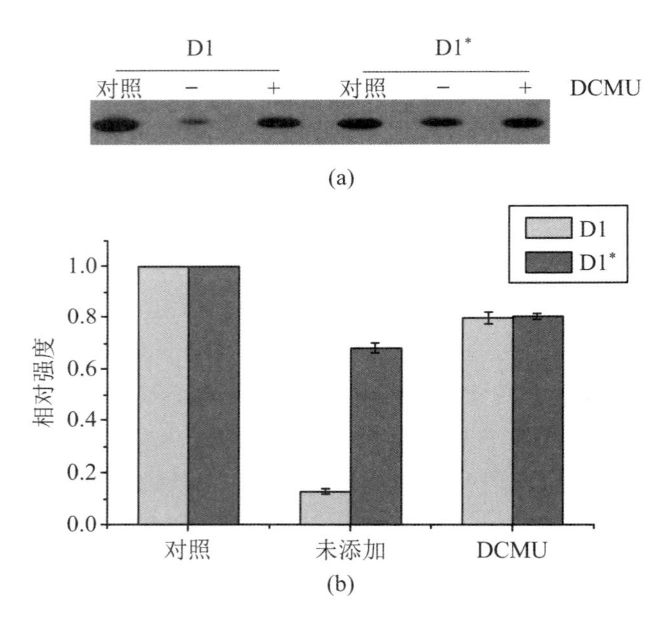

图 18.23　DCMU 对未磷酸化和磷酸化 D1 蛋白光照降解的影响

(a) 未磷酸化和磷酸化 D1 蛋白降解的 Western blotting 图谱；(b) 图(a)的统计结果. 图中"＊"代表磷酸化蛋白.

18.6 结论

本章重点介绍了应用 ESR 自旋捕集方法对高等植物 PS Ⅱ 中以 · O_2^- 为代表的活性自由基进行研究的实例，并且通过结合其他实验技术与理论研究手段，展示出光合作用研究中有关活性氧自由基所导致的光抑制与光保护问题的系列成果. 文中有关 PSⅡ 光系统中活性自由基的研究实例充分说明：对植物体系内活性氧自由基的研究而言，ESR 自旋捕集技术是一种十分可靠的手段.

从光合作用及光抑制机制研究角度可以得出以下四个主要结论：① 叶绿体 PS Ⅱ 颗粒中的 · O_2^- 产生于质子化半醌与单线态氧的反应；② · O_2^-，· OH 与过氧化氢的协同作用可以引起 PS Ⅱ 放氧功能的抑制与光系统蛋白降解；③ 在有关锰簇的 PS Ⅱ 光抑制与修复过程中，· O_2^- 的生成可以通过 Cyt b_{559} 的氧化-还原态进行自调解；④ PSⅡ 中光致 D1 蛋白磷酸化位点与 DCMU 和 PSⅡ 受体端 Q_B^- · 结合的位点是一致的. 此磷酸化可通过减少自由基的产生而实施光保护作用. 图 18.24 给出了光系统中电子传送与 · O_2^- 产生的关系.

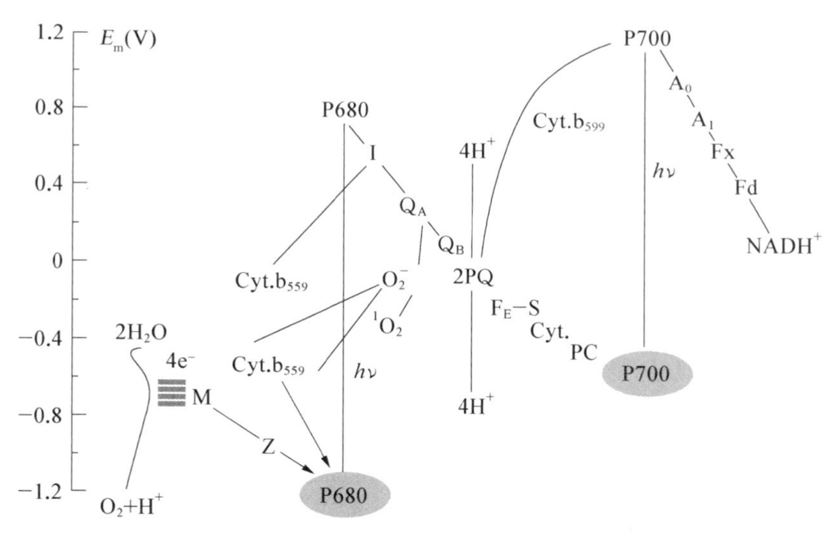

图 18.24　植物光系统电子漏产生 · O_2^- 与 Cyt b_{559} 清除的原理示意图

参考文献

[1] Robinson J M. Does O_2 reduction occur within chloroplasts[J]. Physiol. Plant., 1988, 72: 666.

[2] Mehler A H. Arch. Studies on reactions of illuminated chloroplasts. Ⅰ. Mechanism of the reduction of O_2 and other Hill reagents. Arch Biochem Biophys[J]. Biochem. Biophys., 1951, 33: 650-677.

[3] Ananyev G, Renger G, Wacker U, et al. The photoproduction of superoxide radicals and the superoxide dismutase activity of Photosystem Ⅱ. The possible involvement of cytochrome b559 [J]. Photosynth. Res., 1994, 41: 327-338.

[4] Cleland R E, Grace S C. Voltammetric detection of superoxide production by photosystem Ⅱ [J]. FEBS Lett., 1999, 457: 348-352.

[5] Janzen E G. DMPO spin trapping compositions and methods of use thereof[J]. Accts Chem. Res., 1971, 4: 31-40.

[6] Janzen E G, Evans C A. Cheminform abstract: rate constants for spin trapping tert-butoxy radicals as studied by electron spin resonance[J]. J. Am. Chem. Soc., 1973, 95: 8205.

[7] Finkelstein E, Rosen G M, Rauckman E J. . Production of hydroxyl radical by decomposition of spin-trapped adducts[J]. Molecular Pharmacology[J]. J. Mol. Pharmacol., 1982, 21: 262-265.

[8] Navari-Izzo F, Pinzino C, Quartacci M F, et al. Superoxide and hydroxyl radical generation, and superoxide dismutase in PSII membrane fragments from wheat[J]. Free Radical. Res., 1999, 31: S3-S9.

[9] Sgherri C L M, Pinzino C, Samaritani E, et al. Activated oxygen generation from thylakoids: a novel spin trap[J]. Free Radical Res, 1999, 31: S199-S204.

[10] Liu Y, Sun J, Liu K, et al. Investigation of the microRNAs in safflower seed, leaf, and petal by high-throughput sequencing[J]. Planta, 2011, 233(3): 611-619.

[11] Liu K, Sun J, Song Y G, et al. Superoxide, hydrogen peroxide and hydroxyl radical in D1/D2/ cytochromeb-559Photosystem Ⅱ reaction center complex[J]. Photosynth. Res., 2004, 81: 41-47.

[12] Song Y G, Liu B, Wang L F, et al. Damage to the oxygen-evolving complex by superoxide anion, hydrogen peroxide, and hydroxyl radical in photoinhibition of photosystem Ⅱ[J]. Photosynthesis Research, 2006, 90(1):67-78.

[13] 刘扬.强光照射下光系统Ⅱ内超氧阴离子自由基与光抑制,光合作用能量转化的机理[M].南京:江苏科技出版社,2003.

[14] 刘科,孙健,刘扬,等.高等植物光系统Ⅱ中强光照射产生超氧阴离子自由基的ESR探索[J].生

物化学与生物物理进展,2001,28:372-376.

[15] Merkel P B , Nilsson R , Kearns D R . Deuterium effects on singlet oxygen lifetimes in solutions. New test of singlet oxygen reactions[J]. Journal of the American Chemical Society, 1972, 94(3):1030-1031.

[16] Liu Y, Stolze K, Dadak A, et al. Light emission resulting from hydroxylamine-induced singlet oxygen formation of oxidizing LDL particles[J]. Photochem. Photobiol., 1997, 66: 443-449.

[17] 葛培根.光合作用(光子、激子、电子、质子、离子与光合膜之间的相互作用)[M].合肥:安徽教育出版社,1991.

[18] 孙健,刘科,徐英凯,等.类囊体膜光系统Ⅱ中超氧阴离子生成机制的研究[J].高等学校化学学报,2002,23:979-981.

[19] Nakane H, Iwaki M, Satoh K ,et al. Artificial quinones replace the function of quinone electron acceptor (Q_A) in the isolated D1-D2-cytochrolne B_<559> photosystem ii reaction center complex[J]. Plant Cell Physiol., 1991, 32: 1165-1171.

[20] Nohl H, Gille L, Katrin Schönheit, et al. Conditions allowing redox-cycling ubisemiquinone in mitochondria to establish a direct redox couple with molecular oxygen[J]. Free Radical Biology & Medicine, 1996, 20(2):207-213.

[21] Nohl H, Stolze K. Methemoglobin formation from butylated hydroxyanisole and oxyhemoglobin. comparison with butylated hydroxytoluene and p-hydroxyanisole[J]. Free Rad. Res. Commun., 1992, 16: 409-419.

[22] Finkelstein E, Rosen G M, Rauckman E J. Spin trapping. Kinetics of the reaction of superoxide and hydroxyl radicals with nitrones[J].J. Am. Chem. Soc., 1980, 102: 4994-4999.

[23] Krishnan V. Electron transfer in chemistry and biology: The primary events in photosynthesis [J].Resonance, 2012, 16(12):1201-1210.

[24] 王彦妮,张小东,刘扬,等.取代基对醌的结构及电子转移能力的影响[J].化学学报,1999,57:1114-1122.

[25] 王彦妮,张小东,刘扬,等.电子转移反应 $O_2 + \cdot O_2^- \longrightarrow \cdot O_2^- + O_2$ 的从头算研究[J].化学学报,2000,58:19-23.

[26] Aro E M, Virgin I, Andersson B. Photoinhibition of photosystem Ⅱ. Inactivation, protein damage and turnover[J]. Biochim. Biophys. Acta, 1993, 1143: 113-134.

[27] Vass I, Styring S, Hundal T, et al. Reversible and irreversible intermediates during photoinhibition of photosystem Ⅱ: stable reduced QA species promote chlorophyll triplet formation[J]. Proc. Natl. Acad. Sci. USA, 1992, 89: 1408-1412.

[28] Callahan F E , Becker D W , Cheniae G M .Studies on the photoactivation of the water-oxidizing enzyme: Ⅱ. characterization of weak light photoinhibition of PSⅡ and its light-induced recovery[J].Plant Physiology, 1986, 82(1):261-269.

[29] Chen G X , Kazimir J , Cheniae G M .Photoinhibition of hydroxylamine-extracted photosystem Ⅱ membranes: studies of the mechanism[J].Biochemistry, 1992, 31(45):11072-11083.

[30] Eckert H J, Geiken B, Bernarding J, et al. Two sites of photoinhibition of the electron transfer in oxygen evolving and Tris-treated PS II membrane fragments from spinach[J]. Photosynthesis

Research, 1991, 27(2):97-108.

[31] Jung H, Kim H S. The chromophores as endogenous sensitizers involved in the photogeneration of singlet oxygen in spinach thylakoids [J]. Photochemistry & Photobiology, 2010, 52: 1003-1009.

[32] Santabarbara S , Cazzalini I , Rivadossi A ,et al. Photoinhibition in vivo and in vitro Involves Weakly Coupled Chlorophyll-Protein Complexes?[J]. Photochemistry & Photobiology, 2010, 75 (6):613-618.

[33] Hakala M, Tuominen I, Kernen M, et al. Evidence for the role of the oxygen-evolving manganese complex in photoinhibition of Photosystem Ⅱ [J]. Biochim. Biophys. Acta, 2005, 1706: 68-80.

[34] Keren N, Berg A, van Kan P J M, et al. Mechanism of photosystem Ⅱ photoinactivation and D1 protein degradation at low light: The role of back electronflow[J]. Proc. Natl. Acad. Sci. USA, 1997, 94: 1579-1584.

[35] Kruk J, Strzalka K. Dark reoxidation of the plastoquinone-pool is mediated by the low-potential form of cytochrome b-559 in spinach thylakoids[J]. Photosynth. Res., 1999, 62: 273-279.

[36] Nugent J H A. Photoreducible high spin iron electron paramagnetic resonance signals in dark-adapted Photosystem Ⅱ: are they oxidised non-haem iron formed from interaction of oxygen with PSII electron acceptors?[J]. Biochem. Biophys. Acta, 2001, 1504: 228-298.

[37] Asada K, Kiso K, Yoshikawa K. Univalent reduction of molecular oxygen by spinach chloroplasts on illumination[J]. Biol. J. Chem., 1974, 249: 2175-2181.

[38] Furbank R T, Badger M R. Oxygen exchange associated with electron transport and photophosphorylation in spinach thylakoids[J]. Biochim. Biophys. Acta, 1983, 723: 400-409.

[39] Hideg V, Spetea C, Vass I. Superoxide radicals are not the main promoters of acceptor-side-induced photoinhibitory damage in spinach thylakoids[J]. Photosynthesis Research, 1995, 46(3): 399-407.

[40] Liu K, Sun J, Liu Y, et al. ESR studies on the superoxide radicals generated in photosystem Ⅱ of higher plant[J]. Prog. Biochem. Biophys., 2001, 28: 372-376.

[41] Zhang S, Weng J, Pan J X, et al. Study on the photo-generation of superoxide radicals in Photosystem II with EPR spin trapping techniques[J]. Photosynthl. Res., 2003, 75: 41-48.

[42] Frejaville C, Karoui H, Tuccio B B, et al. 5-(Diethoxyphosphoryl)-5-methyl-1-pyrroline N-oxide: a new efficient phosphorylated nitrone for the in vitro and in vivo spin trapping of oxygen-centered radicals[J]. J. Med. Chem., 1995, 38: 258-265.

[43] András A, Bondarava N, Krieger-Liszkay A . Production of reactive oxygen species in chloride- and calcium-depleted photosystem II and their involvement in photoinhibition[J]. Biochimica Et Biophysica Acta-Bioenergetics, 2004(2/3):1608.

[44] Xu Y K, Chen Z W, Sun J, et al. Effect of 2-methyl substitution on the stability of spin adducts composed of pyrroline N-oxide analogues and superoxide anion radicals[J]. J. Org. Chem., 2002, 67: 7624-7630.

[45] Shi H L, Timmins G, Monske M, et al. Evaluation of spin trapping agents and trapping condi-

tions for detection of cell-generated reactive oxygen species[J]. Arch. Biochem. Biophys., 2005, 437: 59-68.

[46] Pospíil P, Arato A, Krieger L A, et al. Hydroxyl radical generation by photosystem Ⅱ[J]. Biochemistry, 2004, 43: 6783-6792.

[47] Sutherland M W. The generation of oxygen radicals during host plant responses to infection[J]. Physiol. Mol. Plant Pathol., 1991, 39: 79-93.

[48] Foyer C H , Mullineaux P M . Causes of photooxidative stress and amelioration of defense systems in plants[J]. Acta Ophthalmologica, 1994, 44(4):522-538.

[49] Schrder A T, Martin G, Low P S. A comparison of methods for the determination of the oxidative burst in whole plants[J]. Journal of the Institute of Brewing, 1978, 84(4):244-247.

[50] Klimov V, Ananyev G, Zastryzhnaya O, et al. Photoproduction of hydrogen peroxide in Photosystem II membrane fragments: A comparison of four signals[J]. Photosynth. Res., 1993, 38 (3): 409-416.

[51] Sato K, Akaike T, Kohno M, et al. Hydroxyl radical production by H_2O_2 plus Cu,Zn-superoxide dismutase reflects the activity of free copper released from the oxidatively damaged enzyme [J]. J. Boil. Chem., 1992, 267: 25371-25377.

[52] Barényi B, Krause G H. Inhibition of photosynthetic reactions by light: A study with isolated spinach chloroplasts[J]. Planta, 1985, 163: 218-226.

[53] Hayakawa T, Kanematsu S, Asada K. Urification and characterization of thylakoid-bound Mn-superoxide dismutase in spinach chloroplasts[J]. Planta, 1985, 16: 111-116.

[54] Halliwell B, Gutteridge J M C. Lipid peroxidation: A radical chain reaction[J]. Journal of Free Radicals in Biology & Medicine, 1989,16:188-266.

[55] Debus R J. The manganese and calcium ions of photosynthetic oxygen evolution[J]. Biochim. Biophys. Acta, 1992,1102: 269-352.

[56] Ferreira K N, Iverson T M, Maghlaoui K, et al. Architecture of the photosynthetic oxygen-evolving center[J]. Science, 2004, 303: 1831-1838.

[57] Vinyard D J , Zachary C E , Ananyev G ,et al. Thermodynamically accurate modeling of the catalytic cycle of photosynthetic oxygen evolution: A mathematical solution to asymmetric Markov chains[J]. BBA-Bioenergetics, 2013, 1827(7):861-868.

[58] Mizusawa N, Miyao M, Yamashita T. Restoration of the high-potential form of cytochrome b-559 by electron transport reactions through photosystem Ⅱ in tris-treated photosystem Ⅱ membranes[J]. Biochim. Biophys. Acta, 1997, 1318: 145-158.

[59] Kropacheva T N , Feikema W O , Mamedov F ,et al. Spin conversion of cytochrome b559 in photosystem Ⅱ induced by exogenous high potential quinone[J]. Chemical Physics, 2003, 294 (3):471-482.

[60] Liamis G , Milionis H J , Elisaf M . Pharmacologically-induced metabolic acidosis a review[J]. Drug Safety, 2010, 33(5):371-391.

[61] Allakhverdiev S I, Ozdemir U, Harnois J, et al. Reconstruction of the Water-oxidizing complex in manganese-depleted photosystem Ⅱ preparations using mononuclear manganese comple-

xes[J]. Photochem. Photobiol., 1999, 70: 57-63.

[62] Xu J, Zhang R, Wang Y P, et al. Preparation of large area freestanding GaN by laser lift-off technology[J]. Materials Letters, 2002, 56(1-2): 43-46.

[63] Ono T. Metallo-radical hypothesis for photoassembly of (Mn)4-cluster of photosynthetic oxygen evolving complex[J]. Biochim. Biophys. Acta, 2001, 1503: 40-51.

[64] Krieger A, Rutherford A W. Comparison of chloride-depleted and calcium-depleted PSⅡ: the midpoint potential of QA and susceptibility to photodamage-ScienceDirect[J]. Biochimica et Biophysica Acta (BBA)-Bioenergetics, 1997, 1319(1): 91-98.

[65] Gadjieva R, Mamedov F, Renger G, et al. Interconversion of low- and high-potential forms of cytochrome b559 in tris-washed photosystem ii membranes under aerobic and anaerobic conditions[J]. Biochemistry, 1999, 38(32): 10578-10584.

[66] Mizusawa N, Yamashita T, Miyao M. Restoration of the high-potential form of cytochrome b559 of photosystem Ⅱ occurs via a two-step mechanism under illumination in the presence of manganese ions[J]. Biochim. Biophys. Acta, 1999, 1410: 273-286.

[67] Callahan F E, Ghirardi M L, Sopory S K, et al. A novel metabolic form of the 32 kDa-D1 protein in the grana-localized reaction center of photosystem Ⅱ[J]. J. Biol. Chem., 1990, 265: 15357-15360.

[68] Aro E M, Kettunen R, Tyystjrvi E. ATP and light regulate D1 protein modification and degradation role of D1* in photoinhibition[J]. FEBS Lett., 1992, 297: 29-33.

[69] Kettunen R, Tyystjrvi E, Aro E M. D1 protein degradation during photoinhibition of intact leaves[J]. FEBS Lett., 1991, 290: 153-156.

[70] Elich T D, Edelman M, Mattoo A K. Identification, characterization, and resolution of the in vivo phosphorylated form of the D1 photosystem Ⅱ reaction center protein[J]. J. Biol. Chem., 1992, 267: 3523-3529.

[71] Michel H, Hunt D F, Shabanowitz J, et al. Tandem mass spectrometry reveals that three photosystem Ⅱ proteins of spinach chloroplasts contain N-acetyl-O-phosphothreonine at their NH2 termini[J]. J. Biol. Chem., 1988, 263: 1123-1130.

[72] Vener A V, Harms A, Sussman M R, et al. Mass spectrometric resolution of reversible protein phosphorylation in photosynthetic membranes of arabidopsis thaliana[J]. J. Biol. Chem., 2001, 276: 6959-6966.

[73] Chen L B, Jia H Y, Tian Q, et al. Protecting effect of phosphorylation on oxidative damage of D1 protein by down-regulating the production of superoxide anion in photosystem Ⅱ membranes under high light[J]. Photosynth. Res., 2012, 112: 141-148.

(中国科学院化学研究所　刘扬;首都医科大学基础医学部　肇玉明)

第 19 章

ESR 在植物及其免疫反应研究中的应用

动物及植物系统研究表明,NO·和活性氧在免疫反应中发挥着重要作用.最新研究发现,NO·作为活性氧的合作者启动植物的保护基因和过敏坏死反应.利用培养的携带致病病毒(*P. syringge* pv *glycinea* race4)和抗病小种(avrA)大豆细胞作为研究材料,Dang 和 Delledonne, Xia 和 Lanb 等在《自然》(*Nature*)杂志和《美国科学院院报》(*PNAS*)上发表的研究文章提出,[1-3] NO·在动物和植物中起着重要的生理作用,无论是作为调节剂、参与信号转导机制,还是作为有毒或保护分子,具体取决于其作用的浓度和组织.尽管 NO·在植物中的研究比动物更晚,但随着研究内容的更新,越来越多的证据表明 NO·在各种植物生理过程中起着重要作用,例如植物的生长和发育、植物抗病性、非生物胁迫和信号转换.这都表明了 NO·和活性氧在植物抗病反应中起着极其关键的作用.单独的活性氧还不足以导致细胞死亡,NO·的介入和协调才可引起植物感染部位的细胞死亡,从而引起过敏坏死反应.2001 年,Delledonne 等人又在 *PNAS* 上发表文章,提出只有 NO·和活性氧呈一定比例时才能引起过敏性坏死反应(HR).[4] 2003 年,《细胞》(*Cell*)和《科学》(*Science*)杂志上又几乎同时发表文章,声称在植物中发现 NOS,引起了人们的广泛关注.这些都说明自由基在植物免疫反应中发挥重要作用,而且这方面的研究取得了重要进展.笔者所在研究组自 2000 年开始就着手利用 ESR 研究 NO·在植物免疫反应中的重要作用,也取得了一些进展.本章就 ESR 在植物抗病和感病作用研究中的应用进行讨论,其中很大一部分是笔者所在研究组的研究成果.同时本章还将综述一些最新文献的研究成果.[5-6]

19.1 ESR 检测植物产生的 ROS 和 NO·

在植物中检测 NO·与动物组织中的检测有相同之处,也有不同之处.相同的是原理,不同的是方法.原理上,本研究仍采用 ESR 自旋捕集技术.因为植物与动物的一个明显区别是植物细胞有细胞壁,而动物细胞则没有.植物与动物的另外一个不同是其根、叶茎分离后可以在相当长时间维持正常生理状态,这为体内检测自由基带来极大方便.因此动物组织内建立的方法在植物中有些还可以继续使用,但有些就不一定适用.笔者所在研究组在动物组织测定 NO·方法的基础上,又建立和发展了测定植物体系产生 NO·的方法,有直接方法和间接方法,有离体的也有在体的[7-10].这些方法为研究植物体系产生 NO·的规律,及其在植物抗感病和植物免疫反应的机理方面发挥了重要作用.

19.1.1 NO·的标准曲线

用化学法制得 NO 标准溶液,被 DETC 捕集后在 ESR 仪器上得到如图 19.1 所示的图谱. $g=2.035$ 的峰和它的两个邻峰是由 $(DETC)_2$-Fe^{2+}-NO 复合物引起的.这个三重结构是由未成对电子与 N 氮原子核相互作用引起的.除上述三个峰,还有一个 $g=2.020$ 的峰,它是由 DETC 与铜离子相互作用引起的.实验中也发现该峰的高度与 NO·标准溶液浓度的变化无关(图 19.1 中 a 和 b),可能在化学试剂 $FeSO_4$、牛血清蛋白及磷酸缓冲液混有微量铜离子,最终导致了该峰的出现.用三个超精细分裂的峰总和表示 NO·的含量,发现峰高与 NO·浓度呈很好的线性关系($R=0.9952$).[7]

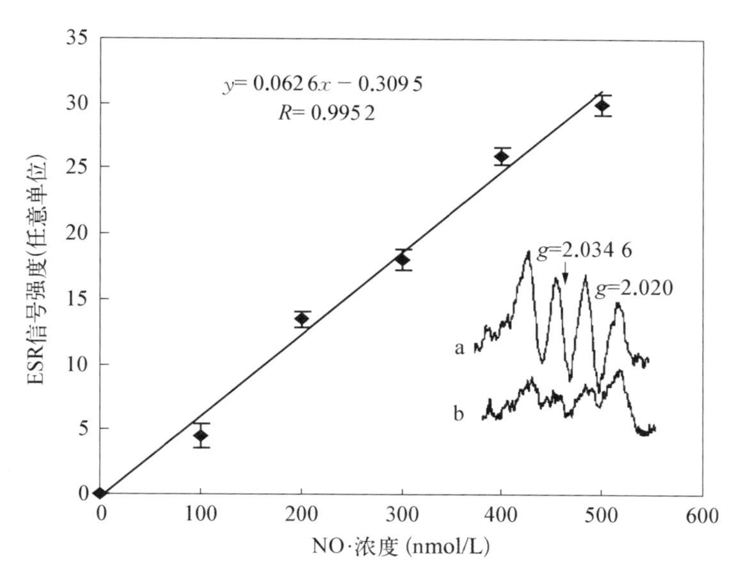

图 19.1 NO·溶液与 $(DETC)_2$-Fe^{2+} 反应得到的 $(DETC)_2$-Fe^{2+}-NO 标准曲线

图中 ESR 波谱的 NO·浓度分别为 500 nmol/L(a)和 100 nmol/L(b).

19.1.2 离体测定植物产生的 NO·

植物细胞有细胞壁,因此在做植物组织匀浆时需要在溶液中加入石英砂,这样就可以将植物组织的细胞壁磨碎,使自旋捕集剂与细胞浆中的 NO·充分接触和反应,然后用有机溶剂抽提 NO·. 这样检测到的 NO·只能代表从加入自旋捕集剂后到用有机溶剂抽提这一段时间内植物匀浆中产生的 NO·. 用 $FeSO_4$ 和 DETC 捕集的小麦叶片所产生的 NO·的 ESR 波谱如图 19.2 所示. 这样得到的 ESR 波谱与动物组织的几乎完全一样,波谱参数也相同($g=2.034\,6$, $a_N=13.5$ G).

小麦幼苗中的水限制了室温下 ESR 的广泛应用. 用乙酸乙酯提取植物组织中的 $(DETC)_2$-Fe^{2+}-NO 复合物,然后在常温下很容易地检测到了 ESR 信号(图 19.2(a)),该信号与 NO·标准液的信号相同,也与动物组织提取液中的一致. 这表明,该信号来自植物组织提取液中的 $(DETC)_2$-Fe^{2+}-NO. 无论是 NO·的来源还是其他代谢过程,动物与植物均有较大的差别,为此,本研究对提取条件进行了优化组合. 经过研究发现,测定植物组织提取液中 NO·的最佳条件是:组织在磷酸缓冲液(pH = 7.0~7.4)研磨,提取液与自旋捕集复合物(7.5 mmol/L $FeSO_4$, 25 mmol/L DETC)在 30 ℃下保温 60 min (图 19.2).[8]

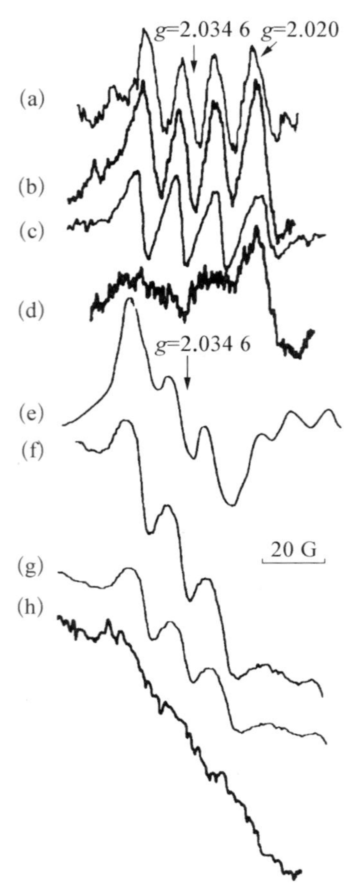

图 19.2 用不同方法测定的植物产生的NO·的ESR波谱

(a) 小麦叶匀浆用乙酸乙酯抽提$(DETC)_2$-Fe^{2+}-NO 的 ESR 波谱;(b) 活的小麦叶用乙酸乙酯抽提$(DETC)_2$-Fe^{2+}-NO 的 ESR 波谱;(c) 捕集前4 h在小麦叶上喷洒0.5 mmol/L PTIO;(d) 捕集前24 h在小麦叶上喷洒1.0 mmol/L PTIO;(e) 在100 K时测定的$(DETC)_2$-Fe^{2+}-NOESR信号;(f) 0.2 g含有$(DETC)_2$-Fe^{2+}-NO小麦叶失去30% 水直接测定的ESR信号;(g) 捕集前4 h在小麦叶上喷洒0.5 mmol/L PTIO小麦叶失去30%水直接测定的ESR信号;(h) 捕集前24 h在小麦叶上喷洒1 mmol/L PTIO小麦叶失去30%水直接测定的ESR信号.

在植物吸入DETC和$FeSO_4$后,体内产生的NO·就会被$(DETC)_2$-Fe^{2+}捕集,形成$(DETC)_2$-Fe^{2+}-NO复合物,后者又被乙酸乙酯提取.图19.2(b)显示的是该复合物的ESR波谱.该波谱同样具有$(DETC)_2$-Fe^{2+}-NO的三重超精细分裂结构($g=2.0346$, $a_N=12.5$ G),并且该波谱与NO·标准液的波形相同.为了进一步确证该波谱信号来自NO·,用NO·的清除剂PTIO(2-phenyl-4,4,5,5-tetramethylimidazoline-1-oxyl 3-oxide)做了验证.在植物吸收捕集试剂前4 h,供给植物0.5 mmol/L PTIO.结果发现,$(DETC)_2$-Fe^{2+}-NO信号强度减弱(图19.2(c)).若在植物吸收捕集试剂前24 h供给植物1.0 mmol/L PTIO,则几乎检测不到$(DETC)_2$-Fe^{2+}-NO信号(图19.2(d)).这些结果表明,ESR仪检测到的信号确实来自植物体内的NO·.NO·是一种活跃分子(ca. 6 s),因此检测到的NO·代表植物吸收捕集试剂后产生的NO·的累积量. DETC和$FeSO_4$容易形成沉淀,因此必须从植物的不同部位吸收,如根和叶.[9]

19.1.3 在体测定植物产生的NO·

将植物移到15 mmol/L $FeSO_4$溶液中,同时将自旋捕集剂DETC溶液喷洒到植物的叶面上,以防止$FeSO_4$与DETC反应沉淀出来.24 h之后,将所要检测的植物组织剪下,将植物组织的细胞壁磨碎,并用有机溶剂抽提和测定NO·.这样检测到的NO·就能代表,在植物中从加入自旋捕集剂后到用有机溶剂抽提这一段时间内,植物体内产生的NO·,但测定的方法是间接的.所测定的NO·的ESR波谱如图19.2(b)所示.这样得到的ESR波谱与上面得到的几乎完全一样,波谱参数也相同($g=2.0346$, $a_N=13.5$ G).为了证实这一信号确实来自植物产生的NO·,在溶液中提前24 h加入NO·的清除剂PTIO,再加入自旋捕集剂.经过这样处理的植物几乎检测不到NO·,这就证明检测的信号确实是植物产生的NO·.[10]

在植物吸入DETC和$FeSO_4$,$(DETC)_2$-Fe^{2+}-NO积累到一定程度后,离体植物叶片用微波钝化酶活性,接着保持在40 ℃,以便蒸发部分水.蒸发掉部分水分的叶片直接插在石英管中,并在ESR波谱仪上检测$(DETC)_2$-Fe^{2+}-NO信号.图19.2(f)显示的是失去总鲜重30%时的ESR波谱图.该波谱的波形与大豆中的NO-豆血红蛋白复合物的波形相同.其波谱学参数与冰冻溶液(100 K)中的相同($g_{\perp}=2.0346$, $a_N=12.5$ G).表明该波谱信号同样来自$(DETC)_2$-Fe^{2+}-NO.另外,同样按19.1.2小节中的方法进行了PTIO验证,结果再一次证明该信号来自植物体内的NO·(图19.2(f)~(h)).

图19.3是在MGD和Fe^{2+}中培养小麦后从小麦叶片中获得的一系列$(MGD)_2$-Fe^{2+}-NO的ESR信号,具有良好的信噪比三线谱在溶液中信号连续增加直到2 h,然后保持平台期,4 h之后,信号持续下降,24 h后可以检测到.当小麦叶子与小麦切断时,信号将持续降低,但在30 min内保持稳定(收集ESRI数据大约需要30 min).在存在NO·抑制剂PTIO或NMMA(NG-单甲基-L-精氨酸)的情况下,信号减弱,表明该信号至少部分是由L-精氨酸途径的内源性NO·产生的.图19.4是活小麦叶片中产生的(MGD)2-Fe^{2+}-NO复合物的ESR信号随时间变化的衰减曲线.

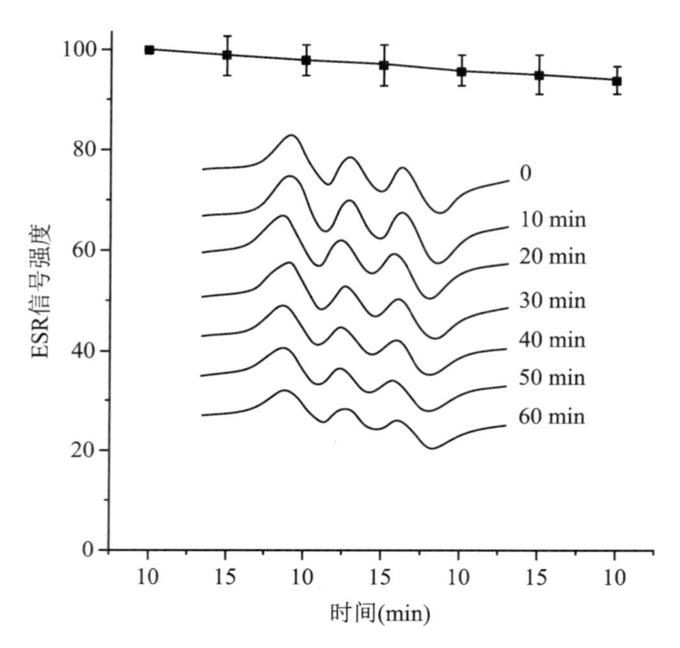

图 19.3　活小麦叶片中产生的(MGD)2-Fe^{2+}-NO复合物的ESR信号随时间的积累

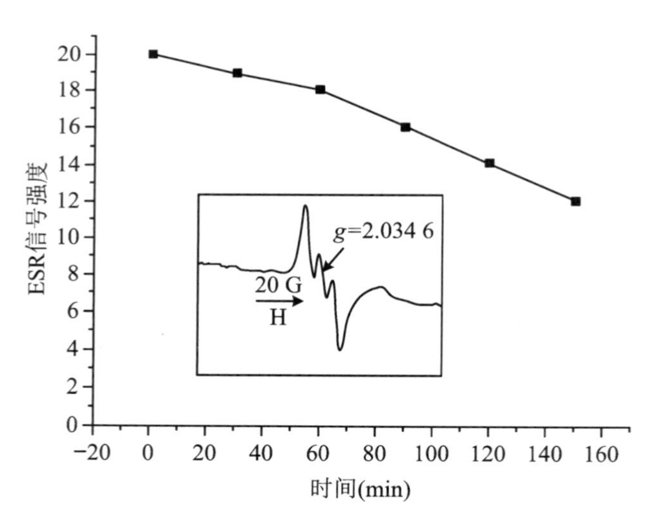

图 19.4　活小麦叶片中产生的(DETC)2-Fe^{2+}-NO复合物的ESR信号随时间的衰减
插入物是活小麦叶片中产生的(DETC)2-Fe^{2+}-NO复合物的ESR波谱.

当小麦叶片蒸发掉部分水分后，保持在 0～4 ℃ 24 h，发现信号强度并没有发生有意义的变化(图 19.5d)，表明叶子中的$(DETC)_2$-Fe^{2+}-NO 是相对稳定的.另外，叶片失水约总重量的 30%，40%和 50%时，ESR 信号未发现明显的变化(图 19.5A～C).这表明，在一个失水范围内，检测到的叶片内的 NO• 含量是相对恒定的.但若失水低于总鲜重的 20%，则几乎检测不到 NO• 的信号.

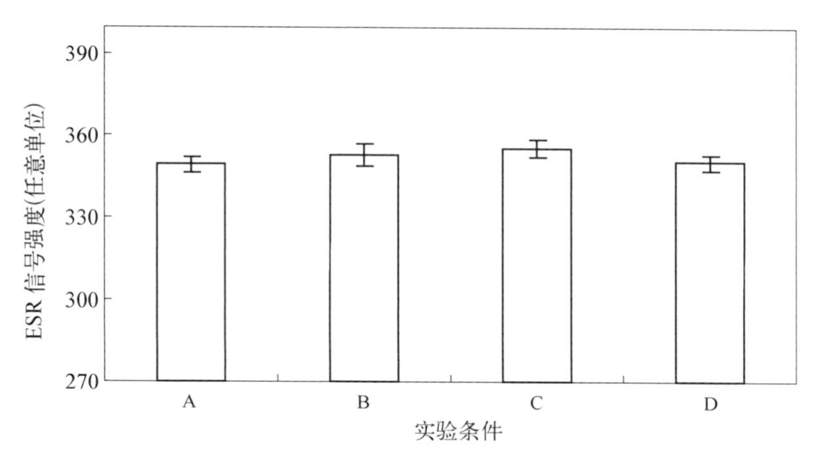

图 19.5　各种实验条件下小麦苗 NO• 产生的 ESR 信号强度

在 40 ℃保持不同时间小麦叶失水：A，30%；B，40%；C，50%；D，按照 A 处理后在 0～4 ℃保存 24 h.

目前，普遍认为 ESR 是最直接和灵敏的检测自由基的方法.通过自旋捕集剂将非常活跃的自由基捕集后，在 ESR 波谱仪上测定是最常用的方法.DETC，MGD 和 DTCS 是常用来捕集 NO• 的捕集剂，且已被成功地应用到动物 NO• 研究中.然而生物样品较多的水分限制了该方法的推广.笔者所在研究组利用有机溶剂抽提法，将 DETC，Fe^{2+} 及 NO• 形成的复合物$(DETC)_2$-Fe^{2+}-NO 从水相中提出，然后用 ESR 波谱仪测定，大大提高了测定极限，同时也可在常温下操作.植物的代谢与动物有很大不同，同时，植物体内 NO• 的产生有多条途径，因此不能简单地把测定动物中 NO• 的操作程序搬到植物中.本研究对实验室建立的常温下测定动物组织 NO• 的实验方法作了必要的修改，以使其更适合测定植物组织中的 NO•.经过研究，最适合测定植物组织中 NO• 的条件是：植物组织在磷酸缓冲液中(pH＝7.0～7.4)研磨，提取液与自旋捕集复合物(7.5 mmol/L $FeSO_4$，25 mmol/L DETC)在 30 ℃下保温 60 min，用乙酸乙酯抽提，最后在 ESR 波谱仪上室温测定 NO• 信号.因为 NO• 的寿命非常短，而在研磨植物时，不但破坏了细胞结构，还改变了植物的生理状态，因此用该方法测定的 NO• 只代表植物组织提取液同自旋捕集物 DETC 和 $FeSO_4$ 共同孵育时产生的 NO•，并不代表植物组织内源 NO•.但它仍是一个可广泛应用的方法，如笔者所在研究组还采用此方法研究了高等非豆科植物内源 NO• 的主要来源.

为了真正测到植物内源 NO•，自旋捕集物 DETC 和 $FeSO_4$ 必须进入植物体内.然而 DETC 和 $FeSO_4$ 容易形成沉淀而不易被植物吸收，因此，它们必须从不同部位进入植物的体内．实验中，让其分别从植物的叶子和根中进入，在体内与植物产生的 NO・形成 $(DETC)_2$-Fe^{2+}-NO 复合物．该复合物在叶片中相对稳定（图 19.6），这与其在乙酸乙酯中的稳定性相似．当 $(DETC)_2$-Fe^{2+}-NO 复合物在叶片中累积到一定程度时，它可被乙酸乙酯抽提后在 ESR 波谱仪上测定（间接法），或是叶片中的部分水分被除去后直接在 ESR 波谱仪上测定（直接法）．不论从波谱学常数分析，还是与 NO・标准品的图谱及与前人报道的图谱对比，均证明间接法和直接法测定的信号来自 NO・．另外，供给植物 NO・清除剂 PTIO 降低了间接法和直接法测定的信号强度，说明用这两种方法测定的 NO・确实来自植物体内．水分是限制常温下 ESR 测定的一个重要因素．为了能够直接测定叶片中的 NO・，必须使叶中的部分水分蒸发，从理论上讲，植物叶片蒸发的水分越多，水对微波的吸收越少，因而更能准确地测定植物内源 NO・．然而植物失水太多，将使干枯的叶片难以插入石英管中．失水多少，不同的植物有不同的标准．对于 6 天的小麦幼苗，失水在总重的 30%～50%之间，ESR 检测的信号强度相同（图 19.5），因此在这一区间可以恒定地测量小麦幼苗内源 NO・的含量．与第一种方法相比，间接法和直接法测得的是植物内源的 NO・，而非组织提取液中的 NO・，因此更能反映植物内源 NO・的变化情况．与间接法相比，直接法更有优势：首先用材少，质量 0.2 g、长 2 cm 的植物叶片足够，因此可以方便地测定植物不同部分的 NO・含量，如植物染病区域，叶片中脉周围，叶尖、根尖等；其次操作简单，减少了实验者本身的误差．

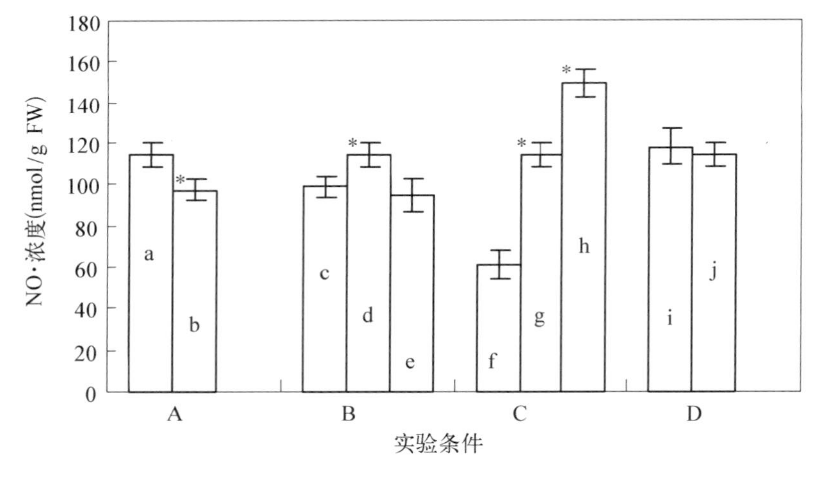

图 19.6　各种实验条件下小麦苗 NO・产生的 ESR 信号强度

A，不同介质；B，不同温度；C，不同培养时间；D，不同 pH；a，磷酸缓冲液；b，HEPES 缓冲液；c，25 ℃；d，30 ℃；e，37 ℃；f，30 min；g，60 min；h，90 min；i，pH = 7.0；j，pH = 7.4.

笔者所在研究组利用建立的这几种方法和技术，测定和研究了不同植物体系产生的 NO・，及其在植物生理和抗病体系中的作用机理．[7-10]

19.1.4 谷粒发芽产生的NO·的ESR成像

NO·不仅参与病原体防御和非生物应激反应的调节，而且参与植物生长发育过程. NO·在植物种子发芽过程中发挥着重要作用. 植物早期发育过程中NO·与植物激素之间的相互作用，即种子休眠和发芽，下胚轴伸长和根系发育. 硝普钠、氰化物、亚硝酸盐和硝酸盐以NO·依赖性方式打破拟南芥种子休眠. 许多植物的种子在成熟时处于休眠状态，休眠结束是发芽的先决条件. 已知许多环境和化学处理可以减少或消除种子休眠，但是我们对这期间发生的生化变化知之甚少. 一些研究表明，NO·是这一过程的参与者. 我们用ESR成像技术研究了谷子发芽过程中NO·的变化. 图19.7显示了吸收含有 Fe^{2+} 和MGD的溶液后和不同视角下谷物芽的3D ESR成像. 仅使用Fe-MGD-NO溶液时，成功重建了谷物和芽的3D ESR成像. 在干燥的谷物和发芽前，从在水中孵育的谷物中找不到该信号. NO·信号只能在带有自旋捕集的芽的谷物中检测到. 可以发现，NO·的信号最强时谷粒处于萌芽状态，此时NO·的信号在全谷物上.[11]

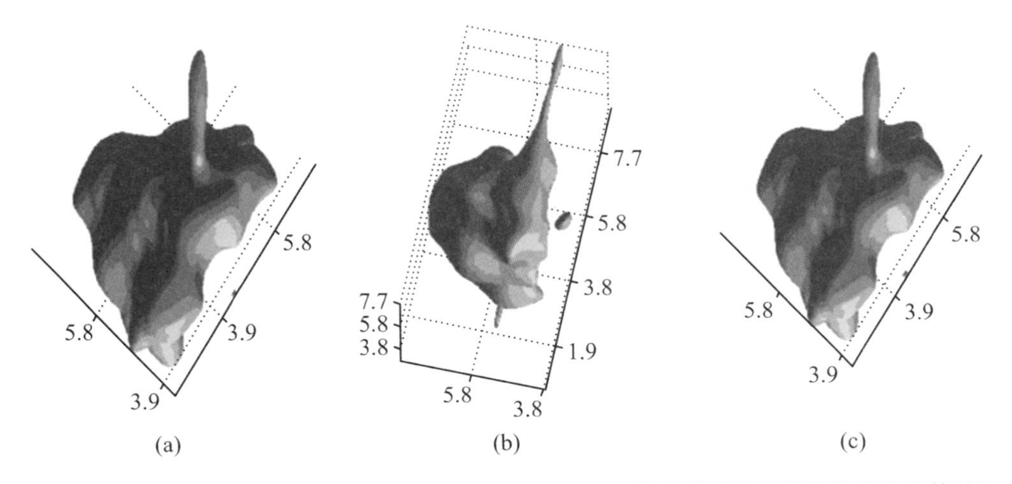

图19.7 萌发时吸收含有15 mmol/L $FeSO_4$ 和40 mmol/L MGD的溶液后谷物增益和芽产生的NO·的ESR成像

(a)，(b)和(c)岔口辚不同视角的3D图像.

19.1.5 测定植物产生的ROS自由基

同样，在做植物组织匀浆时需要在溶液中加入石英砂，这样就可以将植物组织的细胞壁磨碎，使自旋捕集剂 PBN 与细胞浆中的 ROS 自由基充分接触和反应，然后用有机溶剂抽提 ROS 自由基. 利用 PBN 捕集 ROS 所得的 ESR 波谱如图 19.8 所示(PBN-ROS, $g = 2.005$, $a_N = 15.0$ G)，与动物组织体系的波谱非常类似.

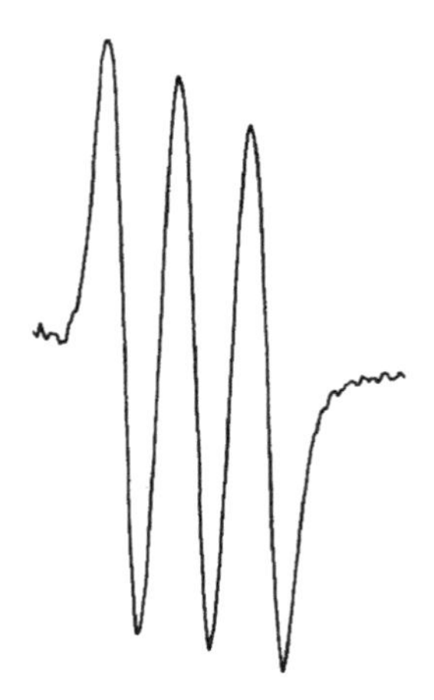

图 19.8 小麦叶中得到的 PBN-ROS 加合物的 ESR 波谱图

19.1.6 同时测定植物产生的 NO· 和 ROS 自由基

如前所述，NO· 和 ROS 在植物功能和抗病过程中同时发挥作用，因此要测定 NO· 和 ROS 及其变化规律. 过去一般都是分别测定 NO· 和 ROS，这样处理的缺点一是不方便，二是不准确和产生误差. 因此笔者所在研究组建立和发展了同时测定植物产生 NO· 和 ROS 的技术. 这一技术是建立在利用 PBN 捕集 ROS 和 $(DETC)_2Fe$ 捕集 NO· 的 ESR 波谱的 g 值相差比较大，它们的波谱不会重叠，如图 19.8 所示(PBN-ROS, $g = 2.005$, $a_N = 15.0$ G, $(DETC)_2Fe$-NO, $g = 2.035$, $a_N = 13.5$ G). 利用这一技术，检测了不同植物产生的 NO· 和 ROS，得到了十分精确的结果.[8-10]

图 19.9 是在大豆不同组织中测定的 NO· 和 ROS 自由基的 ESR 信号，由图可以看出，$DETC_2$-Fe^{2+} 捕集的 NO· 复合物 $DETC_2$-Fe^{2+}-NO 的 ESR 信号是 $g = 2.035$, $a_N = 13.5$ G 的三条谱线，用 PBN 捕集的活性氧自由基 PBN-ROS 的信号是 $g = 2.005$, $a_N = 15.0$ G 的三线谱. 在不同组织中，它们的含量是不一样的，而且两者的比例也不同，收集的数据如表 19.1 所示.

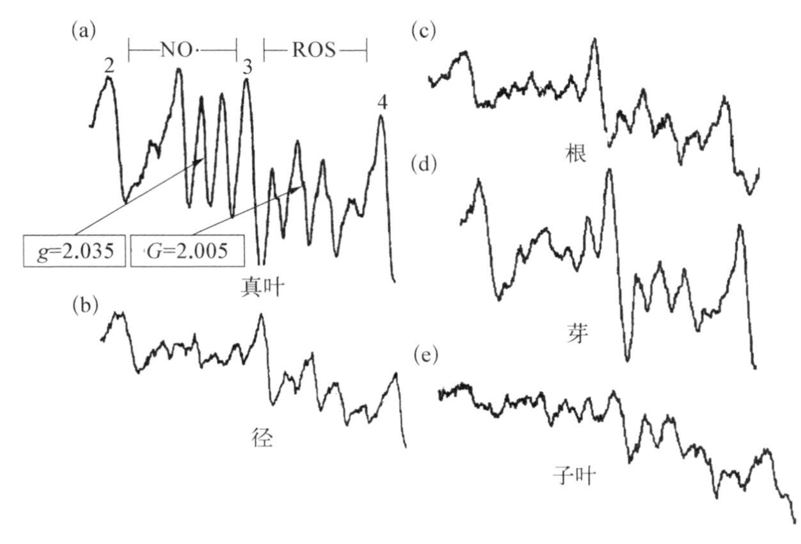

图 19.9　大豆中不同组织的 NO·和 ROS 自由基的 ESR 波谱

表 19.1　大豆中不同组织的 NO·和 ROS 自由基

	根	茎	子　叶	E	芽
NO·	5.67±0.67	6.17±0.60	9.17±0.70	27.58±1.13	7.00±0.86
ROS	9.92±1.28	9.8±30.62	12.67±1.361	20.42±1.91	12.17±1.30

19.2　ESR 研究 NO·在小麦条锈病抗感过程中的作用机理

条锈菌(*puccinia striiformis westend*.)引起的小麦条锈病是世界上许多地区小麦的重要病害.利用抗病品种是防治小麦条锈病的主要措施,例如,在我国黄河中下游广大冬麦区,由于采取了以种植丰产抗条锈病品种为主的综合防治措施,小麦条锈病基本上得到了控制.但是,应用抗病品种防治条锈病的一个突出问题是,品种抗锈性丧失从而出现病害大流行的问题.在我国历史上,小麦条锈病的三次大流行均源于品种抗锈性的丧失.20 世纪 50 年代,以碧蚂一号抗锈性丧失为代表,小麦减产 60 亿千克;20 世纪 60 年代,以玉皮、甘肃 96、陕农 9 号、南大 2419 为代表,小麦减产达到 32 亿千克;20 世纪 70 年代,以阿勃、丰产三号、尤皮 2 号抗锈性丧失为代表,小麦减产达到 25 亿千克.因此,深入研究小麦对条锈菌的抗病机理,从分子水平阐明其抗病机制,是克服小麦品种抗锈性丧失,充分利用系统获得抗性，提高抗锈持久性的关键.

自然界的植物除了利用基于 R 基因的品种专化的防卫反应，还具有更为广谱的防卫反应，例如，外源生物和非生物制剂诱导的局部和系统的防卫反应，后者被定义为系统获得抗性(SAR). 人们正致力于将系统获得抗性 SAR 诱导因子应用于农作物的保护，近年发现有些生化制剂和生物制剂，如水杨酸(salicylic acid, SA)、2,6-二氯异烟酸(2,6-dichloroisonicotianic acid,INA)、苯并噻唑类制剂(benzo(1,2,3) thiadiazole-7-carbothioic acid S-methyl ester,BTH)，以及植物水解产物低聚糖类都能诱发系统获得抗性.[12-14]

NO· 和 ROS 在活化植物抗病反应中是非常关键的.[15] 利用 NO· 供体 NOR-18 处理马铃薯块茎，诱导了植保素的积累，同时 NO· 保护了病菌(*phytophthora infestand*)侵染的马铃薯叶片中叶绿素的水平.[16-20] 在植株和细胞与病原菌互作的体系中，NO· 诱导或强化了寄主的过敏性坏死反应.[18-21] 由于条锈菌气孔入侵的特点，不可能在细胞培养体系中研究内源 NO· 与小麦抗性的关系. 本节将讨论利用 ESR 技术研究的内源 NO· 与小麦不同抗性类型的关系. 笔者所在研究组发现 NO· 启动的时间点和强度是决定抗病类型的关键因素；同时，利用外源 NO· 和寡糖素对小麦抗锈性的诱导，证明了在小麦的过敏性坏死反应(HR)中，NO· 与毒性病原菌信号的协同作用以及诱导抗性中 NO· 的时间进程，与低反应型抗性中 NO· 时间进程的一致性. 通过分光光度法和蛋白印迹法，分析了 NO· 的来源，并对 NO· 的多种来源进行了研究.[19-21]

19.2.1 NO· 在小麦不同抗条锈反应型中的作用

小麦品种洛夫林 10(Lovrin 10)是常规鉴别寄主；小麦品种辉县红是常规的感病品种；CY22-2、CY13-2 和 CY29-1 分别是条中 22、条中 13 和条中 29 号的单胞菌系. 洛夫林 10 对条中 22 小种的侵染呈现免疫反应，即没有任何孢子堆产生和肉眼可见的过敏性坏死反应(HR)，洛夫林 10 对条中 13 小种的侵染呈近免疫到高抗反应，没有或只有很小的不开裂的孢子堆，HR 的面积很小；洛夫林 10 对条中 29 小种的侵染呈现感病反应. 在这些小麦上测定 NO· 与不同抗条锈反应型中的作用.[21]

1. 内源 NO· 的测定

接种后，每隔 24 h 取样一次直至第 13 天，每种处理设置三个重复，每次重复取样 3～5 个叶片. 样品加入 pH 为 7.4 的 0.1 mol/L PBS 缓冲液(内含 0.32 mol/L 的蔗糖，10 mmol/L 的 HEPES，0.1 mmol/L EDTA，5 mmol/L 的巯基乙醇)，在冰浴中研磨，4 ℃下 13 201 g 离心 20 min，吸取上清液 225 μL，加入0.5 mol/L 的$Na_2S_2O_4$、0.3 mol/L 的 $FeSO_4$、0.6 mol/L 的 DETC、10 mmol/L 的精氨酸各 5 μL，37 ℃下温育反应 1 h，再用 200 μL 的乙酸乙酯抽提，最后在 ESR 波谱仪上测定.

图 19.10 是从小麦生长不同时期的叶子中检测到的 NO· 的 ESR 波谱，在 $g = 2.035$ 处有一个 $a = 13.5$ G 的三重峰，$g = 2.02$ 的峰为 CuDETC 的峰.

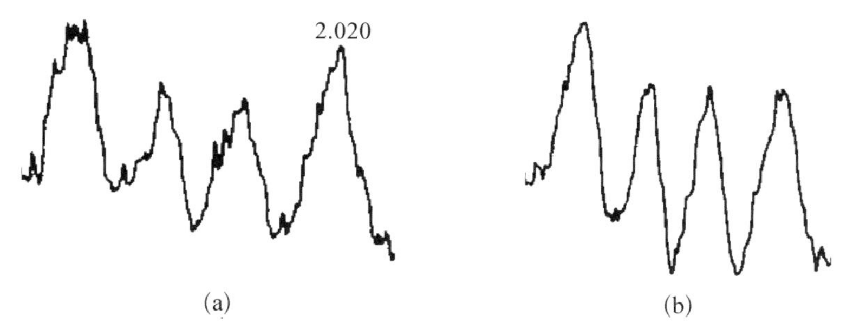

图 19.10 小麦叶子中检测到的 NO· 的 ESR 波谱

(a) 小麦品种洛夫林 10 接种 CY22-2 后产生的 NO·；(b) 小麦品种洛夫林 10 接种 CY29-1 后产生的 NO·.

2. NO· 在同一品种不同反应型中产生的时间进程

由不同生长时间的小麦叶子测定 ESR 计算的 NO· 相对含量，如表 19.2 和图 19.11 所示. 从表 19.2 和图 19.11 中可以看出，免疫和抗病体系中内源 NO· 在取样时间区间内的变化均呈现出双峰，第一峰出现在病原菌萌发后的侵入定殖期，第二峰出现在病原菌的潜育期，但感病体系中只有潜育期的单峰. 抗病反应体系中双峰出现的时间点和峰高有差异，免疫反应的第一峰出现在接种后的第二天，近免疫到高抗反应的第一峰出现在第三天，但峰值较高，感病反应几乎没有此阶段的 NO· 爆发[21].

表 19.2 ESR 测定的 NO· 时间进程

时 间	洛夫林 10 与不同小种互作的 NO· 进程		
	条中 22-2(0)	条中 29-1(4)	条中 13-2(0；-1)
1 天	3.47±0.14	3.70±0.17	3.00±0.17
2 天	9.90±1.05	5.60±0.85	5.07±0.58
3 天	3.43±0.09	4.90±0.26	17.00±1.31
4 天	3.83±0.18	4.03±0.14	8.43±0.93
5 天	20.90±1.82	23.10±2.98	12.00±0.20
6 天	5.73±0.30	3.77±0.67	24.77±0.90
7 天	3.30±0.20	3.10±0.36	5.93±0.32
8 天	4.50±0.40	6.53±0.38	13.07±0.23
9 天	5.13±0.32	6.73±0.49	9.73±1.36

注：每个数据是三次重复的平均值.

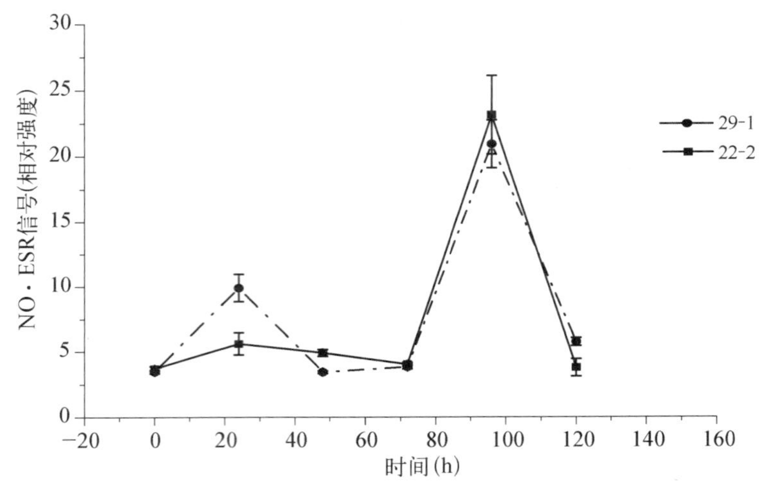

图 19.11 NO·在同一品种小麦不同反应型中产生的时间进程

从第一峰的趋势分析，免疫反应体系中 NO·信号峰启动得较早，在病菌侵入的早期即阻断了其进一步发展. 在近免疫到高抗的反应型中，尽管其体系中 NO·信号峰启动较免疫体系中晚一天，但其信号强，达到了前者的近两倍，在病菌定殖期遏制了病菌的顺利繁殖，该反应体系中出现了典型的过敏性坏死反应，病菌产孢量减少，感病反应在病菌侵入和定殖期均无 NO·信号的变化.[21]

NO·信号的第二个高峰出现在潜育期. 免疫反应和感病反应的第二个高峰均出现在接种后的第五天，由此可见免疫反应与感病反应 NO·信号的最主要区别在侵入期，侵入期 NO·信号的差异可能是决定病菌能否寄生的关键因素. 近免疫至高抗反应的第二峰出现的较前两者晚，在接种后的第六天出现，而且在两峰之间的 NO·信号都较同期前两者的高，这一时期的病菌和寄主处于对抗期，决定了显症期病斑和 HR 反应面积的大小.

病菌与寄主互作后，内源 NO·的动态变化依据抗性的不同在时间和强度上均有差异. 抗性最强的免疫体系 NO·信号最早出现在第一高峰，其次是高抗反应，感病反应几乎没有第一峰的出现. 而第二阶段显症时 HR 的 NO·信号达到了最大值，两峰之间的 NO·信号累积量最大.[22]

3. 外源 NO·在诱导抗病性中的作用

在小麦叶子上喷洒 NO·供体 SNP 可以在叶子中产生稳定浓度的 NO·. 不同浓度的 SNP（0.25 mmol/L、0.375 mmol/L、0.5 mmol/L、0.75 mmol/L、1.0 mmol/L、1.5 mmol/L、2.0 mmol/L）渗透一叶展平期的小麦叶片，分别于 1、3、5 天后接种不同的条锈菌小种单胞菌系，每种处理设置三个重复，在对照充分发病时调查各个处理病情指标.

洛夫林10对条中29小种的侵入呈现感病反应. SNP渗透处理叶片后,经过一定的诱导期,再接种该小种,寄主就表现出了很强的抗病性. 不同浓度的SNP处理的当天接种条中29小种,寄主与对照(清水处理)没有任何差异;而经过一定的诱导期后,寄主的抗性在一定范围内随浓度的增大而提高(表19.2). 从表中的数据可知, SNP处理的第二天接种条中29小种,虽然各个浓度的处理对病情指数都有一定程度的降低,但不同浓度区间却有很大的差异. 0.25 mmol/L的SNP处理一天后的寄主病情指数是80%,较对照降低了20%, 0.375~1.0 mmol/L的SNP处理的寄主病情指数比0.25 mmol/L降低了一半左右,在此浓度区间病情指数随浓度的变化没有明显的差异. 当浓度大于1.5 mmol/L时,病情指数显著降低. 诱导三天接种的病情指数随浓度变化的趋势与诱导一天相似,仍为三个浓度区间,但同诱导一天相比,只有低浓度的病情指数随诱导时间的增加下降了近20%,而其他浓度区间均无显著的差异,诱导五天的病情指数显著低于三天以前的,并且各浓度区间之间都有显著的差异,最小的病情指数只有对照的12.31%(图19.11). [22]

外源NO·的诱导时间和诱导剂量对抗病性的产生都有显著的影响. 在0.25 mmol/L的低浓度时,每个时间点有显著的差异,而0.375~1.0 mmol/L的浓度范围内,诱导三天以前对病情指数的影响没有显著差异,而第五天与前两个时间点的差异非常显著. 在1.5~2.0 mmol/L的浓度范围内,虽然在同一时间点对抗病性的提高显著高于0.375~1.0 mmol/L,但在前三天与时间没有明显的互作效应.

4. 外源NO·供体SNP对过敏性反应的影响

SNP渗透小麦叶组织后如不接种条锈菌或在渗透的当天接种条锈菌,则不出现过敏性坏死反应(HR)症状. 经过一定时间的诱导期,接种致病小种条中29号后,寄主表现出了典型的HR症状,并且SNP对HR的影响随外源NO·诱导剂量的增加和诱导时间的延长呈现减小的总趋势. 0.25 mmol/L的SNP诱导一天的HR面积是叶片总面积的22.22%,诱导时间每增加两天, HR坏死面积降低近10%. 在0.375~0.75 mmol/L浓度范围内, SNP诱导的HR强度随诱导时间的增加而降低. 大于1.0 mmol/L浓度的SNP对HR的诱导作用在三天内没有差异,而第五天HR发生的强度却显著地降低了.

如图19.12所示, HR是感病反应和抗病反应区别的主要表型特征,因为HR反应与病菌的受抑和防卫基因相联系. [23]对于小麦抗条锈的低反应型, HR是界定反应型程度的一项重要指标,免疫反应没有任何肉眼可见的HR症状. 从照片中可知,随诱导时间的增加, HR反应的面积在减小,但抗性却明显增加了(图19.12). 目前,普遍认为植物的过敏性细胞死亡是程序性细胞死亡(PCD)的一种形式. 动物和植物的PCD有许多相似的功能. [24] NOS抑制剂可以降低拟南芥和大豆细胞悬浮液由激发子和病菌引起的HR抗性反应. [25]小麦施加外源NO·诱导抗条锈性的实验结果表明, NO·不仅诱导了与HR相关的抗性反应,而且诱导了无HR反应的免疫反应,此机理值得进一步深入研究. [22]

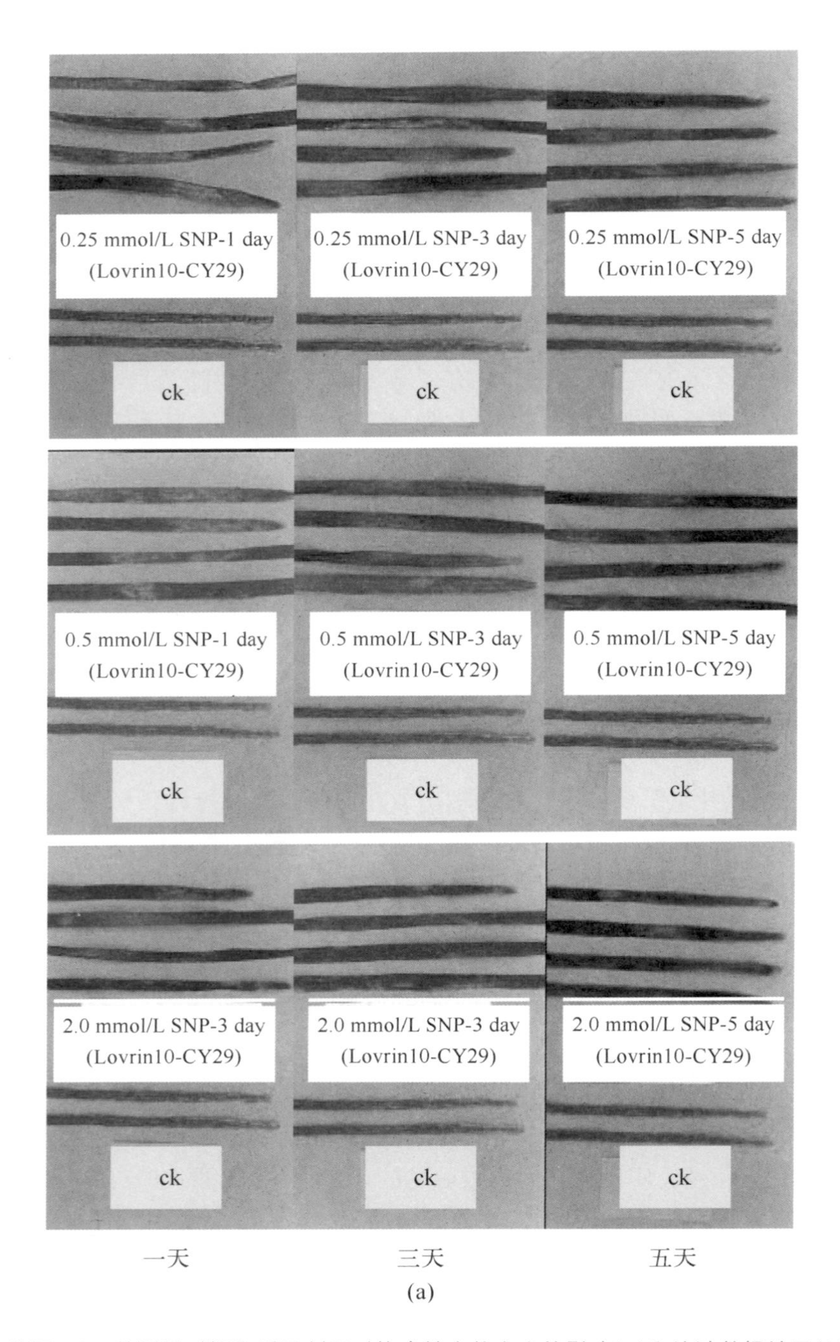

(a)

图 19.12　外源 NO・的诱导时间和诱导剂量对抗病性症状产生的影响(a)和统计数据结果(b)

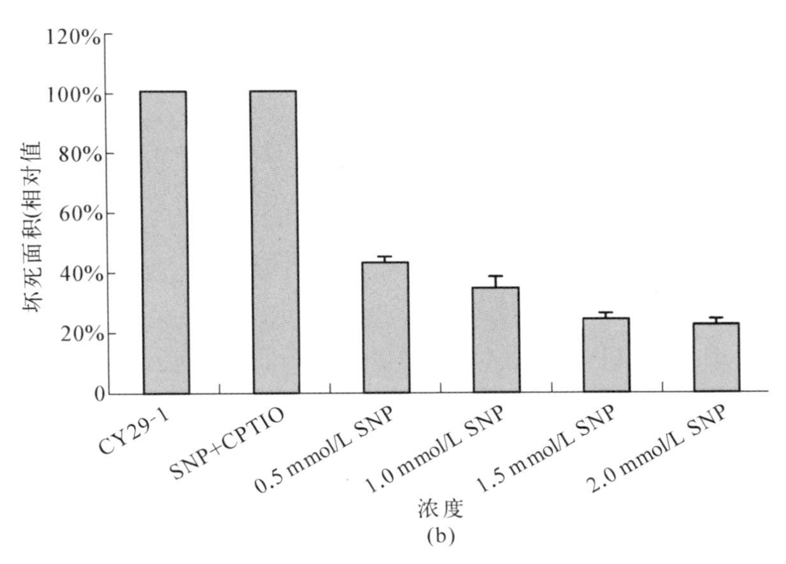

续图 19.12　外源 NO·的诱导时间和诱导剂量对抗病性症状产生的影响(a)和统计数据结果(b)

19.2.2　寡糖素与小麦抗条锈性的关系

寡糖素可以诱导小麦对条锈毒性小种的抗病性，而外源 NO·可以诱导小麦对条锈毒性小种的抗病性，此诱导机制与寡糖素诱导的抗病性是否有相关，以及对内源 NO·的影响是否相同还没有明确答案. 为此，笔者所在研究组又测定和研究了寡糖素诱导的抗病体系中内源 NO·的动力学变化和机理.[21]

小麦施加外源 NO·诱导抗条锈性的实验结果表明，NO·不仅诱导了与 HR 相关的抗性反应，而且诱导了 HR 的免疫反应. 寡糖素诱导的高抗反应呈现了典型的 HR，笔者所在研究组研究了这一反应与内源产生 NO·的关系和内源 NO·的动态变化趋势.

从表 19.3 和图 19.13 中可以看出，两个互作体系中 NO·在取样时间区间内的变化趋势不同. 对照株 NO·的时间进程总体呈现逐渐上升的态势，在显症期出现第一个高峰，而诱导处理的 NO·时间进程具有明显的双峰起伏. 第一峰出现在病原菌萌发后的侵入期，第二峰出现在病原菌定殖期[22]. 对照株内源 NO·的累积虽然在第二天和第五天增加幅度较大，但接种后前十天的所有时间点产生的 NO·为一条逐渐上升的曲线，第十天达到最大值，其后组织内产生的 NO·急剧下降. 寡糖素诱导处理后寄主产生的 NO·在接种后的第一天出现了第一峰，其后开始下降，到第三天达到最低值，随后再次上升，第七天达到第二个高峰，处理组的第二峰较对照组的峰值提前了三天.[21]

表 19.3 ESR 测定的内源 NO· 时间进程

时 间	洛夫林 10 与不同小种互作的 NO· 进程	
	对 照	免疫剂(50 ppm)
0.5 天	4.07±0.20	7.47±0.12
1 天	3.80±0.21	11.07±0.03
2 天	7.10±0.53	4.63±0.43
3 天	4.50±0.40	0.00±0
4 天	6.73±0.09	8.13±0.49
5 天	13.67±0.22	12.50±0.90
6 天	11.70±0.95	17.73±0.92
7 天	13.50±0.71	21.77±0.79
8 天	16.07±0.20	20.90±0.90
9 天	17.20±0.46	14.80±0.93
10 天	22.47±0.74	12.03±0.64
11 天	13.90±0.83	3.47±0.26
12 天	6.032±0.55	4.97±0.55

注：每个数据是三次重复的平均值；1 ppm = 10^{-6}.

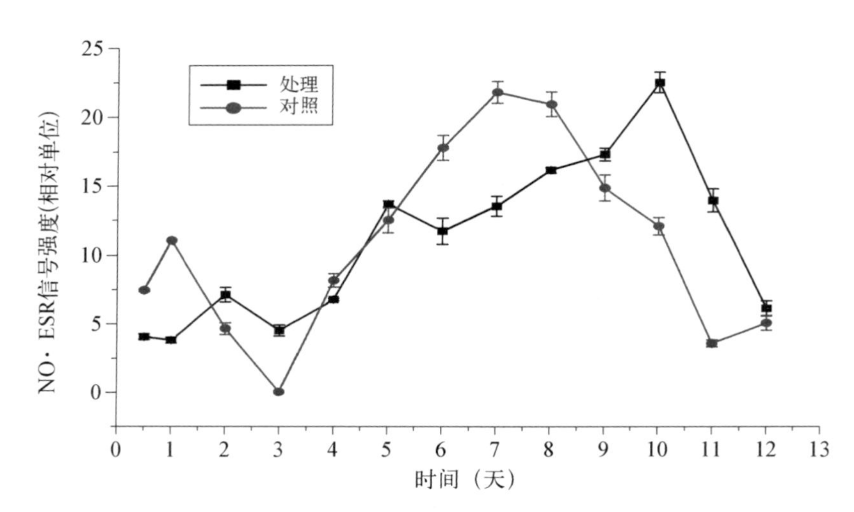

图 19.13 寡糖素诱导处理后寄主小麦产生的 NO· 的时间进程

(—■—)对照组产生 NO· 的时间进程；(—●—)寡糖素处理组产生 NO· 的时间进程.

病菌与寄主互作后，内源 NO· 的动态变化依据抗性的不同在时间和强度上均有差异. 从图 19.13 中可以看出，侵入期对照组未出现 NO· 累积峰，而抗病反应的 NO· 峰较潜伏期低. 潜伏期虽然对照组也出现了 NO· 高峰，但较处理组晚出现三天. 因此，诱导抗性反应与感病反应的差异有两点：其一是侵入期 NO· 峰的有无，其二是潜伏期 NO· 信号峰的强弱不同.由图 19.13 可以看出,寡糖素诱导处理后寄主小麦产生的感病情况明显比对照株减轻很多,表明寡糖素诱导处理产生的 NO· 参与了抗病反应.[22]

19.3 ESR 研究亚硝酸还原酶在高等植物中的作用

正如前面讨论的,在动物体内,一氧化氮合酶几乎是 NO· 的唯一来源,但是在植物中 NO· 的来源就复杂得多. Klepper 指出大豆叶中形成的 NO· 主要是结构型硝酸还原酶NR(cNR EC1.6.6.2)酶促 NO_2^- 转化成 NO·,[26]因为 cNR 对大豆(*leguminosae*)是唯一的,所以酶促产生 NO· 也就限制到这个家族.[27]在其他植物中,NO· 可能就不是酶促产生的.近来有证据表明,在植物中存在一个类似动物的 NOS.最近 Yamasaki 报道,从玉米苗分离的 NR 在溶液中可以催化 NO_2^- 生成NO·.[28]测量的从亚硝酸产生 NO· 的 K_m 是 300 μmol/L,比从硝酸产生 NO· 的高 5 倍(60 μmol/L),而且诱导型的亚硝酸还原酶(NiR)活性比 NR 高 4 倍.因此,在正常生理条件下,NR 催化 NO_2^- 产生 NO· 几乎是不可能的.与此同时,Mallick 发现 NR 在绿藻合成 NO· 提供底物(NO_2^-)中起着关键作用.[29]虽然由 NO_2^- 生成 NO· 的机理还不清楚,但它不依赖 NR 是确定的.本节是笔者所在研究组研究高等植物中 NO· 的来源得到的一些结果.

这里研究三个问题:一是植物中 NO· 的产生是否是酶促的;二是植物中产生 NO· 的主要通路;三是植物产生 NO· 的可能机理.笔者所在研究组对此进行了研究,并给出了可能的机理.

19.3.1 植物中 NO· 的产生是酶促的

以前人们认为植物中 NO· 是非酶促产生的,因为植物中不含有 NR.[30-39]为了研究这一结论的正确性,首先将小麦苗在沸水浴中加热 3 min,其中产生的 NO· 降低到对照组的 1.6%(图 19.14).另外一种方法就是把小麦苗在微波炉中(70 W)加热 15 s,产生的 NO· 降低到对照组的 2.3%.在芦荟和君子兰中也得到了类似的结果.这些结果表明,在非豆科植物中 NO· 的产生是酶促的.[7]

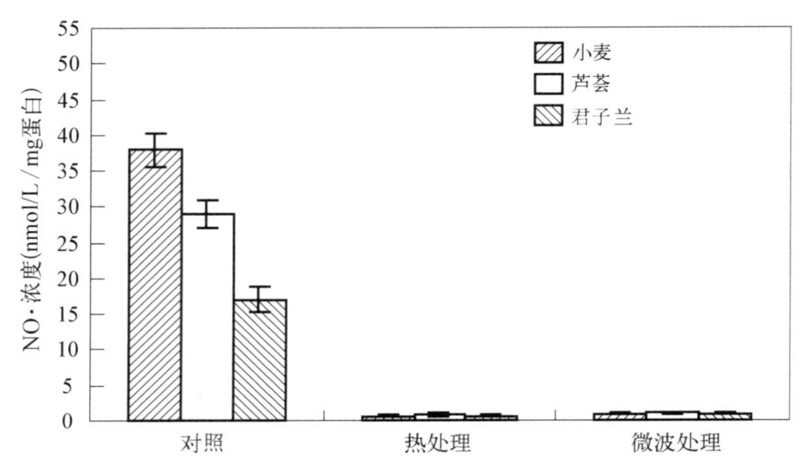

图 19.14　加热变性对小麦、芦荟和君子兰叶片中 NO· 含量的影响

19.3.2　植物中产生 NO· 的主要途径

为了研究 NR 活性与 NO· 产生的关系，本研究采用了缺 Mo 实验. Mo 是 NR 的辅助因子，如果将芽胚从第四天的麦苗中除去，用无 Mo 水浇灌 35 天，NR 活性降低约 74%，而 NO· 生成降低约 56%. 如果用正常含 Mo 的溶液在收获前 12 h 代替无 Mo 溶液，NO· 的产生和 NR 活性几乎恢复至正常(图 19.15). 这一结果表明，NR 活性与 NO· 的产生关系密切.[9]

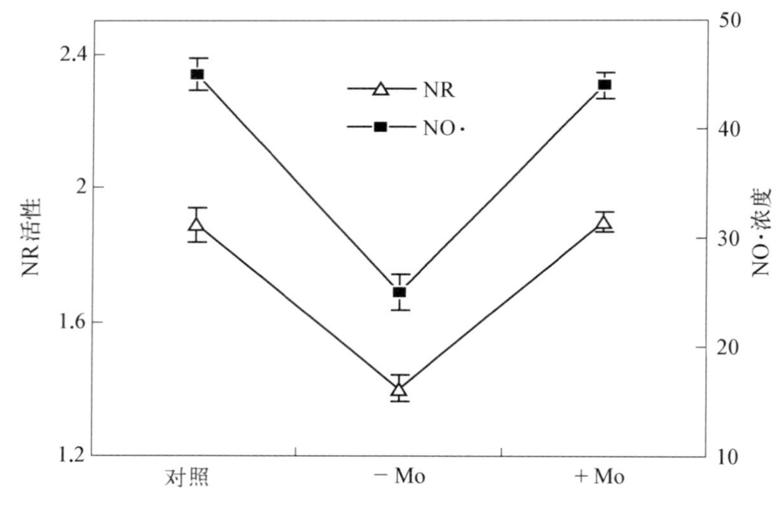

图 19.15　生长在无 Mo(－Mo)和在介质中再加入 Mo(＋Mo)对小麦 NR 活性和 NO· 含量的影响

Mo 辅因子对 NR 的催化活性是必不可少的.为了进一步研究 NR 活性与 NO・产生的关系,笔者所在研究组做了 Na_2WO_4 实验,结果发现,W 可以取代 Mo 防止形成活性 Mo 辅因子,从而抑制 NR 活性.图 19.16 表明,随 Na_2WO_4 浓度的增加,NR 活性和 NO・的产生都明显减少.当 Na_2WO_4 浓度为 41 mmol/L 时,就可以完全抑制酶的活性,产生的 NO・大约减少了 89%,这表明麦苗提取物中 NR 是 NO・产生的主要酶.[9]

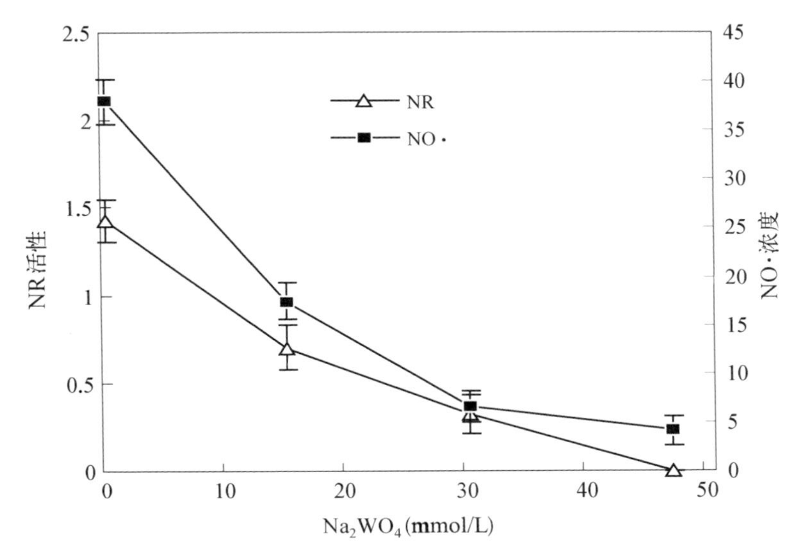

图 19.16 生长在无 Na_2WO_4 和在介质中再加入 Mo(+Mo)对小麦 NR 活性和 NO・含量的影响

有文献报道,KNO_3 可以诱导 NR 基因表达,[40] 如果在第二天将麦苗的芽胚除去,用双蒸水浇灌小麦 6 天,这时 NR 活性约降低到对照组的 22%,产生的 NO・约降低到 12%.如果在收获之前用 1 mmol/L KNO_3 代替双蒸水 10 h,NR 活性大幅度增加,这一结果与玉米培育细胞的 NR 产生 NO・的结果很类似(图 19.17).这表明,小麦苗中产生的NO・主要是通过 NR 催化的.

光是诱导 NR 基因表达的另一个因素,NR 在黑暗中将快速分解,[23] 与对照组相比,NO・的产生和 NR 活性在暗处都明显减少.如果将麦苗在暗处保持 54 h,NO・产生和 NR 活性分别降低约 16%和 26%.如果再将这些麦苗转移到光照下 20 h,NO・产生和 NR 活性将可以恢复到正常水平(图 19.18).这一实验结果清楚地表明,在小麦苗中 NR 催化是 NO・产生的主要途径.[7-9]

以上用 ESR 和生物化学方法得到的结果表明,NR 活性是在两个水平上控制的:一是 NR 基因表达控制 NR 蛋白水平,二是蛋白调节 NR 活性.虽然这些结果表明小麦苗中产生的 NO・主要是通过 NR 催化产生的,但并不是唯一途径. Mallick 发现亚硝酸是水藻产生 NO・的最终底物,而精氨酸不是,[28] 也许高等植物进化到了更高级的产生 NO・的机制.

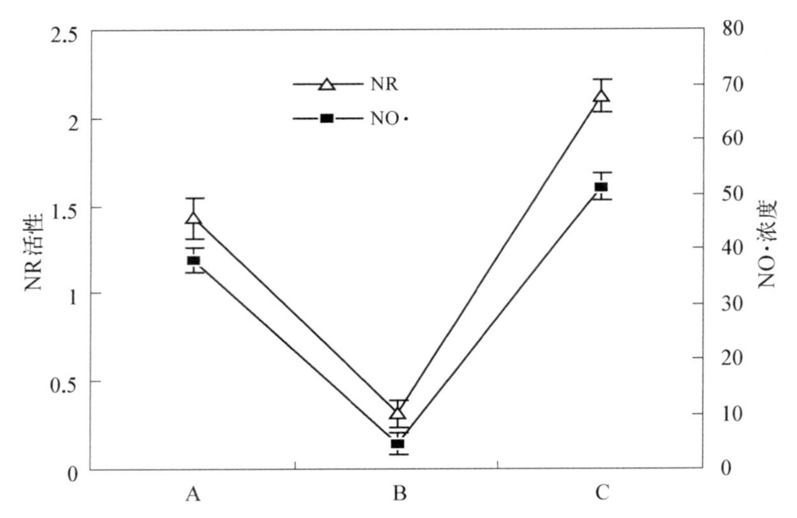

图 19.17 用 1 mmol/L KNO_3 代替双蒸水 10 h 处理对小麦 NR 活性和 NO· 含量的影响

A,正常生长液;B,双蒸馏水;C,1 mmol/L KNO_3 代替双蒸水.

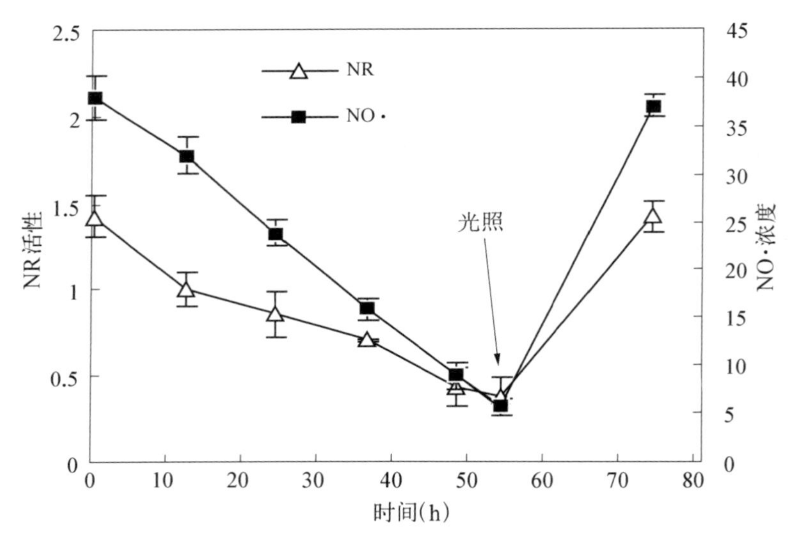

图 19.18 用光和黑暗处理对小麦 NR 活性和 NO· 含量的影响

19.3.3 植物产生 NO· 的可能机理——从 NO_2^- 到 NO·

硝酸吸收的第一步是还原成亚硝酸,这也可能是其限速步骤. NO· 可以通过非酶途径从 NO_2^- 经过光调节由类胡萝卜素产生[27],也可以在酸性条件下经过化学还原产生[25]. 以上初步实验证明，NO· 可以由 NO_2^- 经过酶或非酶途径产生. 小麦苗先在正常溶液中生长 6 天，然后转移到1 mmol/L $NaNO_2$在暗处生长 10 h，测量产生的 NO·，发现 NO· 产生明显增加(图 19.19 中 B)，而且表明植物中的 NO_2^- 浓度是产生 NO· 主要限制因素. 如果用加热或微波处理小麦苗，NO· 产生明显降低(图 19.19 中 C,D)，这表明从 NO_2^- 到 NO· 主要是酶促反应. 当麦苗生长在比正常高 3 倍 Cu^{2+} 溶液中 15 h，然后再转移到暗处的1 mmol/L $NaNO_2$中10 h，NO· 产生明显增加(图 19.19 中 F). 经过这样处理 NR 和 NiR 活性分别降低 17.3%和 15.4%，这一结果表明 NR 和 NiR 没有催化从 NO_2^- 到NO· 的反应. 这一结果与大豆的结果不同但与绿藻的结果一致.[7]

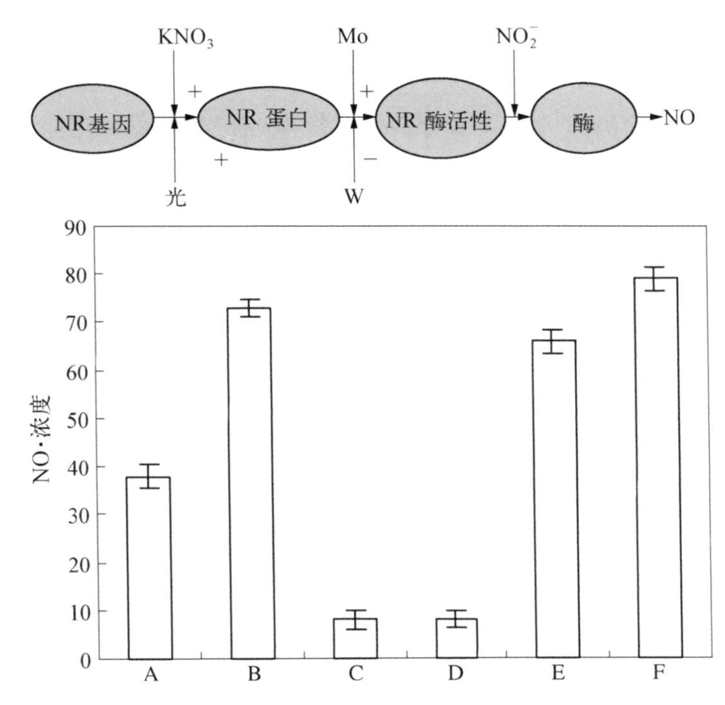

图 19.19 $NaNO_2$ 和不同条件对植物产生 NO· 的影响

小麦在正常生长液中培养 6 天(A、B、C、D)、在 3 倍 Cu^{2+} 的正常生长液中培养 15 天(F)，然后转移到暗室中 1 mmol/L $NaNO_2$ 下生长 10 h(B)，或在沸水 3 min(C)或在微波中(能量 70 W)处理 45 s(D).

根据这一结果，可以假定在高等非豆科植物中 NO· 产生的途径如下：

NR 在提供 NO_2^- 方面发挥关键作用，也是产生 NO· 的限制因素. 虽然由 NO_2^- 转化到 NO· 主要是酶促过程，但是在生理条件下 NR 和 NiR 都不催化这一转化. 由 NO_2^- 到 NO· 的机理还不清楚.[7]

硝酸盐的吸收是很多植物和微生物供氮的主要途径，因为硝酸盐还原是限速步骤，NR 被认为是氮吸收代谢的关键酶.[29] NR 主要是由复合物转录和过转录调控的. NR 的分解是快速的，在暗处 6 h 酶活性就丧失一半.[30] 目前，还不清楚为什么植物需要这样多的体系去调节 NR. NO· 是生理调节的信号分子，根据以上结果，可以假定植物之所以具有这样多的 NR 调节体系，可能是因为这个酶既要调控氮代谢，又要调控 NO· 信号代谢. 供应硝酸盐可以导致合成更多的氨基酸和蛋白质，增加植物生长，还能改变碳代谢，包括增加有机酸水平，减少淀粉水平，改变植物激素水平，以及改变分配和物候学，如减少根尖比，改变根的结构，推迟开花、结果和衰老. 这些远端的改变说明氮和硝酸盐对调节代谢和发育起到关键的信号调控作用，也说明硝酸盐可逆诱导 NR 基因表达，[31]然后，NR 又通过 NO· 调节生理过程.

19.4 ESR 研究 NO· 在植物分化和退分化中的作用

NO· 可以抑制植物细胞的坏死并延缓组织的衰老，与生长素（IAA）诱导的营养生长相关. 组织的分化与退分化是否与自由基的产生相关，激素诱导的组织分化和退分化与自由基的相关性如何，需要深入研究. 外源激素诱导拟南芥组织退分化的实验结果显示，激动素诱导的组织退分化与内源 NO· 的产生呈正相关性，而与外源生长素呈负相关性. 在退分化程度越高的组织中，NO· 的产生量越高，相应的 ROS 的产生量越低；相反，在分化程度越高的组织中，ROS 的产生量越高，而相应 NO· 的产生量越低. 一般认为，单独的外源 NO· 不能诱导组织的退分化，而 NO· 清除剂可以抑制外源激素诱导的组织退分化. 因此 NO· 强化了激动素诱导的组织退分化，而非诱导了组织的退分化，本节就这一问题进行讨论.[30-35]

19.4.1 外源激素对植物发育和退分化的影响

以不同比例的激动素（BA）和生长素（IAA）处理拟南芥的愈伤组织，结果发现，当激动素与生长素的比例大于 4 时，可以诱导分生组织的退分化，而当比例小于 0.1 时，分化组织正常生长，当比例介于其间时，退分化和分化的生长都受到抑制.

笔者所在研究组对分生组织、分化组织和生长受抑制的组织内源 NO· 进行了测定，结果发现，激动素的比例越高，内源 NO· 产生得越多，与外源激动素呈正比关系. 外源激动素可以促进内源 NO· 的产生. NO· 的组织定位结果显示，退分化生长正常的组织中 NO· 的荧光最强，其次是分化受抑制的组织，正常生长的根中 NO· 的荧光强度最弱.

不同激素处理的内源 ROS 的测定结果表明，总的 ROS（反应体系未加 SOD）在退分化的分生组织中没有显著的差异，而与正常的分化组织相比差异较大，分化组织中的 ROS 显著高于退分化的分生组织. 激动素与生长素的比例大于 0.2 时，ROS 的含量较低，而当其比例小于 0.2 时，ROS 的含量较高. 在 ROS 反应体系中，加入 SOD 后的所有体系的测定值均为 0，说明在分生组织和分化组织中，活性氧主要是 $\cdot O_2^-$. 从不同处理的组织中NO·与 ROS 的比例发现，不同的激素比例之间 NO/ROS 存在显著的差异. 激动素所占比例越高，NO·与 ROS 的比值就越大；反之，生长素所占的比例越高，NO·与 ROS 的比值就越小. 外源激素与内源自由基的比例关系说明，退分化程度越高的组织，也就是分化潜力越大的组织，NO·的产生就越多；而分化程度越高的组织，相对于未分化的组织，NO·产生的量相对较少，但活性氧的产生量相对较高.

为了进一步确定 NO·与拟南芥的分化和退分化的关系，用外源的 NO·供体诱导组织的分化和退分化. 结果显示，当 IAA 和 BA 的比例为 1/10 时，可以诱导组织正常的退分化，如果加入 NO·清除剂 CPTIO，随着 CPTIO 浓度的增加，组织退分化受到抑制. 当CPTIO 的浓度达到 0.2 mmol/L 时，组织不能进行正常的退分化，营养生长衰竭，组织黄化死亡，生殖生长不能正常开花，发育受到抑制. 用一定浓度的外源 NO·处理而不加激素时，不能诱导组织的退分化，只能促进组织的生殖生长. 结果表明，NO·可以促进激素诱导的退分化生长，而不能单独诱导组织的退分化. 对已经分化的组织，有利于生殖生长的发育，可以强化组织的开花结果.

激素与拟南芥组织分化与退分化的研究结果表明，当激动素与生长素的比例大于 4 时，可以诱导分生组织的退分化，而当比例小于 0.1 时，分化组织正常生长，当比例介于其间时，退分化和分化的生长都受到抑制. 在退分化的组织中，外源激动素的比例越高，内源 NO·产生得越多，与外源激动素呈正比关系，外源激动素可以促进内源 NO·的产生. NO·的组织定位也支持这一结果，退分化生长正常的组织中 NO·的荧光最强，其次是分化受抑制的组织，正常生长的根中 NO·的荧光强度最弱. 这充分肯定了 NO·与组织的分化密切相关，外源激动素诱导的退分化组织中有很强的 NO·产生，NO·可能在植物中作为信号分子调控了植物的生长发育. 将玉米的根培养在不同的 NO·供体的培养基上，结果发现 NO·诱导了根的扩展，而且与 NO·的浓度有关. NO·清除剂可以阻止 NO·诱导的扩展，但不能阻止 IAA 诱导的根的扩展. 结果表明，NO·可能是根伸长的诱导因子，而且在信号传导途径中享有共同的通路，因为 NO·和 IAA 诱导了共同的植物反应.[32]

NO·对植物分化的调控与 ROS 相关，NO·通过抑制过氧化物酶而抑制了植物的组织分化.[33]笔者所在研究组的实验结果揭示了激素诱导的组织分化与 NO·和 ROS 比例的关系. 不同激素处理的内源 ROS 的结果表明，总的 ROS 在退分化的分生组织中没有显著差异，而与正常的分化组织相比差异较大，分化组织中的 ROS 显著高于退分化的分生组织. 当激动素与生长素的比例大于 0.2 时，ROS 的含量较低；而当两者比例小于 0.2 时，ROS 的含量较高. 这一结果预示在一定的条件下激动素所占比例越高，NO·与 ROS 的比值就越大，反之，生长素所占的比例越高，NO·与 ROS 的比值就越小. 这与国外报道的高浓度的外源 NO·处理植物后可以逆转依赖于 ROS 的细胞死亡相一致，这一研究结果认为，在 SNP 的浓度达到 10 mmol/L 时，完全终止了细胞的死亡.[34] 因此，

NO·与 ROS 的平衡是调控植物发育的关键.

外源 NO·供体诱导组织分化和退分化的结果显示,当 BA 与 IAA 的比例高于 10 时,可以诱导组织正常的退分化,如果加入 NO·清除剂 CPTIO,随着 CPTIO 浓度的增加,组织退分化受到抑制,当 CPTIO 的浓度达到 0.2 mmol/L 时,组织既不能进行正常的退分化,也不能正常分化发育,组织的营养生长衰竭,生殖生长不能正常开花,发育受到抑制.用一定浓度的外源 NO·处理而不加激素时,不能诱导组织的退分化,只能促进组织的生殖生长.结果表明,NO·可以促进激素诱导的退分化生长,而不能单独诱导组织的退分化.对已经分化的组织,有利于生殖生长的发育,可以强化组织的开花结果.NO·在成熟的果实中含量远高于未成熟的果实.[35]在快速生长的豌豆叶片中加入外源 NR 底物的结果表明,一定浓度的 NO·可以促进叶片的扩展,同时也表明在正常的生理体系中,NO·的产生与 NR 活性相关.[36-37]

19.4.2 拟南芥的先天免疫:脂多糖活化 NOS 和诱导防护基因

Zeidler 等人用激光共聚焦显微镜,观测了 LPS 诱导 NO·产生爆发的时间进程(图 19.21).拟南芥细胞用 NO·指示剂绿荧光染料(DAF-FMDA)处理,再用缓冲溶液或 LPS(图 19.21(a))处理,发现的 LPS 诱导 NO·爆发随时间而增加.用 ESR 自旋捕集技术检测 LPS 诱导拟南芥细胞产生的 NO·也有明显增加,和用 NO·供体 SNP 所得到的结果几乎一致.用荧光技术观测 LPS 处理拟南芥细胞产生的 NO·爆发用激光共聚焦显微镜观测的结果也是一致的,用 NOS 和 NR 抑制剂对 LPS 处理拟南芥细胞产生的 NO·爆发有明显抑制作用.[38-40]

NOS 突变体 AtNOS1 明显提高拟南芥对 Pst DC3000 的感病性.从野生型和 AtNOS1 突变植株用 Pst DC3000 病菌或水喷洒 2 天和 5 天后(图 19.20)可以看出,突变植株比野生型明显,5 天比 2 天明显.用从叶子上收集的 Pst DC3000 菌落的数量表示感染 2 天和 5 天后的症状,也证明了突变植株比野生型明显.这说明 NO·在抵御病菌感染中发挥重要作用.

19.5 ESR 研究植物中的 ROS

ROS 作为电子转移过程的副产品在植物细胞中产生.ROS 虽然高度氧化并且对一系列生物分子具有潜在损害,但细胞存在一套维持氧化还原平衡的 ROS 清除抗氧化策略.在细胞应激导致ROS水平升高的情况下，这种平衡可能会被破坏，这可以作为有用的应激信号，但ROS过量会导致细胞损伤和细胞死亡.农作物会因气候变化而受到更大程度的多重压力，科学家们正在努力培育具有更大抗逆能力的植物.因此，通过测量ROS本身和其他氧化还原失衡指标，来了解支撑ROS介导的信号传导和损伤的途径非常重要.ROS的高反应性和瞬态性质使得实现这一目标具有挑战性，特别是以特定于单个ROS成分的方式就更困难.在本工作中，描述了目前可用于植物细胞和组织中ROS和氧化还原标记物测量的化学和生物工具和技术的范围；并讨论了当前方法固有的局限性和优越性.[41]

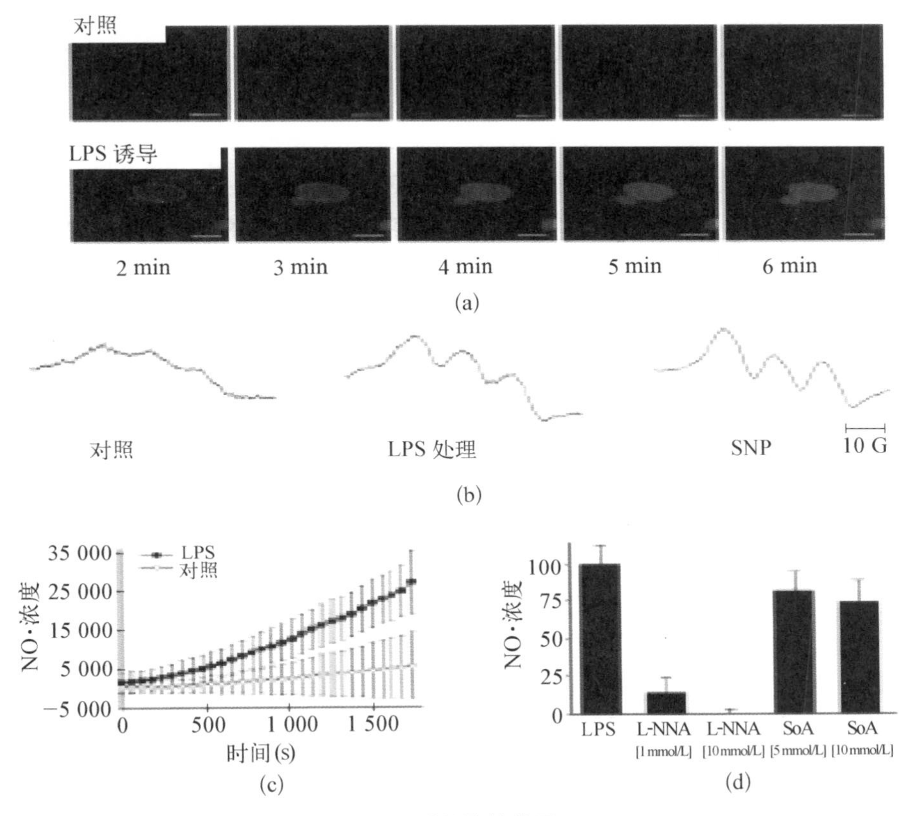

图 19.20 拟南芥的先天免疫：LPS活化NOS和诱导防护基因

(a) 用激光共聚焦显微镜观测的LPS诱导NO·产生爆发的时间进程，拟南芥细胞用NO·指示剂绿荧光染料(DAF-FMDA)处理，再用缓冲溶液(上)或LPS(下)处理.(b) 用ESR检测LPS诱导拟南芥细胞产生的NO·.(c) 用荧光技术观测LPS处理拟南芥细胞产生的NO·爆发.(d) NOS和NR抑制剂对LPS处理拟南芥细胞产生NO·爆发的影响.

ESR显微成像方法可以用于微米级分辨率在活细胞的直接环境中对氧气水平进行三维映射.氧气是生命循环中重要的分子之一，它是线粒体中氧化磷酸化的末端电子受体，并用于生产活性氧.氧气的测量对于研究线粒体和代谢功能、信号通路、各种刺激的影响、膜通透性和疾病分化非常重要.因此,氧气消耗是细胞代谢的信息标志,广泛适用于从线粒体到细胞再到整个生物体的各种生物系统.由于其重要性,我们已经开发了许多用于测量实时系统中氧气的方法.由于目前提供的高分辨率氧成像的尝试主要基于光学荧光和磷光方法,而它们采用具有高光毒性和低氧灵敏度的探针,因此无法提供令人满意的结果.ESR 测量样品中外源顺磁探头的信号,可以非常准确地测量氧浓度.在典型情况下,ESR 测量绘制探头测试得到的线形展宽和/或弛豫时间缩短,这些线形与局部氧气浓度直接相关(氧气是顺磁性的,因此,当与外源顺磁探头碰撞时,它会缩短其弛豫时间).传统上,这些类型的实验是用低分辨率、毫米级的 ESR 技术进行测量的,用于小动物成像.这里展示了如何在微米尺度上进行 ESR 成像,以检查小型活体样品.ESR 显微成像是一种相对较新的方法,可以在室温下采集分辨率接近 1 μm 的空间分辨 ESR 信号.该方法的主要目的是获得小型活体样品中的氧水平图谱.例如,在 30 μm×30 μm×100 μm 的空间分辨率下,每个体素具有接近微摩尔的氧浓度敏感性和亚飞摩尔绝对氧灵敏度.使用 ESR 显微成像在细胞附近进行氧映射,补充了目前可用的基于微电极或荧光/磷光的技术.此外,使用适当的顺磁探针,很容易得到细胞内氧微成像,这是其他方法难以实现的功能.[42]

活体生物标本中短寿命活性氧(如·O_2^-)的检测、定量和成像一直具有挑战性和争议性.基于荧光的方法是非特异性的,ESR 自旋捕集方法需要高探针浓度,并且缺乏足够的图像分辨率.在这项工作中,研究者将一种新颖的、灵敏的小型 ESR 成像谐振器与稳定的自旋探针一起使用,该探针与具有高反应速率常数的超氧化物发生特异性反应.这种基于 ESR 自旋探针的方法用于检查由顶叶损伤而在植物根部产生的超氧化物.研究者测量了两次全氯三苯基甲基三羧酸自由基(PTM-TC)在整个植物的 CW ESR 信号,结果发现,来自植物自旋探针的信号在 30 min 内没有显示出明显的变化.这些实验在 10 多种植物上重复进行,并在 60 min 内显示出相似的结果.移除植物,然后用 ESR 管中残留的水重复测量,仍然会产生一些小信号,这意味着自旋探头可以扩散出植物 PTW-TC.这在其他实验中得到了验证:植物首先被孵育,以测量出良好的信号;然后,在水中放置 30 min,这导致植物的信号大量损失(50%~70%),并伴随着浅红色棕褐色的消失,这表明存在 PTM-TC.这些结果表明,自旋探针迅速渗透到植物的细胞外空间.在植物组织损伤后,产生超氧化物,损伤部位以及根部远端的 ESR 信号迅速下降.这归因于超氧化物的产生,因此该实验提供了一种量化植物中超氧化物水平的方法.自旋探头的窄单线 ESR 光谱与灵敏的成像谐振器一起,有助于定量测量小生物样品(如植物根部)中的超氧化物,以及沿根部长度的一维成像.这种方法可用于解决植物生物学中涉及超氧化物产生的许多问题.[43]

由于活性氧对植物的许多基本生物过程很重要,因此在体内检测活性氧的特定和灵敏技术至关重要.特别是,很少有研究分析生物反应中·OH 的形成.研究结果表明,自旋捕集 ESR 波谱可以检测和定量估计单个黄瓜幼苗根系内·OH 的产生.通过改变完整幼苗在 ESR 波谱仪谐振腔内的位置,可以将·OH 产生地点定位到根的生长区.自旋捕集

ESR 技术为分析小组织样品中高分辨率的体内・OH 的产生提供了有价值的工具.[44]

19.6 ESR 研究植物中的抗氧化剂

采用 ESR,对 20 种不同药材的根、茎、皮质、果实、果皮、花、穗、叶和全株组成的干燥草药样品进行了研究,用 γ 射线照射处理.使用^{60}Co 辐照器在 0~50 kGy 下照射样品,应用脉冲光致发光(PPSL)测量作为快速筛选方法.结果表明,19 种不同草药的对照样品的光子计数小于下限阈值(700 计数/60 s).未辐照铁线莲与辐照吴茱萸和栀子果实的光子计数介于下限和上限阈值之间(700~5000 计数/60 s).在所有未辐照样品中,热释光(TL)比率,即第一次辉光(TL1)/第二次辉光(TL2)的积分综合面积小于 0.1,在辐照样本中高于 0.1,从而明确证明了放射治疗的有效性.ESR 波谱可以作为替代的快速方法应用.在大多数辐照样品中,主要检测到辐射诱导的纤维素、糖和相对复杂的碳水化合物自由基的 ESR 信号.除了一个强烈的单线谱,没有观察到辐照的黄芩、黄芩根及艾蒿叶的辐射特异性 ESR 信号.[45]

为了发现新的抗氧化天然化合物,研究者筛选了 7 种生长在法国的植物.在这些植物中,以被广泛研究的葡萄作为参考.对于每个植物,使用 5 种极性增加的溶剂(己烷、氯仿、乙酸乙酯、甲醇和水)实现顺序渗透.使用 ESR 光谱法检查了不同系统对自由基清除作用.这些测定基于对稳定的自由基 1,1-二苯基-2-三硝基肼(DPPH)发生 Fenton 反应产生的・OH,以及 X/XO 系统产生的・O_2^- 消除作用.对 B16 黑色素瘤细胞的抗增殖行为进行了研究,ESR 结果表明,与葡萄参考相比,三种植物(*castanea sativa*、*filipendula ulmaria* 和 *betula pendula*)对于极性最强的组分(存在酚类化合物)具有较高的抗氧化活性.龙胆是唯一一种对乙酸乙酯和氯仿馏分具有羟基清除活性的植物.抗增殖实验的结果表明,这三种植物清除自由基是最有效的,但非极性部分(氯仿和己烷)除外.[46]

黄龙胆是一种草药,由于其助消化等特性功效而在传统医学中被长期使用.本实验利用 ESR 波谱,研究了两种不同体系中黄龙胆叶和根甲醇提取物的自由基清除活性.测定基于稳定的 DPPH 和 X/XO 系统产生的・O_2^-.研究者将龙胆甲醇提取物的结果与合成抗氧化剂丁基化羟基苯甲醚(BHA)的抗氧化能力进行比较,研究证明,黄色龙胆叶和根表现出相当大的抗氧化特性,这可以通过它们清除 DPPH 或・O_2^- 的能力来表达.[47]

一项研究测定了苜蓿磨粉的抗氧化潜力:其叶子可作为活性提取物的新来源,研究者通过 ESR 测定了由水、甲醇和乙酸乙酯提取物释放的不同馏分抑制稳定自由基 2,2-二苯基-1-吡啶基-肼基、・O_2^- 和・OH 的能力,分析了它们的清除潜力与酚类化合物的含量.结果表明,在不同提取物中,最有效的是乙酸乙酯级分 A6,其含有高水平的总酚类化合物(29.1 g/100 g).因此,我们进行了不同的提取程序,以浓缩新的苜蓿叶提取物(CSLE)中的A6活性化合物.与参考抗氧化剂(槲皮素和维生素E)和标准提取物(碧萝芷,来自法国松树皮和葡萄马克提取物)相比,观察到A6和CSLE具有很高的抗氧化潜力,至少相当于参考化合物的抗氧化潜力.[48]使用ESR波谱,在DPPH自由基上测试了一些水果和花卉提取物,以及它们用作果茶的复杂配方的自由基清除特性.采用分光光度法,测定了植物材料中花青素和黄酮类化合物的含量.发现最有效的DPPH自由基清除剂是从野樱桃科、桃金娘和玫瑰果茶中提取的,其清除活性与花青素和黄酮含量之间没有简单的相关性.这个结果可以通过表征儿茶素和抗坏血酸的存在来合理化.[48-49]

植物酚类化合物如类黄酮和木质素前体是人类饮食的重要组成部分.这些膳食植物酚类物质在很大程度上被认为是有益的抗氧化剂,可以清除有害的活性氧,包括 $\cdot O_2^-$、H_2O_2、$\cdot OH$ 和 $^1O_2$.本节回顾了目前对植物细胞中酚类物质的抗氧化和促氧化作用的理解.在植物系统中,酚类物质可以作为抗氧化剂通过向愈创木酚型过氧化物酶(GuPX)提供电子,以清除氧化应激条件下产生的 H_2O_2.由于这种酶促和非酶促抗氧化反应,形成以苯氧基自由基为主要氧化产物.直到最近,苯氧基自由基还很难通过静态ESR检测,因为它们会迅速转变为非自由基产物.Zn的应用对苯氧基自由基具有自旋稳定作用,能够分析自由基的形成和衰变动力学.苯氧基自由基的ESR信号被单脱氢抗坏血酸自由基还原酶消除,这表明苯氧基自由基与抗坏血酸自由基一样,被酶促循环到母体酚类物质中.因此,植物细胞中的酚类物质可以形成相当于抗坏血酸的抗氧化系统.与它们的抗氧化活性相比,植物酚类物质在某些条件下也有可能作为促氧化剂.例如,类黄酮和二羟基肉桂酸可以通过在Cu和 O_2 存在下产生自由基使DNA断裂.苯氧基自由基也可以引发脂质过氧化.最近的研究发现,Al、Zn、Ca、Mg和Cd可以刺激苯氧基自由基诱导脂质过氧化,还发现了苯氧基自由基促氧化剂活性在自旋稳定剂延长寿命方面的机制.[50]活性氧与一系列人类病理性疾病有关,如动脉粥样硬化和某些癌症.据报道,类黄酮表现出各种生物活性,包括抗氧化和自由基清除活性.对从大麦叶、大豆和一些药用植物、水飞蓟、苦参、肉桂、麻黄和黄芩中提取的几种类黄酮,测试了其对DPPH自由基的清除活性.构效关系表明,羟基的数量和位置可能对于介导黄酮类的有效活性都很重要.[51-52]

参考文献

[1] Dangl J. Plants just say NO to pathogens[J]. Nature, 1998, 394: 525-527.

[2] Delledonne M, Xia Y, Dixon A, et al. Nitric oxide functions as signal in plant disease resistance [J]. Nature, 1998, 394: 585-588.

[3] Delledonne M, Zeier J, Marocco A, et al. Signal interactions between nitric oxide and reactive oxygen intermediates in the plant hypersensitive disease resistance response[J]. PNAS, 2001, 98: 13454-13459.

[4] Bradley D J, Kjellbom P, Lamb C J. Elicitor and wound-induced oxidative cross-linking of a proline-rich plant cell wall protein: A novel, rapid defence response[J]. Cell, 1992, 70: 21-30.

[5] Guo F Q, Okamoto M, Crawford N M. Identification of a plant nitric oxide synthase gene involved in hormonal signaling[J]. Science, 2003, 302: 100-103.

[6] Chandok M R, Ytterberg A J, Wijk K J V, et al. The pathogen-inducible nitric oxide synthase (iNOS) in plants is a variant of the P protein of the glycine decarboxylase complex[J]. Cell, 2003, 113: 469-482.

[7] Xu Y C, Cao Y L, Guo P, et al. Detection of nitric oxide in plants by electron spin resonance [J]. Phytopath, 2004, 94: 402-407.

[8] Cao Y, Guo P, Zhao B L. Simultaneous detection of NO and ROS by ESR in biological system [J]. Method. Enzym., 2005, 396: 77-83.

[9] Xu Y C, Cao Y L, Guo P, et al. Technique of detection of NO in plants by ESR spin trapping [J]. Method. Enzym., 2005, 396: 84-92.

[10] Guo P, Cao Y L, Li Z Q, et al. Role of an endogenous nitric oxide burst in the resistance of wheat to stripe rust[J]. Plant Cell Environ., 2004, 27: 473-477.

[11] Cao Y, Chen Y, Wan Q, et al. Three-dimensional electron spin resonance imaging of endogenous nitric oxide radicals generated in living plants[J]. Biophysics Reports, 2018, 4(3): 133-142.

[12] Li Z F, Zheng T C, He Z H, et al. Molecular tagging of stripe rust resistance gene YrZH84 in Chinese wheat line Zhou 8425B[J]. Theoretical & Applied Genetics, 2006, 112(6):1098-1103.

[13] Johnson R, Jenkyn J F, Plumb R T. Durable disease resistance: In Strategies for control of cereal diseases[M]. Oxford: Blackwell, 1981.

[14] Joshi A K, Mishra B, Chatrath R, et al. Wheat improvement in India: present status, emerging challenges and future prospects[J]. Euphytica, 2007, 157(3):431-446.

[15] 李振歧,曾士迈.中国小麦锈病.北京:中国农业出版社,2002.

[16] Sanz L, Albertos P, Mateos I, et al. Nitric oxide (NO) and phytohormones crosstalk during early plant development[J]. J. Exp. Bot., 2015, 66(10): 2857-2868.

[17] Bethke P C, Libourel I G, Reinöhl V, et al. Sodium nitroprusside, cyanide, nitrite, and nitrate break Arabidopsis seed dormancy in a nitric oxide-dependent manner[J]. Planta, 2006, 223(4): 805-812.

[18] Mariod A A, Salama S M. The efficacy of processing strategies on the gastroprotective potentiality of chenopodium quinoa seeds[J]. The Scientific World Journal, 2020, 28: 6326452.

[19] Schmidt H H H W, Walter U. NO at work[J]. Cell, 1994, 78: 919-925.

[20] Nathan C. Natural resistance and nitric oxide[J]. Cell, 1995, 82: 873-876.

[21] 郭萍,李落叶,曹远林,等.NO在寡糖素诱导的小麦对条锈菌的SAR中的时序性[J].生物化学

与生物物理进展,2002,29:786-789.

[22] Beligni M V, Laxalt A M, Lamattina L. Putative role of nitric oxide in plant-pathogen interactions[M]. London, UK: Portlan press, 1997.

[23] Huang J S, Knopp J A. Involvement of nitric oxide in Ralstonia solanacearum induced hypersensitive reaction in tobacco[M]. Versailles, France: INRA, 1997.

[24] Goodman R N, Novacky A J. The Hypersensitive reaction in plants to pathogens[M]. St Paul: APS Press, 1994.

[25] D'silva I, Poirier G G, Heath M C. Activation of cysteine proteases in cowpea plants during the hypersensitive response-a form of programmed cell death[J]. Exp. Cell Res., 1998, 245: 389-399.

[26] del Pozo O, Lam E. Caspases and programmed cell death in the hypersensitive response of plants to pathogens[J]. Curr. Biol., 1998, 8: 1129-1132.

[27] Xu Y C, Zhao B L. The main origin of endogenous NO in higher non-leguminous plant[J]. Plant Physiol. Biochem., 2003, 41: 833-838.

[28] Yamasaki H, Sakihama Y, Takahadhi S. An alternative pathway for nitric oxide production in plants: new features of an old enzyme[J]. Trends Plant Sci., 1999: 128-129.

[29] Zhao Z, Chen G, Zhang C. Interaction between reactive oxygen species and nitric oxide in drought-induced abscisic acid synthesis in root tips of wheat seedlings[J]. Aust. J. Plant Physiol., 2001, 28: 1055-1061.

[30] Mallick N, Rai L C, Mohn F H, et al. Studies on nitric oxide (NO) formation by green alga scenedesmus obliquus and the diazotrophic cyanobacterium anabaena doliolum[J]. Chemophere, 1999, 39(10): 1601-1610.

[31] Cooney R V, Harwood P J, Custer L J, et al. Light-mediated conversion of nitrogen dioxide to nitric oxide by carotenoids[J]. Environmental Health Perspectives, 1994, 102: 460-462.

[32] Weitzberg E, Lundberg J O N. Nonenzymatic nitric oxide production in humans[J]. Nitric oxide: Biology and Chemistry, 1998, 2: 1-7.

[33] Antipov A N, Lyalikova N N, Khijniak T V, et al. Molybdenum-free nitrate raductase from vanadate-reducing bacteria[J]. FEBS Letters, 1998, 441: 257-260.

[34] Wendehenne D, Pugin A, Klessig D F, et al. Nitric oxide: comparative synthesis and signaling in animal and plant cells[J]. Trends Plant Sci., 2001, 6(4): 177-183.

[35] Gouvea C M C P, Souza J F, Magalhacs A C N, et al. NO-releasing substance that induce growth elongation in maize root segments[J]. Plant Growth Regulation, 1997, 21: 183-187.

[36] Ferrer M A, Ros Bareclo A. Differential effects of nitric oxide on peroxidase and H_2O_2 production by the xylem of Zinnia elegans[J]. Plant, Cell and Environment, 1999, 22: 891-897.

[37] Delledonne M, Xia Y J, Dixon R A, et al. Nitric oxide function as a signal in plant disease resistance[J]. Nature, 1998, 394(6): 585-588.

[38] Leshem Y Y. Nitric oxide in biology system[J]. Plant Growth Regulatation, 1996, 18: 155-159.

[39] Leshem Y Y, Wills R B H, Ku V V V. Evidence for the function of free radical gas-nitric oxide (NO·) as an endogenous maturation and senescence regulation factor in higher plants[J].

Plant Physiology and Biochemistry, 1998, 36: 825-833.

[40] Dana Zeidler, Ulrich Zä hringer, Isak Gerber, et al. Innate immunity in Arabidopsis thaliana: Lipopolysaccharides activate nitric oxide synthase (NOS) and induce defense genes[J]. PNAS, 2004,101: 15811-15816.

[41] Gonzúlez-Pérez S, Quijano C, Romero N, et al. Peroxynitrite inhibits electron transport on the acceptor side of higher plant photosystem Ⅱ[J]. Archives of Biochemistry and Biophysics, 2008, 473: 25-33.

[42] Akter S, Khan M S, Smith E N, et al. Measuring ROS and redox markers in plant cells[J]. RSC Chem. Biol., 2021, 2(5): 1384-1401.

[43] Halevy R, Shtirberg L, Shklyar M, et al. Electron spin resonance micro-imaging of live species for oxygen mapping[J]. J. Vis. Exp., 2010, 26(42): 2122.

[44] Warwar N, Mor A, Fluhr R, et al. Detection and imaging of superoxide in roots by an electron spin resonance spin-probe method[J]. Biophys. J., 2011, 101(6): 1529-1538.

[45] Renew S, Heyno E, Schopfer P, et al. Sensitive detection and localization of hydroxyl radical production in cucumber roots and arabidopsis seedlings by spin trapping electron paramagnetic resonance spectroscopy[J]. Plant J., 2005, 44(2): 342-347.

[46] Pal S, Kim B K, Kim W Y, et al. Identification of gamma-ray irradiated medicinal herbs using pulsed photostimulated luminescence, thermoluminescence, and electron spin resonance spectroscopy[J]. Anal. Bioanal. Chem., 2009, 394(7): 1931-1945.

[47] Calliste C A, Trouillas P, Allais D P, et al. Free radical scavenging activities measured by electron spin resonance spectroscopy and B16 cell antiproliferative behaviors of seven plants[J]. J. Agric. Food Chem., 2001, 49(7): 3321-3327.

[48] Kusar A, Zupancic A, Sentjurc M, et al. Free radical scavenging activities of yellow gentian (Gentiana lutea L.) measured by electron spin resonance[J]. Hum. Exp. Toxicol., 2006, 25 (10): 599-604.

[49] Calliste C A, Trouillas P, Allais D P, et al. Castanea sativa Mill. leaves as new sources of natural antioxidant: an electronic spin resonance study[J]. J. Agric. Food Chem., 2005, 53(2): 282-288.

[50] Wasek M, Nartowska J, Wawer I, et al. Electron spin resonance assessment of the antioxidant potential of medicinal plants[J]. Acta Pol. Pharm., 2001, 58(4): 283-188.

[51] Sakihama Y, Cohen M F, Grace S C, et al. Plant phenolic antioxidant and prooxidant activities: phenolics-induced oxidative damage mediated by metals in plants[J]. Toxicology, 2002, 177(1): 67-80.

[52] Okawa M, Kinjo J, Nohara T, et al. DPPH (1, 1-diphenyl-2-picrylhydrazyl) radical scavenging activity of flavonoids obtained from some medicinal plants[J]. Biol. Pharm. Bull., 2001, 24(10): 1202-1205.

第 20 章

国内 ESR 技术的研发和应用

ESR 波谱在中国的发展大致可分为三个阶段:第一阶段是从新中国成立初期到改革开放,这一阶段为我国研发 ESR 波谱仪和应用奠定基础;第二阶段是从改革开放初期到中国科学技术大学开始自主研发 ESR 波谱仪,这一阶段我国 ESR 应用研究获得较大发展;第三阶段是从中国科学技术大学自主研发 ESR 波谱仪至今,这一阶段中国的 ESR 事业获得新生和快速发展.

20.1　第一阶段:从新中国成立初期到改革开放

新中国成立初期,中国和苏联关系友好,苏联对中国进行援助,当时苏联派来专家,指导中国研制 ESR 波谱仪.在苏联专家的指导下,中国科学院和一些大学开始了仿制和研制工作.中国的科技工作者是有志气、有能力的,他们发扬了自力更生、艰苦奋斗的精神,在国内缺乏资料、元件的困难条件下,成功研制了中国第一代电子管的 ESR 波谱仪.其中,中国科学院科学仪器厂研制的仪器最成功,批量生产了若干台,供给中国科学院一些研究所和大学使用,其中就有一台仪器的型号为DSG,为X波段、电子管的ESR波谱仪.

20.2 第二阶段:从改革开放到中国科学技术大学自主研发ESR波谱仪

改革开放以后,中国科学院生物物理研究所的万谦教授团队也成功研制出一台X波段、电子管的ESR波谱仪,型号为“北京一型”,一直使用到后来研制成功的另外一台晶体管“404型”ESR波谱仪为止.这台晶体管的仪器达到了国外同类产品的水平.

改革开放,国内经济快速发展,促使我国进口了一大批ESR波谱仪,推进了我国ESR研究工作的开展.我国的科技工作者在进口仪器的冲击下,仍然坚持自主研发.

1993年,浙江大学徐元植教授等与温州精密仪器厂合作研发了便携式EMR波谱仪,命名为EMR-E型小顺磁谱仪,其性能优于国外产品.之后,复旦大学也研发了几台用于教学实验的仪器.

2003—2005年,我们与军事科学院和吉林大学共同申请了国家基金委重点项目,合作研制了国内首台L波段ESR成像仪;后来,笔者与万谦教授共同申请了中国科学院基金,又成功研制了X波段ESR成像仪.L波段和X波段ESR成像仪的各项指标都达到了国际先进水平,也推进了该领域的学术研究,在国内外发表了多篇论文.

与此同时,在学术著作方面,国内一些学者翻译和出版了关于ESR的著作.例如,1965年,向仁生先生在科学出版社出版了《顺磁共振测量和应用的基本原理》;1975年,北京大学量子电子学教研组等翻译了《顺磁共振译文集》;1978年,孙琦、吴钦义、詹瑞云等人出版了译著《电子自旋共振的生物学应用》;2009年,笔者本人在中国科学技术大学出版社出版了《电子自旋共振技术在生物和医学中的应用》.在此基础上,国内一些科研单位和大学进行了相关科研工作,并发表了一些研究论文.此外,国内部分高校还开设了ESR课程,旨在培养该领域的人才,为以后ESR工作奠定了基础.

再后来,在基金委重点基金支持下,由中国科学院生物物理研究所赵保路教授主持,军事科学院和吉林大学参与,成功研制了L波段ESR波谱仪和L波段ESR成像系统;在中国科学院基金的支持下,中国科学院生物物理研究所赵保路教授和万谦教授又在Varian E-109改装了X波段ESR成像系统.通过验收,这些仪器都达到了国际同类水平,而且推动了研究工作的开展.

在此阶段,国内ESR应用研究达到了一个高峰,研究者在国内外杂志上发表了大量论文,也出版了一些专著.其中,ESR在生物学和医学研究领域的工作比较突出,特别是利用自旋标记和自旋捕集技术的应用,建立了很多新方法,在多个领域进行了科学研究,发表了一批高质量的研究论文，该领域有专家被邀请到国内外的ESR会议和自由基研究会议上作报告，这在国内外产生了比较大的影响.这一时期出版了许多学术著作，例如：

(1) 裘祖文.电子自旋共振波谱[M].北京:科学出版社,1980.

(2) 徐广智.电子自旋共振波谱基本原理[M].北京:科学出版社,1980.

(3) 张建中,赵保路,张清刚.电子自旋共振自旋标记的基本理论和应用[M].北京:科学出版社,1987.

(4) 张建中,孙存普.磁共振教程[M].合肥:中国科学技术大学出版社,1996.

(5) 张建中,杜泽涵.生物学中的磁共振[M].北京:科学出版社,2003.

(6) 徐元植.实用电子磁共振波谱基本原理和实际应用[M].北京:科学出版社,2008.

(7) 赵保路.电子自旋共振技术在生物和医学中的应用[M].合肥:中国科学技术大学出版社, 2009.

……

与NMR相比，ESR在国内虽然研发得比较早，但没有形成一个强大而又持续的研发力量.在应用方面，ESR虽然有其独特的功能，但是由于含有一个未成对电子的自由基寿命短，难度高，限制了其广泛应用.

(中国科学院生物物理研究所　赵保路)

20.3 第三阶段：从中国科学技术大学自主研发ESR波谱仪至今

就在中国ESR发展的低谷期，以杜江峰为代表的年轻学者们，研发出了具有国际先进水平的脉冲ESR波谱仪，而且在物理学和生物学领域中开展了研究工作，发表了一些高水平的研究论文.每年召开一次全国ESR波谱学学术研讨会，并且举办ESR波谱进修班和研讨班，这大大推动了ESR波谱学在国内的学术交流，培养了大批ESR领域人才，为我国ESR事业发挥了巨大作用.近年来，我国ESR波谱学在物理、化学、材料科学、生命科学、医学和环境科学等研究领域取得了许多令人瞩目的研究成果，并保持着良好的发展势头.

最后值得一提的是，在2018年，80余岁高龄的浙江大学徐元植教授捐款100万元，设立顺磁共振发展专项奖励基金，每年对有突出贡献的ESR工作者给予奖励.徐元植教授不仅一生致力于ESR事业，而且在晚年把自己所积蓄的100万元捐赠给中国的ESR事业，这种精神必将鼓励我国ESR工作者更加努力地为中国的ESR发展而作出自己的贡献！

20.4 中国科学技术大学及国仪量子公司 ESR 波谱仪的研制历程

中国 ESR 波谱发展的第三阶段是以中国科学技术大学自主研发的脉冲 ESR 波谱仪为起点至今，中国的 ESR 事业焕发新生并迎来大发展. 在第三阶段，以杜江峰院士为代表的中国科学技术大学团队成功研发出具有国际先进水平的脉冲 ESR 波谱仪，并取得了国际领先的应用成果. 2016 年成立的国仪量子公司将中国科学技术大学的 ESR 核心技术进行成果转化，为中国商用 ESR 波谱仪发展揭开了新篇章. 笔者于 2013 年进入杜江峰院士课题组，参与了实验室对 ESR 原理样机的自研工作，博士毕业后进入国仪量子公司从事 ESR 波谱仪的产品化开发，有幸参与了第三阶段的工作.

2009 年，中国科学技术大学杜江峰课题组引进了我国第一台商用脉冲式电子自旋共振波谱仪，该仪器由德国布鲁克公司生产，型号为 E580，微波频率为 X 波段. 在同年的研究中，杜江峰课题组在电子自旋量子相干态保持方面的研究中取得了重大突破，相关研究成果发表在《自然》上，并入选 2009 年度两院院士评选的“中国十大科技进展”和“中国高等学校十大科技进展”. 这充分证明了电子自旋共振波谱仪对推动相关领域发展的有效性和重要性.

然而，随着研究的深入，科研团队发现商用波谱仪的局限性越来越明显. 商用波谱仪所能提供的对电子自旋和核自旋的调控能力有限，已经不能满足前沿领域发展的要求. 例如，在同一次实验中，无法实现幅度和相位的快速调制，这使得成型脉冲功能无法实现. 这对需要灵活多变脉冲功能的量子调控而言是远远不够的. 同时，各种成型脉冲在生物、医药等领域也有着重要的应用. 为了满足前沿领域的研究需要，新波谱仪的研发势在必行. 科研人员需要寻求更高性能、更高灵敏度的电子自旋共振仪器，以便更好地探索和发展量子物理、材料科学等领域.

2010 年 7 月，杜江峰课题组申报的中国科学院科研装备研制项目“脉冲式电子自旋共振谱仪的研制”正式启动，开启了自主研制电子自旋共振波谱仪的历程，项目于 2013 年 1 月顺利通过验收. 最终所研制的波谱仪于 9.0～10.0 GHz 波段下工作，具备连续波和脉冲 ESR 功能，在微波功率调节范围、微波脉冲调节能力方面优于当时的商用波谱仪. 在项目执行过程中，团队在谐振腔、微波脉冲产生技术、高功率微波放大器、磁体、电子学、软件等多方面开展了技术攻关，获得多项发明专利，同时也培养了一批年轻的技术人才，这些为后续的工作奠定了坚实的基础.

脉冲式 ESR 波谱仪项目结项后，项目团队并没有停止波谱仪研制的脚步. 随着科研的深入，我们对仪器提出了更高的要求，促使团队不断对波谱仪的功能和指标进行优化迭代.从 2013 年起,实验室依托电子学和微波学领域人才队伍的壮大,先后对脉冲控制读出系统、微波功率放大器、任意波形发生器等关键部件进行了升级.研制基于现场可编程逻辑门阵列(FPGA)的 X 波段脉冲式 ESR 波谱仪,形成一款集成度高、灵活性强、易于扩展的控制与读出系统,[1]其微波脉冲的时间控制达到 0.05 ns,远优于进口产品的 1 ns 水平.同时,团队自主设计了一款任意波形发生器,用于产生复杂的脉冲序列,提高了脉冲实验的效率,可以进行更复杂的脉冲 ESR 研究.另一个重要改进是采用固态功率放大器代替行波管放大器,提高了微波脉冲相位稳定性,单个脉冲最大长度延长到毫秒级.以上这些工作使得自主研制的脉冲 ESR 波谱仪在诸多关键性能指标上达到或优于进口仪器的水平,有力推动了相关前沿科学的研究进展,使得我国电子自旋共振谱学研究从原先的落后局面提升至世界领先水平.与此同时,团队继续加强对 X 波段连续波 ESR 波谱仪技术的探索.2014 年,实验室联合中国科学院化学研究所王春儒课题组,共同申报了中国科学院科研仪器设备研制项目,研制 X 波段连续波 ESR 波谱仪,用于金属富勒烯等领域的科学研究.该项目是中国科学院首批用户联合申报类仪器研制项目,以用户需求为导向,是促进国产科研仪器发展的重要举措.通过该项目,团队在高灵敏度谐振腔、调谐、频率自动控制、低温系统、软件等连续波的关键功能方面进行了深入研究,进一步提高了波谱仪的灵敏度和易用性,2017 年该波谱仪交付中国科学院化学研究所使用并运行至今.2023 年,该课题组利用此波谱仪对金属富勒烯纳米自旋传感器进行了研究,实现了对多孔有机框架内气体吸附和脱附进行原位且实时的探测,成果发表在 *Nature Communications* 期刊上,[2]表明该连续波 ESR 波谱仪能够很好地推动同行的科研工作.

此外,团队还对新型 ESR 波谱仪进行探索,设计了一款工作于 1～15 GHz 的宽带 ESR 波谱仪.[3]传统顺磁共振波谱仪使用谐振腔,其微波频率是固定的,只能扫描磁场.该波谱仪使用宽带共面波导技术取代谐振腔技术,微波频率可以在工作范围内连续调节,既可以扫描磁场,也可以扫描频率,具备连续波和脉冲 ESR 功能,突破传统 ESR 波谱仪只能在特定频率下进行测量的限制,非常适用于低 g 因子、磁场依赖效应等 ESR 测试,拓展了 ESR 技术的应用.

除了仪器研制,从 2011 年起,中国科学技术大学每年组织召开一次全国 ESR 波谱学学术研讨会,至今已成功召开 13 届,并由苏吉虎教授举办一系列 ESR 波谱研讨班等.此举不仅推动了国内的学术交流,而且培养了一批 ESR 仪器技术和应用等多方面的人才,快速推动了国内 ESR 技术的发展.

2016 年底,国仪量子公司成立,开启了 ESR 波谱仪的产业化之路.中国科学技术大学在 ESR 波谱仪方面的技术创新成果以无形资产作价入股的方式转入国仪量子公司,由后者进行波谱仪产品化开发.2018 年,公司先后推出 X 波段脉冲式 ESR 波谱仪 ESR100 和 X 波段连续波 ESR 波谱仪 ESR200,填补了国内商业化 ESR 波谱仪的空白,打破了长期被国外厂商垄断的格局.2019 年,公司推出台式 ESR 波谱仪 ESR200M,仪器便捷紧凑,易于操作,在催化化学、材料科学、环境科学等领域被广泛使用,进一步推动了 ESR 技术的应用推广.2020 年,公司继续推出 W 波段 ESR 波谱仪 W900,这是国内首台

W 波段 ESR 波谱仪，补齐了国内高频 ESR 研究上的短板. 同时，也发布了升级版的 X 波段连续波 ESR 波谱仪 ESR200-Plus，无液氦干式低温系统等. 在产业化过程中，公司通过研制牵引需求，联合高校、研究机构和高新技术企业协同开发，完成了关键部件国产化，指标达到国际领先，形成自主可控的研发链条，从而具备了快速迭代、迅速提升性能的能力. 由中国科学技术大学和国仪量子公司共同完成的"电子自旋共振技术与产业化"成果，荣获 2021 年度安徽省科技进步奖一等奖. 目前，国仪量子公司生产的 ESR 波谱仪已经交付清华大学、重庆大学、上海第九人民医院、中国科学技术大学、华南理工大学、中国科学院物质科学研究院等一批高校和研究机构，并与它们形成了良好的互动，不断收集使用反馈并即时迭代产品. 此外，国仪量子公司还成立了应用中心，接受外部科研单位的来样测试，并实施了 ESR 论文激励计划，鼓励科研学者使用国产仪器，增加对国产仪器的信心. 截至目前，使用国仪量子公司 ESR 波谱仪发表的科学论文接近 100 篇.

纵观我国 ESR 波谱仪的发展历程，我们可以看出，波谱仪的国产化工作已经取得了显著成效，成功走出了由海外品牌企业垄断的局面. 这一成果对于保障国内磁共振领域自主发展，推进物质科学、量子计算等前沿科学的研究，具有重要意义.

（国仪量子公司　石致富）

参考文献

[1] Shi Z, Mu S, Qin X, et al. An X-band pulsed electron paramagnetic resonance spectrometer with time resolution improved by a field-programmable-gate-array based pulse generator[J]. Rev. Sci. Instrum., 2018, 89(12): 125104.

[2] Zhang J, Liu L S, Zheng C F, et al. Embedded nano spin sensor for in situ probing of gas adsorption inside porous organic frameworks[J]. Nat. Commun., 2023, 14(1):4922.

[3] Jing K, Lan Z, Shi Z, et al. Broadband electron paramagnetic resonance spectrometer from 1 to 15 GHz using metallic coplanar waveguide[J]. Rev. Sci. Instrum., 2019, 90(12): 125109.